■ 2012年3月，中共中央政治局常委、国务院副总理、国务院南水北调工程建设委员会主任李克强主持召开国务院南水北调工程建设委员会第六次全体会议并讲话。（新华社 供稿）

■ 2012年3月，中共中央政治局常委、国务院副总理李克强参加十一届全国人大五次会议湖北代表团的审议。全国人大代表、湖北省丹江口市农民辛喜玉将丹江口水库的清水送给李克强。

（新华社 供稿）

■ 2012年9月，中共中央政治局委员、国务院副总理、国务院南水北调工程建设委员会副主任回良玉在河南省南阳市考察南水北调工程。（国务院南水北调办综合司 供稿）

■ 2012年7月，国务院南水北调办主任鄂竟平调研南水北调中线一期工程叶县和宝郏段工程，现场察看跨渠桥梁质量。（张存有 摄）

■ 2012年3月，国务院南水北调办副主任张野在南水北调中线一期工程南阳段湍河渡槽施工工地调研。（余培松 摄）

■ 2012年11月，国务院南水北调办副主任蒋旭光率组对南水北调中线一期工程河南省境内工程进行质量专项检查。（国务院南水北调办综合司 供稿）

■ 2012年5月，国务院南水北调办副主任于幼军检查南水北调中线一期工程兴隆枢纽泄水闸混凝土强度回弹检测值。
（国务院南水北调办综合司 供稿）

■ 2012年8月，文化部副部长、国家文物局局长励小捷在遇真宫文物保护工地调研。
（国家文物局 供稿）

■ 2012年4月，国务院南水北调办和铁道部在河南省郑州市组织召开南水北调铁路交叉工程建设第一次联席会议，研究解决南水北调铁路交叉工程建设有关问题。

（国务院南水北调办综合司 供稿）

■ 2012年5月，国务院南水北调办与环境保护部联合督查调研组在济宁市召开南水北调东线山东省治污督查暨深化治污工作会议。 （国务院南水北调办综合司 供稿）

■ 2012年7月，河南省省委书记卢展工在南水北调中线一期工程淅川段调研。

（余培松 摄）

■ 2012年9月，湖北省省委书记李鸿忠出席湖北省南水北调丹江口水库移民搬迁安置工作表彰暨帮扶发展动员大会并讲话。

（张存有 摄）

■ 2012年6月，江苏省省长李学勇考察南水北调东线一期工程皂河站，在主控室成功启动泵站1号机组。
（缪宜江 摄）

■ 2012年4月，山东省省长姜大明出席省南水北调工程建设指挥部成员会议并讲话。
（李新强 摄）

■ 2012年7月，北京市副市长夏占义在北京市房山区大石河查看南水北调PCCP管道工程巡线路“7·21”灾后抢修情况。（石维新 摄）

■ 2012年7月，天津市人大常委会副主任史莲喜现场调研天津市南水北调工程建设情况。（尹 平 摄）

2012年7月，河北省政府特邀咨询张和到邢台现场调研南水北调配套工程。

（马建涛 摄）

2012年4月，国务院南水北调工程建设委员会专家委员会组织专家考察南水北调中线一期工程陶岔渠首枢纽工程。（冯晓波 摄）

■ 2012年4月，南水北调东、中线一期工程通水进入倒计时，图为揭牌仪式。

（胡敏锐 摄）

■ 2012年9月，南水北调东线一期工程睢宁二站工程建设现场。

（余 真 摄）

■ 2012年4月，南水北调东线一期工程邓楼泵站工程正在紧张施工。

（于福春 摄）

■ 2012年11月，施工队伍正在对通航条件下的南水北调东线一期工程梁济运河进行清淤。

（杨建伟 摄）

■ 2012年10月，南水北调东线一期工程洪泽站工程安装现场。

（丁亚莹 摄）

■ 2012年10月，南水北调中线一期工程淅川县段工程5标填方渠道施工现场。

（南水北调宣传中心 供稿）

■ 2012年11月，南水北调中线水源丹江口大坝加高工程升船机安装调试完成，图为过船试验。

（班静东 摄）

■ 2012年9月，正在建设中的南水北调中线一期工程陶岔渠首枢纽工程。

（余培松 摄）

■ 2012年12月，南水北调中线一期工程湍河渡槽建设现场。

（南水北调宣传中心 供稿）

■ 2012年12月，南水北调中线一期工程沙河梁式渡槽施工现场。

（南水北调宣传中心 供稿）

■ 2012年5月，南水北调中线一期工程穿黄隧洞下游线第310仓位安装波纹管正在施工。

（张存有 摄）

■ 2012年12月，南水北调中线一期工程刁河渡槽主体工程进入最后冲刺阶段。

（南水北调宣传中心 供稿）

■ 2012年4月，南水北调中线一期工程焦作2段山门河暗渠贯通。

（余培松 摄）

■ 2012年8月，北京市南水北调配套工程东干渠工程施工1标连接墙吊装施工现场。

（周 奇 摄）

■ 2012年5月，国务院南水北调办组织开展质量专项检查活动，图为土方工程小组正在南水北调中线一期工程叶县4标现场检测渠道填筑土方密实度。

（张存有 摄）

■ 2012年5月，国务院南水北调办组织开展质量专项检查活动，图为原材料小组正在南水北调中线一期工程镇平2 标现场检查骨料粒径。（张存有 摄）

■ 施工人员绑扎钢筋，一丝不苟。 （程宝琦 摄）

■ 河南省南阳市宛城区金花乡移民孩子快乐成长。

（崔培林 摄）

■ 2012年4月，南水北调东线一期工程宝应站航拍图。（缪宜江 摄）

■ 2012年4月，南水北调东线一期工程淮阴三站航拍图。（缪宜江 摄）

■ 2012年4月，基本建成的南水北调东线一期工程二级坝泵站工程。

（于福春 摄）

■ 2012年4月，绿色长廊——南水北调东线一期工程济平干渠工程。

（于福春 摄）

■ 2012年5月，运行中的江苏省宿迁市污水处理厂。（缪宜江 摄）

■ 2012年9月，山东省滕州市滨湖湿地水质净化效果明显。（郑曙光 摄）

■ 2012年1月，北京市南水北调配套工程南干渠工程盾构段一衬成洞。

（杨国华 摄）

■ 2012年7月，已建成的南水北调中线一期工程惠南庄泵站。

（南水北调宣传中心 供稿）

■ 2012年5月，冀水经过南水北调中线一期工程京石段流向北京。（戴其清 摄）

■ 2012年7月，北京市南水北调配套工程大宁调蓄水库。（姜 琪 摄）

CHINA SOUTH-TO-NORTH WATER DIVERSION PROJECT CONSTRUCTION YEARBOOK

中国南水北调工程建设年鉴

2013

《中国南水北调工程建设年鉴》编纂委员会

中国电力出版社
CHINA ELECTRIC POWER PRESS

图书在版编目（CIP）数据

中国南水北调工程建设年鉴. 2013/《中国南水北调工程建设年鉴》编纂委员会主编. —北京：中国电力出版社，2013.11

ISBN 978-7-5123-5065-6

Ⅰ. ①中… Ⅱ. ①中… Ⅲ. ①南水北调-水利工程-中国-2013-年鉴 Ⅳ. ①TV68-54

中国版本图书馆 CIP 数据核字（2013）第 247637 号

中国电力出版社出版、发行
（北京市东城区北京站西街 19 号 100005 http://www.cepp.sgcc.com.cn）
北京盛通印刷股份有限公司印刷
各地新华书店经售
*
2013 年 11 月第一版 2013 年 11 月北京第一次印刷
787 毫米×1092 毫米 16 开本 45 印张 1081 千字 14 彩页
印数 0001—4000 册 定价 **300.00** 元

《中国南水北调工程建设年鉴》
编纂委员会

编 辑 说 明

一、《中国南水北调工程建设年鉴》是由国务院南水北调工程建设委员会办公室主办的专业年鉴，是逐年集中反映南水北调工程建设、治污环保、征地移民以及投融资等过程中的重要事件、技术资料、统计报表的资料性工具书，自2005年起每年编印一卷。

二、《中国南水北调工程建设年鉴2013》记载2012年的重要事件，重点反映工程建设进度、质量安全、投资控制、征地移民、治污环保和重大技术攻关等方面工作的开展情况。共设17个篇目，包括领导视察、重要会议、重要讲话、政策法规、重要文件、考察调研、专题办公会、重要事件、文章与专访、综合管理、东线工程、中线工程、西线工程、配套工程、队伍建设、统计资料、大事记。另有重要活动剪影和英文目录。

三、本年鉴所载内容实行文责自负。年鉴内容、技术数据及是否涉密等均经撰稿人所在单位把关审定。

四、本年鉴一律使用法定计量单位。技术术语、专业名词、标点符号等使用力求符合规范要求或约定俗成。单位名称首次出现时使用全称，再次出现时使用规范的简称。

五、本年鉴力求内容全面、资料准确、整体规范、文字简练，并注重实用性、可读性和连续性。

《中国南水北调工程建设年鉴》编辑部

2013年10月

篇　　目

一、领导视察
二、重要会议
三、重要讲话
四、政策法规
五、重要文件
六、考察调研
七、专题办公会
八、重要事件
九、文章与专访
十、综合管理
十一、东线工程
十二、中线工程
十三、西线工程
十四、配套工程
十五、队伍建设
十六、统计资料
十七、大事记

目　　录

重要活动剪影

编辑说明

壹 领导视察

国务院副总理李克强参加湖北代表团审议，强调帮助库区移民逐步致富，保证一泓清水北上 …… 2

国务院副总理回良玉在河南省南阳市考察南水北调工程 …… 2

中共中央政治局委员、国务委员刘延东视察丹江口大坝加高工程 …… 3

中共中央政治局委员王兆国视察山东省滕州市期间就南水北调工程做出指示 …… 3

全国人大副委员长、全国妇联主席陈至立视察丹江口大坝加高工程 …… 3

原中共中央政治局委员、国务院副总理吴仪，第十届全国政协副主席、中国工程院主席团名誉主席徐匡迪视察南水北调中线工程水源地 …… 4

十届全国政协副主席李蒙视察丹江口大坝加高工程 …… 4

贰 重要会议

国务院副总理李克强主持、国务院副总理回良玉参加，召开国务院南水北调工程建设委员会第六次全体会议 …… 6

国务院南水北调办召开办务扩大会议，传达贯彻国务院南水北调工程建设委员会第六次全体会议精神 …… 7

2012 年南水北调工程建设工作会议在江苏省南京市召开 …… 7

国务院南水北调工程建设委员会专家委员会在北京召开 2011 年工作总结会议 …… 10

山东省南水北调工程建设指挥部成员大会在山东省济南市召开 …… 10

国务院南水北调办召开东、中线一期工程通水验收工作领导小组第一次全体会议 …… 10

河南省召开南水北调中线工程建设领导小组全体成员会议 …… 11

国务院南水北调办召开第五、六、七次南水北调工程建设进度协调会 …… 12

国务院南水北调办、铁道部铁路交叉工程建设第一次联席会议

在河南省郑州市举行 …………… 15
南水北调工程建设安全生产工作会议在湖北省宜昌市召开 ……… 16
河南省丹江口库区移民迁安总结表彰暨后期帮扶工作动员会议在河南省郑州市召开 …………… 18
南水北调宣传工作会议在山东省泰安市召开 ……………………… 19
丹江口库区及上游水土保持二期工程启动会议在河南省西峡县召开 ……………………………… 20
湖北省南水北调丹江口水库移民搬迁安置工作表彰暨帮扶发展动员大会在十堰市召开 ………… 21
国务院南水北调办在北京市召开会议，总结前三季度工作，部署第四季度工作任务 …………… 22
南水北调工程丹江口库区移民生产发展交流会召开 ……………… 24
南水北调配套工程建设交流会在河南省许昌市召开 ……………… 25
丹江口库区及上游水污染防治和水土保持部际联席会议第三次全体会议召开 …………………… 26
江苏省南水北调工程建设领导小组全体会议在江苏省南京市召开 ……………………………… 27
南水北调系统第三次经济财务工作会在湖北省武汉市召开 ……… 28
南水北调工程建设质量管理五部委联席会议在北京市召开 ……… 29

叁 重要讲话

国务院副总理李克强在国务院南水北调工程建设委员会第六次全体会议上的讲话 ……………… 32
国务院副总理回良玉在国务院南水北调工程建设委员会第六次全体会议上的讲话 ……………… 34
国务院南水北调办主任鄂竟平在国务院南水北调工程建设委员会第六次全体会议上的汇报 …… 36
国务院南水北调办主任鄂竟平在2012 年南水北调工程建设工作会议上的讲话 …………………… 40
国务院南水北调办主任鄂竟平在国务院南水北调工程建设委员会专家委员会 2011 年工作总结会议上的讲话 …………………… 53
国务院南水北调办主任鄂竟平在河南省丹江口库区移民迁安总结表彰暨后期帮扶工作动员电视电话会议上的讲话 …………… 62
国务院南水北调办主任鄂竟平在国务院南水北调办创先争优活动总结表彰大会上的讲话 ……… 64
北京市副市长夏占义在北京市南水北调配套工程团城湖调节池、亦庄调节池开工仪式上的讲话…… 70
天津市市长黄兴国在国务院南水北调工程建设委员会第六次全体会议上的汇报 ……………… 71
河北省省长张庆伟在河北省南水北调工程建设委员会第四次全体会议上的讲话 ………………… 72
江苏省省长李学勇在江苏省南水北调工程建设领导小组会议上的讲话 ………………………… 75
山东省省长姜大明在山东省南水北调工程建设指挥部成员会议上的讲话 ………………………… 79

河南省省长郭庚茂在河南省南水北调丹江口库区移民迁安总结表彰暨后期帮扶工作动员电视电话会议上的讲话 ………………… 82
湖北省省长王国生在南水北调丹江口库区移民内安现场会上的讲话 ………………………………… 86

肆 政策法规

国务院南水北调工程建设委员会办公室 ………………………………… 92
国务院南水北调办公室重要事项督办办法 ………………………………… 92
南水北调工程建设管理典型案例管理办法（试行） ………………… 93
南水北调待运行期工程管理维护办法 ………………………………… 95
南水北调待运行期工程管理维护方案编制导则（试行） ………… 97
2012 年度南水北调工程建设进度目标考核实施办法 ………… 100
南水北调待运行期工程管理维护考核办法（试行） ……………… 102
南水北调工程质量责任终身制实施办法（试行） ………………… 105
南水北调工程建设举报奖励实施细则（试行） ……………… 109
南水北调工程建设质量问题责任追究管理办法 ……………… 110
南水北调工程合同监督管理规定 ………………………………… 113
南水北调工程建设关键工序施工质量考核奖惩办法（试行） ………………………………… 115
国务院南水北调办政策法规一览表 ………………………………… 122
沿线各省（直辖市） …………………… 122
沿线各省（直辖市）政策法规一览表 ………………………………… 122

伍 重要文件

国务院 ………………………………………… 126
国务院关于丹江口库区及上游水污染防治和水土保持“十二五”规划的批复（国函〔2012〕50 号） ………………………… 126
国务院关于丹江口库区及上游地区经济社会发展规划的批复（国函〔2012〕150 号） ……… 127
国务院办公厅关于调整国务院南水北调工程建设委员会组成人员的通知（国办发〔2012〕11 号） ………………………… 127
国家发展和改革委员会 ………………… 128
国家发展改革委关于下达南水北调工程 2012 年投资计划的通知（发改投资〔2012〕598 号） …… 128
国家发展改革委关于调整南水北调工程 2012 年投资计划的批复（发改投资〔2012〕2137 号） …… 128
财政部 ………………………………………… 129
财政部关于拨付南水北调工程基

金的通知(财农〔2012〕351号) … 129

国土资源部 …… 129

国土资源部关于南水北调东线一期长江—骆马湖段其他工程（泗洪站枢纽工程、刘老涧二站工程、泗阳站改建工程、皂河二站工程）建设用地的批复（国土资函〔2012〕460号） …… 129

国土资源部关于南水北调工程移民安置迁建工程建设用地的批复(国土资函〔2012〕461号) … 130

国土资源部关于南水北调东线一期长江—骆马湖段其他工程洪泽站工程建设用地的批复（国土资函〔2012〕476号） …… 130

国土资源部关于南水北调东线一期长江—骆马湖段其他工程金宝航道工程建设用地的批复（国土资函〔2012〕481号）…… 131

环境保护部 …… 131

关于南水北调中线京石段防洪影响处理工程（石家庄—北拒马河段）环境影响报告书的批复（环审〔2012〕128号） …… 131

国务院南水北调工程建设委员会办公室 …… 132

关于印发南水北调中线生态文化旅游产业带规划纲要的通知（国调办综〔2012〕248号） …… 132

关于南水北调工程村道和机耕道跨渠桥梁维护费补助有关意见的函（国调办投计函〔2012〕68号） …… 133

关于成立国务院南水北调办南水北调东、中线一期工程通水验收工作领导小组的通知（国调办建管〔2012〕34号） …… 134

关于调整南水北调中线干线工程跨渠桥梁建设协调小组组成人员的通知（国调办建管〔2012〕42号） …… 135

关于2012年度南水北调工程建设“突出重点推进度”的工作意见（国调办建管〔2012〕52号）…… 135

关于成立南水北调东线一期工程通水目标保障领导小组的通知（国调办建管〔2012〕270号） … 139

关于加强南水北调工程质量关键点监督管理工作的意见（国调办监督〔2012〕297号） …… 140

关于印发《南水北调办贯彻落实建委会第六次全体会议和2012年建设工作会议精神重点工作分工意见》的通知（综综合〔2012〕48号）…… 142

关于加强南水北调工程运行管理队伍培训工作的指导意见（综建管〔2012〕90号） …… 142

国务院南水北调工程建设委员会办公室重要文件一览表 …… 143

沿线各省（直辖市） …… 158

沿线各省（直辖市）重要文件一览表 …… 158

项目法人单位 …… 160

项目法人重要文件一览表 …… 160

陆 考察调研

国务院南水北调办主任鄂竟平率队赴河南省郑州市中牟县和荥阳市移民安置点慰问移民群众 …… 166
国务院南水北调办主任鄂竟平率队检查中线干线黄河以南工程质量 …… 167
国务院南水北调办主任鄂竟平检查中线京石段工程防汛工作 …… 168
国务院南水北调办主任鄂竟平调研督导南水北调中线南阳段工程建设 …… 168
国务院南水北调办主任鄂竟平调研南水北调东线徐州段治污工作 …… 170
国务院南水北调办主任鄂竟平赴陕西省调研南水北调中线水源保护工作 …… 170
国务院南水北调办副主任张野调研南水北调中线重点工程建设 …… 171
国务院南水北调办副主任张野率队检查南水北调中线干线黄河以北工程质量 …… 172
国务院南水北调办副主任张野检查南水北调江苏段工程建设及安全度汛工作 …… 173
国务院南水北调办副主任张野调研南水北调中线京石段通水运行准备情况 …… 173
国务院南水北调办副主任蒋旭光调研督导南水北调中线潮河段、郑州2段工程建设 …… 174
国务院南水北调办副主任蒋旭光率检查组赴东线检查南水北调工程质量 …… 175
国务院南水北调办副主任蒋旭光调研湖北省丹江口库区移民安置和库底清理工作 …… 176
国务院南水北调办副主任蒋旭光率组对中线河南省境内工程进行质量专项检查 …… 177
国务院南水北调办副主任于幼军带队开展中线生态文化旅游产业带规划编制调研 …… 178
国务院南水北调办副主任于幼军率检查组赴湖北省检查南水北调工程质量 …… 179
国务院南水北调办副主任于幼军与环境保护部副部长张力军共同率队赴山东、江苏两省督查调研南水北调东线治污工作 …… 180
国务院南水北调办副主任于幼军调研督导南水北调中线邯石段风险项目建设 …… 182
文化部副部长、国家文物局局长励小捷调研湖北省南水北调工程文物保护工作 …… 183
江苏省省长李学勇考察南水北调皂河站工程 …… 183
山东省省委书记姜异康赴济宁市调研南水北调水质保障工作 …… 183
河南省省委书记卢展工赴南水北调中线水源区淅川县考察 …… 184
湖北省省委书记李鸿忠赴天门市慰问移民群众 …… 184
湖北省省长王国生赴郧西郧县调研移民内安工作 …… 184
陕西省省委书记赵乐际赴丹江口水库调研 …… 185

柒 专题办公会

综述 …………………………………… 188
2012年度国务院南水北调办主任办公会或专题办公会汇总表 … 188

捌 重要事件

国务院批复《丹江口库区及上游水污染防治和水土保持“十二五”规划》 …………………… 198
国务院批复西部大开发“十二五”规划 就南水北调工作做出安排 …………………………… 198
铁道部、国务院南水北调办在北京市签署进一步加快推进铁路交叉工程建设会议纪要 ……… 199
南水北调东线穿黄河工程主体工程完工 ………………………… 199
南水北调东线新治污补充项目启动 ……………………………… 200
五部委要求进一步加强南水北调工程质量管理 ………………… 200
陕西省启动汉江综合整治工程 … 201
南水北调工程首块举报公告牌揭牌 ……………………………… 201
南水北调东中线一期工程通水进入倒计时 ……………………… 202
“南水北调东线行”作家采访采风活动启动 …………………… 202
《南水北调工程质量责任终身制实施办法》颁布实施 …………… 203
国务院南水北调办与中央电视台联合摄制大型文献纪录片《南水北调》 …………………… 203
南水北调京石段工程向北京市调水超10亿m^3 ………………… 204
南水北调系统加强工程质量集中整治 …………………………… 204
《为了南水北调》系列节目在中央电视台播出 ………………… 204
江苏省南水北调运河线工程建成通水 …………………………… 204
东线二级坝泵站水泵机组通过试运行验收 ……………………… 205
国务院南水北调办召开创先争优活动总结表彰大会 …………… 205
南水北调工程建设举报首次兑奖 … 206
丹江口库区移民主题电影《汉水丹心》在人民大会堂首映 ……… 206
丹江口库区及上游水土保持二期工程启动 ……………………… 207
《中国南水北调工程》编纂工作全面启动 ……………………… 208
南水北调公益宣传片《珍惜水资源》在中央电视台播出 ……… 208
丹江口库区移民搬迁全部结束 … 208
首部全面反映南水北调移民报告文学出版 ……………………… 209
国务院南水北调办进一步规范南水北调工程建设质量问题责任追究 ………………………… 209
国务院南水北调办与豫、鄂、陕三省签订南水北调中线水源保护责任书 ……………………… 209
南水北调中线水质保护中心

成立 …………………………… 210
南水北调中线京石段工程启动第四次向北京市调水 …………… 210
南水北调中线京石段工程自动化调度系统启用 ………………… 211
鄂竟平号召南水北调工程建设者学习陈建国负责、务实、求精、创新的精神 …………………… 211
河南省南水北调配套工程全面开工建设 ………………………… 212
山东段21项截污导流工程全部投运 …………………………… 212
南水北调丹江口库区清理工作完成 …………………………… 212
南水北调中线生态文化旅游产业带规划纲要公布 ……………… 213
南水北调东线一期工程通水保障领导小组及其办事机构成立 … 213
中线穿黄隧洞主体工程提前完工 …………………………… 213
东线一期工程进入通水倒计时关键期 ………………………… 214

玖 文章与专访

南水北调将着力打造惠民工程 … 216
只有南水北调能解决北方水资源短缺问题 …………………… 218
南水北调34万移民问题解决不易值得深思 ………………… 219
人水和谐，惠泽民生 …………… 223

拾 综合管理

综述 ……………………………… 228

总体进展 ………………………… 228
概述 ………………………………… 228
工程建设管理和进度 …………… 228
质量安全管理 …………………… 229
东线治污和中线水源保护 ……… 230
征地移民 ………………………… 230
投资控制与资金管理 …………… 231

前期工作 ………………………… 231
南水北调东线一期工程水量调度方案编制 …………………… 231
南水北调工程前期工作 ………… 232
《南水北调供用水管理条例》立法 ……………………………… 232
南水北调东线、中线一期工程运行初期供水价格政策制定 …… 233
南水北调工程项目技术审查 …… 233

环境保护 ………………………… 235
南水北调工程水质现状 ………… 235
中线水源区水污染防治项目进展 ……………………………… 235
南水北调工程水环境保护工作进展 ……………………………… 236

文物保护 ………………………… 236
概述 ………………………………… 236
检查监督 ………………………… 237
重大考古成果 …………………… 237
报告出版 ………………………… 237
《中国南水北调工程·文物保护卷》编纂 …………………………… 238

投资计划管理 …………………… 238
概述 ………………………………… 238
投资计划管理 …………………… 238
工程投资完成情况 ……………… 238

前期工作 …… 239
初步设计审批 …… 239
初步设计审查 …… 239
专题专项审查 …… 239
重大设计变更 …… 240
重大设计变更审查 …… 240
概算评审 …… 242
制度建设 …… 243

资金筹措与管理使用 …… 243

概述 …… 243
资金筹措 …… 244
资金使用管理 …… 246
资金监管 …… 247
完工项目财务决算 …… 248
南水北调工程经济政策研究 …… 248
存在的问题 …… 250

建设与管理 …… 250

概述 …… 250
工程建设项目进展 …… 250
工程进度管理 …… 251
工程技术管理 …… 251
安全生产 …… 251
科技工作 …… 252
验收管理 …… 252
运行管理 …… 252
东线运行机构筹备 …… 252
招标投标管理 …… 253
制度建设 …… 253

生态环境 …… 253

概述 …… 253
东线水污染防治 …… 254
中线水源保护 …… 256
南水北调东线血吸虫病监测 …… 259
中线干线生态带建设 …… 259

征地移民 …… 260

概述 …… 260
工作进度 …… 260
政策研究及培训 …… 261
实施管理和协调 …… 261
丹江口水库库底清理 …… 263
前期工作 …… 263
建设用地工作 …… 263
信访维稳工作 …… 263
制度建设 …… 264
其他 …… 264

监督稽察 …… 264

概述 …… 264
质量管理 …… 265
质量监管 …… 266
质量监督 …… 268
专业、专项稽察 …… 269
举报受理和办理 …… 269
稽察专家管理 …… 270
制度建设 …… 270

技术咨询 …… 270

专家委员会工作 …… 270
重大关键技术咨询 …… 270
工程质量检查 …… 273
考察调研 …… 273
专项课题 …… 274

关键技术研究与应用 …… 275

重大专题及关键技术研究 …… 275

国际合作与交流 …… 276

概述 …… 276
外事工作管理 …… 276
重要外事活动 …… 276
项目培训与考察 …… 277

新闻宣传 …… 277

概述 …… 277
宣传工作 …… 277

信息工作 …… 278
政策法规 …… 279
北京市新闻宣传 …… 279
天津市新闻宣传 …… 280
河北省新闻宣传 …… 280
江苏省新闻宣传 …… 281
山东省新闻宣传 …… 282
河南省新闻宣传 …… 285
湖北省新闻宣传 …… 287
南水北调中线干线工程建设管理局新闻宣传 …… 287
南水北调中线水源有限责任公司新闻宣传 …… 289
南水北调东线江苏水源有限责任公司新闻宣传 …… 290

拾壹 东线工程

综述 …… 294
江苏段 …… 294
概述 …… 294
前期工作 …… 294
投资计划管理 …… 295
建设管理 …… 297
科学技术 …… 300
征地移民 …… 300
文物保护 …… 302
环境保护 …… 302
工程审计与稽察 …… 303
治污工程进展及水质 …… 304
山东段 …… 305
概述 …… 305
投资计划管理 …… 306
建设管理 …… 307
质量管理 …… 309
科学技术 …… 311
征地移民 …… 312
文物保护 …… 314
工程审计与稽察 …… 315
工程验收 …… 317
通水准备 …… 318
治污工程进展及水质 …… 319
在建工程 …… 320
三阳河潼河宝应站工程 …… 320
工程概况 …… 320
运行管理 …… 320
环境保护及水土保持 …… 320
工程验收 …… 320
长江—骆马湖段工程 …… 321
概述 …… 321
工程概况 …… 321
江都站改造工程 …… 321
工程概况 …… 321
运行管理 …… 321
工程效益 …… 321
工程验收 …… 322
淮阴三站工程 …… 323
工程概况 …… 323
工程进展 …… 323
运行管理 …… 323
环境保护及水土保持 …… 324
工程验收 …… 324
淮安四站工程 …… 324
工程概况 …… 324
运行管理 …… 324
工程效益 …… 325
工程验收 …… 325
淮安四站输水河道工程 …… 325
工程概况 …… 325
运行管理 …… 325
工程效益 …… 325

环境保护与水土保持 …………… 326
骆马湖—南四湖段江苏境内工程 …… 326
概述………………………………… 326
工程概况 ……………………… 326
刘山站工程 ………………………… 326
工程概况 ……………………… 326
运行管理 ……………………… 326
工程验收 ……………………… 326
环境保护及水土保持 …………… 327
工程效益 ……………………… 327
解台站工程 ………………………… 327
工程概况 ……………………… 327
运行管理 ……………………… 327
工程效益 ……………………… 327
环境保护及水土保持 …………… 327
工程验收 ……………………… 328
蔺家坝站工程 ……………………… 328
工程概况 ……………………… 328
运行管理 ……………………… 328
工程验收 ……………………… 328
工程效益 ……………………… 328
长江—骆马湖段其他工程 …………… 329
概述………………………………… 329
工程概况 ……………………… 329
高水河整治工程 …………………… 329
工程概况 ……………………… 329
运行管理 ……………………… 329
工程效益 ……………………… 329
工程验收 ……………………… 329
淮安二站改造工程 ………………… 330
工程概况 ……………………… 330
工程投资 ……………………… 330
工程进展 ……………………… 330
建设管理 ……………………… 331
质量管理 ……………………… 331
安全生产 ……………………… 331
泗阳站工程 ………………………… 332
工程概况 ……………………… 332
工程投资 ……………………… 332
建设管理 ……………………… 332
运行管理 ……………………… 332
工程效益 ……………………… 332
环境保护及水土保持 …………… 333
工程验收 ……………………… 333
刘老涧二站工程 …………………… 333
工程概况 ……………………… 333
工程投资 ……………………… 334
运行管理 ……………………… 334
工程效益 ……………………… 334
环境保护及水土保持 …………… 334
工程验收 ……………………… 334
皂河二站工程 ……………………… 335
工程概况 ……………………… 335
工程进展 ……………………… 335
工程投资 ……………………… 335
运行管理 ……………………… 335
环境保护及水土保持 …………… 335
工程验收 ……………………… 336
皂河一站改造工程 ………………… 336
工程概况 ……………………… 336
工程投资 ……………………… 336
运行管理 ……………………… 336
工程效益 ……………………… 336
泗洪站工程 ………………………… 337
工程概况 ……………………… 337
工程投资 ……………………… 337
质量管理 ……………………… 337
工程进展 ……………………… 337
安全生产 ……………………… 338
金湖站工程 ………………………… 338
工程概况 ……………………… 338
工程投资 ……………………… 338
工程进展 ……………………… 338
质量管理 ……………………… 339
安全生产 ……………………… 339
洪泽站工程 ………………………… 339
工程概况 ……………………… 339
工程投资 ……………………… 339

招标投标 …… 340
建设管理 …… 340
工程进展 …… 340
质量管理 …… 340
安全生产 …… 341
邳州站工程 …… 342
工程概况 …… 342
工程投资 …… 342
招标投标 …… 342
建设管理 …… 342
工程进展 …… 342
施工科技 …… 343
质量管理 …… 343
安全生产 …… 343
睢宁二站工程 …… 344
工程概况 …… 344
工程投资 …… 344
招标投标 …… 344
工程进展 …… 344
质量管理 …… 345
金宝航道工程 …… 345
工程概况 …… 345
工程投资 …… 345
建设管理 …… 346
工程进展 …… 346
工程监理 …… 346
安全生产 …… 346
里下河水源补偿工程 …… 347
工程概况 …… 347
工程投资 …… 347
招标投标 …… 347
工程进展 …… 348
质量管理 …… 348
骆马湖以南中运河影响处理工程 …… 348
工程概况 …… 348
工程进展 …… 348
运行管理 …… 349
工程效益 …… 349
环境保护与水土保持 …… 349
工程验收 …… 350
沿运闸洞漏水处理工程 …… 350
工程概况 …… 350
工程投资 …… 350
招标投标 …… 350
建设管理 …… 351
工程进展 …… 351
质量管理 …… 352
徐洪河影响处理工程 …… 352
工程概况 …… 352
工程投资 …… 352
建设管理 …… 353
工程进展 …… 353
工程监理 …… 353
质量管理 …… 353
安全生产 …… 354
洪泽湖抬高蓄水位影响处理工程江苏省境内工程 …… 354
工程概况 …… 354
工程投资 …… 354
工程进展 …… 354
洪泽湖抬高蓄水位影响处理工程安徽省境内工程 …… 355
工程概况 …… 355
工程投资 …… 355
招标投标 …… 355
工程进展 …… 355
质量管理 …… 356
安全生产 …… 356
东线江苏段专项工程 …… 356
血吸虫北移防护工程 …… 356
工程概况 …… 356
东线江苏段调度运行管理系统工程 …… 357
工程概况 …… 357
工程投资 …… 357
招标投标 …… 357
建设管理 …… 358
工程进展 …… 358
东线江苏段管理设施专项工程 …… 358

工程概况 …………………………… 358
工程投资 …………………………… 359
招标投标 …………………………… 359
建设管理 …………………………… 359
工程进展 …………………………… 359
工程监理 …………………………… 359
南四湖水资源控制、水质监测工程
和骆马湖水资源控制工程 ………… 360
概述…………………………………… 360
工程概况 …………………………… 360
二级坝泵站工程 …………………… 360
工程概况 …………………………… 360
工程投资 …………………………… 360
运行管理 …………………………… 360
工程效益 …………………………… 361
环境保护及水土保持 ……………… 361
工程验收 …………………………… 361
姚楼河闸工程 ……………………… 362
工程概况 …………………………… 362
工程进展 …………………………… 362
工程验收 …………………………… 362
杨官屯河闸工程 …………………… 363
工程概况 …………………………… 363
工程进展 …………………………… 363
工程验收 …………………………… 363
大沙河闸工程 ……………………… 363
工程概况 …………………………… 363
工程进展 …………………………… 363
工程验收 …………………………… 364
潘庄引河闸工程 …………………… 364
工程概况 …………………………… 364
工程进展 …………………………… 364
工程验收 …………………………… 364
南四湖下级湖抬高蓄水位影响处理
工程 ………………………………… 365
工程概况 …………………………… 365
工程进展 …………………………… 365
东平湖蓄水影响处理工程 ………… 365
工程概况 …………………………… 365
工程投资 …………………………… 366
招标投标 …………………………… 366
建设管理 …………………………… 366
工程进展 …………………………… 366
质量管理 …………………………… 366
安全生产 …………………………… 366
济平干渠工程 ……………………… 367
工程概况 …………………………… 367
运行管理 …………………………… 367
工程效益 …………………………… 368
环境保护及水土保持 ……………… 368
韩庄运河段工程 …………………… 369
概述…………………………………… 369
工程概况 …………………………… 369
台儿庄泵站工程 …………………… 369
工程概况 …………………………… 369
运行管理 …………………………… 370
环境保护及水土保持 ……………… 371
工程验收 …………………………… 371
韩庄运河水资源控制工程………… 372
工程概况 …………………………… 372
工程效益 …………………………… 372
工程验收 …………………………… 372
万年闸泵站工程 …………………… 373
工程概况 …………………………… 373
运行管理 …………………………… 373
工程效益 …………………………… 373
工程验收 …………………………… 374
韩庄泵站工程 ……………………… 374
工程概况 …………………………… 374
运行管理 …………………………… 374
环境保护及水土保持 ……………… 374
工程验收 …………………………… 374
南四湖—东平湖段工程 …………… 375
概述…………………………………… 375
工程概况 …………………………… 375
长沟泵站工程 ……………………… 376
工程概况 …………………………… 376
工程投资 …………………………… 376

招标投标 …… 376
工程进展 …… 376
质量管理 …… 376
安全生产 …… 377
施工科技 …… 377
邓楼泵站工程 …… 377
工程概况 …… 377
工程投资 …… 377
招标投标 …… 377
工程进展 …… 378
八里湾泵站工程 …… 378
工程概况 …… 378
工程投资 …… 378
招标投标 …… 378
工程进展 …… 379
梁济运河段工程 …… 379
工程概况 …… 379
工程投资 …… 379
招标投标 …… 379
工程进展 …… 380
柳长河段工程 …… 380
工程概况 …… 380
工程投资 …… 380
招标投标 …… 380
工程进展 …… 381
南四湖湖内疏浚工程 …… 381
工程概况 …… 381
工程投资 …… 381
招标投标 …… 381
工程进展 …… 382
引黄灌区影响处理工程 …… 382
工程概况 …… 382
工程投资 …… 382
招标投标 …… 382
工程进展 …… 382
胶东干线济南—引黄济青段工程 …… 382
概述 …… 382
工程概况 …… 382
济南市区段工程 …… 383
工程概况 …… 383
工程投资 …… 383
工程进展 …… 383
质量管理 …… 383
安全生产 …… 383
陈庄输水线路工程 …… 384
工程概况 …… 384
工程投资 …… 384
建设管理 …… 384
工程进展 …… 384
施工科技 …… 384
质量管理 …… 385
安全生产 …… 385
明渠段工程 …… 385
工程概况 …… 385
工程投资 …… 386
招标投标 …… 386
建设管理 …… 386
工程进展 …… 386
东湖水库工程 …… 387
工程概况 …… 387
工程投资 …… 387
招标投标 …… 387
建设管理 …… 387
工程进展 …… 387
安全生产 …… 388
双王城水库工程 …… 388
工程概况 …… 388
工程投资 …… 388
招标投标 …… 388
工程进展 …… 388
质量管理 …… 389
安全生产 …… 389
穿黄河工程 …… 389
工程概况 …… 389
工程进展 …… 390
运行管理 …… 390
环境保护及水土保持 …… 391
工程验收 …… 391

鲁北段工程 …… 392
概述 …… 392
工程概况 …… 392
小运河段工程 …… 392
工程概况 …… 392
工程投资 …… 392
招标投标 …… 393
建设管理 …… 394
工程进展 …… 394
施工科技 …… 394
质量管理 …… 394
七一、六五河段工程 …… 395
工程概况 …… 395
工程投资 …… 395
工程进展 …… 396
质量管理 …… 396
安全生产 …… 396
灌区影响处理工程 …… 397
工程概况 …… 397
运行管理 …… 397
工程效益 …… 397
环境保护及水土保持 …… 397
工程验收 …… 398
大屯水库工程 …… 398
工程概况 …… 398
工程投资 …… 398
招标投标 …… 399
工程进展 …… 400
施工科技 …… 400
质量管理 …… 401
安全生产 …… 401
东线山东段专项工程 …… 402
东线山东段调度运行管理系统工程 …… 402
工程概况 …… 402
工程投资 …… 402
招标投标 …… 402
工程进展 …… 404
工程监理 …… 404
质量管理 …… 404
安全生产 …… 404
东线山东省文物专项工程 …… 405
工程概况 …… 405
工程进展 …… 405
东线山东段管理设施专项工程 …… 406
工程概况 …… 406
工程投资 …… 407
截污导流工程 …… 407
江苏省截污导流工程 …… 407
概述 …… 407
江都市截污导流工程 …… 407
淮安市截污导流工程 …… 407
宿迁市截污导流工程 …… 408
徐州市截污导流工程 …… 408
山东省截污导流工程 …… 409
概述 …… 409
临沂市邳苍分洪道截污导流工程 …… 410
宁阳县洸河截污导流工程 …… 410
枣庄市薛城小沙河截污导流工程 …… 410
枣庄市峄城大沙河截污导流工程 …… 411
菏泽市东鱼河截污导流工程 …… 411
滕州北沙河截污导流工程 …… 411
滕州市城郭河截污导流工程 …… 412
金乡县截污导流工程 …… 412
曲阜市截污导流工程 …… 412
嘉祥县截污导流工程 …… 413
枣庄市小季河截污导流工程 …… 413
微山县截污导流工程 …… 413
济宁市截污导流工程 …… 414
武城县截污导流工程 …… 414
夏津县截污导流工程 …… 414
鱼台县截污导流工程 …… 415
临清市汇通河截污导流工程 …… 415
聊城市金堤河截污导流工程 …… 415
梁山县截污导流工程 …… 416

拾贰 中线工程

综述 …… 418

干线工程 …… 418

前期工作 …… 418

工程投资 …… 418

招标投标 …… 419

建设管理 …… 421

工程进展 …… 421

工程验收 …… 422

征地移民 …… 423

科学技术 …… 423

审计稽察 …… 424

工程档案管理 …… 424

制度建设 …… 425

水源工程 …… 426

概述 …… 426

丹江口大坝加高工程 …… 427

库区征地移民安置工作 …… 428

水土保持和环境保护工作 …… 428

审计稽察 …… 428

在建工程 …… 429

京石段应急供水工程 …… 429

概述 …… 429

工程概况 …… 429

运行管理 …… 429

北京段永久供电工程 …… 430

工程概况 …… 430

工程投资 …… 430

建设管理 …… 430

工程进展 …… 431

工程监理 …… 431

漳河北—古运河南段工程 …… 432

概述 …… 432

工程概况 …… 432

磁县段工程 …… 432

工程概况 …… 432

工程投资 …… 432

工程进展 …… 433

邯郸市—邯郸县段工程 …… 433

工程概况 …… 433

建设管理 …… 433

工程进展 …… 433

工程监理 …… 434

质量管理 …… 434

永年县段工程 …… 435

工程概况 …… 435

工程投资 …… 435

工程进展 …… 435

工程监理 …… 435

施工科技 …… 435

洺河渡槽工程 …… 436

工程概况 …… 436

工程进展 …… 436

安全生产 …… 436

沙河市段工程 …… 436

工程概况 …… 436

工程进展 …… 437

施工科技 …… 437

质量管理 …… 437

南沙河倒虹吸段工程 …… 438

工程概况 …… 438

工程投资 …… 438

工程进展 …… 438

质量管理 …… 438

邢台市段工程 …… 438

工程概况 …… 438

工程投资 …… 439

工程进展 …… 439

质量管理 …… 439

邢台县和内丘县段工程 …………………… 439
工程概况 …………………………… 439
招标投标 …………………………… 439
建设管理 …………………………… 440
工程进展 …………………………… 440
质量管理 …………………………… 441
临城县段工程 ……………………………… 441
工程概况 …………………………… 441
工程投资 …………………………… 441
工程进展 …………………………… 441
质量管理 …………………………… 442
高邑县—元氏县段工程 …………………… 442
工程概况 …………………………… 442
工程投资 …………………………… 442
工程进展 …………………………… 442
质量管理 …………………………… 442
鹿泉市段工程 ……………………………… 443
工程概况 …………………………… 443
工程投资 …………………………… 443
工程进展 …………………………… 443
质量管理 …………………………… 443
安全生产 …………………………… 443
石家庄市区段工程 ………………………… 444
工程概况 …………………………… 444
工程投资 …………………………… 444
工程进展 …………………………… 444
质量管理 …………………………… 445
穿漳河工程 ………………………………… 445
工程概况 …………………………… 445
建设管理 …………………………… 445
质量管理 …………………………… 445
工程验收 …………………………… 446
环境保护及水土保持 ……………… 446
黄河北—漳河南段工程 …………………… 447
概述 ……………………………………… 447
工程概况 …………………………… 447
温博段工程 ………………………………… 447
工程概况 …………………………… 447
工程投资 …………………………… 447
工程进展 …………………………… 448
质量管理 …………………………… 448
安全生产 …………………………… 448
沁河渠道倒虹吸工程 ……………………… 449
工程概况 …………………………… 449
工程投资 …………………………… 449
质量管理 …………………………… 449
工程验收 …………………………… 449
焦作 1 段工程 …………………………… 450
工程概况 …………………………… 450
工程投资 …………………………… 450
工程进展 …………………………… 450
质量管理 …………………………… 450
焦作 2 段工程 …………………………… 451
工程概况 …………………………… 451
工程投资 …………………………… 451
建设管理 …………………………… 452
工程进展 …………………………… 452
工程监理 …………………………… 452
质量管理 …………………………… 453
安全生产 …………………………… 454
辉县段工程 ………………………………… 455
工程概况 …………………………… 455
工程投资 …………………………… 456
工程进展 …………………………… 456
工程监理 …………………………… 456
安全生产 …………………………… 457
石门河倒虹吸工程 ………………………… 457
工程概况 …………………………… 457
工程投资 …………………………… 457
工程进展 …………………………… 457
工程监理 …………………………… 458
质量管理 …………………………… 458
安全生产 …………………………… 458
新乡和卫辉段工程 ………………………… 459
工程概况 …………………………… 459
工程投资 …………………………… 459
工程进展 …………………………… 459
质量管理 …………………………… 459

鹤壁段工程 …… 460
工程概况 …… 460
工程投资 …… 460
工程进展 …… 460
质量管理 …… 461
安全生产 …… 461
汤阴段工程 …… 462
工程概况 …… 462
工程投资 …… 462
建设管理 …… 463
工程进展 …… 463
质量管理 …… 463
安全生产 …… 463
潞王坟试验段工程 …… 464
工程概况 …… 464
工程投资 …… 464
工程进展 …… 464
工程监理 …… 464
质量管理 …… 465
安阳段工程 …… 465
工程概况 …… 465
工程投资 …… 465
建设管理 …… 466
工程进展 …… 466
工程施工 …… 466
工程监理 …… 467
质量管理 …… 467
穿黄工程 …… 467
工程概况 …… 467
工程投资 …… 468
工程进展 …… 468
施工科技 …… 468
质量管理 …… 469
沙河南一黄河南段工程 …… 469
沙河渡槽工程 …… 469
工程概况 …… 469
工程投资 …… 469
招标投标 …… 469
工程进展 …… 471
质量管理 …… 471
安全生产 …… 471
鲁山北段工程 …… 471
工程概况 …… 471
工程投资 …… 472
招标投标 …… 472
工程进展 …… 472
质量管理 …… 472
安全生产 …… 473
宝丰一郏县段工程 …… 473
工程概况 …… 473
工程投资 …… 473
工程进展 …… 473
质量管理 …… 474
安全生产 …… 474
施工科技 …… 475
北汝河渠道倒虹吸工程 …… 475
工程概况 …… 475
工程投资 …… 475
招标投标 …… 475
工程进展 …… 476
质量管理 …… 476
安全生产 …… 476
禹州和长葛段工程 …… 477
工程概况 …… 477
工程投资 …… 477
招标投标 …… 477
工程进展 …… 478
工程监理 …… 478
质量管理 …… 478
潮河段工程 …… 478
工程概况 …… 478
工程投资 …… 479
招标投标 …… 479
工程进展 …… 481
工程监理 …… 481
质量管理 …… 481
新郑南段工程 …… 481
工程概况 …… 481

工程投资 …… 482
工程进展 …… 482
工程监理 …… 483
质量管理 …… 483
安全生产 …… 483
双洎河渡槽工程 …… 484
工程概况 …… 484
工程投资 …… 484
建设管理 …… 484
工程进展 …… 484
质量管理 …… 484
郑州 2 段工程 …… 485
工程概况 …… 485
工程投资 …… 485
工程进展 …… 485
质量管理 …… 486
郑州 1 段工程 …… 486
工程概况 …… 486
工程投资 …… 487
工程进展 …… 487
质量管理 …… 487
荥阳段工程 …… 487
工程概况 …… 487
工程投资 …… 488
招标投标 …… 488
工程进展 …… 488
质量管理 …… 488
陶岔渠首—沙河南段工程 …… 489
淅川县段工程 …… 489
工程概况 …… 489
工程投资 …… 489
招标投标 …… 489
工程进展 …… 490
施工科技 …… 491
质量管理 …… 491
湍河渡槽工程 …… 491
工程概况 …… 491
工程投资 …… 492
招标投标 …… 492
工程进展 …… 492
质量管理 …… 492
镇平县段工程 …… 493
工程概况 …… 493
工程投资 …… 493
工程进展 …… 498
质量管理 …… 498
南阳市段工程 …… 498
工程概况 …… 498
工程投资 …… 499
工程进展 …… 499
工程监理 …… 499
质量管理 …… 500
南阳膨胀土试验段工程 …… 500
工程概况 …… 500
工程投资 …… 500
工程进展 …… 500
质量管理 …… 501
安全生产 …… 501
白河倒虹吸工程 …… 501
工程概况 …… 501
工程投资 …… 502
建设管理 …… 502
工程进展 …… 502
质量管理 …… 502
安全生产 …… 502
方城段工程 …… 503
工程概况 …… 503
工程投资 …… 503
工程进展 …… 503
质量管理 …… 503
安全生产 …… 503
叶县段工程 …… 504
工程概况 …… 504
工程投资 …… 504
招标投标 …… 504
工程进展 …… 505
质量管理 …… 505
安全生产 …… 505

移民征迁 …………………………… 506
澧河渡槽工程 …………………………… 506
工程概况 …………………………… 506
工程投资 …………………………… 506
招标投标 …………………………… 506
工程进展 …………………………… 507
质量管理 …………………………… 507
安全生产 …………………………… 507
鲁山南 1 段工程 …………………………… 507
工程概况 …………………………… 507
工程投资 …………………………… 507
招标投标 …………………………… 508
工程进展 …………………………… 509
质量管理 …………………………… 509
安全生产 …………………………… 509
鲁山南 2 段工程 …………………………… 510
工程概况 …………………………… 510
工程投资 …………………………… 510
招标投标 …………………………… 510
工程进展 …………………………… 511
质量管理 …………………………… 511
安全生产 …………………………… 511
天津干线工程 …………………………… 512
西黑山进口闸—有压箱涵段工程 ……… 512
工程概况 …………………………… 512
建设管理 …………………………… 512
工程进展 …………………………… 512
质量管理 …………………………… 512
安全生产 …………………………… 513
保定市境内 1 段工程 …………………… 513
工程概况 …………………………… 513
建设管理 …………………………… 513
工程进展 …………………………… 513
工程监理 …………………………… 513
质量管理 …………………………… 514
安全生产 …………………………… 514
施工科技 …………………………… 514
保定市境内 2 段工程 …………………… 514
工程概况 …………………………… 514
工程投资 …………………………… 515
工程进展 …………………………… 515
质量管理 …………………………… 515
安全生产 …………………………… 515
廊坊市境内段工程 ……………………… 515
工程概况 …………………………… 515
工程进展 …………………………… 516
质量管理 …………………………… 516
天津市境内 1 段工程 …………………… 516
工程概况 …………………………… 516
验收工作 …………………………… 517
天津市境内 2 段工程 …………………… 517
工程概况 …………………………… 517
质量管理 …………………………… 517
中线干线专项工程 ……………………… 518
概述 …………………………… 518
工程概况 …………………………… 518
中线干线自动化调度与运行管理决策
支持系统工程 …………………………… 518
工程概况 …………………………… 518
投资计划 …………………………… 518
招标投标 …………………………… 519
工程进展 …………………………… 519
质量管理 …………………………… 519
陶岔渠首枢纽工程 ……………………… 519
工程概况 …………………………… 519
工程投资 …………………………… 520
招标投标 …………………………… 520
建设管理 …………………………… 520
工程进展 …………………………… 520
工程监理 …………………………… 521
质量管理 …………………………… 521
安全生产 …………………………… 521
丹江口大坝加高工程 …………………… 522
工程概况 …………………………… 522
工程投资 …………………………… 522
招标投标 …………………………… 522
工程进展 …………………………… 523
质量管理 …………………………… 524

蓄水安全鉴定工作 …………………… 524
安全生产 …………………………… 525
丹江口大坝加高库区移民安置工程 … 525
库区移民安置工程 ………………… 525
河南省库区移民安置工程 ……… 525
湖北省库区移民安置工程 ……… 526
库区移民安置试点工程 ……………… 529
河南省库区移民安置试点工程 … 529
湖北省库区移民安置试点工程 … 529
汉江兴隆水利枢纽工程 ……………… 529
工程概况 …………………………… 529
工程投资 …………………………… 530
招标投标 …………………………… 530
工程进展 …………………………… 531
施工科技 …………………………… 531
质量管理 …………………………… 532
引江济汉工程 ………………………… 532
工程概况 …………………………… 532
招标投标 …………………………… 533
工程进展 …………………………… 533
施工科技 …………………………… 533
质量管理 …………………………… 534
汉江中下游部分闸站改造工程 ……… 534
概述 …………………………………… 534
工程概况 …………………………… 534
招标投标 …………………………… 535
建设管理 …………………………… 535
襄阳、荆门市境内部分闸站改造工程 …………………………… 535
工程概况 …………………………… 535
工程投资 …………………………… 536
工程进展 …………………………… 536
质量管理 …………………………… 537
潜江、仙桃市境内部分闸站改造工程 …………………………… 537
工程概况 …………………………… 537
工程投资 …………………………… 538
工程进展 …………………………… 538
汉川、天门市境内闸站改造工程 ……… 538
工程概况 …………………………… 538
工程进展 …………………………… 539
质量管理 …………………………… 539
汉江中下游局部航道整治工程 ……… 539
工程概况 …………………………… 539
工程投资 …………………………… 540
招标投标 …………………………… 540
建设管理 …………………………… 541
工程进展 …………………………… 541
工程监理 …………………………… 542
施工科技 …………………………… 542
质量管理 …………………………… 542
征地移民 …………………………… 543
北京市征地移民工作 ……………… 543
河北省征地移民工作 ……………… 543
河南省征地移民工作 ……………… 545
湖北省征地移民工作 ……………… 546
生态环境 …………………………… 547
北京市生态环境保护工作 ………… 547
河北省生态环境保护工作 ………… 547
河南省生态环境保护工作 ………… 547
湖北省生态环境保护工作 ………… 548
陕西省生态环境保护工作 ………… 549
文物保护 …………………………… 550
河南省文物保护工作 ……………… 550
湖北省文物保护工作 ……………… 551
新开工项目介绍 …………………… 551
京石段应急供水工程北京段永久供电工程 ………………………………… 551
工程概况 …………………………… 551
总体布置 …………………………… 552
目标任务 …………………………… 552
穿黄工程管理专项 ………………… 552
工程概况 …………………………… 552
总体布置 …………………………… 553
目标任务 …………………………… 554

汉江中下游局部航道整治工程 ……… 554
工程概况 …………………………… 554
工程等别和建筑物级别 ………… 555
工程总体布置 …………………… 555
建筑物设计 ……………………… 555

拾叁 西线工程

综述 …………………………………… 558
概述 ……………………………… 558
南水北调西线第一期工程项目建议书补充工作 ………………… 558
重点研究项目 ………………………… 560
南水北调工程与黄河流域水资源配置的关系研究 ……………… 560
南水北调西线工程方案前期工作成果分析研究 ………………… 560
南水北调西线一期工程方案比选模型开发研究 ………………… 561
重要会议 …………………………… 561
国务院南水北调办与宁夏回族自治区在银川召开南水北调西线工程座谈会 ……………………… 561
水利部与宁夏回族自治区在银川召开座谈会 …………………… 562
《南水北调工程与黄河水资源配置关系研究任务书》审查会在北京召开 ………………………… 562
《南水北调工程与黄河流域水资源配置的关系研究工作大纲》咨询会在北京召开 …………… 563
其他 …………………………………… 563
国务院南水北调办考察南水北调西线工程 ……………………… 563
水文观测工作 …………………… 563

拾肆 配套工程

北京市 ……………………………… 566
概述 ……………………………… 566
建设任务 ………………………… 566
前期工作 ………………………… 566
资金筹措与使用管理 …………… 567
投资计划 ………………………… 568
在建工程 ………………………… 568
土地房屋征收补偿 ……………… 570
工程绿化 ………………………… 571
建设管理 ………………………… 571
科技工作 ………………………… 572
天津市 ……………………………… 573
概述 ……………………………… 573
前期工作 ………………………… 573
投资计划 ………………………… 573
资金筹措与使用管理 …………… 574
建设管理 ………………………… 575
运行管理 ………………………… 575
征地拆迁 ………………………… 575
科技工作 ………………………… 575
河北省 ……………………………… 576
概述 ……………………………… 576
前期工作 ………………………… 576

投资计划与在建工程 …………… 577
资金筹措与使用管理 …………… 577

江苏省 …………………………………… 578

概述 …………………………………… 578
在建工程 ……………………………… 578

山东省 …………………………………… 579

概述 …………………………………… 579
工程规划 ……………………………… 579
前期工作 ……………………………… 580
投资计划 ……………………………… 580
资金筹措 ……………………………… 581
建设管理 ……………………………… 581

河南省 …………………………………… 582

概述 …………………………………… 582
建设管理 ……………………………… 582

拾伍 队伍建设

国务院南水北调工程建设委员会办公室 ……………………………… 584

概述 …………………………………… 584
队伍建设与组织机构 ……………… 584
人事任免 ……………………………… 585
党的建设与精神文明建设 ……… 586

有关省（直辖市）南水北调工程建设管理机构 ……………………… 589

北京市 ………………………………… 589
机构设置 ……………………………… 589
队伍建设 ……………………………… 590
人事任免 ……………………………… 590
党建工作 ……………………………… 590
党风廉政建设 ……………………… 591
天津市 ………………………………… 592
队伍建设 ……………………………… 592
党风廉政建设 ……………………… 592
河北省 ………………………………… 592
党建工作 ……………………………… 592
廉政建设 ……………………………… 593
江苏省 ………………………………… 593
队伍建设 ……………………………… 593
党风廉政建设 ……………………… 593
山东省 ………………………………… 593
机构设置 ……………………………… 593
干部人事管理 ……………………… 594
党建工作和精神文明建设 ……… 597
河南省 ………………………………… 598
概述 …………………………………… 598
机构设置 ……………………………… 599
人事任免 ……………………………… 599
纪检监察 ……………………………… 599
党建工作 ……………………………… 600
湖北省 ………………………………… 601
队伍建设 ……………………………… 601
党风廉政建设 ……………………… 602

项目法人单位 ……………………………… 603

南水北调中线干线工程建设管理局 … 603
组织机构 ……………………………… 603
队伍建设 ……………………………… 603
党的建设和精神文明建设 ……… 605
外事工作管理 ……………………… 607
南水北调中线水源有限责任公司 …… 608
人才队伍建设 ……………………… 608
党建工作 ……………………………… 608
党风廉政建设 ……………………… 609
南水北调东线江苏水源有限责任公司 ……………………………… 610
人事外事管理 ……………………… 610

党建工作 …………………………… 610
档案管理工作 …………………… 611

拾陆 统计资料

在建工程基建投资统计 ……………… 614
概述 ………………………………… 614
2012年投资安排及完成情况 …… 614
东线一期在建工程建设进展
情况 ……………………………… 614
中线一期在建工程建设进展
情况 ……………………………… 621
在建工程投资计划统计表 …………… 631
南水北调东、中线一期工程
在建设计单元工程投资情
况表 ……………………………… 631
南水北调工程在建设计单元
项目进展完成工程量表 ……… 636

拾柒 大事记

一月 ………………………………… 644
二月 ………………………………… 644
三月 ………………………………… 645
四月 ………………………………… 645
五月 ………………………………… 646
六月 ………………………………… 647
七月 ………………………………… 647
八月 ………………………………… 648
九月 ………………………………… 649
十月 ………………………………… 649
十一月 ……………………………… 649
十二月 ……………………………… 650

CHINA SOUTH-TO-NORTH WATER DIVERSION PROJECT CONSTRUCTION YEARBOOK

壹 领导视察

INSPECTION

国务院副总理李克强参加湖北代表团审议，强调帮助库区移民逐步致富，保证一泓清水北上

2012年3月7日，中共中央政治局常委、国务院副总理李克强参加了十一届全国人大五次会议湖北代表团的审议。

代表们踊跃发言，湖北代表团基层人大代表辛喜玉向李克强送上一瓶丹江口水库清水，表达南水北调中线水源地群众的心意。

李克强说，中部地区崛起正在发力，对全国大局具有重要作用。要努力走出工业化、城镇化、农业现代化协调发展的路子，发挥"三化并举"对扩内需、调结构、转方式的综合效应。要打好新一轮扶贫开发攻坚战，支持革命老区、民族地区发展。要帮助库区移民逐步致富，保证南水北调一泓清水北上。要筑牢社会保障安全网，把财政资金更多向民生领域倾斜，注重健全机制，保障好基本民生，使困难群众有依靠、有奔头。他希望湖北抓住机遇，努力构建促进中部地区崛起的重要战略支点。

国务院副总理回良玉在河南省南阳市考察南水北调工程

2012年9月16～17日，中共中央政治局委员、国务院副总理、国务院南水北调工程建设委员会副主任回良玉在河南省南阳市考察南水北调工程。他强调，南水北调工程是优化水资源配置、促进区域协调发展的基础性工程，是新中国成立以来投资额最大、涉及面最广的战略性工程，事关中华民族长远发展。目前，工程建设到了决战决胜的关键阶段，要进一步振奋精神，团结协作，合力攻坚，扎实推进，严格控制工程质量，切实加强水质保护，继续搞好移民安置，促进沿线经济社会发展和生产生活方式转变，把南水北调工程真正建成民生工程、民心工程。

回良玉指出，南水北调工程自2002年开工建设以来，历经十个年头，经过各方面的共同努力，工程建设顺利推进，东线工程已开始在防涝抗旱、生态保护等方面发挥作用，中线京石段工程已三次向北京应急调水，工程综合效益开始显现。到2012年底，东线主体工程可望基本完工，2013年通水；中线工程建设在加紧推进，2014年也将实现通水。目前工程建设任务艰巨，时间紧迫，要进一步凝聚力量，攻坚克难，确保如期实现工程建设目标。

位于南阳市淅川县九重镇的陶岔渠首枢纽工程，是中线工程的"水龙头"。南水北调中线将从这里开闸引水，向河南、河北、北京及天津四省市供水。回良玉实地考察了陶岔渠首枢纽工程和渠道的建设情况。他强调，要紧紧围绕通水目标，科学组织，合理调度，扎实推进工程建设，全面加强质量管理。南水北调工程点多线长，建设环境复杂，参建单位众多，又面临一些重大技术问题，质量管理难度很大。要始终坚持质量第一，落实全员质量管理责任，努力把工程建设成为精品工程和放心工程，切实做到不给工程留隐患，不给后代留遗憾。

回良玉十分关心移民安置情况，他深入移民新村走访看望移民，了解移民的生产生活状况。他强调，移民群众舍小家、顾大家，为工程建设做出了重大贡献，妥善安置他们的生产生活是我们的重要责任，要坚持以人为本，民生优先，切实解决好移民群众的各种实际困难和问题。现在，丹江口库区移民搬迁任务已基本完成，要把工作重心转向后期帮扶，切实落实好国家对移民的后期扶持政策，因地制宜发展特色优势产业，促进劳动力转移就业，加强就业、创业指导服务，确保移民"搬得出、稳得住、能发展、快致富"。

回良玉高度关注南水北调水质问题，专门来到丹江口水库察看。他强调，能不能确保一泓清水北上，关系到南水北调工程的成败，关系到沿线和京津地区人民生命健康。目前东线治污规划确定的项目已全部建成，中线水源保护措施在不断加强，水质持续改善。但治污和水源保护是一项长期的任务，要把水污染治理和生态环境保护放在更加重要的位置，调整产业结构，减少污染排放，强化水污染防治，加大水源地水土保持等生态建设力度，不断巩固和发展治污环保取得的成效，确保水源地和沿线水体安全。

考察期间，回良玉还深入田间地头，实地察看秋粮生产情况。基层干部群众反映，2012 年各方面支持得力，有望再获丰收。回良玉对河南省粮食生产工作给予充分肯定，勉励农民群众多种粮、种好粮。他要求切实抓好秋粮后期管理，确保丰收到手，同时认真做好秋粮收购准备工作。

中共中央政治局委员、国务委员刘延东视察丹江口大坝加高工程

2012 年 8 月 19 日下午，中共中央政治局委员、国务委员刘延东在湖北省省委书记、省人大常委会主任李鸿忠，省委副书记、省长王国生，省委常委、省委秘书长傅德辉，副省长郭生练及十堰市、丹江口市领导的陪同下视察了南水北调中线水源丹江口大坝加高工程。

在 18 号坝段，刘延东一行查看了工程建设进展情况和库区水质情况，听取了中线水源公司关于中线水源工程建设进展情况的汇报，汉江水利水电（集团）有限责任公司关于丹江口水利枢纽初期工程、汉江集团工业企业发展情况的汇报，以及湖北省南水北调建管局关于库区水土保持与水污染防治、库区移民、汉江中下游治理工程与进展情况的汇报。刘延东对工程建设取得的成绩给予了肯定，要求在保证工程建设质量的前提下，继续做好后续工程的施工，确保按期实现通水目标，同时要求相关部委加大对南水北调工程的支持。

中共中央政治局委员王兆国视察山东省滕州市期间就南水北调工程做出指示

2012 年 6 月 17 日，中共中央政治局委员、全国人大常委会副委员长、中华全国总工会主席王兆国到山东省滕州市视察。期间，王兆国对滕州市在南水北调生态保护与治理工作中付出的努力给予充分肯定。他说，东线南水北调意义重大，山东（滕州）对南水北调工程做出了积极贡献，同时也是直接的受益者。国家加大对东线南水北调的投入，将会大大改善水质，让整个东线的河道湖泊水量充裕，城市自身需水量得到充分保障，对整个流域、区域内人民的生产生活会起到良好的促进作用。

全国人大副委员长、全国妇联主席陈至立视察丹江口大坝加高工程

2012 年 5 月 17 日，全国人大副委员长、全国妇联主席陈至立视察了丹江口大坝加高工程。

在 18 号坝段，陈至立仔细查看了丹江口大坝加高工程的施工情况，听取了中线水源公司关于中线水源工程建设进展情况的汇报。陈至立对南水北调工程高度关注，详细询问了工程进度、质量、投资控制、水库水质、水环境保护等情况，当听到南水北调中线主体工程将于 2013 年完工、2014 年汛后通水

时，她对工程建设进展情况表示满意，并向全体建设者表达亲切的问候。

原中共中央政治局委员、国务院副总理吴仪，第十届全国政协副主席、中国工程院主席团名誉主席徐匡迪视察南水北调中线工程水源地

2012年5月16～17日，原中共中央政治局委员、国务院副总理吴仪，第十届全国政协副主席、中国工程院主席团名誉主席徐匡迪一行莅临湖北省十堰市视察。吴仪、徐匡迪仔细了解了十堰生态环境建设、南水北调中线工程核心水源区水质保护等情况。吴仪、徐匡迪说，实施南水北调，是党中央、国务院落实科学发展观的重要举措，是事关国家长治久安和中华民族伟大复兴的千秋伟业。作为南水北调中线工程的核心水源区，十堰市一定要搞好工程建设，护好青山绿水，确保一库清水永续北送，这既是为国家做出贡献和牺牲，也是为自身发展打基础、增后劲。

十届全国政协副主席李蒙视察丹江口大坝加高工程

2012年5月27日，十届全国政协副主席李蒙视察了丹江口大坝加高工程。湖北省政协副主席陈天会，中线水源公司以及十堰市、丹江口市、汉江水利水电（集团）有限责任公司的领导陪同考察。

在18号坝段，李蒙查看了正在进行施工的大坝加高工程，听取了中线水源公司关于工程建设情况的汇报。李蒙对丹江口水利枢纽十分熟悉，详细询问了中线工程调水、大坝加高工程新老混凝土结合、机组改造等情况，查看了库区水质情况，当看到碧波荡漾的一库清水时，他十分高兴，拿出手机拍照留念。

李蒙要求，要进一步落实水污染防治和水土保持工作，做到先治污后通水、先环保后用水，确保一库清水永续北送。

贰 重要会议

IMPORTANT MEETING

国务院副总理李克强主持、国务院副总理回良玉参加，召开国务院南水北调工程建设委员会第六次全体会议

2012年3月20日，中共中央政治局常委、国务院副总理、国务院南水北调工程建设委员会主任李克强主持召开国务院南水北调工程建设委员会第六次全体会议并讲话。他强调，要按照科学发展的要求，加强统筹协调，携手通力攻坚，扎实推进工程建设，确保按期实现通水目标，把这项重大工程建设成为质量可靠放心的工程、移民稳定致富的工程、管理阳光廉洁的工程。

会上，国务院南水北调办负责人汇报了工程的最新进展，沿线省市和有关部门负责人发了言。会议认为，2011年以来，南水北调工程建设全面加速，工程质量总体良好，部分已建工程开始发挥效益。东线治污和中线水源保护得到加强，水质达标率提高。征地移民平稳有序，移民搬迁任务已完成95%。同时，部分工程进展还不平衡，材料、人工价格上涨推动建设成本上升，安置好移民仍需做很多后续工作。这些问题都要认真研究，统筹解决。

李克强指出，干旱缺水是我国很多地区经济社会发展的重大制约，特别是近年来北方干旱频率加大，2011年入冬至2012年3月中，京津地区降水较常年同期偏少四成以上，地下水得不到补充，问题十分突出，而且这会是一个较长的过程。要从根本上破解缺水的困局，实现可持续发展，必须加快转变经济发展方式和调整经济结构，在大力节水和治污的同时，加快推进南水北调这样的优化我国水资源配置的重大战略工程。经过近十年来各方共同努力，南水北调工程已取得重大进展，为完成全部任务、实现预期目标打下了良好基础。当前，东线通水已进入倒计时，中线也将在2014年实现通水，2012年是最为关键的一年。要进一步增强紧迫感，真抓实干，科学安排工程进度，同步推进主体工程和配套建设，抓紧研究健全后续管理机制和水源区生态补偿政策，确保工程按计划通水并持续发挥效益，促进实现受水区与水源区互利共赢、共同发展。

李克强强调，在南水北调工程建设中，要注意重点把握好三方面要求。一是把工程建成质量可靠放心的工程。在确保通水的同时，绝不能放松工程质量和水质安全。要加强工程质量监管，实现东线沿线水质监测全覆盖，坚决杜绝污染源，加强治污成果检查考核，开展中线总干渠两侧保护区生态建设，保证北上水质稳定达标。二是把工程建成移民稳定致富的工程。库区和沿线广大移民为调水做出了很大贡献，要加大移民后期帮扶力度。帮助他们解决实际困难，创造更多就业和发展空间，使他们安居安定安心，更好地参与和融入当地经济社会发展，实现逐步致富。三是把工程建成管理阳光廉洁的工程。南水北调是一项规模宏大、涉及面广的系统工程，要严格建设资金监管，科学控制成本，发挥审计、稽查、检查联动机制作用，堵塞漏洞，切实用好每一笔资金，把宝贵的资金用在刀刃上。

李克强指出，南水北调工程建设任务重、责任大、困难多，有关部门要按照党中央、国务院决策部署，加大投资、财政、金融、价格、土地等方面的政策支持，工程沿线省（市）要加强相互配合，健全对口协作机制，保质、保量完成好各项任务。

中共中央政治局委员、国务院副总理、国务院南水北调工程建设委员会副主任回良玉出席会议并讲话。他在充分肯定南水北调工程建设取得的显著成绩后指出，南水北调工程已进入决战攻坚期，务必要统筹抓好工程进度和质量安全，统筹考虑主体工程和配

套建设，统筹安排移民搬迁和后期扶持，统筹兼顾治污环保和沿线发展，统筹协调工程建设和运行管理，确保各项工作如期顺利推进，确保南水北调工程早日充分发挥效益。

建委会各成员单位和有关部门负责人、工程沿线省（市）政府负责人等出席了会议。

国务院南水北调办召开办务扩大会议，传达贯彻国务院南水北调工程建设委员会第六次全体会议精神

2012年3月21日，国务院南水北调办召开办务扩大会议，传达贯彻国务院副总理李克强、回良玉在国务院南水北调工程建设委员会第六次全体会议上的重要讲话，安排部署南水北调工程建设各项工作。国务院南水北调办党组书记、主任鄂竟平出席会议并讲话。国务院南水北调办党组成员、副主任张野主持会议。蒋旭光、于幼军分别传达李克强、回良玉重要讲话。

鄂竟平在讲话中指出，国务院南水北调工程建设委员会第六次全体会议召开得十分成功。国务院副总理李克强、回良玉在会上作了重要讲话，充分肯定了前一阶段的建设成绩，阐述了南水北调工程的重要性，强调了当前加快工程建设的紧迫性，要求从全局的高度、战略的层面增强对南水北调工程的紧迫感和责任感，要求各部门切实履行职责，各有关方面通力协作，切实把工作落实到位，把下一阶段任务完成好。与会各部门、各省市纷纷表示南水北调工程正值关键时期，将全力支持搞好工程建设。会议充分肯定了2011年工作成绩，同意了2012年工作计划，进一步统一了有关部门、各省市对于当前南水北调工程建设形势的认识，明确了工作方向、目标、任务和工作要点，南水北调工程建设决战决胜的环境氛围已经形成。

鄂竟平强调，国务院南水北调工程建设委员会第六次全体会议取得成功，总结原因有三点。一是2011年南水北调工作成绩显著。具体体现在工程投资完成578亿元，首次超额完成年度计划任务；工程质量监管力度空前，质量形势明显向好；库区移民搬迁大头落地，移民基本稳定；东线水质达标率大幅提高，中线水源保护两个规划批复完成等方面。实实在在的工作成绩为会议成功召开奠定了基础。二是2012年南水北调工作计划实事求是，切实可行。中央各部门、沿线各省市一致赞同，有利于达成共识，形成合力。三是会议筹备工作扎实充分。会前进一步加强沟通协调，充分征求中央有关部门、沿线省市意见，形成了务实的工作方案，为国务院南水北调工程建设委员会第六次全体会议成功召开创造了条件。

鄂竟平强调指出，学习领会和贯彻落实国务院领导重要讲话和国务院南水北调工程建设委员会第六次全体会议精神是当前南水北调系统的重要任务。一是深入学习和领会国务院领导重要讲话。南水北调系统各单位要通过学习讲话精神，把握精神内涵，统一思想认识，为开展下步工作明确工作思路。二是做好会议议定事项的落实工作。按照建委会部署，尽快研究并提出重要事项的分工落实意见和工作计划，统筹协调各有关部门、沿线各省市把各项工作落实到位。三是全力推进工程建设各项任务。按照建委会统一部署和系统工作会提出的“突出重点推进度、突出高压抓质量、突出帮扶稳移民、突出深化保水质、突出监控管资金”工作思路，进一步加大各项工作力度，敢出实招，务求实效，为确保南水北调工程如期通水奠定坚实基础。

2012年南水北调工程建设工作会议在江苏省南京市召开

2012年1月11日，2012年南水北调工程

建设工作会议在江苏省南京市召开，深入贯彻落实中央水利工作会议精神，进一步传达学习国务院领导同志重要批示精神，系统总结2011年南水北调工程建设工作，客观分析南水北调工程建设面临的新形势，安排部署2012年各项工作任务。国务院南水北调办党组书记、主任鄂竟平出席会议并讲话。国务院南水北调办党组成员、副主任张野、蒋旭光、于幼军出席会议，江苏省副省长徐鸣到会致辞。

中央组织部、国家发展改革委、公安部、财政部、国土资源部、环境保护部、交通运输部、水利部、审计署等部门有关负责同志应邀出席会议。

鄂竟平在讲话中指出，2011年，南水北调系统紧紧围绕年度目标任务，全面贯彻落实国务院南水北调工程建设委员会第五次全体会议和2011年建设工作会议精神，在党中央、国务院的坚强领导、中央有关部门的大力支持和工程沿线各级党委、政府及人民群众的努力配合下，各项工作不断实现新突破。全年实现开工项目34项，共完成投资578亿元。东线穿黄隧洞主体工程已经完工，中线穿黄隧洞内衬施工取得突破，中线湍河、沙河渡槽进入主体施工阶段。跨渠公路桥梁、铁路交叉工程建设取得明显进展；配套工程扎实、有序推进；中线京石段工程继续向北京应急调水；东线部分完建工程继续发挥排涝抗旱效益。工程质量安全管理明显加强，研究制定工程建设质量问题责任追究管理办法和工程合同监督管理规定，严格责任追究；强化质量监管手段；通过专项整治加强质量过程控制；及时、有效处理质量问题，追究质量责任；继续深入开展“安全生产年”活动，切实保障安全生产。投资控制从严从紧，资金使用安全可靠。全年完成18万人丹江口库区移民搬迁任务，累计搬迁移民33万人，占移民总数34.5万人的96%；干线征迁满足工程建设需要。东线治污和中线水源保护成效显著；中线干线两侧生态带建设规划、水源区三省对口协作帮扶工作方案编制完成。高填方渠段施工、膨胀土处理、中线穿黄隧洞内衬、特大型渡槽设计施工等重大技术问题正在突破。

鄂竟平强调，以上成绩的取得，是党中央、国务院正确领导的结果，是中央各部门协调配合、沿线各地高度重视的结果，是沿线广大干部辛勤努力和广大群众大力支持的结果，也是各级办事机构和项目法人以及全系统广大干部职工团结拼搏、戮力攻坚的结果。他代表国务院南水北调办党组对大家为南水北调工作做出的积极努力和辛勤奉献表示感谢。

鄂竟平指出，2011年中央水利工作会议强调：水是生命之源、生产之要、生态之基，水利是现代农业建设不可或缺的首要条件，是经济社会发展不可替代的基础支撑，是生态环境改善不可分割的保障系统。新形势下，我国经济社会发展和人民生活改善对水提出了新的要求，水资源供需矛盾更加尖锐，水对经济安全、生态安全、国家安全的影响更加突出，成为制约可持续发展的重要因素。必须立足当前、着眼长远，促进水资源合理开发、优化配置、全面节约、有效保护、科学管理、永续利用，必须大力倡导、全面强化节约用水，所有调水工程建设都必须坚持先节水后调水、先治污后通水、先环保后用水的原则。实现南水北调工程2012年建设目标，全系统要进一步认清形势，统一思想，明确任务，把握机遇，推进工作。

鄂竟平对当前南水北调工程面临的形势进行了全面分析。他指出，南水北调工程建设存在许多有利条件：一是党中央、国务院对南水北调工程高度重视；二是中央有关部门和沿线各省（市）思想进一步统一；三是制约工程建设进度的关键障碍逐步减少；四是质量管理体系日趋完善，质量监管高压态势基本形成；五是参建单位及全体建设者投身南水北调事业的热情进一步高涨。鄂竟平同时指出，尽管2011年南水北调工程建设实现了三年决战的良好开局，但“两期”形势下面临的众多难题和风险依然存在：一是工程进度尚存风险，工期紧张是突出问题；二是质量安全管理仍待加强，质量常见病、多发病时有发生；三是投资控制渐趋困难，面临物价快速上涨、资金筹集难等多方压力；四是库区移民安置维稳压力大，城集镇、专项迁建及库底清理等剩余任务仍然繁重；五是治污环保任务艰巨，东线存在水质难以稳定达标的风险，水源区面临保护与发展的双重压力。

鄂竟平在讲话中提出，2012年南水北调工程建设的目标是：工程建设方面，计划完成投资640亿元以上，东线与通水直接相关的主体工程基本完工，渠道（河道）工程基本具备过水条件；中线黄河以北除穿黄隧洞、焦作城区段、洺河渡槽外，主体工程基本完工，天津干线工程具备试通水条件，黄河以南渠道挖填基本完成，渠道衬砌全面展开；控制性工程在2011年基础上再削减一半。征地移民方面，全面完成库区移民剩余1.5万人搬迁扫尾任务；完成城集镇、专业项目等剩余迁建任务；开展库区清理，做好蓄水前验收等各项准备工作；加快各类专项设施迁建和用地手续办理，确保干线建设用地。治污环保方面，年底前东线干线排污口全部关闭，深化治污重点补充项目全部建成投运，输水干线水质基本达到地表水Ⅲ类水质标准；在国家批复中线水源区两个规划及对口协作方案基础上，全面展开项目前期工作，启动重点骨干项目建设，确保水源区水质稳定在地表水Ⅱ类。

鄂竟平强调，2012年是三年决战的关键之年，是承上启下、继往开来、至关重要的一年，要着力做好以下几方面工作。一是突出重点推进度。紧紧围绕通水目标，找准工作要点，突出工作重点，抓住主要矛盾，主攻薄弱环节，使工程建设全方位提速。二是突出高压抓质量。树立“严打重防”的理念，痛下决心、硬起手腕，采取“坚决打、反复打、频繁打”的做法，继续保持质量管理的高压态势，对各种违法违规行为实行“零容忍”。三是突出帮扶稳移民。深入落实“两制度（工作定期商处制度、矛盾纠纷排查化解制度）、两机制（遗留问题巡查督办机制、信访上访联动处置机制）”，努力做到“两促进（促进移民发展、促进蓄水前各项准备工作）、两确保（确保搬迁后续任务完成、确保社会稳定）”，帮扶移民群众发展生产，实现征地移民和谐收尾，维护社会大局稳定。四是突出深化保水质。树立危机意识，加大东线治污工作力度，为如期通水创造条件；加快丹江口库区及上游水污染防治和水土保持规划及经济社会发展规划的实施步伐。五是突出监控管资金。严格执行“两严控（严控投资总规模、严控变更增加投资）”，有效控制投资规模，切实强化资金监管，提高资金使用效率。

鄂竟平最后要求，全系统要充分估计形势的复杂性、严峻性和不确定性，把各方面的困难和问题考虑得更充分些，以战战兢兢、如临深渊、如履薄冰的紧张感，以坐不住、等不起、慢不得的危机感，以最大的决心、最强的力度、最好的状态，积极作为，推进南水北调工程优质高效、又好又快建设。鄂竟平特别强调三点：一要讲协作，牢固树立“一荣俱荣、一损俱损”的观念，与国务院南水北调办党组始终保持思想上同心、目标上同向、行动上同步、工作上同力，不辱使命、不负重托，全力以赴，共同营造团结协作、干事创业的浓厚氛围，共同推动南水北调工作扎实有序进行；二要讲实干，进一步营造有事干、愿意干、能干好的工作环境，坚决克服半心半意、三心二意、虚心假意的工作状态，坚决反对当官不做事、任职不尽责、在岗不干活的官僚作风；三要讲廉洁，始终做到头脑清醒、抵制诱惑，胸怀坦荡、心底无私，防微杜渐、警钟长鸣，在工作上、廉政上都能经得起时间、历史和实践的检验，真正创造出无愧于党、无愧于民、无愧于心的业绩！

会上，国务院南水北调办与南水北调各项目法人签订了《南水北调工程建设目标责任书》。

国务院南水北调工程建设委员会专家委员会在北京召开2011年工作总结会议

2012年2月2日，专家委员会在北京召开2011年工作总结会议。专家委员会主任陈厚群院士、国务院南水北调办主任鄂竟平出席会议并讲话。专家委员会副主任、国务院南水北调办副主任张野主持会议。

会上，鄂竟平代表国务院南水北调办党组对专家们为南水北调工程建设所做出的贡献表示感谢。他介绍了2011年南水北调工程“大抓工程进度、狠抓质量安全、严抓投资控制、细抓征地移民、深抓治污环保、强抓技术攻关”所取得的喜人成绩，对专家委员会在破解重大关键技术问题中所起到的强有力的技术支撑作用表示赞赏，并对专家委员会前主任潘家铮院士等专家心系南水北调工程建设表示钦佩。

针对2012年南水北调工程建设所面临的难题，鄂竟平向专家们介绍了破解难题的五个“突出”措施，即突出重点推进度、突出高压抓质量、突出帮扶稳移民、突出深化保水质、突出监控管资金。他对2012年专家委员会工作提出两点建议：一是建议专家委员会为南水北调工程建设提供更有针对性的技术支撑，希望专家委员会紧盯影响工程建设的重大和普遍性的技术问题；二是建议适应南水北调工程建设工期紧迫的形势，以“准”、“快”、“实”来开展技术咨询服务，即抓“准”南水北调工程建设迫切需要解决的重大技术问题和带有普遍性的技术难题，“快”速解决技术问题，在技术咨询时一定要有一个明确的符合“实”际的结论。

鄂竟平强调，针对“准”、“快”、“实”，建议专家委员会建立能够深入基层、深入工地、深入一线的机制；在加强与国务院南水北调办沟通的基础上，与有关司、直属单位建立联席会议机制。

会上，专家委员会主任陈厚群院士作了讲话，专家委员会秘书长、国务院南水北调办总工程师沈凤生汇报了2011年技术咨询情况和2012年工作安排。

与会专家认为，南水北调工程建设任务繁重，在建委会及国务院南水北调办党组的正确领导下，2011年工程建设成绩巨大。大家一致表示，要集中各位专家的集体智慧和力量，求真务实，攻坚克难，共同做好2012年南水北调工程建设的技术咨询工作。

专家委员会全体委员出席会议。

山东省南水北调工程建设指挥部成员大会在山东省济南市召开

2012年4月10日，山东省南水北调工程建设指挥部在山东省济南市召开成员会议。会议强调，要围绕“2012年底基本完成主体工程建设任务，2013年如期通水”的目标，按照科学发展观的要求，贯彻统筹兼顾的原则，在确保质量安全的前提下，狠抓工程进度，继续做好征迁、治污、运行管理等各项工作，全力以赴打好工程建设攻坚战。

国务院南水北调办召开东、中线一期工程通水验收工作领导小组第一次全体会议

2012年4月12日，国务院南水北调办南水北调东、中线一期工程通水验收工作领导

小组召开第一次全体会议，国务院南水北调办副主任、通水验收领导小组组长张野主持会议并讲话，通水验收领导小组全体成员参加了会议。

会议听取了通水验收领导小组办公室关于南水北调工程验收工作情况的汇报，分析了当前验收工作面临的困难和问题，就进一步做好验收工作提出了要求。

张野在讲话中指出，验收是工程建设的基本程序，是工程投入使用的前提条件，随着南水北调工程通水目标的日益临近，验收工作任务日益凸显。南水北调工程线路长，验收工作涉及施工合同验收、专项验收、设计单元工程完工验收等多个环节，协调任务重，验收工作强度大，各有关单位务必要高度重视验收工作，充分认识做好验收工作的艰巨性和复杂性，周密部署，统筹安排，有序推进各项验收工作，确保通水目标的如期实现。

对于下一步工作，张野要求各部门要结合各自工作职责，按照通水目标要求，制订出合理的专项验收计划，明确相应责任，加快推进各专项验收工作；要把握重点，加快研究推进库底清理、桥梁验收移交的工作措施，为顺利开展验收工作创造条件；要加强验收办公设施、设备建设和经费保障研究，为验收工作顺利开展提供物质保障；要加快验收专家组（专家库）的组建，为验收工作提供有力技术支持；要进一步建立完善验收各项规章制度，尽快使验收工作步入正轨。

河南省召开南水北调中线工程建设领导小组全体成员会议

2012 年 4 月 23 日，河南省召开全省南水北调中线工程建设领导小组全体成员会议，贯彻落实国务院南水北调工程建设委员会第六次全体会议精神，回顾、总结河南省南水北调工作取得的成效和经验，安排部署下一步南水北调工作任务。河南省省委副书记、省长郭庚茂在会议上强调，南水北调工程建设，事关国家改革发展稳定全局，事关中原崛起河南振兴大局，要发扬成绩，再接再厉，精心组织，以背水一战、务求必胜的决心做好各项工作，确保工程顺利推进、顺利完成。

郭庚茂在讲话中充分肯定 2011 年河南省南水北调工作取得的成绩。他指出，2011 年河南省南水北调工程建设工作成绩非凡，经验宝贵。成绩非凡，主要是在工程建设上不仅征地、拆迁、施工保障等方面做得很好，而且环境保护、水质保护等工作也取得明显成效。其中，最突出的亮点是移民迁安工作基本完成，实现丹江口库区移民“四年任务、两年完成”目标，做到无伤、无亡、无漏一人，创造中国移民史上的奇迹，得到党中央、国务院和国家有关部委的肯定和赞扬。2011 年南水北调工作不仅为中线工程顺利推进奠定坚实基础，也为全省经济社会又好又快发展做出重要贡献。经验宝贵，主要是南水北调工作的经验，不仅对继续做好南水北调工作，而且对推动其他工作也有很好的借鉴意义。这些经验归纳起来有四条：一是领导重视，决心到位；二是以人为本，建设为民；三是组织严密，措施得力；四是分工合作，同心协力。这些经验弥足珍贵，要长期坚持并不断发扬光大。

郭庚茂强调，南水北调作为国家优化水资源配置的重大战略性工程，不仅是国家发展大局的一项重大决策，而且是河南省自身发展的需要。2012 年是党的十八大召开之年，是河南省全面推进中原经济区建设的开局之年，也是南水北调建设的决战年。举世瞩目的南水北调工程建设，事关国家改革发展稳定全局，事关中原经济区建设大局。做好南水北调工作，不仅能够提高水这种战略资源的保障能力，为中原崛起河南振兴提供战略保障，而且在 2012 年这个特殊年份，对于扩大投资需求、促进经济平稳快速发展也有重要意义。

就做好2012年南水北调工作，郭庚茂强调：一要精心组织，加快工程建设进度。国家已明确明年南水北调中线主体工程完工、2014年汛后实现通水。河南段工程量大且开工时间晚、承担的移民搬迁和稳定任务重、系统性很强且复杂程度高。一定要毫不松懈地把各项工作做好，积极完成征地拆迁和建设条件的创建，为干线工程施工创造好的环境，同时要搞好配套工程和沿线环境、景观建设。二要再接再厉，做好征地移民后续工作。要做好对搬迁移民的后续帮扶工作，通过发展提高搬迁移民的收入水平，实现稳得住、快致富。三要强化措施，加强水污染防治和水源地保护。要继续把治污环保和水源地保护工作放在更加突出的位置，坚持"先节水后调水、先治污后通水、先环保后用水"原则，系统规划，严密监控，及早治理。四要落实措施，确保建设资金筹措到位。按照既定的筹资方案，各级财政资金要确保到位，南水北调基金要征缴到位，要创新筹资机制。

郭庚茂最后强调，要强化责任，狠抓落实。一要坚定决心，争取主动。要用背水一战、务求必胜的决心来做，不允许不干或干不成，不允许拖延工期，不允许水质污染，不允许质量出问题。二要统筹兼顾，克难攻坚。全省一盘棋，齐心协力打好这一战。三要严密监管，廉洁自律。一方面加强各个环节的监督，用制度来堵塞漏洞，另一方面警告方方面面，不要碰高压线。四要以人为本，维护稳定。工程建设要坚持依靠群众，充分调动群众积极性，使群众成为工程的受益者，争取群众支持，确保工程顺利推进、顺利完成。

河南省副省长张大卫出席会议，并就水污染防治、配套工程水厂和管网建设、节约用水、土地占补平衡等问题提出具体要求。河南省副省长刘满仓主持会议，并就贯彻落实会议精神进行具体部署。河南省南水北调办汇报南水北调中线工程建设情况，郑州市等13个相关省辖市以及河南省发展改革委、财政厅、国土资源厅、环境保护厅、交通运输厅和郑州铁路局等有关单位分别作发言。

国务院南水北调办召开第五、六、七次南水北调工程建设进度协调会

2012年，国务院南水北调办先后组织召开了三次工程建设进度协调会，有力推动了工程建设步伐。

一、南水北调工程建设进度（第五次）协调会

2012年4月24～25日，国务院南水北调办在河南省焦作市组织召开南水北调工程建设进度（第五次）协调会。国务院南水北调办副主任张野主持会议并讲话。河南省农村工作领导小组副组长何东成出席会议并致辞。

会议通报了2012年一季度进度考核情况，表扬了进度完成较好的五个项目法人和一个建设管理单位，批评了未完成进度计划目标的两个建设管理单位。会议听取了各项目法人、各省（直辖市）南水北调办（建管局）和河南省移民办关于工程建设进度情况的汇报，就影响当前工程建设进度的有关问题进行了研究，对下一步工作进行了安排部署。

张野在讲话中指出，2012年一季度，在工程沿线地方政府的大力支持下，全体建设者克服冬季低温、春节长假等不利影响，总体完成了计划，成绩来之不易，应当予以充分肯定。当前影响工程建设进度的问题主要有三个方面：一是施工单位的设备、人员等资源投入不足；二是施工环境不能满足工程建设的需要；三是施工单位资金不足。为加快工程建设，要解决好四个方面的问题：一是解决不深入基层、高高在上的问题；二是解决管理不力、懈怠懒散的问题；三是解决

各行其是、沟通不畅的问题；四是解决无所作为，等、靠、要的问题。对于此次会议上提出的影响工程建设进度的有关问题，有关责任单位要明确完成时限，加大协调力度，尽快解决，为加快工程建设积极创造条件。

为全面完成上半年建设任务，张野提出四点要求。一是要加快工程建设进度。二季度是施工的黄金季节，全体南水北调工程建设者要抓住这一有利时机，精心组织，周密部署，科学安排，扎实加快工程建设进度，确保汛前目标的顺利实现。要集中力量抢填方，全力以赴保重点，加强与铁路部门的配合，想方设法推进城区段工程建设。二是要确保工程建设质量。质量是南水北调工程的生命线。要进一步完善工程质量监管和责任追究制度，始终保持质量监管的高压态势，建设经得起时间和人民检验的放心工程。要树立“严打重防”的理念，痛下决心、硬起手腕，对各种违法违规行为实行“零容忍”。三是要确保工程施工安全。随着工程建设的全面提速，高空作业、交叉作业不断增多，工程安全环境更加复杂，安全生产形势更加严峻。各单位一定要认清形势，加强预案体系建设，认真组织安全生产大检查和专项治理活动，狠抓施工单位安全生产责任和措施的落实，预防和避免重特大事故发生，做好2012年的安全度汛工作。四是要营造和维护良好的工程建设环境。国务院南水北调办各司、各项目法人和工程所在地政府有关部门要逐项清理方案、征迁、桥梁等影响工程建设的遗留问题，尽快研究提出限时解决的有效措施，明确节点并严格实施；要加强研判，提前制订预防措施，有效消除和避免阻工问题，避免和防范群体性事件。通过各单位的齐心协力，限时解决问题，专人督办，奖优罚劣，营造支持现场工程建设的施工环境。

二、南水北调工程建设进度（第六次）协调会暨现场建管机构座谈会

2012年7月17~18日，国务院南水北调办在江苏省南京市组织召开南水北调工程建设进度（第六次）协调会暨现场建管机构座谈会。国务院南水北调办副主任张野主持会议并讲话。江苏省副省长徐鸣会见了张野一行。

会议总结2012年上半年工程进展情况，通报二季度考核结果，听取了各项目法人、各省（直辖市）南水北调办（建管局）、现场建管机构负责人关于工程建设进度情况的汇报，分析了当前影响工程建设进度的主要困难和问题，研究下一步进度工作重点，落实责任，部署任务。

张野在讲话中指出，在工程沿线各省（直辖市）党委、政府的大力支持下，工程参建单位以及全体建设者齐心合力、攻坚克难，上半年，在建工程实现了时间过半任务过半的建设目标，工程进度呈现逐月向好态势。尤其是重点项目进度形势有较大改观，影响4个风险项目进度的风险因素正逐步消除，湍河、沙河、双洎河渡槽及中线穿黄隧洞等大型建筑物施工进度节点目标总体受控。下半年，工程建设任务繁重、工期紧迫，要积极破解土石方填筑量大、交叉工程进度滞后、现场管理力量不足、施工资金短缺等难题。

张野要求，各参建单位要紧紧围绕“突出重点推进度”这个中心，明确目标，落实责任，加强协调，合力攻坚，确保实现年度目标任务。一是继续抓好重点项目建设。建管、征迁、设计、监理、施工单位要落实责任制，按计划完成节点目标；继续抓好第一批风险项目督导，跟踪重点项目进展；畅通重点项目重大问题报告渠道，坚决杜绝慢报、缓报、瞒报现象发生。二是重点抓好土石方填筑和交叉工程施工。加快土石方填筑，特别是膨胀土改性施工；及时总结推广水泥改性土施工的好经验、好做法；把握汛期施工特点，集中抓好交叉工程及大型渡槽等建筑物混凝土施工，确保年度计划目标完成。三是发挥协调机制作用，快速协调解决问题。加大交叉工程建设协调督促和监督检查力度，保证交叉工程建设进度；项目法人（项目管理单位）、地方南水北调办和移民部门要加强内部沟通和外部协调，主动解决制约工程进度的难题；发挥激励机制作用，研究采取奖励和合同管理等综合措施，通过劳动竞赛等形式，调动参建单位加快工程建设进度的积极性、主动性。四是加强现场管理，切实履行责任主体职责。强化现场组织管理力量，配齐配强管理人员，增强预见性，及时发现问题；强化现场技术管理，解决技术难题；加大施工机械、设备和人员投入，提高施工效率；重视施工资金短缺问题，抓紧研究提出解决方案，防范因资金短缺造成的停工。五是高度重视工程验收工作，加快配套工程建设。已完工工程要抓紧时间组织验收，严格验收程序，规范验收工作；沿线省市要加快配套工程建设，建立有效体制机制，积极筹措资金，加大力度，加快进度。六是处理好工程进度与质量、安全的关系。强化现场质量和安全生产管理，增强防汛意识，狠抓薄弱环节，做好安全度汛工作。

就如何做好现场建设管理工作，张野强调，现场建管机构是工程建设一线管理单位，在工程建设中担负着重要职责。现场建管单位要以工程进度为中心，发挥核心作用，组织设计、监理、施工单位加快工程进度。一是严格施工管理，确保出效益、出成果。要敢抓敢管，抓关键，抓要害，明确目标，分清责任，落实到人；强化监督检查，深入一线，沟通协调，快速、有效解决现场问题；严格执行奖惩，奖优罚劣，调动施工单位勇于争先、加快进度的积极性。二是增强服务意识，切实帮助设计、监理、施工单位解决实际难题。要换位思考，多站在设计、监理、施工单位的角度考虑问题，主动帮助解决技术、施工等难题；抓住影响工程进度的关键问题，协调沟通，全力破解难题；提前预见影响工程进度的重要问题，及时报告，应急管理。三是认真研究合同，积极配合做好价差调整、合同变更等工作，缩短支付周期，加大合同支付力度，保证资金供应。

三、南水北调工程建设进度（第七次）协调会

2012 年 10 月 25 ~ 26 日，国务院南水北调办在湖北省武汉市组织召开工程建设进度（第七次）协调会。国务院南水北调办副主任张野主持会议并讲话。湖北省政府副秘书长骆新华到会致辞。

会议总结了前三季度工程建设进展情况，通报了第三季度考核结果，分析了当前影响工程建设进度的主要困难和问题，研究部署了第四季度重点工作。

张野指出，2012 年以来，按照国务院南水北调办党组提出的“突出重点推进度”工作思路，南水北调系统建立和实施了重点项目半月会商制度、风险项目挂牌督导制度、关键事项督办制度、铁路交叉工程建设部办联席会议制度等一系列有效的工作机制，及时协调解决影响工程建设的重大问题。期间，国务院南水北调办领导带队赴中线开展了进度专项督导检查，各项目法人、建管单位结合实际组织开展了大抓进度专项行动和劳动竞赛活动。这些工作机制的建立和工作措施的落实，有效破解工程建设进度方面的诸多难题，一些制约工程进度的关键因素正在逐步消除。前三季度，在建项目整体完成了进度计划，24 个重点项目进展持续向好，4 个风险项目进度风险初步得到控制。

张野强调，尽管前三季度总体完成进度计划，但各项指标进展不平衡，特别是土石方填筑和混凝土浇筑后期施工压力较大；第四季度剩余工程量比重较大，任务非常繁重；重点项目、中线膨胀土渠段、铁路交叉、跨渠桥梁等重点、难点项目和标段的施工进度仍存在较大的不确定性；制约工程建设进度的因素仍未根本消除并不断出现，完成 2012 年进度计划形势依然严峻。

张野要求，各有关单位继续深入贯彻落

实“突出重点推进度”各项部署，扎实抓好第四季度各项工作。一是加快主体工程建设，确保年度目标实现。要在抓好面上工作的同时，狠抓重点项目、重点监控桥梁和风险项目建设进度责任制落实，继续加强风险项目督导和关键事项督办，严格进度管理责任考核和奖惩；要落实大抓进度专项行动各项工作，有针对性地组织开展不同层次的专项竞赛，加强监督检查，确保各项措施落到实处；继续加强铁路交叉工程和跨渠桥梁建设协调，充分发挥部办协调机制和项目法人桥梁建设专门机构作用，及时会商和协调解决问题，确保节点目标实现；要继续发挥进度半月会商会、季度协调会作用，加强协调配合，齐抓共管，及时解决资金短缺、变更、征迁、环境保障等问题，为工程顺利建设创造条件。二是加快配套工程建设，确保同步发挥效益。各有关单位要按照东、中线一期工程通水目标要求，认真研究、落实有效措施，加大协调力度，加快配套工程建设步伐，确保配套工程与主体工程同步建设、同步发挥效益。三是加强质量安全监督检查，确保工程质量安全、人身安全。工程建设进入高峰期，安全生产和质量管理压力进一步增大。各单位要高度重视，加强监控。要做好冬季施工防火、防冻、防滑等工作，确保安全。四是加强验收工作组织与考核。验收是工程建设的重要程序，各项目法人要高度重视，抓好验收工作组织落实，加快各层次验收进度，第四季度要将验收工作纳入进度目标考核。要严格执行验收程序和标准，确保验收质量。

国务院南水北调办、铁道部铁路交叉工程建设第一次联席会议在河南省郑州市举行

为深入贯彻国务院南水北调工程建设委员会第六次全体会议精神，落实国务院南水北调办、铁道部领导会谈时明确的有关工作，研究解决南水北调铁路交叉工程建设有关问题，2012 年 4 月 25 日，国务院南水北调办、铁道部在河南省郑州市组织召开南水北调铁路交叉工程建设第一次联席会议。国务院南水北调办副主任张野、铁道部副部长陆东福共同主持会议并讲话，河南省副省长刘满仓出席会议并讲话。

张野强调，南水北调工程是一项跨流域、跨区域优化水资源配置的重大工程，是事关国民经济可持续发展的战略性基础设施。工程开工建设以来，得到了铁道部等部委和地方政府的大力支持。国务院南水北调工程建设委员会第六次全体会议后，铁道部专门成立领导机构和督导组，研究落实铁路交叉工程各项工作，及时协调解决问题，为工程建设创造了良好条件，推动了铁路交叉工作全面展开。

张野指出，2011 年是南水北调工程建设取得重大突破的一年，与通水相关的 147 项设计单元工程已全部开工，基本建成 48 项。已建工程持续发挥效益，中线京石段工程累计向北京应急调水约 12 亿 m^3，极大缓解了首都高峰期的供水压力。东线山东、江苏境内完建工程持续在城乡供水、抗旱和防汛排涝工作中发挥显著作用。南水北调工程质量明显向好，征地移民取得重大成果，治污环保取得显著成效，重大技术攻关取得突破，铁路、公路等重要交叉工程建设取得明显进展。这些成绩的取得为后续工程顺利建设积累了经验，创造了条件。2012 年是三年决战的第二年，也是承上启下的关键之年，工程建设进入倒计时阶段，工程建设尤其是铁路交叉工程建设时间紧、任务重。这次联席会议的召开必将迎来铁路交叉工程建设的崭新阶段。

张野要求，国务院南水北调办有关部门要加强协调，及时协调解决各类问题，各建管单位要积极为铁路交叉工程建设创造良好施工环境。他希望各成员单位以此次联席会

议为契机，充分发挥铁道部系统、南水北调系统和各级地方政府各自的优势，充分发挥工作机制的作用，加强协调，分工负责，密切合作，共同努力，全面推进南水北调铁路交叉工程建设，确保通水目标如期实现，保证铁路运输安全、稳定。

陆东福强调，铁道部对南水北调铁路交叉工程建设高度重视，认真贯彻落实国务院南水北调工程建设委员会第六次全体会议精神，进一步强化责任，建立完善高效有力的协调推进机制，并积极与国务院南水北调办沟通协调，落实措施，解决问题，强化督查，铁路交叉工程建设取得了突破进展。

陆东福要求，铁道系统各有关单位要把参与南水北调工程建设作为一项政治任务，担当起重任，经受住考验。要明确目标，落实责任，依法规范推进铁路交叉工程建设。建管方面要严格工程设计方案审批，严格履行建设程序，规范招投标行为，优化施工组织，交叉作业，平行推进，赶早赶前。施工安全方面，要坚持以确保铁路运输安全为核心，落实安全措施，在确保运输安全的前提下赶工期；要落实安全责任，严密控制施工安全的关键环节，紧盯危害安全问题的整改。运输设备管理方面，要密切配合工程建设，不得在补偿费用等方面推诿扯皮，影响工程建设。调度方面，要科学安排行车组织和调度指挥，统筹兼顾，落实安全防护措施，确保运输和施工安全。各单位要加强廉政建设，依法规范招投标行为，严禁违法转包分包；严把设备物资采购验收关；加强建设资金管理，确保资金安全和干部安全。要全力以赴，密切合作，深入开展保工期、保安全、保质量、保廉政劳动竞赛，建立领导干部问责制度，落实责任，加强协调监管，齐心协力，如期实现建设目标。

刘满仓指出，在南水北调工程建设的关键时期，铁道部、国务院南水北调办在郑州市召开铁路交叉工程建设第一次联席会议，现场办公、现场督办，体现了深入、务实、高效的工作作风，值得学习。南水北调中线工程河南段铁路交叉工程多，工期紧张。河南省各级政府和有关部门一定要加大力度，精心组织，协调到位，切实做好各项征迁和专项迁建工作；要按照工程建设需要，及时移交建设用地；要按照政策，合情合理、高度负责、实事求是地解决好补偿问题；要千方百计做到零障碍施工；要做好后勤保障和服务，让广大建设者全身心地投入到工程建设中去；要按照这次会议要求，明确目标，落实责任，全速推进铁路交叉工程建设；要讲政治、顾大局、作奉献，继续推进好南水北调这一国家重点工程建设，确保铁路交叉工程顺利推进。

会议决定，铁道部、国务院南水北调办联合开展保工期、保安全、保质量、保廉政立功竞赛活动。与会代表表示，一定认真贯彻落实好国务院南水北调工程建设委员会第六次全体会议精神和这次联席会议精神，进一步加大协调力度，加强合作，突破重点难点，按照时间节点完成各项征迁任务，营造更加良好的施工环境，齐心协力打好铁路交叉工程建设攻坚战，为如期实现通水目标打下坚实基础。会上，国务院南水北调办建设管理司介绍了南水北调工程总体安排及对铁路交叉工程工期要求，铁道部发展计划司介绍了铁道部与国务院南水北调办协商配合情况及下一步工作推进意见；南水北调沿线有关省南水北调办（建管局）和项目法人、铁路交叉工程代建铁路局负责同志汇报了南水北调铁路交叉工程建设情况、存在的问题和下一步工作打算。

南水北调工程建设安全生产工作会议在湖北省宜昌市召开

2012 年 5 月 3 ~4 日，南水北调工程建设安全生产工作会议在湖北省宜昌市召开，国务院南水北调办副主任张野出席会议并作重要讲话。湖北省政府副秘书长骆新华到会致辞。国务院应急办公室、国家安全生产监督管理总局有关部门负责同志出席会议。

张野在讲话中指出，2011 年，在党中央、国务院的高度重视下，在建委会和国务院南水北调办党组的正确领导下，在有关部门、地方各级政府的大力支持下，南水北调工程参建各方紧密把握南水北调工程正处于高峰期、关键期的深刻内涵，坚持“安全第一，预防为主，综合治理”的方针，全面贯彻落实国家安全生产法律法规及工作部署，进一步加大安全生产监督管理和检查力度，安全生产管理工作取得明显成效，促进了南水北调工程建设全面加速。

张野在总结并肯定成绩的同时，也客观分析了当前南水北调工程建设面临的形势，明确提出了当前安全生产管理工作的总体思路和目标任务。他强调，必须深刻认识到当前南水北调已进入“两期”建设的攻坚阶段，随着工程建设不断推进，南水北调工程安全生产形势将更加严峻，安全生产管理任务也将更加艰巨。做好安全生产工作意义重大、责任重大。

南水北调工程安全生产工作要认真贯彻落实科学发展观和全国安全生产电视电话会议精神，紧密围绕工程建设的中心任务，以深入扎实开展“安全生产年”活动为载体，以强化预防、落实责任、加强监管、狠抓落实为手段，全力以赴做好安全生产各项工作，杜绝群死、群伤重特大安全事故发生，为南水北调工程又好又快建设提供保障。

张野强调，2012 年，南水北调工程建设安全生产工作要重点抓好以下工作：一是严格安全生产责任落实，各参建单位要结合各自的职责分工，强化责任意识，严格安全生产目标考核和安全事故责任追究制度，依法承担起安全生产责任；二是深入开展隐患排查治理活动，各单位要以继续深入扎实开展“安全生产年”活动为契机，按照国务院办公厅的工作要求，认真组织开展好“打非治违”专项行动，深入治理可能引发事故特别是重特大事故的各种隐患，保障安全生产；三是抓好重大危险源监控与管理，各有关单位要牢固树立预防为主的思想，进一步落实重大危险源监控管理措施，加强对重大危险源的动态管理，使其日常化、经常化、制度化，从而消除事故隐患；四是完善应急预案体系，提高应急管理水平，各参建单位要根据南水北调工程建设的实际，分类完善应急预案，落实应急措施，密切与有关部门的沟通协调，加强救援能力和应急队伍建设，不断提高应急管理水平和预防、应对安全生产事故的能力；五是加强安全生产宣传教育培训，要不断加大安全生产宣传力度，注重发挥媒体的引导作用，加强对安全生产管理人员的培训，有针对性地开展以农民工为重点的安全教育培训，增强从业人员的安全意识和遵章守纪意识；六是继续开展好文明工地创建活动，各参建单位要继续坚持“以人为本，注重实效”的原则，在工程建设中全方位、全过程倡导文明施工，不断提高综合管理水平，努力营造和谐的施工环境；七是积极开展安全生产标准化活动，各参建单位要结合工程建设实际，根据不同的施工状况，按照有关规程规范，修订完善有关文件，建立健全自身的安全生产管理标准，强化施工现场的安全管理，促进管理水平的提高。

张野要求，各单位要清醒认识当前安全生产工作面临的严峻形势，继续加大安全生产监督检查力度，加强安全生产队伍建设，加大安全生产投入，落实安全生产经费，认真贯彻落实国家及国务院南水北调办关于不同时期安全生产工作的部署，切实做好 2012 年的防汛工作，确保度汛安全。

骆新华在致辞中说，几年来，湖北省南水北调工程始终把安全生产管理放在重中之重的位置，截至目前，未发生一起安全生产责任事故，连续三年保持了安全生产“零事故”。当前，湖北省南水北调工程建设进入关键期、高峰期，安全生产面临新的考验。湖北省将以此次会议为契机，全面落实“安全第一，预防为主，综合治理”的工作方针，紧密结合工程建设实际，以继续深入扎实开展“安全生产年”活动为载体，以杜绝重大人身伤亡事故为目标，积极落实各项措施，全力以赴做好安全生产各项工作。

会议表彰了安全生产工作先进集体和先进个人。部分参建单位代表作了交流发言。参会人员分组进行了讨论，为做好2012年安全生产工作献计献策。

国务院南水北调工程安全生产领导小组成员，各省（直辖市）南水北调办（建管局）、各项目法人有关负责同志，以及部分项目管理、监理、施工单位代表参加了会议。

河南省丹江口库区移民迁安总结表彰暨后期帮扶工作动员会议在河南省郑州市召开

2012年5月22日，河南省省委、省政府在郑州市召开南水北调丹江口库区移民迁安总结表彰暨后期帮扶工作动员电视电话会议，全面总结丹江口库区移民迁安工作，隆重表彰移民迁安工作先进单位、先进个人，并对移民后期帮扶工作进行全面部署。中央农村工作领导小组副组长、办公室主任陈锡文，国务院南水北调办主任鄂竟平，河南省省委副书记、省长郭庚茂出席会议并分别作重要讲话。河南省副省长刘满仓主持会议。

鄂竟平在讲话中指出，河南省省委、省政府坚决贯彻落实党中央、国务院的战略部署，讲政治、讲大局、讲奉献，把库区移民当作重大政治任务，敢于担当、奋力拼搏，真抓实干，圆满完成了丹江口库区16.2万移民迁安任务，做出了重大贡献，特别是河南省率先提出“四年任务，两年基本完成”的工作目标；完成了库区移民大规模搬迁任务；研究制定移民后期帮扶政策和措施，在整个南水北调系统树立了一面旗帜。

鄂竟平指出，河南省在丹江口库区移民工作中积累了宝贵经验，对南水北调各项工作都具有积极的示范作用。一是各级党委、政府高度重视，组织有力。河南省省委、省政府主要领导同志亲自动员部署，深入一线、靠前指挥，分管领导亲力亲为，各级各部门齐抓共管，在全省上下形成了领导有力、运转高效的移民安置指挥体系，为移民迁安提供了坚实的政治基础和组织保障。二是全省各级各部门团结一致，形成合力。河南省创造性地实行了库区移民迁安逐级分包工作责任制，省直25个厅局各包一个县（市、区），驻村蹲点，一包到底。三是始终坚持以人为本，统筹创新。河南省充分听取和尊重移民群众的合理意见和建议，充分发挥政府主导优势，把国家政策和地方政策有机集成，把各类支农惠农和新农村建设资金优先用于移民新村建设，确保移民搬迁顺利进行。四是各级干部扎实奉献，品德高尚。河南省各级干部都能牢记使命，恪尽职守，吃苦耐劳，无私奉献，移民工作做得如此深细，难能可贵，令人敬佩。

对移民后续工作，鄂竟平强调：一要突出做好帮扶工作，把帮助移民发展生产、实现安稳致富当作一项重要的、长期的工作，落实各项后期帮扶政策，帮助解决实际困难，使移民尽快真正实现安居乐业；二要加快城集镇、专业项目和企事业单位的迁建进度，提前谋划好丹江口水库库底清理和验收等工作，确保水库蓄水和工程通水；三要切实做好移民信访稳定工作，抓好矛盾纠纷排查化解，妥善处理好各种信访问题，维护移民合法权益，确保社会大局稳定。

陈锡文在讲话中指出，近年来，河南省省委、省政府在党中央、国务院的坚强领导下，紧紧围绕全面建设小康社会和实现可持续发展的总体目标，在加快中原经济区建设、确保国家粮食安全等各个方面做出了重要贡献。特别是南水北调中线工程建设中，始终坚持把丹江口库区移民迁安工作作为一项重要的政治任务，举全省之力强力推进，圆满完成了16.2万农村移民群众的搬迁安置任务。河南省移民的成功做法和经验，不仅对于做好各项水利工程移民工作具有重要的示范作用，也对做好新形势下“三农”工作有着重要的借鉴意义。

郭庚茂在讲话中指出，河南省在党中央、国务院的坚强领导下，在国务院南水北调办的大力支持下，万众一心，众志成城，排除万难，历尽艰辛，在中原大地展开了一场波澜壮阔的移民大搬迁，胜利实现了“四年任务、两年完成”的工作目标。在总结丹江口库区移民迁安工作宝贵经验后，他说，丹江口库区移民工作整体上已由搬迁安置阶段进入后期稳定发展的新阶段，要重点做好三项工作。一是巩固提升移民搬迁成果，努力实现平稳过渡。切实做好手续结转、资金兑现、房屋修缮等后续工作，完善配套移民新村公益设施，继续坚持“一对一”帮扶制度。二是大力支持移民发展生产，尽快实现增收致富。着力改善移民生产生活条件，大力支持移民发展二、三产业，切实搞好就业培训，多渠道、多层次转移就业，确保每个移民家庭至少转移一个劳动力。三是加强移民社会管理创新，确保社会和谐稳定。加快移民区社会保障体系建设，加强移民村基层组织建设。认真做好移民信访稳定工作，排查化解各类矛盾纠纷，把问题解决在基层，消灭在萌芽状态。

郭庚茂对移民后期扶持工作提出了四点要求。一是加强领导，落实责任。继续把丹江口库区移民后期发展工作作为一项重要的政治任务，摆上重要议事日程，尽快抓出成效。二是密切配合，合力攻坚。省直移民迁安包县工作组要实行联系人制度，按照任务不减、定向不变的原则，搞好对口帮扶工作。省、市、县、乡各级要结合各自职能，尽快细化帮扶方案和措施，共同做好移民发展稳定工作。三是严格标准，落实政策。要继续按照“不折不扣、不突不破”的原则落实好。各级各部门要继续整合使用各类支农惠农政策和资金，把更多惠民措施用到移民身上。四是强化宣传，营造氛围。进一步发挥新闻媒体的舆论导向作用，大力宣传各地各有关部门在移民迁安工作中涌现出的典型人物和典型事迹。要加强移民法制宣传教育，引导移民以合法、理性方式表达诉求。

最后，郭庚茂还要求深入贯彻国务院南水北调工程建设委员会第六次全体会议精神，按照河南省南水北调中线工程建设领导小组全体会议的工作安排，抓好各项工作，创造良好施工环境，推动工程建设顺利进行，确保如期实现2014年通水目标。

会议表彰了有关先进单位和先进个人，并颁发奖牌和证书。先进单位代表作了典型发言。

河南省人大常委会副主任铁代生、省政协副主席靳绥东出席会议。中央农村工作调研组，水利部调水局、移民局、水规总院，长委设计院，黄委设计院，河南省相关市、县和移民局（办）负责同志，省直包县工作组主要负责同志以及移民安置指挥部全体成员在主会场参加会议。

南水北调宣传工作会议在山东省泰安市召开

2012年7月11～13日，国务院南水北调办在山东省泰安市召开南水北调宣传工作会议，总结交流工作经验，表彰宣传工作先进，研究部署南水北调工程建设决战期间的宣传工作。国务院南水北调办党组成员、副主任蒋旭光出席会议并讲话。

蒋旭光在讲话中代表国务院南水北调办

主任鄂竟平，向获得宣传工作先进的集体和个人表示祝贺，他指出，国务院南水北调办党组一直高度重视南水北调宣传工作，采取切实措施扎实推进。过去一年宣传工作紧紧围绕服务于南水北调工程建设中心工作，积极开拓，取得了积极成效，为南水北调工程营造了良好的社会氛围，保障了工程建设的顺利开展。适应工程建设决战期的需要，全系统进一步加强宣传工作，是提高全社会对南水北调工程重要性认识的迫切需求，是贯彻落实建委会和国务院南水北调办党组决策部署的迫切需要，是当前加快南水北调建设的迫切需求，是建设和发展南水北调文化的迫切需要，是保障南水北调工程通水的迫切需要。今明两年是南水北调工程建设三年决战、保证按期通水的关键年份，南水北调宣传工作服务和保障工程建设责任重大。各单位要切实提高认识，统一思想，加强领导，加大力度，落实措施，努力推动南水北调宣传工作取得新成效。

蒋旭光指出，2012～2013 年宣传工作要强化“一个坚持”，突出“四个重点”。强化“一个坚持”，即坚持围绕南水北调工程建设中心工作不动摇，边干边说，多干多说，一切服务工程建设，一切保障工程建设。突出“四个重点”，即围绕重大宣传活动、新闻报道作品发表、文艺作品编创、特色项目宣传，展开更大规模、更强声势、更好效果的宣传工作。

蒋旭光要求，下一步要着重抓好六方面的工作。一是强化宣传工作领导。系统各单位、各部门要高度重视宣传工作，与工程建设业务工作一同研究部署。明确宣传责任部门，落实人员编制，充实宣传队伍力量。建立稳定、可靠的经费投入渠道，为宣传工作顺利开展创造条件。二是加强南水北调宣传统筹协调。继续加强与新闻、文化、广电、艺术等宣传主管部门的沟通协调，积极争取主管部门的指导和支持。统筹全系统各级南水北调办、移民办（局）、治污办和项目法人的宣传力量，充分发挥中央和地方主流媒体的作用。三是创新南水北调宣传载体和形式。在继续抓好报刊、广播、电视等传统媒体宣传的同时，重视和发挥网络媒体和播客、微博、手机报等载体的作用，继续加强对大型纪录片、工程丛书等创作工作的协调配合，综合采用小品、戏剧、戏曲、相声、歌舞等宣传形式，继续做好公益广告的制播工作。四是深入做好先进人物事迹的宣传。大力宣传广大建设者献身国家重点工程，库区移民舍小家、为大家，沿线群众支持南水北调工程建设的感人事迹。五是提高南水北调宣传效果。进一步细化研究南水北调宣传工作计划，认真梳理，逐项落实，选好突破口，抓住切入点，搞好策划，广泛开辟传播渠道，进一步扩大社会影响。六是加强南水北调新闻宣传管理。积极稳妥做好南水北调工程突发事件宣传应对工作，形成响应迅速、渠道畅通、发布主动、声音权威、引导正确的应急新闻处置机制。加强对南水北调报、网及通联队伍的日常管理，发挥南水北调宣传主阵地作用。

会上，国务院南水北调办授予北京市南水北调办公室机关党委（人事处）等 37 个单位“2011 年南水北调宣传工作先进集体”荣誉称号，杨颖等 47 位同志“2011 年南水北调宣传工作先进个人”荣誉称号。

丹江口库区及上游水土保持二期工程启动会议在河南省西峡县召开

2012 年 7 月 28 日，丹江口库区及上游水土保持二期工程启动会议在河南省西峡县召开。会议总结交流了丹江口库区及上游水土保持一期工程建设取得的成效和经验，贯彻《国务院关于丹江口库区及上游水污染防治和水土保持“十二五”规划的批复》精神，部署启动水土保持二期工程建设。水利部副部长刘宁、国务院南水北调办副主任于幼军出席会议并讲话，河南省副省长刘满仓出席会议并致辞。

刘宁在讲话中对实施好丹江口库区及上游水土保持二期工程进行了系统部署，提出要认真总结一期工程的经验，加快二期工程实施，科学规划、周密设计、精心建设、严格管理，积极服务南水北调工程建设大局。

于幼军在讲话中充分肯定了水土保持工程的重要作用，指出这是一项有效治理水土流失、修复和保护生态环境、保证中线调水水质安全、帮助农民脱贫致富、促进地方科学发展，一举多得、利国利民的德政工程和惠民工程，对国务院有关部门、水源区地方政府在南水北调中线水源保护工作中做出的努力与贡献表示感谢。于幼军指出，距2014年通水仅有两年时间，要实现丹江口水库和全部入库河流水质达标，任务非常艰巨。于幼军强调，实施好丹江口库区及上游水土保持二期工程，一是要紧密结合库周及主要入库河流两岸生态屏障建设、种植结构调整及清洁农村建设开展水土保持；二是要创新机制，形成政府引导、全民共建的格局，整合各项政策资金渠道，通过市场化引导社会资金投入，调动群众参与的积极性，达到“政府要生态、企业要效益、农民要收入”的和谐统一，形成水土保持的工作合力和长效机制。三是加强监督考核，确保工程实施质量和效益。要及时协调解决实施中存在的问题，加快工程进度，提高工程质量，把水土保持工程建设成让群众满意的阳光工程、廉洁工程和民心工程。

湖北省南水北调丹江口水库移民搬迁安置工作表彰暨帮扶发展动员大会在十堰市召开

2012年9月18日，湖北省南水北调丹江口水库移民搬迁安置工作表彰暨帮扶发展动员大会在十堰市召开。这标志着湖北省南水北调中线工程丹江口水库18.2万移民搬迁安置任务圆满完成，库区移民工作由搬迁安置阶段转入后续发展阶段。国务院南水北调办主任鄂竟平、湖北省省委书记李鸿忠出席会议并讲话。湖北省省委副书记、省长王国生主持会议。国务院南水北调办副主任蒋旭光，湖北省省委常委、省委秘书长傅德辉，湖北省人大副主任刘友凡，湖北省副省长田承忠，湖北省政协副主席陈天会等出席会议。

鄂竟平在讲话中指出，南水北调工程是新中国成立以来实施的规模最大的水利工程，是举世瞩目的世界性工程。湖北省在南水北调工程建设中具有不可代替的特殊地位。一是肩负着输送水资源的艰巨任务，同时还要兴建四项水利工程，以减少调水影响。二是肩负着保护水源地的艰巨任务，这为国家经济社会可持续发展给予了实实在在的支持。三是肩负着18.2万移民群众安置的艰巨任务。丹江口库区移民是南水北调工程建设中最大的挑战，移民工作号称“天下第一难”。南水北调丹江口库区移民在两年多的时间内完成34.5万移民的集中搬迁，时间之短，任务之重，强度之高，困难之多，难度之大，在我国乃至世界史上都是从来没有过的。短短的两年多时间里，湖北省顺利完成了18.2万移民的搬迁，堪称我国水利工程移民史和世界水利移民史上的奇迹。这充分展现了湖北省省委、省政府坚强的组织领导、高超的统筹能力和卓有成效的工作水平，充分展现了湖北省广大党政干部不畏艰辛、敢于担当的品格，充分展现了18.2万移民群众舍小家为大家、无私奉献的崇高精神。湖北省在库区移民工作中积累了许多宝贵经验，值得总结推广。一是把移民工作作为“天大的事”，举全省之力攻坚克难；二是坚持以人为本，集创各种政策向移民倾斜；三是创立了胸怀无私、奉献第一、敢于担当的移民精神。

鄂竟平强调，南水北调工作已经进入了决战决胜的关键时刻，工程建设已经进入倒计时，丹江口库区移民虽然取得阶段性的重大胜利，但要真正实现稳得住、能发展、可致富的目标，实现李克强、回良玉副总理在国务院南水北调工程建设委员会第六次全体会议上强调的“把南水北调工程建成移民稳定致富的工程”，还需要付出艰苦、细致的努力。

针对建委会确定的通水目标，鄂竟平希望湖北省发扬成绩再接再厉，扎实做好移民的后续工作。一是要用最快的速度完成搬迁扫尾和库区清理工作，做好输水前的各项工作。二是转移工作重心，大抓移民后续发展。根据移民工作进入新阶段这一特点，确实把帮扶移民生产和促进就业作为实现安稳致富的一项重要长期工作，早些出台帮扶政策，细化措施，解决实际困难，使移民尽快实现能发展可致富。三是继续高度重视维护稳定工作。移民搬迁后，诉求会随时产生变化，要有针对性地研究和积极回应妥善处理群众的合理诉求，及时解决群众生产生活中存在的实际困难和问题来保持稳定，坚持开展矛盾纠纷的排查化解，做到早排查、早发现，确保社会大局稳定。

李鸿忠在讲话中指出，南水北调移民工作是对湖北省特别是库区、安置区各级党组织的一次“世纪大考”。湖北省能够如期完成这一艰巨繁重的任务，充分展现了中国特色社会主义的伟大力量，彰显了中国特色社会主义制度的巨大优越性。移民搬迁安置工作积淀了宝贵的精神财富，即顾全大局、舍家为国的牺牲奉献精神，坚忍不拔、克难攻坚的担当精神，团结奋进、众志成城的协作精神，解放思想、敢闯敢试的创新精神，自强不息、重建家园的创业精神。这些必将成为推进湖北省科学发展、跨越式发展的强大动力。

李鸿忠强调，湖北省各级党委政府和移民工作部门要按照湖北省省委、省政府提出的“三心、三优、三真、三个典范”的工作要求和“一年基本稳定，两年安居乐业，三年安稳致富”的工作目标，保持思想不松懈、精力不偏移，进一步强化责任、健全机制、确保稳定，认真做好移民后扶各项工作，为移民群众早日发展致富，为南水北调中线工程按期通水做出新的更大贡献。

王国生就落实会议精神，做好移民帮扶发展工作提出明确要求。他说，做好新形势下移民帮扶发展工作，要有昂扬的精神状态，以热切的事业心、强烈的责任感和坚韧的意志力，取得帮扶发展工作的新胜利；要有务实的工作作风，切实做到领导落实、项目落实、帮扶队伍落实，建立帮扶移民生产发展的长效机制；要有创新的思路，针对移民帮扶发展工作的新情况、新问题，充分利用政策机遇，突破传统帮扶理念，做到综合帮扶、立体帮扶，培育移民自我发展的能力。

会上，湖北省副省长田承忠宣读了表彰决定。会议表彰了湖北省丹江口水库移民搬迁安置工作先进单位、先进个人、先进移民村和先进移民。十堰市、武汉市和团风县的移民干部代表作了交流发言。

国务院南水北调办在北京市召开会议，总结前三季度工作，部署第四季度工作任务

2012 年 10 月 12 日，国务院南水北调办召开办务扩大会议，系统总结 2012 年前三季度工作，安排部署第四季度各项工作。国务院南水北调办主任鄂竟平出席会议并讲话。国务院南水北调办副主任张野主持会议，副主任蒋旭光、于幼军出席会议。

会议首先听取了有关司局关于南水北调工程进度、工程质量、征地移民、治污环保和资金管理五个方面的工作汇报。在听取汇

报后，鄂竟平指出，国务院南水北调工程建设委员会第六次全体会议和2012年系统工作会以来，南水北调各项工作进展顺利，总体情况良好，但也存在着需要高度关注的问题。一是工程建设全面推进，进度总体上满足要求，但仍有部分工程进度严重滞后，形势依然严峻。二是工程实体质量继续向好，质量意识进一步增强，质量管理行为日渐规范，但仍有新的质量问题发生，始终不能掉以轻心。三是库区移民搬迁全部完成，移民总体稳定，但移民信访维稳的任务仍将长期而艰巨。四是治污环保不断深化，东线水质继续向好，中线两个规划都已获批，但东线仍有两个断面不达标，还需努力攻坚，中线部分入库支流水质恶化问题引起广泛关注，亟待妥善应对。五是资金管理经受住了审计检验，从审计结果来看，没有发现重大违规违纪问题，但对审计报告提出的问题都要认真对待，严肃整改。

针对2012年第四季度工作，鄂竟平提出，要深入贯彻落实国务院南水北调工程建设委员会第六次全体会议精神，坚定全年工作目标不动摇：确保全年完成投资640亿元以上，力争完成680亿元，移民群众稳定发展，东线输水断面水质全面达标，中线水质稳定在Ⅱ类水标准。他强调，第四季度的工作思路不改变，仍要坚持抓好“五突出”，工作重点在于持续深入地推进工作落实：

第一，继续突出重点推进度，采取死盯加盯死的办法，抓重点项目，抓关键节点，落实责任，严格奖罚，紧紧抓住汛后施工黄金期，大干快上，全面完成、力争超额完成全年的建设任务。同时要提高警惕，严防意外，一旦发现影响工程进度的问题，要快速反应，积极有效处置。

第二，继续突出高压抓质量，高压高压再高压，延伸完善抓关键。要加强施工过程管理，把监管工作延伸到生产一线的施工过程。要强推质量责任终身制，进一步提高查找质量问题的能力，进一步完善质量问题责任追究办法和建设南水北调系统质量诚信体系，特别是要狠抓关键工程和工程要害部位的质量监管，做到对各种违法违规行为绝不姑息，在处罚上绝不手软。

第三，继续突出帮扶稳移民，立足当前，兼顾长远，一手抓维稳，一手抓清库。要时刻紧绷维稳弦，做好移民信访维稳工作。同时帮助豫、鄂两省尽早出台帮扶政策，细化措施，解决移民实际困难，帮助移民实现“能发展，可致富”，确保长期稳定。此外，要用最快速度完成库底清理工作。

第四，继续突出深化保水质，东线要确保不因水质问题影响2013年的通水，紧紧盯住剩余未达标断面，督促相关补充措施落实到位，做好试通水的筹备工作；中线要确保年内水源区保护工作取得突破，尽快落实和实施丹江口库区及上游水污染防治和水土保持“十二五”规划、丹江口库区及上游地区经济社会发展规划，推动水源保护工作深入进展。

第五，继续突出监控管资金，高度重视、认真落实审计整改工作，确保审计报告中提出的每一个问题在规定期限内都得到整改落实，并通过审计整改进一步提高投资控制和资金管理水平。此外，在工程增资规模上要加大协调力度，年底前必须有明确结果。

鄂竟平最后强调，要进一步加强机关干部队伍建设，进一步转变工作作风。他指出，尽管国务院南水北调办机关的干部工作作风总体不断向好，但仍然存在个别干部工作作风不佳、工作能力不够的风险。随着通水目标日益临近，我们的回旋余地将越来越小，面临的压力将越来越大，是否有一支作风过硬、务实能干的干部队伍，将直接关系着今后各项工作的质量和效率。因此，国务院南水北调办机关将继续在三个方面加强干部队伍建设：一是量化年终考核；二是强化要事督办；三是实化日常监管。通过这些措施，形成“人人有事干、愿意干、能干好”的机关工作氛围，使爱岗敬业的干部有好的结果，使溜奸耍滑的干部没有市场。

南水北调工程丹江口库区移民生产发展交流会召开

2012年10月16～18日，南水北调工程丹江口库区移民生产发展交流会在湖北、河南两省召开。国务院南水北调办副主任蒋旭光出席会议并讲话。会议期间，蒋旭光与河南省省委常委、副省长刘满仓会面，并就移民工作交换了意见。湖北省副省长郭有明，河南省委农村工作领导小组副组长、省移民指挥部副指挥长何东成分别出席会议并讲话。

蒋旭光指出，丹江口库区移民搬迁任务已全面完成，圆满实现了建委会确定的“四年任务，两年基本完成”的搬迁目标，取得了库区移民搬迁的决定性胜利，值得认真总结。库区移民搬迁任务的圆满完成，主要得益于：一是建委会坚强领导，丹江口库区移民工作发挥社会主义制度优势，集中力量办大事；二是湖北、河南两省各级党委政府以高度的政治责任感，动员全社会力量推动移民工作；三是坚持以人为本，民生优先，顺应和尊重移民意愿，研究确定合理惠民的移民补偿政策，把维护移民的合法权益放在首位；四是各级各部门严格执行移民政策，做到不折不扣，不突不破，确保移民政策公开透明，接受社会和群众监督；五是各级各部门精心组织实施，狠抓细节落实，落实移民生产资料和生活资料，妥善安排移民生产生活；六是移民干部勇于担当，攻坚克难，甘于奉献，全心全意服务移民群众；七是广大移民群众顾全大局，舍小家为国家，为国家重点工程做出了无私奉献。

蒋旭光指出，丹江口库区移民安置工作任重道远，“搬得出”只是库区移民工作的第一步，“稳得住、能发展、可致富”任务依然十分艰巨。在完成移民搬迁任务的同时，湖北、河南两省及时转移工作重心，注重移民生产发展帮扶，帮扶移民发展的成效初步显现。但是，也要看到发展帮扶工作还不平衡，还存在一些薄弱环节，实现移民生产发展致富还需要付出长期艰苦的努力。对此，库区和安置区要保持清醒认识，切实加强移民生产发展帮扶，促进移民发展致富。

就进一步做好丹江口库区移民生产发展帮扶工作，蒋旭光要求：一是提高认识，明确目标，高度重视和切实加强移民发展生产帮扶工作，库区和安置县市要突出帮扶重点，建立帮扶长效工作机制，努力把移民新村建设成为社会主义新农村的样板，三年内达到当地居民平均生活水平；二是认真研究制定和落实相关政策，整合资源，多渠道帮扶移民发展，注重政策集成和资源整合，多渠道争取资金和项目支持，综合施策；三是加强基层组织建设，发挥致富移民典型的带头人作用，强化农民自主创业能力，带领移民群众发展生产；四是多措并举，培育适应移民发展生产的优势产业，库区和安置县市在资金、技术等方面加大扶持力度，调整结构，转变方式，引导移民向高效种植、养殖、加工等特色产业转移，促进移民增收；五是切实加强移民技能培训，增强移民自我发展能力，着重抓好“零就业家庭”和移民新增劳动力的就业工作，扩宽移民增收致富的门路；六是及时总结经验，推广典型，真正让广大移民群众得到实惠，注重帮扶政策的普惠性；七是立足眼前，着眼长远，及时研究帮扶移民生产发展工作新思路，提升帮扶工作水平。

蒋旭光强调，要加快库底清理工作，制定详细的处理措施，落实责任单位，全面做好构筑物、卫生、林木清理等工作，特别是系统全面排查工厂、卫生院、垃圾填埋场等各类污染源清理，打好库底清理攻坚战。要进一步强化当前移民信访稳定工作，两省移民部门进一步把工作做深、做细，切实落实

"属地责任"，切实保障移民权益，以优异成绩迎接党的十八大胜利召开。

会上，湖北省移民局、河南省移民办分别作了交流发言，两省部分县市作了典型经验介绍。会议期间，与会代表实地考察了湖北省武汉市东西湖区东山办事处蒿口大队移民大棚蔬菜瓜果种植基地、辛安渡办事处红星大队移民大棚食用菌种植生产基地、如意集团现代农业产业化移民培训基地、河南省新郑市薛店镇观沟村移民现代农业生态园、中牟县姚湾村移民温室蔬菜种植基地等移民生产发展示范典型，交流了工作经验。

南水北调配套工程建设交流会在河南省许昌市召开

2012年10月17～18日，南水北调配套工程建设交流会在河南省许昌市召开。国务院南水北调办副主任张野出席会议并讲话。河南省省委常委、副省长刘满仓到会致辞。

会议认真总结了前一阶段配套工程建设进展情况，分析了当前所面临的形势和任务，安排了下一步工作。

张野在讲话中指出，自国务院南水北调工程建设委员会第六次全体会议以来，南水北调工程各项工作取得了积极进展。目前，工程建设全面加速，质量和安全处于受控状态，库区移民和干线征迁工作基本完成，东线治污和中线水源保护工作继续深化。

张野指出，加快南水北调配套工程建设，使之与主体工程同步推进、同步投入运营，是确保南水北调主体工程充分发挥效益的基础和保障。他说，2012年各省（市）扎实开展工作，南水北调配套工程建设取得了明显进展，但也应清醒地认识到，目前仍存在不少薄弱环节和问题。必须引起高度重视，尽快采取措施加以解决。

张野强调，各省（市）要高度重视，认清形势，紧盯目标，准确把握配套工程建设要求。一是要紧盯配套工程建设的目标任务。各省（市）要进一步细化配套工程建设目标，突出工作重点，主攻薄弱环节，狠抓责任落实，全方位提速工程建设。二是要准确把握配套工程建设的阶段特征。当前，统筹推进主体工程和配套工程建设的要求高、组织调配各种力量的压力大、受水区对水资源的需求更加迫切，及时消纳来水成为配套工程必须完成的任务。三是要准确把握配套工程建设的要求。牢固树立质量意识，坚决杜绝豆腐渣工程；按照配套工程建设的目标任务，细化分解年度工作计划，对直接影响通水目标的关键环节实行节点控制，确保如期完成建设任务。

张野最后强调，配套工程建设时间紧迫、任务繁重、责任重大。下一步，各省（市）要增强责任感和使命感，抢抓机遇，强化措施，确保将配套工程工作扎实落到实处。一是要坚决落实组织领导责任。各地要切实加强领导，健全组织机构，统筹谋划、科学安排，全力抓好各项目尤其是关键项目的组织实施。二是要坚决落实前期工作责任。各省（市）要根据本地配套工程建设任务，明确前期工作进度要求，及时组织力量审查审批，主体工程通水初期需要接纳来水的配套工程，必须于2012年底前完成审批。各省（市）要加大前期投入，确保前期工作的资金需求。三是要坚决落实资金筹措责任。要继续探索多种建设管理方式，多方筹措资金，确保工程建设资金需求。四是要坚决落实建设管理责任。要严格履行基本建设程序，认真落实项目法人责任制、招标投标制、建设监理制和合同管理制。

刘满仓在致辞中说，配套工程建设是南水北调工程的重要组成部分，是地方受益的重要工程，是惠民工程、可持续发展工程，也是加强城市建设、完善城市功能、提高城市保障能力的重要工程。河南省要以此次会议为契机，进一步明确任务、落实责任、强化措施，全力推进南水北调配套工程建设，保证进度、保证质量、保证安全，保证配套工程与主体工程同步建成、同步达效、同步通水。

各省（市）南水北调办（建管局）介绍了配套工程各项工作进展情况，与会代表就各省（市）的配套工程建设管理、筹资方案等方面所涉及的相关问题展开了深入的讨论，并于18日上午现场参观了许昌市南水北调配套工程建设。

丹江口库区及上游水污染防治和水土保持部际联席会议第三次全体会议召开

2012年10月23～24日，丹江口库区及上游水污染防治和水土保持部际联席会议第三次全体会议在河南省南阳市和湖北省十堰市召开。会议总结了丹江口库区及上游水污染防治和水土保持“十一五”规划的实施情况，研究贯彻落实《国务院关于丹江口库区及上游水污染防治和水土保持“十二五”规划的批复》精神，部署规划实施工作。国家发展改革委副主任杜鹰、国务院南水北调办副主任于幼军、环境保护部副部长张力军、水利部副部长胡四一出席会议并讲话。

于幼军在讲话中首先代表国务院南水北调办，对国务院各部门、水源区地方政府为保护南水北调中线水源所做出的努力和贡献表示衷心的感谢。他指出，在“十一五”规划实施过程中，国家有关部委加强指导，水源区地方政府及相关部门精心组织实施，成效显著。一是具备实施条件的水污染防治项目已全部开工，大部分项目已建成并发挥环境效益。二是水土保持项目全面实施，重点区域水土流失得到有效控制。三是多管齐下，严格控制新增污染。通过“十一五”规划的实施，在丹江口库区及上游地区有效治理了水污染和水土流失、初步修复了生态环境。水源区化学需氧量（COD）排放减少了10%左右，氨氮排放减少了11%左右，不达标河段由规划实施前的21个减少到7个，发挥了保证南水北调中线调水水质安全、帮助农民脱贫致富、促进地方科学发展等一举多得的积极成效。

于幼军同时指出，前段治污工作仍存在不少薄弱环节和问题。一是原规划项目覆盖面小，部分项目缺乏可操作性，造成规划实施困难和缓慢，有的地方甚至不到一半。二是已建成的污水垃圾处理设施运行经费普遍存在缺口，部分设施不能正常运行。三是农业面源污染成为突出问题。四是水质监测能力不足。

于幼军强调，下一步实施“十二五”规划，要在责任落实、前期工作、投资渠道、指导协调、检查考核、信息沟通等方面进一步采取有效措施，加大工作力度。他希望有关单位抓紧建立完善规划实施的目标责任制；明确规划实施的进度要求，认真编制实施方案；尽快落实规划实施的保障措施；尽快确定规划各类项目的投资渠道和补助标准；加强规划实施情况的信息沟通和检查考核，确保2014年中线工程通水前和“十二五”末，实现规划确定的丹江口水库水质目标、水源区污染物总量控制目标和水土保持目标。

杜鹰在讲话中指出，党中央、国务院对南水北调工程，特别是保障工程水质安全高度重视，中央领导多次批示丹江口水质状况关系南水北调工程的成败，各有关单位要加强监测工作，及时采取有效措施，防止工业污染和面源污染，确保一库清水北送。

杜鹰充分肯定了“十一五”期间规划实施所取得的显著成效。一是规划实施的进展总体顺利，治污和水保能力总体加强。二是丹江口水库水质保持稳定，部分支流稳中趋好。三是库区及上游地区的产业结构、经济结构的调整力度不断加大，同时源头污染开始得到有效控制。四是南水北调工程建设的配套设施日趋完善，法律法规不断健全。但同时，他指出，要清醒地认识到当前面临的问题和挑战，认识到“十二五”规划实施的艰巨性。主要有四个方面的问题：治污措施还不到位、局部地区污染严重；规划项目没有实现全覆盖，部分已建项目不能正常运行；长效机制还未建立；监测评估力量薄弱。

杜鹰强调，要进一步增强责任感和紧迫感，全力实施好“十二五”规划，确保如期实现“十二五”规划的目标。他提出七点要求：一是明确目标，要学习、熟悉规划；二是进一步落实责任，编制规划的实施方案；三是加大治理力度，加快工作进度；要以入库河流为重点，综合整治，建议建立河长制，要坚持源头治污控制，坚持污染治理与生态修复相结合；四是加强管理，完善机制；五是加强监测，科学评价；六是把治污规划和发展规划有机结合，同步推进、同时部署、同时实施、同时考核；七是部际联席会议各部门要以“十二五”规划的实施为契机，进一步加大指导协调力度，加大对三省工作的支持，省、部通力合作确保规划的顺利实施。

会上，国务院南水北调办副主任于幼军与河南省委常委、副省长刘满仓，湖北省副省长许克振，陕西省副省长祝列克签订了《南水北调中线水源保护目标责任书》。会议期间，与会代表实地考察了淅河小流域治理项目、九重金银花种植农业结构调整、陶岔渠首工程建设；查看了丹江口水库水质、六里坪镇污水处理厂、移民安置点污水处理设施和十堰市神定河污水处理厂、神定河水质状况。

国家发展改革委、国务院南水北调办、科技部、工业信息化部、监察部、财政部、国土资源部、环境保护部、住房和城乡建设部、水利部、农业部、安全监管总局、国家林业局，河南、湖北、陕西三省政府等部际联席会议成员及联络员出席会议。水源区三省政府有关部门，南阳、十堰、商洛、安康、汉中市政府负责同志列席会议。

江苏省南水北调工程建设领导小组全体会议在江苏省南京市召开

2012年12月3日，江苏省南水北调工程建设领导小组全体会议在江苏省南京市召开。江苏省省长李学勇出席会议并讲话，要求各有关地区和部门要认真学习贯彻党的十八大精神，凝心聚力、协调配合，开拓创新、扎实工作，坚决打赢南水北调工程全线通水攻坚战，如期实现送水水量、水质“双达标”。江苏省副省长徐鸣主持会议并讲话。

会议指出，江苏省南水北调工程自2002年开工建设以来取得了显著成效。一是大力推进工程建设，提前具备调水能力。截至2012年11月底，江苏省境内南水北调工程已完成投资112亿元，占批复总投资的92%，运河线工程率先建成通水，一大批工程在近年来的抗旱调水和防洪排涝中发挥了重要作用。二是强化质量安全管理，提升工程建管水平。建立健全质量安全管理体系，加强制度建设，落实管理责任，注重关口前移，严格过程控制，坚持长效管理，已建工程优良率达到95.6%。三是有序推进拆迁安置，切实维护群众利益。严格征迁政策，依法规范用地，坚持阳光操作，接受社会监督，工程用地征用工作基本完成，征地补偿政策全部落实到位，营造了良好施工环境。四是加大治污环保力度，不断改善沿线水质。确定的102项治污项目全面完成，14个控制断面水质基本达标。对部分尚不稳定达标的断面，从2012年起采取深化治理措施，促进调水干线水质持续稳定达标。五是加强基金征收管理，保障工程建设需要。根据国家南水北调工程基金政策，明确征收渠道和标准，落实征收工作责任。各地认真贯彻基金征收政策，加大征缴力度，江苏省各有关部门加强监督检查，较好地完成了基金征收和上缴任务。李学勇指出，江苏省境内南水北调工程建设历经十年的艰苦努力，领导高度重视、地方全力支持、部门协同配合、参建各方全力以赴、工程建设积极创新创优，取得了重大成绩，也积累了宝贵经验。

会议要求，江苏省各级各有关部门要以学习贯彻党的十八大精神为强大动力，切实增强责任感、紧迫感，围绕工程如期通水、水质稳定达标、管理运行到位的总体要求，进一步统一思想认识，明确工作责任，加强协调配合，强化措施落实，确保如期完成通水前的各项任务。一是要加快推进调水工程建设。2012 年底要全面建成运河线工程，基本完成运西线工程建设；2013 年汛前全面完成泵站、河道工程建设任务，具备全线通水条件。加快推进工程通水验收，确保在 2013 年 6 月底前完成各单元工程竣工验收任务。二是要确保干线水质稳定达标。加快治污工程建设，加大污染治理力度，确保 2012 年底前水质全面稳定达标。加大输水干线排污口清理工作力度，2012 年底前完成清理关闭任务。加强南水北调基金征收，完成年度征收任务，保障工程建设需要。抓紧制定南水北调工程沿线区域水污染防治管理办法，为治污环保提供法制保障。三是要抓紧进行征迁安置工作扫尾。要按照“以人为本、依法管理，公开透明、阳光操作”的要求，抓紧完成征迁安置扫尾工作，切实安置好群众生产生活，维护被征迁群众利益。要协调做好用地手续办理工作，尽快完成工程用地手续办理任务。四是要创新工程管理体制机制。要积极配合国家有关部门做好水量调度、水价测算制定工作，紧密结合江苏省实际，抓紧研究提出江苏省水量调度和水价政策方案。五是要尽早筹备全线通水工作。按照国务院南水北调办的部署要求，抓紧研究提出江苏省的工程通水总体方案，力争全国的通水仪式在江苏省举行。要加强南水北调工程建设的宣传工作，营造良好的社会氛围。积极申报国家级工程建设重大奖项，充分展示南水北调工程建设成就。

李学勇强调，江苏省南水北调工程全线通水到了最后冲刺决战阶段。各地各有关部门要切实加强组织领导，密切协作配合，落实工作措施，确保如期实现各项目标任务。要加强廉政建设，切实加强南水北调工程建设的监督管理，真正把南水北调工程建成优质工程、廉洁工程、人民满意工程，经得起人民和历史的检验。

南水北调系统第三次经济财务工作会在湖北省武汉市召开

2012 年 12 月 4～6 日，南水北调系统第三次经济财务工作会在湖北省武汉市召开。国务院南水北调办副主任于幼军出席会议并讲话。湖北省副省长郭有明到会致辞。

于幼军指出，经济财务工作是南水北调工程建设管理的重要方面，担负着工程建设资金筹措、供应、监管、会计核算以及开展经济政策研究和落实的重任。第二次经济财务工作会以来，全系统经济财务工作取得了显著成效，主要体现在：资金供应保障有力，为南水北调工程顺利建设创造了良好的资金条件；资金使用效益不断提高；资金监管效果良好，经受住了国家审计的检验；相关经济政策研究和落实取得重要成果；完工决算工作有序推进。对此，他代表国务院南水北调办党组给予了充分肯定。

于幼军强调，当前南水北调东、中线工程建设已到了通水倒计时的攻坚阶段，通水前的建设任务依然十分艰巨；另外，随着通水目标的临近，工程建设将逐步由高峰期过渡到收尾阶段，经济财务工作要准确把握面临的形势和任务，在继续做好工程建设资金供应和监管，全力促进工程建设按期通水的同时，着力做好工程竣工前的收尾工作，既要确保工程按期顺利通水，还要保证工程资金管理全过程安全，及时完成竣工决算和经济财务方面的各项任务。

对于下一阶段工作，于幼军提出六点要求。一是提前谋划，精心组织，确保建设资金及时、足额到位，防止出现因为资金供应中断而影响建设进度的问题。要根据工程建设进度和最终核定的总投资，对资金需求做好预测，提前做好资金筹措安排。各项目法人和征地移民机构要抓紧做好年度和分月度资金需求预测，做好用款计划，及时办理请款和价款结算。对于地方配套工程资金问题，相关省市要积极想办法，国务院南水北调办将尽力为大家提供帮助和服务。二是加快资金支付，继续加强账面资金的控制，做好工程竣工收尾的结算工作。经济与财务司、项目法人和征地移民机构要进一步细化用款计划，保证按用款进度拨款；要加快工程结算进度，为工程完工决算创造条件；要继续加强账面资金的控制，将存量控制在最低限度，不断提高资金使用效率；要特别注意工程完工阶段往来款项的清理。三是进一步加强资金监管，确保工程建设全过程资金安全。要以这次审计署的审计为契机，认真总结经验教训，抓紧完善制度和监管机制，进一步加强今后的管理工作；要在处理所有问题时，都考虑到竣工审计的要求，严格按规定规范处理；要时刻绷紧资金安全这根弦。四是做好工程竣工财务决算工作。随着设计单元工程的陆续完成，各单位要及时组织编制财务决算，抓紧处理好结算和合同遗留问题，保证决算编制质量，做好投资控制分析。国务院南水北调办要及时安排决算审计和投资控制考核，按规定兑现奖惩。要特别注意资料、档案的整理，为整个工程竣工总决算做好准备。五是认真研究政策，严格执行制度，进一步规范管理程序，提高管理水平。各单位领导，尤其是经济财务部门的同志，一定要了解政策，熟悉管理制度，严格按政策和制度办事，避免违规违纪现象，充分运用已有政策促进工程建设管理。六是高度重视水价工作。随着通水日期的临近，各项目法人要把研究制定水价工作摆上重要位置。一方面要配合国务院南水北调办、国家发展改革委做好水价政策的制定；另一方面要结合自己管理的工程做好成本测算，为合理核定水价奠定真实的成本基础。

郭有明介绍了湖北省南水北调工程的建设情况，他指出，要让国家投入的每一分钱都用在刀刃上，必须严格财务监管，湖北省一定认真贯彻好此次会议精神，学习各地各单位的有益经验，推动南水北调经济财务工作更上一层楼。

国务院南水北调办经济与财务司负责人作了大会工作报告。会议还表彰了南水北调系统资金管理工作先进单位及先进个人。各单位代表就经济财务工作中存在的主要问题和困难作了交流与讨论。

南水北调工程建设质量管理五部委联席会议在北京市召开

2012 年 12 月 25 日，南水北调工程建设质量管理五部委联席会议在北京市召开。国务院南水北调办、水利部、住房和城乡建设部、国家工商总局、国务院国资委等部委有关部门负责同志参加会议。国务院南水北调办副主任蒋旭光出席并讲话。

会上，国务院南水北调办有关部门负责同志通报了 2012 年南水北调工程建设和质量监管工作情况，介绍了质量监管工作的有关规定、办法，各部委有关部门负责同志通报了各自相关工作和做法，与会同志就进一步加强南水北调工程质量监管工作进行了认真讨论。

蒋旭光在讲话中首先代表国务院南水北调办和国务院南水北调办主任鄂竟平，向水利部、住房和城乡建设部、国家工商总局、国务院国资委等部委对南水北调工程建设质量管理给予的大力支持表示感谢。他指出，一年来，水利部、住房和城乡建设部、国家工商总局、国务院国资委认真落实五部委联合印发的《关于进一步加强南水北调工程质量管理工作的通知》精神，结合各部门的职能优势，与国务院南水北调办联合加强南水北调工程质量监管，积极主动开展工作，采取了相关措施，取得实效，对加强南水北调工程质量管理、形成和保持质量监管高压态势、促进工程质量向好，起到了十分重要的作用。

蒋旭光指出，百年大计，质量第一。国务院南水北调办对工程质量高度重视，视质量为生命，确定了“突出高压抓质量”的指导思想，采取一系列强有力举措，狠抓严管：加强制度建设，建立健全以责任制为核心的各项质量监管制度；健全质量监管体系，强化各项监管手段，及时成立稽察大队，全面开展突击飞检；设立举报受理中心，开展有奖举报；围绕发现问题、认证问题和责任追究建立“三位一体”质量监管体系；强化“三查一举”（稽察大队飞检、专项稽察、站点巡查和有奖举报）各项监管措施；大力开展集中整治和质量专项检查活动，实施质量信用管理、质量管理责任终身制等措施；加大责任追究力度，针对检查发现的质量问题，对责任单位和个人进行责任追究，对参建单位起到警示作用，工程质量的多发病、常见病得到遏制，工程质量明显向好。

蒋旭光指出，南水北调质量监管工作的主要做法和体会：一是严抓严管，持续高压，面对复杂而繁重的工程建设和管理任务，必须始终把质量管理作为工程建设的核心任务，加大责任追究力度，形成高压和威慑氛围，同时利用社会力量监督工程质量；二是完善制度，贵在坚持，突出高压抓质量，必须持之以恒，始终如一，贯穿于工程建设全过程，要根据形势变化，不断修订和完善有关制度规定，及时出台有关专项质量监管的标准和办法，发挥质量监管机制的作用，强化各项监管措施；三是突出重点，抓住关键，按照“突出重点，抓住关键，盯住要害”的要求，把各种监管力量和资源向一线倾斜，加强对重点项目、关键部位、薄弱环节的监控力度，开展专项检查，对关键工序实施考核奖惩，对在质量关键点上出现严重质量管理违规行为和严重实体质量问题的责任单位和责任人，从严追究责任；四是上下联动，合力管控，南水北调工程战线长，管理复杂，必须充分依靠各有关部门的支持，调动沿线省市的积极性，共同监管质量，形成上下联动、合力管控、综合施策、齐抓共管的工作氛围。

蒋旭光强调，从现在起到2013年底，是确保实现工程按期通水目标和建成放心工程最为关键的时期。要按照建委会的部署和要求，继续发挥五部委联席会议机制的重要作用，保持质量监管高压态势。不断完善质量监管体系，强化监管措施，确保把南水北调工程建设成为让党和人民放心的优质工程。

叁 重要讲话

IMPORTANT SPEECHES

国务院副总理李克强在国务院南水北调工程建设委员会第六次全体会议上的讲话

（2012 年 3 月 20 日）

南水北调工程是缓解华北特别是京津地区水资源严重短缺局面、优化水资源配置的重大战略性工程。今天，我们召开国务院南水北调工程建设委员会（以下简称建委会）第六次全体会议，主要任务是，总结建委会第五次全体会议以来的工作，分析研究存在的问题，安排部署今年的工作。我完全赞成刚才回良玉同志的讲话，原则同意鄂竟平同志代表国务院南水北调办作的汇报。沿线 8 个省（市）政府主要负责同志发了言，提了一些很好的意见和建议，请南水北调办和有关部门认真研究。下面，我讲几点意见。

一、珍视成果，增强南水北调工程建设的责任感和紧迫感

一年多来，南水北调工程建设取得显著成绩，超额完成了建委会第五次全体会议确定的任务。主体工程全面开工，建设进度按计划顺利推进，部分已建工程开始发挥效益，配套工程也取得积极进展。通过加强监管、完善奖惩机制，保证了工程质量总体良好。库区移民搬迁实现了“四年任务、两年基本完成”的目标，如此大规模移民，组织协调工作非常严密，做到了不伤、不亡、不漏一人，没有出现大规模群体事件，其中的经验值得很好总结。东线治污和中线水源地保护在实施好既定规划的基础上，完善了补充规划，深化治污措施，水质持续向好。重大技术攻关取得突破，逐步化解了一些瓶颈制约。这些成绩来之不易，既得益于前期工作充分、论证扎实，也得益于各方面的齐心协力；各项工作既做到了科学有序，又取得了积极进展，为今明两年工程建设的顺利推进奠定了坚实的基础，应当给予充分肯定。南水北调沿线各省（市）、有关部门做了大量工作，同志们付出了辛勤努力，在此，我代表建委会对大家表示感谢！

干旱缺水是我国很多地区经济社会发展的重大制约，特别是近年来北方干旱频率加大，去年入冬至今年 3 月中，京津地区降水较常年同期偏少四成以上，地下水得不到补充，水资源供需矛盾十分突出，而且这可能是一个需要长期面对的问题。要从根本上破解干旱缺水的困局，实现可持续发展，必须加快转变经济发展方式和调整经济结构，在大力节水和治污的同时，加快推进重大水利工程建设。实施南水北调工程，有助于优化我国水资源配置、提高水资源调控水平和供水保障能力，对于沿线地区转变经济发展方式、改善人居环境、促进社会和谐稳定具有重要意义。

保持我国经济长期平稳较快发展，最大的潜力在城镇化，而城镇化需要水资源保障。在国家“十二五”规划中，提出了“两横三纵”（以陆桥通道、沿长江通道为两条横轴，以沿海、京哈京广、包昆通道为 3 条纵轴）的城市化战略格局。南水北调东线跨越环渤海地区和东陇海地区，中线纵贯冀中南地区和中原经济区，都是我国发展城市群的重点地区，也是淡水资源缺乏的地区。工程的实施，可以明显改善沿线地区的生产生活和生态条件，有利于这些城市群集聚更多的生产要素，发挥对周边地区的辐射带动作用，对整个国民经济具有重要的拉动和支撑作用。因此，对南水北调不仅要用工程的眼光看待它的价值，还要放在经济社会发展全局的高度认识它的重要性。

当前，南水北调东线通水已进入倒计时，中线也将在后年实现通水，今年是工程建设最为关键的一年。要如期实现既定目标，任务仍然十分艰巨。主要问题是：工程进展不够平衡，作业战线长，建设管理难度加大；部分库区移民工作有待扫尾，后期帮扶和稳定任重道远；东线部分断面水质还不达标，中线部分入库支流水质有恶化趋势；地方配套工程建设滞后，直接影响工程效益；运行管理体制和水价等尚未确定；随着时间推移，人工、建材等价格上涨，成本和造价会越来越高。南水北调工程不仅是新中国成立以来一个投资最大的工程，而且是一个建设条件最复杂的跨地区、跨流域工程。因此，各有关地区和部门要清醒地认识面临的困难和问题，从全局高度和战略层面进一步增强南水北调工程建设的责任感和紧迫感，科学规划，合理安排，齐心协力，扎实推进，切实做好各项工作，把南水北调工程建设成为质量可靠放心的工程、移民稳定致富的工程、管理阳光廉洁的工程。

二、进一步明确南水北调工程建设的主要任务

南水北调是一项规模宏大的系统工程，涉及领域多、覆盖地区广、社会关注度高。工程建设要按照科学发展观的要求，贯彻统筹兼顾的原则，在确保质量安全的前提下，狠抓工程进度，继续做好移民、治污、运行管理等各项工作，妥善处理工程建设与经济社会发展和人民生产生活的关系，确保工程优质高效建设、安全稳定运行、永续发挥效益。当前，要重点做好以下几项工作：

一是科学合理安排工程进度。现在北方地区缺水形势严峻，对南水北调通水有着迫切的要求。工程一旦延期，投资、经济、社会等方面代价都会很大。实施南水北调东、中线一期工程通水目标，时间紧，任务重。必须集中各方面智慧和力量，团结协作，攻坚克难，千方百计确保工程如期完工。要紧盯通水目标，合理安排工期，科学组织施工。配套工程与主体工程密不可分，事关资源配置、供水价格和成本合理回收。在全面开展主体工程建设的同时，必须继续推进配套工程建设，科学合理地安排施工进度，确保与主体工程同步发挥效益。

二是确保工程质量和安全。质量和安全是工程的生命线。去年，南水北调办对工程质量加强了监管，效果很好。这种主动查找问题、严把质量关的做法值得肯定。我们对质量和安全问题绝不能掉以轻心，要不断加强科技攻关和实用技术的推广，进一步完善工程质量监管和责任追究制度，始终保持质量监管的高压态势，建设经得起时间和人民检验的放心工程。同时，要落实安全生产措施，加大安全防范和监管力度，避免施工过程中发生重大安全事故。

三是切实做好移民后期帮扶和稳定工作。库区和沿线广大移民为调水做出了很大贡献，国家非常关心移民的生产和生活。移民搬迁结束后，要把工作重心转向后期帮扶，加大移民后期帮扶力度，确保移民搬得出、稳得住、能发展并尽快实现致富。切实落实好国家对移民的后期扶持政策，因地制宜地制定相应的扶持措施。加强技术培训、劳务转移、生产开发，创造更多就业岗位和更大发展空间，进行全面帮扶，让移民早日安居安定安心，更好地参与和融入当地经济社会发展。要坚持以人为本、民生优先，切实解决好移民群众的各种实际困难和问题。搞好矛盾纠纷排查化解工作，做到早排查、早发现、早解决，争取工作主动权，维护社会大局稳定。

四是强化水污染防治和水源地保护。能否确保一泓清水北上，关系南水北调工程的成败，关系沿线和京津地区人民生命健康。不久前，我参加全国“两会”湖北代表团审议时，有位代表送来了一瓶丹江口水库的清水，表现了库区人民保护水质的决心和行动。要始终坚持“三先三后”（先节水后调水、先治污后通水、先环保后用水）的原则，确保输送干净水、放心水。合理制定南水北调工程水质考核目标，建立治污环保长效机制。要抓紧实施东线补充规划中的重点治污项目，实现东线沿线水质监测全覆盖，下决心关闭输水干线所有排污口，杜绝污染源，加强治污成果检查考核。要调整中线丹江口库区及上游水污染防治和水土保持规划，制订这一地区的经济社会发展规划，在中线总干渠两侧划定保护区，加快生态带建设步伐，确保水体在北上过程中不受污染。

五是严格控制工程投资。南水北调是一项规模宏大、涉及面广的系统工程，管好用好每一笔资金是对我们的挑战和考验。要认真执行项目法人责任制、招投标制、工程监理制和合同管理制，确保这些制度严格落实、规范操作。要从严控制设计变更，确需变更的，应组织专家论证，按工程建设实际需要进行调整。在施工中要厉行节约、严格管理，确保发挥最大的投资效益。要发挥审计、稽察、检查联动机制的作用，堵塞漏洞，切实管好用好每一笔资金，把宝贵的资金用在刀刃上。

三、加强南水北调工程建设的组织协调

南水北调工程建设任务重、责任大。各有关地区和部门要深入贯彻党中央、国务院的决策部署，进一步加强领导，群策群力，顾全大局，相互协调，发挥社会主义制度集中力量办大事的优越性，积极推动各项工作，确保如期实现通水目标。

沿线各省（市）要加强组织领导。要把推进南水北调建设作为一件大事来抓，加快跨渠公路桥梁建设。加强相互配合，健全对口协作机制。紧紧围绕建设目标，拓宽融资渠道，合理使用各项投资，加快配套工程建设。加大南水北调工程基金征缴力度，确保及时、足额上缴到位。落实好中线有关规划，加快干渠两侧生态带建设。建立科学有效的安保机制，维护良好施工环境，确保工程建设和运行安全。强化对口协作，实现受水区与供水区互利双赢。

有关部门要加强协调，认真履行职责。要密切配合，抓紧制订和实施相关规划，加大投资、财政、金融、价格、土地等方面的政策支持。加快铁路、电力、通信、油气管道等专项设施迁建。对配套工程建设任务重、经济较困难的省份，中央投资要给予适当补助。中央代地方发行的债券，要安排一部分用于已落实前期工作的配套工程项目建设。要研究论证债券融资的可行性问题。要在今年年底前全面开工建设中线干渠防洪影响处理工程。加快开展东、中线后续工程论证及西线项目前期工作。进一步完善丹江口库区及上游地区对口协作方案。加快细化两部制水价方案。要妥善处理干线工程建设的耕地占补平衡问题，研究解决配套工程用地指标问题。进一步完善建设质量管理联席会议制度，加大对责任单位和责任人的监管力度。

四、关于提请审议的几个问题

一是原则同意2012年度南水北调工程建设计划。二是关于工程增加投资问题，要在全面审计的基础上，请南水北调办尽快提出增加工程投资测算和资金筹措建议方案，提请发展改革委、财政部抓紧研究提出解决意见。三是关于东线一期工程运行管理问题，请南水北调办、水利部、发展改革委在今年年底前分别完成组建运行管理机构、制订水量调度方案、确定东线水价和解决初期运行管理费用等工作。四是关于中线水源区生态补偿机制问题，请财政部牵头研究完善。五是关于中线干线工程两侧生态带建设规划问题，请南水北调办尽快按程序报发展改革委审批。

国务院副总理回良玉在国务院南水北调工程建设委员会第六次全体会议上的讲话

（2012年3月20日）

南水北调工程建设历经三届政府，今年已进入第十个年头，到了决战决胜的关键阶段，我们务必按照中央的要求，科学有序、积极稳妥、高标准地推进南水北调工程建设。今天，李克强同志主持召开建委会第六次全体会议，很及时，很重要。刚才，南水北调办主任鄂竟平同志作了汇报，沿线8个省（市）政府主要负责同志作了发言，7个部门负责同志作了积极表态，讲得都很好，我都赞成。最后，李克强同志还要作重要讲话。下面，我简要讲三点意见：

一、南水北调工程建设成绩十分显著，值得充分肯定

南水北调工程自2002年开工建设以来，各项工作都有了很大进展。尤其是建委会第五次全体会议以来，南水北调办等有关部门与沿线各省（市）密切配合，认真贯彻中央水利工作会议精神和建委会各项工作部署，做了大量卓有成效的工作，呈现出全线开工、全面加快、全力推进的良好局面。从工程建设看，初步设计全部批复完毕，东、中两线全面开工建设，重大技术攻关取得突破，质量安全得到较好控制，配套工程建设也有新进展，京石段等已建工程开始发挥综合效益。从征地移民看，工程移民组织协调、严密有序，已经移民42.3万人，其中，去年丹江口库区移民搬迁18万人，过去两年累计搬迁33万人，群众生活总体稳定，实现了“四年任务，两年基本完成”的目标，堪称我国移民史上的又一奇迹。干线征地拆迁工作也在扎实推进。从治污环保看，东线治污继续推进，水质持续好转；关于中线丹江口库区的两个规划均已编制，生态补偿不断完善，对口协作已有初步方案，水源区水质总体良好。从投资情况看，前两年累计完成投资900多亿元，其中去年完成投资578亿元，比上年增长了42%，自开工以来首次超额完成年度投资计划。从保障措施看，工作机制更加成熟，认识更加统一，协调配合更加顺畅，各项工作推进更为迅速，重大制约因素多数被克服。可以说，过去一年是工程完成情况最好、建设进展最快、质量监管最严、工作成效最为显著的一年。这些成绩是加快工程建设步伐的基础，值得充分肯定，认真总结。

二、南水北调工程建设面临的挑战尤为严峻，务必高度重视

今年是南水北调工程建设投资最多的一年，是基本确立东线一期2013年通水的重要一年，是为实现中线一期主体工程完工、2014年汛后通水目标打好基础的重要一年，时间紧、任务重、要求高，必须清醒地看到存在的风险、问题和挑战，并切实加以解决。归纳起来，主要有五个方面的问题：

一是进度问题。工期越往后拖，投资就越大。今年主体工程建设要完成投资640亿元，其中还有不少工期紧张、施工复杂的控制性工程，任务十分艰巨。目前配套工程严重滞后于主体工程，若不加快建设进度，势必影响工程效益发挥。要按照建委会确定的时间表，全力推进主体工程和配套工程建设。

二是质量问题。从汇报的情况看，南水北调工程点多线长，建设环境复杂，参建单位众多，又面临一些重大技术问题，质量管理难度确实很大。而且，现有的建管体制机制不完善，部分关键环节的质量管理存在失控风险。今明两年是工程建设的关键之年，工程质量和安全务必摆在重中之重的位置。

三是投资问题。南水北调工程是一边开工建设，一边批复初步设计，在工程建设的认识上有个逐步深入的过程，近几年的建设高峰期又恰逢物价上涨，对工程动态投资规模的影响确实较大。要认真研究解决渠道，确保工程建设资金。

四是水质问题。目前，东线治污规划基本完成，但36个控制断面中仍有6个水质不达标，必须给予高度重视。要抓紧实施补充规划，在通水前实现水质稳定达标，确保一泓清水北送。中线水源区水质虽然总体良好，但是随着地方经济社会发展，个别支流和区域水质已有恶化趋势，急需多措并举，统筹生态建设和地方经济社会发展，保持水质持续良好的态势。

五是运行管理问题。距离东线通水不到两年时间，而且部分工程已在运行中，运行管理问题迫切需要尽早提上议事日程，从现在开始就要认真筹划，不仅要建好工程，更要管好工程。

三、南水北调工程建设任务极其艰巨，需作统筹安排

南水北调工程建设已进入倒计时，建设任务艰巨，通水任务紧迫，各方面的关注和期待前所未有，面临的挑战和压力前所未有，工作的强度和难度前所未有。对下一阶段工作，我再强调几点：

一是统筹抓好工程进度、质量和安全管理。今年的工程建设强度明显高出往年。要科学规划，周密部署，精心组织，把工作重点放在制约总工期的控制性项目上，确保工程如期建成。要把质量和安全管理放在更加重要的位置，坚持进度服从质量，加强建设、运行、调度等各环节的监管，明确责任、前移关口、严肃纪律，确保不出现问题，经得起时间和人民的检验。有关部门要与南水北调办加强沟通联系，密切协调配合，形成联动机制。

二是统筹做好库区移民收尾、后期扶持和社会维稳工作。河南、湖北两省在丹江口库区大规模移民工作上取得了重大成绩，值得肯定。今年，库区还需搬迁剩下的1.5万移民，这其中绝大部分是城镇移民，另外还涉及一些企事业单位迁建，搬迁难度更大。要认真总结经验，力争把移民收尾工作做好。同时，要提前谋划好移民后期扶持工作，充分考虑移民群众的当前利益和长远生计，不仅能搬得出，而且能稳得住、能发展、能尽快实现致富。有关部门要有共识，能给的政策都要给足，能办到的事情都要尽力办好。要注意处理好移民之间相互攀比的问题，确保社会稳定。

三是统筹兼顾治污环保和沿线经济社会发展。水质好坏关系到工程建设成败。要始终坚持“三先三后”的原则，在继续深化治污环保工作的同时，加快沿线经济发展方式转变，确保水质稳定达标。丹江口水源区为保水质，经济发展受到一定限制，要抓紧出台丹江口库区及上游地区经济社会发展规划，研究完善生态补偿机制，促进水源区在保护中发展、在发展中保护。开展对口协作有利于实现水源区与受水区发展双赢，要尽快完善方案，尽早实施。

四是统筹协调工程建设和组织管理。南水北调工程任务艰巨，责任重大，使命光荣，需要加强组织协调，密切团结协作，合力攻坚克难。对于建委会议定的事情，要积极推进，认真落实。建委会各成员单位要把工程建设作为一项重要任务摆上议事日程，全力配合，积极支持，确保认识到位、组织到位、责任到位、措施到位。要加强对工程建设全过程的监管，特别是强化工程质量、资金使用、治污环保的监督检查。要认真研究工程运行管理体制机制，抓紧出台南水北调供用水管理条例，抓紧细化两部制水价方案。南水北调办要加强自身建设，切实搞好组织、协调、指导、督促、检查和落实工作，推动工程建设顺利进行。

国务院南水北调办主任鄂竟平在国务院南水北调工程建设委员会第六次全体会议上的汇报

（2012年3月20日）

一、2011年工程建设情况

（一）工程建设全面加速

2011年全年完成投资578亿元，超过建委会年初确定的540亿元目标，是2010年的142%。累计完成投资1376亿元，占可研总投资的60%。

工程建设提速。共155项设计单元工程，已批复初步设计154项；开工147项（主体工程已全部开工），完工48项，控制性工程由年初41项降至19项。

在公安部门和地方政府的支持下，施工环境良好。

配套工程有新进展。各省（市）配套工程总体规划均已批复，北京、天津部分工程已建成，河北、河南、山东、江苏部分工程已开工，累计完成投资84亿元。

已建工程继续发挥效益。在河北省支持下，中线京石段于去年7月第三次从河北向北京供水，已供2.9亿m^3，三次累计供水11.7亿m^3。东线完建工程继续发挥防涝抗旱效益。

（二）质量管理明显加强

制定了以责任制为核心的质量管理新办法，建立了新的质管体系，密集开展稽察、“飞检”、抽查，对监理单位和原材料市场开展专项整治。尤其通过从速、从严、从重处理质量问题（事故），已大见成效。去年通过约谈诫勉、通报、清退出场等措施（约谈诫勉所有208家参建单位负责人，对36家参建单位给予通报批评，对3家单位留用察看，对4家单位清退出场；对17名有关人员给予警告、记过或撤职处分，清退30名项目经理、质量总监等人员并3年内不准从事南水北调相关工作），形成了高压态势，扭转了被动局面，工程质量明显向好，总体处于受控状态。

落实克强、良玉副总理批示精神，南水北调办、水利部、住建部、国家工商总局、国资委五部门联合印发了《关于进一步加强南水北调工程质量管理工作的通知》，建立了质量监管的联动机制。

（三）投资控制从严从紧

在初设批复和设计变更核定时严控投资增加，到目前为止，因工程原因增加的投资控制在3%左右。严控账面资金积存，已从2010年9月底的271亿元下降至80亿元。制定投资控制奖惩考核制度，促使主动节约。

2011年共筹集资金358.7亿元（中央预算内资金14.6亿元，南水北调基金30.8亿元，重大水利基金125.3亿元，过渡性融资130.7亿元，银团贷款57.3亿元），财政部及开发银行、太平资产公司等金融机构给予了大力支持。资金日常监管未发现重大问题。

（四）征地移民平稳有序

南水北调共需移民约44.5万人，到2011年底已完成42.3万人（丹江口库区33万人，干线工程9.3万人），其中2011年完成20万人（丹江口库区18万人，其中河南8.9万人，湖北9.1万人；干线工程2万人）。

南水北调共需征地96万亩，在国土资源部等方面的支持下，到2011年底已征89.3万亩，其中2011年征地22.1万亩。

到2011年底丹江口库区累计搬迁33万人（河南16.2万人，湖北16.8万人），占总数34.5万人的96%，实现了“四年任务，两年基本完成”的目标，没有出现大的群体性事件或个人极端事件。淹没城集镇、专项、工业迁建正有序推进。河南、湖北两省为此做出突出贡献。干线征迁满足了工程建设需要。

在国家文物局支持下，干线工程基本完成现场文物发掘，累计占总量的97%（99.2万m^2），库区占80%（50万m^2），文物得到保护。

（五）治污环保成效显著

东线治污规划项目全部建成，沿线水质达标率较2010年提高10个百分点，2011年12月达标率为86%。补充规划编制完成，重点项目纳入国家（重点流域水污染防治）“十二五”，规划，关键治理项目已启动。山东、江苏两省做了大量卓有成效的工作。

中线水源保护。在陕西等省的支持下，《丹江口库区及上游水污染防治和水土保持规划》（2011～2015年）已编制完成并上报国务院，《丹江口库区及上游地区经济社会发展规划》已编制完成，即将上报国务院。在发改委、环保部等部门支持下，对上一轮水污染防治和水土保持规划实施情况进行了考核。中线总干渠沿线各省市开展了两侧污染防范及水质保护工作。落实建委会领导批示精神，《南水北调中线干线工程两侧生态带建设规划》（初稿）已编制完成，并征求了有关部门和省市的意见。

（六）重大技术攻关取得突破

在科技部等有关方面的支持下，高填方渠段，膨胀土、中线穿黄隧洞等重大技术问题落实了处理方案。世界罕有的特大渡槽安全评估及技术处理已有成果，消除了结构安全风险。完成（中线黄河以南渠段）地下水影响分析和焦作高填方渠段溃决影响评价。

（七）建委会确定的其他重要事项取得进展

对口协作。发改委会同有关部门完成了中线水源区对口协作工作方案，已征求了意见。北京市还主动与河南、湖北两省衔接对口协作有关事宜。

两部制水价。发改委牵头已完成主体工程供水成本和两部制水价测算等专题研究，正在起草主体工程供水价格政策初步意见。

《南水北调工程供用水管理条例》。水利部已编制完成并上报，法制办已完成第一轮征求意见。

中线干渠防洪影响处理。南水北调办负责的京石段部分防洪影响处理工程已组织实施。水利部编报了其他防洪影响处理工程的可研报告，待发改委审批后实施。

配套工程资金。发改委牵头开展了中央投资补助政策研究，财政部安排了地方配套工程的债券。

资金监管。进一步加强了内部审计，并与最高检建立了惩治和预防南水北调工程建设领域职务犯罪工作的联动机制。

总体看，经过努力，2011 年度全面完成了建委会确定的建设目标，这得益于建委会的正确领导，得益于各有关部门尤其是建委会成员单位的支持配合，得益于各地党委、政府和沿线广大人民群众的倾力相助，得益于全体建设者的敬业拼搏。对此，南水北调办深表敬意和谢意。

当前，工程建设面临的困难和问题是：

（一）工程进度尚存风险

工期紧张是当前的突出问题：一是工程进展不平衡，中线黄河以南进展滞后；二是膨胀土等重大技术方案变更影响了工期；三是桥梁建设、铁路改线等协调耗时过长。稍有闪失，有因部分工程未按期完工而不能按时通水的风险。

（二）质量管理仍待加强

一是工程点多、线长、面广，又面临一些重大技术难题，质量管理难度较大；二是体制、机制缺陷直接影响质量监管工作；三是参建单位分属不同行业和部门管理：监管责权脱节，约束乏力。

（三）投资控制渐趋困难

一是人工、材料价格大幅攀升，远超原价差计列标准；二是过渡性融资增加、利率上行，贷款利息总额增长；三是新的相关政策调增了部分投资；四是前期工作深度不够，建设过程中不断发生重大设计变更。

（四）移民维稳压力加大

一是移民搬迁后，对新环境还没完全适应；二是物价大幅上涨导致移民生活成本提高，生产发展、就业增收还需过渡；三是新老移民、不同批次移民、移民和原住民之间互相攀比，矛盾逐步出现。

（五）东线治污攻坚有难度

东线工程通水已进入倒计时，但黄河以南 36 个监测断面仍有 6 个水质不达标。若补充规划等后续防治措施不加快实施，存在水质难以稳定达标的风险。

此外，在南水北调基金征收、配套工程

建设、水源区生态环境保护、中线干渠防洪影响处理等方面，也都面临着不同程度的困难和问题，需要认真研究，统筹解决。

二、2012 年工作安排意见

建设目标：

工程建设：东线主体工程基本建成并具备通水条件；中线主体工程黄河以北基本建成，黄河以南渠道挖填基本完成并全面展开衬砌。工程质量和安全不发生重大问题。

征地移民：丹江口库区移民等搬迁全部完成（完成丹江口库区剩余 1.5 万移民，其中河南 0.2 万人、湖北 1.3 万人的搬迁扫尾。完成城集镇、专业项目等剩余迁建任务）。

治污环保：如无突发事件，东线输水干线水质基本达到地表水Ⅲ类水质标准，中线丹江口库区水质稳定在地表水Ⅱ类。

全年计划完成投资 640 亿元以上，力争 680 亿元。

今年是南水北调工程建设最关键的一年。如能实现上述目标，就可以保证东线 2013 年通水，保证中线 2013 年主体工程完工、2014 年汛后通水。为此，要重点抓好 5 项工作：

（一）突出重点推进度

今年要重点抓好影响工期的关键性风险项目的建设，以点成线，全力推进。落实进度责任，快速处置重大设计变更，加强关键工程的施工组织，加快铁路、桥梁等交叉工程开工和专项设施迁建。

积极推进配套工程建设。

（二）突出高压抓质量

一是落实克强、良玉副总理批示精神，建立“南水北调工程建设联席议事机制”，形成联动监管。二是整合质量监督、专项稽察、检查、审计等各类手段，进一步加大“飞检”力度，始终保持高压态势。三是延伸责任追究，除继续从快、从严、从重处理质量问题（事故）外，还要对一线人员实施现场考核与奖罚；把质量终身制具体化。四是严格落实安全责任制，严防意外事故发生。

（三）突出帮扶稳移民

一是全面完成丹江口库区剩余搬迁任务，处理好遗留问题，移民任务完成后，适时进行总结表彰。二是落实产业扶持、就业培训、生活保障、配套设施建设等帮扶措施，做好矛盾化解，实现长期稳定。三是开展库底清理及蓄水验收准备。

（四）突出深化保水质

东线治污。一是苏鲁两省抓紧实施补充规划中重点项目，确保今年全面建设，及早发挥效益。二是关闭东线输水干线所有排污口，杜绝污染源。三是实现沿线水质监测全覆盖，确保信息快、准。四是加强东线治污成果检查考核。

中线水源保护。一是待《丹江口库区及上游水污染防治和水土保持规划》（2011 ~ 2015 年）和《丹江口库区及上游地区经济社会发展规划》批复后，加快实施。二是进一步完善水源区生态补偿政策，启动水源区与受水区互助合作，加强对治污环保及生态建设的监督考核。三是加快划定总干渠两侧保护区，启动生态带建设，确保“一泓清水”北送。

（五）突出监控管资金

一是严控因设计变更增加投资，合理调整价差。二是精心配置和使用资金，严控账面资金积存，减少贷款利息支出。三是落实投资控制奖惩办法，兑现资金节余奖励。四是发挥审计、稽察、检查联动机制的作用，堵塞漏洞。五是加大举报受理和查处力度，建设廉洁工程。

三、建议和提请建委会审议的问题

对中央有关部门的建议：一是进一步加快铁路、电力、通信、油气管道等专项设施迁建，现因个别专项迁建慢已严重影响工程进度。二是尽快明确中央对配套工程的投资补助政策；继续支持中央代发地方债券优先用于配套工程建设。三是中线干渠即将连线成形，今年底前应全面开工建设防洪影响处理工程，确保干渠工程安全。四是加快东、中线二期和西线前期工作，特别是东线二期前期工作。五是请有关金融机构按已签订的合同继续给予融资支持。六是建议充分考虑沿线各地土地后备资源不足的现实，妥善处理占补平衡问题，加快办理用地手续。七是尽快提出中线两部制水价方案，并在水价组成中考虑中线水源保护因素。

对沿线有关省（市）的建议：一是加快配套工程建设，确保与主体工程同步发挥效益；二是加快跨渠公路桥梁建设，加强已建桥梁管理；三是按期完成南水北调基金征缴任务。

提请建委会审议的5个问题：

（一）关于2012年度建设计划

2012年计划完成640亿元投资。其中，南水北调办商发改委安排年度投资517亿元（南水北调基金15亿元，重大水利基金185亿元，由重大水利基金还本付息的贷款282亿元，其他贷款35亿元）。此外，还需消化前9年积存投资123亿元以上。建议建委会批准2012年度建设计划。

（二）关于工程投资

受物价过快上涨、利率上行、政策变化等因素影响，东、中线一期工程总投资与总体可研相比有一定幅度的增加。建议由南水北调办今年上半年完成工程增加投资测算和资金筹措建议方案，报发改委、财政部年内审定。

（三）关于东线一期工程运行管理

东线一期工程2013年可具备通水条件，确定运行管理体制、机制迫在眉睫。建议由南水北调办会同有关部门及地方政府今年底前组建运行管理机构，制定运行管理办法；发改委今年底前确定东线水价，解决初期运行管理费用问题。

（四）关于完善中线水源区生态补偿机制

水源区目前的生态补偿属中央财政均衡性转移支付，尚未密切关联水质保护工作。建议由财政部牵头，会同有关部门和地方政府，研究完善生态补偿机料，将补偿与水源保护效果挂钩。

（五）关于中线干线工程两侧生态带建设

为保障中线水质安全，根据建委会领导批示精神，南水北调办组织有关单位编制了《南水北调中线干线工程两侧生态带建设规划》（初稿）。建议由南水北调办按程序报发改委审批。

今年是南水北调工程的决战年。我们将认真贯彻建委会的各项决议，恪尽职守，勤奋敬业，协调服务，攻坚克难，力争如期实现通水目标。

国务院南水北调办主任鄂竟平在2012年南水北调工程建设工作会议上的讲话

（2012年1月11日）

同志们：

这次会议是在南水北调工程建设进入三年决战关键年的形势下召开的。会议的主要任务是：深入贯彻落实中央水利工作会议精神，进一步传达学习国务院领导同志关于质量监管、治污环保等方面的重要批示精神，系统总结2011年南水北调工程建设工作，客观分析南水北调工程建设面临的新形势，进一步统一思想，鼓舞干劲，明确责任，落实措施，推进南水北调工程优质高效建设，全面完成2012年南水北调各项工作任务，为顺利实现建委会确定的通水目标奠定坚实基础。

下面，我讲三点意见。

一、关于2011年的工作总结

2011年，在党中央、国务院的坚强领导，中央有关部门的大力支持和工程沿线各级党委、政府及人民群众的努力配合下，南水北调系统紧紧围绕年度目标任务，全面贯彻落实建委会第五次全体会议和2011年建设工作会议精神，扎实推进南水北调工程建设，各项工作取得了新突破：建管机制不断完善，工程建设全面加速，质量监管高压态势基本形成，质量、安全始终受控，库区移民和干线征迁取得重大成果，东线治污和中线水源保护工作取得新进展，资金受到有效监控，重大技术问题相继破解，实现了三年决战的良好开局，形成了良好的态势和气势。

（一）工程建设全面加速

2011年，围绕“三定（定计划、定责任、定奖惩）、两会（月分析会、季协调会）、一查（不定期检查）”，大抓工程进度，工程建设全面加速。一是根据年度工作计划，与项目法人签订建设目标责任书，落实进度责任，促进项目全面开工，推动在建工程按计划实施，严格合同监管，研究制定了目标考核奖励办法，激励项目法人和现场参建单位加快工程进度。二是简化工作程序，加强协调配合，加快审查审批、开工准备等前期工作。建立设计变更快速处置机制，及时解决工程建设过程中发生的重大设计变更问题。截至2011年底，各项目法人累计报送设计变更110项，组织批复和处理103项。三是建立和实施工程建设进度月分析和季协调会议制度，及时掌握工程建设难点，研究解决制约工程建设的突出问题。建立工程建设环境维护和专项设施迁建快速处置机制及阻工事件快报制度，扎实开展工民和谐共建活动，有效解决工程施工对沿线群众生产生活带来的不利影响，着力构建施工单位和周围群众相互尊重体谅、共建和谐环境的良好局面。四是开展大抓进度专项行动，组织力量贴近现场开展专项调研、检查活动，组织项目法人向施工标段派驻专职建设管理人员，逐标段督促工程建设进度。五是建立中线跨渠桥梁建设和铁路交叉工程协调机制，明确责任单位，建立督办制度，促进工程建设。黄河以南段交叉工程在河南省政府协调下，正在加速推进。

一年来，各单位克服酷热、多雨等不利因素，抢抓施工时机，优化施工工艺，实行交叉作业，开展劳动竞赛，形成大干快上、你追我赶的建设局面，主体工程建设不断提速，开工速度、在建规模、完成投资和工程量等指标都创历史新高。目前，155项设计单元工程已批复154项。2011年新开工项目34项，与通水相关的主体工程全部开工建设。截至去年底，全部155项设计单元工程中，基本建成48项，占31%，在建99项，占63.9%，未开工8项，占5.2%，形成东中两线全面开工建设局面，多数控制性工程建设进度满足要求，工期十分紧张的控制性工程由年初的41项削减为目前的19项，比计划多完成2项。其中，中线建管局、东线江苏水源公司、东线山东干线公司、安徽省南水北调项目办各自削减6项、7项、7项、1项，东线江苏水源公司、东线山东干线公司联合削减1项。东线穿黄隧洞主体工程已经完工，中线穿黄隧洞内衬施工取得突破，中线湍河、沙河渡槽进入主体施工阶段。跨渠公路桥梁、铁路交叉工程建设取得明显进展。2011年计划完成投资540亿元，实际完成578亿元。其中，中线建管局完成231亿元，中线水源公司完成203亿元（含丹江口库区移民安置投资201亿元），东线江苏水源公司完成30亿元，东线山东干线公司完成74亿元，湖北省建管局完成22亿元，淮委建设局完成2亿元，安徽省南水北调项目办完成2亿元，过渡性资金融资利息完成14亿元。各项目法人均圆满完成年度建设任务。工程开工至今已累计完成投资约1376亿元，占已批可研投资的60%。

配套工程建设有新进展。各省（市）均已批复总体规划。北京、天津部分工程已经建成并发挥效益，河北、河南部分项目已经启动，山东部分项目可研报告已经批复。北京市充分利用社会资源，发挥政府投资引导作用，成立了南水北调工程投资中心，为各地筹集配套工程建设资金探索了经验。河南、河北省也相继成立了配套工程投资主体和建设项目法人，强力推进配套工程建设。

已建工程继续发挥效益。中线京石段于2011年7月21日第三次向北京供水，计划供水1.2亿m^3，目前已放水约2.15亿m^3，三次供水累计11亿m^3，为北京供水安全提供了保障。东线部分完建工程继续发挥排涝抗旱效益。

（二）质量安全管理明显加强

2011年，围绕“两整顿（整顿监理队伍、整顿原材料）、两加强（加强监管队伍、加强处罚力度）”，狠抓质量安全，保证施工管理到位，监督检查到位，问题处理到位，质量管理体系日趋完善，保持质量监管高压态势，质量问题得到妥善处理，工程质量稳步提升。一是进一步完善了质量管理制度体系。研究制定了《南水北调工程建设质量问题责任追究管理办法（试行）》和《南水北调工程合同监督管理规定（试行）》，划清问题责任，明确处罚标准，为严格责任追究提供了制度保障。通过制定实施项目法人和现场参建单位建设目标考核奖励办法，激励项目法人和现场参建单位更加重视质量、安全。并根据质量监督工作需要，着手研究制定质量问题处理细则、质量责任终身制等规章制度。二是强化质量监管手段。成立稽察大队，构建多层次、全方位、定期检查和质量“飞检”相结合的监督检查体系，实现了政府质量监管全覆盖，提高了质量问题处理的效率。全年共组织各类稽察34组次、检查18组次，对126个施工标段和79个监理标段实行了60组次“飞检”。通过项目法人向一线派驻建设管理人员，加强现场监管力量，监督质量管理行为。三是通过专项整治，加强了质量过程控制。重点针对监理单位和原材料市场开展了质量专项整顿活动，确保各参建单位认真负责、进场原材料质量可靠。全面开展工程质量集中整治工作，对所有参建单位的质量管理行为进行整顿。四是及时、有效处理质量问题，追究质量责任。建立重大质量问题处理联动机制，对稽察、检查、审计和“飞检”中发现的重大质量问题责任单位和责任人进行公开处理，并充分利用资质和资格管理等手段，强化质量管理行为，加大质量问题处罚力度。全年共处理参建单位43家（其中通报批评36家，留用察看3家，清退出场4家）、各级人员47名（其中清退30名项目经理、质量总质检师等人员并3年内不准从事南水北调相关工作，警告、记过、撤职17名有关人员），并分4批诫勉约谈了所有208家参建单位负责人，质量责任追究态度之坚决、处罚之严厉、涉及面之广、数量之多，是工程开工9年来第一次，各参建单位触动很大，警示和震慑效果良好。五是切实保障安全生产。通过继续深入开展“安全生产年”活动，落实安全生产责任制，加强大型施工机械设备管理，强化防汛度汛措施，组织“防坍塌、防触电、防中毒、防淹溺、防坠落、防机械伤害”专项整治，完善安全生产预案，不断推进安全生产管理规范化，保障了工程建设安全顺利进行。

通过以上措施，明显提高了全系统质量、安全意识，减少了薄弱环节，扭转了被动局面，形成了高压态势，工程质量明显好转。这种主动查找问题、严把质量关口的做法得到国务院领导同志的充分肯定。克强副总理批示：南水北调办主动查找问题，严把质量关的工作做法值得肯定，确保质量经得起历史检验必须在日常监管和制度建设上狠下工夫。良玉副总理批示：质量是南水北调工程建设的生命，绝不能有丝毫马虎。赞同国调办加强质量监管的措施和意见，施工监管的关口要前移，建设质量的责任要明确，质量问题要追究，协调机制应予以强化。一年来，工程质量总体受控，未发生较大以上质量事故。截至2011年底，东、中线一期工程共评定单元工程454641个，合格率100%，优良率78.38%。安全形势总体稳定，全年未发生较大及以上安全生产事故，丹江口大坝加高工程塔基倒塌、中线穿黄隧洞进水及穿黄北岸竖井龙门吊倒塌事故得以及时、妥善处理。由于决策果断，调度科学，湖北省建管局有效控制了兴隆水利枢纽工程上游围堰崩塌险情，避免了重大灾害的发生。

（三）投资控制从严从紧，资金使用安全可靠

2011年，围绕“两严格（严格初步设计和变更审查、严格管理资金收支）、一严肃（严肃执行财经纪律）”，严抓投资控制，确保资金安全。一是加强源头控制，防止投资膨胀。严控工程初步设计审查和概算核定以及建设过程中的设计变更，对违反建设程序擅自批准变更或增加投资的当事人进行了行政记过等严肃处理，初设批复投资比可研增加390亿元，扣除物价、政策等因素外，因工程原因增加投资52亿元，增幅控制在3%以内。通过加强资金的精细化管理，按需供资，减少账面资金积存，提高资金使用效率，各单位账面积存资金从2010年9月底的271.49亿元下降至2011年底的88.45亿元。二是加强激励机制建设。研究制定了《投资控制奖惩考核实施细则》，落实投资控制考核奖惩制度，兑现投资节余奖励，调动参建各方主动节约的积极性。三是加强资金使用的监督和审计。委托会计师事务所对工程建设资金和征地移民资金进行全面审计。建立面向一线、快速有效的举报受理和办理机制，并研究制定资金管理违规违法行为处罚、审计整改责任追究、征地移民资金银行账户管理、资金供应管理等规章制度，加强资金监管，堵塞管理漏洞，确保资金安全。四是构筑预防腐败的防线。国调办联合最高人民检察院，建立健全有效的惩治和预防工作联系机制，共同做好惩治和预防南水北调工程建设领域的职务犯罪工作。国务院领导同志对此给予充分肯定，克强副总理批示：此事办得好，应抓好落实，并及时总结经验，完善制度。

通过源头控制、一线举报、严防腐败等举措，形成了一套严控投资、严管资金的工作体系。2011年共拨付资金369亿元，切实做到监管到位，使用规范，没有发现大的违规违纪问题。

（四）征地移民取得重大成果

2011年，围绕“两制度（移民进度定期商处制度、移民矛盾纠纷定期排查化解制度）、两机制（移民权益保障机制、移民上访快速处理机制）”，细抓征地移民，促进征地移民工作积极有序开展。特别是丹江口库区移民搬迁实现了建委会确定的“四年任务，两年基本完成”的目标，取得了决定性胜利。

库区移民。河南省把丹江口库区移民工作当作重大政治任务，充分发挥政治优势、政策优势，加强组织领导，强化部门合作，集中全省力量，把部门工作转变为政府行为，进而转变为全社会行动，即高起点规划，高标准设计，整合各种相关资源，确保把移民新村建设成为当地社会主义新农村的示范村，又坚持群众路线，尊重移民意愿，实行政府监督、中介监理、企业自控、移民参与“四位一体”的质量监督体系，确保新村建房质量。同时，周密制定方案，有序组织搬迁，及时开展帮扶，确保移民“搬得出、稳得住、能发展、可致富”。湖北省把丹江口库区移民工作当作落实科学发展观、改善民生和社会主义新农村建设的重要载体，省委、省政府要求把移民工作当作“天大的事”，对移民群众坚持“优先、优厚、优越”的“三优”原则，建立了上下联动、责任明确、运转高效的指挥体系，以严要求统一思想认识，以硬措施确保任务完成，以真感情赢得移民支持，以强监管确保工程质量，以好机制维护社会

稳定，以大宣传营造良好氛围，努力克服多雨、酷热天气的不利影响，科学安排进度，周密组织搬迁，确保了库区移民各阶段性任务的按时完成。

国调办、两省移民部门及时研究解决工作中出现的新情况、新问题，针对近年因物价大幅上涨影响移民建房问题，及时调整建房价差，保证移民建得起房，按时搬出；及时协调解决移民搬迁工作中出现的问题，保证了搬迁进度；上下联动，加强矛盾排查化解，认真处理移民来信来访，维护了大规模移民搬迁的社会稳定。2011 年搬迁移民 18 万人（河南 8.9 万人，湖北 9.1 万人），累计搬迁移民 33 万人（河南 16.2 万人，湖北 16.8 万人），占库区移民总数 34.5 万人的 96%。当前，移民群众总体稳定，没有出现大的群体性事件和个人极端事件，实现了建委会确定的搬迁目标。淹没区城集镇、专业项目迁建和工业企业补偿等正在有序推进。国务院领导同志给予充分肯定，克强副总理批示：南水北调办和豫鄂两省为确保第二批移民集中搬迁顺利进行做了大量艰苦细致的工作，成果来之不易。

干线征迁。沿线各地认真落实“建委会统一领导、省级人民政府负责、县为基础、项目法人参与”的移民征迁体制，以保障工程建设用地为重点，创造性地开展工作，采取灵活运用地方补助、合理使用耕地占用税等手段，有效应对征迁补偿标准差异化问题，并及时兑付征地补偿，妥善安置征迁群众，深入化解矛盾纠纷，较好解决了中线河南大营料场采矿证办理、河北邯郸市区段群众集体阻工、山东济南市区段征迁遗留难点、山东聊城十里铺新村拆迁户安置、电力电信油气管道迁建等一批干线征迁重点难题。全年完成征地 25.1 万亩（其中永久用地 7.7 万亩，临时占地 17.4 万亩），搬迁人口 2 万人，生产安置人口 4.9 万人。截至去年底，累计交付建设用地 89.6 万亩（其中永久用地 43.6 万亩，临时占地 46 万亩），搬迁人口 9.3 万人，生产安置人口 22.9 万人，满足了工程建设需要。

文物保护。东、中线干线工程累计完成考古发掘面积 99.2 万 m^2，占总量的 97%；库区累计完成考古发掘面积 53 万 m^2，占总量的 80%。国家文物得到妥善保护，文物保护工作未影响工程建设。武当山遇真宫保护方案最终确定并顺利实施。

（五）治污环保成效显著

2011 年，在加快推进规划项目实施的同时，积极促进补充完善规划，新增一批治污项目，落实后续措施，深抓治污环保，取得显著成效。

东线治污。东线治污规划控制单元实施方案确定的 426 项治污项目 2011 年底前全部建成并投入使用。补充完善了东线治污规划，主要措施和重点治理项目纳入到《国家重点流域水污染防治规划（2011～2015 年）》，部分项目已经启动。江苏、山东两省结合自身实际，有针对性地深化治污措施。江苏省完善沿线城市污水厂配套管网收集系统，加强区域尾水导流和资源化利用；山东省加快淘汰沿线落后产能，提高工业企业治理标准，升级改造现有城镇污水处理厂，加快推进南四湖、东平湖人工湿地和生态带建设，完善中水截蓄导用工程。目前，除山东省 6 个水质监测断面因治污项目未完建尚未达标外，其余断面基本达标。

中线水源保护。《丹江口库区及上游水污染防治和水土保持规划》确定的 97 项水污染防治项目已完成 51 项，在建 17 项，部分项目已经发挥环境效益，改变了水源区人口集中的地级市、库周重点县生活污水和垃圾直排的面貌；151 个项目区的 697 条小流域治理任务基本完成，累计治理水土流失面积 1.44 万 km^2，重点区域水土流失得到有效控制。水源区各地还加大经济结构调整力度，加快淘汰“两高一低”企业，严格执行各种环保准入制度，从源头上控制污染物排放。年前根据六部委联合印发的《丹江口库区及上游水污染防治和水土保持规划实施情况考核办法》，对“十一五”期间的规划实施情况进行了考核，42个考核断面有38个达到水质目标，河南、湖北、陕西省达标率分别为91.7%、83.3%、100%。《丹江口库区及上游水污染防治和水土保持规划修订本》和《丹江口库区及上游地区经济社会发展规划》已编制完成并上报国务院。

北京、天津、河北、河南等四省（市）按照中线干线总干渠两侧保护区划定方案，严格执法，从严控制保护区内新上项目，特别是北京市还出台了《南水北调工程保护办法》，为保护工程设施、防止输水污染、发挥工程效益提供了法律支撑，河北在未正式颁布方案的情况下，已按照有关保护区划定方案开展日常监管工作。通过严格执法，制止了数千起危害工程和水质安全的行为。为落实克强副总理批示精神，国调办会同有关部门组织编制了《南水北调中线干线工程两侧生态带建设规划》，正在征求意见。

对口协作。积极协调发展改革委在对水源区三省调研的基础上，综合各相关方意见，初步形成了对口协作帮扶工作方案，待征求有关省（市）政府和相关部委意见后上报国务院审批实施。

（六）重大技术攻关取得突破

2011年，围绕“两依靠（依靠以专家委为代表的专家队伍提供技术方案、依靠以水规总院为代表的技术审查队伍审批方案）、两强推（强推专家审议、水规总院审定的技术方案、强推先进技术和设备）”，强抓技术攻关，重大技术问题取得突破，为工程建设提供了技术支撑和保障。国调办对技术问题高度重视，多次召开主任专题办公会，听取汇报，研究措施。紧紧依托专家委等专家队伍，高填方渠段施工、膨胀土渠段处理、中线穿黄隧洞内衬等重大技术问题得以破解，先进施工技术和设备全面推行。膨胀土和高填方渠道建设关键技术研究已列入国家“十二五”科研计划应急项目。“十一五”科研项目顺利通过国家验收，膨胀土处理技术、机械化衬砌、泵站加高等一批技术研究成果成功推广应用于工程建设。对沙河渡槽、湍河渡槽等世界上罕有的特大型渡槽的设计和施工技术，给予了特别关注，对出现的问题进行及时研究解决，工程安全评估及技术处理取得了阶段性成果，消除了结构安全风险。对中线黄河以南渠段地下水对渠道安全的影响、焦作高填方渠段洪水影响及丹江口大坝稳定和裂缝处理进行了全面评价，为工程面临极端情况的应急处置提供了依据。建立了膨胀土处理施工技术协调机制，及时协调解决施工过程中出现的困难和问题。

此外，为适应“两期”建设形势需要，国调办党组高度重视机关内部管理，在党的建设、作风建设、队伍建设等方面，都建立或完善了有关工作机制和规章制度，初步形成了量化考核指标体系。建立办管干部考评奖惩机制，公开、公平、公正的干事和用人环境基本形成；启动了基于内网的督办系统，促进了年度重要事项的及时办理；建立了深入基层、服务一线的工作机制，作风建设取得实效。各单位也加强队伍建设，调整完善管理机构，健全规章制度，为提高工作效能、提升工作水平提供了保障。

这些成绩的取得，是党中央、国务院正确领导的结果，是中央各部门协调配合、沿线各地高度重视的结果，是沿线广大干部辛勤努力和广大群众大力支持的结果，也是各级办事机构和项目法人以及全系统广大干部职工团结拼搏、戮力攻坚的结果。全系统广大干部职工勇担南水北调工程建设的时代重任，以时不我待、只争朝夕的拼劲，迎难而上、锲而不舍的韧劲，毫不懈怠、奋发有为的干劲，把心思用在干事创业上，把精力放在狠抓落实上，把功夫下在务求实效上，许多同志累倒在工作岗位上，甚至献出了生命。在此，我代表国调办党组对大家为南水北调工作做出的积极努力和辛勤奉献表示衷心的感谢！

二、关于2012年的形势分析

2011年中央水利工作会议强调：水是生命之源、生产之要、生态之基，水利是现代农业建设不可或缺的首要条件，是经济社会发展不可替代的基础支撑，是生态环境改善不可分割的保障系统。新形势下，我国经济社会发展和人民生活改善对水提出了新的要求，水资源供需矛盾更加尖锐，水对经济安全、生态安全、国家安全的影响更加突出，成为制约可持续发展的重要因素。必须立足当前、着眼长远，促进水资源合理开发、优化配置、全面节约、有效保护、科学管理、永续利用，必须大力倡导、全面强化节约用水，所有调水工程建设都必须坚持先节水后调水、先治污后通水，先环保后用水。

实现南水北调工程2012年建设目标，需要我们进一步认清形势，统一思想，明确任务，把握机遇，推进工作。

当前，南水北调工程建设具备许多有利条件：

一是党中央、国务院对南水北调工程高度重视。2011年中央一号文件的出台，中央水利工作会议的召开，进一步提升了全社会对加强水资源开发利用保护工作重要性、紧迫性的认识；胡锦涛、温家宝、周永康等党和国家领导人先后视察南水北调工程建设现场、丹江口水库水质和库区移民新村，对南水北调工作做出明确指示；吴邦国委员长、温家宝总理、李克强、回良玉副总理多次就南水北调工程建设做出重要批示，对工程建设提出明确要求。中央领导同志的关怀，为我们的工作提供了有力支持，注入了强大动力。

二是中央有关部门和沿线各省（市）思想进一步统一，围绕工程建设各司其职，认真负责，相互协作，为工程建设提供了强有力的支援。中央有关部门在计划安排、资金筹集、建设用地保障、治污环保措施落实、跨渠桥梁建设管理、铁路、电力、通信等专项设施迁建、治安管理、文物保护、舆论支持等诸多工作中，给予了大力配合、重点倾斜；沿线各地认真贯彻建委会全体会议和中央领导指示、批示精神，充分发挥各级党委和政府的工作优势，在工程建设、库区移民、干线征迁、治污环保、建设环境维护、配套工程建设等各个方面都付出了艰辛努力，创造了良好条件。这是我们做好今年工作的支撑。

三是通过一年多来的辛苦努力，制约工程建设进度的关键障碍逐步减少：所有单元工程初设方案都已批复，两线全面开工建设局面已经形成；关键技术问题取得突破，解决方案已经落实；跨渠桥梁、铁路交叉工程建设协调机制已经建立，开工建设方案大部确定，为如期实现通水目标提供了条件。

四是稽察、检查、“飞检”、审计相结合的质量监督检查机制已经确立，质量责任追究办法、质量责任处罚细则、合同监督管理规定、项目法人和现场建管单位奖励制度、面向施工一线的奖惩制度等各种奖惩办法均已出台或即将研究出台，质量管理体系日趋完善，质量监管高压态势基本形成，为建设优质工程提供了制度保障。

五是参建单位及全体建设者投身南水北调事业的热情进一步高涨，信心进一步增强，逐步适应质量监管高强度形势并不断转化为自觉行为，同时内部管理逐步加强，作风建设取得实效，有事干、愿意干、能干好的工作环境已经形成，深入一线、服务基层的意识不断增强，提升服务水平、提高工作效能的手段已经具备，为工程建设提供了有效保证。

在看到工作机遇的同时，我们更应清醒

地认识到，尽管2011年南水北调工程建设取得了明显进展，实现了三年决战的良好开局，但在“两期”形势下面临的众多难题和风险依然存在，难题没有彻底解决，风险没有完全化解，建设过程中还会不断出现新的难题和风险，各种制约因素纵横交织，错综复杂，可谓形势逼人，形势催人。

（一）工程进度尚存风险

工期紧张是当前的突出问题：一是工程建设虽总体进展顺利，但各标段的建设进度并不平衡，特别是中线黄河以南段工程，由于审批和开工时间晚，加上今年降水影响等多种原因，进展相对滞后。二是技术欠账预估不足，中线膨胀土、沙河和湍河渡槽、焦作市区段高填方渠道、中线穿黄内衬施工等技术方案虽已落实，但处理过程造成了一定的工期延误，目前工期已十分紧张，稍有闪失，可能产生新的控制性工程，存在不能按期完工的风险。三是铁路改线、桥梁建设等协调耗时过长，部分铁路交叉工程、跨渠桥梁建设计划仍未落实，大量设计变更仍然存在，中线仍有12座铁路交叉工程和18座跨渠桥梁至今尚未开工，影响工程整体进展。四是施工单位不能完全兑现投标承诺，资源配置不到位，进度执行不严肃，正常施工受影响。五是专项迁建对现场施工的影响没有完全消除，因工程施工给沿线群众生产生活带来干扰而产生的阻工现象仍时有发生。六是部分现场建管单位力量不足、责任意识不强，一些需要在现场快速处理的一般性变更不能及时处理，需现场快速协调解决的一般性建设管理问题不能及时解决。七是气候对施工存在不可预见的影响，有效施工时间可能大为减少，对施工工期构成潜在威胁。八是配套工程建设滞后。除北京、天津已建成部分工程外，河南、河北已经启动但进展缓慢，可能影响工程总体效益的正常发挥。

通水目标是建委会给南水北调人下的硬任务，是我们向中央和人民做出的庄严承诺。这一目标是刚性指标、硬性约束，应该如期实现，也必须圆满实现，没有讨价还价、回旋后退的余地，经受不起折腾耽搁。如不把工程进度作为各项工作的重中之重，咬定目标、紧抓不放，就有不能如期通水、无法向中央和人民交代的风险。

（二）质量安全管理仍待加强

尽管去年以来在质量管理上采取了一系列措施，长效机制逐步建立，扭转了薄弱局面，形势明显好转，但从国调办组织的历次稽察、检查和质量集中整治情况看，质量常见病、多发病时有发生，质量违规行为屡禁不减，实体质量问题屡查屡现。东线出现了穿黄工程穿引黄渠埋涵东西渠堤漏水事故，中线出现了潮河一标、郑州2段三标、禹长段七标、石梁河渠道倒虹吸、沙河渡槽工程违规浇筑混凝土等实体质量问题。同时，工程安全形势也不容乐观，前边检查、后边出事的现象时有发生。从目前情况来看，存在如下突出问题：一是现行的工程建管体系看似完备，但实际不到位，责权不统一、相脱节，无法及时有效处罚，缺乏必要的追责手段，难以形成有效约束，使得违规成本低，未能让违规者付出应有的代价，致使质量管理部分关键环节失控。二是部分施工单位片面追逐利益，趋利违规，不能完全兑现投标承诺，存在转包、非法分包行为，出现一流队伍投标、二流队伍签合同、三流队伍进场和以次充好、偷工减料等现象，违规施工时有发生。三是部分监理人员业务素质低，甚至违反职业道德，存在严重失职、渎职现象，似“稻草人”形同虚设，对质量通病、三检制验收成果造假和违规违约行为熟视无睹、麻木不仁，更有甚者，根本不能发现问题或与施工方串通一气，问题面前常常“失声”。四是部分委托检测机构资质不具备、检测结果不可靠，存在提供虚假检测报告、同体履行第三方检测单位职责等严重违规行为。五是现场建管力量薄弱，人员素质、技能以及人员结构不能满足现场建设管理的需要，无法有效监管参建各方建设管理行为。六是随着工程建设向纵深推进，建设场面越来越大，参建队伍、施工机械越来越多，潜在危险源不断增加，安全管理任务加重。监督上略微放松，管理上稍不注意，操作上一不小心，都可能导致伤亡事故。

百年大计，质量第一。南水北调是造福人民的千秋伟业工程，工程质量事关沿线群众生命财产安全，要经受通水和历史的检验，是没有试错机会的。决不能把工程质量和安全视作儿戏，绝不能对工程质量和安全麻木不仁、置若罔闻。如不正视问题，后果不堪设想。长痛不如短痛，宁可现在听骂声，不要将来听哭声，务必要下大力气查问题、究原因、上手段，确保每一个断面固若金汤。

（三）投资控制渐趋困难

当前，工程投资控制面临多方面的压力：一是近年来物价快速上涨造成了人工及主要工程材料成本上升，工程建设期价差远超总体可研中计列的价差，给投资控制带来巨大压力。二是由于信贷资金规模增大，金融市场供求矛盾突出，筹集资金的压力加大，且银行利率居高不下，贷款利息总额相应增长。三是前期工作深度不够，工程建设过程中发生一些重大设计变更，部分设计单元工程投资超出概算。四是国家相关政策调整也增加了部分投资。同时，如何堵塞资金管理漏洞、消除违规违纪行为，确保资金使用安全，对全体建管干部也是重大考验。

投资控制事关南水北调工程大局，意义非同小可。虽然工程如期通水，工程质量经受通水检验，但如果投资规模没有得到有效控制，超出概算太多，一样没法向中央交代。如不牢牢把住投资控制各个关口，堵塞跑冒滴漏各种渠道，杜绝随意增加投资，保证资金合理使用，投资规模控制很难落实。同时，工程资金量大，资金流集中，涉及层面多，要加强资金监管，严防“工程上去了，干部倒下了”，绝不能掉以轻心。

（四）库区移民安置维稳压力大

库区移民安置工作虽已进入收尾阶段，但城集镇、专项迁建及库底清理等剩余任务仍然繁重，特别是后期扶持和维稳还需付出巨大努力：一是移民搬迁后，生活习惯、气候环境与原住地不同，社会关系、亲情关系临时割裂，需要一个适应过程。二是生活方式变化，支出项目增加，加之一直忙于搬迁，就业需要时间，收入临时减少，再赶上物价大幅上涨，生活水平出现暂时下降。三是随着时间推移，房屋质量、宗派斗争、基层政权建设、学生教育等各种深层次问题逐步暴露。四是新老移民、不同批次移民、移民和原住民之间互相攀比，各种摩擦、矛盾逐步显现。

确保移民安置不出问题，搬迁后的稳得住是关键。国家补偿政策与群众改善生活的希望存在差距，移民搬迁打破了原有的社会经济体系，恢复和重建过程中生产生活出现暂时困难，这些都是移民不稳的重大诱因。如不坚持早发现、早介入、早处置，对可能发生的不稳定因素认真排查、积极化解，移民维稳形势很难完控。如不加强后期扶持，实行重点帮扶，提供就业条件，拓宽增收渠道，移民很难做到身安、心安。目前，重复上访、缠访闹访的苗头已经出现，信访稳定压力不断加大，可以预见今后还会大量出现，需要继续做过深过细的工作。

（五）治污环保任务繁重

东线工程2013年通水进入倒计时，尚有6个断面至今没有达标，其他已达标断面也面临各种威胁，沿线落后产能没有完全淘汰，排污口尚未完全封闭，城镇污水处理厂、配套收集管网有待进一步完善，工业企业治理标准在已严于国家标准的基础上需要进一步提高，若补充规划等后续防治措施不加快实施，存在水质难以稳定达标的风险。中线方面，水源区考核断面水质尚未完全达标，一些断面部分时段还不稳定，一些直接入库支流水质变差；规划中的部分水污染防治项目尚未完成，一些项目配套设施建设滞后，地方配套资金投入不足，干线两侧面临污染风险，农业面源污染日益突出；一些地方的污染防治措施还不完善，个别地方工作机制和管理机构尚不健全。与此同时，水源区各地普遍面临保护与发展的双重压力，水源保护任务相当艰巨。

南水北调成败在水质。要充分考虑在国家即将实施新的水质监测标准的情况下，如何结合南水北调工程特点合理制定南水北调工程水质考核目标。如不切实加强污染防治和水源保护，工程通水之时水质不达标，或者通水之后水质不稳定、沿途受污染，致使一渠污水北送，水利变成水患，我们就会成为历史的罪人。因此，必须严格贯彻“先节水后调水、先治污后通水、先环保后用水”的原则，继续深化治污措施，加大治污工作力度，加强水源保护，建立长效机制，确保一渠清水永续北送。

此外，在南水北调基金征缴、中线干线左岸防洪影响处理和工程通水验收等方面，也都面临着不同程度的困难和问题。基金征缴方面，北京、天津、江苏、山东四省（市）共上缴117.76亿元，已完成征缴任务，河北、河南尚欠缴32.58亿元，目前两省正积极采取措施。中线干线左岸防洪影响处理方面，工程方案编制工作已经启动，但方案批复及组织实施亟待落实。通水验收方面，东中两线干线主体工程众多，验收工作量巨大，验收工作与工程建设要交叉进行，如何统筹谋划，保证通水验收，对我们是一个重大考验。这些困难和问题都将对工程建设及综合效益的发挥产生影响，需要认真研究解决。

三、关于2012年的工作部署

2012年，南水北调各项工作要紧紧围绕实现建委会确定的通水目标，加强组织，优化协调，落实措施，再加压力，全力推进工程建设。

国调办党组研究确定了2012年南水北调工程建设目标：计划全年共完成投资640亿元以上，争取超680亿元。通过2012年一年的工作，基本确立东线一期工程2013年顺利通水的局面，并为实现中线一期工程2013年主体工程基本完工和2014年汛后通水的目标进一步夯实基础。

工程建设：东线与通水直接相关的主体工程基本完工，渠道（河道）工程基本具备过水条件；中线黄河以北除穿黄隧洞、焦作城区段、洺河渡槽外，主体工程基本完工，天津干线工程具备试通水条件，黄河以南渠道挖填基本完成，渠道衬砌全面展开；控制性工程在2011年基础上再削减一半。

征地移民：全面完成库区移民剩余1.5万人（河南0.2万人，湖北1.3万人）搬迁扫尾任务；完成城集镇、专业项目等剩余迁建任务；开展库底清理，做好蓄水前验收等各项准备工作；加快干线各类专项设施迁建，加快用地手续办理，确保干线建设用地。

治污环保：东线干线排污口全部关闭，深化治污重点补充项目全部开工，输水干线考核断面基本达到地表水Ⅲ类水质标准；在国家批复中线水源区两个规划及对口协作方案基础上，全面展开项目前期工作，启动重点骨干项目建设，确保丹江口水库水质稳定在地表水Ⅱ类。

2012年是三年决战的关键之年，是承上启下、继往开来、至关重要的一年。只有圆满完成今年的工作目标任务，才能让已经开创的良好局面持续下去，才能为今后两年完美收官奠定良好基础，才能为实现顺利通水打开胜利之门。

为此，2012年要着力抓好以下工作：

（一）突出重点推进度

一切为了通水目标，一切服务通水目标。

紧紧围绕通水目标，找准工作要点，突出工作重点，抓住主要矛盾，主攻薄弱环节，使工程建设全方位提速。

一是建立进度倒逼机制。今年继续与项目法人签订更为合理的年度建设目标责任书，落实进度责任，强化进度考核。重点抓好影响工期的关键项目建设，使工期紧张的控制性工程在2011年基础上再削减一半。二是抓好施工组织优化。要抢抓时机，倒排工期，挂图作战，交叉作业，重点抓好膨胀土处理、重要城区段、中线穿黄内衬、沙河和湍河渡槽等关键工程建设和关键工序落实。尤其要充分利用汛前和汛后各3个多月的黄金施工期，组织开展大抓进度专项行动，确保易受天气影响的土石方填筑等工程建设目标的实现。三是充分发挥跨渠桥梁、铁路交叉工程建设协调机制作用，加快开工和建设步伐，加大中线黄河北已建桥梁的移交力度。四是继续发挥工程进度月分析会和季协调会作用，定期检查考核工程进度落实情况，派员驻点督促实现控制性工程关键节点目标，及时协调解决工程建设中存在的问题。五是落实设计变更快速处置机制，及时处理重大设计变更，尤其是要突出抓好控制性工程的变更，急事急办，确保工程建设进度。六是严格合同管理，保证合同执行的严肃性，对合同违约行为依据规定进行严格约束和惩处。七是加强东线工程通水验收组织工作。东线两省办事机构和项目法人要成立验收机构，充实验收人员，制定验收计划，有序开展工程验收，确保工程满足过水条件，为顺利实现通水目标提供保障。八是落实安全生产预案体系，健全安全生产监控网络，严格落实安全生产责任制，严防重特大安全事故发生。

在抓好干线工程建设的同时，各地要在配套工程总体规划批复的基础上，科学制定方案，积极筹措资金，扎实组织建设，确保配套工程与干线工程同步运行，充分发挥工程综合效益。

（二）突出高压抓质量

树立“严打重防”的理念，痛下决心、硬起手腕，采取“坚决打、反复打、频繁打”的做法，继续保持在质量管理上的高压态势，对各种违法违规行为实行“零容忍”。

一是狠抓《南水北调工程建设质量责任追究管理办法》的贯彻落实，建立质量责任终身追究制，对质量问题严格处罚。今年要与国资委、住房城乡建设部、水利部、国家工商总局建立联席议事机制，加大对责任单位及责任人资质、资格处理力度。二是狠抓《南水北调工程合同监督管理规定》的贯彻落实，坚决制止工程转包和违法分包，严肃查处以劳务分包为名转嫁工程风险或以劳务分包形式变相分包工程的违规行为，严肃查处截留或转移工程价款、变更索赔处理不及时等违规行为。三是改进和加强政府质量监督、专项稽察、检查、审计、举报等各类质量监督检查手段，形成联动机制。突出“飞检”和举报对工程质量监管的重要作用，实施有奖举报，加大“飞检”力度，对发现的质量问题要及时解决，每3个月要集中处理一批。四是建立工程质量问题快速、公平评鉴机制，整顿试验检测市场，保证试验检测单位出具公正、可信的检测结果，对疑似质量事故进行追踪和调查。五是落实针对一线工作人员的质量奖罚办法，对关键工序、关键部位的作业人员的工作质量实施现场考核与奖罚，对质量过程控制进行激励。六是以质量监督、稽察、检查、审计和“飞检”等发现的质量问题信息为基础，建立质量监督信息库和质量管理工作排名机制，创新质量管理后处理措施，加强质量结果考核，曝光各种质量问题责任单位及责任人。通过树立优质工程典型，示范带动其他参建单位，保护、调动全体参建者关心质量、提高质量的主动性和积极性。

（三）突出帮扶稳移民

深入落实“两制度（工作定期商处制度、

矛盾纠纷排查化解制度)、两机制(遗留问题巡查督办机制、信访上访联动处置机制)",努力做到“两促进(促进移民发展、促进蓄水前各项准备工作)、两确保(确保搬迁后续任务完成、确保社会稳定)",帮扶移民群众发展生产,实现征地移民和谐收尾,维护社会大局稳定。

一是整合各类资源,动员社会力量,多渠道帮扶移民,实现从“搬得出”向“稳得住、能发展、可致富”转变。及时足额兑付补偿资金,尽快划拨生产用地,落实后期扶持政策;以市场需求为导向,加大移民生产、就业技能培训力度,积极帮助移民创业,落实帮扶责任制度;探索制定适合移民发展致富的规划,寻找和推进新的收入增长点;排查化解并妥善解决移民出行、入学、就医等方面的问题,完善新村基础设施运行制度,保障生活质量稳定提高。二是认真总结两年来库区大规模移民经验,全面完成剩余1.5万人库区移民搬迁任务和城集镇、专业项目等剩余迁建任务。三是开展丹江口库底构筑物清理、卫生清理、林木清理,做好移民档案整理、移交、验收等工作,促进库区移民各项工作扫尾。四是协调电力、电信、油气管道主管部门,督促产权单位积极配合,力争上半年完成干线各类专项设施迁建任务。落实各类因设计变更新增建设用地,全年移交永久用地0.4万亩、临时用地6.2万亩,保障工程建设用地需要。五是加大临时用地的复垦退还力度,督促做好用地组卷报批工作,及时做好干线征迁专项验收,为工程完工验收创造条件。

(四)突出深化保水质

东线工程2013年通水在即,必须树立危机意识,加大工作力度;中线部分支流水质指标明显下降,必须加快两个规划实施步伐。

东线治污方面,一是东线江苏、山东两省抓紧实施东线治污规划补充方案中的重点项目,确保到2012年底前全面开工,早日发挥治污效益。二是配合国家有关部门,进一步加大对东线治污工作的监督检查力度,督促深化治理措施的落实。三是会同有关部门对东线输水干线排污口关闭情况进行检查清理,切实减少污染源。四是配合水环境主管部门,加强沿线水质监测,确保水质稳定达标。2012年底对东线水质开展专业性综合评价,为通水创造条件。

中线水源保护方面,一是促进《丹江口库区及上游水污染防治和水土保持规划修订本》和《丹江口库区及上游地区经济社会发展规划》审批,加快规划实施步伐,加强规划实施情况和县域生态环境质量考核工作,督促地方政府落实水源保护责任,加大治污环保工作力度。研究国家实施新的水质监测标准后的应对措施。二是积极协调组织落实对口协作方案,推动水源区与受水区互助合作,促进水源区经济社会协调发展。三是加大尾矿治理力度,尤其是对于存在重金属污染的尾矿,要督促各地摸清情况,建立档案,严格管理;督促地方政府加大污水处理收集管网配套建设力度,确保污水处理厂正常运行;加大入库支流治理力度,确保通水前入库支流断面水质达标。四是推动有关部门进一步完善对水源区生态补偿各项政策,落实相关配套措施,加大对地方政府治污环保及生态建设工作的监督考核力度。五是进一步落实总干渠两侧保护区划定方案,开展沿线两侧生态带建设,确保一渠清水北送。

(五)突出监控管资金

严格执行“两严控(严控投资总规模、严控变更增加投资)",有效控制投资规模,切实强化资金监管,提高资金使用效益。

一是千方百计优化筹资方案,科学合理测算工程投资总规模,经国家批准的投资总规模不得擅自突破。二是集中精干力量,细抠深抠工程变更增加投资和工程价差投资,坚决砍掉搭车项目。三是优化施工组织,合理配置和使用资金,严控并减少账面资金积存，减少贷款利息支出，提高资金使用效益。四是落实投资控制奖惩办法，兑现资金节余奖励，调动各参建单位主动节约的积极性。五是加强资金使用的监督和审计，对全系统资金使用情况进行全面核查、全方位内审，加大施工企业和移民征迁的账户监控力度，建立审计、稽察、检查联动机制，堵塞资金管理漏洞，确保资金安全。六是贯彻国调办与最高人民检察院联合发布的《关于在南水北调工程建设中共同做好专项惩治和预防职务犯罪工作的通知》要求，加强廉政建设，加大举报受理和查处力度，建设廉洁工程。

除上述几项重点工作外，还有一些必须注意的事项，一要加强施工过程中的技术协调与指导，尤其要重点研究膨胀土渠段处理、高填方渠段施工等关键技术方案实施中遇到的困难和问题，充分发挥工程技术在提高工效和保证质量中的作用。二要加强中线京石段、东线济平干渠等已投入运行项目的管理，完善运行管理制度，加强运行人员教育培训，落实巡视检查责任制，定期开展设施、设备的检查检测和维修养护，确保工程运行安全和工程完好。三要确定东、中线特别是东线一期工程运行管理体制，成立管理机构，配置管理资源，为工程顺利通水、安全运行奠定基础。四要加强档案管理，强化环境保护，搞好财务决算，统筹规划、有序开展已完工项目的验收工作。五要大力宣传工程建设过程中涌现出的先进集体和个人，弘扬正气，凝聚力量，鼓舞士气，并深入开展工民共建活动，将施工对沿线群众的生产生活影响降至最低，保障群众利益，赢得群众支持，营造宽松和谐的建设环境。着手协商人力资源和社会保障部，对丹江口库区移民安置工作进行表彰。

南水北调是个庞大的系统工程，建设任务繁重。全系统要充分估计形势的复杂性、严峻性和不确定性，把各方面的困难和问题考虑得更充分些，以战战兢兢、如临深渊、如履薄冰的责任感，以坐不住、等不起、慢不得的危机感，以最大的决心、最强的力度、最好的状态，积极作为，推进南水北调工程优质高效、又好又快地建设，赢取工作主动权，为未来两年不可预见因素换取回旋空间。

在此，我再强调几点。

一要讲协作。2011 年建设工作会议上，我曾讲过，南水北调系统是一个完整的团队，我们都是一家人，相互之间的协调配合十分重要。南水北调工程是缓解我国北方特别是京津地区水资源严重短缺局面、优化我国水资源配置的重大战略性基础设施。南水北调这项伟大的事业、这份神圣的责任使我们从五湖四海走在一起，这既是工作的需要，更是难得的缘分；我们既是合作共事的同事，更是一起冲锋陷阵的战友。党中央、国务院对我们寄予厚望，沿线百姓对我们充满期待，社会各界对我们高度关注。我们的工作状态和成效，不仅关乎个人的荣辱得失，还关乎沿线数亿群众的幸福安康，更关乎沿线经济发展和社会稳定，关乎国家对外形象。我们都要倍加珍惜时代给我们提供的机遇和平台，倍加珍惜组织对我们的厚爱和重托，倍加珍惜沿线人民对我们的信赖和期待。希望大家深入理解南水北调工程建设面临的严峻形势，深刻领会国调办党组的良苦用心和意图，牢固树立“一荣俱荣、一损俱损”的观念，与国调办党组始终保持思想上同心、目标上同向、行动上同步、工作上同力，不辱使命、不负重托，全力以赴，共同营造团结协作、干事创业的浓厚氛围，共同推动南水北调工作扎实有序进行。

二要讲实干。通过一年的学习整顿，我们这支队伍求真务实、清正廉洁、联系群众、艰苦奋斗、勤思爱学的作风得到全面强化，实干创新、秉公为政、为民办事、勤俭节约、积极进取的风气基本形成。但就目前情况来看，个别干部在作风上仍存在着明显的问题。有的作风漂浮，高高在上，不下工地，脱离实际；有的不学无术，不懂业务，自以为是，经常误事；有的不负责任，推诿扯皮，又虚又滑，不办实事。这些作风，是沉疴，要刮骨疗毒；是大敌，要坚决清除。我们要进一步营造有事干、愿意干、能干好的工作环境，坚决克服那种半心半意、三心二意、虚心假意的工作状态，坚决反对那种当官不做事、任职不尽责、在岗不干活的官僚作风，真正让庸碌无为者腾位让权，让不换状态者日子难混，让作风优良者争先恐后，让干事成事者脱颖而出。2011 年办务扩大会议上，国调办要求办公室全体干部深入工地，学习调研，解决问题。在此，我再重申一下，第一要沉下去。静下心来，扑下身子，深入基层，深入一线，摸实情、出实招、办实事、求实效。第二要钻进去。对自己的工作，报得出准确数据，说得清前因后果，讲得出青红皂白，切忌“大概、可能、听说”。第三要顶上去。善于攻坚克难，敢于担当责任，勇于动真碰硬，严禁溜奸耍滑、推诿扯皮、办事拖拉。

三要讲廉洁。南水北调工程是国家发展经济、造福百姓的民心工程、德政工程。工程建设时间长，规模宏大，投资巨额，筹资渠道多样，建设监管难度大，确保工程安全、资金安全，干部廉洁至关重要。有关南水北调工程建设方面的规定、办法和标准已经比较明确，我们行事就是要规规矩矩地执行这些规定、办法和标准，决不可胆大妄为，无所顾忌，各行其是。我们能走上今天的这个岗位，既是组织的培养和群众的信任，也是个人长期努力的结果。大家必须清醒认识到，搞一次特殊，就降低一份威信；破一次规矩，就留下一个污点；谋一次私利，就失去一份人心。一定要算清“七笔账”：算清政治账，不要自毁前程；算清经济账，不要倾家荡产；算清名誉账，不要身败名裂；算清家庭账，不要妻离子散；算清亲情账，不要众叛亲离；算清自由账，不要身陷囹圄；算清健康账，不要身心憔悴。一定要严把“六道关”：把好初始关，没有下不为例；把好亲情关，不为亲属左右；把好交友关，严防奸商“挖坑”；把好美色关，谨记淫逸生患；把好节庆关，不犯一时糊涂；把好小节关，绝不因小失大。始终做到头脑清醒、抵制诱惑，胸怀坦荡、心底无私，防微杜渐、警钟长鸣，在工作上、廉政上都能经得起时间、历史和实践的检验，真正创造出无愧于党、无愧于民、无愧于心的业绩！

同志们！通水日期日益迫近，决战号角已经吹响，充满挑战的 2012 年已经到来。让我们在党中央、国务院的坚强领导下，牢记历史责任，把握时代机遇，以知难而进的勇气、坚忍不拔的毅力和决战决胜的信念，再接再厉，乘势而上，加压驱动，克难攻坚，全面完成 2012 年各项建设任务，为如期实现通水目标、及早发挥工程效益而努力奋斗！

谢谢大家！

国务院南水北调办主任鄂竟平在国务院南水北调工程建设委员会专家委员会 2011 年工作总结会议上的讲话

（2012 年 2 月 2 日）

尊敬的陈院士、各位专家、同志们：

今天我们这个会议是一次专家委年终总结会，年会性质的，但是就国调办来说，对这次会议看得很重，非常重视。今天我，还有力威总经济师，以及各司局的司长，直属单位的一把手，都高兴地参加今天的会议，我们来参加这次会议非常高兴，同时也有话要说。

首先，我代表国调办给各位专家拜一个年，这还是在正月，祝各位专家在新的一年里工作、生活都更好。其次，我也代表国调办对专家委，对各位专家在过去，特别是去年对国调办工作的支持表示感谢！

下面我想把南水北调建设的情况，尤其

是去年的一些情况和今年的一些打算，向各位专家作一个概要的汇报。去年经过我们大家的共同努力，南水北调工程建设的形势发生了重大的变化，这个变化是令人高兴的，虽然这一年大家很辛苦，也很累，但是心情都非常好，就是因为这个变化很大，令人很愉快。我说有话要说，就是想把这些变化跟各位专家作一个汇报，至少有这么几个方面明显的变化：

第一个变化，工程建设的速度明显加快，这个变化是非常明显的。说几个数字，去年一年工程建设完成的投资是578亿元，这个数字肯定是南水北调工程建设以来完成最多的一年，也就是干的工程量最多的一年，2010年是408亿元。再往前，上次会议我也给大家汇报了，2002年开工到2009年加在一起才完成390亿元投资，2010年完成408亿元，大数也就是410亿元，去年一年就完成了578亿元，这个速度明显在加快，全线在加快，无论东线还是中线，一些制约工程进度的因素克服得差不多了，所有南水北调两条线加在一起总共是155项工程，初步批了154项，只有一点小工程出事没有批，剩下前期工作都批完了，所有的主体工程都开工了。这是一个令人十分高兴的变化。同时各省市的配套工程，去年的进度也比过去有明显的变化，也都加快了。

第二个变化，质量。质量跟过去比，我们对它的评价是明显地向好，在向好的方向变化。怎么向好呢？大家在一次一次的检查、抽查过程中已经感觉到了，之所以能向好就是因为去年国调办在专家委等有关方面的配合下，狠狠抓了一下质量管理，这个“狠”真是前所未有的，连我们自己一开始都没想这么狠，但是一步步最后逼到那儿了，抓得真是抓死了。

具体做了这么几件事情：

（1）年初先搞了一个办法，就是针对质量问题我们搞了一个处罚办法，列了500多种质量方面的问题或者是事故，有实体的，有违规行为，每种质量问题或者质量事故谁负责任，对这个责任单位、责任人怎么处理？这个办法几乎都囊括进来了，费了很大劲，用了四个月左右的时间搞出这么一个办法，这是做的第一件事，这是一个全新的办法。

（2）调整了质量管理监管的体制，把原来职能不清、交叉、矛盾的东西去年都搞顺了，也就是我们体制以追究责任为入手，把它理顺下来，以责任这条为主线把它都顺下来了。

（3）改变了运行机制。这个运行机制核心就是追究责任。按照这个东西我们调整了运行机制，尤其是新成立了一个稽察大队，现在国调办有这么一支特殊的队伍，40个人，直属办公室，这40个人都是专业技术干部，他们的主要职责就是检查工程质量，采用“飞检”的形式。所说的“飞检”就是事先不通知被检查的单位，不用被检查单位安排吃，也不用安排住，也不用这个单位的车，完全都是自己的，三四个人一组，自带工具，就是质量检查、检测的一些设备，自带设备，开着自己的车，在不事先通知的情况下满工地转。发现问题，现场取证，简单问题可以定性的，现场下整改通知单，复杂问题的，取个证回来交给体制中的第二家单位去做质量鉴定。搞了这么一套东西，去年一年检查了60多次，1/3的标段都查过了。查出问题之后办里也有一套机制，每一个季度最后一天就对这一个季度查出的质量问题集中整治、集中处理。通过这一套下来，整个质量的形式发生了重大的变化，去年我们集中处理了3批，再加上前边见面约谈总共是4批。什么叫见面约谈，我们把所有参见的单位，包括项目法人、施工单位、监理、设计院、质检部门总共208家都叫到北京来，负责人都到北京来，我们一拨一拨地约谈，告诉他们怎么做。我们会先告诉你怎么做，打招呼，怎么处理，话说在前边，约谈了208家。处理了3批，这3批处理还是很重的。总共对36家参建单位，包括工程局、监理公司、一些法人，对36家参建单位公开通报批评，把通报批评这个东西上了国家政府网。对23家单位的30名责任人，包括工程局在我们这个标段的项目经理，也包括监理公司在这个项目上的项目总监等等，对23家单位的30名责任人给予了清退处理，实际就是开除了，并且后面还加上一句话，这30个人3年内不允许在南水北调工程再参与施工。对17名质量方面的责任人给予警告、记过或者是撤职处分，那就是对一些官员的处分。对3家施工单位叫做留用察看处理，进行整改，如果整改好就继续干，如果不整改就彻查你，对4家单位进行清查、开除，我们去年开了4家单位。这个力度、狠度，我刚才说了真是前所未有的，去年是下狠心了。为什么下狠心？就是因为在前面的质量抽查、稽察过程中发现确实有些工程局、有些监理公司等等一些参建单位极不负责任。工程质量不堪入目、不能容忍。去年为什么开除了这些单位？就是因为他手里的工程，我们质量检查最后认定是不合格的，是需要把它重拆的，开除的有个工程局打了一个倒虹吸的底板，打了将近100m，一查混凝土质量强度不够，通通都要拆掉。这样的单位在我们这儿一点都不含糊，立刻开除他。

去年，我们在质量上确实下了狠手，正因为我们严肃地对待质量问题，所以去年下半年质量整个形势明显好转。我刚才讲了，确实发生了重大的变化。这是第二块。

第三个变化，移民工作也发生重大变化，甚至叫作转折性的变化。我跟各位专家报告几个大数，南水北调总共需要移民44.5万人，包括丹江口库区的34.5万人，也包括工程需要征地移民的10万人，总共是44.5万人。到去年年底，已经完成了42.3万人，按照原来规划的数也就剩下2万人左右。其中，去年一年南水北调就完成了20万移民的任务，去年一年就移了20万人，其中丹江口库区移了18万，干线移了2万人。各位专家比我都清楚，征地、移民是一项非常困难的事情，年初定的就是这个目标，定目标的时候我们自己都胆战心惊的，唯恐出现一些群体性事件，所以我们是战战兢兢过了一年，最后的结果非常之好，移了20万人，没有发生一件群体事件，个体的三两个到省里上访的有，但也不是十分激烈，群体性事件一件都没有，这是很了不起的一个成绩。因此，我特别感谢河南、湖北两个省。这个移民任务完成之后，2011年移民20万人这件事完了之后，整个南水北调移民的形势就发生了重大的变化，剩下的2万来人就是扫扫尾了。再有是对原来移过的40几万人巩固的问题，因为形势发生重大变化。

第四个变化，水资源保护方面的变化。经过去年的努力，东线的水质继续向好。东线国家考核的36个段面已经有30个断面稳定达标，在南水北调建设前只有一个断面达标，短短用了将近6年时间已经治好30个断面，只剩6个断面是支流，还没有实现达标，不是东线输水干线。这个变化也是令人高兴的。中线，特别是水源区经过去年一年的努力，两个规划算是出来了，现在正在报国务院批，中线丹江口库区水资源保护和水土保持的规划修改，在发改委已经通过了。还有一个整个中线水源区的经济社会发展的规划，围绕水资源保护经济社会发展的规划，这两个东西都搞完了。

这4个方面的变化都是很明显的。

第五个变化，就是在一些重大的技术难题上，去年我们的工作是有突破性的进展，这也是一个重大的变化。去年年初时，大家还为一些重大的技术难题伤脑筋、头疼，因为那个时候还没有找到解决的方案，比如膨胀土、穿黄隧洞的问题，高填方的一些重点渠段如何处理的问题，还有几个大渡槽施工是不是能够顺利进行，那些技术难题确实还是有很多说不清楚的地方。但是经过我们一年的努力，我刚才说的这几个方面绝大多数都有着落了，刚才凤生同志也在汇报这些情况，膨胀土议论了半年之多，专家委员会也不止一次的给予指导、帮助，最后终于有一个方案了。高填方，尤其是像以焦作为代表的高填方渠段也是在反复地论证下出来一个新的、相对更安全的方案。穿黄隧洞在专家委的帮助下，最后定下来分别受力的方案，尤其是两个大渡槽，中间出来了一些突出的技术问题，最后都有说法了，设计变更的方案也都落实了，等等等等，去年在重大技术问题上，我刚才说了的确是有明显的突破。这个变化也是令人非常高兴的。

当然，我们还更高兴地看到专家委去年也发生了变化，国调办几个主任，我们说起来也是非常高兴的事情，这些年专家委对我们的支持没得说，去年根据实际情况，特别是在潘院士多次强调要求下，我为这个事看了潘院士不止一次，其实他前年就提出来，2009 年的时候他就说自己身体不好，南水北调事业还是继续热爱的，但是身体确实有些力不从心了，他就建议，那时候我说我反对。去年他又说了几次，特别是他做了手术之后，我到医院去看他，我发现再让潘院士这么干下去，那是对老人家不负责任。潘院士是十分敬业的，他只要在这个位置上老想着做这个事，身体又是那么一个状况，我们真是很担忧的。所以，在潘院士的强烈要求下，我们也根据他的状况给国务院领导写了一个报告，最后国务院领导完全同意了南水北调办的建议，把专家委做了一次补充调整，实际上是一次强化性的变化，我们增加了力量，专业更丰富了，力量更强大了。我们几个主任说起来大家都高兴了，这样的话对我们的支撑那就会更强有力了，尤其是下一步南水北调很快又进入到新的阶段，需要更多的专业支撑我们，这个变化令我们更有信心了。

总而言之，去年大家忙了一年，我刚才说了也的确很辛苦，但是到年底，用经济学的话来说，盘点盘点大家还是很兴奋的。没白忙一年，成就很显著。当然了，南水北调办也很清楚，这些成就的取得首先是得益于党中央、国务院，特别是建委会的领导对整个工作的正确领导，也得益于各省市、各有关部委的支持和配合，也得益于沿线广大人民群众和全社会的倾力相助，更得益于专家委强有力的支撑。国调办对去年取得这么一个显著的成就，对它的认识还是很清醒的，比如说专家委，我跟原来易森同志、凤生同志，我们的交流、交换意见是很频繁的。

去年一年，专家委在技术咨询方面总共搞了 24 项活动，平均每个月就有 2 次，尤其是一些重大的技术难题上，专家委有些同志讲叫“及时出手”，是真管用。专家的工作中体现了高峰期的特点，围绕膨胀土、大型渡槽、穿黄隧洞、山东平原水库等等一些重大的关键技术问题，开展了一些卓有成效的工作，发挥了重要的作用，这个我们确实是深有感触的。当然，不光是去年，刚才陈院士的讲话我注意听了，也很有感受，专家委成立九年来都一贯地对南水北调工程高度重视、有力支持，先后开展了各类技术咨询、调研、质量方面的活动 100 多次，为南水北调工程建设破解关键问题发挥了重要的作用，做出了重要的贡献。特别指出的是，上一届的专家委的专家们以丰厚的功底、丰富的学识、严谨的作风、敢于奉献的精神赢得了我们的尊重。尤其是不少专家不顾年事高、不辞辛苦，还深入工地、了解现场、解决问题，这个令我们更感动。

说到这儿，我还想说两句潘院士，我跟潘院士认识很早了，部里曾院长都知道，当年水电部的时候，潘院士是水电部的三位总工程师之一，我们当时就在一层楼，也很熟。但是过去对潘院士的了解还是皮毛的，我来南水北调工作一年多，我对潘院士又有了新的认识。我刚才讲了，潘院士这一年多在医院住的次数很多，不止一次做手术，我不止一次去看，每次去看我都坐在车上半天不说话，我琢磨潘院士跟我说的事。每次去寒暄几句之后，他跟你说的都是南水北调工程中的一些技术问题，并且绝大多数都是关键的技术问题。前几天做了一个手术，我去看望老人家的时候他还讲了3条意见，这3条意见很有高度和深度。有的话我是一路琢磨，回来到办公室我就把他们叫来，按老人家的话往下做工作，其中有一件事，老人家那么一句话起了关键的作用，焦作市的渠道打了一道防渗墙，南水北调中线唯一穿过了焦作这么一个城市，剩下都在农村走的，我们别讲历史了，当时不该穿，后来扯来扯去还是从主城区穿过去13km，他们当时的想法是好的，一个城市多了一个水面，但是恰恰忽视了一点，几乎这13km都是填方，最高的13m高的填方，300个流量，这么大的填方。我到南水北调来了之后，听他跟我说这么一个信息，吓了一跳，300多流量，13m高的一个悬河，那比黄河有些堤段都高。一个城市这么稠密的，70万人的城市，这么高的一个悬河在上面，这是不得了的一件事，再细细问来，恰恰没有在安全保障方面过多地考虑。焦作渠段建设跟其他渠段建设没什么多大区别，因此去年我们开始在焦作渠段做了一些工作，大家意见很不一致，我听了大概3次，去年一年这点事我听了3次，光是渠道我就听了3次，还不要说溃堤风险分析，溃堤风险分析是水科院做的，会淹多少人、多少楼、多少资产，水科院做了内部分析，我听了3次。最后讨论来讨论去，我们的技术人员算是部分接受了我们的意见，搞了比原来相对安全的、新的加固方案，把渠道顶加宽了，渠道断面加大了，衬砌加厚了，后坡又加上压重等等5个措施来对渠道做了一些处理，但是我始终觉得心里还不是很踏实。那天到医院还没有等我说，潘院士就说了，说焦作要注意，包括高填方里焦作要注意，老人家就表达出那个意思，他说最好是搞防渗墙打进去，那就是几公里没有几个钱的事，打进去。老爷子一说，我挺兴奋的，回去我就找有关部门，我高举潘院士的大旗，就开始研究这项工作了，真令人高兴的是出来一个好结果，我们的一些技术人员，尤其是设计规划部门，他们充分尊重了潘院士的意见，最后重新提出了混凝土墙的加固方案。现在这个方案去年年底已经正式审批下来，焦作6m以上的高填方渠段都加了一道防渗墙，20m左右深，大概40cm厚的一道防渗墙加进去了，算下来才5000来万块钱。这对整个焦作那一段的渠道真是有了交代。

我特别感谢老人家。当然了，我只是从潘院士这件事情上说起，实际上不是潘院士一位，其他各位专家对南水北调也是倾注了心血，也做出了突出的贡献。因此，在这里要代表国调办对各位专家长期以来对南水北调工程建设给予的支持和做出的贡献表示敬意和由衷的感谢！

我说了说去年的事情，过去的事情，下面我再想汇报几句今年的一些打算。

要说今年，我在几个场合说过几句话，今年的形势应该是很明朗的，说起来就是这么几句话，叫做“难题不少，任务很重，需要花费比去年更大的气力，才有可能把我们的事办好”。为什么说难题不少呢？这确实有实实在在的东西在那儿放着。比如说进度，虽然去年进度是全线加速，确实挺快的，但是现在看进度方面的难题仍然是第一位的。对整体来说进度不应该有多大的问题，但是对几个重大的枢纽和一些交叉工程来说，进度问题就是突出问题了。怎么说？我们有几个标段，原因不说了，至少到现在为止如果还按照原来初步设计定的合理工期按部就班地施工，不可能在通水前把这些工程修完，实际上是有几个标段如果不特殊抓一抓，国务院定的2014年汛后中线通水的目标就要泡汤了，几个枢纽和一些铁路、桥梁交叉的，有那么几处，这是要命的事情。今年我们认为这是一个难题，是第一号的难题。

除此之外，还有像膨胀土的一些事到底会怎么样，原来说的差不多的一些事情，不知道今年一年还会冒出什么问题，只要冒出一个问题，那就会严重地影响工期，因为我们手里20几个标段工期尖打尖，如果中间再冒出什么事情就会有麻烦。这是第一个难题。

第二个难题，在质量上。虽然去年真是下狠劲了，有人说是下黑手了，真是下力气了。但是现在看，有些根本性的问题，有关质量方面一些根本性的问题并没有解决。比如说一些大体制上的事、市场经济下的诱惑、诚信体系的缺失等等一些东西，南水北调办是解决不了的，过分地追逐利润、偷工减料、弄虚作假，有些东西还是威胁了我们。尤其是体制上，南水北调办管工程，但是要处理一些施工企业、监理单位特别是有些参建单位，他的资质管理不在我们手里，他的人员不隶属于我们，处理起来也很难，这都是大体制上的问题，也就是在质量监管上还有很多不能力所不能及的东西，这令我们很担忧。

第三，投资的控制。按说，明年东线就要通水，后年中线就要通水，现在在投资规模上大致有一个数了，这件事情上今年可能就要出来一些难题了，物价的问题、政策变化的问题、银行贷款利息的问题，还有工程本身过去规划设计的深度不够工程量的变化问题等等，很可能弄不好就要造成投资规模大量地增加，这也是我们很担忧的一件事。我在内部多次说过这个话，我们把工程建好了，质量也不错，移民也没闹事，水质也行了，这几件事说完了不一定就把任务做好了，如果投资花得不合理，花得过多，一样交代不了，一块钱能干的事花了一块一，这叫没本事，叫给国家浪费钱了。我们今年要做的事情，从这方面也要想办法把它控制住，尤其是工程自身的变化，增加投资的方面要控制住，难题不小，确实是原设计的深度有问题。

第四，移民。今年我们维稳的压力也很大。我刚才讲搬走了42万人，有一半是去年搬的，刚到新地方是不是能稳住？稳不住，一群一群地来上访、闹事，这不得了，国家当前对稳定看得很重。

第五，除了这个之外还有东线治污的问题，刚才讲30个断面都行了，6个断面不行也是交代不过去的，越到后面治理越来越难，30个断面江苏都打掉了，6个断面都在山东，都在济宁，这6个断面一年要攻下来里面也有风险。当然两个省，特别是山东也在努力，我们也在使劲帮它做，但是不管怎么说还是有风险的。明年我们就想让东线通水，大家都按照这个东西安排工作，那时不达标是很麻烦的。

还有，技术。重大技术方面的难题，去年破解了一些，但是又冒出了一些，同时有一些虽然有方案了，但是大家还不是那么托底的，比如说膨胀土是有方案的，但是这个方案到底怎么样？我看至今没人敢跟我拍胸脯、说硬话，他们告诉我的都是诸如这类的话，说膨胀土是世界性的难题，膨胀土美国都没解决好，说膨胀土处理国内都没有很好的先例，告诉我大概的是这类话，越说我心里越发毛，这个东西到底怎么样？不是说我凭空想象的心里发毛，我2009年来了，安阳膨胀土（岩）那一段，一场雨下来，5km已经修好的，混凝土土板衬砌好的全滑下来了，是真滑下来的，后来没办法全部揭开、清走，原来告诉我2km，最后3km、4km，最后量完是5km，实际上那个处理跟现在比是膨胀土厚了一点，加了一些排水，到底行不行？还有不少技术方面的难题不托底，这都是难题。

难题，我跟大家汇报到这儿，大家也会体会到确实南水北调今年的难题真的不少，并且难度还不小。

第二句话，任务很重。我为什么说任务

很重？因为上次开会我也汇报了，2008 年国务院就把南水北调东线、中线通水的日期定好了，东线明年底通水，中线后年汛后通水，无论怎么安排工作，都必须要把这两个通水满足了。可是我们按照这两个通水目标回头来安排，今年的工作量就大了，任务很重。总的，至少今年要完成 640 亿元的投资，这才差不多，去年忙活了一年 578 亿元，大家一家子人忙活，也不怕各位笑话，真是吃奶的劲儿都使出来了，抓进度没有什么再好的办法，有什么招儿都使出来了。今年至少干到 640 亿元，这个量很大，要保证东线的主体工程，也就是跟通水有关的工程绝大部分都得干完，在今年年底，剩下的小尾巴明年 3 月份之前也要收尾，这个量也很大。中线，黄河以北基本都得干完，以南除了几个主要的渠道都得整得差不多，主要是建筑物还要改，这个量非常大。

移民，今年一年要忙活别出事，稳住。

治污，一定要把 6 个断面达标，并且要稳定达标，要摆措施，要花钱修项目。

这一堆数、这一堆情况，大家也能感觉到今年的任务比去年明显的重。我们是在一堆困难的情况下，还要干这么多事，在这么一个状态下安排我们今年的工作，所以我说必须要花费比去年更大的气力才行。什么叫更大的气力？我们前两天开了一个工作会，在工作上明确提出要有“五突出”去抓今年的工作：

第一个，突出重点抓进度，去推进度。也就是几个关键性的标段，很可能把它列为风险项目，编号、挂号来督办，突出这几个重点来推进度。几个主任大致商量了，准备把重点几个人分一分，一人可能分一两个，这一年重点要抓这几个挂号的风险项目，所谓风险就是干不好，通水前就不能完工，那通水日期就要落后，这是很大的事。这是第一个突出，突出重点要推进度。

第二个，突出高压抓质量。所谓的高压就是要继续严查、严处，并且要有一些新的措施，还要增加“飞检”的力量，强化“飞检”，靠这个东西来威慑。我们最近已经跟 5 个部委联合搞了一个机制，就是城建部、水利部、工商总局、国资委和国调办，文已经发了，国务院领导已经同意了，联合机制，我们有一个联席会议，今后这里要查出哪个企业有问题，城建部和工商总局是在资质上、营业执照上要配合我们，吊销或者降级，对一些企业，国资委所属的中字头的企业都在国资委管，水利部管的单位只要质量有问题，他们就配合我们处理。我们搞了这么一个机制，文已经发下去了，我前天收到这个文，春节前运作。诸如此类的办法，我们总的叫做“突出高压抓质量”。

第三个，突出帮扶稳移民。今年移民的重点，想办法帮助就业，挣钱，日子越过越好，这是今年工作的要点，要想招。

第四个，突出深化保水质。要盯住东线 6 个断面，深化治理措施。今年一定要开工建成，到年底让这些东西都有用，发挥作用，把 6 个断面消化掉。同时中线丹江口库区，国务院批了两个规划之后立即进入实施阶段。丹江口库区跟各位报告两句话，库区整体状况，现状还不错，叫做丹江口水库的水质总的仍然是Ⅱ类，在水库里面多数水面盛一杯都可以喝，现在也可以，但是趋势不好，一些入库支流水质明显不好，有个别小支流水质列为Ⅴ类。我们担心这个趋势，如果不早点动手治，照这个趋势下去后果会很严重，那么大的库，那么多支流如果弄不住，如果出来一个问题再弄就费劲了，所以今年会在丹江口水源区的水资源保护方面要继续深化。

第五个，突出监控管资金。今年要盯住投资规模，一般的设计变更都要严格控制不批了，争取能把投资规模控制在合理的比例之内。这件事挺难的，但是今年我们必须要着重抓。

这五个“突出”如果能抓下来，整体的

好形势是能抓出来的。这是汇报的第二个方面，关于今年的一些初步考虑。

下面想对专家委的工作说点建议：

总的，在刚才我说的这个形势下，国调办对专家委有强烈的期盼，也有一些建议。期盼，我们能得到专家委的理解，尤其是对2012年的大形势给予充分的理解，就是我刚才讲的还有那么一大堆难题，要想通水，今年必须干那么多的事，量非常之大，和我们的一些工作安排，这些东西我们期盼能得到理解，也期盼得到专家委的鼎力支持。为此，我有两点建议：

第一点建议，建议今年专家委能够给南水北调工程建设提供更有针对性的技术支撑。什么叫有针对性的技术支撑？我是这么看的，所谓有针对性实际是希望能够盯住影响工程建设的重大技术问题和带有普遍性的技术难题开展有效的攻关并取得成果。如果能做到这样，我认为就是做到了有针对性地提供技术支撑，什么是重大技术问题？我现在肯定是说不全、说不准，但至少在我脑子里有这么几个东西，提醒或者建议专家委能够关注一下。

第一个，丹江口大坝的安全问题，做了不少工作，但是我始终觉得是一个重大问题，老坝先天不足，50年代建，建了没几天停，60年代又建。在先天不足的老坝上又加高了14.6m，又背上那么沉重的14.6m的混凝土，接着还要提高水位，增加13m的水头，到底行不行？我脑子中始终是打问号的，如果不行可要出大事了。

第二个，湍河渡槽，40m跨度的湍河渡槽，在南阳。第二跨正在建，对这个渡槽来说有两大问题，第一个是进度，现在搞的进度就要出毛病、出问题，要这个进度肯定在通水前是不能完成的，他也在抢进度，钢筋熟练了，什么熟练了还能缩短一跨浇筑的时间，但无论怎么说现在进度不行，17跨下来之后就要麻烦了。第二个就是安全问题，结构这么弄是不是安全的？40m跨，国内没有，同样的最长已经建成的是深圳东深供水24m，我们干了40m，那么大的东西，2012年，我建议列为咨询的重点来工作。

第三个，沙河渡槽，去年折腾了半年，动用的力量是挺多的，专家委去都不止一次，各位有的专家去的更不止一次，水科院给了我们很大的支持，派了一批人去研究受力的情况。最后改变了方案，增加了钢筋，那到底行不行？

第四个，穿黄隧洞。方案是有了，并且按照方案已经开始施工了，但是我还是心里不踏实，40m以下的动作，为什么联合受力、分别受力研究这么久，就是因为有很多分歧意见，分歧的意见我们都应该正确对待，到底这一套行不行？穿黄隧洞还会不会有别的技术问题出现？

第五个，东线调水的调度运行方案。明年3月份东线差不多工程就完了，3月份以后有几个月通水前验收，其实今年已经有一部分工程验收差不多了，很可能6月份以后就具备通水条件了，现在水怎么调度？这一套东西还没有，原来有一些初步的东西，但现在这个东西还有不少矛盾、不少问题，还说不到一块去，因为这个调度，山东南四湖交界的省界区域，还有江苏，要分这么3个区域，那两头还好说，中间这块到底怎么弄？山东有山东的意见，江苏有江苏的意见，我刚才跟王皓院士还说，这点事可是很复杂的，把长江的水抽过来进入到南四湖里，既有长江抽来的水，也有当地自然产生的水，搅在一块了，那个区域既有山东的口，也有江苏的口，用水也是，到底这个东西怎么算的？谁来算？这里面有不少难题，但是不论怎么难，今年年底前必须说出来，不说出来今年通水怎么调？这又变成一个难题，水资源怎么配置合理？重大技术问题，我脑子里想的至少有这么五个东西，肯定是不全的，也就是眼前建设过程中碰到的。

普遍性的技术难题，这个方面也不少。比如说我刚才讲的膨胀土问题，300多公里肯定不少带有普遍性的问题，高填方，焦作有那么一个模式，其他高填方到底怎么弄才能够给沿线老百姓有一个交代，让人家能够安安稳稳地不受我们渠道的威胁，这还有不少题目。还有预应力的问题，去年上半年就发现了，一年也是反复地研究了几次，实际上现在有一个东西下去了，但没有彻底解决问题，还不能放心，一千多座建筑物用预应力的方法施工，检查下来五花八门，张拉、锚固，最后预应力损失到底怎么样，很多题目、很多方面都说不清楚。我们搞了一个东西，到底技术上能不能说得过去？还有没有新问题冒出来？除此之外还有质量监管中发现的常见病等技术问题，这个蛮多的，有一些是利益驱动、偷工减料，人为造成的，也有一些是技术上的问题。我建议我们针对这些有针对性的东西，针对了这些东西深入研究出来一个成果，对南水北调工程建设来说才更管用。所以我建议，在安排今年专家委工作的时候注意这么两方面。

第二点建议，建议专家委能在工作机制上创新，以适应南水北调工程建设的新形势。也就是创新机制，适应新形势。什么新形势？说得简单一点，时间不多了，给我们的时间不多了，任务还相当重，有些技术方面的难题心里还没有底，还没有得到彻底解决，这就是新形势，大家注意，时间不多了，难题还有一些没有得到解决，这是很突出的两个方面的形势。怎么才能适应新形势？我建议专家委重视三个字，“准”、“快”、“实”。所说的“准”，对重大的技术问题和带有普遍性的技术难题抓得准，实际上说得直白一点，就是能够盯住南水北调工程建设迫切需要解决的技术方面的难题，能盯住、抓准这个，这就是叫“准”，我刚才提到一些，办里新的一年工作遇到的一些，肯定还要有冒出来的一些，南水北调工程有很多之最，之最就是头一回，肯定会有新的东西出来。“准”就是已经出来的抓得准，冒出来的能够有敏感性，也能够把它抓得住，这叫“准”，这个“准”对整个南水北调工程建设来说是非常重要的。

第二个字，“快”，我今天为什么强调“快”？我之前跟大家汇报的，大家也能体会到，给我们的时间确实不多了，东线明年通水，中线通水也就是后年的事，就这么点时间，如果我们的技术难题解决不了，工程建设不就进行不下去了吗？出来一个技术问题，不允许我们慢慢地、细细地、按部就班地去进行研究，像一个基础科研题目一样对待，那是不行的，经常出来一个事，非此即彼，不然就没法往前走了。因此这个“快”对当前的南水北调工程建设来说是至关重要的。为什么我刚才说进度有问题说到了膨胀土？膨胀土就是因为处理得慢，前年下半年就一直说，一直说到去年下半年，说了一年多才出来一个方案，我跟张主任急，我们俩急也没有办法，因为我们俩是行政干部，就这么一个方案，那么一个方案，我说了一个方案还被人家否了，否了就否了，因为我们是行政干部，我说了仰斜式混凝土墙，就压在膨胀土上面，其实也不是我说的，我也是跟设计部门讨论出来的，最后设计部门、专家、规划院审的时候说这个方案不好，还要加厚改性土层，加厚就加厚，我们俩也不能强调这些东西。但是最后下来时间上真是让我们着急上火，弄了整整一年才能把方案批下来，膨胀土段去年在施工上几乎是停滞不动，一直到年底才开始施工，就等这个技术方案。如果再有这类问题，那可真糟糕了，我在这里特别强调这些技术问题的处理上一定要体现快，实在不行我们就放弃它，用新的方案去代替它，非此即彼。

第三个字，“实”，这个字的意思主要是说一定要求实，不论什么技术问题最后一定要有一个明确的结论，就是可以操作的明确结论，这个对南水北调当前来说是很重要的。有些题目是软题目，还要继续研究，那就继续研究，我指的是在建设过程中遇到的题目，建设题目一定要有一个明确的结论。没有明确的结论，那就真糟糕了。说到穿黄了，穿黄一面说分别受力，一面说联合受力，穿黄的内衬与外衬，各有道理，说来说去，说去道来，一晃五六个月过去了，本来穿黄工程工期是绰绰有余的，但因为说来说去，穿黄工程可能就要搞到2014年上半年，原来2013年就能弄完，现在因为讨论来讨论去，我也不说孰是孰非，反正至少小一年下来，最后把整个工期整到2014年去了。这样的事，我们就要有一个结论，就是可以用的结论，越具体越好，越明确越好，让我们的管理部门能拿着这个结论去干活。

如果这三个字能充分体现出来我认为就叫做适应了新形势。怎么体现这三个字？我有这么几条建议，这主要是对凤生说的，当然也给陈院士、几位副主任也提这个建议。

第一，要建立能够深入基层、深入工地、深入一线的机制。具体怎么建立？我没有明确的具体意见，就是要能够深入，分头深入还是怎么深入？还是定期的还是其他的机制，主要是要能保证专家抽出时间深入到一线去，这是一个机制。

第二，要搞一个联席会议机制。主要是对各司局、各直属单位，也包括对参建各省市的法人、调水办，对他们来说要有一个机制。这个机制保证大家通过在一块交流，能够保证把题目找得出、抓得准，能够保证，及时地开展工作。过去这个机制看来是相对弱了，说到这儿了，各司局、直属单位对专家委的工作今年要全力支持，有多大力量使多大力量，凡是涉及到哪个司局、哪个直属单位的要全力支持。因为现在看今年很可能要讲进度也好，质量也好，要有问题都是技术上有问题。

第三，与办领导沟通的机制。原来易森同志在的时候，一年也要沟通两三次，在今年这个形势下，我希望这个机制能正规地建立起来，可以定期沟通和有事沟通相结合。比如说这一段专家委工作发现什么东西了，那就随时通知一声，我们就在一块交换意见，或者说我们觉得有什么技术难题了，我们就一块商量，也就是有一个沟通机制。

第四，主要是风生同志考虑的，希望内部要有一个协调机制。这次专家委壮大了，专业多了，人也多了，内部沟通就很重要了。陈院士，我们节前交换意见的时候也有一些考虑，我都很赞成，说内部主任、副主任、各个专业的沟通非常必要。

我有这么4个方面的建议，所谓的机制也就是这4个方面的建议。

在这里，我也对秘书处说两句，秘书处、凤生、国文，还有几位秘书处的同志，专家委的工作好赖跟你们有直接的关系，你们的服务要是周到，专家委就会工作得顺利，因此今年你们要特别做好，要重视服务，要加强你们的内部管理，全心全意为专家委的工作提供优质的服务，这一点可别含糊。国文，你们要下点工夫，现在人数也多了，刚才我说了一大堆题目，可能工作量也比过去可能要有明显的增加，因此你们的服务要跟上，要缺人、缺钱你就说，朱司长就在你后边，不能因为缺人、缺钱耽误事，一定要提供周到的服务。

我借这个机会跟各位报告这些情况，啰里啰嗦，也耽误大家时间了，谢谢。

国务院南水北调办主任鄂竟平在河南省丹江口库区移民迁安总结表彰暨后期帮扶工作动员电视电话会议上的讲话

（2012年5月22日）

经过千辛万苦，河南省终于圆满地完成了丹江口库区移民任务，令人十分高兴；移民工作千难万难，但河南广大移民干部不但有完成任务后的喜悦，更有做好下步工作的旺盛斗志，令人十分感动；河南省委、省政府仍然继续高度重视下一阶段的移民工作，做出了精心的并让人放心的安排部署，令人十分振奋。

南水北调工程是新中国成立以来最大的水利工程，是举世瞩目的世纪工程，修建这项工程的伟大意义正逐渐显现，并将越来越受到广泛地赞颂。同时，工程自身面临着众多的困难和挑战，这其中最大的困难和挑战就是丹江口库区移民问题。移民搬迁事关群众切身利益和社会稳定大局，是综合性、政策性极强的社会工程，是号称新时期“天下第一难”的工作。而丹江口库区移民要在两年时间内完成集中搬迁，时间之紧、任务之重、强度之高、困难之多、难度之大是在国内乃至世界上都没有的。我们知道，假如移民不能按时搬迁，南水北调中线工程就不能按时通水，即使是所有工程都修建好也不能通水。因此，丹江口库区移民工作备受党中央、国务院重视，也是社会各界共同关心、国际舆论重点关注、境内外媒体竞相实地采访的一大热点。今天，河南省丹江口库区移民实现了和谐搬迁，是大事、盛事，为中线工程如期通水奠定了坚实基础，为广大库区移民走向新生活开创了良好局面，也为中国乃至世界移民创造了又一奇迹和典范，确实值得高兴。

在这场波澜壮阔、轰轰烈烈的移民迁安战役中，河南省委、省政府坚决贯彻落实党中央、国务院的战略部署，讲政治、讲大局、讲奉献，把库区移民当做重大政治任务，敢于担当、奋力拼搏、真抓实干，做出了重大贡献，突出表现在 3 个方面。一是率先提出“四年任务，两年完成”的工作目标，国务院建委会对此给予充分肯定，并确定为丹江口库区移民安置的总体目标。这为整个丹江口库区移民工作的顺利展开并圆满完成任务起到了关键性的作用。二是率先完成了库区移民大规模搬迁任务，带动了整个库区移民迁安任务的完成，不但为中线通水创造了条件，也极大地鼓舞了其他战线的斗志。三是率先研究制订了切实可行的移民后期帮扶政策和措施，尤其是选派干部进驻到每一个移民村担任第一支部书记等做法更是令人耳目一新。总之，河南的移民工作，不仅在丹江口库区移民搬迁方面做出了突出贡献，也带动了干线征迁和工程建设工作，国务院南水北调办认为河南省为南水北调系统高高地树立起了一面旗帜。

国务院副总理李克强在第六次建委会上指出：河南库区移民组织协调非常严密，其中的经验值得很好总结。我认为，河南省不但移民任务完成得好，同时在库区移民工作中也积累了宝贵经验，对南水北调各项工作都具有积极的示范作用，我认为应该认真总结以下 4 个方面：

一是各级党委、政府高度重视，组织有力。全省各级党委、政府把移民安置工作作为“一号工程”、“一把手工程”和“一票否决工程”，上下形成了领导有力、运转高效的移民安置指挥体系，为移民迁安提供了坚实的政治基础和组织保障。

二是全省各级各部门团结一致，形成合力。河南省创造性地实行了库区移民迁安逐级分包工作责任制，省直 25 个厅局各包一个县，驻村蹲点，一包到底。全省形成了纵向一致、横向同心、合力攻坚的浓厚氛围。

三是深入细致地统筹谋划，开拓创新。河南省充分听取和尊重移民群众的合理意见和建议，充分发挥政府主导优势，把国家政策和地方政策有机集成，把各类支农惠农和新农村建设资金优先用于移民新村建设。这些有效措施，是移民工作实践中探索和创新出来的宝贵经验。

四是各级党员干部扎实能干，拼搏奉献。

河南各级干部都能牢记使命，恪尽职守，吃苦耐劳，无私奉献。在前期工作中，细讲政策法规，倾听移民心声；在新村建设中，日夜操劳在建设一线，"五加二"、"白加黑"、"雨加晴"；在移民搬迁中，人性化操作，周密安排部署；在移民搬迁后，全面做好土地划拨、技能培训、就业引导等后续工作。移民工作做得如此深细，难能可贵，令人敬佩。有数十名同志先后倒在了移民工作第一线，用实际行动诠释了对党和国家的忠诚，对民族的历史责任和对人民群众的深深热爱。河南省的广大移民干部值得我们尊敬和爱戴。

南水北调工程过去的10年是不平凡的，值得我们回顾。展望未来，仍然会充满艰辛。当前，南水北调各项工作已进入决战决胜的关键时期，工程建设已进入倒计时，库区移民虽取得阶段性重大胜利，但"搬得出"只是第一步，要真正实现"稳得住、能发展、可致富"，还需要我们付出长期的努力。为此，国务院南水北调办今年确定了"突出帮扶稳移民"的工作思路。希望同志们发扬成绩，再接再厉，扎实做好移民后续工作。

借此机会，我对河南库区移民工作再提3点希望：一是突出帮扶，把帮助移民发展生产、实现安稳致富当做一项重要的、长期的工作，落实各项后期帮扶政策，帮助解决实际困难，创造更多就业和发展空间，使移民尽快实现安居乐业。二是加快城集镇、专业项目和企事业单位的迁建进度，提前谋划好库底清理和验收等工作，确保水库蓄水和工程通水。三是切实做好移民信访稳定工作，抓好矛盾纠纷排查化解，及时发现、妥善处理好各种信访问题，维护移民合法权益，确保社会大局稳定。

河南丹江口库区移民迁安成效卓著，移民后期稳定发展任重道远。国务院南水北调办将一如既往地关心、支持河南省南水北调各项工作，全力为河南省创造条件、做好服务。让我们按照国务院建委会的部署，发扬优良传统，咬定青山不放松，去争取新的成就、新的跨越，为顺利实现通水目标做出更大的贡献！

国务院南水北调办主任鄂竟平在国务院南水北调办创先争优活动总结表彰大会上的讲话

（2012年6月26日）

首先，我代表办党组对受到表彰的先进党支部、优秀共产党员表示祝贺，也感谢同志们在创先争优活动中做出的贡献。

两年前中央决定在全国范围内开展创先争优活动，办党组按照中央的要求开展相关工作，收获很大，很有成效。这充分体现了中央做出的这个决定是完全正确的。

两年来，我们主要做了6个方面的工作。概要地说，就是"六个着力"。

第一，我们着力加强了组织领导。在中央部署开展创先争优活动之后，我们立刻传达了中央的精神，并且很快建立了相关的组织，也明确了有关的责任。

第二，我们着力加强了宣传引导，营造了浓厚的活动氛围。活动中不但注重舆论的宣传，还注意运用一些典型进行宣传引导。

第三，我们着力加强了创新。特别是能够紧密地联系南水北调工程建设的实际开展创先争优，不仅能够紧密的联系工程建设的实际，还注意与党的建设、文明机关的创建等工作紧密的联系。

第四，是着力加强了干部队伍作风建设。这两年，我们创先争优特别注意干部队伍的作风建设。也相应地采取了一些措施。

第五，是着力加强了基层组织建设，我们注意在活动中让所有的基层党组织都尽可能发挥作用，38个基层党组织、506名党员全都进行了公开的承诺。

第六，是着力加强反腐倡廉建设，按照

中央要求，严格贯彻落实党风廉政建设责任制。

以上这“六个着力”就是办党组近两年的时间里开展创先争优活动的主要工作。这既体现了党中央的安排部署，也体现了我办的特色。这里最大的特色，就是我们在开展创先争优活动的时候，始终注意把这个活动与我们南水北调工程建设紧紧地联系在一起，创先争优活动一切着眼南水北调工程建设的实际，一切服从南水北调工程建设的需要，一切服务南水北调工程建设的大目标。我们最大的特点就是在这个地方。

对于创先争优活动的深入开展，使我们这两年南水北调工程建设的形势出现了前所未有的局面，这就是工程建设的速度更快了，质量更好了，投资更省了，移民更稳了，水质更优了。正是因为我们结合工程建设实际去创先争优，才出现这么一个好的局面。因此，今天我们在做总结的时候可以说我们开展创先争优活动是成功的，是取得了实实在在成效的。当然更重要的是体现了党中央在全党部署开展创先争优活动是十分正确的。

按照中央的要求，我们在全面总结这两年创先争优活动，肯定取得成绩的同时，也要看到存在的不足。这就是活动的开展还不平衡，有些单位紧密联系实际，活动开展得有声有色，而有的单位相比就差一些，跟实际结合得不那么密切，甚至所谓“两张皮”的问题还比较突出。再就是我们在创先争优长效机制建设上下工夫还不够，离“常态化、长效化”的要求还有距离。这些都需要我们今后注意加强和改进。

对创先争优常态化、长效化，中央提出了明确要求，要求我们在创先争优活动告一段落后做一个总结，并且要坚持这项活动长期开展起来，特别要注意巩固和扩大这两年创先争优活动的成果。我们下一步就是按照中央这个要求，继续紧密地结合工程建设的实际，巩固和扩大这两年创先争优活动的成果，促进南水北调工程又好又快建设。大家都知道，南水北调工程今、明两年已经到了最关键的冲刺期，需要我们以更旺盛的斗志，更大的干劲去工作、去创、去争。只有这样我们才有可能不辱使命。

再有4天时间上半年就过去了。我们工作进展得怎么样呢？今天我利用这个机会给大家通报一下，也把办党组对下半年工作的一些大的设想讲一下。

时间过半，任务完成得到底怎么样？我认为可以用这么三句话来说：

第一，总体进展还是顺利的。

第二，问题和难题确实不少。

第三，下半年需要花费更大的气力去攻关。

譬如，在进度上，我们狠狠地抓了半年，应该说总体上还算是过得去，但是像我刚才说的，问题确实不少。

讲进度有两个重要的指标：一个是施工方面的指标；一个是工程移民方面的指标。

从施工来说，1～5月份，计划完成投资85亿元，实际上完成了89亿元，略有超出。但是在移民方面，就比较费琢磨了，统计数据总是跟实际对不上茬口。全年计划完成131亿元，按这个要求，上半年应当完成78亿元左右，但是实际数却只是个零头。可是我们知道，移民绝对不应该是这个情况。所以下一步征移司也好，财务司也好，投计司也好，三家好好商量商量，把这个数弄准了，咱们心里也好有数。

大体上说，工程进度上，还算是按计划在走，但是一些我们特别关注的重点标段，或者叫做风险标段有问题。上半年我们列了4个风险标段，张野、蒋旭光同志一人两个，到5月份统计的时候，至少有两个标段进度上没有完成我们年初制订的计划，并且还有一些制约进度的突出的难题没有破解，很令人担心。

在质量上，按照我们年初的部署，叫做

继续保持高压态势，密集的检查，每个季度进行一次毫不留情的处罚。上半年又搞了一次质量集中整治，开展了有奖举报等，这一套措施确实是管用，有明显的效果。现在看，可以做出这样的评价，南水北调工程的质量更好了。

但是同志们，这是说大的形势。而对于一些具体的标段，对某一个施工企业来说，它的质量意识仍然令我们担忧。比如说上半年，我们查了几个跨渠的桥梁，就发现了严重的质量问题，现在正在鉴定，到底问题严重到什么程度，我今天还说不清，但凭我们直观的感觉，至少会有几座桥的质量问题很可能要定到事故级。

今天，我又收到了一个报告，应该是个坏消息。我们在对中线工程进行质量检查时发现有一个渡槽混凝土强度不够。这个渡槽总共五跨，已经打了一跨多了，就在这一跨渡槽上取芯检测，没有一个合格的，估计质量上可能要出事儿。这两天监管中心再去检测，如果真是再测不合格，绝对是一个较大的质量事故。

同志们，对质量问题这两年我们反复地说，苦口婆心地说，下狠手地处罚，能想的招也用得差不多了，你看，就这上半年，还存在这类的重大质量问题。总的说，质量问题，我们认真地抓了，有效果，而且效果非常明显。但是，绝对不可以掉以轻心，这就是办里对质量问题总的一个态度。

在资金管理上，上半年主要是配合国家审计署进行审计。这次集中上了 400 多人，审了将近 3 个月，现在正在收尾。应该说问题不少，写了十几页纸，我可以给大家讲一个大概，就是我们国调办本级，问题不是很多，尤其没有重大的问题。有问题基本都在下面，当然这不能说就没有我们的责任了，我只是说国调办本级没有大的问题，正在交换意见。

通过这个审计，咱们还有一个重大收获，就是对工程的投资测算差不多了。这也是很主动的一件事。按照建委会要求，争取上半年把文件报出去。上半年剩下 4 天时间了，投计司要抓紧。这是关于投资控制。

关于移民，我们上半年移民工作的形势不错。原来最担心的是已搬走的 40 多万人的稳定问题，真是有点战战兢兢，但是工作做得不错，省里面和办里有关方面大家共同努力，没出什么大的问题，不论是上访的，还是地方传来的信息，移民总体还是稳定的。如果下半年再继续稳半年，咱们心里就多少有点底了。上半年这方面工作做得还是不错的。一些尾工也在开展。

当然，移民上没有大问题还是有小问题的。我听说上半年有的省还动用了强硬措施，才把有些移民不稳定的势头给压住，听说效果挺好，开始抓了 20 多人，后来留下 7 个，其余的都放了。一下子，好几年的问题都解决了。就是嘛，怎么能胡搅蛮缠不讲理，坑国家，向国家捞取不义之财呢？我是支持依法办事的，不能失之于软，纵容胡来、不同意就闹，县里闹、市里闹、省里闹，到北京闹。那怎么行？处理下来听说结果非常好。但是移民稳定工作仍然存在隐患，这方面我们不能放松。

在环保治污上，上半年我们的工作不但是有成就，而且可以说是有突破性的进展。我们像盼星星、盼月亮一样盼的那个《丹江口库区及上游水污染防治和水土保持规划》终于获得国务院审批了。这是上半年在环保治污上最大的一个成果。下一步，我们可以按照这个规划干很多事。

东线的治污，上半年，我们也是狠狠地抓了一下，幼军同志约环保部的张力军副部长一起到东线狠狠地促了一下，东线环保治污的好形势也出来了。

但是，环保治污上也不是没问题，而且有些问题，需要引起我们高度的关注。就是说，36 个断面达标了 30 个，剩下 6 个断面，治理难度非常大。更要命的是，丹江口库区一些入库支流水质在恶化。前几天，我到丹江口库区那几条支流看了看，确实心情很沉重。有的入库河流，离得很远就能闻着水的刺鼻子味儿，颜色是黑的。恰好我们带着一个检测车，现场就能测，经过现场取样检测，证明那个水是劣Ⅴ类，完全失去使用功能。因为只有Ⅲ类水以上才能作为生活用水的水源，超过Ⅴ类就叫劣Ⅴ类，失去使用功能了。可见，丹江口水库入库河流水质问题还是不少的。

昨天，克强副总理又批过来一个丹江口库区上游水流污染的反映件。总的给我预感，下一步，东线治理到了非常关键时刻，因为明年就要通水了。中线的问题会越来越突出，越来越受到上下左右甚至全社会的关注，我们要干的事，会越来越多。

以上，我大致把上半年整个工程的进展情况给大家通报了一下，希望同志们有个数。总体进展是顺利的，但还有不少问题。关键是下半年怎么办？两句话。

第一句话，年初工作会上我们所做的安排部署，总体上遵照执行，没有什么变化。这就是说我们下半年工作在总体上仍然按照年初工作会上的安排部署去做。

第二句话，要针对近几个月冒出来的一些新情况，适当做些微调。

我们年初工作会上确定，突出重点推进度，突出高压抓质量，突出帮扶稳移民，突出深化保水质，突出监控管资金。这几句话大家要注意，仍然是我们下半年工作的总部署。每项工作一定要有针对性地去落实，关键是要有针对性地做些微调。

那么，什么是有针对性地微调？我概要地说些意见，请有关司局、有关单位在安排下半年工作的时候，注意把握好。

首先是进度。进度冒出来不少新情况，有喜有忧。比如铁道部，咱们就没有想到3月份建委会开完之后，铁道部对跟南水北调工程交叉的那些铁路工程会如此的重视，司长来找，副部长来找，最后盛部长直接到我们办公室，我们俩一起签了一个纪要。这个过程中张野同志，建管司等有关司局同志，与铁道部配合上是少有的密切，好几年很难扯清的事，不到半年时间就说清楚了。这就是变化，好形势，我很感动。这就是好的。

当然也有一些我们很忧虑的变化。比如，攻坚方面，原来知道攻坚方面会有问题，但是没想到有的攻坚问题这么突出，弄得你寸步难行。比如一些桥梁问题，一些专项问题，上半年对咱们的工程进度造成了制约，这就是新情况。下半年请建管司注意，一定要针对这些新的情况，突出重点，攻坚克难去抓进度。重点非常清楚，24项重点工程尤其是那4个风险项目，也就是经常说的“20+4”，尤其是那4个风险项目，就是工作的重点。攻什么坚，克什么难，就是盯住上半年冒出来的那些严重阻碍我们工程建设进展的那些突出难题、突出问题去攻。

这次在张野同志带领下，建管司的同志们做得不错，把“20+4”这些重点风险项目的结点是什么一个一个地捋清楚了，所谓结点就是到哪个时间点你必须把什么活干完，实现什么样的工程面貌，以及这个结点由谁负责，费了很大劲才捋清楚。正是因为我们把它捋清楚了，所以5月份，就是前几天的这次调度会上，才知道哪个项目有问题，谁有问题，然后才进行约谈的。这一套下来还是管用的。下半年要继续，紧紧盯住责任制去攻坚克难。

在工程质量上，我们已经明确了一整套工程质量的体制机制，简单说叫“三位一体”的质量监管体系。下半年就是要针对这个抓，实实在在地抓，要靠稽察大队的“飞检”抽查，靠监管中心的专项稽察，靠质量监管站的巡查和举报，靠这“三查一报”去发现问题，靠规范的质量问题权威鉴定，尽快地评定出质量问题的性质和严重程度，靠在此基础上的现场处罚、委托处罚和每个季度最后一个工作日的国调办层面上的集中处罚，用高压来制止那些置质量于不顾的单位和人员，就是要靠这一套来保证工程建设质量。

下半年还要注意，在抓质量上一要重视基础，二要重视关键，这个我话就不多说，前几天开会已经明确讲了。基础是什么，就是施工一线的那个班组，要把它看住。那套管理办法，上半年讨论来讨论去也差不多了，要马上实施，实施过程中有问题再改。靠抓这个基础保证质量。关键是什么？就是盯住那些要害的工程和工程的要害部位去抓质量。说得简单一点，就是工程建完了不能垮了，垮了是要影响通水的，要是桥梁垮了还可能会死人的，这就是关键部位、关键工程，要抓这个。现在监督司、监管中心正在开展相关工作，要根据新情况，早点把办法理清楚，落实好。这项工作下半年不但要干劲不能减，更重要的是要有实实在在的管用的措施、办法去抓质量。

在移民上，下半年除了继续重视已搬迁的42万人的维稳工作之外，还要注意加快剩余人员和一些集镇、专项的搬迁。这件事旭光同志也说了几次了，原来我也没感觉到这个问题的严重性，最近一段时间我感觉到了，大量移民搬迁完之后，刚才说的这三块工作的紧迫性凸显出来了。因为要想通水，这1万多人搬不出去也不行，那个集镇还有一些什么企业专项要搬不出去也不行。下半年要重视一下这件事。

再有维稳上，除了常规的维稳工作要重视之外，还要重视一些暴露出来的突出问题。譬如湖北的高切坡。这类的问题要给予足够的重视，因为它跟国调办有直接关系，最近我看省里已经报来总体规划了，我们也要尽快有个说法。汛期已经到了，在移民上千万别因为高切坡、高填方这类问题引出什么事来，还不要说什么10户、20户，有1户、2户发生问题都不行。

在环保治污上，下半年的重点是落实国务院批复的丹江口及上游的水保规划。东线的重点是6个断面达标，但是一定要注意到丹江口库区部分入库支流水质不断恶化，越来越受到社会关注这么一个新情况，要注意突出重点，对这些污染严重的河流下半年要作为工作重点来对待。

在投资控制上，下半年工作的重点，就是要落实这次国家审计署的审计结论。那里面主要是提问题，人家审计工作是非常认真的，提出的相当多的问题确实是实实在在存在的，下半年我们就是要针对人家查出的这些问题，全力整改，严肃处理。不论审计署最后是什么意见，我们自己都要抓住问题认认真真地去对待，只要是问题，就不将就，要坚决把它改回来。对责任单位和责任人，要有说法。我们每年都搞几批内部审计，今年国家审计署来之前，我们早早地就把话说出去了，提了要求，也派了几批内审人员到各单位去巡审，但是现在看，有的单位拿这个没当大事对待。咱们下半年就要认真一下。

当然在投资控制上还有一项重点工作，就是投资测算最后年底前一定要把它弄下来。总之，今年下半年我们要办的事情很多，甚至比上半年还要多，难度可能也会比上半年要更大，任务会非常重，因此希望大家，一定要振奋精神，高度的重视下半年面临的困难和难题，把各自的工作安排好。

下面借这个机会再强调一下作风问题。为什么要强调这个事呢，其实开会之前我也反复地琢磨，到底这个会上说不说这段话，最后我还是决定要把这段话说一说。我们在总结上半年工作的时候发现，经过我们的努力，确实这几大块工作的进展整体上还是很顺利的。怎么来的顺利？原因肯定是多方面的，但是这里有一条最重要的原因就是我们国调办的同志上半年展现了良好的工作作风。我们是靠这个好的作风，才干出了这么好的成绩，我很在意这件事。我跟有关司局、有关单位聊的时候，除了聊工作我就问这些事，给我的感觉，上半年我们绝大多数干部职工更务实了更负责了。正是因为我们务实负责，才把我们的工作干出来了。

总的感觉，不论是机关还是直属单位，同志们在作风上跟过去比的话，确实是更优良了。加班加点的多了，跑工地的多了，主动干事的多了，敢碰硬的多了，敢担当的也多了，而说空话、说虚话、说套话的明显少了。这个我想各位司局长，各单位的负责同志会体会得到。比如现在我们开会，开门就是事，言之有物，没有什么虚话，包括咱们开大会，也不是念稿子，有什么就说什么，20分钟能说完的绝对不要21分钟，实实在在。我们的干部在这方面跟过去比的话，作风确实是优良多了。整体上作风在向好的方面发展，工作的环境也在不断净化。正因为如此，上半年才出现这么一个让我们感觉满意的好形势。

但是也要看到，我们上半年之所以还有那么多的问题和难题，一个重要的原因也正是我们有的干部作风上有问题造成的。关于这一点，我特别要说几句，请同志们也要注意这个方面。当前，极个别的干部作风比较差，不作为，瞎作为。有的干部想自己的事想得多了一些，对工作不是那么上心；有的干部怕难，怕累，吃不了苦，遇到难题就推，就缩回去，干事没劲头；还有极个别的干部藏奸耍滑，没有责任心，工作经常是一推二脱，又虚又空，干不成什么事。

我说这些话并不是凭空捏造的，而是上半年我们在研究解决问题和安排部署工作中，不断地遇到的确凿事例。比如，有的干部，对工程进度方面的难题根本就不上心，抓得不认真，人家施工单位给他反映问题，他却在那儿哼哼哈哈对付人家，两三个月下来也不认真去给人家解决，结果工地就在那儿等着，拖着。直到办里面一督办一认真，一两个小时就说清楚了，就有办法了，落实起来也就是那么一两天的事，我听了之后十分气愤。几个月不是短时间呐，那么大量的设备，那么多人，并且那个项目还是风险项目，都在那儿等着你，你竟然就这么哼哈推扯。这要是直属的，我非把他撤了不可。

还有一个例子，也是一个影响工程进度的标段，提出了一个“难题”，我就听说了有三五次了，这么个“难题”，说了小一年了，解决不了。前两天，主管司局到现场去查实，结果一认真追，发现这个“难题”根本就不存在，是凭空想象的。而这么长时间，现场的建管人员竟然没一个人去认认真真地琢磨这个所谓的“难题”，都小一年了，一直作为一个“难题”，影响工期，不闻不问。

再有，我刚才说的桥梁问题。发现桥梁有问题以后，要求有关单位都要查一遍，看看是否存在问题，结果某个单位层层报上来了，说我们查了，没有问题。后来咱们建管司、监管中心到那儿一核实，根本就没查！因为自查要把桥墩子挖开才知道有没有问题，他们偷懒，一个都没有挖，竟然层层往上报，说我都挖了、查了。

诸如此类的事，你听得真是有点心惊肉跳，这样的工作作风能把我们的工程实实在在地干好吗？我就是随便举这么几个例子。你注意凡是有难题或者是冒出什么问题的，都跟我们有些干部不作为有关系，不然它不会成为难题。大家知道，工程建设伤着老百姓利益了，会有些阻工，人家给你提些要求，这个很正常。如果你认真，会在合理的时间内把它处理掉。如果长期处理不掉并且变成难题，你去查，一定是咱们的干部在那儿打哈哈造成的。

所以我想来想去，今天会上我还是要把干部作风问题讲一讲，并且我看今天会议来的人也不少，我就把这个问题讲一下。因为现在情况很明朗，工程建设到今天，往下能不能干好，我认为，最主要的是取决于我们干部用什么样的状态去工作，就是能不能有个好的作风。我们的大目标已经非常清楚了，明年东线通水，后年中线通水。我们的总体安排部署也很明确了，年度计划也很具体了，剩下就是怎么干了。还有一点，我们国调办从成立到现在小10年了，不可能再大量的换人，说你不行再换个人进来，这不可能的。少量的，个别的，特殊的进一两个干部可以，这不可能大量的换人的。不换人那只能靠什么了？那只能靠现有的我们这个团体一起好好干，只能靠这个了。那你说下一阶段，要想把活干好，这个作风问题该多重要了。因此办党组非常重视干部作风问题，不光过去重视，今后更要重视，要想方设法在干部作风建设方面强化措施，这项工作综合司牵头，党委也注意。我们要加强队伍建设，就是要靠内部运行机制建设来强化干部作风建设。说得简单一点，督察、考核、奖罚，要靠这个让敬业干活的干部能有一个好的结果，让那些歪的邪的，在我们国调办这儿没有市场。什么时候我们建成这么一个良性机制，作风建设就算到位了。我们要为此而努力。

说这番话的意思是请同志们能够理解，我们的任务这么重，重到这个样子了，如果没有一个好的精神状态，一种好的干部作风，完成好任务那只能是空谈瞎话。刚才说了，只有就靠我们现有的这个团队好好的工作，才能最后把党中央、国务院交给的这件事情办好。所以办党组非常重视作风建设，希望同志们跟办党组保持一致。

同志们，就南水北调工程建设而言，当前，确实处在了一个极特殊的历史时期，我们没有退路，甚至连回旋余地都没有，只能勇往直前。让我们巩固和发扬创先争优的成果，振奋精神，继续奋斗，把我们南水北调的事情办好，用我们的好成绩庆祝十八大胜利召开。我的讲话完了，谢谢大家！

北京市副市长夏占义在北京市南水北调配套工程团城湖调节池、亦庄调节池开工仪式上的讲话

（2012年10月26日）

金秋十月的北京，风清气爽，景色宜人，生机勃勃。为了更好地服务于中国特色世界城市建设，更好地服务北京经济发展和人民生活，在党中央、国务院、水利部、国务院南水北调办的领导和支持下，北京市南水北调重要的配套工程团城湖调节池、亦庄调节池今天将在这里隆重开工。这标志着南水北调工程、北京市内配套工程进入了关键的阶段，标志着北京市南水北调工作又迈出了重要的一步。它凝结了北京市南水北调办、水务局、工程技术人员的智慧和心血；凝结了大兴区、海淀区以及相关区县、乡镇、村在工程设计、拆迁工作中付出的劳动；凝结了市政府相关部门给予的支持。

南水北调工程是党中央、国务院为解决我国华北地区缺水问题作出的英明决策。北京市水资源禀赋先天不足，对水资源支撑经济社会可持续发展的要求也甚为迫切，正因为如此，成为了南水北调工程最早的受益城市，四年多来累计从河北调水超过11亿m^3，大大缓解了我市水资源短缺的状况，南水北调成为首都新的战略水源。南水北调全线通水后，还将进一步改善和提升我市生态环境，促进首都经济社会的全面、协调、可持续发展。

刚才蔡其华部长、于幼军主任发表了重要讲话，必将促进、指导我们的工程更加科学、更加严谨、更加安全、更加有效。希望北京市相关部门、设计单位、施工单位深刻理解、认真学习、坚决贯彻。在这里，我代表郭金龙同志、王安顺同志，代表市委、市政府对长期以来支持北京发展的水利部、国

务院南水北调办，表示衷心的感谢。

按照国家确定的通水目标，为按期接纳好10亿m^3来水，市委、市政府高度重视配套工程建设，郭金龙书记多次指示要确保南水北调水“调得进、配得出、用得好”，王安顺市长近期将调研南水北调工作，各区也在积极筹措资金修建配套水厂。可以说，北京市各级政府都十分重视南水北调工程，首都各界群众急切盼望工程早日建成、尽早通水。现在距离通水只有两年的时间，我市配套工程建设已经进入了最后的决战阶段。今天，邀请北京市南水北调建委会所有的成员单位负责同志来参加仪式，就是希望你们团结协作，密切配合，积极主动地服务于南水北调工程，切实加快配套工程整体进度，争取尽快形成全面开工的新局面，确保如期接纳长江水。

我郑重地要求：相关区县、相关乡镇和基层干部、人民群众以高度的责任感，满腔的热情，积极支持南水北调配套工程的施工和推进。我真诚地希望：设计单位、监理单位认真地履行职责，把南水北调配套工程做成人民满意、经得起检验的标杆工程。有理由相信，经过我们北京市各级干部以及工程设计、监理、施工、建管单位的共同努力，一定能够以我们的实际行动，迎接党的十八大的胜利召开，为北京的世界城市建设做出新的贡献。

我宣布：北京市南水北调配套工程团城湖调节池、亦庄调节池工程开工！

天津市市长黄兴国在国务院南水北调工程建设委员会第六次全体会议上的汇报

（2012年3月20日）

天津市南水北调各项工作进展顺利。中线天津干线天津市1段工程全部完工，天津市2段工程主体完工。市内配套工程方面，向中心城区供水、尔王庄水库至津滨水厂供水两个单项工程已经建成，向滨海新区供水工程正在加快建设。工程质量合格率达到100%，优良率保持在90%以上。没有发生一起治安和信访事件，维护了南水北调的良好形象和社会稳定。

同时，我们加大了南水北调工程基金征缴力度，2011年向国家上缴基金13亿元，累计上缴27亿元，阶段上缴任务全部完成。我市还与有关省市积极开展合作，加强中线水源地保护。比如，与河南省合作，由天津市的四家银行在南阳市发起设立了全国最大的村镇银行，截至2011年底，已在南阳市辖属13个县、市、区设立支行，实现了区域全覆盖。再比如，与陕西省合作，由天津天士力集团在商洛市建设中药材种植基地，发挥中药材兼具经济植物和生态植物的双重作用。

近年来，引滦水源来水量逐年减少，不得不多次实施引黄济津应急调水，水资源短缺的瓶颈问题越来越突出。南水北调工程建设，将从根本上改变我市水资源短缺局面，提高人民群众生活质量。这是继引滦入津工程之后天津的又一条“生命线”，我们迫切希望加快工程建设进度，早日建成、早日通水、早日发挥效益。

我市非常赞同国务院南水北调办提出的工作安排和有关建议。下一步，我们一定认真贯彻落实本次会议精神，扎实推进我市南水北调各项工作，全力抓好干线工程竣工验收、临时用地复垦移交和配套工程建设，为按期实现通水目标做出努力。

最后，我们还有几点建议：一是天津土地后备资源少，我市自身解决水库用地占补平衡问题难度较大，希望国家有关部门帮助解决我市王庆坨水库用地的占补平衡问题；二是建议加快推进东线二期工程前期工作，争取尽早实施。

我就汇报这些。

河北省省长张庆伟在河北省南水北调工程建设委员会第四次全体会议上的讲话

（2012 年 5 月 29 日）

今天，我们召开河北省南水北调工程建设委员会第四次全体会议，主要是传达贯彻国务院南水北调工程建设委员会第六次全体会议精神，总结前一阶段我省的南水北调工作，安排部署下一阶段南水北调和引黄入冀补淀工作。刚才，袁福主任传达了国务院南水北调工程建设委员会第六次全体会议的主要精神，汇报了我省南水北调工作，李清林厅长汇报了引黄入冀补淀工作，沿线 7 个市和省南水北调工程建设委员会部分成员单位的负责同志作了发言，张和同志讲了很好的意见，我完全赞同，大家要认真抓好落实。下面，我讲几点意见。

一、思想认识要到位，切实增强南水北调工程建设的责任感和紧迫感

南水北调工程是优化我国水资源时空配置的重大举措，是解决北方水资源严重短缺问题的特大型基础设施项目。对于建设资源节约型、环境友好型社会，实现经济社会可持续发展，具有极为重要的作用。我省属于极度资源型缺水省份，每年超采地下水 45 亿 m^3，干旱缺水问题已成为严重制约经济社会发展的瓶颈。南水北调工程通水后，每年可为我省引来 30 亿 m^3 的长江水，对于缓解我省水资源短缺状况、改善生态环境、促进经济社会又好又快发展，意义重大而深远。

我省南水北调工程自 2003 年开工建设以来，在党中央、国务院的正确领导下，在各级政府和有关部门的共同努力下，各项工作取得了明显成效。一是主体工程进展顺利。天津干线工程已完成建设任务的 95%，邯石段工程已完成建设任务的 75%。共征收永久占地 10.5 万亩、临时用地 10.3 万亩，迁建电力、通信、管道等专项设施 1323 处，满足了工程建设需要。二是配套工程积极推进。编制完成了配套工程规划和水厂以上输水工程可行性研究报告，水厂及配水管网工程前期工作陆续开展，一批控制性穿越工程开工建设。三是建成工程效益初显。京石段工程已累计 3 次向北京市应急调水 12 亿 m^3，为缓解首都用水紧张做出了重要贡献。四是工作机制不断完善。南水北调工程协调联动机制基本建立，各级各部门履职尽责、密切配合，形成了强大工作合力，营造了良好的施工环境，促进了主体工程顺利建设。成立了河北水务集团，明确了配套工程的责任分工，为下一步工作奠定了良好基础。

当前，南水北调工程建设进入了关键时期。国务院明确要求，中线主体工程 2013 年建成、2014 年汛后通水，配套工程同步建成生效，我省面临的形势还很严峻。一是主体工程通水进入“倒计时”。加快工程建设进度、确保工程质量、抓好征地拆迁安置后续工作、维护沿线建设环境的工作量还很大，需要坚持不懈努力。二是配套工程任务艰巨。在不到三年的时间里，要建成 759km 的 4 条大型输水干渠、1310km 的输水管道、141 座水厂及相应的市内配水管网，时间紧、任务重。三是筹资压力较大。配套工程投资规模达 600 亿元，其中水厂以上输水工程 300 亿元，水厂及配水工程 300 亿元，是我省历史上投资规模最大的水利基础设施工程，资金缺口大，需要广开融资渠道。四是用地指标紧张。配套工程规划永久占地 7.5 万亩，用地时间集中，从国家每年下达我省的用地指标中解决十分困难。

省委、省政府高度重视南水北调主体及配套工程建设，张庆黎书记在 5 月 23 日的常委会上明确指出，要加快工程实施。我们一定要珍视成绩、正视困难，认清形势、统一思想，站在深入贯彻落实科学发展观的高度，站在建设经济强省、和谐河北的高度，站在保障和改善民生的高度，充分认识南水北调工程建设的重大意义，进一步增强责任感和紧迫感，识大体、顾大局，讲协作、强推进，确保南水北调工程如期建成、顺利通水，造福全省人民。

二、措施落实要到位，全力推进南水北调配套工程建设

配套工程是南水北调工程的重要组成部分，是确保发挥调水效益的关键。我省南水北调工程受水区，地处京津以南太行山前平原区，涉及7个设区市、92个县，总面积6.21万km^2，既是全省最为缺水的地区，又是政治、经济、文化和社会发展的核心地区。受缺水和水污染困扰，受水区水环境承载能力大幅度下降，生态环境持续恶化，有940万人长期饮用高氟水，影响了人民群众的生命健康，影响了重大项目立项和城市化进程。按时完成省内配套工程建设，是党中央、国务院对我省各级政府提出的明确要求，也是我省发展的迫切需要。当前，我省配套工程建设面临系统性工程建设难、资金筹措难“两大难题”和建设水平要求高、管理水平要求高“两大考验”。要在继续抓好我省境内南水北调主体工程建设的同时，把主要精力转到配套工程建设上来，采用系统化的办法，创新性的举措，突出重点，强力推进，全面加快建设步伐。

（一）科学优化建设方案

南水北调是千秋伟业，要打造一流精品工程、经得起历史的检验，必须有一个好的设计方案。经过前一阶段的工作，水厂以上输水工程的单项可行性研究报告已经编制完成。下一步，要按照运行安全、投资合理、效益突出、管理先进的原则，进一步优化调整初步设计方案，科学论证，严格审查，力争尽早完成审批、具备开工建设条件。各设区市要按照省政府确定的职责分工，积极推进水厂及配水工程的前期工作，落实责任主体，明确任务时限，年底前要确保完成可行性研究审批。

（二）千方百计筹措资金

筹资是配套工程建设的最大难题，也是工程建设的关键。按照省政府确定的筹资方案，水厂以上输水工程需要筹集的120亿元资本金，省级财政筹集70%，市、县财政筹集30%，由河北水务集团统贷统还。要创新融资模式，鼓励和支持央企或有实力的民营企业参与配套工程建设，抓紧落实三峡集团注资50亿元相关合作事宜。各设区市政府要把分担的资本金纳入本级财政预算，按照建设计划及时足额拨付河北水务集团。各设区市、县（市、区）政府要按照分级负责的原则，尽快落实水厂及配水管网工程投资渠道和方案，保证工程能够如期开工建设。

（三）扎实做好征地拆迁工作

征地拆迁安置事关沿线群众的切身利益，是工程建设的重要前提。要按照建委会领导、各市政府负责、县为基础、投资和任务包干的原则，积极稳妥推进，既要维护群众合法利益，又要确保工程进展需要。要确保补偿安置到位，深入细致地开展实物核查，把政策讲清讲透，争取群众的理解和支持，公开、公正地进行补偿。要确保群众工作到位，引导群众依法有序反映问题，解决合理诉求，绝不能发生大规模集体上访或群体性事件。要确保资金监管到位，严肃财经纪律，专款专用，绝不允许挤占、挪用、套取、滞留征地拆迁安置资金。

（四）加快工程建设进度

配套工程与主体工程同步建成生效，是南水北调工程发挥效益的必要条件。要紧盯通水目标，科学合理安排工期，责任落实到人、安排细化到月，千方百计加快工程建设进度。特别是对控制性工程、瓶颈工程和难点工程，要提早安排部署，科学组织施工，确保整体推进、不拖后腿。石津、保沧、邢清干渠年内要开工建设；各设区市水厂以上输水管道工程和水厂及配水管网工程2013年要开工建设，2014年汛后要全部建成。

（五）严格质量安全管理

质量和安全是南水北调工程的生命线。要牢固树立质量第一的理念，严格实行项目法人责任制、招投标制、工程监理制、合同管理制；严格市场准入制度，择优选择参建队伍；严格合同监管，坚决制止工程转包、违法分包、截留挪用工程款等违法违规行为；严格质量监督，建立健全质量保证体系，完善保证制度，严肃责任追究；严格落实安全生产措施，加大安全防范和监管力度，避免施工过程中发生重大安全事故，努力把南水北调工程建成经得起时间和人民检验的放心工程、廉洁工程、阳光工程。

（六）建立健全长效机制

确保长江水引得来、用得上、用得好，必须建立和完善政策机制。要研究水资源统一管理机制，根据各地的水资源状况、经济结构和产业布局，科学分析用水需求，尽快制定外来水与本地水，地下水与地表水优化配置、统一调度的制度和法规，提高水资源利用效率。要研究制定地下水开采管理办法，实行严格的超采地下水惩罚政策，南水北调通水后，原则上受水区的城市自备井必须全部关闭。要研究制定合理的水价政策，根据经济发展水平和社会承受能力，逐步建立起同区、同类、同质、同价的水价形成机制，确保工程良性运行。

三、前期工作要到位，务求引黄入冀补淀工程取得实质性进展

我省是农业大省，中南部黑龙港地区是国家粮食生产核心区，同时也是严重缺水地区。引黄入冀补淀工程是缓解黑龙港地区农业灌溉和生态环境用水严重短缺的基础性工程，是维持白洋淀生态环境和淀区人民群众基本生存条件的民生工程，是保障国家粮食安全、协调区域经济社会发展、高效利用黄河水的战略性工程。项目启动实施两年多来，在省引黄工作领导小组和各有关部门的共同努力下，取得了阶段性进展。下一步，要根据项目前期工作遇到的实际问题，抓紧做好以下三件事：

一是加快推进项目立项工作。省引黄工作领导小组各成员单位要按照职责分工，全力做好引黄入冀补淀工程可研报告及其环境影响评价、水资源论证、防洪影响评价、土地预审等专题报告的编报和审批工作，水利专业内的支撑性文件由省水利厅负责盯办，水利专业外的由相关成员单位负责盯办，整体项目立项由省发展改革委负责盯办，争取早日立项获批。

二是抓紧编制初步设计方案。要在积极做好项目审批立项工作的同时，按照“快、好、省”的原则，组织开展引黄入冀补淀工程初步设计方案编制工作，认真做好工程优化设计，尽量节约投资和占地。沿线各设区市要积极配合，做好引黄分水口设置、水量规模指标确定等工作，为工程早日开工建设创造条件。

三是提前做好工程开工准备。引黄入冀补淀工程地理位置特殊，跨越黄河和海河两个流域，涉及河南、河北两省。要认真研究工程建设管理机制和地方配套资金筹措方案，充分调动各方积极性，保证工程建设进度和质量。要提前着手谋划征地拆迁核查、工程招投标等方面的工作，扎实做好工程开工前的各项准备，力争年内开工建设。

四、组织领导要到位，确保我省重大调水工程建设扎实有效推进

加快推进南水北调、引黄入冀补淀等重大调水工程建设，事关全省经济社会发展大局，是各级各部门义不容辞的责任。要加强组织领导，密切团结协作，确保按时完成各项任务。第一，明确责任，狠抓落实。省南水北调办要担负起南水北调工程的牵总协调责任，省水利厅要担负起引黄入冀补淀工程的牵总协调责任，各设区市政府要担负起辖区内工程征地拆迁安置、筹资和建设的主体责任，省有关部门要根据各自职能承担起支持配合的责任。要按照“政府主导、准市场运作、分级管理、责权统一”的原则，扎实做好各项工作，加快推进工程建设，确保工程如期建成。

第二，密切协作，形成合力。省水利厅、省南水北调办要充分发挥督导协调作用，及时研究调水工程建设中的重大问题，为政府决策当好参谋。建委会各成员单位要发挥职能作用，简化程序，提高效率，在项目审批、土地预审、环境评价、防洪影响、水土保持、文物保护等方面给予重点支持。各级各部门要加强协作，密切配合，确保南水北调和引黄入冀补淀工程建设顺利推进。

第三，强化考核，严格奖罚。要完善重大调水工程监督考评机制，省政府将与沿线各市政府签订责任书，把各市负责的工程建设任务纳入政府考核目标，严格落实行政问责制。省政府督查室要直接督办，对组织领导不力、推进力度不够、工作进展缓慢的要督促整改；对没有按时完成建设任务、造成严重影响的要追究有关领导的责任。

第四，营造环境，形成氛围。要加强法制教育和宣传，严厉打击干扰破坏南水北调和引黄入冀补淀等重大调水工程建设的违法行为，努力创造无障碍施工环境。要充分发挥电视台、报纸、互联网等新闻媒体的舆论引导作用，大力宣传南水北调和引黄入冀补淀工程的重大意义、征地拆迁安置政策、先进典型经验、工作部署和建设成效，营造全社会关心、支持、参与重大调水工程建设的浓厚氛围。

建设好南水北调、引黄入冀补淀等重大调水工程，功在当代、利在千秋。我们一定要在党中央、国务院的正确领导下，进一步统一思想，形成合力，开拓创新，扎实工作，确保优质、如期地完成各项工程建设任务，为建设经济强省、和谐河北做出新贡献，以优异成绩迎接党的十八大胜利召开。

江苏省省长李学勇在江苏省南水北调工程建设领导小组会议上的讲话

（2012 年 12 月 3 日）

在全省上下认真学习贯彻党的十八大精神之际，我们召开省南水北调工程建设领导小组会议，主要任务是以党的十八大精神为指引，贯彻落实党中央、国务院领导最近关于南水北调工程通水工作的指示精神，回顾总结我省南水北调工程建设进展与经验，分析研究当前存在的问题和薄弱环节，研究部署加快推进工程通水前的各项任务，为国家南水北调工程建设大局、促进苏北振兴和沿海开发做出积极贡献。刚才，省南水北调办、环保厅、国土资源厅的负责同志分别汇报了相关工作情况，工程沿线各市政府负责同志作了发言，讲得都很好。下面，我讲几点意见。

一、充分肯定我省南水北调工程建设所取得的成绩

兴建南水北调工程，是党中央、国务院做出的重大决策部署。江苏作为南水北调东线工程的源头地区，在国家南水北调总体格局中地位重要、责任重大。省委、省政府认真贯彻党中央、国务院的决策部署，高度重视南水北调工程建设，坚持常抓不懈，积极组织推进。工程自 2002 年开工建设以来，全省各地、各有关部门贯彻落实省委、省政府的部署要求，加强组织领导，采取扎实有效措施，切实推进工程建设、治污环保等各项工作，取得了显著成效。主要体现在以下五个方面：

（一）大力推进工程建设，提前具备调水能力

根据国家南水北调工程建设总体部署，本着统筹安排、加快建设、合理布局、利于

管理的原则，科学制定实施计划，明确目标任务，落实建设责任。在工程建设过程中，严格基本建设程序，优化深化设计，强化目标管控，加强督促检查，及时组织完工验收，保证项目建设有力有序推进。截至今年11月底，我省境内南水北调工程已完成投资112亿元，占批复总投资的92%，运河线工程率先建成通水，一大批工程在近年来的抗旱调水和防洪排涝中发挥了重要作用。

（二）强化质量安全管理，提升工程建管水平

坚持把质量安全作为南水北调工程的生命线，狠抓各项质量安全监管措施落实。建立健全“项目法人负责、监理单位控制、施工单位保证、政府部门监督”的质量安全管理体系，加强制度建设，落实管理责任，实行关口前移，严格过程控制，注重长效管理，质量安全始终处于可控状态，已建工程优良率达到95.6%，多次得到国家主管部门表扬。大力开展科技创新，加强关键技术和施工工艺攻关，取得多项科技创新成果，有效提升了工程质量。

（三）有序推进拆迁安置，切实维护群众利益

坚持以人为本理念，始终把维护群众利益放在征地拆迁安置工作首位。严格征迁政策，依法规范用地，坚持阳光操作，让群众充分参与，接受社会监督，工程用地征用工作基本完成，征地补偿政策全部落实到位，营造了良好施工环境，被征迁群众的生产生活得到较好保障。自工程开工建设以来，没有发生有影响的群众阻工事件和群体性上访事件，保证了工程顺利实施，维护了被征地群众的合法利益。

（四）加大治污环保力度，不断改善沿线水质

根据中央提出的“三先三后”要求，把做好南水北调治污工作作为贯彻落实科学发展观、加强环境保护、推进生态省建设的重要举措，及时编制实施控制单元治污方案，确定了102项治污项目，并把南水北调治污与淮河流域治污、改善苏北地区水环境有机结合起来，大力调整优化沿线地区产业结构，积极开展工业点源治理、流域综合整治、城市污水处理及截污导流工程建设，全面完成了治污项目建设任务，14个控制断面水质基本达标。对部分尚不稳定达标的断面，从今年起采取深化治理措施，促进调水干线水质持续稳定达标，在国家部委历次检查考核中受到充分肯定。

（五）加强基金征收管理，保障工程建设需要

根据国家南水北调工程基金政策，省政府于2006年印发了《江苏省南水北调工程基金筹集和使用管理办法》，明确征收渠道和标准，落实征收工作责任。各地认真贯彻基金征收政策，加大征缴力度，省各有关部门加强监督检查，完成基金征收和上缴任务。截至今年10月底，全省已征收基金14.7亿元，按期完成了国家下达的基金上缴任务，较好地保证了工程建设需要。

我省境内南水北调工程建设历经10年的艰苦努力，取得了重大成绩，也积累了宝贵经验。一是领导高度重视。省委、省政府领导高度重视，多次视察指导工程建设，每年召开专题会议，研究重大事项，作出重要部署，及时协调解决工程建设中的重大问题。二是地方全力支持。工程沿线各级党委、政府以高度的使命感，全力推进征迁安置、治污环保、基金征收等工作；沿线群众顾全大局，积极支持工程建设，为工程顺利实施创造了良好条件。三是部门协同配合。各级、各有关部门按照职责分工，加强协调配合，共同做好工程建设计划安排、资金筹集、征迁协调、文物保护等工作，形成了推进工程建设合力。四是参建各方全力以赴。各参建单位和全体工程建设者牢记使命，攻坚克难，奋勇争先，始终保持饱满的工作热情，全力

建设优质工程、精品工程。五是积极创新创优。经过十年的探索实践，我省南水北调工程建设在项目管理、工程建设、科技创新、党风廉政建设等方面，创建了一系列行之有效的工作方法，为建设现代化水利工程积累了宝贵经验。

总的看，我省南水北调工程建设各项工作有序推进，已具备调水出省条件，沿线水质明显改善，取得了重要阶段性成效，为按时实现全线通水目标奠定了坚实基础。这些成绩的取得，凝聚了全省各级、各有关部门和广大工程建设者的智慧与汗水。在此，我谨代表省委、省政府，向南水北调工程沿线地区各级、各有关部门表示衷心的感谢，向全体工程建设者致以崇高的敬意和亲切的慰问。

二、全力确保工程通水前各项任务落实到位

党中央、国务院高度重视南水北调工程建设。最近，中共中央政治局常委、国务院副总理李克强同志和国务院副总理回良玉同志审阅了国务院南水北调办提出的工程通水工作方案，同意相关工作安排，要求东线主体工程在明年3月试通水，三季度实现全线通水；在今年年底前完成水价测算制定工作，提出工程运行管理办法。实现南水北调东线工程全线通水，江苏省肩负着重大而艰巨的任务。现在距离工程全线通水仅剩7个月时间，工程建设进入了最后冲刺阶段，各项工作到了决战关头。全省各级、各有关部门要以学习贯彻党的十八大精神为强大动力，切实增强责任感、紧迫感，围绕工程如期通水、水质稳定达标、管理运行到位的总体要求，进一步统一思想认识，明确工作责任，加强协调配合，强化措施落实，确保工程如期全线通水，确保调水水质持续稳定达标。

（一）加快推进调水工程建设

实现工程全线通水目标，关键要保质、保量、保进度完成工程建设任务。根据这一要求，今年年底要全面建成运河线工程，基本完成运西线工程建设；明年汛前全面完成泵站、河道工程建设任务，具备全线通水条件。要加快推进工程通水验收，确保在明年6月底前完成各单元工程竣工验收任务。各地、各有关部门要围绕时间节点，倒排各项工期，采取扎实有效措施，切实加快工程建设。牢固树立“百年大计、质量第一”理念，严格工程建设管理，强化质量全程控制，全力建设精品工程。

（二）确保干线水质稳定达标

水质能否稳定达标，事关南水北调工程建设成败，对沿线地区的治污环保也是有力的鞭策和促进。在今年7月召开的全省淮河流域暨南水北调水污染防治工作会议上，省政府与沿线各市政府签订了目标责任书，11月，省政府又召开南水北调水污染防治工作现场会，作了进一步部署。各地、各有关部门要围绕水质达标要求，进一步落实工作责任，加快治污工程建设，加大污染治理力度，确保今年年底前水质全面稳定达标。对目前尚不稳定达标的3个断面，市、县政府主要领导要亲自过问，会商督办，限期解决。要全力推进治污项目建设，加快实施清水廊道工程，组织开展不稳定达标断面的深度治理。加大输水干线排污口门清理工作力度，年底前完成清理关闭任务。加强南水北调基金征收，完成年度征收任务，保障工程建设需要。抓紧制定南水北调工程沿线区域水污染防治管理办法，为治污环保提供法制保障。

（三）抓紧进行征迁安置工作扫尾

做好征地拆迁安置工作，是南水北调工程建设的重要保障。从目前情况看，征地拆迁安置情况总体是好的，没有发生过阻碍施工的事件，但用地手续办理进展滞后。目前，我省40个单项工程仅有7个项目用地手续获得批准，12个项目上报待批，其余项目在省国土资源厅审查。最突出的是耕地占补平衡问题，我省南水北调工程需永久征用耕地

1.44万亩，目前，落实占补平衡任务的仅有4000多亩，尚需落实1万多亩。针对上述情况，工程沿线地方政府和省农垦集团公司要按照“以人为本、依法管理，公开透明、阳光操作”的要求，抓紧完成征迁安置扫尾工作，切实安置好群众生产生活，维护被征迁群众利益。省国土资源厅要协调做好用地手续办理工作，加强与国土资源部的沟通汇报，请求国土资源部予以政策支持，千方百计协调解决耕地占补平衡问题，尽快完成工程用地手续办理任务。

（四）及时研究确定工程管理体制机制

南水北调东线工程是在我省江水北调工程基础上扩大规模、向北延伸。新建工程与原有工程如何运行管理、共同实现调水目标，需要建立统分结合、科学合理、富有效率的体制机制。前一阶段，国务院南水北调办提出了工程运行管理初步方案，并征求了相关省市的意见。我省要主动与国家有关部门沟通衔接，充分反映江苏省意见，研究提出江苏省境内工程运行管理方案，为工程全面运行做好准备。当前，要积极配合国家有关部门做好水量调度、水价测算制定工作，紧密结合江苏省实际，抓紧研究提出我省水量调度和水价政策方案。要通过深入、细致的工作，真正建立科学、合理、有效的管理体制、调度方案和水价政策，确保工程长期良性运行，充分发挥效益。

（五）尽早筹备全线通水工作

随着工程全线通水的日益临近，要把通水筹备工作尽快提上议事日程。当前，要按照国务院南水北调办的部署要求，抓紧研究提出我省的工程通水总体方案，力争全国的通水仪式在江苏省举行。要加强南水北调工程建设的宣传工作，向全社会广泛宣传工程建设的重大意义、综合效益、艰辛历程和广大建设者的辛勤奉献，沿线各地的大力支持，老百姓做出的贡献，营造良好的社会氛围。积极申报国家级工程建设重大奖项，充分展示江苏省南水北调工程建设成就。认真组织我省南水北调工程建设先进集体、先进个人评比表彰活动，表彰奖励先进，激励全社会关心、支持和投身水利建设的热情，推进全省水利事业又好又快发展。

三、切实加强做好全线通水前各项工作的组织领导

现在，南水北调工程全线通水已进入倒计时，到了最后冲刺决战阶段。各地、各有关部门要切实加强组织领导，密切协作配合，落实工作措施，确保如期实现各项目标任务。

（一）强化组织领导

当前，各地、各有关部门要将做好南水北调工程全线通水工作作为一项重要任务，对照国务院南水北调办的通水工作方案，统筹做好工程建设、征迁安置、治污环保、项目验收等各项工作。各地、各有关部门要加强协调配合，积极主动与国家有关部委沟通衔接，协调解决好我省南水北调工程建设管理中面临的困难，不折不扣地完成通水前各项任务。

（二）落实工作责任

围绕工程全线通水要求，各地、各有关部门要加强协调配合，强化工作责任，凝聚工作合力。工程沿线各级政府要切实加大组织协调力度，加快工程征地拆迁扫尾，加大治污环保工作力度，努力营造和谐建设环境。省南水北调办要充分发挥职能作用，及时掌握情况，强化督促检查，推动工作落实。省发展改革委、财政厅要加强项目审批和资金管理，保证工程建设顺利进行。省环境保护厅要强化水质监测，推动各地按时实现水质持续稳定达标目标。省水利厅、省南水北调办要抓紧落实工程运行管理体制和水量调配方案，协调解决边界工程管理事项。省物价局要抓紧做好我省水价测算报批工作。江苏水源公司要切实履行项目法人职责，加快建设进度，加强建设管理，确保如期通水。省电力公司要积极支持南水北调工程的电力线路建设，保障工程用电需求。

（三）加强廉政建设

南水北调工程建设任务重、投资大，社会广泛关注，越是到了工程建设后期，越要重视党风廉政建设。各地、各有关部门要切实加强南水北调工程建设的监督管理，管好用好每一笔资金。要充分发挥纪检、监察派驻作用，实行工程建设全程监督审计，保证建设资金合理使用、透明公开，杜绝出现截留挪用资金和贪污腐败现象，确保工程安全、资金安全、干部安全，真正把南水北调工程建成优质工程、廉洁工程、人民满意工程，经得起人民和历史的检验。

加快南水北调工程建设，按期实现全线通水和水质达标，时间紧迫，任务艰巨，责任重大。工程沿线各地、各有关部门和单位要认真学习贯彻党的十八大精神，凝心聚力、协调配合，开拓创新、扎实工作，坚决打赢南水北调工程全线通水攻坚战，如期实现送水水量、水质“双达标”，向党和人民交上一份满意的答卷，为全国南水北调大局和江苏“两个率先”做出应有的贡献。

山东省省长姜大明在山东省南水北调工程建设指挥部成员会议上的讲话

（2012 年 4 月 10 日）

同志们：

这次省南水北调工程建设指挥部成员会议的主要任务是，认真贯彻落实国务院南水北调工程建设委员会第六次全体会议精神，总结去年工作，研究部署今年我省工程建设任务。刚才，孙伟同志讲了重要意见，有关部门和市作了很好的发言。大家要把握全面部署，立足工作大局，抓好贯彻落实。

2011 年，我省南水北调工程各相关市、各相关部门认真贯彻落实国务院南水北调工程建设委员会第五次全体会议和省指挥部成员会议精神，紧紧围绕“2012 年底基本完成主体工程建设任务”这一目标，通过全面落实倒逼机制、实行进度台账管理、细化分解责任等有效措施，南水北调工程建设取得重大进展，为实现如期通水目标打下了良好基础。一是干线主体工程全面开工。去年，我省 11 个单项、54 个设计单元工程全部获得批复并开工建设。全年完成投资 81.93 亿元，比前九年的总和还多，超额完成了国家年度投资计划和控制性工程削减计划。二是征迁工作依法推进。努力争取国家对我省移民征迁工作的政策支持，亩产值补偿提高到全国最高标准，耕地占用税按上限执行。各市和有关部门坚持依法征迁、和谐征迁、文明征迁，及时完成用地交付工作，整个项目区基本实现了群众满意、社会稳定。三是配套工程积极跟进。去年 7 月，省政府批复了《南水北调东线一期工程山东省续建配套工程规划》，明确第一批 18 个供水单元 2012 年开始实施，确保 2013 年底建成通水；第二批 23 个供水单元压茬推进，2015 年底前全面建成。青岛市续建配套工程已开工建设，淄博、济南、威海、聊城、烟台、济宁等市的 10 个供水单元可研报告已通过审查。四是水污染防治成效明显。高度重视南水北调工程沿线水污染防治工作，不断完善“治、用、保”流域治污体系。《南水北调东线工程山东段控制单元治污方案》确定的 324 个治污项目主体工程基本完成；按国家确定的考核指标（高锰酸盐指数和氨氮）评价，南水北调输水干线上的 9 个测点已基本达到地表水三类标准，汇入输水干线的 20 个支流断面除 1 个断流外，已有 14 个达标，总体水质明显好转。

这些成绩来之不易，得益于各级党委、政府的高度重视和真抓实干，得益于相关部门的密切配合和团结协作，得益于广大工程参建者的不懈努力和无私奉献。在此，我代表省委、省政府向大家表示衷心感谢！

在看到成绩的同时，我们也要清醒地认识到，要如期实现既定目标，任务仍然十分艰巨。一是建设工期紧。按照今年底完成主体工程建设的要求，建设工期不过8个多月，如果除去汛期等不确定因素，实际工期不到半年。在确保质量与安全的前提下，半年内完成主体工程建设，还要开工建设第一批18个供水单元配套工程，时间紧迫、任务艰巨。二是制约因素较多。南水北调工程战线长，情况复杂，越到最后，矛盾越集中。目前征地迁占还有一些遗留问题，有些地方的阻工现象还时有发生；专项迁建程序复杂，迁建时间长，效率有待提高；续建配套工程前期工作进展较慢，建设进度总体滞后。三是治污任务仍然艰巨。国家确定的东线黄河以南段22个考核断面还有5个未达标，部分已达标断面水质还不稳定；仍有少数规划治污项目未建成，部分已建成项目尚未正常运行。大家对这些问题要高度重视。我们一定要从经济社会发展全局的高度，充分认识南水北调工程的重大意义，进一步增强搞好南水北调工程建设的责任感和紧迫感，坚定信心，强化措施，齐心协力，全力以赴，保质保量搞好工程建设，切实把南水北调工程建设成为质量可靠放心的工程、移民稳定致富的工程、管理阳光廉洁的工程。

今年是南水北调工程建设最为关键的一年。我们要围绕“今年底基本完成主体工程建设任务，2013年如期通水”的目标，按照科学发展观的要求，贯彻统筹兼顾的原则，在确保质量安全的前提下，狠抓工程进度，继续做好征迁、治污、运行管理等各项工作，全力以赴打好工程建设攻坚战。工作中要注意把握好以下几个方面。

第一，确保建设进度、质量和安全相统一。要扭住通水目标和年度建设任务，合理安排工期，科学组织施工，千方百计确保工程如期完工。对工期压力大的节点工程，要落实建管单位责任人，实行挂牌督办，完成一个销号一个。要充分做好防范恶劣天气影响的准备，完善应急预案，制定应对措施，把各种不利影响降低到最低限度，保证工程建设顺利推进。质量和安全是工程的生命线，要切实加强整个工程建设的管理、监理，促进工程全面创优，确保工程质量经得起历史和人民的检验。要做到安全生产常抓不懈，落实好安全生产责任制，加强安全监管，继续保持工程建设安全无事故的良好纪录。

第二，切实抓好征地迁占、专项设施迁建和社会稳定工作。目前大部分工程建设用地已交付使用，但征地移民后续工作和专项设施迁建任务仍很繁重。征地移民工作政策性强，越到最后越要做好解疑释惑工作，把政策讲清楚，把工作做到家，既要限期办理完毕，又要坚决避免出现大的群体性事件，确保社会和谐稳定。专项设施迁建仍然是制约工程建设的关键因素，交通、电力、铁路、能源、通信等部门要进一步强化大局意识，加强上下协调联动，尽量减少中间环节，加快专项设施迁建，全力支持工程建设。国土、林业等部门要严格按照规定，尽快完成土地和林地征用手续办理工作；公安部门要上下联动，建立健全应急处理机制和联防机制，确保良好的施工环境。省委、省政府已将南水北调工程征地移民拆迁和施工环境保障等工作纳入全省科学发展考核体系，要加大监督考核和检查督导工作力度，为工程建设创造良好环境。

第三，重点推进配套工程建设。配套工程与主体工程密不可分，事关资源配置、供水价格和成本合理回收。目前，我省续建配套工程建设与干线主体工程相比明显滞后，已成为我省南水北调工程建设的短板，必须加大建设推进力度。一要加快前期工作步伐。省发展改革、财政、国土、水利、南水北调等部门要明确责任，加快前期工作步伐。配套工程可研报告由省水利厅审查，省发展改革委审批；初步设计及概算由省南水北调局审查，省水利厅审批。每道环节都要明确时限，限期办结。二要多渠道筹集配套工程资金。省发展改革委、财政厅要进一步做好与上级部门的对接，尽快落实国家补助资金。省里已研究确定按40%的资本金、60%的融资来筹措解决配套资金。其中，省财政对东、中、西部的资本金分别补助20%、30%、40%，对财政直管县再增加10个百分点。其余资本金由市级政府筹集40%，县级政府筹集60%。对今年新增的地方债券，各地要确保重点用于保障性住房和南水北调配套工程建设。要按照《关于进一步做好水利改革发展金融服务的意见》（银发〔2012〕51号），引导金融机构加大对配套工程的支持力度。各地也要用好用活水利建设项目抵（质）押物范围和还款来源拓宽政策，加大融资力度。三要抓住机遇解决配套工程用地问题。省国土资源厅要抓住国家统筹解决的机遇，在省内挖潜解决一部分用地的基础上，全力争取国土资源部给予支持。用于解决农村饮水安全的水库建设用地，要充分用好国土资源部、水利部给予的优惠政策。四要强化地方政府责任主体意识。各级地方政府作为配套工程的责任主体，要充分认识配套工程建设的必要性和紧迫性，克服“等、靠、要”思想，积极主动地想办法谋出路、集全力破难点，强力推动配套工程重点突破、加速推进，确保第一批18个供水单元工程今年全部开工建设，第二批23个供水单元压茬推进，2015年底前全面建成。这里要强调，水厂到用水户的工程，各地要实行市场化运作，与配套工程统筹安排，同步建成。

引黄济青改扩建是南水北调配套工程的一个重要组成部分，省政府决定向国家争取单审单批。目前，可行性研究报告已经水规总院复审、水利部部长办公会审议通过，总投资11.76亿元，水利部正在办文报国家发展改革委。省发展改革委、省水利厅要进一步做好工作，争取国家早日批复，年内能够开工建设。

第四，全面落实治污环保各项任务。水质能否达标关系南水北调工程的成败。目前，距2012年底水质达标，时间已非常紧迫。各级各部门要切实加强组织领导，加大治污项目建设和运行力度，确保6月底前规划确定的治污项目建成运行、发挥效益，确保年底前水质如期达标。对年底仍不能达标的断面，要对责任地区严格问责。要扎实开展农业面源、畜禽养殖、渔业养殖、航运等污染综合治理，大力实施人工湿地、生态修复和退耕还湿等工程，建设环湖沿河生态带，着力打造南水北调生态屏障和清水走廊。要切实加强环境安全管理，积极构建全防全控的环境安全防控体系，全力确保调水安全。

第五，积极探索建立工程良性运行体制机制。南水北调工程既要建设好，也要管理好。随着各单项工程将陆续通过国家验收、转入运行，建立运行管理体制和机制迫在眉睫。要克服“重建轻管”的思想，尽快建立长效机制，把南水北调工程管理好。对已完成工程，要尽快研究解决运行管理机构和所需经费问题。要抓紧研究制定水量调度方案，测算水价，制订科学合理、切实可行的制度措施，为工程长效运行提供制度依据和管理规范。要加快推进南水北调管理条例立法进程，搞好立法调研，加强法治建设，使工程运行管理有法可依。要高度重视南水北调工程的统一调度管理问题，抓紧制订调度规程，特别是针对南四湖、东平湖、胶东调水等调度管理难点，积极争取国家支持，实现全省工程的统一调度、联合运行。

第六，深入抓好廉政建设和反腐败工作。南水北调工程规模宏大，涉及面广，管好用好每一笔资金是对我们的严峻考验。国家审计署今天上午已召开动员会议，决定对全国南水北调进行全面审计。要坚持工程建设与廉政建设两手抓、两手硬，确保“资金安全、工程安全、干部安全”。要加强关键环节、重要部位、重点岗位的监督，重点治理领导干部违反规定插手工程建设市场交易活动、截留挪用征迁资金等以权谋私问题，依法查处违法违纪行为。要严格工程资金监管，进一步加大审计与稽查力度，规范工程建设资金使用，严禁截留、挤占、挪用。工程建设管理单位要落实好党风廉政建设责任制，建立健全廉政风险防控机制，加大党风廉政教育力度，把监督落实到工程决策建设的各个环节，确保把南水北调建成优质、高效、廉洁、节俭工程。

同志们，南水北调工程建设任务艰巨，责任重大。各有关市和部门要进一步加强领导，各司其职、各负其责，密切配合、协同作战，切实形成沟通顺畅、衔接严密、运转高效、保障有力的工作机制。让我们以对国家、对人民高度负责的精神，进一步振奋精神，创新实干，为实现南水北调工程如期通水目标，为加快经济文化强省建设做出新的贡献！

河南省省长郭庚茂在河南省南水北调丹江口库区移民迁安总结表彰暨后期帮扶工作动员电视电话会议上的讲话

（2012年5月22日）

同志们：

今天，我们在这里隆重召开南水北调丹江口库区移民迁安总结表彰暨后期帮扶工作动员电视电话会议，总结我省移民迁安工作取得的非凡成绩和宝贵经验，表彰移民迁安工作先进单位和先进个人，动员全省上下再接再厉，奋力做好移民后期帮扶工作，确保移民群众“搬得出、稳得住、能发展、可致富”。国务院南水北调办对这次会议高度重视，鄂竟平主任专程到会并作了重要讲话，我们要深刻领会，抓好落实。刚才受到表彰的先进单位和先进个人为移民工作做出了重要贡献，我们再次祝贺他们；几个典型发言经验都很好，我们要认真借鉴。下面，我讲三点意见。

一、成绩来之不易，经验弥足珍贵

南水北调中线工程是关系我国可持续发展和长治久安的千秋伟业。工程的成败在水质，难点在移民。我省作为南水北调中线工程水源地、主战场，全面完成移民迁安任务，是事关工程建设大局的一场硬仗。移民迁安工作启动以来，我们在党中央、国务院的坚强领导下，在国务院南水北调办的大力支持下，始终把移民工作当作一项特别紧迫、特别重要的政治任务，举全省之力推进。特别是在圆满完成1.1万人试点搬迁任务的基础上，省委、省政府审时度势，果断决策，及时提出了库区移民迁安“四年任务，两年完成”的工作目标。全省上下按照这一决策，万众一心，众志成城，排除万难，历尽艰辛，在中原大地展开了一场波澜壮阔的移民大搬迁。两年多来，全省共组织移民搬迁193批，动用搬迁车辆3万辆，组织各级干部群众16万人次，完成移民及地方帮扶投资200多亿元，实际搬迁安置库区移民16.54万人，在6个省辖市、25个县（市、区）的安置区新建移民新村208个，建设移民房屋4.1万户、656万m^2，为移民调整生产用地近20万亩，取得了“不伤、不亡、不漏、不掉一人”的非凡成绩，做到了“和谐搬迁、平安搬迁、文明搬迁”，事迹可歌可泣，成果可喜可贺。移民提前迁安的成功，既加快了南水北调中线工程实施，又顺应了民心、促进了民生改善及社会和谐稳定，还扩大了投资、拉动了经济增长，这充分说明省委、省政府作出的“四年任务，两年完成”决策符合实际、完全正确。

在移民人数多、搬迁时间紧、安置难度大、工作强度高的情况下，我们搬迁速度之快、搬迁质量之好，史无前例，不仅创造了新中国水利移民史上的奇迹，而且在世界移民史上写下了浓墨重彩的一笔。实践证明，只要我们坚持党的领导核心地位，充分发挥社会主义制度优势、中央和地方政策集成优势、善于做群众思想政治工作优势，就没有克服不了的困难，就没有干不好的事情。概括起来，丹江口库区移民为我们留下了五个方面的经验：

（一）领导重视、组织得力

国家高度重视南水北调中线工程移民工作，胡锦涛总书记、温家宝总理等中央领导视察河南时，都强调要确保移民妥善安置和长期稳定。尤其是当我们工作推进到关键时刻和遇到自身难以解决的难题时，党中央、国务院领导同志都及时给予鼓励和支持，国务院南水北调办等部委都及时给予指导和协调。河南各级各部门认真贯彻中央精神，始终站在讲政治、顾大局的高度，把移民迁安作为贯彻落实科学发展观和检验执政能力、执政水平的重要标准，切实加强领导和组织协调，团结一致，强力推动。省、市、县三级都成立了高规格的移民安置指挥部，实行准战时体制，在全省形成了步调一致、运转高效的组织体系。省委、省政府多次召开会议，专题研究部署移民工作，协调解决重大移民问题；省人大、省政协、省军区的有关领导同志从环境营造、监督检查等方面对移民迁安工作给予了极大支持。南阳市作为全省唯一的迁出地，既承担着16.2万移民搬迁任务，又承担着在市内安置近10万人的任务，汇全市之力，集全市之智，部署周密，组织得力，圆满完成了迁安任务，为全局做出了重大贡献。

（二）以人为本、群众受益

始终坚持把群众利益放在首位，真正使广大移民群众成为南水北调的现实受益者而不是受损者。在具体工作中坚持政府主导和群众意愿相结合，千方百计维护移民群众切身利益，最大限度地满足移民群众的合理诉求。实行以土为本、大农业安置为主，确保农村移民人均水浇地1.05亩或旱地1.4亩；按照“三靠近”原则选择居民点，最大限度地方便移民生产生活；高起点规划、高标准建设移民新村，努力建成群众放心满意的民心工程；精心组织移民搬迁，提供周到、人性化服务，实现了平安和谐搬迁；及时跟进移民搬迁后续工作，切实解决好移民的实际困难和问题，确保移民尽快恢复正常生产生活，实现平稳过渡。现在看，正是我们坚持一切为了移民、一切服务移民、一切围绕移民，才赢得了移民群众的衷心拥护和大力支持。

（三）政策集成、合力帮扶

针对移民群体的特殊性，坚决执行国家统一征迁安置政策，在补偿标准上做到“不折不扣、不突不破”。同时，结合河南实际，积极协调、有效整合各级各类支农政策和新农村建设资金，对库区和安置区给予倾斜支持。省直36个厅局按照省委、省政府关于南水北调丹江口库区移民安置工作实施方案要求，认真履行职能，积极开展项目、资金、政策、技术等帮扶工作，支持移民安置区资金达50多亿元。各有关市县结合各自实际，积极支持移民迁安工作，为安置好库区移民制定了许多优惠政策。各项政策、资金的有机集成整合，有效减轻了移民负担，提高了移民新村建设标准，加快了移民迁安进度。

（四）配合联动、齐抓共管

充分发挥各级各部门的作用，实行移民迁安分包制度，组织省直有关厅局包县驻村，一包到底；各有关市、县也实行了市包县、县包乡、县乡干部包村包户的逐级分包责任制，形成了各级各部门分工协作、上下联动、共同参与、合力攻坚的生动局面。在移民新村建设和集中搬迁期间，各级移民安置指挥机构精心部署、统筹安排，相关部门积极参与、全程服务，特事特办、急事急办，同心同德、共同努力，圆满完成了各项任务。实践证明，只有牢固树立全省一盘棋思想，坚持各司其职、团结协作打总体战，才能最终夺取移民迁安工作胜利。

（五）宣传到位、干群同心

加大宣传教育力度，积极做好移民群众的思想工作，千方百计把党的政策和政府的关怀宣传到户、讲解到人，让移民群众理解政策，消除顾虑，响应号召，使移民迁安工作获得了最广泛的群众基础和力量源泉。各级移民干部把移民迁安工作作为神圣使命，常年奋战在急、难、险、重的最前沿，历尽了千辛万苦，克服了各种困难，攻克了重重难关，有的甚至因此殉职，用汗水和热血谱写了一曲感天动地的移民壮歌。广大移民群众舍小家、顾大家、为国家，不讲条件、不讲价钱，背井离乡、重建家园，为工程建设做出了牺牲和奉献，表现出崇高的爱国主义精神。广大干部群众表现出来的这种可贵品质，不仅是我省做好移民工作的力量源泉，也是我们推进中原经济区建设、加快中原崛起河南振兴宏伟事业的强大精神动力。

成绩来之不易，经验弥足珍贵。在这场举世瞩目、艰苦卓绝的移民大搬迁中，全省上下经受住了考验，向党和人民交上了一份放心满意的答卷，既得到了广大移民群众的坚决拥护，又得到了党中央、国务院的充分肯定和高度评价。在此，我代表省委、省政府，向国务院南水北调办、水利部等有关部委、中央驻豫各有关单位和关心支持移民迁安工作的社会各界人士表示衷心的感谢！向奋战在一线的广大移民干部职工、迁出地和迁入地的干部群众表示崇高的敬意！

二、实现重心转移，统筹搞好帮扶

当前，丹江口库区移民工作整体上已由搬迁安置阶段进入后期稳定发展的新阶段。这一时期既是移民安置过渡期和心理适应期，也是矛盾凸显期和发展起步期，做好后期帮扶工作十分重要、也很紧迫。各级各有关部门要进一步提高认识，切实增强紧迫感责任感使命感，再接再厉，努力把后期帮扶工作做好。这次会议印发了《关于加强南水北调丹江口库区移民后期帮扶工作的意见》征求意见稿，吸收大家意见后将尽快印发。文件出台后，大家要认真抓好贯彻落实。这里，我着重强调三项重点任务：

（一）巩固提升移民搬迁成果，努力实现平稳过渡

帮助移民平稳度过过渡期，是摆在我们面前的一项重要任务。各级要带着深厚感情，深入到移民村、移民户，认真排查移民群众存在的实际问题，切实解决移民生产生活中的实际困难。一要切实做好移民后续工作。移民各种手续迁转没有完成的要加快进度，为移民生产生活提供方便。有关移民资金兑付尚未到位的，要抓紧落实到位。部分移民房屋存在局部问题的，要抓紧组织人员维修，确保移民放心满意。二要巩固新村建设成果。在全面完成移民新村建设的基础上，要切实抓好移民新村道路、供水、供电、通信、电视等基础设施和学校、村部、卫生室、超市等公益设施的完善配套。特别是污水处理、新村绿化等设施建设还不到位的，要抓紧完成。三要继续坚持“一对一”帮扶制度。县乡移民干部“一对一”帮扶是解决移民问题、密切干群关系的一个行之有效的措施。各地要继续落实好这一制度，坚持进村入户，稳定移民情绪，帮助移民尽快熟悉当地生产生活方式，实现平稳过渡。

（二）大力支持移民发展生产，尽快实现增收致富

移民增收致富是移民后期帮扶的重点和核心，也是今后一个时期移民迁安工作的重中之重，要切实抓紧抓好，力争通过三年的努力，使移民人均收入达到或超过当地居民平均水平。一要抓紧改善农业生产

条件。土地是农民的“命根子”，是移民群众的重要生产资料。要优先将移民区水利建设、农业综合开发和扶贫项目纳入全省规划，抓好移民区农田水利设施配套和高标准农田建设，鼓励移民因地制宜发展特色种植业、养殖业，不断提高农业生产效益。二要加快调整产业结构。要坚持产业为基、项目支撑，因地制宜，因村制宜，积极研究制定移民产业发展规划。要认真落实安置区移民从事二、三产业税收减免退等优惠政策，大力支持移民发展二、三产业。要鼓励支持移民自主创业，以创业带动就业。三要切实搞好培训就业。要强化移民职业技能培训，提高移民就业创业能力。要多渠道、多层次转移就业，着重抓好移民“零就业家庭”的就业工作，确保平均每个移民家庭至少转移一个劳动力。

（三）加强移民社会管理创新，确保社会和谐稳定

要结合移民群众这一特殊群体的实际，采取切实有效措施，加强移民社会管理，确保移民区社会和谐稳定。一要大力发展移民区社会事业。要统筹移民区经济社会发展，全面推进移民区教育、文化、卫生、体育等各项社会事业，加快完善移民区社会保障体系建设，切实提高公共服务水平。二要加强移民村基层组织建设。要明确加强移民村两委班子建设指导思想和目标任务，切实抓好移民村党组织、领导班子、党员队伍建设和党建工作机制等工作。移民安置市、县、乡党委要选派优秀干部到移民村任职，配齐配强移民村两委班子；对帮扶任务重、矛盾突出的移民村，要选派工作队驻村帮助开展工作，切实增强村级组织的影响力、凝聚力和号召力，努力把移民村两委班子建设成为推动科学发展、带领移民致富、维护移民村稳定的领导核心。三要认真做好移民信访稳定工作。要扎实做好移民来信来访工作，认真落实各项政策，妥善解决移民群众反映的生产生活困难和问题。要坚持“属地管理”原则，建立健全信访稳定工作机制，落实维稳责任。要认真排查各类矛盾纠纷，把问题解决在基层，消灭在萌芽状态。

三、强化各项保障，圆满完成任务

各级各有关部门要按照中央领导和国务院南水北调办的指示精神，按照省委、省政府的统一部署，团结拼搏，务实重干，努力完成后期帮扶任务，使广大移民早日过上幸福安稳的新生活。

（一）加强领导，落实责任

移民后续稳定工作任务繁重。省委、省政府将建立联席会议办公制度，定期召集相关部门研究解决有关帮扶问题。各级党委、政府和各有关部门要继续把丹江口库区移民后期发展工作作为一项重要政治任务，摆上重要议事日程，尽快抓出成效。对涉及移民的重大问题，主要领导要亲自研究决策和协调部署；分管领导要深入一线，具体指导，帮助移民群众切实解决好各种问题和困难，推进移民后期工作顺利开展，确保移民搬迁完成后工作热情不降、力度不减。省政府督查办要把移民对口帮扶作为一项重要工作进行督办。

（二）密切配合，合力攻坚

后期帮扶工作是一项系统化的复杂工程，需要各部门分工协作、合力作战。移民迁安包县工作要实行联系人制度，按照任务不减、定向不变的原则，搞好对口帮扶工作。省移民安置指挥部和省政府移民办要继续发挥职能作用，建立联系人制度，定期研究移民帮扶的具体工作，并会同组织、宣传、纪检监察等部门加大对帮扶工作的具体督导和考评。省市县乡都要把方方面面的力量调动起来，各级发展改革、财政、国土、城建、交通、水利、农业、电力、公安、教育、卫生等部门要结合各自分管工作，尽快细化帮扶方案和措施，分工协作，共同做好移民发展稳定工作。

（三）严格标准，落实政策

移民群众既关心他们个人的利益，更关心是否公平、公开、公正。对有关移民政策，要继续按照“不折不扣、不突不破”的原则落实好，一把尺子量到底，防止因政策的前后不一出现反复。要按照20年的扶持期限，确保农村移民每人每年600元的扶持资金及时足额落实到移民个人，并在安排后期扶持项目时优先安排丹江口库区和移民安置区。同时，各级各部门要继续整合使用各类支农惠农政策和资金，把更多惠民措施用到移民身上，争取为移民创造更好的生产生活条件。

（四）强化宣传，营造氛围

进一步发挥新闻媒体的舆论导向作用，大力宣传各地各有关部门在移民迁安工作中涌现出的典型人物和典型事迹。要全面、准确、及时地宣传党和政府各项惠农政策，让广大移民群众充分了解政策、享受政策、监督政策的落实。要加强移民法制宣传教育，引导移民以合法、理性方式表达诉求。要构筑信息平台，针对移民群众的个性化需求，筛选适合本地致富的信息，帮助移民群众掌握致富的“金钥匙”，找准发展路子。

最后，我再强调一下南水北调中线工程建设问题。今年3月20日，国务院南水北调工程建设委员会召开了第六次全体会议，李克强副总理、回良玉副总理分别作了重要讲话，充分肯定了南水北调中线工程建设取得的成绩，进一步明确了下步建设的任务，强调要贯彻统筹兼顾的原则，在确保质量安全的前提下，狠抓工程进度，继续做好移民、治污、运行管理等各项工作，妥善处理工程建设与经济社会发展和人民生产生活的关系，确保工程优质高效建设、安全稳定运行、永续发挥效益。4月23日，我省召开了南水北调中线工程建设领导小组全体会议，贯彻国务院南水北调工程建设委员会第六次全体会议精神，对今后工作作了安排部署。各级各有关部门要坚定决心、统筹兼顾、精心组织，高质量、高标准抓好干线工程建设，加快配套工程项目建设进度，加强水污染防治和水源地保护，确保建设资金筹措到位，创造良好施工环境，推动工程建设顺利进行，确保如期实现2014年通水目标。

同志们，当前，南水北调中线工程建设已经进入倒计时，库区移民稳定发展工作也进入了关键时期。我们一定要在党中央、国务院的坚强领导下，在国务院南水北调办的精心指导下，继续发扬连续作战、敢打硬仗、无私奉献的优良传统，振奋精神，再接再厉，为移民群众安居乐业，为南水北调中线工程和中原经济区建设做出新的更大贡献，以优异成绩迎接党的十八大胜利召开！

湖北省省长王国生在南水北调丹江口库区移民内安现场会上的讲话

（2012年3月17日）

去年3月，省委、省政府召开了丹江口库区移民内安复建工作现场会，时隔一年又在这里召开现场会，充分体现了省委、省政府对丹江口库区移民内安复建工作的高度重视和兑现“三年彻底扫尾”庄严承诺的坚定信心。国务院南水北调办蒋旭光副主任带着对库区移民群众的深厚感情，深入移民安置点调研，并亲临会议作了重要讲话，这是国务院南水北调办对湖北工作的特别支持。我们一定要把支持转化为工作动力，全面加快库区移民内安复建步伐，确保按时保质保量完成各项任务。现在，我讲三点意见。

一、进一步坚定信心，善始善终办好移民这件“天大的事”

去年现场办公会以来，省委、省政府紧紧围绕“四年任务两年基本完成，三年彻底扫尾”的工作目标，把移民作为“天大的事”，摆在各项工作的优先位置，集中力量全面推进。克服了前旱后涝、劳力短缺、建材涨价等不利因素影响，累计挖填土石方总量逾6400万m^3，建房超400万m^2。以去年12月20日最后一批农村移民搬迁为标志，我省丹江口水库9.2万人内安移民搬迁安置任务基本完成，移民工作进入了冲刺和扫尾的新阶段。由于移民政策兑现到位，质量控制监管到位，思想工作落实到位，移民不仅搬出了，而且稳住了，没有出现一起大的群体性事件，为全省经济发展和社会和谐稳定做出了重要贡献。

回顾近几年我省丹江口水库移民工作，从移民试点到大规模移民外迁，再到移民内安后靠，我们一步一个脚印，稳扎稳打，虽然工作中也有曲折，但在关键的节点上，都保质、保量地完成了计划任务。事非经过不知难，只有遇到矛盾并解决矛盾，才能真正品尝到移民工作的甜酸苦辣。在去年的现场办公会上，省委、省政府提出移民工作是对广大干部全局观念、组织纪律观念和群众观念的一次重要检验。一年来，广大移民干部急移民群众之所急，想移民群众之所想，干移民群众之所盼，做了大量艰苦、细致的工作，有的同志甚至献出了宝贵生命。实践充分证明，广大移民干部是一支对移民群众有深厚感情、勇于担当、能征善战的队伍。去年12月15日，李克强副总理做出重要批示，"湖北省高度重视南水北调移民后靠安置工作，成效来之不易。"12月23日，国务院南水北调办给省委、省政府发来贺电。这些既是对湖北移民工作的充分肯定，更是对广大移民干部和移民群众的褒奖。全国"两会"期间，当全国人大代表、丹江口市茅腊坪村村民辛喜玉把一瓶清冽的丹江水送给李克强副总理时，他饱含深情地对水源地群众表达了谢意。克强副总理的谢意，不仅是对我省丹江口水库移民群众舍小家、顾大家的勉励，也是对善始善终做好移民工作的期待。我们一定要再接再厉，乘势而上，确保全面完成各项移民内安工作任务，不辜负党中央、国务院的重托和人民的期望。

当前，丹江口库区移民内安复建工作已进入攻坚、扫尾的阶段。从前段进展情况看，虽然取得了较大成绩，但也还存在工作衔接不到位，点内配套设施、土地整治、旧房拆除相对滞后等问题。产生这些问题，有客观因素，比如时间紧、任务重、难度大，但是最根本的还是主观原因，少数地方的同志看到移民内安大部分工作任务基本完成，产生了麻痹松懈思想，重视程度有所下降，工作力度不如以前。必须看到，南水北调移民内安工作的扫尾时期，就好比万米长跑进入冲刺阶段，无论前面跑得多快，如果不能以好的状态坚持到终点，就会前功尽弃。因此，越是在这样的关键时期，我们越要保持清醒的头脑，越要坚定必胜的信心，越要树立坚韧不拔的攻坚思想，迎难而上，一抓到底，不达目标、绝不松劲。

做好今年的移民内安复建工作，有利条件很多，比如对南水北调建设工程移民工作，党中央、国务院高度重视，国务院南水北调办等国家相关部委一如既往关心支持；省直部门帮扶氛围浓，合力推动移民工作的机制进一步完善，等等。尤其是经过近几年的实战锻炼，培养了一支能征善战、敢打硬仗的移民干部队伍。只要我们用好这些有利条件，一鼓作气，克难奋进，就一定能打赢移民内安工作的攻坚战、扫尾战。

二、进一步明确目标，统筹抓好移民内安复建各项工作

丹江口水库内安移民搬迁复建时间紧、任务重，省委、省政府总的要求是倒排工期，细化节点，加大力度，加快推进。具体目标是，4月底前，农村移民全部入住、旧房全部拆除；6月底前，安置点各项配套设施全部到位；秋播前，生产用地全部分配到户；9月底前，集镇、专业项目、企业迁复建等工作全部完成。为了实现这些目标，要着力抓好以下四个方面的工作。

（一）要坚持统筹兼顾，整体推进移民内安复建工作

移民内安复建是一项系统工程，既涉及移民的生活，也涉及生产；既涉及房屋的迁建，也涉及企业和集镇的迁建；既涉及房屋拆除，也涉及文物保护。在内安复建过程中，必须通盘考虑，周密部署，整体推进。要从移民群众最关心的问题抓起，重点解决好房屋质量、土地整治质量、安置点内各项配套设施、对外交通等方面的问题，确保有利生产、方便生活。从确保移民群众生命财产安全考虑，切实解决好高切坡治理、高填方整治问题。从维护移民切身利益出发，抓好移民政策宣传兑现，努力做到不打折扣。从满足水库蓄水要求出发，切实加快重点集镇迁建、库岸防护、文物搬迁复建、重大专项设施迁建步伐。这些工作每一项都事关移民工作全局，顾此失彼就可能影响工作进度，必须统筹推进，抓紧抓好。

（二）要确保安置标准，努力打造“三个典范”工程

确保安置标准，是移民工作的基本要求，也是移民安稳入住的重要条件。据反映，在春节前后，部分外迁移民返乡走亲访友，看到内安移民的村庄面貌、房屋质量、土地整治等比外迁安置点的情况要好一些，心理上有些变化。省政府将选择适当时机，召开丹江口水库外迁移民安稳发展现场会，进一步推动外迁移民安置点建设。在移民内安复建过程中，要打消各种思想顾虑，放开手脚大胆地干，确保移民规划的各项标准尤其是生产安置、安置点规划和各项配套设施建设标准不降低，努力把移民工程建设成为落实科学发展观、改善民生和社会主义新农村建设的典范工程，努力提高广大移民群众的满意度。

（三）要坚持和谐移民，着力巩固扩大移民稳定成果

今年将召开党的十八大，我省也将召开第十次党代会，营造和谐、稳定的社会环境至关重要。在移民内安复建工作中，要统一把握、从严执行各项政策，规范工作程序，着力从源头上减少不稳定因素。加强矛盾纠纷排查，做到心中有数，及时加以化解，防止在敏感时期出现集中上访。要抓紧做好稳定预案，如果出现问题，要确保工作主动权，坚决防止造成重大社会影响。要全面总结和大力弘扬移民精神，广泛宣传移民先进典型，引导激励广大移民正确认识和处理国家和个人、生活安置与发展生产、国家扶持与自力更生的关系，切实树立自力更生，艰苦创业的思想观念，发挥主观能动性，提高自身技能和素质，养成健康心态，实现自我提升和发展。

（四）要坚持精细管理，不断提升移民工作质量

南水北调移民规划论证之久、国家投入之大、社会各界关注程度之高前所未有。各级各部门一定要严格执行有关法律、法规，切实加强移民项目管理、资金管理、工程管理，充分发挥各级移民资金监督网的作用，定期开展对移民资金的检查和审计，确保资金安全使用和发挥效益。国家审计署将于下月对我省南水北调移民资金进行阶段性审计。各地要认真开展自查自纠，做好各项迎检工作。要以这次审计为契机，进一步规范工作行为，严格各项管理，努力把南水北调移民工程打造成廉洁工程。

三、进一步强化责任，努力夺取移民内安工作全面胜利

南水北调建设工程移民工作既是政治责任，也是历史使命。各级各部门要进一步增强使命感和紧迫感，强化责任，狠抓落实，确保实现南水北调工程移民内安复建“三年彻底扫尾”的工作目标。

（一）南水北调工程移民工作事关民生，一定要投入真感情

李克强副总理要求我们把南水北调工程建设成为效益好、质量高、惠民生的放心工

程。南水北调移民搬迁安置就是最直接、最重大的民生工程之一。民生连着民心，民心决定成败。关注民生，关爱移民，不能只停留在口头上，一定要投入真感情，付诸真行动。要尊重移民意愿，倾听移民心声，解决移民困难。要增强公仆意识，改进工作作风，多做和风细雨、深入细致的群众工作。要多予少取，杜绝雁过拔毛、拖欠挤占，使广大移民能够高兴搬出，安心稳住，潜心发展，与全省人民一道同奔小康，共享富裕。

（二）南水北调工程移民工作事关全局，一定要真支持

南水北调工程是国家战略，北方缺水形势日益严峻，中央有严格要求，人民有热切期盼，省委、省政府有庄严承诺，没有价钱可讲，没有退路可言。各级各部门必须全力以赴，共同做好南水北调移民这件“天大的事”。十堰市及5个县（市、区）作为责任主体，要在组织保障、科学规划、政府调控、政策兑现、舆论引导、维护稳定上采取有力措施，加快再加快，加强再加强，细之又细，实之又实。省直各相关部门要按照省委、省政府已经出台的文件规定，认真查遗补缺，倾心倾力支持。各部门的帮扶项目、资金要单独计列，不得将正常下达的计划计入帮扶额度之内。31个省直部门对口帮扶29个库区乡镇的工作专班不能撤、队伍不能散、力度不能减。由省移民局、住建厅、国土厅等有关部门联合组成的督办协调组要加强协调，及时发现问题，尽力帮助解决，确保省委、省政府的重大部署落到实处。刚才，十堰市提出了一些亟待解决的问题，有些省里可以解决的，省直相关部门要全力支持，及时解决；对需要争取国家部委支持解决的问题，要加大争取力度。

（三）南水北调工程移民工作事关当前，一定要真落实

全面实现南水北调移民各项目标是当前十分重要而紧迫的任务。省委、省政府提出今年9月底前移民内安工作彻底扫尾，必须全面落实。要进一步强化求真务实的作风，形成实干创新的风气，努力做到今天的事今天办、限时的事计时办、应急的事马上办、承诺的事一定办。要在确保工程质量安全的前提下，加快工程建设进度。要以深入开展“喜迎十八大、争创新业绩”和“三抓一促”活动为契机，进一步健全“一级抓一级、分级负责”的管理体制。十堰市推行的领导、部门、干部、“三包保”制度是一项行之有效的制度，要在今后的工作中进一步深化和完善。省南水北调移民搬迁安置指挥部办公室要按照移民任务目标，分阶段、分节点加大督导通报力度，加强过程监管和目标考核，确保各项任务目标全面、整体、顺利推进。

同志们，2012年南水北调移民内安工作已经进入决战决胜的关键时刻，让我们在党中央、国务院的坚强领导下，在国务院南水北调办的具体指导和大力支持下，进一步振奋精神，真抓实干，又好又快完成今年各项移民内安建设任务，以优异的成绩向党的十八大献礼！

CHINA SOUTH-TO-NORTH WATER DIVERSION PROJECT CONSTRUCTION YEARBOOK

肆 政策法规

POLICIES, LAWS AND REGULATIONS

国务院南水北调工程建设委员会办公室

国务院南水北调办公室重要事项督办办法

2012年3月31日
(国调办综〔2012〕63号)

为进一步加强督办工作，充分发挥督办手段的推动、监督和警示作用，确保重要决策和重大部署得以及时、高效地贯彻落实，特制定本办法。

一、督办内容

(一) 人大建议、政协提案；

(二) 中央及有关部门交办的事项；

(三) 办党组会议定的重要事项；

(四) 主任办公会、主任专题办公会议定的重要事项；

(五) 办领导明确要求督办的重要事项；

(六) 各单位提出并经办领导确认需要督办的重要事项。

二、督办责任

综合司为督办部门，统一负责督办事项的立项、催办和归档。各单位主要负责人为本单位督办工作第一责任人，并明确一名督办工作联系人。

督办事项可由一个或多个单位承办。凡涉及两个及以上承办单位的督办事项，督办部门商承办单位确定主办单位。

主办单位应主动协商协办单位办理督办事项，协办单位应积极配合。

承办单位应明确督办事项各级承办人。

三、立项交办

督办部门根据督办内容提出督办事项拟办意见，经办领导审核同意后，以督办单形式交承办单位办理。立项日期为承办单位知晓督办事项之日。办理时限由办领导确定。

四、催办提醒

督办部门负责催办。催办对象为主办单位主要负责人和督办工作联系人。催办方式以内网信息为主，辅以手机短信、电话。

催办频次视督办事项办理时限（N天）而定，直至督办事项办理结束：

$N\leqslant3$的，催办时间为第N天上午；

$3<N\leqslant7$的，催办时间为第$\lceil N/2\rceil$天、第N天上午；

$7<N\leqslant15$的，催办时间为第$\lceil N/2\rceil$天、第$\lceil 3N/4\rceil$天、第N天上午；

$15<N\leqslant30$的，催办时间为第$\lceil N/2\rceil$天、第$\lceil 3N/4\rceil$天、第$\lceil 7N/8\rceil$天、第N天上午；

$30<N\leqslant90$的，催办时间为第$\lceil N/2\rceil$天、第$\lceil 3N/4\rceil$天、第$\lceil 7N/8\rceil$天、第$\lceil 15N/16\rceil$天、第N天上午；

$90<N\leqslant180$的，催办时间为第$\lceil N/2\rceil$天、第$\lceil 3N/4\rceil$天、第$\lceil 7N/8\rceil$天、第$\lceil 15N/16\rceil$天、第$\lceil 31N/32\rceil$天、第N天上午；

$180<N\leqslant365$的，催办时间为第$\lceil N/2\rceil$天、第$\lceil 3N/4\rceil$天、第$\lceil 7N/8\rceil$天、第$\lceil 15N/16\rceil$天、第$\lceil 31N/32\rceil$天、第$\lceil 63N/64\rceil$天、第N天上午。

(注："$\lceil\ \rceil$"为向上取整符号，取大于符号内的最小整数；如催办日正值周末或节假日，则顺延至上班第一个工作日上午。)

五、质量评价

督办事项办理质量评价分为优秀、办结、未办结三个等次。

主办单位应于督办事项规定办理时限前将办理结果送督办部门，由督办部门报送办领导评价办理质量。办公室副主任交办立项的，经其初评后由办公室主任终评；办公室主任交办立项的，直接由其评价。

未按规定办理时限完成的督办事项，视为未办结。

六、延期与停办

督办事项不能按时完成或因特殊原因停办，主办单位应于规定办理时限前报请办公室主管副主任审核、办公室主任批准延期或停办。如获准，主办单位应将办领导签批同意的申请送督办部门备案。

七、反馈查询

督办部门对督办事项进展情况和办理结果进行统计分析发布，供各单位在内网检索查询，并定期向办领导反馈。

八、督办考核

年终依各单位督办事项全年办结率和优秀率在内网进行排名通报、公示，计分方法为：办结率100%的，得分=90+优秀率×10；办结率低于100%的，得分=办结率×90。

督办事项办理结果作为各单位主要负责人年终考核的主要依据之一。

对全年办结率低于100%的单位，取消主要负责人当年优秀评定资格；对有未办结事项的承办人，取消其当年优秀评定资格。

对督办事项数为各单位平均数及以下的单位，如全年办结率低于70%，主要负责人评为不称职；如全年办结率为70%及以上但低于80%，主要负责人不得评为称职及以上。

对督办事项数为各单位平均数以上的单位，如全年办结率低于80%，主要负责人评为不称职；如全年办结率为80%及以上但低于90%，主要负责人不得评为称职及以上。

南水北调工程建设管理典型案例管理办法（试行）

2012年11月20日

（国调办综〔2012〕257号）

为进一步加强干部工作作风建设，切实提高工作质量和效率，特决定通过记录、公示典型案例，对工程建设各项管理工作做出成绩的单位予以表扬，对工作不力的单位给予批评警示。规定如下：

一、案例认定

典型案例由主任专题办公会讨论认定，认定内容包括关联单位和案例等级。

二、关联单位

关联单位指与案例工作效果直接相关的责任单位。若案例的关联单位为2家或以上，按贡献或责任大小依次排序。关联单位的确定范围为机关各司、各直属单位。

三、案例定级

案例按性质分为表扬案例和批评案例。

（一）表扬案例

因工作积极主动、措施得力使工作进展良好并超出计划的视为表扬案例。按情形分为：

1. 风险项目工期提前15天以上，或转为重点项目、一般项目，工程质量满足要求。

（注：发生工期提前或延误时，以案例提出为时间点，重新排定经认可的工程施工组织横道图，确定新的完工日期并与原计划完工日期作对比，两者之差即为工期提前或延误的数值，下同。）

2. 重点项目工期提前30天以上，或转为一般项目，工程质量满足要求。

3. 一般项目工期提前90天以上，工程质量满足要求。

4. 节约投资500万元以上，工程进度、质量满足要求。

5. 以季度为考核单位，办机关所有信访事项均在规定期限内处理完毕。

6. 积极协调督促相关单位，目标责任书考核到位，1个以上考核断面水质提前达标。

7. 设计变更、资金管理等其他经办公室主任认定需列入表扬的案例。

（二）批评案例

因履职不到位、处置不及时、应对不得当等主观原因致使工作进展不顺或导致不良后果的视为批评案例。按严重程度分为三个等级。

1. 一般问题

符合下列条件之一者：

（1）风险项目工期延误7天以上，15天以内；

（2）重点项目工期延误15天以上，30天以内，但未转为风险项目；

（3）一般项目工期延误30天以上，60天以内，但未转为重点项目或风险项目；

（4）设计变更批复延误15天以上，30天以内；

（5）资金拨付延误7天以上，15天以内；

（6）因监管不到位，工程存在严重质量缺陷，或发生严重质量管理违规行为；

（7）违规增加工程投资200万元以上，500万元以下；

（8）因政策范围内同一事由，5人以上依法集体到办机关上访3次以上仍没有明确处理意见；

（9）协调督促不力，造成东线补充治污重点项目未按时开工或中线水源区规划确定的项目未按时落实到位；

（10）下午3点前收到的文件，至第二个工作日上午开始运转；下午3点至下班前收到的文件，至第二个工作日下午开始运转；

（11）办公室主任认定需列入一般问题的批评案例。

2. 较重问题

符合下列条件之一者：

（1）风险项目工期延误15天以上，30天以内；

（2）重点项目工期延误30天以上，60天以内，但未转为风险项目；

（3）一般项目转为重点项目或工期延误60天以上，120天以内，但未转为风险项目；

（4）设计变更批复延误30天以上，60天以内；

（5）资金拨付延误15天以上，30天以内；

（6）因监管不力，工程出现一般或较大质量事故；

（7）违规增加工程投资500万元以上，1000万元以下；

（8）因应对处置不当，在办机关发生群体性事件并造成不良影响；

（9）东线或中线出现水质安全突发事件，未按要求协调或协调不到位；

（10）下午3点前收到的文件，至第二个工作日下午开始运转；下午3点至下班前收到的文件，至第三个工作日上午开始运转；

（11）办公室主任认定需列入较重问题的批评案例。

3. 严重问题

符合下列条件之一者：

（1）风险项目工期延误30天以上；

（2）重点项目工期延误60天以上或转为风险项目；

（3）一般项目工期延误120天以上或转为风险项目；

（4）设计变更批复延误60天以上；

（5）资金拨付延误30天以上；

（6）因监管不力，工程出现重大及以上质量事故；

（7）违规增加工程投资1000万元以上；

（8）因应对处置不当，在办机关发生群体性事件并造成损失或恶劣影响；

（9）协调督促不力，目标责任书考核不到位，造成1个及以上考核断面在规定期限内水质未达标；

（10）下午3点前收到的文件，至第三个工作日上午或以后开始运转；下午3点至下班前收到的文件，至第三个工作日下午或以后开始运转；

（11）办公室主任认定需列入严重问题的批评案例。

四、案例公示

由综合司对经主任专题办公会认定的每一案例的基本情况和关联单位、案例等级进行记录，呈报办公室主任审核。审签单格式为：

工程建设管理典型案例审签单

编号：

出席人员		记录人		
基本情况				
关联单位（按责任或贡献大小排序）				
定性与分级	表扬案例□	批评案例		
		一般□	较重□	严重□

案例经办公室主任审定后，由综合司在办机关督办内网开辟“工程建设管理典型案例公示栏”进行公示。公示格式为：

工程建设管理表扬案例

序号	案例基本情况	关联单位（依贡献大小排序）
1		
2		

工程建设管理批评案例

序号	案例基本情况	严重程度	关联单位（依责任大小排序）
1			
2			

五、结果运用

案例认定结果将作为各单位年终考评的重要参考。

南水北调待运行期工程管理维护办法

2012年7月26日

（国调办投计〔2012〕169号）

第一章　总　　则

第一条　为规范南水北调待运行期工程管理维护工作，建立职能清晰、权责明确的工程管理维护体制，确保待运行期工程完好，根据国家有关规定，制定本办法。

第二条　本办法所称待运行期，是指南水北调设计单元工程施工合同验收后至工程全线通水期间的时段。待运行期的计算，应从设计单元工程第一个施工合同完成验收为计算起点，至东线或中线一期工程全线通水为计算结束点。

第三条　待运行期工程管理维护方案由项目法人组织编制，报国务院南水北调工程建设委员会办公室（以下简称国务院南水北调办）审查批准。项目法人应按照国务院南水北调办批复的方案组织实施。

第四条　国务院南水北调办负责待运行期工程管理维护等有关重大问题的协调，依法对待运行期工程的管理维护和相关费用的使用等进行监督管理。

有关省（直辖市）南水北调办（建管局）受国务院南水北调办的委托，承担相应监督管理工作。

第五条　项目法人是南水北调待运行期工程管理维护的责任主体，对待运行期工程管理维护负总责，保证工程完好和工程安全。

第六条　本办法适用于南水北调东、中线一期工程（不包括截污导流工程、补偿工程）待运行期的管理维护工作。

第二章　工程管理维护任务、标准

第七条　待运行期工程的管理维护任务主要包括：

（一）工程安全监测。按照工程的监测频次要求，对渠道、管道以及各类建筑物进行内观、外观观测，及时根据观测数据分析工程的安全状况。

（二）工程安全保护。负责工程管理范围内的各类设备设施安全保护，防止工程设施、机电、金结设备、物资、供电线路的盗窃、破坏。

（三）工程安全度汛及冬季管理。负责汛期抢险，防汛物资储备，确保工程安全度汛；工程设备设施的冬季保暖等工作。

（四）工程维修养护。按照“管养分离”的原则，选择维修养护队伍，组织实施工程的维修养护工作，确保工程安全可靠。

第八条 待运行期的工程管理维护标准，应按照国务院南水北调办颁发的《南水北调工程渠道运行管理规程》和《南水北调泵站工程管理规程》中规定的标准执行。

第三章 工程管理维护方式

第九条 待运行期工程的管理维护可采用项目法人直接管理或由项目法人委托有关单位管理等方式进行。具体管理维护方式由项目法人根据工程实际需要和工程特点等情况确定。

第十条 待运行期工程采用直接管理的，项目法人应本着精简、高效的原则，建立健全工程管理机构，严格控制人员编制。

第十一条 待运行期工程采用委托管理的，项目法人可以采用直接谈判或招标方式选择管理维护单位。

受委托的管理维护单位应具备以下基本条件：

（一）法人或具有独立签订合同权利的其他组织。

（二）具有类似工程的管理维护经历。

（三）组织机构完善，人员结构合理；具有管理维护所需的有关专业技术人员和管理人员。

（四）在技术、经济、财务、合同、档案管理等方面有完善的管理制度，财务状况良好。

（五）国家规定的其他条件。

项目法人与管理维护单位签订的管理维护合同应报国务院南水北调办备案，同时抄送待运行期工程所在省（直辖市）南水北调办（建管局）。

第十二条 项目法人以及管理维护单位应组织做好待运行期工程的日常维修养护和专项维修养护，提高维修养护水平，降低运行成本。

第十三条 项目法人或管理维护单位应按照国家有关规定通过招标、竞争性谈判等方式择优选择专业化维修养护单位。

维修养护单位应具备以下基本条件：

（一）法人或具有独立签订合同权利的其他组织。

（二）具有类似工程的维修养护经历。

（三）组织机构完善，人员结构合理。具有维修养护管理所需的技术力量、必要的监测手段及其相应的装备。

（四）国家规定的其他条件。

第四章 工程管理维护责任

第十四条 项目法人应落实管理维护费用，对待运行期工程管理维护单位的机构设置、人员配备以及管理维护费用使用情况进行监督检查，对待运行期工程管理维护日常工作进行考核。

第十五条 管理维护单位具体承担待运行期工程的管理维护工作，对待运行期工程的管理效果、工程安全负直接责任。

管理维护单位应按照国家有关规定以及维修养护委托合同，对待运行期工程的维修养护工作进行监督检查，对维修养护单位完成的维修养护项目进行验收，接受项目法人进行的评估与考核。

第十六条 维修养护单位依据国家有关规定以及签订的委托合同，接受依法进行的监督检查和考核，保证维修养护项目满足合同要求。

第十七条 管理维护单位负责管理维护资料的整编归档工作，按照国家有关规定和委托合同的要求，编报有关待运行期工程管理维护的信息表、统计表等资料，定期报项目法人。

第十八条 工程遭遇超标准洪水等自然

灾害、出现重大工程险情或发生其他突发事件时，管理维护单位应立即报告项目法人，并及时迅速开展工程的保护、排险、抢险、修复、养护等相关工作。

第五章　工程管理维护费用

第十九条　待运行期工程管理维护费用计入工程建设成本，专项安排投资解决。对在待运行期投入运行且有收益的工程，其管理维护费用先由工程收益解决，不足部分由专项投资解决。

第二十条　待运行期工程管理维护费用由待运行期管理费用、工程维修养护费用等构成。其中：

待运行期管理费用主要包括管理单位人员经常费和安全监测费。

工程维修养护费用包括渠道、堤防、水闸、泵站、水库、渡槽、倒虹吸、涵洞（隧洞）、船闸等工程的维修养护费用。

第二十一条　项目法人应按照国务院南水北调办制定的《南水北调待运行期工程管理维护方案编制导则（试行）》，组织编制待运行期工程管理维护方案，计算工程管理维护费用。

第二十二条　项目法人应建立健全待运行期工程管理维护资金使用管理制度，管好用好资金，提高资金使用效益。

项目法人应按照合同约定，及时、足额向受委托的管理维护单位支付工程管理维护费用。

管理维护单位应按照合同约定及时验收维修养护项目并向维修养护单位支付维修养护费用。

第六章　工程管理维护考核与监督管理

第二十三条　按照分级考核的原则，建立待运行期工程管理维护考核制度。

国务院南水北调办负责对项目法人的考核，具体考核办法另行制定。

项目法人负责对工程管理维护单位的考核。项目法人应结合实际，制定待运行期工程管理维护工作考核目标与指标体系，合理确定考核的内容和要求，认真进行效果评估和考核，依据评估与考核结果对管理维护单位及有关人员进行奖罚。

第二十四条　项目法人、管理维护单位应遵照国家和南水北调办的有关规定做好待运行期工程的管理维护工作，并自觉接受上级组织和有关部门的监督管理。

第二十五条　项目法人、管理维护单位以及有关人员因人为失误给待运行期工程的管理维护工作造成损失时，按照国家有关法律、行政法规和规章，依法给予处罚；构成犯罪的，依法追究刑事责任。

第七章　附　　则

第二十六条　项目法人应统筹考虑南水北调工程待运行期与试运行期、运行期管理维护工作的相互衔接，确保管理维护工作满足工程运行管理需要。

第二十七条　工程施工质量保修期内的有关质量保修工作和费用按照有关合同或验收鉴定书的要求执行。

第二十八条　本办法由国务院南水北调办负责解释。

第二十九条　本办法自印发之日起实行。《南水北调工程建设期完工项目运行期管理与维修养护办法》（国调办建管〔2008〕173号）同时废止。

南水北调待运行期工程管理维护方案编制导则（试行）

2012年9月19日
（国调办投计〔2012〕226号）

总　　则

一、为规范南水北调待运行期工程管理

维护方案的编制工作，依据《南水北调待运行期工程管理维护办法》(国调办投计〔2012〕169号）及有关规定，制定本导则。

二、南水北调设计单元工程施工合同验收后至工程全线通水期间的时段为待运行期。待运行期工程管理维护费用计算期，从设计单元工程第一个主体工程施工合同验收完成（泵站工程试运行验收完成）起，至工程全线通水止。

三、本导则适用于南水北调东、中线一期工程（不包括截污导流工程、补偿工程）待运行期工程的管理维护方案编制工作。

四、南水北调东、中线一期工程各项目法人负责待运行期工程管理维护方案的编报工作。

五、国务院南水北调工程建设委员会办公室（以下简称国务院南水北调办）负责待运行期工程管理维护方案的审批工作。

六、待运行期工程管理维护方案应按设计单元工程编制，根据工程建设进展情况，项目法人可将多个设计单元工程管理维护方案汇总上报。待运行期不足6个月的设计单元工程，不再编制待运行期工程维护方案。本导则印发试行以前已发生的待运行期工程维护费用，经审核未超本导则费用标准的，应据实计列，计入工程建设成本。

七、待运行期工程管理维护方案的编制内容主要包括：综合说明、待运行期工程情况及现状、待运行期工程管理维护项目及内容、待运行期工程管理维护机构设置及人员配备、待运行期工程管理维护费用、存在问题及建议、附录等7个方面内容。

八、本导则由国务院南水北调办负责解释。

1 综合说明

1.1 编制背景

简述设计单元工程概况、建设实施及有关验收情况、管理维护现状、管理维护方案编制缘由等。

1.2 编制依据

列出方案编制的主要依据，一般应包括以下内容：

（1）国家有关法律、法规。

（2）国务院南水北调办等部门相关规定和管理办法。

（3）有关技术规范和技术标准。

（4）有关设计文件及审查或批复文件。

（5）工程实施过程中的有关文件资料。

（6）其他。

1.3 管理维护项目及内容

简述待运行期工程管理维护项目分类及主要内容。

1.4 管理机构设置及人员配备

简述待运行期工程管理机构设置及人员配备情况。

1.5 管理维护费用

待运行期工程管理维护费用包括：

（1）待运行期工程管理费用。

（2）待运行期工程维修养护费用。

2 待运行期工程现状

2.1 工程基本情况

2.1.1 工程概况

说明工程名称、位置、任务、规模、主要工程量及工程投资等。

2.1.2 工程建设情况

说明工程建设管理模式，施工标段划分及相应主要工程量及投资，重大设计变更情况，施工合同项目开工时间、完工时间，施工合同验收情况、专项验收及设计单元工程完工验收情况，历次验收遗留问题处理情况等。

2.2 工程管理维护现状

对于已经进入待运行期的设计单元工程，说明工程管理维护现状。

2.2.1 管理现状

说明工程现状的管理机构设置、人员配备和管理维护工作开展情况等。

2.2.2 维修养护现状

说明工程现状的维修养护基本内容、方式、工作开展情况以及工程维修养护效果与存在的问题等。

2.2.3 管理维护经费

说明工程现状的管理维护经费使用情况及资金来源。

3 待运行期工程管理维护项目及内容

3.1 管理维护项目分类

按渠道、堤防、水闸、泵站、水库、渡槽、倒虹吸、涵洞（隧洞）、船闸工程等进行分类，说明各类管理维护项目的主要设计指标，并填写待运行期工程管理维护项目统计表（见附录1）。

3.2 管理维护的主要内容

3.2.1 综合管理

针对不同的管理维护项目，说明安全监测、安全保护、安全度汛、冬季管理、运行准备等综合管理工作。

3.2.2 维修养护

针对不同的管理维护项目，说明维修养护的主要内容（如渠道维修养护包括渠道土方、衬砌混凝土、护渠林、附属设施等）、维修养护的方式（如通过招标、竞争性谈判择优选择维修养护单位）等。

4 待运行期工程管理机构设置及人员配备

4.1 管理机构设置

4.1.1 管理方式

依据批复的设计情况，结合工程实际情况，说明待运行期工程管理方式，包括管理模式、管理体系分级情况、缘由等。

4.1.2 管理机构

依据批复的设计情况，结合待运行期工程管理方式及工程管理实际需要，说明待运行期工程各级管理机构设置及职责分工情况、管理机构的组织结构等。

4.2 管理机构人员配备

4.2.1 岗位设置

依据管理机构设置及职责分工情况，说明各级管理机构岗位设置情况。

4.2.2 管理机构人员

依据各级管理岗位设置情况和待运行期工程管理实际需要，说明各岗位人员配备情况，并填报岗位设置及人员配备表（见附录2）。

5 待运行期工程管理维护费用

5.1 管理维护费用构成

待运行期工程管理维护费用由待运行期工程管理费用与待运行期工程维修养护费用等构成。

待运行期工程管理费用主要包括管理单位人员经常费和安全监测费等。其中管理单位人员经常费主要包括管理单位工作人员基本工资、辅助工资、工资附加费、办公费、差旅交通费、交通车辆使用费等。

待运行期工程维修养护费用主要包括渠道、堤防、水闸、泵站、水库、渡槽、倒虹吸、涵洞（隧洞）、船闸工程等在待运行期应进行的维修养护费用。

5.2 管理维护费用计算

5.2.1 待运行期工程管理费用

待运行期工程管理费用为待运行期工程管理机构人员数量与管理机构人员人均费用之积。

待运行期工程管理机构人员数量在本导则4.2.2款确定的人员数量基础上，按不超过初步设计批复的设计单元工程现场管理机构人员数量的40%计列。

管理机构人员人均费用按117 325元/(人·年）计算。

5.2.2 待运行期工程维修养护费用

待运行期工程维修养护费用按照《南水北调待运行期工程维修养护费用标准》（见附录3），对设计单元工程中各类别工程分别计算，并按附录4格式进行汇总。

5.2.3 待运行期超过6个月的设计单元工程，管理维护费用按照待运行期实际月数及年费用标准折算。

5.2.4 设计单元工程中部分工程完成施工合同验收，其待运行期工程管理维护费应按已结算投资占设计单元工程相应投资比例进行折算。

5.3 管理维护费用汇总

按照上述计算方法，分别计算待运行期工程管理费用和待运行期工程维修养护费用，汇总编制设计单元工程待运行期工程管理维护费用，并按附录4的格式填写管理维护费用汇总表。

6 存在问题及建议

6.1 存在问题

根据设计单元工程实际情况，说明待运行期工程管理维护工作中存在的主要问题。

6.2 建议

针对待运行期工程管理维护工作中存在的主要问题，提出解决问题的建议。

7 附　　录

附录1 南水北调__线____设计单元工程待运行期工程管理维护项目统计表（略）

附录2 南水北调__线____设计单元工程待运行期工程管理机构岗位设置及人员配备表（略）

附录3 南水北调待运行期工程维修养护费用标准（略）

附录4 南水北调__线____设计单元工程待运行期工程管理维护费用汇总表（略）

2012年度南水北调工程建设进度目标考核实施办法

2012年2月19日

（国调办建管〔2012〕30号）

第一章 总　　则

第一条 为加快南水北调工程建设进度，确保实现工程建设目标，根据《南水北调工程建设目标责任书》、《南水北调工程现场参建单位建设目标考核奖励办法（试行）》、《南水北调工程项目法人年度建设目标考核奖励办法（试行）》，制定本办法。

第二条 本办法适用于南水北调东、中线一期主体工程在建项目进度目标考核。

第三条 进度目标考核对象为南水北调工程项目法人（项目管理单位）、现场建管机构、施工、监理、设计等参建单位。

第四条 进度目标考核包括年进度目标考核、季进度目标考核和月进度目标考核。

第五条 进度目标考核工作按照分级负责的原则组织实施。

国务院南水北调工程建设委员会办公室（以下简称国务院南水北调办）负责对项目法人（项目管理单位）的年、季进度目标考核。

项目法人（项目管理单位）负责对现场建管机构、施工、监理、设计单位的年、季、月进度目标考核。

第六条 年、季进度目标考核结果将在中国南水北调网上进行公告。月进度目标考核结果由各项目法人每月5日前报送国务院南水北调办。

第二章 考　　核

第七条 进度目标考核的依据为：

（一）《南水北调工程建设目标责任书》；

（二）《关于南水北调东、中线一期工程建设目标安排意见的通知》；

（三）经核准的工程建设进度计划。

第八条 进度目标考核的主要内容为考核周期内实物工程量、投资的完成情况和工程形象进度等。

考核指标 K 的计算公式为：

$$K = \frac{K_1 + K_2 + K_3}{3} \times 0.5 + K_4 \times 0.5$$

其中 K_1, K_2, K_3, K_4 分别为考核周期内土石方开挖和填筑、混凝土、施工投资实际完成数量与计划完成数量的比值，$\frac{K_1+K_2+K_3}{3}$以下简称$\overline{K}_{实物}$。

第九条 进度目标考核结果分为合格、不合格。考核指标$K \geqslant 1.0$且$\overline{K}_{实物} \geqslant 1.0$的为合格，$K<1.0$或$\overline{K}_{实物}<1.0$的为不合格。

出现下列情况之一的，责任单位考核结果为不合格。

（一）控制性项目进度目标考核结果不合格的；

（二）年度控制性项目削减目标未完成的；

（三）年度投资计划未完成的；

（四）发生重特大质量、安全事故的。

第三章 奖 惩

第十条 对年进度目标考核结果合格的项目法人（项目管理单位），国务院南水北调办给予通报表扬，颁发“南水北调工程建设管理先进单位”奖牌；对相关负责人，国务院南水北调办颁发“南水北调工程建设管理先进个人”奖状；并按下列标准核定奖励额度。

（一）对考核指标$K \geqslant 1.1$且$\overline{K}_{实物} \geqslant 1.1$且$K_1$、$K_2$、$K_3$均大于等于1.0或超额完成控制性项目削减任务的，国务院南水北调办核定项目法人（项目管理单位）本级进度奖励额度20万元；

（二）对考核指标$K \geqslant 1.05$且$\overline{K}_{实物} \geqslant 1.05$且$K_1$、$K_2$、$K_3$均大于于0.95的，国务院南水北调办核定项目法人（项目管理单位）本级进度奖励额度10万元；

（三）对考核指标$K \geqslant 1.0$且$\overline{K}_{实物} \geqslant 1.0$且$K_1$、$K_2$、$K_3$均大于0.85的，国务院南水北调办核定项目法人（项目管理单位）本级进度奖励额度5万元。

第十一条 对年进度目标考核结果不合格的项目法人（项目管理单位），国务院南水北调办给予处罚。

（一）对考核指标$K<1.0$或$\overline{K}_{实物}<1.0$或K_1、K_2、K_3任一项小于0.85的单位，国务院南水北调办约谈其负责人；

（二）对考核指标$K<0.90$或$\overline{K}_{实物}<0.90$或K_1、K_2、K_3任一项小于0.80的单位，国务院南水北调办给予通报批评；

（三）对考核指标$K<0.80$或$\overline{K}_{实物}<0.80$的单位，国务院南水北调办调整相关负责人，或提请有关主管单位对相关负责人进行调整。

第十二条 对年进度目标考核结果合格，考核指标$K \geqslant 1.0$且$\overline{K}_{实物} \geqslant 1.05$的现场建管机构、施工、监理、设计单位，国务院南水北调办给予通报表扬，颁发“南水北调工程建设进度管理先进单位”奖牌；对相关负责人，国务院南水北调办颁发“南水北调工程建设进度管理先进个人”奖状。项目法人向受到表扬的相关单位发放奖励资金。

对施工单位在南水北调承建的全部标段年进度目标考核结果合格，考核指标$K \geqslant 1.0$且$\overline{K}_{实物} \geqslant 1.05$的，国务院南水北调办颁发“南水北调工程建设信得过单位”奖牌。

第十三条 对年进度目标考核结果不合格的现场建管机构、施工、监理、设计单位，国务院南水北调办给予相应处罚。

（一）对考核指标$K<1.0$或$\overline{K}_{实物}<1.0$或K_1、K_2、K_3任一项小于0.85的单位，国务院南水北调办约谈其单位负责人；

（二）对考核指标$K<0.90$或$\overline{K}_{实物}<0.90$或K_1、K_2、K_3任一项小于0.80的单位，国务院南水北调办给予通报批评；

（三）对考核指标$K<0.80$或$\overline{K}_{实物}<0.80$的单位，国务院南水北调办责成有关单位撤换项目负责人，提请有关部门对责任单位给予资质降级处罚。

第十四条 对季进度目标考核结果合格，考核指标$K \geqslant 1.0$且$\overline{K}_{实物} \geqslant 1.05$的项目法人（项目管理单位）、现场建管机构、施工、监理、设计单位，国务院南水北调办给予通报表扬，项目法人可向受表扬单位发放奖励资金。

对季进度目标考核结果不合格，考核指标 $K<1.0$ 或 $\overline{K}_{实物}<0.90$ 的项目法人（项目管理单位）、现场建管机构、施工、监理、设计单位，国务院南水北调办给予通报批评，并责成限期整改。

第十五条 有关单位和人员应对报送文字、数据材料的真实性负责。对虚报数据的，国务院南水北调办对相关单位及其负责人给予通报批评，责令责任单位严肃处理直接责任人。

第十六条 项目法人（项目管理单位）工程建设进度目标考核结果作为其领导班子考核以及相关负责人选拔、任用、撤换的重要参考。

施工、监理、设计单位进度目标考核结果计入南水北调工程建设诚信记录档案。

第四章 附 则

第十七条 国务院南水北调办对提供良好工程建设环境，积极有效推动本辖区内工程建设进度的省（直辖市）南水北调办事机构，给予表扬和奖励。

第十八条 考核期内，因不可抗力等因素影响进度目标考核结果的，相关单位应及时说明。

第十九条 对相关单位和人员的资金奖励参照《南水北调工程现场参建单位建设目标考核奖励办法（试行）》和《南水北调工程项目法人年度建设目标考核奖励办法（试行）》相关规定执行。

第二十条 本办法由国务院南水北调办负责解释。

第二十一条 本办法自印发之日起施行。

南水北调待运行期工程管理维护考核办法（试行）

2012年11月29日
（国调办建管〔2012〕268号）

第一条 为规范和加强南水北调待运行期工程管理维护考核工作，科学评价工程管理维护水平，保障工程完好和安全，依据《南水北调待运行期工程管理维护办法》和国家有关法律法规，结合南水北调工程实际，制定本办法。

第二条 本办法适用于南水北调东、中线一期主体工程（不包括截污导流工程、补偿工程）待运行期管理维护工作的考核。

第三条 管理维护考核的对象是项目法人。考核内容包括组织管理、安全管理、工程管理和经费管理。

第四条 国务院南水北调办负责对项目法人管理工作进行考核，并将考核结果反馈项目法人。

考核工作每年进行一次，一般应在次年的3月底前完成。

第五条 项目法人应加强日常管理，根据考核标准每年进行自检，并将自检结果于次年1月底前报国务院南水北调办。

第六条 考核实行百分制。国务院南水北调办依据考核标准对项目法人管理维护状况进行考核赋分。考核结果分为四个等级，90分以上（含90分，下同）的为优秀，90分以下85分以上的为优良，85分以下80分以上的为达标，80分以下的为不达标。

第七条 国务院南水北调办对考核结果为优秀的项目法人给予年度维护经费1%的奖金奖励（奖励资金从项目法人投资控制节余奖励中列支），并通报表扬。对考核结果不达标的项目法人给予通报批评。

第八条 本办法由国务院南水北调办负责解释。

第九条 本办法自发布之日起施行。

附件：管理维护考核标准

附件

管理维护考核标准

类 别	项 目	考 核 内 容	标准分
一、组织管理（15分）	1. 管理体制和运行机制	管理体制顺畅，管理权限明确（1分）；有条件实行管养分离（1分）；建立竞争机制和有效的激励机制（1分）	3
	2. 机构设置和人员配备	管理机构及岗位设置合理，按有关标准配备人员（1分）；技术工人经培训上岗，关键岗位持证上岗（1分）；单位有职工培训计划并按计划落实实施（1分）	3
	3. 精神文明	管理单位领导班子团结，职工敬业爱岗；管理区域整洁，绿化程度高（1分）；管理用房及配套设施完善，管理有序（1分）；单位内部秩序良好，遵纪守法（1分）	3
	4. 规章制度	建立健全各项管理规章制度，包括岗位责任制度、学习培训制度、检查报告制度、事故处理报告制度等（1分）；关键岗位制度明示（1分）；各项制度落实，执行效果好（1分）	3
	5. 档案管理	档案管理制度健全，有专人管理，档案设施齐全、完好（1分）；资料规范齐全（1分）；分类清楚，存放有序，按时归档（1分）	3
二、安全管理（15分）	6. 管理范围	工程管理和保护范围明晰，界限标志明显、完整（2分）	2
	7. 工程安保和安全生产	实行安全管理责任制，安全防护制度健全（2分）；管理和保护范围巡查、安全管护措施到位，未发生被偷、被盗、工程设施设备损坏等现象（2分）；未发生安全责任事故（2分）	6
	8. 工程安全度汛	各种防汛责任制落实，防汛岗位责任制明确（1分）；按规定做好汛前防汛检查，编制防汛预案，落实各项度汛措施（1分）；各种防汛器材、料物齐全，抢险队伍落实到位（1分）	3
	9. 应急管理	应急管理组织健全（1分）；制定各种应急预案，并每年进行演练（1分）	2
	10. 工程抢险	险情发现及时，报告准确（1分）；抢险方案落实；险情抢护及时，措施得当（1分）	2
三、工程管理（60分）	11. 日常管理	工程有专人管理，按章操作（1分）；管理技术操作规程健全（1分）；定期进行检查、维修养护，记录规范，按规定及时上报有关报告、报表（1分）	3
	12. 渠道衬砌	衬砌板完整，无缺损、塌陷、冻胀变形等破坏（1分）；衬砌板下无空洞，渠坡土密实（1分）；衬砌板伸缩缝和顶部缝隙填充物完整，无脱落、缺损现象（1分）；衬砌板表面干净，无杂草、杂物（1分）	4
	13. 渠堤工程	渠身断面保持设计或竣工验收的尺度（1分）；渠身无裂缝、冲沟、洞穴，无杂物垃圾堆放（1分）	2
	14. 穿渠建筑物	穿渠建筑物符合安全运行要求（1分）；混凝土无老化、破损现象（1分）；渠身与建筑物联结可靠，结合部无隐患、无渗漏现象（1分）	3

续表

类　别	项　目	考　核　内　容	标准分
三、工程管理（60 分）	15. 渠顶道路	渠顶路面完整、平坦，雨后无明显积水（每发现一处不合格扣0.5 分，扣完为止）	2
	16. 混凝土建筑物	混凝土结构表面整洁（1 分），无脱壳、剥落、露筋、裂缝等现象（1 分），伸缩缝填料无流失（1 分），采取保护措施及时修补（1 分）。管理房室内及周围环境整洁，墙体无裂缝，墙面整洁、无脱落，房顶无渗、漏现象，房门、窗玻璃完整，关闭灵活（2 分），室内其他设施、设备完好（2 分）	8
	17. 泵站机组系统养护	主机泵应在明显位置标有编号，机械旋转方向明确（1 分）；运行监视数据准确可靠，运行记录完好（1 分）。主电机的外壳保持无尘、无污、无锈，定、转子绝缘合格，接线盒内清洁，接线螺栓无松动现象（1.5 分）；绕组的绝缘电阻值应定期检测，温升应符合规范要求，测温系统准确可靠（1.5 分）；集电环与碳刷的接触良好，碳刷压力符合规定，集电环表面磨损均匀，刷握与刷架无积垢（1.5 分）；励磁系统性能稳定、工作可靠（1.5 分）	8
	18. 水库管理及养护	主、副坝、溢洪道、输水洞等建筑物及闸门机电设备等，平时每月检查两次（相邻两次检查时间不小于10 天）（1 分）；汛前、汛后各检查1 次（闸门机电设备要求进行试车），在高水位、水位突变、地震等特殊情况下应增加次数（1 分）；按规范对大坝进行安全观测（1 分）；工程各部位检查内容齐全，检查记录规范，有初步分析及处理意见，并有负责人签字（1 分）。主、副坝坝顶平整，坝坡整齐美观，无缺损，无树根、高草，防浪墙、反滤体完整，廊道、导渗沟、排水沟畅通，无蚁害（1 分）。输、泄水建筑物进出口岸坡完整、过水断面无淤积和障碍物（1 分）；混凝土及圬工衬砌、消力池、工作桥、启闭房等完好无损（1 分）。灌溉、发电、供水等生产设施完好、运行正常（1 分）	8
	19. 闸门养护修理	钢闸门表面无明显锈蚀，闸门止水装置密封可靠（1 分）；闸门行走支承零部件无缺陷，钢门体的承载构件无变形，吊耳板、吊座没有裂纹或严重锈损，运转部位的加油设施完好、畅通（1 分）；寒冷地区的水闸，在冰冻期间应因地制宜地对闸门采取有效的防冰冻措施（1 分）	3
	20. 启闭机养护修理	卷扬启闭机：防护罩、机体表面保持清洁（0.5 分）；启闭机的联结件保持紧固（0.5 分）；传动件的传动部位保持润滑（0.5 分）；限位装置可靠（0.5 分）；滑动轴承的轴瓦、轴颈无划痕或拉毛，轴与轴瓦配合间隙符合规定（0.5 分）；滚动轴承的滚子及其配件无损伤、变形或严重磨损（0.5 分）；制动装置动作灵活、制动可靠（0.5 分）；钢丝绳定期清洗保养，涂抹防水油脂（0.5 分） 液压启闭机：油泵、油管系统无渗油现象（0.5 分）；供油管和排油管保持色标清晰，敷设牢固（0.5 分）；活塞杆无锈蚀、划痕、毛刺（0.5 分）；活塞环、油封无断裂、失去弹性、变形或严重磨损（0.5 分）；阀组动作灵活可靠（0.5 分）；指示仪表指示正确并定期检验（0.5 分）；贮油箱无漏油现象（0.5 分）；工作油液定期化验、过滤，油质和油箱内油量符合规定（0.5 分）	4
	21. 机电设备及防雷设施的维护	对各类电气设备、指示仪表、避雷设施等进行定期检验，并符合规定（1 分）；各类机电设备整洁，及时发现并排除隐患（1 分）；各类线路保持畅通，无安全隐患（1 分）；备用发电机维护良好，能随时投入运行（1 分）	4

续表

类别	项目	考核内容	标准分
三、工程管理（60分）	22. 工程排水系统	按规定各类工程排水沟、减压井、排渗沟齐全、畅通（1分）；沟内杂草、杂物清理及时，无堵塞、破损现象（1分）	2
	23. 水土保持和防护工程	工程管理范围内宜绿化面积中绿化覆盖率达80%以上（1分）；树、草种植合理，渠坡草皮整齐，无高秆杂草，防护工程完好（1分）	2
	24. 交通设施	混凝土路面完好、整洁、无杂物，破损面积不高于2%（1分）；桥面无缺损（破损面积不超0.5平方米），桥栏杆完整无损坏（1分）	2
	25. 工程观测	建立观测制度，有专门负责观测技术人员或者委托专业观测队伍，按要求对工程进行观测，观测项目、测次符合要求；观测设施设备近期尚不完善的采取应急观测措施（1分）；观测资料及时分析，整编成册并归档（1分）；观测设施完好（1分）	3
	26. 标志标牌	各类工程管理标志、标牌（里程桩、禁行杆、分界牌、警示牌、工程简介牌等）齐全、醒目、美观（每发现一处不合格扣0.5分，扣完为止）	2
四、经费管理（10分）	27. 财务管理	维修养护、运行管理等费用来源渠道畅通，“两项经费”及时足额到位（3分）；有年度预算计划（1.5分）；开支合理，严格执行财务会计制度，无违规违纪行为（1.5分）	6
	28. 工资及社会保障	人员工资及时足额兑现（2分）；按规定落实职工养老、失业、医疗等各种社会保险（2分）	4

说明：1. 本标准分4类28项。每个单项扣分后最低得分为0分。

2. 在考核中，如出现合理缺项，该类最终得分＝［合理缺项所在类得分/（该类总标准分－合理缺项标准分）］×该类总标准分。合理缺项依据该工程的设计文件确定，或由考核专家组商定。

3. 考核不仅限于以上指标，对于特殊工程和根据实际需要，考核专家组商定后可以增加考核指标。

南水北调工程质量责任终身制实施办法（试行）

2012年4月16日

（国调办监督〔2012〕65号）

第一章 总 则

第一条 为加强南水北调工程质量管理，确保工程质量及运行安全，根据国家法律法规和相关规定，结合南水北调工程实际，制定本办法。

第二条 南水北调工程实行质量责任终身制。南水北调工程行政管理部门、项目法人（建设单位）、监理、勘察、设计、施工等单位（以下简称“责任主体单位”）和个人，按照国家法律法规和相关规定对工程质量负相应的终身责任，因工程建设期内违反工程质量管理规定，造成工程质量问题的，即使发生单位转让、分立与合并，个人工作调动与退休，仍依法追究责任。

第三条 南水北调工程质量责任终身制由国家南水北调工程行政管理部门负责实施，各省（直辖市）南水北调工程行政管理部门、项目法人（建设单位）、监理、勘察、设计、施工等单位具体落实。

第四条 本办法适用于南水北调主体工

程运行期间的质量责任追究。

第二章 质量责任

第五条 按照各责任主体单位与质量问题的关联程度，将单位责任分为主要责任、次要责任和连带责任。

第六条 各责任主体单位的工程现场主要负责人负直接领导责任，现场技术负责人负直接技术责任，现场质量部门主要负责人负直接管理责任，现场具体工作人员负直接责任；单位主要负责人负领导责任，单位技术负责人负技术责任，单位质量部门主要负责人负管理责任（质量责任一览表见附件1）。

第七条 其他参与南水北调工程建设的有关单位和个人，按照国家法律法规和相关规定承担相应责任。

第三章 质量问题分类与调查

第八条 南水北调工程质量问题分为质量缺陷和质量事故。

质量缺陷，按照《南水北调工程建设质量问题责任追究管理办法》进行等级划分。

质量事故，按照质量事故直接经济损失、影响正常输水的时间、减少的供水量以及对工程功能和寿命的影响进行等级划分（质量事故判定标准见附件2）。

第九条 运行管理单位应对质量问题进行初步判定，一般和较重质量缺陷应按月上报国家南水北调工程行政管理部门，严重质量缺陷和质量事故应立即上报。

第十条 一般和较重质量缺陷由运行管理单位负责调查和处理，严重质量缺陷和质量事故由国家南水北调工程行政管理部门负责组织调查和处理。

第十一条 国家南水北调工程行政管理部门组建调查组，对严重质量缺陷和质量事故进行调查。调查组实行组长负责制，成员选择应符合回避制度。

第十二条 调查组职责：

（一）查明质量问题发生经过，判定质量缺陷或事故等级。

（二）组织技术鉴定，查明质量缺陷或事故发生的原因。

（三）追溯质量责任，认定责任单位和责任人。

（四）根据本办法规定的处罚标准，视情节裁量，提出对责任单位和责任人的处理建议。

（五）总结教训，提出整改措施。

（六）提交调查报告。

第十三条 调查组工作方式方法：

（一）向相关单位了解情况。

（二）查阅相关资料。

（三）有权在任何时间进入工程现场查验、取证，向有关人员进行询问。

（四）可以延伸调查、取证和核实。

（五）发现涉嫌犯罪的，调查组应及时将有关材料提交国家南水北调行政管理部门。

第十四条 任何单位和个人不得拒绝、阻碍、干扰调查组开展工作。

第十五条 调查组成员在工作中应客观公正，恪尽职守，遵守纪律，保守秘密，不得擅自发布调查工作信息。

第十六条 调查组需要进行技术鉴定时，应委托具有国家规定资质的单位。必要时，调查组可直接组织专家进行技术鉴定。技术鉴定所需时间不计入调查期限。

第十七条 调查报告内容应包括本办法第十二条中规定的各项内容，并附有关证据材料。调查组成员应在调查报告上签字，如对调查报告存有异议，可提出保留意见。

第十八条 调查组应自组建之日起60日内向国家南水北调工程行政管理部门提交调查报告，特殊情况下，经批准可适当延长。调查报告经国家南水北调工程行政管理部门同意后，调查工作即告结束。

第四章　质量责任追究

第十九条　根据调查报告对责任的认定，国家南水北调工程行政管理部门负责追究各责任单位及其法定代表人和工程现场主要负责人的责任；各责任单位负责追究本单位其他责任人责任，在限定期限内处理完毕后于20个工作日内将处理结果报国家南水北调工程行政管理部门。

第二十条　责任单位和责任人构成犯罪的，移送司法机关处理。

第二十一条　有关责任单位负责对出现质量问题的工程进行修复，并承担相关赔偿责任。拒不修复和赔偿的，由运行管理单位通过仲裁或民事诉讼的方式进行责任追究。

第二十二条　责任单位涉及行政处罚的，依法处以警告、罚款、降低资质等级或取消资质等处罚（见附件3）。

责任人涉及行政处罚的，依法处以罚款或取消执业资格等处罚；涉及行政处分的，依法处以警告、记过、记大过、降级、撤职或开除等处分（见附件4）。

第五章　质量责任信息管理

第二十三条　南水北调工程建立质量责任信息档案，主要包括工程质量管理过程记录资料和质量责任人员信息。

各责任主体单位应如实记录工程建设期质量管理过程和质量责任人员信息，并保证责任信息真实完整、具有可追溯性。

第二十四条　各参建单位应完整保存以下工程质量管理过程记录资料：

（一）项目法人（建设单位）：承包合同，质量管理文件的审核和签发资料，重要质量和技术会议纪要，质量检查记录，原材料和中间产品的抽检资料，工程验收资料等。

（二）监理单位：监理规划，监理实施细则，施工图审查资料，技术交底记录，监理指令文件，检测资料，质量缺陷备案资料，质量相关审批资料，监理旁站记录，监理巡视记录，监理日志（日记）等。

（三）勘察、设计单位：地质勘测成果及审批资料，初步设计文件审批资料，施工图设计文件审批资料，设计计算书，设代日志，地质编录，重大设计变更审批资料等。

（四）施工单位：施工技术方案，工艺参数（含混凝土施工配合比）资料，分包合同，劳务合同，作业指导书及技术交底记录，生产设备率定资料，原材料、中间产品及成品试验记录，生产及控制记录，施工日志，质量检验与评定记录，缺陷处理记录，事故处理资料等。

上述资料按规定不需纳入工程档案的，由各单位负责保管，并随工程移交至运行管理单位。

第二十五条　南水北调工程质量责任人员信息实行实名登记。各参建单位应如实登记以下质量责任人员姓名、身份证号和职责分工，并由本人签名确认：

（一）项目法人（建设单位）：法定代表人、分管领导、总工程师、单位承担质量管理工作的部门主要负责人、现场建管机构主要负责人、现场建管机构总工程师或技术负责人、现场质量部门主要负责人、现场质量负责人、质量管理人员等。

（二）监理单位：法定代表人、分管领导、总工程师、单位承担质量管理工作的部门主要负责人、总监理工程师、分管副总监理工程师、总质检师、现场监理工程师等。

（三）勘察、设计单位：法定代表人、分管领导、总工程师、单位承担质量管理工作的部门主要负责人、勘察设计成果签发人、项目设计总工程师、勘察设计成果校核人、现场设代组长、勘察设计成果审核人、勘察设计成果编制人、现场设代工作人员等。

（四）施工单位：法定代表人、分管领导、总工程师、单位承担质量管理工作的部门主要负责人、项目经理、项目总工程师、施工措施签发人、工艺参数签发人、现场质量部门主要负责人、总质检师、施工作业人员、作业队长（班组长）、材料管理负责人、试验室负责人、中间产品生产负责人、质量检查员、质量检测报告签发人等。

第二十六条 南水北调工程质量责任人员信息实行分级管理。

国家南水北调工程行政管理部门负责管理各省（直辖市）南水北调行政管理部门主要人员，以及各参建单位法定代表人和工程现场主要负责人信息。

项目法人（建设单位）负责管理本单位及监理、勘察、设计、施工等单位的质量责任人员信息。

第二十七条 项目法人（建设单位）负责组织本单位及监理、勘察、设计、施工等单位质量责任人员信息的填写、汇总、上报和更新（信息填写格式见附件5）。

各单位对本单位填报的质量责任人员信息负责。

第二十八条 项目法人（建设单位）应在规定的时限内上报质量责任人员信息，如发生单位和人员变动，应于20个工作日内完成更新上报。

第二十九条 南水北调工程主要质量责任信息应向社会公示，由项目法人（建设单位）负责组织实施，在工程显著位置设置永久性质量责任公示牌（具体要求见附件6）。

第三十条 国家南水北调工程行政管理部门负责质量责任信息管理工作的监督检查。

第六章 罚 则

第三十一条 对不按本办法第九条规定进行质量问题报告的，视情节对运行管理单位有关责任人给予相应的行政处分；构成犯罪的，移送司法机关依法处理。

第三十二条 质量问题调查工作人员失职、渎职、徇私舞弊的，视情节给予相应的行政处分；构成犯罪的，移送司法机关依法处理。

第三十三条 不按本办法规定对本单位责任人进行责任追究的，对责任单位法定代表人从重处罚。

第三十四条 工程建设期间不按本办法规定进行工程质量责任信息管理的，责令限期整改，对责任单位处以1万元以上10万元以下的罚款，对单位法定代表人给予警告以上行政处分，对负有直接领导责任和直接责任的人员，视情节给予记过以上行政处分。

第三十五条 对不按本办法规定进行质量责任公示的，责令限期改正，对单位法定代表人进行诫勉谈话。

第七章 附 则

第三十六条 本办法所称南水北调工程运行期间是指自工程通过合同项目完成验收之日起，至上程设计使用年限（合理使用年限）期满为止的时段。

第三十七条 南水北调主体工程建设期间质量问题的责任追究，按照《南水北调工程质量问题责任追究管理办法》和《南水北调工程合同监督管理办法》等规定执行。

第三十八条 南水北调配套工程质量责任终身制的实施可参照本办法执行。

第三十九条 国家法律法规和相关规定发生调整时，从其规定。

第四十条 本办法由国家南水北调工程行政管理部门负责解释。

第四十一条 本办法自印发之日起施行。

附件：

1. 南水北调工程质量责任人一览表（略）

2. 南水北调工程质量事故等级判定标准表（略）

3. 南水北调工程质量问题责任单位处罚

标准表（略）

4-1. 南水北调工程一般质量事故责任人员处罚标准表（略）

4-2. 南水北调工程较大质量事故责任人员处罚标准表（略）

4-3. 南水北调工程重大质量事故责任人员处罚标准表（略）

4-4. 南水北调工程特大质量事故责任人员处罚标准表（略）

5-1. 南水北调工程质量责任人员信息登记表（一）（略）

5-2. 南水北调工程质量责任人员信息登记表（二）（略）

5-3. 南水北调工程质量责任人员信息登记表（三）（略）

6. 南水北调工程质量责任信息公示牌设置具体要求（略）

南水北调工程建设举报奖励实施细则（试行）

2012 年 5 月 23 日
（国调办监督〔2012〕111 号）

第一条 为规范南水北调工程建设举报奖励工作，特制定本实施细则。

第二条 本实施细则适用于经查实的南水北调东、中线一期工程质量、安全、合同、资金等举报事项。

第三条 举报事项分一般举报事项和重大举报事项。

一般举报事项系指国务院南水北调工程建设委员会办公室（以下简称国务院南水北调办）颁布的《南水北调工程建设质量问题责任追究管理办法（试行）》和《南水北调工程合同监督管理规定（试行）》中规定的较重及以下质量、安全、合同、资金等问题的举报事项。

重大举报事项系指国务院南水北调办颁布的《南水北调工程建设质量问题责任追究管理办法（试行）》和《南水北调工程合同监督管理规定（试行）》中规定的严重及以上质量、安全、合同、资金等问题的举报事项。

第四条 对于一般举报事项，给予举报人 500 元至 3000 元奖励；对于重大举报事项，给予举报人 4000 元至 50 000 元奖励。南水北调工程建设举报奖励标准详见附表（略）。

第五条 对以电话、书信、传真、电子邮件等方式举报工程质量、安全、合同、资金等问题的举报人，在举报事项调查核实后，按南水北调工程建设举报奖励标准给予奖励。

第六条 两个或两个以上举报人分别举报同一问题的，对第一时间举报人按该举报事项奖励金额的 80% 给予奖励。对其他举报人按举报人数平均分配该举报事项剩余的 20% 奖励金额分别给予奖励。

第七条 两个或两个以上举报人联名举报同一问题的，对举报人按举报人数平均分配该举报事项的奖励金额分别给予奖励。

第八条 按照国务院南水北调办举报受理工作规定，一般举报事项在 20 个工作日内完成调查核实工作；重大举报事项在 30 个工作日内完成调查核实工作。

第九条 按照国务院南水北调办举报受理工作规定，在举报事项调查核实后 10 个工作日内对举报人实施奖励。

第十条 南水北调工程建设监管中心负责实施具体的举报奖励工作。

第十一条 国务院南水北调办对举报受理工作实行保密制度。

第十二条 本实施细则由国务院南水北调办负责解释。

第十三条 本实施细则自发布之日起施行。

南水北调工程建设质量问题责任追究管理办法

2012年10月18日
（国调办监督〔2012〕239号）

第一章 总 则

第一条 为加强南水北调工程建设质量管理，落实质量责任，根据《建设工程质量管理条例》（国务院令第279号）和《关于印发〈南水北调工程建设管理的若干意见〉的通知》（国调委发〔2004〕5号），结合工程建设实际，制定本办法。

第二条 本办法适用于南水北调工程建设质量问题的检查、认定和责任追究。

第三条 南水北调工程建设质量问题包括质量管理违规行为、质量缺陷和质量事故。

第四条 南水北调主体工程建设项目法人、建设管理、勘测设计、监理、施工等参建单位是质量问题的责任单位，按各自职责负责对质量问题进行检查、认定和责任追究等工作。

第五条 国务院南水北调办、省（直辖市）南水北调办（建管局）是质量问题的监督管理单位，负责组织对质量问题进行监督检查、认定和责任追究等工作。

第二章 质量管理职责

第六条 本办法所称质量管理系指参建单位按照法律法规、规章制度、技术标准和合同要求开展的质量策划、质量控制、质量保证和质量改进等工作。

质量管理职责系指参建单位履行质量管理应承担的责任和义务。

第七条 项目法人是工程建设质量的责任主体，其主要质量管理职责为：

（一）设置质量管理机构，配备专职质量管理人员，逐级签订质量管理责任书；

（二）组织制定质量管理规章制度；

（三）组织编制专项质量标准和技术要求；

（四）制定工程建设质量管理目标，组织质量管理工作计划或方案的实施；

（五）对建设管理、勘测设计、监理、施工等单位履行质量管理职责情况进行检查；

（六）国家法律法规、规章制度规定的其他质量管理职责。

第八条 建设管理、勘测设计、监理、施工等单位按照有关规定履行工程建设质量管理职责。

第三章 质量问题分类

第九条 质量管理违规行为系指南水北调工程建设参建单位及其人员违反法律法规、规章制度、技术标准和合同要求的各类质量管理行为。

第十条 质量管理违规行为分为一般质量管理违规行为、较重质量管理违规行为、严重质量管理违规行为。

质量管理违规行为分类标准见附件1。

第十一条 质量缺陷系指工程实体质量不符合技术标准和合同要求，经过处理后，不影响工程正常使用和工程寿命的质量问题。

第十二条 质量缺陷分为一般质量缺陷、较重质量缺陷、严重质量缺陷。

质量缺陷分类标准见附件2。

第十三条 质量事故系指工程实体质量不符合技术标准和合同规定的质量标准，影响使用寿命和对工程安全运行造成隐患和危害的质量问题。

第十四条 质量事故分为一般质量事故、较大质量事故、重大质量事故、特大质量事故。

质量事故分类标准见附件3。

第四章 质量问题认定

第十五条 对检查中发现的质量管理违

规行为，按照质量管理违规行为分类标准进行认定。

第十六条 对检查中发现的质量缺陷，按照质量缺陷分类标准进行认定。

第十七条 对需要进行质量问题认证的质量缺陷，委托有关单位开展常规认证或权威认证。

第十八条 发生质量事故，建设管理单位应立即报项目法人和省（直辖市）南水北调办（建管局），有关单位接到质量事故报告后应立即报国务院南水北调办。

质量事故按下列规定组成质量事故调查组，组织调查和处理：

（一）一般质量事故和较大质量事故，由项目法人组织事故调查和工程处理，事故调查报告、工程处理结果报有关省（直辖市）南水北调办（建管局）和国务院南水北调办。

（二）重大质量事故和特大质量事故，由国务院南水北调办或省（直辖市）南水北调办（建管局）组织事故调查，项目法人组织工程处理。

（三）国家法律、行政法规对事故调查、处理另有规定的，从其规定。

第十九条 质量事故调查组依据质量事故调查工作方案，对质量事故进行调查，提交质量事故调查报告。

质量事故调查工作方案见附件4。

第二十条 监督管理单位在对质量问题进行认定时，应听取责任单位和责任人的申辩，对其提出的理由和证据予以复核。

第五章 质量问题责任追究

第二十一条 国务院南水北调办每季度对质量问题的责任单位和责任人进行责任追究。

第二十二条 对责任单位的责任追究方式分为：

（一）五部联处。依照《关于进一步加强南水北调工程质量管理工作的通知》（国调办监督〔2012〕13号），提请有关部门对有关责任单位资质等进行处理。

（二）清除出场。责令项目法人、建设管理单位终止与责任单位的合同；责令责任单位限期离开南水北调建设现场，3年内不得承揽南水北调工程建设任务。

（三）留用察看。对责任单位给予留用察看3个月。

（四）通报批评。

（五）向主管单位通报。就责任单位的质量问题向其主管单位通报，要求主管单位督促其限期整改。

（六）约谈（诫勉谈话）。就责任单位的质量问题约谈（诫勉谈话）责任单位负责人，要求其限期整改。

（七）责令整改、经济处罚。责令责任单位整改质量问题；责成项目法人、建设管理单位对责任单位实施经济处罚。

（八）质量管理相关法律、法规规定的其他责任追究方式。

对被以（一）、（二）、（三）、（四）方式进行责任追究的责任单位，在中国南水北调网（www.nsbd.gov.cn）公示3个月。

第二十三条 对责任人的责任追究方式分为：

（一）五部联处。依照《关于进一步加强南水北调工程质量管理工作的通知》（国调办监督〔2012〕13号），提请有关部门吊销或暂停有关责任人的从业或执业资格。

（二）撤职。

（三）记过。

（四）警告。

（五）清除出场。责令责任人限期离开南水北调建设现场，3年内不得参加南水北调工程建设。

（六）留用察看。对责任人给予留用察看3个月。

（七）通报批评。

（八）向所在单位或主管单位通报。

（九）约谈（诫勉谈话）。

（十）责令整改。

（十一）质量管理相关法律、法规规定的其他责任追究方式。

第二十四条 根据发生质量管理违规行为、质量缺陷的数量、类别等，对责任单位和责任人采用本办法第二十二条、第二十三条中的一项或多项措施实施责任追究。

国务院南水北调办对建设管理、监理、施工等单位采用第二十二条（一）、（二）、（三）、（四）方式实施责任追究后，对项目法人实施连带责任追究。

质量问题责任追究标准见附件5。

第二十五条 对发生质量事故的责任单位和责任人，按照有关规定和质量事故调查报告实施责任追究。

第二十六条 责任单位或责任人有下列情况之一的，予以加重责任追究：

（一）存在危及工程结构、运行安全等严重隐患的。

（二）质量关键点出现质量问题的。

（三）隐瞒质量问题的。

（四）举报的质量问题经调查属实的。

（五）拒不整改质量问题的。

（六）整改结束后3个月内，再次出现相同严重质量问题的。

（七）一年内多次被追究责任的。

（八）拒绝、阻碍或以暴力威胁质量检查人员的。

第二十七条 责任单位或责任人有下列情况之一的，予以减轻或免于责任追究：

（一）主动自查自纠质量问题的；

（二）未对工程实体质量造成实际损害的；

（三）其他依法应予减轻或免于责任追究的。

第二十八条 对责任单位或责任人予以加重、减轻或免于责任追究时，应提供客观、准确并经核实的文件、记录、图片或声像等相关资料。

第二十九条 国务院南水北调办可责成省（直辖市）南水北调办（建管局）、项目法人对质量问题的责任单位和责任人实施责任追究。

第三十条 对勘测设计、监理、施工等责任单位和责任人的责任追究，依据有关规定记入南水北调工程建设信用档案。

第三十一条 省（直辖市）南水北调办（建管局）、项目法人在每季度第三个月的25日前向国务院南水北调办报告本季度责任追究情况。

第六章 附 则

第三十二条 国务院南水北调办实施责任追究的同时，项目法人、建设管理单位应组织整改质量问题，并按要求报告整改情况。

第三十三条 质量监督检查人员在工作中应实事求是、客观公正、廉洁高效，不得玩忽职守、滥用职权、徇私舞弊。

第三十四条 被以第二十二条（一）、（二）、（三）、（四）中任一方式责任追究的责任单位，及被以第二十三条（一）、（二）、（三）、（四）、（五）、（六）、（七）中任一方式责任追究的责任人，不得评为当年南水北调工程文明工地、质量管理先进单位、质量管理先进个人等。

第三十五条 责任追究相关文件、资料应立卷归档，按照国家档案有关规定进行专项管理。

第三十六条 本办法由国务院南水北调办负责解释。

第三十七条 本办法自印发之日起施行。

附件：1. 质量管理违规行为分类标准（略）

2. 质量缺陷分类标准（略）

3. 质量事故分类标准（略）

4. 质量事故调查工作方案（略）

5. 质量问题责任追究标准（略）

南水北调工程合同监督管理规定

2012 年 10 月 18 日
（国调办监督〔2012〕240 号）

第一章 总 则

第一条 为加强南水北调工程合同监督管理，根据《中华人民共和国合同法》、《关于印发〈南水北调工程建设管理的若干意见〉的通知》（国调委发〔2004〕5 号）和《关于印发〈南水北调工程建设征地补偿和移民安置暂行办法〉的通知》（国调委发〔2005〕1 号）等有关法律、规章，结合工程建设实际，制定本规定。

第二条 本规定适用于南水北调工程合同的监督检查和合同问题的责任追究。

第三条 本规定所称合同包括工程建设合同、征地移民协议（合同）。

工程建设合同包括勘测设计、监理、土建工程施工、材料设备采购、金属结构及机电设备制造与安装、安全监测、试验检测等合同。

征地移民协议（合同）包括征地移民投资包干、移民补偿、征地补偿、专项设施迁建补偿等协议（合同）。

第四条 本规定所称合同问题系指合同当事人在合同订立、履行和管理过程中违反国家有关规定或合同约定的事项。

合同当事人是合同问题的责任单位。

合同问题分为一般合同问题、较重合同问题、严重合同问题三类。合同问题分类标准见附件 1。

第五条 国务院南水北调办、省（直辖市）南水北调办（建管局）、省（直辖市）南水北调征地移民主管部门按照各自职责负责合同的监督检查和合同问题的责任追究。

第二章 合同订立与履行

第六条 合同订立应遵照国家的有关规定，采用标准合同范本，没有标准合同范本的，由合同当事人协商确定。

第七条 合同应包括当事人名称，标的，数量，质量，价款，履行期限、地点和方式，双方的权利、义务和违约责任，争议解决方式等内容。

第八条 合同当事人必须履行合同约定的权利、义务和责任，并相互监督。合同当事人不得擅自变更或修改合同内容，确需变更或修改合同内容的，应按有关规定执行。

第九条 工程建设合同完成验收按照《关于印发〈南水北调工程验收管理规定〉的通知》（国调办建管〔2006〕13 号）实施；征地移民协议（合同）完成验收按照南水北调征地移民验收的有关规定实施。

第三章 工程建设合同分包管理

第十条 工程专业分包应符合下列规定：

（一）投标文件中载明采用工程专业分包，并明确分包单位的名称、资质、业绩、分包项目内容、现场主要管理人员及设备资源等相关内容的，分包单位进场需经监理单位批准。

（二）投标文件中未载明、工程项目开工后需采用工程专业分包的，施工单位须将拟分包单位的名称、资质、业绩、现场主要管理人员及设备资源等情况报监理单位审核，监理单位审核后报建设管理单位审批。

第十一条 采用劳务分包的，施工单位须将拟分包单位的名称、资质、业绩、现场主要管理人员及投入人员的工种、数量等情况报监理单位审核，监理单位审核后报建设管理单位审批。

第十二条 施工单位采用工程专业分包或劳务分包，不免除其按合同约定应承担的责任和义务。

第十三条 分包单位应履行分包合同中约定的责任和义务，接受施工单位、监理单位、建设管理单位对其履行分包合同情况的检查。

第十四条 分包单位现场主要管理人员不得擅自变更，确需变更的应履行变更审批手续，报施工单位批准，报监理单位和建设管理单位备案。

第十五条 禁止工程转包。

施工单位或分包单位有下列行为之一的，视为转包：

（一）签订合同后，未在施工现场设立项目管理机构、未派驻相应管理人员或未对工程质量、进度、安全等进行实质性管理。

（二）将承包的全部建设工程转给他人或者将承包的全部建设工程肢解后以分包名义分别转给其他单位承包。

第十六条 禁止参建单位通过租用或借用他人资质证书承揽南水北调工程；禁止参建单位允许他人以本单位名义承揽南水北调工程。

参建单位现场项目管理机构的项目负责人、技术负责人、质量管理负责人为非本单位人员，即视为租用或借用他人资质证书，或允许他人以本单位名义承揽南水北调工程。

第四章 合同监督与管理

第十七条 国务院南水北调办对金额在5亿元以上的工程建设合同订立进行监督；对合同履行和验收情况进行监督检查；对发生合同问题的责任单位和责任人实施责任追究。

第十八条 省（直辖市）南水北调办（建管局）对职责范围内的合同订立、履行和验收情况进行监督检查；对发生合同问题的责任单位和责任人实施责任追究。

第十九条 省（直辖市）南水北调征地移民主管部门负责本辖区范围内征地移民协议（合同）的订立、履行、验收和监督管理。

第二十条 合同监督检查的主要内容包括：

（一）合同管理规章制度的制定及执行情况；

（二）合同的订立与履行情况；

（三）存在的合同问题。

第二十一条 项目法人合同管理的主要职责：

（一）按照有关规定负责合同的订立。

（二）履行合同约定的权利、义务和责任。

（三）组织合同验收。

（四）对委托订立合同的履行情况进行检查。

（五）对直管和代建项目合同问题进行责任追究。

（六）国家法律法规规定的合同管理事项。

第二十二条 建设管理单位合同管理的主要职责：

（一）受项目法人委托订立工程建设合同。

（二）履行合同约定的权利、义务和责任。

（三）组织合同验收。

（四）向项目法人或省（直辖市）南水北调办（建管局）报告合同管理情况。

第二十三条 勘测设计、监理、施工、试验检测等参建单位应按规定履行合同管理职责。

第五章 合同问题责任追究

第二十四条 合同问题责任追究分为对责任单位和对责任人的责任追究。

第二十五条 对责任单位的责任追究方式分为：

（一）清除出场。责令项目法人、建设管理单位终止与责任单位的合同；责令责任单位限期离开南水北调建设现场，3年内不得承揽南水北调工程建设任务。

（二）通报批评。

（三）向主管单位通报。就责任单位的合同问题向其主管单位通报，要求主管单位督促其限期整改。

（四）约谈（诫勉谈话）。就责任单位的合同问题约谈（诫勉谈话）责任单位负责人，要求其限期整改。

（五）责令整改。

（六）合同管理相关法律、法规规定的其他责任追究方式。

对被以(一)、(二)方式实施责任追究的责任单位，在中国南水北调网(www.nsbd.gov.cn)公示3个月。

第二十六条 对责任人的责任追究方式分为：

（一）清除出场。责令责任人限期离开南水北调建设现场，3年内不得承担南水北调工程建设任务。

（二）通报批评。

（三）向所在单位或主管单位通报。

（四）约谈（诫勉谈话）。

（五）责令整改。

（六）合同管理相关法律、法规规定的其他责任追究方式。

第二十七条 根据发生合同问题的数量、类别等，对责任单位和责任人采用本规定第二十五条、第二十六条中的一项或多项措施实施责任追究。

合同问题责任追究标准见附件2。

第二十八条 国务院南水北调办可责成省（直辖市）南水北调办（建管局）、项目法人、建设管理单位对合同问题的责任单位和责任人实施责任追究。

第二十九条 对勘测设计、监理、施工、试验检测等责任单位和责任人的责任追究，记入南水北调工程建设信用档案。

第六章 附 则

第三十条 对已按照质量、进度、安全生产、资金监督管理等有关规定实施责任追究的合同问题，不再进行重复责任追究。

第三十一条 对转包、违法分包的责任单位，依照国家有关规定实施责任追究。

第三十二条 国务院南水北调办、省（直辖市）南水北调办（建管局）、省（直辖市）南水北调征地移民主管部门监督检查人员在工作中应实事求是、客观公正、廉洁高效，不得玩忽职守、滥用职权、徇私舞弊。

第三十三条 本规定由国务院南水北调办负责解释。

第三十四条 本规定自印发之日起施行。

附件：1. 合同问题分类标准（略）

2. 合同问题责任追究标准（略）

南水北调工程建设关键工序施工质量考核奖惩办法（试行）

2012年11月6日

（国调办监督〔2012〕255号）

第一章 总 则

第一条 为加强南水北调工程建设质量管理，进一步明确各参建单位质量管理职责，加强施工质量过程控制，鼓励关键工序施工作业人员增强质量意识，实现工程质量总体建设目标，结合工程建设实际，国务院南水北调工程建设委员会办公室（以下简称国务院南水北调办）制订本办法。

第二条 本办法适用于南水北调东、中线一期主体工程建设。

第三条 本办法所称建设管理单位系指由项目法人（含有关省级建设管理单位）直接派出或以代建管理模式对土建施工合同和监理合同进行管理的单位，以及该单位派到施工现场、具体从事工程建设管理的机构。

第四条 关键工序考核实行分级负责、分级考核。施工单位负责对关键工序施工作业班组和初检、复检、终检人员进行考核，监理单位负责对施工单位进行考核，建设管理单位负责对监理、施工单位进行考核，项目法人（含有关省级建设管理单位）负责对建设管理、监理、施工单位进行考核，国务院南水北调办负责对项目法人（含有关省级建设管理单位）组织的关键工序考核过程进行监督检查并考核。

第五条 关键工序考核工程类型分为建筑物混凝土工程、渠道衬砌工程、土石方填筑工程等三类。所涉关键工序包括：

（一）建筑物混凝土工程：钢筋制作及安装、模板（含止水）安装、混凝土浇筑、施工缝凿毛、混凝土养护、预应力张拉及灌浆。

（二）渠道衬砌工程：透水管安装、逆止阀安装、复合土工膜焊接、混凝土浇筑、混凝土养护、切缝、嵌缝。

（三）土石方填筑工程：填方渠道（堤）填筑、改性土换填、穿渠（堤）建筑物周边回填。

第六条 施工单位负责确定关键工序考核工程，监理单位负责审核确定，建设管理单位、项目法人（含有关省级建设管理单位）负责检查。

第七条 施工、监理单位依据本办法对关键工序的考核与规程规范确定的工序验收同步进行。在完成工序验收后，监理单位填写关键工序考核记录表，并执行本办法有关规定。

第八条 建设管理单位、项目法人（含有关省级建设管理单位）、国务院南水北调办独立进行对关键工序的考核，施工、监理单位要提供关键工序考核的有关工作记录和资料。

第二章 职　责

第九条 国务院南水北调办以抽查方式检查关键工序施工质量，对项目法人（含有关省级建设管理单位）组织的关键工序考核进行随机抽查，对施工、监理、建设管理、项目法人（含有关省级建设管理单位）等单位相关人员实施奖惩。抽查方式包括质量巡查、飞检、专项稽察和举报调查等。

第十条 项目法人（含有关省级建设管理单位）以抽查方式负责检查关键工序施工质量，统计汇总考核情况，对施工、监理单位相关人员按月实施奖惩，对建设管理单位相关人员按季度实施奖惩，筹集关键工序考核奖励资金，收缴和管理关键工序考核罚款。

第十一条 建设管理单位以抽查方式负责检查关键工序施工质量，检查施工、监理单位关键工序考核情况，对施工、监理单位相关人员按月实施奖惩，定期向项目法人（含有关省级建设管理单位）报告关键工序考核情况。

第十二条 监理单位负责对关键工序施工质量进行考核，检查施工单位关键工序考核情况，责成施工单位按照考核结果实施奖惩，定期向建设管理单位报告关键工序考核情况。

第十三条 施工单位负责对关键工序施工质量进行考核，并按照监理单位关键工序考核结果对施工单位相关人员实施奖惩。

第十四条 在进行关键工序考核前，施工单位要按照表1和附件1自查重要施工程序，监理单位、建设管理单位、项目法人（含有关省级建设管理单位）按照表1和附件1进行检查。

表1　重要施工程序检查内容表

重要施工程序	检查内容
施工技术准备	图纸审查、设计交底、关键工序作业人员培训等
原材料及中间产品	对施工单位进场原材料和中间产品的取样、送样和检测进行验收，并对其中的检测全过程见证，按照规定要求进行平行检测和跟踪检测

续表

重要施工程序	检查内容
关键参数的确定	土料含水率、改性土拌制及填筑、高填方碾压参数、压实度、反滤料压实、钢筋焊接、土工膜焊接等关键参数的确定和检验
实验室及混凝土配合比	施工单位实验室设备和人员配备，以及资质和资格，审核批准混凝土配合比，拌和楼工作期间定期、不定期抽查检查等

第三章　考核对象和考核标准

第十五条　关键工序被考核单位包括施工、监理、建设管理、项目法人（含有关省级建设管理单位）等参建单位。各单位具体考核对象见表2。

表2　关键工序考核对象表

被考核单位	考核对象
施工单位	关键工序施工作业班组，有关的初检、复检、终检人员，质量管理负责人，项目经理
监理单位	关键工序现场监理工程师，质量管理负责人，总监理工程师
建设管理单位	参加关键工序考核人员，质量管理负责人，建设管理单位现场负责人、建设管理单位主要负责人
项目法人（含有关省级建设管理单位）	参加关键工序考核人员，质量管理负责人、主要负责人

其中关键工序施工作业人员详见表3。

表3　关键工序施工作业人员表

工程分类	关键工序施工作业人员
建筑物混凝土工程	钢筋制安工、模板（含止水）安装工、浇筑振捣工、施工缝凿毛工、混凝土养护工、预应力张拉工及灌浆工
渠道衬砌工程	透水管安装工、逆止阀安装工、土工膜焊接工、混凝土浇筑及收面工、混凝土养护工、切缝工、嵌缝工
土石方填筑工程	铺料工、碾压工、层间结合面处理工、泥浆涂刷工

第十六条　关键工序考核指标分为检查指标和检测指标。关键工序考核标准分为“好”、“中”、“差”三个等级，详见表4。

表4　关键工序考核标准表

考核项目	考核标准		
	好	中	差
建筑物混凝土工程	检查指标符合质量标准且检测指标逐项合格率≥90%	检查指标符合质量标准且检测指标逐项合格率≥70%	检查指标有不符合质量标准项或存在检测指标合格率<70%
渠道衬砌工程	检查指标符合质量标准且检测指标逐项合格率≥95%	检查指标符合质量标准且检测指标逐项合格率≥75%	检查指标有不符合质量标准项或存在检测指标合格率<75%
土石方填筑工程	检查指标符合质量标准且检测指标逐项合格率≥90%，其中压实度全部符合设计要求	检查指标符合质量标准且检测指标逐项合格率≥70%，其中压实度全部符合设计要求	检查指标有不符合质量标准项或存在检测指标合格率<70%，或压实度不符合设计要求

第四章　考核及奖惩

第十七条　施工单位按照第十六条和附件2对关键工序施工作业班组和初检、复检、终检人员进行考核，参照附件3和表5对相关人员实施奖惩。

表5　施工作业班组和初检、复检、终检人员考核奖惩标准表

考核对象	奖惩标准		
	考核等级为“好”	考核等级为“中”	考核等级为“差”
关键工序施工作业班组	责成施工单位实施奖励	不奖不罚	责成施工单位实施处罚
初检、复检、终检人员	责成施工单位按相应施工作业班组考核奖励额度的10%实施奖励	不奖不罚	责成施工单位按相应工序考核处罚额度的8%实施处罚

第十八条 监理单位负责每月对不少于80%的关键工序进行考核，每次参加考核人员应不少于2人。

监理单位按照如下要求开展考核工作。

（一）监理单位需派出专职人员，通过旁站、巡视等方式对关键工序施工过程进行控制。具体要求见表6。

表6　关键工序施工过程控制检查要求表

考核工程	关键工序	检查要求	备　注
建筑物混凝土工程	钢筋制安施工	巡视	
	模板（含止水）安装施工	巡视	其中：止水安装旁站
	浇筑振捣施工	旁站	
	施工缝凿毛	成果验收	
	混凝土养护	巡视	
	预应力张拉及灌浆	旁站	
渠道衬砌工程	透水管安装施工	旁站	该项目如实施四方联合验收，可不旁站
	逆止阀安装施工	旁站	该项目如实施四方联合验收，可不旁站
	土工膜焊接施工	旁站	该项目如实施四方联合验收，可不旁站
	混凝土浇筑及收面	旁站	
	混凝土养护	巡视	
	切缝	成果验收	
	嵌缝	巡视	
土石方填筑工程	填方渠道（堤）填筑	成果验收	其中：高填方、缺口回填的铺料施工、碾压、层间面结合处理需要旁站
	改性土换填	成果验收	其中：铺料施工、碾压、层间面结合处理需要旁站
土石方填筑工程	穿渠（堤）建筑物周边回填	成果验收	其中：穿渠建筑物周边回填、主干渠建筑物进出口翼墙回填、桥梁墩柱周边回填的铺料施工、碾压、层间面结合处理、泥浆涂刷施工需要旁站；泵站、船闸、建筑物周边回填的泥浆涂刷施工需要旁站

（二）施工单位完成关键工序“三检制”验收并考核后，提请监理单位按照第十六条和附件2进行考核，按照附件3和表5确定奖惩标准。在规定的时限内整改后考核等级仍为“差”的，责成施工单位继续实施处罚，直至考核达标。

（三）监理单位须填写关键工序考核记录表和奖罚通知书（详见附件4和附件5-1），交由施工单位按照本办法实施奖惩。关键工序考核记录表须经施工单位的现场质检人员签字。奖罚通知书一式四份，由监理单位分送施工作业班组、施工单位、建设管理单位。

（四）监理单位每月检查施工单位实施关键工序考核奖惩情况。施工单位未按监理单位考核结果实施奖惩的，监理单位将具体事项及未执行奖罚款额上报建设管理单位，建设管理单位按未执行奖罚总金额的120%从施工单位下月工程结算款中扣留，将其中的原奖励金额交由施工单位用于上月关键工序考核相关人员的奖励，监理单位对其进行监督。

（五）施工单位对监理单位的考核结果有异议的，可向建设管理单位申诉，建设管理单位最终裁定监理单位的考核结果。

（六）监理单位对关键工序的考核与施工单位的考核不重复实施奖励，具体措施由施工单位确定。

第十九条 建设管理单位负责每月对不少于30%的关键工序进行考核。

（一）对施工单位的考核

1. 建设管理单位按照第十六条、附件2和表5对关键工序施工作业班组和初检、复检、终检人员进行考核，依据考核结果填写关键工序考核记录表和奖罚通知书（详见附件4和附件5-1），奖罚通知书一式四份，分送施工作业班组、施工单位、监理单位。

2. 建设管理单位按月对施工单位质量管理负责人、项目经理进行考核，依据考核结果填写奖罚通知书（详见附件5-2和附件5-3），实施奖惩。具体奖惩标准见表7。

表7　施工单位质量管理负责人及项目经理考核奖惩标准表

考核对象	奖惩标准		
质量管理负责人	当月90%（含）以上关键工序考核等级为“好”时，给予质量管理负责人、项目经理奖励共计2400元	当月考核等级为“好”的关键工序所占比例≥80%、<90%时，不奖不罚	当月考核等级为“好”的关键工序所占比例<80%时，给予质量管理负责人和项目经理罚款共计2000元
项目经理			

注　施工单位质量管理负责人、项目经理的奖金、罚款分配由施工单位确定。

3. 对施工单位的考核奖励资金由建设管理单位负责筹措，罚款由建设管理单位从施工单位下月工程结算款中扣留。

（二）对监理单位的考核

1. 建设管理单位每月依据对施工作业班组的考核结果连带考核监理单位，填写奖罚通知书（详见附件5-4和附件5-5），并对监理单位相关人员实施奖惩。具体奖惩标准见表8。

2. 监理单位未按照第十八条（一）款要求实施旁站监理、未完成重要施工程序检查的，不给予奖励。建设管理单位要按有关规定对监理单位和当事监理工程师实施责任追究。

表8　监理单位相关人员考核奖惩标准表

考核对象	奖励	不奖不罚	处罚
	考核等级为“好”和“中”所占的比例	考核等级为“好”和“中”所占的比例	考核等级为“好”和“中”所占的比例
现场监理工程师	≥98%，给予现场监理工程师奖励600元	<98%，≥80%	<80%，给予现场监理工程师罚款500元
质量管理负责人	≥98%，给予质量管理负责人、总监理工程师奖励共计1200元	<98%，≥80%	<80%，给予质量管理负责人、总监理工程师罚款共计1000元
总监理工程师			

注　监理单位质量管理负责人、总监理工程师的奖金、罚款分配由监理单位确定。

3. 对监理单位的考核奖励资金由建设管理单位负责筹措，罚款由建设管理单位从监理单位下月结算款中扣留。

第二十条 项目法人（含有关省级建设管理单位）每月负责对不低于10%的关键工序进行考核。全年应对施工、监理标段全部实施考核。

（一）项目法人（含有关省级建设管理单位）按照第十六条、附件2和表5按月组织对关键工序施工作业班组和初检、复检、终检人员进行考核，填写关键工序考核记录表和奖罚通知书（详见附件4和附件5-1），按照表7对施工单位质量管理负责人、项目经理进行考核，填写奖罚通知书（详见附件5-2和附件5-3），交由建设管理单位负责实施奖惩；施工单位连续三个月90%（含）以上的关键工序考核等级为“好”时，给予施工单位10万元奖励。

（二）项目法人（含有关省级建设管理单位）每月按照表8对监理单位进行考核，填写奖罚通知书（详见附件5-4和附件5-5）并实施奖惩；监理单位连续三个月98%（含）

以上的关键工序考核等级为“好”和“中”时，给予监理单位5万元奖励。

（三）项目法人（含有关省级建设管理单位）按季度对建设管理单位相关人员进行考核，填写奖罚通知书（详见附件5-6）并实施奖惩。具体奖惩标准见表9。

表9　建设管理单位相关人员考核奖惩标准表

类别	考核情况	处罚及奖励方式
奖励	考核等级为“好”和“中”所占的比例≥98%	奖励参加考核人员和质量管理负责人600元/(人·季)
处罚	考核等级为“好”和“中”所占的比例＞80%且≤90%	批评质量管理负责人
	考核等级为“好”和“中”所占的比例＞70%且≤80%	对参加考核人员和质量管理负责人罚款150元/(人·季)
	考核等级为“好”和“中”所占的比例＞60%且≤70%	对参加考核人员和质量管理负责人罚款300元/(人·季)
	考核等级为“好”和“中”所占的比例≤60%	对参加考核人员和质量管理负责人罚款500元/(人·季)

第二十一条　国务院南水北调办以抽查方式对关键工序施工质量进行考核。按照第十六条、附件2和表5对施工作业班组和初检、复检、终检人员进行考核，填写关键工序考核记录表和奖罚通知书（详见附件4和附件5-1）；按照表7按月对施工单位质量管理负责人、项目经理进行考核，填写奖罚通知书（详见附件5-2和附件5-3）；按照表8按月对监理单位现场监理工程师、质量管理负责人和总监理工程师进行考核，填写奖罚通知书（详见附件5-4和附件5-5），按照表9按季度对建设管理单位参加考核人员、质量管理负责人进行考核，填写奖罚通知书（详见附件5-6），责成项目法人（含有关省级建设管理单位）实施奖惩。

国务院南水北调办每季度统计汇总考核结果，对项目法人（含有关省级建设管理单位）进行考核，填写奖罚通知书（详见附件5-7），实施奖惩。具体奖惩标准见表10。

表10　项目法人（含有关省级建设管理单位）奖惩标准表

奖惩措施	考核标准
表扬	完成季度考核工作量，抽查项目季度“好”和“中”所占的比例≥90%
不奖不罚	完成季度考核工作量，抽查项目季度“好”和“中”所占的比例≥70%且＜90%
批评项目法人（含有关省级建设管理单位）；建议项目法人（含有关省级建设管理单位）对相关责任人诫勉谈话	完成季度考核工作量，抽查项目季度“好”和“中”所占的比例≥70%且＜80%
同上，建议给予相关质量管理负责人通报批评	未完成季度考核工作量，抽查项目季度“好”和“中”所占的比例＜70%

第二十二条　国务院南水北调办、项目法人（含有关省级建设管理单位）、建设管理单位抽查关键工序的考核指标，按照附件2带有标识的指标执行，并对关键工序施工质量做出评价。

第二十三条　国务院南水北调办、项目法人（含有关省级建设管理单位）在检查、抽查关键工序考核工作中，发现有关单位的考核结果与实际情况不符时，有权撤消考核结果，追回奖励资金，并根据有关规定对相关人员进行责任追究。

第五章　奖励资金来源及奖罚兑现

第二十四条　施工单位实施关键工序考核的奖励资金由施工单位自行筹集。监理单位对施工单位考核确定的奖罚由监理单位通知施工单位实施，奖励资金由施工单位负责筹集。

第二十五条　项目法人（含有关省级建设管理单位）、建设管理单位实施关键工序考核的奖励资金从工程投资节余中支出。

项目法人（含有关省级建设管理单位）可综合平衡关键工序考核奖励资金和罚款的支出和收缴情况，罚款可用于奖励。

第二十六条 国务院南水北调办组织考核确定的奖罚由项目法人（含有关省级建设管理单位）负责实施。

第二十七条 项目法人（含有关省级建设管理单位）、建设管理单位遵循以下原则制定关键工序考核奖惩工作方案：

（一）发出奖励通知单后，应于当月及时兑现奖金；关键工序质量考核等级确定为“差”的，应在5日内通知施工单位和关键工序作业班组，罚款由建设管理单位从当月工程结算款中扣留。

（二）奖金要兑现到被奖励的有关单位具体人员。

（三）奖罚资金管理要符合财务管理有关规定，任何单位或个人不得挪用关键工序奖罚资金。

第六章 附　则

第二十八条 本办法由国务院南水北调办负责解释。

第二十九条 本办法自颁布之日起施行。

附件目录

附件1：重要施工程序检查记录表（略）

附件1-1：施工技术准备检查考核记录表（略）

附件1-2：原材料及中间产品检查考核记录表（略）

附件1-3：关键参数的确定检查考核记录表（略）

附件1-3-1：水泥改性土拌制关键参数确定检查考核记录表（略）

附件1-3-2：土方填筑关键参数确定检查考核记录表（略）

附件1-3-3：反滤料压实关键参数确定检查考核记录表（略）

附件1-3-4：钢筋连接关键参数确定检查考核记录表（略）

附件1-3-5：土工膜焊接关键参数确定检查考核记录表（略）

附件1-4：工地试验室及混凝土配合比检查考核记录表（略）

附件1-4-1：工地试验室检查考核记录表（略）

附件1-4-2：混凝土配合比检查考核记录表（略）

附件2：南水北调工程关键工序施工质量考核工序考核标准表（略）

附件3：南水北调工程关键工序施工质量考核工序考核奖罚标准表（略）

附件4：工序施工质量考核记录表（略）

附件4-1：建筑物混凝土工程工序施工质量考核记录表（略）

附件4-1-1：建筑物混凝土工程钢筋安装工序施工质量考核记录表（略）

附件4-1-2：建筑物混凝土工程模板（含止水）安装工序施工质量考核记录表（略）

附件4-1-3：建筑物混凝土工程混凝土浇筑工序施工质量考核记录表（略）

附件4-1-4：建筑物混凝土工程施工缝凿毛工序施工质量考核记录表（略）

附件4-1-5：建筑物混凝土工程混凝土养护工序施工质量考核记录表（略）

附件4-1-6：建筑物混凝土工程预应力张拉工序施工质量考核记录表（略）

附件4-1-7：建筑物混凝土工程预应力孔道灌浆工序施工质量考核记录表（略）

附件4-2：渠道衬砌工程工序施工质量考核记录表（略）

附件4-2-1：渠道衬砌工程透水管安装工序施工质量考核记录表（略）

附件4-2-2：渠道衬砌工程逆止阀安装工序施工质量考核记录表（略）

附件4-2-3：渠道衬砌工程土工膜连接工

序施工质量考核记录表（略）

附件4-2-4：渠道衬砌工程混凝土浇筑工序施工质量考核记录表（略）

附件4-2-5：渠道衬砌工程混凝土养护工序施工质量考核记录表（略）

附件4-2-6：渠道衬砌工程切缝工序施工质量考核记录表（略）

附件4-2-7：渠道衬砌工程嵌缝工序施工质量考核记录表（略）

附件4-3：土石方填筑工程工序施工质量考核记录表（略）

附件4-3-1：填方渠道渠堤填筑工序施工质量考核记录表（略）

附件4-3-2：改性土换填工序施工质量考核记录表（略）

附件4-3-3：建筑物周边回填工序施工质量考核记录表（略）

附件5：南水北调工程关键工序施工质量考核奖罚通知书（略）

附件5-1：南水北调工程关键工序工人施工质量考核工序考核结果及奖罚通知书（略）

附件5-2：南水北调工程关键工序施工质量考核项目经理、质量管理负责人奖励通知书（略）

附件5-3：南水北调工程关键工序施工质量考核项目经理、质量管理负责人罚款通知书（略）

附件5-4：南水北调工程关键工序施工质量考核现场监理工程师、质量管理负责人、总监理工程师奖励通知书（略）

附件5-5：南水北调工程关键工序施工质量考核现场监理工程师、质量管理负责人、总监理工程师罚款通知书（略）

附件5-6：南水北调工程关键工序施工质量考核建设管理单位相关人员奖罚通知书（略）

附件5-7：南水北调工程关键工序施工质量考核项目法人单位（含省级建设管理单位）相关人员奖罚通知书（略）

国务院南水北调办政策法规一览表

序号	政策法规名称	发布文号	发布日期
1	关于发布《南水北调工程渠道运行管理规程》（NS-BD15—2012）的通知	国调办建管〔2012〕47号	2012年3月20日
2	关于印发《南水北调东线一期工程通水验收工作导则》的通知	国调办建管〔2012〕238号	2012年10月17日
3	关于发布《南水北调泵站工程管理规程（试行）》的通知	国调办建管〔2012〕244号	2012年10月19日

沿线各省（直辖市）

沿线各省（直辖市）政策法规一览表

序号	政策法规名称	发布文号	发布单位	发布日期
1	北京市南水北调配套工程验收实施细则（试行）	京调办〔2012〕2号	北京市南水北调办	2012年1月13日

续表

序号	政策法规名称	发布文号	发布单位	发布日期
2	北京市南水北调配套工程质量工作考核办法（试行）	京调办〔2012〕38 号	北京市南水北调办	2012 年 6 月 4 日
3	北京市南水北调工程征迁安置档案管理办法	京调办〔2012〕47 号	北京市南水北调办、北京市档案局	2012 年 6 月 26 日
4	北京市南水北调配套工程引水管线工程施工质量检验与评定标准（NSBD-PT-05）	京调办〔2012〕88 号	北京市南水北调办	2012 年 12 月 11 日
5	南水北调天津市配套工程建设项目档案管理办法	津调水综〔2012〕1 号	天津市南水北调办	2012 年 1 月 5 日
6	河北省南水北调配套工程水厂以上输水工程建设管理办法（试行）	冀调水建〔2012〕62 号	河北省南水北调办	2012 年 12 月 5 日
7	河北省南水北调配套工程水厂以上输水工程招标投标管理办法（试行）	冀调水建〔2012〕63 号	河北省南水北调办	2012 年 12 月 6 日
8	河北省南水北调配套工程水厂以上输水工程设计变更管理办法（试行）	冀调水设〔2012〕130 号	河北省南水北调办	2012 年 11 月 16 日
9	山东省南水北调续建配套工程征地移民管理工作办法	鲁调水指字〔2012〕56 号	山东省南水北调工程建设指挥部	2012 年 11 月 22 日
10	山东省南水北调续建配套工程征地移民验收管理办法	鲁调水征字〔2012〕147 号	山东省南水北调建管局	2012 年 12 月 3 日
11	河南省南水北调受水区供水配套工程建设征迁安置实施管理暂行办法	豫调〔2012〕5 号	河南省南水北调中线工程建设领导小组	2012 年 7 月 26 日
12	河南省南水北调中线干线工程征迁安置验收实施细则	豫移〔2012〕33 号	河南省政府移民工作领导小组	2012 年 12 月 11 日
13	河南省南水北调供水配套工程征迁安置督查奖惩实施细则（试行）	豫调办移〔2012〕17 号	河南省南水北调办	2012 年 10 月 29 日
14	河南省南水北调配套工程建设目标督查奖惩实施细则（试行）	豫调办〔2012〕137 号	河南省南水北调办	2012 年 11 月 1 日

CHINA SOUTH-TO-NORTH WATER DIVERSION PROJECT CONSTRUCTION YEARBOOK

伍 重要文件

IMPORTANT FILES

国务院

国务院关于丹江口库区及上游水污染防治和水土保持“十二五”规划的批复

（国函〔2012〕50号）

河南、湖北、陕西省人民政府，发展改革委、南水北调办、水利部、环境保护部、住房城乡建设部：

发展改革委、南水北调办、水利部、环境保护部和住房城乡建设部关于《丹江口库区及上游水污染防治和水土保持“十二五”规划》的请示收悉。现批复如下：

一、原则同意《丹江口库区及上游水污染防治和水土保持“十二五”规划》（以下简称《规划》），请认真组织实施。

二、水污染治理和水土保持是南水北调工程成败的关键，保护好丹江口水库水质，持续改善库区及上游地区的生态环境，对南水北调中线工程的顺利实施以及区域经济社会可持续发展，具有十分重要的意义。有关部门和地方要加强组织协调，健全工作机制，落实工作责任，加大资金投入，严格项目管理，建立监测网络，强化环保监管，确保《规划》各项目标实现。

三、通过实施《规划》，实现三方面目标。一是水质目标。2014年南水北调中线工程通水前：丹江口水库陶岔取水口水质达到Ⅱ类（总氮保持稳定）；主要入库支流水质符合水功能区目标要求；汉江干流省界断面水质达到Ⅱ类。2015年末：丹江口水库水质稳定达到Ⅱ类要求（总氮保持稳定）；直接汇入丹江口水库的各主要支流水质不低于Ⅲ类（现状优于Ⅲ类水质的入库河流，以现状水质类别为目标，不得降类），入库河流水质全部达到水功能区目标要求；汉江干流省界断面水质达到Ⅱ类要求。二是污染物总量控制目标。规划区污染物化学需氧量（COD）和氨氮排放总量控制目标与国家“十二五”分配到规划相关省的总量指标一致。三是水土保持目标。治理水土流失面积6295km^2，实施坡改梯315km^2；水土流失累计治理程度达到50%以上，新增项目区林草覆盖率增加5%～10%；年均增加调蓄能力2亿m^3以上，年均减少土壤侵蚀量0.1亿～0.2亿t。

四、河南、湖北、陕西等三省人民政府是《规划》实施的责任主体，要将《规划》相关内容纳入地方“十二五”国民经济和社会发展规划，并结合本地区实际制定年度实施计划，逐级落实水污染防治和水土保持工作任务，要将规划目标、任务、责任逐级分解，切实做到责任到位、措施到位、工作到位。地方各级人民政府要积极推进污水、垃圾处理产业化，在投资、价格、土地和税收等方面给予支持，通过采取城镇污水和垃圾处理收费以及财政资金补助等措施，保证项目建成后能及时正常运行。

五、有关部门要加强对规划实施的组织和指导，并切实发挥丹江口库区及上游水污染防治和水土保持部际联席会议作用，加强沟通、协调与配合，形成工作合力。要根据部门职责，积极落实《规划》的各项任务，加大政策措施的倾斜支持力度，强化对水源区环境保护和水土保持的网络监测和系统监管，推进规划区环境保护和生态建设亟需的科研攻关和示范，加快建立水源保护与区域经济社会可持续发展的长效机制。南水北调办要会同有关部门做好规划实施的考核工作，与地方签订目标责任，加强检查考核。

国务院

二〇一二年六月四日

国务院关于丹江口库区及上游地区经济社会发展规划的批复

（国函〔2012〕150号）

河南省、湖北省、陕西省人民政府，发展改革委：

发展改革委《关于报送丹江口库区及上游地区经济社会发展规划（送审稿）的请示》（发改地区〔2012〕2345号）收悉。现批复如下：

一、原则同意《丹江口库区及上游地区经济社会发展规划》（以下简称《规划》），请认真组织实施。

二、《规划》实施要以邓小平理论和“三个代表”重要思想为指导，深入贯彻落实科学发展观，坚持以人为本，统筹兼顾，突出重点，着力加强生态建设和环境保护，着力促进地方特色产业发展，着力完善基础设施，着力提高基本公共服务水平及均等化程度，进一步增强库区及上游地区自我发展能力，改善生产生活条件，确保库区水质安全，努力建设经济发展、社会和谐、生态良好、生活富裕的生态文明区域。

三、河南省、湖北省和陕西省人民政府要加强对《规划》实施的组织领导，制定实施方案，明确工作分工，完善工作机制，落实工作责任。要按照《规划》确定的目标任务，进一步加大支持力度，积极创造条件，有序推进《规划》实施。要大力实施可持续发展战略，切实节约集约利用土地，严格保护耕地和基本农田，加强水污染治理和水土保持，有效改善库区及上游地区生态环境。《规划》实施涉及的重大政策和建设项目按程序另行报批。

四、国务院有关部门要根据各自职能分工，加强对《规划》实施的支持和指导，在政策实施、资金安排、体制创新等方面给予支持。要加强部门之间的沟通和协调，深入调查研究，指导和帮助地方解决《规划》实施过程中遇到的困难和问题，为推动《规划》实施营造良好的政策环境。发展改革委要加强对《规划》实施情况的跟踪分析与督促检查，会同河南省、湖北省和陕西省人民政府适时开展《规划》实施情况评估，重大问题及时报告国务院。

促进丹江口库区及上游地区经济社会又好又快发展，对于保障南水北调中线工程顺利实施、推动生态文明建设、促进区域协调发展具有重要意义。各有关方面要以《规划》实施为契机，加大支持力度，加快政策落实，加强协调配合，积极推动丹江口库区及上游地区经济社会可持续发展。

国务院

二〇一二年九月三十日

国务院办公厅关于调整国务院南水北调工程建设委员会组成人员的通知

（国办发〔2012〕11号）

各省、自治区、直辖市人民政府，国务院各部委、各直属机构：

根据人员变动情况和工作需要，国务院决定对国务院南水北调工程建设委员会（以下简称南水北调建委会）组成人员作如下调整：

一、国务院副秘书长丁学东、农业部部长韩长赋、南水北调办主任鄂竟平、法制办主任宋大涵、河北省省长张庆伟、江苏省省长李学勇、湖北省省长王国生兼任南水北调建委会委员。

二、增补公安部常务副部长杨焕宁、铁

道部部长盛光祖、审计署审计长刘家义、陕西省省长赵正永兼任南水北调建委会委员。

三、国务院副秘书长、食品安全办主任张勇，吉林省委书记、农业部原部长孙政才，南水北调办原主任张基尧，法制办原主任曹康泰，内蒙古自治区党委书记、河北省原省长胡春华，江苏省委书记、江苏省原省长罗志军，湖北省委书记、湖北省原省长李鸿忠不再兼任南水北调建委会委员。

国务院办公厅

二〇一二年二月三日

国家发展和改革委员会

国家发展改革委关于下达南水北调工程2012年投资计划的通知

（发改投资〔2012〕598号）

国务院南水北调办公室：

经研究，决定安排2012年南水北调东、中线一期工程投资计划517亿元，其中南水北调工程基金15.02亿元，国家重大水利工程建设基金466.98亿元，银行贷款35亿元。请统筹安排各项资金，严格控制投资规模，抓紧落实各项建设任务，确保工程质量安全。本批投资计划执行情况实行季报制度，请按规定及时报送相关信息。

附：南水北调工程2012年投资计划下达表（略）

国家发展和改革委员会

二〇一二年三月九日

国家发展改革委关于调整南水北调工程2012年投资计划的批复

（发改投资〔2012〕2137号）

国务院南水北调办公室：

你办《关于申请调整南水北调工程2012年投资计划的函》（国调办投计函〔2012〕33号）收悉。经研究，现批复如下：

一、原则同意你办调整2012年部分投资计划用于东线一期苏鲁省际工程管理设施和调度运行管理系统建设。在水利部协调下苏鲁两省已书面同意该项目由水利部淮河水利委员会直接负责建设管理，项目初步设计已经批复，建设管理方式已经明确，工程具备开工建设条件。为保证东线一期工程顺利实现2013年通水目标，及早安排投资开展该项目建设是必要的。

二、原则同意你办提出的在已下达的南水北调工程2012年投资计划中（发改投资〔2012〕598号），调剂出国家重大水利工程建设基金9199万元（中线一期干线工程待运行期管理维护调减3529万元，东、中线一期工程年度价差投资调减5670万元），用于东线一期苏鲁省际工程管理设施专项工程1435万元，用于东线一期苏鲁省际工程调度运行管理系统工程7764万元。

三、请你办据此抓紧落实建设任务，加强项目建设管理，严格控制投资规模，确保工程质量安全。

附：南水北调工程2012年投资计划调整表（略）

国家发展和改革委员会

二〇一二年七月十七日

财 政 部

财政部关于拨付南水北调工程基金的通知

（财农〔2012〕351 号）

江苏省财政厅：

你厅《关于请求安排国家南水北调工程基金用于我省截污导流工程建设的请示》（苏财建〔2012〕291 号）收悉。根据国家发展改革委《关于下达南水北调东线截污导流工程 2008 年新增中央预算内投资计划的通知》（发改投资〔2008〕3151 号）及你省基金上缴情况，经研究，现拨付你省南水北调工程基金 14 800 万元，专项用于江苏段截污导流工程建设。列 2012 年支出功能分类科目“2136801 南水北调工程建设”，支出经济分类科目“309 基本建设支出”。

请严格按照有关规定管好用好此项资金。

财政部

二〇一二年九月十四日

国 土 资 源 部

国土资源部关于南水北调东线一期长江—骆马湖段其他工程（泗洪站枢纽工程、刘老涧二站工程、泗阳站改建工程、皂河二站工程）建设用地的批复

（国土资函〔2012〕460 号）

江苏省人民政府：

你省《关于南水北调东线一期宿迁段工程建设用地事项的请示》（苏政发〔2011〕106 号）业经国务院批准，现批复如下：

一、同意宿迁市宿豫区、泗阳县、泗洪县将农民集体所有农用地 32.441 1hm^2（其中耕地 19.480 3hm^2）转为建设用地并办理征地手续，另征收农民集体所有建设用地 0.905 2hm^2、未利用地 2.673 3hm^2；同意将国有农用地 30.360 5hm^2（其中耕地 14.195 7hm^2）转为建设用地，同时使用国有建设用地 33.095 4hm^2、未利用地 13.605 2hm^2。

以上共计批准建设用地 113.080 7hm^2，由当地人民政府按照有关规定提供，作为南水北调东线一期长江—骆马湖段其他工程（泗洪站枢纽工程、刘老涧二站工程、泗阳站改建工程、皂河二站工程）及拆迁安置用地。其中拆迁安置用地 0.525hm^2 由当地人民政府按规划和供地政策合理安排使用，其余建设用地以划拨方式供地。

二、你省人民政府负责落实补充耕地。督促补充耕地责任单位认真按照补充耕地方案，补充数量相等、质量相当的耕地。

三、督促当地人民政府切实做好征地补偿安置工作，做到补偿费用和安置途径落实到位，妥善解决好被征地农民的生产和生活，保证原有生活水平不降低，长远生计有保障。按照国务院批准征收土地反馈制度的有关规定，征地批后实施情况报国土资源部。

四、严格按照国家有关规定使用新增建设用地土地有偿使用费，确保专项用于耕地开发。

国土资源部

二〇一二年六月二十日

国土资源部关于南水北调工程移民安置迁建工程建设用地的批复

（国土资函〔2012〕461号）

湖北省人民政府：

你省《关于湖北省南水北调工程移民安置迁建用地的请示》（鄂政文〔2011〕40号）业经国务院批准，现批复如下：

一、同意武汉市黄陂区、江夏区、东西湖区，十堰市张湾区、郧县、郧西县、丹江口市、武当山旅游经济特区，襄阳市襄州区、枣阳市、宜城市、南漳县、谷城县、老河口市，荆州市荆州区、江陵县，随州市曾都区、随县，荆门市沙洋县，黄冈市团风县，潜江市，仙桃市，天门市，沙洋监狱管理局将农民集体所有农用地1491.469 8hm^2（其中耕地663.087 1hm^2）转为建设用地并办理征地手续，另征收农民集体所有建设用地136.584 8hm^2、未利用地73.107hm^2；同意将国有农用地462.507 7hm^2（其中耕地375.558 3hm^2）转为建设用地，同时使用国有建设用地55.032 1hm^2、未利用地4.741 3hm^2。

以上共计批准建设用地2223.442 7hm^2，由当地人民政府按规划和供地政策合理安排使用，作为南水北调工程移民安置迁建工程建设用地。

二、你省人民政府负责落实补充耕地。督促补充耕地责任单位认真按照补充耕地方案，补充数量相等、质量相当的耕地。

三、督促当地人民政府切实做好征地补偿安置工作，做到补偿费用、安置途径和社会保障措施落实到位，妥善解决好被征地农民的生产和生活，保证原有生活水平不降低，长远生计有保障。按照国务院批准征收土地反馈制度的有关规定，征地批后实施情况报国土资源部。

四、切实落实对该工程用地未批先用的查处意见，加强土地执法和建设用地的监督管理，确保各类建设依法依规用地。

国土资源部

二〇一二年六月二十日

国土资源部关于南水北调东线一期长江—骆马湖段其他工程洪泽站工程建设用地的批复

（国土资函〔2012〕476号）

江苏省人民政府：

你省《关于南水北调东线一期工程洪泽站建设用地事项的请示》（苏政发〔2012〕7号）业经国务院批准，现批复如下：

一、同意洪泽县将农民集体所有农用地96.550 8hm^2（其中耕地55.189 8hm^2）转为建设用地并办理征地手续，另征收农民集体所有建设用地2.436 9hm^2；同意将国有农用地17.605 9hm^2（其中耕地4.286 8hm^2）转为建设用地，同时使用国有建设用地6.500 8hm^2、未利用地3.668 4hm^2。

以上共计批准建设用地126.762 8hm^2，由当地人民政府以划拨方式提供，作为南水北调东线一期长江—骆马湖段其他工程洪泽站工程建设用地。

二、你省人民政府负责落实补充耕地。督促补充耕地责任单位认真按照补充耕地方案，补充数量相等、质量相当的耕地。

三、督促当地人民政府切实做好征地补偿安置工作，做到补偿费用和安置途径落实到位，妥善解决好被征地农民的生产和生活，保证原有生活水平不降低，长远生计有保障。按照国务院批准征收土地反馈制度的有关规定，征地批后实施情况报国土资源部。

四、切实落实对该工程用地未批先用的查处意见，加强土地执法和建设用地的监督管理，确保各类建设依法依规用地。

国土资源部

二〇一二年六月二十日

国土资源部关于南水北调东线一期长江—骆马湖段其他工程金宝航道工程建设用地的批复

（国土资函〔2012〕481号）

江苏省人民政府：

你省《关于南水北调东线一期金宝航道工程建设用地事项的请示》（苏政发〔2012〕34号）业经国务院批准，现批复如下：

一、同意金湖县、宝应县将农民集体所有农用地108.960 7hm^2（其中耕地57.696 3hm^2）转为建设用地并办理征地手续，另征收农民集体所有建设用地31.869 2hm^2、未利用地17.716 5hm^2；同意将国有农用地24.675 7hm^2（其中耕地17.473 3hm^2）转为建设用地，同时使用国有建设用地49.887 2hm^2、未利用地178.803 2hm^2。

以上共计批准建设用地411.912 5hm^2，由当地人民政府按照有关规定提供，作为南水北调东线一期长江—骆马湖段其他工程金宝航道工程及拆迁安置用地。其中拆迁安置用地36.292 1hm^{2}由当地人民政府按规划和供地政策合理安排使用，其余建设用地以划拨方式供地。

二、你省人民政府负责落实补充耕地。督促补充耕地责任单位认真按照补充耕地方案，补充数量相等、质量相当的耕地。

三、督促当地人民政府切实做好征地补偿安置工作，做到补偿费用和安置途径落实到位，妥善解决好被征地农民的生产和生活，保证原有生活水平不降低，长远生计有保障。按照国务院批准征收土地反馈制度的有关规定，征地批后实施情况报国土资源部。

四、切实落实对该工程用地未批先用的查处意见，加强土地执法和建设用地的监督管理，确保各类建设依法依规用地。

国土资源部

二〇一二年六月二十日

环 境 保 护 部

关于南水北调中线京石段防洪影响处理工程（石家庄—北拒马河段）环境影响报告书的批复

（环审〔2012〕128号）

河北省水利厅：

你厅《关于呈报〈南水北调中线京石段防洪影响处理工程（石家庄—北拒马河段）环境影响报告书〉的请示》（冀水规计〔2011〕175号）收悉。经研究，批复如下：

一、该工程位于河北省石家庄市、保定市境内，建设任务是减少因修建南水北调中线一期总干渠工程造成的防洪影响，保障区域防洪安全。主要建设内容为在磁河、放水河、曲逆河中支、曲逆河北支、水北沟等5条大型河渠交叉建筑物下游新建导流堤、护坡护岸等防护工程，在53条排水沟（或坡水区）下游实施沟道开（扩）挖、防护堤岸，局部修建导流堤、护村埝、涵管，以及硬化地面等工程。

该工程是南水北调中线京石段应急供水工程（石家庄—北拒马河段）的防洪恢复性处理工程，符合《南水北调工程总体规划报告》、《关于南水北调中线京石段应急供水工程（石家庄至北拒马河段）初步设计的批复》，以及工程所在河流的防洪规划和南水北调干渠防洪等级要求。工程不利环境影响主要为施工期对水环境、生态等的影响，应全面落实报告书提出的各项防治生态破坏和环境污染的措施，将不利环境影响降至最低。综合考虑各方面因素，我部同意该工程建设。

二、工程建设与运行管理中应重点做好以下工作。

（一）认真落实水环境保护措施。选择枯水期施工，防止河道和岸坡施工对水环境的污染影响；施工产生的废水处理后回用于施工或道路洒水降尘。强化饮用水源保护措施，不得在总干渠饮用水水源一级保护区内设置施工营地、取弃土场、混凝土拌和站、设备和车辆冲洗和维修场地等，严格管理河北省滹沱河地下水水源二级保护区和沙河地下水水源二级保护区内2处工程，建立施工期环境风险应急预案，防止施工活动引发水源污染事件。

（二）严格落实生态保护措施。科学制定施工方案，加强施工管理，严格控制施工场界；合理设置弃土场、弃渣场，施工区表土须剥离，用于复耕或生态恢复。采取水土保持工程和植物措施，重点对渣场、施工临时占地区、施工道路及其影响区进行水土流失治理。合理选择植物种类，及时对施工基地进行生态恢复。

（三）严格落实报告书提出的声环境和环境空气保护措施，重点做好施工区附近和运输道路沿线居民点的噪声和扬尘污染防治工作，防止噪声扰民和扬尘污染。

三、尽快申办南水北调中线京石段应急供水工程（石家庄至北拒马河段）竣工环保验收手续。

四、项目建设必须严格执行环境保护设施与主体工程同时设计、同时施工、同时投产使用的环境保护“三同时”制度，严格落实各项环保措施。项目竣工后，必须按规定程序申请环保设施竣工验收。

五、我部委托华北环境保护督查中心和河北省环境保护厅，分别组织开展该项目“三同时”监督检查和日常监督管理工作。你厅应在收到本批复20个工作日内，将批复后的环境影响报告书分别送我部华北环境保护督查中心、河北省环境保护厅以及石家庄市、保定市环境保护局。

环境保护部

二〇一二年五月十六日

国务院南水北调工程建设委员会办公室

关于印发南水北调中线生态文化旅游产业带规划纲要的通知

（国调办综〔2012〕248号）

北京、天津、河北、河南、湖北省（市）南水北调办、文化厅（局）、旅游局（委），南水北调中线各项目法人单位：

南水北调是世界上最大的调水工程，是中华民族发展史上具有里程碑意义的大型人工建筑物。依托南水北调中线工程，充分挖掘工程蕴含的景观价值和文化内涵，融合周边生态、文化、旅游资源，打造精品旅游线路，建设生态文化旅游产业带，带动相关产业增长，对促进当地经济社会发展、造福为工程建设做出奉献牺牲的库区及沿线人民群众、宣传和展示南水北调工程建设的伟大成就、弘扬和传承中华民族的优秀文化都具有十分重大的意义。

当前，我国正处于文化大繁荣、旅游大发展的有利时机。南水北调工程建成后，必将引起全世界的关注，形成强大的知名度和品牌吸引力。工程周边富集的旅游文化资源、日益增长的消费需求、发达的交通网络以及快速发展的城镇化等因素为南水北调中线生态文化旅游产业带（以下简称中线旅游带）建设提供了诸多优越条件。中线各级地方政府利用“南水北调”品牌发展当地生态文化旅游产业的积极性非常高，已陆续编制了相关旅游发展规划。为了在中线全线范围内促进、指导和统筹做好中线旅游带建设，国务院南水北调办、国家旅游局、文化部在共同调研的基础上，组织编制了《南水北调中线生态文化旅游产业带规划纲要》（以下简称《规划纲要》）。

《规划纲要》提出了中线旅游带建设的指导思想、规划目标和基本原则，将其定位于“世界最大调水工程，国家生态战略屏障，中华历史文化富集地，中国一流旅游目的地”；确定了丹江口大坝、陶岔渠首、穿黄工程、团城湖等12处工程景观节点，初步编制了各景观节点的规划要点，规划了以工程景观为核心吸引物、融合周边旅游文化资源形成的12个特色旅游圈；通过生态带建设和现有的交通网络将各旅游圈串连形成中线旅游带，在南水北调的统一品牌下开展区域统筹协调和分工协作，促进周边旅游资源的开发、文化资源的融合利用和生态种养殖业的发展。

《规划纲要》作为指导中线工程项目法人和地方政府建设生态文化旅游产业带的总体性规划，明确了各有关部门、地方政府和项目法人的职责分工。规划实施可援用国家近年来已出台的关于支持旅游、文化、水利等方面的政策措施。

《规划纲要》明确，国务院南水北调办主要负责中线旅游带建设的总体规划和组织，指导、协调中线各项目法人做好工程景观节点及其内部配套服务设施的设计、施工和运行管理，监督做好中线水质保护和工程运行安全管理工作；国家旅游局主要负责指导中线工程景观节点与周边的旅游景点融合形成旅游圈，打造旅游品牌，开发旅游市场，形成精品旅游线路；文化部主要负责指导中线工程及周边文化资源的挖掘、融合和提升，形成具有文化内涵的旅游特色品牌，加强文化与旅游的结合。

中线各项目法人要根据《规划纲要》精神，认真开展必要的专题论证和前期工作，做好工程景观节点及其配套服务设施的设计、施工和建设管理工作；充分利用工程景观、水生态环境等资源优势，依托当地政府，扩大投融资渠道，吸引社会资本参与旅游景观的开发建设和运营管理；在运行管理过程中遵守国家有关法律法规要求，制定相关管理制度，确保中线水质和工程运行安全。

中线沿线北京、天津、河北、河南、湖北5省（直辖市）地方政府和有关部门可参考《规划纲要》内容，结合本地区实际情况制定相关旅游圈实施计划，改善交通路网，开发旅游产品，拓宽旅游市场，积极发展当地旅游文化产业；《规划纲要》建议将以南水北调为品牌的旅游圈实施计划纳入各级地方旅游、文化发展规划及国民经济和社会发展年度计划组织实施。

现将《规划纲要》印发给你们，请各有关单位根据《规划纲要》精神和职责分工开展相关工作。

附件：南水北调中线生态文化旅游产业带规划纲要（略）

国务院南水北调工程建设委员会办公室
文化部
国家旅游局
二〇一二年十月二十日

关于南水北调工程村道和机耕道跨渠桥梁维护费补助有关意见的函

（国调办投计函〔2012〕68号）

河北、江苏、山东、河南省人民政府：

按照国务院南水北调办、交通运输部、发展改革委、财政部联合印发的《关于南水北调工程跨渠桥梁建设与管理有关意见的函》（国调办建管函〔2008〕31号）的要求，为做好南水北调工程沿线村道和机耕道跨渠桥梁验收和移交管理工作，保障跨渠桥梁畅通和南水北调工程输水安全，现就南水北调工程通水后村道和机耕道跨渠桥梁维护费补助问题提出以下意见：

一、南水北调工程村道和机耕道跨渠桥梁，通水前维护费由地方政府承担，通水后维护费由南水北调工程项目法人给予适当补助，计入工程运行成本。

二、南水北调工程村道和机耕道跨渠桥梁按《公路桥涵设计通用规范》（JTG D60—2004）进行分类。维护费补助（含日常养护、小修保养、桥梁检查）标准分别为：大桥7500元/（年·座），中桥6000元/（年·座），小桥和涵洞4500元/（年·座）。

三、南水北调工程村道和机耕道跨渠桥梁的养护管理单位，由各省交通运输主管部门配合涉养县级人民政府按照《农村公路管理养护体制改革方案》（国办发〔2005〕49号）确定，具体负责桥梁的养护管理。

四、南水北调工程村道和机耕道跨渠桥梁的维护费用补助申请由桥梁养护管理单位提出，并报省交通运输主管部门。省交通运输主管部门对所辖行政区域内所有村道和机耕道跨渠桥梁的维护费用申请进行初审、汇总后，报南水北调工程项目法人审核确认。

五、南水北调工程村道和机耕道跨渠桥梁维护费使用的具体操作方式，由各省交通运输主管部门与南水北调工程项目法人商定。

六、南水北调工程村道和机耕道跨渠桥梁维护费补助实行专账核算，专款专用。

国务院南水北调工程建设委员会办公室

交通运输部

国家发展和改革委员会

财政部

二〇一二年十二月三日

关于成立国务院南水北调办南水北调东、中线一期工程通水验收工作领导小组的通知

（国调办建管〔2012〕34号）

各省（直辖市）南水北调办公室（建管局），各项目法人：

为加强南水北调东、中线一期工程通水验收工作的组织领导，经研究，决定成立国务院南水北调办南水北调东、中线一期工程通水验收工作领导小组（以下简称“通水验收领导小组”），通水验收领导小组下设办公室。现将有关事项通知如下：

一、通水验收领导小组人员组成

组　长：张　野　国务院南水北调办副主任

副组长：沈凤生　国务院南水北调办总工程师

李鹏程　国务院南水北调办建设管理司司长

成　员：卢胜芳　国务院南水北调办综合司巡视员兼副司长

王　平　国务院南水北调办投资计划司副巡视员

谢义彬　国务院南水北调办经济与财务司副司长

王松春　国务院南水北调办建设管理司巡视员兼副司长

刘国华　国务院南水北调办环境保护司副司长

张景芳　国务院南水北调办征地移民司副司长

皮　军　国务院南水北调办监督司副司长

李　勇　南水北调工程设计管理中心主任

二、通水验收领导小组主要职责

1. 研究决定南水北调东、中线一期工程通水验收中的重大事项；

2. 部署、指导南水北调东、中线一期工程通水验收工作；

3. 协调专项验收进度；

4. 完成办领导交办的其他工作。

三、通水验收领导小组办公室及主要职责

通水验收领导小组办公室设在建设管理司。办公室主任由建设管理司司长李鹏程担任，副主任由建设管理司巡视员兼副司长王松春、南水北调工程设计管理中心主任李勇担任。办公室人员由建设管理司、南水北调工程设计管理中心有关人员组成。通水验收领导小组办公室主要职责：

1. 承担通水验收领导小组日常工作；

2. 组织开展南水北调东、中线一期工程通水验收工作；

3. 组织编制验收工作计划；

4. 监督落实通水验收领导小组议定事项；

5. 完成通水验收领导小组交办的其他工作。

国务院南水北调工程建设委员会办公室
二〇一二年二月二十三日

关于调整南水北调中线干线工程跨渠桥梁建设协调小组组成人员的通知

（国调办建管〔2012〕42 号）

河北省南水北调工程建设委员会办公室，河南省南水北调中线工程建设领导小组办公室，南水北调中线干线工程建设管理局：

根据工作需要和人员变动情况，决定对南水北调中线干线工程跨渠桥梁建设协调小组组成人员做适当调整。现将调整后的名单通知如下：

组　长：李鹏程　国务院南水北调办建设管理司司长

副组长：苏克敬　国务院南水北调办建设管理司副司长

成　员：王　平　国务院南水北调办投资计划司副巡视员

张景芳　国务院南水北调办征地移民司副司长

宋　伟　河北省南水北调办副主任

庞汉英　河南省南水北调办副主任

曹为民　南水北调中线干线工程建设管理局副局长

井书光　国务院南水北调办建设管理司处长

特此通知。

国务院南水北调工程建设委员会办公室
二〇一二年三月八日

关于2012年度南水北调工程建设“突出重点推进度”的工作意见

（国调办建管〔2012〕52 号）

各项目法人，各有关项目管理单位：

为进一步突出重点，主攻薄弱环节，推动南水北调工程建设全方位提速，现就2012年度突出重点推进度提出如下意见：

一、明确目标任务

（一）重点项目范围

根据2011年工程建设进展和进度管理实际，将受铁路、公路交叉工程影响大，建设环境复杂，工期长的24项工程列为2012年进度管理重点项目，项目名单见附件1。

（二）工程建设目标

影响重点项目建设进度的铁路、公路交叉工程2012年3月31日前全部开工，并严格按照合同工期和年度节点目标实施；制约重点项目建设的专项设施2012年6月30日前全部完成迁建；全面完成重点项目2012年度工程建设任务，实现节点目标。

（三）进度管理目标

细化重点项目进度管理，严格控制项目各阶段形象进度节点目标，狠抓施工工序衔接和环节转换，畅通信息渠道，强化监督和管理责任，严格奖惩措施，实现工程建设目标。国务院南水北调办监管到月；项目法人（含委托建设管理单位，下同）管理到旬；现场建管机构控制到施工循环；施工、监理等参建单位量化控制到工序。

二、建立目标责任体系

建立进度管理目标、技术方案、管理措施相匹配的进度目标管理网络，严格落实责任。

（一）建立项目法人进度目标责任体系

1. 细化重点项目建设目标

项目法人要拟定重点项目建设总体进度计划和年度计划，按月、分标段细化工程建设各阶段目标，明确节点目标、关键线路、关键循环、关键工序。重点项目建设目标分解格式见附件2。

2. 建立项目法人组织管理目标责任体系

项目法人要建立健全进度目标责任制和责任追究制，按照进度计划和目标，逐级明确本单位主要负责人、分管负责人，项目建设管理单位主要负责人、分管负责人，现场机构主要负责人、分管负责人，派驻标段人员的进度管理责任，并督促落实。项目法人组织管理目标责任体系格式见附件3。

3. 建立项目法人技术管理目标责任体系

项目法人要建立工程建设技术（含设计变更）方案、技术预案编制、审核（审查）的目标责任体系，明确各阶段节点时间及工作质量目标，并逐级分解到项目法人主要技术负责人、项目建设管理单位主要技术负责人、分管技术负责人，现场机构主要技术负责人、分管负责人。项目法人技术管理目标责任体系格式见附件4。

4. 建立项目法人环境保障目标责任体系

各项目法人要加强过程监管，明确合同变更、征迁、资金支付等重点工作阶段节点目标，落实责任人。项目法人环境保障目标责任体系格式见附件5。

项目法人要将目标责任体系以设计单元工程为单位编集成册并实施动态管理，首次成册工作应于2012年3月31日前完成。

（二）建立参建单位进度目标责任体系

1. 细化重点项目标段建设目标

施工、监理单位要根据合同、项目法人进度计划，拟定标段工程进度总体计划、年度计划、月计划、循环计划，明确节点目标、关键线路，细化关键线路施工循环、工序及工序衔接控制。设计、监理单位要拟定保障工程计划及目标实现的供图和技术支持时间及工作质量目标（计划）。标段建设目标分解格式见附件6。

2. 建立施工组织管理目标责任体系

施工、监理、设计等参建单位要建立健全进度目标责任制和责任追究制，按照进度计划和目标，逐级落实参建单位法人代表、分管负责人、部门负责人、现场负责人、专业负责人进度管理责任。参建单位组织管理目标责任体系格式见附件7。

3. 建立施工技术管理目标责任体系

施工、监理、设计等参建单位要建立技术方案、技术预案编制和审核的目标责任体系。逐级明确单位主要技术负责人、现场机构主要技术负责人、各专业分管技术负责人的技术管理目标责任。参建单位技术管理目标责任体系格式见附件8。

4. 建立参建单位本部支持现场机构的目标责任体系

施工、监理、设计等参建单位要根据工程建设计划和目标，建立单位本部指导支援现场机构的目标责任体系，明确单位法人代表、分管负责人、部门负责人、现场负责人、专业负责人的责任。参建单位本部支持现场机构目标责任体系格式见附件9。

施工、监理、设计等参建单位要将进度目标责任体系以承建标段为单位编集成册并实施动态管理，首次成册工作应于2012年3月31日前完成。

三、健全工作机制

健全协调有序、运转高效的工作机制。

（一）南水北调办事机构

1. 健全领导督导机制

国务院南水北调办领导带头挂牌督导、定期到重点项目中的风险项目驻点，协调解决影响进度的困难和问题；评价建设计划执行、施工组织、资源投入、资金保障、技术方案、工序协调衔接和建设环境等情况，研究优化工期、加快建设的措施。

省（直辖市）南水北调办公室（建管局）按照职责分工，做好有关领导同志挂牌督导、定期驻点和施工环境保障工作。

2. 健全快速处置机制

统筹发挥国务院南水北调办设计变更、阻工信息快报等快速处置机制作用，及时消除影响工程建设的技术方案、变更的审查审批和阻工问题。

（二）项目法人

1. 建立技术方案快速确定机制

项目法人要建立技术方案变更的快速确定机制。对需要变更的一般技术方案，应当在5日内确定；对需要变更的重大技术方案，应当在10内确定。对需要国务院南水北调办审查审批的技术方案，项目法人应当在15日内提交符合审查质量要求的技术文件，并实行对口跟踪落实责任制。国务院南水北调办按照《关于建立南水北调工程设计变更快速处置机制和控制性工程设计变更现场处理机制的通知》（国调办投计〔2011〕215号）受理并批复。

2. 建立合同变更快速处理机制

按照合同约定，快速处置合同变更问题。相关价差调整工作，按照国务院南水北调办关于价差调整的规定执行。

3. 建立定期会商机制

建立参建单位共同参加的工程进度定期会商机制。现场建管机构每周至少组织会商1次，项目法人每月至少组织会商1次。

4. 建立预案预警机制

现场建管机构要监督协调和保障关键施工循环的正常运转，预先制订措施、方案和响应条件，落实资金等资源，随时启动预案。

5. 建立施工环境快速保障机制

现场建管机构要随时解决影响施工环境的问题。对需要项目法人本部解决的施工环境问题，要在1日内报项目法人本部；对需要工程所在地政府协调解决的施工环境问题，要在1日内报工程所在地政府南水北调办事机构。对需要国务院南水北调办协调解决的问题，项目法人、工程所在地省（直辖市）南水北调办公室（建管局）要在1日内报国务院南水北调办。有关单位接报后，要在3日内确定责任单位、解决时限和督办单位。施工环境问题报告格式见附件10。

（三）参建单位

1. 建立工序衔接保障机制

施工单位、监理单位要明确关键工序、工序衔接及其保证措施，保证关键工序的高效运转。对可能影响工序衔接的问题，要提前研究，超前谋划，确定预案和响应条件，随时启动预案。

设计、监理单位要为关键工序的正常运转提供技术和图纸保障。

2. 建立资源投入保障机制

参建单位要根据合同约定和工程建设要求，投入符合资格条件和数量要求的人员以及相应设备等资源，保障工程有序推进，均衡施工。需要参建单位本部支援的，要在需要支援时间节点的15日前向本单位本部报告。参建单位要建立现场施工资源运转监控体系，实时监控人员和设备运转情况，及时纠正人员、设备不足的问题。

四、强化监督检查

（一）加大抽查力度

国务院南水北调办统筹安排巡查、抽查、飞检、稽察和政府质量监督等资源，抽查工程关键施工循环和工序的计划、落实、衔接、优化情况，发现和纠正问题。每月组织检查组对重点项目标段进展情况进行抽查，抽查标段不少于5个。抽查标段进度计划执行、施工管理、施工资源（人员、设备、资金等）投入、技术方案和预案制定、关键工序落实等情况。对照计划，分析差异，评估风险，纠正偏差。

（二）全面开展巡查

项目法人每月要对重点项目各标段进行1次全面巡查。现场建管机构每旬要对所辖施工标段施工循环进行1次全面检查。监理单位要加强施工旁站，每日要对施工工序、工序衔接执行情况进行检查。

（三）实时监控关键工序

项目法人要积极应用现代科技成果，在重要标段关键工序设置监控设施，实时跟踪工程建设进展情况。

五、畅通信息渠道

建立参建单位、现场建管机构、项目法人、国务院南水北调办四级联动的逐级采集、快速报送的进度信息网络，实时掌控工程建设动态信息。

（一）建立进度信息分级制度

项目法人要每旬逐标段汇总进度信息。现场建管机构要跟踪施工循环轮转情况，详细编制施工循环轮转信息。施工、监理单位要跟踪施工工序执行情况，详细记录施工日志和监理日志。

（二）建立重要信息快速报告制度

对影响工程建设目标的重大事件、可能造成重大设计变更的技术问题、较大以上事故、严重自然灾害、重大社会突发事件，现场建管机构、项目法人要在确认后立即向国务院南水北调办报告。重要信息快速报告格式见附件11。

（三）强化信息分析评估工作

项目法人要强化信息分析评估，每月分析1次重点项目进度计划执行情况，每月5日前向国务院南水北调办建设管理司报送各重点项目进度评估报告。报告格式见附件12。

国务院南水北调办每月编制1期重点项目建设信息月报。

（四）严格信息报送审核制度

各单位要建立信息报送和审核责任制，落实责任人。对报送虚假信息的，国务院南水北调办将对相关责任单位和负责人、责任人进行严肃处理。

六、严格奖惩措施

项目法人要建立对重点项目实体工程形象进度和关键节点目标完成情况的奖罚机制，并严格对照实施。

国务院南水北调办每季度对重点项目进展情况进行评估和奖惩，相关结果在“中国南水北调网”公告，同时将结果纳入“南水北调工程建设联席会议”处理机制，向住房和城乡建设部、国资委等有关部门通报。对进度严重滞后、影响恶劣的相关责任单位，提请相关部门对责任单位、责任人进行相关资质、资格降级处罚。对管理到位，措施得力，进度全面超前的单位和个人，通报表扬并将结果抄送相关部门。

附件：1. 2012年度南水北调工程进度管理重点项目名单（略）
2. 重点项目建设目标分解体系登记表（略）
3. 项目法人组织措施目标责任体系登记表（略）
4. 项目法人技术管理目标责任体系登记表（略）
5. 项目法人环境保障目标责任体系登记表（略）
6. 重点项目标段工程建设目标分

解体系登记表（略）

7. 参建单位组织措施目标责任体系登记表（略）

8. 参建单位技术方案目标责任体系（略）

9. 参建单位本部支援现场目标责任体系登记表（略）

10. 南水北调施工环境问题报告表（略）

11. 南水北调重点项目重要信息报告表（略）

12. 南水北调工程重点项目进度月报编写大纲（略）

国务院南水北调工程建设委员会办公室

二〇一二年三月二十三日

关于成立南水北调东线一期工程通水目标保障领导小组的通知

（国调办建管〔2012〕270号）

江苏省南水北调办、山东省南水北调建管局、江苏水源公司、山东干线公司、淮委建设局、机关各司、各直属单位：

为加强领导，保证南水北调东线一期工程通水工作目标的顺利实现，经国务院南水北调办主任办公会研究，决定成立南水北调东线一期工程通水目标保障领导小组（以下简称“通水领导小组”）及办公室（以下简称“通水领导小组办公室”）。有关事项通知如下：

一、通水领导小组的主要职责

1. 研究决定东线一期工程实现通水目标相关重大事项；

2. 部署、指导南水北调东线一期工程通水相关工作；

3. 审查东线工程全线通水方案和各种应急预案及防范措施；

4. 完成国务院南水北调办确定的其他工作。

通水领导小组原则上每月中旬召开一次全体会议，必要时可邀请有关部门和单位参加。

二、通水领导小组组成

组　长：鄂竟平　国务院南水北调办主任

副组长：张　野　国务院南水北调办副主任

成　员：沈凤生　国务院南水北调办总工程师

程殿龙　国务院南水北调办综合司司长

李新军　国务院南水北调办投资计划司司长

朱卫东　国务院南水北调办经济与财务司司长

李鹏程　国务院南水北调办建设管理司司长

赵登峰　东线运行管理机构筹备组组长

石春先　国务院南水北调办环境保护司司长

袁松龄　国务院南水北调办征地移民司司长

刘春生　国务院南水北调办监督司司长

李　勇　国务院南水北调办设管中心主任

吕振霖　江苏省南水北调办主任

孙义福　山东省南水北调建管局局长

邓东升　江苏水源公司董事长

王祖利　山东干线公司董事长

陈光临　淮委建设局局长

三、通水领导小组办公室组成及主要职责

通水领导小组办公室成员由通水领导小

组各成员单位有关负责同志和工作人员（由各单位选派）组成，日常工作由建设管理司承担。

（一）办公室主要职责

1. 承担通水领导小组的日常工作；

2. 组织开展东线一期工程通水具体工作，研究提出需通水领导小组研究决策的重大事项建议，并承担重大事项研究、信息报送和会议组织等具体工作落实；

3. 协调指导相关单位做好制订全线通水方案和运行安全预案；

4. 落实通水领导小组的议定事项；

5. 完成通水领导小组交办的其他事项。

（二）办公室组成

主　任：张　野　国务院南水北调办副主任

副主任：李鹏程　国务院南水北调办建设管理司司长

赵登峰　东线运行管理机构筹备组组长

成　员：卢胜芳　国务院南水北调办综合司副司长

王　平　国务院南水北调办投资计划司副司长

谢义彬　国务院南水北调办经济与财务司副司长

王松春　国务院南水北调办建设管理司副司长

徐子恺　国务院南水北调办环境保护司副司长

张景芳　国务院南水北调办征地移民司副司长

皮　军　国务院南水北调办监督司副司长

刘　岩　国务院南水北调办设管中心副主任

张劲松　江苏省南水北调办副主任

罗　辉　山东省南水北调建管局副局长

刘　军　江苏水源公司副总经理

周黎明　山东干线公司副总经理

闪　黎　淮委建设局总工程师

四、其他要求

东线沿线各项目法人（建设管理单位）组建专门机构负责本单位通水工作的领导和具体实施，并加大管理力度，督促、协调各责任单位加快完成相关工作。

国务院南水北调工程建设委员会办公室

二〇一二年十二月四日

关于加强南水北调工程质量关键点监督管理工作的意见

（国调办监督〔2012〕297号）

各省（直辖市）南水北调办（建管局），监管中心，稽察大队，各项目法人：

南水北调工程质量关键点是指对工程安全有严重影响的工程关键部位、关键工序、关键质量控制指标。质量关键点一旦出现严重质量问题，将不但影响工程建设进度，也给工程建成后的运行带来严重隐患。因此，各单位务必要高度重视质量关键点质量管理，采取切实有效措施防范和避免工程质量问题。

为加强质量关键点监督管理工作，现提出如下意见。

一、质量关键点

根据南水北调工程建设实际情况，现确定在建渠道、渡槽、倒虹吸、水闸、跨渠桥梁等5类工程的11处关键部位、15项关键工序、16个关键质量控制指标为质量关键点（见附件1）。

二、管理责任

（一）项目法人对质量关键点质量管理负总责。要负责细化在建设计单元工程各施工标段的质量关键点，确定参建单位质量关键点负责人和责任人；建立质量关键点质量管理目标责任制；定期对质量关键点开展专项检查；建立质量关键点专项工作档案；及时报告质量关键点质量信息（见附件2）。

（二）建设管理单位履行项目法人现场管理职责。要负责组织监理、设计、施工等单位落实质量关键点质量管理责任；检查质量关键点质量情况；对发现的质量问题限期组织整改。

（三）监理单位对质量关键点质量负监理责任。要负责监督检查设计、施工单位质量关键点质量管理责任履行情况；必须对质量关键点关键工序实施旁站监理；每周分析质量关键点质量管理情况，组织提出防范质量问题的专项措施。

（四）设计单位对质量关键点质量负设计责任。要按设计要求强化质量关键点的设计交底，及时处理质量关键点设计技术问题。

（五）施工单位对质量关键点质量负直接责任。要负责落实质量关键点的负责人和责任人；细化质量关键点施工方案；制定质量关键点关键工序质量保证措施、施工作业指导书；培训施工作业人员。

三、监督检查

（一）国务院南水北调办、省（直辖市）南水北调办（建管局）负责对质量关键点实施监督管理，组织质量监督检查、质量认证和质量问题责任追究；每月分析汇总质量关键点质量管理情况，及时督促解决质量关键点质量管理问题。

（二）南水北调工程建设监管中心负责组织质量监督站每月对质量关键点实施一次巡查，组织专项稽察；督促责任单位对质量关键点质量问题进行整改；建立质量关键点质量巡查、专项稽察工作档案。

（三）南水北调工程建设稽察大队把质量关键点列为质量飞检的重点；建立质量关键点质量问题零报告制度；跟踪复查质量关键点质量问题整改；建立质量关键点质量飞检工作档案。

（四）质量关键点关键质量控制指标不符合设计要求和两次以上出现质量问题的施工标段，将被列为国务院南水北调办、省（直辖市）南水北调办（建管局）重点监管标段。国务院南水北调办、省（直辖市）南水北调办（建管局）实施挂牌专项监管，高频检查。

四、问题认定

（一）未严格履行质量关键点管理责任、未按照设计要求和技术标准组织关键工序施工的责任单位，其行为属严重质量管理违规行为。

（二）质量关键点关键质量控制指标不符合设计要求，其工程质量属严重质量缺陷或事故。

五、责任追究

（一）对质量关键点质量问题责任单位及质量关键点责任人和负责人，依据《南水北调工程质量问题责任追究管理办法》予以加重一级责任追究。

（二）对质量关键点两次以上出现质量问题的责任单位，由项目法人责成责任单位负责人驻场组织质量问题整改，直至质量问题整改到位。

六、信息管理

各有关单位要加强质量关键点质量检查信息管理，建立信息月报制度（见附件3），每月5日前报送国务院南水北调办。

附件：1. 南水北调工程质量关键点（略）
2. 南水北调设计单元工程质量关键点信息表（略）
3. 南水北调工程质量关键点质量管理检查表（略）

国务院南水北调工程建设委员会办公室
二〇一二年十二月二十八日

关于印发《南水北调办贯彻落实建委会第六次全体会议和2012年建设工作会议精神重点工作分工意见》的通知

（综综合〔2012〕48号）

机关各司、各直属事业单位：

经办领导同意，现将《南水北调办贯彻落实建委会第六次全体会议和2012年建设工作会议精神重点工作分工意见》印发，请按分工意见认真贯彻落实。

所列63项重点工作，全部纳入督办考核。

附件：南水北调办贯彻落实建委会第六次全体会议和2012年建设工作会议精神重点工作分工意见（略）

国务院南水北调工程建设委员会办公室综合司

二〇一二年五月三日

关于加强南水北调工程运行管理队伍培训工作的指导意见

（综建管〔2012〕90号）

各项目法人，有关省（直辖市）南水北调办（建管局）：

根据建委会确定的南水北调东线一期工程2013年底通水，中线一期工程2014年汛后通水目标，当前，工程建设已进入倒计时阶段。为充分做好通水前的各项准备工作，保障工程安全高效运行，确保通水目标如期实现和调水效益充分发挥，现就加强运行管理队伍培训工作提出如下意见：

一、充分认识运行管理队伍培训的重要性和紧迫性

运行管理队伍培训是培养合格运行管理队伍的必经途径，是保障工程安全高效运行的重要基础，是提高工程运行管理水平的重要保证，是实现工程如期通水的重要前提。当前，东、中线一期工程建设已进入关键阶段，抓好运行管理队伍培训工作已迫在眉睫。各有关单位要从南水北调工程运行管理的全局出发，充分认识运行管理队伍培训的重要性和必要性，高度重视并超前谋划培训的各项工作。要切实增强责任感和紧迫感，狠抓落实，确保运行管理队伍培训任务的完成，为南水北调东、中线一期工程如期通水做好充分准备。

二、加强组织，明确责任，统筹兼顾，增强实效

各有关单位要加强运行管理队伍培训的组织工作，周密部署，精心安排。各单位主要负责同志应亲自抓运行管理培训工作，并明确相关的组织实施部门和具体负责人。要结合工程运行管理的特点和实际情况，统筹兼顾，处理好工程建设与长期运行管理的关系，做好工程建设与运行管理的衔接工作。要突出重点，确保培训工作取得实效。

三、运行管理队伍培训工作的有关要求

（一）坚持理论联系实际

在培训工作中，要始终坚持理论联系实际，把理论与实践、培训与应用、学习和工作实际紧密结合起来。对于已投入运行的工程，要把培训工作的重点放在解决工程运行管理中存在的问题和不足上，通过培训提高认识，解决问题，促进运行管理水平不断提高。

（二）制定培训计划

各有关单位要根据工程运行管理的特点，分析研究运行管理队伍的培训需求，制定周密的培训规划。要根据东、中线工程不同的工程类别和管理模式，结合各自的实际情况，研究制定有针对性的运行管理队伍培训实施计划，确保行之有效。

（三）加强政策法规和技术规程学习

南水北调工程的运行管理具有政策性强和专业水平要求高的特点。在培训中，一方面要加强法律法规和国家关于南水北调工程管理有关政策的学习，提高对政策法规的理解和掌握。另一方面要加强《南水北调工程渠道运行管理规程》、《南水北调工程泵站管理规程》等专业技术标准和规程的学习，掌握工程运行管理的理论知识和基本技能，保障工程安全高效运行。同时要加强社会公共管理知识的学习，正确处理相关事务。要认真学习借鉴国内外大型调水工程的管理经验，取长补短，不断提高工程运行管理水平。

（四）加强培训考核工作

在培训过程中，要加强培训考核工作，确保培训达到预期效果。要根据不同的运行管理岗位，科学合理制定考核内容和考核标准。要特别加强对现地运行管理单位一线运行人员的技术培训考核，确保运行管理队伍的素质满足工程运行管理的需要，为工程安全高效运行提供保障。要坚持考核合格才能上岗，坚决杜绝不通过培训就上岗的行为发生。

国务院南水北调工程建设委员会办公室综合司

二〇一二年九月七日

国务院南水北调工程建设委员会办公室重要文件一览表

序号	文 件 名	文 号	发布日期
1	关于印发《2012年南水北调宣传工作实施方案》的通知	国调办综〔2012〕2号	2012年1月4日
2	关于印发《国务院南水北调办机关信访工作实施方案》的通知	国调办综〔2012〕56号	2012年3月23日
3	关于南水北调中线干线待运行期运行管理机构编制的批复	国调办综〔2012〕251号	2012年10月30日
4	关于成立国务院南水北调办定点扶贫工作领导小组的通知	国调办综〔2012〕286号	2012年12月20日
5	关于南水北调东线一期二级坝泵站工程水泵叶轮中心安装高程有关事宜的复函	国调办投计函〔2012〕8号	2012年2月28日
6	关于南水北调东线一期苏鲁省际工程调度运行管理系统工程初步设计报告的批复	国调办投计〔2012〕20号	2012年2月2日
7	关于南水北调东线一期苏鲁省际工程管理设施专项工程初步设计报告的批复	国调办投计〔2012〕21号	2012年2月2日
8	关于对南水北调东线一期二级坝泵站工程建设管理违规行为通报批评的通知	国调办投计〔2012〕24号	2012年2月8日
9	关于南水北调工程总投资测算有关问题的函	国调办投计函〔2012〕30号	2012年5月24日
10	关于南水北调中线一期工程总干渠潮河段、禹州和长葛段等9个设计单元工程弱及挖深小于15m中膨胀岩（土）渠坡处理变更报告的批复	国调办投计〔2012〕36号	2012年2月28日
11	关于南水北调中线一期工程总干渠河南段分水口门设计变更报告的批复	国调办投计〔2012〕39号	2012年3月5日

续表

序号	文件名	文号	发布日期
12	关于南水北调东线一期梁济运河湖口至对口闸段工程与济宁市地方水生态景观建设工程结合实施设计变更技术方案的批复	国调办投计〔2012〕43号	2012年3月12日
13	关于宁西铁路交叉工程设计变更增加投资解决方案的批复	国调办投计〔2012〕45号	2012年3月13日
14	关于南水北调东线一期皂河一站更新改造工程、皂河二站工程等5个设计单元工程项目管理预算的批复	国调办投计〔2012〕48号	2012年3月19日
15	关于调整丹江口水利枢纽大坝加高工程董营副坝建设征地补偿项目及投资的通知	国调办投计〔2012〕50号	2012年3月21日
16	关于下达南水北调工程2012年第一批投资计划的通知	国调办投计〔2012〕54号	2012年3月23日
17	关于切实加强南水北调工程重大设计变更管理工作的通知	国调办投计〔2012〕59号	2012年3月26日
18	关于南水北调中线一期鲁山南1段工程、郑州1段工程项目管理预算的批复	国调办投计〔2012〕64号	2012年4月1日
19	关于南水北调中线一期工程临城县段梁村明洞变更设计专题报告设计方案的批复	国调办投计〔2012〕69号	2012年4月9日
20	关于南水北调中线一期鲁山南2段工程、邯郸市至邯郸县段工程等4个设计单元工程项目管理预算的批复	国调办投计〔2012〕70号	2012年4月10日
21	关于南水北调东线一期鲁北段小运河输水工程边坡护砌工程设计变更报告的批复	国调办投计〔2012〕83号	2012年4月20日
22	关于南水北调东线一期山东段三座平原水库增设水质监测站设计变更的意见	国调办投计〔2012〕84号	2012年4月20日
23	关于印发《南水北调工程2012年投资计划执行方案》的通知	国调办投计〔2012〕93号	2012年4月26日
24	关于南水北调中线一期宝丰至郏县段工程等10个设计单元工程项目管理预算的批复	国调办投计〔2012〕104号	2012年5月8日
25	关于南水北调东线一期邳州站工程水泵装置设计变更的批复	国调办投计〔2012〕106号	2012年5月14日
26	关于南水北调中线一期工程总干渠石家庄段康庄、岳村桥梁设计变更的批复	国调办投计〔2012〕123号	2012年5月29日
27	关于南水北调中线一期工程总干渠河北至古运河南段过水断面边坡调整设计变更报告的批复	国调办投计〔2012〕124号	2012年5月30日
28	关于南水北调中线一期淅川县段等10个设计单元工程项目管理预算的批复	国调办投计〔2012〕125号	2012年6月1日
29	关于南水北调东线一期济平干渠工程待运行期管理维护方案的批复	国调办投计〔2012〕141号	2012年6月27日

续表

序号	文件名	文号	发布日期
30	关于南水北调中线一期工程总干渠安阳段调减末端60m渠道设计变更的批复	国调办投计〔2012〕146号	2012年6月28日
31	关于南水北调中线总干渠潮河段等9个设计单元工程弱及挖深小于15m中膨胀岩(土)渠坡处理设计变更增加投资解决方案的批复	国调办投计〔2012〕148号	2012年7月9日
32	关于南水北调中线一期工程总干渠陶岔至鲁山段开挖深度小于15m的中膨胀土及部分弱膨胀土渠段边坡加固设计变更和膨胀土表层保护材料设计变更的批复	国调办投计〔2012〕151号	2012年7月12日
33	关于南水北调中线一期工程全线水面线复核分标方案的批复	国调办投计〔2012〕164号	2012年7月25日
34	关于下达南水北调工程2012年第二批投资计划的通知	国调办投计〔2012〕181号	2012年8月1日
35	关于南水北调东线一期济南市区段等3个设计单元工程项目管理预算的批复	国调办投计〔2012〕202号	2012年8月28日
36	关于下达南水北调工程2012年第三批投资计划的通知	国调办投计〔2012〕203号	2012年8月28日
37	关于南水北调中线一期工程总干渠石家庄段康庄、岳村桥梁设计变更增加投资解决方案的批复	国调办投计〔2012〕210号	2012年8月30日
38	关于南水北调中线干线沙河渡槽段等10个设计单元工程2009至2011年价差报告的批复	国调办投计〔2012〕234号	2012年10月16日
39	关于南水北调中线一期丹江口大坝加高工程项目管理预算的批复	国调办投计〔2012〕245号	2012年10月19日
40	关于下达南水北调工程2012年第四批投资计划的通知	国调办投计〔2012〕247号	2012年10月23日
41	关于南水北调中线干线温博段等11个设计单元工程2009至2011年价差报告的批复	国调办投计〔2012〕261号	2012年11月20日
42	关于南水北调中线水源工程供水调度运行管理专项工程初步设计报告的批复	国调办投计〔2012〕262号	2012年11月20日
43	关于南水北调中线一期陶岔至鲁山段膨胀土渠段边坡加固和膨胀土表层保护材料设计变更新增投资解决方案的批复	国调办投计〔2012〕263号	2012年11月20日
44	关于南水北调中线干线工程自动化调度与运行管理决策支持系统优化设计方案的批复	国调办投计〔2012〕266号	2012年11月27日
45	关于下达南水北调工程2012年第五批投资计划的通知	国调办投计〔2012〕267号	2012年11月28日
46	关于南水北调中线干线磁县段等12个设计单元工程2009年至2011年价差报告的批复	国调办投计〔2012〕274号	2012年12月6日
47	关于南水北调中线一期工程总干渠天津干线6个设计单元工程2009年至2011年价差报告的批复	国调办投计〔2012〕275号	2012年12月7日
48	关于南水北调中线干线淅川县段及穿漳、穿黄等14个设计单元工程2009年至2011年价差报告的批复	国调办投计〔2012〕276号	2012年12月10日

续表

序号	文 件 名	文 号	发布日期
49	关于南水北调中线一期陶岔渠首枢纽工程项目管理预算的批复	国调办投计〔2012〕278 号	2012 年 12 月 11 日
50	关于南水北调东线一期穿黄河工程穿引黄渠埋涵出口闸方案设计报告的批复	国调办投计〔2012〕282 号	2012 年 12 月 12 日
51	关于下达南水北调工程 2012 年第六批投资计划的通知	国调办投计〔2012〕285 号	2012 年 12 月 18 日
52	关于使用南水北调中线一期永定河倒虹吸工程基本预备费的批复	国调办投计〔2012〕290 号	2012 年 12 月 24 日
53	关于南水北调东线一期工程江苏境内高水河整治等 9 个设计单元工程项目管理预算的批复	国调办投计〔2012〕291 号	2012 年 12 月 24 日
54	关于南水北调中线一期陶岔渠首枢纽工程 2009 年至 2011 年价差报告的批复	国调办投计〔2012〕296 号	2012 年 12 月 28 日
55	关于南水北调中线一期总干渠与青兰高速连接线交叉工程变更设计报告的批复	国调办投计〔2012〕298 号	2012 年 12 月 28 日
56	关于南水北调设计单元工程完工财务决算编报和投资控制奖惩考核问题的补充通知	国调办经财〔2012〕14 号	2012 年 1 月 30 日
57	关于开展南水北调工程建设资金和征地移民资金使用管理情况自查自纠工作的通知	国调办经财〔2012〕22 号	2012 年 2 月 3 日
58	关于下达 2012 年南水北调工程基金和重大水利工程建设基金支出预算的通知	国调办经财〔2012〕86 号	2012 年 4 月 20 日
59	关于核定南水北调东线一期东平湖—济南段输水工程投资节余及投资控制奖励额度的通知	国调办经财〔2012〕145 号	2012 年 6 月 28 日
60	关于下达 2012 年基本建设贷款中央财政贴息预算(拨款)的通知	国调办经财〔2012〕232 号	2012 年 10 月 15 日
61	关于表彰南水北调系统资金管理工作先进单位和先进个人的通知	国调办经财〔2012〕269 号	2012 年 12 月 3 日
62	关于进一步加强安全生产工作的通知	国调办建管〔2012〕1 号	2012 年 1 月 4 日
63	关于 2012 年继续利用南水北调中线京石段工程向北京应急调水请示的复函	国调办建管函〔2012〕3 号	2012 年 2 月 2 日
64	关于加强南水北调中线一期工程退水闸、分水闸运行管理的通知	国调办建管函〔2012〕6 号	2012 年 2 月 20 日
65	关于南水北调山东段三段渠道管理设施工程有关事项的批复	国调办建管〔2012〕7 号	2012 年 1 月 6 日
66	关于南水北调东线一期东平湖蓄水影响处理工程等四个设计单元工程开工请示的批复	国调办建管〔2012〕8 号	2012 年 1 月 6 日
67	关于印发南水北调设计单元工程完工验收工作计划及任务分工的通知	国调办建管〔2012〕9 号	2012 年 1 月 13 日

续表

序号	文件名	文号	发布日期
68	关于印发南水北调东线一期工程通水验收工作计划及任务分工的通知	国调办建管〔2012〕10 号	2012 年 1 月 13 日
69	关于南水北调东线一期南四湖至东平湖段工程八里湾公路桥和司垓村生产桥委托结合建设请示的批复	国调办建管〔2012〕12 号	2012 年 1 月 17 日
70	关于南水北调泵站工程自动化系统技术规程编制立项的批复	国调办建管〔2012〕23 号	2012 年 2 月 7 日
71	关于南水北调中线京石段应急供水工程河北段防护林工程日常养护管理分标方案的批复	国调办建管〔2012〕26 号	2012 年 2 月 13 日
72	关于南水北调中线汉江兴隆水利枢纽库区浸没治理工程施工监理招标投标有关问题的批复	国调办建管〔2012〕27 号	2012 年 2 月 15 日
73	关于南水北调工程平原水库土工膜防渗技术规程编制立项的批复	国调办建管〔2012〕35 号	2012 年 2 月 29 日
74	关于南水北调中线京石段工程继续向北京应急调水的复函	国调办建管函〔2012〕36 号	2012 年 7 月 9 日
75	关于开展 2011 年度项目法人建设目标考核工作的通知	国调办建管〔2012〕38 号	2012 年 2 月 29 日
76	关于调整南水北调东线一期工程邳州站等工程招标分标方案的批复	国调办建管〔2012〕44 号	2012 年 3 月 13 日
77	关于增加南水北调东线一期工程二级坝泵站工程招标标段的批复	国调办建管〔2012〕55 号	2012 年 3 月 23 日
78	关于《南水北调东线一期工程水量调度方案(试行)(征求意见稿)》征求意见的复函	国调办建管函〔2012〕56 号	2012 年 10 月 19 日
79	关于对南水北调中线干线工程第一批风险项目建设进度进行挂牌督导的通知	国调办建管〔2012〕58 号	2012 年 3 月 26 日
80	关于南水北调中线一期工程京石段应急供水工程北京段其他工程等四个设计单元工程开工请示的批复	国调办建管〔2012〕62 号	2012 年 3 月 31 日
81	关于进一步加强安全生产工作的紧急通知	国调办建管〔2012〕66 号	2012 年 4 月 5 日
82	关于丹江口大坝加高工程变形监测项目建设和大坝表面防护材料采购与施工项目建设分标方案的批复	国调办建管〔2012〕67 号	2012 年 4 月 5 日
83	关于对南水北调东线一期工程水量调度方案(试行)(征求意见稿)再次征求意见的复函	国调办建管函〔2012〕67 号	2012 年 12 月 18 日
84	关于南水北调东线一期江苏境内调度运行管理系统工程开工请示的批复	国调办建管〔2012〕68 号	2012 年 4 月 6 日
85	关于印发《南水北调工程预防施工起重机械脚手架等坍塌事故专项整治工作方案》的通知	国调办建管〔2012〕73 号	2012 年 4 月 13 日
86	关于南水北调中线干线京石段(河北境内)工程 2012 年部分维修养护项目招标分标方案的批复	国调办建管〔2012〕74 号	2012 年 4 月 17 日

续表

序号	文 件 名	文 号	发布日期
87	关于南水北调中线干线2012年度航拍摄影摄像项目招标分标方案的批复	国调办建管〔2012〕75号	2012年4月17日
88	关于南水北调中线干线京石段工程安全监测项目招标分标方案的批复	国调办建管〔2012〕76号	2012年4月17日
89	关于南水北调中线干线工程(京石段以外)变更与索赔审查项目招标分标方案的批复	国调办建管〔2012〕77号	2012年4月18日
90	关于南水北调中线干线工程(京石段以外)投资控制分析报告编制项目分标方案的批复	国调办建管〔2012〕78号	2012年4月18日
91	关于南水北调中线干线惠南庄泵站后勤服务项目招标分标方案的批复	国调办建管〔2012〕85号	2012年4月20日
92	关于印发《国务院南水北调办集中开展安全生产领域"打非治违"专项行动工作方案》的通知	国调办建管〔2012〕94号	2012年4月26日
93	关于表彰南水北调工程安全生产管理先进单位和先进个人的通知	国调办建管〔2012〕95号	2012年4月27日
94	关于南水北调中线一期工程总干渠漳河北至古运河南段穿越既有铁路立交工程分标方案的批复	国调办建管〔2012〕96号	2012年4月27日
95	关于南水北调东线一期工程山东段调度运行管理系统施工5标调整分标方案的批复	国调办建管〔2012〕97号	2012年4月27日
96	关于南水北调中线京石段应急供水工程(石家庄至北拒马河段)永久弃渣场绿化工程委托建设管理的批复	国调办建管〔2012〕102号	2012年5月3日
97	关于南水北调东线一期工程鲁北段输水线路穿越京九铁路等工程拟定施工承包单位的批复	国调办建管〔2012〕103号	2012年5月7日
98	关于进一步加强施工现场安全管理的紧急通知	国调办建管〔2012〕107号	2012年5月18日
99	关于南水北调东线一期鲁北段小运河输水工程边坡护砌工程分标方案的批复	国调办建管〔2012〕108号	2012年5月18日
100	关于做好2012年南水北调工程安全度汛工作的通知	国调办建管〔2012〕127号	2012年6月4日
101	关于丹江口大坝加高工程初期大坝混凝土缺陷检查与处理工程中接入110kV技术措施项目建设管理有关事宜的批复	国调办建管〔2012〕128号	2012年6月8日
102	关于南水北调中线京石段滹沱河等防洪影响处理工程委托建设管理的批复	国调办建管〔2012〕129号	2012年6月8日
103	关于南水北调中线一期工程总干渠漳河北至古运河南段穿越既有铁路交叉工程第三方监控量测分标方案的批复	国调办建管〔2012〕130号	2012年6月11日
104	关于加强南水北调工程重点项目关键事项节点目标管理的通知	国调办建管〔2012〕135号	2012年6月14日
105	关于南水北调中线干线京石段应急供水工程(河北境内)垂直位移观测修复项目分标方案的批复	国调办建管〔2012〕138号	2012年6月21日

续表

序号	文 件 名	文 号	发布日期
106	关于南水北调中线干线京石段应急供水工程(河北境内)闸站建筑及场区维修项目分标方案的批复	国调办建管〔2012〕139 号	2012 年 6 月 21 日
107	关于南水北调中线干线京石段应急供水工程漕河退水闸退水渠水毁处理项目分标方案的批复	国调办建管〔2012〕140 号	2012 年 6 月 21 日
108	关于丹江口大坝加高工程初期大坝混凝土缺陷检查与处理工程中接入 110kV 技术措施项目分标方案的批复	国调办建管〔2012〕142 号	2012 年 6 月 28 日
109	关于南水北调中线干线京石段(河北境内)部分安全保卫项目分标方案的批复	国调办建管〔2012〕143 号	2012 年 6 月 28 日
110	关于南水北调中线一期工程总干渠陶岔渠首至黄河南段新增桥梁分标方案的批复	国调办建管〔2012〕144 号	2012 年 6 月 28 日
111	关于南水北调中线一期工程河南境内运行管理处建筑工程分标方案的批复	国调办建管〔2012〕149 号	2012 年 7 月 10 日
112	关于开展违法分包、转包专项整治工作的通知	国调办建管〔2012〕150 号	2012 年 7 月 11 日
113	关于对南水北调东线一期工程淮安四站工程进行设计单元工程完工验收的通知	国调办建管〔2012〕152 号	2012 年 7 月 12 日
114	关于调整南水北调东线一期工程金宝航道工程分标方案的批复	国调办建管〔2012〕153 号	2012 年 7 月 12 日
115	关于加强南水北调工程建设进度关键事项督办工作的通知	国调办建管〔2012〕183 号	2012 年 8 月 2 日
116	关于开展南水北调中线工程建设进度督导工作的通知	国调办建管〔2012〕185 号	2012 年 8 月 3 日
117	关于南水北调中线一期汉江中下游部分闸站改造工程第二批施工项目第 1、4、5 标段不再招标的批复	国调办建管〔2012〕204 号	2012 年 8 月 28 日
118	关于印发《南水北调东线一期工程淮安四站设计单元工程完工验收鉴定书》的通知	国调办建管〔2012〕206 号	2012 年 8 月 28 日
119	关于印发《南水北调东线一期工程淮安四站设计单元工程完工验收技术性初步验收工作报告》的通知	国调办建管〔2012〕211 号	2012 年 8 月 31 日
120	关于督办中线工程建设进度关键事项的通知	国调办建管〔2012〕212 号	2012 年 9 月 4 日
121	关于调整南水北调东线一期工程洪泽湖抬高蓄水位影响处理工程分标方案的批复	国调办建管〔2012〕222 号	2012 年 9 月 12 日
122	关于大型预应力 U 型预制槽 1:1 原型试验和预应力张拉试验研究项目分标方案的批复	国调办建管〔2012〕223 号	2012 年 9 月 12 日
123	关于南水北调中线一期工程陶岔渠首—古运河南段以及天津干线工程水土保持设施技术评估和环境保护验收调查招标分标方案的批复	国调办建管〔2012〕229 号	2012 年 9 月 28 日
124	关于进一步做好南水北调工程大抓进度专项行动工作的通知	国调办建管〔2012〕230 号	2012 年 9 月 28 日

续表

序号	文　件　名	文　号	发布日期
125	关于修订南水北调工程招标投标相关文件部分条款的通知	国调办建管〔2012〕231 号	2012 年 10 月 12 日
126	关于成立南水北调东、中线一期工程通水（完工）验收专家组的通知	国调办建管〔2012〕233 号	2012 年 10 月 16 日
127	关于对南水北调中线干线工程第二批风险项目建设进度进行挂牌督导的通知	国调办建管〔2012〕243 号	2012 年 10 月 18 日
128	关于对继续从河北应急调水的批复	国调办建管〔2012〕246 号	2012 年 10 月 23 日
129	关于南水北调中线一期工程总干渠焦作 2 段中铝进厂线小型铁路养护设备采购分标方案的批复	国调办建管〔2012〕249 号	2012 年 10 月 24 日
130	关于洪泽湖抬高蓄水位影响处理工程安徽省境内工程不纳入设计单元工程通水验收计划的批复	国调办建管〔2012〕256 号	2012 年 11 月 7 日
131	关于调整南水北调东线一期工程山东段调度运行管理系统施工 3 标分标方案的批复	国调办建管〔2012〕259 号	2012 年 11 月 19 日
132	关于做好南水北调中线京石段工程调水工作的通知	国调办建管〔2012〕260 号	2012 年 11 月 20 日
133	关于进一步加强水泥改性土换填施工的通知	国调办建管〔2012〕264 号	2012 年 11 月 22 日
134	关于南水北调中线干线京石段工程 2012 年向北京第四次通水的批复	国调办建管〔2012〕265 号	2012 年 11 月 27 日
135	关于南水北调中线一期工程天津干线输水箱涵伸缩缝水密性检验技术方案的批复	国调办建管〔2012〕279 号	2012 年 12 月 11 日
136	关于南水北调中线京石段（河北境内）石家庄至保定段工程安全保卫项目招标分标方案的批复	国调办建管〔2012〕280 号	2012 年 12 月 12 日
137	关于南水北调中线天津干线等四个单项工程安全评估项目分标方案的批复	国调办建管〔2012〕281 号	2012 年 12 月 12 日
138	关于印发南水北调东线一期工程通水目标保障工作方案的通知	国调办建管〔2012〕283 号	2012 年 12 月 14 日
139	关于丹江口大坝加高工程董营副坝工程施工标招标失败确定承包人的批复	国调办建管〔2012〕284 号	2012 年 12 月 18 日
140	关于南水北调中线京石段应急供水工程第七标段垃圾填埋处理项目分标方案的批复	国调办建管〔2012〕287 号	2012 年 12 月 21 日
141	关于南水北调东线一期江苏境内工程管理设施专项工程开工的批复	国调办建管〔2012〕288 号	2012 年 12 月 21 日
142	关于南水北调中线干线待运行期管理维护方案编制项目分标方案的批复	国调办建管〔2012〕289 号	2012 年 12 月 24 日
143	关于南水北调中线一期工程总干渠与青兰高速连接线交叉工程招标分标方案的批复	国调办建管〔2012〕294 号	2012 年 12 月 28 日

续表

序号	文 件 名	文 号	发布日期
144	关于南水北调中线干线工程穿黄工程三维数字实景模型及应用研究科技项目招标分标方案的批复	国调办建管〔2012〕295 号	2012 年 12 月 28 日
145	关于南水北调东线一期工程南四湖—东平湖输水与航运结合工程引黄灌区灌溉影响处理工程水土保持工程施工不再招标的批复	国调办环保〔2012〕40 号	2012 年 3 月 6 日
146	关于《丹江口库区(十堰)生态文化旅游发展总体规划(修编)(2012—2030 年)》有关问题的复函	国调办环保函〔2012〕49 号	2012 年 9 月 12 日
147	关于南水北调中线一期工程丹江口水库建设征地移民安置工程环境保护和水土保持(生态修复、水质监测、环境科研部分)初步设计报告的批复	国调办环保〔2012〕205 号	2012 年 8 月 28 日
148	关于对南水北调中线干线工程防护林及绿化工程设计技术导则的批复	国调办环保〔2012〕242 号	2012 年 10 月 18 日
149	关于进一步做好南水北调工程建设临时占地复垦退耕工作的通知	国调办征移函〔2012〕1 号	2012 年 1 月 13 日
150	关于湖北省丹江口水库内安移民占高切坡治理有关问题的复函	国调办征移函〔2012〕9 号	2012 年 3 月 7 日
151	关于丹江口水库建设征地永久界桩测设有关事宜的复函	国调办征移函〔2012〕18 号	2012 年 3 月 22 日
152	关于动用南水北调中线一期工程天津干线天津市 1、2 段工程征迁国控预备费的批复	国调办征移〔2012〕19 号	2012 年 2 月 2 日
153	关于河南省南水北调工程建设耕地占用税有关问题的复函	国调办征移函〔2012〕20 号	2012 年 3 月 27 日
154	关于南水北调中线一期工程河北省文物保护动用国控预备费的批复	国调办征移〔2012〕25 号	2012 年 2 月 10 日
155	关于做好 2012 年南水北调工程征地移民稳定工作的通知	国调办征移〔2012〕33 号	2012 年 2 月 22 日
156	关于做好南水北调工程丹江口水库库底清理工作的通知	国调办征移〔2012〕37 号	2012 年 2 月 28 日
157	关于南水北调中线一期工程丹江口库区湖北省内安移民点高切坡防护规划报告有关意见的复函	国调办征移函〔2012〕43 号	2012 年 8 月 3 日
158	关于南水北调东线一期淮安四站及输水河道工程征迁安置验收申请和工作大纲的批复	国调办征移〔2012〕57 号	2012 年 3 月 23 日
159	关于做好南水北调工程丹江口水库库底清理和验收工作的函	国调办征移函〔2012〕61 号	2012 年 11 月 23 日
160	关于动用漳河北至古运河南段征迁国控预备费解决天津干线廊坊段征迁安置补偿资金缺口的批复	国调办征移〔2012〕61 号	2012 年 3 月 28 日
161	关于解决南水北调中线一期工程天津干线河北段临时用地延期补偿费用的批复	国调办征移〔2012〕105 号	2012 年 5 月 8 日
162	关于河南省南水北调丹江口库区移民安置验收大纲的批复	国调办征移〔2012〕131 号	2012 年 6 月 12 日

续表

序号	文　件　名	文　号	发布日期
163	关于批转南水北调中线一期工程丹江口水库库底清理技术要求的通知	国调办征移〔2012〕132 号	2012 年 6 月 12 日
164	关于动用南水北调中线一期工程总干渠河南段文物保护国控预备费的批复	国调办征移〔2012〕184 号	2012 年 8 月 2 日
165	关于湖北省南水北调中线一期工程丹江口水库移民安置验收大纲的批复	国调办征移〔2012〕200 号	2012 年 8 月 21 日
166	关于进一步做好南水北调工程建设临时用地退还复垦工作的通知	国调办征移〔2012〕224 号	2012 年 9 月 13 日
167	关于动用国控预备费用于丹江口水库建设征地永久界桩测设工作的批复	国调办征移〔2012〕277 号	2012 年 12 月 11 日
168	关于南水北调中线京石段（北京段）PCCP 管道深挖槽段边坡处理增加永久用地的批复	国调办征移〔2012〕292 号	2012 年 12 月 24 日
169	关于进一步加强南水北调工程质量管理工作的通知	国调办监督〔2012〕13 号	2012 年 1 月 18 日
170	关于对 2011 年第四季度南水北调工程建设质量问题责任追究的通知	国调办监督〔2012〕41 号	2012 年 3 月 7 日
171	关于对 2012 年第一季度南水北调工程建设质量问题进行责任追究的通知	国调办监督〔2012〕80 号	2012 年 4 月 19 日
172	关于责成对 2012 年第一季度南水北调工程建设质量问题进行责任追究的通知	国调办监督〔2012〕81 号	2012 年 3 月 23 日
173	关于开展南水北调工程 2012 年度质量集中整治工作的通知	国调办监督〔2012〕82 号	2012 年 4 月 20 日
174	关于加快中线干线工程跨渠桥梁桩柱结合质量问题处理的通知	国调办监督〔2012〕170 号	2012 年 7 月 27 日
175	关于对 2012 年第二季度南水北调工程建设质量问题进行责任追究的通知	国调办监督〔2012〕182 号	2012 年 7 月 31 日
176	关于责成对 2012 年第二季度南水北调工程建设质量问题进行责任追究的通知	国调办监督〔2012〕198 号	2012 年 8 月 6 日
177	关于加强南水北调中线干线高填方渠段工程质量监管工作的通知	国调办监督〔2012〕199 号	2012 年 8 月 21 日
178	关于加强南水北调工程质量监督站管理工作的通知	国调办监督〔2012〕209 号	2012 年 8 月 29 日
179	关于责成河南省南水北调办对 2012 年第三季度南水北调工程建设质量问题进行责任追究的通知	国调办监督〔2012〕235 号	2012 年 10 月 17 日
180	关于责成中线建管局对 2012 年第三季度南水北调工程建设质量问题进行责任追究的通知	国调办监督〔2012〕236 号	2012 年 10 月 17 日
181	关于责成山东省南水北调建管局对 2012 年第三季度南水北调工程建设质量问题进行责任追究的通知	国调办监督〔2012〕237 号	2012 年 10 月 17 日

续表

序号	文件名	文号	发布日期
182	关于对2012年第三季度南水北调工程建设质量问题进行责任追究的通知	国调办监督〔2012〕241号	2012年10月18日
183	关于南水北调中线一期汉江中下游治理工程部分设计单元工程名称和档案分类编号变更的批复	综综合〔2012〕47号	2012年5月3日
184	关于南水北调东线一期洪泽湖抬高蓄水位影响处理工程(安徽省境内)工程档案编号的批复	综综合〔2012〕52号	2012年5月10日
185	关于印发《南水北调中线干线京石段应急供水工程古运河枢纽工程档案专项验收意见》的通知	综综合函〔2012〕65号	2012年3月5日
186	关于印发《南水北调中线干线京石段应急供水工程滹沱河倒虹吸工程档案专项验收意见》的通知	综综合函〔2012〕66号	2012年3月5日
187	关于南水北调中线一期干线工程部分设计单元工程名称和档案分类编号变更的批复	综综合函〔2012〕199号	2012年5月28日
188	关于印发《南水北调东线一期南四湖水资源控制工程杨官屯河闸工程档案专项验收意见》的通知	综综合函〔2012〕268号	2012年7月13日
189	关于印发《南水北调东线一期南四湖水资源控制工程大沙河闸工程档案专项验收意见》的通知	综综合函〔2012〕269号	2012年7月13日
190	关于印发《南水北调中线干线京石应急供水工程北拒马河暗渠工程档案专项验收意见》的通知	综综合函〔2012〕322号	2012年8月27日
191	关于印发《南水北调中线干线京石应急供水工程西四环暗涵穿越五棵松地铁站工程档案专项验收意见》的通知	综综合函〔2012〕323号	2012年8月27日
192	关于印发《南水北调中线干线京石应急供水工程北京段下穿铁路立交工程档案专项验收意见》的通知	综综合函〔2012〕324号	2012年8月27日
193	关于印发《南水北调东线一期工程韩庄泵站枢纽工程档案专项验收意见》的通知	综综合函〔2012〕380号	2012年10月22日
194	关于印发《南水北调中线干线京石应急供水工程永定河倒虹吸工程档案专项验收意见》的通知	综综合函〔2012〕450号	2012年12月6日
195	关于印发《南水北调中线干线京石应急供水工程西四环暗涵工程档案专项验收意见》的通知	综综合函〔2012〕451号	2012年12月5日
196	关于南水北调中线一期京石段应急供水工程(北京段)惠南庄—大宁段优化设计勘察设计费的复函	综投计函〔2012〕3号	2012年1月6日
197	关于南水北调东线一期邳州站、睢宁二站工程供电工程建设有关意见的函	综投计函〔2012〕26号	2012年2月9日
198	关于南水北调中线一期工程总干渠叶县段小保安东跨渠公路桥设计变更有关意见的函	综投计函〔2012〕92号	2012年3月21日
199	关于《南水北调中线总干渠高填方渠段洪水影响评价实施方案》有关意见的函	综投计函〔2012〕113号	2012年3月31日

续表

序号	文件名	文号	发布日期
200	关于丹江口水利枢纽大坝加高工程左岸副坝设计变更有关意见的函	综投计函〔2012〕115 号	2012 年 4 月 6 日
201	关于南水北调中线总干渠高填方渠段洪水影响评价有关事宜的复函	综投计函〔2012〕169 号	2012 年 5 月 16 日
202	关于南水北调中线一期工程总干渠宝丰至郏县段新增前石路公路桥设计变更有关意见的复函	综投计函〔2012〕172 号	2012 年 5 月 18 日
203	关于南水北调东线一期洪泽湖抬高蓄水位影响处理工程(安徽省境内)五河泵站等 12 项设计变更的意见	综投计函〔2012〕206 号	2012 年 6 月 1 日
204	关于南水北调东线一期洪泽湖抬高蓄水位影响处理工程淮安境内张福河套闸工程设计变更的复函	综投计函〔2012〕210 号	2012 年 6 月 1 日
205	关于南水北调中线引江济汉工程膨胀土改性方案设计变更的复函	综投计函〔2012〕226 号	2012 年 6 月 15 日
206	关于南水北调中线引江济汉工程施工降水方案设计变更的复函	综投计函〔2012〕227 号	2012 年 6 月 15 日
207	关于南水北调中线一期工程总干渠石家庄市区段大马北公路桥和永年县段前曹庄生产桥设计变更的复函	综投计函〔2012〕228 号	2012 年 6 月 15 日
208	关于南水北调中线一期工程总干渠淅川段吴家堰塘整治工程优化设计的复函	综投计函〔2012〕229 号	2012 年 6 月 15 日
209	关于南水北调中线引江济汉东荆河节制工程黄家口橡胶坝设计变更的复函	综投计函〔2012〕230 号	2012 年 6 月 15 日
210	关于南水北调中线一期工程总干渠邢台市区段南环桥和张东村桥设计变更的复函	综投计函〔2012〕236 号	2012 年 6 月 20 日
211	关于南水北调中线一期工程总干渠初步设计技术规定编制工作经费有关意见的函	综投计函〔2012〕285 号	2012 年 7 月 26 日
212	关于南水北调东线一期姚楼河闸等 5 个设计单元工程使用基本预备费有关事宜的复函	综投计函〔2012〕328 号	2012 年 8 月 30 日
213	关于济南市利用田山泵站经济平干渠向玉清湖水库补水工程有关事宜的复函	综投计函〔2012〕354 号	2012 年 9 月 25 日
214	关于南水北调东线一期江苏段调度运行管理系统通水应急调度实施方案的复函	综投计函〔2012〕355 号	2012 年 9 月 25 日
215	关于南水北调东线一期泗阳站改建工程泵站站址优化设计变更有关事宜的复函	综投计函〔2012〕361 号	2012 年 9 月 27 日
216	关于建设南阳新区黄河路跨渠桥梁和加宽陶岔渠首下游公路桥有关事宜的复函	综投计函〔2012〕370 号	2012 年 10 月 12 日
217	关于南水北调中线一期工程总干渠安阳段活水村北公路桥设计变更有关事宜的复函	综投计函〔2012〕388 号	2012 年 10 月 29 日

续表

序号	文 件 名	文 号	发布日期
218	关于南水北调东线洪泽湖抬高蓄水位影响处理工程(安徽省境内)投资控制有关事宜的复函	综投计函〔2012〕406 号	2012 年 11 月 6 日
219	关于南水北调中线干线工程鹤壁段新建跨渠桥梁有关事宜的复函	综投计函〔2012〕453 号	2012 年 12 月 6 日
220	关于南水北调中线一期工程总干渠宝丰郏县段赵庄分水口门设计变更的复函	综投计函〔2012〕454 号	2012 年 12 月 6 日
221	关于同意使用南水北调中线西四环暗涵等 3 个设计单元工程基本预备费的函	综投计函〔2012〕455 号	2012 年 12 月 7 日
222	关于开展南水北调中线一期陶岔渠首枢纽工程电灌站技术复核有关工作的通知	综投计函〔2012〕468 号	2012 年 12 月 17 日
223	关于南水北调东线一期金湖站工程淮河入江水道西偏泓套闸拆建工程设计变更的复函	综投计函〔2012〕471 号	2012 年 12 月 18 日
224	关于调整南水北调东线一期高水河整治工程部分项目的复函	综投计函〔2012〕472 号	2012 年 12 月 18 日
225	关于南水北调东线一期江苏境内工程部分新增建设内容的复函	综投计函〔2012〕473 号	2012 年 12 月 18 日
226	关于南水北调东线一期韩庄运河段水资源控制工程峄城大沙河橡胶坝工程设计变更的复函	综投计函〔2012〕474 号	2012 年 12 月 18 日
227	关于南水北调东线一期工程沿运闸洞漏水处理工程部分项目调整的复函	综投计函〔2012〕489 号	2012 年 12 月 25 日
228	关于印发《国务院南水北调办实施公务卡强制结算目录办法》的通知	综经财〔2012〕3 号	2012 年 1 月 16 日
229	关于印发国务院南水北调工程建设委员会办公室安全生产领导小组和南水北调工程建设重特大事故应急处理领导小组第十一次全体会议纪要的通知	综建管〔2012〕13 号	2012 年 2 月 10 日
230	关于印发《南水北调中线干线工程跨渠桥梁建设协调小组第三次会议纪要》的通知	综建管〔2012〕28 号	2012 年 3 月 2 日
231	关于印发国务院南水北调办南水北调东、中线一期工程通水验收工作领导小组第一次全体会议纪要的通知	综建管〔2012〕43 号	2012 年 4 月 20 日
232	关于印发南水北调工程建设进度(第五次)协调会纪要的通知	综建管〔2012〕49 号	2012 年 5 月 7 日
233	关于进一步做好南水北调工程建设工程款和农民工工资支付工作的通知	综建管函〔2012〕52 号	2012 年 3 月 2 日
234	关于对安全生产检查发现问题进行整改的通知	综建管函〔2012〕53 号	2012 年 3 月 2 日
235	关于印发南水北调中线潮河段和郑州 2 段工程建设座谈会纪要的通知	综建管〔2012〕53 号	2012 年 5 月 14 日

续表

序号	文 件 名	文 号	发布日期
236	关于开展南水北调工程应急预案体系建设情况调查的通知	综建管函〔2012〕62 号	2012 年 3 月 5 日
237	关于印发南水北调中线一期陶岔渠首枢纽工程老闸拆除专题协调会纪要的通知	综建管〔2012〕65 号	2012 年 6 月 26 日
238	关于对南水北调河南境内和湖北境内工程安全生产和度汛检查发现问题进行整改的通知	综建管〔2012〕66 号	2012 年 6 月 26 日
239	关于调整郑州段部分关键事项节点目标的通知	综建管〔2012〕68 号	2012 年 7 月 4 日
240	关于在南水北调工程招标投标活动中开展行贿犯罪档案查询工作的通知	综建管函〔2012〕74 号	2012 年 3 月 8 日
241	关于印发《南水北调中线工程膨胀土(岩)渠段施工协调工作报告(三)》的通知	综建管〔2012〕78 号	2012 年 7 月 25 日
242	关于印发南水北调工程建设进度(第六次)协调会纪要的通知	综建管〔2012〕79 号	2012 年 8 月 1 日
243	关于做好南水北调中线一期工程安全隐患处理工作的通知	综建管〔2012〕87 号	2012 年 9 月 5 日
244	关于开展南水北调工程安全隐患排查工作的通知	综建管〔2012〕88 号	2012 年 9 月 5 日
245	关于印发南水北调中线工程部分现场建管机构建设进度约谈会议纪要的通知	综建管〔2012〕99 号	2012 年 9 月 21 日
246	关于“十二五”国家科技支撑计划“南水北调中线工程膨胀土和高填方渠道建设关键技术研究与示范”项目现场试验实施方案的批复	综建管〔2012〕100 号	2012 年 9 月 24 日
247	关于进一步完善东线一期管理设施专项工程和调度运行管理系统工程实施方案和进度计划的通知	综建管〔2012〕105 号	2012 年 9 月 27 日
248	关于进一步做好丹江口大坝加高工程蓄水验收准备工作的通知	综建管〔2012〕106 号	2012 年 10 月 15 日
249	关于调整郑州市新增桥梁建设节点目标的通知	综建管〔2012〕107 号	2012 年 10 月 24 日
250	关于加强南水北调工程冬季施工安全生产工作的通知	综建管〔2012〕108 号	2012 年 11 月 2 日
251	关于印发南水北调中线邯石段风险项目建设进度座谈会纪要的通知	综建管〔2012〕109 号	2012 年 11 月 5 日
252	关于印发南水北调工程建设进度(第七次)协调会纪要的通知	综建管〔2012〕112 号	2012 年 11 月 13 日
253	关于印发《南水北调中线工程膨胀土(岩)渠段和高填方渠段施工技术协调工作报告(二)》的通知	综建管函〔2012〕114 号	2012 年 4 月 5 日
254	关于印发南水北调中线干线工程现场建管机构座谈会纪要的通知	综建管〔2012〕115 号	2012 年 11 月 19 日
255	关于召开南水北调工程建设进度(第五次)协调会的通知	综建管函〔2012〕128 号	2012 年 4 月 17 日

续表

序号	文件名	文号	发布日期
256	关于南水北调中线干线南阳膨胀土试验段工程等6个设计单元工程工期调整请示的复函	综建管函〔2012〕129号	2012年4月18日
257	关于对完工项目加强维护和管理的通知	综建管〔2012〕132号	2012年12月13日
258	关于修编《南水北调中线干线工程预应力设计、施工和管理技术指南》的批复	综建管函〔2012〕157号	2012年5月11日
259	关于建立南水北调工程验收信息报送制度的通知	综建管函〔2012〕200号	2012年5月29日
260	关于南水北调中线一期工程总干渠漳河北至古运河南段穿越既有铁路交叉工程第三方监控量测项目招标有关情况的复函	综建管函〔2012〕335号	2012年9月5日
261	关于建立南水北调中线工程渠首水源地高效生态经济示范区的复函	综环保函〔2012〕102号	2012年3月23日
262	关于对南水北调丹江口水源地保护有关工作意见的复函	综环保函〔2012〕308号	2012年8月13日
263	关于对全国人大农委《进一步搞好南水北调中线工程水源区生态和水质保护工作的几点建议》的复函	综环保函〔2012〕416号	2012年11月12日
264	关于进一步做好南水北调干线工程征迁安置工作的通知	综征移〔2012〕22号	2012年2月16日
265	关于进一步完善南水北调干线工程征迁安置有关审批报备程序的通知	综征移〔2012〕117号	2012年11月26日
266	关于加快南水北调工程丹江口库区移民预备费报批报备工作的通知	综征移〔2012〕123号	2012年12月5日
267	关于进一步做好湖北省内安移民安置点高切坡治理工作的函	综征移函〔2012〕154号	2012年5月11日
268	关于加强丹江口水库移民信访反映情况调查核实工作的函	综征移函〔2012〕165号	2012年5月14日
269	关于开展丹江口库区移民2012年度任务实施进度稽察自查工作的通知	综征移函〔2012〕205号	2012年5月30日
270	关于对湖北省南水北调丹江口库区移民2012年度任务实施进度进行稽察的通知	综征移函〔2012〕276号	2012年7月22日
271	关于进一步做好南水北调工程征地移民稳定工作的通知	综征移函〔2012〕292号	2012年8月1日
272	关于印发湖北省南水北调丹江口库区移民2012年度任务实施进度稽察报告的通知	综征移函〔2012〕315号	2012年8月22日
273	关于河北省南水北调办落实征地拆迁审计意见有关问题的复函	综征移函〔2012〕417号	2012年11月13日
274	关于湖北省南水北调丹江口水库移民后期扶持人口有关事宜的复函	综征移函〔2012〕491号	2012年12月27日
275	关于河南省南水北调丹江口水库移民后期扶持人口有关事宜的复函	综征移函〔2012〕496号	2012年12月28日

续表

序号	文件名	文号	发布日期
276	关于组织开展南水北调跨渠桥梁工程质量检查的通知	综监督〔2012〕61号	2012年6月18日
277	关于对南水北调中线漳河北至古运河南临城段SG12标午河渡槽质量问题进行整改的通知	综监督〔2012〕72号	2012年7月9日
278	关于开展南水北调工程重要建筑物混凝土质量检查的通知	综监督〔2012〕83号	2012年8月27日
279	关于加强南水北调工程举报受理工作的通知	综监督〔2012〕89号	2012年9月5日
280	关于对中线河南段工程检查发现质量问题进行整改通知	综监督〔2012〕119号	2012年12月4日
281	关于对2012年第一季度有关工程质量问题进行整改的通知	综监督函〔2012〕133号	2012年4月19日
282	关于对2012年第二季度有关工程质量问题进行整改的通知	综监督函〔2012〕309号	2012年8月13日
283	关于对2012年第三季度有关工程质量问题进行整改的通知	综监督函〔2012〕379号	2012年10月19日
284	关于建立混凝土建筑物工程质量检查专项档案的通知	综监督函〔2012〕403号	2012年11月4日
285	关于对东线山东境内工程质量专项检查发现问题进行整改的通知	综监督函〔2012〕444号	2012年12月3日
286	关于对陶岔渠首枢纽工程质量专项检查发现问题进行整改的通知	综监督函〔2012〕466号	2012年12月13日

沿线各省（直辖市）

沿线各省(直辖市)重要文件一览表

序号	文件名	文号	发文单位	发布日期
1	关于印发北京市南水北调配套工程2012~2014年行动计划的通知	京调委〔2012〕1号	北京市南水北调工程建设委员会	2012年6月15日
2	关于北京市南水北调配套工程东干渠工程初步设计报告的批复	京规函〔2012〕282号	北京市规划委、市发展改革委	2012年2月17日
3	关于北京市南水北调配套工程团城湖调节池工程初步设计报告的批复	京规函〔2012〕281号	北京市规划委、市发展改革委	2012年2月17日
4	关于北京市南水北调配套工程郭公庄水厂(一期)工程初步设计的批复	市规函〔2012〕530号	北京市规划委、市发展改革委	2012年4月1日
5	关于北京市南水北调配套工程通州支线工程规划方案的批复	京规函〔2012〕836号	北京市规划委	2012年5月23日
6	关于门头沟区城子水厂改扩建工程初步设计的批复	市规函〔2012〕1051号	北京市规划委、市发展改革委	2012年7月20日

续表

序号	文 件 名	文 号	发文单位	发布日期
7	关于北京市第十水厂A厂工程初步设计的批复	市规函〔2012〕1523号	北京市规划委	2012年9月24日
8	关于北京市南水北调配套工程大宁调蓄水库工程环境影响报告书的批复	京环审〔2012〕390号	北京市环保局	2012年9月28日
9	关于南水北调来水调入密云水库调蓄工程环境影响报告书的批复	京环审〔2012〕442号	北京市环保局	2012年11月12日
10	关于批准南水北调来水调入密云水库调蓄工程项目建议书(代可行性研究报告)的函	京发改〔2012〕1911号	北京市发展改革委	2012年11月21日
11	关于重新明确天津市南水北调市内配套工程项目法人的通知	津调水建〔2012〕18号	天津市南水北调办	2012年11月20日
12	市发展改革委关于下达南水北调市内配套工程西河原水枢纽泵站工程2012年固定资产投资计划的通知	津发改投资〔2012〕1213号	天津市发改委	2012年11月2日
13	市发展改革委关于下达天津市南水北调中线滨海新区供水二期工程2012年固定资产投资计划的通知	津发改投资〔2012〕987号	天津市发改委	2012年9月7日
14	关于下达天津市南水北调中线滨海新区供水一期工程2012年固定资产投资计划的通知	津发改投资〔2012〕73号	天津市发改委	2012年2月6日
15	关于天津市南水北调中线滨海新区供水二期工程可行性研究报告的批复	津发改农经〔2012〕366号	天津市发改委	2012年4月20日
16	关于天津市南水北调市内配套工程西河原水枢纽泵站工程可行性研究报告的批复	津发改农经〔2012〕309号	天津市发改委	2012年4月9日
17	关于加强南水北调丹江口库区移民后期帮扶工作的意见	豫政〔2012〕63号	河南省人民政府	2012年7月17日
18	关于对南水北调中线工程郑州段控制性桥梁进行重点监控的通知	豫调〔2012〕1号	河南省南水北调中线工程建设领导小组	2012年6月1日
19	关于对南水北调中线工程河南委托项目部分铁路交叉工程进行监控的通知	豫调〔2012〕4号	河南省南水北调中线工程建设领导小组	2012年7月14日
20	河南省政府移民工作领导小组关于总干渠生产开发资金使用管理指导意见	豫移〔2012〕15号	河南省政府移民工作领导小组	2012年9月6日
21	关于加强和创新移民村(社区)社会管理的指导意见(试行)	豫移〔2012〕30号	河南省人民政府移民工作领导小组	2012年12月5日
22	关于贯彻落实回良玉副总理在河南考察南水北调工程建设时重要指示精神的报告	豫调办〔2012〕133号	河南省南水北调办	2012年10月10日

续表

序号	文件名	文号	发文单位	发布日期
23	关于《丹江口库区及上游水污染防治和水土保持"十二五"规划》实施情况考核办法修改意见的报告	豫调办〔2012〕150 号	河南省南水北调办	2012 年 12 月 3 日
24	关于报送《河南省南水北调中线工程 2012 年继续深入扎实开展"安全生产年"活动实施方案》的报告	豫调办建〔2012〕14 号	河南省南水北调办	2012 年 3 月 29 日
25	关于印发《河南省南水北调工程 2012 年度质量集中整治工作方案》的通知	豫调办建〔2012〕20 号	河南省南水北调办	2012 年 5 月 2 日
26	关于印发《河南省南水北调总干渠与铁路交叉协调会纪要》的通知	豫调办建〔2012〕53 号	河南省南水北调办	2012 年 11 月 20 日
27	关于印发《南水北调中线一期工程总干渠南阳市区段宁西铁路、焦柳铁路交叉工程现场办公会会议纪要》的通知	豫调办投〔2012〕9 号	河南省南水北调办	2012 年 2 月 17 日
28	关于印发《河南省南水北调配套工程下穿总干渠有关问题协调会会议纪要》的通知	豫调办投〔2012〕55 号	河南省南水北调办	2012 年 11 月 23 日
29	关于商请制定老灌河、淇河综合治理方案的函	豫调办移函〔2012〕4 号	河南省南水北调办	2012 年 7 月 14 日
30	河南省南水北调总干渠临时用地使用情况和返还复垦计划台账编制工作指导意见	豫移办〔2012〕128 号	河南省移民办	2012 年 11 月 2 日
31	河南省南水北调总干渠边角地处理指导意见	豫移干〔2012〕229 号	河南省移民办	2012 年 9 月 25 日
32	河南省南水北调中线干线工程建设临时用地复垦管理指导意见	豫移干〔2012〕282 号	河南省移民办	2012 年 12 月 7 日

项目法人单位

项目法人重要文件一览表

序号	文件名	文号	发文单位	发布日期
1	关于印发《周转房的使用及管理办法(修订)》的通知	中线局综〔2012〕031 号	中线建管局	2012 年 7 月 19 日
2	关于印发《南水北调中线干线工程建设管理局重要事项督办办法》的通知	中线局综〔2012〕037 号	中线建管局	2012 年 9 月 10 日

续表

序号	文　件　名	文　　号	发文单位	发布日期
3	关于印发《南水北调中线干线工程建设管理局招标委员会工作规则(修订)》的通知	中线局招〔2012〕008 号	中线建管局	2012 年 1 月 17 日
4	关于印发《南水北调中线干线工程建设管理局招标投标管理办法》的通知	中线局招〔2012〕090 号	中线建管局	2012 年 10 月 1 日
5	关于印发《南水北调中线干线工程在建项目索赔处理指导性意见》的通知	中线局计〔2012〕045 号	中线建管局	2012 年 3 月 16 日
6	关于印发《南水北调中线干线工程技术经济咨询费管理办法(暂行)》的通知	中线局计〔2012〕142 号	中线建管局	2012 年 8 月 27 日
7	关于印发《南水北调中线干线工程基本预备费使用管理办法》的通知	中线局计〔2012〕143 号	中线建管局	2012 年 8 月 27 日
8	关于印发《南水北调中线干线工程重大工程变更与重大索赔项目审查审批管理办法》的通知	中线局计〔2012〕145 号	中线建管局	2012 年 8 月 27 日
9	关于印发《南水北调中线干线在建工程建设承包合同价差调整指导意见》的通知	中线局计〔2012〕148 号	中线建管局	2012 年 9 月 5 日
10	关于印发《南水北调中线一期工程总干渠渠道膨胀土处理施工工程预算定额》的通知	中线局计〔2012〕158 号	中线建管局	2012 年 9 月 14 日
11	关于修订《南水北调中线干线工程档案管理办法》有关条款内容的通知	中线局工〔2012〕207 号	中线建管局	2012 年 11 月 15 日
12	关于印发《南水北调中线干线工程直管(代建)项目质量监控强化措施》的通知	中线局质安〔2012〕086 号	中线建管局	2012 年 10 月 30 日
13	关于印发《南水北调中线干线工程建设管理局各部门(单位)职能配置、内设处室和人员编制规定》的通知	中线局编〔2012〕003 号	中线建管局	2012 年 5 月 9 日
14	关于印发《南水北调中线干线工程建设管理局干部选拔任用办法》的通知	中线局人〔2012〕030 号	中线建管局	2012 年 6 月 13 日
15	关于印发《南水北调中线干线工程建设管理局干部岗位责任制年度考核办法(试行)》的通知	中线局人〔2012〕045 号	中线建管局	2012 年 10 月 10 日
16	关于印发《南水北调中线干线工程现场参建单位建设目标考核奖励实施细则》的通知	中线局财〔2012〕093 号	中线建管局	2012 年 11 月 30 日
17	关于修编《南水北调中线干线工程预应力设计、施工和管理技术指南》的通知	中线局技〔2012〕045 号	中线建管局	2012 年 5 月 17 日
18	关于发布《南水北调中线干线工程防护林及绿化工程设计技术导则(试行)》的通知	中线局移〔2012〕038 号	中线建管局	2012 年 10 月 30 日
19	关于印发《南水北调京石段工程通水(分级)调度运行管理暂行规定》的通知	中线局运〔2012〕020 号	中线建管局	2012 年 4 月 12 日

续表

序号	文件名	文号	发文单位	发布日期
20	关于印发《南水北调中线干线工程待运行期移交接管办法(试行)》的通知	中线局运〔2012〕051 号	中线建管局	2012 年 10 月 11 日
21	关于印发《南水北调京石段工程通水调度运行管理暂行规定》的通知	中线局运〔2012〕057 号	中线建管局	2012 年 11 月 12 日
22	关于印发《南水北调中线干线京石段工程 2012 年通水运行实施方案》的通知	中线局运〔2012〕058 号	中线建管局	2012 年 11 月 16 日
23	关于印发《南水北调中线干线工程运行管理与维护养护相关管理制度及技术标准汇编》的通知	中线局运〔2012〕070 号	中线建管局	2012 年 12 月 27 日
24	关于印发《南水北调中线干线工程自动化调度与运行管理决策支持系统运行维护管理制度、操作规程及标准汇编(试行)》的通知	中线局信息〔2012〕016 号	中线建管局	2012 年 12 月 28 日
25	南水北调中线水源工程合同管理办法(修订)	中水源计〔2012〕217 号	中线水源公司	2012 年 10 月 28 日
26	南水北调中线水源工程建设投资计划管理办法(修订)	中水源计〔2012〕218 号	中线水源公司	2012 年 10 月 28 日
27	南水北调中线水源公司合同项目立项管理办法(修订)	中水源计〔2012〕219 号	中线水源公司	2012 年 10 月 28 日
28	南水北调中线水源工程合同结算管理办法(修订)	中水源计〔2012〕220 号	中线水源公司	2012 年 10 月 28 日
29	南水北调中线水源公司阶段性临时性奖励管理办法	中水源人〔2012〕168 号	中线水源公司	2012 年 8 月 15 日
30	南水北调中线水源有限责任公司公文管理办法(修订)	中水源发〔2012〕270 号	中线水源公司	2012 年 12 月 10 日
31	关于印发《江苏南水北调工程 2012 年度验收工作计划》的通知	苏水源工〔2012〕64 号	江苏水源公司	2012 年 4 月 20 日
32	关于成立江苏省南水北调工程质量集中整治工作领导小组的通知	苏水源综〔2012〕17 号	江苏水源公司	2012 年 4 月 22 日
33	关于印发《山东省南水北调干线工程赶工奖实施办法》的通知	鲁调水企工字〔2012〕40 号	山东干线公司	2012 年 10 月 8 日
34	关于南水北调东线一期工程鲁北段大屯水库等 10 个设计单元工程总体建设方案的批复	鲁调水企计字〔2012〕7 号	山东干线公司	2012 年 3 月 22 日
35	中共湖北省南水北调工程建设管理局党组关于印发《关于进一步加强南水北调廉政风险防控工作的意见》的通知	鄂调水党〔2012〕2 号	湖北省南水北调管理局	2012 年 1 月 10 日

续表

序号	文 件 名	文 号	发文单位	发布日期
36	湖北省南水北调工程建设管理局关于南水北调中线一期兴隆水利枢纽工程下游护坦防淘保护设计变更报告的批复	鄂调水局〔2012〕45号	湖北省南水北调管理局	2012年4月5日
37	湖北省南水北调工程建设管理局关于印发《湖北省南水北调局集中开展安全生产领域“打非治违”专项行动工作方案》的通知	鄂调水局〔2012〕91号	湖北省南水北调管理局	2012年6月8日

CHINA SOUTH-TO-NORTH WATER DIVERSION PROJECT CONSTRUCTION YEARBOOK

陆 考察调研

VISIT AND INSPECTION

国务院南水北调办主任鄂竞平率队赴河南省郑州市中牟县和荥阳市移民安置点慰问移民群众

2012年1月20日，国务院南水北调办主任鄂竞平、副主任蒋旭光一行来到河南省郑州市中牟县和荥阳市移民安置点，亲切看望并慰问丹江口库区移民群众，带去国务院领导对移民百姓新春的慰问和祝福。河南省副省长刘满仓、省委农村工作领导小组副组长何东成陪同慰问。

临近岁末，天空飘起雪花，中牟县姚湾移民新村一派节日气象。该村属南水北调丹江口库区第一批移民村，于2009年8月完成搬迁，安置淅川县金河镇姚湾村256户1082名移民。两个年头过去了，移民群众能否真正稳得住、能发展、可致富，这是鄂竞平最关心的问题。在移民姚飞豹家中，鄂竞平与他们夫妇亲切交谈，一家几口人，在哪里打工，收入如何，还有什么困难。姚飞豹回答说，自己在西安一家企业打工，生活上没有后顾之忧，因为当地政府考虑得十分周到，有问题及时解决，他们十分满意。现在回家坐高铁只需要两个多小时，比以前近多了。鄂竞平向他们拜年，祝愿他家的生活芝麻开花节节高。

移民姚伯祥今年70多岁，身体十分硬朗。鄂竞平与老人家攀谈起来，在这住得习惯吗，家里的地都种上了吗，儿子也在外面打工吗？老人家高兴地一一回答，并且补充说，孙子在村里上小学，和以前相比条件确实好多了，都是党的移民政策好。鄂竞平祝老人家生活幸福，身体安康。

姚湾村搬迁后致力于生产发展，通过不断摸索，走出了一条“以劳务输出为途径，以水产养殖为平台，以高效种植为基础，以特色加工为辅助”的发展道路。在绿意盎然的蔬菜大棚里，村支书姚根怀告诉鄂竞平，目前建设高效温室大棚33座，单季纯收入达15 000元/座，一年可轮种三季。承包给移民户的360亩鱼塘，每户年净收入达5万元以上，全村已有48户家庭加入了村办丝毯协会，进行丝毯编织。鄂竞平听后十分高兴，鼓励他带领移民群众好好干，大胆干，早日奔上致富道路。

荥阳市广武镇丹阳移民新村2011年6月17日完成搬迁，对于淅川县上集镇白石崖、贾沟两个村123户人家来说，这是搬到新家的第一个春节。在新村广场，乡亲们冒着雪花，认真排练着秧歌。村支部活动室里，移民干部挥毫泼墨，喜庆的对联摆了一地。在移民李战芳家，鄂竞平仔细询问，过年准备得如何，下一步有什么打算。李战芳说，村里各项后续帮扶工作陆续展开，生产用地已分配到自己手里。村里正在编制生产发展规划，计划发展10座温室大棚，尽快开展养殖场区建设。看到移民群众从内心流露出来的喜悦，鄂竞平非常欣慰。他说，河南省在移民“搬得出”方面已经取得决定性胜利，下一步关键在移民“能发展、可致富”上下工夫。他希望当地政府继续加大帮扶力度，千方百计地做好移民后期扶持工作，使他们尽快融入当地社会。

当天下午，鄂竞平一行与河南省政府有关方面进行座谈。鄂竞平说，这次河南之行，有四点感动。一是河南省丹江口库区移民父老乡亲可亲朴实。他们为了南水北调工程，舍小家，为大家，做出了巨大牺牲。这更加激励各级干部创造条件，让移民群众满意。二是广大移民干部可敬，令人动容。尤其是基层移民干部，兢兢业业，任劳任怨，不畏艰辛，有的甚至倒在了工作岗位上，把宝贵的生命奉献给了南水北调移民事业。三是各级移民办事机构，协调组织能力强，工作水平高。四是河南省各级党委、政府对移民工作高度重视，精心策划，解决了一个又一个难题，率先提出并实现了“四年任务，两年完成”的工作目标。

鄂竞平说，河南省库区移民工作在各级党委、政府的高度重视下，移民群众的生产生活步入正轨，他们的喜悦真实地挂在了脸上，说明群众对移民工作是满意的。他代表国务院南水北调办，向广大移民群众、移民干部以及各级移民办事机构致以崇高的敬意和衷心的感谢。

鄂竞平指出，2012 年是南水北调工程建设的决战决胜年，河南省肩负着重要的历史使命和责任。针对河南段工程建设，突出重点是抓工程进度。对控制工期工程，国务院南水北调办将挂号督办，希望河南省省委、省政府继续协调支持，团结一致，大力推进工程建设步伐。同时，继续保持高压态势，狠抓工程质量，使工程整体形象有更大改观。针对下一阶段移民工作，要在帮扶上继续下工夫。高度重视移民搬迁扫尾，做到有始有终。认真做好库区清理、验收工作，为丹江口水库提前蓄水做好充分地准备。

国务院南水北调办综合司、征地移民司主要负责同志陪同。河南省水利厅、省南水北调办、省移民办主要负责同志，沿线省辖市、县有关负责人陪同慰问和参加座谈。

国务院南水北调办主任鄂竞平率队检查中线干线黄河以南工程质量

2012 年 5 月 16 ~ 18 日，国务院南水北调办主任鄂竞平率队检查南水北调中线干线黄河以南工程质量。他指出，工程质量管理要继续保持高压态势，质量集中整治要注意抓要害，盯紧关键环节，研究改进质量管理的办法和措施，建立长效机制，建设放心工程。

其间，鄂竞平会见了河南省省委副书记、组织部部长邓凯，就南水北调工程建设交换了意见。河南省副省长刘满仓和河南省省委农村工作领导小组副组长何东成参加会见，并陪同检查。

这次质量集中整治大检查，采用“一带二”的检查方式，即办领导带领一支检查队伍，监管中心组织一支质量监督检查队伍，稽察大队组织一支飞检队伍，分三组在不同标段，采取随机抽查、专家会商、仪器设备现场检测的方式，同时开展检查。各组又分成三个小组，包括土方工程小组、原材料小组、混凝土工程小组，重点检查各参建单位自查自纠开展情况、工程实体质量及质量管理措施。检查组主要关注土方、防渗、永久排水、渠坡衬砌、混凝土浇筑质量、预应力施工、桩基基础、原材料质量等。

鄂竞平一行先后来到叶县 4 标、沙河 3 标、禹长 7 标、新郑南 2 标、荥阳 1 标，认真查看渠道填筑和混凝土浇筑质量，详细询问工程进展，了解参建单位的资源投入情况和目前存在的困难，叮嘱检测人员摸清质量情况，细查工程要害部位。

鄂竞平在检查中反复强调，质量是工程的生命，事关沿线群众生命财产安全。在工程质量管理上一定要继续保持高压态势，对各种违法违规行为实行“零容忍”。要认真落实质量责任终身追究制，对质量问题严格处罚，加大对责任单位及责任人资质、资格处理力度；要加强政府质量监督、专项稽察、检查、审计、举报等各类质量监督检查手段，形成联动机制；要认真落实质量奖罚办法，对关键工序、关键部位实施现场考核与奖罚。各参建单位对现场发现的质量问题要立即整改，并研究工程质量长效机制、技术措施，切实增强质量意识，提升质量管理水平。对影响工程质量的关键环节和关键部位尤其要严管严控，真正把南水北调工程建设成为让党和人民放心满意的优质工程。

国务院南水北调办综合司、投资计划司、建设管理司、监督司、监管中心、稽察大队，中线建管局负责同志参加检查。

国务院南水北调办主任鄂竟平检查中线京石段工程防汛工作

2012年6月27日，国务院南水北调办主任鄂竟平检查南水北调中线京石段工程防汛工作。他强调，要落实防汛责任制，立足防大汛、抢大险，加强防汛值班，加密渠道堤防巡查，不断完善应急预案，落实抢险队伍和物资，强化应急演练，加强与地方防汛部门的协调配合，确保工程安全，确保沿线人民群众生命财产安全。在做好应急度汛工作的同时，要加快中线防洪影响工程建设，完善工程防洪体系，切实提高中线工程的防洪标准。河北省政府特邀咨询张和陪同检查。

鄂竟平一行首先来到涞水县杨树西沟排水涵洞，仔细查看上游河道情况，详细询问涵洞排洪能力及上游洪水情况，同现场有关技术负责人认真分析左岸排水可能对下游村庄、农田产生的影响。鄂竟平要求，要密切关注上游来水，做好各方面的应急准备。当中线建管局河北建管部负责人汇报防汛准备及防汛演练情况时，鄂竟平问，假定前方漕河渡槽进口现在出现暴雨和险情，应急抢险队伍能否在两个小时内集结到位时，负责人坚定地回答："能！""好，两小时后，就在漕河渡槽进口处开展一次应急演练。"鄂竟平当即下令，应急演练程序正式启动。

在易县马头沟闸站，鄂竟平认真查看设备情况，询问出现险情人员能否迅速到位，能否及时反应、迅速调度。易县魏家坟沟排水倒虹吸出口正对村庄，一旦出现特大暴雨会威胁群众生命财产安全。鄂竟平高度关切，在实地查看后强调，现场管理单位要加强与地方政府和防汛部门的联系，建立良好的汛情信息共享机制，畅通信息渠道。同时，要配合地方政府加大防汛安保宣传工作力度，引导群众提高自我安全防护意识，完善工程沿线乡村群众预警转移预案，落实避险安置措施，保障人民生命财产安全。走进易水节制闸，鄂竟平详细了解运行人员工作和生活情况，查看防汛应急预案和调度运行记录，与值班员就上游出现洪水后如何应急反应和及时调度等问题亲切交谈。

检查中，鄂竟平要求运行管理单位，切实做好防大汛、抢大险、抗大灾的各项准备工作，管理人员要加强汛期渠道的巡视检查。特别是对左岸排水建筑物的上下游、高填方及高边坡、高地下水位等部位重点把守。要做好机电设备的维护，满足随时投运的条件。进一步加强规范管理，加快中线自动化建设，早日实现自动化调度，为工程安全运行提供技术支撑和保障。

鄂竟平详细询问防汛队伍组建情况、设备来源、调度，以及防汛物料准备和应急使用等情况，并强调，汛期南水北调工程承担着艰巨的防汛任务，既要确保工程安全，又要确保沿线群众生命财产安全，还要稳定向首都北京供水，责任大，做好防汛工作十分重要。组织演练就是检验抢险队伍应急能力，要把工夫下在平时。他要求各有关方面充分利用洪水到来之前这段有限时间，加强练兵，熟悉防汛抢险技术和工作环节，完善防汛预案，要在急难险重的时候冲得上、抢得住。要高度重视工程防汛组织和管理工作，进一步细化防汛责任，明确各方职责，分级管理，积极主动配合沿线地方政府各级防汛部门做好各项防汛保安工作。要根据工程现状和河流水情变化，落实各项安全度汛措施，加强联合防汛检查，确保工程安全度汛。

国务院南水北调办综合司、建设管理司，中线建管局，河北省政府、河北省南水北调办、河北省防办等有关负责同志陪同检查。

国务院南水北调办主任鄂竟平调研督导南水北调中线南阳段工程建设

2012年8月13～15日，国务院南水北调办主任鄂竟平率队调研督导南水北调中线南阳段工程建设。调研期间，鄂竟平在河南省郑州市会见河南省省长郭庚茂，就南水北调工程建设有关工作交换意见。河南省省委常委、副省长刘满仓，河南省农村工作领导小组副组长何东成陪同调研。

鄂竟平一行先后深入工地现场查看陶岔渠首枢纽、淅川段、湍河渡槽、镇平段、南阳市区段、膨胀土实验段、方城段等7个设计单元工程30个施工标段，听取现场建管、施工、监理、设计、征迁等单位关于工程建设情况和征迁、环境保障情况的介绍，详细询问工程建设进度年度计划执行、施工方案、施工工艺、资源投入、征迁和环境保障以及工程实体质量控制等情况，了解各标段在工程建设中遇到的困难和问题，与现场负责同志深入交换意见，现场办公，研究协调有关问题。白天查看完工地现场后，晚上，鄂竟平先后两次主持召开工程建设座谈会，进一步听取施工单位负责人和监理总工程师对工程建设进度和工程质量管理方面的意见和建议。在认真分析进度形势的基础上，梳理影响工程建设进度的难题，研究明确关键事项节点目标、时限要求、责任单位，要求登记成册，限期督办，为加快工程建设、实现年度建设目标创造条件。

鄂竟平强调，南水北调中线一期工程2014年汛后通水的目标十分明确，当前，工程建设已经进入决战决胜的关键期、攻坚期。广大工程建设者务必坚定信心，咬定通水目标不放松。他指出，工程建设进度和质量是当前南水北调工程建设的两项工作重点。在以往工作的基础上，2012年以来，国务院南水北调办采取一系列有力措施，突出重点推进度，工程建设整体进展顺利。但必须看到，当前制约工程建设进度的困难和问题仍然不少，有的还比较突出，进度形势仍不容乐观。为此，国务院南水北调办决定，集中开展一次工程建设进度的调研督导工作，进一步了解工程建设进度现状，及时协调解决制约工程建设进度的突出问题，提前筹划安排好汛后工程建设计划，确保年度目标的顺利实现。

鄂竟平指出，南阳段工程地处南水北调中线干线的最上游，地理位置特殊，该段工程如能优质、高效建成，对中线工程如期通水意义重大。目前，尽管南阳段工程建设总体进展顺利，但受多因素影响，各膨胀土渠段处理施工欠账较多，要实现2012年确定的建设任务，十分不易。因此，各参建单位一定要高度重视，尽早谋划应对措施，争分夺秒，加快工程施工进度，确保2012年度计划目标完成。他要求，工程建设者务必牢固树立两个概念。一是在进度上没商量。中线工程2014年通水，是南水北调人的庄严承诺。因此，在进度上，任何一个标段都必须按原来确定的计划工期完成。建设过程中如果遇到超出自身处置能力的问题，各单位要及时以书面形式向上报告，有关方面必须快速研究解决，绝不允许拖而不决。二是在质量上不含糊。南水北调工程作为我国目前在建的最大水利基础设施工程，质量要求高，社会影响大。因此，在工程质量上，绝不能含糊。国务院南水北调办将一如既往地严格质量监管，绝不手软。他希望广大工程建设者以高度的政治责任感，在确保工程质量安全的前提下，加快工程建设进度。

鄂竟平强调，作为工程现场管理的重要力量，监理单位承担着工程进度、质量安全、文明施工和投资控制等重要职责，是工程现场第一道把关者。监理总工程师一定要深刻认识和理解自己所肩负的历史使命和重大责任，始终保持清醒的头脑，敢于担当，在工程建设决战期和关键期要充分发挥作用，切实履行好自己的职责，为工程建设保驾护航。他希望各参建单位各司其职，齐抓共管，努力把南水北调工程建设成为一流工程、人民满意的工程。

国务院南水北调办综合司、投资计划司、

经济与财务司、建设管理司、征地移民司、监督司、监管中心，中线建管局负责同志参加调研。

国务院南水北调办主任鄂竟平调研南水北调东线徐州段治污工作

2012年9月25日，国务院南水北调办主任鄂竟平率队对江苏省徐州市南水北调治污工作进行了专题调研。调研期间，鄂竟平会见了江苏省省委副书记石泰峰和江苏省副省长许津荣，就南水北调东线治污的有关工作交换了意见。江苏省水利厅厅长、省南水北调办主任吕振霖，江苏省南水北调办副主任张劲松等陪同调研。

鄂竟平一行首先参加了南水北调水污染防治深化治理项目——江苏省丰县沛县尾水资源化利用及导流工程开工仪式。鄂竟平宣布工程开工，许津荣出席开工仪式并讲话。江苏省丰县沛县尾水导流及资源化利用工程是江苏省深化治污体系的重要组成部分，也是保障南水北调东线水质稳定达标的关键性工程。徐州市地处苏鲁交界，南水北调丰县沛县尾水资源化利用及导流工程的开工建设，对进一步保障省际断面水质稳定达标具有重要的作用。

开工仪式后，鄂竟平一行立即赴邳州查看了中运河张楼断面水质和南水北调邳州站工程建设情况。在张楼水质监测点和邳州站工程建设现场，鄂竟平认真听取了治污和水质情况汇报，详细询问了工程建设进度和运行情况。鄂竟平主任要求大家再接再厉，进一步加快深化治污工作，确保水质持续稳定达标。他指出，广大工程建设者务必坚定信心，在保证工程质量安全的前提下，咬定通水目标不放松，一丝不苟创精品工程。

南水北调丰县沛县尾水资源化利用及导流工程初设批复总投资5.21亿元，工程建设总工期20个月。工程采用管道和利用现有河道相结合的方案，导流规模为8.5万t/日，尾水导流工程线路总长120.4km，利用现有河道91.1km，新建管道29.3km，新建提升泵站11座，配套建筑物109座。

南水北调邳州站是南水北调东线第一期工程的第六级抽水泵站，设计流量100m³/s，装机4台（套），其中备用一台，总装机容量8960kW。批复总投资3.2亿元，计划工期26个月。目前，工程正在进行水泵机组安装，副厂房和管理所房屋施工；清污机桥基本完成，具备安装条件；刘集南闸、双杨涵洞和堤顶公路桥基本建成。工程累计完成投资2.1亿元，占总投资的79.8%。

国务院南水北调办建设管理司、环境保护司负责同志参加调研。

国务院南水北调办主任鄂竟平赴陕西省调研南水北调中线水源保护工作

2012年10月29～31日，国务院南水北调办主任鄂竟平赴陕西省调研南水北调中线水源区水质保护工作。调研期间，鄂竟平会见了陕西省省长赵正永，并就如何推进中线水源区水质保护与区域经济社会协调发展交换了意见。陕西省副省长祝列克陪同调研。

鄂竟平率调研组先后到汉中市洋县、南郑县和安康市旬阳县等，深入工地，现场检查污水处理厂、垃圾处理场建设和管网配套、运行准备等情况；走村入户，查看农村清洁工程建设、水土保持、生态移民、天然林保护和退耕还林等工程，详细向基层干部、村民了解生态环境及居民生产生活条件改善情况；深入企业矿山，调查尾矿库综合利用和发展循环经济的情况。

在现场调查后，鄂竟平与陕西省政府及有关部门负责同志进行座谈。他指出，随着南水北调中线工程通水的临近，水源区水质保护工作越来越重要，需要建立水质保护与区域经济社会发展和谐共赢的机制，才能实现当前和长久的水质目标。鄂竟平对陕西省采取得力措施，大力开展水源区污染防治和生态建设、发展循环经济所取得的成绩予以肯定。他强调，要在现有工作的基础上，进一步从循环经济、生态移民、污染源治理、水土保持、污水垃圾处理等五个方面加大工作力度，进一步深入研究水源保护的政策和措施，总结推广发展循环经济先进经验，在组织实施丹江口库区及上游地区经济社会发展规划、水污染防治和水土保持规划的同时，大胆实践，不断创新，不断探索水源区水质保护与区域经济社会发展和谐双赢的路子。

国务院南水北调办综合司、环境保护司、中线水质保护中心主要负责同志陪同调研。

国务院南水北调办副主任张野调研南水北调中线重点工程建设

2012 年 3 月 6 ~ 7 日，国务院南水北调办副主任张野调研南水北调中线干线重点工程建设，要求要抓住有利时机，迅速掀起建设高潮，确保各工程汛前节点目标的顺利实现。调研期间，张野会见了河南省副省长刘满仓，对河南省各级党委、政府对南水北调工程的大力支持表示感谢，就进一步加快南水北调河南省境内工程建设交换了意见。

张野先后到南水北调中线陶岔渠首、淅川段四标、湍河渡槽、平顶山西铁路暗渠、京港澳高速Ⅱ公路桥和穿黄工程调研，认真查看现场，详细了解工程建设情况，与建管、施工、监理、设计单位现场负责同志亲切交谈，询问存在的困难和问题，并对进一步加快工程建设提出要求。

在陶岔渠首工程建设现场，张野高度关注安全度汛、老渠首闸的拆除问题。他要求建管单位牵头，统筹兼顾，各参建单位积极参与，加大技术力量投入，在保证质量和安全的前提下，努力加快工程进度，满足度汛要求；老渠首闸与新建陶岔枢纽距离近，相互影响大，要高度重视老渠首闸的拆除问题，开展专题研究，严密论证，制订切实可行的方案、措施，确保安全。对建管单位反映的问题，他要求随行的有关单位要认真研究，逐一限期解决。在做好工程建设的同时，要充分考虑春季引水灌溉问题，要科学安排，统筹推进，为农业灌溉提供必要的条件。

在淅川四标膨胀土改性土施工现场，张野一边查看改性土生产、填筑情况，一边听取汇报，询问了解拌和站的生产能力、拌和试验、含水率和碾压密实度等情况，要求施工等单位要认真研究含水量高、工效低等影响工程建设的问题，努力克服困难。他要求，施工单位要抓住当前天气晴好，非常有利于土方施工的有利时机，加大投入，大抓进度，确保汛前改性土换填筑节点目标的顺利实现。

在湍河渡槽施工现场，张野详细了解已浇筑渡槽中造槽机的运行工作情况和施工循环运转衔接情况、发现的问题、已经采取的措施及成效。他指出，如此大跨度的渡槽现浇施工，在国内还是第一次，施工单位一定要牢记“安全第一、质量第一”，对造槽机要定期检查、定期检测、定期维护，在确保安全和质量的前提下，努力缩短工期，尽快进入正常施工循环，确保按时间节点顺利推进工程建设。

在平顶山西铁路暗渠工程现场，张野认真听取建管、施工、监理、设计单位情况汇报，仔细询问了解施工工艺和流程。他说，铁路部门从设计到施工，各参建单位组织周密，挖孔、预制、顶进等流程平行作业、交叉作业，对可能遇到的问题超前预测、超前谋划，他对各参建单位所做的富有成效的工作表示感谢，希望各单位进一步精心组织、精心管理，保证铁路运行安全、保证施工安全，并按照计划工期制订节点目标，确保实现汛前节点目标。

京港澳高速Ⅱ公路桥是郑州段潮河段设计单元控制工期的关键桥梁。张野认真了解辅道、桥梁和渠道之间衔接施工的工艺流程，每个阶段的施工工期，桥梁建设前期工作进展等情况。他要求，南水北调渠道施工单位要上足设备、上足人力，加快辅道建设，为桥梁早日开工建设创造条件；要积极协调，与交通部门通力协作，齐心合力，确保桥梁按期建成。

在穿黄工程，张野深入到退水洞和ⅡA标二衬施工作业面，详细了解退水洞简易盾构施工、支护工艺、地质条件、掘进速度和二衬施工循环、钢筋绑扎、波纹管定位、预应力张拉、密封等情况，要求施工单位科学组织，精细施工，狠抓关键环节，确保工程质量、安全和进度。

河南省南阳、平顶山、郑州市政府，河南省南水北调办、移民办，国务院南水北调办投资计划司、建设管理司、征地移民司以及中线建管局有关负责同志陪同调研。

国务院南水北调办副主任张野率队检查南水北调中线干线黄河以北工程质量

2012年5月22～29日，国务院南水北调办张野副主任率检查组赴河南、河北、天津等地集中检查南水北调中线干线黄河以北工程质量。检查组先后随机抽查了30个施工标段，工程类型涉及渠道、倒虹吸、渡槽、箱涵等，基本涵盖黄河以北在建工程类型。

这次集中检查沿用了“一带二”的检查方式，同时将领导带队检查组细分为四个小组，包括随机检查组、土方小组、原材料小组和混凝土小组，重点检查各参建单位自查自纠开展情况和高填方、膨胀土处理、重要建筑物等工程及其主要原材料的实体质量。

检查期间，检查组分别召开会议，就检查情况与河南省南水北调办、河北省南水北调办、天津市南水北调办、中线建管局及相关建设管理单位的负责人交换意见并提出要求。

张野充分肯定了相关单位的质量管理工作，指出各单位集中整治自查工作认真、细致，对质量的认识和意识都有了较大的提高，也制定了相关的质量控制措施，并落到了实处，取得了实效。他强调，质量是工程的生命，容不得丝毫马虎，参建各方一定要严格控制影响工程质量的关键环节和关键部位，把南水北调工程建设成为优质工程和放心工程，向党和人民交一份满意的答卷。

张野强调，飞检、集中整治、实施处罚等都是手段，不是目的，最终的目的是要提高工程建设质量。各相关单位要加强工程质量的过程控制，要想方设法的促使施工单位和监理单位去认真落实各项工程质量标准，严格执行规程规范，严把质量关，一定要抓住关键，抓住重点，抓住薄弱环节，要做到纲举目张，通过机制和制度建设，实现质量控制。对工程质量缺陷的处理一定要认真、规范，要严格按标准和技术规定去处理，处理要做到有章可依。同时，要注意做到奖优罚劣，提高参建各方的积极性。

最后，张野指出，当前南水北调中线工程进入了高峰期、关键期，更是到了决战期，各参建单位一定要严把质量，时刻不能放松对质量的要求，同时还要处理好进度、质量和安全之间的关系，在保证质量的同时，进度也不能放松，要加强安全生产管理，尤其是进入汛期以后，一定要注意安全，确保工程度汛安全。

国务院南水北调办建设管理司、监督司、监管中心、稽察大队以及中线建管局负责同志参加检查。

国务院南水北调办副主任张野检查南水北调江苏段工程建设及安全度汛工作

2012年6月13～14日，国务院南水北调办副主任张野一行检查南水北调东线江苏段工程建设及安全度汛工作，要求各参建单位加强组织管理，确保工程进度、质量和安全度汛。

张野一行先后检查了洪泽站、皂河站工程等施工现场，听取了各现场建管机构和设计、监理单位代表关于工程建设及度汛情况的汇报，详细询问了工程建设进度、质量控制、安全生产及安全度汛准备等情况。他充分肯定了江苏省各级地方政府、江苏省南水北调办在营造良好工程建设环境中所付出的努力，充分肯定了现场参建各单位在工程建设中取得的成绩，并代表国务院南水北调办对江苏省各级党委、政府表示感谢，向工程参建各单位表示慰问。

检查中，张野强调，南水北调是一项跨流域的宏伟工程，希望南水北调的参建各方发扬成绩，再接再厉，努力把南水北调工程建设成为人民满意的精品工程。张野指出，近期以来，我国部分地区出现强降雨等异常天气，防汛形势严峻。江苏省境内水系复杂、河网密布，南水北调在建工程安全度汛与周边地区防汛工作联系紧密，各单位要在做好工程自身安全度汛工作的同时，继续发挥已建工程在防汛排涝中的作用，积极配合当地防汛部门做好防汛工作。各参建单位要进一步提高认识，加强安全生产管理，确保施工高峰期的施工安全。

国务院南水北调办建设管理司、监管中心，江苏省政府办公厅、省南水北调办，以及江苏水源公司、徐州市政府等有关单位负责同志参加检查。

国务院南水北调办副主任张野调研南水北调中线京石段通水运行准备情况

2012年10月31日～11月1日，国务院南水北调办副主任张野率队调研南水北调中线京石段第四次应急通水运行准备情况，就进一步做好通水准备工作提出了要求。

张野一行先后实地察看了北拒马河暗渠、惠南庄泵站、魏家坟倒虹吸、易县管理处、蒲阳河闸站、唐县段、新乐段、滹沱河倒虹吸等闸站和维护工地现场，并向相关人员详细询问工程通水运行准备工作进展情况，就工程运行调度、安全保卫、工程设施设备维护等有关问题与有关方面进行了交流。

在北拒马河暗渠工程现场，张野实地察看了北拒马河暗渠维修抢护情况，现场观摩了暗渠节制闸监控系统、通信系统、计算机网络系统等自动化调度系统项目建设情况，并通过内部专用电话与总调中心工作人员进行了通话。

在魏家坟倒虹吸工程现场，张野仔细询问了工程维修施工进度，详细了解了施工混凝土强度、拌和能力、质量保证措施等落实情况，要求参建单位一定要精心组织，严格施工过程控制，确保工程质量和施工进度。

在蒲阳河闸站，张野仔细查看了闸站的维护情况，并叮嘱工作人员，通水运行期间一定要认真填写工作日志，切实做好工作记录，确保运行资料翔实、完整。

在唐县段工程环境绿化工程现场，张野认真察看了渠道周边的环境绿化情况。他指出，对于渠道周边环境绿化工作，有关管理单位要因地制宜，合理规划实施方案，努力将工程建成风景优美的绿化带。

在滹沱河倒虹吸闸站，张野仔细观摩了

滹沱河倒虹吸闸站远程控制系统，并下达指令给总调中心，对闸站闸门启闭进行了远程操控演练。对演练结果，他表示满意，并强调，中线建管局一定要精心做好自动化调度系统的建设运行管理工作，努力提高工程的自动化管理水平。

对于下一步工作，张野强调，各有关单位要精心组织，认真部署，扎实落实好各项保障措施，全力做好通水运行准备工作，为顺利完成通水任务奠定坚实的基础。要认真总结前期调度运行工作经验，查找规律，科学调度，确保工程通水期间工程运行安全；要仔细分析渠道受损原因，采取科学有效的措施，彻底消除隐患；要加强投入运行设施设备的维护、保养，保证有关设施设备处于正常工作状态，为调度运行提供可靠保障；要规范运行调度程序，各项调度指令要做到有记录、有反馈、有核实，保证运行调度万无一失；要加强与地方政府的协调和配合，积极争取地方政府的支持，加强对工程沿线的巡视检查，及时制止危害工程设施和通水安全的行为，为工程运行提供良好的外部环境；要高度重视渠道穿越工程管理工作，加大巡视检查和依法依规实施穿越工程的宣传力度，及时发现问题，及时报告解决，确保工程安全。

国务院南水北调办建设管理司、投资计划司、监管中心，河北省南水北调办和中线建管局有关负责同志陪同调研。

国务院南水北调办副主任蒋旭光调研督导南水北调中线潮河段、郑州 2 段工程建设

2012 年 5 月 3 ~ 5 日，国务院南水北调办副主任蒋旭光到南水北调中线潮河段、郑州 2 段工程调研督导建设情况，并在河南省郑州市召开座谈会，协调解决制约工程建设的突出问题。期间，蒋旭光会见了河南省副省长刘满仓，河南省省委农村工作领导小组副组长何东成陪同调研。

蒋旭光副主任一行全面查看了潮河段、郑州 2 段工程，先后深入到敬楼取土场，潮河段三标渠道填筑、京港澳高速Ⅱ公路交叉工程、机场高速公路交叉工程，郑州 2 段四标渠道衬砌、嵩山南路公路交叉工程、南四环公路交叉工程，以及部分左排工程、专项管道迁建施工现场，详细听取情况介绍，与地方政府及有关部门、参建单位深入交流，仔细询问工程进展情况及存在的困难和问题、施工环境情况、为加快进度而采取的措施、投入人力设备能否满足进度要求等；并现场办公，逐项目督查督办，解决问题。

座谈会上，在听取中线建管局、河南省南水北调建管局、河南省政府移民办、郑州市南水北调办、河南水利设计公司等单位的汇报后，蒋旭光指出，河南省是南水北调中线工程渠道最长、移民最多、征迁任务最大、技术最复杂、任务最繁重的省份，河南省南水北调工作从工程建设到征地拆迁、从移民迁安到水源保护等各方面都取得了显著成效。从这次调研情况看，潮河段、郑州 2 段工程建设取得了明显进展，但由于种种原因，目前工期压力依然很大，建设进度面临严峻形势，稍有懈怠，极易成为风险性项目。各有关方面、各参建单位要清醒认识形势，共同努力，加大措施，迎头赶上，确保工程进度。

针对下一步工作，蒋旭光强调，一要挂牌督办，千方百计抢进度、保工期。国务院南水北调办决定对潮河段、郑州 2 段工程建设挂牌督办，就是要求各单位在履行好职责推动工程建设的同时，统筹协调解决好重点难点问题，千方百计抢进度、保工期。地方政府及有关部门也要对征迁、专项迁建及委托建设的跨渠桥梁等项目加强管理和挂牌督办，强化各项措施，确保按时完工。在工作中，要关注地方经济发展和群众诉求，既要

保证工程建设顺利推进，又要优化方案，文明施工，支持地方经济发展，维护群众利益，赢得地方政府和群众的理解与支持，共同促进工程快速和谐建设。二要积极主动解决问题。参建各方要按照职责，积极主动、想方设法破解难题，解决不了的，要及时报告，决不允许发生推诿、扯皮现象。三要加强协调配合。要树立大局意识、整体意识，切实把保如期通水作为一项政治任务和政治责任，目标一致，齐心合力，加强沟通，积极协调，畅通信息，减少干扰，为加快工程建设进度创造良好条件。四要定目标任务、定时间节点、定责任单位、定督查办法、定奖惩措施。针对督导中梳理出的主要问题，逐一明确每个问题的解决时限和责任单位；要采取专门的加强督查督办的办法，制订切实可行的奖惩措施，对完成好的通报表扬，对完成差的严肃批评，真正形成你追我赶、争先恐后、攻坚克难、大干快上的良好态势。

河南省南水北调办主任王小平表示，河南省南水北调系统一定从中线工程按时通水这一全局的高度，认真落实此次调研督导决策精神，充分认识肩上的责任，按照分工，强化措施，抢进度，赶工期，确保如期完成各项建设任务，向国务院南水北调办和河南省省委、省政府交一份放心、满意的答卷。

国务院南水北调办建设管理司、征地移民司、监督司，河南省南水北调办、省政府移民办，中线建管局负责同志参加督导。

国务院南水北调办副主任蒋旭光率检查组赴东线检查南水北调工程质量

2012年5月11~14日、5月15~17日，国务院南水北调办副主任蒋旭光率检查组分别赴山东省济南、德州、聊城、滨州、济宁，以及江苏省徐州、淮安、扬州、南京等地集中检查南水北调工程质量。

一、检查山东省境内南水北调工程质量

检查组先后检查了南水北调东线山东省境内的23个施工标段，工程类型涉及渠道、桥梁、平原水库等，基本涵盖山东省境内在建工程类型。

检查组在济宁就检查情况与山东省南水北调建管局、山东干线公司等有关单位交换了意见。检查期间，蒋旭光在济南会见了山东省副省长贾万志。

在意见交换会上，蒋旭光再次明示了国务院南水北调办党组狠抓工程质量的坚决态度和决心，充分肯定了山东省有关单位在质量管理方面所做的工作和取得的成绩，检查发现，通过2011年质量集中整治，加强了参建单位的质量意识，狠抓质量管理的行动深入人心，工程质量总体向好。此次质量集中检查活动是在参建单位自查自纠的基础上，把“突出高压抓质量”要求引入施工质量过程监管，取得了初步的阶段性成果，达到了预期的目的。

蒋旭光指出，东线一期工程距通水目标仅剩十几个月的时间，工期越紧，质量管理越不能忽视，项目法人更要突出抓好质量管理，对质量问题实行“零容忍”，监理单位要敢抓敢管，切实规范质量管理行为，提高质量管理水平。各参建单位要积极跟进，强化质量管理意识，警钟长鸣，始终将工程质量作为核心工作长抓不懈。

蒋旭光要求山东省项目法人及各参建单位，要对此次检查中发现的质量问题尽快进行整改，逐项分析问题出现的原因，认真总结经验教训，举一反三，避免类似问题再次发生。要更加深入开展质量检查，将质量问题自查自纠作为一种常态性工作来抓，对质量问题要查实、查准，彻底整改。项目法人在做好质量管理的同时，还要切实做好工程建设各项安全防护措施，增强工程安全意识，消除安全隐患，确保工程安全、度汛安全和人身安全。

二、检查江苏省境内南水北调工程质量

检查组检查了南水北调东线一期江苏省境内的14个施工标段，工程类型涉及泵站、桥梁、航道和河道等，基本涵盖了东线一期江苏省境内在建工程类型。重点检查了工程实体质量和监理质量监督管理工作。

检查组在南京就检查情况与江苏省南水北调办、江苏水源公司等有关单位交换了意见。检查期间，蒋旭光会见了江苏省副省长徐鸣。

在意见交换会上，蒋旭光首先介绍了当前南水北调工程质量管理工作形势和2012年质量管理工作重点和要求，以及国务院南水北调办党组突出高压、狠抓工程质量管理的决心，充分肯定了江苏省南水北调办和江苏水源公司在质量管理方面所做出的努力和取得的成绩，江苏省南水北调工程质量总体较好，与2011年相比大大改观。此次集中整治工作达到了预期的目的，但对检查发现的问题也要充分认识，警钟长鸣。

蒋旭光指出，南水北调东线一期工程距通水时间很紧，工期越紧，质量越不容忽视，要求江苏省南水北调办、江苏水源公司要认真贯彻落实“突出高压抓质量”的要求，进一步增强质量意识，始终将工程质量作为核心工作长抓不懈。

蒋旭光还指出，在南水北调系统上下要齐心协力，对各参建单位质量管理行为进行齐抓共管，发挥工程质量监督管理作用，对质量问题实行“零容忍”。要进一步强化项目法人质量责任主体地位，加大质量管理力度。特别是要加强对监理工作的监督检查，使其认真履行职责，对违反合同约定、不认真履行职责、质量控制不到位的监理单位进行责任追究。

蒋旭光要求江苏省项目法人对此次检查中发现的质量问题尽快进行整改，分析问题出现的原因，认真总结经验教训，举一反三，避免类似问题再次发生。要求各参建单位要全面、深入检查，不留死角，对发现的问题要及时彻底整改，不留隐患。项目法人在做好质量管理的同时，要进一步加强安全生产工作，切实做好各项安全防护措施，加强安全意识教育，消除安全隐患，确保工程安全、度汛安全和人身安全。

国务院南水北调办建设管理司、监督司、监管中心负责同志，稽察大队有关人员、特邀专家，以及质量检测人员参加了此次检查。

国务院南水北调办副主任蒋旭光调研湖北省丹江口库区移民安置和库底清理工作

2012年9月17日和19日，国务院南水北调办副主任蒋旭光调研湖北省十堰市郧县和丹江口市库区移民安置和库底清理工作。蒋旭光一行先后察看了郧县城关镇菜园村、库岸防护工程、遇真宫保护现场和丹江口市丁家营镇饶祖铺村林家岗安置点、浪河镇浪河口村、代湾村陈家院安置点等处。

在郧县和丹江口市移民安置点，蒋旭光强调，要高度重视移民搬迁后的生产发展帮扶工作，要根据移民工作特点，及时调整工作重心。在郧县库岸防护现场，蒋旭光要求，要认真排查剩余迁建任务，加快迁建进度。在遇真宫保护现场，蒋旭光强调，文物古迹是不可再生的无价之宝，国家高度重视遇真宫保护，要在科学论证、广泛征求意见的基础上，确定保护方案和投资，要本着对历史、对文物负责的态度，妥善保护好遇真宫，花好每一分钱。

在调研中，蒋旭光对有关工作提出要求：一是在移民搬迁完成后，要把工作重心转移到移民生产发展帮扶上来，各级要切实采取措施，想方设法为移民发展致富创造条件；二是针对郧县部分淹地不淹房人口，地方要认真编制好规划，报经省里批准后，抓好落实，确保每人一份口粮田，确保群众得到妥善安置；三是加快郧县库岸防护等专项迁建进度，为工程如期蓄水扫清障碍；四是抓紧编制完成库底清理实施方案，提前做好各项准备，抓好库底清理工作，同时，谋划好蓄水前验收各项准备工作；五是切实做好遇真宫保护，稳妥做好宫门顶升工作，确保施工质量，按期完成保护任务。

国务院南水北调办经济与财务司、环境保护司、征地移民司以及中线水源公司、长江设计院、十堰市有关负责人分别参加调研。

国务院南水北调办副主任蒋旭光率组对中线河南省境内工程进行质量专项检查

2012年11月5~10日，国务院南水北调办副主任蒋旭光率领检查组对中线河南省境内工程进行质量专项检查。

蒋旭光一行先后检查了南水北调中线一期河南段陶岔渠首、湍河渡槽、沙河渡槽、澧河渡槽、白河倒虹吸、淅川段、镇平段、南阳市段、荥阳段、叶县段、禹州长葛段、鹤壁段等12个设计单元工程，30个施工标段。检查了桥梁、高填方、改性土、大型渡槽、混凝土建筑物等实体工程质量，同时还重点检查了项目法人、相关建管单位，特别是监理单位的现场质量管理情况，有关规章制度的贯彻落实情况，以及国务院南水北调办“三查一举”发现问题的整改落实情况等。

检查期间，蒋旭光会见了河南省省委常委、副省长刘满仓，并交换意见。

结合本次质量专项检查情况和当前河南段工程质量形势，蒋旭光在河南省郑州市主持召开河南段工程质量管理工作会议，就质量管理工作与河南省南水北调办、中线建管局、河南省南水北调建管局、淮委建设局等有关单位交换意见，分析问题，强化措施，对下一步质量管理工作做出部署。

蒋旭光指出，当前河南段工程进度明显加快，制约工程建设的障碍逐步消除，建设环境良好，工程质量不断向好，配套工程加速推进，总体态势可喜。但是，通过此次检查也发现了在质量管理方面存在的薄弱环节和问题，值得高度重视，高度警觉。要采取强力措施，确保质量。

对于下一步加强质量管理，蒋旭光强调：一方面要强化认识，各级单位都要对质量问题进行再教育、再警示、再加压，提高质量意识。河南段工程战线长，难点多，情况复杂，稍一松懈，就有可能出问题。特别是代建项目，更要进一步加强质量管理力量。另一方面要强化严管，就是要严字当头，以从严管理实现“高压高压再高压、延伸完善抓关键”的要求。一要严格责任，认真落实各级单位，特别是建管单位、监理、施工单位的质量管理责任，对于现场建管单位，要统筹考虑进度、质量、安全，以质量保进度、促进度；二要严控过程，加强一线质量管理力量，对涉及原材料、中间产品、现场施工多环节、问题整改等，都要强化过程控制；三要严管重点，强化高填方、改性土、桥梁、重要建筑物等工程实体质量以及关键部位、质量工序质量行为的管理，开展重点整治活动；四要严厉检查，面对当前的态势和形势，各参建单位要采用不同方式进行深入检查，发现问题，整改问题；五要严肃追究，不讲情面，秉公办事，对恶意、不顾职业道德等违规情况，更要加重处罚。

在确保质量前提下，要加快施工进度，确保如期通水；要认真抓好安全生产，避免安全生产事故；加快配套工程建设，保持良好态势；加强施工环境建设，保证文明施工。

国务院南水北调办投资计划司、建设管理司、监督司、监管中心、稽察大队负责同志以及稽察专家、飞检人员参加检查。河南省南水北调办、中线建管局、河南省南水北调建管局、淮委建设局和工程沿线的相关单位负责人参加检查。

国务院南水北调办副主任于幼军带队开展中线生态文化旅游产业带规划编制调研

2012年5月8～18日，国务院南水北调办副主任于幼军带队，国家旅游局、文化部及有关专家组成调研组赴北京、河北、河南、湖北四省（直辖市）开展南水北调中线生态文化旅游产业带规划编制前期调研，考察了中线主要工程景观节点及沿线生态文化旅游项目，并召开座谈会，听取了地方各级政府及相关部门、单位对规划编制的意见和建议。

5月8日，于幼军一行来到北京市，实地考察了团城湖及明渠段、惠南庄泵站等工程景观情况，考察结束后召开座谈会，听取了北京市南水北调办及有关部门的汇报。于幼军指出，南水北调是世界上最大的水利工程，工程建成后在中线沿线结合工程景观、当地生态文化旅游资源建设生态文化旅游产业带，对带动沿线经济社会发展、促进生态环境改善、弘扬和传播中国的优秀文化、向世界展示南水北调工程建设的巨大成就具有十分重大的意义。为促进、规范和指导做好中线旅游带建设，国务院南水北调办与国家旅游局、文化部共同组织开展南水北调中线生态文化旅游产业带规划编制工作。他指出，中线旅游带建设在北京市的重点是结合团城湖节点做好南水北调终端地区的景观规划，将其建设成为展示调水工程和水文化特色的教育基地，同时结合周边颐和园的旅游资源，形成一条独具特色的旅游线路。

5月9～10日，于幼军一行对河北省保定市的漕河渡槽、石家庄市的滹沱河倒虹吸、石家庄滹沱河环城水系及周边的旅游文化项目进行了深入调研。调研期间，在石家庄市召开座谈会听取了河北省政府及河北省调水、旅游、文化、文物等有关部门的汇报。于幼军指出，中线工程在河北境内长465km，分布有漕河渡槽、西黑山节制闸、滹沱河倒虹吸、洺河渡槽等重要工程节点，工程规模宏大、气势雄伟，通过有效的景观设计可以开发出具有较高旅游价值的工程景观；同时，河北省处于京畿要地，是燕赵文化发祥地，旅游资源总量庞大，分布广泛，可结合工程节点将周边丰富的旅游文化资源整合进来开辟成各具特色的旅游线路。中线旅游带规划要充分结合各工程节点所在区域的旅游文化特点进行合理规划、科学设计，充分结合河北省“十二五”旅游发展规划、红色旅游规划等，依托保定、石家庄、邢台、邯郸等大中城市，将工程、文化、旅游资源有机整合起来，形成具有集聚效应的精品旅游线路。

5月11～15日，于幼军一行冒着酷暑来到河南省，先后考察调研了穿漳工程、焦作城区段工程、穿黄工程、沙河渡槽、湍河渡槽、陶岔渠首等重要工程景观，并参观了殷墟遗址、焦作陈家沟、黄河花园口等沿线历史文化景观。每到一处，于幼军都详细询问沿线工程景观和知名历史文化景点的基本情况，当地交通是否通达便利。调研期间，于幼军在郑州市召开座谈会，听取了河南省有关部门的汇报并与随行专家和地方陪同同志认真研讨了将中线工程景观与沿线历史文化自然资源相结合，打造具有南水北调特色的生态文化旅游产业带的具体设想。他指出，中线河南省境内工程渠道最长、占地最多、移民最多、投资最大。河南省既是水源地又是受水区，地处中原、历史悠久、文化灿烂，是中华民族的重要发祥地之一。要科学选择有代表性的重要节点工程，把相毗邻的历史、文化、自然旅游资源凝聚整合，形成融合大工程、大古迹、大山水为一体的精品旅游圈，为工程赋予新的生命力，最大限度地发挥工程综合效益，促进沿线经济社会可持续发展，造福沿线百姓。

5月16～18日，于幼军一行登上丹江口大坝，认真了解丹江口库区生态文化旅游产业发展情况，并先后调研了丹江口水库、武当山、神农架大九湖湿地等地生态旅游发展情况。调研结束后，于幼军在湖北省十堰市召开座谈会，听取了湖北省有关部门的汇报。他指出，湖北省旅游资源非常丰富，工程景观特别是丹江口大坝气势宏伟，自然风光壮丽秀美，人文景观独具魅力。丹江口库区是南水北调中线工程的核心水源区，汉江中下游治理是中线工程的重要组成部分。库区人民群众为了支持国家重大战略性工程，服从大局，舍小家保大家，做出了巨大的牺牲和贡献。开展中线旅游带规划编制，要使南水北调工程发挥最大的效益，不单是调水效益，还有综合的生态效益、经济效益和社会效益，最大限度地发挥惠民工程的作用；不仅要使受水区人民受益，而且要让库区和沿线人民受惠，给库区和沿线百姓带来福祉；要在确保水质安全的基础上，以南水北调大型工程景观为依托，与所在区域原有生态文化旅游资源有机结合成为一条大风景长廊，使之成为新的精品旅游线路和经济增长点。

调研期间，北京市副市长丁向阳，河北省委书记张庆黎，河北省政府特邀咨询张和，河南省副省长刘满仓、省长助理何东成，湖北省政协副主席张荣国，湖北省政协副主席、十堰市委书记陈天会等陪同调研或参加座谈。

国家旅游局、文化部有关司局，国务院南水北调办环境保护司、政研中心，中线建管局，北京、河北、河南、湖北四省（直辖市）南水北调办事机构、旅游、文化、文物等部门以及沿线有关市、县政府负责同志参加了调研和座谈会。

国务院南水北调办副主任于幼军率检查组赴湖北省检查南水北调工程质量

2012 年 5 月 18 ~ 22 日，国务院南水北调办副主任于幼军率检查组赴湖北省丹江口、荆州、荆门、潜江等地集中检查南水北调工程质量。检查组先后随机抽查了南水北调湖北省境内的 10 个施工标段，工程类型涉及大坝、渠道、泵站、节制闸和水利枢纽等，基本涵盖湖北省境内在建工程类型。22 日上午，检查组在武汉市召开通报会，就检查情况与湖北省政府和湖北省南水北调办、省南水北调建管局以及有关施工、监理单位负责人交换了意见，提出了要求。于幼军在会上讲话，湖北省副省长田承忠等出席会议。

于幼军在讲话中首先表明了国务院南水北调办党组狠抓工程质量的坚决态度和决心，肯定了湖北省有关单位在工程质量管理方面所做的工作和取得的成绩，同时也指出工程质量方面存在的问题和不足。他指出，湖北省南水北调工程质量管理措施比较到位，质量面貌大有改观，工程实体质量不断向好，整体质量处于可控状态，但通过检查也发现有些单位对工程质量重视程度还不够，工程质量常见病和通病普遍存在，有些问题还比较突出，如有些标段土方填筑压实度不达标、混凝土密实性差、强度回弹推测值不符合设计要求以及工序检验与评定资料不真实等。

于幼军强调，在调水工程已全面铺开并进入冲刺阶段，要将工程质量工作摆在重中之重的位置，以对人民负责、对历史负责、对自己良知负责的强烈责任感和使命感，以认真、勤勉、严谨的态度，对待工程质量问题，切实做到警钟长鸣，常抓不懈，消除隐患，不留死角，不做罪人。

于幼军指出，质量管理重在一线和现场。各施工单位必须严格按照相关规范和设计要求进行施工建设，进一步加强工序质量检验和落实“三检制”工作，加强一线作业人员的业务培训，从源头抓起，全面提高施工作业质量水平。各监理单位必须严格按照规范和合同要求认真履行职责，要加强现场控制，落实关键部位、关键工序旁站制度，对工程实行全过程监督，及时发现问题，及时纠正。针对这次检查中发现的有些监理单位不履责、工作不到位的问题，于幼军要求湖北省南水北调办和湖北省南水北调建管局要高度重视，认真整改。要组织各参建单位，进一步深入开展质量集中整治工作，对此次检查中发现的问题，要逐项分析问题出现的原因，认真总结经验教训，举一反三，防微杜渐。还要充分发挥质量管理体系的作用，建立健全一整套行之有效的质量管理机制，齐抓共管，形成合力，坚决杜绝类似问题再次发生。

最后，于幼军强调，要切实做好安全生产和防汛度汛准备工作，保障施工人员和人民群众生命财产、国家设备财产安全。汛期将至，2012 年一定要提前准备，做好防汛预案，在人员物质等方面准备充分，做到有备无患，确保万无一失。

在鄂期间，湖北省长王国生会见了于幼军一行。国务院南水北调办建设管理司、监督司、监管中心负责同志、特邀专家以及质量检测人员参加了此次检查。

国务院南水北调办副主任于幼军与环境保护部副部长张力军共同率队赴山东、江苏两省督查调研南水北调东线治污工作

2012 年 5 月 29～31 日、6 月 1～3 日，国务院南水北调办副主任于幼军与环境保护部副部长张力军共同带领两部委联合督查调研组，分别到山东、江苏两省督查调研南水北调东线治污工作。

一、督查调研山东省南水北调治污工作

督查调研组现场查看了南四湖区域重点水质不达标断面，包括洸府河东石佛、老运河西石佛、洙赵新河喻屯、洙水河 105 公路桥断面水质，乘船查看了南四湖湖区水质，了解了南四湖渔业养殖污染防治情况，实地察看了 2011 年下半年新增的重点治污补充项目老运河、洙赵新河、京杭大运河入湖口等人工湿地水质净化工程建设情况，并随机抽查暗访了济宁、泰安两市 5 家城镇生活污水处理厂、2 家工业园区污水处理厂和 2 家工业企业。

5 月 31 日下午，督查调研组在济宁市召开南水北调东线山东省治污督查暨深化治污工作会议。山东省政府特邀咨询郭兆信主持会议。于幼军、张力军分别作重要讲话。山东省环境保护厅代表省政府汇报了山东省东线深化治污工作。

于幼军在讲话中指出，南水北调东线山东省段的工程建设和污染治理工作取得了显著成绩，尤其是 2011 年下半年以来，山东省进一步从结构减排、工程减排、管理减排三方面全面着手，推动治污环保工作上了一个新台阶。主要表现为：一是通过加大淘汰落后产能，提高并实施严格的治理标准，进一步削减工业污染负荷；二是强化城镇污水处理设施升级改造，进一步提高城镇污水收集和处理率，组织开展村镇生活污水集中处理、生活垃圾清理处置示范工作；三是强化节水用水，加大中水再生利用，2011 年山东省首次出现经济社会快速发展，用水量不增反降的喜人局面；四是着力加强对影响水质的难点问题的解决，在加快环南四湖、东平湖生态带建设的同时，积极实施“两减三保”和湖区规模化退耕还湖计划，强化渔业养殖污染治理，启动了南四湖、东平湖专项治污行动，取缔了投饵性网箱、围网养殖方式；五是沿线水质得到持续改善，与 2002 年相比，2011 年山东省调水沿线黄河以南段 22 个控制断面，高锰酸盐指数和氨氮浓度分别下降了 70% 和 85% 以上。

于幼军强调，山东省取得的成绩来之不易，积累的经验弥足珍贵。这是山东省省委、省政府高度重视、正确领导的结果，是沿线各级党委、政府团结奋斗、扎实工作的结果，也是沿线广大干部群众积极支持、共同努力

的结果。

在肯定成绩的同时，他希望大家必须清醒认识治污仍面临的严峻形势和困难。随着东线一期工程通水时限的逼近，山东省的治污压力越来越大，重点难点越来越突出，矛盾汇集越来越集中。主要表现在：一是部分输水干线控制断面水质还未达到规划目标要求；二是已建成的规划项目治污功效尚未完全发挥；三是个别企业违法排污行为时有发生，一些地区生活污水直排问题还比较突出；四是深化治污项目，尤其是 2011 年下半年增加的重点治污补充项目尚有 10 个项目至今没有动工。

于幼军强调，这次两部委联合开展的督查活动，旨在落实国务院南水北调工程建设委员会第六次全体会议精神，检查督导山东省不达标断面的治理，督促重点治污补充项目的实施。希望山东省有关各方能准确把握建委会精神，正视目前制约水质达标的突出问题，切实将思想和认识统一到建委会的总体要求上来，把行动统一到建委会对南水北调治污环保工作的具体部署上来。

结合山东省南水北调东线深化治污工作，于幼军提出几点要求。一是突出重点，按照“一河一策”的方案，加快实施重点治污补充项目，尽快实现尚未达标或稳定达标断面的稳定达标。济宁市要进一步加大治理力度，确保境内南四湖及重点支流断面水质全面达标。二是充分发挥已有工程治污效益，用好、管好治理设施。着力解决影响效益发挥的“最后一公里”问题。要对未充分发挥应有效益的治污设施逐个梳理、详细排查，找出问题节点和制约因素，限期解决，并抓紧研究解决好治污设施正常运营所需的保障条件和监管考核机制。三是彻底清理关闭输水干线的所有排污口，杜绝污染源。2011 年 10 月底前要完成东线干线所有排污口清理关闭工作，今后输水干线不得新建排污口，把排污口的清理关闭工作纳入通水前治污工作考核。四是加强完善水质监测能力建设，努力实现东线沿线水质监测全覆盖。五是加强京杭运河航线污染防治力度，抓紧研究有效措施治理运河船舶污染的问题，如船舶动力油改汽，减少污油、废油的污染；增设垃圾收集船；对散货运输船进行封闭管理；制定公布调水沿线禁运危险化学品名录以及在调蓄湖减少网箱养鱼等。

张力军在讲话中指出，山东省加强组织领导，创新治污思路，不断完善地方性法规和标准，进一步提高环境监管水平，在南水北调沿线治污的工作取得了明显成效，值得充分肯定。

张力军强调指出，“十二五”期间南水北调东线治污工作已纳入国家重点流域治污工作之中，最近国务院批准了淮河流域“十二五”重点规划中把南水北调东线治污工作定为重中之重。山东省当前的南水北调沿线治污工作距离通水的要求还有一定的差距，主要表现在：一是对水环境保护还要进一步提高；二是农业面源和航运污染要加大治理力度；三是调水沿线污水处理设施建设和运营管理有待加强；四是对工业企业的监管要进一步强化。

针对此次督查调研工作中发现的问题，张力军提出了明确的整改意见。他要求山东省加快《重点流域规划》实施进度，确保水质稳定达标；强化环境监管，确保发挥治污和减排效果；加强基础设施建设，加大农业面源和航运污染治理；制定和完善应急预案，确保输水安全。他强调，要求山东省在 2012 年底前务必达到通水水质要求。

郭兆信代表山东省政府表态，他表示，山东省将继续加强领导，切实提高认识，多措并举、多管齐下，务求限期达标、稳定达标，圆满完成任务。

二、督查调研江苏省南水北调治污工作

督查调研组先后调研了东线苏鲁省际交水断面、京杭运河邳州段未稳定达标断面、新沂市尾水导流工程建设、南四湖及潘安湖人工湿地建设等情况。江苏省副省长徐鸣、许津荣分别陪同调研和督查。

6月1日，督查调研组在徐州市召开东线江苏省治污督查暨深化治污工作会议。于幼军对江苏省深化治污工作给予肯定。他要求抓好五项工作：一是加快实施重点治污补充项目，尽快实现境内断面的稳定达标；二是彻底清理关闭输水干线上的所有排污口，杜绝污染源；三是抓紧完善城镇污水处理厂和管网配套建设，保证调水沿线城镇污水处理率达到85%以上；四是建立健全污染防控体系；五是抓紧研究有效措施治理运河船舶污染问题。

国务院南水北调办副主任于幼军调研督导南水北调中线邯石段风险项目建设

2012年10月19～21日，国务院南水北调办副主任于幼军率队对南水北调中线邯石段风险项目进行调研督导，并召开座谈会。河北省政府特邀咨询张和陪同督导调研，并出席会议。

于幼军一行先后检查了石家庄市南杜村西桥、大谈村桥、大马北桥、北渎桥，邢台市七里河段工程，邯郸市邯钢路桥、青兰高速引线穿越总干渠工程，听取了建管、征迁等单位关于项目推进方面的情况汇报和意见建议，与地方政府及有关部门协调解决项目推进中碰到的障碍、困难和问题，并现场办公，研究拿出解决方案，明确节点目标、时限要求、责任单位，推进工程建设进度。

10月21日，于幼军在邯郸市召开座谈会，听取参建各方汇报，分析研究存在的问题，就加快风险项目进度提出要求。于幼军充分肯定了河北省各级地方政府及有关部门在营造良好工程建设环境中所付出的努力，充分肯定了现场参建各单位在工程建设中取得的成绩。他代表国务院南水北调办对河北省各级党委、政府表示感谢。

于幼军指出，加快南水北调工程建设，对于贯彻落实科学发展观、优化水资源配置、改善生态环境、缓解北方地区严重缺水状况具有十分重要的现实意义和战略意义。确保如期通水，是南水北调建设者做出的庄严承诺，要有破釜沉舟的勇气，坚决完成任务，兑现承诺。邯石段工程2010年全面开工建设，由于种种原因，部分项目建设进度严重滞后，5座桥梁迟迟未能开工建设，个别项目难题处理方案尚未确定，成为制约南水北调中线工程建设的风险项目，如不能立即扭转这种被动局面，将严重威胁南水北调中线工程建设目标如期实现。

于幼军表示，通过本次挂牌督导，5座跨渠桥梁已经明确了进度计划、节点目标、责任单位，对剩余问题处理方案的制定也做出了具体安排。他强调，11月上旬，5座桥梁必须全部开工，2013年4月全部完成桥梁跨渠工程，移交渠道挖方和衬砌施工。这一进度节点没有退路，必须如期完成。否则，将追究耽误工期的单位及有关人员的责任。南水北调中线工程已进入最后的攻坚阶段，各单位要充分认识当前邯石段风险项目建设面临的严峻形势，高度重视，加强领导，精心组织，周密安排。相关负责人要亲自挂帅，全力以赴，集中人力、物力和设备，切实落实领导和岗位责任制，严格考核和奖惩，精心组织施工，狠抓工程进度，保证质量安全，打好邯石段风险项目攻坚战，为顺利实现全线通水目标提供保障。

张和要求，各级各有关部门和参建各方要按照这次督导检查的要求，提高做好南水北调中线邯石段风险项目建设重要性的认识，在确保工程质量的前提下，加快建设进度，保证施工安全，加强协调调度，优化施工环境，确保2014年如期实现建成通水目标。

国务院南水北调办投资计划司、建设管

理司、征地移民司、监督司，河北省南水北调办，中线建管局负责同志参加调研督导。石家庄市、邢台市、邯郸市政府负责同志陪同。

文化部副部长、国家文物局局长励小捷调研湖北省南水北调工程文物保护工作

2012年8月3日，文化部副部长、国家文物局局长励小捷对湖北南水北调工程文物保护工作进行了调研，先后考察了南水北调工程武当山遇真宫垫高保护工程现场和十堰市博物馆的南水北调出土文物展。励小捷充分肯定了湖北省南水北调工程文物保护工作取得的成绩，并对后续工作提出了殷切希望。他强调，遇真宫垫高保护工程是南水北调工程涉及的最大的文物保护工程，社会影响大。他要求地方文物部门和施工单位要严把工程质量关、进度关，坚持文明施工、科学施工，确保工程安全、顺利、如期、高质量地完工，争取做成精品文物保护工程。

江苏省省长李学勇考察南水北调皂河站工程

2012年6月8日上午，江苏省省长李学勇亲临南水北调皂河站考察指导工作。江苏省政府秘书长毛伟明、副秘书长杨根平，江苏省水利厅厅长、省南水北调办主任吕振霖，江苏省财政厅副厅长（正厅级）江建平，江苏水源公司总经理邓东升、副总经理荣迎春及宿迁市委书记缪瑞林、市长蓝绍敏等陪同考察。

李学勇一行首先来到皂河一站，考察一站改造及当前运行情况。他认真听取了泵站建设改造情况汇报，详细了解了皂河一站在历年防汛、抗旱、排涝等工作中所发挥的重要作用，并仔细询问了骆马湖、邳洪河等工程沿线当前的水位、水情及度汛准备情况，要求有关部门一定要高度重视，立足防大汛、抗大旱，加强领导、明确责任，落实措施、抓好预防，确保皂河站工程运行安全，为区域防汛抗旱工作再立新功。

在泵站控制室，李学勇察看了皂河一站自动化管理情况，并亲切看望工程一线运行管理人员，他叮嘱大家一定要充分认识建设南水北调工程的重要意义，明确自身所肩负的光荣使命，切实增强大局意识、责任意识和服务意识，以高度负责的精神做好本职工作，在加快南水北调和江苏省防汛抗旱工作中建功立业。

随后，李学勇来到南水北调皂河二站，他实地察看了骆马湖水情以及皂河二站上游堤防安全度汛情况。在二站主厂房他认真听取了南水北调东线一期江苏段工程总体情况介绍以及皂河站工程建设情况汇报，参观了二站主泵房和自动化控制室。

11时8分，李学勇在皂河二站主控室亲自点击鼠标成功启动泵站1号机组，伴随着水泵的缓缓转动，涓涓清流从邳洪河奔向骆马湖。李学勇向奋战在皂河站工程一线的全体建设人员致以诚挚的问候，并勉励大家继续发扬成绩、再接再厉，科学管理好水利工程，在加快推进南水北调工程建设的同时，全面服务好江苏省经济社会发展和人民群众生产生活，为实现江苏省“两个率先”目标不断做出新的贡献。

山东省省委书记姜异康赴济宁市调研南水北调水质保障工作

2012年6月10～11日，山东省省委书记、省人大常委会主任姜异康在济宁市调研时，就南水北调工程水质问题做出明确指示，要求加大水质保障力度，确保一渠清水北上。

6月11日上午，姜异康赴微山县南四湖

二级坝、微山湖湿地调研，详细了解防汛工作和环境保护等情况。他指出，南四湖是南水北调东线通道，要高度重视水质问题，加大环境治理和污水处理力度，确保把一渠清水送到北方。

山东省省委、省政府高度重视南水北调工程建设和沿线的水污染治理，把“确保一渠清水北上”作为重要的政治任务来抓，将治污责任层层落实到各市、县和重点污染企业，作为约束性指标，纳入县域经济社会发展考核体系，全面构建了“治、用、保”流域治污体系，不断健全地方法规标准，进一步提高了环境执法监管，南水北调东线治污进展顺利，各项工作扎实而富有成效，调水沿线水质有了显著改善。

河南省省委书记卢展工赴南水北调中线水源区淅川县考察

2012年7月10日，河南省省委书记卢展工到南水北调中线工程渠首所在地南阳市淅川县考察指导工作。河南省省委常委、秘书长刘春良，省委副秘书长白建国、省委农办常务副主任张文深、省水利厅厅长王树山、省南水北调办主任王小平、省扶贫办主任张成智，以及南阳市委书记李文慧、市长穆为民等陪同考察。

卢展工察看了福森新能源科技公司、马蹬镇黄庄新型农村社区、丹江大观苑茶产业种植示范园。

卢展工指出，淅川县区位特殊，担负着南水北调中线工程水源保护的繁重任务，要加强生态建设，既防止水土流失，又防止面源污染，切实保护好丹江口水库水质，确保一库清水永续北送。卢展工强调，“两不三新”三化协调科学发展的路子，是人民的期盼，是河南的承诺。期盼寄托着责任，承诺确立了责任。责任关键在做，真正走出一条科学发展的路子。

湖北省省委书记李鸿忠赴天门市慰问移民群众

2012年1月17日，正值农历小年，湖北省省委书记李鸿忠，省政协主席杨松，省委常委、组织部部长侯长安，省人大常委会常务副主任苏晓云，副省长田承忠，带着党和政府的温暖、新春的祝福，赴天门市亲切看望慰问困难党员、福利院老人儿童和移民群众。

白茅湖农场灌湖安置点住着71户来自丹江口浪河镇代湾村的移民，2012年将是移民们在新家度过的第二个春节。李鸿忠一行走进安置点，与大家亲切握手并致以新春祝福。看着移民们生活境况不断好转，李鸿忠十分高兴，叮嘱移民局干部说：“移民舍小家为大家，做出了牺牲，既要保证大家的基本生活，更要想方设法提高大家的致富能力，让移民们在新家尽快富裕起来。”

湖北省省长王国生赴郧西郧县调研移民内安工作

2012年3月17～18日，湖北省省委副书记、省长王国生深入郧西县、郧县调研移民内安工作。王国生强调，要大胆尝试，整合各种资金资源，全面推进移民内安扫尾工作，力争把移民集镇建成新农村示范点。湖北省政府秘书长傅德辉、省交通运输厅厅长尤习贵、省移民局局长汪元良，十堰市市委书记陈天会，十堰市市委副书记、市长周霁，十堰市市委常委、市委秘书长贺盛有，十堰市副市长沈学强等陪同调研。

王国生一行先后考察了郧西县香港工业园区濠歌服装厂、观音镇天河口移民集镇、郧县柳陂镇舒家沟移民新村安置点和移土培肥项目。所到之处，王国生都要同当地移民干部、移民工程建设者和移民亲切交谈，听取有关情况汇报。

调研中，王国生强调，十堰市在移民工作中积累了许多宝贵经验。当前，中央和省对丹江口库区移民内安扫尾工作高度重视，各级各部门要增强大局意识，进一步加强对移民内安工作的领导，明确责任目标，强化工作措施，抢时间赶进度，确保如期全面完成移民内安任务。

陕西省省委书记赵乐际赴丹江口水库调研

2012 年 10 月 2～4 日，陕西省省委书记赵乐际利用国庆假期深入丹江口水库和安康市调研。他强调，要抓住国家新一轮扶贫开发和省上推进陕南循环发展等机遇，进一步加强汉丹江流域保护，积极发展优势特色产业，在青山绿水中让群众日子越过越好。

丹江口水库是国家南水北调中线工程的水源地，来水源于汉丹江。赵乐际站在加高的辅坝上听取中线工程和丹江口库区介绍，了解大坝长度、高度和水库水位、库容，询问开发建设和移民安置等情况，登上轮船观看水库建设宣传片，在甲板上眺望群山环抱的千里碧波。他说，陕西省和湖北省山相依、水相连、人相亲，陕西省是水源涵养地，湖北省是调水库区，都为南水北调中线工程和受水区做出了巨大贡献。要铭记历史、着眼未来，加大宣传力度，进一步增强保护汉丹江的责任感。要适应水库功能变化，共同做好水源和水质保护工作，确保一江清水送北京。

CHINA SOUTH-TO-NORTH WATER DIVERSION PROJECT CONSTRUCTION YEARBOOK

专题办公会

WORK CONFERENCE ON SPECIFIC TOPIC

综　述

2012年，是南水北调工程开工建设以来，任务最重、难度最大、建设管理强度最高的一年。一年来，国务院南水北调办紧紧围绕年度目标任务，全面贯彻落实南水北调工程建设委员会第六次全体会议和2012年建设工作会议精神，按照“突出重点推进度、突出高压抓质量、突出帮扶稳移民、突出深化保水质、突出监控管资金”的总体部署，加强研究会商，细化实化措施，扎实推进工程建设。2012年，鄂竟平主任，张野、蒋旭光、于幼军副主任，累计共主持召开各类主要的主任办公会或专题办公会242次，内容涉及工程进度、工程质量、征地移民、治污环保、投资控制、资金管理等工程建设的各个方面，详见2012年度国务院南水北调办主任办公会或专题办公会汇总表。

上述主任办公会或专题办公会的召开以及后续的落实工作，极大地推动了工程建设。截至2012年底，工程建设各项工作进展顺利，总体形势持续向好，实现了2012年初确定的“进度更快、质量更好、投资更省、移民更稳、水质更优、战斗力更强”的目标，为如期实现通水目标奠定了坚实基础。

2012年度国务院南水北调办主任办公会或专题办公会汇总表

序号	时　间	主　持	会议主题或主要研究内容
1	1月31日	鄂竟平	听取血吸虫病监测研究有关情况汇报
2	2月1日	鄂竟平	听取山东两座水库稽察情况汇报
3	2月3日	鄂竟平	听取两项制度专项稽察有关工作情况汇报
4	2月9日	鄂竟平	研究2012年南水北调工程建设工作会议中各省（市）代表提出问题的落实情况
5	2月10日	鄂竟平	听取丹江口大坝加高工程大坝专项安全鉴定工作初步成果报告，与水利部协调中、东线二期及西线工程前期进展情况汇报
6	2月10日	鄂竟平	研究质量终身制实施办法
7	2月13日	鄂竟平	传达学习国务院领导关于南水北调工程建设的重要批示精神，研究部署工作
8	2月13日	鄂竟平	研究《南水北调质量警示录》脚本
9	2月15日	鄂竟平	研究质量问题处罚
10	2月16日	鄂竟平	研究举报工作有关情况
11	2月22日	鄂竟平	听取南水北调中线干线工程全填方渠段视频监控系统设计变更有关情况的汇报
12	2月23日	鄂竟平	听取稽察与飞检工作汇报
13	2月24日	鄂竟平	听取各单位年度工作目标和“五突出”落实措施汇报
14	2月28日	鄂竟平	听取中线一期工程总干渠石家庄康庄、岳村桥梁变更有关情况汇报
15	2月28日	张　野	听取中线水源调度系统专项有关工作汇报
16	2月29日	鄂竟平	听取东线一期济平干渠工程运行期管理维护方案汇报
17	2月29日	鄂竟平	听取经济与财务司资金监管汇报
18	3月1日	鄂竟平	听取督办、干部考核有关工作汇报
19	3月2日	张　野	听取中线运行管理体制有关情况汇报
20	3月2日	鄂竟平	听取东线管理机构及运行方案汇报

续表

序号	时　　间	主　持	会议主题或主要研究内容
21	3月2日	于幼军	听取关于《南水北调中线干线生态带建设规划》和丹江口入库河口水质监测工作汇报
22	3月5日	蒋旭光	听取举报受理工作情况汇报，研究部署有关工作
23	3月6日	鄂竟平	听取南水北调中线生态文化旅游产业带规划编制工作有关情况汇报
24	3月6日	蒋旭光	研究部署征地移民重点工作
25	3月12日	鄂竟平	听取中线管理体制有关情况汇报
26	3月13日	鄂竟平	听取中线干线重点项目进度管理调研情况汇报
27	3月13日	鄂竟平	听取中线干线工程生态带规划有关情况汇报
28	3月14日	鄂竟平	听取质量监管工作汇报
29	3月14日	于幼军	听取河北省南水北调办关于征地移民资金使用管理有关情况的汇报
30	3月15日	于幼军	分别听取河南省移民办、湖北省移民局关于征地移民资金使用管理有关情况的汇报
31	3月22日	鄂竟平	听取建设管理司2012年重点工作汇报
32	3月26日	鄂竟平	部署审计工作
33	3月27日	鄂竟平	研究质量问题处罚
34	3月27日	于幼军	听取账面资金监管情况汇报
35	3月28日	鄂竟平	听取关于专家建议及早应对南水北调工程将引发水质变化的报告
36	3月28日	蒋旭光	研究质量管理重点工作
37	3月29日	鄂竟平	听取组建东线管理机构和增加投资测算的工作方案
38	3月29日	于幼军	听取关于中线水源区划定工作的汇报
39	4月9日	鄂竟平	传达学习国务院第五次廉政工作会议精神
40	4月10日	鄂竟平	审定《南水北调工程百问》目录
41	4月11日	鄂竟平	审查电影《汉水丹心》
42	4月11日	蒋旭光	研究部署第二季度征地移民重点工作
43	4月11日	于幼军	听取关于丹江口水库保护区划定工作方案的汇报
44	4月12日	鄂竟平	研究工程进度问题
45	4月13日	鄂竟平	研究关键工序工人施工质量考核奖罚办法
46	4月17日	鄂竟平	研究质量监管工作
47	4月17日	蒋旭光	研究中线干线郑州二段、潮河段工程关键项目进度有关工作
48	4月17日	于幼军	研究生态补偿转移支付资金与生态保护效果挂钩问题
49	4月18日	鄂竟平	研究南水北调核心价值理念实施意见
50	4月19日	鄂竟平	研究举报管理工作
51	4月19日	于幼军	听取政研中心关于中线旅游带调研准备工作汇报
52	4月23日	蒋旭光	研究部署稽察、飞检、举报受理重点工作落实措施
53	4月24日	鄂竟平	听取移民有关工作汇报
54	4月24日	蒋旭光	研究部署综合管理工作

续表

序号	时　间	主　持	会议主题或主要研究内容
55	4月24日	于幼军	听取关于审计工作进展情况的汇报
56	4月25日	鄂竟平	研究工程建设质量评价指数系统
57	4月26日	张　野	研究投资测算有关问题
58	4月26日	蒋旭光	研究郑州2段、潮河段关键项目有关工作
59	5月3日	蒋旭光	研究质量集中整治工作
60	5月8日	鄂竟平	听取审计工作汇报
61	5月8日	蒋旭光	研究推进中线工程潮河段、郑州2段关键项目落实措施
62	5月9日	鄂竟平	听取进一步加强中线总干渠高填方渠段安全措施工作情况汇报
63	5月9日	张　野	研究东线省际工程管理有关事宜
64	5月10日	鄂竟平	听取工程投资测算工作汇报
65	5月10日	鄂竟平	听取质量集中整治工作汇报
66	5月10日	鄂竟平	听取24项控制性工程进度情况汇报
67	5月18日	张　野	研究加快中线河北境内跨渠桥梁设计变更有关工作
68	5月18日	蒋旭光	研究中线工程潮河段、郑州2段关键项目建设进度和征迁工作
69	5月18日	蒋旭光	研究部署近期征地移民重点工作
70	5月20日	张　野	研究投资测算有关问题
71	5月21日	鄂竟平	研究配合审计有关工作
72	5月23日	鄂竟平	听取丹江口库区及上游地区水质监测工作进展情况汇报
73	5月25日	鄂竟平	听取待运行期工程管理维护有关事宜汇报
74	5月28日	鄂竟平	听取中线生态文化旅游产业带规划编制调研情况汇报
75	5月29日	鄂竟平	讨论西线工程调研情况
76	5月30日	鄂竟平	讨论质量集中整治检查情况
77	5月31日	鄂竟平	听取焦作1段施工2标闫河倒虹吸质量问题调查情况汇报
78	6月1日	鄂竟平	听取两个风险项目进展情况汇报
79	6月4日	鄂竟平	听取工程建设质量关键点和质量指数体系研究情况汇报
80	6月4日	张　野	听取中线黄河以北质量集中整治检查情况汇报
81	6月5日	鄂竟平	研究质量集中整治情况
82	6月7日	于幼军	听取关于审计情况汇报
83	6月8日	于幼军	讨论修改中线生态文化旅游产业带规划大纲
84	6月11日	鄂竟平	听取中线调度运行管理专项工程初步设计有关情况汇报
85	6月11日	蒋旭光	审查中央电视台移民纪实片
86	6月12日	鄂竟平	听取审计有关工作情况汇报
87	6月12日	鄂竟平	听取关于宣传工作的汇报
88	6月13日	鄂竟平	研究关键工序工人施工质量考核奖罚办法
89	6月14日	鄂竟平	讨论湖北、河南两省调研有关情况
90	6月15日	鄂竟平	听取王浩院士关于中线水资源调度情况汇报

续表

序号	时　间	主　持	会议主题或主要研究内容
91	6月15日	蒋旭光	研究质量集中整治工作和近期监督重点工作落实措施
92	6月15日	蒋旭光	研究中线工程潮河段、郑州2段关键项目建设进度和征迁工作
93	6月18日	鄂竟平	研究工程进度问题
94	6月19日	鄂竟平	研究质量问题鉴定及后期处罚办法
95	6月20日	鄂竟平	研究环保“十二五”规划
96	6月21日	鄂竟平	听取工程投资测算有关情况汇报
97	6月25日	鄂竟平	听取江苏、山东段调度运行管理系统工程等6项专项项目进展情况汇报
98	6月25日	于幼军	研究《丹江口库区及上游水污染和水土保持“十二五”规划》目标责任书
99	6月27日	蒋旭光	研究中线工程潮河段、郑州2段关键项目建设进度和征迁工作
100	6月28日	蒋旭光	研究近期质量监督重点工作
101	6月29日	鄂竟平	研究第二季度质量问题处罚
102	6月29日	鄂竟平	听取质量关键点监督管理和高填方渠段质量监管措施汇报
103	6月29日	于幼军	研究《南水北调中线生态文化旅游产业带规划大纲（初稿）》
104	7月3日	鄂竟平	听取东线运行管理机构筹备情况汇报
105	7月4日	鄂竟平	听取许平南高速与总干渠交叉工程设计有关情况的汇报
106	7月4日	张　野	研究部署南水北调工程验收工作
107	7月5日	鄂竟平	听取质量关键点监督管理和高填方渠段质量监管措施汇报
108	7月10日	鄂竟平	听取《南水北调工程建设质量问题责任追究管理办法（试行）》和《南水北调工程合同监督管理规定（试行）》修订情况汇报
109	7月11日	鄂竟平	研究工程进度问题
110	7月12日	鄂竟平	听取东线、中线治污审计工作汇报
111	7月13日	鄂竟平	研究未落实审计关于中线工程供电、通信不建专网建议有关情况
112	7月13日	鄂竟平	听取配套工程建设情况汇报
113	7月16日	鄂竟平	研究审计整改工作
114	7月16日	蒋旭光	安排部署国务院南水北调办管干部年度考核有关工作
115	7月17日	鄂竟平	研究第二季度质量问题处罚
116	7月17日	于幼军	听取经济与财务司预算工作汇报
117	7月18日	鄂竟平	听取近期移民工作情况汇报
118	7月19日	鄂竟平	研究人工和砂石料价差有关问题
119	7月24日	于幼军	听取经济与财务司关于落实内部审计整改措施情况的汇报
120	7月25日	鄂竟平	听取24项重点工程进展情况汇报
121	7月25日	鄂竟平	传达省部级主要领导干部“学习胡锦涛总书记重要讲话精神，迎接党的十八大”专题研讨班会议精神
122	7月26日	鄂竟平	听取规范质量问题认定工作情况汇报
123	7月27日	鄂竟平	听取质量处罚工作情况汇报
124	7月31日	鄂竟平	听取临时用地复耕退还工作情况汇报

续表

序号	时　间	主　持	会议主题或主要研究内容
125	8月1日	鄂竟平	研究落实国务院领导关于河南省移民的重要批示
126	8月2日	鄂竟平	听取《南水北调工程建设质量问题责任追究管理办法（试行）》和《南水北调工程合同监督管理规定（试行）》修订情况汇报
127	8月2日	于幼军	审议《南水北调中线生态文化旅游产业带规划纲要（送审稿）》
128	8月3日	鄂竟平	听取工程转包、分包情况汇报
129	8月3日	蒋旭光	研究赴河南省现场督导中线工程建设进度工作
130	8月7日	鄂竟平	听取举报工作情况汇报
131	8月8日	鄂竟平	听取高聚物防渗墙应用情况汇报
132	8月15日	蒋旭光	研究中线郑州至焦作段工程督导发现问题解决措施
133	8月17日	蒋旭光	研究加强质量监管工作落实措施
134	8月20日	于幼军	研究落实审计意见会议筹备事宜
135	8月21日	蒋旭光	研究部署中线干线征迁工作
136	8月21日	于幼军	商研中线生态带规划报送事宜
137	8月23日	鄂竟平	听取工程建设进度现场督导情况汇报
138	8月23日	鄂竟平	听取关于《南水北调中线生态文化旅游产业带规划纲要》的汇报
139	8月24日	鄂竟平	听取质量监管工作汇报
140	8月28日	鄂竟平	听取午河渡槽质量问题调查处理结果和中线干线部分标段混凝土质量问题情况汇报
141	8月29日	鄂竟平	听取中线干线自动化调度与运行管理决策支持系统建设有关情况汇报
142	8月30日	鄂竟平	研究干部队伍作风建设
143	8月31日	鄂竟平	听取单项工程进度情况汇报
144	9月3日	鄂竟平	听取南水北调中线一期工程安全隐患有关情况汇报
145	9月3日	张　野	听取工程验收工作汇报
146	9月4日	鄂竟平	听取南水北调中线水源调度运行管理系统工程初步设计报告有关情况汇报
147	9月4日	张　野	听取投资测算、价差管理工作汇报
148	9月5日	鄂竟平	研究质量问题责任追究管理办法
149	9月6日	鄂竟平	研究关键工序质量奖惩办法
150	9月7日	鄂竟平	听取东线运行管理机构筹备情况汇报
151	9月10日	张　野	研究南水北调工程待运行期管理维护考核办法
152	9月10日	蒋旭光	总结研究南水北调西线工程考察调研工作
153	9月11日	鄂竟平	听取中线供水调度方案研究及编制情况汇报
154	9月11日	张　野	研究南水北调中线工程水泥改性土施工进度有关问题
155	9月11日	蒋旭光	研究办机关信访稳定工作
156	9月12日	鄂竟平	听取穿黄工程有关情况汇报
157	9月12日	张　野	研究南水北调中线铁路交叉工程产权归属问题
158	9月12日	蒋旭光	研究部署近期征地移民重点工作

续表

序号	时　间	主　持	会议主题或主要研究内容
159	9月12日	于幼军	听取经财司审计整改落实情况汇报
160	9月13日	鄂竟平	听取南水北调部分配套输水工程建设进展滞后问题情况汇报
161	9月13日	鄂竟平	听取中线水源调度运行管理系统工程初步设计有关情况汇报
162	9月13日	蒋旭光	听取监管中心质量监管重点工作汇报，研究部署下一步质量监管工作
163	9月14日	鄂竟平	听取南水北调工程质量监督巡查工作汇报
164	9月14日	鄂竟平	听取与青兰高速交叉工程有关情况汇报
165	9月18日	张　野	听取北京市南水北调办关于洪水损毁情况的汇报
166	9月19日	鄂竟平	听取东线管理设施初步设计情况汇报
167	9月20日	鄂竟平	听取工程进度及中线重点监控桥梁有关情况汇报
168	9月20日	鄂竟平	听取东线通水验收情况汇报
169	9月21日	鄂竟平	听取南水北调工程合同监督管理规定有关情况汇报
170	9月21日	鄂竟平	传达学习回良玉副总理考察南水北调工程讲话精神
171	9月24日	鄂竟平	听取审计整改工作情况汇报
172	9月25日	张　野	听取违法分包、转包专项整治情况的汇报
173	9月26日	鄂竟平	讨论南水北调工程通水验收工作导则
174	9月27日	鄂竟平	研究东线通水有关问题
175	9月28日	张　野	研究违法分包、转包问题处理意见
176	9月29日	鄂竟平	研究第三季度质量问题处罚
177	10月8日	蒋旭光	研究部署第四季度质量管理重点工作
178	10月8日	鄂竟平	听取东线穿黄技术验收有关情况汇报
179	10月9日	鄂竟平	听取与青兰高速交叉工程有关情况汇报
180	10月9日	蒋旭光	研究部署党的十八大前移民信访维稳工作
181	10月9日	蒋旭光	研究部署第四季度征地移民工作
182	10月9日	于幼军	听取关于2013年预算工作情况的汇报
183	10月10日	鄂竟平	听取丹江口水库蓄水前库底清理工作情况汇报
184	10月11日	鄂竟平	听取东线治污环保工作汇报
185	10月11日	蒋旭光	研究部署第四季度综合管理重点工作
186	10月15日	鄂竟平	研究落实国务院领导有关批示
187	10月15日	蒋旭光	研究近期宣传工作
188	10月16日	鄂竟平	听取中线总干渠高填方渠段加强安全措施有关情况汇报
189	10月17日	鄂竟平	听取水价情况汇报
190	10月19日	鄂竟平	听取举报工作汇报
191	10月19日	鄂竟平	听取东、中线一期工程安全隐患排查处理情况汇报
192	10月22日	鄂竟平	研究工程进度问题
193	10月23日	鄂竟平	听取违法分包、转包专项整治活动情况汇报
194	10月23日	鄂竟平	听取水价情况汇报

续表

序号	时　　间	主　持	会议主题或主要研究内容
195	10月23日	张　野	研究东线南四湖水资源监测工作
196	10月24日	鄂竟平	研究讨论南水北调文化碑碑文
197	10月25日	鄂竟平	听取干部作风建设汇报
198	10月25日	鄂竟平	研究《南水北调工程建设质量信用管理办法》
199	10月29日	鄂竟平	讨论《国务院南水北调办领导干部问责暂行办法》和《南水北调工程建设管理工作典型案例管理办法》
200	10月30日	蒋旭光	研究工程质量专项检查方案
201	10月31日	于幼军	研究审计检查工作方案和水价问题
202	11月5日	鄂竟平	研究工程进度问题
203	11月6日	鄂竟平	研究部署南水北调东线一期工程通水前有关工作
204	11月13日	蒋旭光	研究山东、河南段工程质量专项检查情况
205	11月14日	于幼军	研究中线水源区未达标断面河流整治调研方案
206	11月19日	鄂竟平	讨论南水北调核心价值理念表述方案
207	11月19日	鄂竟平	研究质量问题处罚
208	11月20日	鄂竟平	研究东线通水筹备有关工作
209	11月20日	张　野	召开丹江口水库蓄水验收工作座谈会
210	11月21日	鄂竟平	听取东线穿黄工程出口闸位置变动及相关问题专项审查情况汇报
211	11月22日	鄂竟平	听取河北省风险项目进展情况汇报
212	11月23日	鄂竟平	研究审计署有关审计建议
213	11月26日	鄂竟平	研究东线管理机构组建有关事宜
214	11月26日	鄂竟平	听取有关技术问题情况汇报
215	11月27日	鄂竟平	研究午河渡槽和天津干线工程加固处理方案
216	11月28日	鄂竟平	研究动态清样、中央电视台信息反映的南水北调中线水源区水质安全调查有关问题处理意见
217	11月29日	鄂竟平	研究东线一期工程运行管理办法
218	12月3日	鄂竟平	听取各单位2012年工作总结及2013年工作安排、63项重点工作进展情况汇报
219	12月4日	于幼军	研究南水北调工程设施保护办法
220	12月5日	鄂竟平	听取高填方加固处理方案和与青兰高速交叉工程进展情况汇报
221	12月5日	蒋旭光	研究部署丹江口库区库底清理工作
222	12月5日	蒋旭光	研究部署中央国家机关定点扶贫国务院南水北调办有关工作
223	12月6日	鄂竟平	听取东线穿黄工程进展情况汇报
224	12月7日	鄂竟平	研究工程进度问题
225	12月7日	鄂竟平	听取稽察大队工作情况汇报、研究质量信用管理办法及质量关键点监管意见
226	12月10日	鄂竟平	研究落实中组部、统战部关于2013年两会有关要求和国务院领导关于水价问题的批示
227	12月10日	鄂竟平	讨论领导干部问责管理办法

续表

序号	时　间	主　持	会议主题或主要研究内容
228	12 月 10 日	蒋旭光	总结工程质量专项检查情况，研究分析质量问题及解决措施
229	12 月 11 日	鄂竟平	讨论东、中线一期通水验收专家管理办法
230	12 月 11 日	蒋旭光	研究部署宣传工作
231	12 月 12 日	鄂竟平	研究 2013 年投资计划方案
232	12 月 13 日	鄂竟平	听取漳河北—古运河南段新增临时占地有关情况的汇报
233	12 月 17 日	鄂竟平	听取 2012 年资金下达与进度情况汇报
234	12 月 18 日	鄂竟平	听取 2013 年移民工作思路及库底清理有关工作汇报
235	12 月 18 日	鄂竟平	听取质量监管工作思路汇报
236	12 月 20 日	鄂竟平	听取环保工作思路汇报
237	12 月 20 日	鄂竟平	听取进度工作思路汇报
238	12 月 24 日	鄂竟平	传达学习中央农村工作会议精神，审议质量信用管理办法
239	12 月 27 日	鄂竟平	听取运行管理有关情况汇报
240	12 月 27 日	蒋旭光	听取“三位一体”监管中心质量管理工作汇报，研究部署质量监管专项工作
241	12 月 28 日	鄂竟平	听取东线通水前宣传方案汇报
242	12 月 31 日	鄂竟平	研究第四季度质量处罚，听取监管中心 11 月质量情况汇报

CHINA SOUTH-TO-NORTH WATER DIVERSION PROJECT CONSTRUCTION YEARBOOK

捌 重要事件

IMPORTANT EVENTS

国务院批复《丹江口库区及上游水污染防治和水土保持“十二五”规划》

2012年6月4日，国务院以国函〔2012〕50号文件批复国家发展改革委、国务院南水北调办、水利部、环境保护部、住房和城乡建设部以及河南、湖北、陕西三省编制的《丹江口库区及上游水污染防治和水土保持“十二五”规划》（以下简称《规划》），原则同意《规划》内容，并要求认真组织实施。

《规划》指出，水污染治理和水土保持是南水北调工程成败的关键，保护好丹江口水库水质，持续改善库区及上游地区的生态环境，对于南水北调中线工程的顺利实施以及区域经济社会可持续发展，具有十分重要的意义。

《规划》提出了三方面的目标：

一是水质目标。2014年南水北调中线工程通水前，丹江口水库陶岔取水口水质达到Ⅱ类（总氮保持稳定）；主要入库支流符合水功能区目标要求；汉江干流省界断面水质达到Ⅱ类。2015年末，丹江口水库水质稳定达到Ⅱ类要求（总氮保持稳定）；直接汇入丹江口水库的各主要支流水质不低于Ⅲ类（现状优于Ⅲ类水质的入库河流，以现状水质类别为目标，不得降类），入库河流水质全部达到水功能区目标要求；汉江干流省界断面水质达到Ⅱ类要求。

二是污染物总量控制目标。规划区污染物化学需氧量（COD）和氨氮排放总量控制目标与国家“十二五”分配到规划相关省的总量指标保持一致。

三是水土保持目标。治理水土流失面积6295km^2，实施坡改梯315km^2；水土流失累计治理程度达到50%以上，新增项目区林草覆盖率增加5%～10%；年均增加调蓄能力2亿m^3以上，年均减少土壤侵蚀量0.1亿～0.2亿t。

《国务院关于丹江口库区及上游水污染防治和水土保持“十二五”规划的批复》要求：河南、湖北、陕西三省人民政府为《规划》的实施责任主体，要将《规划》纳入地方“十二五”国民经济和社会发展规划，并结合本地区实际制定年度实施计划，逐级落实水污染防治和水土保持工作任务，将规划目标、任务、责任逐级分解，切实做到责任到位、措施到位、工作到位。有关部门要加强对规划实施的组织和指导，加强沟通、协调与配合，形成工作合力。国务院南水北调办要会同有关部门做好规划实施的考核工作，与地方签订目标责任，加强检查考核。

2012年6月20日，国务院南水北调办主任鄂竟平主持召开专题办公会，研究贯彻落实批复精神，国务院南水北调办副主任张野、于幼军出席。

鄂竟平指出，国务院批复规划是南水北调工程建设中的一件大事、好事，对于保证南水北调中线工程水源区水质安全具有重要意义；贯彻落实好国务院批复精神的关键是组织实施规划，组织实施好规划的关键是分解和落实责任、明确各责任单位的任务、目标、进度以及保障措施。他要求，当前要认真做好规划实施的各项准备工作，为顺利实施规划，实现规划目标打好基础。

国务院批复西部大开发“十二五”规划　就南水北调工作做出安排

2012年2月13日，国务院正式批复同意国家发展改革委组织编制的《西部大开发“十二五”规划》（以下简称《规划》），就南水北调各项工作做出安排。

《规划》指出，要加强水资源配置工程建

设，加快推进西南地区水源工程建设；在充分节水和严格保护生态环境的前提下，科学规划建设跨流域、跨区域调水工程，解决西北地区资源性缺水问题，适时开展南水北调西线工程前期工作，做好黄河黑山峡河段开发及大柳树水利枢纽工程建设的前期协调工作。要进一步完善青海三江源、南水北调中线水源区、国家级自然保护区等生态补偿试点，启动祁连山、秦岭—六盘山、武陵山、黔东南、川西北、滇西北、桂北等生态补偿示范区建设。要开展三峡、丹江口、刘家峡等库区生态综合治理，加快三峡库区周边绿化带建设。稳步推进生态移民，强化安置地生产生活条件建设。要继续推进重点流域和区域水污染防治，加快黄河中上游、珠江、南水北调中线水源区、三峡库区及上游以及云南滇池水环境保护和综合治理，对青海湖、博斯腾湖、艾比湖、洱海、抚仙湖、草海等湖泊采取预防性保护措施，进一步加强澜沧江中上游、东川小江、塔里木河、黑河、石羊河、疏勒河、渭河、乌梁素海等流域综合治理。

铁道部、国务院南水北调办在北京市签署进一步加快推进铁路交叉工程建设会议纪要

为贯彻落实国务院南水北调工程建设委员会第六次全体会议精神，加快南水北调铁路交叉工程建设，2012 年 4 月 20 日上午，铁道部部长盛光祖、副部长陆东福和国务院南水北调办主任鄂竟平、副主任张野在北京举行会谈，签署进一步加快推进铁路交叉工程建设的会议纪要。

盛光祖感谢国务院南水北调办对铁道部工作的理解和支持。他表示，南水北调是国家战略工程，全力支持南水北调工程建设是分内之事。国务院南水北调工程建设委员会第六次全体会议召开后，铁道部党组高度重视，把加快推进南水北调与铁路交叉工程关键节点项目建设提上议事日程，进一步完善协调机制，畅通沟通渠道，成效显著。铁道部将一如既往地支持和配合做好南水北调工程建设各项工作，按照确认的目标要求，及时完成铁路交叉工程建设，为南水北调工程按时通水创造条件。

鄂竟平感谢铁道部长期以来对南水北调工程建设的支持和贡献。特别是 2012 年国务院南水北调工程建设委员会第六次全体会议以来，铁道部进一步加大支持力度，成立了“铁道部南水北调铁路工程协调配合督导组”，加强工作督导，及时研究解决铁路交叉工程建设中遇到的困难和问题。铁道部和国务院南水北调办积极沟通和协调，研究提出了进一步加快推进南水北调铁路交叉工程建设的意见和措施，并形成会议纪要，明确各项工作要求，必将推动南水北调铁路交叉工程全面加快建设。

双方表示，要以此次会谈为契机，进一步深入贯彻国务院南水北调工程建设委员会第六次全体会议精神，落实好双方签署的各项工作任务，认真落实进度目标责任，定期召开联席会议，开展联合监督检查，加强月度协调，加强信息快报和问题快速处置，为加快南水北调铁路交叉工程建设创造条件。要充分发挥各自优势，充分发挥各项工作机制的作用，加强沟通，密切合作，共同努力，确保南水北调工程建设目标如期实现，保证铁路运输安全稳定。

铁道部、国务院南水北调办有关司局负责同志参加座谈和签字仪式。

南水北调东线穿黄河工程主体工程完工

2012 年 1 月 8 日，东线穿黄河工程穿黄隧洞出口闸及出口连接段工程最后一仓混凝

土浇筑完成，标志着这一被称作南水北调东线“咽喉”的关键性控制项目主体工程全部完工。

穿黄河工程于2007年12月底正式开工建设。其中最为关键的穿黄河隧洞工程1986年即开始勘探试验洞建设，2010年3月25日穿黄隧洞全线贯通。工程建成后，未来长江水将通过这一工程输往鲁北地区及河北省和天津市等。

南水北调东线新治污补充项目启动

2012年1月9日，南水北调新沂市尾水导流工程开工建设，这标志着南水北调东线水污染防治工作进入新一轮深化治理阶段。

为确保调水干线水质稳定达标，南水北调启动新的治污补充项目。其中，江苏段将实施丰沛、新沂、睢宁、宿迁4项尾水导流和资源化利用等工程。同时，还将实施3个不稳定达标断面深化治理、污水处理厂管网配套等治污项目，总投资超过60亿元。

五部委要求进一步加强南水北调工程质量管理

人民网2012年2月2日电　近日，国务院南水北调办、水利部、住房和城乡建设部、国家工商行政管理总局和国务院国有资产监督管理委员会五部门联合印发通知，共同加强南水北调工程质量管理工作。

通知指出，质量是南水北调工程的生命，绝不能有丝毫马虎。南水北调工程当前已进入全面建设的新阶段，质量监管的任务艰巨，确保质量安全的责任重大。各部门、各单位牢固树立“百年大计、质量第一”的思想，进一步增强狠抓质量监管的紧迫感和责任感。进一步健全质量监管长效机制，始终把搞好工程质量作为核心任务，层层落实质量责任，严格质量责任追究。加强质量问题检查整改，及时消除质量安全隐患，始终保持质量监管的高压态势，为南水北调工程优质高效、又好又快建设创造条件。

通知强调，南水北调工程项目法人以及其他各参建单位，必须严格遵守国家法律法规和有关制度规定，切实履行投标承诺和合同义务，认真执行有关标准、规范，自觉接受国务院南水北调办和国家有关部门的监管。进一步完善和强化质量保证体系，健全和落实质量责任制。项目法人（建设管理单位）要切实发挥责任主体作用，对工程质量负总责。建设监理单位要按照项目法人的委托，对工程质量、进度、安全、投资控制负责。勘察设计单位要对勘察设计成果质量负责。施工单位对工程施工质量负直接责任。

通知明确，南水北调办事机构和有关部门要进一步加大质量监督检查力度，充分发挥政府质量监管体系优势，改善质量监督条件。质量监督机构要切实履行政府质量监督职责，认真贯彻执行国家有关工程建设质量管理的方针政策和法律法规，加强对有关工程建设责任主体质量管理行为的监督检查，提高现场质量监督水平，做好质量信息报送工作。

通知提出，南水北调工程质量管理信息库是全国建筑市场信用体系的重要组成部分，可作为有关单位或个人资质、资格升降的重要依据。国务院南水北调办继续深入开展工程质量专项稽察和飞检工作，建立以政府质量监督、稽察、飞检等信息为基础的质量管理信息库。根据南水北调工程建设发生的具体问题，依法需对企业资质和人员资格进行处理的，由国务院南水北调办提出建议，水利部门、住房和城乡建设部门按照有关规定依法处理；工商行政管理部门加强对责任单位企业工商登记事项的监督管理；国务院国资委系统加强对所出资建筑施工企业工程建设质量工作的指导和监督。

五部门还决定建立“南水北调工程建设联席会议”机制。

陕西省启动汉江综合整治工程

2012年2月6日，陕西全面启动长江最大支流汉江的综合整治工程建设，这也是继2011年实施黄河最大支流渭河的污染防治行动以来，陕西省推进治水兴水工作的又一重要举措。

汉江作为国家南水北调中线工程的重要水源地，历史上由于特殊的地貌和气候特征，洪涝灾害频繁发生，近30年来洪灾造成受灾农田260万亩次、受灾人口460万人次、直接经济损失达75亿元以上，沿江地区建设和人民生命财产安全受到严重威胁。随着经济社会发展，汉江流域水土流失严重、水生态恶化、水污染加重、围河造田、过度开发等问题也日益突出。

为此，陕西省省委、省政府做出决策部署，将用5年时间在长约470km的汉江干流和长约100km的37条重要支流入汇口河段的规划范围内实施防洪工程、水资源配置、生态环境治理、沿江绿化和水景观建设。整治规划总投资达到188亿元。

在水保生态和水资源保护体系方面，将实施水保小流域综合治理257条，治理水土流失面积5925km^2，划定黄金峡、三河口水库饮用水源保护区，建设污水处理厂64座，治理工业污染源100处，维护汉江生态优良。

在沿江水景观建设中，将打造汉江干流475km和支流河口9km的水景观长廊、200km城市河段滨江生态公园、2.4万亩生态湿地，重现汉江碧波荡漾的美丽风光，建设宜居城镇并带动沿江地区循环经济发展，使水保生态治理的成果惠及民生。

经过综合整治，未来陕西将打造出一条“堤固洪畅、水清岸绿”的安澜汉江、生态汉江，为国家南水北调工程提供优质水源涵养条件，从源头加大水污染防治力度，保障“一江清水供北京”。

南水北调工程首块举报公告牌揭牌

2012年2月21日，南水北调工程首块举报公告牌在中线工程河南省境内的双洎河渡槽工地揭牌，标志着又一项严格工程质量责任追究的举措出台，这对于确保优质、高效建设南水北调工程具有重要的保障作用。

国务院南水北调办主任鄂竟平为举报公告牌揭牌并讲话。国务院南水北调办副主任蒋旭光、河南省副省长刘满仓参加揭牌仪式。

鄂竟平在讲话中指出，南水北调工程是一项事关国家全局的惠民工程，其成败关系着首都等地的供水安全，关系着沿线数亿群众当前和今后生活、生产发展。确保工程质量，是党中央、国务院、沿线群众及社会各界的共同期盼。建设好南水北调这项伟大工程，确保工程质量是关键。要全力以赴，加强质量监管，确保工程质量经得住历史和人民的检验。

鄂竟平强调，设立举报公告牌是向全社会表明，南水北调系统诚心接受社会各界监督，期盼用举报这种快速直接的方式发现并处置工程质量、资金等方面的问题，以保障南水北调工程建设得又好又快。国务院南水北调办希望通过接受群众举报，集合社会力量，进一步加强工程质量监管力度，共同把南水北调工程建设成为精品工程、放心工程、廉洁工程。国务院南水北调办将大力营造勇于举报、敢于举报、乐于举报、善于举报的社会环境和全员监督、不留死角的质量监管氛围。

鄂竟平郑重宣布，国务院南水北调办将把举报受理作为抓监管、保质量、保安全的重要手段。对于群众举报，一定做到有报必受、受理必查、查实必究。对于实名举报，一旦情况属实，将在处理责任人和责任单位的同时，对举报人进行奖励。对做出重大贡献的举报人，将给予重奖。

鄂竟平要求，南水北调系统各参建单位要充分认识加强举报受理工作对南水北调工程建设的突出重要性，尽快建立和完善举报受理的工作制度和机制，使群众知道什么问题可以举报以及举报的途径和方式，并创造条件方便群众举报。要坚持有一件查一件，尤其对实名举报要迅查、迅核。要向举报人反馈结果，做到件件有结果、事事有回音，让群众保持举报的积极性。同时，做好保密工作，使群众不但愿意举报，也敢于举报。

当前，南水北调工程建设已进入高峰期和关键期。加强举报受理和办理工作，建立面向一线、快捷有效的工程建设举报受理工作机制，是新时期充分利用社会力量、狠抓工程质量管理的一项重要举措。

此次设立的举报公告牌，将分置在南水北调工程沿线的显著位置。每隔5km处均立一牌，公布举报受理电话、电子邮箱以及奖励措施。举报的内容包括工程质量、安全、资金等问题。

南水北调东中线一期工程通水进入倒计时

人民网北京2012年4月6日电　6日，国务院南水北调办在工程沿线同时举行东、中线一期工程通水倒计时揭牌仪式，向全社会庄严宣告，南水北调工程进入决战决胜的关键时刻，距离南水北调东、中线一期工程通水分别剩下20个月和30个月左右的时间。

国务院南水北调办副主任张野介绍说，南水北调工程自2002年开工以来，各项工作取得重大进展：工程累计完成投资1417亿元；完成移民搬迁42.3万人，实现了“四年任务、两年基本完成”；东线治污规划426个项目已全部完成，沿线水质达标率由工程开工前的3%提升至目前的86%，补充项目已启动建设；中线丹江口库区水质总体良好。

南水北调工程主要解决我国北方地区尤其是黄淮海流域的水资源短缺问题，规划区人口4.38亿人（2002年），供水区域控制面积达145万km^2，仅东、中线一期工程直接供水的县级以上城市就有253个，直接受益人口达1.1亿人。

“南水北调东线行”作家采访采风活动启动

2012年4月16日，由国务院南水北调办和中国作家协会联合举办的“南水北调东线行”中国作家采访采风活动在北京市启动。国务院南水北调办党组书记、主任鄂竟平讲话，并为采访采风团授旗。国务院南水北调办党组成员、副主任蒋旭光，中国作家协会党组成员、副主席、书记处书记何建明出席会议并讲话。

2011年，国务院南水北调办和中国作家协会首次合作，组织作家赴南水北调中线工程及水源地移民搬迁现场采访采风。2012年采风活动主题是“南水北调东线行”，主要目的是通过深入东线沿线江苏、山东两省了解工程建设进展、治污环保成效等工作，以报告文学等形式，宣传南水北调工程在优化配置水资源方面的重要意义，展现南水北调工程建设、治污环保等工作进展及成效，弘扬献身、负责、求实、创新的南水北调精神。此次作家采访采风活动从4月16日开始，至4月23日结束，历时8天。

《南水北调工程质量责任终身制实施办法》颁布实施

2012年4月16日，国务院南水北调办颁布实施了《南水北调工程质量责任终身制实施办法（试行）》（以下简称《办法》）。《办法》规定，因工程建设期内违反工程质量管理规定，造成工程质量问题的，即使发生单位转让、分立与合并，个人工作调动与退休，仍依法追究责任。

《办法》的实施将进一步明确质量终身责任，明确信息保存责任，强化事后追究和处罚，不仅能为工程运行期间责任追究提供制度保障，而且能够强化建设期质量终身责任意识，消除参建各方短视观念，具有“警示当前，有利长远”的作用，努力把南水北调工程建设成为质量可靠放心工程。

国务院南水北调办与中央电视台联合摄制大型文献纪录片《南水北调》

光明网北京2012年5月8日电　由国务院南水北调办与中央电视台联合摄制的大型文献纪录片《南水北调》日前已顺利完成东线工程航拍工作，拉开了南水北调工程空中全景式航拍的序幕，同时也标志着南水北调大型高清文献纪录片进入全面拍摄阶段。

南水北调工程是缓解我国北方地区水资源严重短缺局面的重大战略性工程，是党中央、国务院根据经济社会发展需要做出的重大决策，也是为我国可持续和谐发展提供水资源保障的必由之路，意义十分重大。国务院南水北调办和中央电视台于2011年3月开始正式启动大型高清文献纪录片《南水北调》摄制工作。该片以文献、人物、文物为基点，以南水北调工程为线索，把中国水利工程建设的历史放在整个中华民族发展的大脉络中梳理，印证当代水利工程的时代价值和历史作用；引述世界范围内调水工程对其地区经济发展、人民繁衍生息所起到的重要作用，全面反映人类文明与水利发展的辩证关系；以宏观讲述与微观表现相结合的方式，全景式展现南水北调工程的论证历程、建设过程、综合效益和感人故事，展现工程建设反映出的中华民族伟大复兴的主题。

《南水北调》纪录片摄制团队由国务院南水北调办、中央电视台科教频道聘请相关院士、专家共同组成。目前，已跟踪拍摄了丹江口库区湖北、河南两省移民搬迁安置过程；现场拍摄了东线江苏段泵站、中线陶岔渠首、丹江口大坝建设场景；详细记录了武当山遇真宫垫高等文物保护工作场景；并组织开展了高端访谈，完成27位专家院士的采访工作。整体拍摄工作预计2013年底结束。

为高质量地完成南水北调东线工程的航拍工作，摄制组精心筹划，周密部署，先后多次召开协调会，并3次赴江苏、山东两省，对航拍路线、地面保障、拍摄角度、工程坐标等细节进行实地勘察，研究确定适宜航拍的时间和路线。

此次航拍历时13天，跨越江苏、山东两省，覆盖长江、淮河、黄河流域。摄制组动用了最适宜航拍的直升机和国际先进的稳定陀螺仪，由英国工程师与国内摄影师联合操作，确保影像的稳定、清晰。航拍从东线工程源头江都水利枢纽直至山东济南，重点拍摄了三潼宝工程、扬州城区、高邮湖、淮安泵站、淮阴泵站、骆马湖、徐州市区水环境、韩庄运河段工程、二级坝泵站、南四湖、长沟泵站、东平湖、济南市区等，并对工程沿线运河风景、水利设施、人文景点等进行了记录，航线距离超过2000km。摄制组在沿线各单位的全力配合下，克服时间紧、任务重、飞行要求高、航拍线路复杂、地面保障难度大等诸多困难，高质量、安全地完成东线工程航拍工作，为南水北调工程建设积累了大量卓有成效的影像资料。

南水北调京石段工程向北京市调水超10亿m^3

截至2012年5月8日早8时，南水北调中线京石段应急供水工程向北京市调水总量已达10.15亿m^3，有效缓解了北京市水资源短缺状况，保障了首都的供水安全。

南水北调京石段工程是为保证北京市供水安全率先建成的输水工程，起于河北省石家庄市古运河枢纽，终点为北京市颐和园团城湖，全长307km。自2008年9月开始，南水北调中线干线工程建设管理局开始利用该工程从河北省岗南、黄壁庄、王快、安格庄4座水库先后3次向北京调水。目前，第三次调水正在进行中，运行安全平稳，在供水高峰时段日供水量已占北京城区自来水日供应总量的一半以上。

京石段建成通水，是南水北调工程建设的重要阶段性成果，不仅在中线全线通水前先期形成了华北地区水资源配置的新通道，提高了北方地区水资源调控能力，还明显改善了北京城区的水质，为首都经济社会的可持续发展提供坚实的水资源支撑。京石段工程的运行管理实践，也为南水北调工程全线建成后的运行管理积累了宝贵的经验。

南水北调系统加强工程质量集中整治

经济日报北京2012年5月14日讯　南水北调系统近日进一步开展工程质量集中整治工作，旨在查明工程质量存在的突出问题，分析原因，提出并落实整改措施，进一步规范各参建单位和质量监督机构的质量管理行为，切实落实管理责任，消除质量隐患，确保工程质量。

整治范围包括南水北调东、中线主体工程（含汉江中下游治理工程）所有在建项目的工程实体质量，以及项目法人（建设管理单位）、勘测设计单位、监理单位、施工单位、质量检测机构、质量监督机构的质量管理行为。对整改不到位、逾期不整改、隐匿问题不报、弄虚作假以及对工程质量造成较大影响的，一经查实，按规定从严追究有关单位和个人的责任。此次集中整治分自查自纠、国务院南水北调办领导带队检查、责任追究3个阶段进行。

《为了南水北调》系列节目在中央电视台播出

2012年5月28日，中央电视台《朝闻天下》“记者走基层”专栏播出了反映丹江口移民工作的系列节目《为了南水北调》第一集《小村里最后一户移民》，在接下来的7天里，将分别播出均县镇移民拆迁、迁坟、六里坪孙家湾村外迁移民生产生活等内容。

2012年5月31日，中央电视台《新闻联播》首次播出系列节目的第一集《小村里最后一户移民》，并将在其后的几天内连续播出。

丹江口市是南水北调中线工程的调水源头，淹没综合指标占湖北、河南两省五县（市、区）的1/3，占湖北省四县（市、区）的2/3，移民人数占湖北省的1/2，是湖北省淹没面积最大、搬迁安置人数最多、移民工作任务最重的县（市）。近年来，移民工作备受国内外媒体关注。

江苏省南水北调运河线工程建成通水

2012年5月29日，南水北调东线第六梯级泵站皂河站工程通过机组试运行验收，标志南水北调东线一期江苏段输水干线——运河线工程建成通水。

南水北调东线工程是在江苏省江水北调工程基础上扩大规模、向北延伸，主要以京杭大运河为输水干线，并开辟运西支线向北送水，目的是解决调水沿线城市及工业用水，同时改善淮北地区以及北方地区的农业和生态用水条件。江苏省境内一期调水和治污工程总投资187亿元，输水干线总长404km，设9个梯级泵站，新建、改造泵站18座。其中，运河线工程新建、改造泵站13座。

本次通过验收的皂河站工程是江苏省南水北调运河线调水工程重要组成部分，主要建设内容包括更新改造皂河一站、新建皂河二站。工程建成后，不仅提高洪泽湖向骆马湖的调水能力，同时对工程沿线的防洪、排涝、灌溉和改善运河航运条件等发挥重要作用。

东线二级坝泵站水泵机组通过试运行验收

2012年6月20日，东线山东段二级坝泵站5台水泵机组经过联合试运行，通过验收委员会验收。至此，山东省境内南四湖以南4级大型抽水泵站已全部建成，山东省已具备大流量调引江水至南四湖上级湖条件。

二级坝泵站是东线第十级梯级抽水泵站，其主要任务是从南四湖下级湖向上级湖提水，是实现南水北调东线向北输水和省际供水目标的关键控制性工程。

国务院南水北调办召开创先争优活动总结表彰大会

2012年6月26日，国务院南水北调办召开创先争优活动总结表彰大会，全面总结创先争优活动，表彰创先争优活动先进集体和个人，安排部署下半年工作。国务院南水北调办党组书记、主任鄂竟平出席会议并讲话。国务院南水北调办党组成员、副主任张野宣读《关于表彰国务院南水北调办公室创先争优活动“先进党支部、优秀共产党员”的决定》。国务院南水北调办党组成员、副主任蒋旭光出席会议。国务院南水北调办党组成员、副主任于幼军主持会议。

鄂竟平首先向受到表彰的先进党支部和优秀共产党员表示祝贺。他指出，国务院南水北调办各级党组织认真贯彻国务院南水北调办党组部署，把创先争优活动作为推动中心工作的有力抓手，取得明显成效，体现在“六个着力”上：一是着力加强组织领导，建立工作体制，明确工作责任；二是着力加强宣传引导，宣传典型事迹，营造争创氛围；三是着力加强活动创新，将创先争优活动与工程建设、党建工作以及文明机关创建等有机结合起来；四是着力加强干部队伍作风建设，提高干部队伍素质；五是着力加强基层组织建设，发挥基层党组织战斗堡垒作用；六是着力加强反腐倡廉建设，提高党员干部的廉洁自律意识。

鄂竟平强调，创先争优活动在南水北调工程建设中取得可喜成果，不仅体现了贯彻落实党中央的安排部署，也体现出国务院南水北调办的特色，即始终注意与工程建设紧密结合，着眼于工程建设实际，服从于工程建设需要，服务于工程建设目标。他指出，创先争优活动总体成效明显，但仍存在不足，如各单位活动开展不平衡，部分单位活动与实际工作联系不密切，创先争优长效机制建设不足等。这些都需要切实采取措施，认真加以改进。

鄂竟平指出，南水北调工程当前建设形势良好，进度更快、质量更好、投资更省、移民更稳、水质更优，具体表现为：工程进度良好，施工进度总体超过预期计划，移民搬迁进度可控。工程质量保持高压态势，通过开展集中整治、有奖举报等手段，加密检查，加重处罚，质量形势持续向好。资金管理继续严控，积极配合审计署完成工程集中审计。丹江口库区移民搬迁成效显著，移民总体稳定。治污环保取得突破性进展，《丹江口库区及上游水污染防治和水土保持“十二五”规划》获批，东线治污补充项目继续抓紧建设。

针对下半年工作，鄂竟平提出两条工作原则：一是继续遵照执行年初系统工作会提出的“五个突出”工作部署，即突出重点推进度、突出高压抓质量、突出帮扶稳移民、突出深化保水质、突出监控管资金；二是结合工程建设实际，有针对性地微调工作重点。工程进度方面，突出重点，攻坚克难，紧盯24项重点工程，特别是其中4项风险工程，狠抓责任落实。工程质量方面，继续明确“三位一体”（监督司、监管中心和稽查大队）的质量监管体系，做好“三查一报”（飞检、专项稽察、质监站巡查和社会举报），规范质量问题鉴定，保持质量监管高压态势。尤其重视质量监管的基础和关键，抓好一线施工班组的质量意识和实践操作，确保要害工程和工程要害部位的质量。移民搬迁方面，继续重视并做好已搬迁移民的后期帮扶工作，加快剩余人员、专项设施及城集镇的后续搬迁，继续重视维稳工作中的突出问题。治污环保方面，做好丹江口库区及上游规划的实施工作，加强东线6个不达标断面的治理，密切注意丹江口库区部分支流水质问题，采取有效措施积极应对。投资控制方面，严格落实审计署的审计结论，全力整改问题，严肃处理责任人。尤其要加强工作作风建设，通过建立和完善督办、考核和奖罚机制，营造干部职工更加务实、更加负责的工作作风和氛围。

鄂竟平最后强调，创先争优活动是党的基层组织建设的一项经常性工作，各级党组织和全体党员要以此为契机，继续巩固和深化创先争优活动成果，以更加高昂的斗志、更加饱满的精神、更加务实的作风，为南水北调工程实现通水目标而努力奋斗。

南水北调工程建设
举报首次兑奖

2012年7月3日，国务院南水北调办副主任蒋旭光在河南省许昌市南水北调工程现场，为南水北调中线工程禹州长葛段施工4标水泥土施工质量问题举报人兑奖。根据有关文件规定，此次颁发奖金为4000元。这是国务院南水北调办自公开承诺接受公众举报以来，向举报者兑现的首笔奖金。

2012年3月22日，国务院南水北调办举报受理中心接到举报人电话举报，反映该标段左排倒虹吸基础工程水泥土施工存在质量问题。国务院南水北调办随即对这项举报事项进行了受理。

国务院南水北调办组织调查组赴该标段对举报问题进行调查。调查组通过向举报人核实情况、开展现场取证、查阅相关资料、询问有关人员等方式确认，此举报事项属实。施工单位未按照工程设计图纸和施工技术标准进行水泥土施工，属严重质量管理违规行为。根据此前颁布的《南水北调工程建设举报奖励实施细则（试行）》，国务院南水北调办决定给予举报人4000元现金奖励。

国务院南水北调办首次为工程建设举报人兑奖，向全社会表明南水北调系统诚心接受社会各界监督，希望通过群众举报，集合社会力量，进一步加强工程质量监管力度，共同把南水北调工程建设成为精品工程、放心工程、廉洁工程。

丹江口库区移民主题电影
《汉水丹心》在人民
大会堂首映

2012年7月24日，以反映南水北调丹江口库区移民故事为主题的电影《汉水丹心》首映礼在人民大会堂成功举行。

影片取材于丹江口库区移民搬迁安置工作，以牺牲在工作一线的移民干部刘峙清为创作原型，塑造和展现了丹江口市广大移民群众和移民干部群像，是一部记录和见证南水北调移民搬迁，集思想性、艺术性和观赏性为一体的优秀主旋律电影。

影片通过一名青年导演，在南水北调中线水源地丹江口市的实地采风，耳闻目睹了发生在库区移民群众中的感人事迹，亲身见证了南水北调大移民工作的艰辛，从而产生筹拍电影的动力。电影主题曲《一江深情》由著名歌唱家祖海演唱，目前已在库区广为传唱。

影片由著名编剧、导演彭景泉执导，著名演员陈旺林任制片人并领衔主演。创作过程中，编剧和制片人先后多次深入库区移民乡镇进行实地采风和体验生活，剧本从创意到策划，再到拍摄，先后几易其稿。剧组全体演职人员表示，拍摄移民题材的电影，是更好地宣传南水北调这一宏伟工程，通过展现水源地干部群众的崭新风貌和时代精神，激励更多年轻人投身祖国建设大潮。

丹江口库区及上游水土保持二期工程启动

2012年7月28日，丹江口库区及上游水土保持二期工程启动会议在河南省西峡县召开。会议贯彻了《国务院关于丹江口库区及上游水污染防治和水土保持“十二五”规划的批复》精神，总结交流了丹江口库区及上游水土保持一期工程建设取得的成效和经验，部署启动了水土保持二期工程建设。水利部副部长刘宁、国务院南水北调办副主任于幼军出席会议并讲话，河南省副省长刘满仓出席会议并致辞。

会议提出，水土保持二期工程的目标是：治理水土流失面积6295km^2，实施坡改梯315km^2；水土流失累计治理程度达到50%以上，新增项目区林草覆盖率增加5%～10%，年均增加调蓄能力2亿m^{3}以上，年均减少土壤侵蚀量1000万～2000万t。

刘宁指出，实施丹江口库区及上游水污染防治和水土保持工程，是国家为配合南水北调中线工程建设，保护丹江口水库水源而采取的一项重要举措，是推动当地经济社会发展和促进项目区人民群众脱贫致富的需要，也是探索水源区水土保持新模式的需要。一定要从全局和战略高度，进一步提高思想认识，切实增强做好丹江口库区及上游水土保持二期工程建设的责任感和使命感，加快二期工程实施，科学规划、周密设计、精心建设、严格管理，积极服务南水北调工程建设大局。他强调，为保障《丹江口库区及上游水污染防治和水土保持“十二五”规划》确定的各项目标任务顺利完成，各地要采取有力措施，切实加强组织领导、前期工作、建设管理、机制创新、宣传教育等各项工作。

于幼军在讲话中充分肯定了水土保持工程的重要作用。他指出，这是一项有效治理水土流失、修复保护生态环境、保证中线调水水质安全、帮助农民脱贫致富、促进地方科学发展，一举多得、利国利民的德政工程和惠民工程，感谢国务院有关部门、水源区地方政府在南水北调中线水源治污和保护工作中做出的努力。于幼军强调，实施好丹江口库区及上游水土保持二期工程，一要紧密结合库周及主要入库河流两岸生态屏障建设、种植结构调整及清洁农村建设开展水土保持；二要创新机制，形成政府引导、全民共建的格局，整合各项政策资金渠道，通过市场化引导社会资金投入，调动群众参与的积极性，形成水土保持的工作合力和长效机制；三要加强监督考核，确保工程实施质量和效益。要及时协调解决实施中存在的问题，加快工程进度，提高工程质量，把水土保持工程建设成让群众满意的阳光工程、廉洁工程和民心工程。

水利部水土保持司和长江水利委员会，国务院南水北调办环境保护司，河南、湖北、陕西三省水利水保部门和南水北调办，水源区有关市县（区）党委政府及相关部门负责同志参加了会议。

《中国南水北调工程》编纂工作全面启动

2012年8月14日，国务院南水北调办在北京市召开中国南水北调工程编纂委员会第一次会议暨编纂工作动员会。国务院南水北调办副主任蒋旭光出席并讲话。

蒋旭光强调，编纂出版《中国南水北调工程》是记录南水北调工程建设历程、系统总结南水北调工程建设成果的迫切需要，是扩大南水北调工程积极影响、弘扬南水北调精神的重要举措。

蒋旭光要求，丛书编纂要力争体现科学性、实用性、系统性、时代性的特点。要优质、高效地完成编纂工作：一是思想上高度重视，各参编单位要认真研究部署，调配相关资源，做到与业务工作“两促进、两结合”；二是工作上各尽其责，各参编单位要站在对南水北调工程负责的高度，扎实开展各项工作；三是质量上力求精品，各参编单位要树立质量第一的思想，把丛书做成集科学性、严谨性、准确性、规范性、可读性于一体的丛书；四是工作中加强合作，建立健全高效畅通的工作机制，搭建交流合作的平台。

南水北调公益宣传片《珍惜水资源》在中央电视台播出

2012年8月20日，由国务院南水北调办送播的2012年度南水北调公益宣传片《珍惜水资源》在中央电视台1套（CCTV-1）黄金时段正式播出。该公益宣传片自8月20日起将在中央电视台各频道每日滚动播出10余次，此轮预计连续播出一个月。这是自2011年播出《绿叶篇》后，南水北调公益宣传片第二次集中在中央电视台黄金时段播出。

2012年度南水北调公益宣传片《珍惜水资源》的主题策划是，通过一个建设者的视角来感知南水北调工程，真实而生动地反映工程建设的宏大场面和建设者不辞辛苦、攻坚克难的精神风貌，从而引导民众理解和支持南水北调工程，珍惜来之不易的水资源。

《珍惜水资源》首播后，在南水北调系统内外引起强烈反响。大家认为该片贴近工程现场、贴近普通建设者，用以小见大的公益宣传方式，通过普通建设者的声音，宣传南水北调的重大意义，呼吁公众“珍惜水资源”，彰显了南水北调人投身公益工程建设，关注生态环境保护与资源节约的公益精神，内涵深刻，深入人心。

丹江口库区移民搬迁全部结束

2012年9月18日，随着湖北省郧县柳陂镇的卧龙岗移民安置点搬迁结束，南水北调中线丹江口库区湖北省移民搬迁任务圆满完成。此前，河南省已宣布搬迁结束。至此，南水北调中线工程丹江口库区移民搬迁全部结束。

为保证丹江口水库具备足够的容量和水面高度，保证库水自流入京，2005年，我国开始加高南水北调中线工程的丹江口水库大坝，由原来的162m加高到176.6m，水位由157m提高到170m，总库容达到290.5亿m^3。为此，丹江口水库上游地区淹没面积将达到144km^2，整个库区移民34.5万人，其中河南省16.3万人、湖北省18.2万人，安置区涉及上述两省16个市、60个县（区）、287个乡镇，2000 多个村。

从 2009 年 8 月完成试点移民搬迁开始，至 2012 年 5 月，河南省 16.3 万人的移民搬迁全部完成，加上湖北省完成的 18.2 万移民搬迁安置，南水北调中线工程 34.5 万人的移民搬迁安置工作全部完成。

为缓解我国北方水资源紧缺状况，我国在 20 世纪 50 年代开始实施南水北调中线工程，跨越半个多世纪，建造丹江口库区工程，数十万移民为此搬迁安置。据了解，随着南水北调中线工程移民搬迁工作的结束，湖北、河南两省下一步将继续帮扶移民发展，同时开展清理库区工作，以确保 2014 年实现丹江口水库的清水北送。

首部全面反映南水北调移民报告文学出版

2012 年 10 月，由赵学儒撰写的长篇报告文学《向人民报告——中国南水北调大移民》出版发行。中国作家协会副主席、中国报告文学学会会长何建明专门为该书作序。

南水北调工程是中华民族治水史上的伟大创举，经过几代中华儿女地不懈努力，南水北调工程于 2002 开工建设，东线一期工程将于 2013 年通水，中线一期工程将于 2014 年通水。南水北调中线工程建设的成败在于移民。移民是一道世界难题，移民问题也受到了国内外热点关注。

近三年来，在党中央、国务院和建委会的正确领导下，国务院南水北调办会同河南、湖北两省，经过各级党委、政府、移民干部和移民群众的不懈努力，成功完成了南水北调丹江口库区 34.5 万人口移民，破解了世界难题，创造了世界水利移民史上的奇迹。这次移民充分体现了以人为本的思想，展现了伟大的移民精神，是新时期中华民族走向复兴又一璀璨的闪光点。南水北调移民是中国工程移民乃至新中国发展史的一个缩影。

放歌民族，记录时代，抒写人民。作品在真实、全面、客观记述南水北调大移民的基础上，突出权威性，彰显文学性，追求史诗效果。通过对众多人物和重要事件的记述，歌颂了中国共产党的正确领导，歌颂了社会主义制度的优越性，歌颂了伟大的移民精神，歌颂了新中国成立尤其改革开放以来取得的辉煌成就。同时，该书阐述了南水北调移民的成功经验，既是文学作品，也是文献资料。

国务院南水北调办进一步规范南水北调工程建设质量问题责任追究

2012 年 10 月 18 日，国务院南水北调办颁布实施《南水北调工程建设质量问题责任追究管理办法》，包括总则、质量管理职责、质量问题、质量问题认定、质量问题责任追究和附则等共 6 章 37 条，以及质量管理违规行为分类标准、质量缺陷分类标准、质量事故分类标准、质量事故调查工作方案和质量问题责任追究标准等 5 个附件。

此次出台《南水北调工程建设质量问题责任追究管理办法》，是在试行的基础上，全面总结近年来的南水北调工程建设质量管理工作，系统分析已取得的成效和存在的主要问题，综合质量监管工作中采取的“三查一举”发现问题、质量问题认证、月商季处责任追究、“三位一体”质量监管机制、五部联处、质量关键点管理等新举措，经过反复推敲和修改完善而成的，是南水北调工程质量监管工作的最新成果。

国务院南水北调办与豫、鄂、陕三省签订南水北调中线水源保护责任书

2012 年 10 月 24 日，丹江口库区及上游

水污染防治和水土保持部际联席会议顺利结束。会议对《国务院关于丹江口库区及上游水污染防治和水土保持“十二五”规划的批复》的落实、规划的实施做出了全面部署。国务院南水北调办副主任于幼军与河南、湖北、陕西三省的副省长签订了《南水北调中线水源保护目标责任书》。

南水北调中线工程水源区——丹江口水库库区及上游流域涉及河南、湖北和陕西三省。近年来，围绕确保丹江口水库“一库清水”的目标，国家通过实施中央财政转移支付、编制并实施《丹江口库区及上游水污染防治和水土保持规划》等，加大了对水源区生态环境保护力度。地方政府严格执行环境影响评价等环保准入制度，淘汰高耗能、高污染、低效益企业1000多家。在工业点源污染得到有效控制的同时，着力发展生态农业、绿色农业和有机农业，使部分地区农业面源污染得到缓解。

丹江口库区及上游水污染防治和水土保持部际联席会议成员包括国家发展改革委、科技部、财政部、水利部、农业部等12个部门和河南、湖北、陕西三省政府。联席会议根据国务院批复的规划和规划实施要实现的水质、污染物总量控制、水土保持3类目标，安排了污水处理、垃圾处理、工业点源污染治理、入河排污口整治、水环境监测能力建设、水土保持、库周生态隔离带建设、农业面源污染防治、尾矿库污染治理、重污染入库河道内源污染治理等十大类项目，总投资约120亿元，并从机制、责任、投资、法规等方面提出保障措施。

南水北调中线水质保护中心成立

2012年11月6日，南水北调中线水质保护中心正式成立，国务院南水北调办主任鄂竟平为中心成立揭牌，国务院南水北调办副主任于幼军主持揭牌仪式。

于幼军在讲话中强调，建设南水北调工程是党中央、国务院为优化我国水资源配置，解决北方地区严重缺水局面而做出的一项重大战略决策，能否确保一泓清水北上，关系到南水北调工程的成败，关系到沿线亿万人民群众的生命健康。他指出，为进一步加强生态环境保护和水质保护工作，国务院南水北调办党组决定成立南水北调中线水质保护中心。新成立的南水北调中线水质保护中心承担着中线水质保护技术管理层面的工作，他希望中心全体工作人员尽职尽责、尽心尽力地做好水质保护工作，确保中线水源区和总干渠的水质安全，确保一泓清水北上。

南水北调中线水质保护中心的主要职责是监督监测中线水源区、沿线水质，在污染防治、生态建设等方面展开研究，为中线水质保护相关规划、政策和方案制订提供技术支撑，做好中线水源区和总干渠的水质保护工作，确保水质安全。

南水北调中线京石段工程启动第四次向北京市调水

2012年11月22凌晨，随着来自河北省黄壁庄水库的一渠清水从石津干渠引水闸缓缓流入南水北调中线总干渠，南水北调中线京石段工程拉开了第四次向北京市调水的序幕。

此次调水计划到2013年5月结束，调水量为3亿m^3。此前，南水北调中线京石段工程自2008年9月开始先后3次从河北省岗南、黄壁庄、王快及安格庄水库向北京应急调水13.8亿m^3，入京水质均维持在Ⅱ类水标准以上。

南水北调中线京石段是南水北调中线一期工程的组成部分，起点为石家庄市古运河枢纽进口，终点为北京市团城湖，总长307km。据了解，目前京石段应急供水已成为北京新的战略水源，在供水高峰时段日供水量已占北京城区自来水日供应总量的一半以上，对保障北京市供水安全发挥了重要作用。

南水北调中线京石段工程自动化调度系统启用

2012年11月27日，南水北调中线京石段工程自动化调度系统启用仪式在北京市举行。上午9时18分，国务院南水北调办主任鄂竟平启动调度系统按钮，至此，京石段工程首次实现通过远程自动化控制向北京市供水。

鄂竟平在启动仪式上指出，南水北调中线干线工程自动化调度系统是实现中线干线工程安全输水的基本保障，国务院南水北调办十分重视自动化调度系统的建设。中线建管局经过艰辛努力，做了卓有成效的工作。京石段自动化调度系统的启用，不仅标志着南水北调工程由以建设为主，转向工程建设与运行管理同步并行，也标志着南水北调工程建设管理逐步走向现代化。

鄂竟平强调，京石段自动化调度系统的启用，是对南水北调中线干线工程实现自动化调度系统管理的一个重要实践，迎来了一个良好的工作开端。广大参建者要在现有的技术基础上，不断总结经验，创新理念，优化设计，精心管理，安全运行，全力以赴建设好全线自动化调度系统，为2014年全线通水实现自动化调度奠定坚实的基础。

随后，鄂竟平观看了京石段自动化调度系统专题片，并认真查看了水量调度、闸站监控、视频监视、安全监测、水质监测等核心生产应用系统平台，向工作人员详细询问有关情况。

南水北调中线干线工程由丹江口水库引水，经河南、河北两省到北京、天津两地，全长约1432km。全线以明渠为主，北京、天津段采用管涵输水，沿途无调蓄设施，是通过对全线约300座节制闸、退水闸、倒虹吸工作闸、分水闸、泵站、连通井、保水堰等进行实时自动控制方式输水。工程具有地域分布广、管理层次多、安全要求高、应急处理复杂、自动化控制实时性强等特点。为了保证中线干线工程的科学调度、可靠监控、高效运行和安全管理，实现按时、按质、按量安全输配水的目标，必须采用先进信息采集技术、自动化控制技术、计算机网络及应用技术、通信技术和现代化的运营、维护、管理技术与理念，建设一套完善、实用、先进的自动化调度与运行管理决策支持系统。该系统批复静态投资21.3亿元，预计2013年底基本建设完成，确保2014年全线汛后通水能够使用。

自动化调度系统作为中线干线工程调度运行管理的中枢系统，由应用系统、应用支撑平台、数据存储与管理系统、计算机网络系统、通信系统、系统运行实体环境六大部分组成。不仅包括水量调度、闸站监控、视频监视、安全监测、水质监测、工程防洪等核心生产应用系统，还包括与企业运行相关的办公运营应用系统，以及通信网络等信息化基础设施。

目前启用的自动化调度系统，可对京石段50多座控制性建筑物进行远程实时监视和控制，为正在实施的第四次向北京市供水提供技术保障。

鄂竟平号召南水北调工程建设者学习陈建国负责、务实、求精、创新的精神

2012年11月27日，国务院南水北调办主任鄂竟平对陈建国先进事迹的报道做出批示，号召南水北调工程建设者向陈建国同志学习，学习他负责、务实、求精、创新的精

神。鄂竟平强调，只有发扬这种精神，南水北调工程才有希望。国务院南水北调办副主任蒋旭光也批示要求，做好陈建国典型事迹宣传，扩大在社会上的影响。

陈建国是河南省水利一局中线河南段方城6标项目经理。他一心扑在工程建设上，长年工作在一线。面对工程技术难度大、工期紧迫的严峻形势，他千方百计抓进度，不留情面抓质量，使方城6标在南阳段历次评比中均名列前茅，6次荣获第一。家人的相继离世，他默默承受，带着75岁多病的老父亲住到工地，左肩扛着工程，右肩扛着亲情，顽强拼搏，无私奉献。

《河南日报》在一版刊发了“为使清水润华夏，不惜此身做基石”的长篇通讯，宣传报道陈建国先进事迹。这个先进典型也引起了《中国南水北调》报和《大河报》的重点关注。

南水北调工程建设者反映，陈建国的先进事迹，感人至深、催人奋进，必将带动和引领我们，兢兢业业，精益求精，建设好南水北调工程。

河南省南水北调配套工程全面开工建设

2012年11月28日，河南省南水北调配套工程转段促进暨鹤壁市配套工程开工动员大会在鹤壁市召开，标志着河南省南水北调11个省辖市配套工程全部开工，配套工程进入全面建设的新阶段。

河南省南水北调配套工程全长1000km，概算总投资150亿元，其主要任务是通过总干渠39座分水口门，向南阳、平顶山、周口、漯河、许昌、郑州、焦作、新乡、鹤壁、濮阳、安阳等11个省辖市市区、34个县（市、区）提供生活、生产用水，全年引水量37.69亿m^3，直接受益人口达2000多万人。

山东段21项截污导流工程全部投运

截至2012年11月底，山东省21项南水北调截污导流工程全部通过竣工验收，正式投入运行。工程运行后每年可截蓄导用中水2.06亿t，消化COD 4.49万t，氨氮3121t，对保障南水北调山东段干线调水水质，推进沿线生态文明建设发挥重要作用。

南水北调丹江口库区清理工作完成

新华网河南频道2012年12月10日电　目前，河南省淅川县已全面完成南水北调中线工程水源地丹江口库区库底清理工作，为丹江口水库2013年汛期试蓄水、2014年汛期后向京津调水打下了坚实基础。

淅川县移民局总工程师侯炳耀介绍，根据国家有关要求，丹江口库区清理范围包括172m高程水位线以下的房屋和地面其他建筑物，而库底清理是指新水库在蓄水前，对淹没线以下有可能污染水质的一切库底污物实施清除消毒。

具体措施包括，对清理范围内的坟墓、厕所、粪坑、畜圈、垃圾堆，以及具有严重污染源的工业企业、医院等堆存有毒物质的场地，采取技术手段进行卫生清理。正常蓄水位170m以下的成片林地及零星树木，在正式蓄水前砍伐并清理外运。

据了解，丹江口库区库底清理范围涉及淅川县11个乡镇、184个移民村、176家单位、36家企业及交通、电力、通信等专业项目。其中，房屋清理373.72万m^2、卫生清理21.32万亩、林地清理1.2万亩、零星林木清理160.37万株。

目前，淅川县已全面完成库区库底清理

工作。

南水北调中线生态文化旅游产业带规划纲要公布

2012年12月19日，国务院南水北调办公布了《南水北调中线生态文化旅游产业带规划纲要》。根据这份纲要，将在确保水质和工程运行安全的前提下，依托丹江口大坝、陶岔渠首、穿黄工程、团城湖等12处工程景观，融合周边丰富的生态文化旅游资源，把超过1000km的山水、古迹、工程景观串联成一条生态旅游带。

南水北调是世界上最大的调水工程。中线工程从长江支流汉江引水，跨伏牛山，穿黄河底，沿太行山东麓一路北上，全长1432km，成为了一条由水库、高坝、渡槽、隧洞、倒虹吸、明渠等多种建筑物构成的新时代人工大运河。据介绍，选定的12个工程景观节点将同步建设观景平台、公园、纪念碑、展览馆等，让游客饱览工程的宏伟壮观。

此外，南水北调中线工程还流经了华夏文明的核心地带，库区和沿线富集了荆楚、汉魏、商周、燕赵、元明清等不同朝代的历史古迹和文化遗存。国家旅游局规划财务司规划与资源处处长潘肖澎介绍，中线工程库区和沿线有12处世界遗产，占全国世界遗产总数的28%；全国5A级景区16处，占全国的11%；全国重点文物保护单位467处，占全国总数的20%。

国务院南水北调办副主任于幼军认为，随着中国经济社会的快速发展和人民生活水平的进一步提高，旅游业将呈现更加强劲的发展势头。南水北调中线沿线城市集中，人口密集，交通便利，初步估算仅沿线城市就拥有近1亿旅游人次的市场需求，旅游市场潜力巨大。

南水北调东线一期工程通水保障领导小组及其办事机构成立

2012年12月25日，国务院南水北调办召开南水北调东线一期工程通水目标保障领导小组第一次全体会议，宣布成立南水北调东线一期工程通水保障领导小组及其办事机构，明确《南水北调东线一期工程通水目标保障工作方案》内容和有关要求。

中线穿黄隧洞主体工程提前完工

2012年12月30日，中线穿黄工程Ⅱ-B标北岸1号仓混凝土模板拆除，现场的全体参建者欢呼庆祝——经过450多个日日夜夜的不懈努力，南水北调中线穿黄隧洞二次衬砌胜利完成，标志着中线穿黄隧洞主体工程全部完工。

穿黄工程是南水北调工程中投资大、施工难度高、立交规模最大的控制性建筑物，于2005年9月27日开工建设，上下游隧洞先后于2009年11月、2010年9月贯通。

2011年10月，穿黄隧洞内衬开始施工。为了承受内水55m水头压力，内衬施工采用环向有粘结预应力钢筋混凝土结构，厚度仅45cm，被业内称为“超薄预应力高强混凝土”。

穿黄隧洞内衬施工任务的顺利完成，为北岸竖井施工、洞内充水试验等后续工程的施工创造了有利条件，为穿黄工程按期完工、确保如期实现通水目标奠定了坚实基础。

东线一期工程进入通水倒计时关键期

2012年12月31日，国务院南水北调办向社会郑重宣告，南水北调东线一期工程进入通水倒计时365天，工程到了决战决胜的关键时刻。国务院南水北调办主任鄂竟平主持通水倒计时仪式并讲话，国务院南水北调办副主任蒋旭光出席。

按照国务院确定的目标，南水北调东线一期工程要在2013年12月31日之前通水。因此，国务院南水北调办，东线江苏、山东两省南水北调办、项目法人同步举行仪式，决定自2012年12月31日起，将对东线一期工程通水倒计时由“月”改成“天”计算。其目的就是提醒南水北调工程全体建设者，要牢记历史使命，承担人民重托，进一步增强使命感、紧迫感和责任感，精心组织好、建设好这一民生工程。从目前工程建设和工作安排部署上来看，南水北调系统上下一心，自我加压，有望在2013年第三季度提前实现东线一期全线通水。

鄂竟平指出，从2002年12月27日开工算起，南水北调工程全体建设者已经奋斗了十个春秋。在这十年里，建设者们循着祖先们修建大运河的足迹，修泵站、开新渠、兴水库、穿黄河，创造了一个又一个工程奇迹。在这十年里，建设者艰苦奋斗，团结拼搏，无私奉献，创造了不凡业绩。

鄂竟平代表国务院南水北调办党组向全体建设者发出号召，当前，一切工作要以通水为中心，所有目标向通水看齐。通过大家的艰苦奋斗，使东线一期工程有序串联成长江水顺利北上入鲁的清渠，使南水北调东线一期工程的建设成果惠及沿线人民群众，为建成小康社会、美丽中国做出应有的贡献。

目前，东线一期、中线一期与通水相关的147个工程项目已经全部开工建设，工程建设持续提速，工程进展顺利。截至2012年11月底统计，累计完成投资1850.9亿元，占在建工程项目总投资的83%。其中，东线一期工程完成投资285.3亿元，占在建工程总投资的93%；中线一期工程完成投资1538.5亿元，占在建工程总投资的80%。

东线一期工程与通水有关项目60项，目前已完成30项。东线一期工程需建设治污项目426项，已经全部完工。东线一期工程的13级梯级泵站中，新建21个泵站大部分已经基本完工。东线一期工程与通水直接相关的主体工程可在2013年3月基本完工。

玖 文章与专访

ARTICLE AND INTERVIEW

南水北调将着力打造惠民工程

——国务院南水北调办主任鄂竟平接受《人民政协报》专访

于2002年开工的南水北调工程被定义为“缓解我国北方水资源短缺和生态环境恶化状况，促进水资源整体优化配置的重大战略性基础设施”，作为世界最大的调水工程，工程开工建设几年来，都取得哪些成就？又如何保证长度近3000km的干线水质？带着这些问题，2012年两会期间，记者专访了国务院南水北调办主任鄂竟平。

南水北调是缓解黄淮海流域水资源短缺的必然选择

我国是一个干旱缺水严重的国家，是全球13个人均水资源最贫乏的国家之一。尤其是黄（河）淮（河）海（河）地区，水资源最为匮乏，人均462m^3，仅为全国平均水平的1/5。目前，随着全球气候变暖，地表降水和地表蒸发量都在变化，我国北方地区水资源总量长期持续减少。

“其实，北京地区的供水之所以能维持到现在，就是靠着超采地下水。黄淮海地区每年超采的地下水大概在60亿～70亿m^3，北京超采得更严重，每年地下水水位下降1.3m左右。”鄂竟平说，“目前，超采深层地下水量占每年黄淮海地区超采地下水总量的40%左右。一些地区水资源的供需矛盾已经到了临界状态，尽快提供新的、足量的、稳定的水源，调水成了必然。”

据鄂竟平介绍，工程分别在长江下游、中游、上游规划了3个调水区，形成了东线、中线、西线3条调水线路。通过3条调水线路，与长江、淮河、黄河、海河相互连接，构成我国中部地区水资源“四横三纵、南北调配、东西互济”的总体格局。3条调水线路调水总规模为448亿m^3，其中东线148亿m^3，中线130亿m^3，西线170亿m^3。根据实际情况，3条线路分期实施，建设周期大约40～50年。

目前东线一期工程和中线一期工程已全面开工建设，进展比较顺利，工程质量和投资均处于可控状态。按目前的建设速度，东线一期工程将于2013年通水，中线一期工程2013年主体工程基本完工并于2014年汛后通水。至于通水后的东线工程和中线工程会起到什么样的作用，鄂竟平告诉记者，东、中线一期工程增加调水规模133亿m^3，为缺水城市提供了可靠的水源条件，可基本缓解当前的水资源供需紧张局面。直接受益人口超过1亿人。工程建成通水可以使北京、天津、石家庄、济南等北方近百座大中城市摆脱缺水的制约，为经济结构调整包括产业结构、地区结构调整创造机会和空间。

如今正在建设中的南水北调工程已经开始逐步发挥作用。“2011年7月，中线京石段已第三次向北京供水，目前已放水约2.15亿m^3，3次供水累计11亿m^3，为北京供水安全提供了保障。东线部分完建工程则继续发挥排涝抗旱效益。”

南水北调成败在水质

作为世界上规模最大的调水工程，调水长达几千公里，水质如何保证一直是社会公众比较关心的问题之一。对此，鄂竟平表示，“保证全线水质是南水北调工程调水的前提，也是成败的关键。我们根据国务院确定的‘三先三后’（即先节水后调水，先治污后通水，先环保后用水）原则加强污染防控和治理，目前在建的东线、中线一期工程分别制定了切实可行的治污、环保规划，着力打造清水走廊、绿色走廊。”

其实早在南水北调工程开工之前，京杭大运河的水质大多都在Ⅴ类或劣Ⅴ类。东线黄河以南36个控制断面中仅1个断面水质达到规划目标要求，达标率仅为3%。南四湖、东平湖水质污染十分严重。而丹江口库区及上游黄姜等产业经过多年的发展，曾经是支撑库区财政和农民脱贫的支柱产业，但由于生产工艺落后，技术含量低，黄姜加工过程中水资源耗费巨大，污染严重，废水处理非常困难。

为确保通水前工程输水干线水质达到国家地表水环境质量Ⅲ类标准，国务院批准实施了《南水北调东线工程治污规划》以及《丹江口库区及上游水污染防治和水土保持规划》，东线总投资153亿元，中线总投资近70亿元，用于污水治理以及水土保持工作。与此同时，水源区各地还加大经济结构调整力度，加快淘汰“两高一低”企业，加强流域水土流失治理，严格执行各种环保准入制度，加快推进城镇污水、垃圾处理设施建设，从源头上控制污染物排放。

“在国务院南水北调办的积极协调下，在环境保护等部门的监督指导下，经各地政府的艰苦努力，中线和东线治污取得显著成效。截至2011年底，东线426项治污项目已全部建成并投入使用。除山东省6个水质监测断面因补充治污项目未完建尚未达标外，其余断面基本达标，达标率达83.3%。至于中线，2011年前根据国家发展改革委、环境保护部等六部委联合印发的《丹江口库区及上游水污染防治和水土保持规划实施情况考核办法》，对‘十一五’期间的规划实施情况进行了考核，42个考核断面有38个达标，达标率达90.5%。”鄂竟平告诉记者。

如今，南四湖、东平湖水质已基本达到Ⅲ类，绝迹多年对水质敏感的小银鱼、毛刀鱼又重现南四湖。

移民工作做得好不好，最有发言权的是群众

南水北调中线水源工程——丹江口大坝加高工程，地处鄂西北、豫西南交界处，工程将原有大坝加高14.6m，增加库容116亿m^3，由此将增加淹没面积370km^2，涉及河南、湖北两省6市县40个乡镇34.5万人，其中河南省16.2万人，湖北省18.3万人。这就意味着将有34.5万库区人民群众要搬离自己的家乡。如何做好几十万群众的移民安置工作，成了南水北调的头等大事。

“‘移民’是一道世界性难题，向来被称作‘天下第一难’。如何维护好库区移民群众的切身利益，使移民群众从受影响者变成受益者，难度很大，难点很多。”鄂竟平表示，“可以说，南水北调移民搬迁是一场不折不扣的硬仗，对执政者提出了更高的要求，对国家相关部门和河南、湖北两省各级党委、政府，特别是移民工作者，都是一个严峻的考验。”

为此，工程坚持“以人为本”，制定完善移民搬迁补偿帮扶政策。通过率先将土地补偿费和安置补助费调整为耕地被征收前三年平均年产值的16倍，并针对丹江口库区实物指标、土地资源偏少等因素，计列生产安置增补费。对房屋补偿费不足以修建人均24m^2砖混房屋的移民进行差额补助，增列建房困难补助资金等方式，维护移民群众的切身利益。

“其实，南水北调移民工作做得好不好，最有发言权的不是我，而是广大移民群众。这几年在库区移民搬迁中，出现了不少不是移民争当移民的事例，从一个侧面说明移民对安置效果的满意。我曾多次走访调研河南、湖北的移民安置点，从基层干部和移民群众的反映来看，大家对我们的工作还是肯定的、认可的。”鄂竟平说。

截至目前，丹江口库区已累计搬迁移民33万人（河南省16.2万人，湖北省16.8万人），占库区移民总数34.5万人的96%。整个搬迁过程和谐、平安、有序，基本实现“四年任务，两年完成”的目标。“由于党中央、国务院的正确决策，由于河南、湖北两

省高度重视，两年多时间搬迁安置30多万人，实现平安搬迁、和谐安置，这是世界水利移民史上的奇迹。这个成果令人欣慰，也令人振奋。”

但鄂竟平同时表示，“搬得出只是移民工作的第一步，下一步要使移民群众‘稳得住、能发展、快致富’。我们会进一步落实相关政策、制度、措施，帮扶移民群众发展生产，使改革开放成果惠及移民群众，实现征地移民和谐收尾，维护社会大局稳定。”

记者：王菡娟

原载2012年3月8日《人民政协报》

只有南水北调能解决北方水资源短缺问题

——国务院南水北调办副主任张野在《科学世界》发表署名文章

水是生命之源、生产之要、生态之基。随着北方地区经济社会发展和城市化步伐加快，水资源短缺形势日益严峻，南水北调工程是当前解决北方水资源短缺问题的可行之路、必由之路。

我国水资源短缺，人均水资源量为2100m^3，只有世界人均水平的约1/4，且时空分布不均，南方水多，北方水少。黄淮海流域是我国水资源承载能力与经济社会发展矛盾最为突出的地区，人均水资源量462m^3，仅为全国平均水平的21%，其中京津两市所在的海河流域人均水资源量仅为292m^3，不足全国平均水平的1/7。黄淮海流域总人口4.4亿，约占全国人口的35%，国内生产总值约占全国35%，人口密度大，大中城市多，在我国国民经济格局中占有重要地位，而水资源量仅占全国总量的7.2%。由于长期干旱缺水，这一地区有2亿多人口不同程度存在饮水困难，700多万人长期饮用高氟水、苦咸水，一批重大工业建设项目难以投资落户，制约了经济社会的发展。由于缺水，不得不过度利用地表水，大量超采地下水，挤占农业及生态用水，造成地面下沉、海水入侵、生态恶化。黄淮海流域水污染严重的形势进一步加剧了水资源的短缺。由于资源性缺水，即使充分节水、治污、挖潜，黄淮海流域仅靠当地水资源已不能支撑其经济社会的可持续发展。为缓解黄淮海流域日益严重的水资源短缺，中央决定实施南水北调工程。

经过20世纪50年代以来的勘测、规划和研究，在分析比较50多种规划方案的基础上，分别在长江下游、中游、上游规划了3个调水区，形成了南水北调工程东线、中线、西线3条调水线路。通过3条调水线路，与长江、淮河、黄河、海河相互连接，构成我国中部地区水资源“四横三纵、南北调配、东西互济”的总体格局。南水北调工程规划最终调水规模为448亿m^3，其中东线148亿m^3，分3期实施；中线130亿m^3，分两期实施；西线170亿m^3，分3期实施。建设时间约需40~50年。从目前的缺水形势以及我国经济社会发展的需要等综合分析，先期实施东线一期工程和中线一期工程，可行性研究阶段总投资为2546亿元，供水对象主要为城市。

南水北调工程具有显著的社会效益、经济效益和生态效益。首先，东、中线一期工程增加调水规模133亿m^3，为缺水城市提供了可靠的水资源条件。直接受益人口达1.1亿人，直接供水的县级以上城市253个。第二，促进受水区产业结构调整。工程建成通水可以使北京、天津、石家庄、济南等北方近百座大中城市摆脱缺水的制约，为经济结构调整包括产业结构、地区结构调整创造机会和空间。第三，扩大就业机会。由于调水工程的实施，每年可以拉动我国经济0.2~0.3个百分点，增加就业人口50万~60万人。第四，经济、生态等效益明显。按照2000年价格水平，东、中线一期工程实施后，将产生农业供水效益、防洪效益、航运效益、排涝效益和生态环境效益，平均每年直接经济效益约为553亿元。中线一期工程丹江口水库大坝加高后，使汉江中下游地区防洪标准由目前的20年一遇提高到100年一遇，为70余万人消除洪水威胁。

南水北调工程于2002年12月27日开工以来，工程建设、征地移民、治污环保、文物保护、运行管理等各项工作有序推进。工程建设质量处于可控状态。工程建设中面临的北京PCCP压力管道技术、丹江口大坝加高新老混凝土结合技术、中线穿黄河隧洞工程内外衬技术、特大型渡槽设计施工技术、明渠膨胀土渠坡处理技术、东线低扬程大流量高效水泵机组水力模型研制等关键技术得到突破。治污环保效用显现，东线426项治污项目全部完成，黄河以南36个考核断面水质基本达标，中线丹江口库区陶岔取水口水质稳定达到Ⅰ～Ⅱ类水质。移民搬迁基本完成。目前，南水北调工程建设者们正在围绕“五突出”—突出重点推进度、突出高压抓质量、突出帮扶稳移民、突出深化保水质、突出监控管资金，着力全方位加快推进工程建设，为实现东线一期工程2013年通水，中线一期工程2013年完成主体工程、2014年汛后通水的目标而不懈努力。

2012年12月3日，原载《科学世界》2012年第12期

南水北调34万移民问题解决不易值得深思

——国务院南水北调办副主任蒋旭光接受《瞭望》新闻周刊专访

与国务院南水北调办副主任蒋旭光的对话是在一连串的数字中开始的。

34.5万，这是南水北调中线工程丹江口库区规划搬迁安置移民人数，其中河南省16.4万人、湖北省18.1万人，安置区涉及上述两省16个市60个县区、287个乡镇，2000多个村。

如今，已经有33万移民在新的家园开始了新的生活。再过三个月，剩余的1.5万名城镇移民也将喜搬新居。从2009年8月完成试点移民搬迁开始，历时三年，这一搬迁强度前所未有的移民工程取得重大成果。但蒋旭光接受《瞭望》新闻周刊采访时最为看重的结果是，“移民群众满意是我们最感欣慰的。”

他的底气来自于政府、专家等多方面的基层调查结论，“搬迁效率很高，移民生产生活稳定，社会反响较好。”其中，世界著名移民专家、世界银行原社会政策与社会学高级顾问迈克尔·塞尼的评价更高，“南水北调是世界上最重要的水利工程之一，丹江口库区移民则是一项伟大的工程。”

2012年6月初，这位20世纪80～90年代制定世界银行非自愿移民政策的主要负责人，在丹江口移民安置区进行考察时，对南水北调移民工作不吝赞美之词，“水库移民是一项复杂的工程，许多国家的做法很不相同，较之印度、印尼、土耳其等国，中国的移民政策有极大进步，中国有世界上最优的政策，收到了最好的效果。”

那么，新的时代背景下，南水北调工程是如何破解“移民”这道世界性难题的呢?

高强度搬迁前所未有

从一开始，南水北调丹江口库区移民工程就面临着全新的形势和问题。

首先就是搬迁强度前所未有。除先期试点的2.3万人外，丹江口库区要在三年时间里搬迁安置超过30万人的规模，而且还多是跨县市安置。

纵观历次大型工程移民，从未有过如此高强度的人口搬迁。

丹江口库区平均每年搬迁安置规模10万

人以上，能够保证“平安地、和谐地、愉快地搬出来”，还没有先例。

2011年8月，《瞭望》新闻周刊曾全程跟踪河南省南阳市淅川县最后一批移民搬迁。当时正值酷暑，从南阳到新郑，数百里之遥，几百辆卡车，绵延数里，交通、安全、食品、酷暑等多个问题都要考虑，需要交通、卫生、公安等多部门协调联动。蒋旭光坦言，之前在移民工作慰问和调研时，见此情此景，经常被感动落泪。

新老移民的交织、复杂的搬迁经历是丹江口库区移民遭遇的又一个特殊难题。

丹江口库区有过多次移民搬迁经历。其中，丹江口水库工程是中国20世纪50年代开始兴建的重大工程之一，从1958年9月开始动工到1973年完成。期间，经历了多次移民搬迁。蒋旭光介绍，初期工程移民搬迁工作发生在一个特殊的年代，是在特殊的社会经济背景下进行的，移民人数38.2万人，当时人均补偿800～900元。南水北调工程开工后搬迁的34.5万移民中，约1/3属于丹江口水库初期工程老移民，人均耕地不足1亩。

他说，由于当时移民安置工作的先天不足，移民大量返迁，不少移民二次搬迁，甚至多次搬迁，一辈子在不停地搬迁中度过。丹江口水库移民经历了从不大成功到逐步处理遗留问题，再到这次丹江口库区移民搬迁的复杂经历。

“更为现实的问题是，随着时代的发展，需求在提升，社会多元化、需求差异化趋势明显，移民群众的诉求也呈多元化趋势，且随着安置阶段的不同发生变化。”蒋旭光扳着指头说，如在前期规划阶段，移民关注实物指标的量、搬迁的时间；实施阶段，关注移民房屋的质量、补偿标准和补偿资金的兑付、生产用地的划拨等；搬迁后，更加关注生产生活配套及后期长远发展等。

本刊记者在移民新村河南省新郑市薛店镇双沟村采访时，当地村民回忆，当初因为土地，村里前前后后派了不下三批代表来考察。第一批的代表们，用塑料袋把土装上带回来，给村里群众“鉴定”，大家一看是沙土地，马上就急眼了：“这土能养活人？不搬。”

再派代表去考察，了解当地的庄稼收成、耕作方式等情况。“那里的耕作方式相比山区相对更加先进，小麦亩产量能保证在七、八百斤，而且还可以通过一些副业增加收入。”村民逐渐了解情况后，最终同意搬迁，前后持续数个月。

当然不仅仅是房屋、土地的问题。蒋旭光告诉本刊记者，与以往水库移民相比，现阶段移民群众既注重物质补偿，也逐步重视精神和文化等需求，“在一个陌生的环境里，移民的生产、生活方式以及环境都发生了变化，精神和心理上需要进行新的调整和适应。”

蒋旭光告诉本刊记者，为了给移民一个精神寄托，不少新村都通过刻碑、建设村史文化室等形式怀旧。

在河南省舞钢市姚营移民新村，当地政府为了缓解移民们的思乡情绪，专门协调资金，投资150万元，依照丹江口水库的形状，建设了一个1万m^2的游园，被称之为“小丹江湖”。

正因如此复杂的形势，蒋旭光认为，南水北调移民搬迁是一场不折不扣的“硬仗”，对执政者提出了更高的要求，对相关部门和地方政府，特别是移民工作者，都是一个严峻的考验。要打赢这场硬仗，需要新的思路和方法。

动态调整政策让移民受惠

“让移民群众从受影响者变为受益者。”蒋旭光给出的答案是，着力将移民工程打造成为惠民工程，“要站在移民的立场上想问题，把移民从‘要我搬’转变为‘我要搬’。”如何实现这样的转变，他强调，关键在于完善的移民安置政策，要真正让移民搬得出、稳得住、能发展、可致富，使移民生活能够达到或超过原有的水平。

因此，前期的移民规划至关重要。蒋旭光介绍，丹江口库区移民规划编制完善历时9年，仅库区移民初步设计阶段，规划设计成果就达372本，部委层面组织的审查、评审、专题讨论会议达20多次，“占了多少村，淹了多少地，搬多少个家庭，一项一项调查，之后进行预算补偿。”

期间，国家于2008年先行批复了2.3万移民的试点规划，以“试试制定的政策标准行不行”，在试点基础上，新提高标准项目十余项，新增加项目数十项，提高补偿补助标准的项目十余项，并据此调整了试点移民的相应补偿。

蒋旭光说，移民规划经历了从规划编制、实践（试点移民）检验、修订完善的过程，构建了一套标准合理、项目齐全、以人为本的移民补偿补助体系。其重要的体现就是关心移民的核心利益：生产、生活资料。

他为本刊记者列出了一张详细的清单：率先提高征地移民补偿标准，由被征耕地前三年平均年产值的10倍提高到16倍；以有土安置为主，原则上人均1.05～1.4亩耕地，高于库区原来人均0.96亩耕地水平；对原住房补偿不足以修建人均$24m^2$砖混房屋的建房困难移民，按人均补足$24m^2$进行建房差额补助；为每户移民补助修建沼气池；每人享受一份国家后期扶持补助，从搬迁之日起，每人每年补助600元，连续扶持20年……

即使如此，由于南水北调工程建设周期较长，实施中仍然出现了一些新情况和新问题。

譬如，针对人工及建筑材料等价格过快上涨导致的建房困难问题，蒋旭光透露，讨论中也有不同认识：一种意见认为，按照原定的标准，实施包干原则，对于物价上涨后的差额，国家不再负担；另一种呼声是，考虑到移民的现实困难，国家该拿的还是要拿，要实事求是解决移民群众最关心的问题。

最后，国务院领导拍板，决定在原批复初步设计报告中暂列的价差基础上，批复增加了13.5亿元的价差投资，专门用于解决这一问题。

对此，蒋旭光表示，移民群众与其他社会成员一样，有权利享受改革发展的成果，随着国家整体实力的提升，对于房屋、土地等实物的补偿标准应随之同步提高。

当然，在蒋旭光眼中，不仅关注人的物质需求，更要关注人的发展需求和精神等非物质需求，尽量顺应满足移民的合理要求，移民才能“稳得住。”

这样的故事有很多。在湖北省的移民搬迁中，对涉及的一处回民村，充分考虑民族习俗，并专门为回民建设一座清真寺；搬迁时，一些特殊群体包括孕妇、精神病人等都安排专车；有些老人还要求搬迁时把棺材一起带走，按照规定，是不可以的，驾驶员也不愿意拉。但是，“我们要考虑移民的情绪，多为他们着想，只要不影响大的政策，能够变通行事的就变通。”他说，“要对‘移民高看一眼、厚爱一分’，通过情感关怀和亲情操作来补充物质补偿的不足。”

蒋旭光还补充说，丹江口库区移民计划提前，背后亦有特殊的背景。

因为深处库区，多年来，各种基础设施建设处于停滞状态，不少村民生活困难。蒋旭光去基层调研时发现，有些移民群众房屋破旧，家里没有像样的家具物品，交通、环境、卫生、饮水等生活条件都很差。

因此，不少移民愿意早搬迁，早改善条件。为了顺应这种愿望，河南省率先提出“四年任务，两年完成”，建委会综合考量后，做出了“四年任务，两年基本完成”的决策。

还是那些人还是那个村

新的理念下，新的政策接连出台。

一个突出的变化就是，南水北调工程的移民采取了相对集中安置的政策，不搞“插花移民”，继续沿用原来的村名，保留原来的基层组织架构，在新村建造一些怀旧的纪念物。

“把几户弄到老居民村里去，移民群众很难受，抬不起头来。”本刊记者在湖北、河南移民安置区调研时，多位受访移民干部对这一政策都持赞赏态度，“至少要保证一个行政村的建制，或者是一个自然村的建制，整体搬出来（安置），保持相对的独立性，他们融入当地环境需要一个过程。”

蒋旭光说，这种相对集中的安置，为移民适应新环境提供了缓冲的时间，便于沟通和互相照顾。同时，每个家庭都配有联系人，帮助解决生产生活中的各种问题，实行责任制，三年不撤，要保证群众向政府反映诉求的渠道透明、畅通。

不仅是成人需要熟悉环境，孩子更需要适应，怎么办？河南省的做法是，每个移民新村都建一所小学，保证11岁以下的孩子就近在村内上学，12岁以上的再出村。湖北在192个外迁安置点都考虑了配建学校，或扩建当地学校。

如此“厚爱”移民的政策当然会面对不少阻力，整体搬迁对移民而言当然是好事，而对原住民来说，则要付出很多。因外来移民迁居，原本属于他们的土地要让出来，如何保证让原住民的损失能够控制在其承受能力之内，避免产生原住民与移民的冲突，对当地政府的平衡协调能力是个大考验。

同样，移民新村新建学校亦遭到一些部门的反对，此举被认为是资源严重浪费，“你给他弄那么多学校到最后怎么办？”但是，“为了移民群众，要算大账不能算小账。”在接受本刊记者采访时，河南一位移民部门负责人如此表态。

“对于相关县级政府，移民是他们这两年各项工作中的重中之重。”因此，蒋旭光对于河南、湖北两地政府以及移民干部在移民工作中的表现，给予了很高的评价，“只有党委、政府重视了才能动员各部门的力量。”

南水北调工程移民的另一个重要创新是将移民新村建设与新农村建设相结合，将被征迁群众生产生活安置与当地社会经济建设相结合，多渠道安排资金，协调地方在供水、供电、交通、通信、医疗、教育等方面出台扶持政策。

国家相关库区移民政策、各项支农惠农政策和新农村建设资金，优先倾斜在库区移民，让移民新村实现一次规划、一步到位，移民新村成为社会主义新农村示范点。

在新郑市多个移民新村，本刊记者看到家家户户都是白色的二层小楼，村里健身广场、图书室等公共设施一应俱全。来自淅川的村民肖静飞说，自己从没想过能住上这样的房子。尽管在2009年搬迁前，就听前来考察的村民代表描述过这里的生活条件，真搬过来后，这个从山区走出的家庭主妇还是喜出望外。

如今，和村里很多家庭一样，肖静飞把分到的5亩多地承包给了一家农业公司搞生态园，每年有4000余元的承包费收益，自己还受雇于这家公司，每月有上千元收入，丈夫则继续在老家淅川打工。另外，按照政策，全家每年还可以领到3000元移民后期扶持款。

移出天广地阔新空间

移民住上了好房子，分到了耕地，有了生活的保障，可如何发展致富仍是需要持续破解的难题。作为移民干部，全铁秀感到，目前，移民新村存在着诸多局限性，人际关系、社会关系等资源普遍缺乏。他希望政府主管部门能够安排对口的单位和人员，对移民新村进行帮助，给移民们出谋划策，提供社会就业和创业资源，拓宽致富的门路。

部分受访移民对于未来还有点忐忑，来自淅川的张清华说：“不知道将来的生活是甜、是苦、是酸、是辣。”搬迁到漯河的金建中也对本刊记者说，“一开始，政府在当地给他们安排到一家食品厂上班，每月收入大致千元，有的移民想多挣钱，辞去工作，出外打工了。”本刊记者了解到，不少移民又回到了老家工作。

对此，蒋旭光认为，这是正常的，不必责怪或禁止，“他们在当地有经济关系、人脉关系，回来打工是允许的。”

在此背景下，加强技能培训和就业扶持成为南水北调工程移民工作一项急迫的工作。蒋旭光介绍，国家专门计列了移民培训的费用，对口引进产业，加强后期帮扶，譬如河南南阳引进奶制品企业与移民新村结对子，河南漯河的辣椒种植基地、湖北武汉东西湖区的蘑菇大棚等。

蒋旭光还透露，从2011年末开始，河南省南阳市委组织部决定，从市直机关、移民安置县直单位和乡镇选派优秀年轻干部到所有移民新村驻村任职，帮助基层组织开展工作，并且已经在多个安置县市推广。湖北省则要求31个省直部门对口帮扶29个库区乡镇的工作专班不撤、队伍不散、力度不减。

同时，受访基层移民干部也表示，移民自身也要增强主动性，调整心态，不能自我封闭，应抓住搬迁新家园的机遇，积极发展，遵纪守法，加快融入当地社会。

从长远计划，蒋旭光认为，还是要推动他们尽快融入新的环境，“不过这是一个很长的过程，引导移民放下‘包袱’，主动发展自己，搬得出只是第一步，稳得住、能发展、可致富任重道远，需要做出长期坚持不懈的努力。”他说。

记者：李绍飞　实习生：赵　爽　孙婷婷

原载2012年6月18日《瞭望》新闻周刊

人水和谐，惠泽民生

——国务院南水北调办副主任于幼军在《南水北调中线生态文化旅游产业带规划纲要》新闻通气会上的讲话

为改善我国北方地区的水生态环境，缓解北方地区数亿人民用水困难，实现经济社会全面协调可持续发展，党中央、国务院做出重大战略决策，于21世纪之初开工兴建了南水北调工程。经过十年的建设，东、中线一期工程分别将于2013、2014年建成通水。为了发挥工程最大的综合效益，造福库区及沿线人民群众，国务院南水北调办会同文化部、国家旅游局组织编制并于近日印发了《南水北调中线生态文化旅游产业带规划纲要》（以下简称《规划纲要》）。根据《规划纲要》，有关方面将依托南水北调中线工程，在中华大地上建设一条人水和谐、惠泽民生的生态文化旅游产业带，为贯彻党的十八大提出的建设生态文明和“美丽中国”增添浓墨重彩的一笔。

下面，就《规划纲要》的编制背景、重大意义、主要内容和实施前景，向各位新闻界朋友作简要介绍。

一、工程雄伟壮丽，旅游资源丰富

南水北调是迄今为止世界上最大的调水工程，是中华民族发展史上具有里程碑意义的大型人工建筑物。工程建成后，必将引起全国的关注、世界的瞩目。依托南水北调中线工程发展生态、文化、旅游产业，具有天然的优势和有利条件。

首先，南水北调工程本身就是恢弘壮丽的景观。中线工程从长江支流汉江引水，跨伏牛山，穿黄河底，沿太行山东麓一路北上，全长1432km，贯通长江、淮河、黄河、海河四大流域，为干旱的北方输送汩汩清泉。这条由水库、高坝、渡槽、隧洞、倒虹吸、明渠等多种建筑物构成的新时代人工大运河，将在中华大地上展现出一幅气势雄伟、碧波畅流、绿树成荫、蔚为壮观的美丽画卷。

此外，中线工程流经了华夏文明的核心地带，库区和沿线富集荆楚、汉魏、商周、燕赵、元明清等不同朝代及地域丰富的历史古迹和灿烂的文化遗存。从中线水源丹江口库区顺流北上，可问道武当、参禅少林、推演太极，饱览黄河奔涌、云台飞瀑、卢沟晓月，探究安阳殷墟甲骨奇文，体味古都邯郸燕赵遗风，在白洋淀里荡舟休憩，在狼牙山、西柏坡前驻足沉思……诸多的世界自然和文化遗产、国家级风景名胜区、国家历史文化名城、国家级重点文物保护单位等，就像一颗颗璀璨的珍珠镶嵌在中线调水工程两侧，景色秀美独特，人文积淀丰厚，令人叹为观止、流连忘返。

再者，依托南水北调中线工程发展生态文化旅游产业条件优越，时机成熟。

一是沿线城市集中，交通便利，客源潜力大，有良好的旅游服务设施。中线沿线分布有北京、天津、石家庄、保定、邢台、邯郸、安阳、焦作、郑州、平顶山、南阳、十堰等城市群。该区域人口密集、经济发达，人民消费水平达到较高水平。按照旅游产业发展规律，旅游消费将进入快速增长期。这种趋势将促进沿线旅游产业的跨越性发展，成为扩内需、促消费、保增长的推动力。初步估算，仅沿线这些城市就拥有近1亿旅游人次的市场需求，客源市场十分巨大。此外，中线沿线交通条件优越。铁路方面，与中线平行的有京广线、京九线等，其中京广高铁即将通车，与中线调水工程相交的有陇海线、宁西线等；公路方面，有京港澳、大广等南北向高速公路与中线平行，连霍、宁洛、沪陕、青银等东西向高速公路与中线交叉，沿途还有数十条国道、省道与中线总干渠靠近或交叉，沿线县级以上城市平均1h就可以上高速；民航方面，石家庄、邯郸、郑州、南阳、襄阳等9座城市都有民用机场，湖北十堰机场已动工建设，将在2015年实现通航。

二是恰逢我国旅游业加快发展的新时期，发展机遇难得。2009年，国务院出台《关于加快旅游产业发展的意见》，将旅游产业定位为国民经济的战略性支柱产业和现代服务业。国务院2011年9月发布的《关于支持河南省加快建设中原经济区的指导意见》（国发〔2011〕32号）正式提出“建设南水北调中线生态文化旅游带”，国家旅游局编制的《中国旅游业“十二五”发展规划纲要》，提出要“加快建设南水北调中线生态文化旅游带”。“十二五”期间随着我国经济社会的快速发展和人民生活水平的进一步提高，中线沿线的旅游业将呈现更加强劲的发展势头。

三是工程库区和沿线地方发展文化旅游产业的热情高涨。近期，北京市、河北省、河南省和湖北省的十堰市已结合调水工程编制了相关旅游发展规划。如北京市组织编制了《南水北调终端地区景观规划》，《河北省旅游业发展“十二五”规划》与南水北调中线旅游带建设具有很好的结合点，《河南省“十二五”旅游产业发展规划》提出构建南水北调中线旅游带，湖北省十堰市编制了《十堰市丹江口库区生态旅游发展总体规划》等，这些都为规划和建设中线生态文化旅游产业带奠定了良好的基础。

二、点、圈、带串联融合，调水与民生共赢

南水北调中线工程建设十年来，在科学发展观的指导下，人与自然和谐相处的理念日益深入人心，统筹城乡、区域和经济社会协调发展已成为沿线干部群众的自觉行动。在这样的背景和形势下，如何使南水北调工程更好地体现人水和谐、人与自然协调共生的生态文明观，实现调水与民生、国家发展大局与沿线地区经济社会发展和生态文明建设的共赢，成为摆在南水北调办面前的一项重大课题。为此，国务院南水北调办党组在又好又快推进工程建设的同时，提出规划建设“南水北调中线生态文化旅游产业带”（以下简称中线旅游带）的构想，即以南水北调中线大型工程景观为依托，融合沿线周边地区丰富的生态文化旅游资源，使二者交相辉映，相得益彰，把中线1000多千米的山水、古迹、工程景观串成一条蔚为壮观、内涵丰富的风景长廊，建设集景观游览、文化娱乐、城市游憩、生态休闲、科普教育等功能于一体的生态文化旅游带。这一构想得到了国务院主管领导的高度重视和国家有关部门的大力支持。

为落实这一构想，促进、指导和统筹做好中线旅游带建设，2012年3月，国务院南水北调办召开主任专题办公会，研究决定联合国家旅游局、文化部成立规划编制领导小组，成员由国务院南水北调办和国家旅游局、文化部相关司局以及北京、天津、河北、河南、湖北五省（市）南水北调办、旅游局、文化厅负责同志组成，负责组织开展中线生态文化旅游产业带规划的调研和编制工作，并聘请委托曾编制《南水北调中线干线工程建筑环境规划》的清华大学两院院士吴良镛担纲的专家团队承担规划的具体编写工作。

2012年5月，由国务院南水北调办、国家旅游局、文化部有关负责同志和专家组成的调研组，开展了中线旅游带规划编制专题调研，实地考察了沿线工程景观选址和生态、文化、旅游景区，与地方相关部门座谈，听取了工程沿线省、市、县党委、政府和有关部门以及工程建设单位对规划编制的意见和建议。2012年6月，规划编制领导小组指导协调课题组完成了《南水北调中线生态文化旅游产业带规划纲要（初稿）》。2012年7月，领导小组召开会议对《规划纲要》进行讨论，进一步听取成员单位、沿线地方政府、有关部门及专家的意见，修改完善了《规划纲要》。2012年8月，国务院南水北调办主任办公会审定通过《规划纲要》，并送文化部、国家旅游局审议。2012年10月，国务院南水北调办、国家旅游局、文化部联合印发了《规划纲要》，要求沿线五省市的有关部门及中线工程项目法人贯彻实施。

《规划纲要》是对建设中线旅游带的纲领性规划，提出了指导思想、规划目标和基本原则。《规划纲要》将中线旅游带定位于“世界最大调水工程、国家生态战略屏障，历史文化富集地和国家级一流旅游目的地”；选择确定了丹江口大坝、陶岔渠首、穿黄工程、漕河渡槽、团城湖等12处工程景观节点，提出了各景观节点的规划要点；规划了以工程景观为节点，融合周边（半小时左右车程）生态旅游文化资源形成的12个别具特色的旅游圈；依托生态带建设和现有的交通网络，通过“点—圈—带”融合串连，形成以南水北调为品牌的中线旅游带；同时积极开展区域统筹和分工协作，促进周边旅游资源的开发、文化资源的利用和生态种养殖业的发展。

《规划纲要》是一个关于中线旅游带建设的指导性规划。它明确了国务院南水北调办、文化部、国家旅游局三部门的职责分工，并对中线工程项目法人、沿线五省（市）地方政府开展相关工作提出指导意见。此外，《规划纲要》实施主要援用国家近年来已出台的旅游、文化、水利等方面的政策，从政府投资、基础设施建设、金融、土地等方面对中线旅游带建设给予支持。这些政策可提供给沿线地方政府和建设单位、社会投资者把握使用。

南水北调中线生态文化旅游产业带的建设，将充分展示工程蕴含的景观价值和科技内涵，展现中华民族的伟大智慧和我国的综合国力，对弘扬、传承和促进中华民族优秀文化的发展，具有十分重要的意义。建设这样一条旅游带，不仅是贯彻科学发展观和党的十七届六中全会精神、十八大精神的具体实践，是传播和弘扬中华民族悠久历史文化和现代文明的重要途径，也有利于充分发挥南水北调工程最大的综合效益，带动当地旅游产业发展，促进周边人居环境改善，造福为工程建设做出奉献牺牲的库区和沿线广大人民群众；还有利于进一步提升工程品位，借助南水北调的品牌效应，以更亲和的方式、在更广泛的意义上展示中国特色社会主义建设和改革开放的伟大成就。

三、借鉴成功经验，传承精神遗泽

国内外利用大型水利工程提供的优质资源和环境条件发展文化旅游业并取得成功的例子不胜枚举，为中线生态文化旅游产业带的建设提供了良好的参考与借鉴。

世界著名的水利工程，如埃及的阿斯旺大坝、巴西和巴拉圭的伊泰普水电站、美国胡佛大坝和田纳西流域的水电群等，通过旅游开发均获得了巨大的旅游综合效益。如伊泰普大坝旅游年收益折合人民币达 50 多亿元，临坝城市伊瓜苏年接待游客达 700 多万人次，旅游收入折合人民币达 500 多亿元。胡佛大坝自 1935 年对外开放以来，已接待超过3500 万人次游客，成为美国人游艇、滑水、钓鱼、探险、露营度假胜地。我国的三峡大坝景区被国家旅游局评为 5A 级景区，据统计，仅 2010 年就接待游客 145 万人次（其中，国外游客 33 万人次），居全国 103 家工业旅游示范点之首。

这些成功的经验对建设中线旅游带具有借鉴意义。除中线周边现有的文化、旅游特色以外，南水北调还要充分发挥其自身特色，如“世界最大的调水工程”、“世界跨度最大的 U 形渡槽”和“国内穿越大江大河直径最大的输水隧洞——穿黄工程”等世界和中国水利之最，力争打造出以南水北调工程为特色的精品旅游线路。

当前，我国正处于文化大繁荣、旅游大发展、全面推进生态文明建设的有利时机。党的十八大发出了建设“美丽中国”的伟大号召。我相信，在中线调水工程沿线各方的共同努力下，通过《规划纲要》的贯彻和实施，中线工程在输送一泓清水北上的同时，还将建设成为生态环境优美、人文底蕴深厚、旅游产业发达、人民生活富足的一条绿色之带、文化之带和民生之带。这条人水和谐的“美丽中线”不仅惠泽了库区与沿线民生，也将为建设“美丽中国”增添浓墨重彩的一笔。

水是生命之源，生产之要，生态之基。我们期待，南水北调这项功在当代、利在千秋的民生工程，将为库区及沿线地区经济社会的全面、协调、可持续发展和人民脱贫致富奔小康做出应有的贡献。南水北调中线生态文化旅游产业带的建设，将为我们国家留下一份造福百姓、荫及子孙的物质遗产和传承民族精神、时代精神的精神遗泽。

这，正是中线一期工程 20 多万建设者的共同心愿。

原载 2012 年 12 月 19 日《中国南水北调网》

拾 综合管理

GENERAL MANAGEMENT

综　述

总 体 进 展

概　述

2012年是南水北调工程开工建设以来，任务最重、难度最大、建设管理强度最高的一年。一年来，在党中央、国务院的正确领导下，在中央有关部门的大力支持和沿线各地的积极配合下，南水北调系统紧紧围绕年度目标任务，全面贯彻落实国务院南水北调工程建设委员会（以下简称建委会）第六次全体会议和2012年建设工作会议精神，按照“突出重点推进度、突出高压抓质量、突出帮扶稳移民、突出深化保水质、突出监控管资金”的总体部署，加强统筹协调，细化实化措施，携手通力攻坚，扎实推进建设，各项工作进展顺利，总体形势持续向好，实现了2012年初确定的“进度更快、质量更好、投资更省、移民更稳、水质更优、战斗力更强”的目标，为如期实现通水目标奠定了坚实基础。

（朱　涛　姜成山）

工程建设管理和进度

围绕“突出重点推进度”，抓重点，抓关键，抓责任落实，死盯重点项目，盯死关键节点和责任单位，工程建设全面推进，制约因素大幅减少，形象面貌大为改观，进度总体满足要求。

（1）建立风险项目挂牌督导制度。对风险项目分区分片，由国务院南水北调工程建设委员会办公室（以下简称国务院南水北调办）领导率队现场督导，对影响工程建设进度的突出问题进行现场协调，落实责任单位，并督促限期解决。

（2）建立关键事项督办制度。逐一梳理影响重点项目进度的关键事项，明确解决问题的节点目标、责任单位和完成时限，对存在问题的责任单位进行约谈。

（3）建立铁路交叉工程部办联席会议制度。加强与铁道部的协调，加强信息快报和问题快速处置，加快了铁路交叉工程建设。

（4）通过季度协调会、重点项目半月会商会，及时发现影响进度的关键问题，定期检查重点项目，重点监控桥梁关键节点事项落实情况和进度计划目标执行情况，促进了工程建设提速。

（5）开展安全生产年活动，通过组织“预防坍塌”、“打非治违”、安全生产隐患排查等专项治理，规范安全生产管理，保障了工程建设安全顺利进行。

（6）组织开展膨胀土、高填方施工技术研讨和现场技术协调，及时梳理和解决技术问题，推进了相关工程的建设。同时，加强合同监督管理，加快价差调整和资金拨付进度，发挥跨渠桥梁建设和设计变更快速处置机制，为工程建设赢得了时间。发挥应急机制作用，妥善处理了北京“7·21”洪水引发的中线北拒马河暗涵险情。

2012年共召开27次工程进度主任办公会或专题办公会，梳理影响工程建设的关键事项171项，一些制约工程进度的关键因素正在逐步消除，重点项目由2012年初的25项削减为16项。全年完成投资652.85亿元，占年度计划的102%；完成土石方开挖22 586万 m^3，完成率113%；土石方填筑16 638万 m^3，完成率113%；混凝土浇筑1188万 m^3，完成率109%。综合考核指标 $K=1.15$，重点项目综合考核指标 $K=1.18$。东线68项设计单元工程，已完工41项，与通水直接相关的主体工程基本完工。中线丹江口大坝溢流堰面加高工程完成量过半，陶岔渠首混凝土坝段已封顶，穿黄隧洞工程洞身内衬已提前完工，沙河渡槽完成槽身预制188榀，占比82%。铁路交叉工程大部分能够按计划或提前完成建设任务，京石段自动化调度系统顺利启用。

受水区六省（市）配套工程总体规划均已批复，北京、天津部分工程已经建成，河南全部开工，河北、山东、江苏骨干工程开工，截至2012年底累计完成投资158亿元。

已建工程继续发挥效益。中线京石段于2012年11月22日第四次向北京应急调水，前三次已累计供水约13.8亿 m^3。高峰时期，南水北调所调之水约占北京地区用水的60%，极大缓解了首都高峰期的用水压力。东线完建工程继续发挥防涝抗旱效益。

（朱　涛　姜成山）

质量安全管理

围绕"突出高压抓质量"，强化质量管理意识，规范质量管理行为，完善质量监管体系，提高质量监管效力，保持监管高压态势，发现并消除了一批重大隐患，不负责任的行为受到应有处罚，质量监管不断加强，工程质量继续向好。

（1）通过建立"三位一体"的监管体系、实施"三查一举"（飞检、专项稽察、站点监督和有奖举报）的工作方法发现质量问题，依靠权威机构快速认证质量问题的性质，把现场处罚、责成处罚和每季度国务院南水北调办层面的集中处罚结合起来，对各类质量问题进行了严肃追责。

（2）建立健全了质量监管制度体系，实现了质量监管制度化。根据质量监管工作的实际需要，修订了质量责任追究办法、合同监督规定和关键工序考核办法，研究制定了有奖举报、站点监督、质量终身责任制等专项管理办法，组织编制桥梁桩柱质量问题认鉴标准，开展信用管理、质量会商、责任约谈等制度的专项研究，为质量监管提供了有力的制度保障。

（3）全系统协同监管，形成区片联合、上下联动、合力管控工程质量的有利局面。充分发挥一线站点监督的作用，提高监督的有效性。加强与水利部、住房城乡建设部、工商总局、国资委的沟通联系，充分发挥五部委联席议事机制的重要作用。

（4）通过开展质量集中整治和专项检查活动，发现并整改了一批质量问题，进一步提高了全系统的质量意识，强化了各参建单位的质量责任。

（5）加强对质量关键点的监督检查，研究确定工程关键部位、关键工序和关键质量控制指标作为工程质量关键点，明确质量管理责任和监督管理职责与措施。

（6）对高填方渠段工程实施派驻质量监管员、挂牌督办和四级联保制度，对跨渠桥梁、建筑物混凝土开展质量问题专项排查，确保了工程质量。

2012年共召开52次工程质量主任办公会或专题办公会；组织受理、调查核实群众举报事项135项，涉及67个标段，已反馈调查结果113项；对344个标段进行质量集中整治和专项检查；组织质量飞检148组次，核发整改报告297份，涉及371个标段；组织开展桥梁、隐蔽建筑物工程、混凝土工程等专项稽察，对1752座桥梁和1931座混凝土建筑物组织开展质量问题普查；共处理参建单位88家、各级人员11名。一年来，工程质量总体受控，未发生较大以上质量事故。截至2012

年底，东、中线一期工程单元工程评定合格率100%，优良率91%。

（朱 涛 姜成山）

东线治污和中线水源保护

围绕“突出深化保水质”，落实补充措施，加快相关规划的实施，加大考核力度，东线水质继续向好，中线水质总体可控。

（一）东线治污

以江苏境内3个不稳定达标控制断面和山东境内6个不达标控制断面治理为重点，2011年下半年确定的一批补充治污重点项目已全部开工，沿输水干线排污口已全部关闭，航运污染深化治理与交通运输部门取得共识，有关综合治理措施已纳入交通运输部“十二五”规划。同时，主要治污控制断面水质自动化监测网络建设步伐加快，农业面源污染防控力度进一步加大，城市污水和垃圾收集处置机制已经形成。自2012年11月起，规划确定的36个考核断面全部达标，输水干线水质基本达到规划要求。

（二）中线水源保护

（1）国务院批复《丹江口库区及上游水污染防治和水土保持“十二五”规划》和《丹江口库区及上游地区经济社会发展规划》后，召开第三次部际联席全体会议进行贯彻部署，推进水源区水质保护和经济社会发展。

（2）国务院南水北调办与水源区三省签订了水源保护目标责任书，对三省规划实施进行检查考核，建立了监督检查与目标考核工作体系。

（3）对丹江口库区不达标入库河流，地方政府制定了“一河一策”治理方案。

（4）建立了水源保护生态补偿机制。对水源区生态环境工程地方负责安排资金和污水垃圾处理费用，在中央财政重点生态功能区转移支付中予以补助。受水区对水源区的对口协作方案基本确定。

（5）推动中线干线工程两侧生态建设。生态带建设规划已编制上报，生态文化旅游产业带规划纲要已编制印发。

（6）加强水质安全风险防范，严格控制在中线干线两侧保护区内新上污染项目。会同国家安监总局加强对水源区尾矿库安全风险防范。

（朱 涛 姜成山）

征 地 移 民

围绕“突出帮扶稳移民”，扎实做好库区移民和干线征迁扫尾，深入开展帮扶维稳。移民和谐搬迁、保持稳定，库区后续工作稳步推进，干线征迁顺利进行，为工程建设提供了可靠保障。

（1）丹江口库区移民搬迁任务全面完成。全年完成剩余1.5万人搬迁、16个城集镇迁建和若干专项、工业企业迁复建，丹江口库区34.5万移民全部搬迁，实现了建委会确定的“四年任务、两年基本完成”的目标。

（2）干线征迁及时提交新增用地，满足了建设需要。全年累计解决143项征迁难点，合计新交永久用地0.6万亩，临时用地2.3万亩，累计交付建设用地约87.3万亩（其中永久用地43.3万亩，临时用地44万亩）。

（3）通过深化矛盾纠纷排查化解确保了稳定。通过经常性矛盾纠纷排查化解、突出问题专项检查、重点问题督办落实等措施，促进“事要解决”；通过进度商处、专题会议布置、重要时点下发通知强调，落实属地责任；加强上下联动处置和政策解释，做好信访接待。移民群众总体稳定，没有出现大的问题，群众反映强烈的问题和矛盾纠纷都得到了及时处理和化解。

（4）库底清理工作按计划推进。面上构筑物、卫生清理基本完成，重点污染源的清理正抓紧进行，进度基本满足计划要求。

（5）临时用地退还复垦工作取得进展。

通过开展“一查四定”（查清临时用地现状，定退还复垦计划、定责任内容、定责任单位、定奖罚事项），目前已完成复垦10.7万亩。

（6）移民帮扶工作深入开展。河南、湖北两省相继出台帮扶政策，采取有效措施，为移民稳定发展增添了后劲。

文物保护工作任务基本完成。东、中线干线工程累计完成考古发掘面积102.8万m^2，占规划总量的100.4%；库区累计完成考古发掘面积63.5万m^2，占总量的96%。武当山遇真宫保护方案实施顺利。国家文物得到妥善保护，文物保护工作未影响工程建设。

（朱　涛　姜成山）

投资控制与资金管理

围绕“突出监控管资金”，有效控制投资规模，切实加强资金监管，提高资金使用效益。

（1）进一步规范设计变更程序，减少随意性。在深入调查研究的基础上，进一步明确重大设计变更的确认、申报审批、投资控制等管理程序和办法，减少了重大设计变更数量，节约了投资。

（2）深入开展人工和砂石料价差调整问题专题调研，合理确定价差调整标准，加快价差审核审批步伐，及时足额拨付资金，保证了工程建设需要。

（3）严格资金拨付管理，积极消化存量资金，账面积存资金从2010年底的270亿元下降至57亿元，大大提高了资金使用效益。

（4）加强资金监管，在系统内开展全面内审，堵塞管理漏洞，确保资金安全。

（5）兑现投资控制考核奖励，调动参建各方主动控制投资、节约建设成本的积极性。

（6）编制完成南水北调工程投资总规模测算（增加投资）报告，报国家发展改革委审批，现已完成咨询评估工作。

（7）在及时开展内部审计的基础上，全系统配合审计署对南水北调工程进行了开工以来规模最大、内容最全的全面审计。审计结果总体较好，未发现重大违纪问题。

（朱　涛　姜成山）

前　期　工　作

南水北调东线一期工程水量调度方案编制

根据国务院南水北调工程建设委员会第六次全体会议精神，水利部于2012年4月召开部长专题办公会，研究部署了南水北调东线一期工程水量调度方案编制工作。会议明确水利部水资源司会同水利部南水北调规划设计管理局（以下简称水利部调水局）组织开展南水北调东线一期工程水量调度方案编制工作，由淮河水利委员会会同海河水利委员会负责，和黄河水利委员会及江苏、山东两省有关单位配合，具体承担南水北调东线一期工程水量调度方案的编制工作。

2012年9月，在多次征求江苏、山东两省有关部门意见的基础上，水利部在北京组织召开南水北调东线一期工程水量调度方案专家审查会。来自交通运输部、环境保护部、国务院南水北调办、水利部有关司局、黄河水利委员会、淮河水利委员会、海河水利委员会、江苏和山东两省水利厅和交通运输厅等单位的代表和特邀专家60余人参加会议。会议基本同意提交审查的《南水北调东线一期工程水量调度方案》，经进一步征求国家有关部门和江苏、山东两省意见后，进一步修改完善。

2012年9月底，水利部办公厅发函征求国家发展改革委等相关部门和江苏、山东两省人民政府意见。在水利部水资源司、水利部调水局就反馈意见与国家有关部门和单位、江苏、山东两省有关部门和单位进一步沟通协调的基础上，水利部于2012年12月初，再次征求国家有关部门和江苏、山东两省人民政府的意见，并进一步修改完善了《南水北调东线一期工程水量调度方案》，于2013年1月5日上报国务院。

（杨占军）

南水北调工程前期工作

（一）南水北调工程与黄河流域水资源配置的关系研究工作

为深化对南水北调西线调水必要性和紧迫性的认识，更加有序地开展南水北调东、中线后续工程前期工作，由水利部调水局为项目责任单位，组织黄河水利委员会、中国水科院于2012年开展“南水北调工程与黄河流域水资源配置的关系”研究。该课题研究内容包括：①补充分析近年来黄河水资源供需形势；②分析在不向黄河上游补水的情况下增加黄河上游地区用水对黄河泥沙淤积等的影响；③分析南水北调东、中线工程扩大向黄河下游引黄灌区供水的可能性；④研究黄河流域水资源配置方案调整的社会影响；⑤南水北调西线工程解决黄河流域缺水问题方案比较研究。成立了以水利部总工程师汪洪为组长，有关单位负责人、相关院士和专家为成员的课题协调咨询组。中国水科院就黄河输沙需水问题与黄河水利委员会有关单位进行并行研究。2012年底，课题研究取得了初步成果。

（二）南水北调东、中线工程补充规划

2012年，水利部组织淮河水利委员会、海河水利委员会等单位开展南水北调东线后续工程论证工作，组织长江水利委员会、海河水利委员会等单位开展南水北调中线后续工程论证工作。工作围绕开展南水北调东线工程补充规划和南水北调中线工程补充规划进行。南水北调东线工程补充规划的主要内容包括：①进一步复核南水北调东线工程受水区需水量；②开展南水北调东线工程受水区水资源配置补充研究工作；③分析评价南水北调东线工程水质状况；④研究南水北调东线后续工程总体布局。南水北调中线工程补充规划的主要内容包括：①研究扩大南水北调中线工程供水能力及提高供水保证率的相关方案；②开展南水北调中线工程受水区水资源配置补充研究工作；③分析南水北调中线后续工程实施对水源区的影响及对策；④开展南水北调中线后续工程水源工程布局及工程建设方案。

（三）南水北调西线第一期工程项目建议书阶段前期工作

水利部2012年继续组织黄河水利委员会有关单位开展南水北调西线第一期工程项目前期工作论证。水利部调水局于2012年7月组织黄河勘测规划设计有限公司等单位赴南水北调西线第一期工程调水区开展了实地考察，并与四川省相关部门进行了座谈。黄河勘测规划设计有限公司继续开展南水北调西线第一期工程项目建议书阶段的有关工作，对南水北调西线通天河水源区进行了现场查勘和调研，进一步深化南水北调西线第一期工程水源方案比选研究，进一步论证南水北调西线第一期工程规模、受水区水资源配置等问题，对部分专题研究成果进行咨询，完善南水北调西线第一期工程项目建议书。

（杨占军）

《南水北调供用水管理条例》立法

国务院法制办2012年6月对《南水北

调供用水管理条例（草案）》提出了几个需要进一步研究的问题，水利部政策法规司会同水利部调水局针对国务院法制办的意见进行了研究论证、提交了书面说明，并相应提出了对部分条款的调整、充实和修改意见。

（杨占军）

南水北调东线、中线一期工程运行初期供水价格政策制定

水利部调水局配合国家发展改革委价格司，开展南水北调东线、中线一期工程运行初期供水价格政策制定工作，编制完成了南水北调东线、中线一期工程供水成本和价格测算报告。根据国务院南水北调办提供的初步设计投资，水利部调水局对南水北调东线、中线一期工程供水成本和价格进行了重新测算，提出新的测算成果。按照国家发展改革委价格司于10月召开的南水北调东线一期工程供水价格测算沟通协调会的要求，水利部调水局会同中水淮河公司测算了南水北调东线工程的供水成本和价格。

（杨占军）

南水北调工程项目技术审查

2012年，南水北调工程设计管理中心委托水利部水利水电规划设计总院（以下简称水规总院）的技术审查共158项（东线42项、中线116项），其中：变更设计22项，专项初步设计13项，设计单元价差报告105个，设计单元项目管理预算18个。提交技术审查意见53项（含工作报告），其中：初审意见4项，审查意见40项，审查工作报告9项。

2012年度，水规总院完成南水北调中线一期工程总干渠陶岔—鲁山段及荥阳段强膨胀土及开挖深度大于15m的中膨胀土渠段重大变更设计报告、南水北调东线第一期邳州站工程水泵装置设计变更报告等22项设计变更审查；完成南水北调东线一期山东段工程安全防护体系建设方案设计报告和南水北调中线水源工程供水调度运行管理专项工程初步设计报告等13项新增专题（专项）初步设计审查；完成东线一期工程15个设计单元项目管理预算审查，18个设计单元价差报告审查；完成中线一期工程3个设计单元项目管理预算审查，87个设计单元价差报告审查。

158项技术审查项目如下：

（一）东线工程

完成42项审查。其中：设计变更5项，专项初步设计4项，设计单元项目管理预算15项，设计单元价差报告18项。

（1）《南水北调东线一期工程鲁北段小运河输水工程设计桩号(0+000)~(25+327)渠段边坡护砌工程设计变更报告》；

（2）《南水北调东线一期梁济运河湖口—对口闸(0+000)~(8+000)段工程结合防洪排涝和城市建设生态景观工程设计变更技术方案》；

（3）《南水北调东线第一期邳州站工程水泵装置设计变更报告》；

（4）《南水北调东线一期山东段工程安全防护体系建设方案设计报告》；

（5）~(18)《南水北调东线工程山东境内邓楼泵站工程等14个设计单元工程价差报告》；

（19）~(29)《南水北调东线一期工程江苏境内高水河整治工程、洪泽站工程、徐洪河影响处理工程等11个设计单元工程项目管理预算》；

（30）~(33)《南水北调东线工程山东境内济南市区段工程、陈庄输水线路工程、梁济运河段工程、鲁北段工程（临清、夏津、武城）灌区影响处理工程项目管理预算》；

（34）《南水北调东线一期工程济南—引黄济青段东湖、双王城水库及鲁北段大屯水库工程增设库内监测站设计变更报告》；

(35)~(38)《南水北调东线一期潘庄引河闸等4个工程价差报告和南水北调中线一期引江济汉工程等2个项目管理预算及丹江口大坝加高工程价差报告》;

(39)《南水北调东线一期苏鲁省际工程管理设施专项初步设计报告》;

(40)《南水北调东线一期苏鲁省际工程调度运行管理系统初步设计报告》;

(41)《东线一期穿黄河工程穿引黄渠埋涵出口闸方案设计报告》;

(42)《东线一期穿黄河工程穿引黄渠埋涵方案设计报告》。

(二)中线工程

完成116项审查。其中:设计变更18项,专项初步设计8项,设计单元项目管理预算3项,设计单元价差报告87项。

(1)《南水北调中线水源工程供水调度运行管理专项工程初步设计报告(专项)》;

(2)《南水北调中线一期工程施工控制网测量初步设计报告(专项)》;

(3)《南水北调中线一期工程总干渠陶岔—鲁山段及荥阳段强膨胀土及开挖深度大于15m的中膨胀土渠段重大变更设计报告》;

(4)《南水北调中线一期总干渠宁西铁路交叉工程变更设计报告》;

(5)《南水北调中线一期工程总干渠沙河U形渡槽预应力钢束调整变更报告》;

(6)《南水北调中线一期工程总干渠河南段分水口门设计变更报告》;

(7)《南水北调中线一期工程漳河北—古运河南段工程分水口门设计变更报告》;

(8)《南水北调中线总干渠与青兰高速连接线交叉工程变更设计报告》;

(9)《南水北调中线一期工程总干渠焦作城区段进一步提高渠道安全度设计变更报告》;

(10)《南水北调中线干线工程全填方渠段视频监视系统设计变更报告》;

(11)《南水北调中线一期工程总干渠禹州和长葛段许禹铁路秦村南铁路特大桥设计变更报告》;

(12)《南水北调中线一期工程总干渠河北省邢石界—古运河南渠段及漳河北—邢石界渠段渠坡调整设计变更报告》;

(13)《南水北调中线一期工程总干渠石家庄段康庄、岳村桥梁变更设计报告》;

(14)《南水北调中线一期工程临城县段梁村明洞变更设计专题报告设计方案》;

(15)《南水北调中线一期工程总干渠陶岔渠首—黄河南段新增17座桥梁设计变更报告》;

(16)《南水北调中线一期工程总干渠陶岔—鲁山段开挖深度小于15m的中膨胀土及部分弱膨胀土渠段边坡加固与膨胀土表层保护材料设计变更报告》;

(17)《南水北调中线一期工程总干渠沙河南—贾鲁河南段及黄河北—羑河北段弱及挖深小于15m中等膨胀岩(土)渠坡处理变更报告》;

(18)《南水北调中线一期工程总干渠高填方渠段加强安全措施设计变更报告》;

(19)《南水北调中线干线工程自动化调度与运行管理决策支持系统优化设计报告》;

(20)《南水北调中线一期兴隆水利枢纽工程下游护坦防淘保护设计变更报告》;

(21)~(32)《南水北调中线一期工程总干渠漳河北—古运河南段磁县段等12个设计单元工程2010~2011年度价差报告》;

(33)~(38)《南水北调中线一期工程总干渠天津干线天津市段等6个设计单元工程2009~2011年度价差报告》;

(39)《南水北调中线一期工程丹江口水库库底清理技术要求(专项)》;

(40)~(49)《南水北调中线一期工程沙河南—黄河南段(不含荥阳段)沙河渡槽等10个设计单元工程2009~2011年度价差报告》;

(50)~(63)《南水北调中线一期工程陶岔渠首—沙河南段(含穿漳、穿黄及荥阳段工程）淅川县段等14个设计单元工程2009～2011年度价差报告》；

(64)《南水北调中线干线（京石段除外）工程2009年度、2010年度、2011年度价格指数报告（专项）》；

(65)～(75)《南水北调中线一期总干渠黄河北—漳河南段温博等11个设计单元工程2009～2011年度价差报告》；

(76)～(87)《南水北调中线一期工程总干渠漳河北—古运河南段12个设计单元工程2010～2011年度价差报告》；

(88)《南水北调中线一期工程丹江口库区湖北省内安移民点高切坡防护规划（专项)》；

(89)～(90)《南水北调中线一期陶岔渠首枢纽工程项目管理预算和价差报告》；

(91)～(96)《南水北调中线一期工程总干渠天津干线6个设计单元工程2009～2011年度价差报告》；

(97)《南水北调中线一期丹江口水利枢纽大坝加高工程武警守卫部队营房建设专题方案（专项)》；

(98)～(100)《南水北调东线一期潘庄引河闸等4个工程价差报告和南水北调中线一期引江济汉工程等2个项目管理预算及丹江口大坝加高工程价差报告》；

(101)～(114)《南水北调中线一期工程总干渠陶岔渠首—沙河南段淅川县段等14个设计单元工程（含穿漳河、穿黄及荥阳段）2009～2011年度价差报告》；

(115)《其他工程穿越南水北调中线工程设计技术要求和对南水北调中线工程的安全影响评估导则（专项)》；

(116)《丹江口水库试验性蓄水工作大纲（专项)》。

（关春曼　冀建疆　高　音）

环　境　保　护

党中央、国务院高度重视南水北调治污工作，工程沿线各级党委政府和环保部门认真贯彻落实中央要求，按照建委会部署，不断加大治污力度，水污染防治工作取得积极进展。

南水北调工程水质现状

（一）东线水质状况

2012年，南水北调东线长江取水口夹江三江营断面为Ⅲ类水质。输水干线京杭运河里运河段、宝应运河段、宿迁运河段、鲁南运河段和韩庄运河段均为Ⅲ类水质；梁济运河段为Ⅳ类水质。洪泽湖为轻度富营养状态。骆马湖湖体为Ⅲ类水质，营养状态为中营养状态。汇入骆马湖的沂河为Ⅲ类水质。南四湖湖体为Ⅳ类水质，主要污染指标为总磷和化学需氧量；营养状态为轻度富营养状态。东平湖湖体为Ⅲ类水质，营养状态为中营养状态。汇入东平湖的大汶河为Ⅲ类水质。

（二）中线水质状况

2012年，丹江口水库总体为Ⅱ类水质，营养状态为中营养状态。入丹江口水库的9条支流中，汉江、金钱河、天河、堵河、官山河、丹江、淇河和老灌河水质均为优，浪河水质良好。南水北调中线取水口陶岔断面为Ⅱ类水质。

（环境保护部）

中线水源区水污染防治项目进展

截至2012年底，《丹江口库区及上游水污染防治和水土保持“十二五”规划》中的338个水污染防治项目，已建成18项，在建9项，前期准备50项。

（环境保护部）

南水北调工程水环境保护工作进展

（一）科学制定“十二五”规划

环境保护部会同国务院有关部门编制了《重点流域水污染防治规划（2011～2015年）》，2012年4月已经国务院批复印发实施。配合国家发展改革委、国务院南水北调办等部门联合编制了《丹江口库区及上游水污染防治和水土保持“十二五”规划》，已于2012年8月印发实施。“十二五”期间，建立了“流域—控制区—控制单元”三级分区体系，识别不同区域的水污染特征问题并制定针对性的防治方案，分层落实责任，确定任务。流域层面重点把握水污染防治的宏观布局，明确流域水污染防治重点和方向，协调流域内上下游、左右岸各行政区的防治工作；控制区层面重点落实地方政府水污染防治目标、责任和任务；控制单元层面针对更为具体的水环境问题提出更具针对性的措施，确保水污染防治取得实效。

（二）积极推进规划落实

国务院南水北调办、环境保护部和有关部门加强对南水北调治污工程的现场监督检查，督促地方政府加快项目建设进度，积极推动南水北调工程沿线治污规划的实施，并确保已建成项目正常运行，切实发挥环境效益。

（三）强化治污工作考核

根据“十二五”期间重点流域水污染防治的新思路和新要求，修订了《重点流域水污染防治专项规划实施情况考核指标解释》。会同国务院南水北调办、国家发展改革委、监察部、住房城乡建设部和水利部制定了《丹江口库区及上游水污染防治和水土保持规划实施情况考核办法》，并上报国务院，进一步完善了治污目标责任考核制度。

（四）严格环境监督管理

环境保护部会同国务院有关部门继续深入开展整治违法排污企业保障群众健康环保专项行动、重金属污染企业专项检查。开展饮用水源保护区后督察和城镇污水处理厂、垃圾填埋场集中整治，着力打击“两高一资”行业重污染企业的环境违法行为，全面排查涉铅、镉、汞、铬和类金属砷企业的污染物排放情况。

（五）加强南水北调中线水源区生态环境保护

环境保护部联合国家发展改革委、水利部制定了《全国重点湖库生态安全评估与综合治理方案》，组织对丹江口水库进行生态安全总体评估，研究制定相应的生态安全保障综合方案，为丹江口水库综合治理提供技术支撑。

（环境保护部）

文　物　保　护

概　述

（一）总体进度

截至2012年12月底，南水北调东、中线一期工程文物保护工作进展顺利，中线干渠京石段、河北段、河南段文物保护工作全部完成，东线江苏段完成田野阶段的文物保护工作，东线山东段和丹江口库区文物保护工作进展顺利，累计已完成考古发掘面积近167万m^2，占总工作量的98.8%。

（二）遇真宫保护项目

截至2012年12月底，遇真宫保护工程已完成宫墙、中宫建筑、泰山庙等文物解体和构件登记存放，土石方垫高工程已完成82.5

万 m^3，占总土方量 80%，东宫门、山门、西宫门顶升工程按计划顺利实施，预计于 2013 年 2 月完工。文物复原工作进入筹备阶段，对拆除各类砖、石、木构件进行核查、修复，并开始进行备料加工，各项工作正稳步进行。

（国家文物局）

检 查 监 督

2012 年 8 月 3 日，文化部副部长、国家文物局局长励小捷对湖北南水北调工程文物保护工作进行了调研，先后考察了南水北调工程武当山遇真宫垫高保护工程现场和十堰市博物馆的南水北调出土文物展。励小捷副部长充分肯定了湖北省南水北调工程文物保护工作取得的成绩，并对后续工作提出了殷切希望。他强调，遇真宫垫高保护工程是南水北调工程涉及的最大的文物保护工程，社会影响大。他要求地方文物部门和施工单位要严把工程质量关、进度关，坚持文明施工、科学施工，确保工程安全、顺利、如期、高质量地完工，争取做成精品文物保护工程。

2012 年 12 月 4 ~ 6 日，国务院南水北调办和国家文物局联合赴山东省和江苏省检查了南水北调东线一期工程文物保护工作的进展情况。山东省文物考古研究所、南京博物院、陕西省考古研究院、中国文物信息咨询中心等有关单位主要负责同志和专家参加检查。检查组先后检查了山东聊城土闸保护工程、七级码头遗址考古发掘项目及江苏泗州城遗址考古发掘项目。检查组充分肯定了山东、江苏两省文物保护工作成绩，要求山东省文物局进一步加强与本省调水部门的沟通和协调，按期开展七级闸、戴村闸和七级码头文物保护工程，确保南水北调东线一期工程通水目标如期实现；要求江苏省文物局进一步完善相关文物保护工作的程序，规范管理，并做好文物的归库管理，确保文物安全。

2012 年 12 月 12 ~ 15 日，国务院南水北调办和国家文物局联合对丹江口库区文物保护项目进行专项检查。中国文化遗产研究院有关专家，以及河南省文物局、湖北省文物局等单位相关负责同志参加了检查工作。检查组先后检查河南淅川下寨遗址、前河遗址、申明铺东遗址考古发掘项目，湖北遇真宫保护工程和郧县天主教堂、郧县文庙的保护情况，以及湖北省考古所郧县考古资料整理基地，听取了郧县滴水岩遗址考古发掘项目领队的工作情况汇报。检查组认为淅川下寨遗址、前河遗址、申明铺遗址管理有序，操作规范，学术目标明确，出土文物保护和信息提取较为科学，工作成果显著。同时，检查组要求河南、湖北两省文物部门进一步加强与本省调水部门的沟通、协调，按要求完成文物保护项目外业结项和省内验收。

（国家文物局）

重 大 考 古 成 果

山东京杭大运河七级码头、土桥闸与南旺分水枢纽遗址入选“2011 年全国十大考古新发现”。

（国家文物局）

报 告 出 版

河南省文物部门 2012 年出版了《安阳韩琦家族墓地》、《鹤壁刘庄：下七垣文化墓地发掘报告》、《辉县孙村遗址》等考古报告，这些重要考古资料的及时刊布，宣传了我国文化遗产保护工作的最新成果，普及了考古和文化遗产保护知识，树立了南水北调工程的良好形象，对促进社会主义文化大发展大繁荣、构建和谐社会起到了重要作用。

（国家文物局）

《中国南水北调工程·文物保护卷》编纂

2012年9月25日，国务院南水北调办和国家文物局文物保护司联合召开专门会议，召集南水北调一期工程中、东线相关省、直辖市文物部门负责人，议定了《中国南水北调工程·文物保护卷》工作大纲和工作时间节点，并委托中国文物信息咨询中心具体负责编撰工作的组织、协调等各项事宜。2012年10月，国家文物局印发《关于进一步做好南水北调文物保护工作的通知》（文物保函〔2012〕1925号），明确要求各相关省文物部门结合南水北调东中线一期工程文物保护工作的实际情况，按要求完成丹江口库区（2013年6月30日前）、中线干线工程（2013年底）和东线工程（2013年3月底前）文物保护工作，全面开展文物保护各项工作的总结，提炼经验，评估成果，充分彰显南水北调工程文物保护工作的积极作用和重要意义。

（国家文物局）

投资计划管理

概　述

2012年，按照国务院南水北调办工作部署，投资计划司认真贯彻落实国务院南水北调工程建设委员会第六次会议和南水北调工程建设工作会议精神，紧紧围绕国务院南水北调办党组提出的“五突出”工作部署，出实招、办实事，积极采取措施，基本完成了年度工作任务。2012年，东、中线一期工程初步设计全部得到批复，新增投资评估报告通过中国国际工程咨询公司评审；重大设计变更快速处理；投资计划下达及执行保障了工程建设高峰期投资需求。

（李　益　马永征）

投资计划管理

（一）指导思想和原则

积极落实建委会有关会议纪要精神，按照科学发展观的各项要求，保障工程建设高峰期投资需求。重点保障影响工程建设目标的关键项目的投资需求；在保障续建项目加快建设基础上，促进工程全面开工建设；根据国家批复的南水北调工程筹资方案，统筹安排中央投资、南水北调工程基金、贷款和国家重大水利工程建设基金。

（二）投资总体情况

截至2012年底，国家累计安排南水北调办负责投资计划管理的南水北调主体工程建设项目投资计划2153.6亿元，其中安排工程建设投资计划2074.2亿元，初步设计工作投资14.2亿元，文物保护工作投资10.2亿元，过渡性资金融资费用55亿元。

（三）年度投资计划安排

2012年，国家安排南水北调主体工程建设项目投资计划517亿元，按投资来源分：南水北调工程基金15亿元，银行贷款35亿元，国家重大水利工程建设基金467亿元。

（王　熙）

工程投资完成情况

（一）工程累计投资完成情况

截至2012年底，南水北调工程建设项目（含丹江口库区移民安置工程）累计完成投资2029.2亿元，占在建设计单元工程总投资2291亿元的89%，其中东、中线一期工程分别累计完成投资293.8亿元和1703.2亿元，分别占东、中线在建设计单元工程总投资的95%和88%；过渡性资金融资利息31.3亿元，其他0.9亿元。

（二）2012年工程投资完成情况

2012年，南水北调工程建设安排投资517亿元，完成投资652.9亿元。其中，东线一期工程完成投资77.2亿元，中线一期主体工程完成投资425.0亿元，丹江口库区移民安置工程132.0亿元，过渡性资金融资利息18.7亿元。

（李　益　马永征）

前期工作

（一）完成新增投资测算工作

南水北调工程新增投资测算工作是建委会第六次会议部署的重要工作，也是今后两年南水北调工程建设顺利进行的重要投资保障措施，在办领导统一部署和具体指导下，精心组织，合理测算，按建委会要求，编制完成了南水北调工程投资总规模测算（增加投资）报告，并协调国家发展改革委和中咨公司对测算报告进行评估。

（二）开展待运行期工程维护的相关工作

组织研究、编写、印发了《南水北调待运行期工程管理维护办法》及《南水北调待运行期工程管理维护方案编制导则（试行）》，指导项目法人编制待运行期工程管理维护方案，为南水北调待运行期的管理维护工作的开展奠定了基础。

（三）其他

跟踪协调中线干线防洪影响处理工程、东线二期和西线工程前期工作。

组织完成了中线总干渠全线高填方段洪水影响评价专题研究工作和丹江口大坝加高工程大坝专项安全鉴定工作。

组织开展了南水北调村道和机耕道跨渠桥梁维护补助问题的调查和研究，明确了维护补助费用的来源、标准等重要问题。

组织开展了对批复设计方案的执行情况全面检查。

（李　益　周曰农　马永征）

初步设计审批

2012年，组织完成了东线苏鲁省际工程管理设施、调度运行管理系统工程初步设计以及中线水源调度运行管理系统工程初步设计的批复。至此，南水北调东、中线一期工程初步设计全部审批，前期工作和重大技术方案不再制约工程建设。

（李　益　马永征）

初步设计审查

2012年，南水北调工程设计管理中心共完成初步设计审查1项——南水北调中线水源工程供水调度运行管理专项工程初步设计报告审查。

南水北调工程设计管理中心委托水规总院于2011年12月14～15日对《南水北调中线水源工程供水调度运行管理专项工程初步设计报告》进行了审查。2012年8月28日，以设管技〔2012〕38号文向国务院南水北调办报送了审查意见。

（李志竑　关　炜）

专题专项审查

2012年，南水北调工程设计管理中心共完成专题专项审查5项。

1. 南水北调中线一期工程丹江口水库库底清理技术要求审查

南水北调工程设计管理中心委托水规总院于2012年5月20日对《南水北调中线一期工程丹江口水库库底清理技术要求》进行了审查。5月29日，以设管技〔2012〕26号文向国务院南水北调办报送了审查意见。

2. 南水北调中线一期工程丹江口水库建设征地移民安置工程环境保护和水土保持（生态修复、水质监测、环保科研部分）初步设计报告审查

南水北调工程设计管理中心委托水规总院于2011年10月20～21日对《南水北调中线一期工程丹江口水库建设征地移民安置工程环境保护和水土保持（生态修复、水质监测、环保科研部分）初步设计报告》进行了审查。2012年6月18日，以设管技〔2012〕28号文向国务院南水北调办报送了审查意见。

3. 南水北调中线一期工程丹江口库区湖北省内安移民点高切坡防护规划设计报告审查

南水北调工程设计管理中心委托水规总院于2012年7月14～15日对《南水北调中线一期工程丹江口库区湖北省内安移民点高切坡防护规划设计报告》进行了审查。7月23日，以设管技〔2012〕35号文向国务院南水北调办报送了审查意见。

4. 南水北调东线一期工程穿黄河工程穿引黄渠埋涵方案设计专题报告审查

南水北调工程设计管理中心协调水规总院于2012年10月21日对《南水北调东线一期工程穿黄河工程穿引黄渠埋涵方案设计专题报告》进行了审查。10月29日，以设管技〔2012〕45号文向国务院南水北调办报送了审查意见。

5. 南水北调东线一期工程穿黄河工程穿引黄渠埋涵出口闸方案设计报告审查

南水北调工程设计管理中心协调水规总院于2012年11月18～19日对《南水北调东线一期工程穿黄河工程穿引黄渠埋涵出口闸方案设计报告》进行了审查。12月6日，以设管技〔2012〕52号文向国务院南水北调办报送了审查意见。

（李志竑　关　炜）

重大设计变更

采取措施加快了对重大设计变更的处置速度，减少了重大设计变更的数量，节约和避免了较大投资浪费。一是建全管理制度，严格控制变更。在全面深入调查、认真分析研究的基础上，就重大设计变更的确认、截止时限、申报审批管理、投资控制等重大问题以规章制度的形式作了进一步明确，印发了《关于切实加强南水北调工程重大设计变更管理工作的通知》。同时，完善了快速处理机制，建立了联络员制度和通气会制度。二是加强沟通，主动协调，超前处置。有针对性地组织召开设计变更座谈会，摸清和交流情况。组织开展设计变更情况现场调研，超前处置并化解了17项准备提出的重大设计变更。2012年共组织处理完成包括膨胀土、高填方、分水口门等在内的29项重大设计变更。

（王　熙）

重大设计变更审查

2012年，南水北调工程设计管理中心共完成重大设计变更审查13项。

1. 南水北调中线一期工程总干渠沙河南—羑河北弱膨胀及挖深小于15m中膨胀岩（土）渠坡处理变更报告审查

南水北调工程设计管理中心协调水规总院于2011年11月26～28日对《南水北调中线一期工程总干渠沙河南—贾鲁河南段弱及挖深小于15m中等膨胀岩（土）渠坡处理变更报告》和《南水北调中线一期工程总干渠黄河北—羑河北段弱及挖深小于15m中等膨胀岩（土）渠坡处理变更报告》进行了审查。2012年2月23日，以设管技〔2012〕11号文向国务院南水北调办报送了审查意见。

2. 南水北调中线一期工程总干渠潮河段

弱膨胀岩（土）渠坡处理变更报告审查

南水北调工程设计管理中心协调原初步设计审查单位黄河勘测规划设计有限公司于2011年12月18~19日对《南水北调中线一期工程总干渠潮河段弱膨胀岩（土）渠坡处理变更报告》进行了审查。2012年2月23日，以设管技〔2012〕12号文向国务院南水北调办报送了审查意见。

3. 南水北调中线一期工程总干渠河南段分水口门设计变更报告审查

南水北调工程设计管理中心协调水规总院于2011年11月14~15日对《南水北调中线一期工程总干渠河南段分水口门设计变更报告》进行了审查。2012年2月28日，以设管技〔2012〕14号文向国务院南水北调办报送了审查意见。

4. 南水北调中线一期工程总干渠漳河北—古运河南段过水断面边坡调整设计变更报告审查

南水北调工程设计管理中心协调水规总院于2012年2月5~6日对《南水北调中线一期工程总干渠邢石界—古运河南渠段过水断面边坡调整变更设计报告》和《南水北调中线一期工程漳河北—邢石界渠段过水断面边坡调整变更设计报告》进行了审查。3月14日，以设管技〔2012〕16号文向国务院南水北调办报送了审查意见。

5. 南水北调中线干线工程全填方渠段视频监控系统设计变更报告审查

南水北调工程设计管理中心协调水规总院于2011年12月12~13日对《南水北调中线干线工程全填方渠段视频监控系统设计变更报告》进行了审查。2012年2月8日，以设管技〔2012〕7号文向国务院南水北调办报送了审查意见。

6. 南水北调中线一期工程临城县段梁村明洞变更设计专题报告审查

南水北调工程设计管理中心协调水规总院于2012年3月9日对《南水北调中线一期工程临城县段梁村明洞变更设计专题报告》进行了审查。4月1日，以设管技〔2012〕17号文向国务院南水北调办报送了审查意见。

7. 南水北调中线一期工程总干渠石家庄段康庄、岳村桥梁变更设计报告审查

南水北调工程设计管理中心协调水规总院于2012年2月28~29日对《南水北调中线一期工程总干渠石家庄段康庄、岳村桥梁变更设计报告》进行了初审，并于4月7日对项目法人组织修改的报告进行了复审。5月22日，以设管技〔2012〕25号文向国务院南水北调办报送了审查意见。

8. 南水北调中线一期工程总干渠陶岔—鲁山段开挖深度小于15m的中膨胀土及部分弱膨胀土渠段边坡加固与膨胀土表层保护材料设计变更报告审查

南水北调工程设计管理中心协调水规总院于2012年5月31日~6月1日对《南水北调中线一期工程总干渠陶岔—鲁山段开挖深度小于15m的中膨胀土及部分弱膨胀土渠段边坡加固设计变更报告》和《南水北调中线一期工程总干渠陶岔—鲁山段膨胀土表层保护材料变更报告》进行了审查。7月4日，以设管技〔2012〕30号文向国务院南水北调办报送了审查意见。

9. 南水北调中线干线工程自动化调度与运行管理决策支持系统优化设计报告审查

南水北调工程设计管理中心协调水规总院于2012年7月5~7日对《南水北调中线干线工程自动化调度与运行管理决策支持系统优化设计报告》和《南水北调中线干线工程自动化调度与运行管理决策支持系统优化设计报告补充材料》进行了审查。8月2日，以设管技〔2012〕36号文向国务院南水北调办报送了审查意见。

10. 南水北调东线一期梁济运河湖口—对口闸段工程结合防洪排涝和城市建设生态景观工程设计变更技术方案审查

南水北调工程设计管理中心协调水规总院于2012年1月16日对《南水北调东线一期梁济运河湖口—对口闸(0+000)~(8+000)段工程与济宁地方水生态景观建设工程结合实施设计变更技术方案》进行了审查。3月2日，以设管技〔2012〕15号文向国务院南水北调办报送了审查意见。

11. 南水北调东线一期鲁北段小运河输水工程流沙段边坡护砌工程设计变更报告审查

南水北调工程设计管理中心协调水规总院于2012年1月16日对《南水北调东线一期工程鲁北段小运河输水工程设计桩号(0+000)~(25+327)渠段边坡护砌工程设计变更报告》进行了预审，并于2月24日对项目法人组织修改后的设计变更报告进行了复审。4月16日，以设管技〔2012〕20号文向国务院南水北调办报送了审查意见。

12. 南水北调东线第一期邳州站工程水泵装置设计变更报告审查

南水北调工程设计管理中心协调水规总院于2012年3月25日对《南水北调东线第一期邳州站工程水泵装置设计变更报告》进行了审查。4月28日，以设管技〔2012〕23号文向国务院南水北调办报送了审查意见。

13. 南水北调东线一期工程山东段三座平原水库新增库内水质监测站设计变更报告审查

南水北调工程设计管理中心协调水规总院于2012年3月5日对《南水北调东线一期工程济南—引黄济青段东湖水库工程增设库内监测站设计变更报告》、《南水北调东线一期工程济南—引黄济青段双王城水库工程增设库内监测站设计变更报告》和《南水北调东线一期工程鲁北段大屯水库工程增设库内监测站设计变更报告》进行了审查。4月16日，以设管技〔2012〕19号文向国务院南水北调办报送了审查意见。

（李志竑　关　炜）

概算评审

2012年，共完成初步设计概算评审6项，具体项目如下（按照评审时间）：

1. 南水北调东线一期苏鲁省际工程管理设施专项初步设计概算评审

南水北调工程设计管理中心组织有关专家于2012年1月4~6日对中水淮河规划设计研究有限公司编制的南水北调东线一期苏鲁省际工程管理设施专项初步设计概算进行了评审。1月9日，以设管技〔2012〕1号向国务院南水北调办报送了评审意见。

2. 南水北调东线一期苏鲁省际工程调度运行管理系统初步设计概算评审

南水北调工程设计管理中心组织有关专家于2012年1月4~6日对中水淮河规划设计研究有限公司、安徽电信规划设计有限责任公司联合编制的南水北调东线一期苏鲁省际工程调度运行管理系统初步设计概算进行了评审。1月9日，以设管技〔2012〕2号文向国务院南水北调办报送了评审意见。

3. 南水北调中线一期工程总干渠安阳段调减末端60m渠道设计变更概算评审

南水北调工程设计管理中心组织有关专家于2012年5月23日对南水北调中线干线工程建设管理局报送的南水北调中线一期工程总干渠安阳段调减末端60m渠道设计变更概算进行了评审。6月8日，以设管技〔2012〕27号文向国务院南水北调办报送了评审意见。

4. 南水北调中线一期工程丹江口水库建设征地移民安置环境保护和水土保持（生态修复、水质监测、环境科研部分）初步设计概算评审

南水北调工程设计管理中心组织有关专家于2012年6月26日~7月30日对南水北调中线水源有限责任公司报送、由长江水资源保护科学研究所和长江勘测规划设计研究有限责任公司共同编制的《南水北调中线一

期工程丹江口水库建设征地移民安置环境保护和水土保持（生态修复、水质监测、环境科研部分）初步设计报告》进行了概算评审。2012 年 8 月 13 日，以设管技〔2012〕37 号文向国务院南水北调办报送了评审意见。

5. 南水北调中线水源工程供水调度运行管理专项工程初步设计概算评审

南水北调工程设计管理中心组织有关专家于 2012 年 8 月 23 ~ 24 日对南水北调中线水源有限责任公司报送、由长江勘测规划设计研究有限责任公司编制完成《南水北调中线水源工程供水调度运行管理专项工程初步设计报告》概算进行了评审。8 月 28 日，以设管技〔2012〕38 号文向国务院南水北调办报送了评审意见。

根据国务院南水北调办主任办公会议精神，9 月 16 ~ 17 日，南水北调工程设计管理中心组织有关专家、中线水源公司、长江委设计院及湖北电信设计院在之前已上报的初步设计审查意见和概算评审意见的基础上，按照进一步完善分期批复的思路及目前水源公司的实际情况，对中线水源工程供水调度运行管理专项工程初步设计报告及概算进行了进一步复核。10 月 15 日，以设管技〔2012〕43 号文向国务院南水北调办报送了概算评审复核意见。

6. 南水北调东线一期省际工程管理局管理设施管理用房及室外工程初步设计投资分析报告概算评审

南水北调工程设计管理中心组织有关专家于 2012 年 12 月 24 ~ 26 日对水利部淮河水利委员会沂沭泗水利管理局报送、由中水淮河规划设计研究有限公司编制的《南水北调东线一期省际工程管理局管理设施管理用房及室外工程初步设计投资分析报告》概算进行了评审。经多次协调有关单位及相关问题后，2013 年 3 月 22 日，以设管技〔2013〕22 号文向国务院南水北调办报送了评审意见。

（阎红梅）

制 度 建 设

印发了《南水北调待运行期工程管理维护办法》及《南水北调待运行期工程管理维护方案编制导则（试行）》，联合国家发展改革委、财政部、交通运输部印发了《关于南水北调工程村道和机耕道跨渠桥梁维护费补助有关意见的函》，印发了《关于切实加强南水北调工程重大设计变更管理工作的通知》。

（刘　军　马永征）

资金筹措与管理使用

概　述

2012 年，围绕南水北调工程建设目标，工程建设资金筹措及使用管理工作取得明显成效。国家重大水利工程建设基金征收稳定增长，南水北调工程过渡性资金融资工作有序开展，南水北调工程基金征缴取得重要进展，有力地保障了工程建设资金需要；资金使用管理进一步规范，资金监管持续强化，规章制度更加健全，资金使用效率显著提高，资金安全得到切实保障，得到了审计署的充分肯定；完工财务决算工作稳步推进；预决算管理和会计基础工作切实加强；财务人员业务培训力度不断加大，队伍素质进一步增强；经济政策研究成效显著。

（周　波）

资 金 筹 措

资金筹措与供应是确保工程建设目标如期实现的重要条件。截至2012年底，南水北调东、中线一期主体工程累计到账资金1724.12亿元，其中：中央预算内资金（含国债专项）365.00亿元（含用于东线山东、江苏两省截污导流工程及中线一期汉江中下游治理环境保护专项工程的投资共11.15亿元）、南水北调工程基金137.98亿元（含财政部直接拨付山东、江苏两省用于截污导流工程建设的4.58亿元，以及江苏、山东两省分别直接投入南水北调主体工程建设的资金3.91亿元）、国家重大水利工程建设基金（以下简称重大水利基金）405.32亿元（不含南水北调工程过渡性融资贷款利息、印花税及其他相关费用支出）、过渡性资金430.10亿元、银团贷款384.62亿元、中央财政贴息1.10亿元。

（一）南水北调工程基金政策落实情况

2012年，国务院相关部门进一步加大了对各省市南水北调工程基金的督缴工作力度，采用现场专项督缴和电话督缴等方式进行催缴，并在2012年审计署审计过程中对基金欠缴数量较大的河北、河南进行了重点督缴。截至2012年底，北京、江苏、山东相继完成了2012年1月底前累计应上缴的基金任务。六省市全年共上缴中央国库的南水北调工程基金为22.87亿元，其中：北京3.40亿元、天津5.63亿元、河北2.06亿元、河南5.68亿元、江苏1.60亿元、山东4.50亿元。

截至2012年底，六省市累计上缴中央国库的南水北调工程基金为140.75亿元，占应筹集基金总额的63.98%，其中：北京50.90亿元、天津32.67亿元、河北8.84亿元、河南18.54亿元、江苏10.38亿元、山东19.42亿元。此外，江苏、山东两省分别直接投入南水北调主体工程建设资金3.91亿元（其中：江苏0.03亿元、山东3.88亿元，可抵其基金筹集额度），六省市累计完成基金任务144.66亿元，占应筹集基金总额度的65.75%。

2012年，财政部拨付南水北调工程基金16.50亿元，其中：东线江苏水源工程1.60亿元（含直接拨付江苏省用于截污导流工程建设的1.48亿元，下同）、东线山东干线工程4.50亿元、中线干线工程10.40亿元。截至2012年底，财政部累计拨付南水北调工程基金134.07亿元，其中：东线江苏水源工程10.37亿元、东线山东干线工程19.35亿元、中线干线工程104.35亿元。

（二）重大水利基金政策落实情况

2012年，北京、天津、河北、河南、山东、江苏、上海、浙江、安徽、江西、湖北、湖南、广东、重庆等14个南水北调和三峡工程直接受益省份（以下简称14个省份）征收的重大水利基金上缴中央国库，并按75:25分配比例可安排用于南水北调工程建设的重大水利基金为176.16亿元（含增值税返还资金24.44亿元），同比增长6.32%，基金征缴实现稳定增长。截至2012年底，14个省份累计上缴中央国库，并按现有75:25分配比例可安排用于南水北调工程建设的重大水利基金为479.17亿元。

2012年，财政部拨付重大水利基金173.65亿元，其中：直接用于南水北调工程建设155.00亿元（包括东线江苏水源工程6.50亿元、东线山东干线工程7.00亿元、中线水源工程25.00亿元、中线干线工程110.00亿元、汉江中下游工程6.50亿元），用于偿付南水北调工程过渡性融资贷款利息、印花税及其他相关费用支出18.65亿元。

截至2012年底，财政部累计拨付重大水利基金436.63亿元，其中：直接用于南水北调工程建设405.32亿元，用于偿付南水北调工程过渡性融资贷款利息、印花税及其他相关费用支出31.31亿元。

（三）南水北调工程过渡性资金融资工作情况

2012年，国务院南水北调办根据宏观经济走势，特别是金融政策变动趋势，采取一系列措施，稳步推进南水北调工程过渡性资金融资工作。同时通过有效沟通，取得了中国人民银行的大力支持，并加强与各金融机构的协调，按已签订合同及时足额拨付过渡性资金，切实保障了南水北调工程建设用款需要。

2012年，为做好资金供应的衔接工作，国务院南水北调办适时启动了与太平资产管理有限公司过渡性资金第三期融资合同的第二批融资150亿元，同时继续与中国银行等金融机构开展过渡性资金融资谈判工作。截至2012年底，累计签订的南水北调工程过渡性资金借款合同金额为1000亿元。

2012年，根据工程建设进度及资金需要，国务院南水北调办提用并向相关项目法人拨付过渡性资金总额为183.10亿元，其中：江苏水源公司10.40亿元、山东干线公司15.00亿元、安徽省南水北调项目办0.60亿元、淮委沂沭泗管理局0.20亿元、中线水源公司27.30亿元、中线建管局118.10亿元、湖北省南水北调管理局11.50亿元。

截至2012年底，国务院南水北调办累计提用并向相关项目法人拨付过渡性资金430.10亿元，其中：江苏水源公司16.30亿元、山东干线公司19.65亿元、淮委建设局3.00亿元、安徽省南水北调项目办1.50亿元、淮委沂沭泗管理局0.20亿元、中线水源公司161.65亿元、中线建管局216.30亿元、湖北省南水北调管理局11.50亿元。

（四）银团贷款实施情况

2012年，南水北调东、中线一期主体工程银团贷款继续在工程建设中发挥重要作用，保障了工程建设资金需求。截至2012年底，各项目法人累计提取银团贷款384.62亿元，其中：江苏水源公司10.00亿元、山东干线公司30.61亿元、中线水源公司67.84亿元、中线建管局276.17亿元。

（五）南水北调工程贷款继续得到中央财政贴息支持

2012年3月20日，财政部印发了《基本建设贷款中央财政贴息资金管理办法》（财建〔2012〕95号），明确2012年的贴息周期为2011年6月21日~2012年3月20日，2013年的贴息周期为2012年3月21日~2012年12月20日，2014年及以后年度的贴息周期均为前年12月21日~上年12月20日。贴息申报材料应于贴息周期结束后1个月内报送财政部审批。

2012年3月26日，国务院南水北调办印发了《关于转发财政部〈基本建设贷款中央财政贴息资金管理办法〉的通知》（国调办经财〔2012〕60号），要求各项目法人按有关规定，切实办理好中央财政贴息申请事项，于当年贴息周期结束后20天内将贴息申报材料上报国务院南水北调办，即2012年的申报截止日期为2012年4月10日，2013年及以后年度均为当年的1月10日。

2012年9月4日，财政部印发了《财政部关于下达2012年基本建设贷款中央财政贴息预算（拨款）的通知》（财建〔2012〕673号），2012年对南水北调工程贷款贴息2595万元，其中：中线一期干线（主体）工程—穿黄工程2025万元；东线一期水源（主体）工程—刘老涧二站工程114万元、泗洪站工程228万元、泗阳站工程137万元、皂河二站工程91万元。2012年南水北调工程获得的中央财政贴息总额比2011年增长95万元，比2006年增长了7倍多，累计获得中央财政贴息资金总额10 965万元，中央财政贴息对南水北调工程的支持力度进一步加大。

（周　波）

资金使用管理

（一）资金到位及使用情况

2012年，财政部下达南水北调工程建设资金支出预算1 996 100万元，其中：南水北调工程基金150 200万元，重大水利基金1 845 900万元。国务院南水北调办根据预算和年度计划分解到办机关、各项目法人和建设管理单位，其中：国务院南水北调办机关295 900万元、江苏水源公司66 200万元、山东干线公司115 000万元、中线水源公司250 000万元、中线建管局1 204 000万元、湖北省南水北调管理局65 000万元。

截至2012年底，南水北调东、中线一期工程建设累计完成基建支出16 617 618.67万元，其中：东线一期工程江苏境内累计完成基建支出671 119.28万元，东线一期工程山东境内累计完成基建支出1 443 103.88万元，南水北调东线一期洪泽湖抬高蓄水位影响处理工程累计完成基建支出23 000万元，东线一期苏鲁省际管理和运行项目工程累计完成基建支出542.27万元，中线水源一期工程累计完成基建支出4 286 688.38万元，中线干线一期工程累计完成基建支出9 579 139.32万元，汉江中下游治理工程累计完成基建支出543 945.91万元，中线一期陶岔渠首枢纽工程61 439.08万元，直属事业单位累计完成初设前期工作基建支出8640.55万元。

（二）决算和预算工作

1. 2011年度决算工作

按照年底决算工作安排，国务院南水北调办认真组织办机关、直属事业单位、各项目法人、各省级征地移民机构做好决算各项工作。根据财政部编制2011年度部门决算报表、固定资产投资决算报表、征地移民资金决算报表、住房改革支出决算报表、外汇限额预算决算报表的要求，国务院南水北调办对2011年度预算执行情况进行了系统分析，提出了完善预算管理和资金管理的建议，在此基础上汇总编制了2011年部门决算报表、固定资产投资决算报表、中央行政事业单位住房改革支出决算报表和外汇限额预算决算报表，并于2012年3月报送财政部。在财政部对中央各部门2011年部门决算工作进行的考核评比中，国务院南水北调办部门决算工作荣获二等奖；在财政部对中央各部门2011年度固定资产投资决算报表编报工作进行的综合考评中，国务院南水北调办荣获编报工作先进单位。工会2011年度财务工作获得中央国家机关工会联合会财务工作优秀奖表彰。

按照国务院机关事务管理局《关于编报2011年度中央行政事业单位国有资产决算报告的通知》（国管资〔2012〕251号）的要求，国务院南水北调办组织办机关和直属事业单位对2011年12月31日前所占用的国有资产进行了全面清查，在此基础上填报了2011年度国有资产年度决算报表。

根据财政部关于项目预算绩效考评的要求，国务院南水北调办组织直属事业单位对2011年纳入绩效考评试点的中国南水北调工程建设年鉴编印、专家委员会工作经费、南水北调工程初步设计工作阶段评价等3个项目开展了绩效考评工作。

2. 2012年度预算工作

2012年3月底，财政部正式下达国务院南水北调办部门预算，根据财政部下达的2012年部门预算和基本建设资金预算，国务院南水北调办按照预算法的规定，将2012年预算分解下达到各预算执行单位，并要求各单位严格按照预算批复的范围和标准控制支出。

为加快预算执行进度，落实财政部预算执行管理的要求，国务院南水北调办继续积极采取措施，加大财政资金支付力度。一是坚持预算执行进度通报机制和监督制度，按月召开预算执行情况通报会。二是推行预算执行单位主要领导负责制，强化责任。三是以文件形式要求各预算执行单位填报预算执行进度的目标，并进行考核。四是实施预算进度约谈制度，约谈项目进展缓慢单位负责人，研究措施，落实项目实施进度计划。五是严禁各单位在项目中列支与该项目无关的任何费用，严格执行项目预算。

2012 年 8 月，根据财政部的统一要求，国务院南水北调办组织完成 2013 年部门预算（一上）编制和上报工作。2012 年 12 月，国务院南水北调办按照财政部深化预算改革的要求，对财政部下达的 2013 年部门预算“一下”控制数进行细化，将基本支出预算细化到基层预算单位，项目支出预算细化到具体执行单位，在此基础上汇总编制了 2013 年中央部门预算（二上）并报财政部。

根据财政部关于部门预决算公开的要求，2012 年 4 月，国务院南水北调办对 2012 年部门预算进行了公开；2012 年 7 月，对 2011 年部门决算、“三公”经费决算和 2012 年“三公”经费预算进行了公开。

（三）财会人员业务培训

2012 年 9 月，为做好南水北调工程供水价格政策研究工作，提高各项目法人和有关省市南水北调办相关人员的业务水平，国务院南水北调办举办南水北调工程供水成本核算业务培训班，邀请水价制定、成本监审方面的专家，就南水北调工程供水成本核算、成本监审制度和价格政策，以及南水北调工程供水价格相关政策进行了讲解。

2012 年 12 月，国务院南水北调办组织了南水北调系统 2012 年度会计决算培训班，向各南水北调办事机构和移民机构、各项目法人、各直属事业单位的财务人员布置决算工作并系统讲解 2012 年度决算报表软件操作方法和决算编制要求。

（四）资金管理制度建设

2012 年 1 月 13 日，为做好完财务决算编制和投资控制奖惩考核工作，国务院南水北调办印发了《关于南水北调设计单元工程完工财务决算编报和投资控制奖惩考核问题的补充通知》（国调办经财〔2012〕14 号）。

2012 年 6 月 21 日，为规范政府采购行为，国务院南水北调办印发了《转发财政部关于加强中央预算单位政府采购管理有关事项的通知》（综经财〔2012〕64 号）。

2012 年 9 月 20 日，为加强出差和会议定点管理工作，国务院南水北调办印发了《关于进一步加强出差和会议定点管理工作的通知》（综经财〔2012〕98 号）。

（史晓立　周　波）

资　金　监　管

加强资金监管是保障资金使用安全的重要举措。随着工程建设进入“高峰期”，全系统一方面完善资金监管体系，充分发挥内部审计和外部审计相结合、年度审计和专项审计相结合、审计监督和稽察监督相结合的资金监管体系的作用，另一方面进一步加大各层次的监管力度。

（一）配合审计署审计

依据国务院南水北调工程建设委员会第六次全体会议要求和经国务院批准的审计工作方案，2012 年 4 ~ 6 月，审计署对南水北调工程进行了全面审计。

2012 年 4 月 10 日，审计署召开审计动员视频会议，会后由审计署机关及各审计特派办组成的审计组陆续进驻南水北调系统各单位开展审计。国务院南水北调办党组高度重视，机关各司、直属事业单位、各项目法人和相关省市有关部门密切配合，为顺利完成这次审计任务创造良好条件，保障了审计工作的顺利开展并按期完成了任务。

2012 年 7 月 6 日，审计署向国务院报送了审计报告，提出了审计及审核结果、需要关注的问题以及审计建议。审计报告从资金管理、工程建设管理、治污环保、征迁移民等四方面给予了客观评价，同时也指出了工程建设管理中存在的问题。审计结果总体较好，未发现重大违纪问题。7月9日、10日，国务院副总理李克强、回良玉分别作出批示。根据国务院领导对审计署上报的审计报告的批示，国务院南水北调办立即布置整改工作，于7月27日向审计署报送了审计整改情况。

为进一步落实审计整改意见，国务院南水北调办于2012年9月在山东省召开落实审计整改意见会议，布置整改工作。2012年11月下旬，国务院南水北调办组织5个检查组对南水北调工程各建设管理单位和征地移民机构落实审计署及国务院南水北调办内部审计整改要求的情况进行了检查，根据检查结果，2012年12月21日国务院南水北调办向审计署报送了审计整改落实情况。

（二）开展内部审计工作

2012年初，国务院南水北调办委托会计师事务所对江苏水源公司、山东干线公司、中线水源公司、中线建管局、湖北省南水北调管理局、淮委建设局、安徽省南水北调项目办2011年度工程建设资金使用和管理情况，以及北京、天津、河北、河南、江苏、山东、湖北、安徽等8个省（直辖市）境内2011年度征地移民资金使用情况进行审计。对审计提出问题，国务院南水北调办于7月向有关被审计单位下达整改意见，督促整改。各被审计单位根据审计整改意见书的要求进行了整改，并向国务院南水北调办报告了整改情况。

（史晓立）

完工项目财务决算

南水北调工程2002年开工建设，部分设计单元工程陆续完工，依据《南水北调工程竣（完）工财务决算编制规定》，南水北调工程项目法人已累计编报了26个设计单元工程完工财务决算报告。国务院南水北调办委托会计师事务所对各单位报送的设计单元工程完工财务决算报告进行审计，已核准8个设计单元工程的完工财务决算。

（一）完工项目财务决算审计

2012年，国务院南水北调办委托会计师事务所对南水北调东线一期蔺家坝站工程、骆马湖水资源控制工程、台儿庄泵站工程、潘庄引河闸工程、万年闸泵站工程、江都站改造工程、刘老涧二站工程和南水北调中线一期古运河枢纽工程、滹沱河倒虹吸工程、西四环暗涵工程、穿五棵松地铁工程、北京段铁路交叉工程、南水北调中线干线工程调度中心土建项目完工财务决算进行审计。

2012年，国务院南水北调办依据会计师事务审计结果，核准了南水北调东线一期淮阴三站工程、淮安四站工程、淮安四站输水河道工程、三阳河潼河宝应站工程的完工财务决算。

（二）投资控制奖惩工作

2012年6月，国务院南水北调办根据完工财务决算核准情况和《南水北调工程投资控制奖惩办法》（财建〔2012〕1113号）及国务院南水北调工程设计管理中心对南水北调东线一期东平湖—济南段输水工程（以下简称“济平干渠工程”）建设实施阶段投资控制的考评情况，批复了济平干渠工程投资节余奖励。

（史晓立）

南水北调工程经济政策研究

2012年，为进一步促进南水北调工程建设顺利开展和保障工程建成后的良性运行，国务院有关部门对南水北调工程经济相关问题开展了深入研究，着力解决工程建设中面临的实际问题，对指导南水北调系统经济财务工作发挥了重要作用。

（一）开展南水北调工程供水价格政策研究

2012年，按照国务院南水北调工程建设

委员会第六次全体会议要求，为合理制定南水北调工程通水后运行初期的供水价格政策，国家发展改革委会同财政部、水利部、国务院南水北调办等部门在已有研究成果的基础上，对工程供水价格定价方式和具体价格水平做了认真研究测算，水价政策研究工作大幅推进。

2012年7月，国家发展改革委价格司研究起草了《南水北调东线、中线一期主体工程运行初期供水价格政策初步安排意见》（征求意见稿），向财政部、水利部、国务院南水北调办相关业务司局，南水北调工程受水区北京、天津、河北、河南、江苏、山东等6省市物价、水行政主管部门和南水北调办事机构，南水北调东、中线一期工程水源、干线4个项目法人以及部分专家征求意见。

2012年9月，为进一步推动南水北调工程供水价格制定工作，国家发展改革委、财政部、水利部、国务院南水北调办在山东青岛组织召开南水北调工程供水价格座谈会。会议主要听取了各地区、部门单位对南水北调东、中线一期工程运行初期供水价格政策的有关意见，并就下一步水价工作做出具体部署，决定2012年重点研究东线工程水价政策，2013年研究中线工程水价政策。南水北调工程受水区北京、天津、河北、河南、江苏、山东等6省市物价、水行政主管部门和南水北调办事机构，以及南水北调东、中线一期工程水源、干线4个项目法人等单位的代表参加了会议。

2012年12月，国家发展改革委办公厅印发了《南水北调东线一期主体工程运行初期供水价格政策安排意见（征求意见稿）》（发改办价格〔2012〕3427号），分别征求财政部、水利部、国务院南水北调办以及江苏、山东两省人民政府意见。待汇总反馈意见并对政策意见进行修改完善后，将正式上报国务院。

（二）结合初步设计阶段投资总规模测算开展利息支出测算

根据建委会第六次全体会议要求，审计署对南水北调东、中线一期工程初设阶段新增投资规模进行了审核。在审计署审计意见的基础上，国务院南水北调办编制并向国家发展改革委报送了《南水北调东、中线一期工程投资总规模测算报告》（以下简称《测算报告》）。在审计署审计期间及《测算报告》编制过程中，在测算的静态投资、价差、重大设计变更等数据的基础上，按照不同的边界条件，对建设期利息总支出进行了多次测算，为科学测算工程总投资及筹资方案提供了依据。

此外，针对宏观金融形势变化和利率市场变动情况，为及时掌握贷款利息支出对投资控制的影响，结合2013年重大水利基金预算编制，国务院南水北调办先后多次测算了建设期利息总支出动态情况，为控制利息支出提供了依据。

（三）开展资金管理专题调研

为确保工程建设资金供应，特别是满足工程建设一线的资金需求，保障资金安全和提高资金使用效益，国务院南水北调办于2012年初组织人员对工程建设和征地移民资金供应情况进行了专题调研，针对2011年以来工程现场资金供应和支付过程中存在的问题，研究提出了加强资金供应管理的相关措施。

（四）开展完善中线水源区生态补偿机制研究

按照国务院南水北调工程建设委员会第六次全体会议关于“进一步完善国家生态功能区转移支付办法、加大对水源保护任务较重地区的支持力度”的要求，国务院南水北调办会同财政部、环保部开展了完善中线水源区生态补偿机制研究，听取中线水源区河南、湖北、陕西三省有关部门，相关市、县人民政府以及有关专家的意见，提出了完善南水北调中线水源区转移支付办法的建议。

此外，国务院南水北调办会同国务院有关部门就设立中线水源保护基金的可行性进行了研究。

2012年6月，财政部印发《2012年中央对地方国家重点生态功能区转移支付办法》，采纳了完善南水北调中线水源区转移支付办法的有关建议。根据办法规定，财政部2012年下达水源区三省转移支付资金达到40亿元，较2011年33.8亿元增加18.3%，水源区生态补偿力度进一步加大。

（五）开展建设期满后南水北调工程基金征缴政策研究

按照国务院办公厅印发的《南水北调工程基金筹集和使用管理办法》的规定，“工程建设期满后的基金征收期限和偿还贷款本息所需基金规模，由国务院南水北调办会同6省市人民政府在主体工程建成时提出意见”，国务院南水北调办着手开展工程建设期满后的南水北调工程基金征缴政策研究，并分别征求了北京、天津、河北、江苏、山东、河南等6省市人民政府的意见。截至2012年底，各省市已陆续反馈了意见。

（周　波）

存在的问题

尽管南水北调工程建设资金筹措及使用管理工作成效显著，但也面临复杂而艰难的形势，特别是在当前工程建设的“高峰期”和“关键期”，仍存在一些需要破解的难题：一是2013～2014年资金使用量仍将保持较高水平，保障工程建设资金供应压力较大，特别是在金融市场形势面临较大不确定性的情况下，任务更加艰巨；二是工程建设后期，需处理的特殊问题增加，资金监管面临更大压力；三是临近工程完工，完工财务决算编制审核工作量极大且过程复杂，各设计单元工程都有一些特殊的遗留问题需要专门研究处理；四是东、中线水价核定任务繁重且急迫，经济政策研究需进一步加强；五是队伍建设尚需不断加强，在工程建设高峰期，尤其应着力保持干部队伍长期稳定，不断提高从业人员素质。

（周　波）

建设与管理

概　述

2012年是南水北调工程建设高峰年、关键年。在党中央、国务院的关怀下，在建委会和国务院南水北调办党组的正确领导下，南水北调工程建设取得重大突破。围绕办党组提出的“突出重点推进度”整体部署，国务院南水北调办印发了“突出重点推进度”工作意见，研究建立和实施了风险项目挂牌督导、关键事项督办、重点项目半月会商、铁路交叉工程部办联席会议等新机制，严格进度计划月度考核和季度协调，工程建设进度取得新突破。安全生产、技术、验收、运行、招标投标等建设管理其他业务工作按计划有序推进。

（井书光　罗　刚　张　晶）

工程建设项目进展

截至2012年底，南水北调工程已开工建设设计单元工程151项，其中63项已基本建成。东、中线主体工程全面开工，工程建设不断提速，完工项目持续发挥效益。

2012年，南水北调工程完成施工投资278.5亿元，是开工建设以来完成施工投资最多的一年。截至2012年底，南水北调东、中线一期工程在建项目投资总规模达2232.7亿元，完成投资2029.2亿元，占在建项目总投资的90%；工程项目累计完成土石方148 926万m^3，占在建项目土石方总量的97%；工程项目累计完成混凝土浇筑3380万m^3，占在建项目混凝土总量的91%。

（马　黔　张俊胜）

工程进度管理

2012年，国务院南水北调办围绕“突出重点推进度”整体部署，研究提出了“突出重点推进度”工作意见，建立和实施了风险项目挂牌督导、关键事项督办、重点项目半月会商、铁路交叉工程部办联席会议等新机制，制定奖惩办法并严格落实，工程建设进度取得突破。组织召开南水北调工程建设进度第五、六、七次协调会，及时协调解决影响工程建设进度的问题。严格按照工程建设程序审批项目开工。建立建设环境维护和专项设施迁建快速处置机制和阻工事件快报制度，快速处理现场问题。深入一线加强现场调研协调，及时解决2批风险项目和25个重点项目的工程建设难题。为加快南水北调工程建设进度，确保实现工程建设目标，制定并印发了《2012年度南水北调工程建设进度目标考核实施办法》。抓好中线跨渠桥梁、铁路交叉工程建设协调和膨胀土渠段施工技术指导等重要专项工作，推动加快工程建设。

（马　黔　张俊胜）

工程技术管理

2012年，国务院南水北调办通过加强工程技术管理工作，确保南水北调工程建设质量、进度和安全。3月，为加快南水北调中线膨胀土、高填方渠段施工进度，组织项目法人、建管、设计、监理和施工单位等主要技术负责人，开展了膨胀土施工相关技术交流和培训，进一步提高参建人员技术水平和对有关技术标准、规定的执行能力。3月、6月、10月先后三次组织有关专家赴工程一线开展膨胀土、高填方施工技术协调和技术研讨，及时梳理和解决施工中的技术问题，指导项目法人工作开展。6月，组织出版了《南水北调技术丛书》PCCP管道工程和泵站工程两卷。10月，组织研究提出天津干线箱涵伸缩缝水密性检验技术方案。12月，组织审查《南水北调泵站工程自动化系统技术规程》。

（井书光　罗　刚　邵　勇）

安全生产

2012年，南水北调工程安全生产工作紧密把握南水北调工程正处于高峰期、关键期的深刻内涵，认真贯彻落实国务院关于开展“安全生产年”等活动的一系列安排部署，以强化监管、落实责任为重点，进一步加大安全生产监督管理和检查力度，工程安全生产形势总体平稳，有力保障了工程建设的顺利进行。

组织召开了南水北调办安全生产领导小组第11次全体会议和南水北调工程建设安全生产工作会议，全面部署2012年安全生产工作。组织开展了安全生产目标考核和安全生产先进评选表彰工作。印发《关于进一步加强安全生产工作的通知》，对安全生产工作提出了详细、具体要求，督促各单位做好安全生产工作。组织召开防汛工作会议，安排部署做好防汛工作。认真贯彻《国务院办公厅关于继续深入开展“安全生产年”活动的通知》精神，深入开展了“安全生产年”活动。组织开展了预防坍塌事故专项整治活动。及时制定印发了《南水北调集中开展安全生产领域“打非治违”专项行动工作方案》，组织开展了打非治违专项行动。进一步规范了重大危险源的管理，推进了重大危险源建档、备案等基础工作。组织指导各项目法人做好在建工程2012年度安全度汛工作。汛前，组织召开了防汛工作会议，印发文件，对2012年安全度汛工作及时进行安排部署；汛期，组织开展了东、中线防汛检查。及时部署和督促各有关单位做好节假日和极端天气条件下的安全生产工作。加强文明施工管理，开展文明工地创建工作。

（马　黔　白咸勇）

科技工作

2012年，国务院南水北调办以“十二五”国家科技支撑计划“南水北调中线工程膨胀土和高填方渠道建设关键技术研究与示范”项目为重点，指导课题承担单位开展技术攻关，督促指导项目法人和研究单位结合工程建设实际，加快研究步伐，及时转化研究成果，加强科研攻关，为工程建设提供技术支撑。严格执行项目预算，并会同科技部对课题执行情况进行检查。开展以南四湖为核心的南水北调东线省际工程运行调度研究，提出东线工程通水后省际工程的水资源调度方案。

组织“十二五”国家科技支撑计划“南水北调工程建设与运行关键技术研究”项目的立项，积极与科技部沟通协商项目启动有关事宜。2012年10月，会同科技部有关人员现场考察科研工作开展情况。2012年11月，组织召开《项目可行性报告》评审会，听取专家意见并修改完善。

（井书光　罗　刚　邵　勇）

验收管理

2012年，国务院南水北调办编制印发了南水北调设计单元工程完工验收工作计划和南水北调东线一期工程通水验收工作计划、东线通水验收导则。筹备成立了国务院南水北调办南水北调东、中线一期工程通水验收工作领导小组，组建成立了验收专家组。组织完成了淮安四站、穿黄工程、苏鲁省际等工程的完工、技术性验收。组织开展了东线通水验收调研，召开了南水北调中线一期工程验收工作座谈会，及时梳理分析和总结验收工作情况，提出加快推进验收的具体措施。督促指导苏鲁两省南水北调办和项目法人成立验收机构。协调各有关单位就专项验收与各设计单元工程通水验收的关系提出意见。建立验收信息报送制度，及时整理汇总验收工作情况，印发验收信息简报，规范验收信息报送工作。

（马　黔　白咸勇）

运行管理

2012年，国务院南水北调办组织开展了京石段工程第四次通水有关工作。组织东、中线项目法人和项目管理单位的技术管理人员和业务骨干，开展渠道运行管理规程和泵站运行管理规程培训，组织制定并印发了《关于加强南水北调工程运行管理队伍培训工作的指导意见》。组织编制出台了《南水北调工程渠道运行管理规程》、《南水北调泵站工程管理规程（试行）》。为规范和加强南水北调待运行期工程管理维护考核工作，组织制定并印发了《南水北调待运行期工程管理维护考核办法（试行）》。

（井书光　白咸勇　罗　刚　张　晶）

东线运行机构筹备

2012年，国务院南水北调办根据建委会第六次全体会议纪要（国阅〔2012〕27号）有关“请南水北调办会同有关部门及地方政府在今年年底前组建运行管理机构，制定运行管理办法”的要求和国务院领导同志在审计署重要信息要目第55号《南水北调东线一期工程运营管理中需要明确和规范的几个问题》、国务院办公厅秘书局专报信息（650）期《发展改革委反映南水北调工程水价测算中发现的问题及建议》上的有关批示精神，按照国务院南水北调办党组的统一部署，相继组织开展了东线管理体制和运行机制研究，经国务院南水北调办主任办公会议批准成立了东线工程运行管理机构筹备组，提出了机构组建方案，编制了工程运行管理办法，在反复征求各有关方面意见的基础上，向国务院呈报《关于南水北调东线一期工程运行管理机构组建方案的请示》（国调办建管〔2012〕272号）审批。

（胡周汉　李　波）

招标投标管理

2012年，国务院南水北调办落实最高人民检察院和国务院南水北调办关于在南水北调工程建设中共同做好专项惩治预防职务犯罪工作的有关要求，研究制定和印发了《在南水北调工程招标投标活动中开展行贿犯罪档案查询工作的意见》，规范招标投标行为。部署在南水北调系统开展贯彻落实《招标投标法实施条例》有关工作，加强条例学习培训，清理与条例不相符的办法、规定。组织开展国务院南水北调办关于招标投标有关文件的修订工作，印发了《关于修订南水北调工程招标投标相关文件部分条款的通知》。及时完成招标投标日常管理和专家库运行维护工作，核准和批复项目法人报送的工程分标方案，核准发布招标公告、评标结果，加强程序监督。组织开展了南水北调工程转分包工作专项治理活动。组织开展了拖欠工程款和农民工工资专项排查、清理工作。

（井书光　罗　刚　张　晶）

制度建设

2012年，国务院南水北调办进一步加强制度建设，在严格执行已有规章制度的基础上，组织制定并印发了《2012年度南水北调工程建设进度目标考核实施办法》，印发了《南水北调待运行期工程管理维护考核办法（试行）》、《在南水北调工程招标投标活动中开展行贿犯罪档案查询工作的意见》、《关于修订南水北调工程招标投标相关文件部分条款的通知》等工程建设管理方面的规章制度，并以多种形式进行贯彻落实。

根据工程建设需要，在梳理已颁布技术标准的基础上，审查批准了《南水北调工程渠道运行管理规程》、《南水北调泵站工程管理规程（试行）》。

（井书光　马　黔　罗　刚　白咸勇　张　晶）

生态环境

概述

2012年，南水北调工程治污环保工作成效显著。一是东线治污进入全面深化和攻坚阶段，治污补充方案加快实施，重点项目全面开工，沿输水干线排污口全部关闭，深化治污措施已见成效，沿线水质持续改善，输水干线“清水廊道”目标基本实现；二是中线水源保护出台重大政策措施，国务院批复了《丹江口库区及上游水污染防治和水土保持“十二五”规划》、《丹江口库区及上游地区经济社会发展规划》，完成了《丹江口库区及上游地区对口协作工作方案》和《南水北调中线一期工程干线生态带建设规划》编制和上报，中线水源区水质继续好转，中线输水干线水质安全保障工作不断推进。

（李道峰　任　静）

东线水污染防治

（一）东线深化治污措施落实

江苏、山东两省针对境内部分控制断面水质不达标或不稳定达标的情况，分别制定并细化实施了“一河一策”深化治污方案，其中的关键性重点项目全面开工，部分项目已经完工，各项深化治污措施陆续实施。

江苏省实施了《南水北调东线江苏省城镇污水管网建设实施方案（2011～2012）》，进一步健全城镇污水收集管网配套建设，进行雨污分流和老旧管网改造。14个治污控制断面水质自动监测站已基本建成，并进入试运行阶段。重点治污补充项目新沂市、丰沛县尾水资源化利用及导流工程分别于1月9日和9月25日开工建设。

山东省沿线菏泽等地市率先执行进一步加严的《山东省南水北调沿线水污染物综合排放标准修改单》，展开新一轮的工业点源治理再提高工程；对沿线部分城市污水处理厂进行升级改造，启动解决建成区污水直排问题；环南四湖、东平湖人工湿地建设和生态修复等一批重点治污项目相继开工，部分项目已建成投运；渔业养殖结构调整取得突破，全年共拆除养殖区养殖网箱、网围19.9万亩，改造养殖区内投饵性网箱、网围养殖9.8万亩，两湖投饵性网箱、围网养殖清理工作已基本完成。

同时，江苏、山东两省分别出台严厉措施，创新管理理念，“河长制”、“约谈问责制”、“区域限批制”，“水质达标抵押金制”、“超标即应急制”、“区域水环境质量区域补偿金制度”等一系列综合措施相继出台。

（二）东线输水干线排污口关闭

2012年3月7日，国务院南水北调办会同环境保护部、水利部，联合印发了《关于进一步加强南水北调东线工程输水干线排污口关闭清理工作的通知》（综环保函〔2012〕73号），部署东线输水干线排污口清理与关闭工作。江苏、山东两省在详细摸底调查、制定具体关闭清理方案的基础上，开展清理工作，分别关闭了辖区内干线所有排污口。

2012年11月6～9日，国务院南水北调办、环境保护部和水利部共同对东线输水干线排污口关闭清理情况进行了检查。江苏、山东两省已通过省立法和制定规章等形式明确，今后南水北调东线工程输水干线内不得设置新的排污口。

（三）检查指导东线治污工作

1. 东线源头水质保护工作检查

2012年4月6～8日，环境保护部牵头，会同国务院南水北调办等有关部门，对长江中下游流域水污染防治“十二五”规划实施情况进行年度考核，对东线源头水质保护工作进行了专项检查。

2. 截污导流工程运行情况检查

2012年5月8～18日，国务院南水北调办环保司对山东、江苏两省截污导流工程建后运行情况进行了全面检查，实地察看了山东省德州、聊城、菏泽、济宁、临沂，以及江苏省徐州等地市的截污导流工程，并对重点治污不达标单元深化治污情况进行了现场督导。

3. 环境保护部、国务院南水北调办共同督查调研东线深化治污工作

2012年5月28日～6月3日，环境保护部张力军副部长和国务院南水北调办于幼军副主任共同带队，对东线深化治污工作进行督查调研。督查调研组现场查看南四湖区域、山东省济宁市和江苏省徐州市不达标和不稳定达标治污断面的水质治理情况，乘船查看了南四湖湖区水质和投饵性网箱、围网清理情况，并随机抽查暗访了济宁、泰安、徐州

等地部分城镇生活污水处理厂和工业企业治污设施运转情况，并分别在济宁市和徐州市召开了两省深化东线治污工作会议，部署通水前深化治污工作。江苏省副省长徐鸣、山东省特邀咨询郭兆信分别代表省政府汇报表态，表示将继续加强领导，切实提高认识，多措并举，确保南水北调东线水质达标。国务院南水北调办环保司，环境保护部污防司、环监局、华东督查中心、环境监测总站、环境规划院等有关负责同志，江苏、山东两省南水北调办（建管局）、环保厅负责人陪同考察。江苏、山东两省东线治污领导小组成员单位和沿线有关地市政府相关负责人参加会议。

4. 院士专家东线治污环保行

2012 年 7 月 5～9 日，建委会专家委组织专家组，开展了“院士专家东线治污环保行”活动，分别赴江苏省徐州市和山东省济宁市、泰安市等地现场指导东线深化治污工作，并与地方相关部门座谈，为江苏、山东两省深化治污提供技术咨询建议。

5. 鄂竟平主任专题调研徐州市治污工作

2012 年 9 月 25 日，国务院南水北调办鄂竟平主任专题调研徐州市南水北调治污工作，检查指导省际断面污染治理，并出席江苏省丰沛县尾水资源化利用及导流工程开工仪式。

调研期间，鄂竟平会见了江苏省委副书记石泰峰和江苏省副省长许津荣，就南水北调东线治污的有关工作交换了意见。

（四）环保、水保专项竣工验收

1. 长江—骆马湖段 2003 年度工程环保验收

2012 年 3 月 7～8 日，环境保护部华东环境保护督查中心会同国务院南水北调办环保司，组织江苏省环境保护厅、南水北调办及沿线有关市县（区）环境保护、水利、南水北调等部门对南水北调东线第一期工程长江—骆马湖段 2003 年度工程进行了竣工环境保护现场验收。2012 年 5 月 2 日，环境保护部印发了该工程的环保验收意见（环验〔2012〕97 号）。验收意见认为，工程落实了环境影响评价制度和环境保护“三同时”制度，较好地完成了原国家环保总局批复环评报告表意见所提出的环境污染防治措施及生态保护措施，符合建设项目竣工环境保护验收条件，同意其通过竣工环境保护验收。

2. 万年闸泵站工程环保、水保验收

2012 年 3 月 9～10 日，环境保护部华东环境保护督查中心会同国务院南水北调办环保司，组织山东省环境保护厅、山东省南水北调建管局及沿线有关市县（区）环境保护、水利、南水北调等部门对南水北调东线第一期工程万年闸泵站工程进行了竣工环境保护现场验收。5 月 2 日，环境保护部印发了该工程的竣工环境保护验收意见（环验〔2012〕96 号）。验收意见认为，该工程落实了环境影响评价制度和环境保护“三同时”制度，较好地完成了原国家环保总局批复环评报告所提出的环境污染防治措施及生态保护措施，符合建设项目竣工环境保护验收条件，同意其通过竣工环境保护验收。

2012 年 6 月 20 日，水利部淮河水利委员会会同国务院南水北调办环保司，组织山东省水利厅、省南水北调建管局及沿线有关市县（区）水利、南水北调等部门，对南水北调东线第一期工程万年闸泵站工程水土保持设施进行了验收。7 月 19 日，水利部印发了该工程的水土保持设施验收鉴定书（办水保函〔2012〕552 号）。验收意见认为，该工程水土保持设施建设基本达到了水土保持法律法规及技术规范、标准的要求，工程质量总体合格，运行期管理责任落实，同意通过竣工验收。

3. 截污导流工程竣工验收

2012 年内，山东省武城县、梁山县、微山县、临清市汇通河、嘉祥县、聊城市金堤河、枣庄市峄城大沙河、枣庄市薛城小沙河、济宁市等 9 项截污导流工程和江苏省宿迁市截污导流工程相继通过了省内组织的竣工验收。截至2012年底，纳入东线一期工程总体可研的25项截污导流工程，已有23项完成了工程的竣工验收并投入运行。

（五）东线工程沿线水质情况

根据江苏、山东两省环保部门监测，2012年东线黄河以南36个治污控制断面中，有32个断面年均水质达到规划治理目标，达标率为89%；有4个断面年均水质未达到规划目标要求，水质全部为Ⅳ类，主要污染物浓度指标较去年同期有了明显改善。

从整体情况看，2012年东线沿线各季度水质总体保持向好趋势，除三季度受汛期强降雨影响，部分断面水质出现短时间波动外，沿线不达标断面个数逐季度减少，11月所有治污控制断面首次达到规划目标要求，12月继续保持全达标状态。

（任　静）

中线水源保护

（一）水污染防治和水土保持“十二五”规划

1. 报批过程

2012年，国家发展改革委、国务院南水北调办、水利部、环境保护部、住房城乡建设部在完成丹江口库区及上游水污染防治和水土保持规划修编工作的基础上，根据国务院要求，对修编规划进行补充完善，增加了水环境监测能力建设、入河排污口整治等内容，并将规划期和国民经济与社会发展五年规划相衔接，调整为《丹江口库区及上游水污染防治和水土保持“十二五”规划》（以下简称《十二五规划》）重新上报国务院。2012年6月4日，国务院印发《关于丹江口库区及上游水污染防治和水土保持“十二五”规划的批复》（国函〔2012〕50号）。

2. 规划内容

《十二五规划》以确保丹江口库区及上游主要入库干支流水质达到南水北调中线工程调水要求为出发点，在总结评估“十一五”期间水污染防治和水土保持工作的基础上，核定规划分区、控制单元范围以及基础数据，评价并筛选优先控制单元，统筹安排水污染防治和水土流失治理任务，合理布局各类项目，优先考虑消除规划区水质不达标河段，进一步削减化学需氧量（COD）和氨氮负荷，特别是要控制入库氨氮排放量。

《十二五规划》主要内容有七部分：总论（包括规划区基本概况、“十一五”期间实施评估、编制思路与原则、规划范围期限与目标）、水污染防治规划分区及数据核定、重点控制单元水环境综合整治方案、一般控制单元水污染防治任务、水土保持任务、投资规模与效益分析、保障措施。《十二五规划》规划安排污水处理设施、垃圾处理设施、工业点源污染防治、入河排污口整治、水环境监测能力、水土保持、库周生态隔离带、农业面源污染防治、尾矿库污染治理、重污染入库河道内源污染治理等10类445个项目，总投资119.66亿元，力争通过《十二五规划》实施，全部17个控制单元COD和氨氮入河排放总量满足水功能区纳污能力要求，各控制断面水质达标。

3. 规划实施

2012年7月28日，丹江口库区及上游水土保持二期工程启动会议在河南省西峡县召开。会议总结交流了丹江口库区及上游水土保持一期工程建设取得的成效和经验，贯彻国务院关于《十二五规划》的批复精神，部署启动水土保持二期工程建设。

2012年10月23～24日，丹江口库区及上游水污染防治和水土保持部际联席会议第三次全体会议在河南省南阳市、湖北省十堰市召开。会议总结了丹江口库区及上游水污染防治和水土保持“十一五”规划的实行情况，研究贯彻落实《十二五规划》批复精神，部署规划实施工作。经过讨论，议定以下意见：三省要编制规划实施方案，落实责任，统筹安排；要针对不达标入库河流制订“一河一策”治理方案，建立“河长制”；进一步削减污染物排放、划定丹江口水库饮用水源保护区；强化农业和农村面源综合防治；建设水源涵养生态屏障；研究建立水源保护长效机制，建立联席会议办公室信息通报制度；加大监测能力建设投入，提高科技支撑能力；同步推进《十二五规划》和经济社会发展规划实施。

4. 实施考核

为加快实施《十二五规划》，进一步落实水污染防治和水土保持工作责任，根据国务院关于《十二五规划》的批复及部际联席会议精神，国务院南水北调办、国家发展改革委、环境保护部、住房城乡建设部和水利部研究编制了《丹江口库区及上游水污染防治和水土保持“十二五”规划实施考核办法》，并在陕西省汉中市举行考核办法培训班，水源区三省南水北调、发展改革、环保、水利、城建等部门70余名业务骨干参加培训。国务院南水北调办委托技术单位对规划实施情况进行评估，结果显示，截至2012年底，《十二五规划》中62个项目建成或在建，占规划项目总数的14%，已完成投资27亿元，占规划总投资的22.6%。

（二）经济社会发展规划

1. 报批过程

2012年，国家发展改革委会同国务院南水北调办等有关部门和河南、湖北、陕西三省人民政府在完成《丹江口库区及上游地区经济社会发展规划》（以下简称《经济社会发展规划》）编制工作基础上，重点就实施规划需要的政策资金进行研究协调，在此基础上报国务院。9月30日，国务院印发《关于丹江口库区及上游地区经济社会发展规划的批复》（国函〔2012〕150号）。

2. 规划内容

《经济社会发展规划》以促进南水北调中线水源区经济社会可持续发展与调水水质长期稳定达标为目标，着重解决因调水引起该区域环境保护与经济社会发展之间的突出矛盾和问题，主要内容有八部分：发展背景、总体要求、空间布局、生态安全、产业发展、基础设施、社会事业、保障措施，《规划》明确了水源区的战略定位、发展原则和目标，确定了水源区的空间布局，统筹安排了生态建设、产业发展、基础设施建设和社会事业发展的主要内容和骨干项目，制定了水源区保护和发展的保障措施。

3. 规划实施

河南、湖北、陕西三省《经济社会发展规划》启动了实施方案制订及部分项目前期工作。2012年10月24日，丹江口库区及上游水污染防治和水土保持部际联席会议第三次全体会议明确，《十二五规划》与《经济社会发展规划》同时部署、同步实施、同步考核。

（三）对口协作方案

1. 报批过程

2012年，国家发展改革委、国务院南水北调办联合开展了对口协作工作方案的意见征求和修改，并于2012年11月5日，联合向国务院报送《丹江口库区及上游地区对口协作工作方案》（以下简称《对口协作方案》），根据国务院办公厅的要求，同年12月，又以书面形式分别征求了北京、天津、河北、河南、湖北、陕西六省（市）的意见，根据反馈意见再次修改后形成第二次送审稿。

2. 方案内容

《对口协作方案》主要内容有：重要意义、总体要求、协作关系、协作重点、各方责任、保障措施等，提出为推动水源区与受水区互助合作，促进水源区经济社会发展与中线工程水资源配置总体目标相协调，保障“一泓清水北送”，根据国务院南水北调工程建设委员会第五次全体会议精神，对水源区开展对口协作。受援方为河南、湖北和陕西3

省水源区43个县市区，支援方为北京市、天津市，以及国务院有关部门和企事业单位。其中，北京市对口河南省、湖北省水源区；天津市对口陕西省水源区；国务院有关部门和企事业单位不明确具体结对关系。《对口协作方案》明确协作重点为大力发展生态经济、促进传统工业升级、加强人力资源开发、加大科技支持力度、深化经贸交流合作、加强生态环保合作以及增强公共服务能力。通过《对口协作方案》的实施，力争到2020年，把水源区建成生态环境良好、社会文明和谐、经济持续发展、人民安居乐业的生态文明地区。

（四）生态环境和重点生态功能区转移支付

2012年4月，环境保护部会同国务院南水北调办开展了中线水源区重点生态功能区县域生态环境质量考核工作，结果显示，水源区43个县县域生态环境质量总体情况良好，其中7个县变好，36个县基本稳定，没有变差的县。

为规范转移支付分配、使用和管理，增强地方政府生态环境保护意识，提高国家重点生态功能区转移支付资金使用绩效，财政部制定了《2012年中央对地方国家重点生态功能区转移支付办法》，办法强调限制开发等国家重点生态功能区所属县标准财政收支缺口，参照均衡性转移支付测算办法并考虑中央出台的重大环境保护和生态建设工程规划地方需配套安排的支出、南水北调中线水源地污水和垃圾处理运行费用等因素测算确定。

（五）防范尾矿库威胁水质安全

为进一步防范丹江口库区及上游地区尾矿库安全事故对调水水质产生影响，摸清尾矿库基本情况，2012年4月，国家安全生产监督管理总局、国务院南水北调办联合开展了尾矿库安全及对水质污染风险情况专题调研。初步结果显示，水源区目前有主、无主尾矿库共约299座，呈现出分布散、规模小、建设标准低、无能力治理的尾矿库数量大以及监管力度不能满足要求等特点。针对这些情况，12月，国家安全生产监督管理总局、国务院南水北调办联合印发《关于加强丹江口库区及上游尾矿库安全监管及水污染防治工作的通知》（安监总管一〔2012〕149号），通知要求进一步明确责任，强化措施，严把尾矿库安全环保准入关，切实加强尾矿库日常安全管理、监督、隐患排查治理等工作，切实加大对尾矿库、选矿废水治理力度，严格控制无序排放，加强在线监测，提高污染防治水平。

（六）技术支撑

为加强中线水源保护技术支撑，国务院南水北调办商环境保护部、水利部加强对水环境质量的全面监督监测，并成立南水北调中线水质保护中心，加强对技术支撑工作的组织和协调。

一是委托中国环境监测总站，组织地方环保监测机构，逐月对《十二五规划》49个控制子单元断面的24项常规水质指标进行监测和分析。

二是委托长江流域水环境监测中心，每月两次对16个主要入库河口的24项常规水质指标进行监测和分析，对陶岔实施饮用水水源地109项全指标监督性监测。

三是开展相关政策研究，提出了库周及主要入库河流两岸面源治理、农业种植结构调整、退耕还林、生态移民、汉江中下游环境影响及纳入生态补偿等研究报告，并根据2011年度内源污染风险调查和地质灾害风险调查结果，分别形成了新增淹没内源污染处置预案和环境地质灾害处置预案。

（七）2012年度水质监测和评价

根据中国环境监测总站2012年度《南水北调中线工程丹江口水库库区及其上游地区水质分析报告》，丹江口水库库体（坝上中）水质为优，库体监测点位水质为Ⅱ类，营养状态为中营养状态；上游地区水质为优，监测的26条河流（引渠）48个断面中，Ⅰ~Ⅲ类水质占91.7%，劣Ⅴ类占8.3%。

（李道峰）

南水北调东线血吸虫病监测

2012年江苏省血防所继续按照南水北调东线工程血吸虫病监测体系要求组织开展了钉螺分布监测调查。共计调查钉螺面积748.53万m^2，查螺286 367框（0.1m^2/框），发现有钉螺786框，捕获活螺3001只，共计钉螺面积58.68万m^2。其中水源（引水）河段查螺面积581.72万m^2，钉螺面积58.23万m^2，较上年下降51.43%；输水河段查螺面积166.81万m^2，钉螺面积0.45万m^2，与2011年相同。水源（引水）河段钉螺主要分布于夹江、芒稻河；输水河段钉螺仅限于里运河高邮段(E 119°24′52″，N 32°53′9″)和高水河渠首(江都站出水池滩地：E 119°33′41.5″，N 32°25′12.9″)；钉螺密度呈下降趋势，钉螺分布位置未发生北移。监测结果同时也表明南水北调东线工程血吸虫病监测预警体系运行良好；正在实施的血吸虫病风险防控措施可为东线工程提供有利的保障。

综合研究表明，东线工程各级泵站所具有的进水闸（胸墙）、引水河（河岸硬化）、清污机、拦污栅、水泵、出水池都具有不同程度的防螺作用。而水源调度方式也可最大限度减少长江汛期钉螺扩散的风险，特别是未来东线工程输水河道和调蓄湖泊将保持高水位运行，使钉螺缺乏适宜生长的“冬陆夏水”生态条件。

东线工程N33°15′以北地区从未有自然界钉螺孳生的报告，原流行区血吸虫病的传播也已逐步得到了有效控制，未发现钉螺北移迹象。说明气候变暖条件下南水北调东线工程也不会导致钉螺北移和血吸虫病传播增加。

（黄轶昕）

中线干线生态带建设

（一）水源保护区环保执法

为进一步落实总干渠两侧水源保护区划定工作，国务院南水北调办督促中线沿线各省市制定工作计划，抓紧协调落实，严格对保护区实施监督管理，有效控制了沿线新增污染源，进一步保障了中线干线输水水质安全。北京市对水源保护区范围进行细化调整，将一级水源保护区范围调整为与《北京市南水北调工程保护办法》工程保护范围一致，将水源保护与工程管理有机结合起来，并按《水污染防治法》完成对保护区范围内不符合环保要求的建筑物等设施进行调查和征迁资金测算，同时，继续开展联合执法，阻止危害工程和水质安全行为395起，并已累计制止1795起。天津市2008年颁布保护区划定方案以来尚未发现保护区内非法建设行为。河北省南水北调办进一步组织沿线市县完善保护区划定方案，并已按照保护区管理要求严格审核新改扩建项目和禁止违规项目建设，2012年河北省南水北调办收到省环保厅等部门提出的11个保护区内建设项目选址复核，至今已累计对50个项目进行选址复核。河南省在2010年划定保护区后开展了全面监督管理，2012年对11个项目的选址进行确认，并已累计对183个项目进行选址确认。

（二）生态带建设

为确保南水北调中线工程输水水质安全，进一步加强工程沿线地区生态建设和环境保护，根据国务院领导同志关于在中线干线两侧建设生态带的批示精神，2012年，国务院南水北调办会同住房和城乡建设部、农业部、国家林业局，中线沿线北京、天津、河北、河南省（市）有关部门，在完成《南水北调中线一期工程干线生态带建设规划》（征求意见稿）编制工作的基础上，征求了有关部门、地方政府和专家意见，对规划进行了修改、补充和完善。2012年8月30日向国家发展改革委报送了《南水北调中线一期工程干线生态带建设规划》（国调办环保函〔2012〕46号），明确了工程建设管理区及水源保护区内的水质安全防范和生态建设任务：一是完善工程管理区两侧林带建设；二是在一级水源保护区内，建设防护林（城区段建设园林绿地），控制污染物排放，构建中线干线工程首级生态屏障；三是在二级水源保护区内，整合国家和地方已有规划，引导开展污染整治，发展绿色高效农业等措施，形成中线干线工程次级生态屏障。

（李道峰）

征 地 移 民

概 述

2012年南水北调工程建设进入关键期，南水北调征地移民工作贯彻落实国务院南水北调工程建设委员会第六次全体会议和系统工作会精神，库区移民以“突出帮扶稳移民”为中心，着力围绕全力推进城集镇、专项等搬迁任务、抓好库底清理、推动移民帮扶发展、确保社会稳定等重点工作，落实“两制度（工作定期商处制度、矛盾纠纷排查化解制度）、两机制（遗留问题巡查督办机制、信访上访联动处置机制）”，努力做到“两促进（促进移民发展、促进蓄水前各项准备工作）、两确保（确保搬迁后续任务完成、确保社会稳定）”；干线征地拆迁落实省级政府负责制，以及时交付新增用地、加快专项设施迁建和征迁遗留问题处理、促进用地手续办理以及维护工程建设沿线社会稳定为重点，深入工程一线，督导协调征迁进度问题，保障工程建设用地需要。

在建委会的正确领导下，沿线地方各级人民政府和有关方面以服务工程建设为己任，精心组织、创新方法、共同努力、密切配合，较好地完成了2012年度征地移民各项工作，维护了库区安置区和干线沿线群众的合法权益，促进了各项征迁工作的顺利开展，保障了工程建设的需要，为工程建设的顺利推进起到了积极作用。

（盛 晴 王 琦）

工 作 进 度

（一）库区方面

2012年，丹江口库区34.5万移民搬迁工作全部完成，其中河南16.4万人，湖北18.1万人；完成了湖北丹江口市均县镇、郧县柳陂镇和河南马镫等16个城集镇迁建和161家企业迁复建、557家单位复建。河南淅川宋岗提灌站、公路X011线和湖北清泉沟加固工程、遇真宫垫高工程等一批工期较长的项目，都已不影响水库蓄水。实现了建委会确定的库区移民“四年任务、两年基本完成”的目标。

截至2012年底，河南省库底清理面上工作基本结束；湖北省库区构筑物清理工作已基本结束，卫生清理和固废物清理正抓紧开展，预计2013年4月底前全部结束。

在做好搬迁后续问题处置的同时，督促河南、湖北两省认真落实国家后期扶持政策。截至2012年底，湖北省用于安置内安移民的8.3万亩土地已调整到位8万亩，河南移民生产用地已全部调整到位；河南、湖北两省共投入移民帮扶发展资金15亿元。

（二）干线方面

2012全年，通过各省征地移民主管部门的共同努力，东、中线一期干线工程提交永久占地0.6万亩、临时用地2.3万亩。自工程开工至2012年底，东、中线一期干线工程累计提交建设用地87.3万亩（其中永久占地43.3万亩、临时用地44万亩），复垦退耕临时用地10.7万亩。

（盛　晴　王　琦）

政策研究及培训

（1）2012年，根据中央领导和国务院南水北调办领导关于丹江口水库移民的重要批示，开展相关调查研究，报送情况。通过督查房屋质量、移民身份界定等重要民生问题，及时将调查情况、处理结果呈报中央领导，准确及时反映移民过程中出现的突出问题，为领导决策做好参谋。

（2）高度重视移民稳定工作。2012年8月，国务院南水北调办在山东召开了南水北调工程征地移民维护稳定工作会，贯彻落实中央关于维护稳定工作会议精神，总结各地开展征地移民矛盾纠纷排查化解工作成果，交流预防和处置群体性事件的经验，对下一步移民稳定工作提出要求、做出部署。

（3）召开移民生产发展交流会，促进两省移民帮扶工作。2012年10月，国务院南水北调办在武汉、郑州召开了南水北调工程丹江口库区移民生产发展交流会。会议采取典型发言、交流讨论的形式，总结了过去移民生产发展帮扶工作的成绩、经验，同时提出下一阶段移民生产帮扶目标。

（4）开展南水北调干线工程征迁安置总结评价研究。通过调研南水北调工程干线征迁项目实施情况和国内相关工程经验，总结南水北调工程干线征迁的体制机制、方案内容、实施程序，分析其他水利工程征地拆迁安置后评价指标内容，确定了具有针对性、可操作性、可量化的南水北调工程干线征迁安置实施后评价指标，建立了完整的后评价指标体系和后评价计算机模型。通过总结分析补偿兑付到位情况、生产生活安置情况，尤其是农业生产安置人口的土地调整情况等指标项目，研究提出目前南水北调干线征迁安置仍存在的具有普遍性、代表性的问题，通过梳理分析南水北调干线工程征迁安置政策、制度，总结分析政策制度落实情况和效果、沿线被征迁群众生产生活恢复情况和未来发展趋势，对征迁遗留问题提出具有指导性、可操作性的处理对策，为今后征地拆迁工作提供依据。

（5）开展干线工程临时用地复垦工作培训。8月2～4日在江苏省举办了南水北调工程临时用地复垦工作培训班，工程沿线各省（直辖市）和重点地市的征迁主管部门以及项目法人单位业务负责同志和有关工作人员参加了培训。培训班的举办促进了业务水平的提高。

（盛　晴　王　琦）

实施管理和协调

（1）2012年2月10日，在北京召开2012年南水北调丹江口库区移民重点工作会商会，对2011年度库区移民工作进行了总结，并对2012年度重点工作进行了全面安排。2012年6月19日，在湖北召开南水北调工程丹江口库区移民进度商处会，听取了库区移民城集镇和专业项目迁建、移民发展帮扶、库底清理和验收、移民矛盾纠纷排查化解等工作进展情况的汇报，分析了移民搬迁进展和稳定形势，并梳理了制约瓶颈，研究了解决措施。2012年10月10日，在北京召开了南水北调丹江口库区移民第三季度进度商处会，重点研究了库底清理、打桩定界等有关工作，为下一阶段的库区移民重点工作提出明确要求。

（2）2012年2月，国务院南水北调办下发《关于做好2012年南水北调工程征地移民稳定工作的通知》（国调办征移〔2012〕33号），对做好全年移民稳定工作做出部署。2012年8月，专门发了《进一步做好南水北调工程征地移民稳定工作的通知》（综征移函〔2012〕292号），特别强调做好十八大前和会议期间的稳定工作。

（3）2012年，移民安置点高切坡治理工作稳步推进。截至2012年底，湖北库区165个高切坡已完成治理53个，已完成勘察设计、方案审查审批67个，正在治理38个，正在招投标阶段的7个，所有高切坡均已纳入监测范围进行监测，并将高切坡防护纳入了防洪预案体系。

（4）安排部署干线征迁重点工作。印发《关于进一步做好南水北调干线工程征迁安置工作的通知》（综征移〔2012〕22号）、《关于报送南水北调干线工程征迁安置工作完成情况的函》（综征移函〔2012〕83号）和《关于报送南水北调东、中线一期干线工程征迁安置专项验收工作计划的通知》（综征移函〔2012〕178号），并于2012年2月22~23日、7月18~20日，两次召开南水北调干线征迁安置工作座谈会，围绕建设用地交付、临时占地管理、补偿款兑付、报备实施方案、遗留问题处理、维护稳定和专项验收等重点工作作出部署，有的放矢地解决征迁工作中存在的问题，明确了任务，落实了措施。

（5）加强干线工程临时用地管理。印发《关于进一步做好南水北调工程建设临时占地复垦退耕工作的通知》（国调办征移函〔2012〕1号），要求项目法人全面梳理和掌握临时占地使用情况，切实加强临时占地退还的管理工作，编报临时占地复垦退耕工作计划，督促各级征地移民主管部门组织有关单位开展临时占地复垦退耕工作。

开展临时用地复垦"一查（查清临时用地现状）、四定（定退还复垦计划、定责任内容、定责任单位、定奖罚事项）"工作，督促项目法人上报临时用地使用情况和复垦计划，通过对大量数据的统计、汇总和分析，全面梳理了干线临时用地使用和复垦工作开展情况，提出了风险因素和应对措施，并督促各项目法人做好整改，为大规模临时用地复垦退还打下基础。目前，中线京石段和东线山东省临时用地已全部退还，其他省市随着工程进行，陆续对使用完的临时用地进行退还复耕。

（6）督导协调，解决干线征迁遗留问题。通过现场协调督办，加快解决了廊坊市永清县徐街村部门群众房屋拆迁、烈士坟墓迁移、石家庄市桥西区张营村坟墓群迁移、城中村用地交付（桥西区石桥村）、鹿泉南杜村剩余用地交付以及大量剩余管道电力设施迁建等问题。

针对河南焦作段、郑州段和潮河段的取土场、专项迁建、房屋拆迁和工程建设进度问题，通过多次现场办公，加快解决了焦作桥梁引道和绕行道路的房屋拆迁、郑州段53座重要跨渠桥梁建设进度；现场研究取土场和道路方案等征地问题，及时完成了敬楼料场1200多亩用地交付，保证了渠道工程的用土需要；针对城区段专项设施漏项多、迁建难度大的现状，定期深入现场，督促污水管道、天然气管道、电力通讯线路等专项迁建工作。

针对河南境内的工程征地量大和专项多的特点，河南省移民办在郑州召开全省征迁工作再动员大会，全面梳理出107项工程建设中存在的各类征迁问题，会议明确了各项任务完成的时间节点、责任单位和责任人，进一步理顺征迁工作机制，要求征迁部门要积极配合建管单位和施工单位，及时解决征迁问题，保证工程建设需要。

与铁道部联合检查中线干线铁路交叉工程建设情况，进一步明确了河北、河南铁路交叉工程建设的责任单位和工作内容，及时发现和解决了有关铁路交叉工程的专项征迁问题。

（朱东恺　盛　晴　王　琦）

丹江口水库库底清理

库底清理工作事关南水北调中线工程丹江口水库能否如期蓄水和通水。2012 年 2 月，国务院南水北调办专门下发《关于做好南水北调工程丹江口水库库底清理工作的通知》，对库底清理工作的组织领导和工作职责、清理范围及时间、实施方案编制、验收、经费等做出安排；并针对丹江口水库水源工程的特点，督促中线水源公司组织设计单位编制了《南水北调中线一期工程丹江口水库库底清理技术要求》（以下简称《技术要求》）。6 月，以《关于批转南水北调中线一期工程丹江口水库库底清理技术要求的通知》（国调办征移〔2012〕132 号）批转河南、湖北两省移民部门和中线水源公司执行，并要求河南、湖北两省移民部门以《技术要求》为依据抓紧开展库底清理相关工作。11 月，国务院南水北调办再以《关于做好南水北调工程丹江口水库库底清理工作的通知》（国调办征移函〔2012〕61 号）致函河南、湖北两省政府，进一步督导库底清理和验收工作。

截至 2012 年底，河南省库区库底清理面上工作基本完成，预计 2013 年 4 月底前全面完成；湖北省库区构筑物清理已基本完成，卫生清理和固体废物清理尚在进行中，预计 2013 年 6 月底前全部结束。

（朱东恺　王　琦）

前　期　工　作

协调处理大运河保护申遗和保护规划与南水北调东线二、三期建设的衔接问题。3 月 20 日，派员参加大运河保护和申遗省部际会商小组第四次会议；6 月 27 日，派员参加全国政协文史和学习委员会大运河保护与申遗跟踪调研座谈会。会后，对国家文物局征求意见的《大运河遗产保护和管理总体规划（2012 年修订稿）》提出意见建议，对《大运河申报世界文化遗产文本和管理规划》给予支持。

（盛　晴）

建　设　用　地　工　作

根据国土资源部《关于编报 2013 年土地利用计划的通知》（国土资函〔2012〕891 号）要求，按照工程项目需要和七省市上报土地利用计划，对照批复的初步设计和南水北调工程 2013 年投资计划草案，编制完成了 2013 年南水北调工程建设用地计划，以《关于报送 2013 年南水北调工程用地计划建议的函》（综征移函〔2012〕424 号）报送国土资源部，纳入全国建设用地计划。

会同国土资源部耕地保护司于 2012 年 4 月在北京组织召开了南水北调工程建设用地报批工作协调会，按照国务院南水北调建委第六次会议要求，协调相关省南水北调办、移民办，积极开展用地组卷报批工作。

（盛　晴）

信　访　维　稳　工　作

积极开展征地移民矛盾纠纷排查化解工作。2012 年 2 月，发出《关于做好 2012 年南水北调工程征地移民稳定工作的通知》（国调办征移〔2012〕33 号），对做好全年移民稳定工作做出部署。对于信访稳定问题，做到逢会必讲，遇事调度，有苗头强调。在每次工作商处会上，把移民稳定作为一项主要内容，专题研究部署。2012 年 8 月 27 ~ 28 日，为贯彻落实第七次全国信访工作会议、全国维护社会稳定工作电视电话会议的会议精神和办公室有关部署，在山东组织召开征地移民维护稳定工作会议，总结系统经验。又专门下发了《进一步做好南水北调工程征地移民稳定工作的通知》（综征移函〔2012〕292

号），在继续坚持矛盾纠纷排查化解制度基础上，进一步加强上下联动处置机制。接待群众时，做到热心、耐心、细心倾听群众诉求，解答相关政策，来访群众对信访接待总体满意。

（朱东恺　王　琦）

制度建设

为进一步加强移民资金管理，规范移民预备费使用管理，2012 年 12 月，下发《关于加快南水北调工程丹江口库区移民预备费报批报备工作的通知》（综征移〔2012〕123 号），要求相关部门严格规范使用预备费，及时报备省控预备费使用情况，按程序使用国控预备费。

（朱东恺　王　琦）

其他

对有关丹江口库区移民方面的人大建议和政协提案，及时主动与会办单位联系，沟通有关意见，做好答复工作。截至 2012 年底，按照要求完成了 4 件人大建议和 2 件政协提案的答复工作。

监督稽察

概述

2012 年，监督司会同有关单位和部门按照“突出高压抓质量”、“高压高压再高压，延伸完善抓关键”的总体要求，以发现质量问题、认证问题、责任追究为工作重点，逐步完善“三查一举”工作机制，建立了“三位一体”的质量监管体制，进一步健全质量监管规章制度，构建了南水北调质量监管制度体系。突出重点，狠抓关键，对质量问题实施零容忍。

（一）狠抓发现问题

深入开展“三查一举”、集中整治、专项检查，突出高压，多措并举，发现质量问题。

国务院南水北调办领导亲自带队开展质量集中整治活动和质量专项检查，凸显了质量监管高压态势，参建单位质量意识整体得到增强。

全面实施有奖举报，共受理并组织调查核实举报事项 136 项，揭露了隐蔽性的严重质量缺陷，对消除质量隐患起到了重要作用。

监督司组织核发了稽察大队提交的 277 份质量问题整改报告。飞检发现质量问题共计 5707 个，其中严重 813 个，较重 4460 个，一般 434 个。质量飞检检查发现了工程质量管理行为、工程质量缺陷普遍性问题和经常性问题，有效地抑制了建设过程中的工程质量问题。

政府质量监管是现场质量监管的又一支重要力量，监管中心和各省政府质量监督站共 75 个，形成了统一管理，完善了区片联合、上下联动的工作体系。截至 2012 年底，站点监督发现质量问题共计 1352 个，其中严重 52 个、较重 758 个、一般 542 个。站点监督工作及时纠正了参建单位质量管理违规行为，督促了质量问题现场整改。

有针对性地组织对重要建筑物基础及隐蔽工程质量、跨渠桥梁工程质量、重要建筑物混凝土质量、项目法人合同管理行为和高填方渠段工程质量等进行专项稽察和专项检查。

（二）强化质量认证

进一步完善质量问题认证工作程序，细化质量问题认证标准，紧紧依托监管中心组织开展质量问题常规认证和权威认证。截至2012年底，共组织开展7项工程质量认证。科学认定了质量问题性质，为质量问题处理奠定了坚实的基础。

（三）严肃责任追究

建立月商、季处质量问题会商制度。深入工程建设现场调查研究，提出针对性的监管和处罚措施，建立有效累进加重处罚制度。截至2012年底，对88个责任单位、11个责任人进行了责任追究。其中由国务院南水北调办直接通报批评20个责任单位，全部进行了上网公示。实现了突出高压抓质量、质量问题零容忍的监管要求，强化了质量监管高压态势。

（四）狠抓重点项目

确定渠道、渡槽、倒虹吸、水闸、跨渠桥梁等5类工程的质量关键点。明确质量管理责任和监管责任，强调质量问题从严从重认定，加重责任追究。

制定了加强高填方渠段工程质量监管方案。组织各项目法人向施工现场派驻质量监管员，实施质量重点监管项目挂牌督办，建立质量管理协调机制。

提出桥梁桩柱结合质量问题评鉴标准和处理建议，组织各项目法人对跨渠桥梁工程质量进行专项排查。逐桥建立质量检查档案，确保桥梁工程质量安全。南水北调在建工程跨渠桥梁共1752座，截至2012年底，各项目法人共检查了1108座，占桥梁总数的63%；检查有质量问题的252座，占检查桥梁数的23%；已处理完成234座，占有问题桥梁的93%。

组织各项目法人对重要建筑物混凝土工程质量问题进行排查。南水北调工程建筑物共1931座，截至2012年底，各项目法人共检查了871座，占建筑物总数的45%；发现质量问题共计6347个，其中严重220个，较重1393个，一般4734个。

加强关键施工环节质量控制。会同监管中心组织印发了渠道边坡保温板U形钢筋施工质量控制要求，混凝土渡槽波纹管防冻质量控制要求，混凝土冷却水管布设防冻质量控制要求等。

（袁文传　魏　伟　殷立涛）

质量管理

（一）强化质量监管

建立了“发现问题、认证问题、责任追究”、“三位一体”的质量监管体制。以“有奖举报、质量飞检、站点监督、专项稽察”、“三查一举”发现的质量问题为信息源，通过快速有效集中会商机制，及时快捷地处理一般性质量问题，有针对性地对重大质量问题实施科学认证和专项稽察，依据相关法规对出现质量问题的责任单位和责任人员进行责任追究。

（二）明确质量监管重点

实现“三到位、三不许”，做到项目法人质量管理责任和目标到位，监理单位质量控制到位，施工单位质量过程管理到位。渠道堤防工程膨胀土换填渠段、高填方渠段不允许出现重大实体质量问题。重要工程枢纽及渠道交叉建筑物不允许出现重大实体质量问题或事故。加强原材料管理，不合格的原材料不允许使用。

（三）加大监管力度

深入开展“三查一举”、集中整治、专项检查，突出高压，形成质量监管合力，及时发现问题。结合南水北调工程“质量月”活动，有重点地全方位开展对工程质量问题多发区段进行检查和集中整治和质量专项检查。突出高压抓质量，严格监管，强化问题整改，提高质量整体水平。

（四）实施月会商制度

结合有奖举报、突击飞检、站点监督、专项稽察、集中检查等发现的质量问题，按照“分级负责、逐级追究”的原则，对较重及以下质量问题，转由有关省（市）南水北调办事机构或项目法人组织处理；对严重质量问题，有针对性地组织开展专项稽察和质量认证，科学定性质量问题。2012年已组织对重要跨渠建筑物基础和隐蔽工程开展专项稽察，对项目法人合同管理行为开展专项稽察，对举报质量问题开展质量认证，科学认证问题。

（五）严格问题处罚

实施质量管理排名和网络公示，以有奖举报、突击飞检、站点监督、集中检查、深入督查等环节发现的质量问题信息为基础，组织建立质量监督管理信息库。在月度、季度质量问题会商的基础上，实施质量管理排名和网络公示机制。

（六）实施质量问题集中处置

在质量监管“三位一体”工作机制的基础上，每季度进行质量问题集中会商，依据有关规定和办法，对质量问题责任单位和责任人员进行责任追究。

（七）发挥五部联处作用

加强与水利部、住建部、工商总局和国资委的联系，适时召开五部委联席会议，严格对质量问题责任单位的资质和责任人的资格管理。

（八）营造环境，加强交流

配合好有关部委的监督检查，密切配合国家发展改革委组织开展的工程建设稽察。全程跟踪，重大问题及时报告，及时组织整改。适时组织召开质量管理工作会和质量监督工作座谈会，做好质量管理先进单位的评选表彰工作，加强经验交流，通过树立质量管理先进典型，营造健康有序的质量管理建设环境。

（赖斯芸　熊雁晖　邱立军）

质 量 监 管

（一）召开南水北调工程建设质量管理工作会议

2012年7月24日召开南水北调工程建设质量管理工作会议。会议总结了2011年以来的南水北调工程建设质量监管工作，分析了质量管理面临的形势，研究部署了今后一个时期的质量管理工作，强调了做好南水北调工程质量管理工作的指导思想。总结提出当前南水北调工程质量管理的五项主要任务和工作措施：一是抓基础，盯住一线施工环节，做好质量过程控制。前移施工监管关口，尤其要重视施工关键工序的质量控制。要做好对关键工序的质量考核工作，加强对关键岗位管理和一线人员的技能培训，提高作业人员的施工工艺水平。二是抓关键，盯住关键工程和工程的关键部位。加强对重点部位、关键环节的施工质量过程监管，特别是高度重视对中线工程高填方渠段的质量监管。对在质量关键点上出现严重质量管理违规行为和严重实体质量问题的责任单位和责任人，要从严追究责任。三是抓监管，形成合力，建立长效机制。继续发挥好“三位一体”质量监管机制的作用。继续加强“三查一举”监管措施，加大对重点项目、关键部位、薄弱环节、关键工序的监控力度。四是抓整改，做到不留隐患。各参建单位对发现的质量问题，要高度重视，深入分析原因，对纳入责任追究的质量问题，必须认真组织整改，并及时报告整改结果。五是抓典型，发挥好典型的示范带动作用。

（二）开展桥梁、建筑物混凝土的专项排查工作

桥梁方面，国务院南水北调办研究提出桥梁桩柱结合质量问题评鉴标准和处理建议，组织各项目法人对跨渠桥梁工程质量进行专项排查。逐桥建立质量检查档案，确保桥梁

工程质量安全。南水北调在建工程跨渠桥梁共1752座，截至2012年底，各项目法人共检查了1108座，占桥梁总数的63%；检查有质量问题的252座，占检查桥梁数的23%；已处理完成234座，占有问题桥梁的93%。

建筑物混凝土方面，根据工程建设的需要，对重要建筑物混凝土工程质量，组织各项目法人开展质量问题排查。南水北调工程建筑物共1931座，截至2012年底，各项目法人共检查了871座，占建筑物总数的45%；发现质量问题共计6347个，其中严重220个，较重1393个，一般4734个。

（三）开展高填方渠段工程质量监管

根据工程建设进展，组织梳理高填方渠段基本信息，经分析高填方渠段累计长度为137.1km。其中，全填方渠段累计长度70.6km（石家庄以南全填方渠道累计长度59.3km），半挖半填渠段累计长度66.5km。提出项目法人和建设管理单位要实行的质量重点监管项目及质量关键点挂牌督办制度、派驻质量监管员、实施质量责任联保制度、信息报送等五项要求。同时，国务院南水北调办将高填方渠段工程作为质量飞检的重点，对高填方渠段工程重点进行质量巡查和专项稽察。国务院南水北调办、河北省南水北调办、河南省南水北调办要分别对高填方渠段工程质量定期进行重点检查。

截至2012年12月，项目法人共派驻质量监管员78人，报送高填方渠段工程质量管理信息4份，共计发现质量问题129项，其中严重质量问题5项，较重质量问题55项，一般质量问题69项，发现的问题均已按要求整改到位。

（四）启动“南水北调工程建设联席会议”工作机制

为加强南水北调工程质量管理工作，经国务院领导同意，建立由国务院南水北调办、水利部、住房和城乡建设部、国家工商行政管理总局和国资委等部门参加的“南水北调工程建设联席会议”机制，主要研究南水北调工程建设质量管理的有关问题和事宜。联席会议由国务院南水北调办负责召集，每半年一次。

依照国家有关的法律法规，根据南水北调工程建设发生的具体问题，依法需对企业资质和人员资格进行处理的，由国务院南水北调办提出建议，水利部门、住房和城乡建设部门按照有关规定依法进行处理；工商行政管理部门要加强对责任单位企业工商登记事项的监督管理；国资委要加强对所出资建筑施工企业工程建设质量工作的指导与监督。

（五）推进质量诚信体系建设

以有奖举报、突击飞检、集中检查、站点监督等环节发现的质量问题信息为基础，组织建立质量监督管理信息库。在月度、季度会商的基础上，实施质量管理排名和网络公示。

继续推进质量诚信体系建设，制定了《南水北调工程建设信用管理办法（试行）》。信用管理以质量巡查、质量飞检、专项稽察、举报调查、项目法人每月质量自查、问题责任追究等方式，采集工程质量信用信息；依据信用信息，对施工、监理单位实施季度信用评价和年度信用评价。国务院南水北调办定期通过网络发布和通报工程建设信用评价结果，定期向国家有关行政主管部门、资产管理主管部门通报施工、监理单位的信用评价结果。

（六）密切配合国家发展改革委稽察办和审计署工作

2012年，密切配合国家发展改革委组织开展的3次工程建设稽察和审计署组织开展南水北调一期工程建设审计和增加投资预算审核工作。通过周密安排，对稽察和审计工作进行了全程跟踪协调，重大问题及时报告，及时组织整改，建立稽察及审计工作档案，取得了良好的服务效果，国家发展改革委重大项目稽察办和审计署对质量监管工作给予了很高评价。审计报告指出："南水北调办认真落实国家有关项目建设管理规定，不断加强工程质量安全管理，通过实行质量有奖举报、专项稽察和责任追究等制度，密集开展质量监督活动，基本形成了以责任制为核心的质量管理体系。"

（七）完善质量管理评价体系

在分析站点监督、突击飞检等检查发现质量问题信息的基础上，对南水北调工程质量管理评价指标进行了分析评价，形成了《南水北调工程质量管理评价指标体系》。

应用该评价指标体系，对2012年飞检、站点监督、集中整治、专项检查等发现的质量问题信息进行分析，得出2012年综合评价指标（Q值为1）和单项评价指标（QD值为1）。综合考虑飞检、站点监督、专项检查发现的质量问题，计算2012年全项综合评价指标为0.903，质量管理违规行为评价指标为0.596，质量缺陷评价指标为0.983。

（赖斯芸　邱立军　魏　伟　熊雁晖
闫金兵　庆　瑜）

质　量　监　督

（一）质量监督工作

2012年8月30日，国务院南水北调办印发《关于加强南水北调工程质量监督站管理工作的通知》（国调办监督〔2012〕209号）明确，南水北调工程建设监管中心负责南水北调东、中线一期工程各省（直辖市）质量监督站的统一管理；负责组织片区质量巡查员，对片区质量监督工作、质量重点监管项目、质量关键点实施巡查；负责质量监督信息的管理和分析汇总；负责对质量监督站和质量监督人员的考核。至此，南水北调东、中线一期在建工程的质量监督管理工作全部归口到南水北调工程建设监管中心。

（二）国务院南水北调办开展质量集中整治

国务院南水北调办于2012年4月开始，在工程全线开展了质量集中整治工作。整治工作分自查自纠、办领导带队检查和责任追究三个阶段。

办领导带队检查阶段采用"一带二"的检查方式，即办领导带领一支检查队伍，监管中心、稽察大队分别组织一支兼顾检测的检查队伍，三组同时在不同标段开展检查。对随机抽取的108个标段（占全线在建标段的37%）进行了集中检查。检查发现的问题每标段平均4.3个，较2011年的每标段平均13.4个有大幅下降。

针对疑似的严重问题，国务院南水北调办组织进行了认证，对其中9个严重问题按规定进行了处罚，并责成相关项目法人和建管单位组织整改。

（三）质量专项巡查

2012年3～5月，监管中心对中线淅川段和镇平段等9个设计单元中50个施工标段的108座桥梁（含渡槽）桩柱进行了质量专项巡查，对桩柱结合不良等严重质量问题，要求项目法人组织开展全面排查和整改。对桩柱结合问题，监管中心组织交通行业桥梁方面的专家召开咨询会，研究了问题危害和处理办法，为问题的处理提供了指导和参考。

2012年11月10～21日，监管中心邀请铁路行业的专家，对陇海线铁路桥工程、新密铁路倒虹吸管框架桥工程、汤鹤铁路交叉工程、浚鹤线铁路交叉工程、新月线交叉工程、马磁铁路交叉工程等项目进行了质量监督专项巡查。对发现的质量问题，已督促有关参建单位进行了整改。

（四）重要建筑物混凝土强度普查

2012年9月13日～12月28日，由监管中心组织，各省监督站、各项目法人参与，组织164人次，使用无损回弹设备300余台次，对东、中线未进行政府验收的混凝土建筑物进行了强度排查。

（五）质量监督信息

2012年9月5日，监管中心印发《关于加强南水北调工程质量监督信息管理工作的通知》（监管综〔2012〕35号），对各省（直辖市）质量监督信息报送工作提出了具体的要求，规范了全线质量监督信息报送工作。2012年共印发《南水北调工程建设质量监督简报》11期。

（六）起草《南水北调工程质量责任终身制实施办法》

2012年监管中心起草编制了《南水北调工程质量责任终身制实施办法》，并于4月由国务院南水北调办以《关于印发〈南水北调工程质量责任终身制实施办法（试行）〉的通知》（国调办监督〔2012〕65号）正式发布实施。该办法强化了工程质量的终身责任，为工程运行期间的责任追究提供了制度保障，起到了“警示当前，有利长远”的作用。

（七）制作《南水北调工程质量警示录》

2012年监管中心制作了电视片《南水北调工程质量警示录》、布置了质量问题实物展，并在“南水北调工程建设质量管理工作会议”等不同场合上进行了播放和展览，对质量管理起到了教育和警示作用。

（八）质量认证

2012年监管中心共完成了“南水北调中线天津干线TJ4-2标输水箱涵混凝土强度质量认证”和“南水北调中线漳河北至古运河南临城段SG12标午河渡槽混凝土强度质量认证”等10项质量认证工作，及时提交了认证工作报告，为质量问题处理、定性及责任追究提供了可靠依据。

（常　跃　谢智龙　宋海波　梁　祎　侯鹏生　马兆龙　岳松涛）

专业、专项稽察

2012年，受国务院南水北调办各业务司委托，监管中心组织实施各类稽察（检查）17组次。其中：批复设计方案、合同转分包整治及移民进度专业稽察（检查）8组次；重要跨渠建筑物基础及隐蔽工程专项稽察3组次；项目法人合同管理行为专项稽察3组次；配合国家发展改革委进度稽察3组次。稽察范围涵盖东中线一期各项目法人及所辖的85个设计单元工程、100余个施工标段。

按照责任追究制度，质量专项稽察发现较重以上的质量问题均纳入国务院南水北调办质量问题月会商和季度集中处罚。

（李笑一　高立军　韩绪博）

举报受理和办理

2012年，国务院南水北调办党组高度重视举报工作，大力推行有奖举报，把举报视为抓监管、保质量、促安全的一项重要手段，纳入“三位一体”、“三查一举”质量监管工作体系。2012年2月21日，南水北调工程有奖举报公告牌揭牌。2012年4月，国务院南水北调办设立举报受理中心，监管中心承担举报受理中心接报、兑奖、档案管理等工作。按照“有报必接、受理必查、查实必究、核实必奖”的工作原则，举报受理中心坚持工作日“14小时人工接听、10小时自动接收”，非工作日“24小时自动接收”的值班制度，在做好信息分析处理的同时，不断完善举报调查和兑奖等工作。

通过专项宣传、建章立制、完善机构、明确职责、规范程序、强化措施，有奖举报工作有序开展，对加强工程质量监管，维护工程建设环境，促进工程顺利建设起到了重要作用。

2012年，共接收有效信息1527项，属组织调查举报事项136项，分类处理举报信息519项，重复咨询872项，各类举报信息反映的问题均得到妥善处理。编制完成《南水北调工程建设举报情况简报》40期。

组织调查举报事项（136项）由国务院

南水北调办直接组织委托调查，举报反映的内容涉及主体工程质量（81项）、合同（32项）、征地移民（16项）和其他（7件）等方面的问题。经调查核实，纳入质量问题季度集中处罚10项。

分类处理举报信息（519项）由举报受理中心转请相关省（直辖市）南水北调办（建管局）、移民机构、项目法人等单位调查处理并跟踪调查处理结果，主要涉及征迁补偿类（158项）、建设管理类361项（拖欠类225项、施工环境类136项）。

按照国务院南水北调办举报奖励工作相关规定，为进一步规范举报兑奖工作，监管中心编制印发了《南水北调工程建设举报奖励兑付工作细则（试行）》（监管综〔2012〕51号），2012年共兑付奖金8笔。

（赖斯芸　李笑一　韩绪博　张权召　程相洗　尚进晋）

稽察专家管理

2012年，根据稽察专家管理相关规定，监管中心续聘5位稽察专家组长，并对稽察专家库专家进行了优化更新，更新后的在库稽察专家112名。

2012年度，监管中心在实施各类监督稽察工作中，派出稽察专家约82人次。稽察专家尽职尽责，圆满完成全年稽察工作任务。经年度考评，有16位稽察专家考核为优秀。

（李笑一　高立军　韩绪博）

制度建设

2012年，强化质量有关法规和规程规范建设，进一步健全质量监管规章制度，构建了南水北调质量监管制度体系。

（1）先后修改完善了《南水北调工程建设质量问题责任追究管理办法》、《南水北调工程合同监督管理规定》。

（2）建立质量责任终身制，制定了《南水北调工程建设质量责任终身制实施办法（试行）》；建立健全有奖举报制度，制定了《南水北调工程建设举报奖励实施细则（试行）》等。

（3）组织制定了《关键工序考核奖惩办法（试行）》、《质量信用管理办法》、《质量关键点管理意见》、《质量重点监管项目管理方案》。研究建立了南水北调工程质量关键点、加强高填方渠段工程质量监管工作方案，组织制定了站点监督质量监管、质量认证、专项稽察实施方案、质量联保和质量连带责任追究、举报奖励、站点监督人员考核等办法。

（熊雁晖　庆　瑜　闫金兵）

技术咨询

专家委员会工作

国务院南水北调工程建设委员会专家委员会（以下简称专家委员会）遵循国务院南水北调工程建设委员会的工作部署，根据国务院南水北调办2012年工作的任务和要求，紧紧围绕工程建设中的重大关键技术、施工工艺、质量监督等开展技术咨询、调研考察及关键技术专题研究等活动，有力地推动了工程建设。

（胡　玮　冯晓波）

重大关键技术咨询

（一）南水北调中线工程典型渠段和建筑

物冰期输水物理模型试验研究（中期报告）技术咨询

2012年2月3~4日，专家委员会在北京召开南水北调中线工程典型渠段和建筑物冰期输水物理模型试验研究（中期报告）技术咨询会。

与会专家与代表听取了天津大学关于试验研究报告的成果汇报。会议对研究成果中辐射冰冻度—日法改进、冻结模型冰模型试验、输水渠道冰期输水仿真模型试验、拦冰锁形式及布设等方面提出了评价意见，并对成果报告及后续研究提出了优化建议。

（二）高聚物注浆技术应用于南水北调工程可行性分析报告评审会

2012年2月20~22日，专家委员会在河南郑州召开《高聚物注浆技术应用于南水北调工程可行性分析报告》评审会。

与会专家与代表听取了郑州大学关于高聚物注浆技术应用于南水北调工程可行性分析的汇报，观看了郑州大学堤坝试验场现场施工技术演示，考察了黄河郑州段岗李水库工程现场，查阅了技术资料。会议对高聚物注浆材料特性和注浆原理、高聚物注浆技术应用、高聚物注浆技术应用于南水北调工程可行性等方面提出了评价意见和建议。

（三）南水北调工程山东平原水库土工膜施工技术咨询

2012年3月20日，专家委员会在山东济南召开南水北调工程山东平原水库土工膜施工技术咨询会。

与会专家和代表听取了建管、设计、监理、施工等相关单位关于南水北调东线一期工程鲁北段大屯水库库盘铺膜工程和南水北调山东段平原水库库底铺膜施工指南编制情况的汇报，进行了认真研讨。针对施工指南编制，土工膜与逆止阀、混凝土连接，土工膜抽样检测频次，铺膜平整度标准等问题提出了咨询意见和建议。

（四）南水北调中线陶岔渠首枢纽工程新老闸衔接施工技术咨询

2012年4月6~8日，专家委员会在河南郑州召开南水北调中线陶岔渠首枢纽工程新老闸衔接施工技术咨询会。

与会专家考察了陶岔渠首枢纽工程现场，听取了设计单位和建设单位的汇报，查阅了相关技术资料。会议就施工组织设计研究、老闸拆除方案比选、老闸旱地拆除围堰设计、新闸施工等方面问题提出了咨询意见和建议。

（五）南水北调中线一期工程沙河渡槽槽身结构安全复核（结构力学法）专题评审

2012年5月15日，专家委员会在北京召开南水北调中线一期工程沙河渡槽槽身结构安全复核（结构力学法）专题评审会。

与会专家和代表听取了课题承担单位长江勘测规划设计研究有限责任公司的成果汇报，对《南水北调中线总干渠沙河渡槽U型预应力槽身结构复核报告》进行了审查。会议认为项目承担单位提供评审的资料齐全、内容翔实，满足技术验收要求，采用结构力学方法进行沙河渡槽槽身结构安全复核基本可行，计算成果可供有关工程的设计参考，是对现有三维有限元计算成果的补充，并对研究成果提出了部分修改建议。

（六）南水北调东线、中线一期主体工程运行初期供水价格问题咨询

2012年8月13日，专家委员会在北京召开南水北调一期主体工程运行初期供水价格问题咨询会。

与会专家和代表听取了《〈南水北调东线、中线一期主体工程运行初期供水价格政策初步安排意见〉有关问题的说明》材料的汇报，并进行了认真讨论。会议认为材料中提出的基本思路合理，符合工程实际，操作性较强，并对供水成本测算范围、相关参数取值、工程成本分摊原则和方法、两部制水价、受水区承受能力、定价方式、财政补贴等问题提出了建议。

（七）南水北调中线穿黄隧洞工程施工技

术咨询

2012年8月24～27日，专家委员会在河南郑州召开南水北调中线穿黄隧洞工程施工技术咨询会。

与会专家考察了穿黄河隧洞工程现场，听取了参建各方的汇报，查阅了相关技术资料，针对内衬结构缝压水试验、内衬预应力锚索张拉、北岸竖井弯管段施工方案、施工工艺、安全监测等问题提出了建议。

（八）南水北调中线双洎河渡槽工程施工技术咨询

2012年8月27～28日，专家委员会在河南郑州召开南水北调中线双洎河渡槽工程施工技术咨询会。

与会专家听取了参建各方的汇报，考察了双洎河渡槽工程建设现场，查阅了相关技术资料。针对槽身一期混凝土浇筑、槽身预应力张拉、槽身后浇带混凝土浇筑、渡槽下部结构施工监测、箱基扶壁挡墙与高填方渠堤的衔接部位施工、冯庄沟老河道高填方渠道施工、监测数据分析整理、缺陷处理方法等问题提出了建议。

（九）南水北调天津干线保定市2段箱涵上浮问题处理咨询

2012年9月6日，专家委员会在河北白沟召开南水北调天津干线保定市2段箱涵上浮问题处理咨询会。

与会专家听取了设计单位和建设单位的汇报，查阅了相关技术资料。会议对问题处理方案提出了结构复核、地基处理、混凝土局部破损处理、伸缩缝止水处理等方面的意见和建议。

（十）南水北调中线一期工程湍河渡槽工程第二次施工技术咨询

2012年9月18～20日，专家委员会在河南平顶山召开南水北调中线一期工程湍河渡槽工程第二次施工技术咨询会。

与会专家、代表考察了湍河渡槽槽身施工建设及1∶1仿真试验现场，听取了参建各方的汇报。会议肯定了槽身1∶1仿真试验中间成果对设计、施工的促进，并就槽身施工进度、槽身混凝土浇筑质量、槽身接缝止水等问题进行了分析讨论，提出了意见和建议。

（十一）南水北调中线一期穿黄工程有关技术问题研讨

2012年9月20～21日，专家委员会在河南平顶山召开南水北调中线穿黄河工程有关技术问题研讨会。

与会专家与代表听取了设计单位有关隧洞工程设计及中线建管局河南直管建管局有关退水洞施工的汇报，查阅了相关技术资料，并进行了认真讨论。会议对内衬结构缝压水试验和退水洞施工技术等方面问题提出了意见和建议。

（十二）南水北调中线一期工程总干渠应急调度措施预案研究报告技术咨询

2012年10月15～16日，专家委员会在北京组织召开《南水北调中线一期工程总干渠应急调度措施预案研究报告》技术咨询会。

与会专家和代表听取了课题承担单位长江水利委员会长江科学院的课题研究汇报。会议对课题研究成果进行了总体评价，针对突发事件分类分级及应急调度响应、应急处置措施及闸门应急调度控制、自动化调度中渠首陶岔枢纽的作用、系统实况模拟验证、系统可靠性论证等问题进行了分析讨论，并提出咨询意见供相关单位参考。

（十三）南水北调中线一期工程总干渠输水调度闸门控制模式及指令生成软件开发报告技术咨询

2012年10月16～17日，专家委员会在北京召开《南水北调中线一期工程总干渠输水调度闸门控制模式及指令生成软件开发报告》技术咨询会。

与会专家和代表听取了课题承担单位长江勘测规划设计研究有限责任公司的成果汇报。会议对课题研究成果进行了总体评价，针对控制方式及控制策略、正常调度控制研究、事故工况应急调度模式、冰期输水调度模式、渠道充水及退水研究、调度指令生成软件开发等问题进行了分析讨论，并提出咨询意见供相关单位参考。

（十四）南水北调中线一期工程总干渠供水调度软件集成与调试研究报告技术咨询

2012 年 10 月 17～18 日，专家委员会在北京召开《南水北调中线一期工程总干渠供水调度软件集成与调试研究报告》技术咨询会。

与会专家和代表听取了课题承担单位长江勘测规划设计研究有限责任公司的成果汇报。会议对系统目标与任务、系统体系结构、系统功能设计、数据库、与中线管理局数据服务器之间的数据交换与集成、系统实施等问题进行了分析讨论，并提出咨询意见供相关单位参考。

（十五）南水北调中线工程丹江口大坝加高钢闸门及埋件加固修复验收质量检测标准技术咨询

2012 年 12 月 12～13 日，专家委员会在湖北丹江口召开《南水北调中线工程丹江口大坝加高钢闸门及埋件加固修复验收质量检测标准》技术咨询会。

与会专家和代表考察了丹江口大坝加高工程及闸门加固修复施工建设现场，听取了项目法人关于丹江口大坝加高闸门及埋件加固修复有关情况的介绍、设计单位关于“标准”成果的汇报，查阅了相关资料。会议认为此“标准”编制十分必要，总体达到预期要求，并对下一步的修改和完善提出了详细的意见和建议。

（胡　玮　冯晓波）

工程质量检查

2012 年 10 月下旬，专家委员会开展了南水北调东、中线一期工程质量检查工作。此次检查范围为南水北调东、中线一期工程在建项目质量。重点抽查了 13 个工程项目（施工标段）的工程质量，包括：渠道工程（高填方段、膨胀土段）、重要建筑物工程（中线穿黄工程、大型渡槽、倒虹吸）、泵站工程和平原水库等。

各检查小组通过听取有关参建单位的汇报、检查工程施工现场、询问现场工作人员、查阅有关质量管理资料，以及与相关人员讨论等方式，对重要工程的实体质量以及土料场、砂石骨料厂、钢筋加工厂、混凝土（改性土）拌和站和现场实验室等进行了检查，就检查发现的问题与有关参建单位交换了意见，并由专家委员会提交了质量检查工作总报告。

专家委员会认为目前南水北调工程质量处于可控状态，工程建设质量明显向好，参建单位质量意识明显增强，参建单位质量管理水平明显提高。

（胡　玮　冯晓波）

考察调研

（一）南水北调中线穿黄隧洞工程内衬止水施工调研

2012 年 4 月 13～14 日，专家委员会对南水北调中线穿黄河隧洞工程内衬止水施工进行了专题调研。

调研组一行赴现场察看了穿黄河隧洞工程施工情况，分别听取了建管、设计、监理以及各施工单位的汇报并进行了座谈讨论。专家针对调研中发现的少量内衬分缝铜止水片局部定位偏差超标、部分嵌在内衬分缝铜止水片鼻子中的沥青麻绳充填不饱满、少量铜止水周边混凝土不密实、部分内衬分缝上的水膨胀止水条未形成连续封闭、水膨胀止水条预留接头部分普遍存在预先膨胀等问题，提出了进一步规范施工、加强监理工作、开展伸缩缝水密性检查、研究水密性不满足时的处理措施、加强波纹管施工控制等优化建议和措施。

（二）南水北调中线总干渠膨胀土（岩）渠道施工专题调研

2012年4月15~20日，专家委员会对南水北调中线工程总干渠膨胀土（岩）渠道施工开展了专题调研。

调研组一行赴河北邯郸、河南安阳和南阳等地，察看了磁县3标、安阳1标和7标、南阳1标和2标、镇平3标以及南阳试验段等膨胀土（岩）渠段施工现场，分别听取了各标段建管、设计、监理以及施工等单位的汇报，并进行了座谈。

通过调研，调研组认为参建各方均较好地执行了相应技术规定，主要施工工艺流程控制较好，发现在施工进度方面有滞后现象，需抓紧采取措施予以解决，并就水泥改性土施工产能不足、改性土含水量偏高、改性土削坡“余料”的利用、膨胀土渠道开挖后保护不及时、“金包银”利用膨胀土料筑堤、排水设施等关键施工技术问题提出了相应的处理建议。

（三）南水北调中线工程考察

2012年5月7~11日，专家委员会开展了南水北调中线工程考察工作。

专家组主要考察了丹江口大坝加高、陶岔渠首枢纽、湍河渡槽、穿黄河隧洞等不同类型的重点工程及沿线渠道工程，听取了相关单位的汇报并与之进行了座谈讨论，并根据考察情况，提交了考察报告，对工程建设提出了建议。

（四）南水北调东线一期工程治污专题调研

2012年7月2~9日，专家委员会组织开展了南水北调东线一期工程治污专题调研。

调研组一行先后赴两省四市（泰安、济宁、徐州、淮安四市）察看了东平湖、南四湖和洪泽湖的水质状况，了解各治污控制单元工程项目完成与控制断面水质改善状况，与两省的环保、交通、农业和水利等相关部门就东线治污深化问题进行了交流，与相关地方政府有关方面就流域性治污任务进行了讨论。

通过调研，调研组认为东线通水之前，继续深化治污方案，采取有力措施，如期实现2013年通水目标完全可待，并提出确保水质达标的有关建议。

（五）南水北调东线一期工程考察

2012年9月10~14日，专家委员会开展了南水北调东线一期工程考察工作。

专家组主要考察了江都泵站、刘老涧二站、解台泵站、东平湖、济平干渠等不同类型的重点工程，听取了相关单位的汇报并与之进行了座谈讨论，并根据考察情况，提交了考察报告，对工程建设提出了建议。

（胡　玮　冯晓波）

专项课题

（一）南水北调工程铺膜防渗施工技术研究

2012年7月专家委员会委托山东省调水工程技术研究中心开展了“南水北调工程铺膜防渗施工技术研究”，通过此项目的研究，系统总结南水北调工程铺膜防渗成果、破解关键性施工技术问题，指导南水北调系统二期工程、续建配套工程的铺膜防渗施工工作，达到安全可靠、技术先进、经济合理的目的。

山东省调水工程技术研究中心以大屯水库为例，针对渠道、渠底、坝坡、库底的铺膜施工技术及质量控制进行了综合研究。研究过程中主要从原材料性能与质量控制、施工准备、土工膜摊铺、土工膜焊接、土工膜锚固及土工膜与建筑物等特殊部位连接、土工膜与逆止阀部位的连接、保护层施工及其质量检验与控制、质量评定验收等几个方面进行研究并取得了一系列的成果。

（二）南水北调工程技术标准体系框架研究

2012年6月专家委员会委托水利部水利水电规划设计总院和北京川流科技开发中心开展了南水北调工程技术标准体系框架研究工作。

研究内容包括：同类工程不同行业标准间的差别和各行业标准的适用范围；南水北调工程建设工作中技术标准的选择方法。科学制定南水北调工程技术标准体系框架。最终成果可为南水北调工程设计、管理、施工、监理和稽察提供标准选择依据。

（三）南水北调东线工程技术成果分析与研究

2012年6月专家委员会委托中水淮河规划设计研究有限公司开展“南水北调东线工程技术成果分析与研究”工作。主要研究内容为调研与基本资料收集，回顾、梳理东线工程的工作过程，概括、总结东线工程不同工作阶段的主要技术成果，分析、研究典型工程主要技术成果等。

（胡　玮　冯晓波）

关键技术研究与应用

重大专题及关键技术研究

（一）《南水北调中线工程膨胀土和高填方渠道建设关键技术研究与示范》项目

“十二五”国家科技支撑计划“南水北调中线工程膨胀土和高填方渠道建设关键技术研究与示范”项目立足于当前施工中面临的亟须解决的技术难题，为工程顺利建设提供技术支撑。重点是结合不同地段的地质条件、施工特点，以及工程施工进展情况，开展有针对性的技术攻关，提出解决问题的具体技术措施和方案，保证工程顺利建设，确保按期完成通水目标。此外，还为解决国内同类问题做一定的技术储备和借鉴，同时全面提升我国膨胀土和高填方渠道工程建设水平。

2012年，各课题的研究工作按照任务书计划要求开展，执行情况良好，研究成果及时应用到工程建设一线，为加快膨胀土渠段和高填方渠段的施工进度，提高工程可靠度提供了有力的技术支撑，取得了一定的研究成果，其中：取得新材料1项；发表高水平学术论文33篇，在国外高水平期刊发表学术论文1篇；申请国内专利4项，其中申请发明专利1项，获得国内专利授权1项；研制行业标准1项；取得成果应用3项；培养取得博士学位4人，取得硕士学位4人。

（二）《南水北调中线总干渠水质安全保障技术与工程示范》课题

水体污染控制与治理重大科技专项《南水北调中线总干渠水质安全保障技术与工程示范》课题分别通过了由国务院南水北调办和“水专项”办公室组织的示范验收和课题验收。课题研究建立了总干渠两侧典型区地下水风险污染源清单，研发了总干渠两侧地下水中硝酸盐、重金属、有机物等典型风险污染防控等关键技术，建设了地下水风险污染源防控等示范工程。课题研究的地下水水质联动监控与预报等成果在南水北调中线局得到应用，构建的重大输水工程水污染控制与水质安全保障的关键技术体系为确保南水北调中线输水水质安全发挥了重要作用。

（三）《南水北调中线工程水源地及沿线水质监测预警技术研究与示范》项目

“十一五”国家科技支撑计划《南水北调中线工程水源地及沿线水质监测预警技术研究与示范》项目启动实施，项目设置《南水北调中线工程水质传感网的多载体检测与自适应组网技术研究与示范》、《南水北调中线工程水质评价、水质模拟和污染风险预警预报物联网服务技术体系研究与示范》和《南水北调中线工程水质传输网构建与物联网平台集成技术研究与示范》三个课题。项目的研究与《丹江口库区及上游水污染防治和水土保持规划》中确定水环境监测能力建设项目相结合，研发提供远程在线的固定监测台站、浮标、智能监测车（船）、水下仿生机械人等关键设备配套和示范站场地配套。依托中线干线自动化调度与运行管理系统工程一期工程，研究基于物联网的中线工程水源地及干渠水质风险监测预警及预报技术，为南水北调中线水质监测预警提供平台示范。

（井书光　罗　刚　张　晶　邵　勇　李道峰）

国际合作与交流

概　述

2012年，国务院南水北调工程建设委员会办公室（以下简称国务院南水北调办）在国际合作与交流工作中，认真贯彻落实中央关于外事工作的要求，严格外事纪律，加强外事管理。紧密结合工程建设实际，深化国际交流合作，外事工作取得积极成效。国务院南水北调办领导高级访问团、司局级考察团组和出国（境）培训工作有序开展，接待了加拿大土木工程师学会一行来访。

（管玉卉）

外事工作管理

2012年，国务院南水北调办认真贯彻国家关于严格出国（境）团组的有关要求，加强外事管理，研究制定了《国务院南水北调办贯彻落实〈中共中央办公厅、国务院办公厅关于转发中央纪委等部门因公出国人员审批管理规定的通知〉的实施意见》和《国务院南水北调办关于加强因公出国（境）人员审批管理的实施办法》，进一步规范出国审批、外事接待工作程序，加强护照管理、外事教育和出国（境）成果管理工作，拓宽了外事工作联络渠道。

（管玉卉）

重要外事活动

2012年2月，应坦桑尼亚、印度两国水利部及中国太平保险集团（香港）有限公司邀请，经国务院批准，国务院南水北调办副主任于幼军率团前往坦桑尼亚、印度及香港特别行政区进行考察访问。期间，于幼军副主任一行同坦桑尼亚水利部、印度水利部官员、水利专家进行会谈，深入了解两国在水资源开发利用、保护治理、农业节水技术和城市供水等方面的经验和成果，实地考察由我国援助并承包建设的坦桑尼亚查林兹供水项目、印度农业科学院节水灌溉、中水利用、雨水收集实验基地等，并向两国水利部介绍南水北调工程建设情况。出访结束后，考察团顺道香港，与中国太平保险集团（香港）有限公司负责人就南水北调工程建设融资合作问题进行深入洽谈。

2012年5月，应澳大利亚联邦科工组织、新西兰环境部以及新加坡环境和水资源部的邀请，经国务院批准，国务院南水北调办副主任蒋旭光率团前往澳大利亚、新西兰和新加坡进行考察访问。期间，蒋旭光副主任一行与澳大利亚维多利亚水工业协会、新西兰环境部、新加坡环境和水资源部相关负责人、专家进行了座谈交流，对三国在大型调水工程建设运行管理及运营机制、水资源配置、节约保护和综合利用等方面的经验进行深入了解并交换了意见，实地考察了澳大利亚雪山调水工程、新西兰水资源开发利用情况、新加坡滨海堤坝工程等，并向我驻外使领馆和国外政府部门介绍了南水北调工程建设情况。

2012 年 11 月，国务院南水北调办总工程师沈凤生在国务院南水北调办会见了加拿大土木工程学会会长 Jim Kells 教授一行，双方就南水北调工程建设相关技术问题进行了座谈和交流。

（管玉卉）

项目培训与考察

2012 年，经国家外国专家局批准并获资助，国务院南水北调办组织完成了赴澳大利亚工程质量管理培训班，组织司局级以下人员对西班牙和英国水利工程建设质量监督、匈牙利和奥地利大型工程建设及征地拆迁政策、南非和加纳调水工程水环境管理与保护进行了考察，并对加拿大和美国京石段大屏幕系统进行了出厂验收。通过出国培训和考察，加强了国际交流与合作，学习和借鉴了国外工程技术和管理等方面的有益经验。

（管玉卉）

新　闻　宣　传

概　　述

2012 年，按照国务院南水北调办党组工作部署和加强宣传工作的要求，围绕党中央、国务院和建委会有关南水北调工程的战略部署和方针政策，深入宣传东、中线一期工程建设进展和成果，大力宣传丹江口库区移民搬迁安置工作，积极宣传治污环保工作成效，在社会上产生了良好的反响，对于凝心聚力、团结各方、鼓舞士气、营造环境、创造氛围发挥了重要作用。

（杜丙照　何韵华）

宣　传　工　作

（一）宣传报道

协调策划组织记者、作家等 9 次到现场采访，挖掘深度报道，主要有作家南水北调东线行、《人民日报》及其海外版采访、《光明日报》中线蹲点采访、中央媒体东线治污成效宣传、库区移民干部先进事迹宣传、丹江口库区水源保护宣传等。组织召开 4 次新闻通气会，向媒体分别介绍工程通水倒计时、库区移民干部先进事迹、东线治污工程成效、中线水源保护等，为深入宣传报道创造了条件。

1. 电视媒体集中报道形成声势

协调中央电视台多次就南水北调工作进行报道。通过中央电视台地方部，结合东线水污染治理实际，对山东泰安、济宁等地工作进展及成效进行系列报道。协调开展公益广告宣传，于 2012 年 9 月通过中央电视台多个频道播出。播出移民专题片《王品兰移民记》并向社会发行，协调完成沙河、穿黄河等工程的拍摄播出工作。

2. 报刊媒体增加报道频次和深度

按照“五突出”工作要求，全年组织发布新闻通稿 12 次，并进行集中宣传报道，发出 400 余篇报道，转发数量达数万条，网络传播及时广泛，为工程建设营造声势。省级以上报纸报道专版达 34 个，其中中央主要媒体专版8个，远超过往年水平。《科学世界》期刊进行了专题报道。《人民政协报》发表了鄂竟平主任的专访，《科学世界》发表张野副主任的署名文章，《瞭望》先后发表专访蒋旭光、于幼军副主任的深度报道。

3. 网络媒体加大策划和协调力度

在巩固与人民网、新华网等国家重点新闻网站合作的基础上，经国务院互联网信息办公室（国务院新闻办）协调，加强同社会商业网站（如新浪、搜狐、网易等）的合作，促请其及时转发有关媒体的报道，在网络上的影响力明显加强。

4. 文化宣传成果逐渐显现

委托创作的报告文学《向人民报告》已出版发行。协调作家陈长吟、梅洁创作出版报告文学《水调歌头》、《汉水大移民》。协助国务院新闻办完成外宣片《世界上最大的水利工程—南水北调》的拍摄工作，已在十几个国家播出。联合《光明日报》开展“南水北调精神和文化”征文活动，已评选并公布相关奖项，选择部分作品通过《光明日报》发布。做好科普读物《南水北调工程问答》、《龙脉》的统筹编辑工作。

5. 文艺宣传格局初步形成

启动南水北调主题的歌曲征集活动，歌词改进工作完成，进入谱曲阶段。围绕移民搬迁，协助完成电影《汉水丹心》的内容审查、首发公映等工作。河南省创作了话剧《丹水情深》、现代豫剧《丹水谣》，湖北省创作了大型现代二棚子戏《我的汉水家园》。其中，《丹水情深》在第四届全国少数民族文艺会演获奖。配合《人民日报》社做好东线治污主题电视剧《大河北去》的拍摄筹备、协调等工作。

（二）宣传管理

1. 进一步加强同媒体的联络

与更多的新闻媒体建立日常工作联系，媒体数量在原来的基础上增加了一倍。与中国作协、中国文联、《人民日报》、中央电视台、《光明日报》等单位加强了联系，争取其对工程的更多关注和支持。重点加强与中央电视台的沟通，协调沿线与该台驻省记者站进行了联络，发挥其驻地机构的优势。

2. 进一步明确宣传工作激励导向

组织开展宣传工作的量化考核，评选先进集体和个人，突出重点宣传项目（如影视作品、报告文学、文化作品等创作）的权重，促使沿线各单位加大社会宣传的投入，进一步激发工作的积极性、主动性和创造性。

3. 加强宣传项目的策划和组织

继续推进纪录片摄制工作，完成东线航拍、专家访谈、西线拍摄等任务，对遇真宫顶升过程进行全程拍摄。协调推动中国南水北调工程丛书的编纂工作，组建编纂机构，召开编纂会议，安排有关工作。各卷目录初步确定，开始启动撰稿工作。促请系统内宣传主管部门和有关单位加强宣传项目的策划和组织。

4. 妥善做好媒体采访接待

共接到瑞士国家广播电台、香港《文汇报》、《人民日报》、中央电视台、《楚天都市报》等30余家媒体近50次采访申请，并协调有关单位安排接待，发布正面声音。

（杜丙照　何韵华）

信息工作

（一）加强信息报送工作

向中共中央办公厅、国务院办公厅报送《信息专报》12期，印发《南水北调简报》15期，及时反映南水北调工作动态，发挥信息在国务院南水北调建委成员单位之间沟通情况、凝聚共识、促进工作的作用。

（二）做好舆情分析工作

印制《近日媒体关注》37期，对社会有关敏感内容的报道进行摘编，供领导决策参考。重点做好全国“两会”期间代表、委员的建议和提案汇总，开展舆情收集工作。结合工作进展，加强网络舆情监控，随时进行分析研判，进一步增强舆情引导的针对性和实效性。

（三）及时公开相关信息

协调机关各司、直属各单位，及时发布工程建设、征地移民、治污环保、文物保护等工作信息，满足社会公众的信息需求。全年主动公开政府信息1720条。认真处理政府信息公开申请，未发生政府信息公开工作领域内的行政诉讼、行政复议案件。

（何韵华）

政策法规

（一）推进法制宣传教育工作

协调工程沿线有关单位，组织开展形式多样、内容丰富的普法活动。组织保密、信访等法规知识竞赛活动，利用“12·4”法制宣传日组织开展法制宣传教育。

（二）归口做好法规审查工作

协调做好《南水北调东线工程运行管理办法》等规章和规范性文件的审查工作。

（杜丙照　何韵华）

北京市新闻宣传

2012年，北京市南水北调配套工程建设不断推进，开工项目达5项，投资规模创开工以来之最。一年来，宣传工作紧紧围绕深入做好内部宣传、强化外部媒体交流，努力扩大工程宣传面和影响力，进一步统一思想、提振信心、凝心聚力，为工程建设和管理营造了良好的舆论环境。

（一）宣传工作

1. 加强宣传员管理，确保日常宣传不放松

建立和完善宣传联络员机制，各单位设专人1名，负责宣传工作的上传下达、组织落实等工作。日常加强对宣传联络员的管理和培训，确保宣传稿件报送及时、顺畅。同时，做好稿件的审核和推荐工作，全年共编辑印制工程建设简报58期，向各类报刊推荐信息和文章50余篇，发表17篇。

2. 密切社会媒体，确保重点宣传不缺位

积极协调有影响力的社会媒体，加大对重点项目的宣传力度。邀请中央电视台、北京电视台、《中国南水北调报》、《北京日报》、千龙网等社会媒体20余家，成功报道了东干渠开工仪式和团城湖调节池、亦庄调节池开工仪式，建立起报刊、电视、网络“三位一体”的立体化宣传格局，收到了良好的宣传效果。

3. 跟踪工程进展，确保整体宣传不遗漏

结合工程建设进度，跟踪拍摄征地拆迁、开工建设、阶段性完工、阶段性验收、开闸放水等节点事件，为工程建设留存影像资料。全年共拍摄工程照片2万余张，摄制影像资料约2000分钟；将影像资料整理成册，编辑制作了《南水北调·北京》、《建设中的南水北调2012》两本宣传画册，对工程阶段性的成果进行总结宣传。

（二）信息工作

努力提高政务信息工作水平，完善了政务信息报送流程和渠道，提升了信息报送的质量和数量，市委、市政府两办信息采用率有所提高。一是进一步规范信息报送机制，逐步强化各部门信息意识，提高信息的采集、编写和报送能力。二是全年编印《工程建设周报》48期，创办《汛期工作动态》，后改版为《内部工作动态》。三是逐步提高北京市南水北调外网利用效率，筹建内网用于内部信息交流，启动接入全市电子政务内网相关工作。四是做好数据统计，定期通报各单位信息报送数量和采编情况。

（三）志书编纂

《北京市水务志·南水北调篇》经过长编审查、初稿审查、送审稿初审阶段，进行了大小40余次修改，于2012年12月初完成送审稿，共计8.6万余字。编写送审稿累计收集资

料700余万字，完成的长编初稿约34万字。

（陈　静　徐　徐）

天津市新闻宣传

2012年，天津市南水北调办认真贯彻落实国务院南水北调办关于宣传信息工作的要求，紧紧围绕南水北调工程建设中心任务，切实加强宣传信息工作组织领导，完善宣传信息工作机制和网络，坚持正面宣传为主，牢牢把握正确舆论导向，以天津南水北调工作新思路、新举措为重点，不断整合新闻资源，改进方式，全方位、深层次、多角度挖掘新闻宣传题材，及时充分展示了南水北调工程建设成就和各项工作动态，扩大了南水北调工程的社会影响力，为全社会了解南水北调、支持南水北调，更好地推进南水北调工程建设创造了有利的外部环境和舆论氛围。

全年共组织工程节点性宣传活动4次，组织新闻媒体记者采访南水北调相关新闻30余次，在中央和天津市新闻媒体刊登或播发天津南水北调新闻72条，拍摄有价值照片200余张、录像资料150分钟。充分发挥“天津南水北调网”的信息宣传作用，为南水北调工程建设营造了良好的社会舆论氛围。切实加强信息工作，及时、准确、全面反映南水北调工作动态，全年共编发南水北调信息40期，为上级机关和各级领导提供了良好的决策信息支持。

（陈　维　刘丽敬）

河北省新闻宣传

2012年河北省南水北调宣传工作，紧密结合工程建设高峰期、关键期的实际需要，把握重点，创新形式，为南水北调工程建设营造了良好的环境和氛围，有力地促进了工程建设。

（一）组织部署

河北省南水北调办对宣传工作高度重视，主要领导亲自安排部署，要求把宣传工作与工程建设一同安排部署、一同落实考核。年初印发了2012年宣传工作指导意见，明确了指导思想，制定了目标任务，提出了保障措施，要求各级南水北调办、建管单位加大宣传经费投入，保障各项宣传计划和任务的有效落实。河北省南水北调办制定了宣传工作考核评比奖惩办法，每季度通报宣传工作情况，加强对宣传工作的检查和督导，促进了宣传工作开展。

（二）宣传工作

加强新闻宣传报道，利用不同媒体、采取多种方式、从不同角度开展南水北调新闻宣传工作，提高了宣传效果。及时召开省级新闻媒体宣传对接会，报道京石段工程通水亮点及天津干线、邯石段工程阶段建设成果、技术创新成果，反映配套工程前期工作、在建工程、节点工程等方面的最新进展，宣传工程建设者风采、参建单位与地方和谐共建的典型、沿线干部群众支持配合工程建设的先进事迹等，2012年在省级以上新闻媒体刊发稿件89篇。组织河北日报、河北电视台、河北人民广播电台、河北经济日报等新闻媒体对省南水北调四次建委会、国务院南水北调办及省政府领导调研、天津干线保定1段主体完工、廊涿干渠保定段完工、跨渠桥梁建设、洺河渡槽施工、配套工程重要建设进展等进行了重点报道。与湖北日报、楚天都市报、湖北卫视密切合作，通过“汉水丹心　湖北奉献”栏目对河北南水北调工程进行了全景式介绍。组织中国水利报对办领导进行了“确保主体工程　攻坚配套项目”专访。省办领导作客省电视台“阳光热线”栏目，解答社会关注的南水北调工程进展、供水范围、供水效益、供水水价及有关征迁政策等，引起社会广泛关注，扩大了社会影响。

（三）信息工作

努力做好政务信息工作，2012年共印发

南水北调简报42期、专报2期，其中2期专报和1期简报获得了河北省政府顾问张和的批示。“河北省南水北调”网刊发相关信息500余条，及时反映了南水北调工作动态、前期工作、征迁安置、工程建设等各方面的情况。同时，充分发挥“中国南水北调”网、《中国南水北调》报系统宣传主阵地作用，重大活动、重要进展等及时向上报送，大部分信息已被采用。组织了摄影、宣传知识培训和法律知识竞赛，开展了京石段通水摄影采风及南水北调工程建设摄影作品征集活动，8月份编辑出版了《冀水润京华——南水北调中线京石段工程（河北段）三次应急供水纪实》画册。河北省南水北调志完成了京石段工程施工篇初稿编制工作。

（张秀丽）

江苏省新闻宣传

2012年江苏省南水北调办认真贯彻落实国务院南水北调办关于加强宣传工作的部署，紧紧围绕中心工作，落实宣传计划，加强宣传策划，强化重点宣传，注重节点宣传，宣传工作取得了新成绩，为江苏省南水北调工程按期实现通水目标提供思想保证、舆论支持、精神动力。

（一）落实年度宣传计划

为适应新时期江苏省南水北调宣传工作需要，年初在《江苏省南水北调2011～2015年宣传工作计划》的基础上，研究制订了《2012年江苏省南水北调宣传工作实施计划》，从指导思想、工作目标、宣传路径、工作要求等方面指导江苏省南水北调系统宣传工作开展，全年共计确定组织调水、拆迁、治污等各类宣传活动17次，另外还组织创作报告文学和书画作品、制作专题宣传片、汇编南水北调书籍等宣传项目，各项活动和宣传项目均排定完成时间，落实到责任部门。

（二）组织重点宣传活动

江苏省南水北调办充分抓住领导调研检查、治污工程开工、年度建设工作会议、省领导小组会议召开等重要契机，认真组织中央和省主流媒体对江苏省南水北调工程进行全方位、多视角、密集型宣传报道。上半年共计组织重点宣传活动6次，在人民日报、新华社、人民网、新华日报等主流媒体刊登专版、专题新闻报道20余篇（次），进一步扩大了江苏南水北调工程影响力，为工程按期建成建好营造良好舆论氛围。

（三）开展重要节点宣传

进入通水倒计时，在建设计单元工程将陆续进入水下工程验收和联合试运行，高度重视该阶段重要节点宣传工作。皂河站工程进入联合试运行阶段，标志江苏省南水北调运河线主体工程全面建成，江苏省南水北调办在中央和省主流媒体进行集中报道的基础上，策划新华社江苏分社记者深入南水北调一线查看工程、采访人物，深度展现江苏省南水北调工程形象。徐州丰沛尾水导流工程开工，标志干线水污染防治深化治理工作全面实施，江苏省南水北调办策划组织有关主流媒体，集中报道近年来江苏省在水污染防治工作中的做法和措施，让全社会进一步了解江苏省南水北调工程。

（四）策划专题宣传报道

随着江苏省南水北调工程建设进入按期实现通水目标的攻坚决战时期，江苏省南水北调办加强了专题宣传报道组织策划力度，力求从多层次、多方位、多视角展现工程风采。一是会同中国水利报组织“保通水访谈录”、《岁月留香》人物专访，其中，专访文章《南水北调是社会发展的必然要求》、《东线成果将对泵站建设发挥重要作用》得到社会各界热点关注。二是做好中国作家协会采访江苏省南水北调工程组织策划。积极通过现场查看、座谈交流、文字材料、影像资料、人物采访等途径，多形式展示江苏省南水北调工程形象、沿线水文化和风土人情，进一步扩大工程积极影响。三是开展完建工程系列报道。会同中国水利报、中国南水北调报等开展《保通水倒计时——江苏篇》专栏系列报道，分期分泵站以图文并茂形式展示工程建设管理风采。目前，已完成刘老涧二站《追求完美品质、实现“两个率先”》专题报道。

（五）启动实施宣传项目

根据年度宣传工作实施计划，在抓好宣传活动组织的同时，加快实施一批宣传项目，进一步拓展宣传工作途径。一是创作江苏省南水北调报告文学。目前工作方案已经确定，创作协议已经签订，撰稿人深入沿线采访采风完毕，目前已经形成了25万字的报告文学初稿。二是制作江苏省南水北调工程宣传高清纪录片。经过市场调研和公开招标，已确定合作单位，协议已经签订，正在抓紧组织拍摄工作，预计通水前可以制作完成并公开发行。三是创作江苏南水北调书画作品，目前初步方案已经确定，正在组织实施。四是配合做好国务院南水北调办南水北调工程大型纪录片摄制工作，目前江苏境内第一批地面和空中拍摄工作已经完成。

（六）扎实抓好日常宣传

一是办好江苏南水北调网站。依托外包力量抓好网站技术维护，组织培训座谈、健全考核奖励机制，加强通联队伍建设，提高信息报送质量，调动组稿积极性，丰富网站信息内容，提高社会了解工程透明度。二是编好简报月报专报。坚持每月编印工程简报，分析工程进展和建设管理情况，层层分解落实月度任务，及时报送各级领导阅读参考。及时向国务院南水北调办和省政府报送重要信息，让领导同志准确掌握南水北调工程动态。三是统一对外宣传形象。按要求提出江苏南水北调对外宣传标语标牌设置实施方案，并印发给现场建设单位和泵站委托管理单位。根据实际情况，重点在泗洪站、邳州站、洪泽站先期制作3组大型广告牌；同时在盱眙和徐州高速公路租用大型擎天柱广告塔，扩大江苏南水北调工程的社会影响力。

（杨金海）

山东省新闻宣传

2012年，山东省南水北调工程建设管理局（以下简称山东省南水北调建管局）认真贯彻落实国务院南水北调办《2011～2015年南水北调宣传工作计划》的工作部署，突出重点，加大投入，创新形式，营造合力，积极构建全方位宣传新格局，宣传工作取得显著成效，在大力营造全社会支持南水北调工程建设的浓厚氛围中发挥了重要作用。

（一）宣传工作机制

为规范和加强南水北调新闻宣传工作，山东省南水北调建管局不断健全完善党委领导下的新闻宣传工作体系，形成了规范高效、运转良好的新闻宣传工作机制。

1. 宣传工作合作协调机制

建立与上级主管部门的联系机制。加强与国务院南水北调办公室综合司、省政府办公厅和省委宣传部日常化的沟通和联系，确保渠道畅通，及时把握工作重点，把握宣传报道方向。建立与媒体的沟通协调机制。与新华社、人民日报驻山东记者站、大众日报、山东广播电视台、中国水利报、中国南水北调报等主流和专业媒体加强沟通协调，建立密切的合作关系，搞好新闻宣传的策划，丰富宣传内容，创新宣传报道的方式方法，不断提高宣传水平。

2. 宣传队伍建设和培训机制

建立了涵盖山东省南水北调建管局、山东干线公司、各工程现场建管机构和各市南水北调办事机构的宣传信息骨干队伍和工作网络。到2012年底山东段干线主体工程基本完工时，这支队伍达到了122人。对宣传骨干队伍实行动态管理，根据各个单项、设计单元工程建设开展情况，随时补充调整宣传信息员，做到工作网络横向到边、纵向到底。

新闻宣传工作从总体上建立了“有人抓、有人管、有人干”的良性机制，形成了“一级抓一级，层层抓落实”的工作格局，为做好信息宣传工作提供了有力的组织保障。

定期组织培训交流，提高宣传骨干的业务水平和工作水平。山东省南水北调建管局每年的上下半年各组织一次宣传工作交流培训会。对国务院南水北调办、中国南水北调报、中国水利报等组织的新闻宣传交流会、培训班，积极组织宣传业务骨干参加，有效提了宣传工作水平。省南水北调局办公室自2009年以来每年都被国务院南水北调办评为“南水北调宣传工作先进集体”，被中国南水北调报授予“标兵通联站”称号。2012年有9人被中国南水北调报评为优秀记者和标兵通讯员、优秀通讯员。

3. 宣传工作考核机制

将宣传工作纳入山东省南水北调目标管理考核体系，进行量化赋分，每季度公布各市南水北调办事机构、山东省南水北调建管局、山东干线公司各部门单位宣传报道和报送信息采用情况，每半年对宣传工作进行考核。考核直接与部门单位业绩讲评挂钩。东营、聊城、枣庄、淄博市南水北调局对宣传信息工作制定了管理办法并进行考核，对先进进行奖励，提高了宣传信息工作人员的工作积极性。

4. 突发事件新闻发布应急机制

南水北调跨省市、跨流域，工程点多线长，与经济社会发展和人民群众生活息息相关，突发性事件和来自系统之外的干扰因素随时都可能发生。对此山东省南水北调建管局专门制定发布了《山东省南水北调工程突发事件新闻发布应急预案》，建立了完善的突发事件应急发布机制。加强全省南水北调系统各单位应对突发事件新闻发布工作的规范化、制度化建设。

应急预案对突发事件新闻发布适用范围、事件分级、工作原则，组织指挥体系及职责，新闻发布应急响应（包括应急启动、记者采访管理、主动引导社会舆论、新闻发布等），后期处置和应急保障等事项作出明确的规定。

（二）宣传组织策划

南水北调作用重大、意义深远，工程建设规模大、投资大、难度大，重要节点多，需要社会各界、各级政府和部门的大力支持和配合。抓住南水北调工程建设管理的重要进展和关键节点，搞好重大宣传活动策划与组织，对加大南水北调宣传力度，提高宣传效果，具有显著作用。特别是工程全面进入建设关键期的2012年，省南水北调局制定宣传工作计划和实施方案，紧密结合实际，突出宣传重点，加强宣传工作的策划与组织，发挥好中国南水北调报、中国南水北调网站、山东省南水北调网站宣传主阵地、主渠道和主窗口和中央和地方主流媒体覆盖广、受众多、公信力强的优势，实现宣传效果的最大化。通过策划组织好重大宣传活动，加大了宣传力度，形成了集中宣传声势，取得了很好效果。

1. 宣传南水北调工程建设重大进展和重要成果

抓住贯彻落实上级重大决策部署、山东省具备大流量调引长江水入境条件、中水截蓄导用工程全部投入运行发挥显著效益、山东段干线主体工程基本完工等重要节点，搞好宣传策划，组织新华社驻山东记者站、大众日报、山东省广播电视台、中国水利报、中国环境报进行采访报道，充分利用各种媒体的优势，从不同视角、不同角度，在报纸、电视台、广播电台广为宣传报道，形成了集中宣传声势。2012年，经过精心组织策划的宣传活动达十余次，在中央和山东省主流媒体发表的南水北调各种宣传稿件280篇以上，收到了很好的宣传效果。

2. 组织专题报道

对水污染治理采取的措施和取得的阶段性成果组织专题宣传，如南水北调水污染治理“治、用、保”体系的建立，山东段水质基本达标，中水截蓄导用工程全部建成并在水质保障中发挥突出作用和综合效益，南水北调东线治污现场会在山东召开等。中央电视台、新华社、人民日报、光明日报、中国环境报、中国水利报相继刊发专题报道30多篇，形成了很大影响力，提高了南水北调的积极影响。

3. 对外公益宣传

为给南水北调工程全面开工，加速建设营造良好氛围，山东省南水北调建管局重视搞好南水北调公益宣传。到2012年底设置大型南水北调公益宣传牌、导视标牌30多块；与山东省广播电视台合作拍摄南水北调宣传专题片，均取得了积极的宣传效果。利用公益宣传的形式宣传南水北调工程建设，在全国南水北调系统开了先河，并为其他省市所借鉴。

4. 工程航拍

为全景展示南水北调工程建设，根据国务院南水北调办宣传工作计划安排，于2012年4月16~30日组织开展东线山东段工程航拍工作。山东省南水北调工程航拍自省界（江苏省与山东省）工程开始，由南向北向东全景拍摄了韩庄运河段工程、南四湖—东平湖段工程、穿黄河工程、鲁北段工程、济平干渠工程和济南市区段工程已完工工程和在建工程，以空中视角展现了南水北调的壮丽画卷。在拍摄南水北调工程的同时，摄制组还航拍了运河古城台儿庄、古运河、南四湖、东平湖、济宁、聊城、济南市等沿线人文和城市美丽景观，他们与南水北调工程交相辉映，充分展现了齐鲁大地蓬勃发展的壮美画面。这些画面已在南水北调宣传片、画册中广泛采用，为提高南水北调的积极影响起到了显著作用。

5. 喜迎十八大南水北调宣传特刊

在党的十八大即将胜利召开之际。在省报《大众日报》刊出“喜迎党的十八大——南水北调专刊”。专刊用四个整版“确保2013年通水没有任何回旋余地”、“干线主体工程建设又好又快推进”、“凝心聚力铸辉煌”、“放歌南水北调”，向社会集中宣传了南水北调工程的重大意义和作用，形象展示了南水北调工程建设10年来取得的巨大成就，生动反映了广大建设者顽强拼搏、无私奉献的精神风貌，在社会上引起热烈反响，对扩大南水北调的积极影响，激励参建单位和建设者全力攻坚，确保如期实现通水目标，进一步营造全社会支持南水北调工程建设的浓厚氛围发挥了重要作用。

（三）通水阶段宣传工作

南水北调东线一期工程将于2013年三季度实现通水，为进一步营造全社会关心和支持南水北调的浓厚氛围，创造通水良好外部环境，山东省南水北调建管局专门研究制定《南水北调工程通水宣传工作实施方案》。

1. 宣传内容

确定在十个方面加强南水北调通水阶段宣传工作。一是重点做好国务院建委会重大决策部署。二是在主流媒体发表系列文章，全面阐述南水北调工程的重大意义和重要作用。三是结合工程扫尾和通水准备工作进展，重点宣传山东省在实现工程建设目标方面采取的有效措施和工程建设取得的成绩和经验。四是对21项中水截蓄导用工程全部投入运行，发挥治污和改善生态环境等综合效益情况进行专门报道。五是突出对续建配套工程建设进展情况、对水资源的合理配置利用等进行宣传报道。六是利用中国南水北调网、山东南水北调网等网站，及时发布南水北调通水阶段工作信息。七是以引导社会公众关心支持南水北调，爱护南水北调工程设施，保证人民群众生命财产安全为主要内容，做好通水阶段工程沿线和工程范围内现场宣传工作，为通水阶段各项工作顺利进行提供保障。八是大力宣传南水北调先进典型和事迹，展示南水北调系统负责、务实、求精、创新的社会形象，着力打造南水北调精神丰碑。九是及时报道南水北调工程进展。十是针对通水过程可能出现的问题和社会公众媒体关注的热点，根据《山东省南水北调工程突发事件新闻发布应急预案》要求，研究编制通水期间应急宣传工作预案，防患于未然。

2. 重点宣传项目

在南水北调通水阶段，组织实施10个重点宣传项目，且均确定了责任单位和配合单位，明确了实施阶段和完成时限。

一是抓住"通水验收"、"通水仪式"两个重要节点，发布综述性新闻通稿，组织集中采访报道。二是筹备召开新闻发布会，全面、系统地介绍南水北调工程的重大作用和建设成果。三是组织好沿线宣传活动，引导公众支持工程建设、爱护工程设施，保障通水工作顺利进行。四是出版反映工程建设成就的大型画册。五是拍摄山东南水北调工程专题片。协调省电视台等社会资源，拍摄制作反映工程全貌的记录专题片，在省电视台播出。六是编辑出版山东南水北调新闻集，系统整理各主流媒体从工程开工到通水前的新闻稿件，并公开发行。七是编辑出版《脉动齐鲁—南水北调工程》丛书。真实记录南水北调工程建设历程，全方位反映总结南水北调工程建设成果和经验。八是设计和推广应用南水北调形象识别系统，提升和展示南水北调良好形象。九是工程通水后邀请媒体到工程沿线进行采访报道，反映工程通水对沿线经济社会发展、生产生活条件和生态环境改善等方面带来的积极影响。十是通水警示标牌的设置及宣传。

（四）信息工作

围绕南水北调工程建设重大决策部署、工作动态进展等重点，做好信息采集、整理、上报和发布工作，为工程建设管理科学决策、工作交流和社会公众及时全面了解南水北调创造了条件。

建立起了覆盖面广、时效性强的信息采集渠道，规范了信息报送制度。山东省南水北调建管局各部门、山东干线公司各现场建管机构、各地市南水北调局（办事机构）均设立专（兼）职信息联络员，及时报送信息。对各单位、部门报送的信息采用情况进行评比考核，将信息报送与采用情况作为省南水北调目标管理重要考核内容，对信息采用量化加分，有效地提高了各单位报送信息的积极性。

加强信息载体建设和管理。编辑《南水北调工程动态》167期、《每周要情》50期。在"山东南水北调"等网站及时发布工程信息2700多条次，发挥了网站发布信息量大、更新速度快、传播范围广的优势，对提升南水北调的积极影响起到重要作用。

（杨建伟）

河南省新闻宣传

（1）继续坚持在《中国南水北调报》的宣传。

加强与编辑部沟通，及时采写传送稿件，认真完成约稿，积极配合采访，并组织通讯员踊跃投稿。2012年，在《中国南水北调报》发表稿件107篇，其中头条8篇；积极参加《中国南水北调报》组织的各种活动，在南水北调精彩瞬间摄影比赛中，余培松作品获得二等奖；在有奖问卷调查活动中，组织700多人参加答卷；积极配合完成南水北调纪录片在河南省拍摄、作家诗人采风等活动；同时，积极做好《中国南水北调报》在河南省的发行工作，不但使南水北调系统、各参建单位广大建设者都能及时看到报纸，还向省政府领导赠阅，取得很好的宣传效果。

（2）组织中央驻豫和河南省内主要媒体对重大活动进行集中宣传，组织3家以上主流媒体集中报道重大活动10多次。

2012年1月31日，组织《河南日报》、河南广播电台、河南电视台3家主流媒体开展新春走基层活动。组织中央驻豫媒体和河南省内主要媒体对南水北调工程建设促进会、促进度动员大会、新乡市配套工程开工、平顶山市配套工程开工、南水北调配套工程建设现场交流会等重大活动进行重点报道。2012年，主流新闻媒体有关河南省南水北调的报道有300多篇。

（3）在河南电视台和《河南日报》开辟专栏，以“走转改”的形式，连续报道。

2012年7月开始，河南电视台先后派出8组记者到11个标段采访昼夜施工情况，并在河南省新闻联播中播出，其中4次在头条播出，并把播出的节目制成光盘，直接寄给各项目建管处和施工单位，取得很好的效果。同时，组织《河南日报》、《河南日报（农村版）》、《中国南水北调报》开展联合采访，集中报道。《河南日报》在三版刊登8篇反映施工单位和建设者风貌的现场新闻，《河南日报（农村版）》在一版突出位置刊登10多篇，《中国南水北调报》用整版集中报道河南段的建设画卷。

（4）组织开展“生命运河探源”新闻采访活动。

2012年12月20日，河南省委宣传部、河南省南水北调办、河南省政府移民办联合组织的“生命运河探源”新闻采访活动在郑州启动。河南省南水北调办主任王小平向与会记者介绍南水北调中线工程河南段的基本情况、主要特点和推进工程建设的主要措施，河南省委宣传部副巡视员任高潮宣布新闻采访活动正式启动，河南省南水北调办副主任刘正才主持启动仪式，河南省政府移民办副主任万汴京出席启动仪式。《人民日报》、中央人民广播电台、《经济日报》、《光明日报》、《北京日报》、《天津今晚报》、新浪网等22家媒体记者参加采访活动。采访团采访南阳淅川县生态水质保护和移民安置、陶岔渠首工程建设、总干渠方城段6标工程建设、沙河渡槽工程建设、平顶山西暗渠工程、马湾移民新村、中线穿黄河工程、焦作城区和谐征迁以及城区高填方段干渠、山门河暗渠等。活动中，记者边采访边报道，发表50多篇新闻作品。

（5）突出宣传方城6标项目经理陈建国先进事迹。

《河南日报》在一版重要位置刊发反映南水北调方城段6标项目经理陈建国事迹的长篇人物通讯《为使清水润华夏，不惜此身做基石》，全景展现陈建国同志舍小家、保工程的可歌可泣的感人事迹。国务院南水北调办主任鄂竟平分别作出重要批示，号召南水北调系统深入学习陈建国同志先进事迹和精神。特别是新华社动态清样刊登陈建国先进事迹后，原国务院副总理回良玉作出重要批示。在济南召开的南水北调系统工作会议上，陈建国同志作事迹报告；在河南省南水北调工作会议上，播放了陈建国同志事迹专题片。《河南日报》、河南电视台、《中国南水北调报》、《大河报》等多家主流媒体重点关注，相继多次采访、重点报道陈建国先进事迹。在南水北调系统凸显典型引领作用，在全社会树立南水北调良好形象。

（6）与《人民日报》河南分社密切合作，在人民网河南频道开辟南水北调专栏，2012年，人民网刊发南水北调信息62条；与河南人民广播电台签订合作项目，每年播出消息60条、专题6条，正在有序播出。

（7）与新华社河南分社合作，利用其资源优势，在高速公路服务区36块新华影廊、40所高校新华影廊、郑州市区10块新华影廊联合展出南水北调工程建设、移民征迁、水源保护等图片和视频，展出时间为30天。

（8）编辑出版《河南南水北调》画册。画册从领导关怀、工程建设、移民安置、征地拆迁、水源保护、自然人文、精神文明等7个方面，全面展示河南省南水北调工程建设成就。

（9）加强网络维护，保证网络安全畅通，

不断更新版块，及时上传各类信息，丰富网站内容。上传各类信息近1000条，总量达到3800多条，上传照片2300幅，总量达到6700多幅，新增访问人数9万人，总访问量达到近38万人次。

（10）建立健全声像档案，挑选、分类和备份，有关图片资料整理完毕，应用方便，数据安全。

（田自红）

湖北省新闻宣传

（一）工作目标

2012年初召开了湖北省南水北调宣传信息工作会议，确定了全年宣传工作目标：一是加强宣传活动的组织，各个单位每季度组织3家以上媒体采访不少于一次。二是增加发稿量，2012年发稿量要比2011年增加20%以上。三是开展文艺作品创作，各个单位全年作品不少于10篇。四是其他特色宣传项目要有突破，全年不少于2次。

（二）宣传工作开展情况

2012年宣传工作取得重大成效，主要工作如下：一是出版《汉水丹心湖北奉献》特刊史无前例。2012年9月18日，由湖北省南水北调局与湖北日报传媒集团联合推出的大型南水北调特刊《汉水丹心湖北奉献》，以著史的态度，48个版的规模，全面记录下南水北调中线工程的缘起与成就、奉献与牺牲。特刊在中线工程沿线六省市发行200万份，引发读者广泛关注和交口称赞。全国政协人口资源环境委员会副主任、国务院南水北调办原主任张基尧、国务院南水北调办副主任、党组成员蒋旭光、副省长田承忠等领导盛赞特刊是大气磅礴震撼人心的调水史诗。这份特刊对南水北调工程宣传的深度、广度、力度在湖北省内史无前例，在南水北调工程所涉及的各省市中也是十分罕见的，堪称全国南水北调宣传史上的一个里程碑。二是湖北省南水北调网全年发稿2000条，创历史新高。开设了“兴隆蓄水倒计时”等多个专题。三是“宣传六个一”工程（即对兴隆工程和引江济汉工程各制作一部电视专题片，出版一本画册，出版一本新闻报道集，编辑一本工程建设管理论文集，编辑一本大事记，编辑一本工程建设管理规章制度）抓紧实施，累计拍摄视频1439分钟、照片2000张。四是历经几个月的策划、采访，《湖北省南水北调作品专号》出版发行，发行量10万份。五是组织《湖北日报》、湖北电视台、《中国南水北调报》记者多次到工地采访，湖北卫视在全省新闻联播头条报道了春节大施工的新闻。六是全年向湖北省委、省政府办公厅报送政务信息76条，完成了规定任务。向国务院南水北调办报送信息28条。其中《以三方监管协议构筑南水北调资金防火墙》的政务信息经省委办公厅上报中办后，李克强作出批示，要求全国南水北调系统学习、借鉴。

湖北省南水北调建管局等4个单位被国务院南水北调办表彰为“全国南水北调宣传工作先进集体”，龚富华等4人被表彰为“先进个人”。湖北省南水北调局综合处被《中国南水北调报》表彰为“先进通联站”，龚富华等4人被表彰为“优秀记者”、“优秀通讯员”。龚富华被湖北省委办公厅表彰为“湖北省信息报送先进个人”。

（龚富华）

南水北调中线干线工程建设管理局新闻宣传

（一）组织新闻报道

为配合“两期”工程建设，营造良好的社会氛围，主动与中外主流媒体沟通联络，加强宣传策划力度，积极组织协调主流媒体前往施工一线开展宣传报道。

（1）组织中央媒体对京石段输水进京超10亿m^3、南水北调进入倒计时、京石段工程运行管理情况、京石段工程第四次向北京调水、自动化调度系统启用、穿黄内衬完工等多项节点工程进行了集中报道。

（2）策划组织了多次中央媒体专题报道：与中央电视台策划了《中国跨度—沙河渡槽》专题片，全面介绍了沙河渡槽的技术挑战和建设过程；在“五一”期间，协调中央电视台对湍河渡槽工程建设进展进行了现场直播；组织《光明日报》采访小分队从惠南庄泵站出发沿途采访了穿黄工程、湍河渡槽等重要节点，用两个整版刊发了专题报道《为北国调水的人们—走近南水北调中线干线工程建设者》；组织《人民日报（海外版）》刊发《南水北调工程进入倒计时》，主要报道京石段工程运行管理情况及取得的成绩；组织《新京报》跨版刊发了河南段工程建设情况；组织《经济日报》整版刊发南水北调建设进展情况；组织《中国青年》杂志推出专题报道《走访国字号工程：南水北调》，该专题以“南水北调的历史与现实”等五个方面对南水北调工程概貌进行了描述，生动地展示了南水北调工程开工建设十年所取得的辉煌成绩与重大突破。

（3）协调接待了中央网络媒体河南行、《人民日报》、《楚天都市报》、德国电视一台、法国《科学与未来》杂志社等中外媒体的专题采访。

（二）策划重大宣传项目

（1）策划实施了第二部公益宣传片《建设者篇》。该公益宣传片于2012年8月20日在中央电视台1套（CCTV－1）黄金时段正式播出，首播后，在南水北调系统内外引起强烈反响。在央中央电视台投放《建设者篇》后，又策划制作了第三部公益宣传片《移民篇》。

（2）参与《科学世界》南水北调专题策划实施。该专题用3万余文字及60余副照片图标，从中国水资源分布、南水北调的论证、工程总体情况、建设与运行管理、工程效益等多个方面，从科学普及的角度对南水北调工程，特别是对攻坚阶段的中线工程进行全方位的介绍和解读。

（3）抢救性地挖掘整理了南水北调开工建设以来的优秀摄影作品，编辑出版了《十年—镜头中的南水北调》摄影集，在此基础上，按国务院南水北调办领导要求，全面丰富素材，编辑了《向北向北—南水北调摄影集》，直观展示建设成就，展示建设者风貌以及南水北调文化。

（4）策划实施了2012年度中线干线航空摄影摄像（两期）。航拍了全线有代表性的工程现场，动态记录工程形象，为工程建设积累一批价值较高的历史影像资料。多家中央媒体、中央电视台公益宣传片、中央电视台纪录片中频繁使用航拍成果，有力地展示了南水北调工程形象。

（5）策划实施了南水北调报告文学创作工作，邀请中国报告文学签约作家李钼子创作了100余万字的报告文学《一江清水向北流—南水北调中线工程建设纪实》，并协调红旗出版社出版发行。

（6）经中线建管局领导协调，在位于北京西五环和京石高速交叉口的大型户外宣传牌投放了南水北调平面公益广告。

（7）与《人民文学》杂志社联合举办了“作家采风中线活动”。组织了10余名国内著名作家，历时5天走访全线，作家采风作品已陆续发表，2013年初将在国内最权威的文学刊物《人民文学》集中刊发。

（8）挖掘了南水北调建设者的典型代表陈建国的鲜活事迹，并积极向中央电视台推荐，在无数竞争者中，成功入选中央电视台“感动中国2012”获选人（全国共40名），为南水北调人赢得了社会尊重。

（三）持续提高办报水平

2012年，《中国南水北调》报紧紧围绕南水北调中心工作，充分发挥报纸喉舌和舆论导向作用，全年共出版37期，发行52万份，发表评论32篇，组织专题报道43个，策划刊出《南水北调十年特刊》。

（1）传递建委会决策部署和国务院南水北调办党组工作安排及时有力。围绕建委会第六次全体会议的召开，发表系列评论，开设《坚定通水目标不动摇访谈》《决战2012》系列专访、《聚焦通水倒计时》等栏目，宣传各地贯彻落实情况，展示建设成就，鼓舞了士气，凝聚了力量。

（2）全面深入宣传工程建设成果及建设者精神。积极宣传在工程建设、征地移民、治污环保中的新举措、新进展、新经验、新成效。集中推出了陈建国等一批典型人物报道，为中央媒体集中宣传提供了有力支撑，还在四版大力展现广大建设者共同奋斗、开拓创新、无私奉献的崭新风貌，弘扬南水北调精神。

（3）报纸覆盖面和影响力持续增强。推出《中国南水北调》报电子报，目前，已经出版的145期报纸全部实现了电子化，读者不仅分布在南水北调沿线，而且遍布全国各行业。

（4）通联队伍建设工作扎实有效。举办年度宣传通联工作会议，联合新闻出版部署分两次集中开展业务培训，共160人次参加，全面提高了基层通讯员的业务水平。

（四）提升网站管理水平

（1）及时、准确、规范地完成了门户网站信息内容的发布任务。重大信息做到不漏报、不错报。特别是在中线建管局网站开辟了视频新闻的模式，采集制作并发布22部视频新闻和专题，受到了广大建设者的欢迎。

（2）加强了网络舆情的收集分析。为充分了解、收集，并正确引导社会公众对南水北调工程建设的舆论导向，从今年下半年开始，开展了网络舆情监控工作，编写《南水北调网络舆情报告》，供办领导参阅。

（王志文）

南水北调中线水源有限责任公司新闻宣传

（一）宣传工作

2012年，中线水源工程的宣传工作是以丹江口大坝加高工程溢流堰面加高施工、升船机安装调试、机电金属结构更新改造和库区移民搬迁安置工作为重点。根据《国务院南水北调办2011～2015年宣传工作计划》和《南水北调东中线一期工程对外宣传标语标牌设置总体实施方案》的安排，在左、右岸坝头、18坝段坝顶等处，布置了23块宣传牌，在大坝下游面护堤上布置了大型的宣传标语；举行了南水北调中线一期工程通水倒计时牌揭牌仪式，增强了参建人如期实现通水目标的责任心和紧迫感；制定了中线水源公司突发事件新闻发布应急预案。先后完成了作家采风团、中央电视台中国南水北调纪录片摄制组、中国作协“行走长江看水利”采风团的采访配合工作。在党的十八大开幕当天，配合中央电视台完成了“献礼十八大，聚焦重点工程”的现场直播活动。先后在《人民长江报》、《中国水利报》上刊发专版，完成了《科学世界》、《中国水利》丹江口大坝加高技术专题的组稿工作，系统总结了中线水源工程建设管理取得的成就，扩大了工程的影响力。

做好德国电视一台、德国广播协会、瑞士国家广播公司等媒体的采访接待工作，进一步扩大工程的国际影响力。

全年共在中线水源公司网站、中国南水北调网、《中国南水北调报》、《中国水利报》、《人民长江报》、长江水利网等媒体上发表各类稿件115篇。编办《工作简报》12期，《信息专报》14期。综合部被评为“南水北调宣传工作先进单位”、“《中国南水北调报》先进通联站”。

（二）普法工作

制定2012年普法工作和法律进工程工作计划，坚持理论中心组学法制度。组织开展世界水日、中国水周和“12·4”法制宣传教育日的相关活动；春节前组织开展农民工工资支付情况的专项检查；定期组织员工收看法制宣传教育电教片，增强职工的法律意识；结合国务院南水北调办、国家审计署的审计和稽察工作，组织相关人员开展招投标法的学习；举办水利知识与政策法规竞赛活动。各参建单位结合各自工作的实际情况，围绕质量、安全、环保、文明施工等主题组织开展丰富的法制宣传教育工作。

（班静东）

南水北调东线江苏水源有限责任公司新闻宣传

2012年，江苏水源公司十分重视抓好工程建设高峰期的宣传工作。

1. 落实年度宣传计划

2012年初会同省南水北调办研究制定《2012年江苏省南水北调宣传工作实施计划》，全年共计确定组织调水等各类大型宣传活动12次。

2. 组织重点宣传活动

会同江苏省南水北调办抓住领导调研检查、年度建设工作会议、省领导小组会议召开等重要契机，认真组织中央和省主流媒体对江苏省南水北调工程进行宣传报道。全年共计组织重点宣传活动15次，在人民日报、新华社、人民网、新华日报等主流媒体刊登专版、专题新闻报道30余篇次。

3. 开展重要节点宣传

抓住皂河站工程进入联合试运行，标志江苏省南水北调运河线主体工程全面建成为契机，组织邀请中央和省主流媒体进行集中报道，在新华日报、中国水利报和南水北调报专题报道并被新华网、人民网转载刊登，特别是“南水北调东线大运河线建成通水”年底被省水利信息中心评为“2012年度江苏水利十大新闻”。抓住洪泽站、金湖站水下验收以及淮安四站、宝应站完工验收，深入工地现场拍摄，在江苏南水北调网站和中国南水北调报作了重点宣传。

4. 策划专题宣传报道

会同中国水利报组织“保通水访谈录”、《岁月留香》人物专访。对江苏省南水北调办、江苏水源公司主要负责人以及在南水北调前期工作中作出杰出贡献的老领导、老专家访谈已完成。其中，专访文章《南水北调是社会发展的必然要求》、《东线成果将对泵站建设发挥重要作用》得到国务院南水北调办网站热点关注。配合做好中国作家协会采访江苏省南水北调工程组织策划。开展完建工程系列报道。会同中国水利报、中国南水北调报、江苏水利杂志等开展《保通水倒计时——江苏篇》专栏系列报道，分期分泵站以图文并茂形式展示工程建设管理风采。

5. 加快开展新版专题片制作项目

抓好宣传活动组织的同时，加快实施一批宣传项目，重点项目是制作江苏省南水北调工程宣传高清纪录片。2012年初确定合作单位并完成专题片制作具体工作方案，同时抓紧组织各类拍摄，全年累计拍摄各类活动16次，预计明年6月前可以制作完成并公开发行。

6. 突出展示工程形象

2012年，在金宝航道相邻金宝公路沿线、洪泽站相邻宁淮路沿线4座高立柱广告牌宣传运西线工程。

7. 扎实抓好日常宣传

继续维护江苏南水北调网站。2012年累计责编398篇。完成2011～2012年度网站稿费发放和好新闻评比表彰。及时编报信息专报，及时向国务院南水北调办和国资委报送重要信息，累计向国资委报送信息15条。

8. 其他配合工作

配合国务院南水北调办组织开展通水倒计时揭牌、中央电视台《走近科学》栏目组采访和现场拍摄、南水北调纪录片驻地拍摄、中央电视台航拍、中国作家协会和歌曲创作家采风等各类宣传活动。

（余　真）

CHINA SOUTH-TO-NORTH WATER DIVERSION PROJECT CONSTRUCTION YEARBOOK

拾壹 东线工程

THE EASTERN ROUTE PROJECT OF THE SNWDP

综　述

江　苏　段

概　述

2012 年是江苏省南水北调工程实现 2013 年通水目标的决胜年。江苏省南水北调办和江苏水源公司根据国务院南水北调办和江苏省政府的决策部署，在江苏省国资委的关心支持下，紧紧围绕年初确定的各项目标，大抓工程进度、狠抓工程质量、紧抓工程运行管理，着力推动公司经营发展，全面完成各项任务。2012 年江苏水源公司被国务院南水北调办评为质量安全进度投资综合先进单位。

2012 年，圆满实现了工程进度、质量、安全和验收等各项目标。全年完成工程建设投资 22.72 亿元，占江苏省政府下达年度计划的 110.93%；累计完成工程投资 114.18 亿元，占批复总投资的 93.2%。运河线工程全面建成，运西线主体工程基本建成，运河输水主干线的 24 个单项工程先后投入淮北地区抗旱排涝，累计翻水 85 亿 m^3，在抗旱调水和防洪排涝中发挥显著效益。单位工程优良率达到 95.6%。全年共完成 9 项单元工程完工或通水验收。治污工程建设方面，规划确定的 102 个项目已经全面完成并发挥效益，14 个控制断面 6 项指标年均值达到地表水Ⅲ类标准。规划实施 158 个深化治理项目，截至 2012 年底已有 70% 左右的项目进入实施，1/3 的项目已经完成并发挥效益。新增完成污水处理厂配套管网建设 550km，完成干线排污口门清理关闭，沿线水环境自动监测工程基本建成。新增的尾水导流工程中，新沂市尾水导流主体工程基本建成，丰沛尾水导流工程正在抓紧推进，睢宁尾水导流工程近期开工建设。

（杨金海　余　真）

前　期　工　作

2012 年，围绕南水北调东线工程的运行管理，江苏省南水北调办和江苏水源公司开展了多项研究工作。

2012 年，江苏省南水北调办配合参与南水北调东线一期工程供水水价成本研究，配合江苏省物价局，按照国家发展改革委要求进行南水北调东线一期工程供水水价成本研究，已经初步完成江苏境内供水成本的测算，形成了水价制定的原则和思路。会同江苏省防汛防旱指挥部办公室、江苏省水利厅等有关单位，组织开展了南水北调东线一期工程（江苏）水量调度方案编制工作。南水北调东线江苏境内水量调度方案已经形成并上报水利部，并就水利部主持编写的东线工程水量调度方案（征求意见稿）提出了江苏省的原则意见。与江苏省水利厅紧密配合，在南水北调总体规划和历年来对南水北调东线二期、三期工程的规划思考基础上，启动了南水北调东线补充规划编制工作，已基本形成了补充规划编制的工作方案和编制思路，具体研究工作即将着手展开。此外，江苏省南水北调办还就水利部对南水北调受水区地下水压采方案的征求意见稿提出了意见；积极参与水利部和国务院南水北调办等有关部委召集的南水北调东线省界工程管理体制研究；并与河海大学等科研院所合作，陆续开展了以南水北调东线江苏境内单项工程运行管理模式研究为代表的一些课题研究工作，从不同角度探索南水北调体制机制的研究思路。

2012年，江苏水源公司组织编制了南水北调东线一期工程江苏通水应急调度中心（调度灾备中心）可行性研究报告和初步设计报告，并积极配合江苏省水利厅审查、审批；完成调度运行管理系统通信光缆线路工程、通信设备与综合网管系统、计算机网络系统等招标设计工作；完成徐洪河、金宝航道段硅芯管道工程施工图审查、审批。江苏水源公司还积极做好工程建设过程中的设计协调服务，及时排查、整改施工过程中发现的施工图质量问题，切实提高设计质量，组织做好建设过程中重要技术方案论证，加大现场协调、审核力度，强化、规范设计变更处理，提高审批时效性，全年共审查审批金湖供电线路等14批施工图以及金湖站等设计单元工程20多项设计变更，并根据工程施工的实际情况，及时上报了洪泽湖抬高蓄水位影响处理工程张福河套闸、泗阳站站址优化及金湖站东西偏泓闸拆建等重大设计变更，保证了工程的整体建设进度。同时，为做好南水北调工程设计成果的总结及提升，江苏水源公司组织设计单位申报了淮阴三站、淮安四站江苏省省级“四优”优秀勘测设计奖项评选。

（杨金海　阎　玮）

投资计划管理

（一）投资计划完成情况

2012年，江苏境内各项工程进展加快。截至2012年底，调水工程中，三阳河潼河宝应站工程，长江—骆马湖段2003年度工程，骆马湖—南四湖段工程，南四湖水资源控制、水质监测工程和骆马湖水资源控制工程等4个单项共计14个设计单元工程全部建设完成；长江—骆马湖段其他工程单项中，刘老涧二站、骆马湖以南中运河影响处理、泗阳站改建、皂河一站改造、皂河二站、高水河整治、淮安二站改造、洪泽湖抬高蓄水位影响处理、金湖站、徐洪河影响处理工程等10个设计单元工程基本建设完成，剩余的泗洪站枢纽、金宝航道、里下河水源补偿、洪泽站、邳州站、睢宁二站等合计6个设计单元工程正加快建设；东线江苏段专项工程单项中，江苏境内文物保护设计单元工程委托江苏省文物局正继续实施，沿运闸洞漏水处理设计单元工程基本建设完成，血吸虫北移防护设计单元除列入高水河整治、金宝航道、洪泽站等工程一并实施的部分内容外，已全部建设完成，东线江苏段调度运行管理系统、东线江苏段管理设施等2个设计单元工程正在加快实施；南四湖下级湖抬高蓄水位影响处理工程单项，合1个设计单元，正在抓紧实施。截污导流工程中，列入主体调水工程一并实施的截污导流工程单项，合4个设计单元工程，已全部完成建设任务。

2012年，江苏境内工程年度计划完成投资20.48亿元，实际完成22.72亿元，占工程建设年度计划的110.93%。

根据主体调水工程中全部40项设计单元工程的批复文件，考虑已下达的部分设计单元概算调整情况，江苏境内主体工程概算总投资为121.8亿元。计入省级配套的淮阴三站挡洪闸工程投资2721万元和地方配套的淮安截污导流工程增项投资25 680万元后，江苏境内主体工程实际概算总投资为124.64亿元。

截至2012年底，江苏省南水北调主体调水工程总累计完成投资114.18亿元，其中调水工程完成99.1亿元，占概算总投资109.57亿元的90.44%，列入主体调水工程一并建设的四市截污导流工程已完成全部15.07亿元投资。调水工程累计完成土方10 297.35万m^3，砌石112.108万m^3，混凝土157.69万m^3，金属结构14 268.27t，机电设备安装566台（套）。

（二）工程基金

截至2012年底，江苏省已累计征收南水北调工程基金15.97亿元，省财政计划安排的8亿元已经全部到位，按计划累计上缴国家财政的10.37亿元南水北调基金已及时足额上缴，同时江苏省财政调度28 904万元，用于治污工程建设。

（三）工程形象进度

2012年，在工程沿线市、县（区）地方政府，江苏省水利厅有关部门和江苏省属水利管理单位的支持和配合下，南水北调东线江苏境内工程全体建设者，为尽早实现东线工程2013年建成通水的总体目标，依据年度工程建设任务，加快推进工程建设进度，严格进行工程质量控制和安全生产监督管理，连续11年超额完成年度建设任务，工程建设质量和安全生产处于受控状态。

1. 一大批设计单元工程完成建设任务

2012年，江苏省境内泗阳站改建、皂河一站工程、皂河二站工程、金湖站、徐洪河影响处理、高水河整治、淮安二站改造、洪泽湖抬高蓄水位影响处理、血吸虫北移防护、沿运闸洞漏水处理等一大批设计单元工程陆续完成建设任务。至此，南水北调东线一期江苏境内主体调水工程全部40个设计单元工程已有30个建设完成。南水北调东线江苏境内双线供水体系中的运河线工程，已建设完成，运河西线工程加快进行。

2. 剩余设计单元工程建设进入最后冲刺

2012年，江苏省境内尚未完成的各设计单元工程，正加快进度，全力推进。洪泽站工程已完成挡洪闸、进水闸、主要影响工程以及泵站主体的水下工程，主机组设备安装基本完成；邳州站工程已完成泵站主机组设备安装调试，正抓紧进行电气自动化设备安装调试和管理设施建设；泗洪站枢纽工程节制闸、船闸已经完成并投入使用，泵站主体已基本完成设备安装；睢宁二站工程正在进行机组和电气设备的调试。金宝航道、里下河水源补偿、南四湖抬高蓄水位影响处理等河道工程，已完成大部分工程建设任务，开始收尾；东线江苏省境内工程管理设施和东线江苏境内工程调度运行管理系统2个专项工程设计单元工程，已全面开展建设实施。

3. 已完工程发挥显著工程效益

2012年，江苏省境内南水北调工程中，宝应站、江都三站、江都四站、淮阴三站、淮安四站等一批年度前完成的工程继续参与了抗旱、排涝运行；泗阳站、皂河一站、皂河二站和淮安二站等工程，在刚刚通过机组试运行后即投入运行。结合江苏境内原有工程体系，江苏南水北调新建工程的及时运行，为缓解苏北地区旱情，抽排里下河腹地涝水，保障人民群众生产和生活用水安全做出了重要贡献，工程效益初步显现。

4. 工程验收工作全面推进

2012年，在全力冲刺调水工程建设的同时，江苏省境内各设计单元验收工作也在全面推进。首先，在建工程阶段验收工作有序进行。全年完成了洪泽站、金湖站、泗洪站、邳州站和一批河道工程的水下工程验收，泗阳站、皂河站、淮安二站、金湖站等试运行验收，以及皂河站合同项目验收等，保证了工程建设的顺利推进。其次，完工验收和通水验收取得突破性进展。配合国务院南水北调办组织完成了江苏境内首个设计单元——淮安四站设计单元工程完工验收。受国务院南水北调办委托，又先后组织完成了淮安四站输水河道、淮阴三站、刘山站、解台站、宝应站、三阳河潼河河道等设计单元工程完工验收工作，以及江都站改造工程的设计单元完工技术性初步验收。同时，设计单元工程通水验收拉开了序幕，完成了泗阳站改建、刘老涧二站、皂河一站改造、皂河二站等4个设计单元工程通水验收工作。工程验收的推进，为江苏省南水北调实现2013年的通水目标，奠定了坚实基础。

（杨金海　薛刘宇）

建设管理

（一）现场机构设置

江苏水源公司作为南水北调东线江苏境内工程的项目法人，全面负责工程建设管理和运营管理工作。根据工程建设特点，建立派驻现场建管机构，承担公司委托的建管职责。2009年先期批复江苏省的19个设计单元中18项设计单元已经完工，南四湖水质监测工程已委托淮委建管局负责组织实施，刘老涧二站、骆南中运河影响处理工程已按批复内容全部建成，其余19项设计单元工程现场机构设置如下：

2009年成立了江苏省南水北调泗洪站工程建设处，具体负责泗洪站枢纽工程的建设管理工作；结合江苏省骆运水利工程管理处骨干力量，组建江苏省南水北调泗阳站工程建设处；考虑到皂河站工程建设特点以及工程建设的需要，以江苏省水利科技咨询公司为主组建皂河站建设处，统一负责皂河一、二站工程现场建设管理工作，同时下设以江苏省骆运水利工程管理处为主组建的皂河一站工程部，具体负责皂河一站主体工程现场建设管理工作。

2010年成立了江苏省南水北调金宝航道工程建设局，下设江苏省南水北调金湖站工程建设处、江苏省南水北调淮安工程建设处和江苏省金宝航道大汕子枢纽工程部，具体负责金湖站工程、金宝航道河道工程和大汕子枢纽工程的建设管理；抽调江苏省灌溉总渠管理处骨干力量，组建江苏省南水北调淮安二站改造工程建设处，较好地解决了淮安二站改造和运行的关系；考虑河道工程复杂性、施工协调难度大等问题，委托扬州市组织实施高水河整治工程；对于工程投资较大的里下河水源补偿工程，分别委托泰州市、扬州市、淮安市和盐城市组织实施各自境内工程，同时成立江苏省南水北调里下河水源调整工程建设局，具体负责协调处理工程建设管理。

2011年结合江苏省水利勘测设计研究院和江苏省洪泽湖水利工程管理处骨干力量组建了江苏省南水北调洪泽站工程建设处；成立江苏省南水北调睢宁二站工程建设处，具体负责睢宁二站工程的建设管理工作；抽调徐州市水利局骨干力量，组建江苏省南水北调邳州站工程建设处，具体负责邳州站工程建设管理工作；根据河道工程施工点多、现长、面广、建设管理难度大的特点，委托宿迁市和淮安市实施洪泽湖抬高蓄水位影响处理工程，委托宿迁市和徐州市实施徐洪河影响处理工程，委托淮安市和高邮市实施血吸虫北移防护工程；根据南四湖下级湖抬高蓄水位影响处理工程主要是拆建补偿的特点，委托江苏省南水北调办组织实施；沿运闸洞漏水处理工程涉及扬州、淮安、宿迁、徐州、盐城五市以及江苏省属江都、总渠、骆运水利工程管理处，根据工程特点，分别委托地方及沿线省属管理处组织实施；成立江苏省南水北调调度运行管理系统和管理设施专项工程建设管理局，下设调度运行管理系统工程建设处和管理设施专项工程建设处，分别负责调度运行管理系统和管理设施专项工程的建设管理工作。

（二）工程招投标

2012年，完成了所有批复项目分标方案的报批工作，同时，根据工程建设实际需要和历次稽察要求，对部分设计单元的供电线路、管理设施等建设内容进行了标段调整，完成了调整分标方案的报批工作。全年完成10个设计单元共计21个施工标段的招标及合同签署工作，累计完成招标合同金额10 029万元，对应初步设计概算11 054万元，结余比例9%。主要完成洪泽站、邳州站、睢宁二站和里下河北坍站、阜宁站等5个泵站供电线路的招标工作，确保以上泵站如期完成试运行验收工作；完成泗洪站等工程4个剩余设备采购标的招标工作；完成沿运闸洞漏水处理工程最后一个标段施工6标的招标工作，确保江都管理处所辖范围沿运闸洞漏水处理工程顺利开工；完成高水河整治工程6个暂估价标的招标工作；完成标段调整重新报批的洪泽湖抬高蓄水位施工4标和金宝航道及金湖站管理区水土保持与景观绿化工程施工标2个标段；完成邳州站房屋建筑装饰施工标的招标工作；完成调度运行管理系统、管理设施两个专项工程建设监理标、调水断面管理用房施工标等2个标段的招标工作，保证了工程建设的顺利进行。

（三）合同管理

2012年，在做好招标投标工作的同时，重点就如何规范合同管理工作、提高合同管理水平开展一系列工作。

（1）及时审核工程进度款支付。合同支付和变更处理是一项烦琐、细致的工作，而且有很强的时间性。一方面优质高效完成各工程的合同支付工作；另一方面，及时协调各现场建设管理单位处理合同变更工作，利于工程的顺利推进。

（2）及时组织召开合同管理工作座谈会。为加大合同管理力度，提高合同管理水平，2012年3月组织各在建工程建设处相关人员召开合同管理座谈会，明确当前合同管理工作的重要性和紧迫性，进一步确定了合同执行情况专项检查工作方案。

（3）定期组织合同执行情况专项检查。根据合同执行情况专项检查方案，先后组织相关专家对金宝航道、里下河、邳州站等工程开展了专项检查，重点参照国务院南水北调办《南水北调工程合同监督管理规定（试行）》开展检查工作，同时针对招投标档案整理工作、工程分包管理等做了认真检查。

（4）认真宣贯《招标投标法实施条例》，总结梳理招标工作。江苏水源公司会同江苏省南水北调办、江苏省南水北调派驻组等人员于6月份参加了住房和城乡建设部组织的招标投标法实施条例培训工作，并于6月25日组织相关建设处开展了宣贯工作。

（5）强化合同台账管理。在完成国务院南水北调办要求的合同备案及合同统计半年报的基础上，建立完善自己的合同台账系统，更有利于合同管理工作。

（四）质量管理

2012年，国务院南水北调办针对江苏省南水北调工程共开展2次质量集中整治、3次质量“飞检”、2次专项检查，未发现严重质量管理违规行为和重大实体质量问题。单元工程验评15 235个全部合格，其中按水利行业评定9902个，优良8416个，优良率85.0%。

对发现质量问题相对集中或突出的参建单位进行约谈，4月约谈了徐洪河、洪泽湖影响处理工程宿迁段及里下河卤汀河施工8标等参建单位，7月约谈部分监理单位，8月年中建管会议上通报了部分监理和施工单位。举办了南水北调关键工序施工质量考核奖惩办法培训、江苏南水北调房屋建筑及装饰工程质量管理培训，提高了参建单位质量管理水平。

（五）安全管理

2012年是江苏省南水北调工程建设新的高峰，始终把安全生产作为工程建设的重中之重，始终把安全生产作为参建各方的首要目标，细化任务、明确责任、狠抓落实，严格、规范安全生产管理工作，组织各参建单位深入开展“安全生产年”和“打非治违”专项活动，开展安全专项整治工作，加大对安全生产检查力度，有力保障了工程建设按计划有序推进。

（1）加强领导，健全完善安全生产责任网络。年初及时召开安全生产领导小组会议，提出了全年安全管理工作重点和主要工作，制定了工作计划，落实了相关工作责任部门，每个季度定时召开会议，对前一阶段安全生产工作进行总结并对下一阶段安全生产工作进行部署。根据工程建设进展，健全完善安全生产责任网络，汇总公布了第四批安全生产责任网络和责任人，做到人员落实、职责明确，保证了工程建设的顺利进行。

（2）深入开展“安全生产年”和“打非治违”专项整治活动。积极贯彻国务院南水北调办有关文件精神，严格落实安全生产管理责任，深入开展“安全生产年”和“打非治违”专项整治活动，制定工作方案，加强宣传，营造良好活动氛围，深入开展自查自纠工作，加强安全隐患排查，检查不留死角，整改不留隐患，切实将检查效果落到实处。通过活动开展，各工程参建单位进一步增强了安全生产意识，安全隐患和非法违规行为明显减少。

（3）加大安全生产检查力度并及时通报。2012 年，加大了安全生产的频次，多次组织专家开展防坍塌、防坠落、防触电、防爆炸等专项检查和节前日常检查，重点检查各单位安全生产保证体系、检查体系和管理制度建立健全及执行情况，检查施工现场安全生产配备及汛期安全生产防范措施落实情况等。对检查中发现的安全生产隐患和违反规定的问题，现场交流并发文通报，要求限期落实，切实把安全隐患消灭在萌芽状态。对达到一定规模的危险性较大的工程，要求编制专项施工方案并经监理单位审查批准后实施，从源头上保证安全生产。

（4）完善安全生产应急预案，及时处理各类突发事故。根据在建工程的特点，进一步完善了江苏省南水北调工程应急预案，建立了突发性自然灾害应急预案体系，进一步加强了对重特大事故处理工作的领导，提高了处理的综合协调能力，建立了高效快捷运转机制。另外针对今年的几次强台风，及时启动应急预案，要求参建单位主要责任人要坚守岗位，不得随意擅自离岗，同时落实工作责任，有效保证了工程的安全运行。

（5）落实防汛度汛措施。督促各建设单位编制工程防汛预案，在此基础上编制完成《南水北调江苏境内工程 2012 年度防汛预案》，主动向上级部门进行了汇报和沟通，并报送江苏省防汛抗旱指挥部办公室、国务院南水北调办核备。为确保防汛工作万无一失，汛前组织对在建工程进行了防汛工作检查，督促现场机构及参建单位进一步落实安全度汛措施，加快实施进度，尽快具备度汛条件。金湖站、洪泽站挡洪闸、邳州站刘集南闸在汛前完成了水下工程阶段验收，洪泽湖抬高蓄水位影响处理、金宝航道Ⅰ标段、高水河大部分及沿运闸洞漏水处理工程在汛前完成了水下工程任务，保证了工程安全度汛。另外针对度汛工作中的突发问题，加强协调，及时处理度汛隐患。如大汕子枢纽北侧隔堤高程降低，及时协调地方政府，要求现场参建单位立即按要求组织恢复，切实做好群众工作，保证工程施工安全。为全力支持苏北抗旱及运河航运，江都站每天以 $500m^3/s$ 以上向北输水，致使高水河水位达到 8.3m 以上，在七里涵、塘里涵工程出现险情后，及时要求现场建设单位组织施工单位日夜抢险、值班、巡视、监测，同时派员赶赴现场督促，确保了工程安全。

（六）文明工地

2012 年，督促各在建工程积极开展文明工地创建工作，根据《南水北调工程文明工地建设管理规定》，成立文明工地创建领导小组，制定文明工地创建规划、工作计划等，坚持一手抓工程建设，一手抓精神文明建设，以文明工地创建为载体，加强宣传报道，以人为本，关心职工生活，构建美化和谐的施工环境，积极开展党风、廉政教育，开展丰富多彩的业余文化生活，引导全员参与，营造浓厚的安全、规范施工的建设氛围，从而提高建设管理水平，规范工程建设行为，提升职工综合素质，努力建设南水北调精品工程和人民群众满意工程。2012 年，邳州站、泗洪站、睢宁二站工程获得江苏省水利工程建设文明工地称号。

（施　伟）

科学技术

（一）科技项目申报

2012年，江苏水源公司积极向国务院南水北调办和江苏省有关部门申报科技创新项目计划。组织编制《河道疏浚泥堆场综合处置关键技术研究与应用》国家“十二五”科技支撑计划项目行性研究报告，并通过国务院南水北调办评审。配合扬州大学、河海大学完成《南水北调东线梯级泵站（群）优化运行关键技术集成与示范》《南水北调东线工程信息共享服务关键技术研究》国家“十二五”科技支撑计划项目行性研究报告编制。同时，组织了《南水北调江苏段水质水量协同调度方案研究》《南水北调东线江苏段价费征收与政策补偿机制实用研究》《大型电机油缸油冷却方式研究》等8个项目申报2012年江苏省水利科技项目计划，其中《大型电机油缸油冷却方式研究》项目获40万元经费支持。

（二）科技成果管理

2012年，江苏水源公司组织完成了金宝航道疏浚淤泥堆场处置工程试验，指导泰州引江河二期及淮河治理荆山湖工程性试验方案编制及现场试验工作。完成了《高比转速斜流泵装置研究开发》《灯泡贯流泵装置研究开发》《皂河一站水泵模型开发与装置试验研究》《高地震烈度区泵站地基抗液化和防渗措施研究》《南水北调东线里下河水源调整及水资源优化配置研究》5项科技项目验收工作。对泵及泵站关键技术研究相关成果进行总结提升和系统化整合，完成了《南水北调东线大型贯流泵站工程关键技术及应用》国家科学技术进步奖申报工作，配合扬州大学完成了《南水北调工程大型高效泵装置优化水力设计理论与应用研究》项目科技成果鉴定和江苏省科学技术进步奖申报工作，其中江苏作为主要完成单位参加的《南水北调工程大型高效泵装置优化水力设计理论与应用研究》项目获2012年江苏省科学技术奖一等奖。另外，通过对江苏省南水北调前期工作和工程建设中的主要科技成果进行梳理、总结和提炼，完成了科技成果总结汇编，为成果的查询和推广应用奠定基础。

（三）科技推广和产业化实践

根据金宝航道、淮河干流荆山湖排泥场疏浚淤泥堆场处置工程试验及泰州引江河二期工程大尺度现场模拟试验等研究成果，江苏水源公司积极开展淤泥堆场综合处置技术科技成果产业化工作的探索，加强与泰州引江河第二期工程建设局等单位沟通协调，指导泰州引江河二期排泥场疏浚淤泥堆场处置实施方案编制，以利现有技术的推广应用和成果进一步完善。

（孙衣春）

征地移民

2012年，江苏省南水北调办以“保工程建设和谐环境，保拆迁群众安居乐业”为目标，继续做好征迁安置工作。征迁安置主体任务基本完成，调水工程累计完成永久用地4.39万亩，临时用地2.3万亩，复垦退还1.1万亩，拆迁各类房屋49.6万m^2，搬迁人口1.52万人，生产安置人口1.26万人；金湖站、洪泽站、淮安四站、淮安四站输水河道、金宝航道、泗阳站、泗洪站、刘老涧二站、皂河二站等9个工程用地手续已获国家批复；刘山站、解台站等9个设计单元工程完成了征迁安置专项验收。

（一）基本完成征迁安置主体任务

三阳河潼河宝应站、刘山站、解台站、蔺家坝站、淮安二站、淮阴三站、淮安四站工程、淮安四站输水河道工程、骆马湖水资源控制工程、姚楼河闸、大沙河闸、杨官屯河闸、刘老涧二站、泗阳站、泗洪站、皂河二站、金湖站、睢宁二站、邳州站、骆南中运河影响处理、洪泽湖抬高蓄水位影响处理等21个设计单元工程征迁安置任务已完成；金宝航道、里下河水源补偿工程、洪泽站、高水河整治、徐洪河影响处理等5个设计单元工程征迁安置主体任务已完成，正在扫尾；南四湖下级湖抬高蓄水位影响处理工程签订了投资包干协议，《南四湖下级湖抬高蓄水位影响处理工程（江苏境内）实施方案》已编制并组织了专家审查。

（二）建设用地手续加快办理

江苏省南水北调调水工程永久用地需报批的土地面积3.433万亩，已全部上报国土资源部。国家已批复11 874亩，占需批复土地面积的34.59%。具体情况是：金湖站、洪泽站、淮安四站、淮安四站输水河道、金宝航道、泗阳站、泗洪站、刘老涧二站、皂河二站等9个设计单元工程用地手续已获国土资源部批复，其余项目用地手续正在审查。

（三）征迁安置专项验收按计划完成

江苏省南水北调办制订了验收工作计划，编制印发了《江苏南水北调工程征迁安置实施管理工作报告编写工作大纲》，截至2012年底，完成淮安四站、淮安四站输水河道、淮阴三站、刘山站、解台站、蔺家坝站、骆马湖水资源控制、三阳河潼河宝应站等9个设计单元工程征迁安置专项验收。

（四）配合完成国家组织的征迁审计

2012年，国务院南水北调办和审计署先后对江苏省南水北调工程征迁安置补偿资金进行了专项审计。在审计工作中，江苏省南水北调办会同市、县各级征迁机构积极配合审计工作，认真进行解释和沟通，同时积极争取征迁安置工作应得的权益。对审计最终需整改的问题，层层落实责任，督促相关单位抓好整改，对审计交办的案件，江苏省南水北调办会同纪检部门专门进行调查核实，及时将调查处理结果向审计署特派办报告，得到了认可。对于个别实施单位违规使用征迁安置资金等问题，严肃对待，认真整改，予以纠正。

（五）化解征迁安置矛盾

对工程建设中群众阻工或信访问题，江苏省南水北调办做了大量协调及调查工作，对遇到的大的棘手问题，组织人员深入现场，督促地方政府或者相关实施单位做好协调处理，重点体现在以下几方面：

（1）领导重视、形成合力解决问题。江苏省南水北调办与江苏水源公司通过联席会议，对工程建设中“扰民”和“民扰”问题，认真研究、分析，制定解决问题的原则要求，明确责任，狠抓落实，会同地方市、县政府现场召开有关工程推进会，对影响工程进度和征迁安置中发生的矛盾纠纷，明确解决办法和措施。

（2）及时协调处理突出矛盾。2012年，在征迁安置工作中，洪泽站、金宝航道等部分工程先后遇到群众阻工，为及时协调解决，保证工程正常施工，江苏省南水北调办及时派专人到现场，协调处理相关矛盾。

（3）建立健全矛盾纠纷排查化解机制。根据国务院南水北调办统一部署，在江苏省范围内建立健全了矛盾纠纷排查化解机制，形成了一套解决矛盾纠纷的有效机制，对工程施工过程中发生的10多起矛盾纠纷，按照“谁主管、谁负责”的原则，充分发挥机制作用，督促地方及时将矛盾化解在基层，解决在萌芽状态。

（4）做好信访接访工作。2012年，江苏省南水北调办共接待来访（信）9批次60多人次。对上访的群众，认真听取他们的诉求，并做好相关政策宣传和解释工作，及时将有关情况与地方政府和征迁部门沟通。对反映的突出问题会同地方征迁单位逐一进行调查处理，并将调查处理结果告知上访人，做到了有访必接、接访必答。

（六）做好征迁安置监理和监测评估工作

充分发挥监理、监测评估作用，加强征迁安置工作监督管理和评估。责成监理单位对征迁资金、进度、质量进行现场管理、监督，包括对实物量的核实、确认，以及安置工作出现相关问题的协调处理；责成监测单位对移民安置工作进行抽样调查，对安置实施情况进行分阶段评估，及时提供监测评估报告。2012 年，通过招投标选定了南四湖下级湖抬高蓄水位影响处理工程移民监理和监测评估单位。

（七）加强征迁安置补偿资金管理

为加强征迁安置补偿资金管理，根据审计署及国务院南水北调办审计发现的问题，江苏省南水北调办一方面要求做好整改，针对发现的问题，分类给予指导；另一方面要求各级地方政府加强对征迁安置工作部门的监督管理，征地拆迁安置机构按规定制定严格的征地拆迁和移民安置资金内部管理制度，实行“专户专储，封闭运行”，设立专用账户，单独核算。江苏省、市、县各级纪检、监察部门实行全过程跟踪监察，切实维护好拆迁群众的利益。主动接受各级主管部门的监督检查和审计稽察，通过严格的管理和监督，保证征迁安置专项资金管理规范、依规合法使用。

（杨金海）

文 物 保 护

第二期控制文物保护项目集中在洪泽湖周边，分布在宿迁和淮安两市。泗州城遗址、项王城遗址、老庙滩遗址、陡北遗址、旧后遗址、戚洼遗址、小龙头遗址和王屋基遗址 8 个项目发掘出来的文物已经转入室内修缮整理阶段。

（杨金海　王其强）

环 境 保 护

江苏省是南水北调东线的源头区，保证水源清洁是南水北调东线成功的前提。根据国务院提出的“三先三后”原则，江苏省委、省政府始终把做好南水北调东线治污作为贯彻落实科学发展观、加强环境保护和生态建设的重要举措，切实摆上重要议事日程。

（一）加强组织领导，落实治污责任

一是高度重视，江苏省省长李学勇两次主持召开省南水北调工程建设领导小组会议，明确要求各地各部门把握时间节点，加快工程建设，加大治污力度，确保水质稳定达标。徐鸣和许津荣两位副省长分别带队对沿线水质和治污情况进行现场督查。二是切实落实责任，江苏省政府多次召开南水北调水污染防治专题会议和工作现场会，将断面水质达标纳入政府目标责任书，明确沿线地方政府主要领导为第一责任人。实施水质达标“断面长制”，市、县（区）两级政府负责同志担任“断面长”，细化工作任务，对断面水质和工程项目实行包干负责。三是创新工作机制，积极探索新的治污工作机制，建立了水质达标区域补偿、重点断面达标风险抵押金等制度，取得了较好的效果。

（二）强化设施建设，提升治污能力

一是全力推进城镇污水处理设施建设，在纳入治污规划的 26 座污水处理厂全部建成投运基础上，组织编制了建制镇污水处理设施全覆盖规划。目前，南水北调沿线共建成投运城镇污水处理厂 80 座，污水处理能力达 215.9 万 m^3/d，是“十五”末污水处理能力的三倍多，县以上城市污水处理率达 82.5%。二是加快沿线城镇污水收集管网建设，在南水北调沿线共建成污水收集主干管道约 6400km 基础上，又组织编制了《南水北调东线江苏省城镇污水管网建设实施方案》。三是切实提高设施运行管理水平，加大现场督查力度，制定污水集中处理设施环境保护监督管理办法，提高从业人员业务素质，切实提高运行管理水平，充分发挥污水处理设施的环境效益。

（三）加强执法监管，强化工业污染防治

一是严密监控断面水质，每月组织开展水质监督监测，并向地方政府通报。加快水质自动监控系统建设，14 个自动站已全面进入试运行阶段。二是开展联合执法检查，江苏省环保、发展改革、财政和南水北调办等有关部门多次组成联合督查组，对南水北调东线重点断面水质达标情况进行现场督查。三是淘汰一批污染严重企业，坚持将南水北调沿线地区作为产业结构调整的重点区域，加大重污染行业专项整治力度，提高环保准入门槛。四是开展输水干线排污口关闭清理，按照国家有关要求，完成了输水干线沿线 11 个排污口清理关闭。

（四）坚持多措并举，开展环境综合整治

一是组织南水北调源头扬州市制定实施了生态功能保护规划，搬迁关停污染企业，严格保护三江营调水源头区水质。二是在已建截污导流工程基础上，进一步完善“清水廊道”建设，江都、宿迁市截污导流工程已经投入运行，徐州、淮安市截污导流大部分标段工程也已经投运，新增新沂和丰沛尾水导流工程已全面进入建设阶段。三是大力推进环境综合整治，对集中式饮用水源地开展环境专项整治行动，在沿线地区积极发展生态农业，建成无公害农产品、绿色食品和有机食品基地。

（五）深化治污工作，巩固水质达标成果

一是在完成《南水北调东线工程江苏段控制单元治污实施方案》的基础上，针对徐州复新河沙庄桥等 3 个断面不能稳定达标问题，组织编制了 3 个断面水质达标补充方案，计划 158 个工程项目，目前正在抓紧组织实施。二是加大南水北调沿线治污资金支持，针对水质不稳定达标断面，组织相关市县在深入分析水质超标原因基础上，整合筛选重点治污项目，由省级财政予以重点支持。三是制定《江苏省南水北调工程沿线区域水污染防治管理办法》，为强化水污染防治和实行长效管理提供有力的法律保障。

（杨金海　陈红卫）

工程审计与稽察

（一）招投标监督

江苏省南水北调办和江苏省纪委派驻纪检组，分别履行招投标工作的行政监督和纪检监察职责。

2012 年，共完成对 48 个招标标段的监督管理工作，其中调水工程 22 个标段，截污导流工程 1 个标段，配套工程 25 个标段。调水工程招标的有：沿运闸洞漏水处理工程 1 个标，洪泽站工程 2 个标，邳州站工程 2 个标，高水河整治工程 2 个标，泗洪站工程 5 个标，金宝航道工程 2 个标，里下河水源补偿工程 2 个标，睢宁二站工程 2 个标，洪泽湖抬高蓄水位影响处理工程 1 个标，东线江苏段调度运行管理系统工程 1 个标，东线江苏段管理设施专项工程 1 个标，南四湖下级湖抬高蓄水位影响处理工程 1 个标。截污导流工程招标的有淮安市截污导流工程 1 个标段。配套工程招标的有水质保护补充工程中新沂市尾水导流工程 13 个标段，丰县沛县尾水资源化利用及导流工程 12 个标段。招标总合同总金额 38 176.66 万元，其中调水工程 13 646.75 万元，截污导流工程 121.5 万元，配套工程 24 408.41 万元。

（二）工程质量监督

2012 年，南水北调工程江苏质量监督站（简称江苏质监站）先后编制完成了淮安四站、淮安四站输水河道、淮阴三站、刘山站、解台站、蔺家坝泵站、骆马湖水资源控制、三阳河潼河河道、宝应站、江都站改造等 10 个设计单元工程质量监督报告。先后完成了刘老涧二站、泗阳站、皂河二站、皂河一站更新改造等 4 个设计单元工程通水验收的质量评价意见。

江苏质监站开展质量集中自查自纠，并

配合做好质量集中整治工作。配合监管中心开展重要建筑物混凝土强度的专项检测工作，江苏质监站先后委托3家检测机构，对江苏省南水北调工程的148座沿线影响处理工程进行检测，检测结果总体良好。

2012年，江苏质监站累计组织开展了100多次调水工程质量监督巡查，发出质量监督检查意见80多份，南水北调工程质量状况继续保持平稳态势，工程建设质量总体良好。

（三）专项审计

2012年4月10日~5月31日，审计署驻上海特派办对江苏省南水北调工程继2007年后第二次开展全面审计。江苏水源公司做好审计的配合工作。

（1）全面开展自查自纠工作。按照国务院南水北调办《关于开展南水北调工程建设资金和征地移民资金使用管理情况自查的通知》，对2007年以来工程资金使用与管理情况进一步逐项进行自查。

（2）做好相关资料的整编归档工作。对工程建设过程中形成的工程、财务、文书等资料档案管理要求进行整编归档，并形成相关台账，为审计提供资料保证。

（3）积极做好审计配合，确保审计任务顺利完成。首先明确工作责任，落实审计配合人员；审计过程中及时提供有关资料，如实反映情况，安排熟悉情况的人员向审计人员解释和说明，做好沟通。在审计人员需要对有关单位进行延伸审计时，安排人员成立现场配合组做好延伸审计的现场配合工作并提供必要的办公条件，确保审计工作的顺利进行。

（4）按期完成整改。对审计署提出的《审计报告征求意见书》中的有关问题，江苏水源公司高度重视，及时召开审计座谈会，全面总结分析审计意见，研究制定整改措施，明确有关单位和责任人，积极整改。

（杨金海　宁震宇）

治污工程进展及水质

（一）进展情况

截至2011年底，南水北调东线江苏段14个控制单元治污方案确定的102项工程已经全部建成。

江苏省紧紧围绕2012年境内输水干线全线水质达标的要求，重点开展了以下工作：

1. 新增4项尾水资源化利用及导流工程

2012年，有2项工程开工实施，其余2项正在抓紧开展前期工作。

（1）南水北调丰县、沛县尾水资源化利用及导流工程于2012年9月25日正式开工，截至12月底，施工1标和2标新开河道开挖及建筑物工程下部结构施工已经完成，施工3~8标已经进场施工，边界工程征迁工作已经全部完成。累计完成建设投资7020万元，占总投资的13.5%。

（2）南水北调新沂市尾水导流工程于2012年1月9日正式开工建设，截至12月底，施工1标进入收尾阶段，施工2、5标完成大部分工作量，施工3、4标继续加快，各管材采购标段管道生产供应有序进行，拆迁安置工作进入尾声。累计完成投资17 252万元，占总投资的81.35%。

（3）南水北调睢宁县尾水资源化利用及导流工程可行性研究报告于2012年12月底得到江苏省发展改革委批复，初步设计报告已经审查。

（4）南水北调宿迁市尾水导流工程于2012年12月底完成可行性研究报告编制工作，尾水排放规模论证报告已经审查，水土保持、排污口论证、土地预审和环境影响评价等工作正在抓紧开展。

2. 实施3个不稳定达标断面达标方案

截至2012年底，江苏省组织编制的复新河沙庄桥、京杭运河邳州张楼和高邮北澄子河三垛西大桥3个断面水环境综合整治及达标方案已经通过江苏省相关部门组织的审查，并得到江苏省政府批复，印发有关地方政府组织实施。江苏省政府明确江苏省以上补助40%左右，其中江苏省南水北调治污工程基金补助30%。2012年，江苏省级财政安排2亿元左右资金，用于支持2013年前的项目实施。

3. 实施城镇污水管网建设实施方案

截至2012年底，江苏省组织编制的《南水北调东线江苏省城镇污水管网建设实施方案（2011~2012）》基本完成建设任务。

4. 建设南水北调沿线自动监测站网

截至2012年底，江苏省在南水北调沿线建设14个水质自动监测站的工作已经完成。

（二）水质情况

南水北调东线江苏段控制单元治污方案在调水干线设定14个水质控制断面，按照高锰酸盐指数、溶解氧、氨氮、石油类、挥发酚、五日生化需氧量6项评价，2012年，江苏省14个断面年均值达标率稳定在100%。

（杨金海　陈红卫）

山　东　段

概　述

2012年是山东省南水北调工程建设取得重大胜利的一年。实现了山东段干线主体工程基本建成、配套工程第一批18个供水单元开工的目标，试通水筹备工作扎实推进，为如期实现通水目标奠定了坚实基础。

（一）工程建设

截至2012年底，山东段干线主体工程基本建成，已有9个单项的49个设计单元完工或基本完工，实现了山东省省委、省政府确定的任务目标，累计完成投资216.7亿元。2012年，完成施工投资28.24亿元，是历年来最多的，也是山东水利史上单个水利工程完成施工投资最多的一年。全年共完成16个设计单元的完工验收技术性初步验收，比国务院南水北调办验收计划多完成4个。

（二）质量安全管理

在全力加快工程进度的同时，始终把质量与安全作为建设管理的核心任务，突出高压抓质量，注重预防保安全，健全质量责任体系，全面加强稽察检查，促进了工程质量和安全生产形势持续向好。单位工程、分部工程优良率分别达到100%、93%，均优于国务院南水北调办提出的质量指标。切实保障安全生产，以完善安全生产网格化管理体系为重点，构建起了在建工程安全生产网络，实现了连续11年安全生产无事故的良好态势。

（三）征迁后续工作

在山东省直机关各有关部门和市、县南水北调办事机构的大力支持下，山东省南水北调工程征迁后续工作取得新进展。与山东省国土资源厅采取集中办公的方式，相继完成了6.8万亩农用地转用和新增零星永久征地的组卷、电子报盘制作、省级初审、省级合卷、耕地占补平衡方案制定、征地报卷修订完善等工作，全部永久征地手续在全国南水北调系统率先上报国土资源部。工程相继完工后，积极开展临时用地复垦退还工作，“三大段”沿线9个市24个县（市、区）4.28万亩临时用地全部退还到县级管理部门。另外，专项设施迁建工作全部完成，征迁遗留问题得到妥善及时解决，永久征地土地确权发证工作正式启动，征地移民县级验收准备工作基本就绪，为工程建设创造了良好环境。

（四）通水准备工作

着眼于实现通水目标的需求，着力改善水质，加强已完工程运行管理，加快立法步伐，切实做好通水准备工作。一是国家考核的黄河以南22个有水断面水质全部达到要求，山东省负责的21项中水截蓄导用工程全部投入运行、发挥效益。工程范围内的7个市30个县（市、区）直接获益，不仅改善了防洪除涝、生产交通条件，而且每年可消化中水2.06亿t，削减COD近5万t、氨氮3000多吨，增加农田有效灌溉面积200万亩，原有河道、洼地等还相应建成了水域景观和湿地系统，提升了工程沿线的生态环境质量。二是组织编制了济平干渠段、韩庄运河段、南四湖水资源控制工程（山东境内）、穿黄河工程和二级坝泵站待运行期管理方案，为干线主体工程由建设期向管理期转变积累了经验，奠定了基础。三是立足于满足山东段全线通水的需求，制定了《山东段工程通水工作方案》，并不断进行完善。四是《山东省南水北调管理条例》已按照二类立法计划完成了起草工作，已列入2013年一类立法工作计划。五是扎实推进管理设施建设，山东段调度运行管理系统超额完成年度计划；二级管理设施选址工作已基本完成，现地管理设施已进入建设阶段，部分工程已完成。

（五）配套工程第一批项目开建

截至2012年底，已有青岛市区，淄博市，德州市区、武城，济南市区、章丘，烟台市区、龙口、招远，济宁市（3个供水单元），枣庄市薛城，东营市广饶，潍坊市寿光，聊城市莘县、高唐、临清等18个供水单元工程开工建设，按时完成了山东省政府确定的第一批供水单元2012年开工建设的目标。同时，先后出台了相关管理办法11个，形成了指导地方工程建设的制度体系，有效地规范了配套工程前期及建设管理工作。

（六）工程投资控制

一是严格设计变更审查。严控工程施工图设计审查和预算核定，对建设过程中的计量支付、合同外新增项目、设计变更、完工结算等各个关键环节进行严格审查，招投标项目全部采用公开招标方式，确保各设计单元工程建设投资不超过国家批复概算。全年共开展招投标项目38项，处理有关设计变更的各类发文发函273件，为工程建设顺利施工提供了保障。二是加强财务管理，资金保障有力。为降低工程成本，提高资金使用效率，按照“总量控制、灵活兑付”的原则，采取了增加工程预付款、延缓扣回工程预付款、缩短计量支付周期、统筹调度资金等措施，保证建设资金需求，减少了积压。

（七）科技保障

根据工程建设需要，围绕水库防渗墙质量缺陷处理、平原水库库盘土工膜铺设施工、迎水坡护砌块质量控制、混凝土冻胀破坏处理等关键性技术问题，搭建交流平台，开展技术咨询。编制出台了8项施工技术指南，在推动规范化、标准化施工，提高进度效率、保证工程质量等方面发挥了重要作用。鲁北段大屯水库全库盘铺膜共铺设土工膜500万m^2，土工膜焊接长度1000多千米，是国内首次。穿黄河工程已通过技术性初验，标志着东线“咽喉”的关键技术难题已顺利破解。韩庄、万年闸、台儿庄等泵站一次调试成功，标志着超低压大流量泵站设计、施工技术已在山东省取得实践经验。山东省组织编制的《南水北调渠道运行管理规程》，于2012年3月由国务院南水北调办正式发布实施。

（杨建伟　武　健）

投资计划管理

截至2012年底，国家累计批复山东省南水北调工程项目总投资1 952 708万元（不含截污导流工程120 912万元、梁济运河和柳长河航运结合工程146 535万元、梁济运河下游生态工程14 693万元，下同），累计下达投资计划1 930 526万元，累计到位资金1 471 380万元，累计完成投资1 915 824万元，完成投资占下达计划的99.2%。

（一）计划下达情况

截至2012年底，国家共下达山东省南水北调工程投资计划1 930 526万元，其中：中央投资304 171万元，南水北调基金201 309万元，重大水利基金1 042 512万元，贷款382 534万元。

（二）资金到位情况

截至2012年12月底，共到位资金1 471 380万元，其中：中央预算内投资304 171万元，南水北调基金221 309万元，重大水利基金688 500万元，贷款257 400万元。

（三）投资完成情况

截至2012年12月底，累计完成投资1 915 824万元，其中：

（1）济平干渠工程共下达投资计划139 815万元，完成投资145 565万元（含待运行管理费5939万元、概算外贷款利息5835万元）。

（2）韩庄运河段工程共下达投资计划79 121万元，完成投资86 978万元（含待运行管理费4690万元、价差投资1176万元）。

（3）南四湖水资源控制工程共下达投资计划38 793万元，完成投资41 850万元（含价差投资1328万元）。

（4）东线穿黄河工程共下达投资计划61 321万元，完成投资65 323万元（含价差投资4002万元）。

（5）济南—引黄济青段工程共下达投资计划744 790万元，完成投资759 662万元（含价差投资26 374万元、概算外贷款利息10 000万元）。

（6）南四湖—东平湖段工程共下达投资计划242 359万元，完成投资257 002万元（含价差投资15 979万元）。

（7）鲁北段工程共下达投资计划447 341万元，完成投资449 372万元（含价差投资12 463万元、概算外贷款利息4000万元）。

（8）东平湖蓄水影响处理工程共下达投资计划49 488万元，完成投资22 483万元。

（9）南四湖下级湖抬高蓄水影响处理工程共下达投资计划40 984万元，完成投资37 204万元。

（10）山东段专项工程共下达投资计划86 514万元，完成投资50 385万元。

（徐国涛　常明浩）

建　设　管　理

（一）进度管理

截至2012年底，山东段干线工程累计完成投资216.7亿元，占工程批复投资的97%；其中，2012年完成工程总投资53.50亿元、施工投资23.02亿元，均超额完成国务院南水北调办下达的年度目标任务。山东段11个单项、54个设计单元工程，已有9个单项的49个设计单元完工或基本完工。

（1）优化进度计划，科学组织施工。组织编制了年度施工进度计划和下半年剩余工程施工进度计划，并进行了审查和下达，将任务分解到了月和标段，明确了关键节点目标。组织编制了施工进度计划，并及时召开专项工程座谈会，研究提出了赶工措施。督促各参建单位根据山东干线公司下达的施工进度计划，进一步细化任务目标，倒排工期，科学安排，将任务分解细化到周、到天，责任分解细化到人。组织与各现场建管机构签订了年度工程建设现场管理目标责任书，明确了进度、质量、安全等年度目标和现场管理责任及奖罚办法。

（2）健全工作机制，加强调度控制。在落实现场建管机构建管人员分包标段制度的基础上，实行了中层干部驻点蹲靠制度，现场监督、指导和协调工程建设。2012年共召开了4次工程建设进度暨质量协调会、3次混凝土板预制专题座谈会、6次工地现场调度会。建立了通报制度，每月和每季度都对各单项工程、各设计单元工程、各标段的进度情况进行排名，并向各现场建管（委托建设管理单位）进行通报。建立"山东南水北调工程建设影响工程进度问题快报制度"。

（3）强化现场管理，加大督导力度。下发《关于进一步加强进度计划管理工作的通知》，确保实现阶段进度目标。组织制定有针对性的施工、监理、设计、建管等各个层面的赶工措施方案。建立项目法人、参建单位进度目标责任体系和重点项目关键事项节点目标责任体系及半月报制度。制定了《关于南水北调山东段剩余工程实施项目法人强制分包有关问题的意见》。制定并印发了《小运河设计单元工程挂牌督导实施方案》和《八里湾泵站设计单元工程挂牌督导方案》。组织召开了施工单位项目法人代表约谈会，就工程施工中存在的问题和下一步工作打算进行了座谈，并督促企业总部给现场技术、资金、人员、设备等更多支持。对影响工程工期的控制性交叉建筑物，特别是穿铁路建筑物、桥梁等加强了调度，实行了月报制度，建立了进度管理台账。

（4）严格考核奖惩。完成了各参建单位赶工奖的审查工作。截至2012年底，累计为172个（次）施工单位、61个（次）监理单位发放赶工奖7959.97万元。通过奖优罚劣、奖先罚后、重奖重罚，较好地调动了各参建单位赶工抢工的积极性。

（5）开展劳动竞赛活动，促进工程加快发展。在2011年9月下旬至2012年6月底分阶段举行劳动竞赛活动的基础上，于2012年下半年深入开展了劳动竞赛活动。

（二）招投标和合同管理

2012年共进行招标文件审查及工程招投标38项，主要有小运河，七一、六五河等管理设施工程9项，梁济运河、柳长河段等水土保持工程10项，调度运行管理系统监理2项，采购及施工9项，东平湖蓄水影响施工2项。其中，施工设备标31个（未统计5个节点的水土保持），中标合同金额66 196万元；监理标2个，中标合同金额551万元。截至2012年底，南水北调山东段主体工程招标工作已全部顺利完成。

2012年，处理有关设计变更的各类发文发函273件，其中以建管局（处）文号发文58件，以山东干线公司文号发文53件，发函153件，内部签报9件。

（三）安全管理

2012年，是山东省南水北调工程主体干线工程完工的攻坚决战年，工程建设任务繁重，安全生产形势严峻。通过建立健全安全生产组织机构、规章制度，落实责任制，开展安全生产隐患排查、安全生产大检查等活动，收到了明显成效，连续第十一年无安全生产责任事故，圆满完成了年度目标任务。

（1）加强组织机构、制度建设。调整山东省南水北调工程安全生产领导小组和重特大事故应急处理领导小组，建立健全了安全生产领导小组，设立了安全生产专职机构，配备了专职安全生产管理人员，制定了安全生产管理和安全生产检查等制度。构建了项目法人负责、政府领导监督、监理单位控制、施工单位保证的较为完善的安全生产管理体系。

（2）落实安全生产责任制，健全安全生产责任体系。按照"谁分管，谁负责；分级划分，逐步细化"的原则，逐级明确安全网格范围和责任人；山东省南水北调建管局局长与分管局领导，分管局领导与处室及公司部门负责人层层签订了责任书，山东省南水北调建管局和山东干线公司，山东干线公司和各现场建管机构签订了《山东省南水北调工程2012年度安全生产责任书》，并建立了安全生产管理考核奖惩机制。各现场建管机构、委托建设管理单位与监理、施工等参建单位也相应层层签订责任书，确定了安全生产和防汛目标，明确了各参建单位安全生产和防汛责任及要求。

（3）加强领导，及时部署，做好安全生产工作。2012 年 3 月 1 日，山东省南水北调建管局召开了 2012 年度安全生产工作会议，签订了《山东省南水北调工程 2012 年安全生产责任书》。

每个季度，召开山东省南水北调工程安全生产领导小组全体会议，总结山东省南水北调工程安全生产工作情况，分析安全生产工作面临的形势，对下一步的工程安全生产工作做出部署。各参建单位全力做好安全生产各项工作。

建立了恶劣天气预警机制，2012 年共发出恶劣天气预警 5 次。

（4）开展安全生产专项整治工作及“打非治违”专项行动。山东省南水北调建管局印发了《山东省南水北调工程预防施工起重机械脚手架等坍塌事故专项整治工作方案》。2012 年 5 ~ 12 月，在山东省南水北调系统开展了预防施工起重机械、脚手架等坍塌事故专项整治工作。

山东省南水北调建管局制定了《山东省南水北调工程集中开展安全生产领域“打非治违”专项行动工作方案》，部署集中开展“打非治违”专项行动。

（5）组织安全生产教育和培训。组织开展了“安全生产月”活动，进行了多种形式的宣传教育活动；组织编印《山东省南水北调工程安全技术手册》，并举办安全生产培训班进行宣贯。

（6）开展隐患排查、安全生产检查活动。2012 年每个季度组织开展一次安全生产大检查活动。各现场建管单位组织参建单位结合工程实际，针对薄弱环节和突出问题，开展安全生产隐患排查治理自查自纠工作，全面深入排查治理各类事故隐患。在各单位自查自纠的基础上，山东省南水北调建管局、山东干线公司组织检查组，到工地现场进行督导检查。对检查发现的隐患，能立即整改的要求立即整改，不能立即整改的，要求明确整改时限，落实整改措施，强化整改责任，加强监督检查，坚决进行治理，确保取得实效。

（7）周密部署开展防汛度汛工作。各参建单位建立防汛组织及领导机构、规章制度，组织开展防汛专项检查，落实防汛措施。2012 年 4 月即安排部署各参建单位改进和完善工程度汛方案及防汛预案。2012 年 5 月中旬，山东省南水北调建管局组织了“山东省南水北调工程度汛方案及防汛预案审查会”；建立了山东省南水北调工程 2012 年汛期值班制度，要求各参建单位明确防汛值班纪律，严格实行 24 小时值班制度。

（四）文明工地建设

成立了文明工地创建组织机构，制定了文明工地创建措施方案和管理规定；加强弃土弃渣的堆放和利用，施工道路、施工照明等工程的整体规划和布置；加强噪声、粉尘等污染控制；对施工场地、道路和弃土场每天定时进行洒水养护，保持作业面、路面湿润，减少空气中灰尘量，水泥等材料采用封闭运输方式，防止散落，减少沿路扬尘，最大程度减少噪声和粉尘污染；对弃土弃渣采取了防护和复耕措施，结合填埋坑塘，帮助地方解决了一些实际问题；现场建管机构、工会、团委组织开展了工地联欢会、乒乓球比赛、篮球友好邀请赛等丰富多彩的文体活动；加强协调和沟通，逐步形成了地方政府积极参与，各有关部门热情服务、大力支持，当地人民群众理解和信任的和谐施工环境。

（杨忠堂）

质量管理

高度重视工程质量管理工作，深入贯彻国务院南水北调办提出的“高压高压再高压，延伸完善抓关键”的工作要求，在大抓工程建设进度的同时，进一步做好工程质量管理和质量监管工作。

（一）建立健全质量管理体系

山东省南水北调建管局建立稽察专家库，聘请有丰富经验的专家任组长，开展经常性稽察和工程质量监督管理工作。山东质监站和各项目站规范质量监督行为，通过多种形式积极开展质量监督活动。编制了《山东省南水北调在建主体工程质量责任网格体系》，明确了参建各方的质量责任，全面建立了项目法人负责、监理单位控制、设计单位和施工企业保证与政府监督相结合的质量保证体系。项目法人、现场建管机构、监理、施工等单位都成立了质量领导小组，设立了质量管理部门，施工单位配备了专职质检人员。

（二）制定完善质量管理制度

依据国务院南水北调办的有关规定、国家和行业有关工程建设的法律、法规，制定和完善了《山东省南水北调工程建设稽察监管制度汇编》、《山东省南水北调在建主体工程质量责任网格体系》等建设管理文件。各参建单位也都结合工程实际，建立健全了质量检查制度、重要隐蔽工程和关键部位单元工程验收制度、质量缺陷备案制度等质量管理制度。

（三）严格工程质量源头控制

一是严格招标投标。依法依规、公开公平进行工程招标，选出了一批信誉好、实力强、素质高的企业承担工程建设任务。二是严格施工图审查。所有施工图均按规定组织技术人员或邀请专家进行审查，减少了缺项漏项和错误。三是严格设计交底。坚持先交底后施工，特别是加强设计变更、关键工序、重要部位的交底，确保了参建单位明确设计意图和施工技术要求。四是严格原材料、中间产品质量控制。主要原材料、中间产品由山东干线公司统一招标采购。一般性原材料、中间产品必须有质量证明书、合格证，并复检、抽检合格。五是严格施工现场过程控制。针对大屯水库铺膜、渠道机械衬砌、围坝护坡等质量要求特点，重点抓好实验准备、过程把关、阶段抽检、考核奖罚四个环节，积极开展样板段示范工作，大力推行规范化、标准化和机械化施工。

（四）加强质量试验检测工作

根据国务院南水北调办有关规定要求，山东干线公司通过考察，委托淮河流域水工程质量检测中心、黑龙江省水利工程质量检测中心站两家单位承担第三方质量检测任务，明确了试验检测的范围、项目。各监理抽检、施工自检的试验检测单位共涉及9家试验检测单位。委托试验检测均按照有关要求签订了委托合同，明确试验检测范围、项目及其他有关事项。目前，山东干线公司及监理、施工单位委托的试验检测工作正按照合同规定开展。

（五）加强质量稽察检查工作

先后完成了对南四湖至东平湖段工程桥梁建设质量专项稽察、济南至引黄济青段渠道机械化衬砌质量专项检查、鲁北段渠道机械化衬砌和大屯水库库盘铺膜质量巡查、长沟和邓楼泵站的机电设备安装质量专项检查、南四湖—东平湖段工程桥梁建设质量检查、平原水库振动挤压成型护坡预制块生产与安装质量专项稽察等22次稽察检查任务，涵盖了所有在建工程项目。在质量稽察检查工作中，坚持发现问题、找到原因、分清责任、提出办法的工作原则，认真做好每一次稽察检查工作。每次稽察检查，都形成正式的稽察报告，对工程质量状况进行整体评价，指出存在的问题，分析问题的原因，提出工作建议和意见。目前，各参建单位对稽察检查发现的问题都能制定有针对性的整改措施，质量问题全面得以整改。

（六）关键点的监督管理

按照国务院南水北调办的要求，结合山东省工程建设实际，制定了《山东省南水北调在建主体工程质量关键点及监管方案和措施》，根据山东省工程项目特点和质量管理实际，确定5项关键部位、15项质量关键点。山东省对于工程质量关键点采用项目法人与政府监督相结合的质量监督管理体系，明确了工程质量关键部位、关键点和关键环节，制定具体的质量监管措施，强化对施工、监理现场人员配备及履职情况、施工现场质量关键点质量控制情况的监督管理。

（七）加强举报受理办理工作

一是根据国务院南水北调办《南水北调工程建设项目举报受理及办理管理办法》和《关于加强南水北调工程建设举报受理工作的意见》，制定了《山东省南水北调工程建设项目举报受理及办理管理办法》，规范工程建设违规违纪问题的举报受理及办理工作。二是严格按照国务院南水北调办具体要求，统一标准设立了举报公告栏，山东省境内工程共设立公告栏79个。三是做好举报问题的组织调查工作。先后完成国务院南水北调办转送的举报南水北调东线八里湾泵站工程质量问题、陈庄输水线路施工质量问题、南四湖—东平湖段渠道工程质量问题、梁济运河段输水航道工程5标侯庄生产桥施工质量问题、东湖水库土工膜质量问题、调度运行系统施工7标招标问题、小运河2标拖欠工资及预制梁板质量问题、调度运行管理系统行政电话及语音调度系统标中的设备质量问题、东平县黄河河务局河道开挖工程河道挖偏问题的组织调查工作，并上报国务院南水北调办；完成山东省水利厅转送的举报南水北调东线长沟泵站梁济运河节制闸工程质量问题，向山东省南水北调建管局举报南水北调东线八里湾泵站工程质量问题，来信反映济南市区段工程二环东路段已完成输水暗涵工程输水暗涵检修孔安全防护及盖板质量问题的组织调查工作。有关山东省境内南水北调工程建设的举报共受理16起，已全部办结。

（八）把好质量评定验收关口

随着工程建设的进展，山东南水北调工程逐渐进入了分部工程验收阶段，项目法人、现场建管机构及时参加验收活动，对单元工程质量检验与评定情况、质量问题处理情况、质量缺陷备案情况以及验收程序、组织、资料、鉴证书等情况进行有效监督，认真把好工程质量评定验收关。

（九）严格质量责任追究

根据国务院南水北调办、山东省南水北调建管局历次稽察检查发现的工程质量管理及实体质量问题，山东省南水北调建管局统一印发《关于进一步加强质量管理工作的通知》，要求各参建单位对照问题全面进行整改。对于检查存在的问题，按照《南水北调工程建设质量问题责任追究管理办法（试行）》，根据严重程度和整改情况进行责任追究。先后印发了《关于对河南立信工程咨询监理有限公司通报批评的通知》、《关于对济南—引黄济青明渠段工程监理1标进行责任追究的通知》等12个文件，对17个责任单位和2名责任人员进行了处罚。

（刘晓娜）

科　学　技　术

（一）科技项目进展情况

（1）针对南水北调工程建设中存在的施工质量控制难题，山东干线公司组织编制了《南水北调东线山东段泵站大型立式轴流泵主机组安装指南（试行）》、《南水北调山东段平原水库振动挤压成型护坡预制块生产与质量控制指南（试行）》两项施工技术指南。

（2）承担了专家委员会立项的《南水北调防渗施工技术研究》课题，系统整理大屯水库库底铺膜施工技术经验和检测的成果，在原有“大屯水库库底铺膜施工指南”的基础上，汲取国内外水工结构物防渗施工技术经验，将防渗施工技术扩展到南水北调渠道、水库，制定重要连接点的检测标准。

（3）山东省南水北调建管局承担了公益

性行业专项经费项目“基于水系联通的水资源优化配置与调度技术”课题中“调水工程受水区综合水价研究”子课题，课题进展顺利，根据课题进度要求，完成了年度研究任务。

（4）组织“南水北调东线一期工程山东境内水价政策与方案研究”、“长距离输水系统结构物冰害分析及防护研究”、“南水北调东线穿黄隧洞工程建设关键技术与安全评价”等3个项目的中期审查工作，推动了课题研究开展。组织了“韩庄运河段梯级泵站调水水力模拟与运行调度方案优化研究”、“南水北调一期工程水价研究”课题的验收工作。课题研究成果为相关工程建设及运行提供了有力技术支撑。

（5）2012年7月30日，山东省调水工程技术研究中心承担的山东省科技推广项目“渠道沿线生态环境修复技术推广应用”完成结题验收；9月18日，水利部科技推广计划项目“南水北调东线济平干渠工程关键技术推广应用”通过水利部国际合作与科技司组织的验收，较好地完成了任务书规定的内容及考核指标，综合评价结果为A级。“南水北调工程铺膜防渗施工技术研究”项目已完成大部分研究内容，该项目将对南水北调沿线的水库、渠道铺膜防渗施工提供重要技术依据。

（二）科技成果获奖情况

2012年，山东省南水北调建管局组织完成的多个科技成果获得了多项科技奖励。其中，“南水北调东线山东段调水干线调蓄工程关键技术研究”获山东省水利技术进步一等奖，“稀土永磁电机在南水北调大型贯流泵站工程中的应用研究”、“河道采空区地质环境灾害与生态处理技术研究”、“围坝填筑压实质量强度快速检测法的开发与应用研究”课题成果获山东省水利技术进步二等奖。

山东省调水工程技术研究中心拥有自主知识产权的“衬砌断面厚度自动检测方法及实现该方法的渠道成型机”相关技术列入水利部2013年水利先进实用技术重点推广指导目录。

（桑国庆　马国庆）

征　地　移　民

（一）用地手续办理

1. 林地手续办理

2012年1月19日，山东省林业局批复了鲁北段七一、六五河工程永久使用林地、临时占用林地手续。至此，山东省南水北调东线一期工程林地手续全部获得批复。

2. 土地手续办理

2012年，山东省南水北调建管局与山东省国土资源厅征地处采取集中办公的方式，相继完成了国有农用地转用和新增零星永久征地的组卷、电子报盘制作、省级初审、省级合卷、补充耕地占补平衡方案、全部征地报卷修订完善等工作，共完成征地报卷6.8万亩。截至2012年12月，山东省南水北调东线一期工程全部永久征地手续报至国土资源部。

（二）征地移民实施方案报批

2012年3月30～31日，召开了济南—引黄济青段、南四湖—东平湖段、鲁北段、穿黄河工程各设计单元工程征地移民实施方案及部分设计变更方案评审会，特邀请原初步设计技术方案及概算审查单位的专家进行了评审。

2012年4月，山东省南水北调工程建设指挥部批复了各设计单元工程征地移民实施方案，根据专家评审意见及省南水北调工程建设指挥部批复，山东省水利勘测设计院等单位修改完成了各设计单元工程征地移民实施方案（批复稿）。

2012年5月，山东省南水北调建管局将山东段17个设计单元工程征地移民实施方案（批复稿）全部上报国务院南水北调办备案。

（三）临时用地全部退还县级

2012年上半年，山东省南水北调建管局组织各现场建管局、南水北调东线一期沿线各市县南水北调办事机构，征地移民设计、监理、勘测定界等单位召开了多次会议，安排部署临时用地复垦实施方案编制、临时用地复垦退还工作，并提出具体要求及完成时限。

根据工作安排，2012年8月，勘测定界单位完成临时用地复垦勘测定界及地形测量工作。9月，山东省水利勘测设计院和沿线各县（市、区）共同编制完成了37个县级设计单元工程临时用地复垦实施方案。9月23～28日，10月9～12日分两阶段组织专家进行了评审，10～11月完成批复并下达了复垦资金。

2012年12月，山东省南水北调建管局采取逐个工程逐个地市现场督办的方式，督促临时用地退还工作。截至12月底，三大段沿线9市24个县（市、区）4.28万亩临时用地已全部退还到县级。

（四）东线一期工程专项设施迁建

济南—引黄济青段、南四湖—东平湖段、鲁北段三大段工程2012年完成了一大批难度大、影响深的专项设施迁建工作，包括一些中央直属单位和石油、电力、铁路系统的专项设施以及多个漏项专项，全年共迁建专项设施130余项。

（五）征迁遗留问题处理

（1）完成了济南—引黄济青段、南四湖—东平湖段、鲁北段三大段工程共200余亩零星永久征地的增补工作。

（2）完成了济南—引黄济青段明渠段工程济南市历城区洪园村城市拆迁、淄博市高青县农村房屋拆迁、南四湖—东平湖段柳长河工程和八里湾泵站工程鱼塘影响、任城区和梁济运河土地争议等制约工期的征迁难题。

（3）妥善解决了济南—引黄济青段、南四湖—东平湖段、鲁北段各设计单元工程垃圾清运、弃土占压、征地移民影响及漏项附着物补偿等问题。

（六）东平湖蓄水影响处理工程征迁进展

东平湖蓄水影响处理工程第一批征民安置规划项目包括现代农业示范项目4处、畜禽养殖项目2处、涝洼地改造项目、农田水利基础设施配套项目5处扬水站、东平湖渔业资源增殖放流项目以及湖东排渗河和湖区排水干沟疏挖，总投资9239.26万元。2012年2月底通过评审，3月获得批复。其中大湖增殖放流项目于4月完成，湖东排渗河和湖区排水干沟疏挖以及沿湖涝洼地改造项目已基本完工。

第二批规划项目主要包括现代农业示范项目9处、畜禽养殖项目4处、食用菌种植3处、农副产品批发市场2处、九鑫工具加工点5处、涝洼地改造项目、农田水利基础设施配套项目3处、东平湖渔业资源增殖放流项目；专项设施项目为沿湖泵站改造3处、渔船码头6处拦鱼设施2处、生产道路15km、村台护坡1处等。实施方案于2012年9月通过专家评审，11月通过山东省南水北调建管局审批。其中第二批1期项目施工图设计于12月通过专家评审，总投资9262.62万元。

（七）土地确权发证工作启动

山东省南水北调东线一期工程有8.3万亩永久征地（灌区影响工程由地方自行办理）需要确权发证。经过山东省南水北调建管局与省国土资源厅多次对接、沟通，2012年2月《南水北调东线干线一期工程山东段永久征地确权发证实施方案》编制完成。2月25日专家评审通过，4月1日获得批复。在与山东省国土资源厅沟通的基础上，11月10日经邀请招标，确定了山东省水利勘测设计院、山东省国土测绘院、山东正衡国土咨询勘测有限公司3家单位承担山东省南水北调工程永久用地确权登记发证任务，11月20日与3家单位签订合同书。

（八）征地移民其他相关工作

（1）2012年4~6月，配合和协助审计署开展南水北调山东段征地拆迁审计工作。对审计提出的问题进行认真研究，及时解决，确保了审计工作顺利通过。

审计署审计报告对山东省南水北调征地移民工作给予了高度评价，称："山东省高度重视，措施得力；制度健全，资金管理严格；征迁进展有序，安置及时妥善。"

（2）2012年2~8月，完成了国务院南水北调办委托的课题《南水北调工程干线征迁项目实施后评价指标体系研究》，9月通过国内权威专家鉴定。鉴定认为：该研究思路清晰，内容系统完整，分析切合实际，指标体系构建科学、易操作，填补了国内大型线性调水工程征迁项目实施后评价领域的空白。

（3）全年共接待群众来访160余人次，处理信访事件30余次（含重访）。

（4）编发16期征地移民情况通报，有力地加快了征迁遗留问题、配套工程前期工作、临时用地退还等工作进度。

（黄　茜）

文　物　保　护

2012年，完成了七级闸和戴湾闸和工程建设中新发现的前八里屯墓地的发掘工作，南水北调工程文物保护的田野考古发掘工作全面完成，完成发掘面积8000m²，至此山东省南水北调工程发掘总面积为9.3万m²，超过计划发掘面积5000m²。对聊城土桥闸进行了维修，对七级码头、七级闸、戴湾闸进行了维修方案的编制工作。基本情况如下：

（一）完成聊城前八里屯汉代墓地、七级闸、戴湾闸的发掘工作，考古发掘工作基本结束

1. 聊城东昌府区前八里屯汉代墓地的发掘

2012年南水北调工程施工时，在聊城市东昌府区前八里屯村东南约200m的河沟底部发现大量墓砖。8~9月，山东省文物考古研究所等单位对墓地进行了全面的勘探，勘探范围6000m²，并对发现的墓葬进行了发掘。共清理带墓道砖室墓3座，长方形砖椁墓1座，发现了少量的陶器、铜钱等。实际发掘面积400m²。

发掘的三座南向长墓道砖室墓各有特点，M1为前庭、前耳室、东西并列前室、中室、后室多室墓，由残存的前室顶部看，墓室的顶部采用四隅券进式，多室复杂的结构也不同于东汉晚期的墓葬，可能为东汉末年或更晚。M4砖券长甬道，墓室近方形，其顶部可能为四隅券进顶。M3为短甬道、前后室砖室墓，前室面积大，近似方形，也可能为多室布局，与以往东汉晚期墓葬的扁长方形不同，与此前发现的南向长墓道砖室墓时代比较一致，可能为东汉末年或更晚的家族墓地。墓葬的发掘，为研究鲁西北地区古代丧葬习俗提供了一批崭新的材料，对于断定东汉末年墓葬的埋葬情况具有较为重要的参考价值。

2. 阳谷七级下闸的发掘

七级下闸又称七级北闸，是京杭大运河会通河段上的一座石质船闸，始建于元代，历经明、清两代复建和重修，清末裁撤闸官后废弃。2012年12月17日~2013年1月28日，山东省文物考古研究所等单位进行了发掘工作，实际发掘面积3600m²，基本弄清了闸体的结构和建筑方式。

因七级下闸被改建为桥，组成上可分为古代建筑和后期改建两部分，但船闸基础未被破坏，整体样式依然清晰可辨。其结构由闸口、迎水燕翅、跌水燕尾（迎水燕翅和跌水燕尾又统称雁翅）、裹头、墩台、闸底板、木桩、荒石等组成。

出土遗物较多的为瓷器，以青花瓷为主，也有少量白瓷、青瓷、蓝釉瓷、黄釉瓷、彩瓷等，可辨器形有碗、盘、碟、杯、笔洗等。

另出有一些陶器以及个别船闸石质构件。本次发掘基本了解了七级下闸的形制、结构、尺寸以及改建状况，为南水北调工程的文物保护提供了重要资料。

3. 临清戴湾闸的发掘

戴湾闸于"明成化元年建，国朝（清）乾隆九年修。"南侧有月河，地面痕迹可见。2012年12月，山东省文物考古研究所等单位对临清市戴湾镇戴闸村京杭大运河上的船闸进行了全面的发掘，发掘面积4000m²，揭露出一座保存较好的船闸，并发现保存较好的闸板，出土了少量的陶瓷片和铁器。

戴湾闸由迎水燕翅、闸口、分水燕尾组成，迎水燕翅位于东侧，南北宽51m；闸口宽6.3m，东西进深7.3m；分水燕尾位于西侧，宽66m，燕尾中部出现一段南北向直墙、南北两端向东折收。闸口两侧直墙中间有闸槽，槽宽0.3m、进深0.25m。闸槽下有梯形石头门槛，宽30cm，高约5cm，与闸板相扣，密封严实。闸口底板用长方形石块平铺而成，石头四边雕凿有燕尾形槽口，内用铁锔扣连接，加固结实，底板平整如新。

闸槽内现保存有木头闸板，残存高度1.85m，闸板厚约0.27m，闸板宽6.8m，闸板由上下10块木板组成，上面的8块木板用榫卯将两块相连分为四组，闸板坚固结实。

通过发掘，明确了闸门的布局与尺寸，摸清了古代闸门的建造工序，为闸门的维修保护提供了科学依据，也为中国大运河申报世界文化遗产提供了新的展示景点，必将对运河申遗工作起到积极的推动作用。

（二）完成聊城土桥闸的维修工作

土桥闸是京杭大运河山东段完整发掘的第一座船闸，作为大运河重要水利水运设施，入选"2011年全国文物考古十大新发现"。为做好土桥闸的维修工作，委托山东省文物科技保护中心编制了《京杭大运河山东聊城段土闸维修保护方案》，并获国家文物局批复。2012年9～12月，委托山东省文物工程公司完成了土桥闸保护维修工程。

工程确定了现状整修、防护加固、局部修复的维修路线，施工中严格遵守文物法规和原则，按照《文物保护工程管理办法》及《土桥闸维修保护方案》的要求，先后实施了对燕翅墙、金刚墙、闸底装板等部位的维修：依据原有形制，拆除不当改造墙体，拆砌鼓胀错位墙体，补配缺损石构件，修补残损石构件，补抹脱落石缝灰，使维修后的土桥闸最大限度地保持原有布局、结构、工艺及材料。土桥闸本体维修工程完工后，结合文物保护规划及南水北调工程干渠建设，整治周围环境，使之成为运河遗产的亮点。

（三）完成七级码头、七级闸、戴湾闸的方案编制

为做好运河水工设施的保护工作，委托山东省文物科技保护中心编制了每个工程涉及的水工设施保护方案。七级码头方案已经得到国家文物局审批。七级闸、戴湾闸的保护方案已经编制完成，山东省文物局将组织专家进行评审。为做好运河水工设施与南水北调工程干渠的衔接，正与水利部门共同协商干渠与水工设施衔接方案。

为做好南水北调工程文物保护工作，山东省文物局基本建设工程文物保护办公室委托有关单位对考古发掘及工程维修进行了监理和验收工作。

（山东省文化厅　南水北调文物保护办公室）

工程审计与稽察

（一）工程审计

根据山东省审计厅下发的《南水北调工程山东段征地补偿资金（地方部分）专项审计调查情况报告》（鲁审农调报〔2011〕17号），2012年1月10日，山东省南水北调建管局向山东省政府报送了《关于南水北调工程征地区片综合地价省级补助资金使用有关事项的请示》（鲁调水计财字〔2012〕1号），

2012年3月16日，山东省南水北调建管局向省政府办公厅报送了《关于落实省政府领导批示要求加强征地补偿资金使用管理情况的报告》（鲁调水计财字〔2012〕12号）。2012年3月31日，山东省南水北调建管局向山东省审计厅报送了《关于南水北调山东段征地补偿（地方部分）专项审计调查整改落实情况的报告》（鲁调水计财字〔2012〕14号）。

根据国务院南水北调办《关于开展南水北调工程建设资金和征地移民资金使用情况自查自纠工作的通知》（国调办经财〔2012〕22号）要求，2012年2月22日~4月20日，山东省南水北调建管局组织各市南水北调办事机构和委托建设管理单位进行了工程建设资金、截污导流资金、征地移民资金使用管理情况自查自纠工作。2012年6月21日，山东干线公司向国务院南水北调办上报了《关于山东南水北调工程建设资金和征地移民资金使用管理情况自查自纠工作的报告》（鲁调水企财字〔2012〕9号）。

2012年4月10日~5月27日，审计署对山东省南水北调工程建设、征迁、治污等工程资金进行了审计。2012年12月3日，山东省向审计署报送了《山东省人民政府关于报送南水北调东线一期工程审计整改落实情况的函》（鲁政字〔2012〕266号）。

2012年5月7~29日，山东省财政厅对山东省南水北调建管局财务收支及资金结转结余情况进行了检查。

2012年5月22日~6月20日，国务院南水北调办委托北京兴华会计师事务所对台儿庄泵站工程完工财务预决算及征地补偿和移民安置项目竣（完）工财务决算进行了审计。

2012年3月7日~5月16日，国务院南水北调办委托大信会计师事务有限公司对山东省2011年度南水北调工程建设资金及征地移民资金进行了审计。2012年9月25日，山东干线公司向国务院南水北调办上报了《关于2011年度山东南水北调工程建设资金审计整改意见落实情况的报告》（鲁调水企财字〔2012〕17号）、山东省南水北调建管局向国务院南水北调办上报了《关于2011年度山东南水北调工程征地移民资金审计整改意见落实情况的报告》（鲁调水计财字〔2012〕46号）。

截至2012年底，以上各类审计或检查中均未发现资金管理方面重大违规违纪问题。

（二）工程稽察

1. 项目稽察

（1）内部稽察检查工作。2012年，先后完成了对南四湖—东平湖段工程桥梁建设质量专项稽察、济南—引黄济青段渠道机械化衬砌质量专项检查、鲁北段渠道机械化衬砌和大屯水库库盘铺膜质量巡查、长沟和邓楼泵站的机电设备安装质量专项检查、平原水库振动挤压成型护坡预制块生产与安装质量专项稽察等22次稽察检查任务，涵盖了所有在建工程项目。每次稽察检查，都形成正式的稽察报告，对工程质量状况进行整体评价，指出存在的问题，分析问题的原因，提出工作建议和意见。

（2）工程质量专项治理工作。2012年4月底，成立山东省南水北调工程质量集中整治工作领导小组，制定了质量集中整治工作方案。质量集中整治自查自纠工作涵盖了山东省南水北调所有在建施工项目，共55个施工标段。山东省南水北调建管局、山东干线公司组织3个检查组，集中开展质量集中整治工作专项监督检查，涉及渠道、泵站、平原水库等各种类型工程，共25个施工标段。各参建单位自查和山东省组织自查查摆出的质量问题共计760个，其中违规行为为421个，工程实体质量问题339个。山东省南水北建管调局、山东干线公司于6月27日下发内部通知《关于开展在建桥梁工程质量检查的通知》，制定工作实施方案，成立专项检查工作组，组织参建单位对桥梁工程逐一进行检查。共检查桥梁579座，其中公路桥97座，其他均为跨渠生产桥或人行桥。此次检查共查出质量问题76个，未发现严重以上实体质量缺陷。2012年8月15～20日，针对桥梁桩柱连接质量开展专项检查，检查主要涉及南四湖—东平湖段、济南—引黄济青段、鲁北段，共抽查了59座桥梁94处桩头及桩柱连接点。通过查看资料和实体检测相结合的方式对重要建筑物混凝土的质量进行了检查，检测结果符合设计要求。组织对所有使用波纹管混凝土工程进行检查，未发现存在波纹管积水现象。

（3）质量试验检测工作。山东干线公司委托淮河流域水工程质量检测中心、黑龙江省水利工程质量检测中心站两家单位承担第三方质量检测任务，先后对水库土方压实度、水库过坝建筑物实体、渠道衬砌板、泵站原材料和实体等进行了质量检测，涵盖所有在建工程项目。

（4）严格质量责任追究。对于检查存在的问题，按照《南水北调工程建设质量问题责任追究管理办法（试行）》，根据严重程度和整改情况进行责任追究。共对17个责任单位和2名责任人员进行了处罚。

（5）举报受理办理工作。2012年，山东省境内南水北调工程建设的举报共受理15起，除7起未能联系到举报人外，其他均已向举报人通报情况，并已将调查结果向有关单位和部门报告。配合国务院南水北调办完成举报明渠4标、梁济运河6标、小运河11标质量问题的调查工作。

2. 配合国务院南水北调办组织的稽察

（1）配合上级稽察检查服务工作。先后配合监督司对双王城、东湖水库防渗墙工程建设情况的调研，监管中心对山东省南水北调质量监督经费收支情况的检查，国务院南水北调办专家组对东湖水库、双王城水库工程防渗墙整改情况的专项稽察，国务院南水北调办质量集中整治工作质量检测组、质量监督检查组、稽察大队飞检组的随机抽查，国务院南水北调办专家委工程质量检查，国务院南水北调办领导带队组织的工程质量专项检查。配合国务院南水北调办对八里湾泵站枢纽工程，七一、六五河工程，东湖和双王城水库，梁济运河输水航道工程，柳长河输水航道工程，小运河工程，明渠段工程等30组次的“飞检”工作。配合国务院南水北调办对所有混凝土建筑物开展质量普查。

（2）督促整改落实工作。针对国务院南水北调办在各项质量检查中发现的问题，提出整改方案和措施，明确责任和办理时限，督促整改。先后向国务院南水北调办上报11项专题整改落实情况报告，并两次集中对前期自查、被查所发现质量问题统一梳理和汇总，统一印发整改，统一查验整改效果。

（刘传霞　刘晓娜）

工　程　验　收

截至2012年底，山东段南水北调主体工程（不含姚楼河闸、杨官屯闸、大沙河闸和潘庄引河闸4个边界闸工程）已完成合同项目完成验收132个，专项验收16个；设计单元工程完工验收1个，设计单元工程完工验收技术性初步验收11个。

（1）济平干渠工程：共包括1个设计单元工程，已完成设计单元工程完工验收。

（2）韩庄运河段工程：共包括4个设计单元工程，其中台儿庄泵站已完成合同验收、机组试运行验收及水土保持、环境保护、档案、消防专项验收，征地移民已完成县级验收；韩庄泵站工程已完成设计单元工程完工验收技术性初步验收及档案、消防专项验收；韩庄运河段水资源控制工程已完成设计单元工程完工验收技术性初步验收及档案验收；万年闸泵站工程已完成设计单元工程完工验收技术性初步验收及水土保持、环境保护、档案、消防专项验收，征地移民已完成县级验收。

（3）二级坝泵站工程：已完成合同验收、机组试运行验收和消防专项验收。

（4）南四湖—东平湖段工程：共包括7个设计单元工程，其中引黄灌区灌溉影响处理工程和湖内疏浚工程完成了设计单元工程完工验收技术性初步验收。梁济运河段工程3、4、5标完成了水下工程阶段验收；柳长河段工程完成了1、2、3标水下工程阶段验收；长沟、邓楼泵站工程完成水下工程阶段验收。

（5）穿黄河工程：共包括1个设计单元工程，已完成设计单元工程完工验收技术性初步验收。

（6）鲁北段工程：共包括4个设计单元工程，其中小运河工程完成了段邱屯节制闸、郭庄节制闸、三干渠节制闸水下工程阶段验收。七一、六五河段工程，灌区影响处理工程完成了合同验收和设计单元工程完工验收技术性初步验收。

（7）济南—引黄济青段工程：共包括4个设计单元工程，其中，双王城水库工程完成了引黄济青输水渠节制闸、渠首引水闸（输水渠进口闸）水下工程阶段验收。济南市区段工程、明渠段工程、陈庄输水段工程完成了合同验收和完工技术性初步验收。

（杨忠堂）

通 水 准 备

根据国务院南水北调办2012年11月6日、11月11日两次主任专题办公会会议精神，山东省南水北调建管局召开会议专门研究试通水筹备工作，制定了通水工作方案，成立了通水工作领导机构，同时组织编制试通水方案。

（一）通水工作方案

1. 工作目标

为保证实现东线一期工程2013年通水的总体目标，提出山东省通水工作具体节点目标为：

（1）2013年3月底前完成主体工程建设；

（2）2013年3月底前完成各单元工程通水验收；

（3）2013年4～5月进行各单元工程试通水以及各单项工程通水联动检查；

（4）2013年6月申请国务院南水北调办进行东线全线通水验收；

（5）2013年第三季度具备全线通水条件；

（6）配合国务院南水北调办等有关部门，在2013年6月底以前完成有关水质达标工作，2012年底前完成水价测算、制定工作和提出管理机构组建方案和工程运行管理相关办法。

围绕实现通水工作以上节点目标，应落实好“五个保障，一个应急处置”。

2. 通水工作领导机构

（1）成立山东省南水北调通水领导小组。主要是研究、决定影响工程通水的重大事项，统筹协调跨行政区域、国家有关部门和省内各部门等涉及通水问题。下设综合、通水调度和水质保障3个工作小组。通水领导小组由山东省政府分管领导任组长，水利（含黄河、淮河、海河等流域机构）、环保、交通（航运）、电力、通信、公安等指挥部成员单位和相关地方政府有关负责人参加。建议综合、通水调度和水质保障3个工作小组由山东省政府办公厅、山东省水利厅（山东省南水北调局）和山东省环保厅等有关单位人员组成。

（2）成立山东省南水北调工程通水工作组。通水工作组作为通水工作机构，对山东省通水领导小组负责。具体负责通水运行工作的协调、组织和指挥。下设4个工作部，设立专家咨询委员会，4个工作部分别为综合保障部、工程保障部、调度运行部、环境保障部。

（3）成立通水专家咨询委员会，主要负责通水调度运行的技术咨询工作，参与审查通水方案，组织通水调度运行技术总结编制等。

（4）各现场建管局成立通水现地运行工作机构。按照通水调度单元，由相应现场建管局和工程有关参建方组成，对通水工作组负责。主要负责调度单元内所有工程的现地运行管理工作，具体实施各调度单元通水调度。

3. 2012 年底前完成的筹备工作

（1）综合保障。2012 年 12 月先行成立山东省南水北调工程通水工作组，并召开成员会议，研究部署通水工作；成立山东省南水北调通水领导小组。做好通水工作的人力资源配置和宣传，提出通水运行人员配置方案。完成制定通水工作保障机制，跟踪督办重要工作和关键事项以及检查落实方案。

（2）工程保障。梳理提出各单元工程影响通水目标的工程建设控制性因素（项目），制定阶段目标和应急保障预案，落实完成时限、责任单位和责任人；提出南水北调东线一期山东段各调度单元工程通水验收计划，并按照通水整体工作安排，确定各调度单元具备通水条件的时间节点。落实完成时限、责任单位和责任人；提出工程建设进度、验收等影响通水工作应急预警机制。

完成制定通水工作调度运行管理系统运行方案，提出通水前工作任务目标和信息采集、传输、通信、水质自动监测、备调中心等运行实施方案并予以落实。

（3）环境保障。各现场建管局加强通水宣传和安装警示标语的通知，组织制定通水警示标志（标语）现地布设方案。

（二）试通水工作方案

为确保 2013 年顺利实现南水北调东线一期工程通水目标，有序开展通水准备工作，根据国务院南水北调办《南水北调东线一期工程通水目标保障工作方案》和山东省南水北调建设管理局《南水北调东线一期山东段工程通水工作方案》的工作安排，委托了山东省水利勘测设计院负责编制汇总《南水北调东线一期山东段工程试通水方案》（以下简称“通水方案”）。

通水方案包括试通水方案和全线通水方案。试通水方案侧重于按单元或者单项工程为对象进行通水或者联合试通水。全线通水方案的制定分两阶段进行：一是在通水方案中提出通水目标、任务、条件，估算通水时间和通水量，这部分工作结合试通水工作方案的制定一并进行；二是在试通水结束后，根据试通水有关具体情况总结，修正全线通水的有关指标和参数，进一步完善通水运行制度和应急预案，这部分工作在全线试通水结束后，全线通水开始前完成。

各调度单元试通水计划运行 15 ~ 40 天，总输水水量约为 3.0 亿 m^3。山东境内全线通水和东线全线通水时间视情况再行明确。

（陆经纬）

治污工程进展及水质

（一）工程进展

截至 2012 年底，324 个治污项目已全部建成投运发挥效益，调水沿线已建成人工湿地面积 14.6 万亩，修复自然湿地面积 16.3 万亩；建成污水处理厂 85 座，总处理能力达 395.5 万 t/d。

（二）水质情况

治污方案确定山东省黄河以南段 22 个监控断面，其中 17 个断面水质目标为地表水Ⅲ类，5 个断面水质目标为地表水Ⅳ类。根据规划要求，东线工程通水前，山东省南水北调输水干线全线达到地表水Ⅲ类标准，黄河以南段各控制单元控制断面达到规划水质目标要求。根据山东省环境监测中心站例行监测数据，截至 2012 年底，按照高锰酸盐指数和氨氮两项指标评价，山东省南水北调输水干线 9 个测点均达到地表水Ⅲ类水质标准，20 个入输水干线的支流控制断面，除 1 个断流外，其余 19 个均达到规划水质目标要求。

（山东省环保厅）

在 建 工 程

三阳河潼河宝应站工程

工 程 概 况

宝应站工程是南水北调东线工程第一级泵站的组成部分，其主要作用是与江都站共同组成第一级抽江泵站向北调水，并结合抽排里下河地区涝水。三阳河潼河宝应站工程于2005年底基本建成，并投入试运行，其中宝应站工程于2005年10月9日顺利通过试运行验收，2013年1月顺利通过设计单元工程完工验收。

（朱建军）

运 行 管 理

2012年是宝应站采用招标管理第三个管理合同期的第三年。江都管理处以管理“江都第五站”的思想指导宝应站的管理工作，各相关职能部门的管理延伸至宝应站管理，宝应站管理项目部在日常管理中严格按照行业规范、宝应站管理招投标文件、管理合同等要求开展管理工作。受客观情况所限，宝应站主机组正式运行时间短，为保证工程设备可靠可靠运转，宝应站管理项目部积极开展设备试运转与模拟试运转工作，每月将所有辅助设备投入正式运转，将主机组在上位机进行模拟运转，检查检验设备运行工况；梅雨季节，在2012年技术验收项目中于水泵层添置了两台工业除湿机，将在2013年投入使用；同时加强对电动机的绝缘检查，对于接触器、继电器等对空气湿度影响敏感的设备进行单独处理养护。细致的养护保养工作保证了泵站设备一直处在良好状态；每月及时上报工作总结与工作计划，管理中发现问题及时上报江苏水源公司，并在批准后积极落实解决相关问题。

（朱建军）

环境保护及水土保持

宝应站水土保持责任范围为614.2亩，水域面积164.2亩。绿化面积达350亩。

主要绿化项目有：园林小品（包括花坞垂钓休闲亭台、湖石假山、花架、水调歌头广场等）、常青树木、草坪等。绿化树木品种主要有：黄山栾树（约320棵）、无患子（约240棵）、重阳木（约250棵）、白蜡树（约200棵）、金丝垂柳（约130棵）、银杏（约240棵）、樟树（约70棵）、广玉兰（约30棵）、海棠、紫薇、金边黄杨等。种植的草坪主要有：阔叶十大功劳（约800m^2）、吉祥草（约780m^2）、阔叶麦冬（约6000m^2）、马尼拉（约20 000m^2）、金丝桃（约400m^2）、草花、浓香探春、石蒜等。

2012年，对相关景点进行了修缮，维护了景区的完整性和美观，定期对上下游护坡进行清理、维护，避免护坡水土流失。

（朱建军）

工 程 验 收

三阳河潼河宝应站工程于2005年底基本建成，并投入试运行。其中，宝应站工程于2005年4月13日通过水下工程阶段验收，

2005年10月9日顺利通过机组试运行验收，2005年12月18日通过所有单位工程完工验收，2008年8月26日通过所有合同的合同项目完成验收，并相继通过档案、消防、水保、环保等专项验收，2012年12月开展南水北调东线第一期工程宝应站工程设计单元工程完工验收，并于2013年1月顺利通过。

（朱建军）

长江—骆马湖段工程

概　述

工程概况

南水北调东线一期长江—骆马湖段工程的主要建设任务是扩建、完善长江—洪泽湖的里运河输水线路，建设内容包括江都站改造工程、淮安四站工程、淮安四站输水河道工程、淮阴三站工程。该工程与其他工程联合运行，可实现南水北调东线一期工程第一梯级抽江水500m³/s，第二、第三梯级通过里运河输水入洪泽湖300m³/s的目标，并可改善白马湖和新河地区的排涝条件。

（周灿华　刘媛媛）

江都站改造工程

工程概况

江都水利枢纽工程位于江苏省扬州市以东14km的江都市境内、淮河入江水道的尾闾与新通扬运河的交汇处，于1961年开始兴建，1977年全部建成。工程由4座大型电力抽水泵站、12座节制闸及其他配套设施组成，具有灌溉、泄洪、排涝、通航、发电、改善生态环境等综合功能。

江都站改造工程于2005年12月22日开工，2010年12月全部完工，实现了工程工期控制目标。

（周灿华　刘媛媛）

运行管理

江都站改造工程完成后，工程由江都管理处进行管理。

江都管理处根据江苏省防汛抗旱指挥部的调度指令，将任务分解到泵站工程管理所，各管理所根据指令要求，及时启动机组投入运行或调整开机台数，并将指令执行情况报江都管理处备案。

根据江苏省维修养护管理有关规定，2012年工程管理单位严格按照技术规范要求开展工作，严格按维修养护的规范制定具体措施，加强对设备的维修养护管理，保证工程安全可靠。在工程管理过程中，工程管理单位总结完善一系列管理制度，如检查性试运行制度、日常巡查制度、学习培训制度及环境卫生保洁等制度。

（周灿华　刘媛媛）

工程效益

江都站改造工程于2005年12月底开工，

边施工边运行，效益得到充分发挥。2007年1月至2012年11月底，江都东闸共引水138.3 m^3，江都三站共开机561天，累计抽水50.82亿 m^3，其中抗旱36.18亿 m^3，排涝14.64亿 m^3；江都四站共开机616天，累计抽水84.66亿 m^3，其中抗旱63.71亿 m^3，排涝20.95亿 m^3。通过近6年的运行，主机泵运行工况均较为稳定，振动、瓦温、功率等均正常，满足设计要求。

（周灿华　刘媛媛）

工 程 验 收

（一）阶段验收

2007年5月18日，江都西闸除险加固工程通过水下工程阶段验收。

2008年12月9日，江都西闸加固工程闸门、启闭机、电气、自动化进行联合试运行验收并通过。

2009年11月10日，江都三站泵站通过联合试运行验收。2009年11月18日，江苏水源公司印发了验收鉴定书。

2010年6月23日，江都四站泵站通过联合试运行验收。2010年7月7日，江苏水源公司印发了验收鉴定书。

（二）单位工程验收

2008年6月12日，东西闸之间河道疏浚工程通过单位工程完工验收。2008年8月13日，江苏水源公司印发了验收鉴定书。

2008年12月29日，江都西闸除险加固工程通过单位工程完工验收。2009年1月21日，江苏水源公司印发了验收鉴定书。

2009年12月11日，江都站变电站更新改造工程房屋单位工程及电气工程通过单位工程完工验收。2009年12月25日，江苏水源公司印发了验收鉴定书。

2010年10月11日，江都三站更新改造工程通过单位工程完工验收。2010年10月20日，江苏水源公司印发了验收鉴定书。

2010年11月11日，江都四站更新改造工程通过单位工程完工验收。2010年12月2日江苏水源公司印发了验收鉴定书。

2012年3月2日，环境保护等其他附属工程通过单位工程完工验收。

（三）合同项目完成验收

江苏省南水北调江都站改造工程共71个合同，其中招标合同31个，非招标合同40个。

2010年7月8日，建设处主持召开了江都三站更新改造管理用房工程合同项目完成验收会议。认为已按规定的内容全部完成，工程质量合格。

2010年9月21日，江苏水源公司主持召开了江都站自动化控制、视频监控与局域网系统设备采购及安装工程合同项目完成验收会议。认为已按规定的内容全部完成，工程质量合格。

2010年12月24日，建设处主持召开了江都站改造工程水土保持工程（变电站、东闸至鱼塘段、鱼塘至四站）3个合同项目完成验收会议。认为已按规定的内容全部完成，工程质量合格。

2011年6月25日，建设处主持召开了江都站改造工程污水处理装置加工定做合同项目完成验收会议。认为已按规定的内容全部完成，质量合格。

2012年1月2日，建设处主持召开了变电站更新改造、江都站改造工程装饰、机电设备采购等38个合同项目完成验收会议。认为所有合同均已按规定的内容全部完成，工程质量合格。

2012年2月25日，江苏水源公司主持召开了江都东西闸之间河道疏浚、西闸除险加固土建与安装、三站更新改造土建与安装、四站更新改造土建与安装工程4个主体施工合同项目完成验收会议。认为已按规定的内容全部完成，工程质量合格。

（四）专项验收

1. 消防专项验收

2010 年 12 月 27 日，通过江都市公安局消防大队组织的江都站改造工程消防专项验收。

2. 档案专项验收

2011 年 10 月 29 ~ 30 日，国务院南水北调办在江苏省江都水利工程管理处召开了南水北调东线一期江都站改造工程档案专项验收会。认为已按规定的内容全部完成，工程质量合格。2011 年 11 月 5 日，国务院南水北调办印发了验收鉴定书。

3. 水土保持专项验收

2011 年 2 月 19 日，水利部在江都管理处主持召开了南水北调东线第一期工程长江—骆马湖段（2003）年度工程水土保持设施竣工验收会议。认为已按规定的内容全部完成，工程质量合格。

4. 环保专项验收

2012 年 3 月 8 日，环境保护部委托环境保护部华东环保督查中心在江苏省淮安市主持召开了南水北调长江—骆马湖段 2003 年度工程竣工环境保护现场验收会。认为已按规定的内容全部完成，工程竣工环境保护验收合格。

5. 安全评估

2011 年 4 月 25 ~ 27 日，中水淮河规划设计研究有限公司受江苏水源公司委托组织相关专业专家，按照《南水北调工程验收安全评估导则》，对江都站改造工程开展了安全评估活动。认为工程符合设计单元工程完工（竣工）验收的条件，可以组织验收。

（周灿华　刘媛媛）

淮阴三站工程

工程概况

淮阴三站工程是南水北调东线工程第三级泵站的组成部分，与现有淮阴一站并列布置，和淮阴一、二站及洪泽站共同组成南水北调东线第三梯级。工程建成后，具有向北调水、提高灌溉保证率、改善水环境、提高航运保证率等功能。

（杨二洋）

工程进展

淮阴三站工程于 2005 年 10 月开工，2009 年 12 月通过泵站机组试运行验收，2010 年 11 月通过单位工程验收，2011 年 7 月通过合同项目完成验收，2012 年 10 月开展南水北调东线淮阴三站工程设计单元工程完工验收，顺利通过。

（杨二洋）

运行管理

淮阴三站运行管理采用委托管理的模式，由江苏水源公司于 2009 年 10 月首次委托江苏省灌溉总渠管理处，成立淮阴三站工程管理项目部具体负责淮阴三站的日常管理、维护、运行等事宜。

2012 年 8 月 23 日，江苏水源公司与江苏省灌溉总渠管理处在南京续签了委托管理合同。

淮阴三站实行动态、全过程维护管理模式，按照合同、行业规范，每年及时安排汛前检查项目，认真进行汛前检查；每月对辅机设备进行试运转，发现问题及时处理，保证泵站安全投运率；汛后对设备进行全面详细的汛后检查。对于存在的问题及时编报岁修方案、抢修方案、应急方案等，在上报江苏水源公司批准后及时组织实施。淮阴三站运行管理费用由委托人江苏水源公司负责，江苏省总渠管理处财审科对淮阴三站工程运行管理费用进行单独建账、独立核算，指导淮阴三站项目部做好现场出纳。

2012年，淮阴三站工程运行维护管理良好，工程发挥效益显著。

（杨二洋）

环境保护及水土保持

有关单位定期对管理范围内的花草树木进行修剪、施肥。

项目部还定期对上下游护坡进行清理及维护，避免护坡水土流失。

（杨二洋）

工程验收

淮阴三站工程2006~2012年相继完成了泵站引河水下工程阶段验收，变电站、管理所工程完工验收，泵站主体水下工程、泵站机组试运行、泵站清污机桥、水土保持及房屋建筑单位工程验收，合同项目完成验收，消防、档案、水土保持、环保、安全评估等验收，历次验收遗留问题已处理完毕，工程质量检测、评定等相关资料准备齐全。工程于2012年10月开展了南水北调东线淮阴三站工程设计单位工程完工验收，顺利通过。

（杨二洋）

淮安四站工程

工程概况

南水北调淮安四站工程地处淮河流域下游平原区，属淮河水系，位于江苏省淮安市淮安区三堡乡境内里运河与灌溉总渠交汇处，和已建成的江苏江水北调淮安一、二、三站共同组成南水北调东线一期工程的第二个梯级，梯级的规模流量300m^3/s，加上备机在内的总装机规模为340 m^3/s。

江苏水源公司为工程建设的项目法人，负责资金筹措、现场机构组建、工程招标、合同签署以及工程质量、安全和进度的监督和检查。项目法人组建的现场机构江苏省南水北调淮安四站工程建设处，具体负责工程的建设管理工作。

（卢　飞　杨　燕　马树齐）

运行管理

淮安四站项目部成立以来，主要做好前期安装调试、试运行、开机运行以及日常管理等工作。2012年6月22日~7月5日共计14天，做好开机抗旱运行工作。2012年7月25~29日，淮安四站通过国务院南水北调办主持的技术初验和完工验收。项目部编写了《淮安四站运行规程》、《淮安四站技术管理办法》、《淮安四站规章制度》和防洪预案、反事故预案等，制定了设备检查性试运行和日常巡视检查制度，每月完成一次辅机设备试运行，每月测量一次主电动机绝缘，每周完成一次设备常规巡视检查。按照江苏水源公司和江苏省总渠管理处的总体部署，开展汛前、汛后各项检查和维修养护工作。同时，项目部在2012年还开展了泵站工程星级管理创建工作。

（卢　飞　杨　燕　马树齐）

工 程 效 益

2012 年，淮北地区发生旱情，淮安四站于 2012 年 6 月 22 日凌晨 1 时 13 分开机运行，一直持续到 7 月 5 日运行结束，累计安全运行 14 天，开机 1157 台时，抽水 1.05 亿 m^3，有效缓解了淮北地区的旱情，发挥了应有的工程效益。

（卢 飞 杨 燕 马树齐）

工 程 验 收

2012 年 7 月 28～29 日，南水北调东线一期淮安四站工程通过国务院南水北调办完工验收。验收委员会认为，淮安四站工程已经具备完工验收条件，质量合格，档案资料齐全，同意通过设计单元完工验收。

（卢 飞 杨 燕 马树齐）

淮安四站输水河道工程

工 程 概 况

淮安四站输水河道工程位于洪泽湖下游白马湖地区，涉及淮安市楚州区、扬州市宝应县及江苏省白马湖农场，是南水北调东线工程的重要组成部分，设计抽水规模 $100m^3/s$，站下新河输水河道连接里运河和白马湖，全长 29.8km，由运西河（7.5 km）、穿湖段（2.3 km）及新河（20km）3 段组成。工程于 2005 年 12 月中旬相继开工，2008 年 6 月 5 日全部完成。

（姜兆清）

运 行 管 理

淮安四站输水河道及主要控制建筑物服从淮安四站进行调度。

淮安四站输水河道及新河沿线跨河桥梁、新河沿线口门封闭等工程的管理实行三级管理机制：一是组织人员定期巡查和督查，发现违建、违章种植及违法取土问题及时制止处理；二是聘用地方人员作为管理人员进行长期巡查，发现问题及时制止和汇报；三是出现重大违建、违章种植面积较大时，联合楚州区水政监察大队及地方派出所进行联合执法，统一进行清障、清除违章种植行动。

（姜兆清）

工 程 效 益

淮安四站、淮安四站输水河道及其配套建筑物的建设不仅增加了南水北调东线供水水量，为解决抗旱做出了贡献，而且解决了楚州区三堡、林集、南闸、范集四乡（镇）及白马湖农场一场 $286km^2$ 的排涝及降渍，为地方农业生产提供了有力保障。

淮安四站、淮安四站输水河道及其配套建筑物的建设和水土保持、环境治理，不仅改善了河道的水质，水质清澈，还改善了周边的居住环境，给沿线的居民带来了很大的好处。林木绿化，既减少了水土流失，又使生态环境得到了很大的提升。

新河段 7 座桥梁工程于 2006 年底先后完成。工程建成后即行通车，改善了当地交通条件，方便了沿线群众的生产生活，促进地方经济社会的发展，受到了人民群众的普遍欢迎。

（姜兆清）

环境保护与水土保持

淮安四站输水河道水土保持工程于2008年3月初开工实施，于2008年7月基本完成，苗木成活率、草坪覆盖率均达到设计要求，对防止河道堤防水土流失效果显著，同时改善和美化了沿线的生态和环境。2012年4月，淮安四站输水河道管理所组织工作人员对枯死树木进行统计，针对少部分未成活的树木，及时补植，确保绿化率。

（姜兆清）

骆马湖—南四湖段江苏境内工程

概　　述

工　程　概　况

骆马湖—南四湖段江苏境内工程是连接骆马湖与南四湖省际的调水工程，采用不劳河和韩庄运河双线输水，通过不牢河和顺梯河输水，实现从骆马湖（中运河）抽引 $125m^3/s$ 供不牢河沿线用水并调水入南四湖下级湖 $75m^3/s$ 的规划目标。工程主要建设内容是改扩建刘山泵站、谢台泵站和新建蔺家坝泵站。刘山泵站、谢台泵站和新建蔺家坝泵站为一等工程，主体工程为1级建筑物，次要建筑物为3级。泵站设计洪水标准为100年一遇，校核洪水标准为300年一遇。

（施　伟）

刘山站工程

工　程　概　况

刘山站工程是南水北调东线工程的第七级抽水泵站，位于邳州市宿羊山镇境内京杭运河不牢河段上。主体工程包括新建泵站、节制闸，老节制闸拆除新建跨不牢河公路桥工程；导流工程包括开挖导流河、新建导流闸和拆除重建跨导流河公路桥等工程。

（刘彦吉）

运　行　管　理

徐州市水利局通过竞标获得南水北调刘山站工程管理资格，组建南水北调刘山站工程管理项目部。项目部制定了《刘山站运行操作规程》、《刘山站反事故预案》、《刘山站防汛预案》等规程预案，并制定了项目经理岗位职责、技术负责人岗位职责、职能科室和运行班岗位职责等规章制度。

2012年度，管理经费累计投入211.7万元，其中工程管理投入124.8万元、管理人员工资福利81.3万元、缺陷修复及岁修工程5.6万元。连续4年在江苏水源公司组织的年度考核中被评为优秀等级。

（刘彦吉）

工　程　验　收

2012年12月18～19日，受国务院南水北调办委托，江苏省南水北调办主持南水北调东线一期刘山站设计单元工程完工验收。

（刘彦吉）

环境保护及水土保持

刘山站建设区水土保持责任范围 50.73hm^2，水面面积 16hm^2；运行期防治责任范围 26.25hm^2，施工期完成工程量为植物措施面积 15.31hm^2，种植灌木 2.1 万株、灌木 482 株、竹类 1593 株，绿化面积 25 921m^2，草皮植被 87 089m^2。为了保证绿化成果，努力提高草皮、树木等的成活率，按照绿化管养要求，进行浇水、施肥、除草、治虫和修剪等工作；种植杨树 9000 株、香樟 70 株、红叶石楠球 60 株、绿篱色块 2600m^2，花费了大量的人力和财力，为站区的绿化、美化提供了强有力的保证。

（刘彦吉）

工程效益

刘山站工程位于沂沭河流域京杭运河不牢河段上，承接丰、沛县西南部和市区废黄河以北地区的洪涝水，控制流域面积 1333.3km^2，属于河道型水库的控制工程，闸门启闭十分频繁。2012 年，刘山站工程累计泄洪 1.6 亿 m^3，确保度汛安全。

（刘彦吉）

解台站工程

工程概况

解台站工程是南水北调东线工程的第八级抽水泵站，位于徐州市贾汪区境内。解台站设计流量 125m^3/s。2008 年，完成解台泵站的试运行和附属工程管理所办公楼的装饰工程；全面完成园林、绿化及管理设施配套施工，具备管理运行条件，已移交管理单位。工程质量、进度、投资有效控制，安全生产、文明工地创建活动态势平稳。

（马玉祥）

运行管理

2012 年，解台泵站工程管理项目部完成江苏水源公司下达的 6 项岁修项目，即更换 2 号叶调控制柜触摸屏、更换抽水站下游超声波传感器、更换抽水站和节制闸主令拉杆机构、闸门液压系统主机等设备油漆、绿化浇灌设施维修和厂房消防管道渗水处理，完成总经费 11.93 万元。此外，还完成江苏水源公司下达的工程完工验收现场完善项目 12 项，完成经费 61.32 万元。

（马玉祥）

工程效益

2012 年，解台站工程节制闸全年启闭 80 次，泄排水 1.55 亿 m^3，做到了安全运行无事故。项目部接管解台站管理工作以来，共泄水 11.51 亿 m^3，为徐州地区的工农业生产及航运事业发挥了巨大的社会和经济效益。

（马玉祥）

环境保护及水土保持

解台站现有管理区范围 18.9hm^2，除水面外，绿化面积 14.5hm^2，已栽种各类树木 6000 余棵，绿篱色块地被植物 2100 余平方米，各类草皮面积达 54 000m^2。

（马玉祥）

工 程 验 收

2012 年 12 月 18 ~ 19 日，受国务院南水北调办委托，江苏省南水北调办主持南水北调东线一期解台站设计单元工程完工验收。

（马玉祥）

蔺 家 坝 站 工 程

工 程 概 况

蔺家坝站工程是南水北调东线第一期工程的第九级泵站，位于江苏省徐州市铜山县境内。主要任务是向南四湖下级湖输水，并结合排涝。

2004 年 8 月，水利部以水总〔2004〕354 号批准了蔺家坝站工程初步设计，批复工期 30 个月。国家发展改革委核定工程总投资 17 845 万元。后调增建设及施工场地征用费 261 万元，工程总投资调整为 18 106 万元。

（李　军）

运 行 管 理

（一）调度运用

蔺家坝泵站的控制运用由江苏水源公司运行管理部直接调度。

（二）设备维护

平时注重对各种设备经常性检查、清理、养护，及时更换常规易损件，使之处于完好状态。汛前、汛后对设备进行了重点检查、维护、保养，编写汛前、汛后检查报告，并及时将检查报告报送江苏水源公司备案。

（三）质量管理

无论是对工程设施、设备的日常管理还是在岁修专项工程的实施过程中，都注重质量管理，以水利行业泵站、水闸的有关规程、规范为标准，开展各项工作。进行每年一次的电气定期预防性试验，透平油、变压器油及液压油的化验，行车和安全用具的检测等，确保设备的完好。

（四）工程管理养护

2012 年，蔺家坝工程管理项目部在积极按照江苏水源公司的要求开展设备、工程正常维修养护的同时，还完成江苏水源公司下达的维修项目 5 项，共完成经费 13.4 万元。

（李　军）

工 程 验 收

2012 年 12 月 3 日，南水北调东线一期蔺家坝站工程通过由国务院南水北调办组织的设计单元工程完工验收技术性初步验收。

（李　军）

工 程 效 益

2012 年，蔺家坝站工程共开机运行 3 台次，安全运行 13 台时，抽水约 58.4 万 m^3，做到了安全运行无事故。

（李　军）

长江—骆马湖段其他工程

概　述

工　程　概　况

长江—骆马湖段其他工程主要建设内容包括：扩建、改造运河一线调水工程，完善金宝航道、徐洪河一线调水工程，新建8座泵站，改造2座泵站。此外，实施里下河水源补偿、洪泽湖抬高蓄水位影响处理工程等项目。

（江苏水源公司）

高水河整治工程

工　程　概　况

高水河是南水北调源头向北输水第一级河道，与三阳河、潼河一起承担南水北调东线一期工程向北输水500m^3/s的任务，并兼有行洪、排涝及航运功能，是输水干线的重要组成部分，也是沟通里运河与芒稻河的通航河道，两侧堤防是江都城区、邵伯镇区及广陵镇安区的重要防洪屏障。

高水河整治工程于2010年10月开工建设，截至2012年底已基本完成工程建设内容。

（王跃山）

运　行　管　理

高水河工程现状管理单位有江苏省江都水利工程管理处、扬州市江都区运河管理处和扬州市广陵区运河管理所，管理范围分别为：邵仙枢纽、土山洞及江都船闸，高水河东堤及邵仙枢纽以北西堤，邵仙枢纽以南段西堤。

（王跃山）

工　程　效　益

高水河整治工程管理设施、堤防绿化、防汛工程均达到有关设计标准，在试运行期间，运行状态良好，已建工程已为沿河的泰安镇、江都区及下游沿运地区2012年度农田引水灌溉、安全度汛等发挥了极大的工程效益和社会效益。

（王跃山）

工　程　验　收

高水河整治工程于2013年3月13～15日通过了施工1、2、3标单位工程验收和设计单元工程通水验收。

（王跃山）

淮安二站改造工程

工程概况

淮安二站位于淮安市楚州区南郊，是淮安水利枢纽工程的重要组成部分，也是南水北调的第二级泵站之一，工程等别为Ⅱ等，泵站规模为大（Ⅱ）型。该站与淮安一站、淮安三站和淮安四站共同抽引江都站和宝应站输送的长江水入苏北灌溉总渠，输送至淮阴站下，满足南水北调东线第一期工程第二、第三梯级抽水 $300m^3/s$ 的规划目标。

淮安二站改造工程于2010年10月15日开始建设，至2012年9月30日完工，工程投资5323万元。

（石　燕）

工程投资

截至2012年底，淮安二站改造工程基本完成了总概算投资5323万元，全面完成了年度建设任务。

（石　燕）

工程进展

2012年，淮安二站改造工程完成了2台（套）主机泵、辅机系统、电气设备安装等。2012年4月底，1号机组具备试运行条件；5月，完成控制楼装饰工程；6月底，2号机组具备试运行条件。

（一）泵站土建工程

2010年12月4日，施工单位正式进场；2011年，完成下游交通桥拆建、搅拌桩、主副厂房改造、上下游护坡整修；2012年，完成站上、下游翼墙贯穿缝处理、控制楼及厂房装修等。

（二）主机泵安装

2011年11月底，完成水泵电动机拆除工作；2011年11月23日，主电动机到场；2012年1月20日，第一台水泵部分构件到现场；2012年2月3日，开始第一台水泵导叶体安装；2012年4月30日，第一台主机泵安装调试基本完成；2012年3月13日，组织了叶片调节系统验收会。

2012年5月17日，第二台水泵正在验收；2012年5月20日，开始处理定子基础，至2012年6月3日完成；2012年5月26日，第二台水泵到场；2012年6月30日，第二台机组安装调试基本完成。

（三）金属结构制造、安装

泵站下游设4扇检修闸门4个拦污栅。闸门采用110t吊车吊装，由江苏省蔚联股份有限公司制造、安装。闸门于2011年1月开始制作，4月中上旬完工，防腐于4月中旬开始，4月底安装。拦污栅于2012年5月安装完毕。

（四）电气及辅助设备安装

2012年2月7日开始高、低压开关柜及电气设备的安装，4月20日完成电气设备交接试验，4月29日安装调试结束。

辅机设备于2012年1月4日开始安装，4月28日全部完成。桥式起重机于2011年7月21日开始大修，12月10日通过江苏省特种设备安全监督检验研究院淮安分院检验，并取得安全检验合格证书、特种设备安装安全质量监督检验证书。

（五）自动化系统采购及安装

已实现对机组的控制和数据采集呈现，但尚未全部完工，特别是调度管理系统和泵站信息管理系统部分软件集成尚未实施。

（六）预试运行及试运行情况

2012年5月7日，江苏水利建设工程质量监督站对淮安二站1号机组涉及本次预试运行的单元工程及分部工程进行检查。2012年5月5日，淮安二站1号机组进行空负荷试运行。2012年5月8～9日，进行了带负荷预试运行，连续运行27h10min，无故障开停机4次。

2012年7月2日，淮安二站2号机组进行空负荷试运行。2012年7月4～5日，进行了预试运行，连续运行27h17min，无故障开停机3次，并与1号机组联合预试运行20h15min。

2012年12月27日，淮安二站进行了试运行，于27日9时35分开始，至28日10时40分结束。其中，1号机组运行25h5min、2号机组运行6h55min，两台机组联合试运行6h55min。

两次预试运行和试运行中，主机泵安装和辅机设备安装各项参数均满足规范要求，电气设备安装满足电气装置安装工程相关施工及验收规范要求，电气试验报告数据满足电气设备交接试验标准，开停机次数满足验收规范。机组运行时参数正常，土建设施未出现异常。目前，仅叶轮外壳与伸缩节处振动仍需进一步处理。

淮安二站因抗旱需要，1号机组试运行以后，从2012年5月24日开始便投入运行，至2012年11月15日解体前运行正常。2号机组从2012年7月6日开始投入运行，运行正常。截至2012年12月31日，1号机开机81天1728台时，抽水3.731亿m^3；2号机开机67天1346台时，抽水2.906亿m^3。

（石　燕）

建设管理

2012年度，依据江苏水源公司的公文处理办法，规范化、制度化、科学化办理收文99份，发文53份，发函27份，便函21份。

淮安二站改造工程共签订水泵、电机、监理、土建及设备安装、自动化、开关柜、电缆等主要工程合同7份，质量检测、裂缝检测、装潢设计等非招标合同13份。

制定了淮安二站改造工程档案管理办法，明确资料收集、整理、归档责任人，做到档案管理“三同步”。加强信息报道，宣传工程形象，对工程建设动态、重要建设活动、工程建设管理等情况进行全过程跟踪，将有关重要活动、建设情况、节点工期信息等及时向“江苏南水北调网”报送，2012年累计投稿10余篇。

（石　燕）

质量管理

建设处构建质量管理体系，与各参建单位签订了《质量责任书》，制定了《质量管理细则》《设计变更管理细则》《施工图审查管理办法》《质量缺陷、事故处理制度》等质量管理制度。

建设处现场人员每天到工地巡查，建设处定期组织召开协调会，商讨解决施工过程中出现的各种质量问题，每月质量检查活动不少于2次。所有单元工程质量均合格，优良率达85%以上。

2012年5月，建设处根据现场施工情况编制了《淮安二站劳动竞赛方案》。

（石　燕）

安全生产

建设处成立安全生产领导小组，落实了专职安全员，监理处、项目部也成立了相应组织机构。

针对淮安二站工程具体情况，建设处在国家安全生产法律法规及公司相关制度的基础上制定了《淮安二站改造工程安全生产管理细则》《淮安二站改造工程建设事故综合应急预案》《淮安二站改造工程2012年度度汛预案》等安全生产制度，并签订了《南水北调淮安二站改造工程安全生产责任网络和责任人汇总表》，对工程有可能发生的事故进行分级归类，制定对策及救援措施，对安全生产管理进行了详细的规定。这些制度印发各参建单位对照执行，并根据工程进展情况进一步修订完善，保证安全生产制度的执行落到实处。

（石　燕）

泗阳站工程

工程概况

泗阳站工程是南水北调东线多级提水系统的第四梯级，位于江苏省泗阳县县城东南约3km处的中运河输水线上，设计总调水流量为230m³/s。泗阳站工程的主要任务是：新建泗阳站和原泗阳二站共同运用，调水出洪泽湖230m³/s，通过中运河输水线，与刘老涧泵站枢纽、皂河泵站枢纽联合运用，实现一期工程输水175m³/s入骆马湖的规划目标；同时，为泗阳泵站枢纽与刘老涧泵站枢纽之间的乡镇生活、工农业生产和航运补充水源。

泗阳站工程于2009年12月30日开工建设，2012年5月6日完成试运行，2012年5月12日通过试运行验收。

（戴敬秋　周　坤）

工程投资

2012年，泗阳站工程计划完成投资5808万元，实际完成投资5808万元，占计划完成投资的100%。其中：建筑工程467万元，安装工程1937.51万元，设备及工器具购置1329.49万元，其他费用2074万元。

（戴敬秋　周　坤）

建设管理

2009年2月14日，江苏水源公司以苏水源综〔2009〕9号文《关于成立江苏省南水北调泗阳站工程建设处的通知》决定成立了江苏省南水北调泗阳站工程建设处，作为项目法人的现场管理机构。

建设处承担江苏水源公司委托的建管职责，全面负责泗阳站工程建设现场管理工作。建设处内设工程科、综合科、财务科，根据国家有关法律法规、国务院南水北调办和江苏水源公司有关规定以及合同管理要求，结合工程实际，按照建设“优质工程、高效工程、优美工程、廉洁工程”的建设理念，严格执行建设程序，团结参建各方紧扣目标、精心组织、统筹计划、科学管理，工程质量有效控制，安全生产势态平稳，合同管理规范有序，如期实现工程建设目标。

（戴敬秋　周　坤）

运行管理

泗阳站工程于2012年5月12日通过试运行验收后，由江苏省骆运水利工程管理处代行管理，江苏省泗阳闸站管理所抽调相关具有丰富泵站管理经验的技术骨干组成管理机构，对工程进行日常的维修及养护、运行管理。江苏水源公司的具体委托管理协议尚未正式签订。

泵站运行由江苏省水利厅直属单位江苏省骆运水利工程管理处管理，接受江苏省防汛防旱指挥部指令。

（戴敬秋　周　坤）

工程效益

2011年，淮北地区出现60年一遇旱情，泗阳一站连续开机抽水运行174天，抽水10.64亿m^3，为缓解淮北地区严重旱情起到了重要作用。导流河工程共引水16.67亿m^3，及时有效地发挥了工程效益。

2012年上半年，江苏省淮北地区降雨严重偏少，泗阳站于5月6日接到江苏省防汛抗旱指挥部调度指令，全力投入抗旱运行中，截至7月8日停机，累计运行4802台时，累计抽水7.077亿m^3，为缓解苏北地区的旱情做出了贡献，较好地发挥了抗旱减灾效益。通过55天的运行，期间6台主机运行工况均较为稳定，振动、瓦温、功率等均正常。

2012年7月24日进行发电预运行，8月2日通过发电试运行验收，至10月8日停机，累计发电运行52天，4833台时，泄水4.52亿m^3，累计发电量164万kWh，较好地发挥了水力发电效益。

（戴敬秋　周　坤）

环境保护及水土保持

（一）环境保护

泗阳站管理区生活污水设置了污水处理装置，办公区污水和化粪池污水通过地下管道集中输送到污水处理站，经生化处理后排入上游引河；在生活区设置了垃圾池和垃圾箱，集中指定地点堆放，统一处理。

（二）水土保持

2012年4月，水保及绿化施工主要完成上下游青坎柳树栽植、下游南北翼墙绿化以及南副厂房广场部分区域绿化，2012年12月完成场区乔木栽种，剩余工程量在2013年4月底前完成。

（戴敬秋　周　坤）

工程验收

2012年1月8日，江苏水源公司组织泵站单位工程通过泵站水下工程验收。139个单元工程全部合格，其中126个优良，优良率为90.6%。江苏水源公司以苏水源工〔2012〕144号文印发了《南水北调东线一期泗阳站工程泵站水下工程阶段验收鉴定书》。

2012年2月26日，江苏水源公司组织泵站闸门、清污设施水下工程验收，22个单元工程全部合格，其中21个优良，优良率为95.5%。

2012年4月19日，组织泵站二期上游河道水下工程阶段验收，11个单元工程全部合格。

2012年5月12日，江苏水源公司组织泵站机组试运行验收，并以苏水源工〔2012〕148号文印发了《南水北调东线一期泗阳站泵站机组试运行验收鉴定书》。

2012年8月2日，江苏水源公司组织泵站机组发电试运行验收，同意通过验收。

（戴敬秋　周　坤）

刘老涧二站工程

工程概况

刘老涧二站工程位于江苏省宿迁市东南约18km的大运河上，是刘老涧泵站枢纽的重要组成部分，与刘老涧一站，睢宁一、二站等工程共同组成南水北调东线第一期工程第五个梯级。主体工程于2009年10月开工，至2011年9月完工。刘老涧二站与皂河泵站、泗阳泵站一起，通过中运河线向骆马湖输水175m^3/s，与运西徐洪河线共同满足向骆马湖调水275m^3/s的目标，兼顾沿线供水和灌溉，改善航运。

（夏　平）

工程投资

刘老涧二站工程跨3个年度，2009年完成投资7103万元，2010年完成投资9800万元，2011年完成投资3819万元。累计完成投资20 722万元，已完成批复的全部概算投资。

（夏 平）

运行管理

刘老涧二站工程由江苏水源公司委托江苏省骆运水利工程管理处进行管理，第一次合同约定的服务期限从2011年8月1日至2013年12月31日。2011年8月24日，江苏省骆运水利工程管理处成立了江苏省南水北调刘老涧二站工程管理项目部，工程部配备具有丰富泵站管理经验的工程技术人员和技术工人进行现场管理工作。

泵站运行由江苏水源公司运行管理部直接调度。节制闸为刘老涧老闸的赔建工程，交由江苏省水利厅直属单位江苏省骆运水利工程管理处管理，接受江苏省防汛防旱指挥部指令。

（夏 平）

工程效益

刘老涧二站工程赔建的节制闸在2011年汛前已按设计标准建成，具备了工程运行条件，恢复了刘老涧枢纽原有的泄洪能力。2012年，刘老涧二站节制闸配合刘老涧新闸泄洪16.5亿m^3。2011年9月2~3日，泵站工程主机组试运行成功。2012年8月3日，机组反转发电达到设计要求，通过专家组验收。2012年，刘老涧二站工程完成抽水106.5台时，共计1127万m^3；完成发电1637台时，发电上网40余万千瓦时。

（夏 平）

环境保护及水土保持

刘老涧二站管理区生活污水设置了污水处理装置，办公区污水和化粪池污水通过地下管道集中输送到污水处理站，经生化处理后排入上游引河；生活区设置了垃圾池和垃圾箱，集中指定地点堆放，统一处理。

刘老涧二站的绿化由江苏水源公司的绿化公司具体负责，尚未移交项目部。项目部定期督促绿化公司对管理范围内的花草树木进行修剪、施肥、除虫，并加强了对下游护坡的清理、维护，避免护坡水土流失。

（夏 平）

工程验收

2012年2月24日，泵站、节制闸、房屋建筑等通过江苏水源公司组织的单位工程验收。

2012年8月3日，发电试运行通过江苏水源公司组织的单位工程验收。

2012年8月3日，自动化系统通过江苏水源公司组织的合同项目验收。

2012年10月18日，工程档案通过江苏水源公司组织的专项验收。

2012年9月17~21日，中水北方勘测设计研究有限责任公司受项目法人委托，对工程进行了安全评估现场工作，并完成了《南水北调东线一期工程刘老涧二站工程建设验收安全评估报告》。

2012年12月25~26日，通过了江苏省南水北调办组织的通水验收。

（夏 平）

皂河二站工程

工程概况

皂河站是南水北调东线第六梯级泵站之一，位于江苏省宿迁市皂河镇北5km处，东临中运河、骆马湖，西接邳洪河、黄墩湖，建设内容包括皂河一站更新改造工程和皂河二站工程两个设计单元。本期工程建成后，皂河抽水站可从中运河向骆马湖抽水175m^3/s，与运西徐洪河输水线路共同满足向骆马湖调水275m^3/s的目标，并可结合邳洪河和黄墩湖地区排涝。

（吴大俊）

工程进展

截至2012年底，皂河二站工程已按初步设计批复的内容，完成了泵站、清污机桥、公路桥、邳洪河北闸、变电站、管理所、水土保持等工程。工程累计完成土方挖填162万m^3，混凝土3.4万m^3，砌石1.22万m^3，钢筋制作安装2173t，金属结构300t，主机泵3台（套），主变压器2台（套），回转式清污机10台（套），卷扬式启闭机12台（套）。

（吴大俊）

工程投资

根据国务院南水北调办批复意见，皂河二站工程批复概算投资为27 316万元，2012年计划完成投资4110万元，全年实际完成投资4110万元，占年度计划的100%。截至2012年12月，累计支付工程款20 887万元，其中土建工程款8651万元、设备款3021万元、监理费300万元，未发生超前支付、无合同支付及不合格支付现象。已完成土建合同结算初步审核工作，拟近期报江苏水源公司。

（吴大俊）

运行管理

2012年5月1日，江苏省骆运水利工程管理处成立皂河二站工程管理项目部，管理范围主要包括：皂河二站工程、清污机桥、邳洪河北闸、变电站及相应工程用地范围及相关配套设施，管理内容主要有工程建（构）筑物、设备及附属设施的管理，工程用地范围土地、水域及环境等水政管理，工程运行管理及工程档案管理等。

2012年，邳洪河北闸开关闸17次，项目部严格按照江苏省防汛抗旱指挥部调度指令进行，认真做好调度指令及开关闸记录，及时拍发水情电报。在工程运行期间，项目部实行领导带班制，加强巡视检查，发现问题及时处理并做好记录。

（吴大俊）

环境保护及水土保持

项目部专门明确环境管理工作，将环境管理工作作为日常管理常规性工作来做。聘请保洁人员对泵站、变电站、办公楼、室外道路进行清扫，安排人员不定期进行检查，随时保持环境整洁。督促协助绿化单位做好花草苗木的修剪、浇水以及杂草的清除工作。2012年，项目部获得了“宿迁市绿化模范单位”称号。

项目部加大水法宣传力度，采用挂横幅、贴宣传画、散发宣传手册、埋设水法宣传牌等多种手段。加大巡视力度，每天派专人对管理范围进行巡视，及时发现违章行为，对新发现的一、二站之间的下游违章搭建拦河网进行了清理。

（吴大俊）

工 程 验 收

2012年1月7日，完成皂河二站水下工程阶段验收。2012年4月15日，江苏水源公司印发了验收鉴定书。

2012年5月29日，完成皂河二站机组试运行验收。2012年11月30日，江苏水源公司印发了验收鉴定书。

2012年11月27日，皂河二站工程通过消防验收。

2012年11月，皂河二站工程通过安全评估。

2012年12月24日，皂河二站工程泵站、清污机桥等6个单位工程通过项目法人组织的单位工程验收。

2012年12月22～26日，皂河二站工程通过江苏省南水北调办组织的设计单元工程通水验收。

（吴大俊）

皂 河 一 站 改 造 工 程

工 程 概 况

皂河站是南水北调东线第六梯级泵站之一，位于江苏省宿迁市皂河镇北5km处，建设内容包括皂河一站更新改造工程和皂河二站工程两个设计单元。本期工程建成后，皂河一站可从中运河向骆马湖抽水175m^3/s，与运西徐洪河输水线路共同满足向骆马湖调水275m^3/s的目标，并可结合邳洪河和黄墩湖地区排涝。

（吉庆伟　周永明）

工 程 投 资

皂河一站改造工程批准概算投资1.22亿元，工期2年，于2010年9月开工建设，2012年12月建设完成。2012年，计划完成投资1260万元，全年实际完成投资1260万元，占年度计划的100%。截至2012年，皂河一站更新改造工程累计完成投资6009万元，占概算投资的100%。

（吉庆伟　周永明）

运 行 管 理

由于皂河一站属于更新改造工程，管理单位仍然由江苏省皂河抽水站管理。

2012年度，皂河一站更新改造工程参建各方齐心协力，狠抓计划落实，有序推进工程建设。工程质量、进度、投资有效控制，安全生产、文明工地创建活动成效明显，全面完成了年度建设目标。

（吉庆伟　周永明）

工 程 效 益

皂河一站配套建筑物（引水闸、地涵、清污机桥和公路桥）工程于2011年3月底完成，并通过水下工程验收。皂河一站更新改造工程2号主机组2011年3月底完成更新改造，5月通过试运行验收；1号机组2012年4月完成更新改造，5月通过试运行验收。

2011上半年，淮北地区降雨严重偏少，工程部要求各项目部加快2号机组更新改造进程，工期由5月底提前至3月底。在各方共同努力下，提前2个月完成2号机组更新改造任务，为抗旱工作提供了有力的保障。接到调度指令后，皂河抽水站严格执行调度指令，全力投入抗旱运行中。2 台机组更新改造后经过 2011 ~ 2012 年度运行，共运行 1725 台时，翻水 5.162 亿 m^3，圆满完成抗旱翻水任务。

（吉庆伟　周永明）

泗洪站工程

工程概况

泗洪站工程是南水北调东线一期工程的第四梯级泵站，位于江苏省泗洪县朱湖镇东南的徐洪河上，距洪泽湖顾勒河口上游约 16km 处。其主要任务是从洪泽湖抽水入徐洪河，经濉宁泵站和邳州泵站向骆马湖输水 $100m^3/s$，与中运河线共同满足向骆马湖调水 $275m^3/s$ 的目标。

（王永刚　史文锦）

工程投资

泗洪站工程总投资 55 893 万元。2012 年，实际完成投资 17 594 万元，占年度投资计划（14 444 万元）的 121.8%。其中，累计完成投资 52 301 万元，占工程总投资的 93.6%。

（王永刚　史文锦）

质量管理

2012 年 12 月，船闸、节制闸单位工程通过验收，单元工程优良率 89%，单位工程优良率 100%；泵站、调节闸、排涝闸工程通过水下工程阶段验收，参验的单元工程经施工单位自评、监理单位复评，所有单元工程质量均合格，单元工程优良率达 90%。

截至 2012 年 12 月底，完成单元工程全部合格，单元工程优良率为 86%，单位工程优良率 100%，符合年度建设质量管理目标要求。

（王永刚　史文锦）

工程进展

2012 年，泗洪站工程完成土方开挖填 120 万 m^3，砌石 35 200m^3，混凝土浇筑 5.1 万 m^3，钢筋制作安装 5130t，金属结构制作 670t。

截至 2012 年 12 月底，船闸、节制闸工程通过单位工程验收暨船闸通航验收；泵站、排涝调节闸、利民河排涝闸工程通过水下工程验收。

（1）泵站工程：完成了水下工程验收（主站身厂房地面 20.3m 高程以下土建，上游青坎 16.0m 高程以下护坡、护底，下游青坎 15.0m 高程以下护坡、护底，墙后回填土 15.0m 高程以下，事故门、工作门制作及防腐）；泵站主厂房封顶并完成了墙体砌筑、窗框安装、外墙粉刷；事故门、工作门及液压启闭机安装完成，正在进行调试；桥式起重机安装就位并通过行业主管部位审核认可，水泵机组已安装完成 4 台；控制楼封顶正进行墙体砌筑，部分电气柜已经进场。

（2）排涝调节闸工程：完成了水下工程验收（门机工作桥 20.5m 高程以下土建，上游 14.0m 高程以下护坡、护底，下游青坎 15.0m 高程以下护坡、护底，墙后回填土 14.0m 高程以下，闸门、门机安装调试，清污机不含输送部分的安装调试）；交通桥铺装完成，两侧回填土基本完成。

（3）利民河排涝闸工程：完成水下工程验收（节制闸工作桥 23.1m 高程以下土建，

上游 14.0m 高程以下护坡、护底等，墙后回填土 14.0m 高程以下，闸门、启闭机安装调试，清污机不含输送部分的安装调试）；桥头堡房建完成桩基施工。

（4）其他：船闸、节制闸工程已通过单位工程验收；高低压开关柜、电缆、变压器、110kV 组合开关（GIS）均已生产完成，具备发货条件；厂房、控制楼、办公、宿舍楼装饰工程合同已签署，正在进行进场准备；管理区水土保持与景观绿化工程正在进行招标工作；110kV 供电线路工程 37 座，塔基已完成 35 个，正在进行组塔，其余 2 个在泗洪站管理区范围内，已经开始桩基施工，戚庄变电站扩建工程设备采购完成，工程进展满足要求。

2012 年，完成工程投资 17 594 万元，占年度投资计划的 14 444 万元的 122%；累计完成投资 52 301 万元，完成总投资的 93.6%。

（王永刚　史文锦）

安全生产

建立安全组织网络，落实安全生产责任制；建立健全安全生产规章制度；建立安全生产例会制度，定期检查，杜绝各类安全事发生；在招标文件中明确对投标人的安全生产要求及职责，从源头严把安全生产关；安全生产培训教育点面结合，全面提升人员素质；编制应急预案及重大危险源管理。截至 2012 年 12 月底，工程未发生安全生产事故。

（王永刚　史文锦）

金湖站工程

工程概况

金湖站为南水北调东线一期工程第二个梯级站，位于江苏省金湖县银集镇境内，三河拦河坝下的金宝航道输水线上，其主要任务是通过与下级洪泽站联合运行，由金宝航道、入江水道三河段向洪泽湖调水 150m³/s，为洪泽湖周边及以北地区供水，并结合宝应湖地区排涝。

工程批复建设工期 30 个月，于 2010 年 7 月开工建设。2012 年，金湖站工程建设完成泵站主体土建、管理所房屋装饰、灯泡贯流泵机组安装、金属结构安装、水土保持及绿化工程等。

（郭　军）

工程投资

金湖站工程总投资 37 822 万元，静态总投资 36 722 万元。2012 年，金湖站工程已完成投资 10 270 万元，累计完成总投资 37 822 万元（投资全部完成），具体组成为：土建施工 9507.13 万元，贯流泵成套设备采购 9424.5 万元，清污设备采购 418 万元，110kV 组合开关（GIS）采购 172 万元，变压器采购 197 万元，液压启闭机采购 289 万元，高低压开关柜采购 245 万元，电缆采购 212 万元，自动化系统采购与安装 569.37 万元，殡仪馆迁建 1061 万元，供电线路 1538 万元，征地拆迁 3664 万元，完成东西偏泓闸 6012 万元，勘测设计、监理、建设管理及工程前期有关费用 4513 万元。

（郭　军）

工程进展

2012 年度，金湖站工程计划完成泵站主体土建及室内外装饰、管理所房屋装饰、机电设备安装调试、上游跨河公路桥施工、水土保持及绿化工程，年度完成投资任务 10 270 万元。

完成了清污机桥土建施工及设备安装单位工程，完成了上下游引河开挖、堤防填筑，完成了泵站主厂房、上下游翼墙及连接段施工，完成了控制楼及变电站施工，完成了110kV供电线路施工，完成了灯泡贯流泵等机电设备安装和调试，完成了办公楼、宿舍楼等管理设施装饰施工，基本完成了水土保持及绿化工程。

截至2012年12月底，金湖站工程年度累计完成投资10 270万元，占批复总投资的27.15%，占年度建设目标的100%，圆满完成了年度建设目标和任务。

（郭　军）

质量管理

截至2012年底，工程质量评定情况：引河及清污机桥单位工程完成评定单元工程154个，全部合格，其中优良等级136个，优良率88.3%。泵站工程已完成337个单元工程，经监理复评全部合格，其中优良319个单元，优良率94.7%。房建工程评定单元工程50个，全部合格，合格率100%。上游跨河公路桥评定单元工程493个，全部合格，合格率100%。本月完成泵站及变电站工程非水利标准评定单位工程126个，全部合格，合格率100%。

截至2012年底，累计完成非水利标准评定分部工程16个，全部合格，合格率100%；累计完成水利标准评定分部工程25个，24个优良，优良率96%。

供电线路施工标段为一个专项工程，划分为24个分部工程、55个单元工程。截至2012年底，经施工单位自评、监理单位复评和建设单位确认，合格率100%。

（郭　军）

安全生产

金湖站工程自开工之日起，建设处就组织成立了由参建各方组成的工程安全生产领导小组，建设处综合科为安全生产责任部门，明确了专职安全员，制定了安全生产领导小组工作规则，形成了安全生产责任网络，落实了责任和任务。

2012年4月，金湖站被国务院南水北调办评为“年度安全生产管理优秀单位”。

截至2012年底，金湖站工程未发生任何安全生产事故。

（郭　军）

洪泽站工程

工程概况

洪泽站工程是南水北调东线第一期工程的第三梯级泵站之一，工程等别为一等，泵站规模为大（1）型，位于江苏省淮安市洪泽县蒋坝镇北约1km处，介于洪金洞和三河船闸之间，紧邻洪泽湖。其主要任务是通过与下级金湖站联合运行，由金宝航道、入江水道三河段向洪泽湖调水150m^3/s，为洪泽湖周边及以北地区供水，并结合宝应湖、白马地区排涝。

（李　俊）

工程投资

洪泽站工程施工总工期为31个月，工程总投资49 397万元。国务院南水北调办2012年下达洪泽站站第二批投资计划15 380万元，实际完成投资19 271万元，占年度投资计划的125.3%，主要实施洪泽站泵站工程（土建及机电设备安装）、挡洪闸工程、进水闸工程、洪金地涵工程、南干闸工程及引河土方开挖、堤防填筑等工程。截至2012年12月底，实际完成投资34 425万元。

（李　俊）

招标投标

洪泽站工程共划分13个标，2010年完成招标5项，2011年完成招标7项，2012年完成招标1项。

2012年4月，通过招标确定洪泽站供电线路施工中标单位为江苏洪能电力实业开发有限公司。

截至2012年底，完成招投标概算额总数为26 765.51万元（不含供电工程），中标金额累计为23 796.95万元（不含供电工程）。

（李　俊）

建设管理

洪泽站工程于2011年1月26日举行开工仪式，2011年2月中旬进场施工。建设处根据工程特点编制了2011、2012年度工程建设方案和洪泽站工程总体实施方案，并按照江苏水源公司批复的年度建设方案制订翔实的工作计划，按计划努力实现工程节点工期、形象进度，完成年度工程建设任务。

建设处成立了文明工地创建领导小组，制定了《江苏省南水北调洪泽站工程文明工地方创建规划》及2012年度《洪泽站工地文明工地创建工作计划和措施》，积极组织做好2012年江苏省水利工程建设文明工地评选申报工作。继续开展以进度、质量、安全、文明为主题的“我为率先通水立新功”劳动竞赛活动及创建“工人先锋号”活动，成立劳动竞赛活动领导小组，组织劳动竞赛活动；成立“创建工人先锋号”领导小组，制定了《创建“工人先锋号”活动实施意见》。

2012年度，洪泽站工程建设处被江苏省南水北调办和江苏水源公司评为“质量管理先进单位”，年度目标考评为优良等级。

（李　俊）

工程进展

洪泽站工程共划分为13个标，2012年已全部完成13个标的招投标工作。进水闸、洪金地涵、挡洪闸、南干闸等工程均于2012年6月8日通过水下工程阶段验收，北支渠首、头河支渠首均已完成，洪金干渠改线段已实现通水。泵站工程于2012年11月19日通过水下工程阶段验收。主机泵、电气设备安装已完成，正在进行设备调试，抓紧做好泵站工程试运行的各项准备工作。

截至2012年12月底，完成工程量为：土方开挖358.64万m^3，土方回填221.07万m^3，混凝土11.001 2万m^3。

（李　俊）

质量管理

（一）健全质量检查体系

通过巡视发现问题，及时通过监理处要求项目部予以整改，同时建设处还进行定期和不定期的内部质量检查，先后共进行内部质量检查24次，发出内部质量检查通报20次。

（二）落实监督意见

2012年，南水北调工程江苏质量监督站对洪泽站工程开展了4次质量监督活动。对照施工过程中发现的质量问题，召开了质量专题会议，进行认真分析，制定切实可行的整改措施，并督促检查整改落实情况。

（三）组织质量检测

截至2012年12月31日，钢筋进场4550t，检验228组；水泥总用量20 954t，检验68批次；黄砂总用量62 350t，检验108批次；石子总用量106 850t，检验186批次；粉煤灰总用量3568t，检验19次；外加剂总用量

438t，检验5次。上述材料的抽检频率及检查结果均符合规范要求。对已浇筑的79 826m^3混凝土，施工单位共测得混凝土试压块28d抗压强度1168组，监理处共抽检混凝土试压块28d抗压强度38组，混凝土强度均达到设计要求。对已完成的挖填522.00万m^3土方（其中，土方填筑230.00万m^3，土方开挖292.00万m^3），施工单位共检测素土填筑干密度16 010组，水泥土636组，全部符合设计压实度要求。

（四）质量评定意见

2012年6月8日，洪泽站工程挡洪闸、进水闸、洪金地涵及部分影响工程通过水下工程阶段验收。验收涉及挡洪闸、进水闸、洪金地涵和部分影响工程4个单位工程，17个分部工程，3个子单位工程（内含9个分部工程），466个单元工程（不包括启闭机房及控制室和电气设备安装部分）。根据SL176—2007《水利水电工程施工质量检验与评定规程》和《江苏省水利工程施工质量检验评定标准》，经施工单位自评，监理单位复评，挡洪闸工程共117个单元工程参评，已评定单元82个，其中78个单元工程为优良，优良率95.1%（其中，暂评35个）；进水闸工程共150个单元工程参评，已评定单元136个，其中128个单元工程为优良，优良率94.1%（其中，暂评14个）；洪金地涵工程共88个单元工程参评，已评定单元84个，其中78个单元工程为优良，优良率92.9%（其中，暂评4个）；影响工程共111个单元工程参评，已评定单元100个，其中94个单元工程为优良，优良率为94.0%。

2012年11月20日，洪泽站工程泵站及部分引河、影响工程通过水下工程阶段验收。验收涉及泵站工程、泵站引河工程和影响工程3个单位工程。按照SL 176—2007《水利水电工程施工质量评定规程》《江苏省水利工施工质量检验评定标准》等有关条款的规定，经施工单位自检自评，监理处进行了复检复评。本次水下工程验收质量评定涉及泵站单位工程12个分部工程中的7个分部工程，共132个单元，其中已完成的132个单元工程全部合格，优良124个，优良率达93.9%。涉及泵站引河单位工程4个分部工程中的2个分部工程，共15个单元，其中已完成的15个单元工程全部合格，优良15个，优良率达100%。涉及影响工程中的头河支渠首子单位工程4个分部工程中的2个分部工程，共18个单元，其中已完成的18个单元工程全部合格，优良11个，优良率达100%。

（李　俊）

安 全 生 产

工程开工以来，洪泽站工程安全控制网络运行状况良好，未发生一起工程安全事故。

（一）建立安全网络

建立了洪泽站工程安全生产责任网络，明确各级人员的安全责任，抓制度落实、抓责任落实，对参建各单位的相关责任人、负责人进行登记存档。

（二）组织安全检查

建设处、监理处积极落实上级有关加强安全生产工作通知要求，组织进行工程安全检查、自查、自纠，强化了安全措施，消除隐患，努力做到防患于未然。2012年，先后共进行内部安全检查24次，发出内部安全检查通报20次。

（三）落实检查意见

对于江苏省水利厅和江苏省南水北调办检查组到洪泽站进行安全专项检查提出的整改问题，组织召开安全生产专题会议，进行认真分析，制定切实可行的整改措施，全部整改到位，并有完备的整改记录。

（四）组织安全生产宣传教育

每月召开一次安全生产会议，及时排查安全生产隐患，并有完备的安全生产记录和台账。

（李　俊）

邳州站工程

工程概况

邳州站工程是南水北调东线第一期工程第六梯级泵站，位于江苏省邳州市八路镇刘集村徐洪河与房亭河交汇处东南角，其作用是通过徐洪河抽引睢宁站来水，沿房亭河送入骆马湖或沿中运河北送，同时通过刘集地涵调度，利用邳州站抽排房北地区涝水。

邳州站工程于2011年2月23日举行了开工典礼，2011年3月20日正式开工建设。

（张世争）

工程投资

邳州站工程批复概算总投资31 644万元，其中征迁部分4989万元（由邳州市政府负责实施，已全部完成），工程部分投资26 655万元。2012年，完成年内工程投资12284万元。截至2012年12月底，累计完成工程投资25 895万元，占工程部分投资的97.6%。

（张世争）

招标投标

邳州站工程分标方案经江苏水源公司审核后上报国务院南水北调办，并于2010年12月9日以《关于南水北调东线一期工程邳州站工程分标方案的批复》（国务院南水北调办建管〔2010〕265号）下发执行。邳州站工程总计14个标段，已全部完成14个标段的招标合同签订工作，签订合同总价款约1.85亿元，2012年招标投标情况见表1。

表1　邳州站工程招标投标情况表

序号	标段名称	合同签订时间	中标单位	中标金额（万元）
1	供电线路施工	2012年5月28日	邳州苏能电力有限公司	1252.2
2	房屋建筑物装修	2012年9月14日	常州中泰装饰工程有限公司	431.39

（张世争）

建设管理

2012年，邳州站工程建设处认真做好成本控制、进度控制、质量控制、职业健康安全与环境管理、合同管理、信息管理和组织协调，同时认真开展劳动竞赛活动，积极创建文明工地，全力加快建设进度，工程建设的各个方面协调有序开展。

（张世争）

工程进展

2012年，邳州站工程顺利完成泵站、副厂房、管理楼土建施工，基本完成机电设备安装调试，完成了上游交通桥和刘集南闸工程，全面完成了年度建设目标任务。

2012年6月15日，通过刘集南闸水下工程阶段验收、公路桥单位工程验收；12月12日，通过邳州站水下工程阶段验收。2012年，完成土方挖填27.53万m^3，混凝土浇筑1.7万m^3，超额完成年度投资任务。

（张世争）

施工科技

（1）邳州站工程初步设计时采用灯泡式贯流泵，江苏水源公司与扬州大学联合科学研究，进行优化论证，确定采用竖井式贯流泵，不仅使水泵效率比灯泡式有所提高，而且节省了资金，加上主要设备备品、备件可国内采购，为泵站以后可靠运行及维修提供了保障，具有很高的经济和社会效益。

（2）大体积混凝土温度裂缝控制一直是水工混凝土浇筑的难题，邳州站大体积异形混凝土底板及进出水流道在高温季节浇筑，采取控制混凝土入仓温度、浇筑速度，布设冷却水管控制混凝土内外温差，增加暗梁等综合措施，确保混凝土底板未出现裂缝，进出水流道仅出现少数几道表面裂缝。

（3）水工混凝土高圆弧翼墙前墙极易发生竖向贯通性裂缝，邳州站上下游翼墙混凝土在冬季浇筑，为此，建设处高度重视，详细研究了混凝土温控防裂措施，采取控制混凝土入仓温度和混凝土浇筑速度、泵送管保温、混凝土外围挂设草帘保温控制内外温差、增加暗梁、延迟拆模时间等综合措施，保证15m高圆弧翼墙未发生一条贯穿性裂缝。

（张世争）

质量管理

2012年，建设处组织了刘集南闸墩墙浇筑方案、大型竖井泵安装方案论证会议，并召开质量管理相关会议36次，对重要工序和施工工艺进行专题研究，商讨质量控制措施，保证了工程质量。

2012年，邳州站工程建设迎接国务院南水北调办飞检2次，国务院南水北调办副主任蒋旭光带队质量集中整治大检察1次，国务院南水北调办主任鄂竟平带队、副主任张野带队检查各1次，国务院南水北调办混凝土专项检察1次，专家委质量专项检查1次，国务院南水北调办设计变更合同稽察1次，国家发展改革委进度稽察1次及审计署审计1次。江苏省南水北调办、江苏水源公司多次组织到邳州站质量专项检查检测。在历次检查中，均未发现严重等级的实体质量问题，发现其他质量问题的性质等级较低、数量较少。针对检查中提出的问题，建设处组织各参建单位认真分析原因，采取切合实际的措施，确保问题整改落实到位并形成质量整改情况报告上报江苏水源公司。

截至2012年底，工程质量评定情况：累计完成1个单位工程11个分部工程937个单元工程的质量评定，其中水利标准单元工程518个，优良467个，优良率90.2%，非水利标准429个，全部合格（无优良等次），满足目标责任书要求。

（张世争）

安全生产

邳州站工程建设处注重安全生产工作，建立健全责任网络，建立制度，加强参建人员安全教育、安全技术交底，加强安全生产检查和整改，确保了2012年工程建设无事故。

2012年，邳州站工程建设处共开展安全生产专项检查24次，召开安全生产例会15次，提出整改意见70余条，并以整改通知书的形式下达给施工单位，要求其限期整改，并对整改后情况进行复查。

建设处制定了《安全生产应急预案》、《2012年度邳州站防汛预案》，成立了以主任为组长、副主任为副组长，监理、施工单位、建设处各科室责任人为成员的安全应急领导小组，积极应对各项突发事件，保证工程建设安全。

（张世争）

睢宁二站工程

工程概况

睢宁二站工程位于徐州市睢宁县沙集镇境内的徐洪河输水线上，与睢宁一站及运河线上的刘老涧泵站枢纽共同组成南水北调东线工程的第五个梯级。工程主要任务是与睢宁一站共同实现向骆马湖调水 100m^3/s 的目标，与中运河共同满足向骆马湖调水 275m^3/s 的目标。

（夏 平）

工程投资

睢宁二站工程总投资为 24 085 万元，静态总投资为 23 788 万元。其中工程部分总投资为 18 011 万元，水土保持投资为 98 万元，环境保护投资为 154 万元，工程移民征地补偿投资为 4003 万元，输电线路为 1522 万元，建设期贷款利息 297 万元。工程批复施工总工期为 30 个月。

睢宁二站工程 2012 年度计划完成投资 13 459万元，2013 年度计划完成投资 400 万元。截至 2012 年底，累计完成投资23 695万元，占批复概算的 98%（其中，工程部分投资19 692万元，工程移民征地补偿投资 4003 万元），工程投资计划完成情况良好。

工程资金严格按规定程序支付。资金管理做到专款专用，按规定的建设内容和标准开支。无超前支付和不合格支付现象发生，建设管理费用的审核、开支符合财务制度。

（夏 平）

招标投标

2010 年 12 月 10 日，国务院南水北调办《关于南水北调东线一期工程睢宁二站工程分标方案的批复》（国务院南水北调办建管〔2010〕265 号），批复睢宁二站工程划分为建设监理、土建施工及设备安装、管理设施施工、钢筋采购、水泵及其附属设备采购、电机及其附属设备采购、110kV 组合开关设备采购、电气设备采购、变压器采购、高低压电缆采购、清污机系统设备采购、微机监控及视频监视系统设备采购及安装、电力线路施工共计 13 个标段。

睢宁二站工程所有招标工作已于 2012 年 5 月全部完成，招标合同金额为 15 914 万元。

（夏 平）

工程进展

截至 2012 年底，睢宁二站工程实际完成形象进度：

（1）交通桥单位工程分为临时交通桥及进场交通桥 2 个子单位工程。临时交通桥于 2011 年 12 月中旬完成，已投入使用；进场交通桥主体结构施工已基本完成，正在进行进场道路路基施工。

（2）泵站单位工程除上、下游施工围堰处及围堰外裹头护坡外，已经全部完成，具备水下工程阶段验收条件。

（3）清污机桥单位工程划分为清污机桥及清污机安装 2 个分部工程。已经全部完成，具备水下工程阶段验收条件。

（4）检修间、主厂房、控制楼以及 GIS 室一层已封顶，控制楼、主厂房砌体及内粉刷已经完成，控制楼、主厂房门窗已基本安装完成；正在进行GIS室二层、控制室门厅施工；装饰施工队伍已经进场。

(5) 一站改造单位工程分为电气设备改造及清污机改造2个分部工程。一站清污机改造工程已经完成，一站电气设备改造工程中变电站桩基工程正在施工。

(6) 管理设施工程包括管理区办公楼、宿舍楼及区域内道路给排水、照明、园林绿化等工程。截至2012年底，办公楼、宿舍楼基本建成，正在进行室内外装修扫尾。绿化施工队伍已经进场，正在进行场地平整。

(7) 输变电线路工程由徐州阳光送变电有限公司施工总承包，截至2012年底，10kV、110kV送电线路已全部完成，基本具备送电条件。

2012年，睢宁二站工程计划完成土方开挖约61.1万m^3，土方回填约22.6万m^3，混凝土工程约3.48万m^3；年度实际完成土方开挖约61.1万m^3，土方回填约22.6万m^3，混凝土工程约3.48万m^3，完成比例均为100%。

(夏　平)

质量管理

睢宁二站工程项目划分为泵站工程、清污机桥、厂房、交通桥、一站改造、管理设施共6个单位工程，其中泵站和厂房单位工程为主要单位工程。泵站工程已评定248个单元，全部合格，其中优良233个，优良率94%；清污机桥单位工程已评定41个单元，全部合格，其中优良39个，优良率95%；交通桥分项工程278个，已评定243个，全部合格。工程实体质量良好，质量形成过程处于受控状态，未发生任何质量事故。

(夏　平)

金宝航道工程

工程概况

金宝航道是一条集通航、灌溉、排涝为一体的综合性河道，东起里运河西堤，西至金湖站下，全长28.2km，沟通里运河与洪泽湖，串联金湖站和洪泽站，承转江都站、宝应站抽引的江水，是运西线输水的起始河段。金宝航道工程的主要作用是：通过疏浚金宝航道，扩大河道输水能力至150m^3/s，以此满足金湖站、洪泽站抽水北调要求，并结合提高宝应湖地区排涝标准和金宝航道通航能力。金宝航道工程主要建设内容包括河道疏浚、血防工程、沿线桥梁工程，以及沿线影响配套建筑物工程。

(叶建亮)

工程投资

根据工程总体实施方案，金宝航道工程2012年度完成投资14 399万元，2013年完成剩余投资500万元。

施工Ⅰ标段工程于2012年6月19日完成裁弯取直段单位工程验收，标段累计完成土方开挖217.2万m^3，填筑85.9万m^3，混凝土3.02万m^3，累计完成投资10 212万元。

施工Ⅱ标段工程截至2012年底累计完成土方开挖375.5万m^3，排泥场围堰填筑及圩堤填筑97.94万m^3，混凝土3.18万m^3，累计完成投资12 714万元。

施工Ⅲ标段拆建工程已全部开工建设，完成土方开挖10万m^3，土方回填11.3万m^3，混凝土施工9600m^3，建筑物均已完成。截至2012年底，标段累计完成投资2101.75

万元。

金宝航道沿线桥梁工程，累计完成土方开挖2.6万m^3，填筑10.1万m^3，混凝土2.1万m^3，累计完成投资2674万元。

水土保持及环境治理工程已在施工Ⅰ、Ⅱ标招标过程中同时进行，工程费用列入施工Ⅱ标段，工程累计完成投资4528万元。

截至2012年12月底，金宝航道工程年度累计完成投资14 399万元。

（叶建亮）

建设管理

金宝航道淮安建设处自2010年5月底挂牌办公以来，先后完成Ⅰ标、Ⅱ标、Ⅲ标、桥梁标以及监理标的招投标工作，并配合设计单位完成相关设计方案的审查以及施工单位的施工方案审查工作。截至2012年底，工程共签订合同31份，其中土建施工合同（含补充协议）5份，监理合同3份，设计合同1份，廉政合同5份，建管协议1份，其他服务类合同16份。

（叶建亮）

工程进展

2012年，金宝航道工程计划基本完成主体工程，年度完成投资任务14 399万元；年度实际完成土方开挖约363.6万m^3，土方填筑约135.5万m^3，混凝土浇筑约6.87万m^3。

截至2012年底，施工Ⅰ标段工程裁弯取直段及弯道段河道开挖、堤防填筑均已结束，除高嵇大桥两侧施工坝尚在拆除之中，沿线小建筑物已于2012年6月完成单位工程验收，直线段正在扫尾之中；施工Ⅱ标段工程宝红桥以东段已全部完成，以西段正在抢工；施工Ⅲ标段工程已全部完成，即将进行验收；金宝航道沿线桥梁工程共5座，其中3座（左家路生产桥、金唐公路桥、东荡生产桥）已于2012年6月通过验收，并已正式投入使用，宝红公路桥正在实施上部结构过程中。

（叶建亮）

工程监理

金宝航道工程监理单位为徐州市水利工程建设监理中心，资质等级为水利工程施工监理甲级，可从事各等级水利工程的施工监理。

截至2012年底，金宝航道工程Ⅰ标段完成验评的单元工程544个，累计优良个数为345个，优良率达63.4%；Ⅱ标段完成验评的单元工程162个，累计优良个数为121个，优良率达74.7%；Ⅲ标段完成验评的单元工程371个，累计优良个数为219个，优良率达59%。

（叶建亮）

安全生产

金宝航道工程关系到宝应湖地区汛期行洪排涝，特别是取直段工程，涉及地区排灌问题，是整个工程的关键节点，在工程实施过程中，要求施工单位把取直段工程当首要任务来抓，在加大人员、机械投入，加快工程施工进度的同时，积极与征迁部门沟通，协调地方矛盾，多方面努力，确保取直段工程在2012年汛前完成，以利整个工程的安全。截至2012年底，金宝航道工程未发生任何安全生产事故。

（叶建亮）

里下河水源补偿工程

工 程 概 况

里下河水源补偿工程是置换现江都站部分抽水量北调的主体工程，按现状用水水平配置水源工程和灌区调整工程，其中：水源工程由卤汀河、大三王河两个部分组成，灌区调整工程分为扬州灌区调整工程、淮安灌区调整工程、盐城灌区调整工程。

水源工程主要建设内容是拓浚卤汀河，扩挖新通扬运河，开挖拓浚大三王河，新建大三王河节制闸等。卤汀河南起泰州引江河出口，北至兴化上官河，全长55.9km，途经泰州海陵区、姜堰市、兴化市及扬州江都市，设计流量106～498m^3/s，拓浚标准为：与引江河连接段长3.6 km，河底高程－5.5m，底宽100m；车路河口以南段长47.7 km，河底高程－5.5m，底宽40m；车路河口以北段长4.6km，河底高程－4.0m，底宽40m。大三王河南起潼河，北至芦氾河，全长11.68km，在扬州宝应县境内，南段属平地开挖长5.4km，北段利用老河扩挖长6.28km，设计引水流量35m^3/s，设计标准为：河底高程－2.0m，底宽20m。卤汀河、大三王河拓浚后，需相应实施跨河桥梁工程、沿线影响处理工程和拆迁移民安置工程等。

灌区调整工程涉及扬州、淮安、盐城三市，主要建设内容是疏浚引河、新建提水泵站、灌区水系调整等。根据水源灌区调整需要，新建提水泵站35座，疏浚引水河、渠23条，配套建设涵、闸、桥等小型影响建筑物工程。

里下河水源补偿工程施工总工期3年，其中卤汀河、大三王河、盐城境内灌区水源调整施工工期为3年，扬州、淮安灌区水源调整施工工期为1年。里下河水源补偿工程于2010年11月开工。

（张金魁）

工 程 投 资

里下河水源补偿工程总投资为227 199万元，其中：工程投资71 761万元，桥梁投资21 714万元，供电线路814万元，水保投资1646万元，环保投资554万元，移民投资126 399万元，建设期货款利息4311万元。其中江苏省分摊投资为52 086万元。

2012年，实际完成投资64 400万元，完成比例为106%，其中：工程投资（含桥梁、供电、水保、环保）47 700万元，完成计划的108.6%；移民投资16 700万元，完成计划的100%。截至2012年底，完成投资221 631万元，完成比例为97.5%，其中：完成工程投资（含桥梁、供电、水保、环保）95 232万元，完成比例为94.5%；完成移民投资126 399万元，完成比例为100%。

（张金魁）

招 标 投 标

里下河水源补偿工程分为监理标、施工标、水土保持标、机电设备标、供电线路标5个类型，共分为34个标，包括5个监理标、20个施工标、6个设备标、1个水土保持标、2个供电线路标。除卤汀河、大三王河部分标段水土保持标和北坍泵站供电线路标、阜宁泵站供电线路标外，其余标已于2011年12底前完成了招标和投标。另卤汀河桥梁5个标（桥梁1-1标、桥梁1-2标和宁乡生产桥、五里大桥、西坝公路桥）、大三王河安大公路桥1个标、扬州灌区楼子河1个标共7个标委托地方建设，合同管理上属于非招标项目。

2012年，完成了北坍泵站供电线路标、阜宁泵站供电线路标招投标工作，出售了卤汀河、大三王河部分标段水土保持工程施工标招标文件。

（张金魁）

工程进展

2012年，里下河水源补偿工程完成土石方开挖1179万m^3，土石方回填392万m^3，石方6.11万m^3，混凝土9.01万m^3。截至2012年12月底，累计完成土石方开挖2189.89万m^3，土石方回填780.99万m^3，石方10.3万m^3，混凝土16.72万m^3。

截至2012年12月底，里下河水源补偿工程形象进度如下：

（1）卤汀河工程。河道施工5标、8标和影响工程完工，卤汀河河道施工1标基本完成；卤汀河4标河道疏浚进入扫尾阶段，武坚生产桥桥面铺装基本完成；卤汀河河道施工2标、3标、6标、7标进入扫尾阶段；卤汀河桥梁1标、2标进入桥面铺装阶段。

（2）大三王河工程。大三王河施工1标、2标主体工程除个别桥梁接线外已全部完成。

（3）扬州灌区调整工程。施工2标完工，并通过完工验收；施工3标主体工程完成；施工1标除2座桥梁正在桥面铺装外，主体工程已完工。

（4）盐城灌区调整工程。小中河闸、小中河和小中河水电站施工标完工，并通过完工验收；阜宁站土建主体工程已完工，北坍站土建主体工程和民便河疏浚已完工；阜东灌区9座泵站及引河疏浚除海陵河工程进入扫尾外，其余工程已基本完工。

（5）淮安灌区调整工程于2011年完工。

（张金魁）

质量管理

里下河水源补偿工程建立了建设单位负责、监理单位控制、施工单位保证和政府监督相结合的质量管理体系，加强工程质量管理。截至2012年12月底，工程未发生质量和安全事故。

截至2012年底，累计验评单位工程34个，其中按水利行业评定26个，优良23个，优良率88.5%；验评分部工程382个全部合格，其中按水利行业评定266个，优良215个，优良率80.8%；验评单元工程5757个全部合格，其中按水利行业评定3421个，优良2935个，优良率86%。

（张金魁）

骆马湖以南中运河影响处理工程

工程概况

骆马湖以南中运河影响处理工程位于宿迁市泗阳县、宿城区、宿豫区和淮安市的淮阴区境内。骆马湖以南中运河是京杭运河的一部分，也是南水北调主要输水干线，兼有泄洪、排涝和航运等功能。骆南中运河工程建成后，京杭运河段建筑物及堤防将满足骆南中运河向北输水175～230m^3/s，与运西徐洪河一期承担南水北调东线第一期工程入骆马湖350m^3/s任务的条件。

（王兆军）

工程进展

2012年，骆马湖以南中运河影响处理工程完成堤防复堤1.2km，防渗处理13.255km堤防，其中垂直铺膜工程长7434m（3.5m深450m，5～7m深5040m，8～13m深1944m），多头小直径深搅桩工程长4757m，深10～16m；压密注浆工程长1064m，深7～12m；新建护砌1.56km，加高接长护砌4.12km，总长5.68km。

新建、维修加固和拆除重建穿堤建筑物及沿线灌排影响处理工程：对14处穿堤涵闸进行处理，包括拆除重建西门闸、运南北渠首、南武涵洞、滚坝涵洞、云渡涵洞、新渡涵洞、于店涵洞、程道渠首、卓玛涵洞、仰化涵洞、陆墩涵洞、杨圩涵洞、利民小闸、城南自排涵洞等14处。完成14座灌排泵站影响处理，其中新建蔡河站1座；拆除建华站包括建华涵洞、桥东站、渠首站、杨宫站、卓玛站、城南电排一站、七堡电灌站等7座；加固改造塘东一站、塘东二站、滚坝站、云渡站、龙岗电灌站等5座；扩建新团结站1座。

新建管理道路总长63.57km，其中混凝土路6.29km，二灰碎石路面55.86km，泥结碎石路面1.42km。拆建穿堤涵洞顾圩村涵洞1座。

（王兆军）

运　行　管　理

骆马湖以南中运河工程建筑物及河道护砌工程于2011年12月11日通过江苏水源公司组织的单位工程验收。验收通过后，建设处迅速组织开展工程移交工作。由于骆南中运河工程战线长、点分散，建设处采取将各县区相关工程移交至相关县区水务局，由水务局再层层分解到相关堤防管理所及水利站进行运行管理。所有堤防防渗处理工程、河道护砌及建筑物工程均移交至当地水务局。

（王兆军）

工　程　效　益

骆马湖以南中运河影响处理工程于2011年12月全面建设完成，截至2013年3月，所有建设内容已至少运行15个月。工程建设完成，为中运河沿线的农业灌溉和地方排除内涝产生了积极、深远的影响。

（王兆军）

环境保护与水土保持

河道防渗工程段堤顶两侧各0.5m范围进行土地整治，生产生活区四周、施工道路两侧及堆土区四周设排水土沟。

工程结束后，承包人需对建筑物工程四周进行平整、压实和四周修筑临时排水系统等措施。建筑物工程四周、施工道路两侧设排水土沟，临时排水沟的防御标准为10年一遇24h暴雨量，排水沟采用土沟，设计断面为梯形，底宽0.4m，沟深0.3m，边坡1∶1。建筑物基坑开挖后的临时弃土，采取先挡后弃的措施，要求施工单位在弃土区周边铺二层填土草包挡护，填土草包呈“品”字形堆砌。弃土区四周设置排水沟，设计断面为梯形，底宽0.4m，沟深0.3m，边坡1∶1。拆除涵洞产生少量的弃渣就地掩埋压实。在建筑物红线范围内（路、河道除外）铺植狗牙根草皮进行防护；建筑物已设围墙、绿化措施的，考虑在建筑物红线范围内、围墙范围外（路、河道除外）铺植狗牙根草皮进行防护。

施工结束后，承包人需及时将生产、生活区地表建筑物及硬化地面全部拆除，清除施工垃圾和平整场地，对压实的表土进行深翻处理，进行复耕。对被破坏的堤防坡面进行植被恢复。

共种植狗牙根草51 791m^2，乔木栽植344株，灌木栽植8317株。工程质量满足有关标准及招标文件要求，质量合格。

（王兆军）

工 程 验 收

2011 年 5 月 18 日，江苏水源公司主持召开了骆马湖以南中运河工程水下工程阶段验收会议，同意通过验收。2011 年 6 月 30 日，江苏水源公司印发了验收鉴定书。

2011 年 8 月 3 日，江苏水源公司主持召开了骆马湖以南中运河工程施工 1 标单位工程验收会议，同意通过验收。2011 年 9 月 21 日，江苏水源公司印发了验收鉴定书。

2011 年 12 月 11 日，江苏水源公司主持召开了骆马湖以南中运河影响处理工程施工 3、4、5 标单位工程验收会议。2012 年 6 月 21 日，江苏水源公司印发了验收鉴定书。

2012 年 7 月 6 日，江苏水源公司组织召开骆马湖以南中运河影响处理工程施工 2 标管理道路单位工程验收会议，同意通过验收。

（王兆军）

沿运闸洞漏水处理工程

工 程 概 况

南水北调东线工程输水线路在江苏省境内穿过扬州、淮安、宿迁、徐州、盐城五市。输水干线包括大运河、高水河、里运河、二河、苏北灌溉总渠（阜宁腰闸上）、中运河、不牢河、徐洪河、房亭河以及洪泽湖、骆马湖、南四湖周边等。沿输水干线路有 300 多座涵闸，这些涵闸大多建于 20 世纪 60 ~ 70 年代，少数建于新中国成立前。其中少部分中型涵闸归江苏省水利厅属管理处管理，其余涵闸归各市县水利局管理。长期以来因管理经费有限，沿线闸洞只做了修补，大部分涵闸年久失修，闸门漏水严重，启闭机老化、失灵。

涵闸按处理方式分为三大类：第一类为闸门维修、启闭机更换或维修；第二类为门槽埋件更换，闸门、启闭机更换；第三类为拆除重建。沿运闸洞漏水处理工程共实施 144 座涵闸，其中一类闸 37 座、二类闸 90 座、三类闸 17 座。

（王雪峰）

工 程 投 资

沿运闸洞漏水处理工程概算总投资为 12 252万元，其中静态总投资 12 183 万元，工程部分投资 10 627 万元，建设征地移民补偿投资 1200 万元，水土保持工程投资 181 万元，环境保护工程投资 175 万元。

工程的招标项目合同总价为 8288.65 万元，非招标项目合同总价为 806.14 万元，截至 2012 年底已结算 5838.43 万元，支付比例为 64.20%。

（王雪峰）

招 标 投 标

2011 年 7 月，国务院南水北调办以《关于南水北调东线一期长江—骆马湖段其他工程沿运闸洞漏水处理招标分标方案的批复》（国调办建管〔2011〕140 号）进行批复，批复为 8 个施工标、1 个建设监理标，工程招标投标情况见表 1。

表 1　　沿运闸洞漏水处理工程招标投标情况

序号	合同编号	合同名称	合同金额（万元）
1	NSBD-YYZD/JL-01-Z09-2011	南水北调东线一期沿运闸洞漏水处理工程建设监理合同	341.91
2	NSBD-YYZD/TJ-03-Z12-2011	南水北调东线一期工程沿运闸洞漏水处理工程施工 1 标（扬州）	1698.61
3	NSBD-YYZD/TJ-01-Z10-2011	南水北调东线一期工程沿运闸洞漏水处理工程施工 2 标（淮安）	1288.91
4	NSBD-YYZD/TJ-06-Z15-2011	南水北调东线一期工程沿运闸洞漏水处理工程施工 3 标（宿迁）	1323.40
5	NSBD-YYZD/TJ-02-Z11-2011	南水北调东线一期工程沿运闸洞漏水处理工程施工 4 标（徐州）	1474.97
6	NSBD-YYZD/JG-05-Z05-2011	南水北调东线一期工程沿运闸洞漏水处理工程施工 5 标（盐城）	442.57
7	NSBD-YYZD/TJ-08-Z17-2011	南水北调东线一期工程沿运闸洞漏水处理工程施工 6 标（江都管理处）	1035.22
8	NSBD-YYZD/TJ- 04-Z13-2011	南水北调东线一期工程沿运闸洞漏水处理工程施工 7 标（总渠管理处）	277.10
9	NSBD-YYZD/TJ-05-Z14-2011	南水北调东线一期工程沿运闸洞漏水处理工程施工 8 标（骆运管理处）	405.96
合计			8288.65

（王雪峰）

建　设　管　理

江苏水源公司分别委托扬州、淮安、宿迁、徐州、盐城等 5 个地级市水利局（水务局）和江都管理处、总渠管理处、骆运管理处等 3 个省管单位，进行工程委托建设管理。

截至 2012 年底，已完成的工程质量全部合格，没有发生一起质量事故。

（王雪峰）

工　程　进　展

（一）主要工程量

施工 1 标（扬州市）：铸铁闸门制作安装 3.5t（8 扇），钢闸门制作安装 39.776t（11 扇），钢筋制作安装 95.2t，混凝土 2420m^3，砌石 1218m^3，土方 165 738m^3，启闭机安装 22 台。

施工 2 标（淮安市）：启闭机房 458.22m^2，启闭机更换 48 台，铸铁闸门安装 49.36t（23 扇），钢闸门制作安装 146.1t（18 扇），钢筋制作安装 37t，混凝土 180.13m^3，XL-21 控制箱（计量兼动力柜）54 台。

施工 3 标（宿迁市）：土方 359 823.9m^3，钢筋制作安装 228.07t，混凝土 5342.21m^3，浆砌石 425.41m^3，启闭机房新建 443.05m^2，铸铁闸门安装 55.49t（27 扇），启闭机更换 29 台。

施工 4 标（徐州市）：土方 246 000m^3，钢筋制作安装 205t，混凝土 4200m^3，启闭机更换 67 台。

施工 5 标（盐城市）：启闭机更换 9 台，电动葫芦购置安装 4 台（套），闸门及埋件喷锌防腐 1921.78m^2，钢闸门制作安装 153.45t（34 扇），拦污栅制作安装 12.30t（14 扇），拆建启闭机房 95.12m^2，混凝土 60m^3。

施工 6 标（江都管理处）：混凝土 422.7m^3，钢筋制作安装 30t，金属结构制作安装454.57t，9台启闭机维修与保养，油漆防腐350m²，启闭机更换2台（套）。

施工7标（总渠管理处）：钢筋12.5t，混凝土70m³，启闭机房拆建236m²，闸门喷锌防腐1990.81m²，启闭机维修保养17台，更换止水橡皮0.65t、不锈钢螺栓0.176t、止水压板0.74t，安装控制柜7台。

施工8标（骆运管理处）：钢筋制作安装25.5t，混凝土240m³，更换4座涵闸32孔闸门的止水压板6.544t、止水橡皮3.86t、不锈钢紧固件1.63t，喷锌防腐面积3617.82m²，启闭机更换7台套，启闭机维修25台（套）。

（二）工程进度

截至2012年底，施工2标、3标、4标、8标均已完成了所有施工内容；施工1标除南关洞、西堤调度闸、胡成洞3个闸洞未完成外，其余闸洞均全部完成；施工5标除阜宁船闸的闸门、启闭机安装未完成外，其余闸洞均全部完成；施工6标邵伯节制闸完成了水下主体工程，芒稻闸完成了6孔门槽混凝土浇筑、4孔新闸门安装、6孔旧闸门拆除，运盐闸启闭机维修及门槽防腐尚未施工；施工7标淮安三站按照设计变更完成启闭机维修，运东闸完成7孔闸门喷锌防腐及启闭机房主体工程。

（王雪峰）

质 量 管 理

截至2012年12月底，江苏水源公司对8个施工标段涉及通水评定收的单元工程质量进行了复评。沿运闸洞漏水处理工程共划分为23个单位工程141个分部工程1184个单元工程。本次完成的1120个单元工程，全部合格，其中优良619个，优良率52.3%。经复评，评定的20个单元工程，全部合格。

（王雪峰）

徐洪河影响处理工程

工 程 概 况

徐洪河影响处理工程位于徐州市、宿迁市境内（宿迁境内约55.5km，涉及邳州、睢宁、泗洪、宿城四县区），是南水北调工程的重要组成部分。河道全长120km，设计输水流量为100~120m³/s，与中运河共同承担南水北调东线一期工程出洪泽湖350m³/s、入骆马湖275 m³/s的调水任务。宿迁境内工程主要分布在泗洪县，沿线影响建筑物按原标准拆建、改造，新建建筑物按5年一遇排涝标准设计、10年一遇排涝标准校核。

工程建设内容为湖口段2.5km抽槽；孟河头桥拆除重建，新建、整修管理通道长44.73km；堤防险工处理，泗洪站上段右堤6.0km进行加固，朱湖段堤防兽洞灌浆处理；金镇桥东堤及西堤共5.72km河坡防护，新建朱湖镇100m直立墙；新建陈集北闸，拆建苏洼地涵，拆建泗河地涵等。

（赵振江　孙皖苏）

工 程 投 资

根据工程总体实施方案，徐洪河影响处理工程2012年度计划投资13 875.00万元。

2012年，徐洪河影响处理工程实际完成投资13 569.00万元，累计完成总投资13 569.00万元，占总投资的97.8%，其中，工程投资7000.00万元，征地拆迁6569.00万元。

（赵振江　孙皖苏）

建设管理

江苏水源公司作为项目法人，全面负责工程建设管理工作。2011年3月9日，宿迁市水务局以宿水发〔2011〕12号文成立了宿迁市南水北调徐洪河影响工程建设处，随后泗洪县水利局成立了宿迁市南水北调徐洪河影响工程建设处泗洪县项目部，负责泗洪境内工程的现场管理工作。

截至2012年12月底，工程部编制了《工程总体实施方案》和《年度实施方案》，进一步细化了工程节点工期，明确了建设任务；编制印发了《徐洪河影响处理工程质量和安全事故应急预案》《徐洪河影响处理工程质量管理细则》《徐洪河影响处理工程安全生产管理细则》《安全工作制度》《安全生产检查制度》等。

（赵振江　孙皖苏）

工程进展

2012年，徐洪河影响处理工程完成：湖口段2.5km抽槽；孟河头桥拆除重建，新建、整修管理通道长44.73km；堤防险工处理，泗洪站上段右堤6.0km加固，朱湖段堤防兽洞灌浆处理；金镇桥东堤及西堤共5.72km河坡防护，新建朱湖镇100m直立墙；新建陈集北闸，拆建苏洼地涵，拆建泗河地涵等（陈集北闸因规模调整变更，正在建设）。年度完成投资任务13 569.00万元。

2012年，徐洪河影响处理工程宿迁段完成工程量：土方开挖88.9万m^3，填筑土方24.33万m^3，砌石0.64万m^3，垫层0.75万m^3，土工布垫层6.2万m^2，混凝土及钢筋混凝土1.46万m^3，钢筋620.1t，深层搅拌桩4.04万m^3，混凝土预制块0.56万m^3。

除陈集北闸因设计方案调整暂未完成外，其余工程已全面完成。2012年5月31日，通过江苏水源公司组织的水下工程阶段验收。

（赵振江　孙皖苏）

工程监理

徐洪河影响处理工程监理单位为徐州市水利工程建设监理中心，资质等级为水利工程施工监理甲级，可从事各等级水利工程的施工监理。

监理单位对徐洪河影响处理工程已完成的单元工程及时开展验收和质量评定，截至2012年底，已完成275个单元工程质量评定，优良率达90.9%，147个分项工程全部合格。

（赵振江　孙皖苏）

质量管理

建设处组织成立工程质量管理领导小组，明确了质量管理责任网络，建立了质量工作例会制度，通过工地例会和质量管理例会对工程质量进行动态跟踪和控制，对工程质量情况及时分析研究，以便准确做出部署。

2012年，建设处根据《徐洪河影响处理工程质量管理细则》和《工程建设标准强制性条文（水利工程部分）》要求，严格现场质量控制，加强监理监督检查。对工程主要环节、关键部位进行了梳理，列出了工程主要施工质量控制点为拦河坝围堰、套闸节制闸围堰及北侧圩堤等。

经南水北调工程江苏质量监督站批复，徐洪河影响处理工程共划分为11个单位工程33个分部工程305个单元工程及147个分项工程。截至2012年底，共完成10个单位工程中的30个分部工程，共计275个单元工程及147个分项工程。

（赵振江　孙皖苏）

安 全 生 产

自开工之日起，工程部就组织成立了由参建各方组成的工程安全生产领导小组，项目部工程科为安全生产责任部门，明确了专职安全员，制订了安全生产领导小组工作规则，形成了安全生产责任网络，落实了责任和任务。

截至2012年底，徐洪河影响处理工程未发生任何安全生产事故。

（赵振江　孙皖苏）

洪泽湖抬高蓄水位影响处理工程江苏省境内工程

工 程 概 况

洪泽湖抬高蓄水位影响处理工程是对受洪泽湖抬高正常蓄水位（从目前的13.0m提高到13.5m）影响的江苏境内支流河道、圩区、洼地排涝工程等进行治理，通过滨湖圩堤防护工程、圩区和洼地排涝工程、通湖河道影响处理工程的建设，减轻或消除洪泽湖抬高蓄水位对周边地区带来的不利影响。工程主要措施是加固改造、拆除重建和新建圩区排涝泵站，修建滨湖圩堤湖泊，新建、拆除重建通湖河道节制闸等。

江苏省境内的洪泽湖周边抬高蓄水位影响处理工程位于江苏省淮安市、宿迁市境内，涉及淮安市的淮阴区、洪泽县和盱眙县，宿迁市的宿城区、泗阳县和泗洪县。影响处理工程分布在洪泽湖周边滞洪区和鲍集圩行洪区，涉及范围约429km^2。

（李　伟）

工 程 投 资

洪泽湖抬高蓄水位影响处理工程的工程部分概算投资为25 707万元，其中淮安市境内工程批复总投资10 898万元，2012年度计划完成4587万元，截至2012年底，淮安市境内工程累计完成投资10 898万元，占工程总投资计划的100%。

（李　伟）

工 程 进 展

（一）宿迁境内

宿迁市境内工程于2011年6月2日正式与各中标单位签订施工合同，根据国务院南水北调办的批复，工程总体计划工期24个月。结合本工程实际情况以及招标文件规定，2012年5月下旬泵站工程和3座挡洪闸工程进行水下工程验收，6月护坡工程完工，6月完成泵站机组试运行验收，9月下旬完成3座挡洪闸工程单位工程验收。

护坡工程、挡洪闸和灌排泵站等影响工程，要求施工单位于2012年4月20日前能够全部进行水下工程验收。

2012年底工程扫尾，进行专项验收和竣工决算，专项验收包括档案验收、水保工程验收、环保工程验收、消防验收、征迁验收以及安全评估和完工验收等一系列的验收工作。

（二）淮安境内

截至2012年底，淮安市境内3个标段工程已于4月1日完成招标工作，4月19日签订施工协议，洪泽县、盱眙县、淮阴区3个标段工程已全面开工。

洪泽湖抬高蓄水位影响处理工程淮安市施工1标（淮阴区）调整为淮安市施工4标

并已基本完成，累计完成土方开挖 11.33 万 m^3，土方填筑 13.55 万 m^3，混凝土浇筑 2.79 万 m^3。

洪泽湖抬高蓄水位影响处理工程淮安市施工 2 标（洪泽县）中标单位已于 5 月中旬进场，5 月 27 日正式开工，截至 2012 年 12 月 25 日，洪泽县境内工程已全部完成，累计完成投资 397.37 万元。

洪泽湖抬高蓄水位影响处理工程淮安市施工 3 标已于 5 月中旬进场，于 5 月 15 日正式开工。截至 2012 年 12 月 25 日，盱眙县境内工程已全部完成，累计完成投资 6166.1 万元。

（李　伟）

洪泽湖抬高蓄水位影响处理工程安徽省境内工程

工　程　概　况

洪泽湖抬高蓄水位影响处理安徽省境内工程 2012 年度建设目标为完成投资 10 000 万元，主要建设任务是续建 2011 年度开工建设的项目，对 2010 年度开工建设并已完工的项目进行验收准备。2012 年是安徽省境内工程建设的关键年，项目建设内容全面实施，经过参建各方共同努力，截至 2012 年底，初步设计批复的主体工程内容基本完成，全年累计完成投资 10 095 万元，占年度目标任务的 101%。2012 年，围绕项目建设管理，先后进行了项目进度会，开展了质量和安全生产监督检查，实现了全年安全生产，完成了年度目标任务。

（贯　燕）

工　程　投　资

截至 2012 年底，洪泽湖抬高蓄水位影响处理安徽省境内工程投资计划已全部下达完毕，累计下达投资计划37 493.39万元，项目资金来源全部为中央投资。截至 2012 年 12 月底，累计到位资金 23 000 万元；累计完成投资 34 387 万元，其中：征地移民投资 3230 万元，施工投资 27 635 万元，其他投资3522 万元。

（贯　燕）

招　标　投　标

截至 2012 年底，泽湖抬高蓄水位影响处理安徽省境内工程累计完成了 55 个标段的公开招标，招标金额 27 855 万元。签订项目施工（含采购）合同 36 个，合同金额 25 198 万元；管理合同 8 个，合同总金额 579 万元；勘察设计合同 11 个，合同金额 2078 万元。2012 年当年没有招标任务。

（朱金祥）

工　程　进　展

截至 2012 年 12 月底，洪泽湖抬高蓄水位影响处理安徽省境内工程累计完成工程量：土方开挖 448.2 万 m^3，土方回填 49.2 万 m^3，混凝土 5.73 万 m^3。樊集站、龙潭西站等 12 座泵站已建成，五河站主体工程已完成，女山湖站等 35 座泵站已基本完成，花园湖站等 3 座泵站完成 80% 以上，正在进行剩余工程施工；石梁河、马拉沟、岳庙沟等 13 条排涝河道大沟疏浚开挖已完成或基本完成，部湖排涝大沟等 3 条河道大沟疏浚正在进行剩余工程施工。工程建设进展完成预期目标，2012 年底主体工程基本完成。

（徐有前）

质量管理

2012年，项目建设管理单位严格落实责任，规范质量制度，将质量目标细化到单元工程、分部工程和单位工程，从各施工工序质量抓起，主要开展了以下两项工作。

一是严格控制、做好现场管理。始终将现场质量控制作为工程建设的主题，鼓励施工单位通过内部招标选择素质较高、以往合作较好的施工班组；加强现场原材料进场，基础处理工程，泵站洞身和墩，墙等易裂部位，穿堤涵回填，机电设备及金属结构监造和安装等关键部位和环节的质量控制。

强化监督、严格质量检查。认真落实国务院南水北调办布置的质量整治活动，联合省、市水利质量监督站进行质量管理监督，检查落实施工单位的质量保证措施和监理单位的现场质量控制行为，并委托质量监测机构对工程原材料、实体质量进行抽样检查。

二是狠抓整改、质量形势平稳。对施工过程中发现的各项质量问题严格进行整改，在后续工程中汲取经验和教训。已实施的工程经自检、抽检，总体质量合格，未出现质量事故和重大质量隐患，工程建设质量始终处于受控状态。

（徐有前）

安全生产

2012年，南水北调东线一期洪泽湖抬高蓄水位影响处理工程安徽省境内工程继续贯彻“以人为本、安全发展”的理念，坚持“安全第一，预防为主，综合治理”的方针，召开了安全生产专题会议，组织参建人员观看了安全生产警示教育电影，参加了全国水利安全生产知识竞赛，通过会议、检查、文件、短信等各种形式不断提高各参建单位安全生产意识，加强了汛期、施工高峰期、节假日等安全生产事故易发时段的安全生产管理工作，认真开展了安全生产工作检查和目标考核。一年来工程建设安全生产形势平稳，未发生一起一般及以上等级安全事故，为该工程又好又快建设营造了安全稳定的环境。

按照《南水北调工程建设安全生产目标考核管理办法》，2012年南水北调东线一期洪泽湖抬高蓄水位影响处理工程安徽省境内工程列入考核的建设管理单位有2个，考核等级均为Ⅲ级；参建的监理单位有3个，考核等级为1个Ⅱ级、2个Ⅲ级；设计单位有4个，考核等级2个Ⅱ级、2个Ⅲ级；施工单位有8个，考核等级2个Ⅱ级、6个Ⅲ级。

（朱金祥）

东线江苏段专项工程

血吸虫北移防护工程

工程概况

南水北调东线第一期工程血吸虫北移防护专项工程主要任务为结合南水北调东线输水和泵站等工程的建设，实施水利血防工程措施，阻断钉螺迁移路径，控制或消除南水北调东线一期工程建成后钉螺在取水口、部分输水干线和涵闸直接扩散或二次扩散的潜在危险。工程批复重点血防项目为高水河整治工程、金宝航道整治工程、高邮段里运河血防工程、金湖泵站和洪泽泵站工程，主要建设内容为已有护坡整修、灌浆勾缝、新建护砌硬化等。工程批复静态总投资 9862 万元（含已计入相应设计单元工程概算投资），计划总工期 18 个月。部分内容已和高水河整治工程、金宝航道整治工程、金湖泵站和洪泽泵站等工程一并实施完成，单独实施项目概算投资 4428 万元，截至 2012 年底，工程已全部建设完成。

（阎　玮）

东线江苏段调度运行管理系统工程

工　程　概　况

在初步设计阶段，针对南水北调江苏境内工程特点，按照新建南水北调工程和江苏省江水北调工程“统一调度、联合运行”的原则和三级管理体系进行系统设计，江苏段调度运行管理系统主要包括信息采集系统、通信系统、计算机网络、工程监控与视频监视系统、数据中心、应用系统、实体运行环境和网络信息安全 8 个部分。

（祁　洁）

工　程　投　资

南水北调东线第一期工程江苏段调度管理系统总静态投资约为 5.76 亿元，工程建设资金通过中央预算内拨款、南水北调基金和银行贷款 3 个渠道筹集。其中，中央预算内拨款占比 30%；建立南水北调基金，约占比 25%；银行贷款占比 45%。2012 年，投资计划完成 4620 万元。

（祁　洁）

招　标　投　标

东线江苏段调度运行管理系统工程分为 14 个标段，分别为：

（1）监理总包；

（2）通信光缆材料采购项目；

（3）通信管道材料采购项目；

（4）扬州淮安段通信光缆管道施工总包；

（5）宿迁徐州段通信光缆管道施工总包；

（6）通信设备系统集成总承包；

（7）计算机网络设备系统集成总承包；

（8）数据中心服务器设备采购项目；

（9）水环境监测中心设备采购；

（10）信息采集总承包；

（11）工程监控与视频监视系统工程总承包；

（12）省公司数据中心机房工程总承包项目；

（13）分公司数据中心机房工程总承包项目；

（14）应用软件开发总承包。

2012 年，完成南水北调东线第一期工程江苏段调度运行管理系统建设监理标招标工作。2012 年 9 月 18 日，发布招标公告；2012 年 12 月 6 日，和中标人江苏普蓝陵信息系统监理咨询有限公司签订监理合同。

2012 年，南水北调东线一期江苏段调度运行管理系统京杭运河段骨干通信光缆线路工程各项招标工作严格按照基本建设工程程序进行，其中工程方案和施工图设计、水利防洪评估、项目施工招投标工作由江苏交通规划设计院股份有限责任公司、淮安水利勘测设计院有限公司和江苏省国际招标公司分别进行，工程施工和施工监理中标人分别是安徽电信工程有限责任公司和北京兴通交通工程咨询监理有限公司。2011 年 8 月 8 日和 10 日，苏北航道处与以上两单位分别签订工程施工合同和施工监理合同。

徐洪河、金宝航道段骨干通信光缆线路工程结合徐洪河影响处理工程和金宝航道工程建设。

（祁 洁）

建设管理

2011 年 11 月 22 日，成立了江苏省南水北调调度运行管理系统和管理设施工程建设局，统筹负责江苏境内工程调度运行管理系统和管理设施建设。2012 年 3 月 30 日，成立了南水北调东线江苏段调度运行管理系统建设协调领导小组。

2012 年，抓紧研究制订总体实施方案，加强系统功能设计和招标设计方案优化深化，保证工程尽快开工建设；按照“统筹规划、急用先建、突出重点、分步实施”的原则，研究制订通水应急调度建设方案，先期满足通水调度基本要求。

（祁 洁）

工程进展

2012 年，计划完成南水北调东线一期江苏段调度运行管理系统骨干通信光缆线路工程通道建设长度400km。其中，京杭运河段骨干通信光缆线路工程，建设京杭运河自解台船闸至扬州西北绕城大桥段光缆线路，线路路由长度340km；徐洪河、金宝航道段骨干通信光缆线路工程结合徐洪河影响处理工程和金宝航道工程，建设线路路由长度60km。

2012 年已完成南水北调东线一期江苏段调度运行管理系统京杭运河段骨干通信光缆线路工程；开始建设徐洪河、金宝航道段硅芯管铺设工程；完成各子系统的招标设计工作。

2011 年完成架空杆路（含飞线过河）主体工程的施工，完成全线微控定向钻工程的施工；2012 年 1 月完成全线管道（含附桥过河、高速公路中央隔离带施工、局部节点穿钢管混凝土包封）工程的施工；2012 年 7 月组织施工、监理对工程全线徒步巡查，对工程检查验收，工程验收结论为质量合格；2012 年 8 ~ 9 月，施工单位和监理单位分别进行工程自检，还组织了第三方性能检测，检测结果满足设计及规范要求。

（祁 洁）

东线江苏段管理设施专项工程

工程概况

南水北调东线一期江苏境内管理设施专项工程初步设计已经国务院南水北调办正式批复，其中管理机构建设包括江苏水源公司（含总调度运行中心、档案管理中心）、直属分公司（含调度分中心）、交水断面管理所的各类管理用房及其配套工程，以及泵站应急维修中心各类生产、管理用房及其配套工程和必要设备；其他管理设施配置主要包括交通设施，工程检测、维护、维修设施，工程安全防护设施，环保设施等。

2012 年，管理设施专项工程三级机构准安—扬州交水断面正式开工建设，建设处精心组织，科学安排，加强工作组织力度，开展方案调研等前期准备工作，保证了工程顺利进行。

（施　伟）

工 程 投 资

南水北调江苏境内管理设施专项工程初步设计于2011年8月由国务院南水北调办批复。工程静态总投资23 031万元，总投资23 355万元，建设资金来自国家投资、建设基金和银行贷款。2012年，管理设施共完成投资200万元，超额完成年度建设任务和投资目标。

（施　伟）

招 标 投 标

管理设施工程分标方案经江苏水源公司审核后上报国务院南水北调办，并于2011年12月以《关于南水北调东线一期江苏境内工程管理设施专项工程分标方案的批复》（国调办建管〔2011〕320号）下发执行。其中，金湖站工程分标方案及类型见表1。

表1　　金湖站工程分标方案及类型

标段	标 段 名 称
一	监理
1	南水北调东线一期江苏境内工程管理设施专项工程建设监理标
二	施工
1	南水北调东线一期江苏境内工程管理设施专项工程江淮分公司管理用房施工标
2	南水北调东线一期江苏境内工程管理设施专项工程泵站应急维修中心管理用房施工标
3	南水北调东线一期江苏境内工程管理设施专项工程交水断面管理用房施工标

（施　伟）

建 设 管 理

2011年11月，江苏水源公司专门成立“江苏省南水北调调度运行管理系统和管理设施工程建设局”，下设江苏省管理设施建设处具体负责管理设施专项工程建设。

（施　伟）

工 程 进 展

管理设施专项工程三级机构交水断面管理用房已正式开工建设，其中，扬州—淮安断面管理用房桩基础已完成，正在进行地基基础开挖，其余市、县界交水断面将根据调度断面设置要求，适时安排工程施工。截至2012年底，一、二级管理专项机构实施方案已上报国务院南水北调办，相关论证材料补充到位，正在等待批复。一级机构南京调度中心，二级机构宿迁、扬州、淮安分公司选址和方案比选工作已经开展，已初步确定选址地点。

（施　伟）

工 程 监 理

管理设施专项工程三级机构交水断面管理用房施工建设监理标已通过公开招标，确定江苏普蓝陵信息系统监理咨询有限公司和中邮通建设咨询有限公司为中标单位，江苏水源公司已与其签订了合同协议书，正式履行监理职责。

（施　伟）

南四湖水资源控制、水质监测工程和骆马湖水资源控制工程

概　述

工 程 概 况

南四湖承担着南水北调东线的调蓄和输水任务。在南水北调运行期间，为保证南四湖地区的正常输水和水资源统一管理，需对南四湖周边众多入湖河流进行有效控制。第一期规划在上级湖湖西大沙河、姚楼河、杨官屯河和下级湖湖东潘庄引河的河口上新建控制闸。杨官屯河闸即四个水资源控制工程中的一个，兼有挡洪、泄洪、排涝和通航等功能，是南水北调东线工程中的重要组成部分。

南四湖水资源控制及水质监测工程共包括6个设计单元工程，分别是二级坝泵站、姚楼河闸、潘庄引河闸、杨官屯河闸、大沙河闸和南四湖水质监测工程。其中，二级坝泵站主体工程已建成，正进行道路等管理设施建设；姚楼河闸、杨官屯河闸、大沙河闸和潘庄引河闸已建成，除大沙河闸、杨官屯河闸环保、水保专项外，完成所有专项验收工作。水质监测工程正在协调落实中。

骆马湖水资源控制工程于2011年3月18日通过竣工环保验收。

（阎　玮）

二级坝泵站工程

工 程 概 况

二级坝泵站是南水北调东线第一期工程的第十级抽水梯级泵站，位于南四湖中部，山东省微山县欢城镇境内。二级坝泵站一期工程为大（1）型工程，泵站等别为I等，主要建筑物包括泵站、前池、进水池、出水池、进水闸及闸前引水渠渐变段、出水渠为1级，次要建筑物为3级，临时性建筑物为4级，二级坝公路桥设计标准为汽-20挂-100级，路面宽度为净9＋2×1.5m。设计输水流量为125m^3/s，设计净扬程3.21m，装机5台后置式灯泡贯流泵（4用1备），单机流量31.5m^3/s，单机功率1850kW，多年平均设计装机利用时间4364h。初步设计批复工程建设总工期30个月。

（李　军　张玉洁）

工 程 投 资

二级坝泵站工程初步设计概算为25 217万元，2008年南水北调总体可研预列水泵机组增加预算4530万元，批准调增概算3193万元，总概算为28 410万元。截至2012年12月底，累计完成施工投资24 023.38万元，其中2012年完成632万元。

（李　军　张玉洁）

运 行 管 理

2012年，二级坝管理处运行人员5人，

分别负责电气设备、主机、辅机、金属结构、自动化系统；管理人员 3 人（2012 年 11 月后 5 人），分别负责综合管理、工程管理及运行管理。

根据优化准则进行多泵站的运行调度，其主要内容可包括：

（1）在满足提水计划前提下，通过站内机组的运行调度和工况调节，改善进、出水池流态，减少水力冲刷和水力损失。

（2）泵站的开机台数、顺序的控制及其运行工况的调节，泵站级间流量的调配。

（3）检查工程设施状况，发现情况及时处理。

（4）提出和解决运行前需要完成的工作，包括学习有关文件及上岗培训，明确值班人员、车辆的值班地点和联系方式，安排好一线职工的生活问题，抓紧解决工程检查中发现的问题，完成开机模拟试验等。

（5）运行前一天，将所有计量器具数字记录核定好，报调度中心，运行中按规定记录所有数据并及时上报。

（6）加强送水期间的通信值班，保证 24 小时值守，发现问题及时处理，确保畅通。

（胡学玉）

工　程　效　益

二级坝泵站工程是南水北调东线调水的关键工程，是南水北调东线工程的第十级抽水梯级泵站，目前处于待运行期，暂时未发挥工程效益。二级坝泵站正式运行后，除在整体南水北调工程发挥应有的效益外，还可以提高我国大流量贯流泵机组的研究、设计、制造水平与泵站设计水平，进一步丰富和积累此类泵站的建设与管理经验。

（胡建峰）

环境保护及水土保持

二级坝泵站工程主体工程 2007 年 3 月开工建设，水土保持工程于 2011 年 9 月完成，现已进入竣工验收阶段。

二级坝泵站工程完成新增水土保持工程结算总投资 174.41 万元。

2012 年 6～9 月，完成了泵站主体工程区绿化。完成主要工程量：乔木 2241 株，灌木 49 220 株，绿篱 1239 延米，竹 35 000 株，种草 7.45hm^2。

（孙　耐）

工　程　验　收

2012 年 6 月 16～20 日，山东干线公司主持召开了南水北调东线一期工程二级坝泵站工程机组试运行验收会，同意二级坝泵站工程通过机组试运行验收。

2012 年 7 月 31 日，二级坝泵站建管局对二级坝泵站工程主副厂房土建施工及设备安装合同项目进行了完成验收，验收工作组同意验收。

2012 年 8 月 10 日，二级坝泵站建管局在二级坝泵站工程施工现场主持了二级坝泵站工程主副厂房土建及安装单位工程和主副厂房房建单位工程验收，验收工作组同意验收。

2012 年 8 月 25 日，二级坝泵站建管局对二级坝泵站工程计算机监控系统合同项目进行了完成验收，验收工作组同意验收。

2012 年 8 月 28 日，二级坝泵站建管局对二级坝泵站工程主副厂房土建施工及设备安装合同项目进行了完成验收，验收工作组同意验收。

2012 年 9 月 26 日，二级坝泵站建管局在二级坝泵站工程施工现场主持了二级坝泵站工程管理设施工程、水土保持工程单位工程验收，验收工作组同意验收。

2012 年 9 月 26 日，二级坝泵站建管局在二级坝泵站工程施工现场主持了二级坝泵站工程主副厂房装修工程单位工程暨合同项目完成验收，验收工作组同意验收。

2012 年 10 月 25 日，二级坝泵站建管局受山东干线公司委托，在二级坝泵站工程现场主持了二级坝泵站工程管理设施及水土保持工程合同项目完成验收，验收工作组同意验收。

2012 年 11 月 12 日，二级坝泵站建管局受山东干线公司委托，在二级坝泵站工程施工现场主持了二级坝泵站工程 110kV 输电线路及 10kV 供电工程合同项目完成验收，验收工作组同意验收。

2012 年 7 月 2 日，济宁市公安消防支队微山县消防大队对南水北调二级坝泵站工程进行了消防验收，综合评定该工程消防验收合格。

建设单位已委托江河水利水电咨询中心编制完成南水北调东线一期工程二级坝泵站工程水土保持设施验收技术评估报告，计划于 2013 年 5 月进行水土保持专项验收。

建设单位已委托中国环境科学研究院编制完成建设项目竣工环境保护验收调查表，计划于 2013 年 3 月进行环境保护专项验收。

（孔庆磊）

姚楼河闸工程

工程概况

姚楼河闸是南水北调东线第一期工程南四湖水资源控制工程的重要组成部分，其主要任务是在南水北调运行期间，加强对南四湖水资源的控制与管理，并兼有挡洪、泄洪、排涝和通航等功能。

姚楼河闸位于姚楼河入南四湖的湖口处，主要建筑物级别为 1 级，次要建筑物级别为 3 级。该闸共 2 孔，单孔净宽 10m，钢筋混凝土框架结构，双扉平面工作钢闸门，固定卷扬式启闭机设备。施工期 12 个月。工程设计泄洪标准为 20 年一遇，设计排涝标准为 10 年一遇。

（杨忠堂）

工程进展

姚楼河闸主体工程开工时间为 2008 年 11 月，完成时间为 2009 年 10 月；绿化、堤顶道路等零星工程于 2010 年 3 月完成。截至 2012 年底，工程已按照批准的初步设计内容建设完成，并通过设计单元工程完工验收技术性初步验收；工程消防和水土保持、环境保护、档案已通过专项验收。

姚楼河闸工程投资已全部完成，累计完成投资 2232 万元，共完成土方 17 万 m^3，石方 1700 m^3，混凝土 6600 m^3，金属结构制作 64t。

姚楼河闸工程暂由施工单位临时看护，环境保护及水土保持已通过验收。

（杨忠堂）

工程验收

2012 年 12 月 10 日，完成姚楼河闸设计单元工程完工验收技术性初步验收（通水验收）。

（杨忠堂）

杨官屯河闸工程

工 程 概 况

南四湖承担着南水北调东线的调蓄和输水任务。在南水北调运行期间，为保证南四湖地区的正常输水和水资源统一管理，需对南四湖周边众多入湖河流进行有效控制。第一期规划在上级湖湖西大沙河、姚楼河、杨官屯河和下级湖湖东潘庄引河的河口上新建控制闸。杨官屯河闸即四个水资源控制工程中的一个，并兼有挡洪、泄洪、排涝和通航等功能，是南水北调东线工程中的重要组成部分。

杨官屯河闸设计泄洪标准为20年一遇，排涝标准为10年一遇，主要建筑物级别为1级，次要建筑物级别为3级。

（杨忠堂）

工 程 进 展

截至2012年底，杨官屯河闸工程累计完成投资5528万元；共完成土方开挖1.8万m^3，土方回填3.5万m^3，钢筋制作安装1243.99t，混凝土1.32万m^3，金属结构安装123.6t。

杨官屯河闸工程暂由施工单位临时看护，其环境保护及水土保持正在申报专项验收。

（杨忠堂）

工 程 验 收

2012年3月16日，杨官屯河闸工程通过单位工程暨合同项目完成验收；2012年3月22日，完成杨官屯河闸消防设施专项验收；2012年7月5～7日，完成杨官屯河闸工程档案专项验收；2012年12月10日，完成杨官屯河闸设计单元工程完工验收技术性初步验收（通水验收）。

（杨忠堂）

大沙河闸工程

工 程 概 况

大沙河闸位于江苏省与山东省交界处，闸址坐落在大沙河入南四湖的河口处，闸轴线距湖西大堤约130m，具备引水、排涝、泄洪、挡洪和通航的功能，主要任务是在维护当地分水原则不变的情况下有效控制南四湖周边地区计划用水和确保向北送水。

大沙河闸工程为Ⅰ等工程，主要内容包括一座14孔节制闸和一座船闸。工程设计泄洪标准为20年一遇，设计流量1360.0m^3/s；校核标准为50年一遇，流量1560.0m^3/s；引水标准为满足闸上灌区农作物设计保证率条件下灌溉期最大日引水要求，引水流量12.0m^3/s。

（杨忠堂）

工 程 进 展

大沙河闸工程主体工程计划分两期利用两个非汛期实施完成：一期为2009年10月～2010年5月，主要完成左岸船闸及岸翼墙、2孔节制闸和右岸岸翼墙施工，船闸具备通航条件；二期为 2010 年 9 月～2011 年 5 月底，完成二期工程水下阶段验收；2011 年底具备完工验收条件。

大沙河闸工程累计完成投资 10 968 万元；共完成土方开挖 60.56 万 m^3，土方回填 13.33 万 m^3，水泥土回填 5213.1m^3，砌石 1.82 万 m^3，混凝土浇筑 4.1 万 m^3，金属结构安装 677.5t。

大沙河闸工程暂由施工单位临时看护，其环境保护及水土保持正在申报专项验收。

（杨忠堂）

工程验收

2012 年 2 月 29 日，大沙河闸工程管理设施单位工程通过验收；2012 年 3 月 22 日，完成大沙河闸工程竣工验收消防备案；2012 年 3 月 15 日，大沙河闸工程通过单位工程暨合同项目完成验收；2012 年 7 月 5～7 日，完成大沙河闸工程档案专项验收；2012 年 12 月 10 日，完成大沙河闸设计单元工程完工验收技术性初步验收（通水验收）。

（杨忠堂）

潘庄引河闸工程

工程概况

潘庄引河闸工程是南水北调东线第一期工程南四湖水资源控制工程的重要组成部分，位于南四湖湖东大堤与潘庄引河交汇处附近。其主要任务为：正常情况下参与引水、排涝、泄洪、挡洪；南水北调工程调水期，潘庄引河河口实施测流计量，对南四湖水资源实施有效控制与管理。

潘庄引河闸为Ⅱ等 2 级建筑物，次要建筑物为 3 级，临时建筑为 4 级。采用 50 年一遇洪水、20 年一遇泄洪、10 年一遇排涝设计，泄洪流量为 130.0m^3/s，排涝流量为 51.6 m^3/s，设计挡洪水位 36.30m。建筑物地震设计烈度为Ⅶ度。

潘庄引河闸工程于 2008 年 12 月 16 日正式开工，2009 年 6 月 10 日通过水下工程阶段验收，2010 年 3 月完成工程初步设计建设内容，工程已具备投入运行条件，2011 年 1 月 17 日，工程移交项目法人运行管理。

（杨忠堂）

工程进展

截至 2012 年底，潘庄引河闸工程已按照批准的初步设计内容建设完成，并通过设计单元工程完工验收技术性初步验收（通水验收），已移交项目法人运行管理，并完成所有专项验收。

潘庄引河闸工程累计完成投资 1360 万元；共完成土石方开挖 2.45 万 m^3，土方填筑 4.05 万 m^3，块石 420m^3，混凝土 0.38 万 m^3，钢筋制作安装 298.5t，金属结构 33.86t。

潘庄引河闸工程已移交项目法人运行管理，其环境保护及水土保持专项已通过验收。

（杨忠堂）

工程验收

2012 年 12 月 23 日，完成潘庄引河闸设计单元工程完工验收技术性初步验收（通水验收）。

（杨忠堂）

南四湖下级湖抬高蓄水位影响处理工程

工 程 概 况

南四湖下级湖抬高蓄水位影响处理工程主要任务是对湖区受影响的房屋、畜禽养殖场及生产生活配套设施进行补助，消除和改善因抬高蓄水位对湖区群众生产和生活产生的影响。工程涉及山东省济宁市微山县的夏镇街道办事处、昭阳街道办事处、韩庄镇、欢城镇、傅村镇、微山岛、高楼乡、张楼乡、西平乡、赵庙乡10个乡镇，影响人口6731人。总投资40 984万元。

2011年12月，征地移民设计、监理、勘测定界单位，微山县南水北调工程建设指挥部进场开展外业调查工作，工程正式启动。

（黄　茜）

工 程 进 展

2012年4月，外业调查工作结束。2012年5月，勘测定界单位完成三维立体建模勘测定界成果；2012年8月，征地移民设计单位和微山县南水北调工程建设指挥部联合编制完成了《南四湖下级湖抬高蓄水位影响实施方案》；2012年9月1～3日，济宁市组织专家对实施方案进行了评审；2012年9月17日，山东省南水北调工程建设指挥部对实施方案进行了批复；2012年10月开始，微山县对核查的数量逐村进行了公示；2012年12月20日，召开了资金兑付工作部署会议，着手开展资金兑付工作。

截至2012年底，南四湖下级湖抬高蓄水位影响工程全年完成投资37 204万元，其中勘测定界费936万元，监理费136万元，监测评估费43万元，微山县补助补偿资金30 232万元，技施阶段设计费306万元。

（黄　茜）

东平湖蓄水影响处理工程

工 程 概 况

东平湖蓄水影响处理工程是南水北调东线工程山东段11个设计单元工程之一，工程建设的主要任务是对南水北调东线第一期工程利用东平湖老湖区蓄水而产生的蓄水影响问题进行处理和补偿，满足东平湖防汛排涝需求，确保东平湖老湖区安全蓄水，从而实现向胶东和鲁北输水的目标，保障南水北调东线第一期工程正常运行。江水由八里湾泵站泵送进东平湖，设计进湖流量100m^3/s，出湖分两个方向，经穿黄河隧洞向鲁北输水50m^3/s，通过济平干渠向胶东输水50m^3/s，设计蓄水位为39.3m，设计工期2年。

建设资金已到位，围堤截渗加固工程已于2012年8月完工，济平干渠湖内引渠清淤工程和堂子排涝泵站改扩建工程正在施工。

（张铭锋）

工程投资

截至2012年底，东平湖蓄水影响处理工程建设资金（来自政府资金、工程基金、银行贷款）已经全部落实，完成工程施工投资950.10万元。

（蔚文涛）

招标投标

根据工程布置特点、专业性质、投资情况，并考虑方便建设管理，东平湖蓄水影响处理工程工程处理措施部分划分为1个监理标、3个土建工程标和1个电气设备采购标。

（蔚文涛）

建设管理

东平湖蓄水影响处理工程设计工期为2年。根据上级对南水北调东线工程的总体要求，现调整为2013年5月底前完工，不影响2013年6月东线全线调试通水。

东平湖蓄水影响处理工程建设总体目标是：2013年5月完成全部工程建设，2013年底完成征地移民补偿项目内容。

（蔚文涛）

工程进展

2012年4月，完成了Ⅲ标、Ⅳ标的招标工作。

2012年7月24日，黄河东平湖管理局批复了施工许可。

2012年8月，围堤截渗加固工程完工。

2012年10月，完成排泥场方案修改，堂子排涝泵站改建开工。

2012年12月，济平干渠湖内引渠清淤工程正式开工。东平县积极组织开挖区网箱的征迁补偿工作，施工单位挖泥船进场组织调试。

东平县南水北调办公室已完成排泥场和施工临时占地土地征迁工作，正在进行湖面网箱等征迁工作。

（蔚文涛）

质量管理

东平湖蓄水影响处理工程土建部分主要包括：东平湖围堤防渗加固工程、堂子泵站改扩工程及湖内引渠疏浚工程。根据项目法人委托，穿黄河南区建管局行使湖内疏浚工程现场建设管理工作，并牵头负责其余两个单项工程的监督工作。穿黄河南区建管局在现有质量管理体系基础上，监督其余两个委托建管单位严格执行上级对南水北调工程建设的各项规章制度，完善工程建设的质量和进度控制体系。

（蔚文涛）

安全生产

为确保施工单位进场后安全生产工作落实到位，穿黄河南区建设管理局在原有安全生产工作体系的基础上，结合工程实际，特别是湖内疏浚水上作业的实际，进一步完善了相关安全生产规章制度。在施工单位进场后，及时组织安全生产大检查及考核、安全培训、应急预案编制。

（蔚文涛）

济平干渠工程

工程概况

济平干渠工程是南水北调东线一期工程的重要组成部分，也是向胶东输水的首段工程。工程先期引调东平湖水向济南市区及沿途县、区补充城镇生活和工业用水，改善沿线生态环境，下一步向胶东地区输送长江水。其输水线路自东平湖渠首引水闸引水后，途经泰安市东平县，济南市平阴县、长清区和槐荫区至济南市西郊的小清河睦里庄跌水，输水线路全长90.055km。

济平干渠工程是国家确定的南水北调首批开工项目之一，总投资130 591万元。2002年12月27日举行了工程开工典礼仪式，2005年12月底主体工程建成并一次试通水成功，2010年10月通过国家竣工验收，是全国南水北调第一个建成并发挥效益、第一个通过国家验收的南水北调单项工程。

2012年，济平干渠工程运行管理工作得到了各级领导和兄弟单位的支持与帮助。同时，配合山东省南水北调建管局多次完成了水利部、国务院南水北调办组织的检查、参观等接待工作；配合完成山东省纪委相关部门植树造林活动；配合进行了工程航拍。

（王晓燕）

运行管理

（一）管理机构情况

山东干线公司组建济平干渠工程管理局（以下简称济平局），作为山东干线公司的派出机构，负责济平干渠工程的运行管理工作。

（二）工程调度运行管理

济平干渠工程的调度运行权限属于山东干线公司。作为山东干线公司的派出机构，济平局严格按照山东干线公司的指令对济平干渠工程进行相应的调度使用。

（三）工程维护

组建专业维修养护队伍，结合工程管理要求，对工程全面养护维修。2012年初，对工程进行了全面的安全检查、排查，修订完善了工程维修养护方案并组织实施：完成了工程管理用路修复、管理站配套设施完善；在倒虹吸进出口增设防护网，对堤顶道路更换防护网等共计1214片；对闸室的机电设备进行了维修保养；增设堤顶路限速标志、标牌、责任牌及大型永久性警示标语牌共计794块；对各限宽墩重新喷涂警示标示；对闸室、管理房等建筑物屋顶进行了防漏处理，维修渗漏面积1900m^2；对96处渠道衬砌板塌陷以及1160km损坏部位进行了修复；对4270km金属构件进行了刷漆保护；安装高杆灯、庭院灯88盏。对所有建筑物管理房进行了粉刷，对桥、涵、堤坝、道路、排水沟等进行了多次维修补修；在重要路口设立了限宽限高门；装修改造渠首管理楼及上下游管理处办公楼；对各管理站院落进行了综合整治等，使工程安全运行收到了良好的效果。

汛前，济平局针对汛期可能出现的问题编制了《防汛预案》，并召开了工程沿线水利部门主要负责人防汛工作会议，明确工作责任；成立防汛队伍，制定防汛制度，配备防汛物资；对工程范围内所有的穿渠涵洞、倒虹吸及界内的排洪沟涵进行全面检查，清理疏通，对排泄洪闸门进行更换检修；防汛期间，依据预案明确职责，加强值班和昼夜巡查，及时排除安全隐患，确保主体工程安全度汛。

（四）运行费用管理

严格执行2011年由济平局与山东省南水

北调建管局调度运行处（部）共同编制并通过国务院南水北调办、水规总院审查的《济平干渠待运行期维护费用方案》。2012年，济平干渠工程争取到山东省财政专项维修经费300万元，用于闸门设备改造维修。

（五）质量管理及管理机制探索

1. 工程管理目标

根据2011年山东省南水北调建管局关于济平干渠工程管理工作会议的精神，2012年要实现精细化管理。结合年度重点工作，济平局制定了2012年度工作配档表，对全年工作进行了分工，明确了责任。

2. 队伍建设常抓不懈，管理机制逐步完善

（1）加强培训学习。采取集中学习、现场观摩、技术指导等形式，加强对管理站长、管护员的业务培训、岗位培训和素质教育。安排管理人员赴南水北调中线京石段、引滦入津工程进行参观学习；安排闸室及渠道人员学习规程及制度。2012年9月，济平局组织部分职工代表山东省南水北调建管局参加了全国泵站运行工、渠道维护工技能竞赛，并取得优异成绩。同时，不定期安排苗木专家对各管理站进行苗木管理专项辅导，在加强原有树木管理的基础上狠抓育苗建设。对玉清湖苗圃等进行了土地整理改良，培植绿化苗木。

（2）加强考核，严格奖惩。2012年初，分别对上年度优秀管理单位及管护人员进行了奖励，年度开展了季度考核2次、半年考核及年度考核各1次。对管护人员实行了绩效工资制、岗位目标责任制，平时考核、年度考核相结合，工资、奖金与工作业绩相结合，奖优罚劣。

（3）制度建设进一步加强。分别制定了综合管理、技术管理、财务管理等各类工作制度26项，并汇编成册，共同遵守。

3. 工程法制管理

在济平干渠工程沿线依托当地公安部门组建的上下游两个治安办公室严格依法管理，创造了良好的水事环境。为加强干渠工程的治安保卫工作，及时制止并处理危害工程的违法、违规行为，努力创造和谐的管理环境，治安办公室加强日常巡逻、纠纷排查、矛盾化解，加大对危害工程安全事件的打击力度。

针对工程管理特点，联合治安办公室和相关部门组织开展工程集中宣传与巡查。通过沿线宣传、制定巡查行动方案与准备措施，对当前工程养护工作中较难制止的违规进入工程范围内捕鱼、放牧、打场晒粮等行为进行集中整治、宣传教育。集中巡查收缴了部分鱼竿、渔网等渔具，对洗衣、晾晒、游泳等行为进行了教育，取得了效果。现已每月开展1～2次集中巡查，形成长效机制，确保了工程安全。

此外，为加强工程安全，济平局主动联系平阴、长清电视台，制作了工程宣传教育片，加强工程管理宣传，增强周边群众关心工程、爱护工程及安全意识。

（王晓燕）

工程效益

根据山东省政府和山东省南水北调建管局部署，2012年济平干渠工程共为济南市小清河完成生态输水8000多万立方米，充分发挥了工程效益。

针对长清区孝里群众反映的孝里洼积水问题，2012年3月为孝里洼排出涝水，保证了周围500余亩农田的春耕工作。经与长清有关部门协商，将孝里洼排涝闸的管理权移交济平干渠工程管理局，建立了长效机制。

（王晓燕）

环境保护及水土保持

（一）生态绿化

济平干渠工程沿线90km共植树56万余

株，绿化草皮超过 300 万 m^3，形成宽近 100m、长 90km 的景观绿化带，打造了一条绿色长廊和生态长廊，为改善地方生态环境发挥了一定作用。

2012 年，完成美国白蛾防治、林木修剪、打药除害、树木扩穴保墒、水土保持草管理等生态、林木管理工作，水土保持效果良好，没有发生大的雨淋沟、塌方及失火现象。此外，完成范庄、玉符河苗木基地建设，并培育部分苗木，开展了绿色农产品种植养殖。

（二）院落整理与绿化

2012 年，针对原施工遗留问题，组织专门力量对各管理站内院落的渣土、废混凝土、石子进行了土地整理，完成沿线 8 个管理站的土地整理，厘清了管理站工作区与经营区，改善了工作环境。

（王晓燕）

韩庄运河段工程

概　述

工　程　概　况

韩庄运河段工程位于山东省的南部，是南水北调东线第一期工程的重要组成部分，是实现南水北调连接骆马湖和南四湖输水干线向北输水和省际供水目标的关键性工程，其主要任务是抽引骆马湖来水输送到南四湖下级湖，一期工程设计输水规模为 125m^3/s。韩庄运河段工程包括台儿庄、万年闸和韩庄 3 座泵站及韩庄运河段水资源控制工程等。

韩庄运河段水资源控制工程包括魏家沟、三支沟两座橡胶坝工程以及大沙河截污导流工程大泛口节制闸，2012 年 12 月 18 日国务院南水北调办以综投计函〔2012〕474 号文批复该闸纳入南水北调主体工程管理范围。

韩庄运河段工程台儿庄、万年闸和韩庄三级大型抽水泵站及韩庄运河段水资源控制工程已全部建成，韩庄运河段工程已全线贯通，标志着山东省已具备大流量调引江水入境的条件。2012 年 11 月 9 ~ 10 日、11 ~ 12 日、12 ~ 13 日，分别完成了山东省南水北调建管局组织的万年闸泵站、韩庄泵站、韩庄运河段水资源控制工程等设计单元工程完工验收技术性初步验收，这标志着韩庄运河段工程已经具备通水功能，为 2013 年试通水及全线通水创造了条件。

韩庄运河段工程由山东省南水北调韩庄运河段工程建设管理局负责运行管理工作。

（张　健）

台 儿 庄 泵 站 工 程

工　程　概　况

台儿庄泵站工程是南水北调东线一期工程的第七级泵站，也是进入山东省境内的第一级泵站，位于山东省枣庄市台儿庄区境内，由项目法人山东干线公司委托淮委建管局负责工程招标、建设、验收全过程，山东干线公司负责迁占协调、资金拨付等工作。

台儿庄泵站工程于2005年12月12日开工建设，2009年11月24日通过机组试运行验收，2010年7月27日由淮委建管局移交项目法人进入待运行管理阶段。

（张　健）

运　行　管　理

（一）管理设施

2012年度，根据年初上报并经山东干线公司批复的岁修计划，完成了部分工程管理设施的维修工作。

1. 站区

2012年5月29日前完成了站区主厂房沉降缝渗水、水泵层地面渗水，副厂房下水管不通、卫生间漏水、墙面掉漆、屋顶漏水等的处理工作。

2012年5月28日、11月25日完成了站区消防栓阀门更换、维修更换消防栓并移位等项目。

2012年10月~12月20日，完成了主副厂房部分外墙氟碳漆涂刷、损坏玻璃更换、所有灯具维修更换、补装部分电缆桥架盖板工作；增设主厂房供排水设施；增设水泵联轴层机组现地照明；完成了泵站金属结构的除锈、刷漆以及保养等；完成了所有门窗维修；完成了花岗岩栏杆维修、更换；对变电站消防设施进行整改，增建消防设施房，改建消防沙池，同时更换设备标识牌。

2. 管理区

2012年4月下旬完成了管理区照明设施项目即路灯的购置、布设安装及厨房整治等。

2012年11月30日前完成了办公网线改装、卫生间防水改造、维修办公楼部分散水，对办公楼沉陷地面进行处理，对所有栏杆进行除锈刷漆。

2012年12月初完成了所有灯具、电器的维修更换及门窗的修理。

2012年12月底完成了管理区T接10kV高压线路安全隐患整改工作。

（二）调度运用

每两月依次对泵站其中1台机组开机维护一次，每年对泵站机组联动（4台）开机维护一次。2012年度，对各机组进行了4次开机维护以及机电设备的消缺工作，其中11月15日分别对5台机组进行了开机运行，12月19日5台机组全部开机运行并保持4台机组的联动操作。

（三）设备维护

为确保待运行期设备能够“随用随开”，台儿庄管理处制定了2012年度台儿庄泵站运行管理工作计划，做好并完善设备的养护工作。2012年，设备维护、消缺方面主要做了以下工作：

（1）对泵站机电设备进行了4次全面的维护、养护，使得机组和设备始终处于良好状态。

（2）委托江苏骆运水利工程管理处对3号机组叶轮漏油问题进行了维修、安装，在维修、安装过程中，台儿庄管理处全员参与并全程跟踪，积累了机组大修的经验。维修、安装完成后，于2012年5月18日对该项目进行了机组试运行验收，达到了维修效果。

（3）完成了2012年度山东干线公司批复的岁修计划机电设备部分的维修消缺工作。

其中：5~6月完成了泵站机电设备、变电站等设施的预防性检测、试验等，同时完成了110kV变电站即2号主变压器维修及补油项目。

6~7月完成了供水系统即1号技术供水泵轴封处漏水项目。

8~10月完成了电动操作机构及断路器的采购与更换、PLC电池的购置与更换，完成清污机闸、泵站工作闸部分启闭开度荷重仪表的订购与更换等。

11~12月完成了剩余机电设备部分以及

自动化、行车、液压站、油压装置、滤水器等的维修、检查处理，同时对计划中的备品备件进行了采购。

除完成以上批复项目外，还完成了顶转子控制箱内，控制回路中缺失或损坏的熔断器的补充或更换工作；完成了1、2号油压装置控制柜内损坏自动开关的更换工作；完成了2号油压装置东侧过滤器漏油的处理工作；完成了供油泵补油、机组补注L-TSA68机油；完成了清污机机电部分的维修等。

（四）备品备件、工器具采购

2012年，根据年初上报并经山东干线公司批复的岁修计划，完成了部分备品备件、工器具采购工作。截至2012年底，采购的备品备件、工器具全部保质保量到位，并清点验收、登记入库。在日常运行中，严格物品出库手续。

（五）台儿庄泵站管护、看护趋于规范化

2012年，在台儿庄泵站治安办公室和泵站管护人员的相互配合下，先后7次对站区、进出水渠治安环境进行集中整治，日常巡查巡视常态化。通过加强日常的巡查巡视，破坏工程设施、钓鱼捕鱼、游泳溜冰、乱耕乱种现象基本得以控制。

同时，在泵站站区、进出水渠、管理区等显著位置增设了部分安全警示标语牌，张贴了治安管理通告，对损坏的警示标识进行了修复。

（六）开拓多种经营思路，效益初现

（1）2012年3月，完成了台儿庄泵站弃土区的水土保持开发工作，通过重新平整土地，开挖排水沟，整理边坡，布设供水管道，栽植各种苗木45 300余株（其中，国槐10 000株、柳树10 000株、白蜡5000株、五角枫12 000株、木槿5000株、碧桃2800株、各种果树500株）。

苗木栽植完成后，台儿庄管理处发挥管护人员的作用，积极、主动采取多种灌溉方式，不间断地对新栽苗木进行浇灌，并开展除草、病虫害防治等管理工作，苗木长势良好。

（2）2012年4月，成功养殖鹌鹑13 000余只，自6月初开始产蛋，日产蛋量在200斤左右。

（七）职工培训

台儿庄管理处不断加强泵站职工及管护人员思想的教育培训，强化集体观念和责任意识，培养职工的主人翁意识，积极发掘每个人的优点及长处，充分发挥每个职工的主观能动性，让所有职工都有事做。定期对运行工及管护人员工作进行抽查、考核。

2012年4月，组织部分泵站运行人员参加气电焊工培训；7～9月，组织泵站运行人员参加了山东干线公司组织的为期三个月泵站运行工岗前培训班；10月，组织部分泵站运行人员到江苏泵站参与机组大修，进行业务能力培训。

（张　健）

环境保护及水土保持

2012年，台儿庄管理处加强环境保护工作，杜绝了工程管理范围内的污水排放、垃圾堆放现象。站区、管理区水土保持工作也得到了改善，对站区、出水渠水土保持苗木进行了补植，管理区进行全面换植，办公楼前及左右栽植了碧桃、木槿，办公楼后栽植了国槐，其他部位栽植了柳树、各种果树等，春夏季节枝繁叶茂、鲜花似锦。弃土区栽植了国槐、柳树、白蜡、五角枫、木槿等，长势良好，起到了水土保持效果。

（张　健）

工　程　验　收

2012年12月20～23日，台儿庄泵站完成了设计单元技术性初步验收，为2013年试通水及全线通水创造了条件。

截至2012年底，除征地移民省级验收和

设计单元验收没有完成外，其余均已通过了相关验收。

（张　健）

韩庄运河水资源控制工程

工程概况

韩庄运河段水资源控制工程由魏家沟、三支沟、峄城大沙河水资源控制工程等建筑物组成，主体设计均为橡胶坝。

（张　健　卢俊福）

工程效益

（一）工程初期运行情况

橡胶坝工程于2008年7月21日完成橡胶坝土建，2008年9月18日完成泵房、管理房建设，2010年3月31日完成电气设备安装。通过3个汛期的通水考验，工程运行良好，机电设备运转正常。

峄城大沙河大泛口节制闸于2009年3月20日开工建设，2010年7月20日完工。通过3个汛期的通水考验，工程运行良好，机电设备运转正常。

（二）工程初期运行效益

橡胶坝工程还未正式使用运行，拦挡调水作用和运行效益还未发挥。峄城大沙河大泛口节制闸为峄城大沙河防汛度汛、调蓄截污发挥了关键作用。

（卢俊福　张　健）

工程验收

（一）橡胶坝

2012年1月12日和9月1日，山东省南水北调建管局和国务院南水北调办分别组织对工程档案进行了两次专项验收，均通过专项验收。

2012年11月12～13日，山东省南水北调建管局主持召开会议，对南水北调东线一期工程韩庄运河段水资源控制工程进行了设计单元工程完工验收技术性初步验收。技术性初步验收工作组同意韩庄运河段水资源控制工程通过技术性初步验收，韩庄运河段水资源控制工程已具备完工验收条件，建议国务院南水北调办韩庄运河段水资源控制工程设计单元工程完工验收委员会可按预定计划进行设计单元工程完工验收。

（卢俊福）

（二）大泛口节制闸

2012年3月29日，召开了峄城大沙河截污导流工程单位工程单位工程验收会议，通过单位工程验收。

2012年3月31日，召开了峄城大沙河截污导流工程合同项目完成验收会议，通过了合同项目完成验收，形成了合同项目完成验收鉴定书。

征地移民、环境保护、工程建设档案等各专项工程验收均已通过。

（卢俊福　张　健）

万年闸泵站工程

工程概况

万年闸泵站工程位于韩庄运河中段，是南水北调东线工程的第八级抽水泵站，也是南水北调东线工程在山东境内的第二级抽水泵站。新建的泵站工程位于万年闸工程北侧，通过渠道从万年闸下游的韩庄运河引水，再经由泵站和出水渠输水至万年闸上游的韩庄运河，实现南水北调东线第一期工程由骆马湖向南四湖下级湖抽引 $125m^3/s$ 的供水目标，适当结合地方排涝并改善韩庄运河航运条件。

万年闸泵站工程设计工期2.5年，实际开工日期为2004年11月18日，主体工程于2009年9月全部完工。

（韩业庆）

运行管理

万年闸泵站工程管理机构为山东省南水北调韩庄运河段工程建设管理局万年闸泵站管理处。

根据《关于韩庄运河段泵站机组开机维护有关验收的请示》的批复，每两个月依次对泵站其中1台机组开机维护一次，每年对泵站机组联动开机维护一次。2012年3月28日、5月30日、7月25日、11月9日分别对3号、4号、2号、1号机组进行了开机维护运行工作，及时发现并处理了设备存在的问题，确保了设备的完好性。

2012年4月，韩庄局组织部分泵站运行管理人员到枣庄市永平安全技术培训中心参加气电焊工培训。

2012年4月9～22日，山东干线公司组织泵站运行管理人员参加了泵站运行工职业技能鉴定，通过理论考试和实践操作，泵站运行管理人员全部通过了中级职工的考核要求。

2012年7～9月，山东干线公司组织泵站运行管理人员参加了为期三个月的泵站运行工岗前培训班。

2012年10月，山东干线公司组织部分泵站运行管理人员到江苏泵站参与机组大修，进行业务能力培训。

万年闸泵站管理处编制了《值班员岗位职责》《值班长岗位职责》《交接班制度》《微机监控系统管理制度》《值班运行制度》《操作票制度》《巡回检查制度》等规章制度。

（韩业庆　纪如伯）

工程效益

万年闸泵站枢纽工程是山东省南水北调工程的先期工程，在总体工程开始正常运行以前，工程达不到设计效益。但是，新老206国道桥、滩地交通桥、生产桥的建成方便了交通和周围百姓的出行。

1. 引水渠增设跌水

引水渠的开挖截断了杨闸官村南的排涝沟，影响了排涝，故在排涝沟与引水渠相交处设跌水，使汛期（非调水期）涝水通过排涝沟跌水进引水渠，顺引水渠通过引水闸排至万年闸下韩庄运河。

2. 出水渠增设排涝涵闸

万年闸泵站站上出水渠的开挖截断了万年闸村南的排涝沟，影响了排涝，在排涝沟与出水渠相交处增设排涝涵闸，使涝水通过排涝涵闸进出水渠，顺出水渠通过出口防洪闸排入韩庄运河。

（韩业庆）

工 程 验 收

万年闸泵站工程共有7个施工合同项目，划分9个单位工程，已全部完成并通过验收，优良率100%。截至2012年6月20日，消防、档案、环境保护、水土保持、征地移民等专项验收工作已全部完成。

万年闸泵站工程于2012年3月10日通过竣工环境保护专项验收；2012年6月20日通过水土保持工程专项验收；2012年11月9～10日，通过设计单元完工技术性初步验收。

（韩业庆）

韩庄泵站工程

工 程 概 况

韩庄泵站是南水北调东线第一期工程的第九级抽水梯级泵站，也是山东省境内的第三级泵站，位于山东省枣庄市峄城区古邵镇八里沟村西，任务是将站下来水通过泵站提水进入南四湖下级湖，以达到南水北调的目的。

韩庄泵站工程开工日期为2007年4月3日，2011年8月泵站工程基本完工，2011年12月17～19日机组试运行验收，2012年9月进入待运行管理阶段，2012年11月11～12日完成万年闸泵站工程设计单元技术性初步验收。

（黄九常）

运 行 管 理

韩庄泵站工程运行管理机构是山东省南水北调韩庄运河段工程建设管理局韩庄泵站建设管理处。

2012年对各台机组进行了开机维护运行，维护工作经过认真组织安排、前期充分准备，取得了圆满成功。其中，1号、5号机组原计划定于2012年5月15日进行机组开机维护运行，因为主厂房装修影响进行推迟。2012年3月15日，对3号水泵机组进行开机维护；8月15日，对1号、5号水泵机组进行了开机维护；11月，对2号、4号水泵机组进行了开机维护。

开展了2012年春季安全检查和检修预试，检测变电站避雷设施接地情况。

2012年12月1～31日，泵站开展汛后检查工作，对各种机电设备及工程设施进行了彻底检查维护。

（马儒航）

环境保护及水土保持

2012年9月21日，通过了水土保持施工25标的单位工程验收和合同项目验收，苗木长势良好。

（黄九常）

工 程 验 收

截至2012年，完成了4个单位工程验收、4个合同验收、3个阶段验收、2个专项验收。

2012年5月11日，完成了韩庄泵站11标5个分部工程的验收；8月7日，完成了泵站剩余的主厂房装修、仓库等6个分部工程验收。

2012年3月5～9日，完成了韩庄泵站安全评估工作。

2012年5月22日，完成了11标单位工程验收和合同项目完成验收。

2012年8月14日，完成了19标4个单位工程验收；8月15日，完成了19标合同项目完成验收。

2012年7月31日，合同项目档案专项验收完成；8月30日~9月1日，工程档案通过国家验收。

2012年9月21日，完成了水土保持施工25标的单位工程验收和合同项目验收。

2012年11月11~12日，通过了山东省南水北调建管局组织的韩庄泵站设计单元完工验收技术性初步验收。

总体验收情况是：完成合同项目验收5个；完成专项验收（安全评估、消防、档案）3个；验收单位工程8个，全部合格，其中按水利标准评定7个，优良率100%，主要单位工程2个，优良率100%；验收分部工程57个，全部合格，其中按水利标准评定49个，优良率93.81%。单元工程评定2380个，全部合格，优良率91.3%。

（黄九常）

南四湖—东平湖段工程

概　　述

工　程　概　况

两湖段工程是南水北调东线一期工程的重要组成部分，是沟通黄河、淮河、海河和连接胶东输水干线、鲁北输水工程的咽喉，处于山东省境内T形输水大动脉的心脏地带，也是山东省加快南水北调东线一期工程建设进度、确保2013年全线通水目标如期实现的关键性控制工程。该工程上接南四湖的上级湖，下至东平湖，输水线路全长约108km，途经济宁市的微山等7个县（区）和泰安市的东平县。由南四湖湖内疏浚工程、梁济运河输水航道工程、柳长河输水航道工程、长沟泵站、邓楼泵站、八里湾泵站和引黄灌区灌溉影响处理工程7个设计单元组成。一期工程设计输水流量100m^3/s，年调水13亿~14亿m^3，设计总工期3年，工程概算总投资约38.89亿元。

工程建成后，北可以向德州、聊城等鲁北地区并进而向冀东、天津供水；东可以通过已经建成的济平干渠向济南供水，并进而通过济南—引黄济青段和胶东输水干线调水至烟台、威海、青岛，以有效解决这些地区水资源的紧缺问题。短期内即可实现南四湖和东平湖之间水资源的联合调度，初步改善山东水资源空间分布不均的状况，对下步沂沭泗洪水利用，实现洪水资源化具有重大的现实意义。

（化晓峰）

长沟泵站工程

工程概况

长沟泵站是南水北调东线工程的第十一级抽水梯级泵站，位于济宁市长沟镇新陈庄村北，泵站选用肘形进水流道，直管出水流道液压全调节立式轴流泵，一期设计输水流量 100m^3/s，多年平均调水量 14.27 亿 m^3，设计选用4台液压全调节式3100ZLQ-4 立式轴流泵，配套电动机型号 TL2240-48，装机 4 台，其中备用 1 台，泵站总装机容量8960kW。

（化晓峰）

工程投资

长沟泵站工程概算批复总投资27 818万元，截至2012年底，批复投资已全部下达。

（化晓峰）

招标投标

长沟泵站工程共划分为9个标段，截至2012年底，9个标段的招标工作已全部完成，其中监理标1个，主体工程施工标1个，管理设施建设标1个，设备采购标2个，电气设备标1个，计算机控制系统标1个，水土保持工程标1个，供电设施工程1个标已委托地方电力部门实施。2012年长沟泵站工程招标投标情况见表1。

表1　长沟泵站工程招标投标情况表

序号	合同编号	合同名称	招标代理单位	招标文件发布时间	开标日期	中标日期	中标单位	合同签订日期
1	NSBD/LHD-CHG007	长沟泵站水土保持合同（标段7）	山东普华项目管理有限公司	2012年12月28日	2013年1月16日	2013年1月31日	青岛枫和建设工程有限公司	2013年2月10日

（化晓峰）

工程进展

长沟泵站工程于2009年12月5日正式破土动工。截至2012年底，土建工程全部完工，水泵电机、电气自动化已经安装完成，剩余电力线路计划2013年2月底接入泵站。

截至2012年12月，累计完成施工投资16 753.13万元，土石方开挖83.85万 m^3，土石方回填72.83万 m^3，混凝土浇筑7.54万 m^3。其中，2012年度完成施工投资1508.34万元，土石方开挖23.05万 m^3，土石方回填14.46万 m^3，混凝土浇筑0.71万 m^3。

（化晓峰）

质量管理

长沟泵站工程开工前，要求项目部建立健全质量保证体系和质量管理制度，实行施工质量责任制，检查控制施工全过程，层层把关，把影响质量的隐患消灭在萌芽状态，形成自上而下的工程质量管理体系。每项工程开工前均进行技术交底和图纸会审，把各项技术要求和施工要点落实到班组到个人。工程施工过程中要求工程技术人员全程监控，实行班组长初检、兼职质检员复检、专职质检员终检的三级检查制度。对特殊部位施工、隐蔽工程处理等，专职质检员必须旁站。只要有机械作业，就有现场管理人员旁站，及时发现和纠正施工中存在的问题。在原材料方面，要求所有进场的材料必须提供材料合格证和检验报告，且对主要材料质检人员要按照规范要求进行抽检送样，合格后，报请监理批准，方可投入使用。

（化晓峰）

安 全 生 产

长沟泵站工程要求项目部在加强工程质量管理的同时，对安全工作更加重视，开工后把施工安全管理工作列为各项管理工作的重点来抓。成立安全生产领导小组，下设安全保卫科，设立专职安全员，实行安全岗位责任制，逐级签订安全生产合同，明确分工，责任到人。要求工地设立安全专项资金，结合施工情况配备齐全劳保用品和安全防护设施。要求项目部制定各项安全生产规章制度和操作规程，落实三级安全教育制度；制定施工现场重大事故应急预案，以保证在重大施工事故发生时，有组织、有秩序地进行救援。施工过程中，通过建立有效的安全生产管理体系和制订安全生产保证措施，确保安全生产工作的顺利开展。

（化晓峰）

施 工 科 技

水泵站装置模型研究试验是泵站设计的重要依据，在前阶段初步设计报告选型（水泵模型和流道形式）的基础上开展了长沟泵站装置模型研究，优选最佳装置。通过分析模型试验研究结果和 CFD 报告推荐的 TJ04-ZL-06 转轮模型，配肘形进水流道、低驼峰式出水流道的泵站装置适合长沟泵站工程。

（化晓峰）

邓 楼 泵 站 工 程

工 程 概 况

邓楼泵站是南水北调东线工程的第十二级抽水梯级泵站，位于梁山县韩岗镇司垓村以西，泵站选用肘形进水、低驼峰出水流道、液压全调节立式轴流泵，一期设计输水流量 100m^3/s，多年平均提水量 13.60 亿 m^3，设计选用 4 台液压全调节式 3100ZLQ-4 立式轴流泵，配套电动机型号 TL2240-48，装机 4 台，其中备用 1 台，泵站总装机容量 8960kW。

（化晓峰）

工 程 投 资

邓楼泵站工程概算批复总投资 25 732 万元，截至 2012 年底，批复投资已经全部下达完成。

（化晓峰）

招 标 投 标

邓楼泵站工程共划分为 9 个标段，截至 2012 年底，累计已完成 9 个标段的招标工作，其中监理标 1 个，主体工程施工标 1 个，管理设施建设标1个，设备采购标2个，电气设备标1个，计算机控制系统标1个，水土保持工程标1个，供电设施工程1个标已委托地方电力部门实施，2012年工程招标投标情况见表1。

表1 邓楼泵站工程招标投标情况表

序号	合同编号	合同名称	招标代理单位	招标文件发布时间	开标日期	中标日期	中标单位	合同签订日期
1	NSBD/LHD/DL-007	邓楼泵站水土保持合同（标段7）	山东普华项目管理有限公司	2012年12月28日	2013年1月16日	2013年1月31日	济南新大地园林工程有限公司	2013年2月10日

（化晓峰）

工 程 进 展

邓楼泵站工程于2010年1月2日正式动工。截至2012年底，工程已经全部完工，剩余电力线路计划2013年2月底接入泵站。

截至2012年12月，累计完成施工投资15 953.22万元，土石方开挖81.84万m^3，土石方回填49.47万m^3，混凝土浇筑5.74万m^3。其中，2012年度完成施工投资1795.22万元，土石方开挖9.08万m^3，土石方回填9.78万m^3，混凝土浇筑0.58万m^3。

（化晓峰）

八里湾泵站工程

工 程 概 况

八里湾泵站枢纽工程为南水北调东线第一期工程南四湖—东平湖段输水与航运结合工程的组成部分，位于山东省东平县境内的东平湖新湖滞洪区，是南水北调东线工程的第十三级泵站，也是黄河以南输水干线最后一级泵站，设计调水流量为100m^3/s。工程主要任务是抽引前一级邓楼站的来水入东平湖，并结合东平湖新湖区的排涝。

（化晓峰）

工 程 投 资

八里湾泵站工程概算批复总投资26 577万元，截至2012年底，批复投资已经下达完成。

（化晓峰）

招 标 投 标

八里湾泵站工程共划分为9个标段。截至2012年底，共完成了9个标段的招标工作，其中监理标1个，主体工程施工标1个，设备采购标2个，计算机监控系统设计安装标1个，电气设备标1个，水土保持工程标1个，管理设施标1个，供电设施工程1个标已委托地方电力部门实施，2012年工程招标投标情况见表1。

表 1　　八里湾泵站工程招标投标情况表

序号	合同编号	合同名称	招标代理单位	招标文件发布时间	开标日期	中标日期	中标单位	合同签订日期
1	NSBD/LHD-BLW007	八里湾泵站管理区合同（标段7）	山东省建设工程招标中心有限公司	2012年4月30日	2012年5月11日	2012年6月1日	青岛胶城建设集团有限公司	2012年6月26日

（化晓峰）

工 程 进 展

八里湾泵站工程于2010年9月16日正式动工，预计2013年4月底全部完工。截至2012年底，泵站主体工程已经全部完成，清污机桥工程已经完成，永久交通工程已经完成，新筑堤防工程、管理区平台工程已经完成，电动机、水泵安装基本完成。

截至2012年底，累计完成施工投资18 550.49万元，土石方开挖35.73万m^3，土石方回填50.47万m^3，混凝土浇筑4.94万m^3，钢筋制作安装3000t。其中，2012年度完成施工投资8135.69万元，土石方开挖6.73万m^3，土石方回填11.47万m^3，混凝土浇筑2.21万m^3。

（化晓峰）

梁济运河段工程

工 程 概 况

梁济运河输水线路从南四湖湖口至邓楼泵站站下，长58.252km，其中：湖口—长沟泵站段，长26km，设计最小水深3.3m，设计河底高程28.7m，底宽66m，边坡1∶3～1∶4；长沟泵站—邓楼泵站段，长32.252km，设计最小水深3.4m，设计河底高程30.8m，底宽45m，边坡1∶2.5～1∶4。

为防止船行波对河岸的冲刷，该输水河段采用现浇混凝土护坡；对司垓闸下0.8km险工段进行护底、护坡。

（化晓峰）

工 程 投 资

梁济运河段工程概算批复静态总投资170 065万元，其中，南水北调部分72 447万元。截至2012年底，工程投资已经全部下达。

（化晓峰）

招 标 投 标

截至2012年底，梁济运河段工程累计已完成12个标段的招标工作，其中监理标2个，主体工程施工标7个，水土保持工程标1个，管理设施标1个，供电设施工程标1个已委托地方电力部门实施，2012年工程招标投标情况见表1。

表 1　　梁济运河段工程招标投标情况表

序号	合同编号	合同名称	招标代理单位	开标日期	中标日期	中标单位	合同签订日期
1	NSBD/LHD/LJYH008	梁济运河段输水河道工程施工合同（标段 8）	山东普华项目管理有限公司	2012 年 3 月 22 日	2012 年 4 月 11 日	聊城市东昌府区水利开发总公司	2012 年 5 月 7 日
2	NSBD/LHD/LJYH009	梁济运河段输水河道工程施工合同（标段 9）	山东普华项目管理有限公司	2012 年 8 月 16 日	2012 年 8 月 31 日	山东省水利水电建筑工程承包有限公司	2012 年 9 月 19 日

（化晓峰）

工　程　进　展

梁济运河段工程于 2010 年 12 月 30 号正式开工建设，截至 2012 年底，渠道开挖、混凝土衬砌已经基本完成；桥梁部分除开工较晚的张山桥、长沟桥外，其他 11 座桥梁基本完工。

截至 2012 年底，累计完成施工投资 59 555.6万元，完成土石方开挖 1328.1 万 m^3，土石方回填 37.9 万 m^3，混凝土浇筑 61.5 万 m^3。其中，南水北调部分完成施工投资 28 403.81万元，完成土石方开挖 751 万 m^3，土石方回填 16.30 万 m^3，混凝土浇筑 25.45 万 m^3。2012 年度完成施工投资 2783.81 万元，完成土石方开挖 6.0 万 m^3，土石方回填 0.8 万 m^3，混凝土浇筑 4.55 万 m^3。

（化晓峰）

柳长河段工程

工　程　概　况

柳长河输水线路从邓楼泵站站上至八里湾泵站站下，输水航道长 20.984km，其中新开挖河段 6.587km，利用柳长河老河道疏浚拓挖 14.397km。设计最小水深 3.2m，设计河底高程 33.2m，边坡 1∶3，采用现浇混凝土板衬砌方案，设计河底宽 45m，护坡不护底，渠底换填水泥土。

（化晓峰）

工　程　投　资

柳长河段工程概算批复静态总投资94 240 万元，其中南水北调部分 47 787 万元。截至 2012 年底，批复投资已经全部下达。

（化晓峰）

招　标　投　标

截至 2012 年底，柳长河段工程累计已完成 8 个标段的招标工作，其中监理标 1 个，主体工程施工标 4 个，水土保持工程标 1 个，管理设施标 1 个，供电设施工程标 1 个已委托地方电力部门实施，2012 年工程招标投标情况见表 1。

表1　　柳长河段工程招标投标情况表

序号	合同编号	合同名称	招标代理单位	开标日期	中标日期	中标单位	合同签订日期
1	NSBD/LHD/LJYH005	柳长河（东平）段工程施工合同（标段5）	山东普华项目管理有限公司	2012年3月22日	2012年4月11日	山东黄河建工有限公司	2012年5月7日
2	NSBD/LHD/LJYH006	柳长河（东平）段工程施工合同（标段6）	山东普华项目管理有限公司	2012年8月16日	2012年8月31日	山东省水利疏浚工程处	2012年9月19日

（化晓峰）

工 程 进 展

柳长河段工程于2010年12月30日正式开工建设，截至2012年底，渠道开挖、渠道衬砌已经全部完成；10座桥梁中9座桥全部完工；剩余1座老王庄公路桥由于施工许可问题，开工较晚，计划2013年3月主体完工；另外，国那里倒虹吸工程、王庄节制闸工程全部完成。

截至2012年底，累计完成施工投资32 094万元，完成土石方开挖645万m^3，土石方回填117.9万m^3，混凝土浇筑23万m^3。其中，南水北调部分完成施工投资18 580.72万元，完成土石方开挖586.70万m^3，土石方回填103.73万m^3，混凝土浇筑13.36万m^3。2012年度完成施工投资1112.12万元，完成土石方开挖182.60万m^3，土石方回填17.26万m^3，混凝土浇筑5.51万m^3。

（化晓峰）

南四湖湖内疏浚工程

工 程 概 况

南四湖的上级湖一般湖底高程32.3m，死水位32.8m，设计水位34.0m，下级湖一般湖底高程30.8m，死水位31.3m，设计水位32.3m。南四湖湖内疏浚工程自湖内（4+985）~（33+935）（南阳南）沿湖内航道进行疏浚，疏浚长度28.95km，湖口约5km范围内的小北湖段涉及南四湖防洪问题，本次工程不进行处理。

（化晓峰）

工 程 投 资

南四湖湖内疏浚工程概算批复总投资23 348万元，截至2012年底，批复投资全部下达完成。

（化晓峰）

招 标 投 标

截至2012年底，南四湖湖内疏浚工程累计已完成3个标段的招标工作，其中监理标1个，主体工程施工标2个，水土保持工程标计划在2013年3月底完成招标投标工作。

（化晓峰）

工程进展

南四湖湖内疏浚工程于2011年7月31日正式开工建设，截至2012年底，工程已经全部完工，已经完成单位工程验收、合同验收、国家档案验收，正在进行完工结算验收。

截至2012年底，累计完成施工投资3585.87万元，土石方开挖292万m^3。其中，2012年度完成施工投资2024.78万元，土石方开挖112万m^3。

（化晓峰）

引黄灌区影响处理工程

工程概况

引黄灌区影响处理工程按灌区分为国那里灌区和陈垓灌区，主要为了解决南水北调利用梁济运河、柳长河输水对梁山县两引黄灌区造成的不利影响。

（化晓峰）

工程投资

引黄灌区影响处理工程概算批复总投资为18 659万元，截至2012年底，工程投资已经全部下达。

（化晓峰）

招标投标

截至2012年底，引黄灌区影响处理工程累计已完成3个标段的招标工作，其中监理标1个，主体工程施工标1个，水土保持工程标1个。

（化晓峰）

工程进展

引黄灌区影响处理工程于2010年4月13日正式破土动工，工程已于2011年全部完成，2012年完成了单位工程验收、合同验收、技术性初步验收、档案验收，正在进行完工结算验收工作。

（化晓峰）

胶东干线济南—引黄济青段工程

概述

工程概况

济南—引黄济青段工程是南水北调东线第一期工程的重要组成部分，是山东省境内11个单项工程之一，输水线路全长152.3km，涉及济南、滨州、淄博、潍坊、东营5个市；划分为济南市区段工程、东湖水库工程、双王城水库工程、明渠段工程和陈庄输水段工程5个设计单元工程，批复工程初步设计概算总投资73.479亿元。其中，济南市区段工程于2008年11月1日开工，2012年11月底主体工程完成，2012 年 12 月 21 日完成了设计单元工程完工验收技术性初步验收；东湖水库工程于 2010 年 5 月 13 日施工单位正式进场施工，2012 年底包括围坝填筑、穿堤建筑物等主体工程完成；双王城水库工程于 2010 年 8 月 6 日正式开工建设，2012 年底围坝填筑、穿堤建筑物等主体工程完成；明渠段工程、陈庄输水线路工程分别于 2011 年 2 月 18 日和 2011 年 6 月 9 日开工，2012 年 11 月底主体工程全部完成，2012 年 12 月完成了设计单元工程完工验收技术性初步验收。

（毕德义）

济南市区段工程

工程概况

济南市区段工程西起济平干渠末端睦里庄跌水，东至济南市东的小清河洪家园桥下，横穿济南市区，全长 27.914km，设计流量为 $50m^3/s$，加大流量为 $60m^3/s$。工程等别为 I 等，输水暗涵建筑物级别为 I 级。

（毕德义）

工程投资

截至 2012 年底，济南市区段工程累计下达投资计划 283 202 万元，累计到位投资 232 400 万元；累计完成投资 286 429 万元（含工程价差6250 万元），占批复总投资的 101.14%，其中，建筑工程及临时工程（施工合同额）137 078 万元，其他部分投资 149 351万元。2012 年度实际完成投资40 467 万元，其中，建安设备投资 7604 万元，其他投资 16 613 万元，概算外利息 10 000 万元，价差 6250 万元。

（毕德义）

工程进展

截至 2012 年底，上游利用小清河输水段工程渠道衬砌已完成 3.918km，除输水河道穿济西编组站工程外，其余渠道衬砌工程已全部完工；完成施工投资 7603.69 万元，完成土方开挖 25.41 万 m^3，土方回填 20.58 万 m^3，混凝土 4.36 万 m^3。

（毕德义）

质量管理

济南市区段输水工程成立了由建管、设计、监理和施工等参建单位主要项目负责人参加的质量管理领导小组，设立了质量安全部。建管单位印发了《南水北调工程建设管理文件汇编》、《工程档案管理文件汇编》等。

截至 2012 年 12 月底，济南市区段输水工程已验收单元工程 3291 个，全部合格，其中非水利标准单元工程 41 个，水利标准单元工程 3250 个，优良个数 3003 个，按水利标准评定的单元工程优良率 92.4%；已验收分部工程 187 个，全部合格，其中非水利标准分部工程 8 个，水利标准分部工程 179 个，优良个数 159 个，按水利标准评定的分部工程优良率 88.83%；已验收单位工程 15 个，全部合格，其中非水利标准单位工程 2 个，水利标准单位工程 13 个，按水利标准评定的单位工程全部达到优良等级。

（毕德义）

安全生产

工程建设过程中，建管单位始终坚持“安全第一，预防为主，综合治理”的方针，全面贯彻落实国务院南水北调办、国家及地方有关安全生产管理的相关规定和要求。大力加强安全生产管理，开展安全生产大检查等活动，做到科学建设、安全建设、和谐建设。通过明确安全生产责任和目标，制定措施和预案，加强危险源管理和隐患排查治理等措施，取得了较好成效，工程自开工以来，未发生安全责任事故，实现了安全生产目标。

（牛　政）

陈庄输水线路工程

工程概况

陈庄输水线路工程上接南水北调东线第一期工程济南—引黄济青明渠段输水工程上段（即沿小清河左岸新辟明渠输水段）末端，下接济南—引黄济青明渠段输水工程下段（即沿小清河分洪道子槽输水段）起点，全线位于高青县境内，输水线路全长13.225km。采用梯形明渠断面，全断面现浇混凝土防渗衬砌，渠道底宽9.1～14.4m，渠道内边坡1∶2.25，设计流量50m^3/s，加大流量60m^3/s。共建设各类交叉建筑物47座，其中水闸3座，桥梁19座，穿渠倒虹吸21座，田间灌排影响渡槽4座。

（毕德义）

工程投资

陈庄输水线路工程批复初步设计概算总投资30 517万元，其中工程部分投资13 768万元，移民环境部分投资13 947万元，桥梁工程投资2332万元，建设期贷款利息434万元。

截至2012年12月底，累计下达投资计划30 481万元，到位总投资22 300万元；累计完成总投资31 873万元，其中，施工合同投资11 469万元，其他部分投资20 404万元；2012年度实际完成总投资12 503万元，其中，建安设备投资7189万元，其他部分投资3922万元，价差1392万元。

（毕德义）

建设管理

2010年11月，成立山东省南水北调济南—引黄济青段工程建设管理局明渠段建管处，具体负责明渠段工程及陈庄输水段工程的建设管理工作。截至2012年底，陈庄输水线路工程未发生安全事故。

（毕德义）

工程进展

截至2012年12月底，累计完成施工合同额11 469.33万元，完成土方开挖157.54万m^3，土方回填84.65万m^3，混凝土填筑8.01万m^3。2012年12月25日，陈庄输水线路工程顺利通过完工验收技术性初验。

2012年，陈庄输水线路工程计划完成施工合同额5396.4万元，土方开挖41.21万m^3，土方回填24.86万m^3，混凝土填筑5.33万m^3。年度实际完成施工合同额7189.33万元，占年度计划的133.22%；完成土方开挖44.54万m^3，占年度计划的108.08%；完成土方回填29.65万m^3，占年度计划的119.27%；完成混凝土填筑5.91万m^3，占年度计划的110.88%。

（毕德义）

施工科技

陈庄输水段工程采用全断面现浇机械化

混凝土板衬砌，衬砌板为高性能薄壁混凝土，施工经历夏季高温多雨和冬季低温，易产生混凝土裂缝。

针对渠道机械化衬砌防裂和缺陷处理问题，参建各单位共同研究，及时处理解决渠道混凝土机械化衬砌施工中遇到的难题。先后下发了《南水北调山东段渠道工程施工技术培训教程》《关于机械化衬砌渠道开展衬砌试验的建议》《渠道混凝土衬砌机械化施工技术规程》《南水北调山东段渠道混凝土机械化衬砌施工指南（试行）》等，使参建单位人员提高了机械化衬砌质量管理水平和质量控制技术，更好地保证了渠道混凝土机械化衬砌工程实体和外观质量。通过对渠道衬砌工程防裂和缺陷处理研究，有效防止了渠道衬砌裂缝数量，提高了渠道衬砌质量，裂缝缺陷处理满足要求，渠道混凝土外观质量较好。

（毕德义）

质 量 管 理

截至2012年底，陈庄输水段工程评定单元（分项）工程3339个，全部合格，其中按水利标准评定1398个，优良1209个，优良率86.5%；评定分部工程52个，全部合格，其中按水利标准评定33个，优良31个，优良率93.9%；验收单位工程4个，全部合格，其中按水利标准评定3个，优良率100%。2012年12月，完成合同项目验收。

（毕德义）

安 全 生 产

陈庄输水线路工程安全管理实行二级监督体系，建立安全管理监督体系和保证体系。编制印发了安全生产制度与办法，主要有《安全生产管理制度》《安全生产例会制度》《安全生产检查制度》《安全生产事故报告制度》《安全生产隐患排查制度》《工程度汛方案》《工程建设安全事故应急预案》等一系列文件保证工程安全。

（毕德义）

明渠段工程

工 程 概 况

明渠段工程是南水北调东线一期工程胶东输水干线西段的组成部分，上起济南市区段输水暗涵出口，下至小清河分洪道引黄济青上节制闸，中间与陈庄输水线路工程衔接，输水线路全长111.26km。分为两段：第一段自济南市区段输水暗涵出口至高青县前石村公路桥上游（陈庄输水段工程起点），长76.685km，沿小清河左岸新辟明渠，全断面现浇混凝土衬砌，渠底宽9.1～13.5m，渠道边坡内坡1:2.25，外坡1:2.0；第二段自入小清河分洪道涵闸末端（陈庄输水段工程终点）至引黄济青上节制闸，利用小清河分洪道子槽输水，长34.575km，其中新开子槽段为梯形土渠，渠底宽14m，边坡1:3，利用现有子槽段为半衬砌梯形明渠，渠底宽38m，内外边坡均为1:2。工程设计流量为50m^3/s，加大流量为60m^3/s。

（赵玉莹）

工 程 投 资

明渠段工程批复初步设计概算总投资254 179万元，其中工程部分投资91 892万元，移民环境投资127 015万元，桥梁工程26 252万元，供电线路2017万元，穿铁路工程965万元，建设期贷款利息6038万元。

截至2012年12月底，累计下达投资计划254 179万元，到位总投资226 784万元。累计完成总投资259 930万元，其中，施工合同投资87 839万元，其他部分投资172 091万元。2012年度完成总投资94 942万元。

（赵玉莹）

招 标 投 标

2012年7月18日，南水北调东线一期工程南四湖—东平湖段、济南—引黄济青段、鲁北段现地管理设施工程发布招标公告，8月17日开标，9月10日项目法人与中标单位签订合同。明渠段现地管理设施工程由山东水利工程总公司中标施工，监理单位为河南华北水电工程监理有限公司。

（赵玉莹）

建 设 管 理

2010年11月，成立山东省南水北调济南—引黄济青段工程建设管理局明渠段建管处，具体负责明渠段及陈庄输水线路工程的建设管理工作。

建立健全了安全生产责任制度和安全生产规章制度，成立了安全生产领导小组，并层层签订安全生产责任书，使得安全责任落实到人。进行定期和专项安全检查，并做好安全检查记录。截至2012年底，明渠段工程未发生安全事故。

（赵玉莹）

工 程 进 展

截至2012年12月底，渠道土方、衬砌、渠系建筑物、渠系桥梁工程全部完成；管理设施工程于2012年10月施工单位开始进场施工，完成了部分闸管所的场地回填平整、围墙及房屋基础工程；电力专项、安全防护工程、水土保持等附属工程未实施。

2012年，明渠段工程计划完成施工投资47 398.79万元，土方开挖217.85万m^3，土方回填146.97万m^3，混凝土填筑34.6万m^3。年度实际完成施工投资50 327.63万元，占年度计划的106.18%；土方开挖245.39万m^3，占年度计划的112.64%；土方回填192.48万m^3，占年度计划的130.97%；混凝土填筑34.09万m^3，占年度计划的98.53%。

截至2012年12月底，累计完成施工合同额87 840.53万元，土方开挖1191.20万m^3，土方回填681.31万m^3，混凝土填筑56.62万m^3。

2012年12月25日，明渠段工程顺利通过完工验收技术性初步验收。根据SL 176—2007《水利水电工程施工质量检验与评定规程》及有关单元工程质量评定标准以及JTGF 80/1—2004《公路工程质量检验评定标准》等技术标准，进行了施工质量检验与评定。截至2012年12月底，明渠段工程单元（分项）工程评定23 491个，全部合格，其中按水利标准评定13 709个，优良12 291个，优良率89.7%；验收分部工程475个，全部合格，其中按水利标准评定303个，优良273个，优良率90.1%；验收单位工程38个，全部合格，其中按水利标准评定29个，优良率100%；合同项目验收完成9个。

（赵玉莹）

东湖水库工程

工程概况

东湖水库工程处于济南市历城区东北部与章丘市交界处，白云湖与小清河之间，距济南市区约30km。水库永久占地8073.56亩，水库坝轴线全长8.125km，坝体采用复合土工膜斜墙土坝，最高蓄水位30.00m，死水位为19.00m，最大坝高13.7m，总库容为5377万m^3，调节库容为4700万m^3，死库容678万m^3。建成后，每年向章丘供水1700万m^3，向济南市区年供水4050万m^3，向滨州、淄博两市年供水2347万m^3。

（范立庆）

工程投资

截至2012年底，东湖水库工程累计下达投资计划96 403万元，其中中央投资21 900万元，南水北调基金1000万元，重大水利基金63 007万元，贷款10 496万元；累计到位资金90 396万元；累计完成投资98 748万元，其中施工合同投资26 491万元，其他部分投资72 257万元。2012年度实际完成投资25 481万元，其中建安设备投资12 851万元，其他投资8151万元，价差4479万元。

（范立庆）

招标投标

2012年7月23日~8月28日，完成了现地管理设施工程的招标工作，中标施工单位为山东黄河工程集团有限公司；2012年12月24日~2013年1月16日，完成了水土保持工程的招标工作，中标施工单位胜利油田胜建园林工程有限公司。其余标段均于2012年以前完成招标。

（范立庆）

建设管理

东湖水库建管处作为济南—引黄济青段建管局下设的一个现场建管机构，下设综合科、工程科、质安科，负责东湖水库工程进度、质量、安全及施工环境协调等工作。

截至2012年12月底，东湖水库工程完成单元工程2777个，评定2777个，全部合格，其中优良2679个，优良率为96.47%；分部工程验收评定27个，全部优良，优良率100%。没有出现一例质量事故，建设质量可控，实现了质量管理目标。

建管处组织编制了2012年防汛度汛预案，落实了防汛值班制度，及时了解天气变化情况，做好了大风、强降雨及雷击的防范工作，避免了人员伤亡事故，确保安全度汛。

（范立庆）

工程进展

2012年，东湖水库工程在建工程9项，其中续建项目5项为：围坝护坡板预制作安装、干线分水闸和小清河倒虹吸工程、入库泵站工程、济南放水洞工程和章丘放水洞工程；新开工项目4项为：排渗泵站工程、截渗沟护砌工程、房屋建筑工程和35kV供电线路工程。2012年，东湖水库工程计划完成施工投资10 122.597 4万元，土方开挖104.13万m^3，土方回填90.38万m^3，混凝土浇筑8.89万m^3。年度实际完成施工投资12 850万元，占年度计划的126.95%；土方开挖68.3万m^3，占年度计划的65.59%；土方回填61.45万

m^3，占年度计划的68%；浇筑混凝土6.646万m^3，占年度计划的74.76%。

截至2012年12月底，累计完成土方开挖856.2万m^3，占合同量的99.9%；土方回填711.75万m^3，占合同量的99.8%；塑性混凝土截渗墙浇筑51 114.5 m^2，占合同量的100%；围坝预制混凝土板护坡12万m^2，占合同数量的41%；累计完成施工合同金额26 490万元，占施工合同金额的98.43%。

（范立庆）

安 全 生 产

建管处成立了由主要负责人任组长，监理、设计和施工单位主要负责人组成的东湖水库工程安全生产领导小组，全面负责安全生产管理工作。建立完善了各项安全生产专项方案，细化各项安全生产管理制度，制定了《安全生产例会制度》、《安全生产事故报告制度》、《安全生产责任制》、《安全生产管理制度》、《安全生产隐患排查整改制度》、《安全生产措施方案》、《安全生产措施费使用制度》等。截至2012年底，东湖水库工程建设过程中未发生安全事故。

（范立庆）

双王城水库工程

工 程 概 况

双王城水库位于山东省寿光市北部的寇家坞村北，距市区约31km。利用原双王城水库扩建而成，双王城水库为中型平原水库，设计最高蓄水位12.50m，相应最大库容6150万m^3，设计死水位3.90m，死库容830万m^3，调节库容5320万m^3。年入库水量为7486万m^3，出库水量6357万m^3，蒸发渗漏损失水量1128万m^3。出库水量中包括向胶东地区年出库水量4357万m^3，向寿光市城区年供水量1000万m^3，水库周边地区高效农业年灌溉用水量1000万m^3，设计灌溉面积2万亩。设计最大入库流量8.61 m^3/s，设计出库流量28m^3/s。

（王子春）

工 程 投 资

截至2012年底，双王城水库工程累计下达投资计划80 525万元，累计到位投资65 283万元；累计完成总投资82 682万元，其中施工投资29 397万元，其他部分投资53 285万元；2012年度实际完成总投资34 048万元。

（王子春）

招 标 投 标

2012年，完成了双王城水库现地管理设施工程招投标工作，2012年8月28日开标评标，2012年9月18日签订施工合同，中标施工单位为山东港基建设集团有限公司。

（王子春）

工 程 进 展

截至2012年底，防渗墙已经完成，土方填筑已完成，土工膜铺设已完成，砂石垫层铺设已完成，截渗沟土方开挖已经完工。上游坝坡正在进行预制板的铺设，现上游坝坡预制板铺设已完成22万m^2，占合同量的63%。入库泵站主厂房上部厂房结构立柱、行车梁已吊装完成，屋面已封顶；副厂房混凝土框架结构施工已完成；入库涵洞已完成，出库节制闸、出水池已浇筑完成。引水渠土方开挖完成90%，引水渠衬砌板已完成1800m护砌；进口闸闸室底板、闸墩、机架桥已完成，下游连接段完成；引黄济青节制闸水下部分工程已全部完成。泄水洞洞身及土方回填完成。供水洞洞身主体工程已完成。

2012年，双王城水库工程计划完成施工投资12 939.64万元，土方开挖19.53万m^3，土方回填53.8万m^3，混凝土浇筑8.67万m^3。年度实际完成施工投资12 265.84万元，为年度计划的94.79%；完成土方开挖33.41万m^3，为年度计划的171.07%；完成土方回填103.6万m^3，为年度计划的192.58%；完成混凝土浇筑8.53万m^3，为年度计划的98.31%。截至2012年12月底，累计完成土方开挖296.74万m^3，土方回填693.32万m^3，混凝土浇筑18.62万m^3，累计完成施工投资29 396.7万元。

（王子春）

质　量　管　理

双王城水库工程成立了以双王城水库工程建设管理处为现场建管机构的质量监督体系，在山东省南水北调建管局及南水北调济南—引黄济青段建设管理局的领导下开展工作，具体负责对监理等质量控制体系、施工企业等质量保证体系的管理与监督以及工程建设过程中的外部环境协调。

截至2012年12月底，双王城水库工程共完成了18个分部工程的验收，优良率100%；完成了引黄段输水渠节制闸、渠首引水闸（输水渠进口闸）水下工程阶段验收；完成了2836个单元工程的评定，优良个数2699个，优良率97.3%；没有出现一例质量事故，建设质量可控，实现了质量管理目标。

（王子春）

安　全　生　产

2012年建管单位共组织监理、施工单位负责人参加安全生产大检查5次，并就每次检查出的问题迅速进行了通报，要求相关责任单位及时进行整改落实，通过一系列安全预防措施实施，实现了年初制定的无重特大安全责任事故的目标。

（王子春）

穿　黄　河　工　程

工　程　概　况

穿黄河工程是南水北调东线工程自黄河南岸的东平湖至黄河北岸的输水干渠之间的一段输水工程，全长7.87km，是南水北调东线的关键控制性项目。项目建设的主要目标是打通东线穿黄河隧洞，并连接东平湖和鲁北输水干线，实现调引长江水至鲁北地区，同时具备向河北省东部、天津市应急供水的条件。工程位于山东省东平和东阿两县境内，黄河下游中段，地处鲁中南山区与华北平原接壤带中部的剥蚀堆积孤山和残丘区。其中南岸输水渠段包括东平湖出湖闸、南干渠，全长2.54km；穿黄河枢纽段包括子路堤埋管进口检修闸、滩地埋管、穿黄河隧洞，全长4.61km；北岸穿引黄渠埋涵段包括隧洞出口连接段、穿引黄渠埋涵、出口闸和连接明渠，全长0.72km。

（张铭锋）

工 程 进 展

截至2012年底，穿黄河南区工程除水土保持工程外，均已通过合同项目验收。水土保持工程已完成渠道绿化及补栽工作。安全巡视塔主体工程、装饰工程已完工，正进行电气安装施工。隧洞出口水土保持工程受北区施工场地及季节影响尚未全部完成。

穿黄河南区工程累计完成土石方开挖240.10m^3，土石方回填152.40万m^3，湖内清淤25万m^3，混凝土浇筑11.90万m^3，钢筋制作安装4787.36t。完成金属结构及机电设备安装合同任务。累计完成工程建安投资16 700万元。

穿黄河北区建管局负责建设管理的滩地埋管工程、穿黄河隧洞工程、穿引黄渠埋涵及连接明渠段工程以及黄河大堤安全观测工程已全部完工，并通过合同项目完成验收；出口闸及隧洞出口连接段工程土建、金属结构、机电设备安装等项目已完工，正在进行闸门、启闭机安装调试。

穿黄河北区工程累计完成土方开挖174.12万m^3，土方填筑142.40万m^3，混凝土浇筑10.17万m^3，钢筋制作安装4457.93t，累计完成工程投资18 136万元。

穿黄河工程于2008年9月1日正式开工建设，2011年12月31日主体工程全部完工，2012年9月22~26日通过设计单元工程完工验收技术性初步验收。

各单位工程主体完工时间如下：

（1）闸前疏挖工程：2011年8月11日开工；2012年1月14日完工。

（2）出湖闸工程：2008年9月1日开工；2009年5月30日，闸门安装完毕具备挡水条件；2010年5月18日，完成全部土建施工；2011年9月20日，完成金属结构及启闭机、电气设备安装。

（3）南干渠与南岸交通工程：2008年9月1日开工；2011年6月25日，完成渠道衬砌；2011年11月25日，完成出湖闸进场道路；2008年10月29日名山桥、豆山桥、淹豆桥3座生产桥开始施工，2009年9月17日完工；2010年10月1日，梁济公路桥开工建设，2011年8月29日完工。

（4）滩地埋管工程：2008年9月1日开工；2010年10月11日完成进口检修闸主体工程；2010年7月23日完成全部滩地埋管工程。

（5）穿黄河隧洞工程：2008年3月1日开工；2011年12月12日完成主体工程；2012年5月10日完成全部工程。

（6）出口闸及隧洞出口连接段工程：2010年7月1日开工；2011年12月31日完成主体工程；剩余的机电安装工程于2012年底完成。

（7）穿引黄渠埋涵及连接明渠段工程：2008年10月22日开工；2011年10月7日完成主体工程；2012年7月15日完成全部工程。

（8）管理设施工程：2011年3月16日开工；2011年12月31日完成主体工程；2012年8月完成全部工程。

（张铭锋）

运 行 管 理

（一）管理机构

穿黄河工程管理机构分三级设置：一级机构为山东干线公司，二级机构为泰安管理局，三级机构为穿黄河工程管理处。穿黄河工程管理处主要负责穿黄河工程的调度运行和日常管理工作，包括辖区内输水渠道、水闸、隧洞、埋涵等工程的运行管理，东阿分水口水量、水质监测，穿黄河工程安全监测、维修养护以及经营开发等工作。

（二）管理设施

穿黄河工程现地管理设施总建筑面积

$2609.52m^2$，已于2011年8月全部建成，2012年9月投入使用。出湖闸管理房建筑面积为$161.98m^2$，已于2011年12月建成并投入使用。进口检修闸管理设施建筑面积为$268.6m^2$，已于2012年3月建成并投入使用。出口闸管理设施建筑面积为$631.35m^2$，已于2012年12月建成，具备了使用条件。

（三）调度运用

穿黄河工程作为东线工程的一部分，其调度运行服从于东线整个工程的调度，根据协商后的年度调度方案，严格按照山东干线公司的调度指令，实施供水调度。

工程规划确定的调度输水时间为11月至翌年5月。第一期工程从东平湖引水，引水水位为39.3m。汛期一般不引水，遇北方特别干旱年份，而东平湖未分洪时，汛期也可引水。引水规模按一二期结合$100m^3/s$设计，一期引水规模为$50m^3/s$。在南水北调工程非调水期，停止引水。

（四）工程维护

穿黄河工程自2011年9月20日Ⅳ标段滩地埋管工程率先通过合同验收，工程陆续进入待运行期。其他各合同标段工程的验收多集中于2012年，验收前的穿黄河工程维修养护工作由施工单位承担，验收后工程的维修养护工作暂由穿黄河工程原建设管理人员承担，按规定对闸门启闭机、电动葫芦、柴油发电机以及拦污栅等金属构件等设备进行日常保养，对排水沟进行了疏通及修复，对损坏的安全防护工程进行了更换或维修。工程以后的维修养护采取"管养分离"管理模式，择优选择具有维修养护资质的企业来承担维修养护工作，工程维修养护的委托工作正在协商中。

（五）运行费用管理

2012年，山东干线公司委托山东省水利科学研究院编制了《穿黄河设计单元工程待运行期管理维护方案》，明确了待运行期的管理维护费用，已通过国务院南水北调办的审查，为今后规范化管理奠定了基础。

（李光锋）

环境保护及水土保持

穿黄河工程的水土保持工作已基本完成，南区明渠段两侧进行了种草植树，共种植杨树、国槐、白蜡等9000余株，植草护坡36 000余平方米，已初步形成了绿色清水走廊的景观，对防止渠道两侧水土流失起到重要作用，对改变当地环境也发挥了积极作用。

（李光锋）

工 程 验 收

（一）土建工程验收

2012年度，穿黄河工程南区建管局就出湖闸闸前疏浚、水土保持、管理设施等新开工工程项目划分向质量监督站进行了报告并得到确认。调整及增加后穿黄河南区工程共划分为11个单位工程，其中非水利标准为2个；80个分部工程，其中非水利标准为22个；2213个单元工程，其中非水利标准为247个。

截至2012年12月底，穿黄河工程累计评定单元工程3067个，优良2848个，优良率92.9%；已验收分部工程88个，其中按照水利标准评定84个，优良工程81个，优良率96.4%，按照非水利标准评定4个，全部合格；已验收单位工程14个，优良率100%；合同项目验收完成13个。

其中，穿黄河南区工程合同项目完成验收9个；组织完成穿黄河安全评估工作；验收单位工程10个，全部合格，其中按水利标准评定8个（梁济公路桥单位工程按照公路标准评定为合格，管理设施工程按照工民建标准评定为合格），优良率100%；评定分部工程71个，全部合格，其中按水利标准评定58个，优良55个，优良率94.8%；评定单元

（分项）工程2069个，全部合格，其中按水利标准评定1953个，优良1805个，优良率92.4%。

（二）专项验收工作

受项目法人委托，南京水利科学研究院于2012年5月31日~6月5日开展了穿黄河工程现场安全评估工作，同年7月5日出具了工程安全评估报告。

2012年9月11~13日，项目法人组织对穿黄河工程进行完工自验工作，同意通过验收。

2012年9月23~26日，国务院南水北调办在山东省济南市组织召开了南水北调东线一期工程穿黄河工程设计单元工程完工验收技术性初步验收会议。

（李光锋）

鲁北段工程

概述

工程概况

鲁北段工程是南水北调东线一期工程的重要组成部分，主要任务是以50m^3/s引调江水供聊城市用水并北送至临清，过邱屯闸以25.5 m^3/s输水至大屯水库，满足德州市用水，同时可向河北、天津应急调水。工程自位山穿黄河隧洞出口向北，横跨徒骇河和马颊河，于草屯附近进入大屯水库，全长175.224km，涉及聊城、德州两市的东阿、阳谷、东昌府、经济开发区、茌平、临清、夏津和武城8个县（市、区），主要建设内容为小运河段工程，七一、六五河输水工程，大屯水库蓄水工程和灌区影响处理工程，工程规模为大（1）型，工程等别为Ⅰ等，主要建筑物按类型分为1、2、3级，次要建筑物为3级。

鲁北段工程初步设计批复总投资44.33亿元，建设总工期30个月，包括小运河段工程，七一、六五河段工程，大屯水库工程和灌区影响处理工程4个设计单元。小运河段工程于2010年12月28日开工；七一、六五河段工程于2011年3月20日开工；大屯水库工程于2010年11月25日开工；灌区影响处理工程于2011年3月24日开工建设，2012年2月完工。

（傅　铗）

小运河段工程

工程概况

小运河段工程输水规模50m^3/s，多年平均过黄河进入小运河的水量为4.416 4亿m^3，经邱屯闸向七一、六五河输水流量为25.5m^3/s，北送水量2.602 2亿m^3。

（傅　铗）

工程投资

小运河段工程批复概算总投资238 821万元，其中静态总投资233 998万元，建设期贷款利息4823万元。

2012 年度计划完成施工投资49 373.23万元，实际完成施工投资 59 098 万元，占年度计划的 119.7%。

（傅　铵）

招　标　投　标

鲁北段小运河段工程共划分 14 个标段，包含监理标段 2 个，施工标段 12 个，其中周公河截污管道工程、穿铁路建筑物工程及七级镇生活污水处理工程、供电线路 4 个标段委托建设。

鲁北段工程小运河段工程（第一批）于 2010 年 11 月 16 日发布招标公告，2012 年 9 月完成所有招标工作，签订合同总金额 114 670.26万元，2012 年工程招标投标情况见表 1。

表 1　　小运河段工程招标投标情况表

序号	标段名称	中标单位	招标文件发售时间	开标时间	发布中标通知书时间	合同签订时间	合同金额（万元）	合同工期	备注
一	直管项目								
1	直管标段 7	山东普利园林工程有限公司	2012 年 3 月 19～23 日	2012 年 4 月 12 日	2012 年 5 月 9 日	2012 年 5 月 17 日	583.68	240 日历天	
2	直管标段 8	山东省第二水利工程局	2012 年 3 月 19～23 日	2012 年 4 月 12 日	2012 年 5 月 9 日	2012 年 5 月 17 日	532.18	245 日历天	
3	直管标段 9	山东省禹城市外贸机械施工有限公司	2012 年 9 月 24～28 日	2012 年 10 月 16 日	2012 年 11 月 16 日	2012 年 11 月 16 日	2067.54	125 日历天	
4	直管标段 10	威海水利工程集团有限公司	2012 年 7 月 23～27 日	2012 年 8 月 28 日	2012 年 9 月 11 日	2012 年 9 月 18 日	1897.10	122 日历天	
5	直管标段 11	山东黄河工程集团有限公司	2012 年 5 月 29 日～6 月 4 日	2012 年 6 月 21 日	2012 年 8 月 6 日	2012 年 7 月 18 日	8771.80	176 日历天	
二	委托项目								
1	七级镇生活污水处理监理	山东省聊城市水利工程建设监理中心	2012 年 8 月 6～10 日	2012 年 8 月 29 日	2012 年 9 月 21 日	2012 年 10 月 18 日	14.29	56 天	
2	七级镇生活污水处理施工	阳谷县水利建筑工程有限公司	2012 年 8 月 6～10 日	2012 年 8 月 29 日	2012 年 9 月 21 日	2012 年 10 月 31 日	702.15	56 天	

续表

序号	标段名称	中标单位	招标文件发售时间	开标时间	发布中标通知书时间	合同签订时间	合同金额（万元）	合同工期	备注
3	穿铁路建筑物工程（小运河部分）施工	山东济铁工程建设集团公司	2012年4月5～9日	2012年5月4日	2012年5月5日	2012年5月16日	11 145.29	230天	

（傅　铵）

建设管理

小运河段工程建设管理模式采用直管和委托建管相结合的管理模式，其中铁路专项设施、供电线路工程、截污管道工程及七级镇生活污水处理工程委托行业主管部门或地方负责实施，主要工程由山东干线公司直管。鲁北局作为山东干线公司派驻现场机构负责鲁北段工程建设期管理工作，鲁北局下设小运河建管处具体负责小运河段工程的现场管理工作。

小运河段工程批复建设工期为30个月，2012年12月底完成输水河道及沿线建筑物（含桥梁工程）主体工程，2013年6月具备完工验收条件。

单元工程优良率90%以上；单位工程优良率90%以上；工程外观得分率85%以上，设计单元工程优良。

（傅　铵）

工程进展

2012年，小运河段工程计划完成49 373.23万元，土方开挖507.61万m^3，土方回填203.08万m^3，混凝土及钢筋混凝土28.33万m^3。

截至2012年底，完成土方开挖1349.58万m^3，土方回填538.11万m^3，混凝土及钢筋混凝土45.78万m^3，混凝土灌注桩21 295m，钢筋制作安装17 074t。河道开挖已全部完成，衬砌长度55km，占衬砌总长的92%；建筑物工程全部开工建设，75%的建筑物已建成。

（傅　铵）

施工科技

为防止机械化衬砌混凝土裂缝，小运河建设处多次组织召开机械化衬砌混凝土裂缝预防研讨会，分析裂缝产生的原因并制定预防措施。通过严格控制水灰比、加强振捣、加强养护、及时割缝等措施，减少了机械化衬砌混凝土开裂。

（傅　铵）

质量管理

2012年4月21～27日，南水北调工程建设稽察大队“飞检”工作组对小运河工程3、4标项目进行了第三次“飞检”，共发现68个问题，全部整改到位。

2012年6月5～21日，南水北调工程建设稽察大队“飞检”工作组对施工4标发现的30个存在问题整改情况进行复查，复查无新发现问题，对此次复查未整改到位的问题均于2012年9月全部整改完毕。

2012年9月5～13日，南水北调工程建设稽察大队“飞检”工作组对小运河工程2、6标项目进行了第四次“飞检”，共发现58个问题，全部整改到位。

2012年9月23日，南水北调工程建设稽察大队“飞检”工作组对施工6标上次飞检发现的31个存在问题的整改情况进行复查，复查无新发现问题。

2012年9月23～27日，南水北调工程建设稽察大队“飞检”工作组对施工1标项目进行了第五次“飞检”，共发现28个问题，全部整改到位。

2012年5月12日，国务院南水北调办副主任蒋旭光带队，对施工3～6标工程质量进行了检查，共发现质量管理违规行为、实体质量存在的问题3个，被查单位已按要求全部整改到位。

2012年9月22～24日、10月31日～11月13日，监管中心组织检查组对小运河段工程施工1～6标所有建筑物混凝土质量进行强度回弹检测，检测结果全部合格，未发现质量问题。

山东干线公司委托淮河检测中心于2013年3月12～15日对检查发现的混凝土回弹强度疑似偏低点进行了现场复测，未发现小运河段建筑物混凝土强度不满足设计要求的构件。

2012年5月9～11日，山东省南水北调局、山东干线公司质量集中整治专项检查组按照《关于开展南水北调工程2012年度质量集中整治工作的通知》（国务院南水北调办监管〔2012〕82号）的要求来小运河工程检查，检查组通过听取汇报、现场检查、查阅资料等方式，对设计代表组、监理、各施工单位自查自纠情况和工程质量情况进行监督检查。

2012年11月19～21日，山东省南水北调建管局、山东干线公司组织专家对小运河段工程施工1～6标在建桥梁工程质量进行抽查，共发现45个问题，均已全部整改到位。

2012年11月1日，国务院南水北调办对小运河工程进行质量专项检查，共发现12个问题，全部整改到位。

截至2012年底，共验收水利项目10 253个单元工程，其中10 002个单元工程优良，优良率为97.6%；共验收非水利项目2536个单元工程，全部合格。

（傅　铁）

七一、六五河段工程

工　程　概　况

七一、六五河段工程线路全长77.014km，自邱屯闸以25.57m^3/s接引小运河调来的江水向沿线临清市、夏津县供水并北送至德州市大屯水库，兼顾排涝和行洪。

七一、六五河段工程等别为Ⅰ等，河道级别为2级；该段控制性建筑物为2级，次要建筑级别为3级；公路桥按照所连接公路等级，分别采用公路Ⅰ级、公路Ⅱ级汽车荷载等级；生产桥汽车荷载等级采用公路Ⅱ级。

（傅　铁）

工　程　投　资

2012年，七一、六五河段工程计划完成施工投资9348.99万元，实际完成施工投资11 889.06万元，占年度计划的127.17%。

截至2012年底，共支付预付款5075.23万元，扣回预付款2412.39万元，支付工程进度款12 834.02万元，支付价格调整款964.2万元，完成计量支付16 461.04万元。

（傅　铁）

工 程 进 展

截至2012年11月底，七一、六五河段工程主体工程已全部完成；2012年12月14～15日，完成了直管项目施工1～4标段及金属结构制作与机电设备采购及安装（七一、六五河部分）合同项目完成验收；2012年12月17日，完成了夏津城区段工程合同项目完成验收；2012年12月28日，通过了技术性初步验收。

（傅 铰）

质 量 管 理

（一）质量监督

南水北调工程山东质量监督站负责七一、六五河段工程质量监督，并根据该项目工程特点，设立南水北调鲁北段工程质量监督项目站，按照国家及南水北调工程建设的有关规定开展质量监督工作。

（二）质量检查

2012年3月12～19日，南水北调工程建设稽察大队“飞检”工作组对施工1、2标项目进行了质量检查。

2012年3月29日，南水北调工程建设稽察大队“飞检”工作组对施工2标项目进行了质量复查。

2012年5月12日，国务院南水北调办副主任蒋旭光带队，对施工1、3标工程质量进行了检查。

2012年9月15～23日，监管中心对施工1～3标所有建筑物混凝土质量进行了专项稽察，检测结果全部合格，未发现质量问题。

2011年5月17～24日，山东省南水北调建管局对现场工程质量、安全生产及监理工作进行检查。

2011年7月23～24日，山东省南水北调建管局两项制度贯彻执行和质量集中整治工作“回头看”检查组对各参建单位进行检查。

2012年5月7～8日，山东省南水北调建管局质量集中整治专项检查组通过听取汇报、现场检查、查阅资料等方式，对设代组、监理、各施工单位自查自纠及工程质量情况进行监督检查。

2011年11月，山东干线公司委托黑龙江省水利工程质量检测中心站作为第三方单位对七一、六五河段工程1～3标水泥、砂、碎石、钢筋等原材料质量进行了检测，检测结果显示全部合格。

（三）质量评定

截至2012年12月底，七一、六五河段工程按水利行业标准评定单元工程5271个，全部合格，其中优良5019个，优良率95.22%；按非水利行业标准评定分项工程3307个，全部合格，合格率100%。按水利行业标准评定分部工程47个，全部优良；按非水利行业标准评定分部工程28个，全部合格。按水利行业标准评定单位工程10个，全部优良；按非水利行业标准评定单位工程6个，全部合格。无质量事故发生。

（傅 铰）

安 全 生 产

2012年3月9日，鲁北局质量安全部对七一、六五河段工程段监理部、施工单位进行春季安全大检查。

2012年5月24日，山东省南水北调建管局副局长于国平一行来七一、六五河段工程现场，对监理、施工单位的安全防汛准备情况进行检查。

2012年度共组织召开安全生产会议3次，安全生产培训、学习会议9次。现场专职安全监理工程师结合工程建设情况指导施工单位组织安全教育、培训，在进行特殊作业前，安排专门的安全教育。

鲁北局先后编制印发了《鲁北段工程安全生产管理规定（试行）》、《鲁北段工程安全生产检查制度》、《鲁北段工程安全生产部门联系制度》《鲁北段工程安全生产隐患排查整改制度》《鲁北段工程重大危险源登记管理办法》《鲁北段工程主要危险源管理制度》《鲁北段工程安全生产宣传教育制度》《安全生产例会制度》《鲁北段工程安全生产事故报告制度》等。

七一、六五河建管处编制了《南水北调东线第一期工程鲁北段七一、六五河段工程建设重大质量与安全事故应急预案》。

（傅　铗）

灌区影响处理工程

工程概况

鲁北输水工程是南水北调东线工程的重要组成部分，是实现向山东省鲁北地区送水的重要保证，是实现向河北省、天津市应急调水的连接纽带。由于鲁北段输水工程利用夏津、武城县、临清市境内的七一、六五河输水，从而使其失去原有的灌溉排涝功能，打破了现状的灌排体系。夏津、武城、临清灌区影响处理工程兴建的目的就是消除南水北调东线一期工程利用七一、六五河输水对灌区带来的不利影响。

工程项目涉及德州市的武城和夏津两县以及聊城市的临清市，位于德州市西部和聊城市北部，卫运河下游右岸，属海河流域漳卫河系。经过多年的水利建设，骨干水利工程已基本完备。县内河道均为灌排两用河道，遇旱引水，遇涝排水。七一、六五河是夏津县和武城县的灌溉中枢，担负着区内调配水源的任务，引黄、引位和引卫来水通过两河贯通，具有多水源灌区各种水源相互补充、调剂的功能，满足灌区的灌溉要求。两县受影响的耕地总面积为88.59万亩。

鲁北段灌区影响处理工程批复工程工期为12个月。

（傅　铗）

运行管理

临清灌区影响处理工程的专管机构是灌区排灌工程管理处。德州灌区影响处理工程建成后移交夏津、武城两县水务局进行管理，运行服从于当地市、县两级供水调度。

（傅　铗）

工程效益

消除了南水北调工程对当地灌区的不利影响，使临清灌区的51.78万亩、夏津灌区的32.9万亩、武城灌区的26.85万亩耕地恢复原有的灌溉水平，满足了受影响灌区的供水要求，新建、改建桥梁、穿路涵洞工程相比原桥涵提高了设计标准，改善了交通条件，保证了灌区社会稳定和群众正常生活。

（傅　铗）

环境保护及水土保持

灌区影响处理工程位于山东省水土流失重点治理区。根据有关规定和工程实际，确定水土流失防治标准为一级标准。在施工中对产生的临时堆土进行防护，并在周围码放编织袋装土进行压实；施工期间，对施工福利设施空闲地进行硬化，并及时洒水进行防护；施工结束后，对临时占地进行复耕；对输水渠正常水位以上撒播狗牙根和紫羊茅进行防护。施工过程中，采取多种措施，保护水环境、大气环境、声环境、土壤环境和人员健康。

（傅　铗）

工 程 验 收

（一）临清灌区影响工程验收

2012年12月20～21日，临清市灌区影响处理工程分部工程验收会议召开。共验收分部工程16个，其中按水利标准评定的分部工程9个，质量评定均为优良，优良率100%；按非水利标准评定（不评定优良等级）的分部工程7个，全部合格。

2012年12月24日，临清市灌区影响处理工程单位工程验收会议召开。共验收单位工程3个，其中按水利标准评定的单位工程2个，质量评定均为优良，优良率100%；按非水利标准评定（不评定优良等级）的单位工程1个，质量评定为合格。

2012年12月25日，临清市灌区影响处理工程合同项目完成验收会议召开。验收工作组认为，工程质量达到优良等级，同意通过合同项目完成验收。

（二）德州灌区影响工程验收

施工Ⅰ标段：2012年4月17日，夏津灌区影响处理工程进行第一批分部工程验收，共验收6个分部工程。2012年9月12日，夏津灌区影响处理工程进行第二批分部工程验收，共验收12个分部工程。该工程水利水电分部工程17个，全部合格，优良个数16个，优良率94.1%；水土保持分部工程1个，质量合格。

夏津灌区影响处理工程于2012年10月18日通过单位工程及合同项目完成验收，单位工程评定为优良，合同项目质量合格，达到优良等级。

施工Ⅱ标段：2012年3月26日对8个分部工程进行验收。2012年6月26日对10个分部工程进行验收。该工程水利水电分部工程17个，全部合格，优良个数16个，优良率94.1%；水土保持分部工程1个，质量合格。

武城灌区影响处理工程于2012年6月30日通过单位工程及合同项目完成验收，单位工程评定为优良，合同项目质量合格，达到优良等级。

武城灌区影响处理工程于2012年12月30日完成技术性初步验收工作，专家认为夏津、武城灌区影响处理工程已具备通水运行条件，达到了消除南水北调东线一期工程利用七一、六五河输水对灌区带来不利影响的工程兴建目的，同意通过技术性初步验收。

（傅　铁）

大 屯 水 库 工 程

工 程 概 况

大屯水库工程位于山东省德州市武城县恩县洼东侧，为平原水库，主要任务是调蓄七一、六五河段工程调来的江水，向德州市德城区和武城县城区全年均匀供水。工程总占地面积9732.9亩，围坝坝轴线总长8913.99m，设计最高蓄水位29.8m，相应最大库容5209万m^3，设计死水位21.0m，死库容745万m^3，调节库容4464万m^3。主要工程内容包括围坝、入库泵站、六五河节制闸、引水闸、德州供水洞和武城供水洞、六五河改道工程等。大屯水库工程等别为Ⅱ等，主要建筑物为2级，次要建筑物为3级。主要建筑物设计洪水标准采用50年一遇，主要建筑物地震设计烈度采用Ⅵ度。

（傅　铁）

工 程 投 资

2012年，大屯水库工程计划完成施工投

资19 003.6993万元，实际完成施工投资20 450.6483万元，占年度计划的107.61%。

截至2012年底，施工标段共支付价款15次，其中预付款5次、进度款10次，净支付价款总额28 613.17万元（含预制块、土工材料计量支付款）。

（傅　铁）

招　标　投　标

大屯水库工程共划分为9个标段，其中3个土建施工标合同总金额为3.57亿元，合同工期为2010年10月1日～2012年12月31日，总工期27个月，基本情况见表1。

表1　　大屯水库工程标段划分表

序号	标段名称	中标单位	合同金额（万元）	工作内容
1	监理标	山东省科源工程建设监理中心	705.28	大屯水库土建施工及设备安装、设备制造、水土保持、房屋建筑等
2	施工1标	山东大禹工程建设有限公司	11 847.75	桩号(7+500)～(8+914)(0+000)～(1+100)，标段长2514m
3	施工2标	中国水利水电第十三工程局有限公司	11 695.09	桩号(1+100)～(4+300)，标段长3200m
4	施工3标	北京通成达水务建设有限公司	12 120.98	桩号(4+300)～(7+500)，标段长3200m
5	水泵及电动机设备采购标（4标）	上海凯泉泵业（集团）有限公司和湖北华博阳光电机有限公司联合体	327.60	4台导叶式立式混流泵及配套电动机，装机容量2240kW
6	金属结构设备采购标（5标）	山东水总机械有限公司	328.28	六五河节制闸、引水闸、入库泵站、供水洞的闸门、清（拦）污及启闭设备等的制作
7	机电设备采购及自动化控制系统（6标）	湖南华自科技有限公司	1134.78	六五河节制闸、引水闸、入库泵站、供水洞的电气、自动化设备采购
8	水土保持标（7标）	山东绿源环境发展有限公司	648.24	水土保持工程
9	管理设施标（8标）	山东联兴建设集团有限责任公司	1128.01	办公及附属房屋、生活及文化福利建筑、其他建筑工程、交通道路等
10	供电线路工程	委托当地供电部门实施（按批复概算计）	729	12.09km双回35kV供电线路工程施工、监理、设计等

（傅　铁）

工 程 进 展

2012年，大屯水库工程完成土石方开挖527.38万m^3，占年度计划的131.36%；累计完成土方开挖1239.68万m^3，占开挖总量的100%。其中，坝基清基完成31.68万m^3；料场清表完成148.9万m^3；库内六五河清淤完成16.2万m^3；六五河改道土方开挖完成19.51万m^3；筑坝土方开挖完成481.1万m^3；排渗沟土方开挖完成5.7万m^3。库区内弃置土开挖35.29万m^3。库盘膜上覆土开挖完成501.3万m^3。

2012年度完成土石方回填534.063万m^3，占年度计划的131.31%；累计完成土方回填1196.36万m^3，占回填总量的100%。其中，坝体土方填筑完成496.46万m^3，占合同工程量的100%；压重平台土方回填完成146.93万m^3，占合同工程量的100%；管理区平台土方回填完成17.3万m^3，占合同工程量（13.02万m^3）的132.9%，六五河改道段左岸筑堤土方压实完成8.44万m^3，占合同工程量的100%，建筑物及其他土方填筑25.93万m^3。库盘膜上覆土回填完成501.3万m^3。

2012年度完成混凝土浇筑7.6375万m^3，占年度计划的93.46%；累计完成混凝土浇筑8.11万m^3，占混凝土总量的95.2%。砌石36308.6m^3，钢筋制作安装718.47t。累计完成库底防渗铺膜501.3万m^2，占库底防渗铺膜总量的100%。累计完成水泥土搅拌桩25363m，完成100%；钢筋混凝土灌注桩5478m，占合同量的100%。

累计完成工程总投资118052万元，其中工程部分投资34968万元，移民环境投资56108万元，其他投资26976万元。

截至2012年底，机电设备及金属结构制造已全部完成；六五河节制闸、引水闸、入库泵站、德州供水洞、武城供水洞土建主体全部完成，金属结构、水泵和电动机等安装全部完成。

围坝填筑、坝后压重工程已全部完成，六五河改道段开挖、筑堤及库内六五河清淤工程已完成；六五河节制闸、引水闸、入库泵站、供水洞土建主体工程已完成，金属结构、水泵和电动机等已安装完成；库底防渗铺膜已完成；供电线路工程建设已完成；现地管理设施建设已开工建设，建筑物混凝土灌注桩已全部完成。

（傅　铵）

施 工 科 技

（一）护坡型式经济、技术分析比较

护坡设计包括上游坝坡、下游坝坡、下游坝脚至征地线之间的平地。下游坝坡27.60m高程以上采用草皮护坡，27.60m高程以下为弃土平台，采用绿化措施予以防护，下游坝脚至征地线之间的平地采用撒草种植草皮的设计方案。

据现场调查，石料料源距水库150km。根据当地自然建材资源的实际情况，对干砌方块石、M10浆砌石、现浇混凝土板、垂直连锁预预制混凝土板4种护坡型式进行经济、技术比较。初步设计阶段推荐价格适中、施工速度快、材料料源易于保证、利于环境保护的垂直连锁预制混凝土板方案。

（二）护坡设计

通过经济技术比较分析，并结合可行性研究阶段评审意见、初步设计过程中南水北调专家委员会建议及初步设计初审意见，初步设计推荐大屯水库工程采用垂直连锁预制混凝土板尺寸为0.4m×0.6m。材料为C25混凝土，抗冻等级F150。

护坡结构自上而下设计为预制混凝土板厚210mm，粒径20～40mm碎石垫层厚150mm，粒径5～20mm碎石垫层厚150mm，复合土工膜（300g/m^2布，0.5mm膜，200g/m^2布），中粗砂厚100mm。

库内坝脚设 1.0m 深、0.8m 宽的 C15 现浇混凝土齿墙。

（三）坝基渗透分析

大屯水库坝基地层主要由砂壤土、裂隙黏土、粉细砂、中细砂组成，坝址区地下水类型为松散岩类空隙潜水，地下水位埋深一般为 1.10 ~ 1.80m，各层渗透系数 0.089 ~ 13.60m/d，具中等 ~ 强透水性，无相对不透水层，诸透水层间水力联系密切，透水性差别较小，可视为均质透水体。

通过天然状态下渗流计算，下游排水沟、利民河、六五河出逸比降较大。整个围坝在未考虑防渗措施的情况下：水库平均水位年渗漏量达 1202.3 万 m^3，占总库容的 23.4%，占年入库量的 9.27%，渗漏严重，必须采取可靠的防渗措施。

根据大屯水库工程实际情况，并考虑工程占地、工程投资、坝后浸没影响、工程施工、水库围坝安全等多方面因素，对水库防渗方案进行了认真调查研究。

通过经济技术比较分析，并结合可行性研究阶段评审意见、初步设计过程中南水北调专家委员会建议及初步设计初审意见，初步设计推荐采用库盘铺膜防渗方案。

（傅　锬）

质　量　管　理

截至 2012 年 12 月，施工单位质量自检 1 831 201点次，合格 1 824 544 点次，合格率 99.6%；原材料自检 1467 组，合格 1467 组，合格率 100%；混凝土试块检测 549 组，合格 549 组，合格率 100%。监理单位质量抽查 301 910 点次，合格 300 861 点次，合格率 99.65%；原材料自检 42 组，合格 42 组，合格率 100%；混凝土试块检测 27 组，合格 27 组，合格率 100%；建管单位委托的第三方检测质量抽查 526 组，合格 526 组，合格率 100%；坝坡混凝土预制块检测 9 组，合格 9 组，合格率 100%；水库全库盘铺膜 200g/m^2 长丝土工布材料抽样检测 100 组，0.5mm PE 土工膜材料抽样检测 70 组，符合土工膜材料抽样检测 6 组，检测结果全部合格。全库盘铺膜施工过程中第三方检测单位全过程参与，并在施工过程中重点抽查焊缝质量，充气法检测焊缝 1080 条，电火花法检测焊缝 360 点次，进行焊缝力学试验 500 组，检测结果全部满足设计要求。鲁北局与大屯水库建管处共开展质量大检查 15 次，对发现的问题均予以通报并责令问题责任单位整改。大屯水库建管处驻标段人员开展日常质量巡查，发现问题及时处理。国务院南水北调办、山东省南水北调建管局和山东干线公司共进行质量大检查 10 次，对发现的问题均及时组织各参建单位予以整改。

截至 2012 年 12 月，大屯水库工程完成并验收单元工程 4480 个，合格 4480 个，其中优良 4380 个，优良率 97.8%；验收分部工程 22 个，合格 22 个，其中优良 22 个，优良率 100%。无质量事故发生。

（傅　锬）

安　全　生　产

截至 2012 年 12 月，大屯水库工程共进行安全生产大检查 34 次，在重要的节假日和敏感的施工季节均安排各参建单位进行安全生产检查，对检查发现的问题及时通报，并要求相关责任单位整改。每个季度均对各参建单位的安全生产情况进行考核，共进行了 8 次季度安全生产考核、2 次半年安全生产考核、2 次年度安全生产考核，考核等级均为Ⅰ级。

2012 年度，大屯水库建管处共组织召开安全生产会议 4 次，安全生产培训、学习会议 12 次。现场专职安全监理工程师结合工程建设情况指导施工单位组织安全教育、培训，在进行特殊作业前，安排专门的安全教育。

大屯水库建管处编制了《南水北调东线第一期工程鲁北段大屯水库工程建设重大质量与安全事故应急预案》。

（傅 铁）

东线山东段专项工程

东线山东段调度运行管理系统工程

工 程 概 况

东线山东段调度运行管理系统工程是南水北调东线一期工程山东段干线工程运营管理的神经系统，对山东段干线工程的高效运行、可靠监控、科学调度和安全管理起着至关重要的作用，为南水北调东线山东干线水量调度自动化、决策科学化、企业管理现代化奠定基础，也为今后南水北调东线全线联网实现自动化调度奠定了基础。初步设计批复工程总投资67 196万元，2013年底前完成工程主要建设任务。

（田 莹）

工 程 投 资

东线山东段调度运行管理系统工程已完成施工投资28 889.43万元，占原计划的122.27%，超额完成了投资计划。

2012年，东线山东段调度运行管理系统安排投资计划49 637万元，到位投资12 507万元，实际完成投资37 727万元。根据批复的初步设计报告和概算，加强设计优化和完善设计方案，严格控制工程投资，2012年度已完成的施工项目投资均控制在国家批复的概算范围内。

（田 莹）

招 标 投 标

东线山东段调度运行管理系统工程共分为13个标段，其中设计标监理标2个、施工标11个。截至2012年底，东线山东段调度运行管理系统工程已完成招标情况见表1。

表1　东线山东段调度运行管理系统工程招标情况

序号	合同编号	合同名称	招标代理单位	招标文件发售时期	开标日期	定标日期	中标单位
1	NSBD/DDYX－JL1	南水北调东线一期工程山东段调度运行管理系统监理1标监理合同	山东普华项目管理有限公司	2011年12月19～23日	2012年1月11日	2012年1月11日	山东正中计算机网络技术咨询有限公司
2	NSBD/DDYX－JL2	南水北调东线一期工程山东段调度运行管理系统监理2标监理合同	山东普华项目管理有限公司	2011年12月19～23日	2012年1月11日	2012年1月11日	山东省信宇通信工程监理有限公司

续表

序号	合同编号	合同名称	招标代理单位	招标文件发售时期	开标日期	定标日期	中标单位
3	NSBD/DDYX－SG1	南水北调东线一期工程山东段调度运行管理系统应用系统总集成施工合同	山东普华项目管理有限公司	2012年3月20～26日	2012年4月17日	2012年4月17日	太极计算机股份有限公司
4	NSBD/DDYX－SG2	南水北调东线一期工程山东段调度运行管理水量调度、综合会商、闸（泵）站监控与信息采集系统施工合同	山东普华项目管理有限公司	2012年3月20～26日	2012年4月17日	2012年4月17日	同方股份有限公司和黄河勘测规划设计有限公司联合体
5	NSBD/DDYX－SG5	南水北调东线一期工程山东段调度运行管理系统现地机房环境与备调中心实体环境标施工合同	山东普华项目管理有限公司	2012年6月6～12日	2012年7月3日	2012年7月3日	武汉贝斯特通信集团有限公司
6	NSBD/DDYX－SG6	南水北调东线一期工程山东段调度运行管理系统传输、时钟同步、光缆监测、综合网管标施工合同	山东普华项目管理有限公司	2012年3月20～26日	2012年4月17日	2012年4月17日	广东省电信工程有限公司
7	NSBD/DDYX－SG7	南水北调东线一期工程山东段调度运行管理系统行政电话及语音调度系统标施工合同	山东普华项目管理有限公司	2012年6月6～12日	2012年7月3日	2012年7月3日	中国通信建设第四工程局有限公司
8	NSBD/DDYX－SG8	南水北调东线一期工程山东段调度运行管理系统计算机网络系统集成标	山东普华项目管理有限公司	2012年6月6～12日	2012年7月3日	2012年7月3日	合肥三立自动化工程有限公司
9	NSBD/DDYX－SG9	南水北调东线一期工程山东段调度运行管理系统通信管道与光电缆施工标1标施工合同	山东普华项目管理有限公司	2011年12月19～23日	2012年1月11日	2012年1月11日	江苏省邮电建设工程有限公司
10	NSBD/DDYX－SG10	南水北调东线一期工程山东段调度运行管理系统通信管道与光电缆施工标2标施工合同	山东普华项目管理有限公司	2011年12月19～23日	2012年1月11日	2012年1月11日	山东省邮电有限公司

（田　莹）

工程进展

东线山东段调度运行管理系统工程2012年工程进展顺利，年度形象进度为：备调中心会商环境如期建成并实现功能，济平干渠及穿黄河枢纽视频信息能够上传展示；通信系统管道工程主要工作量已经完成；信息采集系统主要水位井已经建成，济平干渠视频监控安装完毕，自动化试点已经完成，软件系统需求分析完成并通过了审查，即将进入详细设计阶段。

截至2012年底，施工1标完成设备采购和35个标准规范体系的编制，正在进行内部评审；开发环境搭建完成；除综合办公外的需求说明书均已编制完成，准备进行评审。施工2标完成部分设备采购及济东29个、鲁北11个水位测井施工；完成济平干渠监控试点，开始大规模施工；完成自动化现场勘察，开始施工；5标总体完成济平干渠段机房装修进度的95%、备调中心装修进度的90%、韩庄运河段机房装修进度的30%；6标总体完成济平干渠段机房安装走线架进度的90%；7标完成总体传输设备采购及安装工作量的3%；8标完成计算机网络设备采购及安装工作量的5%；9标总体完成济平干渠段通信管道工程的100%，完成济平干渠段架空光缆工程的100%，完成胶东引黄济青明渠段通信管道工程的40%；10标完成济宁西外环—长沟泵站通信管道工程的50%，完成台儿庄—韩庄泵站通信管道工程的95%，完成鲁北段（小吕王庄生产桥—白庄节制闸）通信管道工程的97%；完成二级坝现地管理站—韩庄泵站架空光缆工程的26%，完成京台高速段光缆敷设工程的100%；11标总体完成东平湖周边架空光缆工程的30%。

（田　莹）

工程监理

监理单位结合山东段调度运行管理系统工程实际情况，制定了监理工作制度，同时将各项管理制度汇编成册，纳入对监理人员的日常考核。通过规范的监理工作程序，加强控制工程投资、施工进度和质量控制，确保调度运行管理系统2012年度无出现任何安全质量事故。

（田　莹）

质量管理

高度重视质量管理工作，将质量监管工作前移，力保质量管理到位、监督检查到位、整改落实到位。一是完善质量监管体系。联合各现场建管机构按照“分级负责、逐级追究”的原则，分级次建立健全质量监管网络，确保质量管理体系全员、全过程覆盖和有效运行。二是深化质量管理控制。从招标投标、市场准入、材料进场、现场监理、竣工验收等环节做到立体、无缝衔接和控制。三是做好自身技术质量控制工作的同时，充分发挥外聘专家、社会知名专家的作用，不断提高技术对工程质量的保障能力。

（田　莹）

安全生产

2012年，信息办会同监理部门、设计单位对已开工部门进行不定期抽查，按照“安全、文明生产检查表”的要求进行细致核查，对发现的问题，要求施工单位限期整改，监理单位同时做好监督、跟踪、检查工作。特别是节假日、汛期、冬季等特殊时段进行突击检查，收到了良好的效果。进一步加大督促和检查力度，不定期组织监理对在建设项目进行质量和进度检查，对于发现的问题要求施工单位限期整改。

（田　莹）

东线山东省文物专项工程

工　程　概　况

2012年，南水北调山东段文物保护工作在水利部门的积极配合和国家文物局、山东省文物局的领导下，完成了七级闸、戴湾闸以及工程建设中新发现的前八里屯墓地的发掘工作，南水北调工程文物保护的田野考古发掘工作全面完成，完成发掘面积8000m²。至此山东省南水北调工程发掘总面积为9.3万m²，超过计划发掘面积5000m²。对聊城土桥闸进行了维修，对七级码头、七级下闸、戴湾闸进行了维修方案的编制工作。

（山东省文化厅南水北调文物保护办公室）

工　程　进　展

（一）完成聊城前八里屯汉代墓地、七级下闸、戴湾闸的发掘工作，考古发掘工作基本结束

1. 聊城东昌府区前八里屯汉代墓地的发掘

2012年南水北调工程施工时，在聊城市东昌府区前八里屯村东南约200m的河沟底部发现大量墓砖。8～9月，山东省文物考古研究所等单位对墓地进行了全面的勘探，勘探范围6000m²，并对发现的墓葬进行了发掘。共清理带墓道砖室墓3座、长方形砖椁墓1座，发现了少量的陶器、铜钱等。实际发掘面积400m²。

发掘的3座南向长墓道砖室墓各有特点，M1为前庭、前耳室、东西并列前室、中室、后室多室墓，由残存的前室顶部看，墓室的顶部采用四隅券进式，多室复杂的结构也不同于东汉晚期的墓葬，可能为东汉末年或更晚。M4砖券长甬道，墓室近方形，其顶部可能为四隅券进顶。M3为短甬道、前后室砖室墓，前室面积大、近似方形，也可能为多室布局，与以往东汉晚期墓葬的扁长方形不同。因此发现的南向长墓道砖室墓时代比较一致，可能为东汉末年或更晚的家族墓地。墓葬的发掘，为研究鲁西北地区古代丧葬习俗提供了一批崭新的材料，对于断定东汉末年墓葬的埋葬情况具有较为重要的参考价值。

2. 阳谷七级下闸的发掘

七级下闸又称七级北闸，是京杭大运河会通河段上的一座石质船闸，始建于元，历经明、清两代复建和重修，清末裁撤闸官后废弃。2012年12月17日～2013年1月28日，山东省文物考古研究所等单位进行了发掘工作，实际发掘面积3600m²，基本弄清了闸体的结构和建筑方式。

因七级下闸被改建为桥，组成上可分为古代建筑和后期改建两部分，但船闸基础未被破坏，整体样式依然清晰可辨。其结构由闸口、迎水燕翅、跌水燕尾（迎水燕翅和跌水燕尾又统称雁翅）、裹头、墩台、闸底板、木桩、荒石等组成。

出土遗物较多为瓷器，以青花瓷为主，也有少量白瓷、青瓷、蓝釉瓷、黄釉瓷、彩瓷等，可辨器形有碗、盘、碟、杯、笔洗等。另出土有一些陶器以及个别船闸石质构件。本次发掘基本了解了七级下闸的形制、结构、尺寸以及改建状况，为南水北调工程的文物保护提供了重要资料。

3. 临清戴湾闸的发掘

戴湾闸于“明成化元年建，国朝（清）乾隆九年修。”南侧有月河，地面痕迹可见。2012年12月，山东省文物考古研究所等单位

对临清市戴湾镇戴闸村京杭大运河上的船闸进行了全面的发掘，发掘面积4000m²，揭露出一座保存较好的船闸，并发现保存较好的闸板，出土了少量的陶瓷片和铁器。

戴湾闸由迎水燕翅、闸口、分水燕尾组成，迎水燕翅位于东侧，南北宽51m；闸口宽6.3m，东西进深7.3m；分水燕尾位于西侧，宽66m，燕尾中部出现一段南北向直墙、南北两端向东折收。闸口两侧直墙中间有闸槽，槽宽0.3m，进深0.25m。闸槽下有梯形石头门槛，宽30cm，高约5cm，与闸板相扣，密封严实。闸口底板用长方形石块平铺而成，石头四边雕凿有燕尾形槽口，内用铁锔扣连接，加固结实，底板平整如新。

闸槽内现保存有木头闸板，残存高度1.85m，闸板厚约0.27m，闸板宽6.8m，闸板由上下10块木板组成，上面的8块木板用榫卯将两块相连分为4组，闸板坚固、结实。

通过发掘，明确了闸门的布局与尺寸，摸清了古代闸门的建造工序，为闸门的维修保护提供了科学依据，也为中国大运河申报世界文化遗产提供了新的展示景点，必将对大运河申遗工作起到积极的推动作用。

（二）完成聊城土桥闸的维修工作

土桥闸是京杭大运河山东段完整发掘的第一座船闸，作为大运河重要水利水运设施，入选“2011年全国文物考古十大新发现”。为做好土桥闸的维修工程，委托山东省文物科技保护中心编制了《京杭大运河山东聊城段土闸维修保护方案》，并获国家文物局批复。2012年9～12月，委托山东省文物工程公司完成了土桥闸保护维修工程。

工程确定了现状整修、防护加固、局部修复的维修路线，施工中严格遵守文物法规和原则，按照《文物保护工程管理办法》及《土桥闸维修保护方案》的要求，先后实施了对燕翅墙、金刚墙、闸底装板等部位的维修：依据原有形制，拆除不当改造墙体，拆砌鼓胀错位墙体，补配缺损石构件，修补残损石构件，补抹脱落石缝灰，使维修后的土桥闸最大限度保持原有布局、结构、工艺及材料。土桥闸本体维修工程完工后，将结合文物保护规划及南水北调工程干渠建设，整治周围环境，使之成为运河遗产的亮点。

（三）完成七级码头、七级下闸、戴湾闸的方案编制

为做好运河水工设施的保护工作，委托山东省文物科技保护中心编制了每个工程涉及的水工设施保护方案。七级码头方案已经得到国家文物局审批。七级下闸、戴湾闸的保护方案已经编制完成，山东省文物局将组织专家进行评审。为做好运河水工设施与南水北调工程干渠的衔接，正与水利部门共同协商干渠与水工设施的衔接方案。

为做好南水北调工程文物保护工作，山东省文物局基本建设工程文物保护办公室委托有关单位对考古发掘及工程维修进行了监理和验收工作。

（山东省文化厅南水北调文物保护办公室）

东线山东段管理设施专项工程

工 程 概 况

根据《南水北调东线一期管理设施专项总体初步设计方案》，山东境内南水北调工程组织管理体系按三级管理构建。

管理设施配置范围为：设在济南的一级机构山东干线公司；山东干线公司下设的枣庄、济宁、泰安、济南、聊城、德州、胶东7个管理局，以及济南、济宁、聊城3个应急抢险分中心，共10个二级管理机构；韩庄、万年闸、长沟、邓楼、八里湾等5个泵站管

理处，东湖、双王城、大屯3个水库管理处，韩庄运河水资源控制、微山、济宁市区、运河中段、梁山、东平、平阴、长清、济南市区、济南市东、邹平、淄博、博兴、东营、东阿阳谷、东昌府、临清茌平、夏津、武城19个河道管理处及穿黄河工程管理处，共计28个三级管理单位。

（陆经纬　周建仁）

工　程　投　资

东线山东段管理设施专项工程总投资30 101万元，静态总投资29 641万元，建设期贷款利息460万元。静态总投资中，管理用房及管理设备17 741万元，管理征地11 900万元。

（陆经纬　周建仁）

截 污 导 流 工 程

江苏省截污导流工程

概　　述

根据《南水北调东线工程治污规划》，江苏省截污导流工程主要由江都、淮安、宿迁和徐州市截污导流工程组成，另外，纳入治污实施方案中的泰州市截污导流工程由泰州市政府组织实施。江苏省截污导流工程的主要内容是将污水处理厂和少数工业企业经处理达标排放的尾水拦截，通过埋设管道、疏浚老河道增加过流能力、开挖部分河道打通通道等方式导走，不再进入南水北调东线输水干线，保证输水干线三阳河段、大运河及里运河淮安城区段、中运河宿迁城区段、大运河徐州段形成清水廊道，实现南水北调东线江苏段干线输水水质稳定达到Ⅲ类水目标。

江都、淮安、宿迁和徐州市截污导流工程总投资12.5亿元，其中，江都截污导流工程8125万元，淮安截污导流工程33 240万元，宿迁截污导流工程11 164万元，徐州截污导流工程72 493万元。

（杨金海　陈红卫）

江都市截污导流工程

江都市截污导流工程主要是在江都市城区污水收集处理的基础上，新建尾水提升泵站和尾水输送管道，将进入三阳河、新通扬运河的江都市清源污水处理厂尾水输送至长江主江堤外窦桥港。工程建设内容为铺设尾水输送干管22.92km，管线共穿越大小河道21条、等级公路6条；新建提升泵站一座。工程设计尾水排放规模为4万t/d，概算投资8125万元，工期12个月，于2007年12月10日开工建设。

2010年底，江都市截污导流工程已经完成全部专项验收和竣工验收工作，正式投入运行。

（杨金海　陈红卫）

淮安市截污导流工程

淮安市截污导流工程主要是将清浦、清河、开发区直接排入大运河、里运河的污水截流，送至污水处理厂集中处理后，尾水通过清安河排入淮河入海水道南泓。并在淮河入海水道建设尾水导流入海湿地处理工程，对尾水进一步生态处理后东排入海，有效改善南水北调输水干线大运河及里运河淮安城区段水质及水环境。工程主要建设内容为铺设沿大运河、里运河截污干管长20.12km，配套建设污水提升泵站2座，移址重建清安河穿运洞，清除里运河污染底泥24.3km，里运河城区段护岸防护赔建9.19km，实施清安河河道疏浚22.04km。工程设计尾水排放规模为9.7万t/日，概算投资33 240万元，工期27个月，于2007年11月开工建设。

2012年底，淮安市截污导流工程已经建成，合同项目完成验收、水土保持专项验收、档案专项验收已经完成，正在抓紧准备移民、环保专项验收和竣工验收工作。

（杨金海　陈红卫）

宿迁市截污导流工程

宿迁市截污导流工程主要包括运西截污工程和尾水输送工程两部分。运西截污工程主要是封堵老城区12家工业企业向中运河的排污口，并沿运河铺设截污干管，将处理过的工业尾水收集至提升泵站；尾水输送工程主要是将尾水提升后通过管道输送至新沂河，经湿地处理后东排入海，有效改善南水北调输水干线中运河宿迁城区段水质及水环境。

工程主要建设内容为铺设运西工业废水收集干管6.3km，铺设尾水输送干管23.2km；新建0.25m^3/s、0.85m^3/s提升泵站各一座。工程设计尾水排放规模7万t/日，概算投资11 164万元，工期18个月，于2007年12月开工建设。

截至2010年底，宿迁市截污导流工程已经建成，完成档案、水保、移民专项验收。2012年12月，工程完成竣工验收，正式投入运行。

（杨金海　陈红卫）

徐州市截污导流工程

徐州市截污导流工程主要是利用现有的河渠和新开渠道等，建立运河沿线区域尾水“蓄存、导流、回用”体系，将京杭运河不牢河段、中运河邳州段、房亭河等对南水北调东线工程有影响的区域尾水统筹考虑，对尾水进行收集、回用、导流，剩余尾水从大马庄涵洞处入新沂河北偏泓入海。工程建设内容为新开尾水渠道（涵管）25.7km，利用现状河道144.58km（其中疏浚85.83km）；建设干渠建筑物42座，其中控制涵闸24座、输水涵洞14座、混凝土渠道3座、提升泵站1座；新（改）建跨河桥梁94座，按照恢复原功能原则实施小型配套建筑物116座。工程设计尾水入新沂河排放规模为41.09万t/日，概算投资72 493万元，工期30个月，于2008年10月25日开工建设。

2011年3月，徐州市截污导流工程主体工程通水。截至2012年底，工程已经建成，合同项目完成验收、水土保持专项验收已经完成，正在抓紧准备档案、移民、环保专项验收和竣工验收工作。

（杨金海　陈红卫）

山东省截污导流工程

概 述

2011 年，山东省南水北调中水截蓄导用工程逐项开展竣工验收工作。菏泽市东鱼河、宁阳县洸河、滕州市城郭河、滕州市北沙河、枣庄市小季河、夏津县、武城县、曲阜市、鱼台县、金乡县、梁山县、临清市等 12 个项目已于 2011 年底通过竣工验收。2012 年，剩余 9 个中水截蓄导用工程通过竣工验收。至此，山东所有 21 个中水截蓄导用工程全面投入运行。山东省南水北调建管局围绕工程验收、运行管理等，2012 年主要开展以下工作。

（一）全面完成山东省南水北调中水截蓄导用工程竣工验收工作

一是督促有关项目法人尽快完成了征迁、档案等专项验收；对竣工验收提出明确要求，并现场督导各项目法人认真开展竣工验收准备工作。二是组织力量编制、修改完善了工程竣工验收鉴定书和质量监督报告，保证了竣工验收正常进行。三是督促项目法人尽快完成了剩余工程的财务决算。四是加大协调力度，与山东省发展改革委、山东省环保厅密切沟通协调，商定验收期限。在多方共同努力下，相继完成了剩余的枣庄市（4 个）、临沂市、嘉祥县、聊城市、微山县、济宁市等 9 个中水截蓄导用工程竣工验收，21 项中水截蓄导用工程竣工验收全部完成。

（二）全面落实中水截蓄导用工程运行管理工作

一是以验收促工程运行。在工程竣工验收前，各项目法人必须明确运行管理单位，制定出详细科学的调度运行方案，确保实现“以验收工作促尾工建设，促工程功能发挥，促工程运行管理”的目标。二是加强督导监管。针对山东省治污领导小组办公室通报个别项目未及时运行的情况，山东省南水北调建管局下发了《关于加强中水截蓄导用工程运行管理工作的通知》，要求各运行管理机构提高认识，落实责任，通过现场督导，确保工程发挥作用及综合效益。三是与山东省环保厅联合下发了《关于进一步加强中水截蓄导用工程运行管理工作的通知》，对运行管理工作进行了再部署，要求各有关市环保局与南水北调局加强领导，切实落实运行经费，确保工程正常运行。四是组织开展了中水截蓄导用工程联合调度系统开发研究。联合清华大学等，开发了南四湖流域中水截蓄导用工程联合调度系统，并在菏泽东渔河项目进行了初步应用，效果良好，大大提高了工程自动化管理程度。五是组织开展了中水截蓄导用工程综合效益分析。组织山东大学等，选取典型，定量分析了中水截蓄导用工程投入运行后发挥的综合效益。六是着力推进中水截蓄导用工程建设思路研究示范推广。结合国家水专项课题研究，对中水截蓄导用工程建设理念、设计思路等进行整合提高，编制了《再生水截蓄导用工程设计导则》，由山东省水利厅、环保厅、住房与城乡建设厅联合颁布实施。七是严格考核，将运行管理纳入全省科学发展年度综合考核指标体系，并纳入山东省南水北调建管局年度建设目标管理考评范围，对工程所在市南水北调办事机构进行科学考核，有力促进了中水截蓄导用工程运行工作的正常开展。

（三）积极配合完成中水截蓄导用工程审计

一是全力配合审计署开展的南水北调治污审计工作。从 2012 年 4 月开始，审计署哈尔滨特派办对山东省中水截蓄导用工程进行了全面审计。组织各中水截蓄导用工程项目法人，积极主动地配合审计专家开展工作。对审计发现的问题及时整改，通过深入细致的工作，取得了令人满意的结果。同时，根据审计署要求，充分发挥桥梁纽带作用，积极与山东省政府办公厅和山东省环保厅、财政厅、住房与城乡建设厅等密切沟通联系，对审计涉及的各种事项及时、准确进行传达、汇总，确保了南水北调治污审计工作的顺利开展。

二是积极整改中水截蓄导用工程土地手续问题。对于本次审计及2011年省长经济责任审计提出的中水截蓄导用工程土地手续问题，会同山东省发展改革委、山东省国土厅专门召开会议，向各有关市南水北调局、国土局传达了有关整改要求。根据山东省政府会议纪要（2012年18号）精神，山东省南水北调工程建设指挥部又下发通知，要求有关市政府按照省政府确定的区片综合地价及相关政策，准确核算所需投资，并以正式文件上报。

（徐瑞华）

临沂市邳苍分洪道截污导流工程

（一）工程验收

2012年8月12日，对蒋史汪橡胶坝管理房进行了单位（合同）工程完工验收。

2012年8月31日，临沂市人民政府组织有关单位对临沂市邳苍分洪道截污导流工程征地移民迁占工作进行了验收。工程符合验收条件，同意通过验收。

2012年10月12日，临沂市水利局会同临沂市档案局、临沂市档案馆组成档案专项验收组，对截污导流工程进行了档案专项验收。同意通过验收。

2012年10月26日，山东省南水北调建管局会同山东省发展改革委组织对截污导流工程进行了竣工验收。同意通过验收。

（二）工程效益

工程自建成以来，累计拦蓄利用中水3000多万立方米，在抗旱、灌溉、生态环境改善以及环境风险防范、出境断面水质控制等方面发挥了重要作用，取得良好环境、社会、经济效益。

（徐瑞华）

宁阳县洸河截污导流工程

宁阳县洸河截污导流工程实行“建管一体”的管理体制，宁阳县南水北调局负责工程建设和运行管理工作，内设办公室、工程建设管理科、综合协调科，核定编制11人，经费实行财政全额预算管理。

宁阳县洸河截污导流工程全面发挥“截、蓄、导、用”效益，2012年拦截水量400万m^3，灌溉用水量360万m^3，灌溉面积1.5万亩，6万多群众受益，惠及2个乡镇44个村庄。

（徐瑞华）

枣庄市薛城小沙河截污导流工程

（一）工程验收

枣庄市南水北调截污导流工程建设管理处组织设计、监理、施工及质量检测等单位于2012年3月29日完成3个单位工程验收，于2012年3月31日完成3个合同项目完成验收。

2012年8月10日，枣庄市南水北调工程建设管理局会同枣庄市档案局组成档案专项验收组，对枣庄市截污导流工程进行了档案专项验收。同意通过验收。

2012年8~10月，工程涉及的枣庄市薛城区和滕州市政府分别组织了枣庄市薛城小沙河控制单元截污导流工程征地移民县级验收会议，同意通过验收。

2012年10月24~25日，山东省南水北调建管局会同山东省发展改革委组织对南水北调东线第一期工程枣庄市薛城小沙河控制单元截污导流工程进行竣工验收，同意通过验收。

（二）工程初期运行

枣庄市薛城小沙河截污导流工程初期运行，建管处组织监理单位、施工单位及设计单位先后对朱桥、挪庄和渊子崖 3 座橡胶坝进行冲放坝试验；对中水管道和泵站进行试运行试验。经初步运行后，工程运行状态良好，无存在问题。

（三）工程效益

枣庄市薛城小沙河截污导流工程自建成以来，在拦蓄中水、排涝、抗旱、生态环境改善等方面发挥了重要作用，改善了自然环境，产生了良好的经济效益和社会效益。

（徐瑞华）

枣庄市峄城大沙河截污导流工程

（一）工程验收

枣庄市南水北调截污导流工程建设管理处组织设计、监理、施工及质量检测等单位于 2012 年 3 月 29 日完成 3 个单位工程验收，于 2012 年 3 月 31 日完成 3 个合同项目完成验收。

2012 年 8 月 10 日，枣庄市南水北调工程建设管理局会同枣庄市档案局组成档案专项验收组，对枣庄市截污导流工程进行了档案专项验收。

2012 年 8 ~ 10 月，枣庄市市中区、峄城区和台儿庄区政府分别组织了枣庄市峄城大沙河截污导流工程征地移民县级验收会议。

2012 年 10 月 24 ~ 25 日，山东省南水北调建管局会同山东省发展改革委组织对南水北调东线第一期工程枣庄市峄城大沙河截污导流工程进行了竣工验收。

（二）工程初期运行

枣庄市峄城大沙河截污导流主体完成后，建管处组织监理单位、施工单位及设计单位先后对裴桥闸、大泛口闸、贾庄闸和红旗闸的闸门进行全程启闭试验；对良庄橡胶坝进行冲放坝试验；对中水管道和泵站进行试运行试验。经初步运行后，工程运行状态良好，无存在问题。

（三）工程效益

枣庄市峄城大沙河截污导流工程自建成以来，在拦蓄中水、排涝、抗旱、生态环境改善等方面发挥了重要作用，改善了自然环境，产生了良好的经济效益和社会效益。

（徐瑞华）

菏泽市东鱼河截污导流工程

（一）运行管理机构建设

菏泽市南水北调局根据工程特点，建立健全了工程运行管理制度，强化了管理考核和责任追究制度，加强对工程运行、水质状况的日常监测和巡查，并落实好相关责任人，以确保工程运行安全。

（二）工程初期调度运行

经初步运行后，工程运行正常，运行状态良好，无存在问题。

（三）工程效益

2012 年，菏泽市南水北调局充分利用已建工程，将达标排放的中水截蓄在河道、水库内，应用于农业灌溉及工业、生态用水，以确保南水北调输水干线水质达到规定要求。

2012 年，菏泽市南水北调局利用雷泽湖水库工程除满足周边农业灌溉外，并为华润电厂、开发区企业实现日供水 3 万 m^3。菏泽市的截蓄导用工程在改善工程区域内群众生产、生活交通条件的同时，利用达标的中水有效改善灌溉面积 62.4 万亩，工程效益、社会效益得到充分体现。

（徐瑞华）

滕州北沙河截污导流工程

（一）工程运行管理

滕州北沙河截污导流工程竣工验收后，

移交滕州市河道管理处运行管理。滕州市河道管理处为全额事业单位，隶属滕州市水务局，编制38人。

（二）工程效益

滕州北沙河截污导流工程自建成以来，累计拦蓄水730万m^3，在地方防洪抗旱、工业回用、农田灌溉、生态环境改善方面发挥了较大作用，经济社会效益较好。

工程建成以来的监测资料表明，拦蓄能力符合设计指标，设备运行正常，各种建筑物没有出现质量问题，工程初期运行良好。

（徐瑞华）

滕州市城郭河截污导流工程

（一）工程运行管理

2010年12月，滕州市水务局党委研究决定由滕州市河道管理处负责滕州市截污导流工程的运行管理工作。滕州市河道管理处为全额事业单位，隶属滕州市水务局，编制38人。主要负责河道工程、沿河拦蓄建筑物工程等的运行管理和维护。

（二）工程运行

滕州市截污导流工程于2011年8月30日开始投入运营，各项监测资料表明，拦蓄能力符合设计指标，设备运行正常，各项建筑物未出现质量问题，工程运行期间未出现异常现象。

（三）工程效益

新建11座橡胶坝和维修4座橡胶坝总蓄水达832.63万m^3，拦截滕州市下泄中水1506.5万m^3。通过中水回收利用，减少COD入湖量1436.6t，减少氨氮入湖量130t，从而保证了COD、氨氮入湖量小于规定的最大允许入湖量。

提水泵站和灌区配套管网建设的完成，有效改善农田灌溉面积12.35万亩，年灌溉回用中水2683万m^3，实现了中水资源化利用，对减少地下水开采、扼制地下水位下降、缓解农业用水供需矛盾，提高农民收入，增强农业经济可持续发展，具有重要作用。

（徐瑞华）

金乡县截污导流工程

南水北调工程建设后，金乡县县城区的工业和生活污水，经过管道网络直接输入金乡县污水处理厂，处理后的中水再经过输水管道和提水泵站排入大沙河、金济河、莱河、金鱼河等中水水库。一方面，发展农业灌溉，为农业生产提供充足的水源；另一方面，满足城区景观用水，利用南水北调截污导流工程引水入城，实现金乡县城区水系贯通，水活流清，对改善城区环境发挥很大作用，具有显著的社会效益和环境效益。

金乡县截污、污水资源化工程及南水北调截蓄导用工程，分别位于金乡县城西北部，将城北污水处理厂排出的中水通过兴建输水管道和提水泵站送入大沙河，利用大沙河下游段长度6500m，在大沙河1+500处建拦河闸，在大沙河8+000处建节制闸进行拦蓄，起到调蓄水量、发展农业灌溉和补充地下水源的作用。

经初步运行，金乡县截污导流工程运行正常，运行状态良好。

（徐瑞华）

曲阜市截污导流工程

曲阜市截污导流工程通过竣工验收后，移交曲阜市水利局沂河管理所。经过运行，工程能发挥设计要求目的，实现了中水截、蓄、导、用的功能。非汛期相应截污导流水量为770万m^3，产生了良好的经济效益和社会效益。

（徐瑞华）

嘉祥县截污导流工程

（一）工程验收

2012年1月，嘉祥县南水北调截污导流工程建设管理处组织设计、监理、施工等单位组成单位工程、合同工程完工验收工作组，分别对2个单位工程和2个合同工程完工进行了验收。

2012年10月9日，嘉祥县档案局组织对嘉祥县截污导流工程档案进行了专项验收。

2012年10月9日，嘉祥县人民政府主持对嘉祥县截污导流工程移民征地进行了专项验收。

2012年10月27日，山东省南水北调建管局组织有关单位对嘉祥县截污导流工程进行了竣工验收。

（二）工程运行管理

嘉祥县截污导流工程通过竣工验收后，移交嘉祥县南水北调工程建设管理局。嘉祥县南水北调工程建设管理局为副科级全额拨款事业单位，隶属县水务局管理，核定人员编制6名。

（三）工程效益

嘉祥县截污导流工程自建成以来，累计拦蓄利用中水1100多万立方米，在抗旱、灌溉、生态环境改善等方面发挥了重要作用，经济社会效益较好。

（徐瑞华）

枣庄市小季河截污导流工程

枣庄市小季河截污导流工程竣工验收后，移交台儿庄区南水北调截污导流工程建设管理处。

河道工程经过两个汛期考验，河道边坡稳定。季庄西拦河闸和中水回用灌溉泵站进行了试运行试验，工程运行正常。工程自建成以来，在拦蓄中水、排涝、抗旱、生态环境改善等方面发挥了重要作用，改善了自然环境，产生了良好的经济效益和社会效益。

（徐瑞华）

微山县截污导流工程

（一）工程建设

微山县截污导流工程于2009年2月26日开工建设，2012年8月29日完工。其中，老薛王河的隔坝拆除、滨湖路至湖东堤输水明渠开挖，新建湖东堤穿堤涵闸及朱桥公路、滨湖公路涵，提水站维修加固工程于2011年8月31日开工建设，2012年8月29日完工。

（二）工程验收

2012年8月29日，Ⅳ标段通过了6个分部工程验收，均评定为优良等级。

2012年9月2日，Ⅴ标段通过了6个分部工程验收，均评定为优良等级。

2012年9月27日，微山县南水北调截污导流工程建设管理处组织设计、监理、施工、检测等单位，组成单位工程、合同工程完工验收工作组，完成导流工程的2个单位工程和2个合同工程完工验收，均评定为优良等级。该工程均采用固定单价合同，于2012年8月29日完工。

2012年10月30日，微山县人民政府主持对微山县截污导流工程征地移民工作进行了验收。

2012年11月26日，由山东省南水北调建管局主持，由监督、监理、设计、施工、项目法人、运行管理、项目建设等单位组成竣工验收委员会，对微山县截污导流工程进行了总验收。

（三）工程运行管理

微山县截污导流工程建成后，由微山县南水北调工程建设管理局运营管理。2012年已招聘了2名管理人员，按照批复要求建设了1056m^2的管理房，配齐办公设施，建成现代化管理设施，为工程运行管理创造了优良外部环境。

（四）工程效益

2012年12月，微山县南水北调截污导流工程运行，设备运行正常。

运行期间，有关单位利用中水冲洗厕所，浇灌园林，清洁道路，冲洗车辆，进行基建施工，作为景观及设备冷却水、工业用水。在防洪抗旱、农田灌溉、生态环境改善方面，工程也发挥了较大作用，经济社会效益较好。

（徐瑞华）

济宁市截污导流工程

（一）工程建设

济宁市截污导流工程于2008年12月31日开工，2010年底主体工程基本建设完成，具备截、蓄、导、用功能。2012年5月，加压泵站开机运行向北湖新区老运河人工湿地供水；9月，截污导流工程全面运行通水，蓄水区开始进水；10月，先后完成工程建设档案专项验收、征地移民市级验收；11月，顺利通过山东省南水北调建管局组织的竣工验收。

（二）工程验收

2012年10月22日，济宁市水利局会同市档案局组成档案专项验收组，对该工程档案进行了专项验收。

2012年10月26日，济宁市人民政府主持对工程征地移民工作进行了专项验收。

2012年11月27日，山东省南水北调建管局会同山东省发展改革委组织对济宁市截污导流工程进行了竣工验收。

（三）工程运行管理

2012年10月19日，济宁市南水北调工程建设管理局按照济宁市财政局许可的采购方式对济宁市截污导流工程运行管理进行公开招标；11月13日，通过评标确定济宁市水利工程施工公司为工程运行管理单位。工程运行管理经费由济宁市财政局列入年度财政预算，按时足额拨付到位。济宁市水利工程施工公司已按照招标要求和合同协议对截污导流工程日常管理及运行维护履行职责。

（四）工程调度运行

2011年3月，济宁市截污导流工程试运行，设备运行正常，各种建筑物没有出现质量问题，工程初期运行期间没有出现异常现象。

（五）工程效益

济宁市截污导流工程正式运行以来，截至2012年底，加压泵站累计输送中水1500万m^3；蓄水区蓄存中水200多万立方米，利用中水灌溉农田2.8万亩次。工程已成为连接济宁和高新区污水处理厂与老运河、洸府河两个人工湿地工程的枢纽，对确保南水北调东线调水水质稳定达标，改善优化城市水环境发挥着重要作用。

（徐瑞华）

武城县截污导流工程

（一）工程验收

2012年1月17日，山东省南水北调建管局会同山东省发展改革委组织对南水北调东线第一期工程武城县截污导流工程进行竣工验收。

（二）工程运行管理

武城县截污导流工程通过竣工验收后，武城县、平原县境内工程分别移交各县水务局管理。

（三）工程效益

武城县截污导流工程试运行的一年多，共拦蓄中水1200多万立方米，改善灌溉面积10多万亩，较好地发挥了截、蓄、导、用综合功能。同时，还改善了区域农田灌溉条件，提高了区域防洪除涝标准和生态质量，经济效益与社会效益良好。

（徐瑞华）

夏津县截污导流工程

（一）工程运行管理

夏津县截污导流工程竣工验收后，由夏

津县南水北调局进行运行管理。夏津县南水北调局由县编委核定编制5人，为县水务局所属事业单位。

（二）工程效益

县污水处理厂处理后的中水，经三支沟到达城北改碱沟、青年河，并由这两条河道上的范楼闸、李楼闸、北马庄闸、齐庄闸层层拦蓄，形成竹节水库，工程完工后，利用青年河、城北改碱沟和两条河道支渠拦蓄中水及客水2000多万立方米，灌溉农田30多万亩次，发挥了较好的灌溉效益。

夏津县截污导流工程共建郑庄扬水站、孔庄扬水站2座泵站。扬水站建后，累计提水700多万立方米，扩大改善灌溉面积5万亩，使夏津县西部田庄乡、新盛店镇的偏远村庄改善了用水条件。

由于青年河、城北改碱沟上的桥梁大部分为20世纪60～70年代修建，大部分为砖拱桥，运行时间较长，现在通行车辆大部分为重载车辆，砖拱桥大部分为危桥，截污导流工程重建桥梁16座，改善了当地交通条件，减少了不安全因素的发生。

（徐瑞华）

鱼台县截污导流工程

（一）工程运行管理

鱼台县截污导流工程通过竣工验收后，移交鱼台县南水北调工程建设管理局。

（二）工程效益

鱼台县截污导流工程于2010年10月1日投入运行，每年6月1日～9月30日可以开闸放水，其他时间关闭闸门拦蓄中水。工程运行正常，效益明显。

通过灌溉回用，在南水北调工程输水期间，每年消减COD、NH_3-N分别为505.3t和110.0t。鱼台县污水处理厂和企业达标排放的中水通过中水管道全部蓄存于唐马拦河闸上游，利用河道的自净能力对中水进行再处理，美化区域环境，提高水质标准；通过现有排灌设施溉灌农田7.6万亩，改善了农田灌溉条件，提高了农田灌溉保证率，增加了工程所在地的防洪效益、除涝效益、灌溉效益、生态效益及城乡景观效益。

（徐瑞华）

临清市汇通河截污导流工程

（一）工程调度运行

管道埋设完工后，即对污水处理厂出水口下整个输水工程进行了试运行，运行情况一切正常。闸门启闭灵活，渠道、管道、水库水流平稳，无溢流和跑漏水发生。2010年9月入卫穿堤涵闸滩地明渠，由于两侧农田排水，少数村民擅自扒口，使渠道衬砌损坏30m，经维修后未出现问题。

截至2012年底，临清市污水处理厂处理后的中水进入红旗渠后，用于灌溉周边农田。另外，在红旗渠西首建卫运河穿堤涵闸，临清市城区中北部的非汛期涝水通过新铺设的管道和红旗渠汇流后排入卫运河。

（二）工程效益

临清市汇通河截污导流工程的建成，使污水处理厂处理后的中水，通过红旗渠、北大洼水库、北环路埋管、大众路埋管、汇通河（小运河）、胡家湾水库连成一体，形成了城区大水系，既改善了城区水环境，富裕水量又可灌溉周围农田，具备了截污导流工程的“截、蓄、导、用”功能，削减污染物，使其在调水期间不进入调水干线，确保了调水水质。

（徐瑞华）

聊城市金堤河截污导流工程

（一）工程验收

2012年11月13日，山东省南水北调建管局会同山东省发展改革委组织对聊城市金堤河截污导流工程进行了竣工验收。

（二）工程运行管理

聊城市金堤河截污导流工程设定由市、县南水北调局（或办事机构）为运行管理机构，工程涉及的阳谷县、东阿县和东昌府区均成立了南水北调办事机构。

（三）工程初期运行

经初步运行后，工程运行正常，运行状态良好，无存在问题。

（四）工程效益

截至2012年底，工程运行达到了设计功能，导流效果良好，在防洪、除涝、灌溉、交通等方面发挥了重要作用，产生了良好的经济和社会效益。

（徐瑞华）

梁山县截污导流工程

（一）工程验收

2012年1月12日，山东省南水北调建管局会同山东省发展改革委组织对梁山县截污导流工程进行了竣工验收。

（二）工程初期运行

梁山县截污导流主体工程已于2010年11月按照批准的设计图纸完成。随后，建管处组织了监理单位、施工单位及设计单位参加龟山河中水回用灌溉泵站的试运行试验，经初步运行后，工程运行正常，运行状态良好，无存在问题。

（三）工程效益

梁山县截污导流工程自建成以来，在拦蓄中水、排涝、抗旱、生态环境改善等方面发挥了重要作用，实现南水北调输水期年截蓄导用中水730万m^3，改善了自然环境，产生了良好的经济效益和社会效益。

（1）梁济运河上段河道的开挖，改善了当地的水质条件和周边村民的生活环境，极大地提高了梁山县排涝标准，缓解了河道两岸群众灌溉水源条件，改变了过去梁济运河沿线脏、乱、差的局面，扩大了河道库容和水面面积，为中水截蓄用提供了硬件支持。

（2）龟山河闸维修工程完成后，为河道的安全度汛和调节河道水位发挥了工程作用，通过截蓄中水为上游各泵站提水创造条件。

（3）龟山河泵站机组安装后，既为该区域的农业灌溉用水发挥了应有的灌溉提水效益，又为梁山县的环城水系建设提供了水源。

（4）任庄、郑那里、东张博等3座交通桥投入运行后，极大地改善了河道两岸群众的交通运输条件，对当地的社会经济发展起到了较大的促进作用，创造了良好的社会效益。

（5）特别是在2011、2012年冬春大旱之际，通过河道拦蓄中水和其他水资源，为当地秋种和冬春抗旱保苗提供水源保障，累计灌溉农田总面积10.5万亩，在抗旱保春耕中发挥了重要作用，为缓解区内作物旱情和农作物丰收创造了条件，发挥了巨大的工程效益。

（徐瑞华）

拾贰 中线工程

THE MIDDLE ROUTE PROJECT OF THE SNWDP

综　述

干 线 工 程

前 期 工 作

南水北调中线干线工程贯通长江、淮河、黄河、海河四大流域，涉及北京、天津、河北、河南、湖北等省市，渠线全长1432km，共划分为76个设计单元（不含陶岔渠首枢纽工程）。

全线所有设计单元工程初步设计报告已全部获得国家批复，2012年工程建设进入全面攻坚决战阶段。为确保南水北调中线工程建设质量和工程安全，根据国务院南水北调办印发的《关于对南水北调工程批复设计方案执行情况开展专项检查的通知》的要求，中线建管局组织建管单位对南水北调中线干线工程批复设计方案执行情况进行了自查，并向国务院南水北调办报送了自查情况报告。自查重点是设计单元工程是否按批复的初步设计方案实施、重大设计变更是否按规定履行变更程序、已批复的重大设计变更是否执行、未经审批的重大设计变更是否对建设质量和工程安全产生影响，自查涉及7个单项工程，共53个设计单元，其中渠道类工程设计单元35个，建筑物类工程设计单元18个。在完成自查基础工作后，中线建管局于11月份配合南水北调工程建设监管中心完成了对黄河以南12个设计单元工程、黄河以北15个设计单元工程批复设计方案执行情况专项检查。

（姚　雄）

工 程 投 资

截至2012年底，南水北调中线干线工程已批复76个设计单元工程的初步设计报告，总投资合计1373.59亿元。按时间划分，2003年批复概算投资8.26亿元，2004年批复概算投资165.91亿元（调减施工测量控制网项目0.24亿元），2005年批复概算投资36.06亿元，2006年批复概算投资25.59亿元，2007年批复概算投资9.81亿元，2008年批复概算投资195.71亿元，2009年批复概算投资379.24亿元，2010年批复概算投资455.33亿元，2011年批复概算投资45.91亿元，2012年批复概算投资51.77亿元。按项目划分，批复京石段应急供水工程概算207.38亿元，漳河北—古运河段工程概算226.14亿元，穿漳河工程概算4.07亿元，黄河北—漳河南工程概算220.78亿元，中线穿黄工程概算33.07亿元，沙河南—黄河南工程概算276.50亿元，陶岔渠首—沙河南工程概算281.07亿元，天津干线工程概算102.33亿元，中线干线专项工程概算22.26亿元（含文物保护工程4.10亿元）。

截至2012年底，国家累计下达中线干线工程投资计划1197.57亿元。按时间划分，2003年下达2.30亿元，2004年下达35.69亿元，2005年下达48.55亿元，2006年下达71.49亿元，2007年下达72.10亿元，2008年下达100.75亿元，2009年下达114.02亿元，2010年下达181.34亿元，2011年下达227.21亿元，2012年下达344.12亿元。按项目划分，京石段应急供水工程下达投资计划207.38亿元，漳河北—古运河段工程下达投资计划226.14亿元，穿漳工程下达投资计划4.07亿元，黄河北—漳河南段工程下达投资计划201.62亿元，中线穿黄工程下达投资计划33.07亿元，沙河南—黄河南段工程下达投资计划213.74亿元，陶岔渠首—沙河南工程下达投资计划197.94亿元，天津干线工程下达投资计划102.33亿元，中线干线专项工程下达投资计划11.29亿元。按资金结构划分，中央投资191.97亿元，南水北调基金130.20亿元，重大水利工程建设基金550.37亿元，银行贷款325.03亿元。

截至2012年底，中线干线工程累计完成投资1111.80亿元，占批复总投资的80.94%，占累计下达投资计划的92.84%。2012年完成投资387.14亿元。

（蔡　琰）

招 标 投 标

2012年，南水北调中线干线工程共计招标49个标段。

南水北调中线一期工程总干渠漳河北—古运河南段中线建管局直管工程电气设备采购（重新招标）于2011年11月14日发布了资格预审公告，中标人为许继电气股份有限公司。

南水北调中线干线工程2014年全线通水前京石段工程保险经纪项目于2011年12月7日发布了招标公告，中标人为江泰保险经纪股份有限公司。

南水北调中线干线工程建设管理局办公楼物业服务及工程维保项目于2011年12月8日发布招标公告，中标人为北京海河汇商务服务有限公司。

南水北调中线一期工程总干渠漳河北—古运河南段（委托河北建设管理项目）机电设备制造采购监理于2011年12月14日发布了招标公告，中标人为水利部水工金属结构质量检验测试中心。

南水北调中线一期工程总干渠漳河北—古运河南段（委托河北建设管理项目）机电设备制造采购于2011年12月14日发布了招标公告。其中，柴油发电机组设备制造采购的中标人为江苏星光发电设备有限公司，高低压开关柜设备制造采购的中标人为博耳（无锡）电力成套有限公司，220V直流电源系统设备制造采购的中标人为华仪电器集团有限公司，电力电缆、控制电缆及附件设备制造采购的中标人为上海德力西集团有限公司，机电设备安装及调试的中标人为河北省水利工程局，各类水泵设备制造采购的中标人为上海连成（集团）有限公司，箱式变电站、高压环网柜、干式变压器设备制造采购的中标人为海南金盘电气有限公司，火灾自动报警系统、消防器材及配套器材制造采购的中标人为北京利达华信电子有限公司。

南水北调中线干线工程建设管理局河北直管项目建设管理部职工食堂改造工程施工于2011年12月16日发布了招标公告，中标人为石家庄常宏建筑装饰工程有限公司。

南水北调中线一期工程总干渠漳河北—古运河南段穿越既有铁路立交工程建设监理招标公告于2012年1月17日发布了招标公告，中标人为北京铁建工程监理有限公司。

南水北调中线一期工程总干渠漳河北—古运河南段穿越既有铁路立交工程施工于2012年1月17日发布了资格预审公告，中标人为中铁六局集团有限公司。

南水北调京石段工程（河北境内）左排建筑物新增进出口台阶和工程永久标识系统施工于2012年2月22日发布了招标公告，中标人为河北省水利工程局。

南水北调中线京石段应急供水工程河北段防护林日常养护管理工程项目于2012年3月6日发布了招标公告。其中，1标段的中标人为河南黄河园林绿化工程有限公司，2标段的中标人为河北建设集团园林工程有限公司，3标段的中标人为北京东方远景园林工程有限公司。

南水北调中线京石段应急供水工程定州

管理处施工（重新招标）于2012年3月14日发布了招标公告，中标人为河北省水利工程局。

南水北调中线一期工程总干渠漳河北—古运河南段穿越既有铁路立交工程甲供物资（无缝钢管）采购于2012年4月10日发布了招标公告，中标人为中铁现代物流科技股份有限公司。

南水北调中线干线2012年度航拍摄影摄像项目于2012年4月28日发布了招标公告，中标人为秦皇岛市福来应航空摄影有限公司。

南水北调中线干线惠南庄泵站后勤服务项目于2012年4月28日发布了招标公告，中标人为涞水县人民政府招待所。

南水北调中线干线工程（京石段以外）投资控制分析报告编制项目于2012年5月16日发布了招标公告，中标人为长江勘测规划设计研究有限责任公司。

南水北调中线干线工程（京石段以外）变更与索赔审查项目于2012年5月16日发布了招标公告。其中，1标段的中标人为中水北方勘测设计研究有限责任公司，2标段的中标人为长江勘测规划设计研究有限责任公司，3标段的中标人为黄河勘测规划设计有限公司。

南水北调中线干线工程控制性项目施工期视频监控系统于2012年6月8日发布了招标公告，中标人为冠林电子有限公司。

南水北调中线干线京石段工程安全监测项目于2012年6月13日发布了招标公告，中标人为中水东北勘测设计研究有限责任公司。

南水北调中线干线京石段（河北境内）工程2012年部分维修养护项目于2012年6月13日发布了招标公告。其中，石家庄—顺平段的中标人为青州市水利建筑总公司，保定—涞涿段的中标人为保定市庄子建设有限公司。

南水北调中线一期工程总干渠陶岔渠首—黄河南段新增桥梁施工于2012年7月4日发布了招标公告。其中，禹长增桥1标的中标人为中国水利水电第六工程局有限公司，宝郏增桥1标的中标人为河南水利建筑工程有限公司、中国水利水电第十一工程局有限公司联合体，荥阳增桥1标的中标人为河南省水利第一工程局，南阳增桥1标的中标人为黄河建工集团有限公司、河南省水利第一工程局、河南省水利第二工程局、中国水利水电第一工程局有限公司联合体，镇平增桥1标的中标人为中国水利水电第十工程局有限公司，鲁山南增桥1标的中标人为中国水利水电第七工程局有限公司，淅川增桥1标的中标人为中铁十六局集团有限公司，叶县增桥1标的中标人为北京市京水建设工程有限责任公司。

南水北调京石段应急供水工程（河北境内）垂直位移观测修复项目于2012年8月8日发布了招标公告，中标人为中水东北勘测设计研究有限责任公司。

南水北调京石段应急供水工程（河北境内）闸站建筑及场区维修项目于2012年8月8日发布了招标公告，中标人为河北省水利工程局。

南水北调中线干线工程2014年全线通水前京石段工程保险项目于2012年8月17日发布了招标公告，中标人为中国平安财产保险股份有限公司。

南水北调中线干线京石段（河北境内）易县段和涞涿段安全保卫项目于2012年8月22日发布了招标公告。其中，易县段的中标人为河北冀龙水利水电工程项目管理有限公司，涞涿段的中标人为河北冀龙水利水电工程项目管理有限公司。

南水北调中线一期工程总干渠漳河北—古运河南段（委托河北建管项目）35kV供电线路工程监理于2012年9月28日发布了招标公告，中标人为河北天和监理有限公司。

南水北调中线一期工程总干渠漳河北—古运河南段（委托河北建设管理项目）35kV供电线路施工于2012年9月28日发布了招标

公告，中标人为中铁电气化局集团第三工程有限公司。

南水北调中线干线京石段应急供水工程漕河退水闸退水渠水毁处理项目于2012年10月19日发布了招标公告，中标人为河北省水利工程局。

南水北调中线一期工程全线水面线复核项目于2012年10月30日发布了招标公告，中标人为中国水利水电科学研究院。

大型预应力U形预制槽1∶1原型试验和预应力张拉试验研究项目于2012年10月30日发布了招标公告，中标人为河南省水利勘测设计研究有限公司。

（蔡 琰）

建 设 管 理

南水北调中线干线工程采用直管、代建和委托三种建设管理模式，项目法人为中线建管局。2012年，代表项目法人对工程建设实施直接管理的直管项目建设管理单位有惠南庄泵站项目建设管理部、河北直管项目建设管理部、河南直管项目建设管理局和天津直管项目建设管理部、信息工程建设管理部5家。依据代建合同代表项目法人实施工程建设管理的代建项目建设管理单位有北拒马河暗渠项目建设管理部（已完工）、京石应急段直管代建项目代建Ⅰ标项目建设管理部（已完工）、京石应急段直管代建项目代建Ⅱ标项目建设管理部（已完工）、鹤壁段代建项目建设管理部、叶县段代建项目建设管理部、镇平段代建项目建设管理部、天津干渠廊坊段代建项目建设管理部等7家。依据委托合同代表项目法人实施工程建设管理的委托项目建设管理单位有北京市南水北调建设管理中心（已完工）、北京市水利工程建设管理中心（已完工）、河北省南水北调工程建设管理局、河北省南水北调工程建设管理中心、保定市水利工程建设管理中心（已完工）、河南省南水北调工程建设管理局、天津市水利工程建设管理中心等6家。

南水北调中线干线工程共计76个设计单元，其中土建设计单元71个，分为295个施工标段；2012年，在建53个土建设计单元，共计176个土建施工标段，其中，项目法人直管46个，代建项目14个，委托项目116个。截至2012年底，22个土建设计单元129个土建施工标段已完工。

（孙 义 常兆广）

工 程 进 展

2012年是南水北调中线干线工程进入"高峰期"和"关键期"三年攻坚决战的第二年，工程建设克服了任务重、困难多、难度大等挑战，全面完成了年度目标，全年完成的投资和实物量规模均创历史最高，共完成施工投资211亿元，占年计划的121%；完成土石方开挖15 658万m^3，占年计划的115%；完成土石方填筑13 597万m^3，占年计划的113%（其中完成改性土填筑2579万m^3，占年计划的101%）；完成混凝土浇筑927万m^3，占年计划的108%。截至2012年底，南水北调中线干线工程累计完成施工投资576.6亿元（其中，京石段累计完成施工投资98.1亿元，在建项目累计完成施工投资478.5亿元，占实际施工合同总额598.4亿元的80%）；完成土石方开挖66 807万m^3，占实际总量68 823万m^3的97%；土石方填筑24 034万m^3，占实际总量26 909万m^3的89%；混凝土浇筑2053.3万m^3，占实际总量2577.8万m^3的80%。

从工程建设进展来看，京石段应急供水工程已完成第三次向北京通水任务，正在实施第四次通水；京石段以外的53个设计单元全面开工建设，其中天津干线工程处于收尾阶段，除个别公路、铁路交叉工程占压渠道外，箱涵工程全部完工；河北境内和河南境内黄河以北工程施工正常，黄河以南工程处于施工高峰；15个控制工期的重点项目（穿黄工程等大型河渠交叉建筑物及控制工期的渠道工程）建设取得突破，其中沙河渡槽比原计划时间提前近1个月完成沙河梁式渡槽全部188榀槽身施工，湍河渡槽、双洎河渡槽槽身施工任务累计完成过半，穿黄工程隧洞二次衬砌施工已全部完成；京石段以外1015座跨渠桥梁全部开工，其中574座已建成并临时通车；京石段以外39座铁路交叉工程全部开工，其中15座已完工；膨胀土渠段改性土施工取得突破性进展，全年完成改性土填筑2579万m^3，占年计划2540万m^3的102%，累计完成2616万m^3，占改性土填筑总量的82%；全线信息自动化建设正在推进；制约全线工程建设的关键问题逐步消除，为2013年底主体工程基本完工打下了坚实基础。

（孙　义　陆　严）

工　程　验　收

（一）工程项目划分

南水北调中线干线工程共划分为9个单项工程（不含陶岔渠首枢纽工程）、76个设计单元工程，336个施工合同，1442个单位工程。

（二）施工合同验收

2012年，中线干线工程施工合同验收主要在京石段应急供水工程中展开，天津干线工程、穿漳河工程、黄河北—漳河南段工程、穿黄工程等单项工程根据各施工标段进展情况进行了少量的分部工程验收，天津干线工程完成了3个单位工程验收和一个合同项目完成验收，南阳膨胀土试验段工程和潞王坟膨胀岩试验段工程分别完成并通过1个单位工程验收。

京石段工程总计19个设计单元，119个土建及设备安装施工合同，划分为335个单位工程，3136个分部工程。截至目前，完成分部工程验收3135个，完成率99.9%；单位工程验收已全部完成；完成合同项目验收117个，完成率98.3%。

（三）专项验收及安全评估

（1）专项验收。2012年，仅京石段应急供水工程开展了专项验收工作，在建工程水土保持和环境保护专项验收评估单位招标工作已全面启动，京石段具体专项验收情况如下：

1）水土保持、环境保护专项验收准备工作已全部完成，评估单位已完成评估报告，水土保持专项验收法人自验已完成；环境保护专项验收申请文件已报环保部。

2）消防设施专项验收直管项目和河北委托段已全部完成；北京委托段正在办理相关手续。

3）工程档案专项验收以设计单元为单位先进行工程档案项目法人验收，然后再进行工程档案专项验收。

征地补偿和移民安置专项验收由地方政府负责。

（2）安全评估。2012年，仅京石段应急供水工程开展了安全评估工作，共涉及8个设计单元。黄河以北至石家庄段及天津干线工程安全评估工作正在开始启动招标工作，划分为3个安全评估标。京石段应急供水工程共分为8个安全评估标，截至目前，除惠南庄泵站工程由于受北京永久供电及泵站机组联合调试影响不能进行评估外，其余7个安全评估标已完成评估工作。

（3）完工财务决算。2012年，中线建管局已向国务院南水北调办上报了漕河渡槽段工程、永定河倒虹吸工程、北拒马河暗渠、古运河枢纽工程、滹沱河倒虹吸工程、唐河倒虹吸工程、釜山隧洞工程、北京市穿五棵松地铁工程、北京段铁路交叉工程、西四环暗涵工程等10个设计单元工程完工财务决算，国务院南水北调办已对上述项目的完工财务决算进行了审计。

（4）委托项目法人验收、直管或代建项目设计单元工程完工验收自查。2012 年已完成河北委托段的古运河枢纽工程、滹沱河倒虹吸工程、唐河倒虹吸工程、釜山隧洞工程 4 个设计单元工程的项目法人验收，以及漕河渡槽工程设计单元工程完工验收自查。

（冯正祥　陈晓璐）

征 地 移 民

2012 年，在南水北调中线干线工程征地移民工作中，中线建管局作为项目法人积极参与、大力协助地方各级人民政府做好南水北调中线干线工程建设征地补偿和移民安置工作，保证和推进了工程建设。及时提供了全线用地申请、提供了用地手续办理中需要的有关设计文件和材料。按照工程建设需要，提出征迁工作计划，协商征迁主管部门及时开展征迁工作。根据征迁工作实施进度积极筹措征迁资金，并及时拨付到征迁主管部门。认真研究并积极协调解决征迁工作中的问题，通过动用征迁预备费及设计变更等方式予以解决。采取各种手段切实改善施工环境，将施工影响降到最低，和地方共同营造南水北调工程建设的和谐氛围。认真组织做好征地移民监理、监测评估管理工作，充分发挥监理、监测职能。

2012 年，主要开展了跨渠桥梁引道征地工作及设计变更引起的新增征地，中线建管局积极协调设计单位及时出图，及时对新增建设用地进行审核，协调省办组织开展征地拆迁，及时提供了工程用地，有力保障了工程建设顺利进行。

针对征迁工作遗留问题，协调河北、河南省开展了“影响工程建设征迁问题集中整改活动”，对现场建管单位提出的影响工程建设的征迁问题，明确责任单位、责任人和完成时限，一周一督察、一周一通报，截至 2012 年底已基本处理到位。

2012 年，中线干线工程完成永久征地 0.2 万亩，临时占地 0.6 万亩，搬迁人口 68 人，生产安置人口 5.9 万人，拆迁房屋 2.3 万 m^2，拆迁企业单位 3 个，拆迁专项设施 233 处。

截至 2012 年底，中线干线工程累计完成永久征地 28.2 万亩，临时占地 33.6 万亩，搬迁人口 5.8 万人，生产安置人口 23.7 万人，拆迁房屋 338 万 m^2，拆迁企业单位 834 个，拆迁专项设施 7235 处。

（常志兵）

科 学 技 术

南水北调中线干线工程科技工作以解决南水北调中线干线工程中的关键技术问题，促进南水北调中线干线工程设计、施工和管理等各项任务的顺利开展，保障工程建设质量和进度为主要工作目标。根据 2012 年中线建管局工作会议精神，进一步加强了科技工作管理，紧密围绕工程建设技术需求开展科技创新及科技成果的推广应用工作。以解决工程建设及运行管理中的关键技术问题，突出工程应用，鼓励创新为原则，按照国务院南水北调办要求，配合主管部门开展了“十二五”国家科技支撑计划重大项目“南水北调工程建设运行关键技术研究”的立项准备及可行性研究报告评审工作；按照国务院南水北调办要求，全面组织实施“十二五”国家科技支撑计划应急启动项目“南水北调中线工程膨胀土和高填方渠道建设关键技术研究与示范”。该项目包括 7 个课题，并根据研究内容在每个课题下设置若干研究专题，重点结合不同地段地质条件、施工特点，以及工程施工进展情况，开展有针对性的技术攻关，保证膨胀土渠段工程顺利建设；组织开展了一系列技术咨询和技术交流活动；组织完成了 6 个科技项目立项审批，实施完成科技项目 3 项，推广应用科技项目成果 5 项，为南水北调工程建设提供了科技支撑，保障了工程建设顺利进行。

（姚　雄）

审 计 稽 察

2012年，中线建管局先后配合国家审计署审计1次，配合国家发展改革委工期稽察复查1次，参与配合国务院南水北调办专项审计6次，参与国务院南水北调办工程稽察2次，组织开展内部审计2次、内部稽察1次，组织开展工程建设举报调查14项。

（一）国家审计署审计

2012年3~6月，国家审计署对南水北调中线干线工程进行了全面审计。2012年9月28日，国务院南水北调办综合司印发《关于印发审计署审计发现问题及审计意见整改落实工作要求的通知》（综经财〔2012〕103号）。中线建管局按照要求进行了整改，并于2012年10月30日向国务院南水北调办上报《关于审计署审计发现问题及审计意见整改落实情况的报告》（中线局〔2012〕39号）。

（二）国家发展改革委中线一期工程工期稽察复查

为了解中线一期工程工期稽察整改意见的落实情况，国家发展改革委于2012年7月组织开展了中线一期工程工期稽察复查。

（三）国务院南水北调办工程建设资金专项审计

2012年3月，国务院南水北调办分别对中线建管局及直管项目、北京市南水北调工程建设管理中心、河北省南水北调工程建设管理局、河北省南水北调建设管理中心和河南省南水北调工程建设管理局及委托项目2012年度工程建设资金的使用和管理情况进行了专项审计，并于2012年7月底至8月初向中线建管局分别下发了国调办经财〔2012〕155、165、166、167、174、176、177号文，提出了相应的整改意见。中线建管局及时组织有关部门和单位进行了整改，并于2012年9~10月分别以中线局审〔2012〕33、34、35、36、37、40、41号文向国务院南水北调办上报了审计整改落实情况。

（四）国务院南水北调办2012年度稽察

2012年9、10月，国务院南水北调办分别组织开展了重要建筑物混凝土质量专项稽察、重要跨渠建筑物基础及隐蔽工程进行专项稽察和项目法人合同管理行为专项稽察。

（五）内部审计稽察

2012年度全年累计开展内部审计稽察3次。其中2012年3月，以工程建设资金和工程变更为重点，对河南直管建管局开展了专项内部审计。2012年9月，对叶县段1标开展了进度专项稽察。2012年11月，对汤阴段代建单位山西万家寨引黄工程总公司在合同期内的建设管理工作进行审查和评价。

（六）工程建设举报调查

2012年2月，按照国务院南水北调办部署，认真组织各建管单位树立工程建设举报牌，应设举报公告牌259个，实设259个。全年组织开展工程建设举报调查14项，并在规定时限内上报国务院南水北调办。

（杨君伟）

工 程 档 案 管 理

2012年京石段应急供水工程档案专项验收稳步推进，在建项目档案培训及整编试点建设全面启动。

（一）稳步推进京石段应急供水工程档案专项验收工作

（1）根据工程建设实际制定档案项目法人验收计划。组织各单位上报档案项目法人验收方案，批准北京段其他工程划分为4个档案项目法人验收，河北段其他工程划分为23个档案项目法人验收，生产桥划分为5个档案项目法人验收。

（2）实施档案验收三步曲，确保档案质

量。有条不紊地实施档案整编指导、验收前检查、验收后整改复查等。案卷检查率超过100%，卷内文件查看率超60%。2012年共对10家建设管理单位管理的71个监理标，111个施工标进行检查72次，检查档案43 000余卷次。

（3）档案项目法人验收已近尾声，设计单元档案专项验收已过半。截至2012年底，已完成39个法人验收；完成国务院南水北调办设计单元专项验收10个（其中，2012年完成法人验收23个，设计单元验收7个），档案质量得到验收专家的充分肯定。

（4）总结档案验收工作，积累工作经验。将验收过程中发现的典型问题汇总下发全线，提出自查、复查工作要求，集中组织核查；认真总结分析京石段档案专项验收计划执行情况，印发《关于做好工程档案整改工作的通知》（中线局综〔2012〕14号）、《关于京石段应急供水工程档案验收工作开展情况的通报》（中线局工〔2012〕114号），促进验收工作顺利开展；组织京石段档案管理评优工作，评出先进集体49个，先进个人146名；编制南水北调中线干线工程档案工作手册，并已正式印刷出版；从京石段几万卷档案中精选出几十卷典型案卷制成样板卷，在培训指导工作中为档案员提供参考。

（二）全面启动在建项目档案培训及整编试点建设

（1）档案整编培训工作全面启动。第一阶段宣传贯彻工作已于2012年上半年完成，涉及所有在建工程各参建单位相关工作人员近1300人，为档案验收工作做好了前期铺垫。第二阶段档案整编培训工作已经全面启动，将分片组织各参建单位档案业务相关人员参加岗位培训。第一期天津段培训已结束，通过讲解、实操演示、参观样板卷、咨询答疑、现场考试等形式，提高了档案人员业务知识水平，有80人获得了合格证书。

（2）在建项目档案整编试点建设方案已实施。编制了在建项目档案整编试点建设方案，确定沁河渠道倒虹吸工程、天津市境内2段工程分别为河南段、天津干线段的试点工程。对各参建单位的档案资料按照分类表的要求进行了逐项检查、讲解及指导，目前天津市境内2段、沁河渠道倒虹吸工程档案的第一轮指导已完成。按照档案预验收制度，所有在建项目将在合同完工验收前完成预立卷工作。

（3）工程建设过程中日常资料管理工作进一步加强。下发了《关于加强工程资料过程管理的通知》（中线局工〔2012〕153号），对工程建设过程中日常资料管理工作提出具体要求，强化过程管理，确保工程档案的真实、完整、准确。

（三）认真开展软硬件建设及机关档案管理

智能化档案库房已投入使用，机关文档管理系统的优化已完成，3万件（卷）机关档案已入库保管；全面梳理了进馆档案；提供机关档案借阅服务。

（胡兴华　冯　钊）

制度建设

2012年，为适应工程建设发展形势的需要，进一步加强内部管理工作，共制订或修订了24项规章制度，使相关管理工作更加规范、有章可循。

（1）综合管理类。《周转房的使用及管理办法（修订）》、《南水北调中线干线工程建设管理局重要事项督办办法》。

（2）计划合同类。《南水北调中线干线工程建设管理局招标委员会工作规则（修订）》、《南水北调中线干线工程在建项目索赔处理指导性意见》、《南水北调中线干线工程技术经济咨询费管理办法（暂行）》、《南水北调中线干线工程基本预备费使用管理办法》、《南水北调中线干线工程重大工程变更与重大索赔项目审查审批管理办法》、《南水北调中线干线在建工程建设承包合同价差调整指导意见》、《南水北调中线一期工程总干渠渠道膨胀土处理施工工程预算定额》、《南水北调中线干线工程建设管理局招标投标管理办法》。

（3）工程管理类。《南水北调中线干线工程档案管理办法（修订）》。

（4）质量安全类。《南水北调中线干线工程直管（代建）项目质量监控强化措施》。

（5）人力资源管理类。《南水北调中线干线工程建设管理局各部门（单位）职能配置、内设处室和人员编制规定》、《南水北调中线干线工程建设管理局干部选拔任用办法》、《南水北调中线干线工程建设管理局干部岗位责任制年度考核办法（试行）》。

（6）财务与资产管理类。《南水北调中线干线工程现场参建单位建设目标考核奖励实施细则》。

（7）工程技术类。《南水北调中线干线工程预应力设计、施工和管理技术指南（修订）》。

（8）移民环保类。《南水北调中线干线工程防护林及绿化工程设计技术导则（试行）》。

（9）工程运行管理类。《南水北调京石段工程通水（分级）调度运行管理暂行规定》、《南水北调中线干线工程待运行期移交接管办法（试行）》、《南水北调京石段工程通水调度运行管理暂行规定》、《南水北调中线干线京石段工程2012年通水运行实施方案》、《南水北调中线干线工程运行管理与维修养护相关管理制度及技术标准汇编》。

（10）信息工程建设管理类。《南水北调中线干线工程自动化调度与运行管理决策支持系统运行维护管理制度、操作规程及标准汇编（试行）》。

（秦　昊）

水　源　工　程

概　述

南水北调中线水源工程主要由丹江口大坝加高工程、库区征地移民安置工程、中线水源调度运行管理专项、陶岔渠首枢纽工程组成，南水北调中线水源有限责任公司（以下简称中线水源公司）负责丹江口大坝加高工程、库区征地移民安置工程、中线水源调度运行管理专项的建设管理。

2012年中线水源工程的主要建设目标为：丹江口大坝加高工程汛前完成21～24坝段共8孔溢流堰面加高，汛后开始其余6个坝段12孔堰面加高；完成垂直和斜面升船机的调试，具备通航条件；完成大坝电梯调试投入运行；完成堵水叠梁门制作4套，完成表孔检修门改造1套、电厂快速门及埋件安装1孔、液压启闭机安装1台、深孔弧门及埋件检修4孔、深孔检修门埋件安装1孔；完成电厂2号水轮机改造，开始6号水轮机改造和厂房暖通空调系统改造等。库区征地移民安置工程要全部完成库区城集镇的搬迁、工矿企业的拆迁和大量专业项目复建工作，准备开展库底清理及各县市区移民自验收工作。中线水源工程运行管理专项要配合国务院南水北调办完成管理专项初设报告的审批。

经过参建各方的共同努力，丹江口大坝加高工程大坝21～24坝段8孔堰面已于汛前加高到顶，满足度汛形象要求。汛后开始的14～20坝段最后12孔堰面施工，年底已达到135.2m高程以上；左岸副坝已完成部分施工；老坝体混凝土缺陷检查与处理已基本完成；加高混凝土保温板拆除、混凝土表面防护施工全面展开；完成了升船机的调试，顺利通过了过船实验；除6号机及其进水口快速液压启闭机正在进行改造外，大坝深孔弧门、表孔闸门、检修门及门槽更新改造全部完成，3部大坝电梯已提交使用，2号机水轮机改造完成并投产发电。

库区征地移民安置工程34.5万移民搬迁安置工作全部完成；城集镇及专项设施的复建进入尾声；库底清理已全部展开；非省属项目已基本完成。2012年10月，按照国务院南水北调办的工作要求，开始组织实施库周勘桩定界工作。经过三个月的努力，遍布库周4700km、1.8万个界桩、24座水位标志牌的现场埋设工作已全部完成。

中线水源工程运行管理专项首批项目于2012年11月获得国务院南水北调办批复。

2012年水源工程计划安排投资44.26亿元。其中，丹江口大坝加高工程2.3亿元，库区移民安置工程41.46亿元，调度运行管理专项工程5000万元。2012年中线水源工程共完成投资53.86亿元，超额21%完成年度投资计划。其中，丹江口大坝加高工程2.61亿元，丹江口库区移民安置工程51.24亿元，调度运行管理专项工程150万元。

（班静东　黄朝君　李全宏　张乐群）

丹江口大坝加高工程

（一）前期工作

2012年，中线水源公司认真履行初步设计和设计变更报审程序，各项工作取得新进展。

中线水源供水调度运行管理专项工程初步设计报告经过多方多次共同协调努力，报经水利部长江水利委员会审查修改后上报国务院南水北调办。国务院南水北调办2012年11月按照分步批复的原则先行批复了该初步设计报告中开发建设丹江口水库新增供水功能所需的业务应用系统、支撑平台和必要的基础设施等部分内容。

为推进左岸副坝铁路交叉设计变更处理工作，中线水源公司积极向国务院南水北调办汇报情况，提出合适的解决处理方案，按规定报送了《关于丹江口大坝加高工程左岸副坝设计变更有关事宜的请示》，2012年4月国务院南水北调办批复同意该设计变更。

组织编制和初审了《丹江口大坝加高工程施工期电量损失初步设计报告》和《丹江口大坝加高工程武警守卫部队营房建设专题方案》，并按规定予以上报。

（二）招标投标

2012年在中线水源公司统一部署下，依照国家有关法规及国务院南水北调办相关规定，根据工程建设进展需要，组织完成了丹江口水库移民信息管理系统建设、丹江口大坝加高工程防护材料采购与施工等4个标段的招标工作，开展了丹江口大坝加高电厂通风空调系统改造项目设备采购、丹江口大坝加高工程董营副坝工程施工招标工作。

（三）工程进展

汛前如期完成了21～24号坝段8孔溢流堰面加高和度汛所需金结机电设备制安，确保了枢纽的安全度汛。汛后即开始了14～20号坝段12孔溢流堰面的加高，截至2012年底，14～20号坝段溢流堰面已加高至135.2m高程以上。

大坝保温苯板拆除及混凝土外观验收2012年内已开始进行。闸墩加固试验已经完成。大坝上游面149m高程以上聚脲防护材料涂刷施工已全面展开。

右岸土石坝坝顶公路在汛期如期完成，铺筑沥青混凝土839.34m^3。左坝头副坝铁路闸口以右部分防渗墙施工完成。

基本完成深孔弧门和表孔闸门及门槽埋件、拦污栅等金属结构更新改造，厂房坝段除6号液压启闭机正在安装外，其他金结及机电设备安装基本完成。完成了升船机安装调试及过船试验。完成了2号水轮机改造，6号水轮机正在改造中。

完成了老坝体26、29号坝段工作门槽裂缝检查、处理，14~20号坝段闸墩层间缝检查、处理，18号坝段上游面150.0m高程以上裂缝处理。在汉江集团电厂停机配合下，完成了25、29、30号坝段上游面水下裂缝处理。截至2012年底，老坝体裂缝处理除29、30号坝段廊道渗水裂缝未完成外，其他部位已全部完成。

完成了垂直、斜面二级升船机的调试，顺利通过了过船实验。截至2012年，除6号机及其进水口快速液压启闭机正在进行改造外，大坝深孔弧门、表孔闸门、检修门及门槽更新改造全部完成，3部大坝电梯已提交使用，2号机水轮机改造完成并投产发电，6号水轮机正在改造中。

2012年，完成土石方开挖0.47万m^3，主体混凝土浇筑5.82万m^3，金属结构设备安装约300t。此外，还完成了土石方填筑0.25万m^3，混凝土结合面凿毛0.91万m^2，钢筋制安707.44t，锚杆216根，裂缝处理1120m，帷幕灌浆5000m。

（李全宏　黄朝君）

库区征地移民安置工作

中线水源公司及时上报了《丹江口水库建设征地移民安置环境保护和水土保持（生态修复、水质监测、环境科研部分）初步设计报告》并获国务院南水北调办批复。至此，库区征地移民前期工作全部结束。

2012年9月18日，湖北省全面完成了18.2万库区移民迁安任务，标志着丹江口水库34.5万移民搬迁安置工作圆满结束。两省城集镇、专项设施复（迁）建已接近尾声，库底清理已全面展开。

根据国务院南水北调办批复计划和两省实施进度，中线水源公司及时筹措和拨付移民资金，协助两省解决了很多实际问题，较好地履行了项目法人职责，保证和征地移民工作的顺利进行。中线水源公司环境与移民部被湖北省省委、省政府授予“丹江口水库移民搬迁安置工作先进单位”称号。

组织了由中线水源公司负责的库区大地测量网、水文观测网站的建设和库区勘测定界工作。非省属项目迁复建工作进展顺利，项目进度满足计划要求。库区勘桩定界工作（库周4700km、1.8万个界桩）现场埋设工作已全部完成。

中线水源公司委托长江设计公司编制了丹江口库区地质灾害监测、防治设计实施报告并已通过审查。

（张乐群）

水土保持和环境保护工作

2012年，中线水源公司按期完成了环境保护实施计划和水土保持实施方案，全年共完成环境保护投资114.65万元、水土保持投资23.5万元。委托绿化养护乔灌木1.81万株、草坪4.2万m^2。环境保护、水土保持监理定期组织各参建单位召开例会，对发现的问题及时要求整改和落实。全年施工未出现对周围环境造成不利影响的事件发生。

（张乐群）

审计稽察

2012年4~6月，国家审计署成都特派办、武汉特派办开展了对中线水源工程的专项审计工作，中线水源公司积极做好接待和协调工作，建立了联络员队伍，协调联系相关资料的提供，反馈信息，组织现场考察和库区考察，协调有关人员解释说明问题，及时反馈意见，多次召开专题会，部署整改意见的落实，研究整改方案，保证了整改意见落实到位。

此外，中线水源公司还配合国务院南水北调办完成了工程建设资金专项审计、合同管理专项稽察、分包转包专项稽察等活动。

（班静东）

在建工程

京石段应急供水工程

概述

工程概况

京石段应急供水工程包括19项设计单元工程，除北京段永久供电工程（2012年新开工）、北京段工程管理专项（未开工）外，其余工程已于2007年底完工，2008年9月正式通水。

（韩黎明）

运行管理

为缓解首都北京水资源短缺局面，南水北调中线京石段应急供水工程在2011年度开始向北京第三次输水，于2012年7月31日圆满结束了第三次输水任务，历时12个月，共计调水4.33亿m^3。2012年11月21日京石段启动第四次向北京输水任务，本次输水自河北省的岗南—黄壁庄及安格庄水库引水，通过自流方式向北京市供水。

2012年11月21日，岗南—黄壁庄提闸放水，经由石津干渠入南水北调中线总干渠开始第四次向北京供水。2012年12月2日，岗南—黄壁庄水库和安格庄水库，经由石津干渠和易水干渠联合向北京供水。截至2012年12月31日，河北省岗南—黄壁庄、安格庄水库累计出库水量5424万m^3（岗南—黄壁庄出库3717万m^3、安格庄出库1707 m^3），入总干渠水量5010万m^3，其中石津干渠入总干渠累计水量3466万m^3，沙河干渠入总干渠累计水量1544万m^3。北京市实收水量2335万m^3，水质Ⅱ类。对于缓解北京市的缺水状况，确保首都北京安全供水起到了重要作用。

此次输水控制方式仍采用闸前常水位方式运行，渠道沿线自南向北参与调度的节制闸有磁河节制闸、漠道沟节制闸、放水河节制闸、蒲阳河节制闸、岗头节制闸、北易水节制闸、坟庄河节制闸、北拒马河节制闸、永定河控制闸、团城湖末端闸等10座。运行过程中，通过调节闸门开度控制闸前水位及供水流量。本次通水前初步建设完成了水量调度系统、闸站监控系统、闸站视频监视系统、工程安全监测自动化系统、水质监测系统、三维仿真系统等，并在2012年11月27日正式投入使用，在第四次通水调度运行过程中进行了测试和应用，初步应用状况良好。渠道沿线各节制闸前、后设置水尺或自动水位计，实时记录各节制闸前、后水位；石津干渠入总干渠连接段、磁河节制闸闸前、漠道沟节制闸闸后、放水河节制闸闸前、蒲阳河节制闸闸后、岗头节制闸闸前、北易水节制闸闸后、坟庄河节制闸闸前、北拒马河节制闸闸前、惠南庄泵站处设置流量计，实时监测断面流量及累计输水量；田庄、向阳村、七里庄、北拒马暗渠、大宁、团城湖设立6处水质固定监测站，惠南庄泵站处设置水质自动监测站，定期监测渠道水质。

根据机构和人员情况，结合本次运行管理需要，本次通水按三级管理机构组织运行：一级机构为中线建管局通水调度中心，二级机构为河北直管建管部、惠南庄直管建管部、北京建管中心，三级机构为由上述3个二级机构下设的管理处或其他运行服务单位，负责所辖范围内的通水运行管理和现地设施设备的运行操作以及工程看护和巡查（兼外保）工作。在通水运行前，组织编制和印发了《南水北调京石段工程调度运行管理暂行规定》和《南水北调中线干线京石段工程2012年通水运行实施方案》。通水过程中，组织修订印发了《南水北调中线干线工程保护管理办法》、《南水北调中线干线京石段工程通水运行突发事件总体预案》、《南水北调中线干线工程渠道建筑物巡视检查制度》、《南水北调中线干线京石段工程通水运行安全生产管理规定》等制度办法。

本次通水进一步彰显了京石段应急供水工程的社会效益、生态效益，同时进一步检验了京石段工程的施工质量和机电设备情况以及京石段工程的通水运行组织能力和应急保障能力。

（韩黎明）

北京段永久供电工程

工程概况

按照国务院南水北调办批复的初步设计范围，南水北调中线干线北京段永久供电工程为南水北调中线干线北京段3座闸站、9座分水口、3座连通设施、1座泵站供电，工程内容包括16处10kV供电线路、1处110kV供电线路、2处220kV配套迁改工程。上述负荷点中，9处位于房山区、2处位于丰台区、5处位于海淀区。上述10kV负荷点均引接自属地电网，惠南庄泵站110kV电源自房山区韩村河220kV变电站引接。各负荷点的降压变电站包含在所属闸站的土建工程设计范围内。

全部负荷中，北拒马河暗渠渠首、惠南庄泵站为一级负荷，团城湖进口闸为三级负荷，其余闸站为二级负荷。

2011年，根据北京段工程实际实施情况，经与北京市南水北调建管中心核实，对上述工程范围进行了调整，海淀区所属西四环暗涵出口闸、团城湖明渠分水口两处10kV负荷点取消。

（黎咏梅）

工程投资

京石段应急供水工程共19个设计单元工程，截至2012年底，批复概算总投资207.38亿元，累计下达投资207.38亿元，占批复概算的100%。

截至2012年底，京石段应急供水工程累计完成投资196.95亿元，占总概算的94.98%。各年度分别完成投资为2004年3.88亿元，2005年6.98亿元，2006年57.66亿元，2007年53.01亿元，2008年22.83亿元，2009年19.78亿元，2010年5.07亿元，2011年完成投资5.35亿元，2012年完成投资22.39亿元。

（蔡　琰）

建设管理

2011年7月26日，南水北调中线建管局与北京市电力公司所属北京市供用电建设承发包公司签署了《供用电工程项目管理委托合同》，委托其承担北京段永久供电外线路的建设工作（不包含施工阶段设计、占地、拆迁及补偿等内容）。在工程建设中，承发包公司进行总体协调，负责工程招标及委托，对施工进度、质量及投资实施管理，组织工程验收及送电。中线建管局负责供电报装、路径规划报批、设计委托、征地拆迁、跨越工程报批等工作。110kV 线路施工及北拒马河暗渠 10kV 线路施工采用公开招标方式，其他 10kV 线路工程由于投资额在 50 万元以下，采用直接委托方式，由海淀、丰台、房山等属地供电公司委托有资质的工程单位进行施工。施工过程中，上述两个公开招标项目由承发包公司直接管理，其他项目由各属地供电公司管理。

（王　耿）

工　程　进　展

2012 年 5 月，首先安排 8 处具备条件的 10kV 外电源工程进场施工，截至 2012 年底，海淀区 1 处负荷点、丰台区全部 5 处负荷点，房山区 2 处负荷点线路工程已完工，并实现正式供电。永定河闸计划 2013 年 4 月实现发电。

6 处未完 10kV 线路工程全部位于房山区，因征迁问题未落实，暂不具备施工条件。目前征迁工作正在抓紧进行，计划 2013 年 4 月陆续具备进场条件，2013 年 8 月完成全部剩余工作，实现全部负荷点供电。

110kV 线路工程招标计划在 2013 年 4 月中旬完成，在征地工作同步完成的前提下，于 2013 年 4 月底前进场施工，工期 4 个月，2013 年 8 月底完工。

110kV 线路工程的两个配套工程，韩房 220kV 线路升高改造工程和韩涿 220kV 线路迁移改造工程正在抓紧办理前期报批、招标等工作，计划与 110kV 线路工程同步实施。

所有负荷点降压变电站内设备已于 2010 年安装完成。外部线路工程自 2011 年 4 月开始实施，截至 2012 年 9 月底，海淀区 1 处负荷点、丰台区全部 5 处负荷点，房山区 2 处负荷点外部线路工程已完工，并实现正式供电。剩余工程正在抓紧进行中，计划 2013 年 8 月完成全部 7 处 10kV 线路工程，2013 年 9 月底完成惠南庄泵站 110kV 外线路工程。

（王　耿　黎咏梅）

工　程　监　理

由于北京段永久供电工程全部委托北京市供用电承发包公司承担建设管理，监理单位对其负责，依照北京市电力行业有关规定实施工程监理。

（王　耿）

漳河北—古运河南段工程

概　述

工　程　概　况

漳河北—古运河南段工程起自冀豫交界处的漳河北，沿京广铁路西侧的太行山麓自西南向北，经河北省邯郸、邢台两市，穿石家庄市高邑、赞皇、元氏三县，至古运河南岸，线路全长238.544km，共分为12个设计单元。其中，直管项目包括磁县段、南沙河倒虹吸、邢台市段、高邑县—元氏县段共计4个设计单元，委托河北省建设管理的项目包括邯郸市—邯郸县段、永年县段、洺河渡槽段、沙河市段、邢台县—内丘县段、临城县段、鹿泉市段、石家庄市区段共计8个设计单元。

漳河北—古运河南段工程渠段明渠段长度为222.817km，其中土质渠段207.274km，岩质渠段15.543km，采用明渠自流输水方案，渠道水面纵坡在1/15 720～1/30 000之间，渠道横断面分为全挖、全填和半挖半填三种断面型式，过水部分采用梯形断面。其中，全挖方渠道长111.36km，全填方渠道长12.793km，半挖半填渠道长98.664km。渠道堤顶高程同时满足渠内安全输水和防御渠外洪水两个条件。

邯石段渠段设计流量为235～220m^3/s，加大流量265～240m^3/s，工程总投资211.405 9亿元，总工期30～36个月。

（车传金）

磁县段工程

工　程　概　况

磁县段工程起自河北省与河南省交界处的漳河北岸，止于磁县与邯郸县交界的河北村村西。总干渠全长40.056km，其中明渠长38.986km，建筑物长1.07km，沿线共布置建筑物36座，其中大型河渠交叉建筑物4座，左岸排水建筑物18座，渠渠交叉建筑物4座，控制性建筑物8座，铁路交叉建筑物2座。总干渠为一等工程，渠道及其交叉建筑物的主要部位为1级，次要部位级别为3级。设计流量235m^3/s，加大流量265m^3/s。

2012年，磁县段工程计划完成工程投资3.18亿元，土石方开挖105万m^3，土石方回填232万m^3，混凝土浇筑23万m^3。计划达到的工程形象为：除跨渠桥梁及铁路专项占压段外渠道挖填全部成型；完成渠道混凝土衬砌20.0km，建筑物除马磁铁路倒虹吸铁路占压段外全部完工；附属工程全面开工建设。

（车传金）

工　程　投　资

截至2012年底，完成工程总投资34 004万元，其中建筑安装工程采购31 843万元，设备采购382万元，专项采购269万元，项目管理费990万元，技术服务采购520万元。

（乔海英）

工 程 进 展

2012 年，磁县段 38.99km 渠道除桥梁占压段外全部开挖填筑成型；完成单侧边坡衬砌 33.12km，累计衬砌 52.22km，占总长 77.98km 的67%；完成底板衬砌 11.83km，累计衬砌 21.38km，占总长 38.99km 的55%。

34 座建筑物除马磁铁路倒虹吸工程外，全部完成主体混凝土施工；附属工程全面开工建设。

工程量主要完成土石方开挖 86 万 m^3，土石方回填 321 万 m^3，混凝土浇筑 13.7 万 m^3。

（车传金）

邯郸市—邯郸县段工程

工 程 概 况

邯郸市—邯郸县段工程是南水北调中线一期总干渠漳河北至古运河南邯邢段第 2 设计单元。本段工程主体工程量为：土石方开挖 1129.9 万 m^3、土石方回填 484.17 万 m^3、混凝土 27.43 万 m^3、钢筋制作安装 9951t。

（茹　悦）

建 设 管 理

2012 年初明确进度管理目标、完善工程服务体系、加强职责分工、确立年度施工进度计划，执行严格的质量要求，经受高压检查，克服桥梁、征迁、技术和春夏多雨等各种不利条件影响，基本完成全年建设目标。

组织召开各种质量专题会议 10 次，参加重要隐蔽和关键部位单元工程的验收工作共 1208 次。组织了左排建筑物等回填前的 8 次外观验收工作。组织设计、监理、巡查组进行了定期和不定期的检查共 14 次。日常检查 80 余次。共完成单元工程质量评定 7104 个，合格率 100%，其中优良 6725 个，优良率 94.66%。

先后组织各施工单位进行安全生产检查 104 次，防汛演练和消防演习 12 次，有效提高了现场预案的执行。通过一系列的措施确保了施工的安全，自工程建设以来未发生任何安全生产事故。

在中线建管局开展的“破解难关战高峰，持续攻坚保通水”第二阶段劳动竞赛中，全部完成了各项 K 值指标，获得一等奖，同时 5 家施工单位获得一等奖，2 家获得二等奖，3 家监理单位单位获得一等奖。

（茹　悦）

工 程 进 展

2012 年，邯郸市—邯郸县段工程各标段计划完成投资 27 057.4 万元，土石方开挖 349.9 万 m^3，土石方回填 399.2 万 m^3，混凝土浇筑 12.3 万 m^3；实际完成投资 26 261.2 万元，土石方开挖 388.7 万 m^3，土石方回填 381.6 万 m^3，混凝土浇筑 6.99 万 m^3。

SG1 -1 标 2012 年度建设目标为完成投资 5350 万元，计划完成土石方开挖 76 万 m^3，土方回填 73 万 m^3，混凝土浇筑 1.8 万 m^3；实际完成投资 5360 万元，土石方开挖 79 万 m^3，土方回填 75 万 m^3，混凝土浇筑 1.85 万 m^3。渠道累计成型 2.0km，土石方开挖累计成型 2.0km。填筑成型 0.9km。渠道衬砌 1508m（单坡）。渚河南支排洪涵洞主体完工。

SG1 -2 标 2012 年度建设目标计划完成投资 9802 万元，计划完成土石方开挖 228.9 万 m^3，土方回填 126.2 万 m^3，混凝土浇筑 4.4

万 m^3；实际完成投资 8838.9 万元，土石方开挖 236.9 万 m^3，土方回填 96.6 万 m^3，混凝土浇筑 2.086 万 m^3。

西小屯沟排水倒虹吸工程，除进口段干砌石项目局部没有完成外（永久占地问题），其他项目均已完工；渚河北支排水倒虹吸工程，除砌石项目没有完成外（永久占地问题），其他项目均已完工；下庄分水闸工程除闸门安装项目（闸门、启闭机没有进场）和启闭机室建设项目（没有图纸）没有完成外，其他项目均已完工；林村北沟排水倒虹吸工程建设项目以全部完工；渠道桩号（43 + 050）～（43 + 520）高填方段的土方回填项目已完工；渠道桩号（45 + 009）～（46 + 600）半挖半填段的土方开挖、土方回填项目已完工；（46 + 600）～（47 + 150）高填方段的土方回填项目已完工；（47 + 150）～（48 + 889）半挖半填段的土方开挖、土方回填项目已完工；渠道桩号（49 + 600）～（50 + 182）全挖方段的土方开挖基本完成。共计完成渠道混凝土衬砌 1585m。

SG2 标 2012 年度建设目标为完成投资 11 905.4万元，计划完成土石方开挖 45 万 m^3，土方回填 200 万 m^3，混凝土浇筑 6.1 万 m^3；实际完成投资 12 062.3 万元，土石方开挖 72.8 万 m^3，土方回填 210 万 m^3，混凝土浇筑 3.05 万 m^3。沁河渠道倒虹吸 1～19 号管身段混凝土施工完成；进口渐变段护底及 1～2 号扭坡墙混凝土施工完成，进口左侧 3～4 号扭坡混凝土施工完成；进口检修闸、出口节制闸主体结构混凝土施工完成。出口渐变段护底及扭坡混凝土施工完成。进出口门库底板及墙体混凝土浇筑完成。郭河、三陵分水闸主体混凝土结构浇筑完成。退水排冰闸：退水闸闸室底板、墙体及上部梁板、1～2 号泄水槽、1～2 号消力池底板及墙体混凝土施工完成，出口右岸浆砌石护坡完成，进口右侧 1～2 号挡土墙混凝土施工完成，出口挡土墙混凝土施工完成，退水闸铅丝石笼护底完成；排冰闸闸室底板墙体及顶板混凝土施工完成，进口左侧 1～2 号挡土墙混凝土施工完成，3～4号泄水槽底板及墙体混凝土施工完成。左排建筑物主体结构完成，全部进入回填阶段。渠道衬砌累计单边衬砌 5812m，完成渠底衬砌 264m。截流沟施工中渠底完成 5400m，渠坡单边完成 5400m。

（茹　悦）

工　程　监　理

邯郸市—邯郸县段工程监理单位为天津冀水工程咨询中心。监理工作范围为本标段内建筑工程、临时工程、运行道路、金属结构设备安装、安全监测设备安装、机电设备安装、各种预埋件安装等工程。

（茹　悦）

质　量　管　理

邯郸市—邯郸县段工程质量监督单位为南水北调工程河北质量监督站第五巡查组。2012 年共计检验工程使用材料 394 组全部合格；检验 C10 混凝土试块 18 组、检验 C25W6F150 混凝土试块 4 组、检验 C20W6F150 混凝土试块 154 组、检验 C30W4F100 混凝土试块 16 组、检验 C30W6F100 混凝土试块 125 组，混凝土强度均达到设计和规范标准要求；检验土方回填压实度 2839 次共计 14 195 组，压实度均满足设计要求。及时准确地验证了施工项目建设质量，为工程建设质量提供了可靠的保证。

（茹　悦）

永年县段工程

工程概况

南水北调中线一期总干渠漳河北至古运河南（委托河北建设项目）永年县段工程主体工程量为：土方开挖944.47万m^3、土方回填350.05万m^3、混凝土17.6万m^3、钢筋制作安装3601.79t。

（茹　悦）

工程投资

2012年，计划完成工程投资8463亿元，实际完成工程投资9832.54万元。累计完成投资35 262.24万元，完成合同金额的82.60%

（茹　悦）

工程进展

2012年，永年县段工程计划完成土方开挖69万m^3，土方填筑98万m^3，混凝土4.5万m^3；实际完成土方开挖83.95万m^3，土方填筑110.23万m^3，混凝土4.78万m^3。

截至2012年底，累计完成：土石方开挖898.61万m^3，为合同工程量的95.14%；土方填筑303.03万m^3，为合同工程量的86.56%；混凝土12.22万m^3，为合同工程量的69.43%。

除桥梁及专项占压外，渠道开挖已完成。

渠道桩号除（74+245）~（74+600）段及桥梁专项占压外，筑堤回填已完成。

渠道除桥梁专项占压外防洪堤填筑已基本完成。

左岸排水建筑物：北两岗排水倒虹吸、曹庄沟排水倒虹吸、马记湾排水倒虹吸、洺河一支排洪涵洞、西召庄排水涵洞、洺河二支排水倒虹吸、大油村坡水排水倒虹吸、南苇沟排水涵洞、洺山西沟排水涵洞、邓上沟排水倒虹吸主体已完成；吴庄分水闸主体工程已完成。

（茹　悦）

工程监理

永年县段监理单位是中水东北勘测设计有限责任公司，监理服务范围为本标段内建筑工程、临时工程、运行道路、金属结构设备安装、安全监测设备安装、机电设备安装、各种预埋件安装等工程。

（茹　悦）

施工科技

依据《南水北调中线一期工程总干渠河北省永年县（74+245）~（75+905）渠段湿陷性黄土处理设计变更报告》，桩号（74+660）~（75+095）段，在筑堤完成后发现该段黄土具有湿陷性，且该段为高填方区段，填筑高度6~7m，右侧大堤外不到50m为村庄，无法进行强夯施工，为了保证总干渠渠道安全，该段必须进行地基处理。如采用传统的强夯和翻压处理方式，需进行堤身拆除，既影响工期又增加费用，且强夯会对附近村民造成影响。采用土挤密桩处理，可以有效地改善地基土的物理性质，消除黄土地基的湿陷性，同时施工设备简单，节省了大量的开挖和回填工程量，节省了施工投资，缩短了施工工期。

（茹　悦）

洺河渡槽工程

工程概况

洺河渡槽工程总长829m，其中进口段（包括进口渐变段、进口节制闸、进口连接段）长87m，槽身段长640m，出口段（包括出口连接段、出口检修闸、出口渐变段）长102m。槽身段共布置16跨渡槽，单跨长40.0m。上部结构为三槽一联带拉杆预应力钢筋混凝土矩形槽，渡槽纵坡1/3900。下部为实体重力墩，灌注桩基础。

（茹　悦）

工程进展

洺河渡槽工程2012年进度目标为：施工投资完成7837万元，土石方开挖20.2万m^3，土石方回填33.12万m^3，混凝土浇筑3.85万m^3，截至2012年底，累计完成投资8240万元，完成土石方开挖20.57万m^3，完成土石方回填35.32万m^3，完成混凝土浇筑4.03万m^3。

2012年，洺河渡槽工程完成灌注桩浇筑49根，其中完成钻进8246m；混凝土浇筑14 754.1m^3；钢筋制作安装1061.03t。完成2～8号墩承台垫层、承台、墩身、墩帽混凝土浇筑11 628.07m^3，完成钢筋制作安装438.67t。完成1号、5～11号跨共8跨槽身施工，完成混凝土浇筑14 013.32m^3。完成检修桥空心板预制混凝土、排水阀门井混凝土浇筑128.4m^3。完成退水陡槽、消力池、矩形槽、退水尾渠、退水闸二期混凝土、退水闸1～2号底板、退水闸9号导墙、排冰闸闸室、排冰陡槽混凝土浇筑4079.37m^3。完成进口渠道衬砌124m。

（茹　悦）

安全生产

根据施工中存在的危险因素、可能发生的事故类型及事故的危害程度，编制应急救援预案，并充分做好应急准备工作，以确保在发生紧急突发事件时，能够有效地组织应急救援工作，以减少事故所造成的损失。2012年编订的预案有《2012年防汛应急预案》、《洺河渡槽项目部恶劣天气应急预案》、《洺河渡槽深基坑防坍塌安全措施及应急救援预案》等12项预案。

（茹　悦）

沙河市段工程

工程概况

沙河市段工程总干渠全长14.261km，其中渠道长14.031km，建筑物长0.230km。本段工程主要工程量为：土石方开挖1744万m^3、土石方回填92.77万m^3、混凝土19.17万m^3、钢筋3524.19t。

2012年，沙河市段工程各标段计划完成投资15 868.28万元，土石方开挖78.4万m^3，土石方回填33.54万m^3，混凝土浇筑12.14万m^3；实际完成投资16 451.19万元，土石方开挖160.45万m^3，土石方回填33.57万m^3，混凝土浇筑10.64万m^3。

（茹　悦）

工 程 进 展

沙河市段工程分为两个施工标段。

SG5 标 2012 年度计划完成工程量，完成投资 7801.76 万元，土石方开挖 47.69 万 m^3，土方填筑 20.3 万 m^3，混凝土浇筑 4.3 万 m^3；实际完成投资 8384.67 万元，土石方开挖 89.2 万 m^3，土方填筑 20.3 万 m^3，混凝土浇筑 2.8 万 m^3。

渠道开挖，防洪堤填筑、渠道标内换填土、铺设六角框格内填土基本完成。2012 年，渠道单坡衬砌完成 6.113km，占单坡总长 14.308km 的 42.72%；渠底衬砌完成 3.946km，占渠底总长 7.154km 的 55.16%。

侯庄南沟排水渡槽、侯庄北沟排水渡槽、沙沟排洪渡槽、冯庄沟排水渡槽主体工程及砌石施工已全部完工。

弃渣场工程实际完成：土方开挖 2.34 万 m^3；土方填筑 3.21 万 m^3；1 号弃渣场浆砌石 1371.54m^3、碎石垫层基础 163.31m^3；4 号弃渣场浆砌石 6582m^3、碎石垫层基础 535.56m^3；11 号浆砌石挡渣墙 4936.5m^3、挡渣墙基础碎石垫层 401.67m^3。

SG6 标 2012 年度计划完成总投资 8066.52 万元，计划完成工程量土方开挖 30.71 万 m^3，土方填筑 13.24 万 m^3，混凝土 7.84 万 m^3；实际完成投资 8066.52 万元，土石方开挖 71.25 万 m^3，土方填筑 13.27 万 m^3，混凝土浇筑 7.84 万 m^3。

渠道土方开挖累计成型 5.875km，左右侧隔离网栏安装累计完成 8018m；左右侧护坡累计共完成框格铺设 210 064m^2；防洪堤填筑除受影响段外（部队 84 亩永久占地及桥梁占压）全部填筑完成，共 5.875km；混凝土衬砌完成全断面衬砌 5.875km（其中衬砌段 4.16km；压重段 1.715km）；上郑沟排水倒虹吸全部完工；中高村沟排水倒虹吸全部完工；高店村沟排水渡槽全部完工；高店北沟排水渡槽全部完工；赞善分水闸土建全部完工。

（茹　悦）

施 工 科 技

SG5 标项目部自行研制了石渠段的滑模衬砌机，该设备主要由机架、行走装置、升降调整系统、布料系统、振捣密实系统、滑模成型装置、提升系统、抹面平台、操作等部分组成。

通过现场测试，改装后的滑模衬砌机在石渠段 1∶1 坡面衬砌的过程中，操作简单，工作效率高，衬砌面质量符合设计要求；比原有衬砌机提高了工作效率。

改造渠底衬砌机，本着的原则是改进简单，不大动，混凝土骨料不离析。改进后的渠底衬砌机，也是有输料、布料、平仓、自行走、振捣、支腿调节等功能。抹面设备具备与衬砌设备同轨自行走、挤压抹平、提浆压光等功能；通过现场测试，保证了衬砌机的衬砌质量、加快了渠底衬砌施工进度。

（茹　悦）

质 量 管 理

参建单位按照相关标准和合同工程实际情况，在工地建立健全以项目经理为第一责任人的质量保证体系，实行质量终身责任制，明确各级管理人员和施工作业人员的质量责任。结合本工程实际情况，编制适合本工程的质量管理计划，严格按计划中的质量要求控制各项目的施工质量，并针对重点项目和关键项目，制定专门的质量保证措施和质量奖惩措施。在施工过程中，将质量责任层层分解落实到部门、个人，做到全员、全方位、全过程的有效控制，确保工程质量合格率达到 100%，土建优良率达到 85% 以上，金属结构安装优良率达到 90% 以上，工程总质量达到优良标准。消灭质量事故，杜绝由于质量问题引起的误工、返工等造成的工期损失和影响。

（茹　悦）

南沙河倒虹吸段工程

工 程 概 况

南沙河倒虹吸段工程位于邢台市与沙河市之间、高店村东北2km处，桩号（93+621）～（98+016），总长4.395km，其中渠道长2.090km，建筑物长2.305km。南沙河渠道倒虹吸由进口渠道、南段倒虹吸、中间明渠、北段倒虹吸、出口渠道五大部分组成，其中南、北段倒虹吸分别由进口渐变段、进口检修闸、管身、出口节制闸（或检修闸）、出口渐变段五部分组成。工程等别为一等，主要建筑物级别为1级。本工程输水设计流量230m³/s，加大流量250m³/s。

2012年，南沙河倒虹吸段计划完成129节管身中剩余28节混凝土浇筑，完成进出口控制性工程主体工程施工和中间明渠行内人衬砌；工程量主要完成土石方开挖1.0万m³，土石方回填55万m³，混凝土浇筑1.1万m³。

（车传金）

工 程 投 资

截至2012年底，南沙河倒虹吸段工程完成工程总投资12 776万元，其中建筑安装工程采购11 656万元，设备采购137万元，专项采购230万元，项目管理费495万元，技术服务采购258万元。

（乔海英）

工 程 进 展

2012年，南沙河倒虹吸段工程完成倒虹吸管身段混凝土浇筑28节，累计完成129节，全部完成，中间明渠混凝土衬砌全部完工。所有建筑物主体工程已经完工。

工程量主要完成土石方开挖16万m³，土石方回填68万m³，混凝土浇筑8.6万m³，完成投资11 729万元。

（车传金）

质 量 管 理

南沙河倒虹吸段工程划分为4个单位工程，41个分部工程，1609个单元工程，截至2012年底，南沙河倒虹吸段工程累计完成单元工程719个，已评定单元工程719个，合格率为100%，其中优良676个，优良率为94.02%；未发生任何质量事故，工程质量处于受控状态。

（金　泉）

邢台市段工程

工 程 概 况

邢台市段工程起自南沙河倒虹吸北岸，止于邢台市桥西区与邢台县交界的会宁村西南，总长15.898km，其中渠道长15.033km，建筑物长0.865km，沿线布置有大型河渠交叉建筑物2座，左岸排水建筑物共2座，节制闸和退水闸共3座，分水口门工程2座。桩号（98+016）~（110+077）段设计输水流量为230m^3/s，加大输水流量为250m^3/s；桩号（110+077）~（113+914）段设计输水流量为220m^3/s，加大输水流量为240m^3/s。

2012年，邢台市区段渠道计划开挖填筑成型8.3km，完成渠道衬砌6km，建筑物完成除七里河倒虹吸管身外的全部混凝土浇筑。工程量主要完成土石方开挖88万m^3，土石方回填1万m^3，混凝土浇筑7.6万m^3。

（车传金）

工 程 投 资

截至2012年底，完成工程总投资14 325万元，其中建筑安装工程采购13 154万元，设备采购255万元，专项采购608万元，项目管理费495万元，技术服务采购258万元。

（乔海英）

工 程 进 展

2012年，邢台市区段渠道除桥梁占压段外其余全部开挖填筑成型；15.033km渠道累计完成全断面衬砌10.87km，完成单侧边坡衬砌11.27km，累计衬砌22.84km，占总长30.066km的76%；完成底板衬砌4.38km，累计衬砌9.78km，占总长15.033km的65%。

9座建筑物除七里河倒虹吸工程玉带桥占压段4节外，全部完成主体混凝土施工；附属工程全面开工建设。

工程量主要完成土石方开挖213万m^3，土石方回填46万m^3，混凝土浇筑7.8万m^3。

（车传金）

质 量 管 理

邢台市区段工程划分为9个单位工程，78个分部工程，7752个单元工程，截至2012年底邢台市段工程累计完成单元工程3472个，已评定单元工程3472个，合格率为100%，其中优良3180个，优良率为91.6%。未发生任何质量事故，工程质量处于受控状态。

（金　泉）

邢台县和内丘县段工程

工 程 概 况

邢台县和内丘县段设计单元是南水北调中线一期工程总干渠邯邢段的组成部分，起止桩号为（113+914）~（145+580），总干渠全长31.666km，共布置各类建筑物25座，其中大型交叉建筑物5座，左岸排水建筑物共11座，铁路交叉建筑物1座，节制闸、退水闸、排冰闸共7座，分水闸1座。邢台县和内丘县设计单元工程等级为一等，主要建筑物级别为1级，大型河渠交叉建筑物的设计防洪标准为100年一遇，校核防洪标准300年一遇；左岸排水建筑物的设计防洪标准为50年一遇，校核防洪标准200年一遇；抗震设计烈度为Ⅶ度。

（陈光宇）

招 标 投 标

按照国务院南水北调办《关于南水北调中线一期工程总干渠漳河北—古运河南（委托河北建设管理项目）标段划分方案的批复》（国调办建管〔2009〕138号）文件批复的分

标方案，河北省南水北调工程建设管理局2012年共进行了3个机电设备采购标段、1个35kV永久供电线路监理标段、1个35kV永久供电线路施工标段的招标工作，见表1。

表1　2012年河北省南水北调工程建设管理局招标投标情况表

合同编号	合同名称	招标代理单位	招标文件发售日期	开标日期	定标日期	中标单位	合同签订日期
NSBD-ZG/JD2010-02	各类型水泵制造采购合同	河北省水利水电第二勘测设计研究院	2012年2月8~14日	2012年3月3日	2012年3月4日	上海连成（集团）有限公司	2012年4月6日
NSBD-ZG/JD2010-04	箱式变电站、高压环网柜、干式变压器设备制造采购合同		2012年2月8~14日	2012年3月3日	2012年3月4日	海南金盘电气有限公司	2012年4月6日
NSBD-ZG/JD2010-07	火灾自动报警系统、消防器材及配套器材制造采购合同		2012年2月8~14日	2012年3月3日	2012年3月4日	北京利达华信电子有限公司	2012年4月6日
NSBD-ZG/DL2012-01	35kV永久供电线路监理		2012年10月8~12日	2012年11月3日	2012年11月4日	河北天和监理有限公司	2012年12月13日
NSBD-ZG/JL2012-17	35kV永久供电线路施工		2012年10月8~12日	2012年11月3日	2012年11月4日	中铁电气化局集团第三工程有限公司	2012年12月17日
NSBD-ZG/SG2013-01	总干渠与青兰高速交叉施工		2013年1月9~13日	2013年1月29日	2013年1月30日	河北省水利工程局	2013年2月5日

（王志波　李　峤）

建设管理

邢台县和内丘县段工程是河北省受中线建管局委托，由河北省南水北调工程建设管理局负责建设管理，现场管理为第四工程建设部。

2012年，各参建单位在原有营区硬件的基础上，加强了员工生活文化设施的建设，建立职工之家，专业书籍阅览室等新增项目，并由临城段一线员工组织当地诗书爱好者成立了临城诗社丰富职工的业余文化生活，组织各单位利用业余时间开展法律知识普及培训、员工安全管理培训、消防演习、防汛演习。信息宣传方面，第四工程建设部在国务院南水北调办、中线建管局、河北省南水北调办的网站上共发表工程建设及反应建设者精神风貌文章53篇；南水北调报刊等转载第四工程建设部工程建设文章4篇、图片新闻5篇；第四工程建设部组织建设单位利用后方总公司的信息宣传通道及网站设置专栏，及时反映河北段工程建设情况；第四工程建设部延续了“四部宣传栏”和《第四工程建设部创文明工地“对标夺旗争星”竞赛及“安全、质量”评比成绩公布栏》，为各参建单位提供了展示和宣传的平台。

（王迪明）

工程进展

邢台县和内丘县段工程2012年进度目标

为：完成施工投资 26 110.4 万元，土石方开挖 139.2 万 m^3，土石方回填 133.6 万 m^3，混凝土浇筑 17.1 万 m^3。2012 年，实际完成投资28 685.8万元，土石方开挖 146.6 万 m^3，土石方回填145.8 万 m^3，混凝土浇筑18.6 万 m^3。截至 2012 年底，开工累计完成投资 86 357.8万元，土石方开挖1600.3 万 m^3，土石方回填 470.6 万 m^3，混凝土浇筑 49.4 万 m^3。

（韩　清　魏会敏）

质量管理

2012 年，邢台县和内丘县段工程已评定单元工程2428 个，其中优良个数2218 个，优良率91.4%；截至2012 年底，累计评定单元工程3906 个，其中优良个数3578 个，优良率91.6%。截至2012 年底，完成分部工程验收4 个，其中优良个数4 个，优良率100%，无质量事故发生。

（单旭辉　周国新　陈光宇）

临城县段工程

工程概况

临城县段设计单元起止桩号为（145 + 580）~（172 + 751），总干渠全长 21.171km，共布置各类建筑物30 座，其中大型交叉建筑物3 座，左岸排水建筑物共17 座，渠渠交叉建筑物3 座，控制性建筑物7 座。临城县段设计单元工程等级为一等，主要建筑物级别为1级，大型河渠交叉建筑物的设计防洪标准为100 年一遇，校核防洪标准300 年一遇；左岸排水建筑物的设计防洪标准为50 年一遇，校核防洪标准 200 年一遇；抗震设计烈度为Ⅶ度。

主要工程量：土石方开挖1487.46 万 m^3，土石方回填 526.33 万 m^3，混凝土 37.63 万 m^3，钢筋制作安装 1.274 1 万 t，砌石 17.02 万 m^3。计划工期 33 个月（2010 年 6 月 ~ 2013 年3 月）。

（牛清波）

工程投资

2012 年度计划完成静态投资 32 959 万元，其中建筑安装工程投资 27 967 万元，设备采购1709 万元，专项采购 1901 万元，独立费用1382 万元（建设单位管理费600 万元、监理费 540 万元、科研及其他 276 万元）。实际完成工程投资 37 188 万元，完成计划的113%；其中建筑安装工程投资28 007 万元，完成计划的100%，设备采购1709 万元，完成计划的 100%，专项采购1314 万元，完成计划的 70%，独立费用1124 万元，处理变更索赔使用可调剂费用使用2934 万元。

（李　峤　刘瑞锋　牛清波）

工程进展

临城县段工程2012 年进度目标为：完成施工投资 27 967.6 万元，土石方开挖 147.3 万 m^3，土石方回填216.7 万 m^3，混凝土浇筑20.6 万 m^3。2012 年，实际完成投资26 590.4 万元，土石方开挖199.3 万 m^3，土石方回填236.4 万 m^3，混凝土浇筑 14.2 万 m^3。截至2012 年底，累计完成土石方开挖 1509.1 万 m^3，土石方回填 539.2 万 m^3，混凝土浇筑23.6 万 m^3。

（单旭辉　韩　清）

质量管理

截至2012年12月底，临城县段工程已验收1913个单元工程，合格率100%，并且评为优良数为1610个，优良率为84.2%。截至2012年底完成分部工程验收1个，其中优良个数1个，优良率100%。

（单旭辉　韩　清　魏会敏）

高邑县—元氏县段工程

工程概况

高邑县—元氏县段工程位于石家庄市高邑县、赞皇县、元氏县境内，起点位于邢台市和石家庄市交界，桩号172+000，终点位于石家庄市元氏县与鹿泉市交界，终点桩号212+741，总干渠长度40.741km，其中渠道长38.282km，建筑物长2.459km，沿线共布置建筑物33座，其中大型河渠交叉建筑物6座，左岸排水建筑物13座，渠渠交叉建筑物7座，控制性建筑物7座。总干渠为一等工程，渠道及其交叉建筑物的主要部位为1级，次要部位级别为3级。设计流量220m^3/s，加大流量240m^3/s。

2012年，高邑县—元氏县段工程计划渠道除桥梁占压段外全部开挖填筑成型，完成混凝土衬砌20km，建筑物混凝土除槐（一）进口段、排冰、退水闸、北马分水口外全部完工；工程量主要完成土石方开挖19万m^3，土石方回填94万m^3，混凝土浇筑17万m^3。

（车传金）

工程投资

截至2012年底，完成工程总投资27 866万元，其中建筑安装工程采购24 519万元，设备采购1336万元，专项采购452万元，项目管理费990万元，技术服务采购569万元。

（乔海英）

工程进展

2012年，高邑县—元氏县段工程渠道除桥梁占压外已全部开挖填筑成型；38.05km渠道累计完成全断面衬砌26.35km，完成单侧边坡衬砌55.7km，累计衬砌71.3km，占总长93.1km的20%；完成底板衬砌23.34km，累计衬砌23.74km，占总长38.28km的62%。

33座建筑物除全部完成主体工程施工；附属工程全面开工建设。

工程量主要完成土石方开挖40万m^3，土石方回填62万m^3，混凝土浇筑15.3万m^3。

（车传金）

质量管理

高邑县—元氏县段工程划分为13个单位工程，113个分部工程，13 694个单元工程。截至2012年，高邑县—元氏县段工程累计完成单元工程10 651个，已评定单元工程10 651个，合格率为100%，其中优良9944个，优良率为93.4%。未发生任何质量事故，工程质量处于受控状态。

（全　泉）

鹿泉市段工程

工程概况

南水北调中线漳古段SG13标总干渠位于鹿泉市境内，起点位于元氏县和鹿泉市交界处后黄家营村，终点位于石家庄市和鹿泉市交界处台头村；鹿泉市段总干渠设计流量为220m^3/s，加大流量为240m^3/s；起点设计水位为78.174m，终点设计水位为77.218m，总水头差为0.956m。渠道、各类交叉建筑物及控制建筑物等主要建筑物为1级建筑物，附属建筑物、河道防护工程及河穿渠工程的上下游连接段等次要建筑物为3级建筑物。鹿泉市段共布设各类交叉建筑物15座，包括大型河渠交叉建筑物3座，左岸排水建筑物4座，渠渠交叉建筑物4座，控制工程4座（分水口门1座，节制闸和退水闸各1座、排冰工程1座）。总干渠所有交叉工程均采用立交布置型式。

（赵新楼）

工程投资

鹿泉市段工程总投资为38 850万元，其中建筑工程35 949万元，机电设备及安装工程492万元，金属结构及安装工程250万元，措施项目1231万元，水土保持工程428万元，其他项目500万元。2012年完成工程投资12 048万元。自开工以来，累计完成投资35 598万元，其中建筑工程完成投资34 143万元，措施项目完成投资923万元。

（薛　震）

工程进展

2012年，鹿泉市段工程完成土方开挖98.714万m^3，土方回填29.097万m^3，混凝土浇筑完成6.965万m^3，钢筋制作安装完成1415t。

（1）渠道工程。完成渠道开挖成型0.5km（折合全断面），累计成型9.0km，占总长11.459km的78.5%；完成填筑成型0.6km（折合全断面），累计成型10.7km，占总长11.459km的93.4%；完成衬砌3.968km（折合全断面），累计衬砌6.968km，占总长11.459km的60.81%。

（2）建筑物工程。河渠交叉建筑物工3座，已完成3座已完成主体工程施工；左岸排水建筑物4座，其中3座已完成，1座已完成主体工程施工；渠渠交叉建筑物4座，4座已完成；节制闸、分水口等控制性建筑物5座，其中4座已完成，1座（新增上庄分水口）已开工。

（3）机电设备没有进行安装。进行了金河渠道倒虹吸、洨河渠道倒虹吸、台头沟渠道倒虹吸及退水闸、排水闸金属结构安装。

（白艳勇）

质量管理

2012年，鹿泉市段工程共评定897个单元，合格897个单元，合格率100%，优良820个单元，优良率91.4%。截至2012年底，累计评定2831个单元，合格2831个单元，合格率100%，优良2654个单元，优良率93.7%；分部工程2个，全部为优良。

2012年度工程质量受控，全年未发生质量事故。

（杨　磊　赵玉华）

安全生产

为了强化安全生产监督管理，预防和减

少生产安全事故，保障职工的人身安全和财产安全，确保工程施工任务的顺利进行，项目建管单位组织各参建单位成立了安全生产领导小组，制定了安全生产管理办法及相关安全管理制度，如安全生产检查制度、安全生产事故报告制度、安全生产教育培训管理制度、安全生产隐患排查整改制度、安全生产奖惩制度和安全事故应急预案。

检查坚持自查、定期、不定期等各种检查形式相结合的原则，对检查中发现的违章指挥、违章作业行为，立即制止，并责令其予以纠正；对查出的隐患问题，逐项分析研究，并制定整改方案，做到定措施、定时间、定人员，立即整改，不得拖延。

做好安全生产检查记录等资料的建档工作，保证资料的真实性、完整性。

每月召开一次安全生产工作例会，会议时间定为每月 5 日，如有变动，以通知为准。

依据《南水北调工程建设安全生产目标考核管理办法》文件，组织对施工、监理、设计单位进行安全生产考核，通过现场检查、资料查阅，对施工、监理单位自评结果进行了复核。考核结果均为合格。

通过一系列措施的实施，2012 年未发生任何安全事故，实现了项目安全管理目标。

（佟　月）

石家庄市区段工程

工程概况

石家庄市区段工程位于石家庄市桥西区和新华区，起点在鹿泉市与石家庄市交界处的台头村附近。总干渠设计流量为 220m^3/s，加大流量为 240 m^3/s，起点设计水位为 77.218m，终点设计水位为 76.408m，总水头差为 0.810m。

为确保 2012 年度施工计划目标完成，项目部编制年、月、周施工计划，将工期目标横向分解到部门，纵向分解到班组，逐层签订工期责任状，实行奖惩制度，各施工队之间开展“劳动竞赛”，一系列的措施保证了计划工期的实现。

（赵新楼）

工程投资

2012 年计划完成投资 12 590.4 万元，实际完成 12 609.4 万元，完成计划的 100.2%，累计完成施工投资 4.841 24 亿元。

（薛　震）

工程进展

2012 年，石家庄市区段工程计划完成合同投资 12 590.4 万元，土方开挖 68.7 万 m^3，土方回填 35.1 万 m^3，混凝土浇筑 7 万 m^3；实际完成施工投资 12 609.4 万元（完成比例 100.2%），土石方开挖 296.7 万 m^3（完成比例 431.9%），土石方回填 56.6 万 m^3（完成比例 161.3%），混凝土浇筑 5.271 万 m^3（完成比例 74.5%）。

石家庄市区段工程渠道总长度 10.439km（渠道长度包括石桥段新增部位，同时对康庄、岳村桥改暗渠后核减），渠道开挖成型断面 8.7km，累计成型占总长的 84.39%；渠道边坡混凝土衬砌累计完成 17 244.7m；渠底衬砌累计完成 6694.8m，累计衬砌占总长度的 77.41%。标段内大型河渠交叉建筑物共 3 座（新增康庄暗渠和岳村暗渠），总共 53 节管身段，累计完成 31 节，占总数的 58.4%；左岸排水建筑物共 1 座（台头沟倒虹吸），已完成主体工程；控制性分水口门 1 座，已完成主体工程。

（白艳勇）

质 量 管 理

为更好地贯彻落实质量方针，进行质量控制，建立健全了质量保证体系和质量组织机构，成立了专门的质检机构。设立工地试验室，由专职试验人员组成，负责现场各项取样工作，试验检测委托河北省水利工程质量检测中心站进行。建立了以项目经理为第一质量责任人质量组织管理机构和工程施工质量检查组织机构，确立了质量管理组织机构成员的岗位职责。各施工作业队，均设专职质量检查员。层层落实、逐级把关，持证上岗，使工程施工质量管理、检验与控制和安全生产监督检查工作，始终处于有效的控制状态。制定了质量监督制度和"三检制"工程施工质量检查，没有上道工序项目或单元工程质量检查合格证明，决不允许进行下道工序项目施工。

截至2012年底，石家庄市区段工程已验收2024个单元工程，其中1921个优良，合格率100%，优良率为94.9%。

2012年度工程质量受控，全年未发生质量事故和安全事故。

（方向阳　佟　月）

穿漳河工程

工 程 概 况

穿漳河工程位于河南省安阳市安丰乡施家河村与河北省邯郸市讲武城之间。东距京广线漳河铁路桥约2km，西距107国道约2.5km，南距安阳市17km，北距邯郸市36km，其上游11.4km处建有岳城水库。工程建筑物采用渠道倒虹吸型式，由南向北分别由南岸连接渠道（包括退水闸、排冰闸）、进口渐变段、进口检修闸段、倒虹吸管身段、出口节制闸段、出口渐变段、北岸连接渠道等组成，在南岸连接渠道右侧设有退水、排冰闸。

穿漳河工程轴线总长1081.81m，其中倒虹吸管身段轴线长619.18m。建筑物干渠桩号为（730+640.19）~（731+722m）。下游护岸位于工程轴线下游约1.26km，护岸工程顺流向长度500m。漳河南岸总干渠设计水位92.19m，加大水位92.56m，北岸总干渠设计水位91.87m，加大水位92.25m，设计流量235m^3/s，加大流量265m^3/s。

（楚鹏程）

建 设 管 理

根据工程现场实际情况，结合工程建设管理目标，制定了2012年穿漳河工程建设管理目标。其中，计划完成工程投资1853万元，完成混凝土浇筑0.3万m^3，工程全部完工。

2012年，穿漳河工程超额完成全年投资、开挖、回填、混凝土浇筑等实物目标，超额完成各项建设管理目标。安鹤项目部2012年获得"破解难关站高峰，持续攻坚保通水"劳动竞赛第二阶段一等奖；获得了"2012年9月~2013年6月南水北调中线干线工程建设劳动竞赛第一阶段"一等奖。

（楚鹏程）

质 量 管 理

安鹤项目部依据《南水北调中线干线河南直管项目工程质量管理办法（试行）》、《南水北调中线干线工程河南直管项目质量安全进度与文明施工考核实施细则》等各项管理办法，完善了质量管理体系文件，成立了质量管理委员会，处室设立了质量管理专职工程师岗位，负责监督检查各参建单位质量管理及质量体系运行。督促施工单位加强工序质量管理，严格实行“三检制”，做好工程质量的全过程监督；督促监理单位对施工单位实行事前审批、事中监督、事后把关的施工全过程质量控制。充分发挥监理职能，通过月度和季度的检查考核，形成了各参建单位之间的良性竞争氛围。

2012年，穿漳河工程未发生任何质量事故。

（李合生　刘　卓　楚鹏程）

工程验收

穿漳河主体工程已于2012年6月30日完工，南、北两岸进场公路混凝土路面已浇筑完成；机电金属结构安装全部完成；正在进行部分建筑物内部装修工程收尾工作及分部工程验收工作。

2012年，穿漳河工程完成投资3191.9万元，占年计划1853万元的172%，累计完成投资26 266.21万元。土石方开挖完成1.38万m^3，累计完成81.45万m^3；土石方回填完成7.4万m^3，累计完成100.06万m^3；混凝土浇筑完成0.84万m^3，累计完成10.06万m^3。

2012年，穿漳河工程土建及安装施工标累计评定单元工程1038个，占总数1104个的94%；安全监测标（跨设计单元）累计评定单元工程153个，占总数155个的99%。穿漳河工程共有17个分部工程，2012年已验收16个，验收率为94.12%，其中土建分部工程验收12个，全部合格，优良11个，验收率达到92.3%；安全监测分部工程验收4个，全部合格。

（楚鹏程）

环境保护及水土保持

项目部督促各相关单位严格按照国家《开发建设项目水土保持技术规范》、《开发建设项目水土流失防治标准》和相关行业国家现行技术标准及合同要求。建立水土保持制度，采取有效的措施预防控制水土流失。

穿漳河工程在开工时，已根据要求编制了水土保持专项施工措施：建立了水土保持组织机构，并配备了一名专职人员，负责水土保持工作；明确了具体的职责分工；在每月施工单位考核中，对水土保持工作单独列项进行考核；形成了一套制度体系，目前体系运行正常。

水土保持监理单位和监测单位能够发挥专业优势，在日常的工作监测中，能发现问题及时与建管单位、施工单位进行沟通，并提出合理化建议；每月能够及时对检查情况以月报形式进行上报。

2012年6月底，安鹤项目部、水保监理、现场监理、施工单位联合对穿漳河工程水土保持工作进行检查，对检查出的问题要求施工单位进行了整改。穿漳河工程施工沿线无随意倾倒的弃土、弃渣。弃土弃渣场的临时水保设施主要为料场表土剥离后临时堆土的袋装土拦挡和临时排水沟，目前已经施工完成；施家河弃土场（68.2亩）、吉庄取土区（97.7亩）、北风护坡临时道路（4.42亩）三块临时用地申请，已经进行平整并移交地方政府，其余临时用地正在进行平整清理中，并将及时进行移交、复耕。主体工程防治区中已设计南北两岸浆砌石护坡、护脚、裹头处六方框格目前基本施工完成，永久排水沟基本修建完成，且在汛期前已经进行清理，具有较好的水保功能；渠道两侧草皮护坡、防护林、景观林、绿化林等植物措施，正在组织施工，防止水土流失。施工道路防治区已按照要求在道路两侧设置0.4m×0.4m的梯形土质排水沟，同时在道路两侧种植了毛白杨进行绿化。施工生产生活区包括拌和系统、施工机械停放区、综合加工厂、办公生活区等，目前生产生活区内排水沟系统已经建立，且在汛期已进行疏通清理；根据水保设计，施工结束后，应清理平整恢复其原有土地功能，并需开挖排水沟总长1500m，采用浆砌石矩形断面，尺寸0.3m×0.4m，浆砌石厚0.3m，因目前生产生活区仍正被占用，待工程全部完工后，要求施工单位将根据水保设计进行排水沟施工。

（楚鹏程）

黄河北—漳河南段工程

概　述

工　程　概　况

黄河北—漳河南段工程起点为穿黄工程出口S点，终点为安阳县施家河村东豫、冀两省交界的穿漳河工程交叉建筑物进口。线路全长237.074km。区段设计流量为265～235m^3/s，加大流量为320～265m^3/s。

南水北调中线一期工程为一等工程，总干渠渠道、各类交叉建筑物和控制工程等主要建筑物为1级建筑物，附属建筑物、河道护岸工程等次要建筑物为3级建筑物，临时工程为4～5级建筑物。

该渠段工程由全挖、全填、半挖半填土质渠道、岩质及土岩结合渠道和河渠交叉工程、左岸排水工程、渠渠交叉工程、公路和铁路交叉工程、控制工程等建筑物组成。

中线建管局河南直管建管局为适应河南境内工程大开工形势，调整机构，新设立了郑焦项目部、安鹤项目部、平顶山项目部、南阳项目部。温博段、沁河倒虹吸和焦作1段工程的现场协调和管理由河南直管建管局郑焦项目部具体负责。

（崔　娇）

温博段工程

工　程　概　况

温博段起点位于河南省温县北张羌村穿黄工程的末端S点，终点为博爱县聂村东北过大沙河交叉建筑物出口。本渠段全长26.616km，其中明渠段长25.329km，沿线共布置各类交叉建筑物44座（不包括沁河渠道倒虹吸工程），其中河渠交叉建筑物6座、左岸排水建筑物4座、渠渠交叉建筑物2座、控制建筑物3座（节制闸1座，分水口门2座）、跨渠桥29座。渠段起点设计水位108.000m，终点设计水位105.916m，总设计水头差2.084m。该段设计流量265m^3/s，加大流量320m^3/s。

主要工程量：土方开挖951.36万m^3，土方填筑435.41万m^3，混凝土42.45万m^3，钢筋制作安装19 332.60t。

（张文博）

工　程　投　资

2012年，温博段工程计划完成投资21 127万元（工程部分），实际完成投资26 107万元（其中，建筑及安装工程完成投资

25 866万元，机电设备及安装工程 11 万元，金属结构设备及安装工程 67 万元，临时工程 112 万元，其他 51 万元），年实际完成投资占年计划的 124%。

截至 2012 年底，温博段工程所有合同项目累计完成投资 85 269 万元，占合同金额的 105%。

（赵林涛）

工 程 进 展

2012 年，温博段工程计划完成土方开挖 1.43 万 m^3，土方填筑 32.28 万 m^3，混凝土浇筑 11.77 万 m^3，主体工程计划全部完工；实际完成土石方开挖 42.27 万 m^3，土石方填筑 45.64 万 m^3，混凝土浇筑 12.85 万 m^3。渠道开挖成型 2.97km（折合全断面），填筑成型 1.432km（折合全断面），完成衬砌 19.02km（折合全断面），截至 2012 年底，温博段工程渠道开挖及填筑全部完成，渠道衬砌基本完成，各类建筑物 45 座均已完成主体工程施工。

温博段工程有闸门埋件 68 套，总重 327.22t，2012 年安装 28 套 133.16t；闸门共 36 扇，总重 803.245t，2012 年安装 28 扇 606.195t；钢闸门启闭机 32 台（套），2012 年制造完成 10 台（套）。高压开关柜、变压器、低压配电柜、配电箱、控制箱、柴油发电机组等电气设备已经全部生产完成。

（张文博）

质 量 管 理

2012 年，温博段工程质量情况基本稳定，未发生任何质量事故，优良率数控指标均保持较高水平，共完成 2489 个单元工程，其中 2409 个单元工程优良，优良率 96.80%，达到工程质量目标，工程质量处于受控状态，工程质量优良。

（石文明）

安 全 生 产

郑焦项目部实施了安全巡视检查制度、安全生产隐患排查治理制度、安全事故报告制度等，使管理制度进一步完善。根据国务院南水北调办、中线建管局统一安排和部署，结合郑焦段项目安全管理特点，提前规划各月安全管理重点工作，组织开展安全培训和教育，深化安全生产专项整治工作，集中开展安全生产领域“打非治违”专项行动，组织开展“安全生产月”活动，扎实开展预防施工起重机械和脚手架等坍塌事故专项整治工作，深入开展隐患排查治理活动，加强重大危险源管理，落实重大危险源监控管理措施，确保重大危险源可控、在控。

同时，强化应急预案体系建设，制定和完善郑焦片项目安全事故应急预案，提前安排防汛度汛、高温季节施工及重大节假日的安全生产工作，构建应急管理机制并适时组织开展预案演练，切实提高了应急管理能力和水平。可以随着工程进展有预见性地提出安全警示。有效地提高各单位安全防范意识，减少安全隐患。对各单位安全管理人员和特种作业人员进行动态管理。建立纵向信息网络，搭建安全管理交流平台。加强现场大型设备动态管理，确定照管人。除平常的日常巡视检查外，组织开展安全检查活动，并发出整改通知，有效避免了安全事故的发生。参建施工、监理、设计在年度考核全部被评为Ⅰ级。

（杨永来）

沁河渠道倒虹吸工程

工程概况

沁河渠道倒虹吸工程位于河南省温县徐堡镇北、博温公路沁河大桥下游约300m处，是南水北调总干渠与沁河的交叉建筑物，工程由进、出口渠道段和穿沁河渠道倒虹吸管身组成，该段设计流量$265m^3/s$，设计水位100.6～106.933m，加大流量$320m^3/s$，加大水位108.256～107.587m。

渠倒虹轴线与沁河基本呈正交，建筑物总长1197m，其中进口渐变段长60m，进口闸室段长15m，倒虹管身段水平投影长1015m，出口闸室段长22m，出口渐变段长85m。设计管身横断面为一联3孔箱形钢筋混凝土结构，孔径为6.9m×6.9m（宽×高）的C30钢筋混凝土结构。

主要工程量：土方开挖253.3万m^3，土方填筑215.8万m^3，混凝土11.66万m^3，钢筋制作安装6392.16t，机电设备安装、金属结构设备安装等。

工程于2009年6月1日开工，2012年5月31日完工。

（张文博）

工程投资

2012年，沁河渠道倒虹吸工程计划完成投资3593万元（工程部分），实际完成投资4510万元（其中，建筑及安装工程完成投资4209万元，金属结构设备及安装工程14万元，临时工程205万元，其他81万元），年实际完成投资占年计划的126%。

截至2012年底，沁河渠道倒虹吸工程所有合同项目累计完成投资25 793万元，占合同金额的106%。

（赵林涛）

质量管理

2012年，沁河渠道倒虹吸工程质量情况基本稳定，未发生任何质量事故，优良率数控指标均保持较高水平，共完成354个单元工程，其中336个单元工程优良，优良率94.9%，达到工程质量目标，工程质量处于受控状态，工程质量优良。

（石文明）

工程验收

沁河渠道倒虹吸工程土建及设备安装施工标共划分1个单位工程，16个分部工程，928个单元工程，其中关键部位单元工程2个，重要隐蔽单元工程29个，一般隐蔽单元工程4个。截至2012年12月31日，沁河渠道倒虹吸土建及设备安装施工标共验收分部工程14个，剩余2个分部工程的验收工作计划于2013年6月30日完成，单位工程及合同项目验收工作计划于2013年7月25日完成。

（徐志一）

焦作1段工程

工 程 概 况

焦作1段起点位于河南省博爱县聂村东北大沙河渠倒虹出口，终点为焦作市苏蔺西李河渠倒虹出口。渠段总长13.513km，其中明渠长11.598km，建筑物长1.915km，沿线共布置各类交叉建筑物18座，其中河渠交叉建筑物5座；控制建筑物3座（节制闸、退水闸，分水口门各1座）；跨渠公路桥9座；铁路桥1座。渠段起点设计水位105.916m，终点设计水位104.686m，总设计水头差1.23m。该段设计流量265m³/s、加大流量320m³/s。

主要工程量：土方开挖429.51万m^3，土方填筑463.89万m^3，混凝土41.45万m^3，钢筋制作安装28 965t。

（张文博）

工 程 投 资

2012年，焦作1段工程计划完成投资37 592万元（工程部分），实际完成投资59 896万元（其中，建筑及安装工程完成投资59 278万元，机电设备及安装工程27万元，金属结构设备及安装工程38万元，临时工程553万元），年实际完成投资占年计划的159%。

截至2012年底，焦作1段工程所有合同项目累计完成投资106 048万元，占合同金额的135%。

（赵林涛）

工 程 进 展

2012年，焦作1段计划完成土方开挖59.55万m^3，土方填筑120.79万m^3，混凝土浇筑15.29万m^3；计划渠道开挖成型0.479km，填筑成型2.435km，单侧边坡衬砌7.77km，底板衬砌3.3km。

2012年，实际完成土石方开挖116.38万m^3，土石方填筑143.71万m^3，混凝土浇筑38.56万m^3；完成渠道开挖成型3.775km（折合全断面），累计成型10.56km，占总长10.56km的100%；完成填筑成型2.78km（折合成全断面），累计成型10.40km，占总长10.56km的98.5%；完成衬砌1.85km（折合成全断面），累计衬砌1.85km，占总长10.56km的17.5%。

焦作1段河渠交叉建筑物共5座，均已开工，4座已完成主体工程施工，其中控制性工程累计完成混凝土浇筑（指建筑物混凝土量）比例为91.13%；分水口等控制性建筑物1座，已完成主体工程施工；退水闸2座，均已开工，其中1座完成主体工程施工；跨渠桥梁11座，均已开工，9座已完成主体工程施工；抽排泵站12座，均已完成主体工程施工。

焦作1段工程闸门埋件80套，总重430.97t，2012年制造64套354.32t，已安装54套299.74t；闸门共54扇，总重1292.88t，已生产38扇855.29t，已安装16扇352.92t；钢闸门启闭机52台（套），已生产37台（套）。

（张文博）

质 量 管 理

2012年，焦作1段工程质量情况基本稳定，未发生任何质量事故，优良率数控指标均保持较高水平，共完成394个单元工程，其中373个单元工程优良，优良率94.7%，达到工程质量目标，工程质量处于受控状态，工程质量优良。

（石文明）

焦作2段工程

工程概况

焦作2段工程是南水北调中线一期工程总干渠第Ⅳ渠段（黄河北—羑河北）的第四设计单元，途经焦作市的山阳区、马村区和修武县，设计桩号为（Ⅳ41+400）~（Ⅳ66+960），全长25.56km，其中渠道长度23.794km，占水头建筑物长度1.766km。渠段内共有各类建筑物46座，其中，河渠交叉3座，左岸排水3座，分水闸2座，节制闸1座，退水闸1座，交通桥18座，生产桥8座，铁路桥10座（铁路桥不含在本次施工合同中）。

焦作2段总干渠多为全挖方段，仅有少量半挖半填和全填方段，最大挖深约40m，最大填高约13m。本段设计流量为265、260m³/s，加大流量为320、310m³/s。渠道过水断面呈梯形状，设计底宽为9.5~26.5m，设计水深7m，堤顶宽5m。边坡系数0.4~3.5，设计纵坡为1/29 000、1/23 000。

（辛贺艳）

工程投资

（一）投资计划完成情况

2012年，焦作2段工程完成投资33 909万元。其中建安投资33 424万元（包括价差调整5336万元），金属结构设备费用70万元，机电设备费用50万元，独立费用365万元。累计完成投资160 452万元。其中建安投资147 732万元（包括价差调整5336万元），金属结构设备费用1350万元，机电设备费用650万元，独立费用10 719万元。各标段共完成建安工程投资2.8亿元；工程进度款结算23 757万元，工程质保金扣除1214万元，完成净支付26 539万元。累计完成建安工程投资16亿元；工程进度款结算11.2亿元，工程预付款支付1287万元，工程质保金扣除5688万元，完成净支付12.3亿元。

（二）投资控制管理

批复的初步设计概算：根据水利部《关于南水北调中线一期工程总干渠焦作2段初步设计报告的批复》（水总〔2006〕206号），焦作2段初步设计概算投资351 729万元，其中静态总投资333 363万元，建设期贷款利息18 366万元。静态投资中的建筑工程投资159 846万元，机电设备及安装工程投资1298万元，金属结构设备及安装工程投资1597万元，临时工程投资5116万元，独立费用13 391万元，基本预备费9769万元，移民及环境部分投资123 622万元，其他部分投资5532万元。

批复的项目管理预算：根据国务院南水北调办批复的焦作2段工程项目管理预算，焦作2段项目管理预算金额333 364万元，其中建筑安装工程采购130 856万元，设备采购2230万元，专项采购37 354万元，项目管理费2784万元，技术服务采购12 199万元，生产准备费722万元，其他费用107万元，建设及施工场地征用费126 416万元，可调剂预留费用10 926万元，基本预备费9770万元。

下达的投资控制指标：根据中线建管局《关于明确南水北调中线一期干线工程焦作2段投资控制指标的通知》（中线建管局计〔2011〕52号），中线建管局下达河南省建管局焦作2段投资控制指标198 914万元，占项目管理预算的74%。其中建筑安装工程采购130 856万元，设备采购2230万元，专项采购34 975万元，项目管理费1728万元，技术服务采购4901万元，建设及施工场地征用费3528万元，可调剂预留费用10 926万元，基本预备费9770万元。按照分项投资控制指标划分，建安工程类投资172 991万元，建设单位项目管理费1782万元，工程科学研究试验费335万元，技术经济咨询费426万元，可调剂预留费用10 926万元，基本预备费9770万元。相应变更与索赔控制额度为29 624万元，其中合同采购节余8928万元，可调剂预留费用10 926万元，基本预备费9770万元。

（辛贺艳）

建设管理

焦作2段工程的项目法人是南水北调中线干线工程建设管理局。委托河南省南水北调中线工程建设管理局为南水北调中线一期总干渠黄河北至漳河南段工程部分渠段的建设管理单位。南水北调中线工程焦作段建管处，作为河南省南水北调中线工程建设管理局的派出机构，具体负责焦作2段现场管理工作。

施工进度控制目标：焦作2段自身可控段渠道及建筑物基本可于2013年7月31日前完成。受铁路占压和变更（增加）项目确定方案延迟的影响，部分项目延迟至2013年12月31日完成。

焦作2段工程2012年度各项管理目标除施工进度因设计变更、铁路占压及天气等原因未能实现目标要求外，其他各项目标均实现预期要求。

（辛贺艳）

工程进展

2012年，焦作工程段工程完成土石方开挖256万m^3，占年计划的120%；完成土石方填筑91万m^3，占年计划144%；完成混凝土浇筑19.8万m^3，占年计划的118%。截至2012年底，累计完成土石方开挖4080万m^3，占合同的108%；土石方填筑362万m^3，占合同的105%；混凝土浇筑50.4万m^3，占合同的90%。

工程形象进度：明渠总长23.8km，其中18.5km开挖至保护层，高填方渠段填筑基本完成，渠道边坡混凝土衬砌累计完成14.4km，底板混凝土衬砌完成8.2km。大型河渠交叉建筑物3座，左岸排水建筑物3座，均完成主体混凝土工程施工；公路桥18座，其中17座完成主体工程施工；生产桥8座，其中7座生产桥完成主体工程施工。分水口2座、节制闸1座、退水闸1座，均完成主体混凝土施工。10座铁路交叉工程中5座完成主体工程施工并通车，4座移交工作面。其余5座按计划向前推进。控制性项目中铝工企站框架桥下层框架混凝土浇筑完成95%。

（辛贺艳）

工程监理

焦作2段的监理单位是黄河勘测规划设计有限公司。监理工作范围为焦作2段［桩号（Ⅳ41+400）～（Ⅳ66+960）］内土建工程施工（不含铁路桥）、机电设备安装工程、金属结构设备安装工程、安全监测、临时工程、水土保持工程及施工期环境保护工程以及河南管理段（焦作2段、辉县段、石门河倒虹吸、新乡卫辉段）全部闸门和启闭机的设备制造等项目的建设监理工作。

2012年，焦作2段监理部进场监理人员共47人，其中具有注册监理工程师资格证的18人，注册造价师资质2人，注册检测员资质2人，测绘资质2人，监理员证（含培训证）20人，其他人员3人。

2012年，监理部对《南水北调中线干线焦作2段工程监理细则》进行补编，重新编制的4个监理实施细则，突出监理工作的预控性，明确控制措施和方法，使其更具备可行性和可操作性。2012年度焦作2段工程质量控制的重点是各建筑物的施工质量和渠道衬砌施工质量。全年共向标段发布有关质量进度控制方面的监理通知68份；进行质量进度方面全面检查11次，专项检查19次；进行质量缺陷备案和处理124项；对重点控制部位进行全程旁站1966次；审核签发设计图纸122套计723张；组织施工图技术交底会议3次；审核批复施工单位各类报告425份；审核批复施工单位各类施工技术方案269份；组织召开各类专题会议16次；编制上报调整总进度分析报告2份、年度进度分析报告1份，进度通报5份、山门河暗渠观测及施工进度快报10份；编制监理月报12期、监理旬报36期，编制监理质量月报12期、监理质量旬报36期。

监理抽检按监理规范规定的频次进行，所有材料均在复检合格后才允许进场使用。2012年，施工单位对钢筋、水泥、粉煤灰、砂子、石子、外加剂、止水带等共进行16 569次检测，累计51 036次；监理跟踪检测19 380次，累计41 625次；平行检测4153次，累计8389次检测；见证检测14 146次，累计15 466次检测。

各标混凝土均实行统一拌和、分别供应。监理每月对施工方的混凝土试块强度进行分析，及时指导施工，发现质量问题苗头，及时纠正。对混凝土施工中出现的蜂窝、麻面、错台、裂缝和橡胶止水偏移问题，监督施工单位按照南水北调有关缺陷处理的规定进行处理。2012年，共发现一类质量缺陷47项，二类质量缺陷0项，三类质量缺陷0项，无质量事故，所有缺陷均按要求处理合格。对不合格原材，按有关规定进行清场处理，2012年度共清场12批次。

监理部开展重大危险源管理工作，建立健全危险源管理制度与体系，加强对各施工标段重大危险源的动态管理，根据工程的施工特点，经过危险源辨识和评价，及时完善事故应急预案和处置方案。焦作2段共完善事故应急预案57个、编制演练方案9项、组织演练9次。

根据工程规模及施工组织形式的要求，监理工程师设置专门的造价控制监理岗位，负责编制投资控制目标和分年度投资计划方案，核算合同支付、审核工程变更所引起的新增费用预算和费用增减变更，审核索赔引起的费用变更。2012年共审核批复月进度款10期，涉及金额22 421万元；审核各类变更报告39项，涉及金额59 905万元。

根据国家和南水北调中线干线工程档案管理办法、标准，对资料进行规范化管理。对上一年工程资料及时进行整理、装订、编目及装盒工作，共整编归档年工程资料90盒，并对不规范的部分补充完善，避免档案流失现象发生。2012年共收到各单位来文3600余份，发放各类通知、通报180余份，上报业主单位文件100余份，对新到的资料文件能及时登记更新目录，做到不漏登记、不误登记，并及时流转及归档。及时收集整理监理日志及旁站记录，并按月分册装订归档。

（姜同凡）

质 量 管 理

2012年，焦作建管处在抓进度、保通水的总体目标指导下，全面落实“转变作风、狠抓落实”的要求，保持质量、安全管理的高压态势，对各种质量问题“零容忍”。2012年度，焦作2段未发生质量事故，工程质量处于受控状态。

一是明确目标、责任到人。2012年初，与各参建单位签订《质量管理目标责任书》，明确各个部门、各个岗位人员的质量责任，建立起纵向到底、横向到边的质量责任网络。建管处内部处长、分管副处长以及科室负责人、科室有关人员也层层签订《质量管理目标责任书》，进一步明确各级管理人员的责任。

二是关口前移、加强事前控制，确保工程质量。建管处质量管理关口前移，加强事前控制。要求监理将衬砌建基面作为隐蔽工程组织联合验收，参与文昌大道公路桥施工方案论证、原材料选择、配合比试配检测，对解放大道公路桥钢管拱加工厂家进行考察，并加强过程检查，通过关口前移，变事后整改为事前和事中控制，将质量隐患降至最低。施工过程中，督促监理单位和施工单位严格按照规定的检测频次进行检测；对文昌大道公路桥、解放大道公路桥等重要建筑物浇筑过程，对高填方缺口回填、膨胀土换填施工，建管处加大抽检频次。

三是加强过程控制，加大检测力度。2012 年上半年重点对高填方缺口回填、建筑物周边回填及膨胀土换填进行抽查。9 月 3～20 日，建管处组织监理部对焦作 2 段范围内已浇筑混凝土的 24 座建筑物 185 个构件进行全面回弹检测，实体强度除白庄生产桥箱梁外，其余建筑物未发现异常。11 月，建管处配合国务院南水北调办监管中心，对焦作 2 段各建筑物混凝土按仓号全部进行回弹检测，绝大多数满足设计要求，仅有个别仓号有疑似低强现象。建管处组织监理和施工单位对疑似部位用钻芯取样进行复核确认，所有芯样强度满足设计要求。通过近两年不同层次先后多次对焦作 2 段工程实体质量检测表明，焦作 2 段工程质量受控。

四是正视飞检、认真整改，全面提高质量管理水平。2012 年，国务院南水北调办飞检组对焦作 2 段进行两个轮次的检查。飞检中未发现严重的工程实体问题，但施工违规行为和局部质量缺陷还是存在，建管处要求各参建单位正确对待飞检，不抵触、不隐瞒，要通过飞检把自身存在的问题暴露出来，在整改过程中不断提升质量管理工作水平。

五是通过加强监理管理促进工程质量的提升。重点加大对监理单位的管理力度。通过现场抽查结合考勤机考勤等形式加强监理考勤工作，由总监、副总监分别分管一个施工标段，加强现场管理力量，加大对旁站监理的检查处罚力度，通过随机抽查、夜查等形式，对重点部位、重要工序。对山门河暗渠二衬混凝土施工、桥梁预制箱梁预应力张拉、灌浆等进行检查，并针对发现问题对监理部进行经济处罚。

2012 年，评定单元工程 1395 个，其中 1329 个优良，单元工程优良率 92.3%。评定分项工程 1090 个，全部质量合格。

（赵志鹏）

安全生产

2012 年，焦作 2 段工程未发生生产安全事故，生产安全控制指标均为合格，完成 2012 年度安全责任目标。截至 2012 年底，焦作 2 段工程安全生产无事故天数累计达到 1461 天。

（1）健全安全生产体系，明确安全生产责任。焦作建管处建立健全建管处负责、监理单位控制、施工、设计单位保证的安全生产管理体系，成立以建管处处长为组长、主管副处长、建管处总工、总监理工程师为副组长，建管处质量安全科负责人、监理、设计、施工单位、第三方试验室现场机构负责人为成员的安全生产领导小组。与监理单位和各施工单位签订《安全生产目标责任书》，明确安全生产责任，分解安全目标，量化目标责任，落实安全职责。

（2）完善规章制度，规范安全生产工作。焦作建管处对《安全生产管理制度》、《安全生产责任制度》、《安全教育培训制度》、《安全生产事故报告制度》、《安全生产管理例会制度》、《重大危险源登记管理制度》、《安全生产隐患排查整改制度》、《安全生产奖惩规定》等规章制度进行修订，并对综合性《生产安全施工应急处理预案》及爆破、火灾、交通安全、机械伤害、触电等十余项专项应急预案进行更新，各参建单位也编制全面的规章制度和操作规程；监理部编制管理制度和监理细则，涵盖工程安全生产的各方面。

（3）更新危险源辨识登记，实现危险源动态管理。按中线建管局文件要求，建管处组织监理部每半年对全线危险源汇总上报。明确焦作2段存在的重大危险因素。工程穿越市区和矿区交通条件复杂、九里山岩石高边坡、深挖方、洞挖施工、桥梁上部结构高空作业、施工机械数量众多。要求各施工单位加强重点部位安全防范，监理部对安全防范措施的落实进行适时检查，实现危险源的动态管理。

（4）开展安全教育培训。开展各类培训10次，培训人员150余人次。

（5）开展“预防坍塌、脚手架施工、起重设备”等专项整治活动。重点开展预防坍塌、脚手架施工、起重设备作业等专项检查治理活动。编制印发专项整治方案，明确指导思想和工作目标，细化专项整治工作重点内容及整治时限，对工程建设重点部位，如高边坡、深挖方渠段，现浇生产桥脚手架搭设，桥梁箱梁吊装作业以及特种工持证上岗情况进行多次检查，发现问题立即发整改通知书，由监理部对整改情况进行跟踪督促。对于暗渠开挖支护、桥梁施工等危险因素较大的施工，请设计、地质共同协商讨论，确定科学合理的方案，从技术层面上保证工程安全。

（6）落实安全检查制度，及时消除事故隐患。执行安全生产检查制度，坚持季度评比制度，不定期开展专项安全检查。进入汛期后，以“防坍塌、防冲刷、防雷击”等为重点，加强对高边坡、深基坑、地下作业以及施工围堰、简易工棚等重要环节重点部位的检查；进入冬季，对防火、用电、防冻、防滑、防中毒进行专项检查。节假日前后，对人员值班情况，施工作业人员的生活情况进行检查。下发联系单、专项巡查通报以及现场整改通知30余份，要求监理部督促有关责任单位认真整改，对重点部位、重要内容进行抽查。

（7）督促落实防洪度汛措施。2012年4月，建管处与监理以及各施工单位签订安全度汛目标责任书，明确各参建单位的责任。编报2012年度汛方案，对2012年超标准洪水应予预案进行更新，并重新进行发布。6月1日，在焦作2段1标建设路穿渠廊道施工现场组织开展焦作2段2012年防洪度汛演练活动，各施工标段结合各自实际情况开展防汛演练。进入汛期后，建管处组织专项检查，对于度汛物资储备、人员到位情况进行检查，通过各项保证措施的落实。

（赵志鹏）

辉县段工程

工程概况

辉县段是南水北调中线一期工程总干渠Ⅳ渠段（黄河北—羑河北段）的组成部分，位于Ⅳ渠段的中部，地域上属于河南省的辉县市。黄羑段总共分有10个设计单元，辉县段是第5设计单元。该设计单元自修武县与辉县市交界的纸坊河左岸起（总干渠设计桩号为Ⅳ66+960），与焦作2段的终点相接；终点位于辉县市与新乡凤泉区交界的孟坟河左岸（设计桩号为Ⅳ115+900），与新乡卫辉段起点相连接，全长47.39km［不包括石门河渠道倒虹吸工程（Ⅳ91+730）~（Ⅳ93+280）施工标段1.55km］，其中渠道长度43.40km，建筑物长度3.99km。辉县段共有各类建筑物77座，其中，河渠交叉7座，渠渠交叉2座，左岸排水18座，分水闸2座，交通桥30座，节制闸3座，退水闸3座，生产桥12座。

辉县段渠道以全挖方断面为主，占总长度

63%，其中挖深超过15m的深挖方段长1.5km，最大挖深32m，半挖半填段占该段渠道总长的37%。辉县段设计流量为260m^3/s，加大流量为310m^3/s。设计水位为102.961～98.939m。渠道过水断面呈梯形，设计底宽为25.0～14.5m，堤顶宽5m。渠道边坡系数为2.25～0.4，设计纵坡为1/20 000～1/28 000。工程规划永久占地9412亩，临时占地13 676亩。

（刘元永）

工　程　投　资

2012年，辉县段工程计划完成投资26 609.2万元，实际完成建安投资29 814.0万元，占年计划的112.0%。

（刘元永）

工　程　进　展

2012年，辉县段工程实际完成土石方开挖71.9万m^3，占年计划的154.8%；土石方填筑362.4万m^3，占年计划的155.8%；混凝土20.94万m^3，占年计划的76.0%。

混凝土浇筑未完成年度计划，主要原因是：

（1）降雨次数较多及气温较高，为保证工程质量，施工强度被迫有所减缓，影响混凝土施工，特别是对渠道混凝土浇筑施工造成较大影响。

（2）辉县地方政府进行砂石生产企业专项整顿，部分项目部砂石料存量有限，影响混凝土施工。

（3）施工单位均较大程度地暴露出资金困难的问题，影响工程建设正常进展。

2012年，辉县段完成渠道开挖成型1.7km，完成渠道填筑成型17.5km，完成单边衬砌长度39.8km，完成河渠交叉建筑物2座，完成左岸排水建筑物2座，完成渠渠交叉建筑物1座，完成跨渠桥梁20座主体工程施工。

（杨长明）

工　程　监　理

辉县段工程的监理单位为河南立信工程咨询监理有限公司（辉县前段监理）、河南科光工程建设监理有限公司（辉县后段监理）。

河南立信工程咨询监理有限公司监理工作情况为：

（1）工程进度控制。根据《工程施工进度控制监理实施细则》和制定的《2012年施工控制性进度计划》，审批施工单位上报的年度、季度、月份施工进度计划，召开进度专题会等措施严格控制施工进度，适时进行进度预测，落实中线建管局下达的进度要求。

（2）工程质量控制。编制20个专项监理实施细则。严格审查施工单位的质量保证体系、施工技术方案和措施等。2012年共进行单元工程质量评定2245个，质量全部合格，其中优良个数2130个，优良率95%；分部工程质量评定3个，质量全部优良。

（3）文明施工及安全生产。对施工现场的安全生产和文明施工进行经常性检查，发现安全隐患及时要求施工单位立即进行整改，安全专业监理工程师每月对施工现场进行巡视检查3次以上，监理部安全生产小组每月对各标段进行1次安全生产大检查。

河南科光工程建设监理有限公司监理工作情况为：

（1）2012年土建标共评定单元工程3543个（不包括石门河），其中按水利行业标准评定2033个，全部合格，优良1886个，优良率为92.76%；按其他行业标准进行评定1510个，全部合格，合格率为100%。工程没出现质量事故，施工质量处于受控状态。

（2）下发书面监理整改通知：辉县5标12份，辉县6标12份，辉县7标8份。下达“现场监理口头指令”47次：辉县5标15次，辉县6标17次，辉县7标15次。现场安全巡查、检查54次，要求施工单位按规范、技案或监理指令进行立即整改或限期整改，保持良好的安全施工环境。安全生产处于可控状态，未发生任何施工起重机械、脚手架、渠道高边坡等坍塌事故。

（刘月军　肖　超）

安　全　生　产

2012年初，新乡建管处根据人员变动情况，调整安全生产领导小组成员，辉县前段监理部、辉县后段监理部、辉县段各项目部对安全监理人员或管理人员也做出调整，加强安全管理队伍建设。积极开展“安全生产年”活动，成立领导小组，制定活动方案。进行多项安全生产专题活动，利用网络发布安全生产动态，及时传达上级指示精神。对沿线各参建单位进行不定期巡查，对在安全检查和隐患排查治理行动中排查出的隐患，及时下达整改通知书，要求施工单位（监理单位）治理整改；对屡次出现问题或发现的较大隐患，发出警告或进行罚款。做好关键时段的安全工作，加强对应急预案及重大危险源管理。

（陈长青）

石门河倒虹吸工程

工　程　概　况

石门河倒虹吸工程位于河南省辉县市赵固乡大沙窝村西北约1.55km，渠道设计桩号（Ⅳ91+730）~（Ⅳ93+280），渠长1550m，设计流量260m^3/s，加大流量310m^3/s。本标段包括倒虹吸两端渠道总长374m，其中进口段渠道长99.4m，出口段渠道长274.6m；进口渐变段、闸室段长68m，出口闸室段及渐变段长93m；倒虹吸管身段水平投影长1015m，管身横向为3孔箱型钢筋混凝土结构单孔管宽6.9m，管高6.9m。

（夏　川）

工　程　投　资

2012年，石门河倒虹吸工程计划完成投资3086.7万元，实际完成建安投资3958.7万元，占年计划的128.3%。投资及主要工程量均超额完成年度计划。

（刘元永）

工　程　进　展

2012年，石门河倒虹吸工程完成土方开挖2.5万m^3；完成土石方回填47.6万m^3，占年计划的232.1%；完成混凝土浇筑4.15万m^3，占年计划的246.3%。

石门河倒虹吸工程渠道全长374m，开挖及填筑施工工作面374m，占渠道的100%；倒虹吸管身段全长1015m［桩号（Ⅳ91+897.4）~（Ⅳ92+912.4）］，管身填筑施工工作面1015m（1~69号管节），占管身的100%，回填成型991.6m（3~69号管节），占管身的97.7%。倒虹吸共69个管节，完成1~69号管节共69节管身混凝土浇筑；完成进出口闸室及渐变段基础处理施工；完成进口闸室厂房以下混凝土浇筑施工，完成进口渐变段护底混凝土浇筑，完成进口渐变段1~5号两侧翼墙底板混凝土浇筑，完成进口渐变段2~5号两侧翼墙第一层、第二层混凝土浇筑，完成进口渐变段1号两侧翼墙第三层（共4层）混凝土浇筑；完成出口闸室厂房以下混凝土浇筑施工，完成出口闸室弧形闸门安装，完成出口渐变段混凝土浇筑施工；完成出口闸室及渐变段两侧回填施工，完成进口渐变段翼墙后97.5m高程以下水泥土及壤土回填施工；完成出口渠道（Ⅳ93+020）~（Ⅳ93+280）左侧浆砌石护坡施工。

（夏　川）

工程监理

2012年，石门河倒虹吸工程土建标共评定单元工程210个，其中按水利行业标准评定210个，全部合格，优良198个，优良率为94.3%；无按其他行业标准进行评定。2012年，监理部对石门河倒虹吸标下发书面监理整改通知15份、现场监理口头指令13次，现场安全巡查、检查44次，要求施工单位按规范、技案或监理指令进行立即整改或限期整改，保持良好的安全施工环境。加强对危险源的动态管理，对各类建设工程均设置安全警示、危险源管理标识牌，明确责任人并签订安全生产责任书，确保各危险源处于安全可控状态，监理部随时进行抽查人员在位、措施落实情况。

（乔云飞　刘俊杰）

质量管理

2012年，项目部实行目标管理，一级抓一级，层层抓落实，质量验收严格执行“三检”制度、隐蔽工程验收及工序交接制度、检试验认可制度和“三工”制度（即工前有交代，工中有检查、工后有讲评）。分项工程开工前进行施工技术交底，明确设计要求、技术标准等，重点部位编写施工操作程序，重点讲述施工方法和注意事项等，完成进场材料检测及施工机具验收；施工过程中，质检人员跟班作业，及时指导施工和监督工程质量，严格工序报验制度的落实；工序完成后，进行自检，确保工序报验一次合格。

编制《质量计划》、《质量安全奖惩制度》、《质量管理制度》、《工程质量三检制度》、《工序检验交接制度》各项作业指导书等质量管理文件。全年共组织质量、技术方面的培训420人次。

2012年，共评定245个单元工程，合格245个，优良233个，优良率95.1%。

（乔云飞　刘俊杰）

安全生产

2012年，制定多项专项方案，全年安全技术交底累计1200人次，安全教育培训累计800人次，并结合《2012年防洪度汛应急预案》进行防洪演练1次。

定期对工地进行安全例行检查，同时根据实际情况组织专项安全检查，重点对高空作业、起重吊装、临时用电、消防安全、机械设备施工安全、现场文明施工、电焊气割安全等进行安全监管，明确重点危险源负责人，对检查中发现的安全隐患和问题，及时进行整改落实。

根据施工生产点多面广、结构复杂的特点，坚持“群防群治”的工作方法，做到安全工作人人有责，加强安全生产宣传力度，充分利用各种会议，标语、培训等向全体施工人员宣传各项法律法规，增强施工人员的自我安全防范意识。2012年，项目部安全文明施工生产整体状况良好，实现“安全生产零事故”的目标。

（乔云飞　刘俊杰）

新乡和卫辉段工程

工程概况

新乡和卫辉段工程是南水北调中线一期工程总干渠Ⅳ渠段（黄河北—羑河北段）工程第7设计单元，位于Ⅳ渠段的中部。地域上属于河南省新乡市的新乡市凤泉区和卫辉市。该设计单元起点位于新乡市凤泉区前郭柳村西南孟坟河渠倒虹吸出口（桩号Ⅳ115+900），终点位于沧河倒虹吸出口（桩号Ⅳ144+600），与鹤壁段起点相接。新乡和卫辉段被已开工的潞王坟膨胀岩试验段设计单元分隔成二段，潞王坟试验段长1.5km，起点设计桩号Ⅳ120+498.3，终点设计桩号为Ⅳ121+998.3。新乡和卫辉段全长27.20km中，其中渠道长25.416km，建筑物长1.784km。本渠段共有各类交叉建筑物48座，其中河渠交叉4座，左岸排水9座，渠渠交叉2座，公路交叉20座，生产桥9座，控制建筑物4座（节制闸和退水闸各1座，分水口门2座）。

新乡和卫辉段工程渠道全挖方段长6.607km，全填方段长0.168km，半挖半填段长18.641km，分别占渠段总长的26.0%、0.7%、73.3%。渠道最大挖深21~34m，最大填高9m左右。总干渠设计流量250m^3/s，加大流量310m^3/s。新乡和卫辉段工程起点设计水位98.935m，终点设计水位97.061m，总水头差1.874m，扣除其中潞王坟试验段占用0.075m水头后，设计水头为1.799m。工程规划永久占地5228亩，临时占地4703亩。

（刘元永）

工程投资

2012年，新乡和卫辉段工程计划完成投资12 854.5万元，实际完成建安投资17 259.2万元，占年计划的134.3%。

（刘元永）

工程进展

2012年，新乡和卫辉段工程完成土石方开挖22.8万m^3，占年计划的267.8%；完成土石方填筑155.5万m^3，占年计划的319.3%；完成混凝土浇筑7.73万m^3，占年计划的78.6%。

混凝土浇筑未完成年度计划，未完成原因主要是：

（1）汛期，降雨次数较多及气温较高，对渠道混凝土浇筑施工造成较大影响。

（2）膨胀土处理变更方案批复较晚，加上取土场未移交或移交后不能使用，对渠道土方工程施工造成较大影响，同时影响后续渠道混凝土施工。

（3）各施工单位均较大程度地暴露出资金困难的问题，影响工程建设正常进展。

2012年，新乡和卫辉段工程完成渠道开挖成型2.9km，完成渠道填筑成型6.3km，完成单边衬砌长度16.5km，完成左岸排水建筑物1座，完成渠渠交叉建筑物1座，完成跨渠桥梁11座主体工程施工。

（刘元永）

质量管理

2012年新乡段建管处制定《2012年南水北调工程新乡段质量管理年活动方案》狠抓了南水北调工程新乡段工程质量建设。

根据工程进展和实际情况，委托第三方实验室对工程实体质量进行大量抽检。其中，实体质量共抽检104组（混凝土芯样抗压55组，合格54组）。土方填筑49组，合格49

组；抗压试块1组，合格。原材料抽检66组，合格59组。根据检测结果，对不合格的材料和实体部位，建管处及时要求责任单位进行整改。

对回填土在选料、实验室试验、现场碾压试验、使用的干密度等有一系列要求，并加强巡查力度和检测，用检测数据说话。在质量排查过程中，委托第三方试验室对土方填筑工程进行环刀取样检测，检测结果显示新乡段的土工工程质量满足设计要求。

每季度组织开展一次渠道混凝土衬砌工程质量劳动竞赛活动。竞赛活动主要对在建施工作业面的平整度、通缝切缝、半缝切缝、土工膜焊接和外观密实度、表面光滑度进行检测，根据检测结果的合格率进行得分，依据总分进行排名并颁发证书和奖金。

加强对桥梁桩柱结合部位开挖检查，下发《关于对桥梁灌注桩桩柱连接部位施工质量进行认真检查的通知》，对各施工单位提出相关要求。新乡段共有74座桥梁，大部分均已进行桩基础开挖检查，发现桩柱结合部位有偏心、烂根、漏筋的桥梁有15座，处理15座。

2012年，新乡和卫辉段工程共验收评定2232个单元工程，优良2133个，优良率95.6%；评定桥梁分项工程1701个，全部合格；评定水工分部工程2个，质量全部合格，其中优良2个，优良率100%。未发生一起质量事故，实现工程建设质量管理目标。

（蔡舒平）

鹤壁段工程

工程概况

鹤壁段工程［桩号（144+600）～（175+432.8）］为总干渠黄河北—羑河北段第九设计单元，自沧河渠倒虹吸出口导流堤末端为起点，终点在汤阴县行政区划边界处，全长约30.8km。

建设内容包括建筑工程（含施工准备阶段）、机电设备采购及安装、金属结构设备制造及安装、通信管道采购及敷设、安全监测、临时工程、水土保持工程、永久供电工程等项目施工全过程（含缺陷责任期），共分为3个施工标段。

2012年，鹤壁段工程计划完成所有交叉建筑物以及90%的渠道衬砌工，完成投资28852.8万元，土石方开挖115.3万m^3，土方回填227.1万m^3，混凝土浇筑19.4万m^3。

（曾德林）

工程投资

鹤壁段工程项目法人为南水北调中线干线工程建设管理局，投资来源为国家财政拨款和项目法人自筹资金。

2012年，鹤壁段工程完成投资37 756.1万元（不含机电及金属结构设备费），其中Ⅰ标完成9810.5万元，Ⅱ标完成13 661.9万元，Ⅲ标完成14 283.7万元。

开工累计完成投资115 903.6万元，占合同工程总投资103 832.01万元（不含备用金9000万元）的111.6%。其中Ⅰ标累计完成31 080.1万元，Ⅱ标累计完成47 579.3万元，Ⅲ标累计完成37 244.2万元。

（曾德林）

工程进展

2012年，鹤壁段工程实际完成土石方开挖约236.1万m^3，为年度计划115.3万m^3的205%；土石方回填308.5万m^3，为年度计划227.1万m^3的135%；混凝土浇筑完成19.47万m^3，为年度计划19.4万m^3的100%。

2012年各标段工程形象进展情况如下：

（一）Ⅰ标[（Ⅳ144+600）~（Ⅳ155+600）]

（1）渠道部分。渠长11km，开挖与填筑已成型达到设计断面约10km，已填筑成型具备衬砌条件的9.5km，累计完成渠道单边衬砌18.0km；渠底衬砌6.0 km。

（2）水工建筑物。9座左岸排水倒虹吸全部完成。2座渠渠交叉全部完工。1座分水口完成。

（3）桥梁。8座公路桥有5座具备临时通车条件，另3座完成主体工程施工。4座生产桥具备临时通车条件。

（二）Ⅱ标[（Ⅳ155+600）~（Ⅳ169+600）]

（1）渠道部分。明渠全长13.077km，渠道开挖与筑堤填筑展开12.7km，其中已开挖填筑成型达到设计断面的11.36km，具备衬砌条件的约11.36km。已累计完成渠道单边衬砌长度13.5km，渠底衬砌1.028km。

（2）建筑物。9座水工建筑物中，赵家渠、思德河、魏庄河3座河渠倒虹吸主体工程全部完成。3座左岸排水倒虹吸、2座渠渠交叉全部完成。1座分水口正在施工。

（3）桥梁。9座公路桥已全部开工，其中7座已完成主体结构施工，其中2座具备通车条件；6座生产桥已全部完成主体结构施工。

（三）Ⅲ标[（Ⅳ169+600）~（Ⅳ175+432.8）]

（1）渠道部分。渠长5.83km，开挖展开约5.5km，开挖成型达到设计断面约4.5km。

（2）建筑物。4座水工建筑物，1座河渠倒虹吸（淇河倒虹吸）主体工程完成。2座排水渡槽下部结构全部完工。1座分水口门完成。

（3）桥梁。4座公路桥全部开工，其中2座具备通车条件；4座生产桥全部开工，其中1座具备通车条件。

（4）安全监测标。安全监测设施随土建工程进度完成安装。

（5）机电及金属结构制造、安装。金属结构和液压启闭机已经全部发运到鹤壁工地。

（6）35kV永久输电线路（鹤壁段）已全部开工。

（胡兰桂）

质 量 管 理

2012年，单元工程质量评定情况如下：

（1）渠道及水工建筑物单元工程质量评定：全年共成单元工程质量评定982个，合格982个，其中优良900个，优良率91.6%；累计完成单元工程评定2820个，合格2820个，其中优良2425个，优良率86%。

（2）桥梁分项工程质量评定：全年完成分项工程质量评定1076个，合格1076个；累计完成分项工程评定1876个，合格1876个，合格率100%。

（3）安全监测的单元工程质量评定：全年完成单元工程质量评定128个，合格128个；累计完成单元工程评定727个，合格727个，合格率100%。

（4）35kV单元工程质量评定：累计完成单元工程评定64个，合格64个，合格率100%。

鹤壁段工程开工至2012年底，工程质量基本稳定，未发生任何质量事故。

（许志宏　胡兰桂）

安 全 生 产

2012年是工程施工高峰年，工程项目全面开工，施工战线延长，作业面分布广，资源配置大量投入，危险性较大项目多，安全管理难度增大。

一年来，从安全工作实际出发，不断深化“打非治违”、“安全生产月”和“预防起重施工机械脚手架”专项整治宣传教育活动，编制安全培训教育计划，组织专（兼）职安全员培训，配发安全手册，监督检查入场人员岗前培训、三级教育考试和机动车驾驶员的安全教育培训。承包人利用工余或雨休、农民工夜校等形式组织培训教育，严格落实危险性较大施工前教育、安全交底、危险环境告知和班前“5分钟”等教育形式。据统计，全年开展安全培训教育42项次，参加人员4603人次。

全年组织安全大检查12次，专项专业检查17次，排查安全隐患342项，安全投入478万元，违规违章处罚21 100元，停工整顿7次，一次整改率达到98.7%。

每季度组织一次安全大检查，每半年组织一次安全生产目标考核，每季度进行一次“文明工地”考评，针对检查及考核存在隐患和问题进行通报整改。

中线建管局对鹤壁段工程2012年度安全生产管理进行目标考核，所有考核项目基本满足要求。经参建各方共同努力，全年安全生产形势总体平稳，安全生产管理处于受控状态，全年未发生安全责任事故，实现了年度安全管理工作目标。

2012年，渠道面板衬砌、桥梁吊装、金属结构安装、排水渡槽和倒虹吸等项目危险源剧增。为有效管理控制各类危险源，一是从安全施工“三同时”入手，强化施工管理和安全控制，从源头上控制危险源；二是根据施工进展，适时组织危险源辨识和风险评价，每半年进行一次危险源辨识和风险评价，提前采取预防和控制措施；三是加强对每一项（处）危险源的动态管制，保证技术、措施、管理“三落实”。

加强应急管理组织体系建设，成立了鹤壁段工程安全生产应急领导小组。强化了应急预案的管理，制订了安全事故综合应急预案、各类专项应急预案和防汛抢险应急预案。建立各级各岗位应急通信网络，储备应急物资，组织应急教育培训。每半年举行一次应急预案演练，检验应急预案的可操作性，规范了应急管理和应急响应程序，提高了事故应急快速反应能力，达到了持续改进应急预案，有效规避安全风险的目的。

（何学春　石秀忠）

汤阴段工程

工程概况

汤阴段工程是总干渠Ⅳ渠段的组成部分，位于Ⅳ渠段中黄羑段的最北部，地域上属于河南省安阳市的汤阴县。主要工程量：土方开挖约303.09万m^3，石方开挖约732.66万m^3，土石方填筑约531.28万m^3，混凝土及钢筋混凝土约35.74万m^3，砌石约16.41万m^3，钢筋制作安装约16 494.358t。初步设计概算总投资162 810万元，静态总投资154 308万元，其中工程部分静态总投资113 287万元，初步设计批复总工期32个月，共有3个施工标段。

工程于2009年5月15日开工，合同完工时间为2012年1月21日，施工总工期32个月。后因工期调整为2012年6月30日完工，施工总工期38个月。

汤阴段工程建设管理单位原来为山西万家寨引黄总公司汤阴代建部，2012年9月7日因为合同到期原因，中线建设管理局对汤阴段工程建设管理单位进行调整，由安鹤项目部全面接管汤阴段工程建设管理任务。

（楚鹏程）

工程投资

汤阴段工程总投资为162 810万元，其中工程部分静态投资113 287万元。

2012年，汤阴段工程完成投资33 315.77万元，闸门及卷扬式启闭机制造完成733.38万元，液压启闭机制造完成145.70万元。电气设备一标段179.43万元，电气设备二标段49.71万元。

（陈　飞）

建　设　管　理

安鹤项目部根据汤阴段渠道衬砌的施工重点，采取了逐个标段落实施工计划，落实资源配置，配够劳务施工队伍，要求每台渠道衬砌机达到70人，形成渠道施工流水化作业；同时，根据施工重点，制定了渠道衬砌专项激励措施，对超额完成竞赛指标的给予重奖，当月考核现场兑现，发现金红包直接到作业队队长手中，并发优胜红旗一面，插在施工现场以示精神鼓励。这一政策实行后，极大地调动了一线作业队伍的施工积极性，增加了现场一线工人的施工干劲，促进渠道衬砌施工进度，提高了施工进度。目前，汤阴段工程建设管理工作平稳、有序进行。同时，积极与地方政府、市（县）南水北调办进行征地迁建等沟通协调，做好计划安排，事先分析矛盾，采取预防措施，为工程建设创造良好的外部环境。

2012年，汤阴段工程超额完成全年投资、开挖、回填、混凝土浇筑等实物工程量，完成各项建设管理目标。在2012年“破解难关站高峰，持续攻坚保通水”劳动竞赛第二阶段中，汤阴一标获得一等奖，汤阴二标、三标获得三等奖，汤阴监理单位获得三等奖，设计单位获得三等奖。在“2012年9月～2013年6月南水北调中线干线工程建设”劳动竞赛第一阶段中，所有施工单位、监理单位、设计单位全部获得一等奖。

（楚鹏程）

工　程　进　展

2012年，汤阴段工程完成投资33 315.77万元，土石方开挖239.61万m^3，土石方填筑294.2万m^3，混凝土浇筑10.59万m^3。

渠道开挖累计成型16.35km，占总长18.32km的89%；渠道填筑累计成型14.6km，完成总长度18.98m的77%；渠道单边衬砌累计完成22.53km，占单侧应衬砌总长的61%，渠底衬砌累计完成3.21km，占总长度的18%。河渠交叉建筑物共有3座，全部完成主体工程；左岸排水建筑物9座，全部完成主体工程；渠渠交叉建筑物4座，全部完成主体工程；节制闸1座，完成主体工程；桥梁建筑物19座，全部完成主体工程，18座具备临时通车条件。

汤阴段金属结构设备及附件共约938.7t，2012年累计完成安装550.5t，占合同安装总量的59%。

汤阴段35kV线路共有杆塔103基，其中水泥杆6基；2012年已开挖、浇筑塔基30基，已组铁塔30基。

（楚鹏程）

质　量　管　理

2012年，验收评定单元工程382个，全部合格，其中360个单元工程被评定为优良，单元工程合格率为100%，优良率为94%。土建及安装施工标累计评定单元工程2333个，其中合格2333个，优良2183个，优良率93.5%。工程施工质量始终处于受控状态。

（李合生　刘　卓）

安　全　生　产

2012年9月7日，由河南直管建管局安鹤项目部全面接管汤阴段的建设管理工作，安鹤项目部高度重视安全生产工作，以预防为主、加强监管、落实责任为重点，以深入开展“安全生产年”活动为主线，以“防坍塌”和“打非治违”专项行动为支撑，对安全生产工作进行严格监管控制，狠抓隐患排查治理，确保安全生产始终处于受控状态。

全年组织了6次集中安全隐患排查，主要涉及高边坡施工、电气安全、防汛度汛、防坍塌、防雷击、重大危险源6个方面，排查出一般隐患82项，整改82项，整改率100%。汤阴段2012年度安全生产管理目标考核，三个施工标段3个Ⅰ级单位。

全年进行安全生产入厂教育1100多人次，全员教育面达到100%。通过入场员工岗前培训，进行三级安全教育，结合施工过程中的安全技术交底，做到施工前有交底、施工期间有检查、施工后有讲评，把安全生产的各项要求落到实处。

成立了汤阴段工程安全生产施工应急领导小组，根据工程进度特点和存在的不安全因素，对危险源预测与预控辨识，动态管理，每半年进行一次危险源辨识和风险评价，有针对性地提出预防措施，落实相关责任和监控手段，制订安全事故综合应急预案及各类专项应急预案和防汛抢险应急预案。

（徐青峰）

潞王坟试验段工程

工程概况

潞王坟试验段工程位于南水北调中线工程总干渠第Ⅳ渠段，在新乡市潞王坟乡，主体工程项目包括渠道工程1.5km和两泉路公路桥1座。渠道工程共分试验段和非试验段，其中试验段渠道长度568m，渠道属深挖方，最小挖深15m，最大挖深42m。渠道设计流量250m^3/s，加大流量300m^3/s；渠道设计纵比降1/20 000；渠道过水断面呈梯形，设计底宽9.5~12m，设计水深7m。两泉路公路桥桥梁荷载等级由原来的公路—Ⅱ级变更为公路—Ⅰ级，上部梁体结构采用装配式预应力混凝土箱梁结构，下部支撑结构采用钢筋混凝土三柱式排架结构，钻孔灌注桩基础。渠道开口宽173.6m，桥长按渠道开口宽布置，采用跨径（5×35）m，全长175m，共5跨。桥梁渠道夹角66°，桥梁斜度按24°设计。桥面净宽14m，两侧各设0.5m宽防撞护栏，总宽15m，桥面双向横坡2.0%，桥面纵向坡度0.87%。地震动峰值加速度0.2g。

潞王坟试验段工程计划工期2007年6月15日~2009年12月15日。由于试验观测期延长，黏土换填预留沉降期、两泉路公路桥变更、改性土换填施工、塌滑体方案未定等各方面原因，相应竣工日期顺延。

（李小付）

工程投资

2012年，潞王坟试验段工程计划完成投资800.1万元，实际完成投资2239.5万元，占年计划的279.9%。

（刘元永）

工程进展

2012年，潞王坟试验段工程实际完成土方开挖9.4万m^3，占年计划的314.9%；完成土石方回填14.7万m^3，占年计划的163.5%；完成混凝土浇筑0.92万m^3，占年计划的101.1%。全年渠道开挖成型0.81km，渠道填筑成型1.16km，完成单边衬砌长度0.53km，基本完成1座跨渠桥梁主体工程施工。

（李小付）

工程监理

2012年，共审批施工方案2个，检测原

材料77组，全部合格；抽检混凝土试块269组，检测结果合格。评定25个单元工程，25个优良，优良率100%；评定桥梁分项工程215个，全部合格；评定分部工程1个，质量合格。质量处于受控状态。

（肖　超）

质　量　管　理

对进场原材料进行检查、检验共77批，检验指标均符合有关规定。中间产品混凝土试块共检测269组，试件均满足设计要求，全部合格。土石方质量检测，在施工过程中共计进行试验检测861组，合格861组，合格率100%。完成试验段试验工程的单位工程验收。2012年，两泉路公路桥工程共完成174个分项工程评定，全部合格。累计单元工程质量评定194个，其中优良187个，优良率96.4%；已评定分部工程8个，其中优良7个；已评定单位工程1个。未发生质量安全事件。

（李小付）

安阳段工程

工　程　概　况

安阳段工程处于Ⅳ渠段（黄河北—漳河南段）的最北部，南起羑河渠道倒虹吸出口，北接Ⅴ渠段（穿漳河工程）的起点，全长40.262km，其中渠道长39.299km。沿渠共布置各类交叉建筑物76座。总干渠设计流量245～235 m^3/s，设计水深7.0m，渠道纵比降1/28 000，输水横断面采用梯形明渠，渠道边坡为1∶2～1∶3，渠底宽12.0～18.5m。主体建筑物主要工程量合计2619万m^3，其中土石方开挖1793万m^3，土石方填筑729万m^3，混凝土及钢筋混凝土50万m^3，钢筋制作安装2万t，钢绞线533t，砌石31万m^3，砂石垫层18万m^3。规划永久占地8164亩，临时占地6028亩，需拆迁房屋面积64 684m^2，安置人口1240人。批复总投资为206 215万元，静态投资192 042万元，其中工程部分投资143 596万元、移民环境部分48 446万元（以上安阳段初设概算投资，暂未扣除穿漳建筑物进口南移60m的工程投资）。工期40个月。

（马树军）

工　程　投　资

安阳段工程投资结构主要是中央预算内投资6亿元，中央专项建设基金6亿元，银行贷款8亿元。

2012年度，安阳段工程计划完成投资30 564.24万元，实际完成投资33 222万元，占年计划的108.7%，累计完成投资135 815.7万元（计入的有土建1～9标段、生产桥和铁路桥标段，并包含水保工程完成金额）。全年共初审工程变更40项，变更增加投资金额2822.85余万元。累计审核工程变更359项，变更增加投资金额22 148.69余万元，其中安阳建管处初审，中线建管局、河南省南水北调建管局批复72项，安阳建管处认定一般变更项目287项。

2012年是安阳段工程开工建设的第七年，第一批进场施工的4、5、6标段和第二批进场的9标段，工程建设进入扫尾阶段，剩下的1、2、3、7、8标段进入膨胀岩处理施工高峰阶段。安阳建管处在确立的静态控制与动态管理之投资控制管理框架下，进一步加大工程变更审核力度，全年经审核增加变更投资2822.5万元。2012年，在膨胀岩处理新增取土区征地滞后5个多月等不利因素影响下，基本实现年度建设目标。

（马树军）

建设管理

以开展劳动竞赛为契机，结合“转变作风、狠抓落实”大讨论活动，解决影响和制约工程建设的突出问题，进一步提高管理水平，促进工程又好又快建设。全年未发生一起质量、安全事故，工程质量、安全生产始终处于受控状态。在河南省南水北调工程2012年上半年的劳动竞赛中，有9个单位获奖（其中4个一等奖、1个二等奖、4个三等奖）；下半年劳动竞赛中，8个单位获奖［其中，一等奖7个（含1个监理标），二等奖1个］。

把大讨论活动与“互督互查”活动相结合，与落实督查、“飞检”工作相结合，与完善管理制度相结合，全方位整改，全面提高。通过大讨论活动，突出问题得到有效解决，排查出的4个关键事项、7个突出问题、3个共性问题，在计划完成时限内，影响主体工程进度的问题全部得到解决，个别问题得以有效推进。在处理7标工程进度严重滞后、1标膨胀岩土处理新增土料场、西梁村生产桥、安李铁路桥交通涵洞等桥梁永久用地及临时用地移交、8标设备投入不足、分部工程验收缓慢等制约工程进度问题过程中，调动各方力量，采取各种方式化解矛盾，消除不利因素，使影响主体工程建设进度的问题得以顺利解决。

执行安全事故责任追究制，落实安全生产管理目标和岗位责任制。通过强化安全管理，安阳段实现年度事故死亡率为“零”的目标。

（马树军）

工程进展

2012年，安阳段工程实际完成土石方开挖126.4万m^3，完成计划的186.7%，累计完成2070.4万m^3；土石方回填152.3万m^3，完成计划的121.1%，累计完成1044.2万m^3；混凝土11.87万m^3，完成计划的88.7%，累计完成58.06万m^3。

安阳段工程渠道累计开挖成型39.243km，占总长的99.8%；累计填筑成型38.48km，占总长的97.9%；累计衬砌32.747km，占总长的83.33%。

3座河渠交叉建筑物全部完成，16座左岸排水倒虹吸完工，9座渠渠交叉建筑物（渠渠倒虹吸）全部完成。安阳河退水闸、南流寺分水口门、小营分水口门完成；3标洪河渠道倒虹吸、6标安阳河渠道倒虹吸、4标张北河暗渠土建工程和金属结构机电设备安装完成，待接入电源后进行调试。

26座公路桥临时通行，占总数的100%。17座生产桥主体完工，占总数的100%；17座生产桥完成引道填筑，均临时通车。安李支线铁路桥正线开通运行。安阳段所有桥梁均向渠道标段移交工作面，但无法向地方管理单位移交管理权。

（马树军）

工程施工

加大协调力度，创造条件进行膨胀岩处理工作，推进安李支线铁路桥铺轨和通车工程；加速移民生产桥工程项目征迁工作，加快移民生产桥施工速度，尽早向渠道标段移交工作面。

克服天气、征迁、设计变更、资金困扰等等不利因素的影响，对工程建设受制约程度大的情况，确立三个控制进度的关键部位：生产桥、铁路桥和膨胀岩土处理。采取“集中攻坚”策略，推进工程进度。

针对制约安阳工程建设的膨胀岩处理方案批复较晚，膨胀岩渠段处理工程新增临时用地征迁困难，一些生产桥征迁工作滞后，部分生产桥引道图纸不能及时提供等关键问题，安阳建管处专题向河南省南水北调建管局汇报，争取上级有关部门的支持。

主要解决了膨胀岩新增取土区问题和生产桥引道永久占地问题，协调解决了一些标段阻工事件和阻碍工程建设的部分专项设施迁建问题，协调解决了个别弃土场复耕等外部问题。组织文明工地考核，开展节日职工文体活动、“百日劳动竞赛”、“转变作风，狠抓落实大讨论”等一系列活动，增进理解，促进和谐，达到内部环境和谐。

（马树军）

工 程 监 理

2012 年，安阳段工程施工进度完成较好，监理督促各标段基本按批复的进度计划完成施工项目，所监理的各标段都在 2012 年各阶段劳动竞赛中得奖。生产桥标监理部在劳动竞赛中获得一等奖，土建标监理部在劳动竞赛中获得二等奖。

（何向东）

质 量 管 理

2012 年，安阳段工程评定单元工程 2867 个，全部合格，其中优良单元工程 2615 个，单元工程优良率为 91.2%；进行分项工程质量评定 483 个，全部合格。累计评定单元工程 10 609 个，全部合格，其中优良单元工程 9684 个，单元工程优良率为 91.3%；分项工程 3721 个，全部合格。组织分部工程验收 27 个，合格分部工程 1 个，优良分部工程 26 个。全年未发生一起质量事故，达到单元工程合格率 100%，优良率 85% 以上的质量目标，工程质量处于受控状态。

安阳段工程除 45 座桥梁工程（其中包括 1 座保泰盈交通连接设施）全部完成外，其他单位工程均在建设过程中，未进行单位工程验收；共组织分部工程验收 27 个，合格分部工程 1 个，优良分部工程 26 个。

（杨德峰）

穿 黄 工 程

工 程 概 况

穿黄工程位于郑州市以西约 30km 处，于孤柏山湾横穿黄河。工程范围：南岸起自河南省荥阳县王村乡王村化肥厂南的 A 点，终点为黄河以北温县南张羌乡马庄东的 S 点，全长约 19.3km。

穿黄工程是南水北调中线总干渠穿越黄河的关键性工程，工程的主要任务是安全有效地将中线调水从黄河南岸输送到黄河北岸；根据南水北调中线工程总体规划，中线工程采取分期建设方式进行。一期工程多年平均调水量 95 亿 m^3，相应穿黄工程设计流量为 $265m^3/s$，加大流量为 $320m^3/s$，本阶段穿黄工程为一期工程。在设计流量下，黄河南岸 A 点水位为 118m，黄河北岸 S 点水位为 108m，可利用水头为 10m；加大流量下，S 点水位按 108.71m 控制，A 点水位按水面线反推得到 118.754m。

穿黄工程为一等工程，采用隧洞方式穿越黄河，工程主要建筑物自南向北包括：南岸连接明渠（简称为南岸明渠）、退水建筑物、进口建筑物、穿黄隧洞（含邙山隧洞段和过黄河隧洞段）、出口建筑物、北岸河滩明渠（其间布置有新蟒河渠道倒虹吸和老蟒河河道倒虹吸）和北岸连接明渠等，建筑物级别为1级；其他建筑物包括北岸防护堤、跨渠建筑物及孤柏嘴护湾工程等，建筑物级别为3级，临时工程建筑物为4级。

穿黄工程管理专题主要包括各类房屋2679m^2、各类交通工具16辆（艘）、日常工程维护设施设备、管理用排水和暖通及消防设备、供电设备、其他管理设施等。

穿黄工程区没有连成整体，而为黄河所分隔，分别位于南、北两岸，其间联系需通过管理区外的交通道路（如连霍高速公路等），并需穿过位于工程上游约18km处的焦作黄河大桥，伊洛河大桥，为避免在不良气候条件（大雾、冰冻等）和不良路况情况下，影响设备运输和运行人员在岗正常值守，实施高效管理，在三级管理体制不变情况下，穿黄管理处内部设置南岸管理站和北岸管理站，作为管理处的派出机构，各站人员由管理处统一配备。

（崔　娇）

工　程　投　资

2012年，穿黄工程计划完成投资21 881万元（工程部分），实际完成投资42 479万元（其中，建筑及安装工程完成投资41 275万元，机电设备及安装工程40万元，金属结构设备及安装工程16万元，临时工程1148万元），年实际完成投资占年计划的194%。

截至2012年底，穿黄工程所有合同项目累计完成投资23.8亿元，占合同金额的111%。

（赵林涛）

工　程　进　展

2012年，穿黄工程计划完成土方开挖15.73万m^3，土方填筑39.26万m^3，混凝土浇筑8.74万m^3。实际完成土石方开挖16.66万m^3，土石方填筑46.15万m^3，混凝土浇筑10.90万m^3。截至2012年底，穿黄累计完成土石方开挖1529.76万m^3，土石方填筑503.95万m^3，混凝土浇筑48.1万m^3。

2012年，穿黄工程渠道开挖成型0.663km(折合全断面)，累计成型13.39km，占总长13.39km的100%；完成填筑成型0.764km（折合成全断面），累计成型9.321km，占总长9.321km的100%；完成渠道衬砌长度10.469km(边坡单侧2.784km +底板衬砌7.865km)，累计衬砌37.52km，占总长40.17km的93.4%。

穿黄工程河渠交叉建筑物共2座，均已完成主体工程施工，其中控制性工程累计完成混凝土浇筑（指建筑物混凝土量）比例100%；左岸排水建筑物1座，已完成主体工程施工；渠渠交叉建筑物2座，已完成主体工程施工；跨渠桥梁14座，12座已完成主体施工。

穿黄工程闸门埋件16套，总重126.5t，2012年安装6套47t；闸门共10扇，总重408.54t，2012年制造8扇350.54t，安装2扇217.74t。

（张文博）

施　工　科　技

穿黄工程退水洞出口端采取大管棚结合小导管的超前支护、掌子面注浆超前加固的浅埋暗挖法施工。退水洞出口进入粉质壤土地层后，由于地层含水率高达30%，地层呈软塑-流塑状，造成开挖工作面失稳，开挖后拱顶下沉严重，施工中采取多种降水措施，效果都不理想。经研究，对涌泥地段及含水率高的地层采取注浆方式进行改良，先进行止浆墙施工，止浆墙厚度1.2m，采用混凝土浇筑，浇筑前止浆墙周边采用砂浆锚杆与围岩相连，以保证止浆墙的稳定。超前加固注浆采用前进式分段注浆工艺，注浆材料选用普通水泥—水玻璃双浆液为主，普通水泥单液浆为辅。注浆结束后，在开挖轮廓线外布置超前管棚支护，施工采取无工作室管棚施工技术，管棚安设完成后进行全孔一次性管棚注浆。通过浆液在地层中挤压、劈裂有效降低地层含水率，并通过交错的网络状浆脉，达到稳定地层，提高承载力作用，确保隧道开挖及结构安全，快速通过不良地质段。

（崔　娇）

质　量　管　理

2012 年，穿黄工程质量情况基本稳定，未发生任何质量事故，优良率数控指标均保持较高水平，共完成 1405 个单元工程，其中 1342 个单元工程优良，优良率 95.5%，达到工程质量目标，工程质量处于受控状态，工程质量优良。

（石文明）

沙河南—黄河南段工程

沙　河　渡　槽　工　程

工　程　概　况

沙河渡槽工程是南水北调中线一期工程总干渠沙河南—黄河南的组成部分，位于河南省鲁山县城东约 5km 处，总干渠桩号［SH(3)0 + 000］~［SH(3)11 + 938.1］，全长 11.938km；其中明渠长 2.888 1km，建筑物长 9.05km。总设计水头差 1.881m，其中渠道占用水头 0.111m，建筑物占用水头 1.77m。设计流量 $320m^3/s$，加大流量 $380m^3/s$。该工程跨沙河、将相河、大郎河 3 条河流，各类交叉建筑物共 12 座，其中渡槽 1 座(统称沙河渡槽)，包括沙河梁式渡槽、沙河—大郎河箱基渡槽、大郎河梁式渡槽、大郎河—鲁山坡箱基渡槽和鲁山坡落地槽；左岸排水建筑物 5 座，节制闸 1 座，退水闸 1 座。工程设计防洪标准按 100 年一遇洪水设计，300 年一遇洪水校核。

工程于 2009 年 12 月 30 日开工，总工期 41 个月。

主要工程量：土方开挖 255.10 万 m^3，石方开挖 39.64 万 m^3，土石方回填 256.63 万 m^3，混凝土及钢筋混凝土 123.27 万 m^3，砌石 7.55 万 m^3，钢筋制作安装 9.93 万 t，预应力钢绞线 3090t。

（程世昭　安　康）

工　程　投　资

2012 年，沙河渡槽工程计划完成投资 47 663.24 万元（工程部分），实际完成年度投资 67 561.24 万元，累计完成投资 146 553 万元，累计完成合同金额的 85%。

截至 2012 年底，沙河渡槽工程尚未动用基本预备费，投资处于可控状态。

（程世昭　张高伟　张晓亮）

招　标　投　标

沙河渡槽工程共分为土建施工标、设备采购、建设监理标、安全监测和供电线路 5 类。截至 2012 年底，沙河渡槽工程已完成 3 个土建标、4 个设备采购标、1 个监理标、1

个安全监测标和1个供电线路标共10个标段的招标工作（其中5个为跨设计单元合同），合同总金额177 629万元。

2012年，沙河渡槽工程采用公开招标方式进行2个机电设备设备采购标和1个供电线路工程的招标工作，合同总金额8028万元，其中沙河渡槽工程部分合同金额809万元。

（1）南水北调中线一期工程总干渠沙河南—黄河南段（中线建管局直管项目）35kV永久供电线路工程1标，合同范围为涉及淅川县段、湍河渡槽、镇平县段、叶县段、澧河渡槽、鲁山南1段、鲁山南2段、沙河渡槽、北汝河倒虹吸、双洎河渡槽、鲁山北段、荥阳段共12个设计单元的35kV永久供电线路的设备采购、施工、配合接入电力系统调试、移交前维护、保管等全部工作。

（2）南水北调中线一期工程总干渠沙河南—黄河南（中线建管局直管项目）电气设备采购第一标段，合同范围包括淅川县段、湍河渡槽、镇平县段、叶县段、澧河渡槽、鲁山南1段、鲁山南2段、沙河渡槽、北汝河倒虹吸、双洎河渡槽、鲁山北段和荥阳段工程的高、低压开关柜等设备采购。

（3）南水北调中线一期工程总干渠沙河南—黄河南（中线建管局直管项目）电气设备采购第二标段，合同范围包括淅川县段、湍河渡槽、镇平县段、叶县段、澧河渡槽、鲁山南1段、鲁山南2段、沙河渡槽、北汝河倒虹吸、双洎河渡槽、鲁山北段、荥阳段共12个设计单元的柴油发电机、变压器等设备采购。

2012年，沙河渡槽工程招标投标情况见表1。

表1　　2012年沙河渡槽工程招标投标情况表

序号	合同编号	合同名称	招标代理单位	招标文件发售日期	开标日期	中标单位名称	合同金额	合同签订日期
1	ZXJ/SG/GDX-004	南水北调中线一期工程总干渠沙河南—黄河南段（中线建管局直管项目）35kV永久供电线路工程1标	扬子江工程咨询有限公司	2011年12月7~13日	2011年12月27日	郑州众信电力工程有限公司	3289万元（其中沙河渡槽527万元）	2012年2月
2	ZXJ/CG/SHN-001	南水北调中线一期工程总干渠沙河南—黄河南（中线建管局直管项目）电气设备采购第一标段	河南省河川工程监理有限公司	2011年11月24~30日	2011年12月14日	广州白云电器设备股份有限公司	3830万元（其中沙河渡槽239万元）	2012年1月
3	ZXJ/CG/SHN-002	南水北调中线一期工程总干渠沙河南—黄河南（中线建管局直管项目）电气设备采购第二标段	河南省河川工程监理有限公司	2011年11月24~30日	2011年12月14日	江苏星光发电设备有限公司	909.6万元（其中沙河渡槽42.6万元）	2012年1月

（张高伟　张晓亮）

工 程 进 展

2012 年，沙河渡槽工程完成土石方开挖 63.34 万 m^3，土石方回填 109.85 万 m^3，混凝土浇筑 48.88 万 m^3；累计完成土石方开挖 258.82 万 m^3，土石方回填 198.47 万 m^3，混凝土浇筑 104.46 万 m^3。

Ⅰ标：沙河梁式渡槽累计完成 48 跨下部结构施工，占总跨数 47 跨的 100%；累计完成 188 榀渡槽预制，占 188 榀渡槽的 100%；累计完成 188 榀渡槽架设，占 188 榀渡槽的 100%；大郎河梁式渡槽下部结构累计完成 10 跨，占总跨数 10 跨的 100%；渠道累计开挖填筑成型 2.238 1km，累计成型占总长 2.838 1km 的 79%，累计衬砌成型 0.425km（折合全断面）；3 座桥梁基本通车。

Ⅱ标：沙河—大郎河箱基渡槽累计完成单联 327 节箱涵底板、318 节箱涵侧墙、244 节槽身底板、194 节槽身侧墙混凝土浇筑；累计完成 97 节整节槽身侧墙，占总节数 178 节的 55%。

Ⅲ标：大郎河—鲁山坡箱基渡槽基础处理完成，累计完成单联 184 节箱涵底板、184 节箱涵边墙、177 节槽身底板、143 节槽身侧墙混凝土浇筑，累计完成 72 节（折合全断面），占总节数 94 节的 77%；鲁山坡落地槽累计完成87节底板、78节侧墙混凝土浇筑，累计完成 78 节槽身段浇筑，累计完成占总节数（落地槽）94 跨的 83%。左岸排水建筑共 4 座，完成主体工程施工；三街西公路桥进行下部结构承台施工。

（程世昭）

质 量 管 理

截至 2012 年底，沙河渡槽工程质量情况基本稳定，未发生任何质量事故，优良率数控指标均保持较高水平。全年完成 1705 个单元工程，其中 1520 个单元工程优良，优良率 89.15%。累计完成 2864 个单元工程，其中 2517 个单元工程优良，优良率 88%。达到工程质量目标，工程质量处于受控状态，工程质量优良。

（瞿行亮　刘　兴）

安 全 生 产

继续坚持“安全第一，预防为主，综合治理”的安全生产方针，依据《南水北调工程建设安全生产目标考核管理办法》的要求，成立了“安全生产目标考核小组”，并于 2012 年底对沙河渡槽工程进行了安全生产目标考核，考核等级为一级。

2012 年，沙河渡槽工程未发生安全事故，实现了年度安全管理目标。

（瞿行亮　刘　兴）

鲁山北段工程

工 程 概 况

鲁山北段工程位于河南省鲁山县境内，总干渠桩号[SH(3)11 + 963.1] ~ [SH(3)19 + 707.0]，全长 7.74km。本段总干渠设计流量为 $320m^3/s$，设计水深 7m，渠底纵比降 1/26 000，设计渠底高程 123.489 ~ 123.191m；渠道过水断面为梯形，设计底宽为 22.5 ~ 25.0m；渠道边坡系数为 1.5 ~ 2.5。本渠段共有各类建筑物 23 座，其中：渠渠交叉建筑物 3 座，左岸排水建筑物 10 座，跨渠公路桥 5 座，生产桥 5 座。

工程于 2011 年 3 月 1 日开工，总工期 26 个月。

主要工程量：土方开挖162.62万m^3，石方开挖250.77万m^3，土石方回填166.8万m^3，砌石5.63万m^3，砂石垫层12.52万m^3，混凝土11.73万m^3，钢筋及钢绞线0.68万t。

（程世昭　安　康）

工 程 投 资

2012年，鲁山北段工程计划完成投资14 787万元（工程部分），实际完成年度投资18 293万元，累计完成投资23 750万元，累计完成合同金额的86%。

截至2012年底，鲁山北段工程尚未动用基本预备费，投资处于可控状态。

（程世昭　张高伟　张晓亮）

招 标 投 标

鲁山北段工程共分为土建施工标、建设监理标、安全监测和供电线路4类。截至2012年底，鲁山北段工程已完成1个土建标、1个监理标、1个安全监测标和1个供电线路标共4个标段的招标工作（其中2个为跨设计单元合同），合同总金额30 446万元。

2012年度，鲁山北段工程采用公开招标方式进行1个供电线路工程的招标工作，合同总金额3289万元，其中鲁山北段工程部分合同金额343万元。2012年鲁山北段工程招标投标情况见表1。

表1　　2012年鲁山北段工程招标投标情况表

序号	合同编号	合同名称	招标代理单位	招标文件发售日期	开标日期	定标日期	中标单位名称	合同金额	合同签订日期
1	ZXJ/SG/GDX-004	南水北调中线一期工程总干渠沙河南—黄河南段（中线建管局直管项目）35kV永久供电线路工程1标	扬子江工程咨询有限公司	2011年12月7～13日	2011年12月27日	—	郑州众信电力工程有限公司	3289万元（其中鲁山北段343万元）	2012年2月

（张高伟　张晓亮）

工 程 进 展

2012年，鲁山北段工程完成土石方开挖203.25万m^3，土石方回填142.23万m^3，混凝土浇筑7.92万m^3；累计完成土石方开挖408.59万m^3，土石方回填148.82万m^3，混凝土浇筑10.45万m^3。

（1）渠道工程。渠道总长度7.744km，开挖成型3.52km，累计成型7.73km；填筑成型6.58km，累计成型6.91km；渠道累计衬砌成型2.5km（按单侧边坡计算）。

（2）建筑物工程。3座渠渠交叉建筑物有2座倒虹吸已全部完成，昭北干斗六渡槽主体完成；10座左岸排水建筑物混凝土浇筑、土方回填已全部完成；5座生产桥已全部通车；5座公路桥中的辛集乡北、李村南、马庄南、郝村西公路桥已基本具备通车条件，漫流东北公路桥现主体结构即将完工。完成主体工程22座。

（程世昭）

质 量 管 理

截至2012年底，工程质量情况基本稳定，未发生任何质量事故，优良率数控指标均保持较高水平。全年累计完成732个单元工程，其中661个单元工程优良，优良率90.3%。累计完成780个单元工程，其中706个单元工程优良，优良率90.5%。达到工程质量目标，工程质量处于受控状态，工程质量优良。

（瞿行亮　刘　兴）

安 全 生 产

继续坚持“安全第一，预防为主，综合治理”的安全生产方针，依据《南水北调工程建设安全生产目标考核管理办法》的要求，成立了“安全生产目标考核小组”，并于2012年底对鲁山北段工程进行了安全生产目标考核，考核等级为一级。

2012年，鲁山北段工程未发生安全事故，实现了年度安全管理目标。

（瞿行亮　刘　兴）

宝丰—郏县段工程

工 程 概 况

宝丰—郏县段工程位于河南省宝丰县、郏县境内，起点桩号为SH(3)19+707.0、终点桩号为SH(3)61+648.7，设计段长40.769km(不含北汝河渠倒虹)。其中，明渠长38.318km，建筑物长2.451km。本渠段设计流量320~315 m^3/s，设计水位为130.191~127.166m。渠道为梯形断面，设计底宽34.0~18.5m，设计水深7m，堤顶宽5m。渠道一级边坡系数0.4~3.0，二级边坡系数1.5~3.0，设计纵坡1/24 000~1/26 000。渠道全挖方段长13.656km、半挖半填段长19.034km、全填方段长5.628km，含16.644km膨胀岩(土)段、10.652km湿限性黄土段、11.185km高地下水段。渠道最大挖深约27.5m，最大填高12.6m。

宝丰—郏县段征地拆迁涉及平顶山市的宝丰县和郏县，含7个乡镇47个行政村。工程总用地19 574.5亩，其中永久用地8004亩，临时用地11 570.5亩。占压房屋总面积72 966.39m^2，搬迁人口1945人、企业1家、单位8家、副业28户，拆迁专业项目线路275条。

合同工期为2010年12月1日~2013年6月30日，总工期31个月(安全监测37个月)。

（杜军民）

工 程 投 资

宝丰—郏县段工程投资结构为国家财政预算拨款、南水北调工程基金和贷款。2012年，计划完成工程投资7.47亿元，实际完成工程投资9.48亿元，占年计划的126.8%；累计完成工程投资127 729.8万元，占总合同金额的72.6%。

（杜军民）

工 程 进 展

2012年，宝丰—郏县段工程完成土石方开挖936.2万m^3，占年度计划的112.3%；土石方填筑1094.2万m^3，占年度计划的110.5%；混凝土浇筑52.3万m^3，占年度计划的103%。累计完成土石方开挖2002.7万m^3，占合同量的99.5%；土石方填筑1163.6万m^3，占合同量的87.1%；混凝土浇筑55.85万m^3，占合同量的65.95%。

(1) 水工建筑物工程。8座河渠交叉建筑物中2座完成主体工程，4座完成管身段施工和土方回填，具备河道过流条件。胡坡河、应河渠道倒虹吸完成。青龙河、石河、玉带河、净肠河正在进行闸室段和连接段施工。兰河涵洞式渡槽涵洞部分完成，正进行槽身、闸渡连接段、渡槽进出口闸室及渐变段施工。肖河涵洞式渡槽涵洞部分已完成，槽身完成3节，正进行渡槽、闸渡连接段和渐变段施工；8座渠渠交叉建筑物中3座全部完成；2座完成主体工程及回填，正进行渡槽进、出口段施工；3座正在抓紧进行主体工程施工（昭北干渠渡槽和昭北干一分干渠渡槽完成下部结构施工，正进行现浇槽身基础回填及现浇槽身施工；广阔干渠渡槽下部结构及进口涵洞段完成，正进行进口闸室和槽身施工）；16座左岸排水建筑物中13座主体工程完成并进行回填，2座完成管身段混凝土浇筑，正进行进、出口施工。受平顶山西铁路暗渠施工影响，车站北沟排水渡槽仅完成桩基施工；3座分水闸1座（马庄分水闸）完工，2座因位置变化尚未开工；1座退水闸开工，完成槽身段混凝土浇筑，正进行进口挡墙和闸室施工；2座节制闸全部开工，土石方开挖完成，正进行闸室底板混凝土浇筑。

（2）跨渠桥梁工程。28座公路桥（含新增1座，委托地方建设2座）、15座生产桥（含新增1座）全部开工。其中有8座跨渠桥梁临时贯通，14座正在进行桥面系作业。

（3）铁路交叉建筑物。宝丰货场线铁路桥：工程完工，完成移交工作面。焦枝铁路桥：完成横跨总干渠64m箱梁梁身混凝土浇筑、铁路路基中的13处桥、涵和路基填筑，正在进行箱梁张拉和铁轨铺设工作。平顶山西铁路暗渠：上层混凝土格构梁顶进完成（共46m），正在进行上层格构梁桩基和下层顶进预制涵洞的基础施工。

（4）渠道工程。38.318km渠道工程累计开挖成型33.73km，填筑成型24.93km；渠道混凝土衬砌单边完成2.65km。

（5）机电设备及金属结构制造及安装。胡坡河、应河渠道倒虹吸完成预埋件安装，其他建筑物预埋件和机电设备及金属结构做到同步制造。

（杜军民）

质量管理

宝丰—郏县段工程质量管理，实行平顶山段建管处负责，监理单位控制，设计、施工及其他参建单位保证，政府监督相结合的质量管理体制。

2012年度，对施工单位（除桥梁工程外）的原材料、半成品以及实体质量抽查共计2243组，其中原材料抽检254组、钢筋焊接件半成品20组、挤密桩基础处理抽检219组、土方填筑抽检1155组、水泥土压实度抽查13组、垫层相对密度8组、混凝土回弹494组、混凝土芯样53组、试块27组、击实试验10组。桥梁工程现场抽查共计71组。对抽检不合格的原材料坚决清理出场，土方填筑不合格的部位进行返工处理，确保工程实体质量。

2012年度，宝丰—郏县段水利工程评定单元工程3446个，全部合格，其中优良3243个，优良率94%；桥梁工程分项工程评定1107个，全部合格，其中主要分项工程评定745个，全部合格。2012年．宝丰—郏县段工程无一般质量事故发生，工程质量一直处于受控状态。

（韩永峰　李　志）

安全生产

制定18项规章制度和办法，有效防范和遏制重大特大事故的发生。将安全生产目标层层分解，分别与监理、施工单位签订安全生产年度目标责任书，明确项目经理为项目安全生产工作第一责任人，实行安全生产一票否决制。开展针对防汛、大型机械设备安全管理、冬季施工、预防坍塌、高处坠落事故专项整治，组织定期安全大检查以及春节、五一、十一、元旦等特殊时期专项检查。2012年12月，对宝丰—郏县段工程施工标全年安全生产目标进行考核，考核结果均符合要求。做好安全教育培训、应急预案及重大危险源管理工作。

（郑　团）

施　工　科　技

宝丰—郏县段工程1标段在开挖成型后发现存在坡面形状不规则、局部渗水和局部滑塌现象，尝试按原设计施工粗砂垫层后，已压实粗砂垫层局部被渗水带走和松散情况，影响渠道边坡安全。

针对此问题，于2012年8月20日成立了“页岩地质段渠道边坡垫层质量的研究”QC小组，成功解决该段渠道边坡在高地下水位压力下边坡稳定问题，使垫层结构满足设计的排水要求，效果良好。具体解决办法是：用渗透系数平均值不小于2×10^{-1}cm/s的C10无砂混凝土替代20cm厚粗砂垫层结构消除渠道边坡安全隐患。

（杜军民）

北汝河渠道倒虹吸工程

工　程　概　况

北汝河渠道倒虹吸工程位于河南省宝丰县东北大边庄与郏县渣园乡朱庄村之间北汝河上，场地距宝丰县县城处约15km。渠段起点总干渠桩号为SH(3) 39+869.3，终点总干渠桩号为SH(3) 41+351.3，设计段总长1482m。渠段起点设计水位128.761m，终点水位128.254m，总设计水头为0.507m。设计流量315m^3/s，加大流量375m^3/s。工程设计防洪标准按100年一遇洪水设计，300年一遇洪水校核。

北汝河渠道倒虹吸工程于2009年12月30日与沙河渡槽工程一起举行开工仪式，随后施工单位进场进行临建工程建设，2010年4月5日由监理部签发开工令，正式进入主体工程施工阶段，总工期37个月。

主要工程量：土方开挖64.71万m^3，石方开挖76.98万m^3，土石方回填121.99万m^3，混凝土及钢筋混凝土21.24万m^3，砌石2.41万m^3，钢筋制作安装1.89万t。

（程世昭　安　康）

工　程　投　资

2012年，北汝河渠道倒虹吸工程计划完成投资7797.4万元（工程部分），实际完成年度投资13 201.87万元，累计完成投资28 683.72万元，累计完成合同金额的105.8%。

截至2012年底，北汝河倒虹吸工程尚未动用基本预备费，投资处于可控状态。

（程世昭　张高伟　张晓亮）

招　标　投　标

北汝河倒虹吸工程共分为土建施工标、机电和金属结构设备采购、建设监理标、安全监测和供电线路5类。截至2012年底，北汝河倒虹吸工程已完成1个土建标、4个设备采购标、1个监理标、1个安全监测标和1个供电线路标共8个标段的招标工作（其中6个为跨设计单元合同），合同总金额29 412万元。

2012年度，北汝河倒虹吸工程采用公开招标方式进行2个机电设备设备采购标［水北调中线一期工程总干渠沙河南—黄河南（中线建管局直管项目）电气设备采购第一标段、南水北调中线一期工程总干渠沙河南—黄河南（中线建管局直管项目）电气设备采购第二标段］和1个供电线路工程的招标工作，合同总金额8028万元，其中北汝河渠道倒虹吸工程部分合同金额814万元，见表1。

表 1　　2012 年北汝河渠道倒虹吸工程招标投标情况表

序号	合同编号	合同名称	招标代理单位	招标文件发售日期	开标日期	中标单位名称	合同金额	合同签订日期
1	ZXJ/SG/GDX-004	南水北调中线一期工程总干渠沙河南—黄河南段（中线建管局直管项目）35kV 永久供电线路工程 1 标	扬子江工程咨询有限公司	2011 年 12 月 7～13 日	2011 年 12 月 27 日	郑州众信电力工程有限公司	3289 万元（其中北汝河 96 万元）	2012 年 2 月
2	ZXJ/CG/SHN-001	南水北调中线一期工程总干渠沙河南—黄河南（中线建管局直管项目）电气设备采购第一标段	河南省河川工程监理有限公司	2011 年 11 月 24～30 日	2011 年 12 月 14 日	广州白云电器设备股份有限公司	3830 万元（其中北汝河 593 万元）	2012 年 1 月
3	ZXJ/CG/SHN-002	南水北调中线一期工程总干渠沙河南—黄河南（中线建管局直管项目）电气设备采购第二标段	河南省河川工程监理有限公司	2011 年 11 月 24～30 日	2011 年 12 月 14 日	江苏星光发电设备有限公司	909.6 万元（其中北汝河 125 万元）	2012 年 1 月

（张高伟　张晓亮）

工 程 进 展

2012 年，北汝河渠道倒虹吸工程完成土石方开挖 28.93 万 m^3，土石方回填 78.1 万 m^3，混凝土浇筑 10.4 万 m^3；累计完成土石方开挖 146.96 万 m^3，土石方回填 117.9 万 m^3，混凝土浇筑 20.55 万 m^3。

总共 77 节倒虹吸管身已全部完工。

（程世昭）

质 量 管 理

截至 2012 年底，北汝河渠道倒虹吸工程质量情况基本稳定，未发生任何质量事故，优良率数控指标均保持较高水平。本年度完成 435 个单元工程，其中 390 个单元工程优良，优良率 89.65%。累计完成 1594 个单元工程，其中 1387 个单元工程优良，优良率 87%。达到工程质量目标，工程质量处于受控状态，工程质量优良。

（瞿行亮　刘　兴）

安 全 生 产

2012 年度，北汝河渠道倒虹吸工程未发生安全事故，实现了年度安全管理目标，安全生产目标考核等级为一级。

（瞿行亮　刘　兴）

禹州和长葛段工程

工 程 概 况

禹州和长葛段工程是南水北调中线总干渠第Ⅱ渠段（沙河南—黄河南）的组成部分，禹州和长葛段工程位于河南省禹州市及长葛市境内。设计单元起点位于兰河涵洞渡槽出口100m处，设计桩号SH(3)61+648.7，终点位于长葛和新郑市交界，设计桩号SH(3)115+348.7，全长53.7km。其中，明渠长52.323km，建筑物长1.377km，总干渠以明渠为主，明渠和河流交叉全部采用立交。

禹州和长葛段工程设计流量305~315m^3/s，设计水深7m，渠底纵比降1/23 400~1/26 000；渠道过水断面为梯形，设计底宽15.5~24.5m，堤顶宽5m，渠道一级边坡系数2.0~3.5，二级边坡系数1.5~3.25。

渠道多为半挖半填断面（长度31 473m约占总长度的60%），少部分为全挖断面（19 622m占总长度的37.5%）和全填断面（1228m约占总长度的2.5%，位置基本在河渠交叉处），渠道平均挖深9.2m，渠道最大挖深达37.5m（土建施工一标范围内，设计桩号64+000附近）；渠道最大填筑高度12.5m（土建施工四标范围内，设计桩号77+550附近，左岸挖、右岸填）。

工程沿途与30条大小河流，2条现有灌溉渠道，39条等级公路和1条铁路（变更后）交叉。本渠段共有各类建筑物99座（变更后），其中：河渠交叉5座（颍河、小南河、十字河、石良河、小洪河）、左岸排水25座，渠渠交叉2座（白沙南干、白沙东干）、分水闸4座（禹州3座：孔楼、任坡、孟坡；长葛1座：洼李）、退水闸1座（颍河倒虹吸退水闸）、节制闸2座（颍河倒虹吸节制闸、小洪河倒虹吸节制闸）、事故闸1座（禹州市南端事故闸）、公路桥39座、铁路桥1座（陉山铁路桥）、生产桥19座变更增加3座。

禹州和长葛段工程共分为19个标段，其中桥梁施工标4个、机电设备标4个、安全监测标1个、土建施工标8个和监理标2个，共计19个标段，合同金额207 096.94万元。土建施工标合同总工期32个月，桥梁标合同总工期18个月。

（王庆庆）

工 程 投 资

2012年，禹州和长葛段工程计划完成投资84 718.83万元，实际完成投资107 854.02万元，完成年投资计划的127%；累计完成投资182 742.3万元，占合同量的94.22%。

（王庆庆）

招 标 投 标

2012年，禹州和长葛段工程具体招标投标情况见表1。

表1　2012年禹州和长葛段工程具体招投标情况

序号	合同编号	合同名称	招标代理单位	招标文件发售日期	开标日期	中标单位	合同签订日期
1	HNJ-2012/YC/SG-012	南水北调中线一期工程总干渠陶岔渠首—黄河南段新增桥梁施工禹长增桥1桥工程施工合同	扬子江工程咨询有限公司	2012年7月9~13日	2012年7月30日	中国水利水电第六工程局有限公司	2012年8月23日

（王庆庆）

工 程 进 展

截至2012年12月底，禹州和长葛段工程土石方开挖累计完成3459.17万m^3，占合同总量的101%；土石方回填累计完成883.69万m^3，占合同总量的79%；混凝土浇筑累计完成浇筑49.3万m^3，占合同总量的61%。

禹州和长葛段渠道开挖累计成型48km，累计成型占总长50.7km的95%；填筑累计成型38.1km，累计成型占总长39.9km的95%；衬砌累计完成5.109km，累计完成占总长（单坡）106.5km的4.80%。

禹州和长葛段58座交通桥，全部开工。累计完成承台（系梁）131个，占总量的93.6%；墩柱234个，占总量的86.7%；预制箱梁417片，占总量的88.5%；箱梁安装211片，占总量的44.7%。正进行箱梁预制、盖梁、墩柱浇筑、箱梁安装及生产桥的现浇箱梁的混凝土浇筑。新增3座桥梁下部结构完成。

（王庆庆）

工 程 监 理

江河水利水电咨询中心的监理服务范围是禹州和长葛段的土建工程施工（不含公路桥、生产桥、铁路桥）、机电设备及安装、金属结构设备及安装、安全监测、通信管道采购及敷设、临时工程、施工现场的水土保持工程及施工期环境保护工程等项目。监理服务期自建管处通知进场之日起至保修期满为止，共计44个月。其中：施工工期32个月，保修期为12个月。工程计划开工日期为2010年9月1日，完工日期为2013年4月30日。

河南豫路工程技术开发有限公司的监理工作范围是禹州和长葛段交通桥工程渠段长53.7km，全段布置交通桥共57座（其中公路桥38座，生产桥19座）。

禹州和长葛段交通桥监理部进场组建成立后，根据项目特点编制完成《监理规划》。制定监理部管理工作规程、内部管理制度及办法、各部门职责、人员岗位职责；按监理规范要求，驻地监理工程师结合现场项目工程实际情况主持编制《监理细则》。成立质量领导小组和安全领导小组，建立“质量保证体系”和“安全控制体系”，控制现场施工质量，确保施工安全。

2012年，主要对下部结构、箱梁预制、箱梁安装、引道施工、桥面系等工程的施工组织（方案）进行审查；检查并督促施工单位质量保证体系运转正常；采用旁站、巡视、平行检验等方法对施工质量进行控制，保证质量受控；同时对施工进度、费用、安全环保等工作进行监理。

（李　爽　李雪丽）

质 量 管 理

2012年，禹州和长葛段工程全年共完成单元工程质量评定2622个，全部合格。累计完成单元工程质量评定2812个。

（李书阁）

潮河段工程

工 程 概 况

南水北调中线工程总干渠潮河段起点位于新郑市梨园村南，与双洎河渡槽工程末端相连接，设计桩号SH（3）133+380.8，终点位于中牟县与郑州市交界处，与郑州2段工程起点相接，设计桩号SH（3）179+

227.8，全长 45.847km，其中明渠长 45.244km，建筑物长 0.603km。总干渠以明渠为主，全挖方段长 25.084km，半挖半填段长 19.18km，全填方段长 0.98km，渠道最大挖深约 27m，最大填高约 11m。

潮河段渠道设计流量 305 ~ 295m^3/s、加大流量 365 ~ 355m^3/s；设计水深 7.0m，加大水深 7.668 ~ 7.624m；渠道纵比降 1/24 000 和 1/26 000 两种，其中 1/26 000 的占 86.4%。总水位差 2.009m；过水断面呈梯形，一级马道开口宽度 57 ~ 79m，渠底宽 23.5 ~ 15m，堤顶宽 5m。渠道边坡 1∶2.0 ~ 1∶3.5，其中 1∶3.0边坡占 1/4 左右。

潮河段渠道河渠交叉 5 座，左岸排水 17 座，分水闸 2 座，节制闸 2 座。合同开工日期为 2010 年 6 月，计划完工日期为 2013 年 1 月，总工期 32 个月。

（程　林）

工程投资

2012 年，潮河段工程完成投资 92 435.78 万元（其中，渠道标完成 61 557.02 万元，桥梁标完成 30 878.76 万元），占年度计划 78 006.46 万元的 118.5%。

（程　林）

招标投标

潮河段共分为 7 个施工标和 1 个安全监测标，招标投标情况见表 1。

表 1　　潮河段工程招标投标情况统计表

序号	合同编号	合同名称	招标代理单位	招标文件发售时期	开标日期	定标日期	中标单位	合同签订日期
1	HNJ-2010/CH/SG-001	南水北调中线一期工程总干渠沙河南—黄河南（委托建管项目）潮河段第一施工标段“潮河-1”	河南省河川工程监理有限公司	2010 年 4 月 19 ~ 23 日	2010 年 5 月 9 日	2012 年 5 月 28 日	中国安能建设总公司	2012 年 6 月 1 日
2	HNJ-2010/CH/SG-002	南水北调中线一期工程总干渠沙河南—黄河南（委托建管项目）潮河段第一施工标段“潮河-2”	河南省河川工程监理有限公司	2010 年 4 月 19 ~ 23 日	2010 年 5 月 9 日	2012 年 5 月 28 日	中国水利水电第七工程局有限公司	2012 年 6 月 1 日
3	HNJ-2010/CH/SG-003	南水北调中线一期工程总干渠沙河南—黄河南（委托建管项目）潮河段第一施工标段“潮河-3”	河南省河川工程监理有限公司	2010 年 4 月 19 ~ 23 日	2010 年 5 月 9 日	2012 年 5 月 28 日	河南省水利第一工程局	2012 年 6 月 1 日

续表

序号	合同编号	合同名称	招标代理单位	招标文件发售时期	开标日期	定标日期	中标单位	合同签订日期
4	HNJ-2010/CH/SG-004	南水北调中线一期工程总干渠沙河南—黄河南（委托建管项目）潮河段第一施工标段“潮河-4”	河南省河川工程监理有限公司	2010年4月19～23日	2010年5月9日	2012年5月28日	河南省水利第二工程局	2012年6月1日
5	HNJ-2010/CH/SG-005	南水北调中线一期工程总干渠沙河南—黄河南（委托建管项目）潮河段第一施工标段“潮河-5”	河南省河川工程监理有限公司	2010年4月19～23日	2010年5月9日	2012年5月28日	中国水利水电第五工程局有限公司	2012年6月1日
6	HNJ-2010/CH/SG-006	南水北调中线一期工程总干渠沙河南—黄河南（委托建管项目）潮河段第一施工标段“潮河-6”	河南省河川工程监理有限公司	2010年4月19～23日	2010年5月9日	2012年5月28日	黄河建工集团有限公司	2012年6月1日
7	HNJ-2010/CH/SG-007	南水北调中线一期工程总干渠沙河南—黄河南（委托建管项目）潮河段第一施工标段“潮河-7”	河南省河川工程监理有限公司	2010年4月19～23日	2010年5月9日	2012年5月28日	中国水利水电第十三工程局有限公司	2012年6月1日
8	HNJ-2010/CZ/CG-001	南水北调中线一期工程总干渠沙河南—黄河南（委托建管项目）潮河段、郑州2段	河南省河川工程监理有限公司	2010年4月19～23日	2010年5月9日	2012年5月28日	南京南瑞集团	2012年6月1日

（程　林）

工 程 进 展

2012年，潮河段完成土石方开挖846.28万m^3（其中，渠道标完成826.92万m^3，桥梁标完成19.36万m^3），占年度计划800.07万m^3的105.78%；完成土石方回填526.41万m^3（其中，渠道标完成440.5万m^3，桥梁标完成85.91万m^3），占年度计划494.89万m^3的106.37%；完成混凝土浇筑33.12万m^3（其中，渠道标完成21.73万m^3，桥梁标完成11.39万m^3），占年度计划40.12万m^3的82.56%。

（1）渠道工程。基础处理强、重夯，挤密砂石桩施工全部完成（除变更）。正在开挖的渠道折合成型38.32km；潮河段渠道填筑总长28.86km，渠道填筑成型21.69km；防护堤填筑总长36.59km，填筑成型23.27km。完成渠道边坡衬砌17.9918km（单边），完成底板衬砌2.556km。

（2）河渠交叉建筑物。5座河渠大型交叉建筑物全部开工建设，其中，黄水河河道倒虹吸正在进行建筑物上方填筑及进出口浆砌石施工。梅河倒虹吸管身段混凝土完成，正在进行进出口段混凝土施工。丈八沟渠道倒虹吸管身段、进口闸室段及进出口门库施工全部完成，正在进行进口渐变段翼墙施工。大碾卢沟排水渡槽完成下部结构。

（3）其他。17座左排建筑物中11座基本完工，其他正在进行回填施工。4座控制建筑物全部开工。

（沈玉顺）

工 程 监 理

按规范要求检查，对关键部位及关键工序进行旁站监理，及时纠正违规行为，及时评定工序质量，不合格严禁进入下道工序。发现缺陷，及时进行登记、处理和验收备案，保证处理质量，对Ⅱ类缺陷及裂缝专门报批处理方案。2012年，潮河段工程建设投资、进度、质量、安全等方面均处于受控状态。

（沈玉顺）

质 量 管 理

2012年，潮河段工程质量情况稳定，未发生质量事故，完成渠道、渠系建筑物各类单元工程评定2032个，优良个数1889个，优良率93%，桥梁分项工程质量评定1087个，合格1087个；分部工程工程验收44个，验收合格，达到工程质量目标，工程质量处于受控状态。

（桂培林）

新郑南段工程

工 程 概 况

新郑南段工程位于河南省新郑市境内，起点桩号SH（3）115+348.7，终点桩号SH（3）131+531.4，设计段长16.183km。其中明渠长15.190km，建筑物长0.993km。

新郑南段工程设计流量为305m^3/s，设计水位124.528～123.524m。渠道过水断面呈梯形状，设计底宽21～23.5m，设计水深7m，堤顶宽5m。渠道内边坡一级边坡系数为2.0～2.5，二级边坡系数为1.5～2.0，渠道设计纵坡为1/26 000，渠底高程117.528～116.524m。

新郑南段工程共有各类建筑物28座，其中，河渠交叉2座，渠渠交叉1座，铁路交叉1座，退水闸1座，左岸排水7座，公路桥7座，生产桥9座；其中控制性建筑物1座（十里铺东南公路桥）。

工程项目进场日期为2011年2月10日，实际开工日期为2011年3月1日，计划完工日期为2013年7月31日，计划总工期30个月。

（沈玉顺）

工 程 投 资

新郑南段工程施工合同总金额77 674.1万元，其中1标21 365.8万元、2标25 602.2万元、3标30 706.1万元。

2012年，新郑南段工程计划完成投资27 703.3万元,其中1标8172.0万元、2标8450.0万元、3标11 081.3万元。实际完成投资32 703.4万元，完成年度计划的118.05%。其中，1标9956.7万元，完成年度计划的121.84%；2标9950.0万元，完成年度计划的117.75%；3标12 796.7万元，完成年度计划的115.48%。

（沈玉顺）

工 程 进 展

2012年，新郑南段工程完成土方开挖311.3万m^3，占年度计划的109.04%；土方填筑470.8万m^3，占年度计划的121.56%；混凝土浇筑20万m^3，占年度计划的102.04%。

截至2012年底，累计完成土方开挖577.5万m^3，占总额的96.87%；土方填筑522.1万m^3，占总额的88.99%；混凝土浇筑26.80万m^3，占总额的72.71%。

（1）渠道成型情况。明渠渠道全长16.18km。除部分跨渠桥梁绕行道路占压部分外，其余全部开挖成型，开挖完成量占合同总量的约95%以上；除十里铺东南公路桥、十里铺东公路桥、毛庄北公路桥绕行路占压及双洎河支渡槽出口段、新商铁路倒虹吸进口段外，其余填筑渠堤基本填筑成型，完成量占合同总量的约90%。

（2）渠道衬砌施工情况。共进场渠坡衬砌机11台（套），试验段衬砌施工全面完成，包括试验段在内共累计完成渠坡衬砌4620m。其中1标段进场渠坡衬砌机4台（套），累计完成渠坡衬砌1924m；2标段进场渠坡衬砌机4台（套），累计完成渠坡衬砌2000m；3标段进场渠坡衬砌机3台（套），累计完成渠坡衬砌696m。

（3）跨渠桥梁工程。十里铺东南公路桥下部结构施工全部完成，钢管拱制造全部完成，并完成4个拱脚及2个节段钢管拱吊装安装；其余15座一般性跨渠桥梁工程箱梁吊装及箱梁现浇全部完成。

（4）左排倒虹吸工程。包括杨庄干渠倒虹吸在内的8座左排建筑物混凝土结构工程施工全部完成。

（5）沂水河倒虹吸工程。涵身为双联四孔，管身段共双联18节，单联36节。管身段完成单联30节浇筑，完成比例约为85%；进口连接段及闸室完成总量的约70%；出口连接段及闸室完成总量的约50%；退水闸闸室以下混凝土浇筑全部完成，完成总量的约90%；河道部分管身段及退水闸基坑回填基本结束。工程项目总形象进度完成比率约65%。

（6）双洎河支渡槽工程。槽身为双联四槽五跨，槽身单槽共10节。槽身段下部结构全部完成，槽身底板完成5节，槽身浇筑完成4节，完成总工程量的约65%；进口连接段及闸室底板部分全部完成，完成总量的约80%；出口连接段除受高压线影响部分外及闸室底板部分全部完成，完成总量的约70%；进口段土方回填基本结束；出口段土方回填至渠底，完成总量的约30%。工程项目总形象进度完成比率约55%。

（7）新商铁路倒虹吸工程。涵身为双联四孔，管身段共双联12节，单联24节。管身段完成单联16节（除铁路、公路绕行路占压部分外，全部完成），完成比例约为65%；进口连接段及闸室完成总量的约20%；出口连接段及闸室完成总量的约70%；省道S323占压部分基坑回填基本结束；进口段土方回填尚未开始；出口段土方回填完成总量的约50%。工程项目总形象进度完成比率约55%。

（沈玉顺）

工 程 监 理

新郑南段工程的监理单位为深圳市深水水务咨询有限公司，监理工作职责范围为：总干渠新郑南段的渠道、建筑物土建工程施工、机电设备及安装、金属结构设备安装、安全监测、通信管道采购及敷设、临时工程、施工现场的水土保持工程及施工期环境保护工程等项目。

开春之后立即掀起施工高潮，缩短各重点项目前期工作准备周期，监理机构召开一次工作协调会，对3个较大控制性工程全面部署各项准备工作，重点安排基坑开挖、基础面处理及垫层浇筑等。针对监理规范中提供的《混凝土浇筑开仓报审表》中缺少对测量、监测、预埋件、安全文明措施到位等情况的检查记录，监理机构编制并签发《混凝土工程开仓验收制度》，在进一步明确开仓验收条件及规范检查记录内容的基础上，分别补充“三检及工序评定资料”、“混凝土配比通知单签署”、“测量成果报审”、“原型观测及其他预埋件埋设”、“安全生产文明施工措施”等内容及责任人。针对2012年8月20日开始的持续降雨，监理机构发出《关于做好雨期防护及雨后修复工作的通知》。

（沈玉顺）

质 量 管 理

2012年，根据人员变动及时对质量管理领导小组进行调整，与各参建单位签订《质量管理目标责任书》，明确各个部门、各个岗位人员的质量责任。建管处处长、分管副处长以及科室负责人、科室有关人员也层层签订《质量管理目标责任书》，进一步明确各级管理人员的责任。

2012年，建管处开展对施工单位人员履约情况、施工单位质量管理体系的落实情况、混凝土实体质量、试验室、拌和站、砂石料场、钢筋加工场等专项检查，并针对桥梁施工专业要求，开展钻孔灌注桩、墩台、桩柱连接、预制梁板、预应力张拉、锚具、支座、变形缝等实体、资料专项检查。共委托第三方试验室对新郑南段累计进行原材料、中间产品及实体质量检验89组，检测发现不合格样品均转发给监理部、施工单位按规定进行确认和处理，其余结果满足设计和规范要求。

2012年，新郑南段工程质量情况稳定，未发生任何质量事故。共完成渠道、渠系建筑物各类单元工程评定503个，优良个数481个，优良率95.6%，桥梁分项工程累计质量评定313个，合格313个，达到工程质量目标，工程质量处于受控状态。

（桂培林）

安 全 生 产

2012年，新郑南段工程全线渠堤基本成型，左岸排水建筑物上下游通道不通畅的问题非常突显，安全度汛形势非常严峻。各参建单位根据各河流水文特征，结合沂水河、双洎河工程具体情况，结合度汛节点形象进度和防洪度汛实际，编制度汛方案和应急预案。汛前，建管处和监理单位继续加强检查施工单位防汛措施落实情况和防汛抢险物资的准备情况，特别要检查出口直对村庄的左岸排水建筑物下游通道是否采取措施，并结合实际组织开展防汛应急演练。汛期，加强与气象部门、当地政府防汛部门的联系，确保出现异常气候时，能够快速做出处理。

（陈保成）

双洎河渡槽工程

工程概况

双洎河渡槽工程起点为双洎河渡槽前150m，设计桩号为SH（3）131+531.4，终点为新密铁路倒虹吸出口296.4m，即潮河段工程的起点，设计桩号为SH（3）133+380.8。本单元渠段长1.849 4km，其中明渠段长772.4m，建筑物长1077m。本段设计流量305m^3/s、加大流量35m^3/s。本段内有各类建筑物6座，其中河渠交叉建筑物1座、左岸排水建筑物1座、铁路交叉建筑物1座、公路交叉建筑物1座、节制闸和退水闸各1座。

工程于2011年2月28日开工，2013年8月31日完工，合同工期30个月。

（张文博）

工程投资

2012年，双洎河渡槽工程计划完成投资15 473万元（工程部分），实际完成投资20 408万元，占年计划的132%。截至2012年底，双洎河渡槽工程施工标累计完成投资33 585万元，完成合同金额的78%。

（赵林涛）

建设管理

双洎河渡槽工程的建设管理模式为代建制，由山西省万家寨引黄工程总公司（以下简称双洎河代建部）代建，截至2012年底，双洎河渡槽工程永久征地、临时征地及专项拆迁工作均已完成。为进一步加强对南水北调中线干线双洎河代建项目的管理，确保双洎河渡槽工程顺利建设，河南直管建管局郑焦项目部制定了《郑焦项目部双洎河代建项目建设管理季度考核办法（试行）》，来强化双洎河代建部合同管理意识，严格履行合同约定，落实中线建管局及河南直管建管局制定的有关管理办法和规章制度，加强对双洎河渡槽工程进度、质量、安全、投资等的管理。

（张文博）

工程进展

2012年，双洎河渡槽工程完成土石方开挖39.10万m^3，土石方填筑104.06万m^3，混凝土浇筑10.97万m^3。

双洎河渡槽工程共有各类建筑物6座，其中河渠交叉建筑物1座，已开工，2012年完成承台浇筑11个、墩身浇筑12个、墩帽浇筑13个，渡槽槽身浇筑21榀（左联完成10榀，右联完成11榀）；截至2012年底，渡槽下部结构施工全部完成，渡槽上部结构累计完成槽身浇筑11跨（左联完成10榀，右联完成12榀），占总数20跨的55%；左岸排水建筑物1座，主体工程已完成；铁路交叉建筑物1座，已经开工，正在进行主体混凝土施工；公路交叉建筑物1座，已经开工，正在进行桥面铺装及附属设施施工；节制闸和退水闸各1座，已完成主体工程混凝土施工，正在进行金属结构安装。

双洎河渡槽工程有闸门埋件26套，总重212t，全部制造完成；闸门共18扇，总重443t，完成制造8扇208t；钢闸门启闭机16台（套），完成制造10台（套）。

（张文博）

质量管理

2012年，双洎河渡槽工程质量情况基本

稳定，未发生任何质量事故，优良率数控指标均保持较高水平，共完成 488 个单元工程，其中 351 个单元工程优良，优良率 71.4%，达到工程质量目标，工程质量处于受控状态，工程质量优良。桥梁工程分项工程评定 38 个，全部合格。

（徐志一）

郑州 2 段工程

工程概况

郑州 2 段工程起点位于郑州市中牟县与管城区交界处潮河倒虹吸进口，设计桩号 SH（3）179 + 227.8，终点位于郑州市西南金水河与贾鲁河之间郑湾村附近，设计桩号 SH（3）201 + 188.4，全长 21.961km，其中渠道长 20.515km，建筑物长 1.446km。明渠全挖方段长 18.500km，半挖半填段长 2.015km；最大挖深 33m，最大填高 1.2m。共布置有各类建筑物 56 座，其中河渠交叉建筑物 4 座，左岸排水建筑物 6 座，控制建筑物 5 座（节制闸 2 座、退水闸 1 座，分水口门 2 座），排水泵站 6 座，各类桥梁 35 座。

郑州 2 段渠道设计流量 285 ~ 295m^3/s、加大流量 345 ~ 355m^3/s；设计水深 7.0m，加大水深 7.644 ~ 7.699m；渠道纵比降 1/26 000 和1/23 000两种，总水位差 1.37m；过水断面采用梯形明渠，一级马道开口宽 69 ~ 78m，渠底宽 12 ~ 18.5m，渠道边坡 1∶2.75 ~ 1∶3.5，其中 1∶3.0 边坡占 60%。

该渠段涉及郑州市的管城区、二七区和中原区 3 个区，工程总用地 13 371.42 亩[1]，其中永久用地 6317.38 亩，临时用地 7054.04 亩。占压房屋总面积 35.4 万 m^2，搬迁人口 1397 人、企业 33 家、单位 1 家、副业及工商企业 215 家，专项线路 255 条（含电力）。

郑州 2 段土建工程共划分为 4 个施工标和 1 个监理标，施工合同金额 105 302 万元。合同工期为 2009 年 8 月 1 日 ~ 2012 年 3 月 10 日，总工期 31 个月。

郑州 2 段交通桥单独招标，郑州建管处负责 22 座桥梁建设，3 个标段施工合同总金额为 17196.36 万元，合同工期为 2011 年 5 月 15 日 ~ 2012 年 10 月 31 日。郑州市建委、交委负责桥梁建设 13 座。

（程　林）

工程投资

2012 年，郑州 2 段工程计划投资 28 633.3 万元,实际完成工程投资 35 867.11 万元，占年度计划的 125.27%。其中，干渠标计划投资 12 359.4 万元，实际完成投资 16 240.37 万元，占年度计划的 131.4%；桥梁计划投资 16 273.9 万元，实际完成投资19 626.74 万元，占年度计划的 120.6%。机电设备安装工程及金属结构工程由于招标滞后和生产厂家供货滞后等原因，只进行潮河、魏河、十八里河、金水河倒虹吸部分埋件施工。

（程　林）

工程进展

2012 年，郑州 2 段工程完成土方开挖 142 万 m^3，占年度计划的 328%；土方回填 138.2 万 m^3，占年度计划的 118.85%；混凝土 18.1 万 m^3，占年度计划的91.9%。累计完成土方开挖 3216.1 万 m^3，占合同总量的 101.9%；土石方回填 413.3 m^3，占合同总量的 102.1%；混凝土浇筑 48.7 万 m^3，占合同总量的 86.2%。

[1] 1 亩 = 666.7m^2。

魏河倒虹吸进口叠梁检修闸门门槽及左右门库埋件安装完毕，出口2~4号检修闸门门槽、弧形工作闸门门槽及左右门库埋件安装完毕，金属结构埋件施工64.9t；潮河渠道倒虹吸出口段检修闸门底槛、侧轨施工完成，金属结构埋件施工20.2t；刘湾分水口门完成所有埋件安装5.67t；十八里河渠道倒虹吸完成所有埋件安装74.642t；金水河渠道倒虹吸及节制闸出口段检修闸门底槛、侧轨埋件正在施工，完成金属结构埋件施工9t。

2012年，郑州2段工程渠道开挖成型1.086km（折合全断面），累计成型9.686km，占全长10.995km的88.09%；开挖换填成型4.44km（折合全断面），累计成型6.6km，占全长9.539km的69.19%；完成渠坡衬砌8.33km，累计衬砌9.83km，占总长20.534km的47.87%；完成渠底衬砌5.236km，累计衬砌5.236km，占总长20.534km的25.5%。

4座大型河渠交叉建筑物，除上部结构、金属结构安装外，完成全部管身段、闸室段及翼墙（潮河倒虹吸右侧5号翼墙作为施工通道未浇筑）混凝土施工。

6座左岸排水建筑物，站马屯沟、贾寨沟等2座左排倒虹吸主体工程完成，其中站马屯沟左排倒虹吸通过初步验收并过水。4座排水渡槽，刘村沟排水渡槽主体工程完成，其他3座完成下部结构施工，正在进行槽身混凝土浇筑。

控制性建筑物节制闸2座、退水闸1座、分水口门2座，完成主体工程，等待金属结构设备进场。

6座抽水泵站除32号泵站外，其余5座基本完成主体工程。32号泵站因征迁问题，开工较晚，正在进行混凝土浇筑。

35座跨渠交通桥郑州建管处负责建设22座桥梁，全部开工建设。其中17座完成下部结构施工，14座完成上部结构施工，7座完成桥面系施工，6座引道完成，7座引道正在施工。地方负责建设桥梁13座，主体工程均开工建设，其中，郑少高速连接线、郑密路桥上部结构基本完工。郑州市建委负责建设6座，包括中州大道（107国道Ⅱ）、紫荆山路（新增）、碧云路（新增，洁云路）、京广南路、长江路（密垌西）、淮河路（新增，东冯湾）；郑州市交委负责建设5座，包括东四环南延线、新G310、郑新公路Ⅱ、豫一路、郑少高速连接线；郑州市公路管理局负责建设2座，包括南四环桥、郑密路桥。

（程　林）

质 量 管 理

委托第三方试验室负责主要原材料、中间产品的抽样检验和检测，共抽查118组，检测发现不合格样品均转发给监理部、施工单位按规定进行确认和处理，其余结果满足设计和规范要求。

2012年，郑州2段工程质量情况稳定，未发生质量事故，优良率数控指标均保持较高水平，共完成渠道、渠系建筑物各类单元工程评定2520个，优良个数2273个，优良率90.2%，桥梁分项工程质量评定1216个，合格1216个；分部工程工程验收28个，验收合格，达到工程质量目标。

（桂培林）

郑州1段工程

工 程 概 况

郑州1段工程起点桩号为SH201+000，终点桩号为SH210+772.97。渠段线路总长9772.97m，其中渠道长度9431.97m，须水河渠倒虹吸长度341m。共布置各类建筑物23座，其中河渠交叉3座，左岸排水3座，公路桥9座，生产桥5座，控制建筑物3座。

郑州1段工程设计流量265～285m^3/s，加大流量320～345m^3/s。渠道过水断面呈梯形状，设计底宽14.5～19.5m，设计水深7m，堤顶宽5m。渠道内边坡一级边坡系数2.0～2.5，二级边坡系数1.5～2.0，渠道设计纵坡1/23 000，渠道底部高程112.775～112.236m。

（沈玉顺）

工程投资

2012年，郑州1段工程计划施工投资24 091.2万元，实际完成施工投资27 714.0万元，占年度计划的115%。

（沈玉顺）

工程进展

2012年，郑州1段工程完成土石方开挖482.7万m^3，为年度计划的109%；完成土石方填筑110.9万m^3，为年度计划的99%；完成混凝土18.8万m^3，为年度计划的152%。累计完成土方开挖905.7万m^3、土方填筑126.2万m^3、混凝土浇筑21.3万m^3，分别占合同的96.4%、81.1%、87.3%。

2012年，渠道开挖成型6.32km（折合全断面），累计成型8.82 km，占总长9.772km的90.26%；完成填筑成型4.57km（折合成全断面），累计成型5.37km，占总长5.67km的94.71%；完成衬砌3.6km（折合成全断面），累计衬砌3.6km，占总长9.432km的38.17%。

河渠交叉建筑物共3座，其中3座开工，2座完成主体工程施工，其中控制性工程累计完成混凝土浇筑（指建筑物混凝土量）比例90%；左岸排水建筑物3座，其中3座开工；节制闸、分水口等控制性建筑物分别3座，开工3座，其中2座完成主体工程施工；跨渠桥梁9座，其中9座开工，6座完成主体工程施工。郑州1段工程机电设备、金属结构安装和自动化调度工程未开工。

（沈玉顺）

质量管理

委托第三方试验室长期对郑州1段工程各类原材料、土方填筑（尤其是高填方、回填、换填等关键部位）、混凝土强度等进行抽测检查。2012年，共对郑州1段工程进行原材料、中间产品及实体质量检验76组，检测发现不合格样品转发给监理部、施工单位按规定进行确认和处理。

2012年，郑州1段工程质量情况稳定，未发生任何质量事故，共完成渠道、渠系建筑物各类单元工程评定495个，优良481个，优良率97.2%，完成桥梁分项工程评定1009个，合格1009个，达到工程质量目标，工程质量处于受控状态。

（桂培林）

荥阳段工程

工程概况

荥阳段工程是总干渠沙河南—黄河南段工程的一个设计单元，位于河南省荥阳市境内，起点在郑州市董岗村西北，终点在荥阳市王村乡王村变电站南（即穿黄工程进口A点），线路全长23.973km。渠系建筑物38座，包括河渠交叉建筑物2座、渠渠交叉建筑物1座、左岸排水建筑物5座、分水口门2座、节制闸1座、退水闸1座、公路桥15座、生产桥11座（含1座新增桥梁）。

荥阳段工程各标段于2011年3月1日相继开工，计划2013年4月30日完工，合同工期 26 个月。

（张文博）

工 程 投 资

2012 年，荥阳段工程计划完成投资 39 271 万元（工程部分），实际完成投资 40 107万元（其中，建筑及安装工程完成投资 39 417 万元，机电设备及安装工程 2 万元，金属结构设备及安装工程 12 万元，临时工程 648 万元，其他工程 28 万元），年实际完成投资占年计划的 102%。

（赵林涛）

招 标 投 标

2012 年，荥阳段工程采用公开招标方式进行了南水北调中线一期工程总干渠陶岔渠首—黄河南段新增桥梁施工荥阳增桥 1 标的招标工作，合同总金额 237.87 万元，见表 1。

表 1　2012 年荥阳段工程招标投标情况表

序号	合同编号	合同名称	招标代理单位	招标文件发售日期	开标日期	定标日期	中标单位	合同签订日期
1	ZXJ/SG/QL-003	南水北调中线一期工程总干渠陶岔渠首—黄河南段新增桥梁施工荥阳增桥 1 标	扬子江工程咨询有限公司（湖北）	2012 年 7 月 9～13 日	2012 年 7 月 30	2012 年 8 月 16 日	河南省水利第一工程局	2012 年 8 月 28 日

荥阳增桥 1 标位于南水北调中线一期工程总干渠荥阳单元段[（XYD0 +000）～（XYD10 +000）]范围内，位于河南省荥阳市境内。本渠段共新增生产桥 1 座，桥名为寨杨生产桥。

（张文博）

工 程 进 展

2012 年，荥阳段完成土石方开挖 465 万 m^3，土石方填筑 135 万 m^3，混凝土浇筑 22 万 m^3。累计完成土石方开挖 1742 万 m^3，土石方填筑 202 万 m^3，混凝土浇筑 29 万 m^3。

2012 年，荥阳段渠道开挖成型 16.8km（折合全断面），累计成型 20.8km，占总长 22.09km 的 94.16 %；完成填筑成型 4.2km（折合成全断面），累计成型 4.2km，占总长 4.46km 的 94.17%；完成衬砌 8.5km（折合成全断面），累计衬砌 8.5km，占总长 22.09km 的 38.48%。

荥阳段河渠交叉建筑物共 2 座，均已完成主体工程施工，其中控制性工程累计完成混凝土浇筑（指建筑物混凝土量）比例 97%；左岸排水建筑物 5 座，其中 5 座已开工，2 座已完成主体工程施工；渠渠交叉建筑物 1 座，已完成主体工程施工；节制闸、分水口等控制性建筑物分别 2 座，均已完成主体工程施工；跨渠桥梁 26 座，均已开工，17 座已完成主体工程施工。

荥阳段工程有闸门埋件 24 套，总重 169.01t，全部完成制造；闸门共 18 扇，总重 548.56t，完成制造 6 扇 270.19t；钢闸门启闭机 15 台（套），完成制造 7 台（套）。

（张文博）

质 量 管 理

2012 年，荥阳段工程质量情况基本稳定，未发生任何质量事故，优良率数控指标均保持较高水平，共完成 2931 个单元工程，其中

2822个单元工程优良，优良率96.28%，达到工程质量目标，工程质量处于受控状态，工程质量优良。

（石文明）

陶岔渠首—沙河南段工程

淅川县段工程

工程概况

淅川县段工程位于河南省南阳市淅川县和邓州市境内，起点位于淅川县陶岔渠首，桩号0+300，设计流量$350m^3/s$，加大流量$420m^3/s$；终点位于邓州市和镇平县交界处，桩号52+100，设计流量$340m^3/s$，加大流量$410m^3/s$。桩号(36+289)~(37+319)段为湍河渡槽工程，长度1.03km，单独作为设计单元另行分标，本单元实际长度为50.770km。输水明渠沿线共布置各类大小建筑物84座，其中：河渠交叉建筑物6座，左岸排水建筑物16座，渠渠交叉建筑物3座，跨渠桥梁52座，分水口门3座，节制闸2座，退水闸2座。

工程总投资共计327 820万元（不含备用金15 970万元），共分为3个监理标和7个施工标，2011年3月6日开工，2013年12月31日完工，共计33个月。

主要工程量为：土方开挖共计5796.56万m^3，土石方回填2477.41万m^3，混凝土94.45万m^3，钢筋5.16万t，金属结构1222t，复合土工膜约计410.6万m^2。

（刘许伟）

工程投资

2012年，淅川县段工程计划完成投资18 736.14万元（工程部分），实际完成投资27895.24万元，占年计划的148.9%。

2012年，处理淅川县段重大变更项目（增加投资大于等于500万元）8项，增加合同金额33 232.8万元；一般变更项目（增加投资小于500万元）35项，增加合同金额1898.8万元。处理一般索赔项目（索赔金额小于3002万元）12项，索赔金额441.4万元。

（潘旭峰）

招标投标

2011年10月~2012年12月，淅川县段工程采用公开招标方式共完成1个35kV永久供电工程施工标、1个新增桥梁施工标、2个电气设备采购标招标工作，涉及淅川县段工程的合同金额为3050.27万元，见表1。

表1　2012年淅川县段工程招标投标情况表

序号	合同编号	合同名称	招标代理单位	招标文件发售日期	开标日期	定标日期	中标单位	合同金额	合同签订日期
1	ZXJ/CG/SHN-001	沙河南—黄河南（中线建管局直管项目）电气设备采购第1标段（淅川县段）	河南省河川工程监理有限公司	2011年10月20~26日	2011年11月8日	2011年12月31日	广州白云电器设备股份有限公司	648.78万元	2012年1月16日

续表

序号	合同编号	合同名称	招标代理单位	招标文件发售日期	开标日期	定标日期	中标单位	合同金额	合同签订日期
2	ZXJ/CG/SHN-002	沙河南—黄河南(中线建管局直管项目)电气设备采购第2标段(淅川县段)	河南省河川工程监理有限公司	2011年10月20～26日	2011年11月8日	2011年12月31日	江苏星光发电设备有限公司	167.56万元	2012年1月16日
3	ZXJ/SG/GDX-006	南水北调中线一期工程总干渠陶岔—沙河南段35kV永久供电线路工程1标工程施工合同(淅川县段)	扬子江工程咨询有限公司(湖北)	2011年11月16～22日	2011年12月1日	2012年2月27日	平顶山华辰电力集团有限公司	1828.32万元	2012年2月29日
4	ZXJ/SG/QL-001	新增桥梁施工淅川增桥1标	扬子江工程咨询有限公司(湖北)	2012年7月9～13日	2012年7月30日	2012年8月6日	中铁十六局集团有限公司	405.61万元	2012年8月28日

(1) 35kV永久供电线路工程1标工程(ZXJ/SG/GDX-006)，中标单位为平顶山华辰电力股份有限公司。合同范围包括淅川县段工程、镇平县段工程和湍河渡槽工程。供电线路走径总长约83.425km。导线采用LGJ-120/25钢芯铝绞线，地线采用GJ-35镀锌钢绞线，电缆采用ZR-YJV22-26/35-3X120。杆塔形式包括铁塔、高强水泥杆。线路还包括跨越和电缆埋设穿越。淅川县段沿渠道35kV输电线路长度约为46.57km（包括架空线路和电缆线路）。沿线布置的各类建筑物84座。

(2) 新增桥梁施工淅川增桥1标（ZXJ/SG/QL-001）位于淅川县段施工2标，中标单位为中铁十六局集团有限公司。合同范围为桑树吴家东生产桥，桩号TS-11+806.1，桥面总宽4.70m，设计跨径2×25m+3×30m+2×25m，桥长197.00m，引道长630.00m。

(3) 电气设备采购第一标段（ZXJ/CG/SHN-001）中标单位为广州白云电器设备股份有限公司。合同范围为淅川县段、湍河渡槽、镇平县段、叶县段、澧河渡槽、鲁山南1段、鲁山南2段、沙河渡槽、北汝河倒虹吸、双洎河渡槽、鲁山北段、荥阳段共12个设计段内的高、低压开关柜等设备采购。

(4) 电气设备采购第二标段（ZXJ/CG/SHN-002）中标单位为江苏星光发电设备有限公司。招标范围为淅川县段、湍河渡槽、镇平县段、叶县段、澧河渡槽、鲁山南1段、鲁山南2段、沙河渡槽、北汝河倒虹吸、双洎河渡槽、鲁山北段、荥阳段共12个设计段内的柴油发电机、变压器等设备采购。

（潘旭峰）

工 程 进 展

2012年，淅川县段工程完成土方开挖3113.5万m^3，为年度计划3243.1万m^3的96%；完成土方填筑2276.95万m^3，为年度计划2407.8万m^3的95%；完成混凝土浇筑90.95万m^3，为年度计划95.3万m^3的96%。其中，改性土填筑完成935.33万m^3，完成年计划923.33万m^3的101%。

渠道工程土方开挖基本完成，主渠道土方填筑除沿渠道路、桥梁占压段以及淅川1

标、2 标一级马道以上部分外全部完成，抗滑桩施工除淅川 2 标王家西南公路桥占压部分外全部完成，渠道衬砌完成单侧 15.11km；建筑物工程湍河渡槽全年完成 29 榀槽身浇筑，累计完成 30 榀，刁河渡槽主体工程基本完工，严陵河渡槽完成主体工程的 60%，其余 48 座建筑物除北排河渡槽、张楼南沟渡槽及王家西沟渡槽、项店渡槽、谭寨分水口外主体工程全部完工，左排建筑物全部具备过流条件；主渠道 90 座桥梁年底前通行 69 座，通车率 77.6%。

2012 年，南阳项目部积极采取有效措施，在克服了改性土、抗滑桩变更以及汛期连续降雨等诸多困难的情况下，基本完成了工程建设任务。

（刘许伟）

施工科技

针对改性土削坡、排水板与坡面梁施工等技术难题，成立技术攻关小组，在充分调研的基础上，选择工程量大、项目开展早的标段进行机械化施工试验，尽早实现改性土削坡、排水板和坡面梁刻槽的机械化快速施工。目前全线改性土削坡已全部实现机械化、标准化施工。在淅川 2 标、淅川 6 标实施的排水板和坡面梁机械施工试验也已取得初步结果，一旦成功将迅速在全线推广应用。

密切与设计单位联系，针对现场出现的技术难题，及时反馈到设代处，设计单位反应迅速，及时解决现场实际问题。同时，召开了几十次专家咨询会，研究渡槽施工工艺、裂缝控制、配合比优化、改性土施工等技术难题，有力保证了工程现场的施工进度。

（刘许伟）

质量管理

强化高填方碾压实时监控，对高填方渠段进行质量监管。开展桥梁桩柱检查，确保桥梁工程安全。按照中线建管局和河南直管建管局统一部署和要求，淅川县段工程已经施工完成的 336 根桩柱连接，全部完成开挖检查，存在质量问题的 112 根全部按设计要求处理完毕。

截至 2012 年底，淅川县段工程累计完成渠道单元工程质量评定 28 739 个，合格率 100%，其中优良 27 742 个，优良率 96.5%；桥梁分项工程 3559 个，合格率 100%，未发生一起质量责任事故，实现了质量事故为零的目标。

（马鹏杰）

湍河渡槽工程

工程概况

渡槽槽身为相互独立的 3 槽预应力混凝土 U 型结构，单跨 40m，共 18 跨，单槽内空尺寸（高 × 宽）7.23m × 9.0m。设计流量为 $350m^3/s$，加大流量为 420 m^3/s。由右岸渠道连接段、进口渐变段、进口闸室段、进口连接段、槽身段、出口连接段、出口闸室段、出口渐变段、左岸渠道连接段等 9 段组成，其中右岸渠道连接段设退水闸 1 座，工程轴线总长 1030m，起点桩号为 TS36 + 289，末端桩号为 TS37 + 319。

工程总投资 25 216.66 万元（不含备用金 1400 万元）。2010 年 12 月 28 日开工，计划 2013 年 12 月 31 日完工，共计 36 个月。

主要工程量为：土石方开挖 15.0 万 m^3，土石方回填 27.0 万 m^3，混凝土 13.0 万 m^3，钢筋 1.41 万 t。

（刘许伟）

工程投资

2012年，湍河渡槽工程计划完成投资8255.2万元（工程部分），实际完成投资11 138.3万元，占年度计划的134.9%。

（潘旭峰）

招标投标

2012年，湍河渡槽工程采用公开招标方式共完成1个35kV永久供电工程施工标、2个电气设备采购标招标工作，涉及湍河渡槽工程的合同金额为167.26万元，见表1。

表1　2012年湍河渡槽工程招标投标情况表

序号	合同编号	合同名称	招标代理单位	招标文件发售日期	开标日期	定标日期	中标单位	合同金额	合同签订日期
1	ZXJ/CG/SHN-001	沙河南—黄河南（中线建管局直管项目）电气设备采购第1标段（湍河段）	河南省河川工程监理有限公司	2011年10月20～26日	2011年11月8日	2011年12月31日	广州白云电器设备股份有限公司	87.91万元	2012年1月16日
2	ZXJ/CG/SHN-002	沙河南—黄河南（中线建管局直管项目）电气设备采购第2标段（湍河段）	河南省河川工程监理有限公司	2011年10月20～26日	2011年11月8日	2011年12月31日	江苏星光发电设备有限公司	38.46万元	2012年1月16日
3	ZXJ/SG/GDX-006	南水北调中线一期工程总干渠陶岔—沙河南段35kV永久供电线路工程1标工程施工合同（湍河段）	扬子江工程咨询有限公司（湖北）	2011年11月16～22日	2011年12月1日	2012年2月27日	平顶山华辰电力集团有限公司	40.89万元	2012年2月29日

（潘旭峰）

工程进展

2012年，湍河渡槽建筑物工程完成29榀槽身浇筑，累计完成30榀，单榀槽身施工周期由原来的50天压缩到35天以内。

湍河渡槽工程由于在全线开工最晚，成为决定陶岔渠首—沙河南段工程能否按时建设完成的关键。湍河渡槽主体工程将于2013年底完工。

（刘许伟）

质量管理

2012年是湍河渡槽最为关键的决战年，施工内容主要为槽身混凝土浇筑、预应力张拉等。截至2012年底，湍河渡槽累计完成单元工程质量评定622个，合格率100%，其中优良599个，优良率96.3%，未发生一起质量责任事故，实现了质量事故为零的目标。

（马鹏杰）

镇平县段工程

工程概况

镇平县段工程位于河南省南阳市镇平县境内，起点在邓州尚寨以北约1km的邓州与镇平县界（马庄村以南），设计桩号52+100，终点在官鲁岗镇附近潦河右岸的镇平县与南阳市卧龙区交界处，设计桩号87+925，镇平县段长度为35.825km，占河南段的4.90%。此段采用明渠输水，沿线共布置各类大小建筑物63座，其中河渠交叉建筑物2座，左岸排水建筑物21座，渠渠交叉建筑物1座，分水口门1座，跨渠桥梁38座。渠段起点设计水位144.375m，终点设计水位142.540m，总水头1.835m。全渠段设计流量$340m^3/s$，加大流量$410m^3/s$。

南水北调中线干线工程为一等工程，输水建筑物为1级建筑物。镇平县段为输水工程的一部分，总干渠渠道及河渠交叉、左岸排水、渠渠交叉、公路交叉建筑物和控制工程等主要建筑物按1级建筑物设计；附属建筑物与河道护岸工程，以及河穿渠工程的上下游连接段等次要构筑物按3级建筑物设计。

镇平县段工程防洪标准为100年一遇洪水设计，300年一遇洪水校核。地震基本烈度为Ⅵ度，地震动峰值加速度为0.05g。

镇平县段工程土建标划分为3个标，分别为施工1~3标。各标段主要建筑物情况如下：

（1）施工1标沿线布置的各类建筑物22座，包括9座左岸排水建筑物、9座公路桥、4座生产桥。

（2）施工2标沿线布置的各类建筑物19座，包括2座河渠交叉建筑物、4座左岸排水建筑物、1座渠渠交叉建筑物、1座分水口门、8座公路桥、4座生产桥。

（3）施工3标沿线布置的各类建筑物20座，包括8座左岸排水建筑物、8座公路桥、5座生产桥。

（张　磊）

工程投资

镇平县段工程国家批复的初步设计概算投资31.068 8亿元，合同签订金额为14.515 4亿元，其中施工1标中标合同价4.631 2亿元（暂列金额2500万元），施工2标中标合同价5.282 6亿元（暂列金额2500万元），施工3标中标合同价4.222 3亿元（暂列金额2500万元），监理合同金额2003.039 8万元，代建管理合同1790.665 5万元。

2012年，镇平县段工程完成投资82 761.72万元。自2011年3月5日开工以来，截至2012年12月31日，建安工程共计完成投资113 500.95万元，累计完成投资115 637.25万元（含建设管理费和工程监理费），占计划总投资145 153.90万元的79.67%。

自2011年3月5日开工以来，截至2012年12月31日，镇平县段工程施工1标发生8项变更索赔，施工2标发生11项变更索赔，施工3标16项变更索赔，详见表1。

表1　　镇平县段工程已处理完成的变更汇总表

序号	变更项目名称	变更文件文号、图号	工程变更主要内容	对合同价和工期影响	处理情况
1	张庄北、马岗北跨渠生产桥桩径变更	水电三局〔2011〕变更007号	施工图纸与分类分项工程量清单不一致	预计减少投资10.2万元，对工期无影响	已处理，黄水镇平计〔2012〕1号

续表

序号	变更项目名称	变更文件文号、图号	工程变更主要内容	对合同价和工期影响	处理情况
2	抗滑桩变更	水电三局〔2012〕变更008号	施工一标渠道护坡为现浇混凝土抗滑桩，合同分类分项工程量清单无此项目，属合同外新增	预计增加投资1594.96万元，对工期略有影响	黄水镇平计〔2012〕99号报南阳项目部
3	礓石河河道倒虹吸新增及变更项目变更申请	水电三局〔2012〕变更003号	礓石河倒虹吸由塑料止水变更为橡胶止水，由沥青杉板变更为刷三遍热沥青	预计减少投资19.53万元，对工期无影响	已处理，黄水镇平计〔2012〕169号
4	菜河河道倒虹吸新增及变更项目变更申请	水电三局〔2012〕变更004号	菜河倒虹吸由塑料止水变更为橡胶止水，由沥青杉板变更为刷三遍热沥青	预计减少投资17.62万元，对工期无影响	已处理，黄水镇平计〔2012〕168号
5	黄土河河道倒虹吸新增及变更项目变更申请	水电三局〔2012〕变更005号	黄土河倒虹吸由塑料止水变更为橡胶止水，由沥青杉板变更为刷三遍热沥青	预计减少投资8.7万元，对工期无影响	已处理，黄水镇平计〔2012〕167号
6	张林东南跨渠公路桥橡胶支座型号发生改变的变更申请	水电三局〔2012〕变更010号	张林东南跨渠公路桥橡胶支座型号变更	预计增加投资5.76万元，对工期无影响	已处理，黄水镇平计〔2012〕170号
7	施工一标张庄北、马岗北跨渠生产桥新增项目变更申请	水电三局〔2012〕变更007号	由于招标图册和合同工程量与施工蓝图不一致，耳墙、背墙、挡块新增项目变更申请	预计增加投资6.71万元，对工期无影响	已处理，黄水镇平计〔2012〕153号
8	施工一标多头搅拌桩防渗墙试验段施工新增项目变更申请	水电三局〔2012〕变更016号	施工一标多头搅拌桩防渗墙试验段施工新增项目	预计增加投资139.02万元，对工期略有影响	已处理，黄水镇平计〔2012〕205号
9	阻工人员、机械窝工	水电十五局〔2012〕赔报004号	阻工人员、机械窝工	预计增加投资38.57万元，对工期略有影响	已处理，黄水镇平计〔2012〕207号
10	抗滑桩变更	水电十五局〔2012〕变更009号	施工二标合同分类分项工程量清单渠道护坡体系为预制抗滑桩混凝土，施工蓝图为现浇混凝土抗滑桩	预计增加投2627.63万元，对工期略有影响	黄水镇平计〔2012〕100号报南阳项目部
11	淇河、西赵河倒虹吸紫铜止水变更	水电十五局〔2011〕变价001号	施工图纸与分类分项工程量清单不一致	预计增加投资29.64万元，对工期无影响	已处理，黄水镇平计〔2012〕4号

续表

序号	变更项目名称	变更文件文号、图号	工程变更主要内容	对合同价和工期影响	处理情况
12	唐家西生产桥存在新增和变更项目	水电十五局〔2012〕变更001号	由于唐家西生产桥施工图纸与招标文件不符，存在C30混凝土和钢筋新增项目及支座、桩长变更项目	预计减少投资0.5万元，对工期无影响	已处理，黄水镇平计〔2012〕120号
13	倒角试验计日工	水电十五局〔2012〕新增投资003号	施工二标倒虹吸倒角混凝土工艺试验新增投资	预计投资增加1.81万元，对工期无影响	已处理，黄水镇平计〔2012〕117号
14	凉水井跨渠公路桥桥新增和变更项目	水电十五局〔2012〕变更002号	由于凉水井跨渠公路桥施工图纸与招标文件不符，存在C30混凝土和钢筋新增项目及支座、桩长变更项目	预计投资增加55.23万元，对工期无影响	已处理，黄水镇平计〔2012〕137号
15	淇河倒虹吸管身段两侧防护工程新增和变更项目	水电十五局〔2012〕变更003号	分类分项工程量清单中50cm后的干砌石，变更为20cm后素混凝土。新增土工布、聚苯板、(ϕ5cm)排水管	预计投资增加0元，对工期无影响	已处理，黄水镇平计〔2012〕116号
16	西赵河倒虹吸管身段两侧防护工程新增和变更项目	水电十五局〔2012〕变更004号	分类分项工程量清单中50cm厚的干砌石，变更为20cm厚C15素混凝土。2、新增土工布、聚苯板、排水管(ϕ5cm)	预计投资减少0.4万元，对工期无影响	已处理，黄水镇平计〔2012〕115号
17	北洼西沟、北洼勾、灌渠河排水倒虹吸新增套框、垫梁等项目的变更	水电十五局〔2012〕变更006号	由于施工蓝图与招标图纸不同增加了套框C25混凝土、钢筋制作安装（套框）、SBS防水卷材项目	预计投资增加25.3万元，对工期无影响	已处理，黄水镇平计〔2012〕171号
18	毛庄东跨渠公路桥变更及新增项目变更申请	水电十五局〔2012〕变更027号	毛庄东跨渠公路桥加宽、加长等变更	预计投资增150.69万元，对工期无影响	已处理，黄水镇平计〔2012〕173号
19	施工二标安子营绕行道路	水电十五局〔2012〕新增投资008号	安子营绕行道路新增投资	预计投资增加10.92万元，对工期无影响	已处理，黄水镇平计〔2012〕141号
20	抗滑桩变更	水电十局〔2012〕变更017号	施工三标合同分类分项工程量清单渠道护坡体系为预制抗滑桩混凝土，施工蓝图为现浇混凝土抗滑桩	预计增加投4304.3万元，对工期略有影响	黄水镇平计〔2012〕101号报南阳项目部

续表

序号	变更项目名称	变更文件文号、图号	工程变更主要内容	对合同价和工期影响	处理情况
21	施工三标吴集土料场运距变化	水电十局〔2012〕变更010号	投标文件要求，吴集土料场至镇平施工三标的施工交通为新建一条路面宽7m，长约10.8km的临时施工道路，实际为借用现有的省道、县道，终点位于施工3标渠道桩号82+250处，全长18.2km，实际运距增加约7.4km	预计增加投4880.48万元，对工期略有影响	黄水镇平计〔2012〕110号报南阳项目部
22	彭庄西沟临时引渠工程	水电十局〔2011〕变更05号	彭庄西沟倒虹吸引渠部分未征地，为保证汛期安全度汛，在引渠位置开挖一条临时引渠	预计增加投资23.42万元，对工期无影响	已处理，黄水镇平计〔2011〕26号
23	施工三标临时绕行道路变更问题	水电十局(2011)变更04号	关于将枣韩公路作为刁庄东公路桥临时绕行道路问题	投资增加80.96万元，对工期无影响	已处理，黄水镇平计〔2012〕18号
24	西沙河排水倒虹吸及渠段76+372~76+850段进行临时改道	水电十局(2011)变更07号	在西沙河排水倒虹吸及渠段76+372~76+850段进行临时改道，以满足施工及地方车辆通行需要	投资增加93.02万元，对工期无影响	已处理，黄水镇平计〔2012〕17号
25	田庄北、韩庄北、大马庄北桥桩径变更	水电十局〔2011〕变更017号	施工三标田庄北跨渠公路桥、韩庄北跨渠公路桥、大马庄北跨渠生产桥部分钻孔灌注桩与招标图纸桩径、桩身不一致引起的变更	预计投资增加71.95万元，对工期无影响	已处理，黄水镇平计〔2012〕121号
26	李锦庄绕行路	水电十局〔2012〕新增投资003号	李锦庄绕行路修复	预计投资增加6.51万元，对工期无影响	已处理，黄水镇平计〔2012〕189号
27	渠段77+756.4~77+819.3高程141.84m处出现大面积岩石	水电十局〔2011〕变更11号	渠段77+756.4~77+819.3高程141.84m处出现大面积岩石	预计投资增加15.81万元，对工期无影响	已处理，黄水镇平计〔2012〕136号
28	任庄北跨渠公路桥工程施工图与招标文件不相符引起的变更	水电十局〔2011〕变更014号	任庄北跨渠公路桥工程施工图与招标文件不相符引起支座变更及C50现浇接缝混凝土、不锈钢板制作安装、预埋铁件制作安装新增项目	预计投资增加8.93万元，对工期无影响	已处理，黄水镇平计〔2012〕135号

续表

序号	变更项目名称	变更文件文号、图号	工程变更主要内容	对合同价和工期影响	处理情况
29	西沙河排水倒虹吸施工蓝图与招标文件不符，存在新增与变更项目	水电十局〔2011〕变更013号	由于施工蓝图与招标文件不符，存在西沙河排水倒虹吸挡土墙上部C25钢筋混凝土栏杆为新增项目、倒虹吸与箱涵间二毡三油隔缝为新增项目及由于设计要求原招标文件规定那部分土料不能用于土方填筑产生的土方运距变化	预计投资增加16.79万元，对工期无影响	已处理，黄水镇平计〔2012〕200号
30	小刘营排水倒虹吸施工蓝图与招标文件不符，存在新增与变更项目	水电十局〔2011〕变更015号	由于施工蓝图与招标文件不符，存在小刘营排水倒虹吸挡土墙两侧植草、进出口护坡坡面排水孔为新增项目及由于设计要求原招标文件规定那部分土料不能用于土方填筑产生的土方运距变化	预计投资减少36.86万元，对工期无影响	已处理，黄水镇平计〔2012〕201号
31	中沙河等六个排水倒虹吸新增及变更项目	水电十局〔2012〕变更001号	由于施工蓝图与招标文件不符，存在变更项目及由于设计要求原招标文件规定那部分土料不能用于土方填筑产生的土方运距变化	预计投资减少198.1万元，对工期无影响	已处理，黄水镇平计〔2012〕202号
32	田庄北等11座桥梁工程新增及变更项目	水电十局〔2012〕变更002号	由于桥梁施工图与招标文件不符，引起的支座变更及C50现浇钢筋混凝土等新增项目	预计投资增加76.45万元，对工期无影响	已处理，黄水镇平计〔2012〕138号
33	刁庄东跨渠公路桥右岸引道设置箱涵属新增项目的变更申请	水电十局〔2012〕变更008号	刁庄东跨渠公路桥右岸引道KO+375处和KO+456.5处分别设置一道箱涵	预计投资增加124.61万元，对工期无影响	已处理，黄水镇平计〔2012〕134号
34	倒虹吸套框、垫梁新增变更申请报告	水电十局〔2012〕变更014号	由于施工蓝图与招标文件不符，引起的中沙河、宋营西沟、鲁杨庄左排倒虹吸存在C25套框混凝土、钢筋制作安装等新增项目、西沙河、彭庄西沟、存在C25垫梁混凝土、钢筋制作安装新增项目	预计投资增加52.34万元，对工期无影响	已处理，黄水镇平计〔2012〕139号
35	橡胶止水、两毡三油隔缝变更	水电十局〔2012〕变更015号	由于与招标文件不符，引起的西沙河、中沙河、彭庄西沟、宋营西沟、鲁杨庄西沟等倒虹SBS改性沥青防水卷材等新增项目及膨胀止水条变更项目	预计投资增加1.51万元，对工期无影响	已处理，黄水镇平计〔2012〕174号

（张　磊）

工 程 进 展

2012年，镇平县段工程完成土石方开挖583.01万m^3，土石方填筑703.72万m^3，混凝土浇筑33.49万m^3。累计完成土石方开挖1920.88万m^3，土石方填筑719.13万m^3，混凝土浇筑40.30万m^3。

渠道工程：镇平县段长35.12km渠道已经全线展开施工，除个别桥梁占压段外基本开挖成型，填筑成型约24.5km（折合全断面），已完成衬砌4164m（单侧）。

河渠交叉建筑物：河渠交叉建筑物2座，已全部开工，主体工程基本已完成。

左岸排水建筑物：左岸排水建筑物21座，已全部开工。其中21座主体工程基本已完成。

公路交叉建筑物：公路交叉建筑物38座，其中公路桥25座、生产桥12座，已全部开工。有31座桥梁主体工程基本已完成并临时通车。

金属结构及机电设备安装：全年完成了西赵河、淇河倒虹吸一期埋件施工。

（张　磊）

质 量 管 理

2012年，通过各类检查共发现质量问题758个，其中已备案处理质量缺陷369个，Ⅰ类224个、Ⅱ类97个、Ⅲ类48个（其中主要为建筑物回填后渗水）。检查混凝土构件1327个，对691个构件进行混凝土强度回弹检测，其中建筑物回弹检测381个构件、桥梁回弹检测310个构件。

截至2012年底，累计评定单元工程4710个（渠道工程1705个，桥梁工程3005个），全部合格，其中优良1578个，单元工程优良率92.6%。

（张　磊）

南阳市段工程

工 程 概 况

南阳市段工程为陶岔—沙河南单项工程中的第三个设计单元，线路位于河南省南阳市市区内，起点位于潦河西岸南阳市卧龙区和镇平县分界处，桩号87+925，终点桩号位于小清河支流东岸南阳市宛城区和南阳市县的分界处，桩号124+751，包括建筑物长度在内全长36.826km，其中桩号(100+500)~(102+550)段作为膨胀土试验段，桩号(115+190)~(116+527)段作为白河倒虹吸，另行设计。渠段线路总体走向由西南向东北：从潦河西岸开始，穿过潦河以后，由西南向东北，从南阳市西北部穿过，于蒲山东南过白河，然后由西向东抵达渠段重点小清河支流东。南阳市段起点设计流量340m^3/s，加大流量410m^3/s，设计水位142.540m，加大水位143.290m；终点设计流量330m^3/s，加大流量400m^3/s，设计水位139.435m，加大水位140.175m。

渠道沿线共布置各类大小建筑物69座，其中，河渠交叉建筑物4座，左岸排水建筑物19座，渠渠交叉建筑物4座，铁路交叉建筑物4座，跨渠公路桥33座，分水口门3座，节制闸1座，退水闸1座。

渠道采用梯形断面，纵坡为1/25 000。挖方渠段一级马道兼作运行维护道路，一般宽5m；以上每6m增设一级马道，一般宽2m。填方渠道堤顶兼作运行维护道路，一般宽5m；以下外坡每6m增设一级马道，一般宽2m。

工程于2011年2月16日正式开工，计划2013年6月30日完工，工程总工期30个月。

（常君洁）

工 程 投 资

2012年，南阳市段工程计划进行渠道及建筑物土石方开挖、回填，改性土填筑，交叉建筑物主体工程施工，计划完成建安投资92 117.9万元，实际完成建安投资115 059.5万元，占合同量的59.2%。

南阳市段工程合同价194 432万元，截至2012年底，累计结算工程款138 411.44万元，占合同金额的71.19%。

（常君洁）

工 程 进 展

2012年，南阳市段工程主要进行渠道及建筑物土石方开挖、回填，改性土填筑，交叉建筑物主体工程施工。全年实际完成土石方开挖848万m^3，占合同量的49.6%；完成土石方回填860.9万m^3，占合同量的70.4%；完成混凝土浇筑37.7万m^3，占合同量的55.8%。

（常君洁）

工 程 监 理

南阳市段工程的监理单位是河南省河川工程监理有限公司。

根据南阳市段的工程特点，依据设计要求和南水北调相关规定，监理部于2012年补充编制6个专业补充细则（渡槽槽身预应力混凝土施工、水泥改性土填筑、钢筋机械直螺纹连接、闸门及门槽埋件制造、安装；启闭机制造、安装；抗滑桩工程监理实施细则），完善质量、安全、信息控制管理体系。

组织召开南阳市段水泥改性土碾压试验成果审查会、十二里河渡槽槽身施工方案审查会、混凝土配合比试验方案等专家评审会，召开南阳市段1标2012年潦河涵洞式渡槽施工导流优化方案审查会，对方案进行分析和论证，确保方案的安全性、合理性、可行性；对设计下发的设计图纸及时组织进行图纸审查和设计技术交底会。检查和确认运到施工现场的材料、构件和设备的质量，严格进场人员、材料和设备的报验制度。依据合同和相关规定，对进场的人员数量及资质情况、材料和设备数量、性能进行检查。对所有的隐蔽工程在隐蔽以前进行检查及办理签证，对重点部位（如止水位置）安排跟踪监理专人负责，签署分部分项及单位工程质量评定表。对施工单位现场试验室进行定期不定期的检查。要求施工单位严格执行三检制，并不定期对其自检质量进行评价。严格工序质量控制，待检点及时检查验收，旁站点严格旁站监理，及时组织单元工程评定、隐蔽工程验收，开展“回头看”活动，对工程质量检查、验收与评定资料，及时进行检查梳理。

河南省高等级公路建设监理部有限公司于2011年5月，通过招投标方式，取得南水北调中线一期工程总干渠岔—黄河南（委托建管项目）南阳市段交通桥标建设监理任务。监理工作职责范围是：对南阳市段工程渠段长33.439km内33座交通桥工程（其中公路桥23座，生产桥10座）以及新增的6座生产桥的全部工程（包括与工程直接相关的混合料拌制、原材料、设备等）自施工准备期至施工期进行质量监理、施工安全监理、施工环境保护监理、进度监理、费用监理、合同其他事项和文件资料管理，对包括缺陷责任期在内的全部工作承担连带责任。

累计主要材料抽检情况：骨料抽检146次，合格146次；水泥抽检82批次，合格82批次；钢材抽检271次，合格271次；焊接抽检153次，合格153次；外加剂抽检19次，合格19次；混凝土试件抽检1669组，合格1669组。

2012年，1~6标桥梁工程下部结构完成，上部结构基本完成，大多数桥梁引道实现临时通车；7标姚湾、程沟、孙庄下部结构完成，上部结构正在施工。

（任新立　张官珍）

质量管理

2012年，共对水泥、钢筋、焊接、砂石骨料、外加剂、橡胶止水、回填土质量、桩基质量、混凝土强度等各种原材料进行抽检，质量基本合格；对个别不合格产品进行返工或退场处理。重点加强检查、巡查，加强对工程实体质量、工程施工过程、关键部位和重要工序的严格控制；落实安全生产责任制，加强对各参建单位安全生产培训工作，对重大危险源和施工现场安全隐患进行排查治理。

2012年，南阳市段工程评定1295个单元工程，全部合格，合格率100%，其中优良单元工程1262个，优良率97.5%；桥梁分项工程质量评定1886个，全部合格，工程质量处于受控状态。南阳市段工程全年未发生一起质量事故，完成年度工程质量管理目标。

（王　东）

南阳膨胀土试验段工程

工程概况

南阳膨胀土试验段工程位于陶岔—沙河南段南阳市境内，起点位于南阳市卧龙区靳岗乡孙庄东，终点位于南阳市卧龙区靳岗乡武庄西南，全长2.05km，其中桩号（100+500）~（101+850）为弱膨胀土渠段，桩号（101+850）~（102+550）为中膨胀土渠段。

渠道断面为半挖半填渠道和挖方渠道，渠道最大挖深19.2m，最大填高5.5m。渠道设计流量340m^3/s，加大流量410m^3/s，设计水深7.5m，加大水深8.23m。布置有跨渠公路桥及生产桥各1座。整个试验段分为3个试验区，其中填方试验区分为2个亚区、弱膨胀土试验区分为4个亚区、中膨胀土试验区分为7个亚区，亚区长80~120m，根据试验目的布置不同的试验方案。

南阳膨胀土试验段工程实施分两期进行，一期工程从施工开始至试验结束，渠道按试验方案设计的断面施工，完成后进行渠道运行工况模拟试验研究；二期工程是在试验结束后，按最终设计断面完成渠道工程施工，并完建公路桥和生产桥。

工程于2008年11月28日正式开工，由于现场试验期的延长，对已建成的模拟试验渠段不能按原计划进行拆除，无法进行永久渠道的正常施工，南阳膨胀土试验段工期将延长1年。

（常君洁）

工程投资

2012年，南阳膨胀土试验段工程计划完成建安投资3513.5万元，实际完成4122.4万元；累计完成建安投资8987万元，占合同金额的99%。

南阳膨胀土试验段工程合同价9072.067万元，截至2012年底，累计结算工程款7663.41万元，占合同金额的84.47%。其中，2012年结算3856.06万元，占合同金额的42.5%。

（常君洁）

工程进展

2012年，南阳膨胀土试验段工程主要完

成试验区的试验工程的拆除，欠挖部分的开挖及改性土回填，计划完成土方开挖 58.3 万 m^3，土方填筑 19.9 万 m^3，混凝土 1.9 万 m^3。实际完成土石方开挖 87.9 万 m^3，累计 172.5 万 m^3，占合同量的 111%；完成土石方回填累计 39.4 万 m^3，占合同量的 101%；完成混凝土浇筑累计 1.81 万 m^3，占合同量的 67%。

（常君洁）

质 量 管 理

2012 年，质安科参与各标段渠堤原土土方翻压、建筑物基面等验收工作。由于膨胀土的特殊性，质安科采用巡查、抽查、跟踪检查及委托检测（第三方试验室）等方式对回填土质量进行质量检查；对水泥、钢筋、焊接、砂石骨料、外加剂等各种原材料进行抽检，组织施工单位和监理单位对原材料生产厂家进行直接考察，对混凝土强度进行检测，质量全部合格。

2012 年，南阳膨胀土试验段工程评定 36 个单元工程，全部合格，合格率 100%，其中优良单元工程 36 个，优良率 100%；桥梁分项工程质量评定 21 个，全部合格。工程质量处于受控状态，全年未发生一起质量事故，完成年度质量管理目标。

（王 东）

安 全 生 产

与各参建单位签订《安全生产目标责任书》，进一步明确各参建单位的职责，同时，定期组织检查施工、监理、设计单位安全生产责任制的落实情况，并要求施工单位根据安全生产的需要划定重点防范责任区，使安全生产措施有保证、制度有落实、责任能具体。制定《安全生产奖惩实施细则》、《重特大安全事故应急预案》、《隐患排查制度》、《年度防汛预案》、《重大危险源管理制度》。围绕“安全生产年”“安全生产月”活动的要求，制定学习计划，明确学习任务，采用安全生产专题会、月建管例会、监理例会、板报、警示牌、横幅等多种形式学习安全生产的法律、法规和规章，学习应对各种安全生产突发事件处理措施等内容，开展经常性的安全生产培训教育。

（徐 辉）

白河倒虹吸工程

工 程 概 况

白河倒虹吸工程位于河南省南阳市蒲山镇蔡寨村东北，是南水北调中线总干渠穿越白河干流的交叉建筑物，距南阳市城北约 15km。工程布置由进口至出口依次为：进口渐变段、退水闸及过渡段、进口检修闸、倒虹吸管身、出口节制闸（检修闸）、出口渐变段。

白河倒虹吸工程起点桩号为 TS115 + 190，终点桩号 TS116 + 527，全长 1337m，其中进口渐变段长 48m，过渡段长 50m，进口闸室段长 16m，出口闸室段长 23m，出口渐变段长 60m，埋管段水平投影长 1140m。采用两孔一联共 4 孔的混凝土管道，顶、底板各厚 1.3m，中隔墙厚 1.2m、边墙 1.3m，单孔管净尺寸 6.7m × 6.7m。

白河倒虹吸设计流量为 330m^3/s，加大流量为 400m^3/s。进口设计水位高程 140.624m，出口设计水位高程 139.924m。进口段设退水闸，设计流量 165m^3/s，出口处设有节制闸。

工程于 2010 年 11 月正式开工，计划完工日期为 2013 年 5 月 31 日。

（常君洁）

工 程 投 资

白河倒虹吸工程投资结构为国家财政预算拨款、南水北调工程基金和贷款。

2012 年，白河倒虹吸工程完成建安投资 10 102.7 万元，占年度计划的 112%；累计完成建安投资 21 875.6 万元，占合同的 73%。

白河倒虹吸工程合同价 29 841.980 4 万元，截至 2012 年底，累计结算工程款 21 070.22万元，占合同金额的 70.6%，其中 2012 年结算 6072.39 万元，占合同金额的 20.39%；2010 年结算 1193.68 万元，占合同金额的 4%；2011 年结算 13 804.15 万元，占合同金额的 46.26%。

（常君洁）

建 设 管 理

2012 年，白河倒虹吸工程完成进口渐变段底板及挡墙底板混凝土施工，进口过渡段挡墙底板混凝土施工，退水闸土建工程施工，进口检修闸进口检修闸一期混凝土施工，管身段二期管身段 40 ~ 77 节，底板混凝土施工至 75 节，边墙混凝土施工至 73 节，顶板混凝土施工至 72 节，三期管身段 24 ~ 29 节混凝土及相应回填工程施工，管身段 8 ~ 23 节底板两节，边墙一节，出口建筑物振冲碎石桩施工。

（常君洁）

工 程 进 展

2012 年，白河倒虹吸工程主体工程实际完成土石方开挖 45.9 万 m^3，占年度计划的 169%，累计完成 133.7 万 m^3，占合同量的 93%；完成土石方回填 27.9 万 m^3，占年度计划的 102%，累计完成 50.1 万 m^3，占合同量的 47%；完成混凝土浇筑 8.76 万 m^3，占年度计划的 100%，累计完成 16.69 万 m^3，占合同量的 84%。

（常君洁）

质 量 管 理

2012 年，对白河倒虹吸工程水泥、钢筋、焊接、砂石骨料、外加剂等各种原材料进行抽检，对混凝土试块、管身混凝土强度进行强度检测，质量全部合格，工程质量处于受控状态。

2012 年，白河倒虹吸工程共完成单元工程评定 221 个，优良 215 个，优良率 97.29%。全年未发生一起质量安全事故，质量安全状况良好，实现了年度质量安全目标。

（王　东　常君洁）

安 全 生 产

成立安全生产领导小组和专职安全生产管理机构，配备安全监理工程师及专、兼职安全员，监督检查监理单位和施工单位安全专项施工方案的执行情况，督促监理单位和施工单位对安全专项施工方案未预料或相邻建（构）筑物交叉施工出现的可能造成基坑或高边坡坍塌事故的采取措施。监督检查中，发现白河倒虹吸基坑围堰多处出现渗漏点直接威胁基坑施工人员人身安全，要求对渗漏点进行高喷灌浆处理上堵下疏，投入大型抽水设备 93 台，安全员每天对基坑围堰进行巡视检查，渗透点处于受控状态。监督检查白河倒虹吸施工现场机械设备及混凝土拌和站，加强日常机械维护及操作人员安全教育，熟悉掌握机械操作规程。

（徐　辉）

方城段工程

工程概况

方城段工程是陶岔渠首—沙河南段干渠的一个设计单元，位于河南省方城县境内，起点位于方城县博望乡向庄村西南、小清河支流北岸外，设计桩号124+751，终点在后三里河村西北的三里河北岸、方城县与叶县交界处，设计桩号185+545。方城段全长为60.794km，渠段起点设计流量$330m^3/s$，加大流量$400m^3/s$，设计水位139.435m，加大水位140.175m；终点设计流量$330m^3/s$，加大流量$400m^3/s$，设计水位135.728m，加大水位136.458m。

渠道沿线共布置各类建筑物102座，其中河渠交叉建筑物8座，左岸排水建筑物22座，渠渠交叉建筑物11座，跨渠公路桥53座，分水口门3座，节制闸3座，退水闸2座。

渠道采用梯形断面，纵坡为1/25 000。挖方渠段一级马道兼作运行维护道路，一般宽5m；每6m增设一级马道，一般宽2m。填方渠刀堤顶兼作运行维护道路，一般宽5m；外坡每6m增设一级马道，一般宽2m。

工程于2011年3月15日正式开工，计划2013年8月31日完工，工程总工期30个月。

（常君洁）

工程投资

2012年，方城段工程计划完成建安投资124 610万元，实际完成建安投资146 848.9万元，占年度计划的118%。累计完成建安投资203 860.8万元，占合同的78.7%。

（常君洁）

工程进展

2012年，方城段工程主要进行渠道及建筑物土石方开挖、回填，改性土填筑，交叉建筑物主体工程施工。完成土石方开挖1541.9万m^3，占年度计划的102%，占合同量的47.2%；土石方回填1008.7万m^3，占年度计划的107%，占合同量的74.8%；混凝土浇筑61.4万m^3，占年度计划的109%，占合同量的60.6%。

（常君洁）

质量管理

2012年，方城段工程评定3687个单元工程，全部合格，合格率100%，其中优良单元工程3583个，优良率97.2%；桥梁分项工程质量评定2925个，全部合格。全年未发生一起质量事故，工程质量处于受控状态，完成工程质量年度管理目标。

（王　东）

安全生产

2012年，组织专项检查检查23次，组织隐患排查9次，组织安全生产培训1次，发出安全生产隐患整改、罚通知单共27份，各监理部下发安全监理通知、联系单243份，组织召开安全例会、安全生产专题会13次，接收办理上级来文57份。工程安全生产处于受控状态。

（徐　辉）

叶县段工程

工程概况

叶县段工程是南水北调中线一期工程总干渠陶岔至沙河南渠段的组成部分。陶岔—沙河南渠段总共分为7段11个设计单元，叶县段（含澧河渡槽）是第五段，地域上属于河南省叶县境内。渠段起点位于叶县保安乡胡安村西南、方城县与叶县交界处，终点位于平顶山市叶县常村乡新安营村东北、叶县与鲁山县交界处，全长30.266km。渠段起点桩号185+545，终点桩号215+811。

该设计单元工程渠段起点设计水位135.727m，终点设计水位133.89m，总水头1.837m。起始断面设计流量$330m^3/s$、加大流量$400m^3/s$，终点断面设计流量$320m^3/s$、加大流量$380m^3/s$。沿渠布置各类建筑物58座，其中：河渠交叉建筑物1座，左岸排水建筑物17座，渠渠交叉建筑物8座，分水口门1座，闸室2座，路渠交叉建筑物（以下简称桥梁）32座，永久管理房1座。工程设计防洪标准按100年一遇洪水设计，300年一遇洪水校核。

工程于2011年3月开工，批复总工期为28个月。

主要工程量为：土石方开挖约1969万m^3，土石方填筑约1101万m^3，混凝土约51.89万m^3，金属结构2.41万t，土工膜234万m^2。

（何　敏）

工程投资

2012年，叶县段工程计划完成投资90 251.4万元（工程部分），实际完成投资96 411.84万元，完成年计划的107%。截至2012年底，叶县段工程尚未动用基本预备费，投资处于可控状态。

（何　俊）

招标投标

2012年，叶县段工程采用公开招标方式进行了1个增桥标和1个电气设备采购标的招标工作，合同总金额1307.8万元，见表1。

表1　2012年叶县段工程招标投标情况表

序号	合同编号	合同名称	招标代理单位	招标文件发售日期	开标日期	定标日期	中标单位名称	合同签订日期
1	ZXJ/SG/YXD-005	南水北调中线一期总干渠陶岔渠首—黄河南段新增桥梁施工叶县增桥1标	扬子江工程咨询有限公司	2012年7月9~13日	2012年7月30日	2012年8月16日	北京市京水建设工程有限责任公司	2012年8月30日
2	ZXJ/CG/SHN-002	南水北调中线一期工程总干渠沙河南—黄河南（中线建管局直管项目）电气设备采购第二标段	河南省河川工程监理有限公司			2011年12月31日	江苏星光发电设备有限公司	2012年1月16日

（何　俊）

工 程 进 展

2012 年，叶县段工程完成土石方开挖 1073.98 万 m^3，土石方回填 885.56 万 m^3，混凝土浇筑 27.35 万 m^3。

（1）施工 1 标：渠道土石方开挖已完成，渠道基本成型；土方填筑完成 80%，其中：改性土填筑施工完成 49.8%，投入 5 套改性土拌和设备；渠道衬砌已完成单侧衬砌 1316m；8 座跨渠桥梁已全部开工，其中 6 座已实现临时通车，1 座系杆拱桥完成下部结构施工，1 座公路桥预制梁已吊装正在进行引道施工；4 座左岸排水建筑物已全部完成主体结构及回填施工；1 座渠渠交叉建筑物已完成主体结构及回填施工；1 座管理用房尚未开工。

（2）施工 2 标：渠道土石方开挖已全部完成，土方填筑施工剩余许平南高速跨渠公路桥占压段，改性土填筑施工完成 87.6%；渠道衬砌已完成单侧衬砌 4520m；8 座跨渠桥梁已开工 8 座，其中 7 座已临时通车，许平南高速公路跨渠桥完成导行路通车验收，桩基施工（共计 66 根）已全部完成，正在进行左右两幅桥梁的中主墩盖梁施工，其余下部结构已完成。5 座左岸排水建筑物其中 4 座已全部完成主体结构及回填施工，柳庄北沟排水导虹吸由于与许平南高速公路桥交叉正在进行管身段施工；1 座分水口门已完成管身段及进口控制段施工并完成预埋件的埋设。

（3）施工 3 标：渠道土石方开挖已完成，渠道基本成型；土方填筑完成 86.8%，其中，改性土填筑已全部完成；渠道衬砌已完成单侧衬砌 2126m；8 座跨渠桥梁和 1 座下穿通道已全部临时通行；5 座左岸排水建筑物和 3 座渠渠交叉建筑物已全部完成管身段主体机构及回填施工；1 座河渠交叉建筑物已完成主体结构施工和土方回填，正在进行进出口挡墙施工。

（4）施工 4 标：渠道土石方开挖已完成，渠道基本成型；土方填筑完成 78%，剩余一级马道以上改性土 10 万 m^3；5 座跨渠桥梁已全部开工，其中 3 座已实现临时通车，文庄村东公路桥已完成临时绕行路及桥梁下部结构施工，正在进行桥梁引道填筑及预制梁施工。大楼庄北跨渠生产桥已完成下部结构施工，正在进行拱肋安装和上部结构施工；3 座左岸排水建筑物和 1 座渠渠交叉建筑物已全部完成管身段主体结构及回填施工。

（5）增桥 1 标：陈岗生产桥桩基已完成，预制梁完成 3 榀（共 6 榀），正在进行桩接柱施工和梁预制；焦庙生产桥下部结构已完成，梁预制完成 3 榀（共 12 榀），正在进行剩余梁的预制施工。

（何　敏）

质 量 管 理

截至 2012 年 12 月 31 日，叶县段工程按照水利工程标准评定单元工程 1027 个，合格率 100%，其中优良单元工程 920 个，优良率 89.6%；按照交通工程标准（无优良等级）评定分项工程 2298 个，合格率 100%。评定资料表明，工程施工质量过程受控，情况稳定，未发生任何质量事故。

（何　敏）

安 全 生 产

按照《南水北调工程建设安全生产目标考核管理办法》(国调办〔2008〕83 号)文件要求，组成安全生产目标考核小组，于 2012 年 12 月分别对设计、监理和施工单位进行了 2012 年度安全生产目标考核，长江勘测规划设计研究有限公司叶县设代处、叶县施工 2 标段、叶县施工 4 标段考核等级为Ⅰ级，甘肃省水利水电勘测设计研究院叶县监理部、叶县施工 3 标段考核为Ⅱ级，叶县施工 1 标段考核为Ⅲ级。

2012 年度，南水北调中线干线叶县段工程发生了叶县一标魏岗铺西沟排水倒虹吸边坡坍塌造成3人死亡的较大安全事故，年度安全管理目标未能实现。

（何　敏）

移民征迁

在叶县移民局的支持下，2012年完成1000多亩由设计变更引起的临时征地任务，保证了工程建设需要。

建立临时用地管理台账，对土地的使用和归还及时进行跟踪管理。目前已退还2400亩土地。

（彭慧敏）

澧河渡槽工程

工程概况

澧河渡槽工程位于河南省平顶山市叶县常村乡坡里与店刘之间的澧河上，是南水北调中线总干渠跨越澧河的大型河渠交叉建筑物。工程距北东距叶县城关约20km。渡槽槽身为双线双槽矩形槽，共14跨，两个边跨为30m跨径，其余12跨为40m跨径；单槽净宽10.0m，双线渡槽全宽顶宽26.6m，底宽26.7m。渡槽槽身采用常规的现浇施工方法。

澧河渡槽顺总干渠流向，自起点至终点，依次为退水闸室段、进口渐变段、进口闸室段、进口过渡段、槽身段、出口连接段、出口闸室段、出口渐变段、北岸明渠，右岸设退水闸1座，工程轴线总长860m，起点桩号209+270，终点桩号210+130。澧河渡槽槽身段、连接段、过渡段、进出口闸室段和退水闸闸室段等主要建筑物级别为1级建筑物。河道治导与防护工程等次要建筑物级别为3级建筑物。澧河渡槽设计流量为320m^3/s，加大流量为380m^3/s。工程设计防洪标准按100年一遇洪水设计，300年一遇洪水校核。

工程于2011年1月开工，批复总工期为33个月。

主要工程量为：土石方开挖17.0万m^3、土石方回填72.0万m^3、混凝土11.01万m^3、钢筋制作安装1.04万t。

（何　敏）

工程投资

2012年，澧河渡槽段工程计划完成投资9057.5万元（工程部分），实际完成投资13 081.99万元，完成年计划的144%。

（何　俊）

招标投标

2012年度，澧河渡槽工程采用公开招标方式进行了1个电气设备采购标的招标工作，合同总金额131万元。见表1。

表1　　2012年澧河渡槽工程招标投标情况表

合同编号	合同名称	招标代理单位	招标文件发售日期	开标日期	定标日期	中标单位名称	合同签订日期
ZXJ/CG/SHN-002	南水北调中线一期工程总干渠沙河南—黄河南（中线建管局直管项目）电气设备采购第二标段	河南省河川工程监理有限公司			2011年12月31日	江苏星光发电设备有限公司	2012年1月16日

（何　俊）

工 程 进 展

2012 年，澧河渡槽工程完成土石方开挖 1.9 万 m^3，土石方回填 52.0 万 m^3，混凝土浇筑 5.32 万 m^3。

澧河渡槽工程轴线总长 860m，共计 14 跨槽身，工程桩 156 根，15 个槽墩。截至 2012 年底已完成全部工程桩、槽墩和 14 跨槽身混凝土浇筑。退水闸海漫段、消力池段、泄槽段、退水闸闸室、退水闸连接段已完成混凝土浇筑。退水闸进口段完成左导 2 侧墙、右导 2 侧墙及底板混凝土浇筑。进、出口闸室段混凝土浇筑完成。正在进行进出口渐变段底板混凝土浇筑施工。机电金属结构施工已完成出口段闸室右联门轨安装，进口段闸室右联检修门轨安装。

（何　敏）

质 量 管 理

截至 2012 年 12 月 31 日，澧河渡槽设计单元按照水利工程标准评定单元工程 399 个，合格率 100%，其中优良单元工程 363 个，优良率 90.98%。评定资料表明，工程施工质量过程受控，情况稳定，未发生任何质量事故。

（何　敏）

安 全 生 产

按照《南水北调工程建设安全生产目标考核管理办法》（国调办〔2008〕83 号）文件要求，组成安全生产目标考核小组，于 2012 年 12 月对设计、监理和澧河渡槽施工单位进行了 2012 年度安全生产目标考核，长江勘测规划设计研究有限公司叶县设代处、甘肃省水利水电勘测设计研究院叶县监理部考核等级为Ⅰ级、中水八局澧河渡槽项目部考核等级为Ⅱ级，考核结果均符合要求。

2012 年度，南水北调中线干线澧河渡槽工程发生了第 9 跨右联火灾事故，未能实现年度安全管理目标。

（何　敏）

鲁山南 1 段工程

工 程 概 况

鲁山南 1 段工程是南水北调中线一期工程总干渠陶岔渠首—沙河南的组成部分，位于河南省平顶山市境内，起始端与平顶山市叶县相邻，渠线穿越昭平台水库灌区，基本平行于昭平台南干渠布置，沿途经过鲁山县张官营、磙子营、张良三个乡（镇）。起点总干渠桩号 215 + 811，终点总干渠桩号 229 + 262，全长 13.451km。本段渠道设计流量 320m^3/s，加大流量 380m^3/s。起止控制点的设计水位分别为 133.89m、133.17m，水头差 0.72m，其中渠道占用水头 0.52m。渠道沿线共布置 29 座交叉建筑物，其中河渠交叉建筑物 1 座、左岸排水建筑物 6 座、渠渠交叉建筑物 10 座、跨渠公路桥 7 座及生产桥 5 座。

工程于 2011 年 3 月 1 日开工，总工期 28 个月。

主要工程量为：土石方开挖 599.8 万 m^3，土石方回填 357.8 万 m^3，混凝土及钢筋混凝土 24.13 万 m^3，砌石 13.69 万 m^3，钢筋制作安装 1.18 万 t。

（程世昭　安　康）

工 程 投 资

鲁山南 1 段工程初步设计概算批复总投资 110 577 万元，其中静态总投资 109 036 万元，建设期融资利息1541万元。

2012年，鲁山南1段工程计划完成投资25 444.23万元（工程部分），实际完成年度投资35 428.25万元，累计完成投资46 316.38万元，累计完成合同金额的89.9%。

截至2012年底，鲁山南1段工程尚未动用基本预备费，投资处于可控状态。

（张高伟　张晓亮）

招标投标

鲁山南1段工程共分为土建施工标、机电及金属结构设备采购、建设监理标、安全监测和供电线路5类。截至2012年底，鲁山南1段工程已完成1个土建标、4个设备采购标、1个监理标、1个安全监测标和1个供电线路标共8个标段的招标工作（其中7个为跨设计单元合同），合同总金额57 753万元。

2012年度，鲁山南1段工程采用公开招标方式进行1个土建标、2个机电设备设备采购标和1个供电线路工程的招标工作，合同总金额8616万元，其中鲁山南1段工程部分合同金额1048万元，见表1。

表1　　2012年鲁山南1段工程招标投标情况表

序号	合同编号	合同名称	招标代理单位	招标文件发售日期	开标日期	中标单位名称	合同金额	合同签订日期
1	ZXJ/SG/QL-002	南水北调中线一期工程总干渠陶岔渠首—黄河南段新增桥梁施工鲁山南增桥1标	扬子江工程咨询有限公司（湖北）	2012年7月9～13日	2012年7月30日	中国水利水电第七工程局有限公司	588万元	2012年8月
2	ZXJ/SG/GDX-004	南水北调中线一期工程总干渠沙河南—黄河南段（中线建管局直管项目）35kV永久供电线路工程1标	扬子江工程咨询有限公司	2011年12月7～13日	2011年12月27日	郑州众信电力工程有限公司	3289万元（其中北汝河96万元）	2012年2月
3	ZXJ/CG/SHN-001	南水北调中线一期工程总干渠沙河南—黄河南（中线建管局直管项目）电气设备采购第一标段	河南省河川工程监理有限公司	2011年11月24～30日	2011年12月14日	广州白云电器设备股份有限公司	3830万元（其中北汝河593万元）	2012年1月
4	ZXJ/CG/SHN-002	南水北调中线一期工程总干渠沙河南—黄河南（中线建管局直管项目）电气设备采购第二标段	河南省河川工程监理有限公司	2011年11月24～30日	2011年12月14日	江苏星光发电设备有限公司	909.6万元（其中北汝河125万元）	2012年1月

（1）南水北调中线一期总干渠陶岔渠首—黄河南段新增桥梁施工鲁山南增桥1标，新增桥梁为杨林生产桥和庹村东公路桥，合同金额为588万元。

（2）南水北调中线一期工程总干渠沙河南—黄河南段（中线建管局直管项目）35kV永久供电线路工程1标，合同范围涉及淅川县段、湍河渡槽、镇平县段工程、叶县段、澧河渡槽、鲁山南1段、鲁山南2段、沙河渡槽工程、北汝河倒虹吸工程、双洎河渡槽工程、鲁山北段、荥阳段共12个设计单元的35kV永久供电线路的设备采购、施工、配合接入电力系统调试、移交前维护、保管等全部工作。

（3）南水北调中线一期工程总干渠沙河南—黄河南（中线建管局直管项目）电气设备采购第一标段，合同范围包括淅川县段、湍河渡槽工程、镇平县段、叶县段、澧河渡槽、鲁山南1段、鲁山2段、沙河渡槽、鲁山北段、北汝河倒虹吸、双洎河渡槽和荥阳段工程的高、低压开关柜等设备采购。

（4）南水北调中线一期工程总干渠沙河南—黄河南（中线建管局直管项目）电气设备采购第二标段，合同范围包括淅川县段、湍河渡槽工程、镇平县段、叶县段、澧河渡槽、鲁山南1段、鲁山2段、沙河渡槽、鲁山北段、北汝河倒虹吸、双洎河渡槽和荥阳段共12个设计单元的柴油发电机、变压器等设备采购。

（张高伟　张晓亮）

工 程 进 展

2012年，鲁山南1段工程完成土石方开挖355.0万m^3，土石方回填291.4万m^3，混凝土浇筑13.0万m^3；累计完成土石方开挖610.26万m^3，土石方回填291.4万m^3，混凝土浇筑15.45万m^3。

（1）渠道工程。渠道总长13.095km，开挖成型9.3km，累计成型12.8km；累计填筑成型4.53km；累计完成渠道单侧衬砌3km。

（2）建筑物工程。河渠交叉建筑物1座，已开工（灰河倒虹吸水完成1~15号管身段浇筑，平管身已回填到管顶，正在进行进出口段及河道防护工程施工）；渠渠交叉建筑物10座已全部回填至管顶高程；左排建筑物共6座已回填至管顶高程，并已全部完成斜管段填筑；公路桥7座已全部开工（曹常公路、榆树湾西、白杨路、郭胡桥西、西盆窑、辛方公路、杨庄东北公路桥桩基、下部结构、箱梁预制、桥梁吊装全部完成，基本具备通车条件）；生产桥6座（含新增桥梁）已全部开工（杨林生产桥进行桩基施工，楝树村、徐庄西、马厂、陈家沟南、孙孙璐生产桥桩基、下部结构、T梁预制、桥梁吊装全部完成，基本具备通车条件）。主体工程完工29座。

（程世昭）

质 量 管 理

截至2012年底，工程质量情况基本稳定，未发生任何质量事故，优良率数控指标均保持较高水平。鲁山南1段工程本年度完成1640个单元工程，其中1572个单元工程优良，优良率95.8%。达到工程质量目标，工程质量处于受控状态，工程质量优良。

（瞿行亮　刘　兴）

安 全 生 产

依据《南水北调工程建设安全生产目标考核管理办法》的要求，成立了“安全生产目标考核小组”，并于2012年底对鲁山南1段工程进行了安全生产目标考核，考核等级为一级。

2012年度，鲁山南1段工程未发生安全事故，实现了年度安全管理目标。

（瞿行亮　刘　兴）

鲁山南2段工程

工　程　概　况

鲁山南2段工程位于河南省鲁山县境内，途经张良、马楼二乡。渠段起点位于鲁山县西岔窑村东北，设计桩号为229+262，终点位于沙河南岸鲁山县薛寨北，桩号为239+042。该渠段线路走向基本为东南至西北方向，与昭平台南干渠大致平行，渠线先后穿越澎河、淝河、叶庄沟、吴洼东沟等多条大小河渠，与昭南干斗10~13等多条灌溉渠道相交，并与多条公路交叉。鲁山南2段线路总长9.78km，其中渠道长9.066km，建筑物长0.714km。设计流量$320m^3/s$，加大流量为$380m^3/s$。本段设澎河分水闸，设计流量为$28m^3/s$。包括交叉建筑物共计23座，其中：大型河渠交叉建筑物2座、左岸排水建筑物3座、渠渠交叉建筑物6座、公路桥5座、生产桥4座。

（程世昭　安　康）

工　程　投　资

2012年，鲁山南2段工程计划完成投资21 411.54万元（工程部分），实际完成年度投资26 687.49万元，累计完成投资34 178.22万元，累计完成合同金额的84.2%。

截至2012年底，鲁山南2段工程尚未动用基本预备费，投资处于可控状态。

（张高伟　张晓亮）

招　标　投　标

鲁山南2段工程共分为土建施工标、机电及金属结构设备采购、建设监理标、安全监测和供电线路5类。截至2012年底，鲁山南2段工程已完成1个土建标、4个设备采购标、1个监理标、1个安全监测标和1个供电线路标共8个标段的招标工作（其中7个为跨设计单元合同），合同总金额45 524万元。

2012年度，鲁山南2段工程采用公开招标方式进行2个机电设备设备采购标和1个供电线路工程的招标工作，合同总金额8028万元，其中沙河渡槽工程部分合同金额759万元，见表1。

表1　　2012年鲁山南2段工程招标投标情况表

序号	合同编号	合同名称	招标代理单位	招标文件发售日期	开标日期	中标单位名称	合同金额	合同签订日期
1	ZXJ/SG/GDX-004	南水北调中线一期工程总干渠沙河南—黄河南段（中线建管局直管项目）35kV永久供电线路工程1标	扬子江工程咨询有限公司	2011年12月7~13日	2011年12月27日	郑州众信电力工程有限公司	3289万元（其中鲁山南2段439万元）	2012年2月
2	ZXJ/CG/SHN-001	南水北调中线一期工程总干渠沙河南—黄河南（中线建管局直管项目）电气设备采购第一标段	河南省河川工程监理有限公司	2011年11月24~30日	2011年12月14日	广州白云电器设备股份有限公司	3830万元（其中鲁山南2段275万元）	2012年1月

续表

序号	合同编号	合同名称	招标代理单位	招标文件发售日期	开标日期	中标单位名称	合同金额	合同签订日期
3	ZXJ/CG/SHN-002	南水北调中线一期工程总干渠沙河南—黄河南（中线建管局直管项目）电气设备采购第二标段	河南省河川工程监理有限公司	2011年11月24~30日	2011年12月14日	江苏星光发电设备有限公司	909.6万元（其中鲁山南2段45万元）	2012年1月

（张高伟　张晓亮）

工　程　进　展

2012年，鲁山南2段工程完成土石方开挖244.89万m^3，土石方回填143.6万m^3，混凝土浇筑13.68万m^3；累计完成土石方开挖438.71万m^3，土石方回填143.6万m^3，混凝土浇筑16.09万m^3。

（1）渠道工程。渠道总长13.095km，累计开挖成型8.9km；累计填筑成型6.8km；累计完成渠道单侧衬砌2.44km。

（2）建筑物工程。大型河渠交叉建筑物共2座，已开工2座（澎河涵洞式渡槽槽身段混凝土浇筑全部完成；沙河倒虹吸管身段混凝土浇筑全部完成、出口闸室底板及边墙、进出口挡墙及齿槽混凝土浇筑，完成平管段砂砾石回填）；渠渠交叉建筑物7座已全部开工（含新增昭南干斗13）（昭南干斗10、11、12、13、澎河东干、西干倒虹吸管身回填全部完成）；左岸排水倒虹吸3座已全部开工（王庄沟、吴洼东沟、叶庄沟排水倒虹吸水平管身回填全部完成，吴洼东沟、叶庄沟完成斜管段回填）；公路桥5座已全部完成主体结构施工（宋口村南、梁庄东、商峪村东、王庄西南、常家庄南公路桥完成主体结构现浇箱梁混凝土施工，具备通车条件）；生产桥4座吊装全部完成，基本具备通车条件。主体工程完工20座。

（程世昭）

质　量　管　理

2012年，鲁山南2段工程完成661个单元工程，其中625个单元工程优良，优良率94.5%。达到工程质量目标，工程质量处于受控状态，工程质量优良。

截至2012年底，工程质量情况基本稳定，未发生任何质量事故，优良率数控指标均保持较高水平。

（瞿行亮　刘　兴）

安　全　生　产

依据《南水北调工程建设安全生产目标考核管理办法》的要求，成立了“安全生产目标考核小组”，并于2012年底对鲁山南2段工程进行了安全生产目标考核，考核等级为一级。

2012年度，鲁山南2段工程未发生安全事故，实现了年度安全管理目标。

（瞿行亮　刘　兴）

天津干线工程

西黑山进口闸—有压箱涵段工程

工程概况

西黑山进口闸—有压箱涵段工程西起河北省保定市徐水县西黑山村西总干渠，桩号为XW0+000，东至徐水县丁家庄南，桩号XW15+200，全长15.208km。西黑山进口闸至有压箱涵段设计流量$50m^3/s$，加大流量$60m^3/s$。该工程以2孔一联3.7m×3.7m和2孔一联4.4m×4.4m钢筋混凝土箱涵为主，其中无压段长6294.508m，有压段长4093m。其他建筑物包括西黑山进口闸枢纽、检修闸、调节池、保水堰、通气孔、排水涵洞、倒虹吸、高速公路涵及小型河（渠）、公路交叉建筑共计30座。主要工程量为：土方开挖423.56万m^3，土方回填335.72万m^3，混凝土38.2万m^3，钢筋制安2.94万t，金属结构368.4t。工程概算总投资74 395.70万元。

（李永鑫）

建设管理

西黑山进口闸—有压箱涵段工程为直管项目，由中线建管局天津直管建管部负责建设管理。现场协调和管理由建管部工程管理二处负责。

工程管理二处内部采用线性组织机构形式，实行逐级负责的岗位责任制，明确岗位分工，责任到人，主要履行对西黑山进口闸至有压箱涵段工程的设计、监理、施工等各参建单位在施工准备、建设实施、竣工验收、移交和缺陷责任期的管理职能，办公地点设在河北省徐水县境内。

（李永鑫）

工程进展

2012年，西黑山进口闸—有压箱涵段工程完成成型箱涵53m，为年度计划的100%，累计完成15.208km，全部完成；完成土方开挖4.0万m^3，为年度计划的116%，累计完成424万m^3，全部完成；完成土方回填19万m^3，为年度计划的100%，累计完成336万m^3，全部完成；完成混凝土浇筑1.26万m^3，为年度计划的100%，累计完成38.06万m^3，全部完成。

（李永鑫）

质量管理

2012年1月，建管部与施工单位签订《工程建设目标责任书》，明确了质量、安全、进度及文明施工目标，并在此基础上，与各监理、施工单位分别签订了《质量责任书》，明确质量目标，落实相关责任；2012年1月，建管部与设计单位签订了年度勘测设计服务协议，明确施工图纸设计质量和现场设代服务质量要求。

2012年建管部质量管理工作重点：一是加强原材料及中间产品的质量控制，确保进场原材料及中间产品全部合格；二是加强过程质量控制，尽量减少或避免混凝土常见多发病的发生，确保箱涵混凝土质量优良。

2012年，西黑山进口闸—有压箱涵段工

程质量情况良好，总体处于受控状态，未发生任何质量事故，未因质量问题受到相应处罚。已验收评定单元工程3000个，合格单元工程3000个，单元工程合格率为100%，其中优良单元工程2771个，单元工程优良率为92.4%。

（李永鑫）

安 全 生 产

2012年，黑山进口闸—有压箱涵段工程未发生任何安全事故，安全生产、文明施工始终处于较好的状态。

（李永鑫）

保定市境内1段工程

工 程 概 况

南水北调中线一期工程天津干线保定市1段工程为天津干线第二设计单元。工程位于河北省保定市徐水县、容城县、白沟白洋淀温泉城开发区和雄县境内，东西走向，相应的起止桩号为(XW15+200)~(XW60+842)，渠线全长45.68km。工程主要以3孔4.4m×4.4m现浇钢筋混凝土输水箱涵为主，共包含穿越铁路建筑物1座(京广铁路涵)、穿越公路交叉建筑物35座、河渠交叉建筑物16座、保水堰3座、分水口门3座以及检修闸、通气孔等共81座建筑物。工程等别为一等，主体建筑物为1级，设计输水流量为50m^3/s，加大输水流量为60m^3/s。

主要工程量为：土石方开挖1226万m^3，土石方回填863万m^3，混凝土142万m^3，钢筋制作安装13万t。

工程概算总投资为252 002万元，施工工期36个月。

（曹会利）

建 设 管 理

河北省南水北调工程建设管理中心受中线建管局委托，负责天津干线保定1段工程建设管理。2012年，河北省南水北调工程建设管理中心在对各参建单位进行合同管理培训，严格规范计量管理程序的基础上，加大了对变更索赔的处理力度，对较大工程变更及时组织了第三方审核。根据审计稽查意见完善细化了钢筋、水泥、汽油、柴油合同约定调差材料的计算办法。根据中线建管局要求，及时启动的人工、电力以及地材的调差工作，尽最大努力缓解施工单位资金紧张的局面，为保定市1段工程建设的顺利进行提供了保证。

2012年天津干线保定市1段工程顺利完成工程建设目标。工程建设质量优良，安全状况良好。

（吴广聚　张雅绵　曹会利）

工 程 进 展

2012年保定市1段全年计划为：施工投资19 538.2万元、土石方开挖18.2万m^3、土石方回填101.7万m^3、混凝土浇筑10.6万m^3。实际完成情况为：施工投资19 906.5万元、土石方开挖18.6万m^3、土石方回填128.2万m^3、混凝土浇筑10.8万m^3。分别占合同量的105%、100%、102%、100%，主体工程建设已完成。

（曹会利）

工 程 监 理

保定市1段工程的建设监理单位监理1标

是广东顺水工程建设监理有限公司；监理2标是河北天和监理有限公司。

2012年，监理部进一步完善了监理实施细则等管理文件，根据合同、设计及制定的监理规划、实施细则等有关文件对施工的全过程进行质量、投资、进度控制，强化对重要工程部位和关键工序进行旁站监理。通过检查和检测手段达到对原材料、半成品、成品的质量控制。定期召开监理例会，现场分析会，就工程施工过程中存在的质量、进度、安全方面的问题提出改进措施并监督落实。

（曹会利）

质量管理

2012年保定市1段主体工程—箱涵混凝土施工全部完成。在工程建设质量管理过程中，认真贯彻国务院南水北调办“高压高压再高压，延伸完善抓关键”的指导思想，进一步加大现场工程质量管理力度。河北省南水北调工程建设管理中心成立了保定市1段工程质量飞检队，重点对于原材料质量、钢筋安装、模板拆除、缺陷处理进行突击跟踪检查。坚持夜间巡查制度，中心领导亲自带队，对混凝土浇筑、重点部位土方回填等关键工序进行检查。在监理单位平行检测的基础上，专门委托专业检测单位，对主要原材料质量、工程实体质量进行检测。对施工标段派驻建管专员，中心领导每人负责一个施工标段，帮助解决工程建设中出现的问题。建管中心分别于监理设计施工单位签订年度质量责任书，明确相关责任，定期进行考核。

通过采取上述措施，参建单位质量管理违规行为得以有效避免，保定市1段工程质量得到有效控制，工程实体质量得到了明显提高。全年未发生任何质量事故，质量管理目标得以实现。

2012年保定市1段工程共完成单元工程质量评定2954个，全部合格，优良2607个，单元工程优良率88.3%。完成分部工程验收107个，优良100个，分部工程优良率93.5%。

（李秀晨）

安全生产

2012年保定市1段主体工程安全生产工作状态良好，未发生任何安全生产责任事故。

（李永利）

施工科技

2011年在工程建设中，完成了“工程建设安全评估技术研究”、“投资计划决策与合同管理信息系统研发”、“南水北调工程水工混凝土回弹专用测强曲线试验研究”、“高性能混凝土配合比优化技术研究”、“超长距离大流量混凝土输水箱涵施工集成关键技术研究”，并投入使用。

（曹会利）

保定市境内2段工程

工程概况

保定市境内2段工程位于河北省保定市境内，沿线经过河北省雄县、高碑店市，起止桩号为（XW60+842）~（XW75+927），全长15.085km。根据天津干线分段工程规模，保定市境内2段设计流量50m³/s，加大流量60m³/s。以有压箱涵为主，采用3孔一联4.4m×4.4m现浇普通钢筋混凝土结构。除有压箱涵外，共有各类建筑物 26 座，其中河渠交叉建筑物 4 座，公路交叉建筑物 14 座，通气孔 7 座，分水口 1 座。有压箱涵段总长 13.807km，倒虹吸段总长 0.438km，公路涵段总长 0.720km，通气孔段总长 0.105km，分水口段总长 0.015km。

主要工程量为：土方开挖 434.48 万 m^3，土方回填 308.87 万 m^3，混凝土 47.43 万 m^3，钢筋制安 3.79 万 t，工程总投资 81 331 万元。

（李永鑫）

工 程 投 资

2012 年，保定市境内 2 段工程计划完成投资 8010 万元，实际完成投资 10 445 万元，完成年度计划的 130%，累计完成投资 56 192 万元，完成合同金额的 99.5%。

（李永鑫）

工 程 进 展

2012 年，保定市境内 2 段工程完成成型箱涵 1.791km，为年度计划的 100%，累计完成 15.085km，占合同工程量的 100%；完成土方开挖 5.5 万 m^3，为年度计划的 104%，累计完成 426.5 万 m^3，全部完成；完成土方回填 64.06 万 m^3，为年度计划的 107%，累计完成 294.6 万 m^3，全部完成；完成混凝土浇筑 6.35 万 m^3，为年度计划的 126%，累计完成 45.7 万 m^3，全部完成。

（李永鑫）

质 量 管 理

2012 年建管部质量管理工作重点：一是加强原材料及中间产品的质量控制，确保进场原材料及中间产品全部合格；二是加强过程质量控制，尽量减少或避免混凝土常见多发病的发生，确保箱涵混凝土质量优良。

2012 年，保定市境内 2 段工程质量情况良好，总体处于受控状态，未发生任何质量事故，未因质量问题受到相应处罚。已验收评定单元工程 1756 个，合格单元工程 1756 个，单元工程合格率为 100%，其中优良单元工程 1647 个，单元工程优良率为 93.8%。

（李永鑫）

安 全 生 产

始终坚持“安全第一，预防为主，综合治理”的方针，确保了安全生产形势总体稳定，保证了工程建设顺利进行。

2012 年，保定市境内 2 段工程安全生产、文明施工总体较好。

（李永鑫）

廊坊市境内段工程

工 程 概 况

廊坊市境内段工程位于河北省廊坊市境内，沿线经过廊坊市固安县、霸州市、永清县和安次区，线路全长 55.434km，起止桩号为（XW75+927）~（XW131+360）。起点设计流量 $50m^3/s$，加大流量 $60m^3/s$；终点设计流量 $45m^3/s$，加大流量 $55m^3/s$。以有压箱涵为主，采用 3 孔一联 4.4m×4.4m 钢筋混凝土箱涵，本工程段包括检修闸、保水堰、通气孔、分水口门、倒虹吸、铁路交叉建筑物及公路交叉建筑物等，共计 93 座。

主要工程量为：土方开挖 1022.93 万 m^3，土方回填 728.03 万 m^3，混凝土 111.94 万 m^3，钢筋制作安装 9.26t，金属结构 200.4t，

机电设备139台套。

工程概算总投资为331 760.14万元。

工程共分五个标段，其中第一至三标段为直管项目，第四至五标段为代建项目。各标段情况简述如下：

TJ4-1标：桩号为(XW75+927)~(XW88+232.720)，全长约12.31km。该段为现浇混凝土有压输水箱涵，其他主要建筑物包括：保水堰1座、郑村排干倒虹吸1座、小型公路涵4座、通气孔5座、分水口门2座、小型倒虹吸6座、检修闸1座、京九铁路穿越。

TJ4-2标：桩号为(XW88+232.720)~(XW99+897)，全长约11.67km。该段为现浇混凝土有压输水箱涵，其他主要建筑物包括：京开公路涵、保水堰1座、牤牛河倒虹吸1座、小型公路涵5座、通气孔4座、小型倒虹吸4座、津霸铁路穿越。

TJ4-3标：桩号为(XW99+897)~(XW111+600)，全长约11.70km。该段为现浇混凝土有压输水箱涵，其他主要建筑物包括：通气孔5座、分水口门1座、小型倒虹吸5座、小型公路涵4座、保水堰1座、王泊排干倒虹吸1座。

TJ4-4标：桩号为(XW111+600)~(XW122+212)，全长约10.61km。该段为现浇混凝土有压输水箱涵，其他主要建筑物包括：通气孔6座、小型公路涵6座、分水口、小型倒虹吸1座、廊大公路涵、保水堰、分水口1座。

TJ4-5标：桩号为(XW122+212)~(XW131+360)，全长约9.15km。该段为现浇混凝土有压输水箱涵，其他主要建筑物包括：小型公路涵8座、通气孔4座、津同公路涵、小型倒虹吸1座、津保高速公路穿越。

（李永鑫）

工程进展

2012年，廊坊市境内段工程TJ4-1标共完成成型箱涵1.299km，完成土方开挖7.00万m^3，土方回填完成60.20万m^3，混凝土浇筑完成4.70万m^3；TJ4-2标共完成成型箱涵0.843km，完成土方开挖6.00万m^3，土方回填完成61.80万m^3，混凝土浇筑完成3.90万m^3；TJ4-3标共完成成型箱涵2.40km，完成土方开挖34.20万m^3，土方回填完成39.85万m^3，混凝土浇筑完成7.00万m^3；TJ4-4标共完成成型箱涵0.96km，完成土方开挖14.71万m^3，土方回填完成233.20万m^3，混凝土浇筑完成3.29万m^3；TJ4-5标共完成成型箱涵0.765km，完成土方开挖22.89万m^3，土方回填完成14.22万m^3，混凝土浇筑完成2.49万m^3。

（李永鑫）

质量管理

2012年，廊坊市境内段直管和代建工程质量情况良好，总体处于受控状态，未发生任何质量事故，已验收评定单元工程2917个，合格单元工程2917个，单元工程合格率为100%，其中优良单元工程2693个，单元工程优良率为92.3%。

（李永鑫）

天津市境内1段工程

工程概况

天津市境内1段工程为天津干线第五设计单元工程，工程起点位于武清区王庆坨镇西南与河北省交界处（桩号XW131+360），总体走向自西向东，沿线经过天津市武清、西青、北辰三区，终点位于西青区西青道以南奥森物流东侧（桩号XW151+021.365），线路全长19.661km。

天津市境内1段工程全部采用C30地下钢筋混凝土输水箱涵结构形式，以子牙河北分流井为界，其上游段为3孔4.4m×4.4m有压输水箱涵17.297km，设计输水规模45m³/s，加大输水规模55m³/s；其下游段为2孔3.6m×3.6m有压输水箱涵2.233km，设计输水规模18m³/s，加大输水规模28m³/s。工程主要建筑物有：王庆坨连接井、子牙河北分流井、子牙河南检修闸、通气孔、子牙河河道倒虹吸及京沪高速公路、津同公路、京福公路、西青道、京沪铁路等公路、铁路穿越箱涵。

天津市境内1段工程为Ⅰ等工程，主要建筑物等级为1级，附属建筑物、防护工程及穿河道的上下游连接段等次要建筑物等级为3级，临时建筑物等级为4～5级；天津市防洪圈外部分的箱涵和沿线建筑物防洪标准按50年一遇洪水设计，200年一遇洪水校核，防洪圈以内部分防洪标准按200年一遇洪水设计。主要工程量包括土方开挖651万m³，土方回填505万m³，混凝土浇筑61.6万m³。

天津市境内1段工程已于2011年7月底全部完工。

（孙津媛）

验 收 工 作

天津市南水北调办高度重视工程验收工作，专门成立验收工作小组，落实验收职责和各项制度，规范工程验收行为，明确专人负责工程验收工作，充分发挥咨询机构作用，把好工程档案资料整编关，做到工程建设与档案整编工作同步，确保验收工作顺利开展。2012年，天津市境内1段工程共评定单元工程2185个，单元工程优良率92.7%；共评定分部工程46个，分部工程优良率93.5%。天津干线天津段工程临时占地6580亩全部退还移交，北辰区、武清区界内的工程临时占地复垦验收工作已结束，西青区界内工程临时占地复垦验收工作还在进行之中。

（孙津媛）

天津市境内2段工程

工 程 概 况

天津市境内2段工程属天津干线工程尾端，位于天津市西青区中北镇中北工业园区内，起点位于西青道以南、奥森物流公司东侧，相应天津干线桩号为XW151+021.365，沿园区内的春光路向南穿过阜盛道至元宝路，后折向东沿元宝路前行穿过星光路、曹庄排干，至外环河以西约270m处再折向北至天津干线终点，相应天津干线桩号为XW155+218.236，全长4196.871m。主要建筑物包括：2孔一联3.6m×3.6m有压输水钢筋混凝土箱涵，外环河出口闸，通气孔，曹庄排干倒虹吸，阜盛道公路涵和星光路公路涵。工程等别为一等，主体建筑物为1级，设计流量18m³/s，加大流量28m³/s。主要工程量为：土方开挖78.81万m³、土方回填63.75万m³、混凝土8.15万m³、钢筋制安0.7万t、金属结构总量35t。工程概算总投资19 436.6万元。

2012年，天津市境内2段工程完工。

（李永鑫）

质 量 管 理

2012年1月，建管部与施工单位签订《工程建设目标责任书》，明确了质量、安全、进度及文明施工目标，并在此基础上，与各监理、施工单位分别签订了《质量责任书》，明确质量目标，落实相关责任；2012年1月，建管部与设计单位签订了年度勘测设计服务协议，明确施工图纸设计质量和现场设代服务质量要求。2012 年完成外环河出口闸厂区尾工建设，完成出口闸单位工程验收，质量优良。

（李永鑫）

中线干线专项工程

概　述

工　程　概　况

中线干线专项工程主要包括中线干线自动化调度与运行管理决策支持系统工程和南水北调中线干线工程调度中心土建项目。其中，南水北调中线干线工程调度中心土建项目已经完工。南水北调中线干线工程自动化调度与运行管理决策支持系统是南水北调中线干线工程运行管理的神经系统，对中线干线工程的高效运行、可靠监控、科学调度和安全管理起着至关重要的作用。

（张　娟）

中线干线自动化调度与运行管理决策支持系统工程

工　程　概　况

南水北调中线干线工程自动化调度与运行管理决策支持系统（以下简称自动化调度系统）采用信息采集、信息处理、自动化控制、计算机网络、通信等先进技术，为中线干线工程正常输配水、工程安全、水质安全、运行管理等提供业务操作平台和决策支持环境。自动化调度系统由应用系统、应用支撑平台、数据存储与管理系统、计算机网络系统、通信系统、系统运行实体环境等 6 部分组成。系统建设目标为：以中线干线工程调水业务为核心，以全线闭环自动控制为重点，运用水利、通信、信息、自动控制等技术，建设服务于自动化调度监控、工程安全监测、水质监测、工程管理等业务的信息化作业平台和调度会商决策支撑环境，实现调度过程自动化和运行管理信息化，保障全线调水安全。

该系统共分为两个设计单元，分别为京石段设计单元和京石段以外设计单元，初步设计工作于 2006 年 8 月正式启动。2008 年 3 月，国家发展改革委正式批复了京石段自动化调度系统初步设计；2009 年 9 月，国务院南水北调办批复了京石段以外系统初步设计。历时 3 年时间，系统初步设计阶段工作圆满完成。

（张　娟）

投　资　计　划

南水北调中线干线工程自动化调度与运行管理决策支持系统分为京石段和京石以南段两个设计单元，共批复静态投资 21.3 亿元，其中京石段 6.6 亿元，京石以南段 14.7 亿元。截至 2012 年 12 月，合同签订金额为 58 868 万元，累计完成投资 33 369 万元，占合同总金额的 56.68%。

（赵梁明）

招标投标

南水北调中线干线工程自动化调度与运行管理决策支持系统共分为48个标段，其中监理标5个，设备采购标6个，软件开发标8个，集成（或施工）标29个。目前已完成29个标招标工作，计划2013年6月底完成全部招标工作。

（张　娟）

工程进展

（一）京石段设计单元

京石段自动化调度系统建设涉及渠线长度308km，涉及现地闸站65个、降压站53个、安全监测站78个、管理处12个、分公司2个、总公司1个。

京石段自2008年开工建设以来，因“管、电、房、站”等因素的影响，进展缓慢。2012年，中线建管局提出了“大干一百天、决战京石段”的目标，经过周密组织、精心安排，累计完成光缆施工475km，完成设备安装约1400台（套）。2012年10月底实现京石段自动化调度系统贯通，实现了河北段与总调中心之间的闸站远程集中控制及监视、安全监测数据自动采集与分析、水质监测数据自动采集与分析等功能，在京石段第四次通水中投入了使用。

（二）京石段以外设计单元

京石段以外自动化调度系统建设涉及渠线长度1124km，涉及现地闸站240个、降压站208个、安全监测站446个、管理处35个、分公司3个。

硅芯管已纳入各土建标段实施，截至2012年完成硅芯管施工约420km，占合计工程量的18%。光缆施工标段已于2012年11月份组织承包商进场，天津段光缆施工开始。

（孙维亚　任秉枢）

质量管理

质量监督要求，在进行各阶段设计前，须检查设计基础资料是否齐全，选用方案、系统、设备的功能与技术条件满足合同的要求；落实一个有计划的和文件规定的综合内部质量审核体系，用以审核其质量保证监督措施是否与计划安排的相一致，并用以决定质量体系的有效性；审核工作须根据其活动的重要性和状态进行安排，审核及随之而来的活动根据文件规定的程序进行。

（孙维亚　任秉枢）

陶岔渠首枢纽工程

工程概况

陶岔渠首枢纽工程位于河南省南阳市淅川县九重镇陶岔村，丹唐分水岭汤山、禹山垭口南侧，是南水北调中线一期工程输水总干渠的引水渠首。陶岔渠首枢纽工程主要任务是向北京、天津、河北、河南等省市输水，兼顾灌溉、发电。工程设计引水流量350m³/s，加大引水流量420m³/s，水电站装机容量50MW。工程批复主要建设内容包括上游引渠护坡、挡水建筑物（重力坝、引水闸及水电站）、闸下消力池及电站尾水渠、两岸岸坡防护工程、下游交通桥及管理设施等。工程永久征地360.6亩，临时占地683.1亩，安置移民339人。工程概算总投资85 717万元，建设总工期42个月。

初步设计主要工程量包括土石方开挖及

老建筑物拆除71.81万m^3，土石方填筑10.58万m^3，混凝土浇筑19.11万m^3，金属结构制作安装2185t。

主体工程于2010年3月开工建设，计划2013年11月完工，2014年汛后通水。

受国务院南水北调工程建设委员会办公室及水利部的委托，淮河水利委员会治淮工程建设管理局作为建设管理单位承担南水北调中线一期陶岔渠首枢纽工程建设管理工作。2009年3月，淮河水利委员会治淮工程建设管理局组建淮委南水北调中线一期陶岔渠首枢纽工程建设管理局作为现场管理机构具体负责工程建设管理工作。

（张海涛）

工程投资

陶岔渠首枢纽工程批复初步设计概算总投资85 935万元，其中静态总投资81 808万元（包括工程部分投资57 856万元，建设及施工场地征用费23 383万元，环境保护专项费312万元，水土保持专项费257万元），建设期贷款利息4127万元。国调办投计〔2012〕50号文将不属于陶岔渠首枢纽工程征地范围的董营土坝征地补偿项目调整到丹江口水利枢纽大坝加高工程之中，相应核减陶岔渠首枢纽工程初步设计概算投资218万元，核减后陶岔渠首枢纽工程总投资85 717万元，其中静态总投资81 590万元（包括工程部分投资57 856万元，建设及施工场地征用费23 165万元,环境保护专项费312万元，水土保持专项费257万元），建设期贷款利息4127万元。国调办投计〔2012〕296号文批复陶岔渠首枢纽工程2009至2011年价差1521万元，截至2012年底陶岔渠首枢纽工程总投资87 238万元。

陶岔渠首枢纽工程静态总投资中，中央预算内投资11 100万元，国家重大水利工程建设基金30 000万元，银行贷款40 490万元。

截至2012年底，陶岔渠首枢纽工程累计安排投资计划77 100万元，累计完成投资计划78 634万元，其中：建筑工程25 682万元、安装工程828万元、设备及工器具购置14 251万元、其他费用37 873万元（含征迁费用23 165万元）;2012年完成投资计划23 220万元，其中：建筑工程9825万元、安装工程626万元、设备及工器具购置7585万元、其他费用5184万元（含征迁费用50万元）。

（杨　亮）

招标投标

陶岔渠首枢纽工程共分为14个标段，除工程输电线路标委托淅川县电业局实施外，其余标段全部实行国内公开招标。目前，按照国务院南水北调办批复的工程招标分标方案，已完成除水土保持标以外所有标段的招标工作，2012年度无招标计划。

（杨　亮）

建设管理

2012年，陶岔渠首枢纽工程进展符合总体进度计划并超额完成。2012年6月30日，大坝混凝土全面浇筑至165m高程以上，引水闸3孔弧形闸门、电站进口2孔检修叠梁门入槽挡水，完成了2012年工程度汛目标；2012年9月24日，大坝混凝土全面达到设计高程176.6m，提前3个月完成封顶节点目标；2012年12月28日，电站厂房封顶，金属结构、启闭设备安装基本完成。

（倪　春）

工程进展

按照国务院南水北调办审定的年度工程建设进度计划，2012年大坝混凝土浇筑至坝顶高程 176.6m，完成施工投资 5407 万元，土石方开挖 5.60 万 m^3、土石方回填 4.41 万 m^3、混凝土浇筑 6.58 万 m^3。全年实际完成施工投资 6270 万元，土石方开挖 7.73 万 m^3、土石方回填 5.86 万 m^3、混凝土浇筑 9.22 万 m^3。2012 年全年进度考核综合系数为 1.26。

（1）下游交通桥工程于 2009 年 9 月开工，2012 年 11 月通过单位工程验收。

（2）管理设施工程于 2009 年 9 月开工，2011 年 12 月通过单位工程暨合同项目完成验收。

（3）主体工程于 2010 年 3 月 22 日开工，混凝土大坝于 2012 年 9 月 24 日封顶，全面达到设计高程 176.6m。电站进水口 2 扇检修叠梁门、引水闸 3 孔弧形闸门及液压启闭机安装完成，工程具备挡水条件。电站厂房于 12 月 28 日封顶，金属结构、启闭设备安装基本完成。

截至 2012 年底，陶岔渠首枢纽工程累计完成土石方开挖 48.34 万 m^3（占总量的 73.5%），土石方回填 7.51 万 m^3（占总量的 34.61%），混凝土浇筑 20.85 万 m^3（占总量的 92%）。固结灌浆全部完成，帷幕灌浆完成 90%，上游引渠现浇混凝土护坡完成 72.0%。

（倪　春）

工程监理

陶岔渠首枢纽工程监理单位为盐城市河海工程建设监理中心，2012 年度现场监理常驻 15 人，专业配置合理，并有专职金属结构监造工程师 2 名常驻厂家负责监造事宜。

截至 2012 年底，陶岔渠首枢纽工程完成下游交通桥工程单位工程验收，完成主体工程左、右岸非溢流坝段两个分部工程验收。

及时完成重要隐蔽（关键部位）单元工程核备，截至 2012 年底累计完成重要隐蔽（关键部位）核备共计 199 个单元。

（奚建猛）

质量管理

2012 年以来，国务院南水北调办领导率队莅临陶岔检查、调研 9 次，稽察大队“飞检”5 次，监管中心委托检测单位现场检测 3 次，专家委质量检查组进行混凝土实体质量检查 1 次。从历次检查情况看，陶岔渠首枢纽工程质量管理行为和工程实体质量情况总体较好。工程质量始终处于受控状态。

2012 年，陶岔渠首枢纽工程共验收 1018 个单元工程，其中有 969 个单元工程评定为优良，优良率达 95.2%。自开工以来，主体工程累计验收 1490 个单元工程，其中有 1411 个单元工程评定为优良，优良率达 94.7%。

（倪　春）

安全生产

按照《南水北调工程建设安全生产目标考核管理办法》和淮河水利委员会治淮工程建设管理局要求，淮委南水北调中线一期陶岔渠首枢纽工程建设管理局对设计、监理、施工等有关参建单位开展了陶岔渠首枢纽工程 2012 年度安全生产目标考核，在各参建单位自查、自评基础上，采取现场检查、抽查资料等方式对自评情况进行复核。通用目标考核合格且未发生造成人员死亡的一般及等级以上生产安全事故。适用性目标考核评估项目为 202 项，其中评估结果为 A 级的 199 项占 98.51%、B 级的 3 项占 1.49%、没有 C 级和 D 级。根据《南水北调工程建设安全生产目标考核管理办法》规定，陶岔渠首枢纽工程 2012 年度安全生产目标综合考核结果为Ⅰ级。

2012 年，陶岔渠首枢纽工程建设安全生产总体情况良好，工程开工以来未发生安全生产事故，为工程建设营造了安全稳定的环境。

（倪　春）

丹江口大坝加高工程

工 程 概 况

丹江口大坝加高工程是在丹江口水利枢纽初期工程的基础上进行培厚、加高和改造。原丹江口水利枢纽位于湖北省丹江口市境内的汉江干流与其支流丹江汇合口下游约800m处，控制流域面积9.52万km^2，坝址以上年均径流量388亿m^3，具有防洪、发电、灌溉、航运、养殖等综合功能。枢纽由拦河大坝、升船机、水电厂等建筑物组成。初期工程于1958年9月开工，1973年建成。初期工程建设时已考虑到后期大坝加高的要求，其中河床混凝土坝高程100m以下已按正常蓄水位170m方案进行建设，为大坝加高创造了有利条件。

大坝加高工程主要包括混凝土坝培厚加高；左岸土石坝培厚加高及延长；新建右岸土石坝及位于陶岔附近的董营副坝；改扩建升船机；金属结构及机电设备更新改造等。大坝加高工程完建后，坝顶高程由162m加高至176.6m，最大坝高117m，坝顶长由2494m加长到3442m，升船机规模由150t级增加到300t级，装机规模仍为6×150MW不变。正常蓄水位由157m抬高至170m，相应库容由174.5亿m^3增加至290.5亿m^3，总库容339亿m^3，枢纽的功能转变为以防洪、供水、发电、航运为主。通过优化调度，可使汉江中下游的防洪能力由目前的二十年一遇提高到近百年一遇，满足近期向北方调水95亿m^3的要求。

初设批复的大坝加高主体工程主要工程量为：土石方开挖77.31万m^3，土石方填筑542.39万m^3，混凝土拆除4.53万m^3，混凝土浇筑125.45万m^3，钢筋制作安装0.91万t，金属结构制作安装1.32万t。工程施工总工期66个月，总投资24.25亿元。

丹江口大坝加高工程于2005年1月5日开始进行前期准备工作，9月26日举行了大坝加高工程开工仪式。主体工程开工建设以来，严格按照批复的进度计划实施，工程建设进展顺利。2005年11月25日，开始大坝贴坡第一仓混凝土浇筑；2007年3月7日，开始大坝第一仓加高混凝土浇筑；2007年6月23日，大坝下游面贴坡混凝土全线达到原坝顶162.0m高程；2008年12月28日，右岸土石坝已填筑到176.6m设计高程；2009年6月20日，实现坝顶全线贯通；2010年3月31日，需加高的54个混凝土坝段全部加高到176.6m设计高程。

（黄朝君）

工 程 投 资

丹江口大坝加高工程批复概算总投资28.16亿元（含批复的价差及重大设计变更等投资）。

2012年，丹江口大坝加高工程计划完成投资23 000万元，其中建筑工程2840万元，机电设备及安装工程4450万元，金属结构设备及安装工程2840万元。实际完成投资26 068万元,其中建筑工程7061万元，机电设备及安装工程5152万元，金属结构设备及安装工程1171万元。截至2012年底，丹江口大坝加高工程累计完成投资23.54亿元。

（李全宏）

招 标 投 标

2012年，组织完成了丹江口大坝加高工

程聚脲类防护材料采购与施工、丹江口大坝加高工程抗冲磨防护材料采购与施工、丹江口大坝加高工程变形监测项目建设、丹江口大坝加高工程董营副坝工程施工等4个标段的招标工作。做到了按要求报送分标方案，及时发布招标公告，按招标文件相关规定做好开标评标工作，按时报送评标结果公示，确定中标人后及时组织商签合同，各环节均符合国家及国务院南水北调办招投标管理有关规定。招标项目具体情况见表1。

表1　　2012年丹江口大坝加高工程招标投标情况表

序号	合同编号	合同名称	招标代理单位	招标文件发售时期	开标日期	定标日期	中标单位	合同签订日期
1	ZSY/JAZ（2012）002	丹江口大坝加高工程聚脲类防护材料采购与施工	汉江集团丹江口水源招标有限公司	2012年6月18日	2012年7月31日	2012年9月22日	武汉长江科创科技发展有限公司	2012年9月29日
2	ZSY/JAZ（2012）003	丹江口大坝加高工程抗冲磨防护材料采购与施工	汉江集团丹江口水源招标有限公司	2012年6月18日	2012年7月31日	2012年9月22日	武汉长汛建设工程有限公司	2012年9月29日
3	ZSY/JAZ（2012）004	丹江口大坝加高工程变形监测项目建设	汉江集团丹江口水源招标有限公司	2012年10月2日	2012年10月25日	2012年11月6日	长江空间信息技术工程有限公司（武汉）	2012年11月19日
4	ZSY/JAZ（2012）006	丹江口大坝加高工程董营副坝工程施工	汉江集团丹江口水源招标有限公司	2012年10月10日			两次招标失败，经批复直接委托	

（李全宏）

工　程　进　展

2012年汛前如期完成了21～24号坝段8孔溢流堰面加高和度汛所需金属结构机电设备制作安装，确保了枢纽的安全度汛。汛后即开始了14～20号坝段12孔溢流堰面的加高，截至2012年底，14～20号坝段溢流堰面已加高至135.2m高程以上。

大坝保温苯板拆除及混凝土外观验收年内已开始进行。闸墩加固试验已经完成。大坝上游面高程149m以上聚脲防护材料涂刷施工已全面展开。

右岸土石坝坝顶公路在汛期如期完成，铺筑沥青混凝土839.34m^3。左坝头副坝铁路闸口以右部分防渗墙施工完成。

基本完成深孔弧门和表孔闸门及门槽埋件、拦污栅等金属结构更新改造，厂房坝段除6号液压启闭机正在安装外，其他金属结构及机电设备安装基本完成。完成了升船机安装调试及过船试验。完成了2号水轮机改造，6号水轮机正在改造中。

完成了老坝体26号、29号坝段工作门槽裂缝检查、处理，14～20号坝段闸墩层间缝检查、处理，18号坝段上游面高程150.0m以上裂缝处理。在汉江集团电厂停机配合下，完成了25号、29号、30号坝段上游面水下裂缝处理。截至12月底，老坝体裂缝处理除29号、30号坝段廊道渗水裂缝未完成外，其他部位已全部完成。

完成了垂直、斜面二级升船机的调试，顺利通过了过船实验。至2012年底，除6号机及其进水口快速液压启闭机正在进行改造外，大坝深孔弧门、表孔闸门、检修门及门槽更新改造全部完成，3部大坝电梯已提交使用，2号机水轮机改造完成并投产发电，6号水轮机正在改造中。

2012年，完成土石方开挖0.47万m^3，主体混凝土浇筑5.82万m^3，金属结构设备安装约300t。此外，还完成了土石方填筑0.25万m^3，混凝土结合面凿毛0.91万m^2，钢筋制作安装707.44t，锚杆216根，裂缝处理1120m，帷幕灌浆5000m。

自开工以来，主体工程已累计完成：土石方开挖62.87万m^3，土石坝填筑399.87万m^3，混凝土浇筑109.90万m^3，混凝土拆除3.86万m^3，混凝土结合面凿毛13.42万m^2，键槽切割5317.25m，钢筋制作安装10 267.27t,锚筋20 506根，老坝体裂缝处理25 427.79m，帷幕灌浆30 835.59m，固结灌浆8067.00m。

金属结构机电安装已完成：坝顶500t门机安装两台；电厂进水口拦污栅更新39扇，埋件检修72孔，进水口快速门液压启闭机更新改造5套（含泵站、电控3套），快速门及埋件检修5孔；溢流坝段检修门、工作门检修23扇，门槽埋件检修更新40孔；深孔坝段固定式启闭机安装11台（套），深孔弧形门及埋件更新改造11孔，检修门更新2扇，检修门槽埋件检修12孔；垂直和斜面升船机安装及过船试验；电厂4台水轮机改造，2台发电机改造，1台主变压器更新。

（黄朝君）

质 量 管 理

2012年，按照国务院南水北调办严抓质量的总部署，以创建“精品工程”为目标，通过抓体系建设、制度完善、责任落实、过程控制、检查考评、整改落实和奖惩兑现等措施，进一步强化了各参建单位质量管理意识。对重点项目、重要部位、关键工序严格管控，督促施工单位严格执行“三检制”，坚持对重点仓位实行“四方联检”和监理旁站制度，对每一道工序经过严格验收后才能进行下一道工序的施工；坚持日巡查，周联合检查，月考评，按制度及时兑现奖惩，确保了工程质量。

加大了对工程验收的组织管理，成立了专门的工作机构，制定了工作计划和奖惩办法，每周开会检查，每月落实布置，考评奖惩兑现，使分部验收工作进度大大加快。

2012年，大坝加高工程共完成单元工程378个，全部合格，其中优良350个，优良率92.59%；对43个分部工程进行了验收，全部合格，主要分部工程质量优良；建筑物外观质量共检查1552个点，合格1330个，合格率85.7%，达到了优良质量标准；完成4、5号机组启动验收；所用原材料、中间产品合格，工程质量总体优良，实现了年度质量管理目标。

截至2012年底，丹江口大坝加高工程共完成单元工程15 374个，全部合格，其中优良14 347个,优良率93.32%；共对75个分部工程进行了验收和核备，全部合格，主要分部工程质量优良，未发生任何质量事故；主要建安施工合同数量26个，现已验收18个合同工程。

（黄朝君）

蓄水安全鉴定工作

中线水源公司于2012年10月委托长江勘测规划设计研究有限责任公司编制了丹江口大坝加高工程2013年9月底蓄水为目标的蓄水技术要求和2013年度汛方案，在此基础上组织各参建单位编制了《丹江口大坝加高工程蓄水验收方案》、《丹江口大坝加高工程蓄水验收工作方案》，并以《关于报送〈丹江口大坝加高工程蓄水验收方案〉的报告》（中水源工〔2012〕223号）及《关于报送〈丹江口大坝加高工程蓄水验收工作方案〉的报告》（中水源工〔2012〕246号）向国务院南水北调办进行了上报。

2012年12月，中线水源公司委托中国水利水电科学研究院承担丹江口大坝加高工程蓄水安全评估工作。目前，《南水北调中线一期丹江口大坝加高工程蓄水安全评估（鉴定）工作大纲（审查稿）》已编制完成，并通过了2012年12月25日、26日由水源公司组织的审查修订，现已转发至各参建单位学习、落实。

2012年12月27日组织各参建单位及运行管理单位召开了“丹江口大坝加高工程蓄水验收启动会议”和“施工单位分管领导约谈会议”，对尾工项目计划、分部工程验收计划、蓄水安全评估配合工作（含自检报告）和后续蓄水验收工作进行了安排。

（班静东）

安全生产

2012年，丹江口大坝加高工程共组织安全生产大检查46次，发现一般性隐患298起，整改隐患298起，隐患整改率100%。

安全状况总体受控，全年未发生任何安全事故。

（黄朝君）

丹江口大坝加高库区移民安置工程

库区移民安置工程

河南省库区移民安置工程

丹江口库区移民搬迁结束后，根据移民到安置地后生活的不适应、生产技能的缺乏、就业无路的焦虑、到新地方后的心理脆弱等状况，及时调查研究，出台相关文件和政策，组织各地尽快开展了后续帮扶工作，并多次组织督导检查，掌握后续工作中存在的问题，督促各地及时解决。

各地采取了大量有力措施，推进了移民后续工作扎实开展。积极安排房屋修缮，保证了房屋质量；组织移民人口公示复核，按月发放了生活补助；及时办理各种手续接转，方便了移民生产生活；普遍发放了粮油、蔬菜、炊具等，保证了搬迁期间的生活过渡；实行干部“一对一”联系移民户制度，千方百计帮助移民解决生活中遇到的困难和问题；对就医就学都作了比较详细周到的安排，军烈属、五保户、鳏寡孤独、贫困户等脆弱群体得到了妥善安置；加快生产用地划拨、移交和分地到户；为移民办理了“房产证”、“土地证”，方便了移民生产生活；举办了种植、养殖、务工等生产技能培训班，开展劳务输出活动，促进了移民就业。

为切实搞好丹江口库区移民后期帮扶工作，河南省移民办起草了《关于加强我省南水北调丹江口库区移民后期帮扶的意见》，广泛征求了省直有关单位和各地的意见和建议，于2012年7月以河南省人民政府名义印发执行。《意见》明确了后期帮扶工作目标：通过3年的后期帮扶，使移民新村基础设施配套，公益设施完善；农业生产基础稳固，移民劳动技能明显提高，转移就业能力增强，收入水平显著提高；社会事业不断发展，乡风更加文明，村两委班子带领移民致富的能力明显提高。

各地各部门按照河南省省委、省政府的有关要求，积极筹划和实施生产开发项目，全面开展移民后续帮扶工作，帮助移民群众增收致富。截至2012年12月31日，全省累计举办各类培训班462期，培训人数6.4万人，转移就业人数3.1万人；规划生产发展项目264个，建成投产46个，投入资金2.1亿元。移民在当地党委、政府和各部门的帮扶下，正在逐步适应新的环境，融入当地社会。

截至2012年底，河南省丹江口库区移民后期帮扶工作成效显著，加强和创新移民村（社区）社会管理工作初见成效，县级自验工作全面完成，农村外项目实施及库底清理工作基本完成，社会大局总体和谐稳定。

（王海东）

湖北省库区移民安置工程

2012年是实现湖北省南水北调移民“四年任务两年基本完成，三年彻底扫尾”工作目标的关键之年。在湖北省省委、省政府的正确领导和国务院南水北调办的大力指导下，全省上下发扬连续作战的作风，齐心协力，克难攻坚，努力工作，统筹内安与外迁、移民生产与生活、发展与稳定，圆满完成了移民内安复建扫尾，全面启动了发展帮扶，强化了宣传和各项管理，推进了文物保护工作，维护了库区和安置区稳定，为全省移民工作科学发展、跨越式发展做出了应有的贡献。

（一）搬迁安置工作

1. 如期完成移民搬迁任务

2012年3月17日，湖北省人民政府召开全省南水北调丹江口库区移民内安现场会，以此为标志掀起了库区移民内安复建扫尾高潮。通过全省上下各级各部门的艰苦努力，9月初，湖北省圆满完成了3座城集镇1.3万人的搬迁任务，迁建机关、学校、医院400多家，集镇面貌焕然一新。除遇真宫顶升、少数控制性交通项目外，其他专业项目、工业企业迁复建等基本完成，各项功能全面恢复。9月18日，国务院南水北调办主任鄂竟平、湖北省省委书记李鸿忠、湖北省省长王国生等出席了表彰会议，湖北省政府向全社会宣布湖北省南水北调中线工程丹江口库区移民搬迁安置工作全面完成，标志着湖北省库区移民搬迁安置工作由此进入新的阶段。9月19日，湖北省政府对湖北省移民局在推进南水北调工程丹江口水库移民搬迁安置工作中做出的贡献给予通令嘉奖。

2. 移民安置质量普遍较高

一是移民住房质量显著提高。据统计，搬迁前库区移民人均住房面积只有20.97m^2，且大多都是土木房、土坯房；搬迁后，外迁移民人均住房面积31.3m^2，内安移民人均住房面积41.49m^2。二是移民生活条件显著改善。按照新农村建设要求，库区紧紧抓住南水北调工程建设机遇，建成了一大批布局合理、功能齐备的社会主义新农村，户户通了水泥路、自来水、电话和有线电视，移民生活环境大为改善，大大提升了发展的空间。三是移民精神面貌普遍较高。通过搬迁，得益于国家的移民政策、得益于各级政府的支持帮扶，千家万户得到了实惠，广大移民从内心深处感激党和政府，群众搬迁满意度普遍较高。

3. 外迁移民安稳发展取得新成效

2012年5月31日，湖北省政府在天门召开了全省南水北调工程丹江口水库外迁移民工作现场会，对外迁移民安稳发展工作做了进一步安排部署。10月14日，国务院南水北调办在湖北和河南两省分别召开移民生产发展交流会，对外迁移民的生产发展提出了新的要求。按照国务院南水北调办和湖北省政府要求，围绕“一年基本稳定、两年安居乐业、三年发展致富”的工作目标，坚持以科学发展观为指导，以促进移民安稳致富为核心，强化宣传引导，大力帮扶扶持，妥善处理遗留问题，积极化解各类矛盾。目前，外迁移民生产用地已按标准分配到户，移民搬迁安置的各项补偿、补助资金全部到位；后期扶持每人每年600元现金直补工作已经落实到位；发展帮扶体制机制正在探索，人均1500元的发展资金已经逐渐产生效益；村级基层组织建设得到进一步加强。通过努力，外迁移民人心已经安定，生产发展开始起步，生活秩序已经建立，移民正逐步融入当地社会。此外，湖北省组织开展了移民生产发展调研工作，起草了帮扶意见，用以指导未来3～5年发展帮扶工作。

4. 重点个案处理工作顺利推进

一是继续加大房屋质量缺陷整改。在2011年安排人均400元的基础上，2012年又安排人均200元开展房屋缺陷维修基金，督促有关县市区从根本上解决外迁移民房屋缺陷维修和整改工作，移民普遍比较满意。二是组织对天门、潜江、江陵移民房屋问题进行专题调研，抓紧推进个案解决。三是完成了外迁移民土地移交和后续相关补偿工作，土地已经全部分配到户。配合省国土资源厅和林业厅完成了移民安置建设用地报批组卷工作，并得到国土资源部批复。外迁移民土地承包经营权证、房屋所有权证正在抓紧办理，部分县市区已经发放到位。四是配合省水利厅完成了天门等5个县市区移民安置水系改造和水利设施配套规划的编制和评审工作。

5. 专项工作稳步推进

一是库区移民内安高切坡治理工作进展顺利。在全面摸清情况的基础上，编制了高切坡治理规划报告，规划投资约5.9亿元，已经过水利部水规总院前期审查。44个重点项目治理工作全面展开，经受了库区特大暴雨的考验，质量可控。

二是库底清理、移民验收、打桩定界工作齐头并进。编制完成了《湖北省南水北调中线工程丹江口水库库底清理实施方案》，库底清理工作已经全面展开，重点清理项目的特殊清理办法已经形成，可望在年底前基本完成。编制完成了《湖北省丹江口水库大坝加高工程建设征地补偿和移民安置验收大纲》，移民县级自验工作已全面部署，安置区、库区验收培训工作已全面完成，各地正在紧锣密鼓地开展各项基础性工作。积极配合中线水源公司对库区打桩定界工作进行了总体部署，前期工作有序推进。

三是配合湖北省文物局做好南水北调丹江口库区文物发掘保护工作。遇真宫垫高工程2012年8月1日起宫门开始顶升，目前东宫门已经顶升7.5m，山门、西宫门已经顶升6m；东宫垫方平均达到170m，垫方工作进展迅速，预计在年底前可全部完成。库区已经对156处地下考古发掘项目开展抢救性考古发掘，预计在2013年1月可全部完成。

四是启动了南水北调移民持续发展问题专项研究工作。联合河南省移民办，共同委托长江委设计院，及时启动了南水北调移民持续发展问题研究。计划在明年初形成框架性意见并报国务院南水北调办批准后，以省政府名义报建委会，争取纳入七次建委会议题。

五是南水北调库区内安移民后期扶持人口核定工作有序推进。对上争取指标的技术性工作已经完成，各县市区人口核定工作已全面展开，年底前可基本完成。

（二）管理工作

一是严格计划管理。严格按照国家和省有关规定，做到项目跟着规划走，计划跟着项目走，资金跟着计划走。会同长江设计公司科学合理分解了移民价差；按照下发《关于开展南水北调中线工程丹江口水库大规模外迁移民安置建设项目投资审核的通知》，组织设计单位、监督评估单位和审价公司对外迁安置区的项目投资进行了全面审核，为移民工程验收奠定了基础；认真做好2012年的投资申报和计划下达工作。三是严格资金管理。继续发挥南水北调移民资金监督网作用，开展湖北省移民资金检查，及时发现了一些影响资金安全和资金效益的问题并督导整改。2012年4~6月，配合国家审计署、江河会计师事务所对湖北省南水北调移民资金进行了全面审计，没有发现重大违法违纪问题；针对提出的问题，指导有关县、市、区认真整改，整改结果已上报有关单位。结合审计工作，及时反映了库区价差资金全覆盖、新增淹没实物指标、留置人口等重大问题，引起了相关部门的高度重视。四是严格档案管理。按照规范档案管理要求，会同长江委档案馆多次赴全省开展档案检查，开展档案业务培训两期，进一步提高了档案管理人员的认识和业务水平，为下步档案验收奠定了基础。

（三）宣传工作

2012年是湖北省南水北调移民搬迁收官之年。配合中央、省级新闻媒体采访团多次深入库区、安置区采访报道，有力提升了湖北南水北调移民工作形象。2012年5月底6月初，中央电视台在《新闻联播》、《朝闻天下》、《新闻直播间》等栏目同步推出了7期“走基层”系列报道《为了南水北调》，并配发评论2篇，在全社会引起了强烈反响。继2011年12月20日广播电视网络媒体联合进行移民搬迁大直播后，2012年9月18日，在湖北省南水北调18.2万移民搬迁安置全面结束之际，再次联合湖北省广电总台及京、津、冀广播、电视媒体开展了以“一江清水送北方”为主题的大型广播电视网络现场直播活动，并组织了一场“采集汉江水、汇聚移民情”的汇水主题活动，国务院南水北调办、湖北省省委省政府主要负责同志亲临现场，影响重大。围绕宣传南水北调移民精神，在全省南水北调中线工程丹江口水库移民搬迁表彰暨帮扶动员大会前夕，完成了“五个一工程”，即：拍摄一部数字电影《汉水丹心》，发行一部报告文学《汉水大移民》（邀请著名作家梅洁主笔，上、下两部，近90万字），举办一场专题晚会，出版一本摄影画册，组织一次广播电视大直播。通过持续不断的发力，全面、客观地展示了湖北省南水北调移民工作。

（四）稳定工作

继续坚持多年来主动接访、及时交办、跟踪督导、按时回告的传统，及时处理来信来访，耐心做好政策宣传解释，坚决维护移民合法权益，使得全省移民来信来访总体呈下降趋势。在日常接访中，积极主动，首问负责，一抓到底。全年会同局信访处接待赴省上访64批次、416人次，集体访28批次，353人；协助处理来信50件（重复件10件）。为确保党的十八大和湖北省第十次党代会顺利召开，多次对全省矛盾和不稳定因素进行排查化解，统一政策答复口径，分类确定化解措施，落实工作责任，明确解决期限，确保移民反映的问题得到及时有效处理，努力从源头上减少矛盾纠纷。通过全省各级各部门、库区和安置区的共同努力，很多矛盾得到了有效化解，95%以上的问题得到妥善解决，上访群众的满意度较高，没有发生一起重大群体性事件，也没有出现影响较大的恶性事件，有力维护了全省稳定大局，确保了党的十八大的顺利召开。

（五）投资计划工作

（1）包干协议情况。

截至2012年底，南水北调中线水源有限责任公司累计与湖北省签订包干投资协议211.16亿元。其中：控制性文物发掘保护资金3.07亿元；库区移民安置初步设计规划配合及试点工作经费0.3亿元；移民安置试点资金15.5亿元；环保水保费1.48亿元；大规模搬迁移民资金额度190.81亿元。

（2）投资计划情况。

截至2012年底，湖北省移民局累计下达湖北省南水北调中线工程丹江口水库库区和外迁安置区征地移民资金计划236.58亿元，其中：库区文物发掘资金计划3.07亿元，前期规划配合费和前期试点工作经费计划 0.3 亿元，移民安置试点经费计划 14.6 亿元，环保水保资金计划 1.48 亿元，大规模搬迁资金计划 217.13 亿元；2012 年度下达移民资金计划 38.8 亿元；库区文物发掘资金计划 1 亿元，大规模搬迁资金计划 37.8 亿元。

（3）资金拨付情况。

截至 2012 年底，湖北省移民局累计收到南水北调中线水源公司拨入的南水北调中线工程丹江口水库征地移民资金 211.16 亿元。其中：以前年度拨入 172.36 亿元；2012 年度拨入 38.8 亿元。累计拨出移民资金 196 亿元，占库区拨入征地移民资金总额的 92.82%。

（郝　毅）

库区移民安置试点工程

河南省库区移民安置试点工程

2012 年，河南省各地各部门按照河南省省委、省政府的有关要求，积极筹划和实施生产开发项目，全面开展移民后续帮扶工作，帮助移民群众增收致富。截至 2012 年 12 月 31 日，全省累计举办各类培训班 462 期，培训人数 6.4 万人，转移就业人数 3.1 万人；规划生产发展项目 264 个，建成投产 46 个，投入资金 2.1 亿元。移民在当地党委、政府和各部门的帮扶下，正在逐步适应新的环境，融入当地社会。

（王海东）

湖北省库区移民安置试点工程

湖北省继续加大房屋质量缺陷整改。在 2011 年安排人均 400 元的基础上，2012 年又安排人均 200 元开展房屋缺陷维修基金，督促有关县市区从根本上解决外迁移民房屋缺陷维修和整改工作，移民普遍比较满意。组织对天门、潜江、江陵移民房屋问题进行专题调研，抓紧推进个案解决。完成了外迁移民土地移交和后续相关补偿工作，土地已经全部分配到户。完成了移民安置建设用地报批组卷工作，并得到国土资源部批复。外迁移民土地承包经营权证、房屋所有权证正在抓紧办理，部分县市区已经发放到位。完成了天门等 5 个县市区移民安置水系改造和水利设施配套规划的编制和评审工作。

按照新农村建设要求，库区紧紧抓住南水北调工程建设机遇，建成了一大批布局合理、功能齐备的社会主义新农村，户户通了水泥路、自来水、电话和有线电视，移民生活环境大为改善，大大提升了发展的空间。通过搬迁，得益于国家的移民政策、得益于各级政府的支持帮扶，千家万户得到了实惠，广大移民从内心深处感激党和政府，群众搬迁满意度普遍较高。

（郝　毅）

汉江兴隆水利枢纽工程

工　程　概　况

汉江兴隆水利枢纽工程是南水北调中线工程汉江中下游治理工程之一，也是汉江中下游水资源综合开发利用的一项重要工程，位于汉江下游湖北省潜江、天门市境内，上距丹江口枢纽 378.3km，下距河口 273.7km。

兴隆水利枢纽正常蓄水位36.2m（黄海高程，下同），相应库容2.73亿m^3，设计、校核洪水位41.75m（相当于防洪高水位），总库容（校核洪水位以下库容）4.85亿m^3，灌溉面积327.6万亩，库区回水长度76.4km，规划航道等级为Ⅲ级，电站装机容量为40万kW。兴隆枢纽作为汉江干流规划的最下一个梯级，其主要任务是枯水期壅高库区水位，改善库区沿岸灌溉和河道航运条件。

工程主要由泄水建筑物、通航建筑物、电站厂房、鱼道和两岸连接交通桥组成。泄水建筑物最大泄量19 400m^3/s，坝轴线总长2835m。泄水建筑物采用56孔开敞式平底闸，泄水闸前缘总长度952m，设计单宽流量18.5m^2/s，闸底板高程29.5m，闸顶高程44.7m，闸高17.7m，孔口净宽14m，闸门采用弧形门，尺寸为14m×8.2m；通航建筑物为单线一级船闸，按三级航道标准配套设计，闸室有效尺寸180m×23m×3.5m（长×宽×槛上水深）；电站厂房为河床径流式，水电站装机4台，额定水头4.18m，额定流量289m^3/s，总容量4万kW，年发电量2.25亿kWh；两岸滩地交通桥，按与三级公路配套设计，桥面宽8m，交通桥采用预应力混凝土简支梁桥；鱼道采用单侧竖导式，设置在电站厂房右侧滩地上，进口位于电站厂房尾水渠右侧，鱼道轴线与坝轴线垂直，共设95个过鱼池，单个过鱼池长3.2m，间隔设置休息池，直线段上端设挡水闸门，距闸首30m处设观测室。

工程于2009年2月26日正式开工建设，同年12月26日顺利实现汉江截流。2010年4月，主体工程泄水闸、电站、船闸全面开工，金属设备结构、安全监测、电站机电安装与调试等项目随后相继开工。在前期施工中，受地基处理难度大、高温天气、材料价格上涨等多种因素影响，工程主体土建进展较为缓慢，金属结构安装推迟开展，施工进度较总体目标要求一度滞后。

（马荣辉）

工 程 投 资

2012年，汉江兴隆水利枢纽工程计划完成投资50 039万元，实际完成投资54 929万元。截至2012年底，累计完成总投资29.78亿元，完成工程总投资的约93%，其中征地拆迁58 595万元，施工投资197 725万元。

2012年度已完成的施工项目投资均控制在国家批复的概算和招标确定的合同金额内。

（马荣辉）

招 标 投 标

2012年，汉江兴隆水利枢纽工程完成1个合同项目的招标工作：南水北调中线一期兴隆水利枢纽二期截流、左岸滩地及崩岸治理工程施工（合同编号：HBNSBD-XL01-2012-01），主要为围堰拆除、明渠截流、下游围堰外滩地开挖、下引航道清淤、左岸滩地过流段填筑、左岸滩地平整护面、崩岸治理、建管临时住房、临时工程等。

2012年8月23日，在中国南水北调网、湖北南水北调网、中国政府采购网、中国采购与招标网、湖北招标投标信息网等媒体分别发布了招标公告。2012年8月28日~9月7日，按招标公告载明的时间和要求出售了招标文件。2012年9月8日，招标人在工程现场组织潜在投标人进行现场踏勘，并于当天在湖北省南水北调兴隆水利枢纽工程建设管理处组织召开了标前会议。2012年9月25日9时30分，在湖北省综合招投标中心六楼开标厅公开开标，当日完成评标工作。2012年9月28日，经国务院南水北调办审核，评标结果上网公示，公示期为2012年9月28日~10月10日。中标单位为中国水利水电第七工程局有限公司，中标金额6789.619 2万元。

（马荣辉）

工 程 进 展

截至2012年底，汉江兴隆水利枢纽工程累计完成土石方开挖2070万m^3，完成土石方回填430万m^3，混凝土浇筑62.8万m^3，钢筋制作安装30 315.2t，金属结构安装12 282.1t。工程土建部分基本完成，安装工作临近收尾；机电安装与调试随土建主体进展同步开展，征地拆迁、移民安置和库区综合治理工程也在加快推进中。

（1）泄水闸主体土建完成，剩余坝顶桥面铺装、人行道等约零星混凝土浇筑和启闭机房建筑装修；金属结构及机电安装基本完成，正进行系统联合调试和初期运行准备工作。

（2）电站厂房主体土建部分完成，剩余2~4号机组管型座二期等部位约3000m^3混凝土浇筑和厂房建筑装饰装修；除坝顶清污机安装调试外，金属结构安装工作基本完成；机电设备安装在加快开展，其中正进行首台1号机组转子及定子和副厂房GIS设备、电缆桥架等安装工作。

（3）船闸土建完成，剩余下游引航道围堰占压段、上下引航道口门区的护坡及抛石和启闭机房建筑装饰装修工作；金属结构及机电安装结束，仅剩余上、下闸首检修叠梁门安装、人字门安装尾工和启闭机调试等工作。

（4）左岸滩地回填及二期截流工程正进行上下游围堰拆除、右岸截流戗堤预进占和明渠填筑施工。其中，除预留抬高的防渗墙外，上下游围堰大部分已拆除至设计高程。

（5）兴隆水利枢纽工程已全部依法办理用地手续，搬迁307户1269人，拆迁房屋3.91万m^2，征地拆迁及移民安置工作全面完成。库区浸没治理工程已完成25.934km长截渗沟修筑，完成工程总量的85%。

（6）除护栏、路灯及沥青路面外，左、右岸交通桥已基本完成。紧密配合土建进度，安全监测仪器安装即将完成，并取得初始值。库区综合治理工程也在加快推进施工中。

（马荣辉）

施 工 科 技

（一）船闸人字门安装

兴隆水利枢纽通航建筑物位于汉江主河槽右岸高漫滩，采用单线一级船闸。船闸级别为Ⅲ级，闸室有效尺寸为180m×23m×3.5m（长×宽×最小槛上水深）。

上、下闸首工作门均采用人字闸门，由液压启闭机控制启闭。上闸首工作门孔口尺寸23.0m×9.35m，闸室底槛高程32.40m，设计挡水头5.4m；下闸首工作门孔口尺寸23.0m×13.2m，底槛高程24.60m，设计水头为8.1m。

人字门为主横梁式结构，承重结构均为钢板（局部采用Q235B材质型钢组合）焊接结构，材质为Q345B；支、枕垫为连续式，材质ZG310-570，止水为环氧树脂；顶枢支铰轴为40Cr锻钢镀铬；闸门底止水采用P形头橡胶水封。单扉人字闸门分3节制造、运输，在现场拼焊成为整体。最大运输单元重量约40t。

兴隆水利枢纽船闸人字门安装包括各分段的直立总拼装、顶枢现场镗孔、背拉杆的安装和调试、支枕垫块的安装和垫层灌注、止水橡皮及导卡、锁定、限位装置等其他部件安装等诸多内容，施工呈现出总装精度高、安装部件多而杂、施工难道大及工期任务紧等特点。特别是背拉杆安装和预应力等控制相对复杂，必须本着对门体不产生破坏，并且要方便门体上进行高空作业施工调整。

在施工中，施工单位聘请武汉大学力学研究组进人字门背拉杆应力调试工作。利用专用工具旋转调整螺母使背拉杆拉伸，在拉伸过程中采用应变仪检测施加的预应力，严格背拉杆预应力的施加顺序，再根据实际情况多次微调，调整过程中，监测门叶扭曲变形、斜接柱垂直度、门叶水平度等的变化。预应力背拉杆安装完毕后，保证门体的实际变形情况满足规范及设计要求。

（二）柔性海漫预制块机压工艺

兴隆泄水闸下游海漫长度为70m，其中上游20m为刚性混凝土海漫，下游50m为柔性混凝土海漫。其作用是进一步消减水流的剩余能量，使水流均匀扩散，调整流速分布，保护消力池和减小对下游河床的冲刷。柔性混凝土海漫厚度25cm，由混凝土预制块相互套接拼装而成，混凝土预制块的强度等级为C20，外轮廓尺寸为50cm×50cm，工程总量约36万块。

由于工期紧张，如果采用常规的预制方案制造这种混凝土块成本异常高昂，而且预制速度很慢，模板投入大，体形难以控制。针对这种情况，施工中采用机压工艺，通过优化设备选型、混凝土配合比设计以及反复进行生产试验，终于能像制砖一样一块块用机器压制预制混凝土块。在采用机械化施工后，每块重72kg的工字混凝土块，每天可生产1500～1800块，极大地提高了预制施工进度，节约了施工成本。

（马荣辉）

质 量 管 理

汉江兴隆水利枢纽工程质量要求达到优良等级，争创大禹奖或鲁班奖。截至2012年底，共完成3个单位工程和108个分部工程验收，均达到合格或优良标准。17个设计单元工程中，12个达到优良等级，且电站、泄水闸、船闸等主要单位工程达到优良等级。2012年，未发生一起质量事故，工程质量整体处于受控状态。

（马荣辉）

引 江 济 汉 工 程

工 程 概 况

引江济汉工程是从长江荆江河段引水至汉江兴隆河段的大型输水工程，同时具有通航功能，为限制性Ⅲ级航道，船闸级别为1000t级。引江济汉工程（通水工程，下同）包括干渠和东荆河节制工程。干渠包括进口枢纽工程（进口至荆江大堤，长4.0km）和荆江大堤至汉江出口段（荆江大堤至高石碑，长63.23km），干渠全长67.23km，交叉建筑物74座（未含东荆河节制工程），其中各种水闸10座、泵站1座、船闸2座、倒虹吸30座、公路桥30座、铁路桥1座。东荆河节制工程是自长湖东端刘岭闸引水至东荆河下游河口，共包含3座橡胶坝、2座新建闸、2座新建桥和2座闸的加固。

引江济汉工程进水口段由引水渠（含沉沙池、沉螺池）、泵站、进水节制闸、荆江大堤防洪闸等建筑物组成。设计引水流量为350m³/s，最大引水流量为500m³/s，进口提水泵站近期设计流量为200m³/s，远期设计流量为250m³/s。

引江济汉工程荆江大堤至高石碑段，干渠穿越汉江干堤、长湖湖汊、拾桥河、西荆河等多条河流及灌排渠道，水工交叉建筑物39座，其中包括拾桥河枢纽（2座防洪闸、1座倒虹吸和1座节制闸）、西荆河枢纽（2座船闸和1座倒虹吸）和高石碑枢纽（1座出水闸），倒虹吸28座，分水闸3座（另外还有跨渠公路桥29座、铁路桥1座不包含在本次分标范围内）。渠道底宽60m，设计引水流量为 350m^3/s，最大引水流量为 500m^3/s。

引江济汉工程为一等工程，交叉建筑物主体、渠道为1级建筑物，次要建筑物为3级建筑物，临时建筑物围堰等为4级建筑物。工程区范围内的荆江大堤为1级堤防，汉江干堤为2级堤防，东荆河堤为2级，拾桥河堤防为3级，西荆河等河道堤防为4级，进口龙洲垸堤防为民垸堤防。

（马荣辉）

招 标 投 标

2010年2月以来，引江济汉工程陆续开始招标，至2011年4月全部土建标段招标完成，引江济汉工程于2011年9月全线开工。

2012年，引江济汉工程除开展湖北省南水北调管理局及汉江中下游水资源调度中心招标外，无其他招标投标，见表1。

表1　2012年引江济汉工程招投标情况表

单项工程名称	设计单元名称	标段名称	所在城市	开标时间	中标价	中　标　人
湖北省南水北调管理局办公楼	引江济汉主体	调度中心土建	武汉	2012年3月23日	4870.1238万元	新八建设集团有限公司
湖北省南水北调管理局办公楼	引江济汉主体	调度中心监理	武汉	2012年3月21日	103.83万元	武汉市程益工程建设项目管理有限公司

（马荣辉）

工 程 进 展

引江济汉工程土建项目共分为19个标段，引江济汉建管处直管的土建标段有7个，工程合同总价为10.87亿元，占引江济汉工程土建项目合同总价的49.1%；15个机电设备项目，合同总价为2.43亿元，完工工期为2013年9月。引江济汉建管处直管的7个土建标段计划完成投资43 811万元，土方开挖1319.41万m^3，土石方填筑447.14万m^3，混凝土浇筑27.26万m^3。截至2012年12月31日，年度实际完成总投资44 535万元，占年度计划的101.65%；完成土方开挖1186.66万m^3，占年度计划的89.93%；完成土石方填筑325.67万m^3，占年度计划的72.83%；完成混凝土浇筑25.43万m^3，占年度计划的93.28%。

（马荣辉）

施 工 科 技

引江济汉工程在施工中克难攻坚，在技术上有三大难题：渠道填筑高含水量高压实度问题、高膨胀土回填技术、深层搅拌桩技术。

2012年3月，在邯郸召开的高填方施工技术研讨会上，《平原湖区高含水量土料填筑施工探讨》《引江济汉工程渠道膨胀土分类及工程处理》《引江济汉工程渠坡膨胀土分级评判量化模型及现场监测设计》等文章作为优秀论文在会上交流，并于2012年4月在《南水北调与水利科技》期刊上发表。2012年7月，湖北省南水北调管理局工程处举办膨胀土改性研讨会，对场拌法、路拌法进行研究讨论。

组织、参与现场搅拌桩成桩质量检测等问题讨论会，组织编写《进口段防洪闸标搅拌桩施工、验收等相关技术问题座谈会纪要》，对搅拌桩施工检测等问题提出了一套切实可行的解决方法，使工程质量进度获得很大的改善和提升，并运用于其他标段实际操作中，取得良好的效果。

（马荣辉）

质 量 管 理

2012 年是引江济汉工程建设的高峰年、关键年，工程验收工作全面展开，拾桥河倒虹吸、西荆河倒虹吸进行了通水导流验收，从质量评定情况看，工程质量向好，质量处于可控范围。全年累计单元评定情况见表 1。

表 1　　2012 年引江济汉工程累计单元评定情况

标　段	累计单元评定情况				
	评定单元（个）	合格单元（个）	优良单元（个）	合格率（%）	优良率（%）
进口段渠道	623	623	558	100	89.6
进口泵站节制闸	757	757	593	100	78.3
荆江大堤防洪闸	863	863	776	100	89.9
拾桥河枢纽	556	556	502	100	90.3
拾桥河节制闸	197	197	156	100	79.2
西荆河枢纽	292	292	264	100	90.4
高石碑枢纽	558	558	509	100	91.2
渠道 12 标	182	182	156	100	85.71
合计	4028	4028	3514	100	87.2

（马荣辉）

汉江中下游部分闸站改造工程

概　　述

工 程 概 况

汉江中下游部分闸站改造工程是对因南水北调中线一期工程调水影响的闸站进行改造，恢复和改善汉江中下游地区的供水条件，满足下游工农业生产的需水要求。

工程建设内容由谷城至汉川汉江两岸 31 个涵闸、泵站改造项目组成，工程自上而下依次分布于襄阳市（谷城市勤岗泵站、靠山寺泵站、刘家沟泵站、龚家河泵站、回流湾泵站，樊城区茶庵泵站、卢湾泵站、鲢鱼口泵站，宜城市荣河泵站）、荆门市（钟祥市漂湖闸站、双河闸站、中山闸站、沿山头闸、迎河泵站、皇庄中闸，沙洋县杨堤闸）、潜江市（谢湾倒虹管）、仙桃市 3 处（徐鸳口闸站、卢庙闸站和鄢湾闸站）、天门市（彭市闸站、彭麻闸站、杨家月泵站、刘家河闸站）、孝感市（汉川市杜公河闸站、龚家湾闸站、郑家月闸站、杨林闸站、小分水闸站、庙头泵站、曹家河泵站）境内。建筑物级别按不低于相应堤防级别确定，其中襄阳市城区堤防为 2 级，谷城、宜城堤防为 3 级，荆门市及汉江下游干堤为 2 级，荆门市沿江支堤为 3 级。

工程总投资为 54 558 万元（2010 年一季度价格水平），建设总工期为 28 个月，分为汉江中下游泽口闸改造工程和汉江中下游其他闸站改造工程两个设计单元工程。

（马荣辉）

招 标 投 标

汉江中下游部分闸站改造工程土建共划分为12个标段，在2011年形式建设7个标段的基础上，2012年完成了剩余5个标段的招标工作。其中，第1、4、5标段两次招标后投标家数不足，经请示国务院南水北调办同意后，经比选，采取了直接委托方式。招标工作完成情况见表1。

表1　2012年汉江中下游部分闸站改造工程招标投标情况表

项目	标段	类别	开标时间	中标金额	中标单位
闸站改造	襄阳市闸站改造Ⅰ标	施工	2012年8月9日第二次开标	1079.851万元	湖北水总水利水电建设股份有限公司
闸站改造	钟祥市闸站改造Ⅰ标	施工	2012年7月10日	2321.859万元	葛洲坝集团第二工程有限公司
闸站改造	祥市闸站改造Ⅱ标	施工	2012年7月10日	1918.23万元	河南省水利第二工程局
闸站改造	仙桃市卢庙、鄢湾闸	施工	2012年8月9日第二次开标	2000万元	葛洲坝集团第五工程有限公司
闸站改造	汉川市闸站改造Ⅰ标	施工	2012年8月9日第二次开标	2349.901万元	湖北大禹水利水电建设股份有限公司

（马荣辉）

建 设 管 理

汉江中下游部分闸站改造工程由地市组建的现场建设管理机构负责建设管理，泽口闸工程由仙桃市南水北调闸站改造工程建设管理办公室负责现场建设管理工作。其余闸站分别由各地市政府组建建管办，负责管辖范围内的闸站改造项目现场建设管理工作。

（马荣辉）

襄阳、荆门市境内部分闸站改造工程

工 程 概 况

工程建设内容由谷城至沙洋两岸16个涵闸、泵站改造项目组成，工程范围自上而下依次分布于襄阳市9处（谷城县勤岗泵站、靠山寺泵站、刘家沟泵站、龚家河泵站、回流湾泵站，樊城区茶庵泵站、卢湾泵站、鲢鱼口泵站，宜城市荣河泵站）、荆门市7处（钟祥市漂湖闸站、双河闸站、中山闸站、沿山头闸、迎河泵站、皇庄中闸，沙洋县杨堤闸）境内。建筑物级别按不低于相应堤防级别确定，其中襄阳市城区堤防为2级，谷城、宜城堤防为3级，荆门市及汉江下游干堤为2级，荆门市沿江支堤为3级。

（一）皇庄中闸改造工程

皇庄中闸位于钟祥市郢中镇皇庄堤桩号13+750处，是一座集引水、排涝为一体的穿堤涵闸。设计引水流量为3.8m^3/s，排涝流量为65m^3/s。

工程主要建设内容为：皇庄中闸拆处重建；皇庄中闸与泵站之间320m，渠道结合防渗整治；金属结构与电气设备安装工程；水土保持及环境保护工程；永久道路：内外部观测及临建工程。主要工程量为：土方开挖15万m^3，土方回填13万m^3，混凝土浇筑8000m^3，钢筋制作安装660t，粉喷桩（连续成墙）8245m，粉喷桩（承载桩）9455m，浆砌石 2000m^3。

工程于 2011 年 11 月 16 日正式开工，工程总投资 1404 万元，截至 2012 年 9 月底合同工程已全部完工。

（二）漂湖、双河闸站改造工程

工程主要建设内容为：漂湖闸站进水闸、泵房拆除重建，引水渠疏挖；双河闸站进水闸、泵站拆除重建，疏挖整治进水渠，暗涵清淤；金属结构、机电、电气设备采购与安装；水土保持及环境保护工程；永久道路、内外部观测及临建工程。

（三）中山、沿山头、迎河闸站改造工程

工程主要建设内容为：中山闸站进水闸、泵站拆除重建，疏挖整治进水渠，适当进行衬砌；沿山头泵站原涵闸进出口整修，新建闸室，增建泵站；迎河泵站泵站拆除重建，出水渠护砌；金属结构、机电、电气设备采购与安装；水土保持及环境保护工程；永久道路、内外部观测及临建工程。

（四）荣河泵站改造工程

荣河泵站位于宜城市小河镇，是一座集引水、排涝为一体的泵站。设计引水流量为 7.52m^3/s。

工程主要建设内容为：荣河泵站拆除重建；金属结构与电气设备安装工程；水土保持及环境保护工程；永久道路：内外部观测及临建工程。主要工程量为：土方开挖 42 300m^3、混凝土浇筑 6524m^3、新建泵房面积 1068m^2、新装卧式双吸中开离心泵 6 台、卧式异步电动机 6 台及进水、输水配套设施。

工程于 2011 年 12 月 27 日正式开工，工程总投资 1518 万元，目前合同工程量已完成 65%。

（五）襄阳市六处闸站改造工程

工程主要建设内容为：勤岗泵站、靠山寺泵站、刘家沟泵站、龚家河泵站、回流湾泵站、鲢鱼口泵站泵房拆除重建，进水渠疏挖；金属结构、机电、电气设备采购与安装；水土保持及环境保护工程；永久道路、内外部观测及临建工程。

（六）沙洋县杨堤闸改造工程

工程主要建设内容为：杨堤闸维修，降低进水渠底高程；杨堤闸左侧新建泵站；金属结构、机电、电气设备采购与安装；水土保持及环境保护工程；永久道路、内外部观测及临建工程。

（马荣辉）

工程投资

皇庄中闸改造工程计划完成投资 1404.56 万元，实际完成投资 1548.99 万元。荣河泵站改造工程计划完成投资 1518.26 万元，实际完成投资 970 万元。漂湖、双河闸站改造工程计划完成投资 2321.86 万元，实际完成投资 117 万元。中山、沿山头、迎河闸站改造工程计划完成投资 1918.23 万元，实际完成投资 209 万元。襄阳市六处闸站改造工程计划完成投资 1079.85 万元，实际完成投资 120 万元。沙洋县杨堤闸改造工程计划完成投资 278.08 万元，暂未开工。

（马荣辉）

工程进展

皇庄中闸计划 2012 年 11 月完成合同项目，完成投资 1404.56 万元。截至 2012 年 9 月底，实际完成总投资 1548.99 万元，增加投资 144.43 万元，超计划投资的 10.3%；完成土方开挖 15.11 万 m^3，占合同计划的 99%；完成土方回填 10.95 万 m^3，占合同计划的 81%；完成混凝土 0.68 万 m^3，占合同计划的 78%；完成钢筋 480t，占合同计划的 72%；完成粉喷桩 17 353m，占合同计划的 98%。皇庄中闸引水渠、消能防冲、闸室、箱涵、内湖出口段、进水渠、堤身回填、金属结构安装等全部完工。在合同工期内，提前了 1 个月的工期。

荣河泵站计划完成投资1518万元。2012年度实际完成总投资970万元，土方开挖3.15万m^3，土方回填1.1万m^3，混凝土0.66万m^3。土建工程基本完工，其中出水管护坡正在修坡，泵房建筑物装饰以接近尾声，前池、进水渠右岸浆砌石护坡已完工。

漂湖、双河闸站总投资2321.86万元，最迟完工工期为2013年8月。截至2012年12月底，漂湖泵站基础开挖基本完工，在第一次验收中由于基础含水量大，均需做处理，目前已基本处理到位。

中山、沿山头、迎河闸站总投资1918.23万元，最迟完工工期为2013年8月。截至2012年12月底，中山闸箱涵垫层混凝土浇筑开挖完成、泵站基础开挖重新变更。沿山头闸室C10混凝土浇筑完毕。

襄阳市六处闸站总投资1079.85万元，最迟完工工期为2013年8月。截至2012年12月底，勤岗、靠山寺、龚家河泵站基础开挖基本完工。刘家沟、回流湾、鲶鱼口泵站正在进行中。

沙洋县杨堤闸总投资278.08万元，最迟完工工期为2013年8月。截至2012年12月底，正在清理场地，人员已经进场，协调工作还没做好，暂时无法施工。

各标段2012年度完成情况见表1。

表1　　2012年度各标段施工计划完成情况表

序号	标段名称	施工投资（万元）		土方开挖（万m^3）		土方回填（万m^3）		混凝土（万m^3）	
		本年计划	本年完成	本年计划	本年完成	本年计划	本年完成	本年计划	本年完成
1	荣河泵站	1518.26	970	4.56	3.15	3.46	1.1	0.66	0.66
2	皇庄中闸	1404.56	1548.99	15.27	15.10	13.54	10.95	0.87	0.68
3	沙洋县杨堤闸	278.08	0	0	0	0	0	0	0
4	漂湖、双河闸站	150	117	5	4.46	0	0	0	0
5	中山、沿山头、迎河闸站	300	209	8	7	0	0	0	0.06
6	襄阳市六处闸站	150	120	4	3.15	0	0	0	0.25
合计		3800.90	2964.99	36.83	32.86	17	12.05	1.53	1.65

（马荣辉）

质　量　管　理

2012年底，工程验收工作仅局限于单元工程及分部工程质量评定部分，从质量评定情况看，工程质量较好，质量在可控范围。

皇庄中闸改造工程87个单元工程全部评定合格，其中优良数73个，占单元工程总数的84%，所含31个重要隐蔽单元工程全部优良。9个分部工程全部评定合格，其中优良数7个，占分部工程总数的78%，所含2个主要分部工程全部优良。

荣河泵站改造工程42个单元工程全部评定合格，其中优良数37个，占单元工程总数的88.1%，所含6个重要隐蔽单元工程全部优良。

（马荣辉）

潜江、仙桃市境内部分闸站改造工程

工　程　概　况

泽口闸站改造工程和东荆河倒虹吸工程位于湖北省潜江、仙桃市境内。其中泽口闸站改造工程又包括新建徐鸳口泵站、徐鸳口进水闸、新建深江节制闸、疏挖同兴渠、重建胜利二闸等。

工程于2011年11月1日开工，计划于2013年12月31日完工，总工期26个月。

（马荣辉）

工程投资

仙桃市泽口闸改造工程（建设单位：中国水利水电第十三工程局有限公司）总投资7770.90万元，其中机电设备采购和安装工程（江苏航天水力设备有限公司）939.53万元；电气设备采购和安装工程（合肥三立自动化工程有限公司）投资509.9977万元；电机设备采购和安装工程（湖北华博阳光电机有限公司）投资670.70万元。

东荆河倒虹吸工程（建设单位：中国水电基础局有限公司）总投资4116.19万元。

（马荣辉）

工程进展

（1）新建徐鸳口泵站工程。徐鸳口泵站部分建筑物主要由进水池、主泵房、副厂房、中控室（自排闸）、安装间、变电站和出水池等组成。2012年度完成泵站主泵房、安装间41.65m层板梁、中控室36.95m层板梁混凝土浇筑，正在进行主泵房41.65～51.10m柱、安装间48.10m层板梁钢筋绑扎、模板支设；完成泵站进水池基础土方开挖；2号、5～12号进水池底板及1号左、2～3号左右侧挡土墙底板混凝土浇筑完成。

（2）徐鸳口进水闸工程。进水闸及穿堤箱涵地址位于汉江右堤徐鸳口处，分为进水闸引水渠段、进水闸段、穿堤箱涵段和泵站进水池段，土方开挖量共计约15万m^3，土方回填约10万m^3。2012年度完成4～6号箱涵左侧及6号箱涵右侧底板混凝土浇筑；完成3～6号箱涵粉喷桩施工。

（3）新建深江节制闸。该闸建在总干渠道桩号16+000处，设计流量140m^3/s，相应设计水位为28.50m，具有双向挡水运用要求。工程由闸室及上下游消力池组成，目前已完成深江节制闸闸室段、消能防冲段及下游连接段基础土方开挖及垫层浇筑；下游连接段及闸室段底板浇筑完毕。

（4）重建胜利闸工程。原胜利一闸、二闸均为砌石结构，建成于上世纪70年代，目前已成危闸，拟拆除重建，2012年末进行施工。

（5）疏挖同心渠工程。工程分为两段：北干渠～同心闸下渠段，该渠段全长260m；同心闸上～徐鸳口泵站段渠道，该渠段全长6.2km。疏挖方案为将同心渠按1/10 000纵坡、底宽8.0m、边坡1∶2.5进行疏挖。同心渠疏挖因征地及渠道障碍物影响还未开工。

（马荣辉）

汉川、天门市境内闸站改造工程

工程概况

汉川市闸站改造Ⅰ标土建及金属结构、机电设备与安装工程，主要包括杜公河、龚家湾、小分水、曹家河等4座闸站改造，其中龚家湾闸站由进口段、闸室段、穿堤拱涵段、出口段等组成。合同工期为2012年10月23日～2013年10月23日。

汉川市闸站改造Ⅱ标土建及金属结构、电气设备与安装工程，主要包括郑家月、杨林、庙头闸站等3座闸站的改造。金属结构及电气设备安装包括汉川市郑家月、杨林和庙头泵站所涉及的全部水力机械设备采购及安装的招标设计。

天门市闸站改造土建及金属结构、电气

设备与安装工程，主要包括彭市闸站、彭麻闸站、杨家月泵站、刘家河泵站。彭市闸、麻洋闸主要建筑物均为2级建筑物，彭市泵站、彭麻泵站、杨家月、刘家河泵站主要建筑物为3级建筑物。金属结构及电气设备安装包括天门市彭市、彭麻、杨家月和刘家河泵站所涉及的全部水力机械设备采购及安装，以及金属结构设备采购、安装及调试。合同工期为2011年11月~2012年10月。

（马荣辉）

工 程 进 展

汉川市闸站改造Ⅰ标土建及金属结构、机电设备与安装工程合同总价2349.900 9万元。2012年，计划完成投资450万元，实际完成550万元，占年度计划的122%；计划完成土方开挖7.8万m^3，实际完成8.20万m^3，占年度计划的105%；完成土方回填0.17万m^3、混凝土浇筑0.124万m^3，年度均无计划。

汉川市闸站改造Ⅱ标土建及金属结构、电气设备与安装工程工程合同总价为2480.017 3万元，土建及安装工程2360.840 1万元，占项目合同总价的95.1%；控制质量、进度、安全、文明施工的强化措施费23.791 9万元，占项目合同总价的1.1%；备用金95.385 3万元，占项目合同总价的3.8%。2012年，实际完成总投资1614万元，完成土方开挖26.09万m^3。截至2012年12月底，郑家月闸、杨林闸站、庙头泵站主体建筑物已经完成，庙头低闸完成土方开挖，新增混凝土灌注桩的施工。

天门市闸站改造土建及金属结构、电气设备与安装工程合同总价2179.819 2万元。2012，年实际完成总投资1962.059 2万元，占年度计划的100%；完成土方开挖12.00万m^3，占年度计划的100%；完成土方回填4.98万m^3。

（马荣辉）

质 量 管 理

2012年，汉川、天门市闸站改造工程全面开工，根据施工进度及时组织验收工作。从质量评定情况看，工程质量较好，质量在可控范围。

汉川市闸站改造工程评定单元工程37个，合格37个，合格率100%，优良36个，优良率97%；天门市闸站改造工程评定单元工程324个，合格324个，合格率100%，优良275个，优良率84.9%。

（马荣辉）

汉江中下游局部航道整治工程

工 程 概 况

汉江中下游局部航道整治工程主要建设任务是对局部河段采用整治、护岸、疏浚等工程措施，恢复和改善汉江航运条件；整治范围为汉江丹江口以下至汉川断面的干流河段，不包括已建的王甫洲库区、在建的崔家营和兴隆库区。批复的初设总工期为30个月。南水北调中线一期工程调水实施后，汉江中下游航道通航标准仍按现状标准予以治理和恢复，维护登记为Ⅳ级，保证主要断面保证率97%的通航设计水位。设计标准为丹江口—襄樊河段按通航500t级双排单列一顶二驳船队、航道尺度按1.8m×50m×330m（水深×航宽×弯曲半径，下同）以及$Ⅳ_{(3)}$级航道标准设计；襄樊至汉川河段按通航500t级双排双列一顶四驳船队、航道尺度按1.8m×80m×340m以及$Ⅳ_{(2)}$级航道标准设计。

（马荣辉）

工 程 投 资

汉江中下游局部航道整治工程核定的总概算投资为4.61亿元，其中工程部分投资44 465万元，移民环境部分投资1677万元。2012年，完成工程投资1.4亿元，占年度计划的100%；开工建设以来累计完成投资1.4亿元，占总投资额的30.3%。

（马荣辉）

招 标 投 标

2012年8月16日，湖北省交通运输厅港航管理局与湖北省南水北调管理局签订了《南水北调中线一期工程汉江中下游局部航道整治工程建设管理委托协议》。截至2012年12月3日，已完成所有施工、监理单位的招投标及合同签订工作，具体见表1。

表1　2012年汉江中下游局部航道整治工程招标投标情况表

序号	合同编号	合同名称	招标代理单位	招标文件发售时间	开标日期	定标日期	中标单位	合同签订日期
1	—	局部航道整治施工Ⅰ标段	华杰工程咨询有限公司	2012年9月20~26日	2012年10月12日	2012年10月12日	湖北振兴港航工程有限公司	2012年11月5日
2	—	局部航道整治施工Ⅱ标段	华杰工程咨询有限公司	2012年9月20~26日	2012年10月12日	2012年10月12日	上海长通疏浚工程有限公司	2012年11月5日
3	—	局部航道整治施工Ⅲ标段	华杰工程咨询有限公司	2012年9月20~26日	2012年10月12日	2012年10月12日	湖北省航道工程公司	2012年11月5日
4	—	局部航道整治施工Ⅳ标段	华杰工程咨询有限公司	2012年9月20~26日	2012年10月12日	2012年10月12日	长江武汉航道工程局	2012年11月5日
5	—	局部航道整治施工Ⅴ标段	华杰工程咨询有限公司	2012年9月17~21日	2012年10月8日	2012年10月8日	长江宜昌航道工程局	2012年11月5日
6	—	局部航道整治施工Ⅵ标段	华杰工程咨询有限公司	2012年9月17~21日	2012年10月8日	2012年10月8日	湖北省航道工程公司	2012年11月5日
7	—	汉江兴隆至汉川段航道整治工程土建施工TJ-12合同段	华杰工程咨询有限公司	2012年10月19~25日	2012年11月12日	2012年11月12日	上海长通疏浚工程有限公司	2012年12月13日
8	—	汉江兴隆至汉川段航道整治工程土建施工TJ-11合同段	华杰工程咨询有限公司	2012年10月19~25日	2012年11月12日	2012年11月12日	湖北省航道工程公司	2012年12月13日

续表

序号	合同编号	合同名称	招标代理单位	招标文件发售时间	开标日期	定标日期	中标单位	合同签订日期
9	—	汉江兴隆至汉川段航道整治工程施工监理 JL-03 合同段	华杰工程咨询有限公司	2012 年 10 月 17 ~23 日	2012 年 11 月 7 日	2012 年 11 月 7 日	武汉中澳工程项目管理有限责任公司	2012 年 12 月 13 日
10	—	南水北调中线一期汉江中下游航道整治工程施工监理	华杰工程咨询有限公司	2012 年 9 月 11 ~17 日	2012 年 10 月 8 日	2012 年 10 月 8 日	武汉中澳工程项目管理有限责任公司	2012 年 11 月 5 日

（马荣辉）

建 设 管 理

2012 年 10 月 18 日，经湖北省汉江兴隆至汉川段航道整治工程建设指挥部（以下简称指挥部）指挥长办公会研究决定，报湖北省交通运输厅港航管理局领导同意，确定了陈新同志为指挥长的领导班组；由于工程线路过长（384km），为便于管理组建了襄阳、钟祥两个工作站。

2012 年 9 月至 12 月，指挥部编制了一整套管理制度并进行了汇编，逐渐形成了《南水北调中线一期汉江中下游局部航道整治工程管理文件汇编》，其中包括质量管理、安全管理、合同管理、财务管理、综合管理 5 个部分。

指挥部定期制定劳动竞赛，签订目标责任书，设置奖惩条件，期末进行考核评比，并进行下一期的竞赛任务布置。2012 年 10 月制定了“大战六十天，争创新业绩”的劳动竞赛方案并与各参建单位签订了施工目标责任书且完成了劳动竞赛任务。

指挥部专门设立了专职纪检监察员，认真履行工程建设教育、服务、监督职责。同时，要求施工单位专门聘请农民工代表为廉政监督员；指挥部还专门设立了举报箱和网上投诉专栏，公布监督电话，充分发挥内外部廉政监督作用，接受广大群众监督；2012 年 12 月，启动了廉政监督“直通车”制度，制定了《关于建立廉政风险防控短信平台的通知》，每个廉政监督员可直接通过短信平台向上级投诉、举报、反映问题，进一步扩宽了廉政监督面，加强了廉政互相监督。

为加强对施工监理单位的管理力度，指挥部专门制定印发了“五个一”专项检查文件，即每月一次质量安全检查、每月一次廉政明察暗访、每月一次质量通病治理“回头看”、每月一次目标检查考核、每月一次履约检查。指挥部每月进行一次“五个一”检查情况的通报，通过全方位的建立健全监督检查制度，加大了检查的密度，提高了威慑的强度，加快了发现问题和解决问题的速度，使动态管理、动态设计的理念得到落实，较好的做到了一般问题现场解决，重大问题限时解决。

（马荣辉）

工 程 进 展

截至 2012 年 12 月底，完成工程总投资

1.4亿元。通过对天门、仙桃航道段已完工水域观测情况来看，该段航道整治成效明显，达到了稳定滩群、束水归槽的作用，过去经常搁浅受阻的航段，现在已无船舶搁浅阻航现象发生，实现岳口以下达到1000t级航道标准满足Ⅳ$_{(2)}$级航道及500t级双排双列一顶四驳船队、航道尺度1.8m×80m×340m的通航要求。

（马荣辉）

工 程 监 理

指挥部针对水运工程隐蔽工程多的特点，对重点部位、关键环节加大控制力度，隐蔽工程要求监理人员做到全过程旁站；特别是针对南水北调工程战线长的特点，大幅加大了监理旁站人员数量，在每个标段的招标文件中规定，要求监理员最低数量由原来的5人增加到12人；严格管理，确保监理未到场不能开工，监理未签证不能进行下道工序，如果违反该规定则不计入工程计量；通过及时调取施工单位的施工日志和施工台账与监理现场监理日志比对，出现误差，及时分析原因并加以整改，原则上以监理旁站记录为准；注重加强中间过程的提前检测，了解计量比例是否与实体工程形象进度相吻合，防止超越进度计量或透支计量等情况发生；定期检查施工单位材料的支付凭证，确保材料进料与支付有据可依；创新建立了旁站彩信跟踪监控平台，对一线旁站监理一律配备具有彩信功能的手机，及时记录现场施工情况保证高驻办、指挥部的信息同步。并且分部工程完工后组织水下探摸摄像进行检查，保持对偷工减料行为的威慑力，保证了工程质量。

（马荣辉）

施 工 科 技

汉江中下游局部航道整治工程采用筑坝、护滩、护岸和疏浚等整治措施；大量使用丙纶布排、D型排、干滩铺X型排、铺无纺布、水上水下抛石、干砌块石等施工工艺；普遍引进了GPS定位装置控制施工精度，GPS配合测深仪进行扫床和施工监控以及潜水员水下探摸摄像质量控制等先进控制手段。确保了隐蔽工程施工的准确性、高效性和质量可控性。

（马荣辉）

质 量 管 理

结合相关规范规程、针对汉江整治工程的具体情况，指挥部制定了《施工标准化管理手册》及《质量通病预防治理手册》，其中对相关的施工工艺、场地建设、标准化管理、进度管理、施工安全管理、内业资料管理、文明施工进行了明确和详细的规定供施工监理单位遵照执行。组织编制了《施工组织设计编写大纲》，规范了各个标段的施工组织设计编写格式。印发了《安全生产管理手册》、《南水北调中线一期汉江中下游局部航道整治工程安全生产管理办法》等一系列安全管理规章制度；积极开展、广泛宣传“平安工地”创建活动，并印发了《南水北调中线一期汉江中下游局部航道整治工程安全生产费用支付管理办法（试行）》，保证了安全宣传全覆盖、安全氛围浓厚、安全经费落实到位实现了全年安全形势的持续稳定。以各项制度为依据指挥部统一调度安排，施工单位严格执行，监理监督到位保证了本年度的进度达标、质量可靠、安全形式持续稳定。

（马荣辉）

征 地 移 民

北京市征地移民工作

（一）收尾及验收工作

根据《关于印发南水北调设计单元工程完工验收工作计划及任务分工的通知》（国调办建管〔2012〕9号）要求，北京市南水北调办积极推进干线征迁安置专项验收工作，组织成立验收工作领导小组，负责征迁安置验收工作的组织与协调，并督促验收工作计划的有效落实。

与中线建管局签订《南水北调中线干线京石段应急供水工程（北京境）征地拆迁补偿工作补充协议》，明确了工程实施过程中国务院南水北调办和中线建管局批复的工程征地拆迁、专项设施迁建等新增项目资金来源，保障资金规范使用。

根据2011年11月北京市发展改革委批复的《南水北调中线京石段应急供水工程（北京段）征地拆迁实施方案调整报告》（京发改〔2011〕2156号），协调海淀、丰台、房山三区编制征地拆迁实施方案调整报告，并会同中线建管局与监理单位签订补充合同，按批复概算调整报告和最终结算金额为基数对监理费进行调整。

协调北京市规划委、北京市国土局进一步明确永久征地手续的办理思路，并报请国务院南水北调办责成中线建管局完成干线新增永久征地变更审批手续，加快做好征地补偿手续完善等工作。

与北京市档案局联合下发《北京市南水北调工程征迁安置档案管理办法》，进一步规范和加强北京市南水北调工程征迁安置档案管理工作。

编制完成《南水北调中线京石段应急供水工程（北京段）征迁安置验收工作大纲》，并征求各区南水北调办意见。2012年7月，组织完成专项设施迁建自验；2012年7月18日，丰台区完成南水北调中线京石段应急供水工程征迁安置区级自验工作。

（二）其他工作

根据国务院南水北调工程建设委员会第六次全体会议要求，审计署对南水北调中线一期工程北京段征地拆迁情况进行了审计。在审计组人员进驻前，即要求各有关单位提前准备，专门成立配合审计工作机构，制定审计配合方案，并全程参与积极配合，保证了历时近2个月的审计工作进展顺利。

此次审计是南水北调工程开工建设以来规模最大、最重要的一次审计。从审计结果看，南水北调工程建设管理总体情况良好，未发现重大违规违纪问题，但也存在部分资金管理不规范的问题。在收到北京市政府转发的《审计结果》后，北京市南水北调办立即将审计结果中各项问题分别转达房山区政府、丰台区政府、海淀区政府、北京市文物局及北京市水利设计院，并会同北京市审计局、北京市国土局、北京市水务局组织召开审计整改工作会，对审计结果中的问题逐条讨论，研究整改措施。按照审计建议、整改措施以及国务院南水北调办检查要求，督促落实与整改，并及时汇总有关部门和各区政府整改情况报送国务院南水北调办和北京市政府。

（李　燕）

河北省征地移民工作

2012年，在河北省省委、省政府的正确领导下，南水北调征迁安置工作认真贯彻落实国务院南水北调办的安排部署，紧紧围绕建设、稳定大局稳步推进，各项工作取得新的进展，保障了工程建设顺利进行，维护了沿线社会稳定。

（一）总体进展

截至2012年底，河北省京石段工程征迁安置任务已全部完成，验收准备工作正在组织开展。天津干线河北段和邯石段工程，永久占地已全部完成补偿兑付，累计移交用地5.5万亩；完成临时用地征用7.3万亩，复垦退还临时用地7045亩，绝大部分工矿企事业单位和电力、通信、管道等专项迁建任务已经完成，灌溉、交通恢复和连接路建设正在组织实施。

（二）主要工作

1. 强化宣传教育，赢得群众理解和支持

河北省各级党委、政府始终把南水北调工程建设作为一项重要政治任务和历史责任，认真落实有关征迁政策，始终把以人为本理念贯穿工程建设的全过程。各级南水北调办充分利用多种新闻媒体，通过多种形式和途径，广泛宣传南水北调工程利国、利省、利民的重大意义，弘扬工程建设主旋律，营造浓厚社会氛围。还通过设立政策咨询室，成立包乡、包村工作组，大力宣传征迁安置政策，解答群众疑惑，面对面做群众工作。通过一系列的宣传教育，不仅让群众了解南水北调工程，了解征迁政策，摆正利益关系，而且全省上下形成了加快工程建设的共识，形成了推进工程建设的强大声势。

2. 坚持包干原则，保障征迁进度，赢得建设时间

河北省从加快工程建设出发，认真落实国务院南水北调办与河北省政府签订的责任书，千方百计采取措施在包干投资内完成征迁任务。采取了将征迁任务、投资包干到市，对征迁工作实行奖惩的措施。这一措施既增加了各市的压力，也调动了各市的积极性。各市把做好南水北调征迁工作为己任，组织动员各级各部门，投入大量的人力、财力，集中精力，精心组织，优化方案，石家庄、邢台、邯郸三市拿出5.3亿元用于邯石段征迁补偿，强力推进征迁工作，为工程建设赢得了宝贵时间。

3. 坚持深入一线，解决实际问题，赢得群众支持

为及时解决制约工程建设的突出问题，消除影响社会稳定的矛盾纠纷和不安定隐患，河北省南水北调办专门成立了包市督导组，多次深入市县和工程一线，检查、督促、协调、指导工作，解决问题。重点协调解决了邯郸霍北村部分群众借征地补偿标准存在差异，阻挠施工的问题，邯石段压覆矿产补偿问题，石家庄市新华区岳村群众出行问题，占压华北柴油机有限公司企业用地问题，鹿泉市南杜北村小树林永久占地问题，灌溉影响和弃土弃渣场、取土场临时占地问题，天津干线永清县徐街房屋拆迁问题等，保证了工程建设顺利进行。还通过加强与有关部门和建管、施工单位的沟通协作，建立协调联系机制，落实了邯石段258座跨渠桥梁建设责任主体和目标任务，与中线建管局密切配合及时解决了工程建设新增用地问题，协调解决了个别标段因强夯、爆破、扬尘、强排降水、碾轧道路等造成的施工影响问题，协调建管、施工单位与沿线村庄，组织开展“工民共建”活动，优化建设环境。

4. 坚持安全第一，严格资金管理，接受审计监督

从建立制度入手，严格征迁资金管理，出台了相关资金管理办法，规范了资金使用支付程序，使工作人员有法可依，有章可循。把历次审计署、国务院南水北调办、省南水北调办组织的审计，作为查找不足的学习机会，对审计提出的问题进行认真整改，保障了征迁资金安全。同时，充分发挥监理单位作用，各监理单位按监理导则要求，认真负责地履行监理职责，对征迁全过程进行监理，

保障了征迁兑付资金合法合规。2012 年 5 月通过了审计署对征迁安置资金审计。

5. 印发征迁安置验收办法，准备京石段征迁安置验收

在 2011 年起草的《河北省南水北调中线干线工程征迁安置验收办法》基础上，广泛征求各级南水北调办及相关部门意见，2012 年 8 月正式印发，为京石段征迁安置验收工作做好准备。

（张素洁）

河南省征地移民工作

（一）工程概述

河南段南水北调中线工程总干渠总长 731km，涉及南阳、平顶山、许昌、郑州、焦作、新乡、鹤壁、安阳 8 个省辖市 42 个县区。实施规划批复总干渠建设用地 37.62 万亩，其中永久用地 16.10 万亩，临时用地 21.52 万亩；需搬迁居民 10 509 户 45 666 人；占压企事业单位 334 家，占压电力线路、通信（广电）线路、各类管道 4788（处）。国家批复征迁安置总投资 235 亿元。

截至 2012 年 12 月 31 日，河南省共移交工程建设用地 36.63 万亩，其中：总干渠建设用地 36.47 万亩，其中永久用地 16.46 万亩，占计划任务的 102%；临时用地 20.01 万亩，占计划任务的 93%；28 处铁路交叉工程用地已全部移交，其中，永久用地 857.55 亩，临时用地 439.24 亩；管理用地 22 处 255.68 亩已全部移交。累计完成各类专项设施迁建 5863 条（处），占计划任务的 122%。涉及搬迁群众已全部搬迁安置到位，生产用地调整已全部完成。已使用完毕并返还县区征迁机构的临时用地 2.21 万亩，已完成复垦 1.66 万亩，完成退还 1.27 万亩。

（二）投资计划

2012 年计划完成征迁投资 30 亿元，实际完成 30 亿元。已累计完成总干渠征迁投资 182.5 亿元。

（三）建设用地移交工作

根据工程建设设计变更和跨渠桥梁建设需要，2012 年，河南省需新增建设用地 2.2 万亩，其中永久用地 3300 亩，临时用地 1.87 万亩。目前所有新增用地已全部移交建管单位。

（四）征迁问题处理工作

2012 年 7 月，组织开展了“总干渠征迁问题集中整改月活动”，对影响工程建设的 107 个征迁问题，逐一建立台账，明确责任单位和完成时限。目前所有问题都得到了解决。

（五）边角地处理工作

2012 年 9 月底，组织设计、监理、建管单位和市县征迁机构，对焦作市境内所有边角地问题逐地块进行现场调查，出台了总干渠边角地处理指导意见。各市征迁机构根据指导意见组织了边角地情况排查，并制定了补偿方案，目前正在进行补偿资金兑付。

（六）铁路交叉工程征迁工作

河南省境内共涉及铁路交叉工程 28 处，共移交建设用地 1639.95 亩，其中永久用地 1231.33 亩，临时用地 408.62 亩。协调处理了铁路建设影响等问题，开展了铁路交叉工程占用铁路土地手续办理工作。目前，铁路交叉工程涉及的征迁工作已全部完成。

（七）临时用地使用和返还复垦工作

2012 年 3 月下旬，组织设计、监理、建管和市县征迁机构开展了临时用地使用情况专项检查，对存在问题进行了梳理排查。2012 年 10 月，又会同中线建管局和河南省南水北调建管局，以安阳市为典型，以 2012 年 3 月普查问题为基础，组织有关部门逐地块分析临时用地使用和返还工作中存在问题的原因，研究确定了处理措施、责任单位和完成返还、复垦、退还的时间节点，制订了河南省临时用地使用情况和返还复垦计划台账编制指导意见。通过组织现场观摩和集中培训，编制完成了临时用地使用情况和返还复垦计

划台账。

(八) 总干渠永久用地用地手续办理工作

截至2012年12月31日，河南省穿黄工程、安阳段、新乡试验段、南阳试验段工程永久用地手续已经国土资源部批准，批准面积13 265.64亩。其他渠段永久用地手续办理工作，需各级征迁机构配合工作已全部完成。

(九) 总干渠征迁验收工作

根据国务院南水北调办印发的《南水北调干线工程征迁安置验收办法》，组织设计单位编制了南水北调总干渠征迁安置验收实施细则，经过修改完善。目前已以河南省政府移民工作领导小组名义印发执行。

(十) 信访稳定工作

理顺信访问题处理渠道，落实信访问题应急处理预案，实行信访问题销号制度，解决了鹤壁淇县高村镇新乡屯秦志恒养殖场补偿争议、新乡辉县市百泉镇李长卫化工厂补偿争议、南阳市方城县独树镇高保全木瓜园补偿争议及上访问题。截至2012年12月底，总干渠所有信访问题都已得到妥善处理。

(孙天敏)

湖北省征地移民工作

(一) 汉江中下游治理工程征地征拆

(1) 圆满完成工程建设用地保障任务。兴隆水利枢纽、引江济汉和部分闸站改造三项工程，实施规划永久征地共计25 887亩，临时占地共计43 460亩。

2012年，汉江中下游四项治理工程永久征地2173亩，累计征地25 863亩，完成99.9%；临时占地6538亩，累计38 144亩，完成87.8%；复垦2156亩，累计复垦5368亩，完成14%。

(2) 全面完成房屋拆迁和安置点建设任务。2012年完成拆迁129户，累计拆迁1530户，拆迁面积5.2万m^2，完成100%；2012年完成10个安置点建设，累计建成15个安置点，集中和分散安置1510户，入住率98.7%。

(3) 工业、企事业单位迁复建基本完成，专项设施迁改建补偿协议全部签订，迁改完成80%。兴隆水利枢纽和引江济汉工程迁建设工业企业3个，工商企业14个，事业单位10个。完成投资4263万元。

专项设施迁复建交通道路176条，电力线路95条，变压器26台套，通信线路124条，其中电信光缆19条，电信电缆68条，长途电信光缆5条，国防光缆2条，移动光缆11条，联通光缆9条，网通光缆3条，铁通光缆3条，铁通电缆6条，完成迁改90%。

(4) 圆满完成2012年征迁安置补偿投资任务。四项治理工程征迁安置投资概算共计260 622.48万元，2012年完成75 005万元，累计完成238 049.56万元，完成91.3%。

(5) 完成兴隆水利枢纽和引江济汉工程安置点建设用地报批。兴隆水利枢纽工程安置点建设用地128.88亩，引江济汉工程安置点建设用地507.37亩，2012年5月组卷上报国土资源部，2012年6月20日国土资源部批复安置点建设用地636.25亩。

(二) 丹江口库区对口协作

丹江口库区对口协作工作取得实质性进展。在湖北省省委、省政府的领导下，2012年，对口协作工作取得突破性、实质性进展。省南水北调办组织了对口协作工作专班，多次赴北京与北京市南水北调办、北京市对口支援和经济合作办等部门进行沟通与协商，双方达成了“京鄂可以先签署战略合作框架协议，提前开展更大范围的合作交流”的一致意见。根据省政府领导批示精神，省南水北调办起草了《湖北省人民政府·北京市人民政府战略合作框架协议》和《湖北省人民政府·北京市人民政府战略合作框架协议签订仪式方案》上报湖北省政府。

(代天荣)

生 态 环 境

北京市生态环境保护工作

2012年6月17日，北京市南水北调办与湖北省丹江口市签订战略合作框架协议。双方缔结战略合作关系后，将在经济协作、产业对接、对口帮扶、人才交流工作等方面合作发展、互惠共赢，为水源区生态环境保护、确保一江清水北送提供更加有力的保障。

（陈 静）

河北省生态环境保护工作

国务院南水北调办、国家环境保护总局、水利部和国土资源部《关于划定南水北调中线一期工程总干渠两侧水源保护区工作的通知》（国调办环移〔2006〕134号）下发后，河北省高度重视，专门成立了由河北省南水北调办牵头，省水利厅、环保厅和国土厅等有关单位的领导和专家为成员的保护区划定工作领导小组，多次召开会议，深入研究、反复协调，解决保护区划定工作中遇到的重大问题，督促工作进度和检查划定成果。各有关部门密切配合，加强沟通和协调，积极主动地承担了各自任务，为保护区划定工作的顺利开展提供了强有力的组织保障。

同时，河北省积极发挥各行业领域设计研究单位的技术专长，组织水利、环保、国土等3个行业的5家省级设计单位，成立了技术小组，按各自专长进行了任务分工。按照国家要求和有关技术规定，制定了《保护区划定技术大纲》，细化了任务分工，明确了技术要求。各承担单位克服了经费不到位、协调难度大等困难，深入沿线查勘调研，创造性地开展工作，完成了保护区划定初步方案。针对保护区划定工作中遇到的实际问题，开展了专题技术研究，并邀请专家进行了技术咨询。到2009年底，《南水北调中线一期工程（河北段）总干渠两侧水源保护区划定方案》已编制完成，2010年征求了沿线市县政府意见。2011年技术牵头单位对反馈意见进行了汇总、梳理，对划定方案进行了修改完善。2012年根据中线总干渠、天津干线工程设计变更等实际建设情况，再次对划定方案进行了调整与修改，提交了正式成果，河北省南水北调办会同河北省水利厅、环保厅和国土厅共同组织了专家评审，进一步修改完善后报河北省政府批准颁布。

在保护区划定方案初步成果完成后，河北省严格按照国家要求，在加强宣传水质保护重大意义的同时，就项目立项、选址、土地预审、环评审批等各个环节对保护区内的建设项目进行了严格控制，对不符合保护区要求，可能产生水质影响的坚决叫停。

（卢亚卓）

河南省生态环境保护工作

根据2012年全年的水质监测信息，丹江口水库及主要支流的10个水质监测断面，高锰酸盐指数、化学需氧量等水质指标总体上符合Ⅱ类及以上水质类别，水质状况较好。

截至2012年底，国家《丹江口库区及上游水污染防治和水土保持规划》(国函〔2006〕10号文件）安排河南省城镇垃圾污水处理设施项目、水土保持、工业点源治理项目共43个，项目总投资9.52亿元，其中国家补贴资金5.45亿元。河南省实施《规划》累计完成投资9.83亿元，其中完成批复投资9.14亿元，自筹投资0.69亿元。

2012年6月，国务院批复《丹江口库区及上游水污染防治和水土保持“十二五”规划》，批复项目总投资119.66亿元，河南省24.37亿元。河南省项目共分10大类，100个项目，主要包括城镇污水处理厂项目6个，总投资3.093亿元；垃圾处理场项目7个，总投资3.96亿元；工业点源治理项目50个，总投资10.818 5亿元；入河排污口整治项目10个，总投资0.284亿元；水环境监测能力建设项目1个，总投资0.629 9亿元；水土保持项目12个，总投资2.331 8亿元；库周生态隔离带项目1个，总投资0.842 6亿元；农业面源污染防治项目3个，总投资0.973 9亿元；尾矿库治理项目9个，总投资1.03亿元；重污染河道内源污染治理项目1个，总投资0.4亿元。2012年10月，国务院南水北调办与河南省政府签订河南省《丹江口库区及上游水污染防治和水土保持“十二五”规划实施工作目标责任书》。

截至2012年底，“十二五”规划开工建设的项目有西峡淇河上游水土保持项目和内乡泰山庙水土保持项目。淇河上游水土保持项目国家拨付资金1625万元，正在实施坡改梯工程。泰山庙水土保持项目国家拨付资金800万元，正在实施坡改梯工程。西峡蛇尾河上游水土保持项目和内乡寺沟水土保持项目正在做准备工作。淅川县周园项目区于10月份下达投资计划，正在进行招投标程序。

2012年，中央财政安排河南省南水北调中线丹江口水源区6县（市）生态转移支付资金7.07亿元已下达。其中淅川县2.3亿元、邓州市1.6亿元、内乡县1.2亿元、西峡县1.02亿元、卢氏县0.5亿元、栾川县0.45亿元。按照财政部要求，生态补偿资金主要用于涉及民生的基本公共服务领域，促进水源地污染企业的“关、停、转、调”、补偿安置企业下岗工人、保持社会稳定、水源区生态环境设施建设等。

自《南水北调中线一期工程总干渠（河南段）两侧水源保护区划定方案》颁布实施以来，对项目选址在总干渠水源保护区范围以内明确禁止的建设项目，坚决予以否决。对那些虽未明令禁止但又污染较重的项目，委托有资质的环评单位进行论证，然后依据相关法律、法规提出审核意见，供项目环境影响评价时参考。2012年，为河南省宝利石化有限责任公司万吨成品油库扩建项目、河南蓝天燃气股份有限公司穿越南水北调总干渠（焦作段）建设项目等12个建设项目进行批复。有关省辖市南水北调办共受理审核总干渠保护区内建设项目160多个。

河南省南水北调办协调省旅游局、文化厅、文物局提出河南省构建南水北调中线文化旅游产业带的建议。参加国务院南水北调办在北京组织召开的《南水北调中线生态文化旅游产业带规划编制领导小组会议》。会议对《南水北调中线生态文化旅游产业带规划纲要（征求意见稿）》进行讨论并原则通过。2012年10月国务院南水北调办、文化部、国家旅游局对《南水北调中线生态文化旅游产业带规划纲要》进行批复。

（靳文娟）

湖北省生态环境保护工作

根据国务院2006年批复的《丹江口库区及上游水污染防治和水土保持规划》要求，丹江口库区水质要长期稳定达到国家地表水环境质量Ⅱ类标准，汉江干流省界断面水质达到Ⅱ类标准，直接汇入丹江口水库的各主要支流达到不低于Ⅲ类标准的目标。湖北省丹江口库区共有296个项目列入近期项目，总投资26.06亿元，根据实际将其整合为45个项目。截至2012年12月底，国家已审批并下达投资计划的项目31个，下达投资计划24.9亿元，累计完成投资23.6亿元。通过实施《丹江口库区及上游水污染防治和水土保持规划》，采取有效的生态保护措施，十堰境内汉江干流及丹江口水库水质状况总体良好。

2012年6月，国务院以国函〔2012〕50号文件正式批复《丹江口库区及上游水污染防治和水土保持“十二五”规划》。9月，湖北省政府办公厅印发《湖北省丹江口库区及上游水污染防治和水土保持“十二五”规划实施方案》。10月，国家发展改革委和国务院南水北调办组织召开了丹江口库区水污染防治和水土保持部际联席第三次会议，总结丹江口库区水污染防治和水土保持工作，安排部署《丹江口库区及上游水污染防治和水土保持“十二五”规划》实施。按照国务院对《丹江口库区及上游水污染防治和水土保持“十二五”规划》的批复和第三次部际联席会议精神，湖北省积极推进项目的可行性研究、初步设计和开工建设等工作。截至2012年底，污水处理项目有11个开工建设，7个项目完成初步设计报告，28个项目完成可研报告；垃圾处理项目有4个开工建设，3个项目完成初步设计报告，14个项目完成可研报告；水土保持项目有黄川、青羊河等9个项目通过概算投资评审；其他项目的前期工作也在陆续开展。此外，为了确实保护丹江口库区水质，湖北省在全面调查和深入分析污染成因的基础上，编制了《丹江口库区（十堰）五条河流综合治理总体方案》，并于2012年11月组织召开了有曹文宣、龚建雅院士参加的专家审查会。湖北省结合专家意见和五条河流实际，编制完成了《十堰市神定河、泗河、犟河、官山河、剑河等五条河流综合治理方案》，分析河流水质现状和超标因子，采取“一河一策”，增加全流域截污导流、污水处理厂提标改造、工业点源污染深度治理、农村面源污染整治、水生态修复等工程措施，总投资40.4亿元。

为了减缓中线调水对汉江中下游生态环境的不利影响，国家安排了汉江中下游生态环境治理项目建设，包括污水处理厂管网、小流域综合治理、鱼类增殖放流、环境监测站网建设、环保科研5类45个项目。工程总投资68 987万元，其中中央投资43 935万元，地方配套投资25 052万元。污水处理厂管网、小流域综合治理和鱼类增殖放流项目分别由襄阳市、荆门市、神农架林区、房县负责实施，环境监测站网建设项目由省环境保护厅负责实施，环保科研项目由湖北省南水北调局负责实施。

2012年，在国务院南水北调办的关心支持下，湖北省南水北调办会同省直有关部门、汉江沿线市县积极组织汉江中下游生态环境治理项目实施，取得有效进展。45个项目中开工建设40个，其中污水处理厂管网项目14个、小流域综合治理项目21个、鱼类增殖放流项目2个、环保科研项目3个。当年有11个项目完工，包括襄阳市鱼梁洲二期、观音阁、余家湖、保康、荆门市杨树岗、神农架林区松柏、房县污水管网等7项工程，以及荆门市革集河、南桥河小流域、神农架青阳河（上段）、房县王佛河小流域综合治理等4项工程。累计完成投资23 341万元。

（武耕民）

陕西省生态环境保护工作

2012年，国家发展改革委下达陕西省污水垃圾处理项目23个，分别是汉中市江南扩建、洋县、略阳、镇巴、佛坪、留坝、宁强、汉阴、石泉、紫阳、岚皋、镇坪、旬阳、丹凤、商南县15个污水处理工程和西乡、略阳、镇巴、岚皋、平利、白河、丹凤、商南县8个垃圾处理工程。建设规模为日处理污水10.9万t、污水管网292.13km，日处理垃圾712t、库容756.92万m^3。工程总投资5.4亿元，其中中央投资3.27亿元、地方配套投资2.11亿元。截至2012年底，完成投资3.8亿元，其中中央投资完成2.11亿元、地方配套完成1.8亿元；镇巴、留坝、紫阳、岚皋、镇坪县5个污水处理工程和镇巴、岚皋、平利、白河县4个垃圾处理工程主体建成试运行。

2012年，国家下达陕西省"丹治"二期工程治理水土流失任务$1215km^2$，总投资4.86亿元，其中中央投资3.889亿元。省级配套投资2917万元，28个项目县（区）启动实施小流域68条。完成2012年度治理水土流失面积$1149km^2$，占年度计划任务的94.6%；完成总投资4.48亿元，占年度计划的92.1%。

（李琴华）

文 物 保 护

河南省文物保护工作

2012年，河南省文物局南水北调文物保护办公室与淅川县文广新局多次协调，最终解决丹江口库区地面文物的搬迁复建用地问题，搬迁复建工作开始进行。淅川县政府同意划拨土地50亩用于地面文物的搬迁复建。2012年库区地面文物的复建工作基本完成。

2012年，平顶山夏李取土区、叶县叶邑古城取土区，安阳汤阴庵上村取土区文物保护工作均得到合理解决。汤阴庵上村取土区和叶县叶邑故城取土区均为中线建管局直管项目，经协调，决定动用国控基本预备费对取土区勘探发现的墓葬进行考古发掘。夏李取土区由省控基本预备费解决。截至2012年底，平顶山夏李取土区和叶邑故城取土区文物保护工作结束，安阳汤阴取土区考古发掘工作正在进行。

南水北调受水区供水配套工程文物保护工作全面实施。南水北调受水区供水配套工程文物保护工作涉及河南省11个市，99个文物保护项目，计划发掘面积7万m^2，总投资5000余万元。河南省文物局于2012年2月15日在郑州召开南水北调受水区供水配套工程文物保护工作会议，河南省南水北调办、河南省文物考古研究所、受水区11个省辖市文物局和文物考古单位参加会议，会议对受水区文物保护工作的进度、项目安排等工作进行安排。2012年，新乡、漯河、许昌、周口等市受水区文物保护工作全面展开。

总干渠南阳夏响铺段文物安全巡护取得重大发现。总干渠南阳夏响铺段由于施工单位盗掘墓葬，造成一座西周晚期高级贵族墓葬造成严重破坏。为加强对施工过程中的文物安全巡护工作，河南省文物局南水北调文物保护办公室安排南阳市文物考古研究所在夏响铺段进行巡护。夏响铺段共发掘西周晚期墓葬20座，出土青铜礼器和复合兵器100余件，带铭文铜器38件。据其中一座墓葬中出土的一件铜器上的铭文判断，墓葬为西周晚期春秋早期的鄂侯墓葬，夏响铺段发掘的墓葬均与鄂侯家族有关。这一项发现填补了鄂侯考古发现的空白，对于鄂侯及其家族的研究具有极为重要的价值。

截至2012年底，河南省南水北调文物保护项目出版考古发掘报告8部。2012年出版《辉县孙村遗址》、《鹤壁刘庄遗址》、《安阳韩琦家族墓地》3部考古发掘报告。《淇县大马庄》、《安阳北朝墓葬》、《辉县汉墓》、《荥阳官庄遗址》、《鹤壁黄庄墓地》、《淅川柳家泉墓地》等已送出版社出版。由河南省文物局南水北调文物保护办公室负责编撰的《河南省南水北调工程考古发掘出土文物集萃（二）——墓志拓片精选》，正在进行校对阶段。

完成南水北调出土文物陈列的文物布展工作。南水北调文物保护工作正式启动逾7

年，河南省总干渠和丹江口库区出土文物超过10万件（套）。2007年，河南省文物局南水北调办公室举办南水北调出土文物陈列展览。为更大规模地展示河南省南水北调考古发掘的成果，2012年7月，在原有基础上由一个展厅扩大到两个展厅，增加展览文物的数量。2012年8月8日正式完成布展，国家文物局、河南省政府领导、河南省文化厅领导，以及来自全国的文物考古研究单位和高等院校的专家、学者参观了展览。

按照国家文物局、国务院南水北调办的安排，组织对南水北调文物保护项目的验收工作。2012年工作任务全部下达到各发掘单位，验收准备工作正在进行。

协助国家审计署完成河南南水北调文物保护项目的审计工作。国家审计署历时两个月对河南省南水北调工程进行审计，文物保护工作是重要组成部分。兰州特派办、郑州特派办、沈阳特派办、甘肃特派办同时对河南省南水北调文物保护工作情况和经费进行审计。审计部门从工作程序的管理、经费管理等方面对南水北调文物保护工作和经费进行审计，未发现河南省南水北调文物保护工作程序和经费管理存在较大的问题。

（董　睿）

湖北省文物保护工作

2012年，湖北省文物局对引江济汉工程荆州高台古井群、荆门洪山寺遗址等11处地下文物保护项目开展抢救性保护，截至2013年元月，全年完成考古发掘面积17500m^2；累计已完成汉江中下游治理工程考古发掘面积7.137万m^2，约占总工作量的98.3%。

为确保文物保护项目顺利实施，认真贯彻落实“四制三查两会一评”的文物保护管理机制，先后4次组织考古专家检查、评估、验收文物保护项目；完成荆州粑粑草场墓地、荆州拍马村遗址等9处考古发掘项目档案的整理和归档；进一步加大文物保护项目协调，促进文物保护与工程建设。

（代天荣）

新开工项目介绍

京石段应急供水工程北京段永久供电工程

工　程　概　况

按照国务院南水北调办批复的初步设计范围，南水北调中线干线北京段永久供电工程为中线干线北京段3座闸站、9座分水口、3座连通设施、1座泵站供电，工程内容包括16处10kV供电线路、1处110kV供电线路、2处220kV配套迁改工程。上述负荷点中，9处位于房山区、2处位于丰台区、5处位于海淀区。上述10kV负荷点均引接自属地电网，惠南庄泵站110kV电源自房山区韩村河220kV变电站引接。各负荷点的降压变电站包含在所属闸站的土建工程设计范围内。

全部负荷中，北拒马河暗渠渠首、惠南庄泵站为一级负荷，团城湖进口闸为三级负荷，其余闸站为二级负荷。

2011年，根据北京段工程实际实施情况，经与北京市南水北调工程建设管理中心核实，对上述工程范围进行了调整，海淀区所属西四环暗涵出口闸、团城湖明渠分水口两处10kV负荷点取消。

总体布置

北京段永久供电工程各负荷点外部输电线路包括从房山区、丰台区和海淀区就地引接的14回10kV供电线路以及从房山区韩村河220kV变电站引接的双回110kV供电线路。各负荷点及输电线路布置情况见表1。

表1　各负荷点及输电线路布置情况

序号	负荷点名称	用电地址	用电容量（kVA）	归属供电公司
1	北拒马河暗渠渠首	大石窝镇南河村	500	房山
2-1	惠南庄泵站（10kV）	大石窝镇惠南庄村	2230	
2-2	惠南庄泵站（110kV）	大石窝镇惠南庄村	80 000	
3	1号连通井	大石窝镇半壁店村	50	
4	2号连通井	周口店镇辛庄村南	50	
5	房山/燕化分水口	城关东北	125	
6	3号连通井	青龙湖镇果各庄村	50	
7	良乡分水口	青龙湖镇小苑村东	100	
8	长辛店分水口	长阳镇长韩路东	100	房山
9	永定河倒虹吸闸	长阳镇大宁村	200	
10	王佐分水口	王佐镇铁匠营村	100	丰台
11	新开渠分水口	西四环南沙窝桥	100	
12	永引渠分水口	西四环定慧桥西南	80	海淀
13	水源三厂分水口	西四环四季青桥南	50	
14	团城湖进口闸	团城湖明渠出口	160	

目标任务

北京段永久供电工程建设目标是为南水北调中线干线工程北京段沿渠各闸站提供永久、可靠的电源。所有负荷点降压变电站内设备已于2010年安装完成。外线路工程自2011年4月开始实施，截至2012年9月底，海淀区、丰台区全部5处负荷点，房山区2处负荷点外线路工程已完工，并实现正式供电。目前剩余工程正在抓紧进行中，计划2013年8月完成全部7处10kV线路工程，2013年9月底完成惠南庄泵站110kV外线路工程。

穿黄工程管理专项

工程概况

穿黄工程位于郑州市以西约30km处，于孤柏山湾横穿黄河。工程范围南岸起自河南省荥阳县王村乡王村化肥厂南的A点，终点为黄河以北温县南张羌乡马庄东的S点，全长约19.3km。

穿黄工程是南水北调中线总干渠穿越黄河的关键性工程，工程的主要任务是安全有效地将中线调水从黄河南岸输送到黄河北岸；根据南水北调中线工程总体规划，中线工程采取分期建设方式进行。一期工程多年平均调水量95亿m^3，相应穿黄工程设计流量为265 m^3/s，加大流量为320 m^3/s，本阶段穿黄工程为一期工程。在设计流量下，黄河南岸A点水位为118m，黄河北岸S点水位为108m，可利用水头为10m；加大流量下，S点水位按108.71m控制，A点水位按水面线反推得到118.754m。

穿黄工程等别为一等，采用隧洞方式穿越黄河，工程主要建筑物自南向北包括：南岸连接明渠（简称为南岸明渠）、退水建筑物、进口建筑物、穿黄隧洞（含邙山隧洞段和过黄河隧洞段）、出口建筑物、北岸河滩明渠（其间布置有新蟒河渠道倒虹吸和老蟒河河道倒虹吸）和北岸连接明渠等，建筑物级别为1级；其他建筑物包括北岸防护堤、跨渠建筑物及孤柏嘴护湾工程等，建筑物级别为3级，临时工程建筑物为4级。

穿黄工程管理专题主要包括各类房屋2679m^2、各类交通工具16辆艘、日常工程维护设施设备、管理用排水和暖通及消防设备、供电设备、其他管理设施等。

穿黄工程区没有连成整体，而为黄河所分隔，分别位于南、北两岸，其间联系需通过管理区外的交通道路（如连霍高速公路等），并需穿过位于工程上游约18km处的焦作黄河大桥，伊洛河大桥，为避免在不良气候条件（大雾、冰冻等）和不良路况情况下，影响设备运输和运行人员在岗正常值守，实施高效管理，在三级管理体制不变情况下，穿黄管理处内部设置南岸管理站和北岸管理站，作为管理处的派出机构，各站人员由管理处统一配备。

总 体 布 置

按就近管理、交通方便原则，穿黄工程管理处拟设于黄河南岸郑州市上街区（该区为郑州市位于荥阳县的飞地），经石化路到达南岸管理区约12km。上街区邻近连霍高速公路，经高速公路向西到巩义东下，再顺次经过伊洛河大桥、焦作黄河大桥、温县的1号路可到达北岸管理区，相距约65km；经高速公路向东约52km可到达设于郑州市区的上级单位河南分局，交通联系方便。

穿黄工程管理处范围为长54m，宽48.2m的矩形，占地面积约2600m^2，建筑物为砖混结构呈L形布置，临街一面为三层楼房，L形另一边为平房；一层布置办公室、水质检测实验室、自动化控制室、发电机房、变配电房、库房、洗手间和汽车库；二层布置调度监控室、电力电池室、通信监控室、安全监测室、办公室、值班室和洗手间等；三层布置档案资料室、网络室、数据处理室绿化园地和洗手间等。绿化园地、停车场和交通道路布置在L形建筑物的内侧。

穿黄工程南岸管理站拟设于隧洞进口附近的东邙山坡，经南岸管理区内的1号公路与区外的石化路（三级公路）相接，与位于郑州市上街区的管理处相距约12 km；北岸管理站设于北岸渠道东侧，位于温县1号路与渠道的交汇处，自北岸管理区经1号路可到达温县城区，相距约14km。

南岸管理站、北岸管理站均应能实现监控、监测、监视等基本功能，相应需设置设备间和值班室。设备间用于安装通信、网络、监控监测、视频等设备，值班室用于现场管理人员值班，并监控、监视调水过程以及工程运行状况。按此管理和运行要求，南岸管理站、北岸管理站布置如下：

南岸管理站范围为长42.85m，宽35m的矩形，占地面积约1500m^2，建筑物为砖混结构，呈条形布置，临街一面为三层楼房；一层布置现场办公室、发电机房、变配电房、库房、洗手间和汽车库；二层布置办公室、自动检测室、档案资料室和洗手间等；三层布置通信设备室、办公室和洗手间等；绿化园地、停车场和交通道路布置在建筑物与围墙之间。

北岸管理站范围、建筑物布置与南岸管理站相仿。

目 标 任 务

（一）建设期管理任务与主要管理工作

工程建设期间，中线建管局承担穿黄工程建设管理，其主要任务为：依据国家有关南水北调工程建设的法律、法规、政策、措施和决定，负责组织编制单项工程初步设计报告，负责落实主体工程建设计划和资金，对主体工程质量、安全、进度、资金等进行管理，为工程建成后的运行管理提供条件，协调工程建设的外部关系。

主要管理工作包括：组织编制单项工程初步设计报告；组织审查招标设计报告；招标、投标管理；合同管理；建设监理管理；质量管理；安全生产管理；进度管理；投资管理；工程验收。

（二）运行期任务与主要管理工作

穿黄工程的主要任务是安全、有效地将中线调水从黄河南岸输送到黄河北岸，因此对于穿黄工程而言，主要是为保证工程安全和正常运行的管理，包括工程运行技术管理和行政管理等。

（三）运行管理基本要求

应对穿黄工程进行全面质量技术管理，做到调度无误、安全运行，延长使用年限、充分发挥效益；应健全安全监测系统，加强工程检查与维护，应有必要的应急措施，良好的检修环境，以确保穿黄工程安全运行；输水量的调节应根据主管单位运行指令进行，任何人不得违令操作；输水量的调节过程中，应保证工作闸门前和闸门后水位、变幅和变化速率在总干渠统一规定的标准范围内，严禁超标运用；闸门、起重设备、电气设备、充水设备、排水设备、通信、交通道路等设施应处于良好的工作状态；管理区内应有备用电源，随时可投入使用；各项设施运行过程，严禁污染水源和危及输水安全的事件发生；严禁在输水渠道和隧洞进、出口处游泳、冲洗衣物，并严禁进行妨碍输水运行安全的活动；防洪度汛安全是工程安全运行的重要保证，应健全防汛安全责任制，由主管部门组织做好防汛预案编制和防洪物资、器材准备，统一指挥防汛，在地方政府紧密配合下，做好工程安全度汛和防洪抢险工作；当发生突发性安全事故时，除应立即上报主管部门外，还应采取应急抢险措施，直至暂停输水运行；应建立完整的技术档案。所有运行、监测、管理的资料，应按各专业技术规定及时整理、分析、归档。并定期对工程安全做出评价，为工程安全管理提供依据。

汉江中下游局部航道整治工程

工 程 概 况

南水北调中线汉江中下游局部航道整治工程丹江口至襄樊117km河段，位于汉江中游上段，上起丹江口枢纽升船机下游引航道，下至襄樊铁路公路桥，属近坝径流调节河段。襄樊至汉川河段上起襄樊，下至汉川，长457km，位于汉江中下游河段。工程的建设目的，主要是通过局部整治消除调水对航道产生的不利影响，维持原整治后的Ⅳ级通航标准，达到汉江航运可持续发展的目的。主要工程内容包括筑坝工程、护滩带工程、护岸工程、疏浚工程、航标及配套设施工程等。

工程等别和建筑物级别

汉江中下游局部航道整治工程的建设规模为Ⅳ$_{(2)}$级航道，以维持原通航500t级航道标准。其技术标准为：

（1）通航保证率为97%。

（2）500t驳船船型尺度为45.0m×10.8m×1.6m（长×型宽×设计吃水）。

（3）船舶（队）尺度为一顶四驳双排双列112m×21.6m×1.6m（长×宽×吃水）。

（4）航道尺度为1.8m×80m×340m（水深×航宽×弯曲半径）。

其中，丹江口至襄樊河段航道整治工程是按内河Ⅳ$_{(3)}$航道标准进行设计施工的，通航500t级双排单列二驳一推船队。因此，本次调水后局部航道整治工程设计丹襄段也按Ⅳ$_{(3)}$航道标准进行设计。

工程总体布置

（一）丹江口至皇庄段

调水后二次整治的整治线和设计航轴线布置是在各滩群原设计并已形成的整治线范围内进行的适当调整，尽量利用疏浚整治后的稳定深槽、主导河岸、固定节点、稳定边滩，考虑调水后的影响，将整治线宽度缩窄，丹江口至王甫洲段由300m缩窄到260m、王甫洲至襄樊段由350m缩窄到280m、襄樊至皇庄段由480～500m缩窄到300m。

调水后二次整治工程的布置，是在各滩群原整治工程布置的基础上进行的。根据二次整治调整后的整治线走向和位置，对已建丁坝加长、增建部分丁坝，并对原有挖槽浚深。

丹江口至皇庄段二次整治工程共布置加长丁坝112座，加建丁坝47座，共159座长32 819m，浚深原有挖槽22处长40 158m。

（二）皇庄至汉川段

整治线与设计航轴线的规划，主要根据河床的演变规律，顺其河势确定整治线在河槽中的位置，尽可能与现有中枯水航槽走向相一致，体现因势利导和综合利用的原则。

根据各滩段的整治线布置方案，进行整治方案和工程布置，皇庄至岳口河段主要以丁坝和护岸来体现规划的整治线，以达到整治的预期目的；岳口至汉川段以原河道作为整治线，主要为疏浚和护滩工程。

本河段整治工程推荐方案共建丁坝103条长33 934m，新建、加固护岸（滩）23处长31 530m，挖槽12处长6150m。

建筑物设计

丹江口至皇庄270km河段，采取整治与疏浚相结合的整治原则。在原整治工程的基础上，缩窄整治线宽度，采用加长原有丁坝和加建丁坝，并对原有挖槽进行浚深的工程措施，确保原设计达到的Ⅳ级航道标准。

皇庄至兴隆枢纽110km河段，整治原则为“以筑坝和护岸为主，堵汊并流、束水归槽，控制河势”。工程措施主要为筑坝和护岸。

兴隆枢纽至高石碑（引江济汉出口）3.5km不衔接段，整治原则为“以疏浚为主，配合护岸等工程措施，以稳定航槽”，工程措施为疏浚、护岸。

高石碑至岳口段59.5km，整治原则为“以筑坝和护岸工程为主，稳定和缩窄中枯水河床，束水归槽”，工程措施主要为筑坝、护岸。

岳口至汉川段131km，整治原则为“以疏浚为主，辅以护滩带工程，稳定航槽”，该段采取的措施主要是疏浚、护滩。

CHINA SOUTH-TO-NORTH WATER DIVERSION PROJECT CONSTRUCTION YEARBOOK

拾叁 西线工程

THE WESTERN ROUTE PROJECT OF THE SNWDP

综 述

概 述

2012 年，南水北调西线工程前期工作主要开展了西线第一期工程项目建议书补充工作，并进行南水北调工程与黄河流域水资源配置的关系研究。

2012 年 3 月 20 日，国务院南水北调工程建设委员会第六次全体会议在北京召开，中共中央政治局常委、国务院副总理、国务院南水北调工程建设委员会主任李克强主持会议并讲话。中共中央政治局委员、国务院副总理、国务院南水北调工程建设委员会副主任回良玉出席会议并讲话。李克强副总理在讲话者提出“加快开展东、中线后续工程论证及西线项目前期工作”。

2012 年 5 月 4 日，国务院南水北调办主任鄂竟平一行到宁夏调研，听取宁夏对南水北调西线工程前期工作的意见建议。5 月 23 日，水利部部长、党组书记陈雷与宁夏回族自治区党委书记张毅、自治区政府主席王正伟在银川座谈。就进一步贯彻落实中央决策部署、共同推动宁夏水利改革发展实现新跨越和深入开展南水北调西线等工程前期论证工作交换意见。6 月 4 日，水利部办公厅下发了《关于印发南水北调工程前期工作近期工作方案的通知》（办规计〔2012〕217 号），指出“西线项目前期工作，主要是组织开展南水北调工程与黄河流域水资源配置的关系和西线一期工程项目建议书补充工作”。要求“调水局（即水利部南水北调规划设计管理局）于 2013 年 3 月底前将《南水北调工程与黄河流域水资源配置关系研究报告》报部。黄河水利委员会于 2013 年底前将《南水北调西线一期工程项目建议书》报部。”

黄河水利委员会根据水利部的部署，组织黄河勘测规划设计有限公司（以下简称黄河设计公司）开展了大量的工作。参与了水利部调水局组织编制的《南水北调工程与黄河流域水资源配置关系研究任务书》（简称“南黄关系”任务书），编制了《南水北调工程与黄河流域水资源配置关系工作大纲》（简称“南黄关系”工作大纲），进行了基础资料收集和分析研究工作，于 2012 年 11 月提出阶段性成果。

2012 年 9 月 4 日，黄河设计公司召开了南水北调西线第一期工程项目建议书补充工作启动会，黄河设计公司西线项目办发布了《南水北调西线第一期工程项目建议书补充工作近期安排》。9 月，西线项目办编制了《南水北调西线第一期工程项目建议书补充项目计划（初稿）》；9 月 18 日，由黄河设计公司组织环境、移民、地质专业人员奔赴青藏高原查勘，开展水库淹没实物指标调查、生态环境调研、地质测绘及普查等工作。与此同时，围绕西线第一期工程项目建议书补充的工作内容，黄河设计公司安排规划、设计、施工部门开展相应工作。继续进行调水河流 6 个专用水文站的水文观测，并对 2011 年的观测成果进行验收、归档。

2012 年 8 月 30 日 ~9 月 9 日，国务院南水北调办副主任蒋旭光、总工程师沈凤生率队对西线工程调水线路进行了考察。

（崔 荃 张 玫）

南水北调西线第一期工程项目建议书补充工作

2012 年 9 月，黄河设计公司西线项目办编制了《南水北调西线第一期工程项目建议书补充项目计划（初稿）》，包括总体要求、主要工作内容、组织保障体系和成果分工、工作内容进度控制、总进度计划5个方面。明确补充工作的主要任务为：现状水平年调整为2010年；调水河流水文系列延长到2010年；对黄河流域2001～2010年水资源量变化情况进行分析；补充分析黄河流域水资源供需情势，深化西线工程必要性和紧迫性的论述；对调入水量配置方案进行补充分析和比选；可调水量、调水规模、征地移民、调水影响补充分析；工程规模补充论证；复核工程布局方案和主要建筑物布置、设计、施工等内容，估算工程投资；资金筹措与管理体制补充研究；补充研究调水对调出区的相关补偿方案或解决对策；重大专题补充研究。

2012年9月18日～10月25日，由黄河设计公司组织环境、移民、地质专业人员奔赴青藏高原进行外业补充查勘。11月7日，黄河设计公司召开西线第一期工程项目建议书补充外业查勘工作汇报总结会，环境、移民和地质3个专业分别汇报了查勘的情况。外业补充查勘围绕通天河水源方案和西线第一期工程方案，开展了移民外业实物指标补充调查、自然保护区调研、地质测绘及普查等工作，走访了相关州县人民政府和有关专业局，收集了大量的基础资料，历时38天。通过这次查勘调研，对通天河水源方案地质、环境、淹没问题有了基本认识，并掌握了西线第一期工程方案工程区近期经济社会发展动态。

与此同时，围绕西线第一期工程项目建议书补充的工作内容，黄河设计公司安排规划、设计、施工专业部门开展了相应的工作。2012年12月25日，黄河设计公司召开专题会议，听取《南水北调西线第一期工程调水规模分析》专题报告成果汇报，并进行了技术讨论。认为，项目组开展了大量分析论证工作，研究内容不断丰富和深化。同时提出黄河流域水资源供需形势及调入水量配置、调水河流可调水量及调水影响、调水规模方案拟订等问题需要加强研究。

截至2012年底，各专业部门按照《南水北调西线第一期工程项目建议书补充项目计划（初稿）》提出的工作内容和控制进度完成了相关的工作。完成了通天河调水工程地质勘查工作，提出了《通天河调水工程地质勘查报告》，勘察的任务为调查工程区的区域地质和地震概况，调查工程区坝址、库区及引水线路的工程地质条件，对天然建筑材料进行调查。通天河调水工程地质勘查工作量见表1。

表1　通天河调水工程地质勘查工作量表

项目	内容	单位	区域	侧仿坝址	侧仿库区	天然建材普查	引水线路	合计
遥感解译	航卫片1/50 000解译	km^2					2035	2035
工程地质调查	1/50 000	km^2		25	200	10		235
	1/100 000		200					200
	线路重点地区地质调查	组日					60	60
勘探	坑槽探	m^3		300	200	100		600

同时，还完成了水文资料的整理分析、黄河水资源开发利用现状及供需形势分析、调水河流可调水量分析、工程规模的初步论证、水工设计复核、移民淹没实物指标、一期水源方案的初步分析等工作。

（崔　荃　张　玫）

重点研究项目

南水北调工程与黄河流域水资源配置的关系研究

2012年4月，水利部调水局主持完成《南水北调工程与黄河流域水资源配置的关系研究任务书》，4月23日以调水规计〔2012〕22号文报送水利部。5月3日，水利部水规总院对“南黄关系”任务书进行了审查，提出《南水北调工程与黄河流域水资源配置关系研究项目任务书审查意见的报告》，5月15日以水总计〔2012〕515号文报送水利部。6月9日，水利部以水规计〔2012〕257号文印发《关于南水北调工程与黄河水资源配置的关系研究项目任务书的批复》。“南黄关系”任务书由项目名称、立项缘由、项目基本情况、指导思想和编制原则、编制依据、工作范围、水平年和主要任务、主要工作内容、预期主要成果、组织形式、进度安排、工作经费等12部分组成。项目的主要工作内容是黄河流域水资源供需情势补充分析；黄河流域增加上中游地区用水的可能性分析；南水北调东、中线扩大向黄河下游引黄地区供水可能方式研究；黄河流域水资源配置方案调整的社会影响研究；南水北调西线工程解决黄河流域缺水问题方案比较研究。水利部调水局为项目责任单位负责组织实施，黄河水利委员会、中国水科院、水利部发展研究中心参与。水利部成立由汪洪总工担任组长的协调咨询组。提交成果包括《南水北调工程与黄河流域水资源配置关系研究》报告和《黄河输沙水量和水沙关系及冲淤变化分析》专题报告。要求2013年3月完成成果汇总及总报告编制，经咨询修改后，上报水利部。

2012年6月，黄河水利委员会编制完成《南水北调工程与黄河流域水资源配置的关系研究工作大纲》，“南黄关系”工作大纲由大纲编制依据、项目基本情况、总体要求、主要工作内容、主要成果、组织形式、进度安排等7个部分组成。2012年5月，中国水科院编制了“南黄关系”子课题《黄河输沙水量和水沙关系及冲淤变化分析专题工作大纲》，由研究的目的意义、研究内容、研究技术路线、预期成果及研究进度安排5部分组成。2012年6月13日，水利部规计司在北京组织专家对两个工作大纲进行了咨询。7月2日，水利部调水局以调水规计〔2012〕31号文印发了《关于印发南水北调工程与黄河流域水资源配置的关系研究工作大纲咨询意见》。

在水利部调水局的组织下，参与“南黄关系”研究工作的黄河设计公司、中国水科院、水利部发展研究中心等单位组织工程技术和科研人员开展相关工作，截至2012年底，完成了近年来黄河流域相关基础资料的收集；黄河流域水资源量及其开发利用形势补充分析；黄河流域增加上中游地区用水的可能性研究。

（崔 荃 张 玫）

南水北调西线工程方案前期工作成果分析研究

2012年3月，国务院南水北调办政策及技术研究中心与黄河设计公司签订合同，委托开展“南水北调西线工程方案前期工作成果分析研究”。要求以工程方案为主，对西线前期工作成果进行总结；分析西线工程建设的必要性、紧迫性和可行性；对了解的其他西部调水方案或设想进行分析。

课题承担单位黄河设计公司组织技术人员开展工作，于2012年9月提交了《南水北调西线工程方案前期工作成果分析研究报告》，报告对西线工程方案前期工作成果进行了系统总结，从国家和谐社会建设、粮食安全、能源安全以及黄河水安全等方面分析论证了西线工程建设的必要性和紧迫性。同时，对小江调水等其他调水方案和设想进行了研究分析，进一步论证了西线调水工程的不可替代性。2012年11月2日，政策及技术研究中心组织专家对该课题进行了验收。

（崔　荃　曹海涛）

南水北调西线一期工程方案比选模型开发研究

为了向西线第一期工程项目建议书成果提供技术支撑，2009年黄河设计公司立项开展《南水北调西线一期工程方案比选模型开发研究》，由黄河设计公司规划院承担。项目立项后，黄河设计公司规划院成立了项目组，并邀请有多年西线工作经验和模型开发经验的专家作为项目组的技术顾问。项目组成员分析了大量的资料，构建了模型框架，多次召开技术讨论会完善模型，最终全面完成了科研任务。

2012年3月28日，黄河设计公司召开“南水北调西线一期工程方案比选模型开发研究”验收会，与会专家认为：项目组开展了大量的分析研究工作，完成了合同规定的全部工作内容，开发的模型运行稳定，可视化程度高，人机交互界面良好，输入输出数据标准化，便于方案管理和数据更新，提高了方案的生成能力和分析计算能力；开发的各个模块通用性较强，开放性好，易于扩展，可应用于今后的实际工作当中；项目组提交的文档齐全，经费开支符合规定，符合验收条件，课题通过验收。

（崔　荃　张　玫）

重　要　会　议

国务院南水北调办与宁夏回族自治区在银川召开南水北调西线工程座谈会

2012年5月4日，国务院南水北调办主任鄂竟平一行到宁夏回族自治区调研并召开了南水北调西线工程宁夏座谈会，听取宁夏回族自治区对南水北调西线工程前期工作的意见和建议，自治区政府主席王正伟出席座谈会并讲话。

调研组认真听取了宁夏水资源情况汇报，并现场咨询了一些相关问题。鄂竟平说，宁夏对水的需求，对南水北调西线工程的需求非常迫切，国务院南水北调办公室将继续加大对宁夏水利工作的支持力度，认真研究宁夏对南水北调西线工程前期工作的意见建议，努力推动南水北调西线工程尽早进入实施阶段。

王正伟说，实施南水北调西线工程，体现了国家对西部地区发展的高度重视。要充分认识开展南水北调西线工程前期工作的紧迫性，尽快启动实施南水北调西线工程。要充分认识开展南水北调西线工程前期工作的重要性，此项工程事关宁夏乃至沿黄省区生存问题、生机问题、生态问题、发展问题，事关国家粮食安全、能源安全，事关民族地区发展稳定，事关黄河的生命健康。宁夏和沿黄省区应尽快请权威部门、专家到西部实地来看一看，感受水对西部发展的重要性，感受西部人民对水的渴盼，提出明确意见，促进南水北调西线工程早日提上日程。希望国务院南水北调办通盘考虑，统筹研究，站在国家的高度、战略的高度，解决西部生存、生机的高度，拿出切实可行的方案促进工程尽早实施。建议国家加快推进南水北调西线工程前期工作，尽快启动这一功在当代、利在千秋的重大水利工程，实现西北人民多年的夙愿，让西部老百姓早得实惠。

（崔　荃）

水利部与宁夏回族自治区在银川召开座谈会

2012年5月23日，水利部部长、党组书记陈雷与宁夏回族自治区党委书记张毅、自治区政府主席王正伟等在银川座谈，就进一步贯彻落实中央决策部署、加快宁夏水利改革发展深入和加快推进南水北调西线工程前期工作步伐交换意见。

陈雷指出，天下黄河富宁夏，但是宁夏特殊的区情水情决定了水问题是宁夏经济社会发展的根本问题。水利部高度重视解决宁夏的水问题，从各方面加大了对宁夏水利的支持力度。水利部将进一步加强与宁夏的合作，加大对宁夏水利的支持力度，会同有关部门深入开展南水北调西线等工程前期论证工作，共同推动宁夏水利改革发展实现新跨越。

张毅说，宁夏水资源十分短缺，黄河是宁夏的主要水源，宁夏的发展得益于水，进一步发展也受制于水。宁夏将认真贯彻中央关于水利改革发展的重大决策部署，落实国务院关于促进宁夏经济社会发展的若干意见，在水利部的指导和大力支持下，把宁夏的水利事业搞得更好。希望水利部继续加强对宁夏水利工作的指导和帮助，加快推进南水北调西线等工程前期工作步伐，力争早日开工建设。

（崔　荃）

《南水北调工程与黄河水资源配置关系研究任务书》审查会在北京召开

2012年5月3日，水利部水利水电规划勘测设计总院在北京组织召开《南水北调工程与黄河流域水资源配置关系研究任务书》审查会。参加会议的有特邀专家以及国家发展改革委投资司、农经司，水利部规划计划司、水资源司，黄河水利委员会，中国水科院，黄河设计公司，水利部调水局等单位的领导和代表约40余人。会议由水规总院副院长梅景山主持，水利部总工程师汪洪到会指导并讲话。

《南水北调工程与黄河流域水资源配置关系研究任务书》由水利部调水局牵头，黄河设计公司参与编制，主要任务是结合新的形势进一步分析南水北调工程对解决黄河流域水资源短缺问题的作用，深化西线工程建设必要性和不可替代性的研究。

会议听取了水利部调水局对任务书主要内容的汇报，专家们认为，《南水北调工程总体规划》批复以来，国家经济社会形势发生很大变化，对区域水资源配置提出了新的更高的要求，同时南水北调东线一期、中线一期工程即将建成通水，西线工程受水区经济社会快速发展对水资源的需求更加迫切，结合新的形势和任务，开展南水北调东、中、西线工程与黄河水资源配置关系的研究是非常必要的。专家们就课题研究的主要任务、技术路线和工作内容等进行了认真的讨论，并提出了意见和建议。

（崔　荃　张　玫）

拾肆 配套工程

THE MATCHING PROJECTS

北 京 市

概 述

根据南水北调中线一期“2013年底主体工程完工，2014年汛后通水”的总体建设目标，结合北京市政府批准实施的《北京市南水北调工程总体规划》，北京市南水北调工程实施“三步走”发展战略：第一阶段为2008年4月前，完成南水北调干线北京段工程和市内相关配套工程建设，具备接纳年调水4亿m^3的能力。第二阶段为2014年，完成北京市南水北调配套工程阶段建设任务，基本形成北京城市“26213”供水格局（两大动脉：南水北调中线总干渠和密云水库至第九水厂输水干线；六大水厂：第九水厂、田村水厂、第八水厂、第三水厂、第十水厂、郭公庄水厂；两个枢纽：团城湖调节池和大宁调压池；一条环路：基本沿着北五环、东五环、南五环及西四环形成的输水环路；三大应急水源地：怀柔水源地、平谷水源地和张坊水源地），具备接纳年调水10亿m^3的能力。第三阶段为2020年前，全面完成北京市南水北调配套工程建设任务，具备接纳年调水14亿m^3的能力，首都可持续发展水资源支撑能力进一步增强。目前，第一阶段目标已经实现并发挥效益，第二阶段工程建设全面展开。

2012年是北京市南水北调配套工程建设的关键一年，各项配套工程稳步推进，掀起了新的建设高潮。按照《北京市南水北调配套工程实施方案（2010～2014年）》确定的建设时序及内容，北京市南水北调配套工程总投资3 680 369万元。截至2012年底，已完成9项工程立项审批工作，完成立项批复投资2 414 177万元，其中7项配套工程完成初设批复，批复项目投资2 256 927万元，占全部配套工程总投资61%。

（王建宾）

建 设 任 务

2012～2014年北京市南水北调配套工程建设任务包括：

输水工程6项［南干渠工程、东干渠工程、团城湖至第九水厂输水工程（二期）、东水西调改造工程、通州支线工程、河西支线工程］。

调蓄工程3项（大宁调蓄水库工程、团城湖调节池工程、南水北调来水调入密云水库调蓄工程）。

新建及改建水厂工程11项［郭公庄水厂（一期）工程、第十水厂工程、城子水厂改建工程、通州水厂（一期）工程、大兴黄村水厂（一期）工程、良乡水厂工程、房山丁家洼水厂工程、石景山水厂工程、门城水厂工程、长辛店第二水厂（一期）工程、亦庄水厂工程］。

智能化管理系统1项。

根据区域发展需要，适时建设亦庄调节池二期工程、首都新机场支线工程。

（王建宾　高　赛）

前 期 工 作

配套工程前期工作整体加快推进，除东水西调改造工程、南水北调来水调入密云水库调蓄工程可行性研究报告已批复，其余配套工程均加紧推进，包括输水工程3项、智能管理系统1项、新建及改造水厂工程8项。

其中，通州支线、团城湖至第九水厂（二期）、通州水厂、良乡水厂、大兴黄村水厂、亦庄水厂、房山丁家洼水厂、智能管理系统等8项工程已组织完成项目建议书（代可行性研究报告）的编制工作，将报送北京市发展改革委审批；河西支线工程正在加紧编制工程规划方案；长辛店第二水厂、门城水厂、石景山水厂工程正在进行规划选址工作，将报送市规划委审批。

（高　赛）

资金筹措与使用管理

为加快推进北京市南水北调配套工程建设，缓解地方财政面临的配套工程资金压力，北京市南水北调配套工程资金解决方案为：

（1）非经营性项目。2011年成立北京南水北调工程投资中心，通过贷款等融资方式解决输水工程、调蓄工程和调度管理工程等资金。资本金由市政府固定资产投资安排，按照40%的比例投入，贷款本息利用水费收入和水资源费偿还。

（2）经营性项目。北京市属郭公庄水厂由北京市政府、所在区政府承担部分建设和拆迁资金，剩余资金由北京市自来水集团融资解决；北京市属第十水厂采用BOT方式建设；其余区属水厂按首都四类功能区由北京市政府按不同比例给予资金支持，征地拆迁资金由所在区政府筹措解决。

（一）整体情况

2012年，北京市南水北调配套工程共筹措建设资金265 457万元，其中项目资本金70 709万元、融资194 748万元，主要用于工程建设132 625万元、征地拆迁117 505万元、贷款利息15 327万元。

为合理安排北京市南水北调配套工程建设资金，确保工程建设顺利进行，北京市南水北调办作为北京市南水北调工程投资中心管委会，自2012年初起以月为周期，召开北京市南水北调配套工程投融资调度会，结合工程建设、拆迁进度及资金需求，及时调整投融资计划，拨款履行“用款计划、融资到位、融资拨付”程序。一年来，通过对配套工程投融资调度形式和内容的不断摸索和尝试，形成了一套比较高效完备的会议形式和资金拨付模式，编制完成《北京市南水北调配套工程投融资调度会会议制度》和《北京市南水北调配套工程资金拨付暂行办法》。制度进一步明确了各方工作职责，能有效提高资金拨付效率，保障了配套工程建设资金的及时到位、高效利用。

（二）融资情况

2012年2月，利用在建的南干渠工程开展融资租赁业务，与中国石油天然气集团公司所属的昆仑金融租赁公司合作，按照基准利率获得18亿元融资，租期18年，弥补了项目资本金不足，开创了水务工程融资租赁的先河，为盘活水务资产进行了成功的探索。

2012年6月，为有效破解总投资91亿元的配套工程东干渠项目融资体量大、时间紧、任务重，融资难度大等难题，解决银行授信额度有限和贷款审批条件各异等矛盾，北京市南水北调工程投资中心积极与国家开发银行协商，同时邀请中国银行、中国农业银行、中信银行等金融机构组建银团，成功签署了东干渠工程55亿元银团贷款合同，为东干渠顺利开工提供了资金保障。

同时，积极引进水务优质资产，通过股权受让的方式控股北京京燕水利管理有限公司，将北京市水务局下属事业单位北京市京密引水管理处持有的北京京燕水利管理有限公司3167万元股份无偿划转至北京市南水北调工程投资中心，增加企业资产规模，将单一融资转变为融资与经营相结合，提高了企业资信等级和风险控制能力。

截至2012年12月底，北京市南水北调工程投资中心以北京市政府固定资产投资34.8亿元进行注册，与12家金融机构建立业务联系，完成南水北调北京市内配套工程意向性授信383亿元，签署融资合同108.95亿元，累计拨付资金365 627万元，分别用于南干渠、大宁调蓄水库、团城湖调节池和东干渠工程，累计支付各项融资合同利息15 327万元，累计到位资本金153 363万元。

（徐廷振　刘　学）

投 资 计 划

2012年是北京市南水北调配套工程建设的关键之年，随着各项配套工程不断建设实施，投资完成情况与之往年也有大幅增加。截至2012年12月31日，北京市南水北调配套工程累计完成投资795 653万元，占已开工项目总投资的39.5%，其中2012年完成投资382 340万元，占完成总投资的48.1%。

（徐廷振　王　琨）

在 建 工 程

2012年，北京市南水北调工程建设委员会以《北京市南水北调配套工程2012～2014年行动计划》，统筹工程建设和前期工作，配套工程进度整体提速明显，大宁调蓄水库工程、南干渠工程2项续建项目完工在即，团城湖调节池工程、东干渠工程、郭公庄水厂（一期）工程等关键项目开工建设，并进入主体施工阶段。

（一）大宁调蓄水库工程

大宁调蓄水库位于北京市房山区大宁村北，总库容4611万m^3，为中型水库，作为南水北调调蓄水库，需要对库区及坝坡进行防渗处理，清除库底淤泥及生活垃圾，同时在库内新建提水泵站1座，改建大宁高压池退水渠，在库尾小清河及小哑叭河上兴建橡胶坝各1座，在永定河拦河闸上游新建小哑叭河至永定河渠道，在新挖渠道末及小哑叭河上各设节制闸1座，在水库上游河西村铺设截污管道并新建膜生物反应器，同时对库区原建筑物进行维护、改造，对库内地下管线进行改移。

大宁调蓄水库工程2012年完成投资26 423万元，六、七标完成土方1.8万m^3，完成混凝土浇筑0.3万m^3。自开工，累计完成投资57 417万元，累计完成土方143.8万m^3，累计完成混凝土浇筑4.9万m^3。

截至2012年12月底，大宁调蓄水库防渗项目已全部完工；库区主要建筑物包括泵站、库尾橡胶坝、滞洪水库进水闸已完工；退水渠节制闸已实现基本使用功能；泄洪闸改造工程已完工。

（二）南干渠工程

南干渠工程地处北京南部地区，上游与中线北京段总干渠永定河倒虹吸相接，工程起点位于丰台区卢沟桥地区老庄子乡，沿五环路向南转向东，终点到亦庄调节池，全长27.282km。以京九铁路东侧桩号11+302为界分为上、下两段。上段采用浅埋暗挖法施工，为2孔内径3400mm的钢筋混凝土隧洞，长11.302km。下段采用盾构法施工，为1孔内径4700mm的钢筋混凝土隧洞，长15.98km。

主要建筑物包括排气阀井42处、排空井5处、分水口3处、施工竖井15处、盾构井6个、二衬井11个、1处管理分中心；输水规模为上段设计流量30m^3/s，加大流量35m^3/s；下段设计流量27m^3/s，加大流量32m^3/s。工程等级一等，建筑物级别1级，地震设防烈度Ⅷ度。

南干渠工程2012年完成投资55 392万元，完成土方8.4万m^3，完成混凝土浇筑14.5万m^3；累计完成投资198 926万元，完成土方69.2万m^3，完成混凝土浇筑40.6万m^3。

截至2012年底，南干渠隧洞一衬施工已全部贯通（除八标穿京沪铁路段），全线二衬施工接近尾声，仅剩施工六标、八标、十三标。浅埋暗挖段二衬浇筑将累计完成2×

11.12km，占二衬施工总量的99%；盾构段二衬浇筑将累计完成15.2km，占二衬施工总量的98.3%。

（三）东干渠工程

东干渠输水隧洞工程起点位于团城湖至第九水厂输水工程末端（关西庄泵站北）预留接口，沿北五环向东，至广顺桥向南折向东五环，其后沿东五环向南，至亦庄桥与五环路分离，其后穿越凉水河，沿凉水河南（右）岸至荣京西街向南至亦庄镇工程终点与南干渠工程相接，总长44.7km。采用一条内径4.6m钢筋混凝土隧洞（双层衬砌结构）重力流输水，盾构法施工。工程沿线布置有关西庄连通节点、第八水厂分水口、第十水厂分水口、通州水厂分水口、亦庄分水口以及排气阀井、排空井、调压井等建筑物。同时建设东干渠调度中心1座，结合现地设施建设管理站5处。

主体工程于2012年5月26日签订监理、施工合同，2012年6月8日正式开工建设；附属工程亦庄调节池2012年5月完成场地移交，2012年11月8日开工建设。截至2012年12月底，东干渠18座盾构始发兼接收井已全部交付，具备地下连续墙施工条件，进入实体工程施工阶段，并有12座盾构井完成地下连续墙施工，开始进行旋喷桩及冠梁施工，其中，2号盾构始发井已完成基坑开挖，具备盾构机下井施工的条件。

截至2012年底，完成投资53 680万元，完成土方23.4万m^3，完成混凝土浇筑12.1万m^3。

（四）团城湖调节池工程

团城湖调节池工程位于海淀区四季青镇玉泉营行政村，现状中坞、船营、后窑三个自然村，紧邻颐和园和三山五园风景区，属于世界文化遗产保护区，也是北京市规划建设的绿化隔离地区和南水北调水源保护区。调节池水面面积为33hm^2，调蓄容积为127万m^3。

该工程等别为一等，调节池、分水口、进水暗涵等主要建筑物为1级建筑物，高水湖、养水湖分水口连接渠道为3级建筑物，临时建筑物为5级。

2012年9月15日签订监理和施工合同，2012年10月26日正式开工建设。截至2012年12月底，完成场区清表工作，外运土方50万m^3；微地形填筑13.6万m^3；环湖路路基填筑900m；燕化田村分水口土方开挖2.95万m^3及部分混凝土浇筑；高水湖、养水湖暗涵段第1、3、5、7段施工；调节池池体开挖30%，挡墙混凝土浇筑100m。

截至2012年底，完成投资4228万元，完成土方63.6万m^3，完成混凝土浇筑92万m^3。

（五）郭公庄水厂工程

郭公庄水厂地处丰台区西南部，位于花乡桥南六圈路南北两侧，郭公庄路东侧，规划水厂总占地23.38hm^2。水厂服务范围为中心城西南地区，水厂总规模为100万m^3/d，其中一期（2014年）规模为50万m^3/d，二期（2020年）规模75万m^3/d，远期规模100万m^3/d。

郭公庄水厂（一期）工程建设内容包括引输水管道和净配水厂，于2012年4月20日开工建设，拟于2014年12月底建成。批复概算总投资35.2亿元。

截至2012年底，净配水厂工程清水池、配水泵房、净配水厂工程格栅间、集水池、提升泵房、主臭氧接触池、炭吸附池、反冲洗设备间等正在进行土方开挖；机械加速澄清池土方开挖基本完成，正在进行基础处理。

（六）第十水厂工程

北京市第十水厂A厂工程位于朝阳区定福庄，规划第十水厂预留地东侧，东临三间房东路，北临幺家店路，南邻长营北路，总占地面积约12hm^2。水厂服务范围为朝阳东部地区东坝、定福庄、垡头组团，水厂规模为50万m^3/d，建设主要内容包括输水管道、提升泵站和净配水厂。

第十水厂A厂项目是北京市政府主持的基础设施国际招标项目，采用BOT方式融资、建设、运营和移交。中标方为日本三菱株式会社和英国安格里安水务国际有限公司联合体，随后中标方成立北京安菱水务科技有限公司。2007年8月，北京安菱水务科技有限公司与北京市水务局及北京市政府指定的有关部门正式签订了第十水厂A厂《项目特许经营协议》、《原水供应协议》、《原水转输协议》、《购水协议》、《管道用地协议》、《争议和补偿解决协议》等，项目正式进入实施阶段，项目特许经营期为23年。

第十水厂工程于2012年11月23日开工建设，拟于2014年12月底建成。概算总投资为23.36亿元，其中政府安排投资2.5亿元，其余全部由北京安菱水务科技有限公司自筹解决。截至2012年底，已完成临时围墙的砌筑。

（七）城子水厂改造工程

城子水厂位于门头沟新城北部，永定河以西、桥东街以北、城子大街以东。城子水厂改扩建工程将现状的城子水厂供水范围扩大至门头沟新城及石景山广宁、麻峪地区，扩建规模4.32万m^3/d，扩建后规模将达到8.64万m^3/d，建设内容主要包括净配水厂和新建水源井。城子水厂拟于2014年7月建成，批复概算总投资为1.6亿元。

截至2012年底，城子水厂建设完成12眼水源井中的9眼，其中4眼已经投入使用。

（赵　亮　曹　悦　张雪明）

土地房屋征收补偿

（一）征迁工作进展

围绕工程建设大局，按照南水北调工程“区（县）为实施主体”的征地拆迁工作体制，配套工程涉及的12个区县征迁责任已全部明确，充分发挥属地政府的拆迁主体积极性，加强与市相关部门的沟通协调，加快工作节奏，深化前期工作，力促项目开工，各项目征地拆迁和专项设施迁建都取得重要进展。

（1）续建项目：大宁调蓄水库工程和南干渠工程。2012年续建项目在梳理征地拆迁和专项设施迁建工作的基础上，启动了南干渠、大宁调蓄水库工程的验收准备工作；开展南干渠新增穿越铁路占地的拆迁工作；对工程过期的手续进行延期或重新办理：补办完成大宁调蓄水库工程小哑叭河工程建设项目选址意见书、大宁调蓄水库工程临时用地规划许可证；沟通北京市规划委补办南干渠工程临时用地规划许可证手续。

（2）新开工项目：东干渠工程和团城湖调节池工程。2012年8月正式完成专项设施迁建监理和施工招标。截至2012年底，团城湖调节池工程大部分地上物已拆除完毕，仅剩中坞小学、北京市直机动车检测场尚未完成，伐移树木28 598株，涉及林地面积32.55hm^2；东干渠工程签订补偿协议130份，完成房屋拆迁4145.33m^2，伐移树木27 226株，专项设施迁建130条，18个盾构始发井的地上物全部拆除、专项设施迁建基本完毕。

（3）新项目：南水北调来水调入密云水库调蓄工程和东水西调改造工程。本着超前谋划、提早准备，主动靠前工作，配合做好可行性研究阶段相关工作，指导设计单位深化设计方案，提前与专项产权单位沟通情况，进一步提高征迁前期工作水平和效率，为征地拆迁和专项设施迁建实施工作奠定了坚实的基础。

（二）文物保护

加强文物保护工作的指导与监督，将东干渠、团城湖调节池工程作为2012年度的工作重点，2012年6月20日与北京市文物局分别签订《北京市南水北调配套工程东干渠工程文物保护工作协议》和《北京市南水北调配套工程团城湖调节池工程文物保护工作协议》，由北京市文物局负责组织开展文物保护工作，有序开展文物保护工作，确保工程建设范围内的文物安全。

东干渠工程亦庄调节池项目一期文物工作，完成考古勘探面积27.2万m^2，发掘古代墓葬10座，2012年9月25日完成亦庄调节池项目一期考古发掘工作验收；完成工程18处盾构始发井、24处二衬竖井、3处桥梁及河道施工用地，共计30.84万m^2的勘探工作，已勘探区域内未发现古代遗迹。

团城湖调节池工程文物保护工作分阶段进行，第一阶段（2012年7～9月），完成勘探面积25万m^2，发掘面积3360m^2，共发掘古代墓葬77座，2012年9月19日完成第一阶段验收；第二阶段（2012年10～12月），完成勘探面积13万m^2，发掘面积1412m^2，共发掘古代墓葬55座，古代窑址7座，2013年1月8日完成第二阶段验收；随后开展第三阶段文物保护工作。

（三）资金到位情况

2012年度，拨付征地拆迁资金共计117 505.83万元，其中：大宁调蓄水库工程11 058.83万元、东干渠工程105 484万元、团城湖调节池工程963万元。到位资金中，包括项目资本金20 182万元、融资贷款97 323.83万元。

（李　燕　王有卿）

工　程　绿　化

2012年，北京市全面开展平原地区百万亩造林工程，北京市南水北调办结合南水北调工程建设实际情况，经过与北京市园林绿化局、北京市水务局等相关单位多次沟通，将南水北调干线工程及配套大宁调蓄水库造林工程（“一点一线”）纳入到2012年“百万亩平原造林工程”范围。

其中，“一点”为大宁调蓄水库，绿化总面积780亩，由北京市南水北调建管中心负责实施。造林工程自2012年4月开工以来，采取先中堤、后西堤，分步实施、整体推进的原则，按照北京市园林局有关造林工程建设进度的总体要求，2012年秋季已基本完成造林任务。

“一线”为南水北调干线，房山区绿化方案以干线巡线路为绿化造林轴线，一期实施绿化面积约4000亩，目前绿化工作已基本完成。在实施过程中，南水北调工程保护范围内部分地段因存在违法占压未进行绿化。

为巩固绿化造林成果，保护中线调水水质与运行安全，有效治理工程保护范围内违法占压问题，推动南水北调干线沿线一、二级水源保护区范围绿化工作，北京市南水北调办组织设计单位编制了南水北调干线造林规划方案并报送至北京市园林绿化局，方案在满足城市绿化功能、改善区域环境的基础上，通过分步实施，将南水北调水源保护区构建成为绿色生态走廊。同时，就配套工程沿线绿化工作进行部署，决定参照干线工程造林规划方案的模式，编制南干渠、东干渠等配套工程项目造林规划纲要，计划在后续造林工程中分期分批加以实施。

（樊　博）

建　设　管　理

北京市南水北调办着力构建起多层次、全方位、定期检查和质量“飞检”相结合的监督检查体系，形成从上至下严抓质量管理、争创优质工程的良好局面。

（一）质量管理

2012年，质量监督站共对北京市内配套工程进行质量抽查167次，组织专项检查8次，填写《工程质量核查（抽查）记录表》182份，发出《质量监督检查结果通知书》9份；参加首件（段）验收36次，参加分部工程验收36次，单位工程验收3次；完成分部工程验收核备10个。同时，委托有资质的检测单位对回填土干密度、钢筋原材、混凝土抗压、抗冻、抗渗检测13组次；检测原材料及中间产品439组次；检测隧洞二衬断面26个、二衬钢筋保护层厚度364点、钢筋间距338点、二衬回填灌浆密实度215m，检测结果全部合格。

（二）安全生产

加强安全生产监管手段。一是调整安全生产机构。2012年初，对北京市南水北调安全生产领导小组领导机构进行了调整，进一步落实了安全生产责任制。从北京市南水北调办到现场项目部，层层签订了安全生产责任书，明确了安全生产责任和目标。目前参加北京市内配套工程建设的38家施工企业和14个监理单位，也都全部成立了安全生产领导机构，设置了专职、兼职安全员和安全监理工程师。二是创新检查方式及奖罚机制。引入第三方专业力量，弥补自身监管不足，提升检查水平；在政府行政处罚方面，与北京市安监局建立联合检查及处罚机制。三是集中开展专项检查。全年组织开展安全生产领域“打非治违”专项行动和十八大安全生产“护航”行动，召开月安全例会12次、累计安全督察巡查260次。四是加大安全管理投入，组织安全生产目标考核和文明工地评选，编印了《北京市南水北调工程盾构施工安全生产监管要点》和《工程建设常见安全生产违章行为》等安全生产教育读本，开展安全、消防知识培训，组织安全专项检查。

2012年，配套工程安全生产处于可控状态，实现连续安全生产，未发生重特大安全生产事故。

（三）进度管理

在确保质量、安全的基础上，紧紧围绕“突出重点推进度”，牢牢抓住投资、工程量、节点工期，有力有序推进工程建设。一是制定配套工程进度监管办法，实行进度动态管理，健全进度监管体系，建立进度信息报送制度、进度协调会制度和考核制度，强化督促检查。二是落实现场责任和组织管理，充分发挥项目法人和现场管理机构作为工程建设枢纽的责任主体作用，加强现场指导、协调和服务，加大资源投入和保障力度。三是加强工程建设关键事项督办，落实国务院南水北调办《关于加强南水北调工程建设进度关键事项督办工作的通知》要求，对配套工程重点项目倒排工期，对关键节点加强督办和协调力度，为工程顺利建设创造条件。四是加快推进配套工程前期工作，以通水目标为硬约束，以《北京市南水北调配套工程2012～2014年行动计划》明确的任务为硬指标，确保所有配套工程项目按期实现开工。

（四）应急处理

2012年7月21日，北京市普降特大暴雨，南水北调干线北京段工程穿越拒马河、大石河处管线出现险情。北京市南水北调办充分准备、积极应对，接到预警后立即启动防汛应急预案，北京市南水北调办系统职工80余人冒雨查看工程安全情况，参建单位2000余人应急值守。针对险情，第一时间组织PCCP管道穿大石河段工程抢险修复，共出动抢险人员900余人、各类抢险车辆110辆；连夜派出专家组指导北拒马河倒虹吸工程抢险，并及时调拨防汛物资确保抢险顺利进行。在本次特大自然灾害中，干线北京段快速抢险确保了向城区输水不间断，张坊供水工程果断处置确保了无人员伤亡，配套工程南干渠强化准备确保了地下工程未进水。

（樊　博　王英歌　魏莉军）

科 技 工 作

科技创新工作成效显著。全年共组织工程方案优化、调水运行管理、信息化建设等课题研究30项，召开专家评审咨询活动70次，参与活动的专家342人次。在北京市科学技术委员会的支持下，《密怀顺地下水库调蓄及水质保障研究》、《北京市南水北调来水饮用适宜性保障措施研究》被纳入北京市科学技术委员会“十二五”时期市级科技计划储备项目，争取资金支持580万元。同时，南水北调PCCP管道工程关键技术与应用获得北京市科学技术一等奖，南干渠工程荣获2012年度北京市政基础设施水利结构长城杯金质奖工程，南干渠工程第六标段、大宁调蓄水库工程第七标段荣获2012年度北京市政基础设施水利结构长城杯银质奖工程。《北京市南水北调配套工程大宁调蓄水库工程检验评定规定》、《北京市南水北调信息系统建设关键技术研究》荣获2011～2012年度北京水利学会科学技术奖三等奖。

技术总结工作稳步推进，《北京市南水北调工程技术总结》初稿定稿，正在进一步完善相关内容。技术总结的编写及时总结、整理、保护了北京市南水北调工程的宝贵建设经验和技术成果，同时为配套工程技术总结工作奠定了基础。目前，《大宁调蓄水库工程技术总结》、《南干渠工程技术总结》的编写工作已着手开展。

（马翔宇）

天　津　市

概　　述

按照《天津市南水北调中线市内配套工程总体规划》，天津市南水北调配套工程主要包括中心城区供水工程、滨海新区供水工程、王庆坨水库工程，北塘水库完善工程、引滦供水管线扩建工程等城市输配水工程，西河原水枢纽泵站、西河原水枢纽泵站至宜兴埠泵站原水管线联通工程等自来水供水配套工程，以及自来水厂及以下管网新扩建工程。

2012年，天津市南水北调配套工程共完成投资23.02亿元，为年度投资计划的107%。单元工程质量合格率达到100%、优良率达到93.7%。安全生产继续保持零责任事故和无亡人纪录。

（刘丽敬）

前　期　工　作

天津市发展改革委先后批复滨海新区供水二期工程和西河原水枢纽泵站工程可行性研究报告，并核定两个项目的初步设计概算，天津市南水北调办据此批复两个项目的初步设计报告，至此，上述两工程前期工作全部结束。天津市国土房管局批准王庆坨水库工程用地预审，组织开展王庆坨水库工程社会稳定风险评估。编制完成南水北调天津市配套工程总体可行性研究报告。配套工程管理设施可行性研究报告报天津市发展改革委，并按要求补报配套工程管理方案项目建议书。管理信息系统工程开展可行性研究工作。

（高旭明）

投　资　计　划

2012年，天津市南水北调配套工程年度投资计划安排21.5亿元，实际完成投资23.02亿元，为年度投资计划的107%。

（一）滨海新区供水一期工程

该工程起点为曹庄泵站，终点为津滨水厂，全长36.195km，采取管涵输水和曹庄泵站一级加压供水方式，概算总投资147 166.04万元，2011年6月14日开工建设，计划2012年12月底全部完工，近期设计流量为12.7m^3/s，远期设计流量为22.3m^3/s。

2012年滨海新区供水一期工程完成投资

8.11亿元，为年度投资计划的101%。累计完成投资22.52亿元，占总概算投资的99%。输水管线工程累计安装双排预应力钢筒混凝土输水管道和钢管36.1km。曹庄泵站工程完成主副厂房、进水池、阀门井土建施工和综合楼框架结构、变电站基础混凝土浇筑施工，进水池检修闸闸门导轨、主副厂房桥式起重机、压力管道及蝶阀安装，以及计算机监控设备招标采购。累计完成土方开挖28.73万m^3、土方回填2.87万m^3、清淤9.6万m^3、混凝土浇筑7.84万m^3、钢筋制作安装5781t。

（二）滨海新区供水二期工程

该工程是滨海新区供水工程的重要组成部分，起点为滨海新区供水一期工程终点处（海河以北、城上村及津滨水厂以西），终点为北塘水库，线路全长37.73km，初期（2014年）的设计运行规模6.4m^3/s，远期（2020年）的设计运行规模10.2m^3/s，主要结构型式为2根直径2.2m的预应力钢筒混凝土管，局部穿越段、转角段等采用钢管。工程按远期规模一次建成，核定工程概算投资20.52亿元，施工总工期24个月。该工程建成后，可延续滨海新区供水一期工程向滨海新区核心区海河以北地区和配套调蓄水库（北塘水库）输送南水北调中线原水，提供城市用水，促进受水地区经济社会的可持续发展。

2012年，该工程完成投资8亿元，为年度投资计划的100%，占总概算投资的39%。完成部分征迁和管材采购、工程建设前期准备和部分临时工程、独立费用（包括监管费、监理费、设计费等）和建设期贷款利息。

（三）西河原水枢纽泵站工程

该泵站主要功能是向天津市区新开河水厂、芥园水厂和凌庄水厂输送南水北调中线原水，供水规模225万m^3/d，其中，向新开河水厂供水规模100万m^3/d，向芥园水厂供水规模50万m^3/d，向凌庄水厂供水规模75万m^3/d。该工程核定工程概算投资15.37亿元，计划建设工期2年，将于2014年汛后与南水北调天津干线工程同步建成通水，届时，中心城区可实现引滦、引江双水源互补，实现水资源的合理分配调剂，大大提高城市供水的可靠性和安全性。

2012年，该工程完成投资6.9亿元，占总概算投资的45%。完成部分施工地块的土地接收工作，完成部分征迁安置房购置和部分国有土地地上物及居民房屋补偿，施工单位已进场展开场地平整、施工临时建筑搭设、测量放线、桩基试桩等作业。

（许光禄　吴洪涛）

资金筹措与使用管理

2012年共筹措南水北调市内配套资金25.8亿元，其中，资本金7亿元，银行贷款18.8亿元。2012年共使用资金25.8亿元，其中，滨海新区供水一期工程5.7亿元，滨海新区供水二期工程9.3亿元，西河原水枢纽泵站工程10.68亿元，尔王庄水库至津滨水厂供水工程1000万元，其他费用62.82万元。

不断加强资金管理，科学拟定年度投资计划，每年年初拟定年度投资计划，并考虑金融政策和价格变动的情况，保证工程及时足额用款。聘请有关专家和机构，精心组织项目评审和论证，保证单项工程投资的科学合理性，充分发挥投资的最大效益。加强项目资金专户管理，严格执行资本金与贷款匹配管理规定，根据工程建设进度分阶段提取贷款，最大限度降低融资成本。充分利用金融工具，减小资金管理支出，通过协定存款等方式，降低财务费用。在严格资金拨付的同时，加强资金监管，通过开户银行对委托建设单位的资金使用进行监管，确保资金安全。

（许光禄　张　迪）

建设管理

牢固树立“百年大计，质量第一”的意识，切实增强紧迫感和责任感，全面落实质量管理责任制，强化工程质量管理。完善监督部门、项目法人、建设管理单位、检测单位多层次的质量监督体系。建立管理台账，前移监管关口，明确质量责任，强化协调机制，严格质量监督管理。加强质量管理全程控制，保持质量监管高压态势。采取日常检查与专项检查相结合的方式，全面加大监督检查力度，组织日常检查20余次，专项检查10次，每周组织质量巡查。明确各项目质量控制和监督要点，摸清易出现问题的环节、部位和工种，及时对工程现场质量情况进行评估和处理，将质量隐患消灭在萌芽状态，使工程建设质量始终处于受控状态。单元工程质量合格率达到100%、优良率达到93.7%。印发《南水北调天津市配套工程建设项目档案管理办法》。举办南水北调配套工程建设管理培训班，各参建单位质量管理人员全部参加培训，取得上岗证书。各参建单位均建立南水北调工程质量缺陷集中处理机制，每年集中处理质量责任问题，对未进行质量缺陷处理的，一律不允许验收。

加强安全生产管理。把安全生产指标作为工作目标考核的重要指标，实行“一票否决”制。以机械设备使用、施工用电、基坑支护、起重吊装、脚手架施工、事故应急预案制定、务工人员安全教育为重点，认真检查，全面消除隐患。开展安全生产专项治理工作。安全生产继续保持零责任事故和无亡人纪录。强化文明施工，尽最大努力减少和杜绝各类施工扰民行为的发生，营造安全、文明、祥和、稳定的工程建设环境。

（高啸宇）

运行管理

尔王庄水库至津滨水厂供水工程于2011年5月通水运行，截至2012年底，累计供水7900万t，创造收益422万元，为天津市特别是滨海新区经济社会又好又快发展提供了有力的水源支撑。建立健全运行管理检查和考核制度，天津市水务投资有限责任公司编制完成《天津市南水北调市内配套工程管理办法（初稿）》，已报天津市水务局进行立法审核。

（王　刚）

征地拆迁

滨海新区供水一期工程征地拆迁任务全部完成。滨海新区供水二期工程涉及的东丽区、滨海新区政府均成立了南水北调工程征地拆迁工作机构，两区政府向天津市政府递交了征地拆迁工作责任书，工程征迁实施方案已获市政府批准，征地补偿和投资包干协议签订完毕，具备征迁实施条件。

（陈绍强）

科技工作

2012年，天津市南水北调办指导建管单位完成《天津市南水北调中线滨海新区供水一期工程曹庄供水加压泵站工程“无缝隙”项目管理体系的构建与实践研究》和《天津市南水北调中线滨海新区供水工程关键技术研究》两项科研课题研究，研究成果在配套工程建设中起到了有力的技术支撑作用。

（高旭明）

河 北 省

概 述

2012年，河北省全面推进南水北调配套工程建设，各项工作取得显著成效。大型输水干渠：廊涿干渠基本建设完成；邢清干渠完成各项前期工作，进入开工准备阶段；保沧干渠、石津干渠基本完成可行性研究阶段各项前期工作，开始初步设计阶段工作；石津干渠石家庄市区段工程基本建设完成，晋州段工程正在加紧建设，田庄暗涵和穿越南运河工程已批复初步设计，正在进行施工招标。受水区7个市水厂以上输水管道工程：各市可行性研究报告已全部编制完成，经过专家审查和复核；石家庄、保定市可行性研究报告已通过河北省发展改革委组织的评估；各市正在抓紧开展各专项审批和初步设计工作。

（卢亚卓）

前 期 工 作

2012年是河北省南水北调配套工程各项前期工作的决战年。年初，河北省政府特邀咨询张和两次专门听取配套工程前期工作情况，做出重要部署。河北省南水北调办先后向河北省省委、省政府汇报了配套工程的有关情况，得到了河北省省委、省政府的高度重视。5月29日，河北省南水北调工程建设委员会召开了第四次全体会议，进一步确定了河北省南水北调配套工程要与主体工程同步生效的建设目标；明确了配套工程水厂以上输水工程由省负责，统一筹资、统一建设，调蓄工程、水厂及配水管网由市县政府负责的责任分工；确定了水厂以上输水工程利用贷款60%、各级政府筹集资本金40%的筹资方案，明确了水厂以上输水工程以委托各市南水北调办为主进行建设的建管体制；确定了先期实施控制性、节点工程，年内力争邢清、保沧干渠具备开工建设前期工作条件的年度工作目标。

河北省南水北调配套工程是河北省有史以来最大的一项水利工程，又是一项严格执行基本建设程序的重大工程。为了理清思路，明确程序，规范前期工作组织管理，加快推进配套工程各项前期工作。河北省南水北调办组织制定和下发了《关于加快推进配套工程前期工作的通知》、《关于加快推进土地预审工作的通知》、《关于加快推进环境影响评价工作的通知》、《关于做好穿越铁路工程前期工作的通知》、《关于做好穿越公路工程前期工作的通知》，下发了《关于做好可研阶段勘测资料验收工作的通知》等多个规范性文件，指导和规范各专项前期工作的开展和报批。河北省南水北调工程建设委员会第四次全体会议后，组织编制了《河北省南水北调配套工程建设管理若干意见》，及时制定了配套工程招投标管理办法、建设管理办法、设计变更管理办法等一系列比较完整的管理制度。

经过反复研究、多次征求地方意见，河北省明确了受水区各市水厂以上输水管道工程初步设计单元的划分方案。河北省南水北调配套工程划分为4个大型输水干渠和7个市水厂以上输水管道工程共11个单项工程；每个大型输水干渠划分为1个设计单元，7个市水厂以上输水管道工程分别划分1~4个设计单元，共划分了25个设计单元，按设计单元进行项目管理。按照公开招标的程序要求，石津、邢清、保沧3条大型干渠和邯郸、邢台、石家庄、保定四市输水管道工程完成了初设招标，确定了初步设计的承担单位。为规范初步设计报告编制，河北省南水北调办组织河北省水利水电第二勘测设计研究院编制完成了《河北省南水北调配套工程水厂以上输水管道工程初步设计技术规定》，经过专家咨询与审查后，组织各初步设计参与单位进行了技术培训，为完成高质量的设计成果提供了技术支撑。

经过努力，河北省南水北调配套工程邢清干渠、保沧干渠、石津干渠和受水区7个市输水管道工程完成了可行性研究报告，并经过专家审查。为进一步提高设计质量和统一有关标准，河北省南水北调办委托河北省水利水电勘测设计研究院对上述可研报告进行了技术复核。邢清干渠可行性研究报告已获河北省发展改革委批复；保沧干渠可行性研究报告已经过河北省发展改革委组织的专家评估，河北省工程咨询院已出具评估意见。石家庄市、保定市水厂以上输水管道工程可行性研究报告已通过河北省发展改革委组织的评估；邯郸、廊坊、沧州、衡水市水厂以上输水管道工程可行性研究报告正在抓紧修改、完善。

邢清干渠初步设计报告编制完成，经河北省发展改革委核定概算，河北省南水北调办批复了初步设计；保沧干渠初步设计报告编制完成，经过了河北省南水北调办组织的专家审查，待河北省发展改革委核定概算后批复；石津干渠南运河倒虹吸、结合大型灌区续建配套改造晋州段和田庄暗渠段工程作为控制性节点工程先期由河北省南水北调办批复了初步设计报告。

经过积极沟通与协调，河北省南水北调办与北京铁路局、河北省交通运输厅建立了协调联系机制，先期开展了穿越铁路、高速公路、国省干道等控制性节点工程的有关工作，先后批复了京石、石武铁路客运专线11处穿越工程的初步设计，邯郸、保定等7处穿越在建公路工程的初步设计；先后完成了北京铁路局管辖铁路14处穿越工程、京港澳高速13处穿越工程的设计工作。

（卢亚卓）

投资计划与在建工程

廊涿干渠初步设计批复概算17.63亿元，2012年计划投资4.44亿元，本年完成3.54亿元；累计下达投资17.63亿元，累计完成16.43亿元，基本完成建设任务。累计完成主管道安装158 036m，土方开挖618.1万m^3，土方回填528.5万m^3。

石津干渠石家庄市区段工程初步设计批复概算2.07亿元，2012年计划投资0.43亿元，本年完成0.365亿元；累计下达投资2.07亿元，累计完成1.98亿元，基本建成建设任务。累计完成土方开挖101.1万m^3，土方回填24.7万m^3，混凝土浇筑5.5万m^3。晋州段工程结合大型灌渠续建配套改造正在进行建设。

河北省南水北调配套工程穿越京石客专、石武铁路客运专线的11处控制性工程已经完工，累计完成投资8050万元。

（卢亚卓）

资金筹措与使用管理

河北省南水北调配套工程水厂以上输水工程筹资方案为：银行贷款60%、180亿元，资本金40%、120亿元；资本金方面，中央和省级筹资49亿元，市县筹资21亿元，引融资50亿元。

经过多方努力与积极争取，国家发展改革委同意对河北省配套工程给予15亿元资金支持，省级负责筹集的剩余34亿元由河北省分年度列入财政预算；受水区各市县负责筹集的资本金也分别落实了筹资渠道。截至2012年底，累计到位资本金31.75亿元，其中：中央支持到位11亿元，省财政到位13亿元，各市上缴到位7.75亿元。

河北水务集团作为项目法人和投资主体，与国家开发银行签订了贷款合作协议，并已全额授信。开工建设项目由国家开发银行为牵头行组成贷款银团，及时取得了项目贷款，保障了工程建设的顺利实施。

（卢亚卓）

江苏省

概述

江苏省根据南水北调东线江苏境内各控制单元现状和各地发展情况，为实现南水北调输水干线水质目标，决定新增南水北调丰县、沛县尾水资源化利用及导流工程、南水北调新沂市尾水导流工程、南水北调睢宁县尾水资源化利用及导流工程和南水北调宿迁市尾水导流工程等4项尾水导流工程。2012年，有2项工程开工实施，其余2项正在抓紧开展前期工作。

（陈红卫）

在建工程

（一）丰县、沛县尾水资源化利用及导流工程

丰县、沛县尾水资源化利用及导流工程任务是在加强尾水生态处理、徐州市已建截污导流工程具备接纳能力的前提下，构建尾水资源化利用及相机导流系统，保障南水北调丰县复新河沙庄桥和沛县沛沿河李集桥两个国控断面水质持续稳定达标。工程尾水导流规模为8.5万t/d。

工程主要建设内容为：疏浚河道46.19km，其中资源化利用工程疏浚河道24.86km，尾水导流工程疏浚河道21.33km；新建提升泵站11座，管道长51 566m（含倒虹吸及顶管），倒虹吸62座，顶管7处，拉管11处，节制闸19座，涵洞4座；拆建桥梁6座；新建与徐州市截污导流工程连接建筑物1座；加固维修输水石渠2.5km；新建沿线影响配套工程1项；建设大沙河西湿地及张双楼湿地生态净化尾水工程。工程总投资为52 093万元，施工总工期20个月。

工程于2012年9月25日正式开工，截至2012年12月底，施工1标和2标新开河道开挖及建筑物工程下部结构施工已经完成，施工3～8标已经进场施工，边界工程征迁工作已经全部完成。累计完成建设投资7020万元，占总投资的13.5%。

（二）新沂市尾水导流工程

新沂市尾水导流工程主要是通过采用专用管道将新沂市城区污水处理厂尾水输送至新沂河入海，改善王庄闸以上总沭河、新墨河水质状况，消除对南水北调重要调节湖泊骆马湖水质的影响，工程建成后将为江苏省南水北调输水干线水质持续稳定达标提供重要保障。工程尾水导流规模为13.9万t/d。

工程主要建设内容为：新建双排尾水管道总长约26.8km；进口集水池1座；穿路、堤及河道顶管3座、倒虹吸3座；出口建筑物1座；水质在线监测3套；流量监测2套；管道压力监测点26个；在马陵北引河处建设管道电动闸阀及尾水出口口门；建设总沭河支河口节制闸1座。工程总投资21 207万元，施工总工期18个月。

工程于2012年1月9日正式开工建设，截至2012年12月底，施工1标进入收尾阶段，施工2、5标完成大部分工作量，施工3、4标继续加快，各管材采购标段管道生产供应有序进行，拆迁安置工作进入尾声。累计完成投资17 252万元，占总投资的81.35%。

（三）睢宁县尾水资源化利用及导流工程

睢宁县尾水资源化利用及导流工程是构建专门的“截流、蓄存、导流”系统。非降雨期，在保证徐州市截污导流工程正常运行的情况下，将徐沙河控制单元中的尾水导入南水北调徐州段尾水导流系统中，使区域内的尾水系统与南水北调东线清水走廊分开，保证输水水质的安全工程。尾水导流规模为4万t/d。

工程主要建设内容为：新建尾水管道总长54.46km；加压泵站3座；穿路、河、沟建筑物78座。工程可研批复投资估算为23 343万元，施工总工期16个月。截至2012年12月底，工程可行性研究报告得到发展改革委批复，初步设计报告已经审查，即将转报省发展改革委审批。

（四）宿迁市尾水导流工程

宿迁市尾水导流工程主要任务是解决宿迁市中心城区和洋河片区尾水排放问题，保障南水北调东线输水干线水质。尾水导流规模为25万t/d。

工程主要建设内容为：新建尾水干管总长42.25km、连接管道41.48km；尾水泵站6座。工程投资估算6.2亿元。

截至2012年12月底，工程已经完成可行性研究报告编制工作，尾水排放规模论证报告已经审查，水土保持、排污口论证、土地预审和环评等工作正在抓紧开展。

（陈红卫）

山 东 省

概 述

南水北调东线一期工程山东省续建配套工程消纳水量14.67亿m^3，其中鲁南片2.10亿m^3、胶东片8.77亿m^3、鲁北片3.80亿m^3。续建配套工程建设涉及枣庄、济宁、菏泽、德州、聊城、济南、滨州、淄博、东营、潍坊、青岛、烟台、威海等13个市的68个县（市、区）。供水范围总面积为6.42万km^2，占山东省国土面积的40.85%，划分为41个供水单元工程。主要内容包括输水工程、调蓄工程、泵站工程和供水工程等。规划输水渠道747km，调蓄水库62座，新（改）建泵站88座，调蓄水库出库至净水厂供水管道总长806km，工程规划阶段总投资253.2亿元。

截至2012年12月，41个供水单元工程中青岛市区、淄博市、德州市区、武城、济南市区、章丘、烟台市区、龙口、招远、济宁市（3个供水单元）、枣庄市薛城、东营市广饶、潍坊市寿光、聊城市莘县、高唐、临清等18个供水单元工程开工建设，累计完成投资3.3亿元。

（欧钊元　李　娟）

工 程 规 划

2001年，山东省发展改革委和水利厅就着手开始续建配套工程规划工作。2002年4月，山东省水利勘测设计院根据各市编制的规划报告，汇总编制了《南水北调东线工程山东省配套工程规划报告（初稿）》。2005年7月，按照山东省水利发展“十一五”专项规划编制要求，山东省水利勘测设计院完成了《山东省南水北调配套工程“十一五”规划报告》。2009年2月21日，山东省水利厅、省南水北调局组织召开全省南水北调续建配套工程前期工作会议，全面部署了续建配套工程规划修订、可行性研究报告编制、初设编制等工作。2009年9月，山东省水利勘测设计院在前两次规划和地方修改规划报告的基础上，编制完成了《南水北调东线工程山东省续建配套工程规划报告》。2010年1月26~28日，山东省发展改革委会同山东省水利厅对《山东省南水北调续建配套工程规划报告》进行了初步审查。

2010年12月23日，山东省发展改革委、水利厅、南水北调局联合以《关于审批南水北调东线一期工程续建配套工程规划的请示》（鲁发改农经〔2010〕1675号）文将《南水北调东线工程山东省续建配套工程规划报告》上报省人民政府。

2011年7月10日，山东省人民政府对《南水北调东线一期工程山东省续建配套工程规划》（鲁政字〔2011〕175号）进行了批复。批复中明确续建配套工程建设项目以市、县（市、区）或供水单元为单位开展前期工作，强调了各受水区政府及项目法人的建设责任。批复的续建配套工程供水区分为鲁北片、胶东片和鲁南片3个片区，共14个单项分为41个供水单元工程，主要建设内容包括输水、调蓄、泵站和供水等工程，规划阶段总投资253.2亿元。

（欧钊元　李　娟）

前期工作

（一）管理制度

2012年6月17日，山东省南水北调工程建设指挥部印发《山东省南水北调续建配套工程建设管理若干意见》，明确了续建配套工程前期工作管理若干制度和意见。

可行性研究阶段。配套工程前期工作管理由省、市、县（市、区）南水北调办事机构负责，项目法人以供水单元工程为单位组织编制配套工程可行性研究报告、初步设计报告与概算，并按相关要求编制环境影响评价报告书（表）、水土保持方案、地质灾害危险性评估、压覆矿产资源调查、使用林地可研、防洪影响评价等专项报告。可行性研究报告由项目法人组织编制，市、县（市、区）南水北调办事机构、水行政主管部门、发展改革委联合逐级上报。

初步设计阶段。规划建设的37个供水单元（引黄济青改扩建、淄博、青岛市区、青岛平度4个供水单元工程除外）中不涉及中型及以上水库建设的初步设计及概算的审查、审批，由市水利局会同市南水北调办事机构联合审查，市水利局负责批复，省水利厅、省南水北调局负责检查指导。批复文件报省水利厅、省南水北调工程建设管理局核备。涉及中型及以上水库建设的项目，由省南水北调局负责技术审查和概算核定，省水利厅审批。

（二）进展情况

截至2012年12月底，山东省续建配套工程41个供水单元工程中青岛市区、淄博市、德州市区、武城、济南市区、章丘，烟台市区、龙口、济宁市（3个供水单元）、东营市广饶、潍坊市寿光13个供水单元工程初步设计获得批复，枣庄市薛城、聊城市莘县、冠县、潍坊市滨海开发区、引黄济青改扩建5个供水单元工程可研获得批复。

（欧钊元　李　娟）

投资计划

山东省续建配套工程建设资金由资本金和融资两部分构成，其中资本金部分由省、市、县三级财政按一定比例筹集。按照山东省南水北调续建配套工程建设管理方式，各市人民政府为续建配套工程建设责任主体，市、县资本金及融资计划由各市具体负责，省发展改革委和省财政厅负责省级资本金筹措和计划安排。

2012年，山东省发展改革委分4批下达了省级资本金投资计划6.3亿元。其中，中央预算内投资5亿元，省级财政专项资金1亿元、省预算内基本建设资金 0.3 亿元。具体包括：

（1）3 月 17 日，鲁发改投资〔2012〕251 号下达省预算内基本建设投资计划 1880 万元；

（2）10 月 17 日，鲁发改投资〔2012〕1304 号下达中央预算内投资 6280 万元、省财政专项资金 1200 万元；

（3）10 月 31 日，鲁发改投资〔2012〕1464 号下达中央预算内投资 43 720 万元、省预算内投资 1120 万元；

（4）12 月 31 日，鲁发改投资〔2012〕1658 号下达省财政专项资金 8800 万元。

按照省级资本金安排计划，济宁市（3 个供水单元）、济南市区、淄博市、烟台市龙口等 6 个供水单元工程的省级资本金已全部下达。

截至 2012 年 12 月底，已开工建设了 18 个供水单元工程，累计完成投资 3.3 亿元。其中，青岛市区供水单元工程完成投资 2.1 亿元，淄博市供水单元工程完成投资 1.22 亿元；济南市区、章丘，烟台市区、龙口、招远，潍坊市寿光，枣庄市薛城、济宁市（3 个）、东营市广饶、德州市区、武城，聊城莘县、高唐、临清 16 个供水单元工程 2012 年 12 月开工建设，未形成实物工程量。

（欧钊元　李　娟）

资　金　筹　措

山东省续建配套工程筹资方案不考虑青岛市区（计划单列）和引黄济青改建（单审单批）两个单项工程，规划阶段资本金占 40%，融资占 60%。即资本金 94.33 亿元，融资 141.49 亿元。资本金中省级负担 30%，市、县负担 70%，其中省级负担又按东、中、西 3 个标准，东部地区 20%，中部地区 30%，西部地区 40%，省财政直管县增加 10%，剩余资本金由市级财力筹资 40%，县级财力筹资 60%。经测算，需筹措省级资金 32.95 亿元、市级资金 24.55 亿元、县级资金 36.83 亿元。

（欧钊元　李　娟）

建　设　管　理

山东省南水北调续建配套工程共划分为 41 个供水单元工程，规划总投资 253.2 亿元，已经通过项目法人批复或备案的有济南（市区、章丘）2 个供水单元、淄博市供水单元、烟台（市区、龙口、招远）3 个供水单元、聊城（冠县、临清、莘县、东阿、阳谷、高唐、茌平、东昌府区）8 个供水单元、东营供水单元、德州（德城区、武城）2 个供水单元、威海市供水单元、枣庄市供水单元，总计 19 个供水单元。2012 年底，已有青岛市区，淄博市，德州市区、武城，济南市区、章丘，烟台市区、龙口、招远，济宁市（3 个供水单元），枣庄市薛城，东营市广饶，潍坊市寿光，聊城市莘县、高唐、临清等 18 个供水单元工程开工建设。其中青岛市区供水单元已完成投资 2.1 亿元，淄博市供水单元已完成投资 1.22 亿元。其余 23 个供水单元工程中，聊城市冠县、潍坊市滨海开发区、引黄济青改扩建 3 个供水单元工程可行性研究报告已经获批复；其他 20 个供水单元工程中，9 个供水单元工程可行性研究报告已审查，但未批复；其余 11 个可行性研究报告仍在编制中。

（杨忠堂）

河　南　省

概　述

河南省南水北调配套工程输水线路总长1000km，由南水北调总干渠39座分水口门引水，分别向南阳、平顶山、漯河、周口、许昌、郑州、焦作、新乡、鹤壁、濮阳和安阳等11个省辖市市区、34个县（市）城的83座水厂供水。

截至2012年底，11个省辖市配套工程初步设计全部通过省发展改革委批复，全省配套工程的招投标工作基本完成。其中：许昌市南水北调配套工程于2011年4月开工，新乡市配套工程于2012年8月开工，其他9个省辖市配套工程于2012年11月底前全部开工。截至2012年底，全省配套工程完成建安投资3.62亿元，完成土石方开挖427.89万m^3、土石方填筑171.04 m^3、混凝土浇筑1.02 m^3，完成管道铺设46.09km。

河南省南水北调配套工程实行旬、月报制度，及时掌握工程进展情况。建立建管例会制度，每月上旬召开工程建管例会。实行配套工程建设督查制度，制订《河南省南水北调配套工程督查奖惩办法》和《河南省南水北调配套工程建设目标督查奖惩实施细则（试行）》。成立督查组，一个月督查一次、排名一次、通报一次。各省辖市南水北调办（配套建管局）建立相应的督查机制，加强对配套工程建设的监督检查，跟踪进展情况，确保按期完工。参建单位建立健全质量安全制度和层层把关的质量安全责任制，严把原材料进口关，对PCCP管道等实行驻厂监造，严格施工过程控制和政府质量监督。

（刘晓英）

建　设　管　理

河南省配套工程建设采用建管分离的办法，河南省南水北调建管局负责初步设计之前的工作和工程建设宏观管理、监督管理工作，承担建设法人的职责；工程建设全部采用委托建设管理模式，其中大部分委托省辖市南水北调办事机构（建管局）负责建设管理，小部分委托河南水利投资公司负责建设管理。项目建管单位受河南省南水北调建管局的委托，承担委托项目在初步设计批复后建设实施阶段全过程（初步设计批复后至项目竣工验收）的建设管理，项目建管单位依据国家有关规定以及签订的委托合同，独立进行委托项目的建设管理并承担相应责任，同时接受依法进行的行政监督。河南省南水北调建管局作为委托项目责任主体对工程项目的质量、安全进度、投资负最终管理责任。而项目建管单位是委托项目实施阶段的建设管理责任主体，依据国家有关规定和建设管理委托合同对项目法人负责，对委托项目的质量、进度、投资及安全负直接责任。

（刘晓英）

拾伍 队伍建设

TEAM BUILDING

国务院南水北调工程建设委员会办公室

概　述

国务院南水北调工程建设委员会办公室（简称国务院南水北调办）2012 年干部人事工作，认真贯彻党的十七大和十七届三中、四中、五中、六中全会精神，以迎接党的十八大胜利召开和学习贯彻党的十八大会议精神为主线，按照全国组织部长会议有关部署，坚持围绕中心、服务大局，求真务实、开拓创新，不断健全制度措施，进一步加强领导班子、干部队伍和人才队伍建设，改进干部教育培训，强化干部监督管理，积极开展干部交流锻炼，稳步推进事业单位分类改革，为又好又快推动南水北调工程建设提供了可靠的组织和人才保障。

（刘德莉）

队伍建设与组织机构

（一）队伍建设

以深化“一迎双争”讲党性、重品行、作表率活动和“带头开展创先争优、争做人民满意公务员”等主题活动为抓手，加强组织人事部门自身建设及公务员队伍能力素质和作风建设。配合中央组织部做好党的十八大两委人员及代表考察工作，以高度的政治责任感迎接党的十八大的胜利召开。按照党组工作部署，积极、稳妥地做好国务院南水北调办机关及直属各单位内部和单位之间、各层次干部的交流、轮岗工作，激发干部队伍的活力。严格按照干部选拔任用程序的规定和要求，做好机关司、处级领导干部和直属各单位领导班子成员的选拔配备工作；按照干部管理权限，做好直属事业单位处级干部和下属企业中层管理人员的备案管理工作。根据工作需要，积极选调京外优秀人才到国务院南水北调办机关和直属单位工作，充实干部队伍，优化人员结构。规范国务院南水北调办办机关人员交流锻炼程序，制定选拔基层干部到办机关进行交流锻炼的管理办法，促进中青年干部交流锻炼工作有序开展。

（二）干部考核监督

认真总结分析 2011 年度办管干部考核工作，结合实际，研究修订《办管干部年度考核办法》，进一步优化考核标准，规范考核程序。组织开发南水北调干部人事工作考核评价信息系统，提高考核工作的高效性、准确率和精细化。组织学习中组部干部监督工作座谈会、十七届七次全会和国务院第五次廉政工作会议精神，结合南水北调实际，研究制定贯彻实施意见，突出重点、明确责任、强化措施，确保“工程安全、资金安全、干部安全”。继续加强与中纪委监察部、最高人民检察院之间的沟通协调，研究南水北调工程预防和惩治腐败工作机制；组织党员干部观看廉政教育警示片，加强反腐倡廉建设，进一步增强党员干部廉洁从政意识。研究制定《关于预防公务员考录和所属企事业单位招聘中不正之风的实施意见》，加强对公务员考录和直属企事业单位招聘工作的监督管理，积极营造公开、公平、公正的招录环境。

（三）组织机构

认真做好机构编制工作，按照中央关于事业单位改革工作有关部署，组织完成所属事业单位清理规范阶段任务，根据实际需要，调整核定了各事业单位的编制。结合工程建设进展和实际需要，在中线建管局设立中线水质保护中心；对中线建管局机关部门及下属建管部机构编制进行优化调整；批复实施了中线干线工程待运行期管理机构设置方案。贯彻落实国务院南水北调工程建设委员会第六次全体会议精神，按照国务院南水北调办领导要求，配合做好南水北调东线工程运行管理机构筹备工作，为东线一期工程如期建成通水、安全有效运行提供有力的组织保障。

（四）教育培训

继续贯彻实施《2010～2015年行政机关公务员培训纲要》，拓宽培训渠道，创新培训方式，加大培训力度，全面提高干部队伍素质。积极组织党员干部参加中组部干部调训、司局级干部选学及国家公务员局有关干部任职培训；组织司局级干部参加中国干部网络学院学习，满足干部多样化、个性化的学习需求；加强新录用公务员初任培训和领导干部任职培训；鼓励干部参加学历、学位继续教育；紧密结合南水北调工程建设重点任务，组织编制年度业务培训计划，加强业务培训；根据实际工作需要，按照中央有关要求，严格审批，有序组织出国（境）学习培训。

（五）人才工作

根据国家有关职称外语考试政策规定，研究印发《关于职称外语考试及转系列评审有关要求的通知》，进一步规范职称评审；积极通过组织或委托代评等形式，在工程、会计等多个专业系列评定一批具备高、中级专业技术任职资格的技术人员，并及时为新调入和试用期满考核合格的新录用公务员认定专业技术职务资格，切实加强专业技术人才队伍建设。作为遴选部门，组织开展第二届潘家铮奖、2012年度张光斗优秀青年科技奖等奖项的人选推荐工作；根据工作需要和专家本人意见，增补调整专家委员会专家组成。

（刘德莉）

人 事 任 免

2012年2月7日，国务院南水北调办以办任〔2012〕1号文件，任命李新军为投资计划司司长，免去其建设管理司司长职务；任命李鹏程为建设管理司司长，免去其监督司司长职务；任命刘春生为监督司司长，免去其投资计划司司长职务；因工作调动，免去欧阳琪的投资计划司副司长职务。

2012年2月28日，国务院南水北调办以办党任〔2012〕2号文件，任命刘宪亮同志为中共南水北调中线干线工程建设管理局党组成员（挂职一年）。

2012年2月28日，国务院南水北调办以办任〔2012〕2号文件，任命刘宪亮同志为南水北调中线干线工程建设管理局副局长（挂职一年）。

2012年4月27日，国务院南水北调办以办任〔2012〕3号文件，免去孙平生的投资计划司巡视员职务；因干部到龄，按照国家有关退休政策及《中华人民共和国公务员法》规定，批准退休。

2012年5月7日，国务院南水北调办以办任〔2012〕4号文件，任命于合群为南水北调工程建设监管中心主任（试用期一年）。

2012年5月10日，国务院南水北调办以办任〔2012〕5号文件，任命王平为投资计划司副司长（试用期一年），免去其投资计划司副巡视员职务；任命韩占峰为投资计划司副巡视员；任命赵世新为监督司副巡视员。

2012年5月21日，国务院南水北调办以办任〔2012〕6号文件，任命赵登峰为建设管理司巡视员兼东线运行管理机构筹备组组长。

2012年5月21日，国务院南水北调办以办党任〔2012〕5号文件，任命鞠连义、刘杰同志为中共南水北调中线干线工程建设管理局党组成员。

2012年5月21日，国务院南水北调办以办任〔2012〕7号文件，任命鞠连义为南水北调中线干线工程建设管理局副局长（试用期一年）。

2012年5月23日，国务院南水北调办以办任〔2012〕8号文件，免去张力威的国务院南水北调办总经济师职务；因干部到龄，按照国家有关退休政策及《中华人民共和国公务员法》规定，批准退休。

2012年8月24日，国务院南水北调办以办任〔2012〕9号文件，经任职试用期满考核合格，任命皮军为监督司副司长。

2012年9月4日，国务院南水北调办以办任〔2012〕10号文件，经任职试用期满考核合格，任命石春先为环境保护司司长。

2012年12月5日，国务院南水北调办以办任〔2012〕11号文件，经任职试用期满考核合格，任命陈曦川为征地移民司副司长。

（刘德莉）

党的建设与精神文明建设

2012年，国务院南水北调办直属机关党建工作，在国务院南水北调办党组和中央国家机关工委的领导下，在机关各司、各单位的积极支持和配合下，充分发挥各级党组织和工青妇组织的积极性，认真贯彻落实科学发展观，围绕“服务中心、建设队伍”两大任务，深入开展创先争优和创建学习型党组织等活动，着力加强党的思想、组织、作风、反腐倡廉和制度建设，为建设文明和谐机关、促进南水北调工程又好又快建设提供了坚强的思想政治保证。

（一）机关思想政治建设

（1）通过广泛发动、反复酝酿、民主推荐，顺利做好国务院南水北调办出席党的十八大代表候选人和出席中央国家机关党代会代表的选举工作。

（2）采取多种形式迎接党的十八大召开。通过张贴宣传海报、购买学习书籍、举办培训等措施，积极动员部署，在全办掀起了迎接十八大的热潮，营造了良好的舆论氛围。以“迎接党的十八大”为主题，各级党组织开展了丰富多彩的主题党日活动。举办了“国务院南水北调办喜迎党的十八大职工文化艺术作品展览”。组织党员干部参观了由中共中央宣传部、国家发展改革委、解放军总政治部、中共北京市委共同举办的“科学发展、成就辉煌”大型展览。

（3）深入学习党的十八大精神。组织直属机关党员干部收听收看党的十八大开幕式、闭幕式新闻和新一届中央领导集体同中外媒体见面会。组织参加中央国家机关学习十八大精神动员部署会，对全面贯彻党的十八大精神做出安排，提出贯彻意见。邀请中国社会科学院党组副书记、副院长李慎明同志作学习贯彻党的十八大精神专题辅导报告，为机关党员干部购置《十八大报告》《中国共产党章程》等学习资料，用党的十八大精神统一党员干部思想，进一步调动广大党员干部学习贯彻党的十八大精神、又好又快建设南水北调工程的积极性。

（二）学习型党组织创建活动

（1）深化中国特色社会主义理论体系学习。采取集中学习、短期培训、专家辅导、学习讨论等多种形式，发挥国务院南水北调办党组中心组学习的带动作用，加强党员干部的理论学习。组织党员干部深入学习全国两会精神，学习党的十七大，十七届四中、五中、六中、七中全会以及党的十八大、十八届一中全会精神，学习中国特色社会主义理论体系，特别是学习科学发展观，学习中央政治局关于转变作风的“八项规定”等。举办专题讲座，邀请国务院政策研究室信息研究司副司长向东就学习贯彻“两会”精神作学习辅导报告。2012年6月，国务院南水北调办党组中心组（扩大）进行党性修养专题学习，观看党内系列教育片《苏联亡党亡国20年祭》，进一步增强党员干部居安思危意识，自觉坚持党的领导，坚持马克思主义指导地位，坚定共产主义远大理想和中国特色的社会主义共同信念。购置了《两会文件汇编》、《2012理论热点面对面》、《从政提醒

—领导干部深思的问题》、《支部书记工作方法十谈》、《中国简明历史读本》、《李林森的故事》、《居安思危——苏共亡党二十年的思考》、《忧患百姓忧患党》等书籍，引导党员干部自学。为机关各党支部购置了电化教育设备。

（2）加强业务知识学习。组织广大党员干部认真学习贯彻国务院南水北调建设委员会和南水北调工程建设工作会议精神，学习研究南水北调工程建设重大技术专题，开展调查研究，总结南水北调工程建设和运行项目管理经验，促进南水北调工程又好又快建设。

（3）做好党员干部经常性培训教育。认真贯彻落实中央关于"加强党员经常性教育"的要求，积极做好党员教育培训。2012 年，在抓好面上党员教育的同时，积极筹划安排，选派了 7 名司局级、3 名处级和 1 名科级党员干部到中央党校、井冈山干部学院、延安干部学院、中央国家机关党校学习，7 名司局级干部参加了中组部组织的自主选学，进一步提高了党员干部的党性修养、政策理论水平和业务素质。

（三）基层组织建设

（1）深入开展创先争优活动。结合年度业务工作指标考核，广泛开展党员公开承诺活动。在全系统组织开展"创先争优保通水、岗位建功做贡献，向党的十八大献礼"劳动竞赛，鼓励干部职工立足本职、提升素质、岗位建功、争创一流。组织参加中央国家机关公文比赛。按照中央统一部署，开展创先争优活动总结表彰工作，宣传先进典型，要求各级党组织和广大党员干部继续巩固创先争优活动成果，以更加高昂的斗志、更加饱满的精神、更加务实的作风，在南水北调工程建设中建功立业。探索建立创先争优活动常态化制度，制定了《国务院南水北调办党组织、党员承诺践诺办法》、《国务院南水北调办关于党员干部深入基层、服务一线的意见》、《国务院南水北调办关于开展劳动竞赛活动的意见》3 项制度。

（2）加强基层党组织建设。按照党中央统一部署，认真开展"基层组织建设年"活动，对党支部进行分类定级，促进优化。协助中央国家机关工委开展支部工作法总结工作。开展了党支部换届改选工作，进一步完善支部选举制度，保障党员民主权利，不断增强基层党组织的创造力、凝聚力和战斗力。以"加强基层组织建设，当好党支部书记"为主题，举办了党支部书记培训班，邀请中组部组织二局副局长许鹏作了"加强党的基层组织建设"专题讲座，邀请中央党校教授张希贤作了"保持党的纯洁性"专题讲座，围绕党员领导干部如何保持党的纯洁性、基层党组织面临的形势任务、如何当好党支部书记、如何联系群众服务基层等进行了学习交流。加强党建考核工作，促进直属机关党建工作科学化。继续深化党务公开活动，提出了党务公开工作的指导性意见，明确了党务公开目录、主要内容、形式和时限。继续办好党建信箱。配合中央国家机关工委开展党建工作有关问卷调查活动。积极开展党建课题研究，开展基层组织建设年征文活动，中线干线工程建设管理局河北直管项目建设管理部鞠连义同志的《扎根基层聚人心》一文荣获中央国家机关征文优秀奖。

（3）做好日常组织管理工作。认真贯彻"坚持标准、保证质量、改善结构、慎重发展"的方针，积极、稳妥地做好党员发展工作，共发展新党员 19 名，为党组织注入新鲜血液。及时办理党员组织关系接转手续。党费收缴管理工作进一步规范化。认真做好党内统计工作。

（四）党风廉政和机关作风建设

（1）学习贯彻中纪委十七届七次全会和国务院第五次廉政会议精神。组织党员干部认真学习中纪委十七届七次全会上胡锦涛同志重要讲话和贺国强同志作的工作报告，学习国务院第五次廉政会议上温家宝总理的重要讲话，学习《关于实行党风廉政建设责任制的规定》等规章制度，继续开展廉政文化建设和警示教育，以支部（党委）为单位组织观看了《信仰》、《守住第一次》、《不该失落的尊严》等宣传教育片。邀请最高人民检察院职务犯罪预防厅厅长宋寒松同志作反腐倡廉建设学习辅导报告。

（2）切实加强作风建设。学习中央政治局“八项规定”精神，开展强化“五种作风”建设活动，继续推进机关干部“深入基层、服务工程”活动，鼓励机关干部下基层、接地气，引导党员干部积极开展“走出机关、服务工程”活动，采取在工程建设一线驻点调研等做法，真心诚意为工程建设一线服务，树立了办机关“走在前、作表率”的作风和形象。大力开展深入基层、调查研究工作，汇编了2010～2011年度机关干部调研报告文集。

（3）落实《党风廉政建设责任书》。2012年底组织开展了《党风廉政建设责任书》执行情况的自查工作。协助办领导与新调整的部门、单位主要负责人签订了《党风廉政建设责任书》。

（4）召开党员领导干部民主生活会和党员组织生活会。组织召开2012年度司局级党员领导干部民主生活会和党员专题组织生活会。通过发函、召开座谈会、开展谈心活动等方式，广泛征求意见和建议。

（5）积极开展反腐倡廉课题研究。围绕南水北调工程建设廉政风险防控总体目标、重点问题进行深入研讨，以权力运行流程或业务流程为主线，全面查找廉政风险点，探讨了可操作性强的防控措施，完成了《南水北调工程廉政风险防控机制初探》课题研究。

（五）精神文明创建工作

（1）充分发挥工青妇群众组织作用。组织开展劳动竞赛活动，认真筹备2012年新春联欢会；开展节日送温暖活动，及时慰问困难职工、发放慰问金；为干部职工办理公园年卡。机关妇工委关心女职工的权益和健康，坚持做好女职工专项体检工作；对在孕期、哺乳期的女职工给予生活、工作上的关心照顾，及时送去营养品和儿童用品；以“深入基层，服务工程”为主题组织“三八”节基层调研活动，到南水北调中线京石段漕河渡槽段工程现场，听取“全国五一巾帼标兵”胥元霞先进事迹介绍；重视职工子女的成长教育，“六一”儿童节期间，为14周岁以下的职工子女赠送慰问品，将组织的关爱送到干部职工心上。机关团委组织青年学习贯彻党的十八大精神，积极开展青年创先争优活动，组织深入开展“青年文明号”创建活动，深入开展了学习雷锋活动；成功举办了“争做南水北调优秀青年”五四主题演讲活动。

（2）深入开展精神文明创建工作。在全系统组织总结提炼南水北调核心价值理念，深入推进南水北调文化建设工作，营造工程建设良好文化氛围。组织开展2012年度国务院南水北调办文明处室、文明职工、文明家庭评选工作。组织直属机关干部职工开展围棋、五子棋、象棋、扑克、桥牌等比赛活动，组织参加中央国家机关第九届“公仆杯”乒乓球联赛；举办了首届职工趣味运动会；组织干部职工开展工间操活动，调动职工健身积极性；组织职工到国家大剧院欣赏由中央民族乐团演奏的“玉管朱弦”音乐会，参观国家博物馆古代中国陈列展。及时与食堂沟通意见，改进食堂卫生和餐饮服务；组织干部职工观看心理健康讲座录像。组织参加中央国家机关工委开展的“机关文化建设：理论与实践”征文活动。

（3）做好统战和维稳工作。关心重视民主党派和无党派人士的思想、工作和生活，引导他们用党的方针政策，特别是党的十七大、十八大和十八届一中全会精神统一思想，指导工作；及时召开民主党派代表和党外人士迎新春座谈会，听取他们对改进机关党建工作的意见和建议。按照中央国家机关工委要求，完成了北京市人大代表、政协委员候选人的民主推荐工作。认真做好维稳工作，及时传达贯彻中央国家机关工委关于维稳工作的指示精神，配合行政部门，完善安全检查和报告制度，不定期地对办公区域进行安全检查，加强总值班室、机要部门、财务部门等重点部门、重点岗位的安全保卫工作，保证机关的安全稳定。

（六）获得荣誉

（1）中线建管局河南直管项目建设管理局技术管理处、中线建管局保定管理处荣获“中央国家机关青年文明号”。

（2）南水北调工程建设监管中心殷立涛荣获“中央国家机关青年五四奖章”。

（3）机关党委在中央国家机关工委“机关文化建设：理论与实践”征文活动获得优秀组织奖；中线建管局河北直管建管部贾君洋撰写的《发展协作、实干、廉洁文化，恪守南水北调基本道德规范—关于南水北调机关文化建设理论与实践的思考》一文获得优秀奖。

（4）中线建管局河北直管项目建设管理部鞠连义同志撰写的《扎根基层聚人心》一文在中央国家机关工委征文获得优秀奖。

（5）机关党委倪春飞同志撰写的《南水北调工程廉政风险防控机制初探》一文在中央国家机关党建研究会2012年党建课题研究成果评选中获得二等奖。

（朱明远）

有关省（直辖市）南水北调工程建设管理机构

北京市

机构设置

2012年，北京市南水北调办从机构建设入手，协调北京市机构编制委员会办公室、北京市人力社保局，修订北京市南水北调办“三定”方案、增加人员编制、调整岗位设置，并以此为切入点，扩充人员，选拔干部，人事工作稳中求进。

（一）完善“三定”方案，扩充公务员队伍

根据工作实际，协调北京市编办修订完成北京市南水北调办“三定”方案，市政府办公厅于2012年5月15日下发《关于印发北京市南水北调工程建设委员会办公室主要职责内设机构和人员编制规定的通知》（京政办发〔2012〕25号）。新方案中删除了有关临时机构的表述，完善了办公室主要职责，明确内设综合处、政策法规处、投资计划处、工程管理处、征地拆迁协调处、财务处、审计处、人事处（机关党委）8个处室，按规定派驻纪检、监察机构，增加公务员编制至41名（含纪检组监察处3名），处级职数至15名（含纪检组监察处2名）。此外，全年调入转任公务员5名，新招录公务员2名。

（二）完善岗位设置，扩充职工队伍

根据工程进度，协调市编办为大宁管理处、南干渠管理处、团城湖管理处下达第二批事业编制97名，3个管理处已下达编制数达到了272名。同时，协调市人力社保局，调整3个管理处的岗位设置方案，增加管理七、八级职数6名。2012年10月，事业单位2012年公开招聘工作启动，招聘工作人员50余名。

（三）完善选拔机制，加强干部管理

一是创新干部选拔工作，在考察环节引入差额考察和胜任力评价模型，制定干部考察工作量表，突出干部能力评价，为干部考察和选拔提供科学依据；二是引入竞争性选拔机制，组织完成了南干渠管理处副主任公开选拔工作，以及事业单位科级干部竞聘工作，在全系统树立起“有为就会有位”、“有为方能立足”的干部选拔任用理念。全年共选拔任用处级领导干部11人，核准聘任科级干部20人。

（杨　颖　章　超）

队伍建设

为进一步适应北京市南水北调办工作职责和机构编制的“两个转变”，加强干部队伍建设，提升干部队伍的凝聚力和战斗力，圆满完成南水北调工程建设任务，2012年出台《关于进一步提升干部队伍素质和能力的实施意见》，并在北京市南水北调系统开展了“素质、能力双提升”活动。

“素质、能力双提升”的主要内涵包括“五种素质”和“五种能力”。其中，“五种素质”是指政治素质、理论素质、道德素质、心理素质、文化素质。“五种能力”包括：学习能力、依法行政能力、执行能力、创新能力、团队协作能力。

此次活动的主要措施包括：

（1）健全培训机制。一是强化中心组理论学习，以中心组理论学习为龙头，引导和带动各单位组织主题教育活动。二是完善培训体系，建立办公室、各单位（各处室）、各科（所）三级培训体系。三是实行培训登记管理。四是鼓励在职人员继续教育。

（2）加强干部培养。一是积极推进内部轮岗。二是大力加强对外交流。

（3）完善考核机制。一是健全公务员平时考核制度。按季度实行考核，重点考核履行职位职责、完成阶段目标任务、工作质量和出勤4个方面。二是完善事业单位绩效考核制度。三是加强“两个提升”活动效果考核。结合实际，大力开展素质和能力提升活动；设置考核模块，通过前期摸底、中期培训、后期考核，形成完整的考核评价系统。

（4）强化人才建设。一是抓好后备人才的培养选拔。二是实施竞争性选拔干部。

（高国军）

人事任免

2012年2月22日，中共北京市委以京委〔2012〕103号，任命何凤英同志为中共北京市南水北调工程建设委员会办公室党组成员、中共北京市纪委驻北京市南水北调工程建设委员会办公室纪律检查组组长。

2012年9月20日，北京市政府以京政任〔2012〕176号，任命蒋春芹同志为北京市南水北调工程建设委员会办公室副巡视员。

（章　超）

党建工作

2012年是基层党组织建设年，是开展“创先争优”活动的全面提升之年，也是北京市南水北调办开展文化建设的启动之年。一年来，办系统各级党组织，继续围绕“服务中心，建设队伍”这一主线，深入实施领航工程、聚力工程和先锋工程，大力推行“能力、素质双提升”，全方位、多角度开展文化建设，为又好又快建设南水北调工程提供了坚实的组织保障。

（一）组织建设

2012年，组织成立南干渠管理处党支部和大宁管理处党支部，完成调水中心和办机关党支部换届选举；编制《党务工作手册》和《党务工作制度汇编》；11名预备党员转正，新发展12名预备党员、20名积极分子。

（二）党的活动

挖掘身边榜样，推选“我身边的先锋”建党节集中表彰；丰富活动载体，全面推进“能力、素质双提升”活动；注重人本精神，开展爱心活动；突出文化建设位置，打造精神文化、制度文化、行为文化、环境文化、廉政文化“五种文化”和机关文化、工地文化、党群文化“三种品牌”；把握主题，深入实践，认真学习贯彻党的十八大精神。

（侯　丁）

党风廉政建设

（一）反腐倡廉教育宣传

坚持把反腐倡廉教育作为理论中心组学习的必修课，并纳入到干部教育、培训规划和党课教育当中，以讲课、交流、参观等形式开展了系列廉政教育活动。

一是召开党风廉政教育会，强化廉洁自律意识。二是针对资金投放量大、工期短、工程标准高，监督、监管难，易出问题等情况，请“一把手”上党课、举案说法，并组织中层以上干部党员到市反腐倡廉教育基地接受教育，用事实警示广大干部党员“慎思、慎初、慎行”，树立正确的政绩观、权力观、利益观。三是制定下发《北京市南水北调办做好2012年廉政文化建设的安排意见》，明确“教育倡廉、活动兴廉、环境促廉、读书咏廉”四个重点；在全系统开展“践行北京精神，弘扬清正廉洁”反腐倡廉文艺作品征集活动；组织纪检监察干部参观市廉洁奥运主题文化园，领略“廉洁、节俭”办奥运的理念。四是创办《党风廉政建设工作》专刊。

（二）监督检查

围绕“三个体系”建设，进一步加强廉政风险防控管理工作；围绕中心工作促勤政、廉洁、高效。

一是狠抓党风廉政建设，坚持以党风廉政建设责任制为“龙头”，着力构建惩防体系建设。建立健全了北京市南水北调办党风廉政建设责任制领导小组，制定下发了北京市南水北调办《关于实行党风廉政建设责任制的规定》、《2012年党风廉政建设责任制分解》和《2012年党风廉政建设和反腐败工作要点》。二是严格落实责任制，层层签订《党风廉政建设责任书》，形成一把手负总责、亲自抓，领导班子成员分工负责，各处室、办属各单位主要负责人具体负责，一级抓一级的廉政建设责任机制。三是组建纪检监察队伍，在8个办属单位分别明确1名处级干部任纪检监察员，负责本单位的纪检监察工作，机关各处和办属单位分别指定1名党员担任纪检监察联络员。四是以推进“三个体系”建设为主线，针对在权力结构和权力运行机制中存在的廉政风险，加强制约和监督机制建设，推行信息化防控，规范权力及其运行，构建和完善廉政风险防控管理机制，不断增强针对性和有效性，加大从源头上防治腐败工作力度。五是加强对工程建设的监督。充实完善了招投标实施细则，增设了对投标单位历史违纪记录审核内容；推进“阳光工程”，加大了对工程建设施工质量、进度及安全工作监督、监管力度，并按照“关口前移、重在预防、全程介入、依法监督”的工作方针，纪检监察加强与审计、财务、工程、质监等部门的组织协调，整合监督力量，形成工作合力，有效落实了监察、监管、监督“三到位”，确保“三个安全”。六是加强对“三重一大”事项的监督。参与中层领导干部选拔的监督，督促职能部门严格按照规范操作，保证干部选拔的公开、公平和公正；积极开展2012年度新任职处级干部廉政谈话。

（翟书旺）

天　津　市

队　伍　建　设

天津市南水北调办坚持工程建设和队伍建设两手抓，扎实推进参建队伍建设，不断充实建设一线的管理人才和技术力量，结合工程建设新形势、新要求，全面加强质量管理、安全生产和征地拆迁培训，努力提高技术人员和管理人员的业务水平和工作能力，千方百计满足工程建设需要。

党风廉政建设

2012年，天津市南水北调办深入学习宣传贯彻党的十八大精神，坚持围绕工程建设中心、服务工程建设大局，以创先争优基层组织建设年和保持党的纯洁性教育活动为载体，精心组织、层层动员，不断加强全市南水北调系统党的建设和精神文明建设。开展学习宣传“天津精神”活动，深入挖掘并大力宣传南水北调工程建设中的先进典型，发挥引领和示范作用，促进各项工作的开展。各参建单位结合南水北调工程建设，把学习贯彻党的十八大精神落实到每个项目、每个工地，学习形式多样、富有成效，取得了实实在在的效果。天津市南水北调办公室被国务院南水北调办公室评为2012年南水北调工程建设先进单位。

天津市南水北调办不断加强廉政建设，认真执行党风廉政建设责任制，积极推进惩治和预防腐败体系建设，取得了明显的成效。充分发挥与市人民检察院建立的预防职务犯罪联席会议制度的作用，采取多种形式坚持不懈地开展廉政教育，做到警钟长鸣。排查廉政风险点，严格按制度办事、按程序办事。坚持实行廉政承诺，健全投标企业行贿记录查询机制和诚信记录查询机制。加强监督，设立举报公告牌13个，开展专题审计和经常性稽查，对关键岗位、关键环节加强监督，保持廉政高压态势。全年未发生违规违纪问题，未出现群访和越级上访。

（陈　维　刘丽敬）

河　北　省

党　建　工　作

2012年，河北省南水北调办机关党委以全国水利工作会议精神为指导，以“创先争优”活动以及“基层建设年”、“走在前、做表率”主题实践活动为重点，以2013年底主体工程建成为目标，认真落实国务院南水北调办、河北省政府关于南水北调工程建设的一系列方针政策而进行。

在万名干部下基层活动中，河北省南水北调办筹资对邯郸馆陶县北拐渠东村进行道路硬化改造和农田防渗管道铺设，为基层群众脱贫致富、建设社会主义新农村提供有力的帮扶和支持。同时，河北省南水北调办干部职工个人捐款1.48万元对该村进行爱心捐助，把党的温暖送到基层，送给群众。通过一系列活动的开展，为圆满完成各项工作任务提供了坚强的思想政治保障，确保了“重点工作有突破，整体工作上水平，争先进位见实效”目标的实现。

（宋丽霞）

廉 政 建 设

一年来，严格执行廉洁自律的各项规定，认真贯彻“标本兼治、综合治理、惩防并举、注重预防”方针，全面落实中央纪委和河北省纪委的一系列工作部署，扎实推进党风廉政建设和反腐败斗争。进一步完善了各项廉洁自律制度，经常性的对各项工程进展情况进行的监督检查，对突出问题进行专项整治。全年未出现违规违纪事件，有力地保障了河北省南水北调工作持续健康发展。

（宋丽霞）

江 苏 省

队 伍 建 设

2012年，江苏省南水北调办按照江苏省水利厅党组的要求，加强干部队伍建设，做好干部教育培训工作。定期组织干部职工参加政治学习和业务学习。做好人事和干部管理方面的相关工作，协调办理出国学习和考察人员的相关手续。

党 风 廉 政 建 设

2012年，江苏省南水北调办认真贯彻中央、江苏省和江苏省水利厅党组党风廉政建设各项规定，按照“工程安全、资金安全、干部安全”要求，以落实责任制为龙头，以加强思想教育为基础，以完善制度建设为抓手，以廉政文化进工地活动为载体，全面落实党风廉政建设各项措施。在不断深化纪检监察工作现场派驻制度的基础上，与省高检院建立了预防职务犯罪工作机制，并持续开展监察检查、稽查监督活动。坚持把思想教育作为重点，组织党员干部学习中纪委、江苏省纪委和江苏省水利厅党组纪检工作会议精神，组织开展警示教育和廉政文化进工地活动，要求干部职工树立正确的世界观、人生观和价值观，坚决不做违法违纪的事。充分发挥纪检监察工作派驻制度的优势，全力配合和支持派驻纪检组工作，确保派驻纪检组对南水北调工程实施全过程的严密监督。

（杨金海）

山 东 省

机 构 设 置

（一）山东省南水北调工程建设管理局

山东省南水北调工程建设管理局（简称山东省南水北调建管局）实有编制51名，2012年度共有人员50名，其中厅级干部6名，处级干部23名，主任科员以下人员21人。

（二）南水北调东线山东干线有限责任公司

南水北调东线山东干线有限责任公司（简称山东干线公司）设董事会和监事会，实行董事长领导下的总经理负责制。目前公司下设综合部、工程部、计划合同部、征地移民部、财务部、调度运行部、总工程师办公室、信息办、工会、韩庄运河段工程建管局、穿黄河工程南区建管局、济南至引黄济青段建管局、南四湖至东平湖段建管局、鲁北段工程建设管理局等14个部门。

（三）地方办事机构

随着工程建设的开展和续建配套工程的陆续建设，各有关地市、县级办事机构也逐渐完善，工程沿线济南、淄博、枣庄、济宁、泰安、德州、聊城、潍坊、东营、滨州、莱芜、临沂等市相继成立了领导机构，其中：济南、淄博、枣庄、济宁、泰安、德州、聊城、潍坊、东营、滨州、临沂等市成立了市南水北调工程建设管理局；淄博市高青县，枣庄市台儿庄区、滕州市，济宁市市中区、任城区、微山县、鱼台县、梁山县、嘉祥县、金乡县，泰安市东平县、宁阳县，德州市夏津县、武城县，聊城市东阿县、临清市、冠县、阳谷、高唐、茌平等多个县（市、区）成立了相应的县一级办事机构，具体负责辖区内的续建配套工程建设。各级办事机构的建立，为山东省南水北调工程建设提供了强有力的组织保证。

（隋勋斌）

干部人事管理

（一）全系统目标管理考评工作

认真做好2011年度目标管理考评工作。根据山东省南水北调建管局《目标管理考核办法》和《目标管理考评实施细则》，2012年1月5～31日，组织对各市南水北调局、省局机关和干线公司机关各部门、各现场建管局和局属单位2011年度工作任务目标完成情况进行了全面考核。考核工作采取定量定性考核、领导评价、民主评议3种形式组织实施，评选出了一大批南水北调先进集体和先进个人，极大地调动了各单位各层次人员的工作积极性，促进了山东省南水北调工程建设全面发展；同时，根据工程建设需要，及时做好了目标管理考核部分考评指标的调整完善工作。在充分征求各考核部门和被考核单位的意见建议的基础上，组织对目标管理考核的责任主体、考核办法、考核项目及分值等内容进行了调整完善，制定下发了《关于调整完善2012年度目标管理工作的通知》（鲁调水办字〔2012〕17号），创新了分类考核、分级奖励、多方位考评的工作思路，为2012年度目标管理考评工作打好了基础。

（二）局领导班子和领导干部2011年度考核工作

根据山东省委组织的统一部署和要求，领导班子和领导干部2011年度考核工作时间短、内容多、标准高、要求严。为配合做好考核工作，自2012年3月中旬以来，认真准备了山东省南水北调建管局领导班子年度工作总结、领导干部述德述职述廉报告、组织人事工作民主评议表、领导班子和领导干部年度考核测评表等相关材料。2012年3月22日，山东省委组织部组成考核组前来考核，较好地配合做好了考核公告张贴、总结述职、民主测评、个别谈话等相关工作，圆满完成了考核任务。

（三）帮包村“第一书记”抓党建促脱贫工作

认真做好了“第一书记”的选派工作，帮包工作启动迅速。根据山东省委组织部、山东省选派“第一书记”工作领导小组的统一部署和要求，山东省南水北调建管局党委召开专题例会，选派了2名思想素质好、工作经验丰富的同志担任“第一书记”，负责泰安市东平县商老庄乡八里湾、董庙村的帮包工作；在南水北调工程建设战线长、时间紧、人员少、任务重、标准高、要求严的情况下，山东省南水北调建管局党委及时统筹工作，协调力量，加强了对帮包工作的组织领导，确保了选派“第一书记”工作的全面开展。

为切实发挥好单位作为“第一书记”抓党建促脱贫工作指挥部、协调部、保障部的作用，山东省南水北调建管局党委结合工作实际，制定出台了《山东省南水北调工程建设管理局选派“第一书记”抓党建促脱贫工作制度》（鲁调水局党字〔2012〕9号），建立了专题例会制度、政策扶持制度、专项推进制度、跟踪指导制度、联系沟通制度、走访慰问制度、后勤保障制度等，明确了工作目标、时间节点和具体的措施办法，从制度层面为做好帮扶工作打下了坚实的基础。“第一书记”驻村工作后，及时建立了与“第一书记”及家人，与帮包村及所在乡、所在县的联系卡，明确了联系人和联系方式；坚持每月至少与“第一书记”沟通联系一次，及时了解工作情况，听取意见建议。2012年7月12日，山东省南水北调建管局党委专题研究成立了“帮包规划制定工作领导小组”，领导小组由局领导牵头负责，成员由机关业务部门和省水利勘测设计院的领导同志组成，3名“第一书记”和山东省水利勘测设计院的3名同志为工作人员，负责做好抓党建促脱贫三年工作规划的制定工作。为给“第一书记”的学习、工作和生活创造良好条件、提供有力保障，及时按照每人每年1万元的标准，将“第一书记”的办公经费拨付到帮包村所在镇专项账户。为解决“第一书记”的交通问题，抽调专用车辆并配备电动车，派驻到帮包村，及时为“第一书记”的工作、生活提供交通保障。2012年5月4日，山东省南水北调建管局党委副书记、纪委书记王安德，山东省水利移民局局长鲍广栋带领各有关人员，实地调研了帮包村的经济社会发展情况和制约发展的瓶颈问题，及时帮助“第一书记”研究制定脱贫致富规划，指导迅速开展工作；并与帮包村所在乡、东平县有关部门进行了工作接洽。同时，为每个帮包村分别捐赠了一批农业科技丛书，受到了帮包村党员群众的好评。2012年6月29日，在中国共产党成立91周年到来之际，山东省南水北调建管局局长孙义福专程到帮包村看望“第一书记”，走访慰问老党员、老干部和困难党员35户。

（四）“双向约谈”工作

一是认真研究制定工作计划，迅速启动了“双向约谈”工作。根据山东省委组织部《关于在全省组织系统建立“双向约谈”工作长效机制的意见》，认真研究制定了《省南水北调局党委关于开展“双向约谈”工作的实施意见》，明确了工作原则和要求，确定了约谈联系人和联系方式，并向全体党员干部人才发放了《致党员干部人才的一封信》，公布了接受约谈的办公电话、移动电话、电子信箱、通信地址等，确保了约谈渠道畅通和“双向约谈”工作的顺利开展。二是把握原则、积极工作，“双向约谈”工作扎实推进。认真贯彻“实事求是、务求实效，有的放矢、解决问题，以人为本、用心倾听，真诚交流、以理服人”的原则，积极开展“双向约谈”，已主动约谈党员干部人才32人、接受约谈1人，较好地解决了党员干部人才思想上的困惑、工作上的想法、生活上的难处，帮助党员干部人才明确了有关政策规定和今后工作的努力方向，促进了工作质量的提升，发展了团结和谐的良好局面。

（五）干部队伍的调配工作

山东省南水北调建管局机关2012年度新调入处级干部2名，提拔副处级领导干部3名，提拔副处级非领导干部3名，为8名试用期干部进行考核转正，并明确了职务；山东干线公司自2012年初以来，根据工作需要，通过组织考察推荐及局党委研究审定、公示、任命等程序，先后调整使用山东干线公司中层干部5名、科级干部51名。工作中，坚持德才兼备、任人唯贤，严格标准条件和工作程序，公开、公正组织选任，纪检监查室进行了全程监督，群众满意度高。

（六）干部选拔任用及监督管理政策法规的学习贯彻活动

根据山东省委组织部、宣传部《关于在县级以上党委（党组）中心组集中学习干部选拔任用及监督管理政策法规的通知》，认真在党委中心组进行了干部选拔任用及监督管理政策法规的学习贯彻活动。一是及时翻印下发了学习资料，将山东省委组织部、宣传部的《干部选拔任用及监督管理政策法规选编》学习材料和《战斗正未有穷期》电教片下发到每名党委成员及有关人员，做到人手一册、人手一本。二是认真组织党委成员及有关人员开展了个人自学活动，做到真正明确政策、熟知规定。三是及时组织了专题辅导。2012 年 5 月 27 日，山东省南水北调建管局党委召开专题例会，山东省南水北调建管局局长孙义福作了专题辅导授课，讲解了党政领导干部选拔任用工作条例、四项监督制度和换届纪律要求，帮助党委成员全面理解掌握了干部选拔任用和干部监督管理的有关制度规定，并将辅导报告放在办公内网上，供随时学习所用。四是认真组织了专题测试。依据山东省委组织部、宣传部下发的测试题，党委成员及有关人员进行了测试，巩固深化了学习成果。五是组织党委成员撰写了一篇学习体会文章。每名党委成员及有关人员结合山东省南水北调工作实际和学习心得，深入思考，撰写了一篇学习体会文章，较好地巩固和深化了学习成果。

（七）人事档案管理

根据山东省水利厅人事处的要求，2012 年 4 ~ 5 月，在山东省水利厅人事处的具体指导下，按时完成了山东省南水北调建管局机关处级以上人员的档案信息整理、资料建档归档等工作。现根据山东省委组织部及水利厅人事处的要求，按照新标准进行整理。

（八）做好外事工作

根据外事管理工作相关政策规定，及时、认真办理了 1 个出国培训团组、2 个出国考察团组及 5 个随团团组的出国（境）手续。

（九）专业技术职务评定和泵站运行工技能鉴定工作

根据专业技术人员职称评定工作的相关政策规定，2012 年度共有 8 名同志申报正高专业技术职务，11 名同志申报副高专业技术职务，4 名同志申报中级专业技术职务。其中，正高正在答辩评审过程中，副高已有 5 人通过评审，中级 4 人通过评审。同时，还圆满组织完成了经济师、会计师等报名考试及职称外语考试、职称计算机考试的报名工作。

在扎实做好专业技术职务评定工作同时认真开展泵站运行工技能鉴定工作。根据考试考核成绩，有 81 人理论知识考试和实际操作技能考核均在 60 分以上，根据国家职业技能鉴定的规定《水利行业职业技能鉴定实施办法》第四十一条“水利行业职业技能鉴定的理论知识考试和实际操作考核的成绩有效期为 2 年，两项成绩均及格即 60 分以上者为鉴定合格”，此 81 人通过职业技能鉴定（办公室对理论知识考试和实际操作技能考核成绩均进行了复核），由学校统一颁发人力资源社会保障部、水利部统一印制的中级工证书。其余 6 人未通过职业技能鉴定。对未通过中级鉴定人员，于 2012 年 12 月组织了初级工鉴定，等有关证件下发后，及时兑现相关待遇。

（十）组织参加泵站运行工及渠道维护工竞赛活动

根据《关于组织开展全省水利行业职业技能竞赛暨全国水利行业职业技能竞赛选拔赛的通知》要求，认真组织 5 名泵站运行工及渠道维护工参加竞赛，其中 1 人获得泵站运行工竞赛一等奖，3 人获得泵站运行工竞赛二等奖，1 人获得泵站运行工竞赛三等奖；1 人获得渠道维护工竞赛一等奖，2 人获得渠道维护工竞赛二等奖，2 人获得渠道维护工竞赛三等奖。其中，苏阳获得全国泵站运行工竞赛第 14 名。

（隋勋斌）

党建工作和精神文明建设

以邓小平理论和“三个代表”重要思想为指导，以科学发展观统领全局，坚持“创新思路抓党建，抓好党建促发展”的工作思路，围绕加快推进南水北调工程建设，全面落实党建工作目标责任制，大力加强党员队伍教育和管理，进一步提升基层党组织建设整体水平，扎实推进创先争优活动，不断增强党建工作的针对性、实效性和科学性，充分发挥了党组织的政治核心和战斗堡垒作用，充分发挥了党员队伍的先锋模范作用，为推进南水北调工程优质高效建设，确保实现“2012年底主体工程基本完工”建设目标提供了有力的思想基础和组织保证。

（一）党建工作责任制

完善党建工作责任制和考核评价机制。加强党建工作管理，坚持每年召开一次党建专题工作会议，定期召开党建工作领导小组会议，研究解决党建工作中存在的问题。严格执行各项制度，使党务工作不断适应当前水利改革发展大局的要求。将年度党建工作任务纳入局目标管理考核，将党建工作目标层层下达，做到了目标清晰、责任到人，以完善的规章制度促进组织建设。配齐配强党支部领导班子，实行支部书记实职化。党组织活动经费有保证，重要的临时性党务活动有专项经费保障，党费专款专用，党建办公场地、设施满足基本活动需求。

（二）思想政治建设

加强领导班子思想政治建设。重视领导干部的政治理论学习教育，加强和改进了党组中心组的学习制度并严格落实实施。2012年7月28～29日，山东省南水北调建管局在威海召开局党委理论学习中心组扩大会议，传达学习山东省委领导干部会议和国务院南水北调办务虚会议精神，部署了下一步的工作。组织集中收听收看十八大召开和胡锦涛总书记《坚定不移沿着中国特色社会主义道路前进，为全面建成小康社会而奋斗》的报告，并讨论交流，布置了下一步深入学习研究十八大内容、领会十八大报告精神实质的工作任务和安排。举办学习贯彻十八大精神主题党课，邀请山东省委宣讲团作专题辅导报告。

加强政治学习和形势任务教育。坚持把理论学习放在重要位置，严格落实党员学习制度，深入开展创建学习型党支部活动，组织全体党员通过学习会、研讨会等多种形式，学习贯彻党的十八大精神，不断提高党员干部的政治理论水平。在南水北调工程建设和实现通水目标的关键阶段，加强形势任务教育，增强党员干部和职工的责任感、使命感和紧迫感，把思想和行动统一到又好又快推进南水北调工程建设上来。

（三）党的组织建设

山东省南水北调建管局党委高度重视党的组织建设，党委班子健全，分工明确。严格落实“三会一课”制度，根据南水北调工程建设点多、面广、战线长的特点，将党员按工作学习需要，就近编入党小组，定期组织学习，保证了全体党员正常参加组织活动，行使党员各项权利。扎实推进党组织和党员公开承诺践诺。通过党务公开栏向群众进行公示，接受广大党员群众的监督。建立了党组织和党员公开承诺项目管理台账，切实做到承诺一件、登记一件，兑现一件、销号一件，确保了各项承诺及时落实到位。2012年各党支部共承诺事项65件，全部按时完成，及时兑现。2012年11月，山东省南水北调建管局党委还出台了《山东省南水北调局承诺践诺制度实施方案》，使之长效化、机制化。关心爱护党员，继续对家庭成员有重大疾病等困难的党员落实帮扶措施，体现组织的温暖。严格党费收缴管理和使用。把党费收缴作为各支部考核的重要指标，明确专人负责，认真抓好落实。认真做好党员发展工作。在发展党员过程中，严格发展程序，按照发展党员标准和条件发展好党员，对入党材料进行严格审核把关。2012年发展新党员1人，预备党员转正3人，为党组织输送了新鲜血液。

（四）党风廉政建设

2012年，山东省南水北调建管局紧紧围绕工程建设管理实际，认真贯彻落实党风廉政建设责任制和上级工作部署，深入推进廉政风险防控管理工作，积极构建特色鲜明、有效管用的惩治和预防腐败制度体系，反腐倡廉建设取得新成效，山东省南水北调工程历经国家法制改革委、审计署、国务院南水北调办等高频度检查、审计、稽查，未发现一起违法违纪问题和职务犯罪案件，确保了“工程、资金、干部、生产”安全。

（五）群团组织工作

充分发挥群团组织作用。组织开展篮球、乒乓球、工地联欢会等职工文体活动，开展“慈心一日捐”活动。工会组织困难职工进行摸底调查，发放慰问扶助金；节假日期间到工地开展“送温暖”活动，积极维护职工合法权益。团组织积极开展创建青年文明号活动，2012年3月，组织广大团员去济平干渠工程参加植树活动，五四青年节期间，组织到工程一线参观学习，促进交流，增强凝聚力，调动了广大青年职工献身南水北调事业积极性和主动性。

（六）精神文明建设

坚持以科学发展观为指导，深入开展群众性精神文明创建活动，通过抓思想建设、机关作风建设、勤政廉政建设，贯彻落实《公民道德建设实施纲要》，大力提升全体职工的文明素质。

认真贯彻《中共中央关于加强精神文明建设的决定》、广泛开展形式多样、生动活泼的公民道德建设实践活动。突出抓好道德行为规范教育，提高干部职工思想道德觉悟，培育爱岗敬业精神，树立良好形象。

组织开展南水北调核心价值理念的总结提炼工作，广泛运用报纸、网站、宣传栏、学习会等多种途径和形式，宣传“负责、务实、求精、创新”的南水北调核心价值理念，引导广大工程建设者深化共识，共同实践，为南水北调工程又好又快建设和管理提供良好的思想保证、精神动力、舆论氛围和文化支持。

（王　洋）

河　南　省

概　述

2012年是河南省南水北调工程建设的攻坚之年，河南省南水北调办人事工作在河南省省委、省政府的正确领导和国务院南水北调办、河南省南水北调办的精心指导下服务大局、服务一线，为建设一流工程、廉政工程、生态工程、利民工程、和谐工程提供保障。河南省南水北调办加强干部队伍作风建设，坚持党的性质和宗旨，保持党员、干部思想纯洁，坚持清正廉洁，严格执行廉洁自律各项规定，深化审计、稽察、检查联动机制，堵塞资金管理漏洞；加强党风廉政建设，树立反腐倡廉的思想防线；强化内部监察审计，为工程建设保驾护航；坚持用人标准和程序，选调高素质人员，不断优化干部队伍结构。

（贾金朋）

机构设置

河南省南水北调中线工程建设领导小组办公室（简称河南省南水北调办）成立于2003年11月，是河南省南水北调中线工程建设领导小组的办事机构。河南省南水北调中线工程建设管理局（简称河南省南水北调建管局）成立于2004年10月，与河南省南水北调中线工程建设领导小组办公室一个机构两块牌子。

2012年，河南省南水北调办（河南省南水北调建管局）下设综合处、投资计划处、经济与财务处、环境与移民处、建设管理处、监督处6个处和南阳、平顶山、郑州、新乡、安阳5个南水北调工程建设管理处，内设监察审计室，受国务院南水北调办委托代管南水北调工程河南质量监督站；人员编制157名（其中：行政40名、单列编制1名、事业100名、机关驾驶员编制12名、事业驾驶员编制4名）。2010年5月，河南省水利厅以豫水人劳〔2010〕32号文批复河南省南水北调中线工程建设管理局南阳、平顶山、郑州、新乡、安阳5个南水北调工程建设管理处各设置总工程师、综合科、工程技术科、质量安全科，科级领导职数各4正2副（综合科1正1副，工程技术科1正1副），科级职数30名。

（贾金朋）

人事任免

2012年5月，以豫政任〔2012〕10号文任命王小平同志为河南省南水北调中线工程建设领导小组办公室主任；免去王树山同志的河南省南水北调中线工程建设领导小组办公室主任职务。

2012年8月，以豫政任〔2012〕81号文任命李颖同志为河南省南水北调中线工程建设领导小组办公室副主任，免去其河南省南水北调中线工程建设领导小组办公室副巡视员职务；任命杨继成同志为河南省南水北调中线工程建设领导小组办公室副主任（试用期一年）。

2012年8月，以豫水组〔2012〕49号文决定，申来宾同志任河南省南水北调中线工程建设领导小组办公室投资计划处处长，免去其河南省南水北调中线工程建设管理局总工程师职务；雷淮平同志任河南省南水北调中线工程建设领导小组办公室建设管理处处长；免去李颖同志的河南省南水北调中线工程建设领导小组办公室投资计划处处长职务；免去杨继成同志的河南省南水北调中线工程建设领导小组办公室建设管理处处长职务。

2012年8月，以豫水组〔2012〕51号文决定，张兆刚同志任河南省南水北调中线工程建设领导小组办公室总会计师，免去其河南省南水北调中线工程建设领导小组办公室综合处调研员职务；林雨成同志任河南省南水北调中线工程建设领导小组办公室投资计划处调研员，免去其河南省南水北调中线工程建设领导小组办公室投资计划处副处长职务。

2012年3月，以豫水组〔2012〕18号文免去姜成山同志的河南省南水北调中线工程建设领导小组办公室总会计师职务。

（贾金朋）

纪检监察

河南省南水北调办重视党风廉政建设，贯彻落实中央和河南省委、河南省纪委关于党风廉政建设的各项规定。2012年，河南省南水北调办主任王小平多次主持召开办公会议和党风廉政专题会议，把反腐倡廉建设与业务工作同部署、同检查，按照标本兼治、综合治理、惩防并举、注重预防的方针，着力构建教育、制度、监督并重的惩治和预防腐败体系，形成“教育兴廉、不想腐败”，“制度管廉、不能腐败”，“监督保廉、不敢腐败”的良好局面，切实做到“两项工作一起抓，两个成果一起要”，使廉政建设融入工程建设的各项决策和业务管理，促进廉政理念向现实生产力的转变。

（贾金朋）

党建工作

2012年，河南省南水北调办机关党建工作在河南省委省直工委和河南省水利厅党组的正确领导下，加强组织建设、制度建设和作风建设，以积极开展各种活动为载体，全面提高党组织的凝聚力和战斗力，较好地完成各项工作任务。

（一）组织建设，建立基层组织

（1）完成河南省南水北调办机关党委的成立大会。根据中共河南省委省直机关工作委员会《关于同意成立中共河南省南水北调中线工程建设领导小组办公室机关委员会的批复》（豫直〔2009〕45号）和中共河南省水利厅直属机关委员会《关于召开中共河南省南水北调中线工程建设领导小组办公室党员大会的批复》（豫水党〔2012〕15号），2012年9月7日，召开中共河南省南水北调中线工程建设领导小组办公室党员大会。大会选举产生中共河南省南水北调中线工程建设领导小组办公室第一届机关委员会。

（2）立基层党组织。根据中共河南省水利厅直属机关委员会《关于河南省南水北调各项目建管处成立基层党支部的批复》（豫水党〔2012〕11号），成立中共河南省南水北调中线工程建设管理局新乡段建管处党支部、南阳段建管处党支部、郑州段建管处党支部、安阳段建管处党支部、许昌段建管处党支部、焦作段建管处党支部、平顶山段建管处党支部。2012年，河南省南水北调办共有13个党支部。

（二）加强制度建设，明确工作重点

（1）印发《中共河南省南水北调中线工程建设领导小组办公室机关委员会和委员工作职责》，明确河南省南水北调办机关委员会的工作职责和机关委员会各委员的工作职责。

（2）印发《中共河南省南水北调中线工程建设领导小组办公室机关委员会工作要点》。各支部根据河南省南水北调办机关党委的安排开展工作，在思想建设、制度建设、自身建设和反腐倡廉建设方面，在党务工作科学化、制度化和规范化方面，在落实“三会一课”制度方面，在充分发挥党的领导核心作用和基层党组织的战斗堡垒作用，发挥党员的先锋模范作用等方面取得明显成效。

（3）印发《河南省南水北调办公室学习宣传贯彻党的十八大精神实施方案》，河南省南水北调办机关和各项目建管处把学习宣传贯彻党的十八大精神作为今后一个时期的首要政治任务，认真学习，并把学习情况和学习心得上传在南水北调网上，共同学习，互相交流学习。

（三）加强作风建设，工作狠抓落实

（1）在河南省南水北调系统开展以“转变作风、狠抓落实”为主题的大讨论活动。大讨论活动以邓小平理论和“三个代表”重要思想为指导，贯彻落实科学发展观，以进一步转变作风，狠抓工作落实为重点，着力解决影响和制约工程建设、基层群众反映强烈的突出问题。各支部每周集中学习一次，个人每天自学一小时，每人每月写一篇心得体会，每人写一份总结。并对心得体会进行了评选，组织演讲比赛。有的支部还举办知识竞赛、请专家授课等一系列活动。大讨论活动历时三个月，取得圆满的效果。

（2）印发《关于开展向陈建国同志学习的决定》，号召全省南水北调系统和广大建设者学习陈建国同志先进事迹和崇高精神，并召开不同层次的座谈会、采取不同形式深入开展学习陈建国同志的先进事迹，学习他无私奉献、克难攻坚、开拓创新、务实重干的精神，有力推动南水北调工程的建设步伐。

（四）加强理论学习，提高党员素质

（1）领导带头学。河南省南水北调办领导班子除坚持每月集中学习一次外，还坚持在每两周一次的主任办公扩大会议上安排理论学习议题，并把刚性的理论学习制度与灵活的学习形式相结合。

（2）支部认真学。机关各支部、各项目建管处支部每周组织一次集体学习，广大干部职工自觉学习，养成良好的学习氛围。

（3）重点部位学。主要开展干部任前培训、合同变更现场咨询培训以及配套工程建设集中培训、征迁培训、招投标培训等。

（五）加强服务意识，围绕中心工作

各项目建管处支部围绕南水北调工程建设这个中心，服务南水北调工程建设这个大局，充分发挥党组织的战斗堡垒作用和共产党员的先锋模范作用，为南水北调工程建设提供坚强的思想保证和政治保证。坚持“科学求实、开拓创新、文明规范”的原则，扎实有序开展文明工地创建工作，围绕“2013年主体工程完工，2014年汛后通水”的总体建设目标，找准工作要点，突出工作重点，大力开展劳动竞赛，全力保障和服务南水北调工程建设。

（刘亚琪　张起源）

湖　北　省

队　伍　建　设

（一）选举成立机关工会组织

经湖北省南水北调办（局）全体干部职工大会选举推荐和湖北省直机关工委工会批准，湖北省南水北调办（局）成立了机关第一届工会。郭军任工会主席，万艳艳任工会副主席，谢录静、肖代文、汪爱宏任工会委员。

（二）选举成立共青团委员会

2012年4月6日，湖北省南水北调办（局）第一届团员代表大会在兴隆建管处召开。按照《团章》规定，与会代表们按照法定程序选举产生了省南水北调办（局）第一届团委。团委委员组成情况为：团委书记汪峰，团委副书记兼纪委委员谭旻，组织委员兰银松，宣传委员陈奇，文体委员谢爱华。

（三）选举成立机关妇女工作委员会

经报湖北省直机关工委妇女工作委员会批准，湖北省南水北调办（局）机关于2012年4月6日召开了第一届女职工代表大会，以无记名投票的方式，选举万艳艳同志为妇女工作委员会主任，叶玲同志为妇女工作委员会副主任，寇慧英、袁静、汪爱宏3名同志为妇女工作委员会委员。

（四）郭志高同志当选为中共湖北省第十次党代会代表

根据《中共湖北省委关于省第十次党代表大会代表选举工作的通知》精神，按照湖北省委组织部的要求，湖北省南水北调办（局）党组高度重视，及时研究制定了《湖北省南水北调办（局）出席省第十次党代会代表选举工作方案》，并向所属各支部下发了通知，对扎实做好出席湖北省第十次党代表大会代表候选人工作提出了明确要求。经过推荐提名、组织考察、确定代表候选人初步人选名单并公示、召开局党组扩大会议投票表决等环节，选举郭志高同志为湖北省南水北调办（局）出席湖北省第十次党代表大会代表。

（五）兴隆建管处、引江济汉建管处分别选举成立第一届党委

为不断提高党建工作科学化水平，给湖北省南水北调汉江中下游治理工程建设管理提供强有力的思想保障、组织保障、作风保障和人才保障，经报湖北省直机关工委批准，并经党员代表大会选举推荐，兴隆建管处、引江济汉建管处分别选举成立第一届党委，魏立成任兴隆建管处党委书记，何裕森任副书记，刘隆斌任党委委员。周文明任引江济汉建管处党委书记，冯伟、万辉任党委委员。

（郭　军）

党风廉政建设

湖北省南水北调办（局）重视党风廉政建设，2012 年主要开展了以下几项工作：

（一）召开专题廉政风险防控会议

2012 年 1 月 9 日，湖北省南水北调办（局）召开专题廉政风险防控会议，传达湖北省直派出综合派出改革单位廉政风险防控会议精神，部署下一步廉政风险防控工作。

（二）召开“三抓一促”活动动员大会

2012 年 2 月 2 日上午，湖北省南水北调办（局）召开全体干部职工大会，学习传达湖北省“喜迎十八大，争创新业绩”主题实践活动电视电话会议和省直机关“抓作风、抓环境、抓落实、促跨越”动员大会精神，对“三抓一促”活动进行动员部署。

（三）新农村工作队进驻荆州市荆州区弥市镇弥市村

为支持新农村建设，湖北省南水北调办（局）主动与湖北省农办联系，积极参加新农村建设。2012 年 3 月 15 日，湖北省南水北调办（局）新农村建设工作队在副主任（副局长）虞志坚的带领下，进驻弥市村。

（四）与武昌区检察院启动共同预防职务犯罪工作

2012 年 3 月 21 日，湖北省南水北调办（局）与武昌区人民检察院举行了共同开展预防职务犯罪工作启动仪式。局党组书记、主任（局长）郭志高主持会议，并发表重要讲话。签字仪式结束后，武昌区人民检察院负责人作了《预防职务犯罪，加强反腐倡廉工作》专题辅导讲座。

（五）积极开展“万名干部进万村挖万塘”活动

开展“万名干部进万村挖万塘”活动是湖北省省委、省政府贯彻落实党的十七届五中、六中全会精神，进一步加强农村基础设施建设的重要部署，湖北省南水北调办（局）积极响应，主动要求参加。筹措资金 3 万多元，用于驻点村塘堰清淤开挖。

2012 年 3 月 28 日上午，在主任（局长）郭志高的带领下，副主任（副局长）郭新明、副巡视员王延军及局机关干部职工来到荆州市弥市镇弥市村，参加挖塘堰劳动。经过机械开挖和人工修整，将弥市村五组、六组的两口塘堰整修一新，恢复了蓄水灌溉功能，可灌溉周围 1150 亩的农田，为驻点村农业增产丰收奠定了基础。

（郭　军）

项目法人单位

南水北调中线干线工程建设管理局

组织机构

2012年4月12日，国务院南水北调办以国调办综〔2012〕72号文，批复同意对中线建管局有关部门（单位）职能配置、内设处室和人员编制进行适当调整：撤销工程建设部，成立工程管理部和质量安全部；撤销信息中心，成立信息工程建设管理部，调整为直管建管单位；成立惠南庄建管部三级运行管理机构和天津直管建管部运行管理机构；对有关部门（单位）职能配置、内设处室和人员编制进行适当调整。

2012年8月29日，国务院南水北调办以国调办综〔2012〕208号文，批复同意成立南水北调中线水质保护中心。

2012年10月30日，国务院南水北调办以国调办综〔2012〕251号文，批复同意对待运行期运行管理机构设置及人员配置进行调整和明确：工程运行管理部是中线建管局（一级运行管理机构）具体运行管理业务的责任部门，局属其他有关部门按职能分别负责运行管理相关工作；河南直管建管局成立工程运行管理处，将穿漳管理处由河北直管建管部调至河南直管建管局，组建邓州管理处等23个管理处（三级运行管理机构），另组建陶岔管理处；河北直管建管部现有的工程运行管理处、信息与调度处、京石段（河北境内）9个三级管理处机构、职能、编制维持不变；组建石家庄以南磁县管理处等7个管理处（三级运行管理机构），将穿漳管理处调至河南直管建管局；惠南庄建管部内设机构、人员编制维持不变，因所辖工程已进入通水运行阶段，在现有业务处室职能的基础上增加运行管理职能；天津直管建管部内设机构、人员编制维持不变，为适应工程由建设管理向运行管理转变，在现有业务处室职能的基础上增加运行管理职能，根据中线局编〔2012〕3号文，成立工程运行管理处，组建徐水管理处、霸州管理处、容城管理处、天津管理处4个管理处（三级运行管理机构），采用“两块牌子，一套人马”的方式负责所辖工程的建设及运行管理工作。

（侯　健　陈　婷）

队伍建设

2012年2月28日，国务院南水北调办以办任〔2012〕2号文决定，任命刘宪亮为南水北调中线干线工程建设管理局副局长（挂职一年）。

2012年2月28日，国务院南水北调办党组以办党任〔2012〕2号文决定，刘宪亮同志任中共南水北调中线干线工程建设管理局党组成员（挂职一年）。

2012年5月21日，国务院南水北调办以办任〔2012〕7号文决定，任命鞠连义为南水北调中线干线工程建设管理局副局长（试用期一年）。

2012年5月21日，国务院南水北调办党组以办党任〔2012〕5号文决定，鞠连义、刘杰同志任中共南水北调中线干线工程建设管理局党组成员。

2012年6月1日，南水北调中线干线工

程建设管理局（简称中线建管局）党组会研究决定，刘宪亮任信息工程建设管理部部长（兼）；聘任曹洪波为工程管理部部长（聘期三年）；聘任李舜才为质量安全部部长（聘期三年），免去其原工程建设部部长职务；聘任翟宜峰为信息工程建设管理部副部长（部门正职级，聘期三年），免去其原信息中心主任职务；聘任孙建峰为质量安全部副部长（聘期三年），免去其原工程建设部副部长职务；聘任刘彬为信息工程建设管理部副部长（聘期三年），免去其河北直管项目建设管理部副部长职务；聘任傅又群为工程管理部副部长（聘期三年，试用期一年），免去其原工程建设部工程管理处处长职务；聘任李耀忠为河北直管项目建设管理部副部长（聘期三年，试用期一年），免去其河北直管项目建设管理部工程运行管理处处长职务；聘任李英杰为河北直管项目建设管理部副部长（聘期三年，试用期一年），免去其河北直管项目建设管理部工程管理三处处长职务；聘任李静为信息工程建设管理部副部长（聘期三年，试用期一年），免去其工程技术部前期工作与科研处处长职务；聘任侯召成为信息工程建设管理部副部长（聘期三年，试用期一年），免去其原信息中心技术处处长职务（中线局任〔2012〕9号）。

2012年6月29日，中线建管局党组会研究决定，聘任郭永峰为河南直管项目建设管理局副局长兼郑焦项目部部长（试用期一年），免去其原工程建设部副部长、河南直管项目建设管理局局长助理职务；聘任尹延飞为河南直管项目建设管理局局长助理（试用期一年），免去其河南直管项目建设管理局郑州项目部工程管理处处长职务；聘任黄磊为惠南庄泵站项目建设管理部副部长（聘期三年，试用期一年），免去其惠南庄泵站项目建设管理部机电处处长职务（中线局任〔2012〕11号）。

2012年7月15日，中线建管局党组会研究决定，耿六成任河南直管项目建设管理局局长（兼）；郑征宇不再兼任河南直管项目建设管理局局长职务（中线局任〔2012〕13号）。

2012年7月15日，中线建管局党组会研究决定，程德虎任河南直管项目建设管理局总工程师（兼，列高必华之后）（中线局任〔2012〕14号）。

2012年9月14日，中线建管局党组会研究决定，聘任李舜才为中线建管局副总经济师，免去其质量安全部部长职务；聘任陈新忠为中线建管局副总会计师，免去其审计稽察部部长职务；聘任王以亮为人力资源部部长，免去其党群工作部（监察部）部长职务；聘任李志勇为党群工作部（监察部）部长，免去其人力资源部部长职务；聘任侯纯辉为南水北调宣传中心主任（试用期一年）；聘任杜元强为综合管理部副部长（试用期一年），免去其综合管理部综合处处长职务；聘任季茂祥为计划合同部副部长（试用期一年）；聘任孙晓峰为质量安全部副部长（主持工作），免去其工程运行管理部副部长职务；聘任台德伟为质量安全部副部长（试用期一年），免去其原工程建设部质量安全处处长职务；聘任秦颖为财务与资产管理部副部长（试用期一年），免去其财务与资产管理部财务处处长职务；聘任孙卫军为工程技术部副部长（试用期一年），免去其工程技术部技术处处长职务；聘任黄礼林为审计稽察部副部长（主持工作），免去其财务与资产管理部副部长职务；聘任董永全为工程运行管理部副部长，免去其审计稽察部副部长职务；聘任孙永平为南水北调宣传中心副主任（聘期三年，试用期一年）（中线局任〔2012〕18号）。

2012年10月18日，中线建管局党组会研究决定，聘任尚宇鸣为南水北调中线水质保护中心主任（兼）（中线局任〔2012〕23号）。

2012年11月5日中线建管局党组会研究

决定，因工作调动，免去贾琦工程运行管理部部长职务（中线局任〔2012〕24号）。

2012年12月24日，中线建管局党组会研究决定，聘任孙晓峰为质量安全部部长（试用期一年）；聘任黄礼林为审计稽察部部长（试用期一年）；聘任曹玉升为工程运行管理部副部长（试用期一年），免去其人力资源部人事处处长职务；聘任田勇为南水北调中线水质保护中心副主任（聘期三年，试用期一年），免去其移民环保局环境保护处处长职务（中线局任〔2012〕30号）。

2012年12月24日，中线建管局党组会研究决定，聘任于澎涛为河南直管项目建设管理局局长助理（聘期三年，试用期一年）（中线局任〔2012〕31号）。

（侯　健　陈　婷）

党的建设和精神文明建设

2012年，在国务院南水北调办和中线建管局党组的正确领导下，中线建管局各级党组织坚持以邓小平理论、“三个代表”重要思想和科学发展观为指导，深入学习贯彻党的十七届六中全会和十八大精神，紧紧围绕工程建设中心任务，全面做好党建和精神文明建设各项工作，突出抓好“四个围绕”、“四个结合”，切实促进了南水北调中线干线工程又好又快建设。

（1）围绕“两期”工程建设任务要求，结合中线建管局特点，切实加强党员干部队伍思想政治工作。

不断加强党员干部理论学习。研究制定并印发了《南水北调中线建管局2012年党员干部理论学习计划》，指导开展党员干部理论学习。认真组织学习胡锦涛“七一”重要讲话、党的十七届六中全会和十八大精神，加强日常思想政治教育，促使全体党员干部自觉提高思想政治素质。扎实做好学习宣传贯彻党的十八大精神的一系列工作，组织全体党员干部收听收看党的十八大开幕会、闭幕会，召开党组中心组（扩大）学习会议，及时传达学习贯彻党的十八大精神；结合工程建设工作实际，研究制定并初步落实“中线建管局学习宣传贯彻党的十八大精神实施计划”，切实把全局职工思想和行动统一到党的十八大精神上来。

积极组织全员思想教育活动。2012年初印发《关于深入开展“坚定理想信念”主题教育活动的通知》，督促各部门、各单位结合工作实际，创造性地开展主题教育活动，促使党员干部进一步加强党性、坚定信念。组织以“迎接党的十八大胜利召开”为主题的主题党日活动，宣传和贯彻党的路线方针政策，抓好干部员工思想政治工作。组织对党员干部加强“两期”形势任务教育和职业道德教育，深入开展向李林森、刘峙清、陈建国、张丽莉、沈星等先进人物学习以及学雷锋活动，增强了党员干部职业道德素养。

深入开展员工思想状况调研。通过召开座谈会、开展谈心活动、过好组织生活等方式，了解和掌握员工思想动态，着力做通干部员工思想工作。培育和塑造适合南水北调工程建设实际的核心价值理念，激励广大党员干部投身南水北调伟大事业。

（2）围绕基层党组织建设年要求，结合创先争优活动，充分发挥基层党组织战斗堡垒作用和党员先锋模范作用。

以开展基层组织建设年活动为重点，着力促进组织凝聚力和战斗力的不断提高。切实抓好基层组织建设年活动各项工作，通过完成制订计划、调查摸底、健全组织、教育培训、总结交流和完善机制等六个阶段目标任务，努力使基层党组织战斗力、基层党组织书记素质、党员队伍生机活力、基础保障水平、党建制度化水平得到全面提升。通过认真筹备、精心组织、周密安排，于2012年8月顺利举办了为期三天的入党积极分子和党的发展对象培训班，并组织各部门、各单位主要负责人参加了办公室党支部书记培训班，进一步坚定理想信念，牢固树立攻坚克难、务期必成的信心和决心。

以深化创先争优活动为重点，着力推进南水北调中线干线工程又好又快建设。2012年初制定印发了创先争优活动工作要点，结合工程建设实际，紧抓岗位建功这一着力点，将党内创先争优活动融入劳动竞赛，融入岗位练兵、技术比武和争创五一劳动奖、巾帼建功标兵、三八红旗手、青年先锋岗、青年文明号等活动，充分发挥党员在工程建设中的先锋模范作用，从而提高工作效率和工作质量。评选表彰在工程建设实践与创先争优活动中涌现出来的先进人物，激发大家争当先进的积极性，为开创南水北调中线干线工程加快建设新局面多作贡献。2012年，共表彰了6个先进党支部和28名优秀党员，并推荐国务院南水北调办表彰了3个基层党组织和17名优秀党员。

以切实加强组织生活为重点，着力推进党的建设和工程建设同步发展。从党的建设和工程建设工作要求及实际需要出发，进一步健全“三会一课”制度，保证组织生活正常有序开展，组织各支部开好民主生活会和组织生活会。认真做好党员发展工作，全年共吸收预备党员14人，预备党员按期转正13人，全局党员人数达到409名。履行“服务中心，建设队伍”职能，认真做好党支部换届选举工作，改选党支部25个，并新建党支部2个，做到机构健全、分工明确、作用发挥，进一步加强了工作力量，服务了工程建设。

（3）围绕反腐倡廉及作风建设要求，结合国家审计署进驻审计工作，努力形成讲协作、讲实干、讲廉洁氛围。

扎实推进党风廉政建设工作。坚持“两手抓两手都要硬”的方针，积极贯彻落实中央关于廉洁自律规章制度和国务院南水北调办党组、机关党委的廉政建设要求。组织召开廉政工作会，做好廉政工作部署，结合工程建设实际，重点抓好制度建设、作风建设、预防职务犯罪和警示教育。组织党员干部认真学习贯彻中纪委十七届七次全会精神和胡锦涛同志重要讲话以及国务院第五次廉政工作会议精神，引导广大党员干部进一步增强廉洁自律意识，不断规范廉洁从业行为。配合国家审计署进驻审计工作，坚持以人为本、教育在先、预防为主的原则，组织干部学习相关法律法规、党内纪律等；通过收看反腐倡廉宣传片、举办廉政讲座、布置廉政宣传栏和在网站开辟党风廉政建设专栏等方式，积极开展反腐倡廉典型示范教育和警示教育，逐渐形成讲协作、讲实干、讲廉洁的工作氛围，以廉政建设推进南水北调中线干线工程又好又快建设。认真贯彻落实《党政领导干部选拔任用工作责任追究办法（试行）》等四项监督制度，防止选人用人上的不正之风。

大力推动作风建设和效能监察。结合南水北调中线干线工程建设工作实际，研究制订了“加强和改进干部作风建设的实施方案”，进一步贯彻落实鄂竟平主任“五种作风”建设要求，着力造就一支负责、务实、求精、创新的干部队伍，为又好又快推进工程建设提供有力保障。坚持典型引路、示范带动的导向，组织广大干部员工认真学习先进人物和身边模范，弘扬劳模精神，倡导优良作风。开展作风建设、创先争优、精神文明创建等综合检查，积极落实效能监察工作，不断提高工作效率和工作质量。

切实加强反腐倡廉制度建设。继续深入抓好《建立健全惩治和预防腐败体系2008～2012年实施意见》的落实，进一步加大了预防腐败工作的力度。研究起草了《领导人员违纪违规行为纪律处分暂行规定》，进一步建立健全廉政建设规章制度。狠抓党风廉政建设责任制的贯彻落实工作，签订《党风廉政建设责任书》，做好直管建管单位党风廉政建设暨党建工作责任制年终考核工作，确保各项廉政工作落实到位。

（4）围绕构建文明和谐单位要求，结合精神文明创建活动，积极做好新形势下的工青妇工作。

推进文明创建，塑造企业文化。坚持把物质文明建设和精神文明建设作为重要载体，下大气力组织文明创建活动，积极迎接中央国家机关精神文明建设协调领导小组文明创建工作检查，争创中央国家机关文明单位。以丰富员工精神文化生活为重点，不断加强工青妇等群众组织工作，有力地配合和促进了中心工作的顺利开展。全方位加大宣传工作力度，因地制宜设置橱窗、宣传栏、活动室等宣传阵地，营造健康向上、和谐共建的企业文化氛围。进一步落实“细胞工程”建设，全年共评选表彰文明员工98名，文明部门（单位）8个，文明家庭59个，并推荐国务院南水北调办评选表彰文明职工15名，文明单位5个，文明家庭15个。

组织劳动竞赛，服务中心工作。中线建管局女职工胡敏锐获得“全国五好文明家庭”荣誉；组织开展“创先争优保通水、岗位建功做贡献，向党的十八大献礼”劳动竞赛活动，绝大多数党员、干部表现积极良好，其中在公文写作技能大赛中，有6人获中央国家机关工会联合会表彰、17人获国务院南水北调办表彰，中线建管局还获得国务院南水北调办优秀组织奖。另外，还参加了国务院南水北调办开展的劳动竞赛有关办法起草工作以及劳动竞赛调研和组织工作。

开展文体活动，丰富员工生活。组织春节联欢会、环玉渊潭“健步走”等文体娱乐活动；参加国务院南水北调办组队的中央国家机关桥牌赛、“农行杯”桥牌赛、“红牛杯”桥牌赛，获甲级队优胜奖；做好国务院南水北调办趣味运动会和参加中央国家机关“公仆杯”乒乓球赛活动的后勤服务保障工作；坚持“三个贴近”，组织“送文体器材到工地”、“文体活动到工地”和“送电影到工地”活动，根据4个现场直管建管单位人员数量，购置约19 600元文体器材，推动各建管单位广泛开展职工运动，以丰富建管人员的业余文化生活，增强员工体质，促进工程建设。

关心职工福利，维护合法权益。召开职工会员大会讨论通过中线建管局企业年金方案，调整计生委等组织成员，起草审定计生委议事办法，明确“六一”儿童节福利费用发放管理细则和员工婚礼礼金发放标准细则。开展送温暖活动和全员福利保障工作，“三八”妇女节组织女职工采摘活动，建设文明和谐的单位环境。

发挥青年作用，促进工程建设。共青团工作以纪念建团90周年为契机，重点抓了青年文明号创建和青年素质拓展等“三项工程”，广泛开展为南水北调中线干线工程又好又快建设献计献策活动和“岗位学雷锋，争做南水北调优秀青年”主题活动，积极组织参加中央国家机关青年文明号、国务院南水北调办青年文明号的评选申报工作，共有17个青年集体获得国务院南水北调办“青年文明号”，2个青年集体获中央国家机关“青年文明号”，河北直管建管部工程运行管理处参评2011～2012年度全国“青年文明号”，树立了良好形象，极大地鼓舞了青年员工在南水北调工程建设中创先争优、奋发有为、建功立业。

（邓小聪）

外事工作管理

中线建管局2012年先后选派4名同志参加国务院南水北调办组织的3个考察、培训团组以及中国大坝协会组织的考察团，学习了水利工程建设管理、水资源配置和综合利用、工程建设质量监督管理、碾压混凝土坝筑坝技术创新及应用等方面的管理经验。

（杨晓丹）

南水北调中线水源有限责任公司

人才队伍建设

南水北调中线水源有限责任公司（简称中线水源公司）制定并落实了《公司员工教育培训管理办法》和《2012年员工培训计划》，全年共组织学习12次，重点学习了党的十八大、十七届七中全会、中纪委十七届七次全会和南建委六次全会精神，传达学习了水利部贯彻党的十八大精神视频会、国务院南水北调办南水北调工程建设工作会、审计动员会和长江委工作会、党的工作会、党风廉政建设会、干部大会等重要会议精神，组织了创先争优、基层组织建设年、党风廉政建设等专题学习。举办了安全生产等业务培训班，全年共选派员工参加上级和地方行业组织的培训83人次。严格执行干部选拔任用条例及其四项监督制度。重视干部的教育、考核、监督等日常管理工作，制定完善了干部人事管理制度，开展了员工年度考核工作。

目前有员工62人，其中管理岗位41人（教授级高工6人，高级职称29人，中级职称5人，初级职称1人），辅助岗位21人。

（刘兆增）

党建工作

（一）学习活动

以党委中心组与员工集中学习相结合的方式，组织党员干部学习政治理论和管理知识。重点学习了党的十八大、中纪委十七届七次全会和国务院南水北调建委六次会议精神，传达学习了水利部、国务院南水北调办和长江委重要会议精神，组织了创先争优、基层组织建设年、党风廉政建设等专题学习，开展了赴井冈山等地革命传统教育活动，进一步坚定了全体党员干部的理想信念，增强了贯彻落实党的路线方针政策和上级决策部署的自觉性。

（二）党建工作

一是按照长江委的统一部署，组织开展了基层组织建设年活动。二是以践行承诺、总结完善为重点，扎实开展了创先争优活动。三是组织召开了年度党员领导干部民主生活会。四是完善了党建、党风廉政建设和工会工作制度，提高了工作的规范化水平。五是推进文明创建活动，综合处和两个施工单位再获国务院南水北调办“青年文明号”称号。

（三）干部队伍建设

一是认真贯彻民主集中制，制定了《“三重一大”实施办法》，坚持班子集体研究，做到依法、科学决策。二是经多次反映和争取，增资方案终获批复，提高了员工收入，稳定了队伍。三是根据工程建设管理实际需要，及时从汉江集团选调了两位工程技术人员，充实了干部队伍。四是完善了干部人事管理制度，开展了员工年度考核工作。五是采取自主办班和外出培训相结合的方式，加大了教育培训力度，提高了队伍素质。

（四）群团活动

工会组织了元宵烟花晚会、春秋季远足健身活动和迎新年趣味运动会，举办了水利知识与政策法规竞赛，组织参加了长江委职工廉政书法评展和职业技能竞赛活动。积极支持、引导公司篮球、自行车、游泳爱好者开展活动，并配发了基本装备。中线水源公司工会被长江工会授予“全江优秀工会”和“开展职代会制度优秀单位”称号。

（刘兆增）

党风廉政建设

（一）认真贯彻落实上级关于党风廉政建设和反腐败工作方针政策要求

中线水源公司对党风廉政建设和反腐败工作高度重视，制定了2012年反腐倡廉工作计划。召开了廉政建设和反腐败工作专题会，分析党风廉政建设和反腐败工作形势，部署党风廉政建设和反腐败工作。在做好各项基础工作的同时，充分利用各种学习机会，宣传党风廉政的方针政策，先后学习了中纪委七届七次会议精神、长江委2012年反腐倡廉工作会议精神、《中国共产党党员领导干部廉洁从政若干准则》、《国有企业领导人员廉洁从业若干规定》等文件，并将上述规定在中线水源公司内网上刊发，号召大家认真学习；重大节日前，召开专门会议，主要领导都对节日期间党风廉政工作提出具体要求。

（二）开展党风廉政建设宣传教育月活动

2012年6月1～30日，组织开展了以“保持党的先进性和纯洁性，促进治江事业科学发展”为主题的党风廉政宣传教育月活动，下发了通知，举办反腐倡廉专题报告会；开展“学党史、知党情、跟党走”学习教育活动；召开了一次理论中心组学习会，学习新修订的《关于实行党风廉政建设责任制的规定》；组织职工收看反腐倡廉警示教育专题片；组织员工赴井冈山进行爱国主义、革命传统教育和反腐倡廉教育；活动将宣传教育与工程建设结合起来，将开展宣教月活动与经常性的反腐倡廉教育相结合，将鲜明的主题教育与丰富多彩的教育形式相结合，进一步增强了党员领导干部服务基层、服务群众的意识，营造了崇廉尚廉、和谐发展的工作氛围。

（三）廉政风险防控工作

按照长江委廉政风险防控推进会的要求，继续做好廉政风险防控的各项工作，深入学习了水利部《防控手册》，并将《防控手册》刊登在中线水源公司内网上，号召大家学习，同时对岗位职责和工作流程进行了再梳理，通过自己找、同事提、相互查、组织点评等方法，查找出来廉政风险点并进行完善。组织召开专题会议，由领导班子和职工代表对查出的各类腐败风险进行评估定级。2012年共查找了一级风险点63个，二级风险点31个，三级风险点19个，涵盖了中线水源公司各个岗位、所有工作环节。对所有风险点均制定了切实可行的整改措施，并就排查出的腐败风险点广泛征求意见，经修改完善后汇编成册，廉政风险防控体系的框架基本构建完成。

（四）监督检查

按照管理权限逐层签订了廉政建设责任书，组织开展了中层领导干部党风廉政建设责任制考核。加强对招投标、工程变更、结算等重点环节的监督检查，在施工现场和中线水源公司办公场所设置了3块工程建设举报牌，先后参加招投标、比价项目的监督7次。组织开展了工程建设资金管理自查自纠、左坝头水土保持项目专项检查等活动。

（班静东）

南水北调东线江苏水源有限责任公司

人事外事管理

（一）人才规划开发

南水北调东线江苏水源有限责任公司（简称江苏水源公司）研究制定了《江苏水源公司人力资源规划草案》。根据江苏水源公司的职能要求和二、三级机构框架，初步分析了委托管理和直接管理的利弊得失，分析研究了江苏水源公司转型期人力资源开发工作，围绕构建一支核心管理队伍为目标，着手分阶段、按级配、多渠道开展人才引进工作。首次通过大规模公开招聘引进二、三级机构人才64名。为使江苏水源公司本部人才保持合理级配和专业素养，从重点高校引进博士研究生1名、硕士研究生5名、本科毕业生7名。

（二）人才培养

重视公司人才培养工作，鼓励员工提升学历。目前，江苏水源公司本科及以上学历占比为95%以上，硕士及以上学历占比为38%。其中员工在职学历中，本科升硕士4人次，硕士升博士1人次。积极组织引导员工申报职称，员工中高级职称所占比重较高，中级及以上职称占比为75%，高级及以上职称占比为49%。其中，高级职称升研究员高级职称者3人次，引进研究员高级职称1人次，中级职称升高级职称者11人次，初级职称升中级职称者10人次。结合工作需要，建立科级干部动态培养晋升机制，2012年提任中层干部3人，科级干部5人。组织申报培养江苏省“333高层次人才培养工程”第二层次培养对象1人、第三层次培养对象2人，引进第三层次培养对象2人。培养江苏省水利“111”人才1人，培养全国水利青年科技英才1人。2012年度组织员工参加各类培训30人次。

（三）加强机构建设

研究制订了江苏水源公司二、三级机构的组建方案，指导完善宿迁分公司已开始运转，成立扬州分公司，具备了人员招聘条件。为适应江苏水源公司发展需要，组建成立了江苏水源公司调度信息中心和档案馆，协助组建了调度管理局和部分影响工程建设单位。

（四）薪酬体系

充分考虑二级机构及三级机构职能差异以及员工岗位的不同特性，对二、三级机构薪酬办法分开设计，研究出台了分公司和管理所薪酬办法，已经开始执行。

（五）外事工作

2012年外事活动多，办理工作量大。先后承办了泗洪站10人赴日本、邳州站6人赴德国组团验收，赴美国培训1人，赴澳大利亚培训1人等，共计18人次的出国手续办理工作，为工程建设的顺利开展和员工培训提升提供了有力的保障。

（林　亮）

党建工作

2012年，在党风廉政建设、精神文明建设、群团工作、文化建设等方面做了如下几项工作：

（一）精神文明

一是抓好文明创建工作。被江苏省水利厅再次确定为“全省水利系统文明单位”和“全省水利系统先进职工之家”。淮安四站工程管理项目部、江苏省南水北调金湖站工程建设处、江苏省南水北调睢宁二站工程建设处、江苏省水利建设工程有限公司洪泽站工程项目部、江苏省南水北调淮安工程建设处、泰州市南水北调卤汀河拓浚工程建设处、扬州高水河建设处江苏省总工会评为“江苏省工人先锋号”；南水北调睢宁二站建设处工程科、解台泵站管理部被国务院南水北调办评为“南水北调系统青年文明号”。二是做好“六五”普法工作及信访工作。根据《江苏水源公司法制宣传教育的第六个五年规划》，积极开展法制宣传教育，逐级开展普法活动，抓好江苏水源公司中层及各参建单位负责同志学法用法、工程管理人员学法用法、工程一线职工的学法用法工作，并利用“世界水日”、“中国水周”、“12·4 法制宣传日”等重大纪念日和安全生产活动月进行有针对性的宣传；为进一步加强江苏水源公司信访工作，提高信访工作水平，新修订了《南水北调东线江苏水源有限责任公司信访工作办法》。三是开展重点工程劳动竞赛活动。组织江苏省境内南水北调工程建设现场机构继续开展以“我为率先通水立新功”为主题的劳动竞赛活动，江苏省总工会于2012年内对江苏省南水北调重点工程劳动竞赛活动开展情况进行现场考评，受到好的评价。四是组队参加系统各项文体活动。组织了新春团拜会，组织排练节目参加江苏省水利厅新春联欢会演出，承办了“江苏南水北调杯”篮球赛，丰富了员工文体生活；组织全体职工到南水北调金湖站开展义务植树活动；高温期间，组织开展了“送清凉、送法律、送安全”等三送活动。

（二）事务工作

一是做好公司行政后勤工作，加强公司内部安全管理，特别是在十八大期间和重要节日期间值班管理，全年公司内部没有发生安全事故；加强会议室及办公环境的管理，更新配置了折旧到期的固定资产，保证公司日常办公的需要。二是加强公司车辆管理。更新配置部分车辆，加强公务用车日常保养和调度运行管理，统筹调度车辆，全年安全行车70万km，适应建设高峰期的用车需要。三是组织完成两次领导小组会议、国务院南水北调办工作会议和年度、年中江苏省南水北调建管会会议的筹备工作。

（吴丹华）

档案管理工作

2012年，江苏水源公司始终坚持高标准、严要求抓好档案工作。一是加强档案检查指导。2012年3月和12月两次组织档案专业培训班，对建设、监理、施工单位档案管理人员集中开展了专题培训。多次编印国务院南水北调办档案管理规定和江苏水源公司档案管理实施办法汇编近1000本，印发在建工程参加单位普及档案知识，增强档案意识。组织两次档案互查互学活动，多次组织档案工作薄弱单位到先进单位学习观摩，努力提高档案整编归档水平。二是及早组织档案专项验收。按照工程验收计划，及时制定档案验收具体计划，对具备验收条件的项目及时组织江苏水源公司自验，并向国务院南水北调办报验。组织完成刘老涧二站工程、骆南中运河影响处理工程、里下河水源调整淮安灌区、皂河一站更新改造、皂河二站工程合同项目档案专项验收。其中，刘老涧二站工程和骆南中运河影响处理工程档案已通过国务院南水北调办设计单元档案专项验收。目前，江苏段工程已累计完成13个设计单元工程档案专项验收，为工程完工验收创造了条件。

（余　真）

CHINA SOUTH-TO-NORTH WATER DIVERSION PROJECT CONSTRUCTION YEARBOOK

拾陆 统计资料

THE STATISTICAL INFORMATION

在建工程基建投资统计

概　　述

2012年，南水北调东、中线一期设计单元工程初步设计报告已全部批复完毕，工程建设各项工作也不断加快，形成东、中两线全面开工建设的局面。

2012年，南水北调东线68项设计单元工程，已完工41项，与通水直接相关的主体工程基本完工。中线丹江口大坝加高至设计高程，陶岔渠首混凝土坝段已封顶，穿黄隧洞工程洞身内衬已提前完工，沙河渡槽完成槽身预制188榀（占比82%），铁路交叉工程大部分能够按计划或提前完成建设任务，京石段自动化调度系统顺利启用。

截至2012年底，国务院南水北调办负责建设的东线一期16个单项工程已全部开建，中线一期17个单项工程中，除中线水源专项工程尚未建设外，其余16个单项工程已开工建设。

截至2012年底，全部155项设计单元工程中，建成或基本建成78项，占50.3%；在建76项，占49.1%；未开工1项，占0.6%。

截至2012年底，国家累计安排南水北调办负责投资计划管理的南水北调主体工程建设项目投资计划2153.6亿元，按投资来源分：中央预算内投资247.3亿元，中央预算内专项资金106.5亿元，南水北调工程基金159.2亿元，银行贷款465.4亿元，国家重大水利工程建设基金1175.1亿元。

其中：工程建设安排投资2074.2亿元（中央预算内投资227.4亿元，中央预算内专项资金106.0亿元，南水北调工程基金159.2亿元，银行贷款465.4亿元，国家重大水利工程建设基金1116.1亿元）。

截至2012年底，南水北调工程建设项目（含丹江口库区移民安置工程）累计完成投资2029.2亿元，占在建设计单元工程总投资2232.7亿元的91%，其中东、中线一期工程分别累计完成投资293.8亿元和1703.2亿元，分别占东、中线在建设计单元工程总投资的95%和88%；过渡性资金融资利息31.3亿元，其他0.9亿元。

（马永征　王　熙）

2012年投资安排及完成情况

2012年南水北调工程建设安排投资517亿元，完成投资652.9亿元（其中，东线一期工程完成投资77.2亿元，中线一期主体工程完成投资425.0亿元，丹江口库区移民安置工程132.0亿元，过渡性资金融资利息18.7亿元）。

（马永征　王　熙）

东线一期在建工程建设进展情况

根据各项目法人单位报国务院南水北调办的2012年建设投资统计年报，截至2012年底，南水北调东线一期在建各主要设计单元工程建设进展情况如下：

（一）三阳河潼河宝应站工程

工程于2002年12月开工建设，是南水北调首个开工工程，2005年9月基本建成。批复总投资93 178万元，已完成全部投资。完成土方挖填2713万m^3，石方5.95万m^3，混凝土浇筑13.4万m^3，金属结构237t，机电设备4台（套）。目前已移交运管单位，正在进行完工验收准备。

（二）刘山站工程

工程批复总投资 24 454 万元，已完成全部投资。共完成土方 196 万 m^3，石方 3.65 万 m^3，混凝土 4.69 万 m^3，金属结构 660t，机电设备 5 台（套）。目前已通过完工验收，并移交运管单位。

（三）解台站工程

工程批复总投资为 19 007 万元，已完成全部投资。共完成土方 110.9 万 m^3，石方 6.17 万 m^3，混凝土 3.88 万 m^3，金属结构 460t，机电设备 5 台（套）。目前已通过完工验收，并移交运管单位。

（四）蔺家坝站工程

工程批复总投资为 22 099 万元，已完成全部投资。共完成土方 121.99 万 m^3，石方 0.4 万 m^3，混凝土 3.49 万 m^3，金属结构 457.04t，机电设备 4 台（套）。目前已通过技术性初验，并移交运管单位。

（五）淮阴三站工程

工程于 2005 年 10 月 28 日正式开工建设，批复总投资 24 778 万元，已完成全部投资。共完成土方 247 万 m^3，石方 4.51 万 m^3，混凝土 2.53 万 m^3，金属结构 307t，机电设备 17 台（套）。目前已通过完工验收，并移交运管单位。

（六）淮安四站工程

工程批复总投资 15 971 万元，已完成全部投资。共完成土方 100.2 万 m^3，石方 0.65 万 m^3，混凝土 3.54 万 m^3，金属结构 460t，机电设备 4 台（套）。目前已通过完工验收，并移交运管单位。

（七）淮安四站输水河道工程

工程批复总投资 28 845 万元，已完成全部投资。共完成土方 412.51 万 m^3，石方 1.31 万 m^3，混凝土 2.42 万 m^3，金属结构 339.2t，机电设备 21 台（套）。

（八）江都站改造工程

工程批复总投资 26 380 万元，已全部下达。目前已完成除船闸工程以外的全部工程，累计完成工程投资 25 009 万元，占总投资的 94.8%。完成土方 64.46 万 m^3，石方 1.76 万 m^3，混凝土 2.56 万 m^3，金属结构 1000t，机电设备 17 台（套）。目前已移交运管单位，正在进行完工验收准备。

（九）泗阳站工程

工程批复总投资 30 614 万元，已下达投资计划 30 124 万元，已完成全部投资，并通过通水验收，累计完成土方 128.51 万 m^3，石方 3.88 万 m^3，混凝土浇筑 3.89 万 m^3，金属结构 292t，机电设备 6 台（套）。

（十）泗洪站工程

工程批复总投资 55 893 万元，已下达投资计划 55 033 万元，累计完成投资 52 301 万元，占总投资的 93.57%，累计完成土方 546.8 万 m^3，石方 5.81 万 m^3，混凝土浇筑 13.47 万 m^3，金属结构 1560t。

船闸、节制闸已完成单位工程验收；泵站完成主体施工，完成 3 台（套）主机泵设备安装；调节闸、排涝闸正在进行墙后回填土填筑，继续金属结构安装。

（十一）刘老涧二站工程

工程批复总投资 20 722 万元，已下达投资计划 20 282 万元。工程已全部完成，并通过通水验收，累计完成土方 80.27 万 m^3，石方 2.8 万 m^3，混凝土浇筑 3.04 万 m^3，金属结构 285t，机电设备 4 台（套）。目前已移交管理单位。

（十二）皂河二站工程

工程批复总投资 27 316 万元，已下达投资计划 26 886 万元，工程已全部完成，并通过通水验收，累计完成土方 172.71 万 m^3，石方 1.22 万 m^3，混凝土 4.38 万 m^3，金属结构 359.8t，机电设备 3 台（套）。

（十三）皂河一站改造工程

工程批复总投资 12 219 万元，已下达投资计划 11 989 万元。工程已全部完成，并通过通水验收，共完成土方 30.33 万 m^3，石方 0.46 万 m^3，混凝土 3.23 万 m^3，金属结构

130t，机电设备1台（套）。

（十四）金湖站工程

工程批复总投资37 822万元，下达投资计划37 062万元，工程已全部完成，共完成土方176万m^3，石方5.31万m^3，混凝土4.5万m^3，金属结构885t，机电设备5台（套）。

（十五）金宝航道工程

工程批复总投资98 116万元，下达投资计划97 116万元，累计完成投资97 617万元，占总投资的99.49%，完成土方839.4万m^3，石方0.53万m^3，混凝土12.15万m^3，金属结构378.4t，机电设备30台（套）。

截至2012年底，施工Ⅰ标工程基本完成；施工Ⅱ标段继续河道疏浚及排泥场围堰填筑，工程扫尾；施工Ⅲ标主要影响建筑物已完成机电设备及启闭机的吊装工作，正在进行上部房屋结构施工；桥梁工程左家路生产桥、金唐公路桥路、东荡生产桥即将进行通车验收；大汕子枢纽工程完工。

（十六）淮安二站改造工程

工程批复总投资5323万元，下达投资计划5143万元，已完成全部投资。累计完成土方3.52万m^3，石方0.52万m^3，混凝土0.11万m^3，金属结构67t。

（十七）骆马湖以南中运河影响处理工程

工程批复总投资11 197万元，下达投资计划10 867万元。目前工程已全部完成，陆续移交管理单位。累计完成土方38.75万m^3，石方0.55万m^3，混凝土14.49万m^3，金属结构655.7t。

（十八）里下河水源调整工程

工程批复总投资227 199万元（南水北调工程分摊投资175 113万元），下达投资计划173 963万元，累计完成投资221 631万元，占总投资的97.55%，累计完成土方2956万m^3，石方10万m^3，混凝土16.81万m^3，金属结构2966t，机电设备117台（套）。

淮安境内工程：完成头溪河北站等3座泵站，新建涧河节制闸等3座涵闸，拆建蒋桥进水闸等3座涵闸，拆建桥梁10座，加固桥梁1座，工程全部完工。

泰州境内工程：继续进行河道疏浚、河坡护砌；桥梁工程周庄公路桥顺利合龙；影响工程正在进行泥碎石路、桥梁接线等扫尾施工。

扬州境内工程：卤汀河、大三王河继续进行河道开挖、堤防填筑；跨河桥梁、灌区调整工程有序施工，工程扫尾。

盐城境内工程：阜宁站土建项目完成，正在进行水泵机组安装；北坍站已完成土建施工，外部装修已基本完成；民便河疏浚基本完成；阜东灌区9座泵站建筑物工程已基本完成。

（十九）高水河整治工程

工程批复总投资14 654万元，下达投资计划14 304万元，工程已全部完成，累计完成土方135万m^3，石方40万m^3，混凝土0.86万m^3。

（二十）睢宁二站工程

工程批复总投资24 085万元，下达投资计划23 565万元，累计完成投资23 182万元，占总投资的96.25%，累计完成土方115.5万m^3，石方1.51万m^3，混凝土5.18万m^3，金属结构118.9t。

目前工程已通过水下验收，进场交通桥主体结构施工已经完成，正在进行进场道路路基施工；主体工程检修间、主厂房、控制楼、GIS一层已封顶；水泵已全部进场，第一台电机已经总装完成，第二台电机正在总装；管理设施正在进行室内外装修扫尾。

（二十一）邳州站工程

工程批复总投资31 644万元，下达投资计划31 074万元，累计完成投资30 884万元，占总投资的97.6%，累计完成土方103.72万m^3，石方2.18万m^3，混凝土5.15万m^3，金属结构489.7t，机电设备3台（套）。

目前工程已通过水下验收，水泵已安装完成；清污机桥土建基本完成，清污机安装到位；管理楼封顶；堤顶公路桥通车；刘集南闸完成水下工程验收；供电线路110kV基础施工基本结束，已通过基础验收。

（二十二）洪泽站工程

工程批复总投资49 397万元，下达投资计划48 677万元，累计完成投资47 397万元，占总投资的95.95%，累计完成土方540.22万m^3，石方0.64万m^3，混凝土11万m^3，金属结构584.02t，机电设备3台（套）。

目前工程已通过水下验收，泵站工程完成变电站地面至34.05m柱梁混凝土浇筑，完成控制楼29.2～31.5m高程屋顶柱梁混凝土浇筑；挡洪闸完成启闭机房柱梁、屋面板混凝土浇筑；完成挡洪闸北桥头堡28.3～32.5m高程柱梁板混凝土浇筑；洪金地涵完成桥头堡三层梁板、柱混凝土浇筑。

（二十三）洪泽湖抬高蓄水影响处理工程江苏省境内工程

工程批复总投资26 003万元，下达投资计划25 503万元，目前工程已完成全部投资，累计完成土方163.44万m^3，石方1.42万m^3，混凝土12.87万m^3，金属结构333.34t，机电设备65台（套）。

（二十四）徐洪河影响处理工程

工程批复总投资24 849万元，下达投资计划24 329万元，目前工程已全部完工，累计完成土方150.4万m^3，石方4.88万m^3，混凝土11.72万m^3，金属结构20t，机电设备5台（套）。

（二十五）沿运闸洞漏水处理工程

工程批复总投资12 252万元，下达投资计划12 102万元，累计完成投资10 766.08万元，累计完成土方70.17万m^3，石方4万m^3，混凝土0.64万m^3，金属结构433.67t，机电设备225台（套）。沿运闸洞漏水处理工程涉及5个地市和3个省属管理处，工程大部分为站闸维修，主要为机电设备安装。目前除徐州境内、江都管理处工程外，其他工程基本完成。

（二十六）骆马湖水资源控制工程

工程批复总投资2967万元，工程已建成，通过技术性初验，并移交管理单位。累计完成土方38.75万m^3，石方0.55万m^3，混凝土1.45万m^3，金属结构655.7t。

（二十七）姚楼河闸工程

工程批复总投资2232万元，已全部完工，通过技术性初验，并移交管理单位。累计完成土方8.5万m^3，石方0.1万m^3，混凝土0.33万m^3，金属结构34t，机电设备6台（套）。

（二十八）杨官屯河闸工程

工程批复总投资5528万元，已全部完工，通过技术性初验，并移交管理单位。累计完成土方5.3万m^3，石方0.2万m^3，混凝土1.24万m^3，金属结构111t，机电设备4台（套）。

（二十九）大沙河闸工程

工程批复总投资10 968万元，工程已全部完工，通过技术性初验，并移交管理单位。累计完成土方46万m^3，石方1万m^3，混凝土2.4万m^3，金属结构396t，机电设备11台（套）。

（三十）东线江苏段专项工程

江苏段4个专项工程中，管理设施专项工程三级机构交水断面正式开工，累计完成投资200万元；调度运行系统专项京杭运河段骨干通信光缆线路工程完成400km通道建设，累计完成投资5220万元；文物保护二期控制性项目通过阶段验收，累计完成投资2580万元；血吸虫北移防护专项全部完成，累计完成投资4428万元。

（三十一）南四湖下级湖抬高蓄水位影响处理工程（江苏）

工程批复总投资22 765万元，已下达投资计划22 665万元。南四湖下级湖抬高蓄水位影响处理工程实物量调查间隔时间长达8年，地面附着物变化较大。目前重新核实实物量工作已经完成，正开展征迁补偿工作，已完成投资13 600万元。

（三十二）济平干渠工程

工程批复总投资139 791万元，全部下达并完成。累计完成土石方开挖1221.83万m^3，土方填筑725.46万m^3，钢筋制作安装19 094t，混凝土及钢筋混凝土浇筑53.32万m^3，机电设备安装581台（套），金属结构安装605.43t，渠道衬砌完成约86km，桥梁130座，倒虹39座，水闸33座，渡槽7座，排涝站2座，跌水1座，植树33.2万株。已通过国家完工验收。

（三十三）万年闸泵站工程

工程批复总投资25 371万元，全部下达并完成。累计完成土方168.5万m^3，石方5.1万m^3，混凝土浇筑完成37.9万m^3，金属结构制造安装1228.14t。

目前，万年闸泵站工程进水渠段、主副厂房段（水泵及电机已全部安装完毕，并通过了机组联合试运行验收）、出水渠段、厂区办公楼及道路、10kV与110kV供电线路、水土保持等工程已经全部完成。

（三十四）韩庄泵站工程

工程批复总投资26 794万元，累计下达投资计划26 794万元，累计完成投资30 905万元。累计完成土方152万m^3，石方4.66万m^3，混凝土3.79万m^3。

土建、安装完成，具备向南四湖调水条件。完成了消防设施验收和机组试运行验收等工作。目前5台水泵机组安装完成并验收，机组试运行验收完成。

（三十五）台儿庄泵站工程

工程总投资24 947万元，已全部下达并完成。共完成土方128.6万m^3，石方1052m^3，混凝土5.37万m^3，金属结构804t。

目前已完成厂区围墙施工、门卫房建筑工程、主泵房装修工程、站区场内道路工程、管理设施工程房屋建筑工程、站区水土保持工程，主泵、机电、电气、自动化设备已安装调试完毕，并通过联合试运行。

（三十六）韩庄运河水资源控制工程

工程批复总投资2009万元，已全部下达并完成。共完成土方4.28万m^3，混凝土0.21万m^3。

三支沟和魏家沟水资源控制工程全部完成，进入单位工程验收程序。控制室内机电设备安装工程已完成。

（三十七）二级坝泵站工程

工程批复总投资28 410万元，投资计划已全部下达，累计完成投资32 392万元。累计完成土石方234万m^3，混凝土浇筑4.97万m^3。

引水渠、引水渠交通桥和二级坝公路桥工程于2011年8月5日通过了合同项目验收。进水闸已通过单位工程验收。主、副厂房已完成全部土建及装修施工任务；5台水泵机组及附属设备已安装就位。变电站工程已完成全部土建、装修及电气设备安装任务。出水渠已通过单位工程验收。110kV输电线路工程已送电至施工现场。引水渠进口段和出水导流渠已通过单位工程验收。目前正在厂区管网及进场道路施工。

（三十八）潘庄引河闸工程

工程批复总投资1360万元，已全部下达并完成。工程已建设完成，水土保持、消防设施和档案等专项验收工作已完成，正在进行竣工决算等设计单元工程完工验收准备工作。

（三十九）穿黄河工程

工程批复总投资61 321万元，已全部下达并完成。工程累计完成土石方709万m^3，混凝土浇筑22.1万m^3，永久征地573亩，生产安置406人，拆迁房屋49 485m^2。

目前，穿黄河南区主体工程单位工程验收全部完成，水土保持、环境保护、安全评估等专项验收技术评估工作已全面开展，为穿黄河工程完工验收奠定了基础。出湖闸及闸前疏挖工程、南干渠工程、进口检修闸、滩地埋管工程已组织完成单位工程验收，220国道桥已正常通车；湖内疏浚标段疏浚、吹填施工已基本完成；水土保持标段（含穿黄纪念公园）渠道两侧苗木绿化和植草工作已完成；管理设施标段（含备调中心）内外墙抹灰、外墙保温施工已完成。

（四十）济南市区段工程

工程批复总投资283 202万元，投资计划已全部下达，累计完成投资286 429万元。截至2012年底，累计完成土石方700.59万m^3，混凝土浇筑89.49万m^3。

济洛路—洪家园桥段输水暗涵工程、京福高速路—二环西路段暗涵工程、二环西路—济洛路段暗涵工程和二环东路—洪家园桥下输水暗涵主体工程已完工，上游利用小清河输水段渠道已完成衬砌板铺设。

（四十一）东湖水库工程

工程批复总投资96 403万元，已全部下达，工程累计完成投资98 748万元。累计完成混凝土浇筑7667 m^3，砂垫层铺设3.1 m^3，复合土工膜铺设38万m^2，碎石垫层10.92 m^3，围坝预制混凝土护坡板生产54 341 m^3，围坝预制混凝土护坡板铺设19万m^2。济南及章丘放水洞混凝土浇筑已完成1760 m^3；永久供电线路管塔架设已基本完成。

坝填筑已经完成，防渗墙浇筑已完成并通过分部验收，穿小清河倒虹及分水闸混凝土浇筑已完成。入库泵站主副厂房浇筑完毕。

（四十二）双王城水库工程

工程批复总投资80 525万元，已全部下达，累计完成投资82 682万元。累计完成土方989.8万m^3，混凝土浇筑18.91万m^3。

入库泵站主厂房上部厂房结构立柱、行车梁已吊装完成，屋面已封顶；副厂房混凝土框架结构施工已完成，正在进行墙身部分施工；入库涵洞已完成，出库节制闸、出水池已浇筑完成。引水渠土方开挖完成90%，引水渠衬砌板已完成1800m护砌；进口闸闸室底板、闸墩、机架桥已完成，下游连接段完成，目前正进行启闭机房施工；引黄济青节制闸水下部分工程已全部完成。泄水洞洞身及土方回填已完成，正在进行机架桥及启闭机房施工。供水洞洞身已完成，正在进行启闭机房的施工。

（四十三）明渠段工程

工程批复总投资254 179万元，已全部下达，累计完成投资259 930万元。累计完成土石方1872.5万m^3，混凝土浇筑56.56万m^3。开挖、衬砌、405座建筑物主体工程已基本完工。

（四十四）陈庄输水线路工程

工程批复总投资30 481万元，已全部下达，累计完成投资31 873万元。开挖、衬砌、建筑物工程已基本完工。累计完成土方241.71万m^3，混凝土8.01万m^3。

（四十五）长沟泵站工程

工程批复总投资27 818万元，已全部下达，累计完成投资29 985万元。累计完成土石方156.68万m^3，混凝土7.54万m^3。

泵站主副厂房、节制闸、引水闸、引水渠、出水渠、出水闸已经完成，正在扫尾；金属结构安装已基本完成；机组安装水泵部分基本完成，正在进行电机安装；高低压配电柜已基本完成；变压器安装完成，GIS已经进场就位；办公楼主体工程已完成，并通过了分部工程验收。

（四十六）邓楼泵站工程

工程批复总投资25 723万元，已全部下达，累计完成投资28 450万元。累计完成土石方131.31万m^3，混凝土5.74万m^3。

泵站主厂房、副厂房、节制闸、引水闸、出水闸工程已经完成，正在扫尾；引水渠、出水渠基本完成；金属结构安装基本完成；机组安装水泵部分基本完成，电机完成3台安装，1台正在安装；办公楼主体工程已完成，并通过了分部工程验收。

（四十七）八里湾泵站工程

工程批复总投资26 577万元，已全部下达，累计完成投资27 784万元。完成土石方开挖35.73万m^3，土石方回填50.47万m^3，混凝土浇筑4.937万m^3，钢筋制作安装3523.7t，主泵房浆砌石226m^3，站区平台边坡深层搅拌桩14 856m^3，新堤防、清污机桥水泥土搅拌桩7150m^3，主泵房水泥粉煤灰碎石桩8423.65m，公路桥混凝土灌注桩456m，副厂房混凝土灌注桩4171.8m，安装间混凝土灌注桩1017m，永久交通道路碎石填垫3.0万m^3。

已完成：前池、进水池、公路桥、清污机桥；主厂房、副厂房、安装间；进水渠护底、护坡混凝土块浇筑；四分干渠、灌溉渠；管理区平台土方回填；清污机桥拦污栅安装。正在进行水机安装、新筑堤防土方回填。

（四十八）两湖段灌溉影响处理工程

工程批复总投资18 659万元，已全部下达，累计完成投资19 935万元。累计完成土石方215.39万m^3，混凝土浇筑5.37万m^3。

完成沟渠扩挖34.3km，新开挖渠道14.93km，衬砌渠道16.8km，新建、改建配套建筑物106座，其中水闸14座，涵洞3座，渡槽2座，桥梁86座，正在准备验收工作。

（四十九）梁济运河段工程

工程批复总投资72 447万元，已全部下达，累计完成投资76 690万元。累计完成土方767.3万m^3，混凝土浇筑25.45万m^3。

河道已全部完成开挖和衬砌。桥梁除主跨外的下部工程全部完成，其中王场桥、运河村桥、路集桥3座桥已经合龙，正在进行桥面铺装，除南跃进河连接段以外，其他都已完工。

（五十）柳长河段工程

工程批复总投资47 787万元，已全部下达，累计完成投资50 026万元。累计完成土方690.43万m^3，混凝土浇筑10.29万m^3。

河道工程已全部开工，渠道开挖已经完成，混凝土衬砌已基本完成。10座桥梁中，8座桥除主跨外的下部工程已经完工，2座正在进行桩基施工。

（五十一）南四湖湖内疏浚工程

工程批复总投资23 348万元，已全部下达。累计完成土方281万m^3。工程涉及中区唐口段、喻屯段、微山南阳段、鲁桥段的弃土区围堰修筑基本完成，共完成了全部25处弃土区围堰；航道疏浚工程完成28.95km，完成100%。

（五十二）大屯水库工程

工程批复总投资111 377万元，已全部下达，累计完成投资118 052万元。累计完成土方2436.03万m^3，混凝土浇筑8.11万m^3。

围坝填筑、坝后压重工程已全部完成，六五河改道段开挖、筑堤及库内六五河清淤工程已完成；六五河节制闸、引水闸、入库泵站、供水洞土建主体工程已完成，金属结构、水泵和电机等已安装完成；库底防渗铺膜已完成；供电线路工程建设已完成；现地管理设施建设已开工建设，建筑物混凝土灌注桩已全部完成。

（五十三）小运河段工程

工程批复总投资238 821万元，已全部下达，累计完成投资236 750万元。累计完成土方1902.8万m^3，混凝土浇筑51.84万m^3。

小运河全长98.289km，渠道已开挖成型，累计衬砌长度54.106km（其中，机械化衬砌27.286km，预制块护砌26.82km），交叉建筑物已全部开工。

（五十四）七一、六五河段工程

工程批复总投资61 774万元，已全部下达，累计完成投资62 121万元。累计完成土方582.02万m^3，混凝土浇筑7.18万m^3。

渠道部分：七一、六五河（直管）渠道已开挖成型；夏津城区段已开挖成型，已护砌长度5.431km，占总长度的83.27%。

建筑物部分：七一、六五河沿线建筑物共158座，已全部开工；主体已基本完成的有126座，占80.38%。公路桥10座，已全部完成。生产桥43座，已基本完成39座。人行桥3座，已全部开工。橡胶坝1座，土建部分已完成。穿铁建筑1处2座，已全部完成。

（五十五）鲁北灌区影响处理工程

工程批复总投资31 369万元，已全部下达，并完成全部投资。累计完成土石方开挖573万m^3，混凝土浇筑2.89万m^3。

夏津、武城灌区主体工程已基本完成。临清灌区渠道总长度30.523km，已开挖成型；沿线建筑物47座，已全部开工。

（五十六）东平湖输蓄水影响处理工程

工程批复总投资49 488万元，已全部下达，累计完成投资22 483万元。累计完成土方8.38万m^3，混凝土0.1万m^3。

围堤防渗加固工程已全部完成；济平干渠湖内引渠清淤工程清淤设备调运工作已完成；堂子泵站改扩建工程施工单位已进场，房建、机电设备已拆除，施工场地内树株已清除，基坑开挖及桩基施工已完成。

（五十七）南四湖下级湖抬高蓄水位影响处理工程（山东）

工程批复总投资40 984万元，已全部下达，于2011年12月12日开工建设，累计完成投资37 204万元。

（五十八）东线山东段专项工程

包括文物专项、调度运行管理系统、管理设施专项3个设计单元工程。

南水北调东线山东段工程需保护地下文物62处，地面文物5处，建设资料整理基础8处。共计批复投资6776万元，已全部下达并完成。山东段调度运行管理系统工程批复总投资67 196万元，已下达投资计划49 637万元，累计完成投资38 777万元。山东段管理设施专项批复总投资分别为30 101万元，已全部下达，累计完成投资4832万元。

（五十九）洪泽湖抬高蓄水位影响处理工程安徽省境内工程

工程批复总投资37 493万元，投资计划已全部下达，累计完成投资34 387万元，占工程总投资的91.7%。累计完成土石方开挖448.2万m^3，土石方回填49.2万m^3，混凝土5.73万m^3。

本工程建设内容涉及52座泵站和16条河道大沟疏浚开挖，51座泵站和16条河道大沟的招标采购工作已完成，另1座泵站功能由当地资金新建泵站替代。泵站中，12座泵站已建成，1座泵站主体工程已完成，36座泵站已基本完成，2座泵站主要工程完成，正在进行剩余工程施工；河道大沟疏浚中，14条开挖已完成或基本完成，2条正在进行剩余工程施工。

（马永征　王　熙）

中线一期在建工程建设进展情况

根据各项目法人单位报国务院南水北调办的2012年建设投资统计年报，截至2012年底，南水北调中线一期在建各主要设计单元工程建设进展情况如下：

（一）丹江口大坝加高工程

工程批复总投资28.16亿元，累计下达投资计划25.09亿元，累计完成投资23.54亿元，占工程概算总投资的83.58%。累计完成土石方开挖62.87万m^3，土石坝填筑399.87万m^3，混凝土浇筑108.87万m^3，混凝土拆除3.86万m^3，混凝土结合面凿毛13.42万m^2，键槽切割5317.25m，钢筋制作安装9977.41t，锚筋20 506根，老坝体裂缝处理25 427.79m，帷幕灌浆30 835.69m，固结灌浆8067.00m。

大坝21～24号坝段溢流堰面已于汛前加高到顶，汛后已开始14～20号坝段最后12孔堰面施工，目前全线达到135m高程以上。老坝体混凝土缺陷检查与处理同步进行，加高混凝土保温板拆除全面展开，混凝土表面防护施工正在加紧推进，闸墩预应力锚索试验已完成，即将开始施工招标工作，董营副坝正准备开始组织施工。大坝深孔弧门、表孔闸门、检修门及门槽更新改造全部完成，大坝3台电梯已提交使用，300t级垂直和斜面升船机安装调试完成，并进行了过船试验，电厂机组改造已完成2台发电机（4、5号）、4台水轮机（1、2、4、5号）、1台主变压器的改造，并全部投入运行。

（二）丹江口库区移民安置工程

移民安置工程（含库区移民试点、库区文物保护、前期初设编制）批复总投资496.50亿元。截至2012年底，累计下达库区移民安置工程投资482.03亿元，库区文物保护4.81亿元。累计完成丹江口库区移民安置工程478.76亿元，库区文物保护投资4.81亿元。

2012年是库区征地移民工作的扫尾年，前期工程全部完成，34.5万移民全部搬迁，城集镇及专项设施的复建进入尾声，整个库区的清理已全部展开，非省属项目的建设已基本完成。

（三）京石段应急供水工程

京石段应急供水工程共19个设计单元工程，批复概算总投资207.38亿元，已基本全面完成主体工程建设，正在进行第四次通水。共累计完成投资196.96亿元，占批复概算的94.98%。累计完成土方16 981万m^3，石方2535万m^3，混凝土501万m^3，金属结构7046t，钢筋制作安装30万t，机电设备612台（套）。除永久供电工程外，其他18个设计单元主体工程已经完工，目前正在验收阶段。

（四）磁县段工程

工程批复总投资333 101万元，投资计划已全部下达，累计完成投资260 924万元，占批复概算总投资的78%。累计完成土方2624万m^3，石方61万m^3，混凝土浇筑42万m^3，金属结构224t，钢筋制作安装18 065t。

2012年渠道开挖成型16 080m，累计衬砌渠道左坡26 920m，渠道右坡26 627m，渠底19 719m。7个关键线路建筑物主体混凝土工程已全部完成。

（五）邯郸市—邯郸县段工程

工程批复概算总投资193 143万元，投资计划已全部下达，累计完成投资154 432万元，占批复概算总投资的80%。累计完成土方1578万m^3，石方15万m^3，混凝土浇筑16万m^3，钢筋制作安装9204t。

目前，正在进行渠道开挖、填筑、衬砌混凝土和建筑物混凝土浇筑施工。渠道开挖成型15.6km，单边衬砌8.9km，渠底衬砌0.44km。完成各类建筑物13座。

（六）永年县段工程

工程批复概算总投资124 880万元，投资计划已全部下达，累计完成投资100 420万元，占批复概算总投资的80%。累计完成土方877万m^3，石方325万m^3，混凝土浇筑12万m^3，钢筋制作安装3194t。

目前，正在进行渠道开挖、填筑和建筑物施工。渠道开挖成型15.9km，单边衬砌25.02km，渠底衬砌5.01km，全断面衬砌5.01km。完成全部建筑物11座。

（七）洺河渡槽工程

工程批复概算总投资35 878万元，投资计划已全部下达，累计完成投资25 401万元，占批复概算总投资的71%。累计完成土方98万m^3，石方8万m^3，混凝土浇筑9万m^3，钢筋制作安装6959t。

完成洺河渡槽槽身、退水闸，排冰闸，控制闸，检修闸的施工。完成渠道开挖成型0.1km，单边衬砌0.12km。

（八）沙河市段工程

工程批复概算总投资179 298万元，投资计划已全部下达，累计完成投资152 679万元，占批复概算总投资的85%。累计完成土方1792万m^3，石方98万m^3，混凝土浇筑26万m^3，钢筋制作安装3573t。

目前，正在进行渠道开挖、填筑、衬砌混凝土和各类建筑物施工。渠道开挖成型11.678km，单边衬砌21.051km，渠底衬砌9.821km，全断面衬砌9.821km。完成全部建筑物5座。

（九）南沙河倒虹吸工程

工程批复概算总投资97 125万元，投资计划已全部下达，累计完成投资80 623万元，占批复概算总投资的83%。累计完成土方748万m^3，石方6万m^3，混凝土浇筑31万m^3，钢筋制作安装11 885t，金属结构318t。主体工程已基本完成，并具备通水条件。

（十）邢台市段工程

工程批复概算总投资181 255万元，投资计划已全部下达，累计完成投资149 793万元，占批复概算总投资的83%。累计完成土方1399万m^3，石方111万m^3，混凝土浇筑23万m^3，钢筋制作安装8162t，金属结构75t。

2012年，累计成型11 700m，均为全挖段，占全挖段总长的81%，占渠道总长的78%。2012年进行渠道衬砌，累计衬砌左坡7645m，右坡7645m，渠底9937m。累计完成了压重混凝土底板681块，边坡1310块。石渠段衬砌累计完成4098m。9个建筑物已开工6个。

（十一）邢台县和内丘县段工程

工程批复概算总投资263 947万元，投资计划已全部下达，累计完成投资211 110万元，占批复概算总投资的80%。累计完成土方1801万m^3，石方280万m^3，混凝土浇筑49万m^3，钢筋制作安装21 038t。

目前，正在进行渠道开挖、填筑、衬砌混凝土和各类建筑物施工。渠道开挖成型28.333km，单边衬砌49.402km，渠底衬砌17.084km，全断面衬砌17.084km。完成建筑物13座。

（十二）临城县段工程

工程批复概算总投资218 454万元，投资计划已全部下达，累计完成投资171 281万元，占批复概算总投资的78%。累计完成土方1565万m^3，石方472万m^3，混凝土浇筑22万m^3，钢筋制作安装7166t。

目前，正在进行渠道开挖、填筑、衬砌混凝土和各类建筑物施工。渠道开挖成型23.136km，单边衬砌21.20km，渠底衬砌3.206km，全断面衬砌3.206km。完成建筑物15座。

（十三）高邑县—元氏县段工程

工程批复概算总投资285 837万元，投资计划已全部下达，累计完成投资241 037万元，占批复概算总投资的84%。累计完成土方2015万m^3，石方144万m^3，混凝土浇筑52万m^3，钢筋制作安装23 555t，金属结构582t。

目前，正在进行渠道开挖、衬砌混凝土和各类建筑物混凝土浇筑施工。2012年渠道开挖成型2062m，累计成型37 078m，占渠道总长的97%。2012年进行渠道衬砌，累计衬砌左坡27 289m，右坡28 688m，渠底24 126m。33个建筑物中目前已开工32个。

（十四）鹿泉市段工程

工程批复概算总投资117 663万元，投资计划已全部下达，累计完成投资95 475万元，占批复概算总投资的81%。累计完成土方695万m^3，混凝土浇筑24万m^3，钢筋制作安装11 013t，金属结构473t。

目前，正在进行渠道开挖、填筑、衬砌混凝土和各类建筑物施工。渠道开挖成型9km，单边衬砌15.4km，渠底衬砌5.8km，全断面衬砌5.8km。完成建筑物15座。

（十五）石家庄市区段工程

工程批复概算总投资177 726万元，投资计划已全部下达，累计完成投资161 017万元，占批复概算总投资的91%。累计完成土方1324万m^3，混凝土浇筑18万m^3，钢筋制作安装7501t。

目前，正在进行渠道开挖、填筑、衬砌混凝土和各类建筑物施工。渠道开挖成型8.7km，单边衬砌17.244km，渠底衬砌6.695km，全断面衬砌6.695km。完成建筑物2座。

（十六）穿漳河工程

工程批复概算总投资4.07亿元，投资计划已全部下达，累计完成投资3.58亿元，占批复概算的87.89%。主体工程已基本完工。累计完成土方174万m^3，混凝土10万m^3，钢筋制作安装9628t。

（十七）温博段工程

工程批复概算总投资170 422万元，下达投资计划156 880万元，累计完成投资157 327万元，占批复概算总投资的92%。累计完成土方1435万m^3，石方1万m^3，混凝土浇筑47万m^3，钢筋制作安装21 102t。

温博段全长27.1km，累计渠道开挖、填筑成型27.0km，累计衬砌36.2km。4座大型河渠交叉建筑物、4座左岸排水建筑物、4座渠渠交叉建筑物、29座跨渠桥梁均已完成主体工程施工。

（十八）沁河渠道倒虹吸工程

工程批复概算总投资38 063万元，下达投资计划37 311万元。累计完成投资34 471万元，占批复概算总投资的91%。累计完成土方557万m^3，石方2万m^3，混凝土浇筑12万m^3，钢筋制作安装9012t。沁河倒虹吸管身段主体结构已完工。

（十九）焦作1段工程

工程批复概算总投资234 274万元，下达投资计划224 385万元，累计完成投资216 961万元，占批复概算总投资的93%。累计完成土方878万m^3，混凝土浇筑56万m^3，钢筋制作安装37 783t。

焦作1段全长12.9km，目前渠道开挖填筑成型11.0km，渠道衬砌完成1.6km。河渠交叉建筑物5座，全部开工，4座完成主体工程施工；跨渠桥梁11座，均已开工，7座桥梁已完成通车。

（二十）焦作2段工程

工程批复概算总投资397 316万元，下达投资计划375 465万元，累计完成投资341 687万元，占批复概算总投资的86%。累计完成土方3330万m^3，石方1112万m^3，混凝土浇筑50万m^3，钢筋制作安装33 148t。

明渠总长23.8km，其中挖方渠段20.8km已开挖成型18.5km，占总长的89%；填方渠段2.98km已完成填筑2.88km，占总长的97%；渠道边坡混凝土衬砌累计完成14.4km，占总长的61%，底板混凝土衬砌累计完成8.21km，占总长的35%。3座河渠交叉建筑物、18座公路桥、8座生产桥、3座排水渡槽和2座分水口门已全部开工，其中17座公路桥、7座生产桥、3座排水渡槽和2座分水口门已完成主体混凝土浇筑。10座铁路交叉工程中5座已完成主体工程施工并通车。

（二十一）辉县段工程

批复概算总投资462 474万元，下达投资计划405 734万元。计完成投资387 102万元，占批复概算总投资的84%。累计完成土方4428万m^3，石方237万m^3，混凝土浇筑89万m^3，钢筋制作安装52 387t，金属结构2227t。

目前，正在进行渠道开挖、填筑、衬砌混凝土和各类建筑物施工。渠道开挖累计成型41.78km，占总长的96.3%；填筑累计成型30.5km，占总长的88.2%；累计衬砌20.23km，占总长的46.7%；河渠交叉建筑物7座、左岸排水建筑物18座、渠渠交叉建筑物2座，已全部完成主体工程；跨渠桥梁42座，已全部开工，其中38座完成主体工程施工。

（二十二）石门河倒虹吸工程

工程批复概算总投资28 163万元，下达投资计划27 349万元，累计完成投资21 741万元，占批复概算总投资的77%。累计完成土方200万m^3，混凝土浇筑12万m^3，钢筋制作安装9298t，金属结构43t。

目前，正在进行倒虹吸土方开挖及混凝土浇筑施工。渠道总长度0.374km，已开挖成型；渠道填筑和衬砌尚未成型；已全部完成石门河倒虹吸69节管身段。

（二十三）路王坟试验段工程

工程批复概算总投资30 505万元，投资计划已全部下达，计完成投资25 869万元，占批复概算总投资的85%。累计完成土方131万 m^3，石方326万 m^3，混凝土浇筑2万 m^3，钢筋制作安装551t。

渠道总长度1.5km，渠道开挖累计成型1.16km，占总长的77.3%；填筑累计成型1.16km，占总长的77.3%；累计衬砌长度0.176km，占总长的11.7%；累计衬砌（渠底）0.176km。1座跨渠桥梁已开工，尚未完成主体工程。

（二十四）新乡和卫辉段工程

工程批复概算总投资196 294万元，下达投资计划166 842万元，累计完成投资162 620万元，占批复概算总投资的83%。累计完成土方1705万 m^3，石方259万 m^3，混凝土浇筑40万 m^3，钢筋制作安装23 309t，金属结构1106t。

目前，新乡和卫辉段总干渠全线渠道开挖回填基本成型，渠道衬砌全面开展，已累计完成边坡衬砌57.5km（单边）；129座建筑物已全部开工，12座大型河渠交叉建筑物、27座左岸排水建筑物、4座渠渠交叉建筑物已完成主体工程施工；74座跨渠桥梁，已完成63座主体工程施工。

（二十五）鹤壁段工程

工程批复概算总投资243 213万元，下达投资计划213 906万元，累计完成投资224 168万元，占批复概算总投资的92%。累计完成土方2056万 m^3，石方698万 m^3，混凝土浇筑45万 m^3，钢筋制作安装23 671t。

目前，正在进行渠道开挖、填筑、衬砌混凝土和各类建筑物施工。鹤壁段30.83km渠道已开挖填筑成型，达到衬砌条件的约22km，占明渠总长的74.9%。累计完成渠道单边衬砌长度33 672m、渠底衬砌7368m。35座桥梁，其中公路桥21座，生产桥14座（含新增3座），全部开工；27座桥梁完成主体工程，20座基本具备通车条件。27座水工建筑物中，4座河渠倒虹吸、14座左排主体完工，4座渠渠交叉主体完工；3座分水口有2座主体完工；1座退水闸和1座控制闸正在进行主体施工。

（二十六）汤阴段工程

工程批复概算总投资185 761万元，下达投资计划163 522万元，累计完成投资167 597万元，占批复概算总投资的90%。累计完成土方736万 m^3，石方832万 m^3，混凝土浇筑30万 m^3，钢筋制作安装16 573t。

汤阴段全长21.31km，目前渠道开挖、填筑累计成型18km，渠道衬砌完成11.4km。4座大型河渠交叉建筑物、8座左岸排水建筑物、4座渠渠交叉建筑物已完成主体工程施工；19座跨渠桥梁全部完成主体结构工程施工。

（二十七）安阳段工程

工程批复概算总投资221 281万元，下达投资计划214 266万元，累计完成投资222 374万元，占批复概算总投资的100%。累计完成土方2251万 m^3，石方865万 m^3，混凝土浇筑60万 m^3，钢筋制作安装23 157t，金属结构929t。

安阳段累计开挖成型39.243 km，占总长的99.8%；累计填筑38.48km，占总长的97.9%；累计衬砌32.747km（折合全断面），占总长的83.33%。各类交叉建筑物主体已基本完工。

（二十八）穿黄工程

工程批复概算总投资33.07亿元（含工程管理专题0.15亿元），投资计划已全部下达，累计完成投资26.99亿元，占批复概算的81.62%。累计完成土方2032万 m^3，石方22万 m^3，混凝土50万 m^3，钢筋制作安装47 461t。

目前，穿黄隧洞内衬混凝土浇筑全部完成。穿黄隧洞盾构施工已贯通，2条隧洞内衬底板已浇筑完成，上、下游线隧洞边顶拱内衬共计完成909节，折合长度8726.4m。退水洞累计掘进698m，剩余92m。渠道累计完成边坡衬砌25.047km，底板衬砌12.017km。河渠交叉建筑物2座、左岸排水建筑物1座，均已完成主体工程施工；跨渠桥15座，均已开工，其中12座完成主体工程施工。

（二十九）沙河渡槽工程

工程批复概算总投资281 757万元，下达投资计划220 870万元，累计完成投资1 941 44万元，占批复概算总投资的69%。累计完成土方368万m^3，石方144万m^3，混凝土浇筑100万m^3，钢筋制作安装94 433t。目前正在进行渡槽主体结构混凝土施工。已累计完成188榀预制和188榀渡槽架设。

（三十）鲁山北段工程

工程批复概算总投资64 660万元，下达投资计划56 075万元，累计完成投资51 475万元，占批复概算总投资的80%。累计完成土方263万m^3，石方279万m^3，混凝土浇筑8万m^3，钢筋制作安装6464t。

鲁山北段全长7.7km，渠道工程累计开挖、填筑成型7.1km，渠道衬砌1.0km。3座渠渠交叉、10座左岸排水已完成主体工程施工；跨渠桥梁建筑物10座全部开工，9座完成主体工程施工。

（三十一）宝丰—郏县段工程

工程批复概算总投资430 578万元，下达投资计划318 750万元，累计完成投资288 970万元，占批复概算总投资的67%。累计完成土方2051万m^3，石方994万m^3，混凝土浇筑48万m^3，钢筋制作安装39 828t，金属结构220t。

渠道开挖累计成型34.46km，占总长的90%；累计填筑成型24.85km，占总长的64.8%；累计渠道衬砌长度5.58km，占总长的7.3%。8座河渠交叉建筑物全部开工，1座已完成主体工程施工；左岸排水16座、渠渠交叉建筑物8座，已完成主体工程施工；3座分水口等建筑物，已开工2座，1座完成主体工程施工；3座铁路建筑物已开工，2座已完成主体工程施工；43座跨渠桥梁已开工，22座已完成主体工程施工。

（三十二）北汝河倒虹吸工程

工程批复概算总投资61 334万元，投资计划已全部下达，累计完成投资46 567万元，占批复概算总投资的76%。累计完成土方156万m^3，石方86万m^3，混凝土浇筑20万m^3，钢筋制作安装18 236t。目前主体工程77节倒虹吸管身段全部完工。

（三十三）禹州和长葛段工程

工程批复概算总投资504 639万元，下达投资计划371 475万元，累计完成投资368 981万元，占批复概算总投资的73%。累计完成土方3525万m^3，石方770万m^3，混凝土浇筑46万m^3，钢筋制作安装32 905t。

累计开挖成型48km，占总长的95%；累计填筑成型38.1km，占总长的95%；衬砌（单坡）累计完成5.109km，占总长的4.80%。5座河渠交叉已开始浇筑混凝土；2座渠渠交叉已开工；25座左岸排水建筑物均已开始进行混凝土浇筑和土石方填筑工作；4座分水闸已开工。55座交通桥，25座桥梁预制箱梁吊装完成；12座生产桥梁身已现浇。3座新增生产桥，下部结构已基本完成，1座梁身混凝土浇筑完成。

（三十四）新郑南段工程

工程批复概算总投资146 588万元，下达投资计划105 621万元，累计完成投资107 230万元，占批复概算总投资的73%。累计完成土方1099万m^3，混凝土浇筑27万m^3，钢筋制作安装16 585t。

目前正在进行渠道土方开挖、填筑、衬砌混凝土和各类建筑物施工。明渠渠道全长16.18km，累计开挖折合成型7.97km，完成合同工程量的97.2%；渠道土方填筑累计成型约5.77km，完成合同工程量的82.6%。完成渠道边坡衬砌4.075km（单边）。2座河渠交叉建筑物、7座左排建筑物、16座跨渠桥梁已全部开工。

（三十五）双洎河渡槽工程

工程批复概算总投资74 963万元，下达投资计划56 688万元。累计完成投资51 062万元，占批复概算总投资的68%。累计完成土方320万m^3，混凝土浇筑22万m^3，钢筋制作安装17 622t，金属结构410t。

渡槽槽身段灌注桩施工全部完成，承台、墩身施工全部完成施工7墩，墩帽施工18个，占总数的94.7%，渡槽施工11跨，占总数的55%。冯庄沟排水涵洞全部完成，只剩余进口和渠道连接的部分浆砌石。吴庄西公路桥完成主体工程施工。

（三十六）郑州2段工程

工程批复概算总投资343 610万元，下达投资计划302 854万元，累计完成投资280 158万元，占批复概算总投资的82%。累计完成土方3636万m^3，混凝土浇筑50万m^3，钢筋制作安装29 726t，金属结构210t。

渠道开挖累计成型16.1km，占总长的77.99%；渠道防护堤填筑成型9.0km，截流沟砌筑成型6.8km，二级及其以上边坡护坡安装完成8.5km。完成渠道边坡衬砌14.9km（单边），渠底衬砌3.7km。4座大型河渠交叉建筑物全部开工，除上部结构、金属结构安装外，已完成全部管身段、闸室段及翼墙混凝土施工；6座左岸排水建筑物已有2座完成主体工程，6座泵站中的5座完成主体工程。35座跨渠桥梁已全部开工建设。控制性建筑物：节制闸2座、退水闸1座、分水口门2座，均已完成主体工程。

（三十七）郑州1段工程

工程批复概算总投资149 410万元，下达投资计划111 850万元，累计完成投资112 491万元，占批复概算总投资的75%。累计完成土方1033万m^3，混凝土浇筑21万m^3，钢筋制作安装12 800t。

渠道开挖累计成型9.318km，占总长的95.38%。防洪堤填筑累计完成2km，渠道单边渠道衬砌完成8.2km，渠道底板0.8km。膨胀土处理情况：改性土换填完成50.92%，抗滑桩完成95.05%。3座大型河渠交叉建筑物、3座左排建筑物、15座跨渠桥梁、3座控制性建筑物已全部开工。

（三十八）荥阳段工程

工程批复概算总投资225 633万元，下达投资计划180 571万元，累计完成投资165 926万元，占批复概算总投资的74%。累计完成土方2006万m^3，混凝土浇筑30万m^3，钢筋制作安装23 663t。

荥阳段全长23.97km，累计渠道开挖、填筑成型22km，渠道衬砌12.2km（折合全断面）。2座大型河渠交叉建筑物已完成主体工程施工；左岸排水建筑物5座，已开工，2座完成主体工程施工；1座渠渠交叉建筑物已完成主体工程施工；跨渠桥梁26座，均已开工，22座完成主体工程施工。

（三十九）潮河段工程（委托）

工程批复概算总投资481 818万元，下达投资计划351 324万元，累计完成投资346 382万元，占批复概算总投资的72%。累计完成土方3726万m^3，混凝土浇筑45万m^3，钢筋制作安装26 832t。

渠道开挖折合成型38.32km；渠道填筑总长28.86km，已填筑成型21.69km；防护堤填筑总长36.59km，已填筑成型23.27km。完成渠道边坡衬砌17.991 8km（单边），底板衬砌2.556 km。5座大型河渠交叉建筑物、17座左排建筑物、4座控制性建筑物全部开工，其中左排建筑物已完成主体工程施工。

（四十）淅川县段工程

工程批复概算总投资777 886万元，下达投资计划569 571万元，累计完成投资558 793万元，占批复概算总投资的72%。累计完成土方8339万m^3，混凝土浇筑73万m^3，钢筋制作安装63 970t。

淅川县段全长50.77km，渠道开挖累计成型30km，渠道填筑累计成型15km；渠道衬砌已开始。河渠交叉建筑物6座，全部开工并主体工程施工；左岸排水建筑物15座全部开工，14座完成主体工程施工；渠渠交叉建筑物3座全部开工，2座完成主体工程施工；跨渠桥梁59座（含下穿通道）全部开工，51座完成主体施工。

（四十一）湍河渡槽工程

工程批复概算总投资46 269万元，下达投资计划36 500万元，累计完成投资26 798万元，占批复概算总投资的58%。累计完成土方34万m^3，混凝土浇筑10万m^3，钢筋制作安装9666t。目前已完成所有槽身下部支撑结构和342根桩及30榀槽身混凝土浇筑。

（四十二）镇平县段工程

工程批复概算总投资343 314万元，下达投资计划221 744万元，累计完成投资233 601万元，占批复概算总投资的68%。累计完成土方2641万m^3，混凝土浇筑40万m^3，钢筋制作安装33 542t，金属结构74t。

目前正在进行渠道土石方开挖、回填和各类建筑物施工。累计完成渠道衬砌单坡5.12km。

（四十三）南阳市段工程

工程批复概算总投资451 682万元，下达投资计划306 175万元，累计完成投资304 826万元，占批复概算总投资的67%。累计完成土方2611万m^3，混凝土浇筑48万m^3，钢筋制作安装44 832t。

渠道开挖累计成型30.49km，占总长的97%；累计成型24.57km，占总长的78%。累计衬砌0.34km，占总长的1%。69座各类建筑物已开工左岸排水19座、渠渠交叉建筑物4座，完成主体工程8座；河渠交叉建筑物开工4座，完工主体工程3座；桥梁工程开工34座，完工主体工程8座。

（四十四）南阳膨胀土试验段工程

工程批复概算总投资18 506万元，投资计划已全部下达，累计完成投资15 404万元，占批复概算总投资的83%。累计完成土方212万m^3，石方1万m^3，混凝土浇筑2万m^3，钢筋制作安装1542t。

目前主要进行渠道开挖、填筑及建筑物施工。渠道开挖基本完成；渠道填筑累计成型1.75km，占总长的85%，累计衬砌0.37km，占总长的18%。桥梁建筑物共2座，已开工2座，完成主体工程1座。

（四十五）白河倒虹吸工程

工程批复概算总投资51 597万元，下达投资计划40 600万元，累计完成投资32 892万元，占批复概算总投资的64%。累计完成土方183万m^3，石方4万m^3，混凝土浇筑17万m^3，钢筋制作安装14 200t。

目前正在进行倒虹吸土方开挖、回填及主体结构混凝土施工。白河倒虹吸工程管身段共完成77节中的56节混凝土工程施工。

（四十六）方城段工程

工程批复概算总投资550 909万元，下达投资计划341 655万元，累计完成投资378 845万元，占批复概算总投资的69%。累计完成土方4294万m^3，混凝土浇筑69万m^3，钢筋制作安装59 899t。

渠道开挖累计成型59.7km（折合全断面，以下同），占总长的98%；填筑累计成型47.24km，占总长的78%；累计衬砌2.75km，占总长的4.5%。102座各类建筑物中已开工左岸排水建筑物22座、渠渠交叉建筑物11座，完成主体工程2座；河渠交叉建筑物开工8座；桥梁工程开工58座，完成主体工程19座。

（四十七）叶县段工程

工程批复概算总投资325 564万元，下达投资计划229 673万元，累计完成投资231 662万元，占批复概算总投资的71%。累计完成土方2794万m^3，石方3万m^3，混凝土浇筑32万m^3，钢筋制作安装25 915t。

渠道开挖累计成型18.19km，占总长的96.1%；填筑累计成型8.38km，占总长10.12km的82.8%。混凝土衬砌累计成型

10.31km；水泥改性土换填144.9万m^3。大型河渠交叉建筑物1座已开工，正在进行进出口及两侧回填施工；左岸排水建筑物17座已开工，完工16座；渠渠交叉建筑物8座已完工；跨渠桥梁32座已开工，已通车24座。

（四十八）澧河渡槽工程

工程批复概算总投资41 149万元，下达投资计划36 100万元，累计完成投资32 910万元，占批复概算总投资的80%。累计完成土方82万m^3，混凝土浇筑11万m^3，钢筋制作安装9191t，金属结构434t。

澧河渡槽共计14跨槽身，已完成第2～13跨槽身混凝土浇筑；共计15个槽墩，已浇筑完成，所有槽身盖梁混凝土浇筑完成；工程桩共计156根已全部完成。

（四十九）鲁山南1段工程

工程批复概算总投资119 614万元，下达投资计划107 476万元，累计完成投资90 100万元，占批复概算总投资的75%。累计完成土方731万m^3，石方150万m^3，混凝土浇筑14万m^3，钢筋制作安装11 385t。

鲁山南1段全长13.5km，渠道土方开挖、填筑成型12km，渠道衬砌1.5km。10座渠渠交叉建筑物、6座左岸排水建筑物、1座大型河渠交叉建筑物已完成主体工程施工；跨渠桥梁14座全部开工。

（五十）鲁山南2段工程

工程批复概算总投资84 242万元，下达投资计划71 400万元，累计完成投资66 079万元，占批复概算总投资的78%。累计完成土方480万m^3，石方50万m^3，混凝土浇筑13万m^3，钢筋制作安装11 040t。

全长9.8km，渠道土方开挖、填筑成型8.5km，渠道衬砌1.2km。6座渠渠交叉建筑物、3座左排建筑物、9座跨渠桥梁、2座大型河渠交叉建筑物已完成主体工程施工。

（五十一）西黑山进口闸—有压箱涵段工程

工程批复概算总投资82 138万元，投资计划已全部下达，累计完成投资74 502万元，占批复概算总投资的91%。累计完成土方757万m^3，石方3万m^3，混凝土浇筑38万m^3，钢筋制作安装30 346t，金属结构219t，机电设备22台（套）。

主体工程已基本完工，累计完成箱涵底板1055节，顶板1055节，累计箱涵成型15.263 km（其中包含排水涵洞、分水口等）。

（五十二）保定市境内1段工程

工程批复概算总投资284 080万元，投资计划已全部下达，累计完成投资260 486万元，占批复概算总投资的92%。累计完成土方1994万m^3，混凝土浇筑142万m^3，钢筋制作安装126 426t。

累计土方开挖成型51 679m，混凝土垫层成型45 249m，钢筋制作安装绑扎底板3101节、顶板3101节；混凝土箱涵成型底板3101节、顶板3101节。

（五十三）保定市境内2段工程

工程批复概算总投资88 776万元，投资计划已全部下达，累计完成投资82 157万元，占批复概算总投资的93%。累计完成土方721万m^3，混凝土浇筑46万m^3，钢筋制作安装39 970t。

累计完成箱涵底板1038节，顶板1038节，箱涵成型15.085km。箱涵混凝土全部完成。

（五十四）廊坊市境内段工程

工程批复概算总投资369 794万元，投资计划已全部下达，累计完成投资360 029万元，占批复概算总投资的97%。累计完成土方2804万m^3，混凝土浇筑170万m^3，钢筋制作安装14 6491t，金属结构149t，机电设备16台（套）。

廊坊直管标累计基槽成型35.264km；累计完成箱涵底板2396节，顶板2396节，箱涵成型35.264km，主要建筑物正在施工。廊坊代建标累计完成箱涵1320节，累计箱涵成型19.61km。廊大公路穿越、津同公路（112国道）穿越、许家堡公路涵、53号通气孔等建筑物已完成施工。

（五十五）天津市境内1段工程

工程批复概算总投资165 708万元，投资计划已全部下达，累计完成投资150 413万元，占批复概算总投资的91%。累计完成土方1196万m^3，混凝土浇筑62万m^3，钢筋制作安装54 532t，金属结构319t，机电设备333台（套）。主体工程已基本完工。

（五十六）天津市境内2段工程

批复概算总投资25 188万元，投资计划已全部下达，累计完成投资22 756万元，占批复概算总投资的90%。累计完成土方131万m^3，石方1万m^3，混凝土浇筑8万m^3，钢筋制作安装5907t，金属结构23t。

箱涵主体已全部完工，累计基槽成型4.197km，箱涵底板280节，顶板280节，箱涵成型4.124km。2012年主要进行外环河出口闸管理用房施工，生活区拆除等工作。

（五十七）中线干线专项工程

批复概算总投资22.26亿元，已完成8.06亿元，占概算总投资的36.21%。

中线干线自动化调度与运行管理决策支持系统工程批复总投资14.98亿元，累计完成0.55亿元，占批复概算总投资的3.68%，2012年完成0.15亿元。

南水北调中线干线工程调度中心土建项目批复概算总投资2.27亿元，累计完成投资2.27亿元，占批复概算总投资的100%。

其他专题累计完成投资4.21亿元，占批复概算的102.60%；其中，中线干线施工测量控制网下达投资计划2400万元，累计完成3524万元；文物保护专项批复概算41 025万元，下达投资计划41 025万元，累计完成投资38 567万元。

临时通水运行实施累计完成投资1.03亿元，占批复概算的113.83%。

（五十八）陶岔渠首枢纽工程

工程批复总投资87 238万元，累计下达投资计划78 634万元，累计完成投资78 634万元，占总投资的90.1%。累计完成土方28.93万m^3，占总土方工程量54.1%；完成石方26.92万m^3，占总石方工程量75.1%；完成混凝土20.85万m^3，占总混凝土工程量99.0%；完成金属结构1371.2t。

大坝混凝土全面达到坝顶高程176.6m；2孔电站进水口叠梁门安装完成，3孔引水闸弧形门及液压启闭机安装完成，具备挡水条件；上游引渠现浇混凝土护坡完成72%，固结灌浆全部完成，帷幕灌浆完成90%，正在进行老闸拆除、机电设备安装及引渠护坡。下游交通桥工程通过单位工程验收。管理设施工程通过单位工程暨合同项目完成验收。电站发电机井框架及流道盖板、尾水里衬安装完成，主要机电设备正在安装。金属结构安装基本完成。

（五十九）兴隆水利枢纽工程

工程批复总投资319 747万元，累计下达投资计划31亿元，累计完成投资295 647万元。累计完成土方2034.54万m^3，石方99.57万m^3，混凝土66万m^3，金属结构13 173t，机电设备254t。

兴隆水利枢纽一期围堰填筑、导流明渠、围堰防渗墙Ⅰ标、围堰防渗墙Ⅱ标、临时建管用房、兴彭路1期工程、人民路1期工程、兴隆河桥工程、35kV施工供电工程等9个标施工已完成，交通桥全面贯通；泄水闸、电站、船闸三大主体标处于收尾阶段；金属结构安装全面完成，机电安装正在紧张开展；二期截流工程正在紧张施工；征地拆迁安置基本完成。围堰防渗墙、导流明渠、一期围堰填筑、35kV施工供电工程等通过档案验收和合同验收。

（六十）引江济汉工程

工程批复总投资626 669万元，累计下达投资计划385 000万元，累计完成投资425 522万元。累计完成土方5888万m^3，石方16万m^3，混凝土55万m^3，金属结构273t。

在建的土建工程进口段泵站与进水节制

闸、进口段荆江大堤防洪闸、拾桥河枢纽、拾桥河左岸节制闸、西荆河枢纽、高石碑枢纽、输水渠道工程等标段，土方开挖基本完成，正在进行膨胀土换填、渠道衬砌和枢纽建筑物施工；金属结构、机电设备有的已经运抵工地现场，有的正在加紧制作；自动化系统建设于2012年8月启动；调度中心房屋建设已经封顶。

（六十一）部分闸站改造工程

工程批复总投资54 558万元，累计下达投资计划38 867万元，累计完成投资24 061万元。累计完成土方176万m^3，石方0.93万m^3，混凝土5.99万m^3，金属结构350t，机电设备11t。

已完成18个标段的招标，仙桃、襄阳、汉川等7个县市的闸站项目正在进行建设施工，部分2011年开工项目已经基本完成。

（六十二）局部航道整治工程

工程批复总投资46 142万元，累计下达投资计划32 000万元，累计完成投资19 200万元。累计完成土方40万m^3，石方50万m^3。已招标项目已经进入施工高潮。

（马永征　王　熙）

在建工程投资计划统计表

南水北调东、中线一期工程在建设计单元工程投资情况表

截至2012年12月

序号	工程名称	在建设计单元工程总投资（亿元）	累计完成投资（亿元）	投资完成比例（%）	自年初累计完成投资（万元）
	总　计	2291.04	2029.22	88.6	6 528 537
	东线一期	310.27	293.85	94.7	772 364.6
	江苏水源公司	112.22	98.66	87.9	227 239.6
1	淮阴三站工程	2.68	2.47	92.4	0.0
2	淮安四站工程	1.65	1.60	92.4	0.0
3	淮安四站输水河道工程	3.03	2.88	95.1	0.0
4	江都站改造工程	2.84	2.50	88.1	0.0
5	三阳河、潼河河道工程 宝应站工程	9.32	9.32	100.0	0.0
6	刘山泵站工程	2.65	2.45	92.4	0.0
7	解台泵站工程	1.90	1.90	100.0	0.0
8	淮安二站改造工程	0.53	0.53	100.0	883.0
9	金宝航道工程	9.81	9.76	99.5	15 545.0
10	江苏省文物保护工程	0.34	0.26	76.7	
11	高水河整治工程	1.47	1.47	100.0	1691.0

续表

序号	工程名称	在建设计单元工程总投资（亿元）	累计完成投资（亿元）	投资完成比例（%）	自年初累计完成投资（万元）
12	里下河水源调整工程	22.72	22.16	97.5	66 085.0
13	骆马湖以南中运河影响处理工程	1.12	1.12	100.0	
14	刘老涧二站工程	2.07	2.07	100.0	
15	皂河二站工程	2.73	2.73	100.0	3264.0
16	泗阳站工程	3.06	3.06	100.0	5808.0
17	泗洪站工程	5.59	5.23	93.6	17 594.0
18	皂河一站改造工程	1.22	1.22	100.0	1260.0
19	金湖站工程	3.78	3.78	100.0	10 270.0
20	洪泽站工程	4.94	4.74	96.0	22 270.6
21	邳州站工程	3.16	3.09	97.6	12 284.0
22	睢宁二站工程	2.41	2.32	96.3	12 676.0
23	南四湖下级湖抬高蓄水位影响处理工程（江苏）	2.28	1.36	59.7	13 500.0
24	东线江苏段管理设施专项工程	2.38	0.02		100.0
25	东线江苏段调度运行管理系统工程	5.82	0.52		4620.0
26	血吸虫北移防护工程	0.44	0.44		4378.0
27	沿运闸洞漏水处理工程	1.23	1.08		10 616.1
28	徐洪河影响处理工程	2.21	2.48	112.4	11 293.0
29	洪泽湖抬高蓄水位影响处理工程（江苏）	2.60	2.60	100.0	13 102.0
30	骆马湖水资源控制工程	2.48	0.30	11.9	
31	蔺家坝泵站工程	2.60	2.21	85.0	
32	大沙河闸工程	0.64	0.59	91.9	
33	姚楼河闸工程	0.11	0.10	86.8	
34	杨官屯河闸工程	0.40	0.29	72.8	
	山东干线公司	194.30	191.75	98.7	535 030.0
1	济平干渠工程	13.98	14.56	104.1	11 774.0
2	韩庄泵站工程	2.68	3.09	115.3	2120.0
3	万年闸泵站工程	2.54	2.72	107.2	1819.0
4	穿黄河工程	6.13	6.53	106.5	4002.0
5	济南市区段工程	28.32	28.64	101.1	40 467.0
6	韩庄运河水资源控制工程	0.20	0.20	100.0	
7	长沟泵站工程	2.78	3.00	107.8	5905.0
8	邓楼泵站工程	2.57	2.85	110.6	5824.0

续表

序号	工程名称	在建设计单元工程总投资（亿元）	累计完成投资（亿元）	投资完成比例（%）	自年初累计完成投资（万元）
9	东湖水库工程	9.64	9.87	102.4	25 481.0
10	双王城水库工程	8.05	8.27	102.7	34 048.0
11	两湖段引黄灌区影响处理工程	1.87	1.99	106.8	1276.0
12	八里湾泵站工程	2.66	2.78	104.5	9779.0
13	大屯水库工程	11.54	11.81	102.3	44 462.0
14	东线山东省文物专项工程	0.68	0.68	100.0	500.0
15	梁济运河段工程	7.24	7.67	105.9	15 311.0
16	柳长河段工程	4.78	5.00	104.7	8584.0
17	小运河段工程	23.88	23.68	99.1	93 304.0
18	明渠段工程	25.42	25.99	102.3	94 942.0
19	南四湖湖内疏浚工程	2.33	2.41	103.4	2537.0
20	七一、六五河段工程	6.18	6.21	100.6	16 157.0
21	东平湖输蓄水影响处理工程	4.95	2.25	45.4	21 283.0
22	东线山东段调度运行管理系统工程	6.72	3.88	57.7	37 727.0
23	东线山东段管理设施专项工程	3.01	0.48	16.1	4032.0
24	南四湖下级湖抬高蓄水位影响处理工程（山东）	4.10	3.72	90.8	36 204.0
25	鲁北段灌区影响处理工程	3.14	3.24	103.4	1080.0
26	陈庄输水线路工程	3.05	3.19	104.6	12 503.0
27	二级坝泵站工程	2.52	3.24	128.5	1982.0
28	台儿庄泵站工程	2.49	2.69	107.7	1927.0
29	潘庄引河闸工程	0.14	0.14	100.0	
30	大沙河闸工程	0.46	0.59	129.5	
31	姚楼河闸工程	0.11	0.10	86.8	
32	杨官屯河闸工程	0.15	0.29	194.2	
33	洪泽湖抬高蓄水位影响处理工程（安徽）	3.75	3.44	91.7	10095
	中线一期	1428.22	1219.64	85.4	4 249 609.00
	中线干线建管局	1287.73	1111.80	86.3	3 871 432.00
1	南水北调中线干线工程调度中心土建项目	2.27	2.27	100.0	
2	西四环暗涵工程	11.03	11.21	101.6	6154.0
3	北京市穿五棵松地铁工程	0.55	0.63	114.6	17.0
4	北京段铁路交叉工程	1.77	1.83	103.4	851.0
5	永定河倒虹吸工程	3.04	3.11	102.2	1868.0

续表

序号	工程名称	在建设计单元工程总投资（亿元）	累计完成投资（亿元）	投资完成比例（%）	自年初累计完成投资（万元）
6	京石段北京其他工程	39.06	42.17	108.0	35 306.0
7	惠南庄泵站工程	7.85	7.92	100.9	26 700.0
8	北拒马河暗渠工程	1.45	1.42	98.1	4846.0
9	漕河渡槽段工程	9.17	8.38	91.3	10 811.0
10	古运河枢纽工程	1.93	1.91	99.2	3521.0
11	釜山隧洞工程	2.11	2.08	98.8	4955.0
12	唐河倒虹吸工程	2.41	2.38	98.8	2217.0
13	京石段河北其他工程	106.79	101.37	94.9	104 746.0
14	滹沱河倒虹吸工程	5.78	5.84	101.0	10 646.0
15	安阳段工程	21.43	22.24	103.8	57 751.0
16	潞王坟试验段工程	3.05	2.59	84.8	3426.0
17	穿黄工程	31.94	26.99	84.5	58 893.0
18	河北段生产桥建设	3.67	3.04	82.8	5219.0
19	中线干线自动化调度与运行管理决策支持系统（京石应急段）	5.71	3.27	57.3	6083.0
20	天津市境内1段工程	15.13	15.04	99.4	26 779.0
21	天津市境内2段工程	2.28	2.28	99.7	2898.0
22	河北段输变电迁建工程	0.77	0.76	99.4	7620.0
23	南阳膨胀土试验段工程	1.85	1.54	83.2	6178.0
24	京石段临时通水措施	0.91	1.03	113.8	
25	河北段工程管理专项	0.87	0.40	45.8	
26	温博段工程	15.01	15.73	104.8	54 766.0
27	沁河渠道倒虹吸工程	3.45	3.45	100.0	8467.0
28	焦作1段工程	20.75	21.70	104.6	88 870.0
29	焦作2段工程	35.17	34.17	97.1	85 004.0
30	辉县段工程	40.04	38.71	96.7	110 786.0
31	石门河倒虹吸工程	2.51	2.17	86.5	7319.0
32	新乡和卫辉段工程	16.57	16.26	98.1	52 018.0
33	鹤壁段工程	23.20	22.42	96.6	77 779.0
34	汤阴段工程	17.56	16.76	95.4	62 576.0
35	穿漳河工程	3.83	3.58	93.5	3464.0
36	郑州2段工程	33.60	28.02	83.4	57 651.0
37	西黑山进口闸—有压箱涵段工程	7.89	7.45	94.5	14 762.0

续表

序号	工程名称	在建设计单元工程总投资（亿元）	累计完成投资（亿元）	投资完成比例（%）	自年初累计完成投资（万元）
38	保定市境内2段工程	8. 58	8. 22	95. 8	19 621. 0
39	廊坊市境内段工程	34. 61	36. 00	104. 0	122 505. 0
40	潮河段工程	46. 84	34. 64	74. 0	110 491. 0
41	保定市境内1段工程	27. 24	26. 05	95. 6	64 466. 0
42	磁县段工程	30. 93	26. 09	84. 3	70 042. 0
43	南沙河倒虹吸工程	9. 45	8. 06	85. 3	22 376. 0
44	邢台市段工程	17. 61	14. 98	85. 1	40 215. 0
45	邢台县和内丘县段工程	25. 46	21. 11	82. 9	62 767. 0
46	高邑县—元氏县段工程	27. 44	24. 10	87. 9	54 396. 0
47	鹿泉市段工程	11. 38	9. 55	83. 9	24 048. 0
48	石家庄市区段工程	17. 11	16. 10	94. 1	63 757. 0
49	电力专项设施迁建	2. 70	2. 69	99. 4	26 883. 0
50	邯邢段压矿及有形资产补偿	2. 60	2. 59	99. 3	25 857. 0
51	沙河渡槽工程	27. 39	19. 41	70. 9	77 190. 0
52	北汝河倒虹吸工程	6. 00	4. 66	77. 6	14 795. 0
53	邯郸市和邯郸县段工程	18. 12	15. 44	85. 2	57 686. 0
54	永年县段工程	12. 07	10. 04	83. 2	27 728. 0
55	洺河渡槽工程	3. 45	2. 54	73. 6	13 158. 0
56	沙河市段工程	17. 27	15. 27	88. 4	35 672. 0
57	临城县段工程	21. 10	17. 13	81. 2	52 646. 0
58	禹州和长葛段工程	46. 00	36. 90	80. 2	154 704. 0
59	白河倒虹吸工程	5. 05	3. 29	65. 1	13 721. 0
60	鲁山北段工程	6. 01	5. 15	85. 6	44 498. 0
61	宝丰—郏县段工程	40. 04	28. 90	72. 2	112 101. 0
62	新郑和中牟段工程	14. 34	10. 72	74. 8	82 524. 0
63	双洎河渡槽工程	7. 26	5. 11	70. 4	36 681. 0
64	中线干线自动化调度与运行管理决策支持系统工程（京石段以外）	14. 98	0. 55	3. 7	1531. 0
65	其他专题	4. 10	4. 21	102. 6	
66	淅川县段工程	66. 52	55. 88	84. 0	251 560. 0
67	荥阳段工程	21. 55	16. 59	77. 0	79 622. 0
68	澧河渡槽工程	3. 99	3. 29	82. 6	24 319. 0
69	镇平县段工程	31. 07	23. 36	75. 2	198 751. 0
70	鲁山南1段工程	11. 06	9. 01	81. 5	78 259. 0
71	鲁山南2段工程	8. 33	6. 61	79. 3	57 181. 0

续表

序号	工程名称	在建设计单元工程总投资（亿元）	累计完成投资（亿元）	投资完成比例（%）	自年初累计完成投资（万元）
72	方城段工程	49.49	37.88	76.6	256 434.0
73	叶县段工程	29.29	23.17	79.1	196 230.0
74	湍河渡槽工程	4.54	2.68	59.1	17 961.0
75	南阳市段工程	39.95	30.48	76.3	217 505.0
76	郑州1段工程	14.43	11.25	78.0	50 604.0
	中线水源有限公司	28.16	23.54	83.6	26 069.0
1	丹江口大坝加高工程	28.16	23.54	83.6	26 069.0
	湖北建管局	103.74	76.44	73.7	328 888.0
1	兴隆水利枢纽工程	31.97	29.56	92.5	96 533.0
2	引江济汉工程	61.69	42.55	69.0	196 731.0
3	汉江中下游部分闸站改造工程	5.46	2.41	44.1	19 150.0
4	汉江中下游局部航道整治工程	4.61	1.92	41.6	16 474.0
	淮委建管局	8.59	7.86	91.5	23 220.0
1	陶岔渠首枢纽工程	8.59	7.86	91.5	23 220.0
	丹江口库区移民安置工程	496.55	483.57	97.4	1 320 056
	过渡性资金融资利息	55.04	31.31	56.9	186 507
	设管中心初设工作投资	0.96	0.85	89.0	

（马永征　王　熙）

南水北调工程在建设计单元项目进展完成工程量表

截至2012年12月

序号	工程名称	总土石方量（万 m^3）	累计完成土石方（万 m^3）	土石方完成比例（%）	总混凝土（万 m^3）	累计完成混凝土（万 m^3）	完成混凝土占总混凝土的比例（%）
	总　计	152 921.57	148 925.81	97.4	3709.46	3379.45	91.1
	东线一期	29 753.21	27 415.63	92.1	541.24	579.02	107.0
	江苏水源公司	11 142.84	10 370.82	93.1	116.37	154.39	132.7
1	淮阴三站工程	248.51	241.51	97.2	2.53	2.53	100.0
2	淮安四站工程	102.29	100.85	98.6	2.41	2.53	104.9
3	淮安四站输水河道工程	637.21	413.81	64.9	4.26	2.42	56.8
4	江都站改造工程	79.61	66.21	83.2	2.94	2.57	87.3
5	三阳河、潼河河道工程	2716.00	2718.95	100.1	10.94	13.40	122.5
	宝应站工程						
6	刘山泵站工程	199.65	199.65	100.0	4.69	4.69	100.0
7	解台泵站工程	116.78	117.07	100.2	3.68	3.88	105.4

续表

序号	工程名称	总土石方量（万 m^3）	累计完成土石方（万 m^3）	土石方完成比例（%）	总混凝土（万 m^3）	累计完成混凝土（万 m^3）	完成混凝土占总混凝土的比例（%）
8	淮安二站改造工程	4.03	4.04	100.2	0.03	0.11	372.0
9	金宝航道工程	889.47	839.93	94.4	5.60	12.15	217.0
10	江苏省文物保护工程	0.00	0.00			0.00	
11	高水河整治工程	184.60	175.00	94.8	0.79	0.86	109.2
12	里下河水源调整工程	3100.14	2966.00	95.7	17.43	16.81	96.4
13	骆马湖以南中运河影响处理工程	48.94	38.75	79.2	2.43	1.45	59.7
14	刘老涧二站工程	89.24	83.07	93.1	3.10	3.04	98.1
15	皂河二站工程	165.65	173.93	105.0	3.16	4.38	138.5
16	泗阳站工程	142.81	132.41	92.7	3.90	3.89	99.8
17	泗洪站工程	571.91	552.61	96.6	13.47	13.47	
18	皂河一站改造工程	53.87	30.79	57.2	2.88	3.23	
19	金湖站工程	195.98	181.31	92.5	2.95	4.50	152.7
20	洪泽站工程	621.00	540.86	87.1	8.75	11.00	125.7
21	邳州站工程	106.74	105.90	99.2	5.00	5.15	103.0
22	睢宁二站工程	115.00	108.41	94.3	5.04	4.98	98.8
23	南四湖下级湖抬高蓄水位影响处理工程（江苏）	0.00	0.00			0.00	
24	东线江苏段管理设施专项工程	0.00	0.00			0.00	
25	东线江苏段调度运行管理系统工程	0.00	0.00			0.00	
26	血吸虫北移防护工程	7.73	1.36			4.54	
27	沿运闸洞漏水处理工程	160.11	74.17			0.64	
28	徐洪河影响处理工程	169.67	155.28			11.72	
29	洪泽湖抬高蓄水位影响处理工程（江苏）	209.68	164.86			12.87	
30	骆马湖水资源控制工程	15.33	15.56	101.5	0.88	0.88	100.0
31	蔺家坝泵站工程	141.84	122.39	86.3	3.90	3.49	89.5
32	大沙河闸工程	38.00	37.86	99.6	3.52	2.05	58.2
33	姚楼河闸工程	7.50	4.30	57.3	1.20	0.17	13.8
34	杨官屯河闸工程	3.55	3.98	112.1	0.90	1.01	112.2
	山东干线公司	18 018.63	16 501.27	91.6	424.87	418.90	98.6
1	济平干渠工程	2313.19	1947.00	84.2	34.80	55.30	158.9
2	韩庄泵站工程	113.96	152.02	133.4	3.90	3.79	97.2
3	万年闸泵站工程	170.83	168.48	98.6	5.56	5.06	91.0
4	东线穿黄工程	687.63	709.02	103.1	25.20	22.07	87.6

续表

序号	工程名称	总土石方量（万 m^3）	累计完成土石方（万 m^3）	土石方完成比例（%）	总混凝土（万 m^3）	累计完成混凝土（万 m^3）	完成混凝土占总混凝土的比例（%）
5	济南市区段工程	765.83	700.59	91.5	94.90	89.49	94.3
	韩庄运河水资源控制工程	4.70	4.28	91.1	0.21	0.21	100.0
6	长沟泵站工程	146.11	156.67	107.2	7.48	7.54	100.8
7	邓楼泵站工程	130.99	131.31	100.2	6.62	5.74	86.7
8	东湖水库工程	1467.64	1567.95	106.8	15.28	13.75	90.0
9	双王城水库工程	959.55	989.80	103.2	9.91	18.91	190.8
10	两湖段引黄灌区影响处理工程	209.38	215.39	102.9	5.37	5.37	100.0
11	八里湾泵站工程	80.67	86.20	106.9		4.94	
12	大屯水库工程	2442.41	2436.03	99.7	8.87	8.11	91.4
13	东线山东省文物专项工程	0.00	0.00	0.0		0.00	
14	梁济运河段工程	1502.97	767.30	51.1	61.92	25.45	
15	柳长河段工程	764.26	690.43	90.3	18.02	13.02	
16	小运河段工程	2386.39	1902.80	79.7	40.01	51.84	
17	明渠段工程	1787.27	1872.50	104.8	57.11	56.56	
18	潘庄引河闸工程	0.00	0.00	0.0	4.10	0.00	
19	南四湖湖内疏浚工程	275.20	292.00	106.1		7.18	
20	七一、六五河段工程	529.00	582.02	110.0	8.00	0.10	
21	东平湖输蓄水影响处理工程	101.69	8.38	8.2		0.00	
22	东线山东段调度运行管理系统工程	0.00	0.00	0.0		0.00	
23	东线山东段管理设施专项工程	0.00	0.00	0.0		0.00	
24	南四湖下级湖抬高蓄水位影响处理工程（山东）	0.00	0.00	0.0		2.89	
25	鲁北段灌区影响处理工程	575.99	573.00	99.5		8.01	
26	陈庄输水线路工程	242.22	242.40	100.1		4.97	
27	二级坝泵站工程	248.96	194.09	78.0	5.78	5.37	92.9
28	台儿庄泵站工程	111.79	111.61	99.8	6.21	0.00	0.0
29	大沙河闸工程	0.00	0.00	0.0	3.52	2.05	58.2
30	姚楼河闸工程	0.00	0.00	0.0	1.20	0.17	13.8
31	杨官屯河闸工程	0.00	0.00	0.0	0.90	1.01	112.2
32	洪泽湖抬高蓄水位影响处理工程（安徽）	542.69	497.40	91.7		5.73	
	中线一期	123 168.36	121 510.18	98.7	3168.21	2800.43	88.4

续表

序号	工程名称	总土石方量（万 m^3）	累计完成土石方（万 m^3）	土石方完成比例（%）	总混凝土（万 m^3）	累计完成混凝土（万 m^3）	完成混凝土占总混凝土的比例（%）
	中线建管局	112 799.47	109 663.00	97.2	2954.10	2540.20	86.0
1	南水北调中线干线工程调度中心土建项目	0.00	0.00		0.00	0.00	0.0
2	西四环暗涵工程	104.33	107.00	102.6	25.84	24.20	93.7
3	北京市穿五棵松地铁工程	1.00	1.00	100.0	0.43	0.41	95.1
4	北京段铁路交叉工程	11.40	11.00	96.5	1.21	2.82	233.1
5	永定河倒虹吸工程	251.04	267.00	106.4	15.42	13.90	90.1
6	京石段北京其他工程	3185.26	2944.00	92.4	51.88	48.95	94.3
7	惠南庄泵站工程	133.00	149.00	112.0	14.83	15.61	105.3
8	北拒马河暗渠工程	127.43	121.00	95.0	6.90	6.18	89.6
9	漕河渡槽段工程	308.00	396.00	128.6	34.89	36.61	104.9
10	古运河枢纽工程	142.20	126.00	88.6	7.60	7.60	100.0
11	釜山隧洞工程	72.91	73.00	100.1	6.10	7.20	118.0
12	唐河倒虹吸工程	250.90	278.00	110.8	10.90	11.00	100.9
13	京石段河北其他工程	13 108.00	14 299.00	109.1	305.80	293.70	96.0
14	滹沱河倒虹吸工程	618.00	583.00	94.3	23.40	24.10	103.0
15	安阳段工程	2571.00	3116.00	121.2	54.00	60.46	112.0
16	潞王坟试验段工程	448.00	457.00	102.0	2.31	2.03	87.7
17	穿黄工程	2158.00	2054.00	95.2	53.94	49.81	92.3
18	河北段生产桥建设	155.00	161.00	103.9	6.96	8.38	120.4
19	中线干线自动化调度与运行管理决策支持系统（京石应急段）				0.00	0.00	0.0
20	天津市境内1段工程	1135.00	1196.00	105.4	58.30	62.21	106.7
21	天津市境内2段工程	145.00	132.00	91.0	8.00	7.93	99.1
22	南阳膨胀土试验段工程	194.00	213.00		2.70	1.81	67.0
23	京石段临时通水措施	0.00	51.00			0.92	0.0
24	河北段工程管理专项	0.00	0.00		0.00	0.00	0.0
25	温博段工程	1401.00	1436.00	102.5	37.97	46.53	122.5
26	沁河渠道倒虹吸工程	469.00	559.00	119.2	20.94	11.84	56.5
27	焦作1段工程	911.00	878.00	96.4	360.00	55.75	15.5
28	焦作2段工程	4134.00	4442.00	107.5	56.30	50.39	89.5
29	辉县段工程	5627.00	4665.00	82.9	98.07	88.86	90.6
30	石门河倒虹吸工程	222.00	200.00	90.1	12.61	12.02	95.3
31	新乡和卫辉段工程	1896.00	1964.00	103.6	46.80	40.15	85.8
32	鹤壁段工程	2516.00	2754.00	109.5	47.07	44.85	95.3
33	汤阴段工程	1687.00	1568.00	92.9	25.72	29.83	116.0

续表

序号	工程名称	总土石方量（万 m^3）	累计完成土石方（万 m^3）	土石方完成比例（%）	总混凝土（万 m^3）	累计完成混凝土（万 m^3）	完成混凝土占总混凝土的比例（%）
34	穿漳河工程	158.00	174.00	110.1	10.25	9.58	93.4
35	郑州2段工程	3559.00	3636.00	102.2	47.09	50.40	107.0
36	西黑山进口闸—有压箱涵段工程	764.00	760.00	99.5	38.20	38.06	99.6
37	保定市境内2段工程	743.00	721.00	97.0	47.47	45.78	96.4
38	廊坊市境内段工程	2974.00	2804.00	94.3	63.38	169.80	267.9
39	潮河段工程	3721.00	3726.00	100.1	67.61	45.38	67.1
40	保定市境内1段工程	2007.00	1994.00	99.4	142.18	142.10	99.9
41	磁县段工程	2774.00	2685.00	96.8	56.00	42.01	75.0
42	南沙河倒虹吸工程	752.00	754.00	100.3	22.15	30.75	138.8
43	邢台市段工程	1575.00	1510.00	95.9	23.13	22.84	98.7
44	邢台县和内丘县段工程	1920.00	2081.00	108.4	58.76	48.55	82.6
45	高邑县—元氏县段工程	2272.00	2159.00	95.0	61.60	52.34	85.0
46	鹿泉市段工程	753.00	695.00	92.3	25.98	23.76	91.4
47	石家庄市区段工程	1087.00	1324.00	121.8	19.48	17.94	92.1
48	沙河渡槽工程	597.00	512.00	85.8	134.72	99.50	73.9
49	北汝河倒虹吸工程	271.00	242.00	89.3	22.34	19.60	87.7
50	邯郸市和邯郸县段工程	1597.00	1593.00	99.7	29.67	16.59	55.9
51	永年县段工程	1185.00	1202.00	101.4	19.20	12.22	63.7
52	洺河渡槽工程	104.00	106.00	101.9	9.93	8.75	88.2
53	沙河市段工程	1755.00	1890.00	107.7	14.30	26.28	183.7
54	临城县段工程	2030.00	2037.00	100.3	36.73	22.00	59.9
55	禹州和长葛段工程	4413.00	4295.00	97.3	75.00	46.01	61.3
56	白河倒虹吸工程	262.00	187.00	71.4	20.52	16.69	81.3
57	鲁山北段工程	375.00	542.00	144.5	10.79	8.10	75.1
58	宝丰—郏县段工程	3318.00	3045.00	91.8	83.00	48.21	58.1
59	新郑和中牟段工程	1173.00	1099.00	93.7	35.00	26.80	76.6
60	双洎河渡槽工程	261.00	320.00	122.6	27.80	21.87	78.7
61	中线干线自动化调度与运行管理决策支持系统工程（京石段以外）	0.00	0.00			0.00	
62	其他专题	0.00	0.00			0.00	
63	淅川县段工程	8294.00	8339.00	100.5	93.26	73.50	78.8
64	荥阳段工程	2074.00	2006.00	96.7	59.00	29.99	50.8
65	澧河渡槽工程	89.00		0.0	11.00	10.73	97.6
66	镇平县段工程	2711.00	2641.00	97.4	57.38	40.30	70.2
67	鲁山南1段工程	972.00	881.00	90.6	24.07	13.80	57.3

续表

序号	工程名称	总土石方量（万 m^3）	累计完成土石方（万 m^3）	土石方完成比例（%）	总混凝土（万 m^3）	累计完成混凝土（万 m^3）	完成混凝土占总混凝土的比例（%）
68	鲁山南 2 段工程	670.00	530.00	79.1	23.50	13.50	57.4
69	方城段工程	4464.00	4294.00			68.94	
70	叶县段工程	3068.00		0.0	49.00	31.83	65.0
71	湍河渡槽工程	39.00	34.00	87.2	13.33	10.54	79.1
72	南阳市段工程	2940.00	2611.00			47.75	
73	郑州 1 段工程	1096.00	1033.00	94.3	24.40	21.37	87.6
	中线水源公司	619.70	607.40	98.0	125.45	112.54	89.7
1	丹江口大坝加高工程	619.70	607.40	98.0	125.45	112.54	89.7
2	丹江口库区文物保护项目					0.00	0.0
	湖北建管局	9299.70	8214.93	88.3	67.61	126.85	97.5
1	兴隆水利枢纽工程	2829.70	2134.11	75.4	67.61	65.90	97.5
2	引江济汉工程	6470.00	5903.52			54.95	
3	汉江中下游部分闸站改造工程		177.30			5.99	0.0
4	汉江中下游局部航道整治工程					0.00	0.0
	淮委建管局	96.79	55.85	57.7	21.05	20.85	99.0
1	陶岔渠首枢纽工程	96.79	55.85	57.7	21.05	20.85	99.0
	丹江口库区移民安置工程						
1	丹江口库区移民安置工程						

（马永征　王　熙）

CHINA SOUTH-TO-NORTH WATER DIVERSION PROJECT CONSTRUCTION YEARBOOK

拾柒 大事记

MAJOR EVENTS

一 月

4日 国务院南水北调办召开2011年度办管干部考核动员大会。

8日 南水北调东线穿黄河工程穿黄隧洞出口闸及出口连接段工程最后一仓混凝土浇筑完成，标志着被称作南水北调东线的“咽喉”的关键性控制项目主体工程全部完工。

9日 南水北调东线江苏省新沂市尾水导流工程开工建设，标志江苏省南水北调工程水污染防治工作进入新一轮深化治理阶段。

10日 国务院南水北调办主任鄂竟平考察南水北调东线江苏段工程，并慰问建设者。

11日 2012年南水北调工程建设工作会议在江苏南京召开。

14日 河南省南水北调丹江口库区移民安置指挥部召开河南省南水北调丹江口库区移民迁安包县工作座谈会。

16~17日 国务院南水北调办副主任蒋旭光赴山东省济南市、滨州市看望慰问南水北调工程建设者和征迁安置群众。

17~19日 国务院南水北调办副主任张野率队赴河北省慰问南水北调中线工程一线建设者，并考察京石段输水情况。

17日 湖北省省委书记李鸿忠深入湖北天门市白茅湖移民安置点，看望慰问丹江口库区移民群众。

19日 国务院南水北调办副主任于幼军赴湖北省慰问引江济汉工程、兴隆水利枢纽工程一线建设者。

20日 国务院南水北调办主任鄂竟平、副主任蒋旭光深入河南省郑州市中牟县和荥阳市移民安置点，看望慰问丹江口库区移民群众。

二 月

2日 国务院南水北调工程建设委员会专家委员会在北京召开2011年工作总结会议。

3日 国务院南水北调办召开直属机关党委会议，深入贯彻中央国家机关第26次党的工作会议暨第24次纪检工作会议和南水北调工程建设工作会议精神，总结直属机关2011年党建工作，研究部署直属机关2012年党建工作。

6日 国务院南水北调办召开办务扩大会议，传达学习十七届中央纪委第七次全体会议精神，安排部署2012年南水北调工作。

7日 国务院南水北调办副主任张野主持召开国务院南水北调办安全生产领导小组和重特大事故应急处理领导小组第十一次全体会议，研究部署2012年安全生产工作。

8日 国务院南水北调办主任鄂竟平出席南水北调中线干线工程建设管理局2012年工作会议，强调再接再厉，攻坚克难，全面完成建设任务。

10日 国务院南水北调办召开南水北调丹江口库区移民重点工作会商会。

14日 2012年度南水北调稽察专家及工作人员培训研讨会在天津召开。

17日 河南省南水北调配套工程调度中心奠基。

20日 河南省召开会议研究部署进一步加快中线工程建设、移民迁安和库区移民收尾工作。

21日 国务院南水北调办主任鄂竟平赴陕西调研，就南水北调水源区保护问题与陕西省省长赵正永会谈。

21日 南水北调工程首块举报公告牌在中线工程河南境内的双洎河渡槽工地揭牌，标志着又一项严格工程质量责任追究的举措出台，这对于确保优质高效建设南水北调工程具有重要的保障作用。

21日 南水北调中线干线工程跨渠桥梁建设协调小组第三次会议在北京召开。

28日 中线河南省焦作2段山门河暗渠右洞顺利贯通。

三　月

6～7日　国务院南水北调办副主任张野调研南水北调中线干线重点工程建设。

7日　中共中央政治局常委、国务院副总理李克强参加十一届全国人大五次会议湖北代表团的审议，强调帮助南水北调库区移民逐步致富，保证一泓清水北上。

14日　湖北省南水北调工程建设现场会召开。

14～16日　国务院南水北调办在河北邯郸组织召开膨胀土、高填方技术交流会和培训会。

15～16日　国务院南水北调办副主任张野一行调研河北境内南水北调工程建设情况。

15～16日　国务院南水北调办副主任蒋旭光赴湖北陨县、丹江口市、武当山特区调研移民工作。

17日　湖北省南水北调丹江口库区移民内安工作现场会在十堰市召开。

20日　中共中央政治局常委、国务院副总理、国务院南水北调工程建设委员会主任李克强主持召开国务院南水北调工程建设委员会第六次全体会议并讲话。中共中央政治局委员、国务院副总理、国务院南水北调工程建设委员会副主任回良玉出席会议并讲话。

21日　国务院南水北调办召开办务扩大会议，传达贯彻李克强副总理、回良玉副总理在建委会第六次会议上的重要讲话，安排部署南水北调工程建设各项工作。

21日　河南省南阳市南水北调丹江口水库移民发展致富工作动员大会召开，总结大规模移民搬迁后续发展工作，安排部署移民发展致富工作。

23日　国务院南水北调办举办学习“两会”精神辅导报告会。

27～30日　国务院南水北调办副主任张野一行调研丹江口大坝加高工程、汉江中下游治理工程以及库岸防护工程建设情况，出席了兴隆枢纽优质工程创建活动动员会并讲话。

28日　2012年中国南水北调工程建设年鉴编纂工作会议在杭州市召开。

29日　江苏省南水北调工程建设领导小组全体会议在南京召开。

29日～4月1日　国务院南水北调办副主任蒋旭光调研江苏段工程建设和征迁工作。

31日～4月1日　国务院南水北调办主任鄂竟平一行到南水北调中线河南郑州段和焦作段调研工程建设。

四　月

6日　国务院南水北调办在工程沿线同时举行南水北调东、中线一期工程通水倒计时揭牌仪式，向全社会庄严宣告，南水北调工程进入决战决胜的关键时刻。

6日　国务院南水北调办副主任蒋旭光出席南水北调丹江口库区移民规划设计及实施工作座谈会。

8日　山东省南水北调工程建设指挥部成员会议在济南召开，传达贯彻国务院南水北调工程建委会第六次全体会议精神。

10日　国务院南水北调办主任鄂竟平出席2012年南水北调工程审计动员视频会议。

12日　国务院南水北调办东、中线一期工程通水验收工作领导小组召开第一次全体会议。

12～13日　国务院南水北调办副主任蒋旭光调研河南省淅川县、南阳市卧龙区和宛城区移民工作。

16日　由国务院南水北调办和中国作家协会联合举办的“南水北调东线行”中国作家采访采风活动启动仪式在北京举行。

18～23日　国务院南水北调办副主任张野调研南水北调中线河南省境内工程建设。

18日　国务院南水北调办党组研究决定

由直属机关党委在全系统组织研究南水北调核心价值理念。

19日　国务院南水北调办主任鄂竟平主持召开专题办公会，研究南水北调工程建设举报管理工作。

20日　铁道部部长盛光祖、副部长陆东福和国务院南水北调办主任鄂竟平、副主任张野在北京举行会谈，签署进一步加快推进铁路交叉工程建设的会议纪要，建立铁路交叉工程建设协调机制。

20日　南水北调工程建设举报受理中心正式成立。

23日　河南省政府召开全省南水北调中线工程建设领导小组全体成员会议。

24～25日　国务院南水北调办在河南省焦作市组织召开南水北调工程建设进度（第五次）协调会。

25日　国务院南水北调办、铁道部在河南省郑州市组织召开南水北调铁路交叉工程建设第一次联席会议。

25日　国务院南水北调办主任鄂竟平到新成立的南水北调工程建设举报受理中心调研。

27日　国务院南水北调办党组中心组（扩大）进行反腐倡廉建设专题学习，邀请最高人民检察院职务犯罪预防厅厅长宋寒松同志作反腐倡廉建设学习辅导报告，并进行了学习讨论。

五　月

3～4日　南水北调工程建设安全生产工作会议在湖北省宜昌市召开。

3～5日　国务院南水北调办副主任蒋旭光调研督导中线潮河段和郑州2段工程。

5～6日　国务院南水北调办主任鄂竟平一行赴宁夏回族自治区就南水北调西线工程有关工作交换意见。

8～12日　国务院南水北调办就东线山东省截污导流工程运行管理情况进行调研和检查。

8～18日　国务院南水北调办副主任于幼军带队，国家旅游局、文化部及有关专家组成调研组赴北京、河北、河南、湖北四省（直辖市）开展南水北调中线生态文化旅游产业带规划编制前期调研。

11～14日　国务院南水北调办副主任蒋旭光率检查组赴山东省济南、德州、聊城、滨州、济宁等地集中检查南水北调工程质量。

15～17日　国务院南水北调办副主任蒋旭光率检查组赴江苏东省徐州、淮安、扬州、南京等地集中检查南水北调工程质量。

15～18日　国务院南水北调办对南水北调东线江苏省截污导流工程运行情况及不稳定达标断面深化治理进行现场调研和检查。

16～17日　原中共中央政治局委员、国务院副总理吴仪，第十届全国政协副主席、中国工程院主席团名誉主席徐匡迪一行在湖北省十堰市视察十堰生态环境建设、南水北调中线工程核心水源区水质保护等情况。

16～18日　国务院南水北调办主任鄂竟平率队检查南水北调中线干线黄河以南工程质量。

17日　全国人大副委员长、全国妇联主席陈至立视察了南水北调中线水源丹江口大坝加高工程。

18～22日　国务院南水北调办副主任于幼军率检查组赴湖北省丹江口、荆州、荆门、潜江等地集中检查南水北调工程质量。

22日　河南省委、省政府在郑州市召开南水北调丹江口库区移民迁安总结表彰暨后期帮扶工作动员电视电话会议。

22～29日　国务院南水北调办副主任张野率检查组赴河南、河北、天津等地集中检查南水北调中线干线黄河以北工程质量。

27日　十届全国政协副主席李蒙视察南水北调中线水源丹江口大坝加高工程。

29日　皂河站工程通过机组试运行验收，

南水北调东线工程江苏段运河线工程建成通水。

29～31日　国务院南水北调办副主任于幼军与环境保护部副部长张力军联合督查调研山东省南水北调东线治污工作，并在济宁市召开深化东线治污工作会议。

30日　河北省省长张庆伟主持召开省南水北调工程建设委员会第四次全体会议。

30日　国务院南水北调办在北京组织召开南水北调工程防汛工作会议。

31日　湖北省在天门市召开全省南水北调中线工程丹江口水库外迁移民工作现场会。

六　月

1～3日　国务院南水北调办副主任于幼军与环境保护部副部长张力军联合督查调研江苏省南水北调东线治污工作，并在徐州市召开深化东线治污工作会议。

4日　国务院批复实施《丹江口库区及上游水污染防治和水土保持“十二五”规划》。

5～8日　国务院南水北调办副主任张野一行赴山东调研南水北调工程建设。

6～8日　国务院南水北调办主任鄂竟平率调研组到湖北、河南查访南水北调中线丹江口库区水质。

8日　北京市南水北调配套工程东干渠工程开工。

12日　国务院南水北调办主任鄂竟平主持召开专题办公会，听取宣传工作汇报，部署下半年工作任务。

13～14日　国务院南水北调办副主任张野一行检查南水北调东线江苏段工程建设及安全度汛工作。

13～16日　国务院南水北调办和铁道部组成联合检查组，对南水北调铁路交叉工程建设情况进行联合检查。

17日　中共中央政治局委员、全国人大常委会副委员长、中华全国总工会主席王兆国视察山东省滕州市，就南水北调工程作出指示。

18～21日　国务院南水北调办副主任蒋旭光赴湖北省武汉市、十堰市等地调研丹江口库区移民安置、城集镇及专项迁建和高切坡治理工作。

19日　国务院南水北调办召开丹江口库区移民进度商处会。

19～21日　国务院南水北调办在河北省石家庄市举办南水北调工程渠道运行管理规程培训。

20日　国务院南水北调办主任鄂竟平主持召开专题办公会，研究贯彻落实《丹江口库区及上游水污染防治和水土保持“十二五”规划》批复精神。

26日　国务院南水北调办召开创先争优活动总结表彰大会，全面总结创先争优活动，表彰创先争优活动先进集体和个人，安排部署下半年工作。

27日　国务院南水北调办主任鄂竟平检查南水北调中线京石段工程防汛工作。

28～29日　国务院南水北调办干部任职培训班在北京举行。

七　月

2～5日　国务院南水北调办副主任于幼军赴湖北省宜昌市、重庆市调研考察三峡工程和重庆水利投融资情况。

3日　国务院南水北调办副主任蒋旭光在河南省许昌市南水北调工程现场为举报人兑奖。

3～4日　国务院南水北调办副主任蒋旭光调研督导中线潮河段和郑州2段工程。

3～4日　山东省政府在滕州市召开省南水北调东线治污和建设工作现场会。

5～9日　国务院南水北调工程建设委员会专家委组织对东线一期工程治污工作进行了专题调研。

6日　国务院南水北调办主任鄂竟平主持召开务虚会并讲话，要求坚定信心，再接再厉，圆满实现年度建设目标。

8日　记录南水北调丹江口库区移民搬迁过程的专题纪录片《王品兰移民记》在中央电视台首播。

11~13日　国务院南水北调办在山东泰安召开南水北调宣传工作会议。

12日　国务院南水北调办在北京组织召开南水北调东线运行管理机构组建方案征求意见座谈会。

17~18日　国务院南水北调办在江苏省南京市组织召开南水北调工程建设进度（第六次）协调会暨现场建管机构座谈会。

19日　江苏省政府召开全省淮河流域暨南水北调水污染防治工作会议。

19~20日　国务院南水北调办主任鄂竟平调研河南叶县和宝郏段工程。

19~20日　南水北调工程干线征迁工作推进会在郑州召开。

20日　国务院南水北调办副主任于幼军主持召开生态文化旅游产业带规划编制工作领导小组会议，审议《南水北调中线生态文化旅游产业带规划纲要（初稿）》。

23日　国务院南水北调办主任鄂竟平赴南水北调中线干线北拒马河暗渠工程指导抢险工作。

24~25日　南水北调工程建设质量管理工作会议在江苏省南京召开。

26日　国务院南水北调办主任鄂竟平主持召开专题办公会，研究质量问题权威认证工作，确定由南水北调工程建设监管中心负责认证工作。

28日　《丹江口库区及上游水污染防治和水土保持“十二五”规划》水土保持项目实施启动会议在河南省西峡县召开。

28~29日　国务院南水北调办副主任张野率验收委员会对淮安四站设计单元进行完工验收。

八　月

6~10日　国务院南水北调办副主任蒋旭光率队调研督导南水北调中线干线焦作、郑州段工程建设。

7~10日　国务院南水北调办副主任于幼军率队对南水北调中线河南平顶山至许昌段工程进行调研督导。

13日　河南省南水北调新乡市配套工程开工动员大会在新乡召开。

13~15日　国务院南水北调办主任鄂竟平率队调研督导南水北调中线南阳段工程建设。

14日　国务院南水北调办在北京召开南水北调工程丛书编纂委员会第一次会议暨编纂工作动员会。

19日　中共中央政治局委员、国务委员刘延东视察南水北调中线水源丹江口大坝加高工程。

22日　河南省在郑州召开南水北调丹江口库区移民工作座谈会，贯彻落实省政府《关于加强南水北调丹江口库区移民后期帮扶工作的意见》，安排部署丹江口库区移民后期帮扶工作。

27日　国务院南水北调办主任鄂竟平赴甘肃省调研，与甘肃省政府座谈西线工程有关情况。

27日　国务院南水北调办召开丹江口库区移民干部先进事迹新闻通气会。

28日　国务院南水北调办召开南水北调工程征地移民维护稳定工作会议。

28~30日　河南省召开大中型水库移民后期扶持暨生产发展工作会议，对包括南水北调丹江口库区移民后期扶持与生产发展工作做出部署。

30日~9月9日　国务院南水北调办副主任蒋旭光带队赴四川、青海考察南水北调西线工程。

九　月

5日　国务院南水北调办副主任于幼军出席南水北调系统落实审计整改意见会议。

7日　国务院南水北调办举办党支部书记培训班。

16～17日　中共中央政治局委员、国务院副总理、国务院南水北调工程建设委员会副主任回良玉在河南省南阳市考察南水北调工程。

17～19日　国务院南水北调办副主任蒋旭光调研湖北十堰郧县和丹江口市库区移民安置和库底清理工作。

18日　湖北省南水北调丹江口水库移民搬迁安置工作表彰暨帮扶发展动员大会在十堰市召开。

25日　江苏省丰县沛县尾水资源化利用及导流工程开工，标志着江苏省南水北调近期新增重点治污补充项目全面开工。

25日　南水北调系统综合管理工作座谈会在北京召开。

25日　国务院南水北调办主任鄂竟平率队对徐州市南水北调治污工作进行专题调研。

30日　国务院批复实施《丹江口库区及上游地区经济社会发展规划》。

十　月

8日　全面反映南水北调丹江口库区移民搬迁安置的长篇报告文学《向人民报告——中国南水北调大移民》出版发行。

12日　国务院南水北调办召开办务扩大会议，系统总结2012年前三季度工作，安排部署第四季度各项工作。

16～18日　国务院南水北调办在湖北、河南召开南水北调工程丹江口库区移民生产发展交流会。

17日　国务院南水北调办认真传达贯彻全国创先争优活动总结交流会议精神。

17～18日　南水北调配套工程建设交流会在河南省许昌市召开。

19～21日　国务院南水北调办副主任于幼军率队对南水北调中线邯石段风险项目进行调研督导。

23～24日　丹江口库区及上游水污染防治和水土保持部际联席会议第三次全体会议在河南省南阳市和湖北省十堰市召开。

25～26日　国务院南水北调办在湖北武汉组织召开工程建设进度（第七次）协调会。

26日 国务院南水北调办副主任蒋旭光出席2012年中国南水北调报宣传通联工作会议。

26日　北京市南水北调配套工程团城湖、亦庄调节池工程开工。

29～31日　国务院南水北调办主任鄂竟平赴陕西调研南水北调中线水源区水质保护工作。

29日　国务院南水北调办副主任张野出席国务院南水北调工程建委会专家委质量检查总结汇报会。

31日　国务院南水北调工程建委会专家委组织专家组重点抽查南水北调东中线13个标段的工程质量。

31日～11月1日　国务院南水北调办副主任张野率队调研南水北调中线京石段第四次应急通水运行准备情况。

31日～11月3日　国务院南水北调办副主任蒋旭光率领检查组对南水北调东线山东境内工程进行质量专项检查。

十 一 月

5～10日　国务院南水北调办副主任蒋旭光率领检查组对中线河南省境内工程进行质量专项检查。

6日　南水北调中线水质保护中心正式成立。

6 日　国务院南水北调办主任鄂竟平主持会议研究部署东线一期工程通水前有关工作。

6～7 日　江苏省在徐州市召开南水北调水污染工作现场会。

6～9 日　国务院南水北调办与环保部、水利部联合检查东线输水干线排污口关闭清理情况。

8 日　国务院南水北调办在山东泰安召开南水北调工程 2012 年投资计划执行情况座谈会。

12 日　国务院南水北调办组织召开南水北调跨渠桥梁工程质量管理工作会议。

14 日　国务院南水北调办在北京组织召开南水北调中线干线工程现场建管机构座谈会。

14 日　国务院南水北调办副主任蒋旭光出席丹江口库区库底清理工作进度会商会。

16 日　国务院南水北调办召开全体干部大会，传达学习贯彻党的十八大精神。

19 日　国务院南水北调办召开主任办公会，初步研究提出“负责、务实、求精、创新”的南水北调核心价值理念表述形式，并在国务院南水北调办系统内再次听取意见、建议。

20～23 日　国务院南水北调办副主任蒋旭光率领质量专项检查组，深入南水北调中线河北省境内邯石段工程建设一线检查工程质量。

21 日　河北省黄壁庄水库开始放水，标志着南水北调中线京石段工程开始第四次向北京供水。

22 日　国务院南水北调办举办学习贯彻党的十八大精神辅导报告会。

26～30 日　国务院南水北调办副主任蒋旭光率领质量检查组对南水北调中线湖北省境内工程进行质量专项检查。

26～30 日　国务院南水北调办会同铁道部，组织开展铁路交叉工程建设情况联合检查。

27 日　南水北调中线京石段工程自动化调度系统正式启用。

28 日　河南省南水北调配套工程转段促进暨鹤壁市配套工程开工动员大会在鹤壁市召开。

30 日《中国南水北调工程建设年鉴 2012 年》出版发行。

11 月　南水北调东线输水干线水质基本达到规划要求。

十　二　月

3 日　江苏省南水北调工程建设领导小组全体会议在南京召开。

4～6 日　南水北调系统第三次经济财务工作会在武汉召开。

5～7 日　国务院南水北调办于幼军副主任率队指导湖北省丹江口水库入库河流“一河一策”治理方案编制工作。

10 日　中央电视台网站公布 2012 年“感动中国”人物评选候选人名单及简要事迹。南水北调工程建设者、河南省水利一局中线河南段方城 6 标项目经理陈建国入选为候选人之一。

19～22 日　国务院南水北调办副主任蒋旭光调研湖北十堰郧县和丹江口市库区库底清理工作。

20 日　《南水北调中线生态文化旅游产业带规划纲要》新闻通气会召开。

25 日　南水北调东线一期工程通水保障领导小组第一次全体会议在北京召开。

25 日　南水北调工程建设质量管理五部委联席会议在京召开。国务院南水北调办、水利部、住建部、国家工商总局、国务院国资委等部委有关部门负责同志参加会议。

25～26 日　国务院南水北调办主任鄂竟平调研中线河北段工程建设。

26 日　国务院南水北调召开直属机关党委会议，总结直属机关 2012 年党建工作，研究部署直属机关 2013 年党建工作。

31 日　国务院南水北调办向全社会郑重宣告，南水北调东线一期工程开始通水倒计时一周年。

31 日　南水北调东线工程输水干线沿线排污口全部关闭。

31 日　南水北调工程年度完成投资额创历史新高。2012 年完成投资 652.85 亿元，完成土石方开挖 22 586 万 m^3，土石方填筑 16 638万 m^3，混凝土浇筑 1188 万 m^3。

Contents

Silhouette Important Events
Editorial Explanation

Chapter One Inspection

Li Keqiang, Vice Premier of the State Council Attended Hubei Consideration Delegations, Stressed to Help Migrants Gradually Become Rich, and to Ensure a Pool of Clean Water Northward …… 2
HuiLiangyu, Vice Primer of the State Council Inspected the SNWDP in Nanyang City Of Henan Province …… 2
Liu Yandong, Member of the Political Bureau of the CPC Central Committee and State Councilor Inspect the Danjiangkou Dam Extension Project …… 3
Wang Zhaoguo, Member of the Political Bureau of the CPC Central Committee Give Directions for SNWDP During He Inspect the Tengzhou City of Shandong Province …… 3
Chen Zhili, Vice Chairman of the Standing Committee of the National People's Congress And President of the ACWF Inspect the Danjiangkou Dam Extension Project …… 3
Wu Yi, Former Member of the Political Bureau of the CPC Central Committee and Vice Prime Minister of the State Council, Xu Kuangdi, Vice Chairman of the 10th National Committee of the Chinese People's Political Consultative Conference and Honorary President of Chinese Academy of engineering Inspect MRP Water Source of SNWDP …… 4
Li Meng, Vice Chairman of the 10th National Committee of the Chinese People's Political Consultative Conference Inspect the Danjiangkou Dam Extension Project …… 4

Chapter Two Important Meeting

Li Keqiang, Vice Premier of the State Council Chair the 6th SNWDP Construction Committee Meeting, HuiLiangyu, Vice Premier Minister of the State Council Attend the Meeting …… 6
Office of the SNWDP Commission Held the Working Enlarged Meeting on Studying and Implementing the 6th SNWDP Construction Symposium Spirit …… 7
Office of the SNWDP Commission Held the 2012 Annual SNWDP Construction Meeting in Nanjing City of Jiangsu Province …… 7
The 2011 Annual Conference of Expert Committee of the Office of the SNWDP Commission Held in Beijing …… 10
Member Meeting of Shandong SNWDP Commanding Center Held in Jinan City of Shandong Province …… 10

Office of the SNWDP Commission Held the First Leading Group Plenary Meeting on ERP Phase 1 Project and MRP Phase 1 Project Acceptance Work ········· 10
The Henan Province Hold the Meeting of Leading Group of MRP Commission ········· 11
Office of the SNWDP Commission Held the 5th, 6th, 7th SNWDP Project Progress Coordination Meeting ········· 12
The First Joint Meeting on Railway Crossing Project Construction by Office of the SNWDP Commission and Ministry of Railways Held in Zhengzhou City of Henan Province ········· 15
Meeting on SNWDP Construction Safety Held in Yichang City of Hubei Province ········· 16
Summary and Awards Meeting on Land Acquisition and Resettlement & Mobilization Meeting on Supporting Work of Danjiangkou Reservoir Region within Henan Province Held in Zhengzhou ········· 18
Office of the SNWDP Commission Held Meeting on SNWDP Publicity in Taian City of Shandong Province ········· 19
Kick Off Meeting on Danjiangkou Reservoir Region and Upper Stream and Conserving Water and SoilPhase 2 Project Held in Xixia County of Henan Province ········· 20
Summary and Awards Meeting on Land Acquisition and Resettlement & Mobilization Meeting on Supporting Work of Danjiangkou Reservoir Region within Hubei Province Held in Shiyan ········· 21
Office of the SNWDP Commission Held Meeting on Summary the First Three Quarter And Arrange the Last Quarter in Beijing City ········· 22
Danjiangkou Reservoir Region Immigration Production and Development Seminar Held ········· 24
Construction Seminar of the SNWDP Matching Projects Held in Xuchang City of Henan Province ········· 25
The Third Plenary Meeting of Ministry Level on Danjiangkou Reservoir Region and Upper Stream and Conserving Water and Soil Held ········· 26
Jiangsu SNWDP Construction Leading Group Meeting Held in Nanjing City ········· 27
The Third Economic and Financial Working Conference within SNWDP System Held in Wuhan City of Hubei Province ········· 28
5 Ministries Joint Meeting on SNWDP Construction Quality Management Held in Beijing ········· 29

Chapter Three Important Speeches

Speech by Li Keqiang, Vice Premier of the State Council at the 6th SNWDP Project Construction Meeting ········· 32
Speech by Hui Liangyu, Vice Premier of the State Council at the 6th SNWDP Project Construction Meeting ········· 34
Report by E Jingping, Minister of the Office of the SNWDP Commission at the 6th

SNWDP Project Construction Meeting …… 36
Speech By E Jingping, Minister of the Office of the SNWDP Commission at 2012 Annual SNWDP Construction Working Conference …… 40
Speech by E Jingping, Minister of the Office of the SNWDP Commission at the 2011 Annual Conference of Expert Committee of the Office of the SNWDP Commission …… 53
Speech by E Jingping, Minister of the Office of the SNWDP Commission at the Summary And Awards Meeting on Land Acquisition and Resettlement & Mobilization Meeting on Supporting Work of Danjiangkou Reservoir Region within Henan Province Held …… 62
Speech by E Jingping, Minister of the Office of the SNWDP Commission at the Summary And Awards Meeting on Creating advance and striving excellence …… 64
Speech by Xia Zhanyi, Deputy Mayor of Beijing at the Opening Ceremony of SNWDP Beijing Supporting Project Tuanchenghu Lake Adjustive Pool and Yizhuang Adjustive Pool …… 70
Report by Huang Xingguo , Mayor of Tianjin at the 6th SNWDP Project Construction Meeting …… 71
Speech by Zhang Qingwei, Governor of Hebei Province at the 4th Hebei SNWDP Project Construction Meeting …… 72
Speech by Li Xueyong, Governor of Jiangsu Province at Jiangsu SNWDP Construction Leading Group Meeting …… 75
Speech by Jiang Daming, Governor of Shandong Province at Member Meeting of Shandong SNWDP Commanding Center …… 79
Speech by Guo Gengmao, Governor of Henan Province at Summary and Awards Meeting On Land Acquisition and Resettlement & Mobilization Meeting on Supporting Work of Danjiangkou Reservoir Region within Henan Province …… 82
Speech by Wang Guosheng, Governor of Hubei Province at Immigrants in the Province Working Conference Resettlement Site …… 86

Chapter Four Policies, Laws and Regulations

Office of the South-to-North Water Diversion Project Commission of the State Council …… 92

Implementing Regulation for Office of the SNWDP Commission Important Matters Supervision …… 92
Regulation for Typical Cases Management of the SNWDP …… 93
Regulation for Management and Maintenance of the SNWDP in Operation Management Period …… 95
Trial Programming Guideline for Management and Maintenance of the SNWDP in

Operation Management Period ······ 97
Regulation for SNWDP Responsibility Assessment of Work Progress Management in 2012 ······ 100
Trial Assessment Regulation for Management and Maintenance of the SNWDP In Operation Management Period ······ 102
Trial Implementing for Regulation for SNWDP Life Tenure Quality Problems Responsibility ······ 105
Trial Implementing Award Regulation for Engineering Building Reported Receiving Management of the SNWDP ······ 109
Regulations for SNWDP Quality Problems Responsibility ······ 110
Regulations for Supervision and Management of the SNWDP Contract ······ 113
Regulation for Key Procedure Construction Quality Examination of Reward and Punishment in the SNWDP ······ 115
Policies, Laws and Regulations List of Office of the SNWDP ······ 122

Provinces and Municipalities along SNWDP ······ 122

Policies, Laws and Regulations List ······ 122

Chapter Five Important Files

The State Council ······ 126

Reply on Implementation of "Twelfth Five-year" Guidelines for Treating and Preventing Pollution of Danjiangkou Reservoir Region and Upper Stream and Conserving Water and Soil (guohan[2012] No. 50) ······ 126
Reply on Implementation of Guidelines for Economic and Social Development of Danjiangkou Reservoir Region and Upper Stream(guohan[2012] No. 150) ······ 127
Notification of Personal Change of Group of Office of the South-to-North Water Diversion Project Commission(guobanfa[2012]No. 11) ······ 127

The National Development and Reform Commission (NDRC) ······ 128

Notification on Approval of the SNWDP's Investment Plan of 2012 (fagaitouzi[2012]No. 598) ······ 128
Replyon Adjustment of the SNWDP's Investment Plan of 2012(fagaitouzi[2012]No. 2137) ······ 128

The Ministry of Finance ······ 129

Notification on Appropriations of SNWDP's Funds(cainong[2012] No. 351) ······ 129

Ministry of Land and Resources ······ 129

Reply on Construction Land Using of Other Project of Changjiang-Luomahu

(Such as Sihongzhan, Liulaojiangzhan No. 2, Siyanzhan, ZaohezanNo. 2)Section Of ERP Phase 1 Project(guotuzihan [2012] No. 460) ······ 129
Reply on Construction Land Using of Resettlement and Reconstruction Project (guotuzihan [2012] No. 461) ······ 130
Reply on Construction Land Using of Hongzezhan Project of Changjiang-Luomahu Section of ERP Phase 1 Project(guotuzihan [2012] No. 476) ······ 130
Reply on Construction Land Using of Jinbao Navigation Project of Changjiang-Luomahu Section of ERP Phase 1 Project(guotuzihan [2012] No. 481) ······ 131

Ministry of Environment Protection ······ 131

Reply on Environmental Impact Report of Flood Prevention Project of MRP Beijing-Shijiazhuang Emergency Water Supply Project(Shijiazhuang-Beijumahe Section)(huanshen[2012]No. 128) ······ 131

The Office of the South-to-North Water Diversion Project Commission of the State Council ······ 132

The Notice on the Issuance of The Middle Route Project of the SNWDP Eco-cultural Tourism Industry Plan(guodiaobanzong[2012]No. 248) ······ 132
The letter About the Opinion for the Maintenance Fee Subsidy of Village Road and Tractor Road Bridge Across the SNWDP(guodiaobantoujihan[2012]No. 68) ······ 133
The Notice on the Establishment of the Acceptance Through Water Work Leading Group for the Eastern and Middle Route Phase 1 Project of the SNWDP (guodiaobanjianguan[2012]No. 34) ······ 134
The Notice on the Adjustment of Coordination Group Composed Staff for the Middle Route Project of the SNWDP(guodiaobanjianguan[2012]No. 42) ······ 135
The Opinion on the 2012 Annual SNWDP Work of "Focused Advance Degrees" (guodiaobanjianguan[2012]No. 52) ······ 135
The Notice on the Establishment of the Leading Group for Guaranteeing the Objective Of the Eastern Route Phase 1 Project of the SNWDP Through the Water (guodiaobanjianguan[2012]No. 270) ······ 139
Comments on Enforcement of Project Quality Management and Supervision Work of SNWDP(guodiaobanjiandu[2012]No. 297) ······ 140
The Notice of the Important Work Division Opinion for SNWDP to Implement the Sixth South-to-North Water Diversion Project Construction Committee and the 2012 Construction Work Conference(zongzonghe[2012]No. 48) ······ 142
The Guiding Opinion on Strengthening the Train Work for Operational Management Team Of SNWDP(zongjianguan[2012]No. 90) ······ 142
Important Files List of Office of the SNWDP ······ 143

Provinces and Municipalities along SNWDP ………………………………………… 158

Important Files List of Provinces and Municipalities along SNWDP ………………………………… 158

Project Legal Entities of SNWDP ……………………………………………………………… 160

Important Files List of Project Legal Entities of SNWDP ………………………………………… 160

Chapter Six Visit and Inspection

E Jingping, Minister of the Office of the SNWDP Commission Convey Greetings to the Immigrant in Resettlement Site of Mou County and Xingyang City of Henan Province ……… 166

E Jingping, Minister of the Office of the SNWDP Commission Inspect the Quality of the Project in the South of Yellow River ……………………………………………………… 167

E Jingping, Minister of the Office of the SNWDP Commission Inspect the Flood Control Work within Beijing Shijiazhuang Section of MRP ……………………………………… 168

E Jingping, Minister of the Office of the SNWDP Commission Supervise the Construction within Nanyang Section of MRP ……………………………………………………… 168

E Jingping, Minister of the Office of the SNWDP Commission Investigate the Pollution Prevention and within Xuzhou Section of ERP ……………………………………………… 170

E Jingping, Minister of the Office of the SNWDP Commission Investigate the MRP Water Source Protection Work in Shaanxi Province …………………………………………… 170

Zhang ye, Vice Minister of the Office of the SNWDP Commission Investigate Construction In MRP Major Project ……………………………………………………………… 171

Zhang ye, Vice Minister of the Office of the SNWDP Commission Supervise the Quality of The Project in the Nouth of Yellow River ……………………………………………… 172

Zhang ye, Vice Minister of the Office of the SNWDP Commission Inspect the Construction and Flood Control Work within Jiangsu Section ……………………………………… 173

Zhang ye, Vice Minister of the Office of the SNWDP Commission Inspect Operation Preparation within Beijing-shijiazhuang Section ……………………………………… 173

Jiang Xuguang, Vice Minister of the Office of the SNWDP Commission Supervise the Chaohe Section and Zhengzhou II Section Project ……………………………………… 174

Jiang Xuguang, Vice Minister of the Office of the SNWDP Commission Inspect Project Quality in ERP ………………………………………………………………………… 175

Jiang Xuguang, Vice Minister of the Office of the SNWDP Commission Inspect the Resettlement and Reservoir Bottom Cleaning Work of Danjiangkou Reservoir Region in Hubei Province ……………………………………………………… 176

Jiang Xuguang, Vice Minister of the Office of the SNWDP Commission Supervise the Project Quality within Henan Province ……………………………………………………… 177

Yu Youjun, Vice Minister of the Office of the SNWDP Commission Inspect the

Ecological and Cultural Tourism Industry Plan ······ 178
Yu Youjun, Vice Minister of the Office of the SNWDP Commission Supervise the Project Quality in Hubei Province ······ 179
Yu Youjun, Vice Minister of the Office of the SNWDP Commission and Zhang Lijun Vice Minister of the Ministry of Environmental Protection Supervise the Pollution Prevention Work in Shandong and Jiangsu Province ······ 180
Yu Youjun, Vice Minister of the Office of the SNWDP Commission Supervise the Risk Project Construction in Handan-shijiangzhuang Section ······ 182
Li Xiaojie, Vice Minister of the Ministry of Culture and Director of the State Bureau of Cultural Relics Inspect the Cultural Relics Protection Work in Hubei Province ······ 183
Li Xueyong,Governor of Jiangsu Province Inspect the Zaohe Station Project ······ 183
Jiang Yikang,Governor of Shandong Province Inspect the Water Quality Protection Work of Jining ······ 183
Lu Zhangong, Secretary of Henan Provincial Party Committee Inspect the SNWDP Water Source Region in Xichuan County ······ 184
Li Hongzhong, Secretary of Hubei Provincial Party Committee Condolences to Immigrants in Tianmen ······ 184
Wang Guosheng, Governor of Hubei Province Inspect Resettlement Work in Yunxian County ······ 184
Zhao Leji, Secretary of Shanxi Provincial Party Committee Inspect in Danjiangkou Reservoir ······ 185

Chapter Seven Work Conference on Specific Topic

Overview ······ 188
List of Work Conference on Specific Topic in 2012 ······ 188

Chapter Eight Important Events

The State Council approved Danjiangkou Reservoir and Upstream Water Pollution Control and Soil Conservation"Twelfth Five-year" Plan ······ 198
The State Council Approved the Western Development Twelfth Five-Year Plan, and Make Arrangement for SNWDP Work ······ 198
Ministry of Railways, the State Council Office of the SNWDP Signed in Beijing to Further Accelerate the Construction of the Railway Rrossing Project ······ 199
The Project Which Passed Through the Yellow River in the East line of SNWDP, Its Main Project Has Completed ······ 199
New Pollution Control Project in East Line of SNWDP Start ······ 200
Five Ministries Called for Further Strengthening the Quality Management of

SNWDP …… 200
Shanxi Start Hanjiang River Comprehensive Improvement Project …… 201
First Block of SNWDP Report Billboard Unveiling …… 201
The East and Middle Line First Stage Project of SNWDP Enter a Countdown …… 202
The Writer Interview of "Walk along the East Line of SNWDP" Launch …… 202
"SNWDP Quality Responsibility Tenure Implementation Measures" Promulgated …… 203
Office of South-to-North Water Diversion Project and CCTV Jointly Produced Full-length Documentary "SNWDP" …… 203
Beijing-Shijiazhuang Section of SNWDP Has Transfer 1 Billion Cubic Meter Water To Beijing …… 204
South of Concentration and Control Systems Strengthening Project Quality …… 204
Series Programs of "For the Purpose of SNWDP" Broadcast on CCTV …… 204
The Canal Line Project of SNWDP in Jiangsu Province is Completed …… 204
The Two Dam Pumping Water Pump of East Line SNWDP Get Through the Acceptance Test Run …… 205
Office of South-to-North Water Diversion Project Held Chuangxianzhengyou Activities Awards Ceremony Concluded …… 205
SNWDP Construction Report First Awarding …… 206
Danjiangkou Reservoir Resettlement Theme Movie "Han shuidanxin" Premiere in Beijing's Great Hall …… 206
The Second Stage Project of Danjiangkou Reservoir Area and Upper Reaches of Soil And Water Conservation Launched …… 207
"SNWDP in China" Launched a Comprehensive Codification …… 208
The Public Service Announcements of SNWDP, Which Named "Treasure the Water Resources" Broadcast on CCTV …… 208
Danjiangkou Reservoir Relocation was All Completed …… 208
The First Reportage that Fully Reflect the SNWDP Immigrant was Published …… 209
Office of South-to-North Water Diversion Project Further Standardize the SNWDP Construction Quality Issues of Accountability …… 209
Office of South-to-North Water Diversion Project Signed Letters of Responsibility for Water Resource Protection with Henan、Hubei and Shanxi Provinces …… 209
Middle Route Water Quality Protection Center was Established …… 210
Jinshiduan of Mid-SNWDP Start the Fourth Transfer Water to Beijing …… 210
Jinshiduan of Mid-SNWDP Enabled Automated Scheduling System …… 211
E Jingping Call All SNWDP Builders to Learn Chen Jianguo's Spirit of Responsibility, Pragmatics, Refinement and Innovation …… 211
Henan SNWDP Supporting Projects Started Construction …… 212
Twenty-one Interception and Diversion Projects in Shandong Province Put into Operation …… 212
SNWDP Danjiangkou Reservoir Cleanup Work Is Completed …… 212

The Eco-cultural Tourism Industry Belt Plan along Middle Line of SNWDP Announced ············ 213
The Leading Group and Its Administrative Body for Guaranteeing the Objective of the East First Stage Project of SNWDP Through the Water Established ································ 213
The Main Project of Yellow River Tunnel of Middle Line SNWDP Has Been Ahead Of Schedule ··· 213
The East First Stage Project of SNWDP Has Entered into the Critical Period Countdown ········ 214

Chapter Nine Article and Interview

SNWDP Will Strive to Create a Project That Benefits to the People ································ 216
Only SNWDP Can Solve the Water Shortage in Northern China ···································· 218
Solve the 340,000 Immigrations' Problems Is Not Easy, And Is Worth to Ponder ·················· 219
Harmonious Coexistence between Man and Water, Benefiting the People's Livelihood ············ 223

Chapter Ten General Management

Overview ·· 228
General Progress ··· 228
Outline ·· 228
Project Construction Management and Project Progress ·································· 228
Quality Safety Management ··· 229
ERP Water Pollution and MRP Water Source Protection ··································· 230
Land Acquisition and Resettlement ··· 230
Investment Control and Fund Management ·· 231
Progress of Early-stage Work ··· 231
ERP Phase 1 Project Scheduling Operation Plan ·· 231
Progress of Early-stage Work of SNWDP ·· 232
Regulations for SNWDP Water Use and Management Legislation ···························· 232
Water Price Policy in the Early Stage of ERP and MRP Phase1 ···························· 233
Technical Examination and Inspection the Projects of SNWDP ···························· 233
Environment Protection ·· 235
Current Water Quality of SNWDP ··· 235
Progress of MRP Water Pollution Prevention Scheme ···································· 235
Progress of Water Environment Protection Scheme of SNWDP ······························ 236
Cultural Relics Protection Work ·· 236
Outline ·· 236
Supervision and Investigation ·· 237
Important Archaeological Findings and Excavation ······································ 237

Report Publication ········ 237
China SNWDP Cultural Relics Protection Work Edition Work ········ 238

Investment Plan Management of SNWDP ········ 238

Outline ········ 238
Investment Plan Management ········ 238
Project Investment Completion Progress ········ 238
Early Stage Work ········ 239
Approval of Preliminary Design ········ 239
Review of Preliminary Design ········ 239
Review of Specific Reports and Projects ········ 239
Major Design Variation ········ 240
Review of Major Design Variation ········ 240
Evaluation of Estimates ········ 242
System Building ········ 243

Management of Fund Raising and Allocation ········ 243

Outline ········ 243
Fund Raising ········ 244
Fund Allocation ········ 246
Fund Supervision ········ 247
Financial accounts of the Finished Project ········ 248
Studies on Economic Policies of SNWDP ········ 248
Problems ········ 250

Construction and Management ········ 250

Outline ········ 250
Project Progress ········ 250
Project Schedule Management ········ 251
Technology Management ········ 251
Construction safety Management ········ 251
Science and Technologies ········ 252
Acceptance Management ········ 252
Operation Management ········ 252
ERP Operation Mechanism ········ 252
Bidding Management ········ 253
System Building ········ 253

Eco-environment ········ 253

Outline ········ 253

ERP Water PollutionPrevention and Treatment ······ 254
MRP Water Source Protection ······ 256
Monitoring Work of Schistosomiasis in ERP ······ 259
MRP Main Trunk Ecological Zone Build ······ 259

Land Acquisition and Resettlement ······ 260

Outline ······ 260
Work Progress ······ 260
Policy Research and Training ······ 261
Management and Coordination ······ 261
Cleanup the Bottom of Danjiangkou Reservoir ······ 263
Early-stage Work ······ 263
Construction Land Work ······ 263
Petition and Stabilization Work ······ 263
System Building ······ 264
Other ······ 264

Monitoring and Supervision ······ 264

Outline ······ 264
Project Management ······ 265
Quality Supervision and Management ······ 266
Quality Supervision ······ 268
Special Projectsand Professional Supervision ······ 269
Handling of Letters, Calls and Visits from the Public ······ 269
Supervision Expert Management ······ 270
System Building ······ 270

Technical Consultation ······ 270

The SNWDP Expert Committee ······ 270
Major Technical Consulting Programs ······ 270
Project Quality Check ······ 273
Inspection and Investigation ······ 273
Specific Project ······ 274

Key Technology Research and Application ······ 275

Major Issues and Key Technology Research ······ 275

International Exchange and Cooperation ······ 276

Outline ······ 276

Management of Foreign Affairs ········ 276
Major Foreign Exchanges ········ 276
Training and Research Programs ········ 277

Media and Communications ········ 277

Outline ········ 277
Propaganda Work ········ 277
Information Management ········ 278
Policy and Law ········ 279
Publicity of Beijing Municipality ········ 279
Publicity of Tianjin Municipality ········ 280
Publicity of Hebei Province ········ 280
Publicity of Jiangsu Province ········ 281
Publicity of Shandong Province ········ 282
Publicity of Henan Province ········ 285
Publicity of Hubei Province ········ 287
Publicity of Main Truck Canal Construction and Management Bureau of MRP ········ 287
Publicity of Water Source Co. Ltd of MRP ········ 289
Publicity of Jiangsu Water source Co. Ltd of ERP ········ 290

Chapter Eleven The Eastern Route Project of the SNWDP

Overview ········ 294

Jiangsu Section ········ 294
Outline ········ 294
Early-stage Work ········ 294
Investment Plan and Management ········ 295
Construction Management ········ 297
Science and Technology ········ 300
Land Acquisition and Resettlement ········ 300
Cultural Relics Protection ········ 302
Environmental Protection ········ 302
Project Auditing and Supervision ········ 303
Water Pollution Treatment and Water Quality ········ 304
Shandong Section ········ 305
Outline ········ 305
Investment Plan and Management ········ 306
Construction Management ········ 307

Quality Management ······ 309
Science and Technology ······ 311
Land Acquisition and Resettlement ······ 312
Cultural Relics Protection ······ 314
Project Auditing and Supervision ······ 315
Project Acceptance Check ······ 317
Water Transfer Preparation ······ 318
Water Pollution Treatment Scheme and Water Quality ······ 319

On-going Projects ······ 320

Sanyanghe-Tonghe-Baoyingzhan Project ······ 320
Outline ······ 320
Operation Management ······ 320
Environmental Protection and Water and Soil Conservation ······ 320
Project Acceptance Check ······ 320
Yangtze River-Luomahu Project ······ 321
Overview ······ 321
Outline ······ 321
Jiangdu Station Rehabilitation Project ······ 321
Outline ······ 321
Operation Management ······ 321
Effectiveness ······ 321
Project Acceptance Check ······ 322
Huaiyin Station No. 3 Project ······ 323
Outline ······ 323
Project Progress ······ 323
Operation Management ······ 323
Environmental Protection and Water and Soil Conservation ······ 324
Project Acceptance Check ······ 324
Huaian Station No. 4 Project ······ 324
Outline ······ 324
Operation Management ······ 324
Effectiveness ······ 325
Project Acceptance Check ······ 325
Water Transfer Canals Linking 4 Huaian Pumping Stations Project ······ 325
Outline ······ 325
Operation Management ······ 325
Effectiveness ······ 325
Environmental Protection and Water and Soil Conservation ······ 326

Luomahu-Nansihu Section Projects in Jiangsu Province …… 326
Overview …… 326
Outline …… 326
Liushan Station Project …… 326
Outline …… 326
Operation Management …… 326
Project Acceptance Check …… 326
Environmental Protection and Water and Soil Conservation …… 327
Effectiveness …… 327
Xietai Station Project …… 327
Outline …… 327
Operation Management …… 327
Effectiveness …… 327
Environmental Protection and Water and Soil Conservation …… 327
Project Acceptance Check …… 328
Linjiaba Station Project …… 328
Outline …… 328
Operation Management …… 328
Project Acceptance Check …… 328
Effectiveness …… 328
Yangtze River-Luomahu Section Other Projects …… 329
Overview …… 329
Outline …… 329
Gaoshuihe Management Project …… 329
Outline …… 329
Operation Management …… 329
Effectiveness …… 329
Project Acceptance Check …… 329
Huaian Station No. 2 Rehabilitation Project …… 330
Outline …… 330
Project Investment …… 330
Project Progress …… 330
Construction Management …… 331
Quality Management …… 331
Construction Safety …… 331
Siyanghe Project …… 332
Outline …… 332
Project Investment …… 332
Construction Management …… 332

Operation Management 332
Effectiveness 332
Environmental Protection and Water and Soil Conservation 333
Project Acceptance Check 333
Liulaojian Station No. 2 Project 333
Outline 333
Project Investment 334
Operation Management 334
Effectiveness 334
Environmental Protection and Water and Soil Conservation 334
Project Acceptance Check 334
Zaohe Station No. 2 Project 335
Outline 335
Project Progress 335
Project Investment 335
Operation Management 335
Environmental Protection and Water and Soil Conservation 335
Project Acceptance Check 336
Zaohe Station No. 1 Rehabilitation Project 336
Outline 336
Project Investment 336
Operation Management 336
Effectiveness 336
Sihong Station Project 337
Outline 337
Project Investment 337
Quality Management 337
Project Progress 337
Construction Safety 338
Jinhu Station Project 338
Outline 338
Project Investment 338
Project Progress 338
Quality Management 339
Construction Safety 339
Hongze Station Project 339
Outline 339
Project Investment 339
Tender and Bidding 340

Construction Management 340
Project Progress 340
Quality Management 340
Construction Safety 341
Pizhou Station Project 342
Outline 342
Project Investment 342
Tender and Bidding 342
Construction Management 342
Project Progress 342
Construction Technology 343
Quality Management 343
Construction Safety 343
Suining Station No. 2 Project 344
Outline 344
Project Investment 344
Tender and Bidding 344
Project Progress 344
Quality Management 345
Jinbao Waterway Project 345
Outline 345
Project Investment 345
Construction Management 346
Project Progress 346
Project Supervision 346
Construction Safety 346
Lixiahe Water Source Readjustment Project 347
Outline 347
Project Investment 347
Tender and Bidding 347
Project Progress 348
Quality Management 348
Impact Treatment Project of Luomahunan Middle Canal 348
Outline 348
Project Progress 348
Operation Management 349
Effectiveness 349
Environmental Protection and Water and Soil Conservation 349
Project Acceptance Check 350

Canal Gate Hole Leaking Processing Project ······ 350
Outline ······ 350
Project Investment ······ 350
Tender and Bidding ······ 350
Construction Management ······ 351
Project Progress ······ 351
Quality Management ······ 352
Impact Treatment Project of Xuhonghe ······ 352
Outline ······ 352
Project Investment ······ 352
Construction Management ······ 353
Project Progress ······ 353
Project Supervision ······ 353
Quality Management ······ 353
Construction Safety ······ 354
Impact Treatment Project of Raising Hongze Lake Water Level within Jiangsu Province ······ 354
Outline ······ 354
Project Investment ······ 354
Project Progress ······ 354
Impact Treatment Project of Raising Hongze Lake Water Level within Anhui Province ······ 355
Outline ······ 355
Project Investment ······ 355
Tender and Bidding ······ 355
Project Progress ······ 355
Quality Management ······ 356
Construction Safety ······ 356
Specific Projects within ERP of Jiangsu Section ······ 356
Schistosoma North Protective Project ······ 356
Outline ······ 356
Scheduling Operation Management System Project within ERP of Jiangsu Section ······ 357
Outline ······ 357
Project Investment ······ 357
Tender and Bidding ······ 357
Construction Management ······ 358
Project Progress ······ 358
Specific Projects of Management Facilities within ERP of Jiangsu Section ······ 358
Outline ······ 358
Project Investment ······ 359
Tender and Bidding ······ 359

Construction Management …… 359
Project Progress …… 359
Project Supervision …… 359
Nansihu Water Resources Control and Water Quality Monitoring Project and Luomahu Water Sources Control Program …… 360
Overview …… 360
Outline …… 360
Secondary Cascade Dam Pumping Station Project …… 360
Outline …… 360
Project Investment …… 360
Operation Management …… 360
Effectiveness …… 361
Environmental Protection and Water and Soil Conservation …… 361
Project Acceptance Check …… 361
Yaolouhe River Gate Project …… 362
Outline …… 362
Project Progress …… 362
Project Acceptance Check …… 362
Yangguantun River Gate Project …… 363
Outline …… 363
Project Progress …… 363
Project Acceptance Check …… 363
Dasha River Gate Project …… 363
Outline …… 363
Project Progress …… 363
Project Acceptance Check …… 364
Panzhuangyinhe River Gate Project …… 364
Outline …… 364
Project Progress …… 364
Project Acceptance Check …… 364
Impact Treatment Project of Raising Water Level of the Lower Lake of Nansihu …… 365
Outline …… 365
Project Progress …… 365
Impact Treatment Project of Dongpinghu Water Transportation …… 365
Outline …… 365
Project Investment …… 366
Tender and Bidding …… 366
Construction Management …… 366
Project Progress …… 366

Quality Management ······ 366
Construction Safety ······ 366
Jiping Main Trunk Canal Project ······ 367
Outline ······ 367
Operation Management ······ 367
Effectiveness ······ 368
Environmental Protection and Water and Soil Conservation ······ 368
Hanzhuangyunhe Section Project ······ 369
Overview ······ 369
Outline ······ 369
Taierzhuang Pumping Station Project ······ 369
Outline ······ 369
Operation Management ······ 370
Environmental Protection and Water and Soil Conservation ······ 371
Project Acceptance Check ······ 371
Hanzhuang Canal Water Source Control Project ······ 372
Outline ······ 372
Effectiveness ······ 372
Project Acceptance Check ······ 372
Wannianzha Pumping Station Project ······ 373
Outline ······ 373
Operation Management ······ 373
Effectiveness ······ 373
Project Acceptance Check ······ 374
Hanzhuang Pumping Station Project ······ 374
Outline ······ 374
Operation Management ······ 374
Environmental Protection and Water and Soil Conservation ······ 374
Project Acceptance Check ······ 374
Nansihu-Dongpinghu Section Projects ······ 375
Overview ······ 375
Outline ······ 375
Changgou Pumping Station Project ······ 376
Outline ······ 376
Project Investment ······ 376
Tender and Bidding ······ 376
Project Progress ······ 376
Quality Management ······ 376
Construction Safety ······ 377

Construction Technology ······ 377
Denglou Pumping Station Project ······ 377
Outline ······ 377
Project Investment ······ 377
Tender and Bidding ······ 377
Project Progress ······ 378
Baliwan Pumping Station Project ······ 378
Outline ······ 378
Project Investment ······ 378
Tender and Bidding ······ 378
Project Progress ······ 379
Liangji Canal Section Project ······ 379
Outline ······ 379
Project Investment ······ 379
Tender and Bidding ······ 379
Project Progress ······ 380
Liuchang River Section Project ······ 380
Outline ······ 380
Project Investment ······ 380
Tender and Bidding ······ 380
Project Progress ······ 381
NansihuDredging Project ······ 381
Outline ······ 381
Project Investment ······ 381
Tender and Bidding ······ 381
Project Progress ······ 382
Impact Treatment Project for Diverting Yellow River for Irrigation ······ 382
Outline ······ 382
Project Investment ······ 382
Tender and Bidding ······ 382
Project Progress ······ 382
Jiaodong Jinan-Yinhuangjiqing Water Diversion Project ······ 382
Overview ······ 382
Outline ······ 382
Project in Jinan City ······ 383
Outline ······ 383
Project Investment ······ 383
Project Progress ······ 383
Construction Management ······ 383

Construction Safety ··· 383
Chenzhuang Water Diversion Route Project ··· 384
Outline ··· 384
Project Investment ··· 384
Construction Management ··· 384
Project Progress ··· 384
Construction Technology ··· 384
Quality Management ··· 385
Construction Safety ··· 385
Mingqu Section Project ··· 385
Outline ··· 385
Project Investment ··· 386
Tender and Bidding ··· 386
Construction Management ··· 386
Project Progress ··· 386
Donghu Reservoir Project ··· 387
Outline ··· 387
Project Investment ··· 387
Tender and Bidding ··· 387
Construction Management ··· 387
Project Progress ··· 387
Construction Safety ··· 388
Shuangwangcheng Reservoir Project ··· 388
Outline ··· 388
Project Investment ··· 388
Tender and Bidding ··· 388
Project Progress ··· 388
Quality Management ··· 389
Construction Safety ··· 389
Yellow River Crossing Project ··· 389
Outline ··· 389
Project Progress ··· 390
Operation Management ··· 390
Environmental Protection and Water and Soil Conservation ··· 391
Project Acceptance Check ··· 391
Lubei Section Project ··· 392
Overview ··· 392
Outline ··· 392
Small Canal Section Project ··· 392

Outline ··· 392
Project Investment ··· 392
Tender and Bidding ··· 393
Construction Management ··· 394
Project Progress ··· 394
Construction Technology ··· 394
Quality Management ··· 394
71.65 Section Project ··· 395
Outline ··· 395
Project Investment ··· 395
Project Progress ··· 396
Quality Management ··· 396
Construction Safety ··· 396
Impact Treatment Project for Irrigation Area ··· 397
Outline ··· 397
Operation Management ··· 397
Effectiveness ··· 397
Environmental Protection and Water and Soil Conservation ··· 397
Project Acceptance Check ··· 398
Datun Reservoir Project ··· 398
Outline ··· 398
Project Investment ··· 398
Tender and Bidding ··· 399
Project Progress ··· 400
Construction Technology ··· 400
Quality Management ··· 401
Construction Safety ··· 401
Specific Projects within Shandong Section of ERP ··· 402
Scheduling Operation Management System Project within ERP of Shandong Section ··· 402
Outline ··· 402
Project Investment ··· 402
Tender and Bidding ··· 402
Project Progress ··· 404
Project Supervision ··· 404
Quality Management ··· 404
Construction Safety ··· 404
Historical Relic Specific Projects of ERP of Shandong Section ··· 405
Outline ··· 405
Project Progress ··· 405

Specific Projects of Management Facilities within ERP of Shandong Section ·················· 406
Outline ·· 406
Project Investment ··· 407

Trash Interception and Water Diversion Projects ·· 407

Trash Interception and Water Diversion Projects of Jiangsu Province ························· 407
Overview ·· 407
Jiangdu Urban Trash Interception and Water Diversion Project ······································ 407
Huaian Urban Trash Interception and Water Diversion Project ·· 407
Suqian Urban Trash Interception and Water Diversion Project ·· 408
Xuzhou Urban Trash Interception and Water Diversion Project ······································· 408
Trash Interception and Water Diversion Projects of Shandong Province ······················· 409
Overview ·· 409
Picang Urban Trash Interception and Water Diversion Project in Linyi City ······················· 410
Guanghe Urban Trash Interception and Water Diversion Project in Ningyang City ·················· 410
Xuecheng Xiaoshahe Urban Trash Interception and Water Diversion Project in Zaozhuang City ······ 410
Yicheng Dashahe Urban Trash Interception and Water Diversion Project in Zaozhuang City ········· 411
Dongyuhe Urban Trash Interception and Water Diversion Project in Heze City ······················ 411
Beishahe Urban Trash Interception and Water Diversion Project in Tengzhou City ················· 411
Chengguohe Urban Trash Interception and Water Diversion Project in Tengzhou City ·············· 412
Jinxiang Urban Trash Interception and Water Diversion Project ····································· 412
Qufu Urban Trash Interception and Water Diversion Project ··· 412
Jiaxiang Urban Trash Interception and Water Diversion Project ····································· 413
Xiaojihe Urban Trash Interception and Water Diversion Project in Zaozhuang City ················· 413
Weishan Urban Trash Interception and Water Diversion Project ····································· 413
Jining Urban Trash Interception and Water Diversion Project ······································· 414
Wucheng Urban Trash Interception and Water Diversion Project ····································· 414
Xiajin Urban Trash Interception and Diversion Project ·· 414
Yutai Urban Trash Interception and Water Diversion Project ·· 415
Huitonghe Trash Interception and Water Diversion Project in Linqing City ························ 415
Jindihe Urban Trash Interception and Water Diversion Project in Liaocheng City ················· 415
Liangshan Urban Trash Interception and Water Diversion Project ··································· 416

Chapter Twelve The Middle Route Project of the SNWDP

Overview ·· 418

Main Trunk Canal Projects ·· 418

Early-stage Work ········· 418
Project Investment ········· 418
Tender and Bidding ········· 419
Construction Management ········· 421
Project Progress ········· 421
Project Acceptance Check ········· 422
Land Acquisition and Resettlement ········· 423
Science and Technology ········· 423
Auditing and Supervision ········· 424
Project Archive Management ········· 424
Management System ········· 425
Water Source Projects ········· 426
Outline ········· 426
Danjiangkou Dam Extension Project ········· 427
Land Acquisition and Resettlement in Reservoir Regions ········· 428
Water and Soil Conservation and Environmental Protection ········· 428
Auditing and Supervision ········· 428

On-going Projects ········· 429

Beijing-Shijiazhuang Emergency Water Supply Project ········· 429
Overview ········· 429
Outline ········· 429
Operation Management ········· 429
Permanent Power Supply Project within Beijing Section ········· 430
Outline ········· 430
Project Investment ········· 430
Construction Management ········· 430
Project Progress ········· 431
Project Supervision ········· 431
Zhanghebei-GuyunhenanSection Project ········· 432
Overview ········· 432
Outline ········· 432
Cixian Section Project ········· 432
Outline ········· 432
Project Investment ········· 432
Project Progress ········· 433
Handan City-Handan County Section Project ········· 433
Outline ········· 433
Construction Management ········· 433

Project Progress …… 433
Project Supervision …… 434
Quality Management …… 434
Yongnian County Section Project …… 435
Outline …… 435
Project Investment …… 435
Project Progress …… 435
Project Supervision …… 435
Construction Technology …… 435
Minhe Aqueduct Project …… 436
Outline …… 436
Project Progress …… 436
Construction Safety …… 436
Shahe Section Project …… 436
Outline …… 436
Project Progress …… 437
Construction Technology …… 437
Construction Management …… 437
Nanshahe Inverted Siphon Project …… 438
Outline …… 438
Project Investment …… 438
Project Progress …… 438
Quality Management …… 438
Xingtai City Section Project …… 438
Outline …… 438
Project Investment …… 439
Project Progress …… 439
Quality Management …… 439
Xingtai County and Neiqiu County Section Project …… 439
Outline …… 439
Tender and Bidding …… 439
Construction Management …… 440
Project Progress …… 440
Quality Management …… 441
Lincheng County Section Project …… 441
Outline …… 441
Project Investment …… 441
Project Progress …… 441
Quality Management …… 442

Gaoyi County-Yuanshi County Section Project ······ 442
Outline ······ 442
Project Investment ······ 442
Project Progress ······ 442
Quality Management ······ 442
Luquan City Section Project ······ 443
Outline ······ 443
Project Investment ······ 443
Project Progress ······ 443
Quality Management ······ 443
Construction Safety ······ 443
Shijiazhuang City Section Project ······ 444
Outline ······ 444
Project Investment ······ 444
Project Progress ······ 444
Quality Management ······ 445
Zhanghe River Crossing Project ······ 445
Outline ······ 445
Construction Management ······ 445
Quality Management ······ 445
Project Acceptance Check ······ 446
Environmental Protection and Water and Soil Conservation ······ 446
Huanghebei-Zhanghenan Project ······ 447
Overview ······ 447
Outline ······ 447
Project of Wenbo Section ······ 447
Outline ······ 447
Project Investment ······ 447
Project Progress ······ 448
Quality Management ······ 448
Construction Safety ······ 448
Qinhe Canal Inverted Siphon Project ······ 449
Outline ······ 449
Project Investment ······ 449
Quality Management ······ 449
Project Acceptance Check ······ 449
Jiaozuo Section No. 1 Project ······ 450
Outline ······ 450
Project Investment ······ 450

Project Progress …… 450
Quality Management …… 450
Jiaozuo Section No. 2 Project …… 451
Outline …… 451
Project Investment …… 451
Construction Management …… 452
Project Progress …… 452
Construction Supervision …… 452
Quality Management …… 453
Construction Safety …… 454
Huixian Section Project …… 455
Outline …… 455
Project Investment …… 456
Project Progress …… 456
Construction Supervision …… 456
Construction Safety …… 457
Shimenhe Inverted Siphon Project …… 457
Outline …… 457
Project Investment …… 457
Project Progress …… 457
Construction Supervision …… 458
Quality Management …… 458
Construction Safety …… 458
Xinxiang and Weihui Section Project …… 459
Outline …… 459
Project Investment …… 459
Project Progress …… 459
Quality Management …… 459
Hebi Section Project …… 460
Outline …… 460
Project Investment …… 460
Project Progress …… 460
Quality Management …… 461
Construction Safety …… 461
Tangyin Section Project …… 462
Outline …… 462
Project Investment …… 462
Construction Management …… 463
Project Progress …… 463

Quality Management …… 463
Construction Safety …… 463
Luwangfen Trial Section Project …… 464
Outline …… 464
Project Investment …… 464
Project Progress …… 464
Construction Supervision …… 464
Quality Management …… 465
Anyang Section Project …… 465
Outline …… 465
Project Investment …… 465
Construction Management …… 466
Project Progress …… 466
Project Construction …… 466
Construction Supervision …… 467
Quality Management …… 467
Yellow River Crossing Project …… 467
Outline …… 467
Project Investment …… 468
Project Progress …… 468
Construction Technology …… 468
Quality Management …… 469
Shahenan-Huanghenan Section Project …… 469
Shahe Aqueduct Project …… 469
Outline …… 469
Project Investment …… 469
Tender and Bidding …… 469
Project Progress …… 471
Quality Management …… 471
Construction Safety …… 471
Lushanbei Section Project …… 471
Outline …… 471
Project Investment …… 472
Tender and Bidding …… 472
Project Progress …… 472
Quality Management …… 472
Construction Safety …… 473
Baofeng-Jiaxian Section Project …… 473
Outline …… 473

Project Investment ································ 473
Project Progress ································ 473
Quality Management ································ 474
Construction Safety ································ 474
Construction Technology ································ 475
Beiruhe Canal Inverted Siphon project ································ 475
Outline ································ 475
Project Investment ································ 475
Tender and Bidding ································ 475
Project Progress ································ 476
Quality Management ································ 476
Construction Safety ································ 476
Yuzhou and Changge Section Project ································ 477
Outline ································ 477
Project Investment ································ 477
Tender and Bidding ································ 477
Project Progress ································ 478
Construction Supervision ································ 478
Quality Management ································ 478
Chaohe Section Project ································ 478
Outline ································ 478
Project Investment ································ 479
Tender and Bidding ································ 479
Project Progress ································ 481
Construction Supervision ································ 481
Quality Management ································ 481
Xinzhengnan Section Project ································ 481
Outline ································ 481
Project Investment ································ 482
Project Progress ································ 482
Construction Supervision ································ 483
Quality Management ································ 483
Construction Safety ································ 483
Shuangjihe Aqueduct Project ································ 484
Outline ································ 484
Project Investment ································ 484
Construction Management ································ 484
Project Progress ································ 484
Quality Management ································ 484

Zhengzhou Section No. 2 Project ······ 485
Outline ······ 485
Project Investment ······ 485
Project Progress ······ 485
Quality Management ······ 486
Zhengzhou Section No. 1 Project ······ 486
Outline ······ 486
Project Investment ······ 487
Project Progress ······ 487
Quality Management ······ 487
Xingyang Section Project ······ 487
Outline ······ 487
Project Investment ······ 488
Tender and Bidding ······ 488
Project Progress ······ 488
Quality Management ······ 488
Taochaqushou-Shahenan Section Project ······ 489
Xichuan County Section Project ······ 489
Outline ······ 489
Project Investment ······ 489
Tender and Bidding ······ 489
Project Progress ······ 490
Construction Technology ······ 491
Quality Management ······ 491
Tuanhe Aqueduct Project ······ 491
Outline ······ 491
Project Investment ······ 492
Tender and Bidding ······ 492
Project Progress ······ 492
Quality Management ······ 492
Zhenping County Section Project ······ 493
Outline ······ 493
Project Investment ······ 493
Project Progress ······ 498
Quality Management ······ 498
Nanyang City Section Project ······ 498
Outline ······ 498
Project Investment ······ 499
Project Progress ······ 499

Construction Supervision ··· 499
Quality Management ··· 500
Nanyang Expansive Soil Trial Project ··· 500
Outline ··· 500
Project Investment ··· 500
Project Progress ··· 500
Quality Management ··· 501
Construction Safety ··· 501
Baihe Inverted Siphon Project ··· 501
Outline ··· 501
Project Investment ··· 502
Construction Management ··· 502
Project Progress ··· 502
Quality Management ··· 502
Construction Safety ··· 502
Fangcheng Section Project ··· 503
Outline ··· 503
Project Investment ··· 503
Project Progress ··· 503
Quality Management ··· 503
Construction Safety ··· 503
Yexian Section Project ··· 504
Outline ··· 504
Project Investment ··· 504
Tender and Bidding ··· 504
Project Progress ··· 505
Quality Management ··· 505
Construction Safety ··· 505
Land Acquisition and Resettlement ··· 506
Lihe Aqueduct Project ··· 506
Outline ··· 506
Project Investment ··· 506
Tender and Bidding ··· 506
Project Progress ··· 507
Quality Management ··· 507
Construction Safety ··· 507
Lushannan No. 1 Project ··· 507
Outline ··· 507
Project Investment ··· 507

Tender and Bidding ···· 508
Project Progress ···· 509
Quality Management ···· 509
Construction Safety ···· 509
Lushannan No. 2 Project ···· 510
Outline ···· 510
Project Investment ···· 510
Tender and Bidding ···· 510
Project Progress ···· 511
Quality Management ···· 511
Construction Safety ···· 511
Tianjin Main Trunk Canal Project ···· 512
Xiheishan Import Gate-Pressure Box Culvert Project ···· 512
Outline ···· 512
Construction Management ···· 512
Project Progress ···· 512
Quality Management ···· 512
Construction Safety ···· 513
Section 1 Project in Baoding ···· 513
Outline ···· 513
Construction Management ···· 513
Project Progress ···· 513
Construction Supervision ···· 513
Quality Management ···· 514
Construction Safety ···· 514
Construction Technical ···· 514
Section 2 Project in Baoding ···· 514
Outline ···· 514
Project Investment ···· 515
Project Progress ···· 515
Quality Management ···· 515
Construction Safety ···· 515
Project in Langfang ···· 515
Outline ···· 515
Project Progress ···· 516
Quality Management ···· 516
Section 1 Project in Tianjin ···· 516
Outline ···· 516
Project Acceptance Check ···· 517

Section 2 Project in Tianjin ········ 517
Outline ········ 517
Quality Management ········ 517
Specific Projects of MRP Main Trunk Canal Project ········ 518
Overview ········ 518
Outline ········ 518
Decision Support System of Automatic Dispatching and Operation Management for MRP Main Trunk Canal ········ 518
Outline ········ 518
Investment Plan ········ 518
Tender and Bidding ········ 519
Project Progress ········ 519
Quality Management ········ 519
Taocha Canal Headwork Project ········ 519
Outline ········ 519
Project Investment ········ 520
Tender and Bidding ········ 520
Construction Management ········ 520
Project Progress ········ 520
Construction Supervision ········ 521
Quality Management ········ 521
Construction Safety ········ 521
Danjiangkou Dam Extension Project ········ 522
Outline ········ 522
Project Investment ········ 522
Tender and Bidding ········ 522
Project Progress ········ 523
Quality Management ········ 524
Appraisal of Water Saving Safety ········ 524
Construction Safety ········ 525
Resettlement Project of MRP Danjiangkou Dam Extension Project ········ 525
Resettlement Project of Reservoir Region ········ 525
Resettlement Project of Reservoir Region in Henan Province ········ 525
Resettlement Project of Reservoir Region in Hubei Province ········ 526
Trail Project of Reservoir Region Resettlement ········ 529
Trail Project of Reservoir Region Resettlement in Henan Province ········ 529
Trail Project of Reservoir Region Resettlement in Hubei Province ········ 529
Hanjiang Xinglong Water Resources Pivotal Project ········ 529
Outline ········ 529

Project Investment …… 530
Tender and Bidding …… 530
Project Progress …… 531
Construction Technology …… 531
Quality Management …… 532
Diverting Water from Yangtze River into Hanjiang Project …… 532
Outline …… 532
Tender and Bidding …… 533
Project Progress …… 533
Construction Technology …… 533
Quality Management …… 534
Hanjiang Middle and Lower Stream Water Gate Rehabilitation Project …… 534
Overview …… 534
Outline …… 534
Tender and Bidding …… 535
Construction Management …… 535
Xiangyang and Jingmen Water Gate Rehabilitation Projects …… 535
Outline …… 535
Project Investment …… 536
Project Progress …… 536
Quality Management …… 537
Qianjiang and Xiantao Water Gate Rehabilitation Projects …… 537
Outline …… 537
Project Investment …… 538
Project Progress …… 538
Hanchuan and Tianmen Water Gate Rehabilitation Projects …… 538
Outline …… 538
Project Progress …… 539
Quality Management …… 539
Channel Regulation Project in Hanjiang Middle and Lower Stream …… 539
Outline …… 539
Project Investment …… 540
Tender and Bidding …… 540
Construction Management …… 541
Project Progress …… 541
Construction Supervision …… 542
Construction Technology …… 542
Quality Safety Management …… 542

Land Acquisition and Resettlement ········ 543

Land Acquisition and Resettlement of Beijing Municipality ········ 543
Land Acquisition and Resettlement of Hebei Province ········ 543
Land Acquisition and Resettlement of Henan Province ········ 545
Land Acquisition and Resettlement of Hubei Province ········ 546

Eco-environment ········ 547

Eco-environment Protection of Beijing Municipality ········ 547
Eco-environment Protection of Hebei Province ········ 547
Eco-environment Protection of Henan Province ········ 547
Eco-environment Protection of Hubei Province ········ 548
Eco-environment Protection of Shanxi Province ········ 549

Cultural Relics Protection ········ 550

Cultural Relics Protection of Henan Province ········ 550
Cultural Relics Protection of Hubei Province ········ 551

Newly Started Projects ········ 551

Beijing-Shijiazhuang Emergency Water Supply Project Permanent Power Supply Project within Beijing Section ········ 551
Outline ········ 551
Project Layout ········ 552
Target Task ········ 552
Yellow River Crossing Project Specific Project of Project Management ········ 552
Outline ········ 552
Project Layout ········ 553
Target Task ········ 554
Channel Regulation Project in Hanjiang Middle and Lower Stream ········ 554
Outline ········ 554
Engineering Order and Component Level ········ 555
Project Layout ········ 555
Component Design ········ 555

Chapter Thirteen The Western Route Project of the SNWDP

Overview ········ 558

Outline ········ 558

Supplementary Work of Project Proposal of WRP Phase 1 ······ 558

Major Research Programs ······ 560

Research on Allocation of Water Resources between SNWDP and Yellow River ······ 560
Research on WRP Early Stage Work Analysis ······ 560
Research and Development on Project Chosen Model of WRP Phase 1 Project ······ 561

Important Meeting ······ 561

The Office of SNWDP and the Ningxia Hui Autonomous Region Held Western Route SNWDP Project Symposium in Yinchuan ······ 561
The Ministry of Water Resources and the Ningxia Hui Autonomous Region Held a Forum in Yinchuan ······ 562
"The Study Paper on the Relationship of Yellow River Water Resource Allocation and SNWDP" Review Meeting Held in Beijing ······ 562
"The Study and Work Outline on the Relationship of Yellow River Water Resource Allocation and SNWDP" Consultation Held in Beijing ······ 563

Other ······ 563

The Office of SNWSP Investigate WRP ······ 563
Hydrological Observations ······ 563

Chapter Fourteen The Matching Projects

Beijing Municipality ······ 566

Outline ······ 566
Construction Target ······ 566
Early Stage Work ······ 566
Management of Fund Raising and Allocation ······ 567
Investment Plan ······ 568
On-going Projects ······ 568
Land Expropriation Compensation ······ 570
Green Project ······ 571
Construction Management ······ 571
Science and Technology Work ······ 572

Tianjin Municipality ······ 573

Outline ······ 573
Early Stage Work ······ 573

Investment Plan 573
Management of Fund Raising and Allocation 574
Construction Management 575
Operation Management 575
Land Acquisition and Resettlement 575
Science and Technology Work 575

Hebei Province 576

Outline 576
Early Stage Work 576
Investment Plan and On-going Projects 577
Management of Fund Raising and Allocation 577

Jiangsu Province 578

Outline 578
On-going Projects 578

Shandong Province 579

Outline 579
Project Plan 579
Early Stage Work 580
Investment Plan 580
Fund Raising 581
Construction Management 581

Henan Province 582

Outline 582
Construction and Management 582

Chapter Fifteen Team Building

Office of the South-to-North Water Diversion Project Commission of the State Council 584

Overview 584
Team Building and Organizational Framework 584
Designation and Appointment 585
Party Construction and Anti-corruption Construction 586

Regional (Municipal/Provincial) Bureau of SNWDP ······ 589

Beijing Municipality ······ 589
Organizational Framework ······ 589
Team Building ······ 590
Designation and Appointment ······ 590
Party Construction ······ 590
Party Anti-corruption Construction ······ 591
Tianjin Municipality ······ 592
Team Building ······ 592
Party Anti-corruption Construction ······ 592
Hebei Province ······ 592
Party Construction ······ 592
Anti-corruption Work ······ 593
Jiangsu Province ······ 593
Team Building ······ 593
Party Anti-corruption Construction ······ 593
Shandong Province ······ 593
Organizational Framework ······ 593
Personnel Management ······ 594
Party Construction and Anti-corruption Construction ······ 597
Henan Province ······ 598
Outline ······ 598
Organizational Framework ······ 599
Designation and Appointment ······ 599
Discipline Supervision ······ 599
Party Construction ······ 600
Hubei Province ······ 601
Team Building ······ 601
Party Anti-corruption Construction ······ 602

Project Legal Entities of SNWDP ······ 603

Main Truck Canal Construction and Management Bureau of MRP ······ 603
Organization ······ 603
Team Building ······ 603
Party Construction and Spiritual Civilization Building ······ 605
Foreign Affairs Management ······ 607
Water Source Co. Ltd of MRP ······ 608
Human Resources Management ······ 608

Party Construction ········· 608
Anti-corruption ········· 609
Jiangsu Water Source Co. Ltd of ERP ········· 610
Human Resources and Foreign Affairs Management ········· 610
Party Construction ········· 610
Archive Management ········· 611

Chapter Sixteen The Statistical Information

Investment on Construction of On-going Projects ········· 614
Overview ········· 614
Investment Plan in 2012 and Implementation ········· 614
Project Progress of On-going Projects of ERP Phase 1 Project ········· 614
Project Progress of On-going Projects of MRP Phase 1 Project ········· 621
Investment Plan List of On-going Projects ········· 631
Investment Progress List of Design Unit Projects of ERP and MRP Phase 1 Project ········· 631
Workload List of On-going Design Unit Projects of ERP and MRP Phase 1 Project ········· 636

Chapter Seventeen Major Events

January ········· 644
February ········· 644
March ········· 645
April ········· 645
May ········· 646
June ········· 647
July ········· 647
August ········· 648
September ········· 649
October ········· 649
November ········· 649
December ········· 650

南水北调系统有关单位规范名称

全　　称	简　称
国务院南水北调工程建设委员会	建委会
国务院南水北调工程建设委员会专家委员会	专家委员会
国务院南水北调工程建设委员会办公室	国务院南水北调办(南水北调办)
机关各司及直属事业单位	
国务院南水北调办综合司	综合司
国务院南水北调办投资计划司	投资计划司(投计司)
国务院南水北调办经济与财务司	经济与财务司(经财司)
国务院南水北调办建设管理司	建设管理司(建管司)
国务院南水北调办环境保护司	环境保护司(环保司)
国务院南水北调办征地移民司	征地移民司(征移司)
国务院南水北调办监督司	监督司
国务院南水北调办直属机关党委	机关党委
国务院南水北调工程建设委员会办公室政策及技术研究中心	政研中心
南水北调工程建设监管中心	监管中心
南水北调工程设计管理中心	设管中心
各省(直辖市)南水北调办(建管局)	
北京市南水北调工程建设委员会办公室	北京市南水北调办
天津市南水北调工程建设委员会办公室	天津市南水北调办
河北省南水北调工程建设委员会办公室	河北省南水北调办
江苏省南水北调工程建设领导小组办公室	江苏省南水北调办
山东省南水北调工程建设管理局	山东省南水北调建管局
河南省南水北调中线工程建设领导小组办公室	河南省南水北调办
湖北省南水北调工程领导小组办公室	湖北省南水北调办
项　目　法　人	
南水北调中线干线工程建设管理局	中线建管局
南水北调中线水源有限责任公司	中线水源公司
南水北调东线江苏水源有限责任公司	江苏水源公司
南水北调东线山东干线有限责任公司	山东干线公司
湖北省南水北调管理局	湖北省南水北调管理局
淮河水利委员会治淮工程建设管理局	淮委建设局
安徽省南水北调东线一期洪泽湖抬高蓄水位影响处理工程建设管理办公室	安徽省南水北调项目办
淮河水利委员会沂沭泗水利管理局	淮委沂沭泗管理局
其　他　常　用　单　位	

续表

全　称	简　称
河北省南水北调工程建设管理局	河北省南水北调建管局
河南省南水北调中线工程建设管理局	河南省南水北调建管局
河南省人民政府移民工作领导小组办公室	河南省移民办
湖北省移民局	湖北省移民局
水利部水利水电规划设计总院	水规总院

注　淮委建设局、安徽省南水北调项目办、淮委沂沭泗管理局不具有项目法人身份，但承担相关工程建设任务，为方便行文统称为项目法人。

《中国南水北调工程建设年鉴 2013》
编辑出版工作人员

终　　审　杨元峰

复　　审　杨伟国

责任编辑　姜　萍　安小丹　韩世韬

美术设计　王红柳

版式设计　张秋雁

责任校对　常燕昆

出版印制　蔺义舟